U0001347

common
master
press+
大家出版

the
professional
chef

專業大廚

專業烹飪的
知識、技藝與解答

美國廚藝學院
The Culinary
Institute of America
著

美國廚藝學院

THE CULINARY INSTITUTE OF AMERICA

美國廚藝學院（簡稱 CIA）是美國第一所專業的廚藝學院。以二點聞名於世：一是嚴苛而先進的教學，不但奠定也不斷推高專業廚藝的標準；二是顯赫的校友群，從炙手可熱的話題主廚，到作品暢銷全球的美食作家，培養出大量具國際影響力的業界精銳。

茱莉亞·柴爾德就曾驚嘆：「在美國的每一間頂尖餐廳與酒店裡，我總會碰上美國廚藝學院出身的領袖級專業人士。」知名校友包括安東尼·波登、Gant Achatz、Daniel Giusti、Cat Cora、邁可·魯曼等等。

1946 年創校至今，一直致力於建立廚房中的專業素養及標準，專業作法，近年來也開始探索科學廚房。教學上使用的教科書《專業大廚》以清晰明確的知識系統及技法系統，為任何有心於廚藝的人提供精確扼要的指引。

CIA 教學法的貢獻在於，教學生認識烹飪技巧背後的原理，徹底理解鍋裡鍋外的一切現象。這樣的校風，使 CIA 的學生更能勝任各種挑戰，無論是主廚同名餐廳、米其林星級餐廳、TOP50，或是食品科學實驗室，都可以看他們的專業足跡。

專業大廚：專業烹飪的知識、技藝與解答

THE PROFESSIONAL CHEF, 9TH EDITION

作者／美國廚藝學院（The Culinary Institute of America）
專業審訂／程玉潔（國立高雄餐旅大學西餐廚藝系 副教授）
王輔立（君品酒店 行政主廚）
王先正（國立高雄餐旅大學烘焙管理系 專技助理教授）
譯者／王湘菲、林潔盈、陳維真
封面設計／盧卡斯工作室
內頁設計／劉孟宗
內頁編排／劉孟宗、綠貝殼、謝青秀、林佳瑩
文字編輯／賴淑玲、李宓、郭純靜
編輯協力／劉真儀、許景理、邱玲劭、郭曉燕、劉綺文、余鎧瀚
責任編輯／郭純靜
行銷企畫／陳詩韻
總編輯／賴淑玲
社長／郭重興
發行人／曾大福
出版者／大家・遠足文化事業股份有限公司
發 行／遠足文化事業股份有限公司
231 新北市新店區民權路 108-4 號 8 樓
電話：(02)2218-1417　傳真：(02)8667-1851
劃撥帳號：19504465　戶名：遠足文化事業有限公司
法律顧問／華洋法律事務所　蘇文生律師

定 價／ 3620 元
初版 2018 年 9 月，初版 6 刷 2023 年 4 月

大家 FB

讀者回函

國家圖書館出版品預行編目 (CIP) 資料

專業大廚：專業烹飪的知識、技藝與解答 / 美國廚藝學院
(The Culinary Institute of America) 著；
王湘菲、林潔盈、陳維真譯 . 初版 . 新北市
大家出版：遠足文化發行，2018.09
1248 面；21.4×27.6 公分（Better 63）
譯自 : The Professional Chef
ISBN 978-986-96335-5-0（精裝）
1. 烹飪

427.12　　107010451

目次

CONTENTS

全書食譜目次 viii
誌謝 xvi
前言 xviii

第一部 烹飪的專業

第 1 章 烹飪專業入門 3
第 2 章 菜單與食譜 13
第 3 章 營養與食物科學的基礎 23
第 4 章 食物與廚房安全 31

第二部 專業廚房裡的工具與食材

第 5 章 辨識各式器具 43
第 6 章 辨識肉類、禽類與野味 69
第 7 章 辨識魚類與蝦蟹貝類 99
第 8 章 辨識水果、蔬菜與新鮮香料植物 127
第 9 章 採購、辨識乳製品與蛋類 181
第 10 章 辨識穀物與乾燥食材 199

第三部 高湯、醬汁與湯品

第 11 章 製作高湯、醬汁與湯品的準備工作 239
香草束、香料包與乾焦洋蔥 240 | 調味蔬菜 242 | 奶油炒麵糊 246
蛋奶液 249 | 澄清奶油 251

第 12 章 高湯 253
高湯 254

第 13 章 醬汁 267
褐醬 268 | 白醬 274 | 番茄醬汁 280 | 荷蘭醬 283 | 奶油白醬 288

第 14 章 湯品 301
清湯 302 | 法式清湯 306 | 豐盛清湯 311 | 奶油濃湯 315
蔬菜泥濃湯 321 | 法式濃湯 325

第四部 肉類、禽類、魚類與蝦蟹貝類

第 15 章 肉類、禽類、魚類與蝦蟹貝類的準備工作 361
調味料 362 | 填料 364 | 標準裹粉法 365

第 16 章 肉類、禽類與魚類的分切 375
肉類的分切 376 | 禽類的分切 393 | 魚類的分切 402 | 蝦蟹貝類的分切 413

第 17 章 燒烤、炙烤與烘烤 423
燒烤、炙烤與烘烤 424 | 烘烤 428 | 切分技巧 435

第 18 章 煎炒、煎炸與深炸 487
煎炒 488 | 煎炸 493 | 深炸 497

第 19 章 蒸煮與淹沒式烹調 531
蒸煮 532 | 紙包料理 537 | 淺水低溫水煮 540 | 沉浸式低溫水煮和微滾煮 544

第 20 章 燜煮與燉煮 571
燜煮 572 | 燉煮 577

第五部 蔬菜、馬鈴薯、全穀豆類、義式麵食與餃類

第 21 章 蔬菜與新鮮香料植物的準備工作 617
切蔬菜與新鮮香料植物 618

第 22 章 烹煮蔬菜 647
沸煮 648 | 蒸煮 651 | 鍋蒸 654 | 燒烤與炙烤 658 | 烘烤及烘焙 661
煎炒 665 | 煎炸 671 | 深炸 674 | 燉煮與燜煮 677

第 23 章 烹調馬鈴薯 713
沸煮馬鈴薯 715 | 薯泥 718 | 烘烤及烘焙馬鈴薯 722 | 法式砂鍋馬鈴薯 725
煎炒馬鈴薯 729 | 深炸馬鈴薯 732

第 24 章 烹煮穀物與豆類 751
烹煮全穀和豆類 752 | 微滾煮、高溫水煮穀粒與穀粉 756 | 香料飯 760 | 燉飯 764

第 25 章 烹調義式麵食與餃類 807
製作新鮮義式麵食、麵條與餃類 808 | 烹煮麵食與麵條 814

第六部　早餐與冷盤

第 26 章　烹調雞蛋 *847*
烹煮帶殼蛋 *848* ｜ 水波蛋 *850* ｜ 煎蛋 *854* ｜ 炒蛋 *856*
煎蛋捲 *858* ｜ 鹹舒芙蕾 *862*

第 27 章　沙拉醬與沙拉 *879*
油醋醬 *880* ｜ 蛋黃醬 *884* ｜ 青蔬沙拉 *888*
水果沙拉 *890* ｜ 溫沙拉、蔬菜沙拉和主菜式沙拉 *894*

第 28 章　三明治 *931*

第 29 章　開胃點心和開胃菜 *945*
鹹味冰慕斯 *948*

第 30 章　熟肉與冷盤 *985*
重組肉 *986*

第七部　烘焙與糕點

第 31 章　烘焙前的準備工作 *1015*

第 32 章　酵母麵包 *1025*
無油麵糰與高油量麵糰 *1026*

第 33 章　西點類麵糰與麵糊 *1047*
油脂搓揉法（油脂切入法） *1048* ｜ 粉油拌合法 *1052*
糖油拌合法 *1053* ｜ 千層麵糰 *1056* ｜ 乳沫法 *1058* ｜ 泡芙麵糊 *1062*

第 34 章　卡士達、奶油餡與慕斯 *1091*
烤卡士達 *1092* ｜ 以攪拌法製作卡士達、奶油餡與布丁 *1093* ｜ 慕斯 *1096*

第 35 章　餡、淋面與甜點醬汁 *1107*
奶油霜 *1108* ｜ 蛋糕的分層與糖霜 *1111* ｜ 甘納許 *1114*
運用翻糖 *1119* ｜ 製作派或塔 *1122*

第 36 章　盤飾甜點 *1131*

附錄 *1161* ｜ 重要詞彙釋義 *1167* ｜ 參考書目與資料來源 *1181*
英文食譜索引 *1186* ｜ 英文主題索引 *1197* ｜ 譯名對照 *1207*

全書食譜目次 Master Recipe List

第 12 章 高湯

雞高湯 263
　小牛白高湯 · 牛白高湯 263
小牛褐高湯 263
　野味褐高湯 · 愛斯杜菲式高湯 · 羊褐高湯 · 豬褐高湯 · 雞褐高湯 · 鴨褐高湯 264
法式魚高湯 264
　蝦蟹貝高湯 264
蔬菜高湯 265
　烤蔬菜高湯 265
調味高湯 265
禽肉與牛肉高湯（義式肉高湯） 266
日式一番高湯 266

第 13 章 醬汁

速成小牛褐醬 293
　速成禽肉褐醬 · 速成鴨肉褐醬 · 速成羊肉褐醬 · 速成野味褐醬 293
半釉汁 293
西班牙醬汁 294
絲絨濃雞醬 294
　雞醬汁 · 絲絨濃魚醬 · 絲絨濃蝦醬 · 絲絨濃蔬菜醬 294
白醬 295
　切達乳酪醬 · 莫奈醬 · 鮮奶油醬 295
番茄醬汁 295
波隆那肉醬 296
番茄蔬果漿 296
貝亞恩蛋黃醬 297
　薄荷醬（波城醬） · 修隆醬 297
荷蘭醬 298
　慕斯林醬 · 馬爾他醬 298
奶油白醬 298
紅椒醬 299
青醬 299
歐芹奶油 300
　龍蒿奶油 · 甜椒奶油 · 青蔥奶油 · 蒔蘿奶油 · 日曬番茄奧勒岡奶油 · 羅勒奶油 300

第 14 章 湯品

牛肉清湯 333
　雞肉清湯佐蒸烤蛋 333
　└ 蒸烤蛋 333
雞高湯 334
　艾美許式雞肉玉米湯 · 牛清湯 · 小牛清湯 · 火腿清湯或煙燻豬清湯 · 羊清湯 · 火雞清湯或野禽清湯 · 魚清湯 · 蝦蟹貝清湯 334
洋蔥湯 335
　白洋蔥湯 · 焗洋蔥湯 335
墨西哥薄餅湯 335
雞肉粥（巴西雞肉粥） 336
番茄奶油濃湯 339
　番茄奶油濃湯粥 339
青花菜奶油濃湯 339
　蘆筍奶油濃湯 · 芹菜奶油濃湯 340
威斯康辛切達乳酪啤酒濃湯 340
新英格蘭蛤蜊巧達濃湯 340
海螺巧達濃湯 341
玉米巧達濃湯 341
太平洋海鮮巧達濃湯 342
曼哈頓蛤蜊巧達濃湯 344
扁豆泥濃湯 344
豌豆泥濃湯 345
　黃豌豆泥濃湯 345
加勒比海黑豆泥濃湯 345
白豆濃湯 346
高麗菜肉濃湯 346
馬鈴薯冷湯 347
鮮蝦奶油濃湯 347
龍蝦奶油濃湯 348
雞肉鮮蝦秋葵濃湯 348
安達路西亞冷湯 349
豬腿骨芥藍菜葉湯 350
中式酸辣湯 350
韓式辣味牛肉湯 351
味噌湯 353
泰式南薑椰奶雞湯 353
泰式酸辣湯（冬蔭功湯） 354
餛飩湯 354
托斯卡尼白豆闊葉苣菜濃湯 355
艾米利亞－羅馬涅風味蔬菜湯 357
義大利雜菜湯 357

第 15 章 肉類、禽類、魚類與蝦蟹貝類的準備工作

印度綜合香料 368
中式五香粉 368
炭烤用綜合辛香料 368
辣椒粉 368
咖哩粉 369
法國四香粉 369

法式綜合香料植物碎末 369
紅咖哩醬 370
綠咖哩醬 370
黃咖哩醬 371
肉與禽肉串烤用混合調味料 371
亞洲醬 372
烤肉醬 372
魚醬 372
紅酒野味醬 372
羊肉醬 373
拉丁柑橘醬（古巴 Mojo 醬） 373
燒烤肉用紅酒醬 374
照燒醬 374

第 17 章 燒烤、炙烤與烘烤

燒烤或炙烤沙朗牛排佐蘑菇醬 440
燒烤或炙烤沙朗牛排佐香草奶油 440
└ 蘑菇醬 440
燒烤或炙烤沙朗牛排佐紅酒醬 441
└ 法式紅酒醬 441
麵筋沙嗲 442
照燒牛肉 445
香料脆皮炭烤牛排 445
青蔥牛肉串 446
燒烤肋眼牛排 446
豬肉和小牛肉串 447
炙烤羊肉串佐甜椒奶油 447
└ 蒔蘿醬 447
燒烤煙燻愛荷華豬排 448
└ 蘋果酒醬 448
└ 焦糖蘋果 448
燒烤或炙烤豬排佐雪利酒醋醬 450
└ 雪利酒醋醬 450
燒烤羊排搭配迷迭香、朝鮮薊和 Cipollini 小洋蔥 451
印度烤羊肉佐新鮮芒果甜酸醬 453
└ 新鮮芒果甜酸醬 453
巴基斯坦羊肉餅 454
燒烤或炙烤雞胸肉佐日曬番茄及奧勒岡奶油 454
燒烤或炙烤茴香雞胸肉 455
燒烤雞肉佐龍蒿奶油 455
巴西綜合燒烤 457
└ 辣椒醬 457
炭烤雞胸肉佐豆豉醬 458
└ 豆豉醬 458
牙買加辣烤春雞 459
鬼頭刀魚片佐鳳梨豆薯莎莎醬 459
└ 鳳梨豆薯莎莎醬 459
炙烤填料龍蝦 461
英式炙烤扁鰺佐香草奶油 461
烤魚肉串 462
└ 薄荷優格甜酸醬 462
威靈頓牛排 463
└ 馬德拉酒醬 463
馬沙拉酒醬 463
烤牛肋排佐肉汁 464
烤小牛肩胛肉 464
烤豬肉佐速成褐醬 465
烤填料豬肉排 465
廣式烤豬肉（叉燒） 466
番石榴蜜汁肋排 467
└ 番石榴烤肉醬 467
卡羅來納烤肉 469
└ 北卡羅來納 Piedmont 醬 469
└ 北卡羅來納西部烤肉醬 469
└ 芥末烤肉醬（北卡羅來納東部低地烤肉醬） 469
豬肩背肉佐甘藍菜沙拉 470
煙燻牛胸肉佐醃漬甜黃瓜 472
└ 克拉克主廚的西南風味醬 472
聖路易斯式肋排 475
└ 烤肉醬 475
醬烤豬肋排（烤排骨） 476
烤羊腿洋蔥 476
烤羊排佐歐芹 477
└ 歐芹蒜泥醬 477
烤羊肩肉佐庫斯庫斯 478
烤羊腿佐法式白豆 480
烤羊腿佐薄荷醬 481
└ 香料鹽 481
烤雞佐鍋底肉汁醬 482
雞腿鑲法式蘑菇泥 482
煙燻烤雞 483
美國嫩雛雞胸肉鑲蘑菇重組肉 483
└ 蘑菇重組肉 484
烤幼鴨肉佐苦橙醬汁 484
烤火雞佐鍋底肉汁醬及栗子填料 485
└ 栗子填料 486
鮭魚片佐煙燻鮭魚及辣根脆皮 486

第 18 章 煎炒、煎炸與深炸

煎雞肉佐法式綜合香料植物炒末醬 500
└ 法式綜合香料植物碎末醬 500
普羅旺斯煎雞 501
普羅旺斯嫩菲力 501
瑞士小牛薄片 503
義式裹粉煎小牛肉排佐馬沙拉酒醬 503
義式裹粉煎豬肉排佐番茄醬汁 503
└ 馬沙拉酒醬 504
豬排佐綠胡椒粒及鳳梨 504
煎迷你菲力豬排佐冬季果醬 505
└ 冬季果醬 505
迷你菲力豬排佐溫甘藍沙拉 506
豬排佐蜜漬紅洋蔥 506
└ 溫甘藍沙拉 506
薄豬肉排佐霍貝赫褐芥醬 508
└ 霍貝赫褐芥醬 508
酸黃瓜醬 508
赤鯮笛鯛佐葡萄柚莎莎醬 509
杏仁鱒魚 509
Ancho 辣椒酥皮鮭魚佐黃椒醬 511
└ 黃椒醬 511
椰汁燉蝦 512
嫩煎麥年鱒魚 513
中美洲乾烤蝦 513

石鍋拌飯 514
泰國羅勒炒魷魚 515
雞胸蘑菇泥填料佐雞醬汁 515
白脫乳炸雞 516
└ 鄉村肉汁 516
煎炸薄小牛排 518
維也納炸肉片．煎炸豬排 518
藍帶小牛排 518
香煎小牛佐米蘭醬 519
└ 米蘭醬 519
漁夫拼盤 520
└ Rémoulade 醬 520
古典鹽漬鱈魚餅 521
煎炸河鱒佐培根 522
炸比目魚佐番茄醬汁 522
└ 啤酒麵糊 522
炸蝦天婦羅 523
└ 天婦羅蘸醬 523
橙汁脆皮雞 524
└ 甜蒜醬 524
麻婆豆腐 527
河內蒔蘿膾魚 527
炸魚餅 528
辣椒鑲瓦哈卡肉餡 528
墨西哥燉豬肉 530

第 19 章 蒸煮與淹沒式烹調

紙包扇貝和鱸魚 553
水煮海鱸魚搭配蛤蜊、培根和青椒 553
水煮鱒魚佐番紅花慕斯 555
水煮鰈魚佐番紅花慕斯 555
└ 鱒魚番紅花慕斯林 555
鰈魚慕斯林．鮭魚慕斯林 556
水煮鱒魚卷佐白酒醬 556
水煮鰈魚肉卷 557
└ 皇家鏡面醬 557
水煮鰈魚蔬菜佐白酒醬 558
紙包赤鰭笛鯛魚片 558
新英格蘭海鮮餐 561
波士頓小鱈魚佐鮮奶油、酸豆和番茄 561
墨西哥蔬菜燉魚 562
義式燉海鮮湯 562
└ 蒜味酥脆麵包 563
水煮雞胸肉佐龍蒿醬 563
鄉村雞肉搭配比司吉 564
法式蔬菜燉雞 565
烏龍湯麵 566
鹽漬牛肉搭配冬季蔬菜 566
越南牛肉河粉 569
德國水煮牛肉搭配麵疙瘩和馬鈴薯 570
番紅花茴香清湯水煮海鮮 570

第 20 章 燜煮與燉煮

燜牛尾 581
└ 炸洋蔥 581
韓式燜牛小排 582
燜牛小排 584
德國牛肉卷佐紅酒醬 584
└ 德國牛肉卷填料 585
洋基燜牛肉 586
德式醋燜牛肉 587
墨西哥黑醬雞肉 588
燉牛肉 589
燜豬肉卷及香腸佐肉汁及橫紋粗管麵 590
阿爾薩斯酸菜 593
└ 自製德國酸菜 593
白豆燉肉 594
└ 油封鴨 595
燉新墨西哥青辣椒 595
酸辣咖哩豬肉 596
綠咖哩豬肉 596
匈牙利燉豬肉 597
法式白醬燉小牛肉 597
燜小牛胸肉佐蘑菇香腸 598
└ 蘑菇香腸 598
匈牙利燉豬肉 599
匈牙利燉牛肉 599
米蘭燜牛膝 601
└ 義式檸檬醬 601
波蘭甘藍菜捲 602
燜羊腱 604
葡萄牙羊腿鑲肉餡 605
└ 香料肉餡 605
春蔬燉羊肉 606
香料羊肉咖哩 607
咖哩山羊肉佐青木瓜沙拉 608
愛爾蘭燉羊肉 608
燉羊肉及雞肉佐庫斯庫斯 609
塔吉鍋燜雞 611
└ 醃檸檬 611
白酒燉雞 612
白酒燉小羊肉 612
燉蝦及燉雞（海與山） 612

第 22 章 烹煮蔬菜

沸煮胡蘿蔔 681
沸煮毛豆 681
蒸青花菜 681
蒜香青花菜 681
蜜甜菜 683
鮮奶油玉米 683
鍋蒸胡蘿蔔 684
鍋蒸法國四季豆．美洲山核桃胡蘿蔔 684
薑味荷蘭豆與夏南瓜 684
核桃四季豆 685
蜜汁胡蘿蔔 685
普羅旺斯式燒烤蔬菜 686
燒烤醃漬蔬菜 686

蜜漬麻醬烤香菇 686
櫛瓜煎餅佐希臘黃瓜優格醬 688
蘆筍佐檸檬荷蘭醬 688
烤橡實南瓜佐蔓越莓橙醬 689
└ 蔓越莓橙醬 689
金線瓜 691
白胡桃瓜泥 691
咖哩風味烤花椰菜 692
烤番茄 692
醃烤甜椒 695
烤胡蘿蔔 695
蝦餡佛手瓜 696
烤千層茄子 696
Poblano 椒鑲豆 699
└ 夏南瓜莎莎辣醬 699
墨西哥蘑菇薄餅佐兩種莎莎辣醬 700
時蔬鹹塔 701
煎炒芝麻菜 702
清炒青江菜 702
炒夏南瓜絲 704
麥年比利時苦苣 704
辣味蒜香球花甘藍 705
園丁香蔬 705
炒蔬菜絲 706
綜合炒蔬菜丁 706
菠菜煎餅 707
煎炸櫛瓜 707
玉米煎餅 707
蔬菜天婦羅 708
炸大蕉脆片 708
炸大蕉餅 708
普羅旺斯燉菜 708
燜煮青蔬 710
燜煮奶油茴香 710
燜煮紫甘藍 711
燜煮蘿蔓 711
燜煮德國酸菜 712
法式青豆 712

第 23 章 烹調馬鈴薯

奶香馬鈴薯 735
公爵夫人馬鈴薯 735
沸煮歐芹馬鈴薯 737
烤馬鈴薯佐炸洋蔥 737
托斯卡尼式烤馬鈴薯 738
蜜甘藷 738
薑味甘藷泥 738
焗烤薯片（焗烤馬鈴薯千層派） 739
里昂醬馬鈴薯 739
城堡馬鈴薯 740
戴爾莫尼克馬鈴薯 740
煎炒馬鈴薯 740
馬鈴薯煎餅 743
猶太薯餅 743
安娜馬鈴薯派 744
法式薯餅 744
瑞士薯餅 744
炸薯條 747
甘藷片 747
炸杏仁薯球 747
泡泡薯片 748
馬鈴薯可樂餅 748
炸薯球 748
德式馬鈴薯沙拉 749
咖哩甘藷沙拉 749
西班牙蛋餅佐蔬菜沙拉 750

第 24 章 烹煮穀物與豆類

黑豆泥 768
黑豆佐甜椒與墨西哥辣肉腸 768
素黑豆可麗餅 771
墨西哥豆泥 771
燉 Corona 豆 772
奶香斑豆泥 772
乾花豆燉湯 773
西納洛亞式豬肉燉豆 773
中東鷹嘴豆 774
羅馬式皇帝豆 774
西南風味燉白豆 775
燉黑豆 775
油炸鷹嘴豆餅 776
紅腎豆飯 776
紅腎豆佐白飯 777
高溫水煮白豆 777
素食辣豆醬 778
白米香料飯 780
短粒白米香料飯（瓦倫西亞米）．蒸穀白米香料飯．野米香料飯．麥仁香料飯．珍珠麥香料飯 780
糙米香料飯佐美洲山核桃與蔥 780
短粒糙米香料飯 781
胭脂樹籽飯 781
異國風味白飯 781
墨西哥風味飯 782
巴西風味飯 782
椰香飯 782
燉飯 783
帕爾瑪乳酪燉飯．野菇燉飯．青豆燉飯．蘆筍尖燉飯 783
米蘭燉飯 783
素食燉飯 784
貽貝燉飯 784
煮白飯 785
蒸長米 785
壽司醋飯 785
中式香腸炒飯 787
泰式芒果糯米飯 787
瓦倫西亞燉飯 788
番紅花飯 788
烤蔬菜什錦飯 791
└ 燒烤用辛香抹料 791
炸飯糰 792
基本義式粗玉米糊 792
帕爾瑪乳酪玉米糊 792
美式粗玉米粉佐玉米和脫殼玉米粒 795

鹹粥 795
小米花椰菜泥 796
雜糧香料飯 796
青蔥布格麥香料飯 796
烘製蕎麥佐辛辣楓糖山核桃 799
麥仁水果山核桃沙拉 799
黃瓜薄荷珍珠麥沙拉 800
甜辣布格麥沙拉 800
碎小麥番茄沙拉 803
莧籽煎餅 803
西貢可麗餅 804
油炸豐提那乳酪飯糰 804
玉米漿酪燉飯餅 805
油煎野米餅 806

第 25 章 烹調義式麵食與餃類

新鮮雞蛋麵食 819
全麥義式麵食．義式蕎麥麵．
義式菠菜麵．義式番紅花麵．
義式柑橘麵．義式咖哩麵．
義式香料麵．義式黑胡椒麵．
義式紅椒麵．義式番茄麵．
義式南瓜、胡蘿蔔或甜菜麵 819
基本水煮義式麵食 819
貓耳朵麵佐義大利香腸、球花甘藍與帕爾瑪乳酪 821
義式培根雞蛋麵 821
韓式雜菜 822
泰式炒河粉 822
天貝腰果炒麵 825
拿坡里式嘉年華千層麵 825
庫斯庫斯 826
經典波隆那千層麵佐義式肉醬與白醬 826
蘆筍白豆千層麵 829
義式方麵餃佐菇蕈貝西醬 830
焗烤杜藍小麥麵疙瘩 831
瑞可達乳酪麵疙瘩 831
Piedmontese 麵疙瘩 832
德式麵疙瘩 834
麵包團 835
餅餃 835
炸玉米球 837
水餃 837
煎餃 837
燒賣 838
鍋貼 841
└ 薑味醬油蘸醬 841
波蘭式馬鈴薯乳酪餃佐焦糖化洋蔥、褐化奶油與鼠尾草 842

第 26 章 烹調雞蛋

全熟蛋 866
微熟蛋．半生熟蛋．半熟蛋 866
惡魔蛋 866
番茄惡魔蛋．青蔬惡魔蛋．
乳酪惡魔蛋 866
酸漬蛋 868
緋紅酸漬蛋 868
水波蛋 868
水波蛋佐莫奈醬 869
鄉村水波蛋．蘑菇水波蛋．
馬塞納水波蛋 869
牛肉馬鈴薯餅佐水波蛋 869
班尼迪克蛋 871
佛羅倫斯蛋．美式水波蛋．
水波蛋佐雞肝獵人醬．
煙燻鮭魚水波蛋 871
煎蛋 871
微熟、半熟或全熟荷包蛋 871
炒蛋 872
炒蛋白．乳酪炒蛋．瑞典式炒蛋．
獵人炒蛋．炒蛋佐德式肉腸．
焗烤炒蛋．希臘式炒蛋 872
原味煎蛋捲 872
原味蛋白煎蛋捲．乳酪煎蛋捲．
蔬菜乳酪煎蛋捲．肉類乳酪煎蛋捲．
香料植物煎蛋捲．番茄煎蛋捲．
佛羅倫斯煎蛋捲．馬榭爾煎蛋捲．
歌劇煎蛋捲．海鮮煎蛋捲．
蝦蟹貝類煎蛋捲．西部煎蛋捲．
西班牙煎蛋捲．果醬煎蛋捲 873
農夫煎蛋捲 873
切達乳酪舒芙蕾煎蛋捲 874
菠菜舒芙蕾 874
鹹乳酪舒芙蕾 875
朝鮮薊舒芙蕾 875
山羊乳酪蒸烤蛋 875
洛林鹹派 876
菠菜鹹派．番茄韭蔥鹹派．
焦糖洋蔥鹹派．煙燻鮭魚蒔蘿鹹派．
青花菜切達乳酪鹹派 876
法式吐司 878

第 27 章 沙拉醬與沙拉

紅酒油醋醬 896
白酒油醋醬．芥末香料油醋醬．
烤蒜頭和芥末油醋醬．
檸檬蒜頭油醋醬．檸檬歐芹油醋醬 896
Chipotle 辣椒雪利油醋醬 896
杏仁無花果油醋醬 897
蘋果酒油醋醬 897
巴薩米克油醋醬 897
咖哩油醋醬 898
罌粟籽蜂蜜柑橘沙拉醬 898
火烤番茄油醋醬 899
番石榴咖哩油醋醬 899
松露油醋醬 900
香料松露油醋醬 900
花生油和麥芽醋沙拉醬 900
青醬油醋醬 901
饕客油醋醬 901
核桃油和紅酒油醋醬 901
綠女神沙拉醬 901
卡特琳娜法式沙拉醬 902
花生沙拉醬 902

凱薩沙拉醬 902
黃瓜沙拉醬 903
蛋黃醬 903
白鯷魚酸豆蛋黃醬．塔塔醬．綠蛋黃醬 903
蒜泥蛋黃醬 904
藍紋乳酪沙拉醬 904
黑胡椒奶香沙拉醬 904
和風沙拉醬 905
田園沙拉醬 905
千島醬 906
羅勒油 906
柳橙油 907
蔥油 907
紅椒油 907
綜合青蔬沙拉 907
泰式沙拉 908
煙燻板豆腐芹菜沙拉 908
凱薩沙拉 908
捲心萵苣佐千島醬 909
主廚沙拉 909
希臘沙拉 910
苣菜沙拉佐洛克福乳酪和核桃 910
科布沙拉 913
塔可沙拉 913
└ 塔可醬 914
溫菠菜沙拉佐培根油醋醬 914
蘑菇、甜菜和嫩葉沙拉佐羅比歐拉乳酪核桃 917
雪利酒醋水田芥蘋果沙拉 917
嫩菠菜、酪梨葡萄柚沙拉 918
華爾道夫沙拉 918
根芹菜青蘋果沙拉 918
柳橙佛手瓜沙拉 919
夏日甜瓜沙拉佐義大利乾醃生火腿 919
洋蔥黃瓜沙拉 919
經典波蘭黃瓜沙拉 920
甘藍菜沙拉 920
摩洛哥胡蘿蔔沙拉 920
玉米豆薯沙拉 921
豆薯沙拉 921
青木瓜沙拉 921
黃瓜裙帶菜沙拉 922
白蘿蔔沙拉 922
黃瓜沙拉 922
黃瓜優格沙拉 923
雞肉沙拉 923
越式雞肉沙拉 924
└ 酥脆紅蔥 924
鮪魚沙拉 924
蛋沙拉 925
火腿沙拉 925
鮮蝦沙拉 925
義式麵食沙拉佐青醬油醋醬 925
歐式馬鈴薯沙拉 926
馬鈴薯沙拉 926
東地中海麵包沙拉 926
麵包沙拉 927
莫札瑞拉番茄沙拉 928
烤甜椒沙拉 928
綠扁豆沙拉 928
變化作法 928
綜合豆沙拉 929
黑眼豆溫沙拉 929
咖哩飯沙拉 930
法式酸辣海鮮沙拉 930

第 28 章 三明治

CIA 總匯三明治 934
費城牛肉三明治 934
雞肉漢堡 936
炭烤牛肉三明治 936
開放式火雞三明治佐糖醋洋蔥 937
法式火腿乳酪三明治 937
乾醃生火腿茄子帕尼尼 939
└ 醃漬茄子餡料 939
烤蔬菜三明治佐蒙契格乳酪 940
三重乳酪三明治 940
魯本三明治 942
天貝魯本三明治 942
黃瓜三明治佐香料奶油乳酪 943
水田芥三明治佐香料蛋黃醬 943
蘋果三明治佐咖哩蛋黃醬 943
Gorgonzola 乳酪西洋梨三明治 944
番茄三明治佐奧勒岡酸奶油 944

第 29 章
開胃點心和開胃菜

煙燻鮭魚慕斯 953
藍紋乳酪慕斯 953
山羊乳酪慕斯 953
公雞嘴莎莎醬 953
燒烤風味莎莎青醬 954
莎莎粗青醬 954
莎莎紅醬 954
木瓜黑豆莎莎醬 955
葡萄柚莎莎醬 955
昆布蘭醬 955
亞洲風蘸醬 956
芫荽萊姆醬油 956
越式蘸醬 956
春卷蘸醬 957
黃瓜優格醬 957
墨西哥酪梨醬 958
鷹嘴豆泥芝麻醬 958
中東茄泥蘸醬 958
哈里薩辣醬 959
橄欖酸豆醬 959
葉門辣椒醬 960
辛辣美式芥末醬 960
山葵醬 960
烤紅椒醬 960
甜醃蔓越莓 961
辛辣芒果甜酸醬 961

咖哩甜醃洋蔥 961
醃漬薑片 962
醃漬紅洋蔥 962
墨西哥玉米脆片 962
檸檬汁醃生扇貝 962
阿卡普爾式檸檬汁醃生魚 963
煙燻鮭魚冷盤 963
生醃鮪魚 965
夏威夷堅果椰香蝦 966
烤培根蛤蜊 966
乞沙比克式蟹肉餅 969
炙烤蒜蝦 969
蝦子鑲蟹肉 970
印度咖哩餃 970
豆腐餅搭配波特貝羅大香菇佐芒果番茄醬 971
西班牙炸魚拼盤 972
白酒貽貝佐紅蔥 975
義式鮪魚白豆沙拉 975
迷你魷魚佐墨汁醬 976
加里西亞式煮章魚 976
越式烤蔗蝦 977
山羊乳酪蘑菇卷 978
黑豆餅 978
西班牙蛋餅 979
春捲 980
加州卷 981
越式沙拉卷 981
薄切生牛肉 982
牛肉沙嗲佐花生醬汁 982
鮪魚醬小牛肉 983
龍蝦沙拉佐甜菜、芒果、酪梨和柳橙油 983
豬肉青椒派 984

第 30 章 熟肉與冷盤

海鮮鮭魚法式肉凍 993
比目魚慕斯林 993
老奶奶法式肉凍 994
清湯凍 995
雞肉螯蝦肉凍 996
└ 蝦蟹貝類精淬液 996
鄉村肉凍 998
豬肉卷 999
└ 鹵肉水 999
雞肉凍卷 1000
鵝肝凍 1001
鵝肝卷 1001
法式鹿肉凍 1002
櫻桃開心果法式鴨肉凍 1002
法式雞肝派 1004
法式鴨肉煙燻火腿凍 1004
法式肉派麵糰 1006
法式番紅花肉派麵糰 1006
法式海鮮酥皮派 1008
法式蔬菜凍佐山羊乳酪 1010
香料肉醬 1011
醃漬鮭魚 1011

第 31 章 烘焙前的準備工作

刷蛋液 1023
簡易糖漿 1023
咖啡簡易糖漿・以香甜酒調味的簡易糖漿 1023
香緹鮮奶油／裝飾用發泡鮮奶油 1023
一般蛋白霜 1024
瑞士蛋白霜 1024
義大利蛋白霜 1024

第 32 章 酵母麵包

基本無油麵糰 1033
法國棍子麵包 1033
法式圓麵包 1034
義式佛卡夏麵包 1034
硬式圓麵包 1036
義大利拖鞋麵包 1036
希臘袋餅（口袋麵包） 1037
披薩餅皮 1037
瑪格麗特披薩・菠菜披薩 1037
印度烤餅（饢） 1039
卡達乾酪蒔蘿餐包 1039
布里歐喜吐司 1040
和尚頭布里歐喜麵包 1040
肉桂葡萄乾麵包 1043
猶太辮子麵包（三辮） 1044
小餐包 1045
甜麵糰 1045
甜麵包卷 1046

第 33 章 西點類麵糰與麵糊

基本派皮麵糰（3-2-1） 1070
白脫酸乳比司吉 1070
鮮奶油司康 1072
葡萄乾司康・火腿切達乳酪司康 1072
愛爾蘭蘇打麵包 1072
白脫酸乳煎餅 1073
格子鬆餅・香蕉煎餅・巧克力脆片鬆餅・藍莓煎餅・燕麥煎餅 1073
普里空心餅 1074
強尼蛋糕 1074
法式火焰薄餅 1075
└ 甜點可麗餅 1076
起酥皮麵糰 1076
酥鬆麵糰 1077
基本馬芬食譜 1078
蔓越莓橙香馬芬・藍莓馬芬 1078
麥麩馬芬 1078
玉米馬芬 1079
玉米麵包 1079
香蕉堅果麵包 1079

南瓜麵包 1081
磅蛋糕 1081
惡魔蛋糕 1082
天使蛋糕 1082
香莢蘭海綿蛋糕 1083
巧克力海綿蛋糕 1083
重巧克力蛋糕 1083
乳酪蛋糕 1084
└ 消化餅乾底 1084
泡芙麵糊 1084
格呂耶爾乳酪泡芙 1085
閃電泡芙 1085
巧克力閃電泡芙 1085
鮮奶油泡芙 1085
冰淇淋泡芙 1085
1-2-3 餅乾麵糰 1086
杏仁茴芹義式堅果餅乾 1086
胡桃鑽石餅乾 1088
巧克力餅乾 1088
櫻桃巧克力餅乾 1088
巧克力軟心餅乾 1089
燕麥葡萄乾餅乾 1089
堅果瓦片 1090
軟心布朗尼 1090

第 34 章 卡士達、奶油餡與慕斯

香莢蘭醬 1098
卡士達餡 1098
巧克力卡士達餡 1098
舒芙蕾醬底（舒芙蕾用卡士達餡） 1099
法式烤布蕾 1099
焦糖布丁 1100
香莢蘭冰淇淋 1103
巧克力冰淇淋．咖啡冰淇淋．覆盆子冰淇淋 1103
外交官卡士達餡 1103
巧克力慕斯 1104
覆盆子慕斯 1104
巧克力舒芙蕾 1106
麵包布丁 1106

第 35 章 餡、淋面與甜點醬汁

義大利奶油霜 1125
蘋果派 1125
櫻桃派 1126
胡桃派 1126
蔓越莓胡桃派 1126
檸檬蛋白霜派（檸檬馬林派） 1127
南瓜派 1127
杏仁奶油餡 1128
西洋梨杏仁奶油餡小塔 1128
└ 酒煮西洋梨 1128
硬甘納許 1128
巧克力醬 1129
沙巴雍 1129
義式沙巴雍 1129
經典焦糖醬 1129
覆盆子庫利 1129
杏桃果膠 1130
櫻桃果乾醬 1130
蘋果奶油 1130
水果沙拉 1130

第 36 章 盤飾甜點

溫椰棗香料蛋糕 佐奶油糖醬與肉桂冰淇淋 1135
└ 肉桂冰淇淋 1135
└ 蘋果乾 1136
└ 鮮奶巧克力肉桂棒 1136
└ 椰棗香料蛋糕 1137
└ 費洛捲餅 1137
└ 奶油糖醬 1137
└ 橙香香緹鮮奶油 1138
└ 焦糖蘋果 1138
黑莓與波特酒煮西洋梨佐 瑞可達奶油餡與沙布列酥餅 1139
└ 黑莓與波特酒煮西洋梨 1139
└ 沙布列酥餅 1140
└ 瑞可達奶油餡 1140
檸檬舒芙蕾塔佐羅勒冰淇淋與藍莓醬 1143
└ 羅勒冰淇淋 1143
└ 塔殼 1144
└ 瓦片餅 1144
└ 羅勒醬 1145
└ 檸檬凝乳 1145
└ 糖漬藍莓醬 1145
墨西哥萊姆塔 1146
└ 香緹鮮奶油 1146
└ 墨西哥萊姆塔 1146
└ 消化餅塔殼 1146
└ 草莓庫利 1146
└ 芒果百香果溫煮鳳梨
佐椰子布丁與芫荽雪碧冰 1149
└ 芒果百香果溫煮鳳梨 1149
└ 芫荽雪碧冰 1149
└ 椰子脆片 1150
└ 椰子芙蘭 1150
巧克力棉花糖餅乾 1151
└ 消化餅冰淇淋 1151
└ 巧克力消化餅裝飾 1152
└ 巧克力棉花糖餅乾的消化餅 1152
└ 棉花糖 1152
└ 松露巧克力餡貝奈特餅 1153
└ 經典焦糖醬 1153
└ 白奶油醬 1154
└ 巧克力貝奈特麵糊 1154
泡芙塔 1157
└ 香莢蘭冰淇淋 1157
└ 咖啡冰淇淋 1158
└ 焦糖牛奶冰淇淋 1158
└ 巧克力玉米脆片 1159
└ 巧克力醬 1159
└ 香莢蘭焦糖醬 1159
└ 巧克力泡芙 1160
└ 巧克力管 1160

誌謝

ACKNOWLEDGMENTS

感謝下列美國廚藝學院的教職員協助修正《專業大廚》第九版：Tim Ryan（CMC[1], AAC[2]）、Mark Erickson（CMC）、Brad Barnes（CMC, CCA[3], AAC）、Lou Jones、Charlie Rascoll、Eve Felder、Thomas L. Vaccaro。

本書的重心不只在於解說烹飪方法的圖文格外詳盡，收錄的食譜也極為豐富多元。書中許多環節（包括審校文字、試做檢查食譜與提供動作示範）有賴下列人士的精益求精，他們同樣值得許多掌聲與感激：

Mark Ainsworth（'86, CHE[4], PC III[5], CEC[6]）
Clemens Averbeck（CEC, CHE）
David J. Barry（'95, CHE）
Frederick C. Brash（'76, CHE）
Elizabeth E. Briggs（CHE）
Robert Briggs
David J. Bruno（'88, PC III/CEC, CHE）
Kate Cavotti（CMB, CHE）
Dominick Cerrone
Shirley Shuliang Cheng（CWC[7], CHE）
Howard F. Clark（'71, CCE[8], CWC, CHE）
Richard J. Coppedge（Jr., CMB[9], CHE）
Gerard Coyac（CHE）
Phillip Crispo（PC III/CEC/CHE）
Paul Delle Rose（'94, CHE）
Joseph DePaola（'94, CHE）
John DeShetler（'68, CHE, PCII/CCC）
Joseph W. DiPerri（'77, CHE）
Alain Dubernard（CHE, CMB）
Stephen J. Eglinski（CHE, CMB）
Anita Olivarez Eisenhauer（CHE）
Mark Elia
Joseba Encabo（CHE）
Martin Frei（CHE）
Michael A. Garnero（CHE）
Lynne Gigliotti（'88, CHE）
Peter Greweling（CMB, CHE）
Carol D. Hawran（'93）
Marc Haymon（'81, CMB, CHE）
James W. Heywood（'67, CHE）
George B. Higgins（'78, CMB, CHE）
James Michael Jennings（'93）
Stephen J. Johnson（'94）
David Kamen（'88, PC III/CEC, CCE, CHE）
Morey Kanner（'84, CHE）
Cynthia Keller（'83）
Thomas Kief（'78, CHE）
Joseph Klug（'82, CHE）
Todd R. Knaster（CMB, CHE）

1. 主廚大師認證(Certified Master Chef)
2. 美國廚藝學院會員(American Academy of Chefs)
3. 烹調管理員認證(Certified Culinary Administrator)
4. 餐旅教師認證(Certified Hospitality Educator)
5. 專業西餐主廚／專業西餐行政主廚(ProChef Level II/ ProChef Level III)
6. 行政主廚認證(Certified Executive Chef)
7. 操作廚師認證(Certified Working Chef)
8. 烹調教師認證(Certified Culinary Educator)
9. 烘焙大師認證(Certified Master Baker)
10. 餐飲總監認證(Certified Food and Beverage Executive)
11. 專業烹飪師認證(Certified Culinary Professional)
12. 註冊營養師(Registered Dietitian)

John Kowalski（'77, CHE）

Pierre LeBlanc（CHE Xavier Le Roux, CHE）

Alain L. Levy（CCE, CHE）

Anthony J. Ligouri（CHE）

Dwayne F. LiPuma（'86, CHE）

James Maraldo（CHE）

Hubert J. Martini（CEC, CCE, CHE, AAC）

Bruce S. Mattel（'80, CHE）

Francisco Migoya（CMB, CHE）

Darryl Mosher（CHE）

Robert Mullooly（'93）

Tony Nogales（'88, PCII, CEC, CHE）

Michael Pardus（'81, CHE）

Robert Perillo（'86, CHE）

William Phillips（'88, CHE）

Katherine Polenz（'73, CHE）

Heinrich Rapp（CHE）

Surgeio Remolina（CHE）

John Reilly（'88, CCC, CHE）

Theodore Roe（'91, CHE）

Paul R. Sartory（'78）

Giovanni Scappin

Eric L. Schawaroch（'84, CHE）

Thomas Schneller（CHE）

Dieter G. Schorner（CMB, CHE）

Johann Sebald（CHE）

Michael Skibitcky（PCIII, CEC, CHE）

David F. Smythe（CCE, CEC, CHE）

Brannon Soileau（'91, CHE）

Rudolf Spiess（CHE）

John J. Stein（'80, CFBE[10], CHE）

Scott Schwartz（'89, CEC, CHE）

Jürgen Temme（CMB, CHE）

Alberto Vanoli（CHE）

Howard Velie（CEC, CHE）

Gerard Viverito（CEC, CHE）

Hinnerk von Bargen（CHE）

Stéphane Weber（CHE）

Jonathan A. Zearfoss（CEC, CCE, CCP[11], CHE）

Gregory Zifchak（'80, CHE）

專業主廚要精通的主題有很多。特別感謝以下人士協助充實並審閱餐廳管理、食物安全、營養的相關篇章。

Marjorie Livingston（RD[12], CHE）

Richard Vergili（CHE）

本書的照片拍攝於學院所屬的工作室與廚房。感謝攝影師 Ben Fink，他的專業與技藝完美烘托出本書的文字、技術、食譜。

感謝本書的設計師 Vertigo Design 的 Alison Lew，將這本書編排得如此精美，感謝 Wiley 的編輯 Alda Trabucchi 不厭其煩地注意每個細節。最後，感謝責任編輯 Pam Chirls 的指引與眼光。

前言

INTRODUCTION

成為大廚是終生不斷追求的過程。烹飪是一門動態的專業，得面對最嚴苛的挑戰，但也能獲得最寶貴的回報。大廚永遠有更完美的境界要追求，更新的技能要熟悉。我們希望這本書可以成為你未來成長的跳板，同時作為一個參照點，讓你得以了解還有哪些知識尚待學習。

本書涵括的主題包羅萬象，內容適用於各類課程，既可以是現有課程規劃的一部分，也可以自行研讀。教師教學時可以選擇使用全部或部分內容，而學生可以把本書當成主要基本教材，精進自己的專業，或者當作參考工具來解決特定技法的特定問題。書中闡釋的技法均經過本學院廚房實際驗證，每一項都是眾多變化的其中一種，而沒有納入書中的其他技法也不代表有問題。經驗會讓學生學到許多行內的訣竅。儘管書名取為「專業大廚」，但本書讀者並不限於餐廳或飯店廚房工作者。無論是為客人還是為親朋好友而煮，烹飪的基本學問並沒有不同。因此，我們希望那些有意藉由烹飪來發揮創意的人，也把本書當成寶貴的工具。

由於本書用一種有邏輯的、循序漸進的方式編排，因此適用於各種教學情境。第1章介紹烹飪這門專業的歷史，並探究專業主廚與其他餐飲服務專業人士的技能與特質。（欲進一步認識餐桌服務與餐廳營運，請參考專書《為你服務》〔*At Your Service*〕或《餐飲服務管理》〔*Remarkable Service*，桂魯出版〕）。

由於餐飲是一門生意，因此第2章討論了食材成本的基本概念，還有如何改造食譜以用於特定的專業廚房。懂得如何改造食譜，在安排時程、控制成本和改善品質時，都十分實用。（欲進一步了解烹飪數學，請參考《廚房收益之書》〔*Math for the Professional Kitchen*，寫樂出版〕）。營養和食品科學已成為專業廚房的日常語言，所以第3章會回顧營養與科學的基本概念，尤其是跟於烹飪有關的部分。（欲進一步了解營養的烹調，請參考《健康烹飪的技術》〔*Techniques of Healthy Cooking*〕）。食物與廚房安全在餐飲服務中日益受到關注，第4章就介紹了十分重要的觀念與程序，以確保大家都在安全環境裡製作安全衛生的食物。

找到並選購最合適的食材，是在廚房工作的基本能力之一。第二部介紹了專業廚房裡的工具與食材，包括產品規格、選購，以及處理減少損失等問題的資訊。此處更分章介紹肉類、禽類與野味／魚類和蝦蟹貝類

／水果、蔬菜和新鮮香料植物／乳製品和蛋類，以及不易腐壞的食材，例如油、穀物、雜糧和乾燥義大利麵。

烹飪藝術固然不講求絕對精確，但大廚或學生都要先掌握基礎，才有能力應用技術，並知道品質的標準，如此才能開始理解烹飪的原理。第三部主要講解高湯、醬汁與湯。一開始的內容為基本準備技巧，例如製作、使用調味料、芳香食材混合（香草束與香料包）、綜合蔬菜高湯、稠化物（奶油炒麵糊與澱粉）。

第四部為烹煮肉類、魚類與貝類的技術。包括肉類與魚肉的分切，並示範如何燒烤、烘烤、炒、煎炒、翻炒、炸、蒸、水煮、燉、燜。這些重要的課程皆按部就班以照片清楚介紹，並有文字解說以及示範食譜。

在第五部，章節內容集中在蔬菜、穀物雜糧、義大利麵食與馬鈴薯的準備技巧。第六部則介紹早餐與冷盤，例如蛋、沙拉醬、三明治，以及冷盤，如法式肉派（pâtés）與法式肉凍（terrines）（更多資訊請參考《冷盤主廚》〔*Garde Manger: The Art and Craft of the Cold Kitchen*〕）。第七部介紹烘焙，特別介紹麵包與餐包、蛋糕與餅乾、西點類麵團與派皮，以及各種餡料、糖霜、淋醬、盤飾甜點。

學生只要熟悉了基礎，就可以運用本書形形色色的食譜去開啟無限的可能性。必須留意的是，本書的食譜以公制為主。食譜的量反應了真實生活中的烹調情境，有些品項，例如高湯與湯品，準備的量較大。而其他如炒或燒烤，是現點現做，每次只做幾份。較大型的烘烤、燜煮、燉煮、配菜等，通常一次準備10份。食譜中任何預先製作的醃醬、醬汁、配料通常是10份。這些量或許不見得適合一般學生。在大多數情況中，可以減量或增量，以製作出正確數量。不過，烘焙食譜的量是根據特定的重量比例，必須精確遵守。

本版的新面貌反映了我們對廚藝教學的想法：最佳的學習莫過於不只知道怎麼做，更知道「為何這麼做」。根據這個方法，任何程度的學生都能自信地在烹飪事業中走上新方向。

the
culinary
professional

烹飪的專業

第 一 部

第1章

introduction to the profession

烹飪專業入門

成為專業廚師是長達一生的旅程，要能掌握細節，並累積多年經驗。挑戰性高，要求嚴格。特定技術與所學知識會持續受到考驗，並不斷改進。廚師需要的專業訓練複雜而精確。決定學習的起點和學習的過程同樣重要。

成為專業廚師 becoming a culinary professional

成為這一行專家的第一步，是接受可靠完整、強調基礎的教育。對於有志成為專業廚師的人而言，在受到認可的學校接受正式培訓是非常好的開始。其他的方式包括參加特殊的實習計畫或自學課程。過程包括在不同廚房中跟著主廚學習，這主廚同時也負責經營專業廚房的日常業務。無論接受何種訓練，目標是確保能夠徹底了解烹飪技術的基本與進階知識。

建立專業同儕與業界人脈網絡對未來的發展很重要。成長的道路包括與他人合作、共享資訊、定期聯絡，可讓工作保持新鮮感，跟得上時代。

打造好人脈也可以讓你更容易找到新工作及有能力的員工。

職涯發展中應持續學習新技能，以取得競爭優勢，並鼓勵創新。參加進修教育課程、工作坊、研討會對你有益。你可透過以下管道持續接收最新訊息。

- 雜誌
- 電子報
- 教學影片
- 網站
- 政府出版品
- 書籍

專業廚師的特質 the attributes of a culinary professional

不管是老師、律師、醫生或廚師，各行各業的每個成員都該為專業形象負責。最出色的廚師知道，烹飪最基本的美德是開放而求知的心、無時無刻欣賞並致力於追求品質、富有責任感。成功還取決於幾項特質，有些是與生俱來，有些則是在職涯中勤奮培養。這些特質包括：

- **對服務的投入：**產品品質與是否能徹底滿足顧客是提供優質服務的關鍵。
- **責任感：**職業廚師的責任不只包括尊重顧客及顧客的需求，也包括尊重工作人員、食物、設備、廚房。
- **正確的判斷力：**在各種工作情境都能判斷什麼是對、適合的，要具備這種能力需要畢生的經驗。好的判斷力是成為專業人士且保持專業的先決條件。

主廚也是商人 the chef as a businessperson

剛開始工作時，高超的技術是廚師所能做的最大貢獻，但隨著職涯發展，廚師會轉換到明顯更需要執行、行政、管理等能力的職位。這並不代表將食物燒烤、煎炒、烘烤得恰到好處的能力沒有以往重要，而是代表要開始學習並承擔管理性質較高的任務與責任，轉換工作發展的方向。

成為優秀的主管：主管是替公司或組織發展使命或計畫的人。他們也負責開發出系統，以達成計畫。身為主管，必須承擔組織成敗大部分的責任。不過，主管的指揮不能脫離現實，也不會突然就變得成熟。甚至在穿上繡著「行政主廚」的外套前，就得開始發揮主管的能力了。

成為優秀的行政人員：一旦制定好整體目標或計畫，下一個工作就是實行並追蹤計畫。現在你已經有了行政人員的頭銜。有些行政工作聽起來並不那麼光鮮亮麗，包括準備班表、追蹤運送、計算成本等等。如果餐廳很小，主管與行政人員會由同一人擔任。這一個人也可能要穿制服、在第一線工作。最優秀的行政人員能夠讓所有人覺得將工作做好是每個人的責任。當你讓人們有機會協助決策，並提供他們工具，讓他們得以發揮最佳表現時，你會發現主管設立的目標更容易達成。

學習使用營業相關的重要工具，預算、會計系統、庫存管理系統都有重要功能。從最大型的連鎖企業到一人餐飲公司的許多組織，都得靠軟體系統有效管理庫存、採購、虧損、營收、獲利、食物成本、顧客投訴、預約訂位、薪資、班表、預算。如果沒有使用系統來追蹤上述的所有資料，你的工作效率就無法如你所願。

成為優秀的管理者：管理一家餐廳，或任何企業，要能很有效率地處理四大領域：有形資產、資訊、人（人力資源），以及時間。管理這些領域的能力越強，越有可能成功。目前許多管理系統都強調以品質作為衡量標準。經營的每個層面都要能夠改進顧客服務的品質。在我們探討有效管理可能需要做到哪些事情時，你需要一而再、再而三去問的基本問題是：某個部分改變（或不改變）會如何影響顧客服務或料理品質？競爭日漸激烈，除非你的餐廳與眾不同、比同業更好、速度更快、獨一無二，否則餐廳很有可能經營不下去，更遑論生意興隆了。

管理有形資產

有形資產是營業用的設備與用品。以餐廳來說，也可能包括食物與飲料的庫存、桌椅、桌布、瓷器、刀叉匙、玻璃餐具、電腦與 POS 系統、收銀機、廚房設備、清掃用具、洗碗機。我們在討論有形資產時，考慮的是必須購買或付費，且可能影響營業能力的任何東西。控制有形資產相關開支的第一步是知道實際支出項目，如此才能開始調整並建構控管系統，使公司以最高效率營運。對餐廳來說，最大的開支永遠是食物與飲料成本。你或採購人員必須努力開發並維持好的採購系統。本書第二部的資訊可以提供幫助。由於每家公司都有不同需求，因此沒有一成不變的規則，只有能應用於個人情況的原則。

管理資訊

你可能會常常覺得無法跟上工作相關的所有重要資訊。在現代社會，每天都會產生龐大的資訊量，你會這麼想也無可厚非。也因此，利用各種類型的媒體與科技去取得自己需要的資訊比以往更加重要。餐廳、菜單、餐廳設計的風尚都受到社會趨勢的強烈影響，例如更忙碌、更活躍的生活方式，以及對全球美食的興趣等。政治、藝術、時尚、電影、音樂的流行品味的確影響了大家對食物、用餐方式、用餐地點的選擇。收集資訊本身可能就是一項全職工作。要運用你取得的資訊，你必須要有能力仔細分析與評估，才能從無用的資訊中篩選出重要的材料。

管理人力資源

餐廳的營運有賴一些人的工作與付出，包括主管、行政人員到二廚、服務生、維修與清理人員。不管員工是多是少，能夠讓團隊裡所有員工投入工作是決定你能否成功的主要因素之一。

你的目標應該是創造環境，讓所有員工都覺得自己對公司有獨特且不可忽視的貢獻。首要的工作為建立清楚的標準，也就是工作說明。訓練則是另一項關鍵要素。如果想要員工有好表現，必須先解釋並說明自己期望看到的品質標準。你必須透過回饋、有建設性的批評，以清楚、客觀的評量方式，持續強調這些標準，必要時提供額外的訓練或懲罰措施。

人力資源的管理包括幾項法律責任。每個人都有權利在不會傷害身體的環境中工作。這代表身為雇主，你提供的工作場所必須有充足照明、適當通風，且無明顯危險（如未適當維護的設備）。員工必須有飲水及洗手間。在這些最基本的條件以外，你可以提供更衣室與洗衣設備，提供乾淨的制服與圍裙，或類似的便利設施。

勞工保險、失業險、失能險也是你的責任。你必須依法從勞工的薪資中扣除，並向政府申報完整的員工薪資。責任險（保障任何設備、員工及客人的損失）必須時時更新，維持在適當的層級。

你也可以選擇提供額外形式的輔助，作為員工福利的一部分。人壽保險、醫療險、牙齒保險、子女照顧、成人識字訓練、協助員工參加戒除藥物濫用計畫並給予支持，這些都是你應該要了解的項目。在勞工日益緊縮的就業市場，大方的福利計畫能讓你更有辦法吸引與留下人才。

管理時間

不管你多努力工作、做了多少規劃，時間感覺就是不夠多。學習新技能讓自己可以充分善用時間，這是你在職涯發展中必須持續學習的課題。全面檢查公司的運作，你就會知道時間浪費在哪裡。

在大多數公司中，前五大浪費時間的事情為「工作沒有清楚的優先順序」「員工訓練不足」「溝通不良」「組織不良」「缺少或未提供足夠工具來完成工作」。要對抗這些浪費時間的事情，請採用以下策略。

投入時間來回顧每天的營運：思考你、同事、職員一整天做了什麼。是不是每個人對工作的優先順序都有基本的了解？他們是否知道什麼時候該進行特定的工作以準時完成？仔細回顧一日流程，你可能會大開眼界。一旦知道自己和員工要走很遠的距離才能拿齊基本的物品，或洗碗工在開工後兩小時都沒事可做，你就能採取行動去解決問題。你可以重新安排儲藏空間，也可以訓練洗碗工去做一些準備工作，或重新調整班表，讓洗碗工晚兩小時開工。對工作內容與時間順序有客觀的了解，才有辦法節省時間。

投入時間訓練其他人：如果希望員工可以把工作做好，就要花足夠的時間仔細解說。帶著員工演練必須做的事情，確定每個人都知道怎麼做好工作、去哪裡可以找到必要的物品、每個人的職責範圍、該如何處理問題及危機。給員工一個標準，讓他們可以評估工作、判斷自己是否以正確方式準時達到要求。如果你沒有一開始就投入時間訓練，很可能要浪費寶貴的時間跟在員工後面收拾爛攤子、處理不該占用你時間的工作。

學習如何清楚溝通：不管是訓練新員工、介紹新菜色，或是訂購設備，清楚的溝通很重要。更具體來說，盡量使用最簡潔的語言，盡量簡短，但不遺漏必要的訊息。如果工作有多位員工經手，確定要將第一步到最後一步的每個工作寫清楚。鼓勵員工在不懂的時候發問。如果你需要增進溝通技巧，可考慮參加工作坊或研習會來改進弱點。

一步步創造有秩序的工作環境：如果你必須翻遍五個櫃子，才能找到剛剛存放雞湯的容器蓋子，那就代表時間運用不夠聰明。仔細規劃工作區域，思考備料與服務過程中會用到的所有工具、食材、設備，將類似的工作組合起來，可以讓工作更有組織。將大小型工具隨便放在一起會浪費很多時間。請將打蛋器、湯匙、勺子、夾子等常用物品放在空間充足且容易取得的儲存空間。小型設備的插座應該要在每個人伸手可及的地方。如果平面空間有限，可以留意有哪些產品與儲存方式能將不好的配置變得順手。

購買、更換、保養所有必要的工具：設備完整的廚房，要有製作菜單上每一道菜必須使用的工具。如果少了篩子這樣的基本工具，奶油湯就會不夠滑順。如果你的菜單有好幾樣煎炒的開胃菜、主菜、配菜，在洗鍋人員手忙腳亂地補充平底煎炒鍋時，你和二廚是否只能在一旁乾等？如果無法添購新設備，可以考慮調整菜單，分攤工作負擔。如果不能取消菜單上的菜，那就投資需要使用的工具，以免拖累出餐速度。

規劃職業生涯 planning your career path

無論你在考慮跳槽或計畫畢業後的工作，了解餐飲產業的各個領域對奠定生涯規劃的基礎很重要。設定短期與長期的目標，可以幫助你實現自己追求的事業。了解自己，認識自己的長處與弱點也會有所影響。下列是思考自己的職涯時可問自己的一般問題。

- 你覺得自己適合哪種環境（大企業／小公司、餐飲集團／公司、連鎖餐廳／獨立餐廳、頂級／高級／休閒餐飲）？
- 你喜歡小量還是大量？
- 你喜歡外場還是內場？
- 你尋找的是管理職訓練計畫或直接招聘的職位？
- 對你來說重要的是什麼，烹調、管理風格、地理位置、每日／每週工作時數，或為知名主廚工作？
- 醫療服務、認股選擇權、休假時間、固定的班表、季節性工作的選項，這些是你選擇工作時的先決條件嗎？
- 要達成你的長期目標，是否需要額外的能力或進一步的教育？

把這些問題的答案依重要性排序，並在設立職涯目標時銘記在心。

烹飪專業人員的工作機會 career opportunities for culinary professionals

不只飯店餐廳或傳統餐館需要烹飪專業人員。無論是公家或私人，以消費者為導向或學會機構，各式各樣的場合都需要專業廚師。業界日益重視營養、精緻、財務與品質管控，這代表無論是高級餐廳或是速食店都能提供有趣的挑戰。

下列是一些可以選擇的職涯規劃，以及普遍的優點與缺點。在你規劃職涯時，請將「成長」謹記於心，或許你無法在畢業之後立刻勝任管理職，但周詳的計畫可以讓你快速發展事業。

• **度假村、飯店、Spa：**這通常會有許多餐飲設施，包括頂級餐廳、客房餐飲服務、咖啡店、宴會廳。廚房很大，屠宰、酒席、糕點通常都另設廚房。這些企業大多需要各式各樣的外場與內場，有升職與換工作地點的機會，福利完整，許多公司也提供管理訓練課程。

• **獨立餐廳：**餐酒館、高級餐廳，以及家庭餐廳。有全套的菜單，客人由受過訓的服務生招待。要選擇這類工作時，請根據料理類型、主廚、規模來選擇餐廳。這些公司比較不可能提供福利或固定班表。

• **烘焙坊和咖啡店：**規模更小，專精於特定領域（麵包、婚宴蛋糕等）。比較不可能提供福利。

• **餐飲集團／公司：**內部可能有多種單位，通常也有管理訓練計畫和／或換工作地點的機會。大多數公司提供部分至完整的福利。

- **私人俱樂部：**通常會提供一些餐飲服務。可能簡單到用小烤盤供應三明治，也可能是完整的餐廳。差別在於顧客都是付費會員，餐飲費用的計價方式通常也和一般餐廳不同。
- **鄉村俱樂部：**依地區不同，工作可能是季節性的。鄉村俱樂部的範圍涵括相當高檔的設施到當地的高爾夫球俱樂部。許多俱樂部有固定的工作時間，並提供福利。你必須非常樂於滿足會員的需求。
- **外包餐飲服務公司：**許多工作都是在機構內部提供餐飲服務（中小學、醫院、大學、航空公司、矯正機構）。通常需要一份菜單，以及讓客人自己取用食物的自助餐廳。菜單會根據客人的需求、經營預算以及行政單位的預期來訂定。這些地方通常會提供許多外場及內場工作，也提供完整的福利，上班時間通常是週一至週五。許多企業有主管用餐室，依據企業要求的簡單或高雅程度來決定該提供何種食物、烹調方式以及服務型態。
- **外燴公司：**上至高檔活動規劃公司，下至較小型、較家常的菜單，有各種可能。這類公司提供特別的服務，通常是為特殊客戶的特定活動量身打造，以符合客戶的期望，例如婚宴、雞尾酒招待會、畫廊開幕。外燴業者可能提供到府服務（外燴業者到客戶的場地）或現場服務（客戶到外燴業者的場地），或兩者皆有。選擇的多寡取決於公司規模或是否提供到府或現場服務。
- **家庭取代餐（或外帶）食物服務：**重要性日益提升，原因是有越來愈多的情侶、單身專業人士、家庭想要在家享用美食，但又不想花時間準備。這些公司會準備一包包主菜、沙拉、配菜、甜點，供人外帶回家。許多超市現在也提供這樣的服務。
- **銷售：**公司規模大至產品多元的大型經銷商，小至專門的精品小店。許多業務人員以佣金為主要的工作收入，所以每個薪資週期的薪水多寡會有波動。

進一步的工作機會

下列的選擇可能需要進一步進修、深厚的業界經驗或其他技能。這些額外的選項大多有更「正常」或「固定」的工作時間，也提供完整福利。

- **教學：**高中／職業學校層級，需要學士學位加上政府執照。學院／大學層級，實際操作課程至少要有學士學位加上深厚的業界經驗（美國廚藝聯盟的認證更加分）。人文或商業課程除了需要業界經驗，也至少需要碩士學歷。
- **傳播／媒體／行銷／寫作／食物造型設計：**除了業界經驗外，大多需要其他學位（行銷、傳播或新聞）。大多數工作是特約工作。具備企業家的頭腦會是有利條件。
- **研究與開發：**工作機會的範圍廣泛，可能需要其他學位，例如食品科學、化學、營養、工程，也要有業界經驗。

真正的挑戰

- **企業家：**這條路或許最困難，但報酬也最多，原因是，景氣好時是你享受成功，但景氣差時也是你承受虧損。要成功，必須要有過人的生意頭腦與詳盡的計畫。許多企業要等好幾年才開始獲利，所以請準備好做長線思考。

廚房編制系統(the kitchen brigade system)

廚房編制系統是由埃斯科菲耶（Escoffier）建立，用以改善並簡化飯店廚房的工作，可解決員工職責劃分不清造成的職務混亂及重複。在此系統下，每個職位都有自己的工作站及明確的職責，如下文所列。規模較小的公司大多會簡化這個經典系統、調整責任，讓工作空間與人才發揮最大功能。人才短缺時也必須調整編制系統。引進新設備也可幫助解決小編制的一些問題。

• **主廚**（the chef）：負責廚房的一切運作，包括點餐、監督所有工作站，以及開發菜單，也稱為執行主廚（executive chef；法文 chef de cuisine）。副主廚（sous chef）則是副指揮官，對執行主廚負責，可能負責排班、代理主廚的工作、必要時協助廚師（station chef，或稱 line cook）。小餐館可能沒有副主廚。典型的廚房編制劃分如下：

• **醬汁廚師**（sauté chef；法文 saucier）：負責所有煎炒品項及其醬汁。通常被認為是要求最高、職務最重、最令人嚮往的職位。

• **魚類廚師**（fish chef；法文 poissonier）：負責魚類品項及其醬汁，通常也包括宰殺生魚。此職位有時與醬汁主廚合併。

• **烘烤廚師**（roast chef；法文 rôtisseur）：負責所有的烘烤食物，包括相關的肉汁（jus）與其他醬汁。

• **燒烤廚師**（grill chef；法文 grillardin）：負責所有燒烤食物。此職位可以與烘烤廚師合併。

• **油炸廚師**（fry chef;法文 friturier）：負責所有油炸食物。這個職位可以和烘烤廚師合併。

• **蔬菜廚師**（vegetable chef；法文 entremetier）：負責熱的開胃菜，通常也負責湯、蔬菜、義大利麵與其他澱粉類料理。在完全傳統的廚房編制系統中，湯是由湯品工作站（soup station；法文：potager）負責，而蔬菜則是由素菜廚師（legumier）準備。這個工作站也可能負責蛋料理。

• **跑場廚師**（roundsman；法文 tournant）：或稱 swing cook，在廚房各處適時提供協助。

• **冷盤廚師**（cold-food chef；法文 garde manger）：又稱為 pantry chef，負責準備冷盤，包括沙拉、冷盤開胃菜、法式肉派等，被視為廚房工作的另一種領域。

• **砧檯廚師**（butcher；法文 boucher）：負責屠宰肉類、禽肉，偶爾必須殺魚。砧檯廚師也要負責替肉裹粉。

• **甜點廚師**（pastry chef；法文 pâtissier）：負責烘焙的品項、酥皮、甜點。在大型餐廳，甜點廚師通常監督獨立的廚房區域或獨立的店舖。這個職位又可以劃分成以下專業領域：

• **糖果師傅**（confiseur）：負責糖果和酒會小點。

• **麵包師傅**（boulanger）：負責未加糖的麵糰，例如做麵包或圓麵包的麵糰。

• **冰品師傅**（glacier）：準備冰凍與冷的甜點。

• **裝飾師傅**（décorateur）：準備糕點裝飾與特殊蛋糕。

• **控菜員**（expediter 或 announcer；法文 aboyeur）：接受外場點單，傳遞給各個工作站的廚師，是菜餚離開廚房前，最後檢查菜色品質的人。在部分餐廳，這個工作可能由主廚或副主廚擔任。

• **員工餐廚師**（communard）：在當班期間準備員工餐（也稱家庭餐）的廚師。

• **助理廚師**（commis）：各工作站的學徒，學習工作站運作方式與職責。

外場編制系統(the dining room brigade system)

餐廳或外場的職位也有既定的指揮系統。

• **餐廳總管**（maître d'hôtel）：在美國服務業是餐廳經理（dining room manager），外場中責任最重的人。負責訓練所有服務人員、監督選酒、與主廚合作決定菜單、在服務過程中安排座位。

• **侍酒師**（wine steward；法文 chef de vin 或 sommelier）：負責餐廳所有層面的酒類服務，包括採購酒、準備酒單、協助客人選酒、以正確的方式上酒。侍酒師可能也負責烈酒、啤酒、其他飲品的服務。如果沒有侍酒師，這些工作通常由領班負責。

• **總領班**（head waiter；法文 chef de salle）：通常負責整個餐廳的服務。這個工作常與領班或餐廳總管合併。

• **領班**（captain；法文 chef d'étage）：在客人入座時最直接面對客人。負責解釋菜單、回答問題、接受點菜。通常也負責桌邊服務。如果沒有領班，這些工作會則由前檯服務生負責。

• **前檯服務生**（front waiter；法文 chef de rang）：確保每道菜上桌時餐具已擺好，餐點適當地送到桌上，並周到地即時滿足客人的需求。

• **後檯服務生**（back waiter 或 busboy；法文 demi-chef de rang 或 commis de rang）：通常是餐廳新員工被分配到的第一個工作。這個人負責收餐盤、倒水、補麵包、適時協助前檯服務生和／或領班。

其他工作機會

除了廚房與外場的職位，沒那麼傳統的工作機會也逐漸增加，這些工作中有許多並未牽涉到實際生產或餐飲服務。

• **餐飲部經理**：管理飯店與其他大型公司所有食品與飲料的銷售。

• **顧問或設計師**：與餐廳老闆合作，通常是在餐廳開幕之前協助開發菜單、設計餐廳的整體格局與氣氛、建立廚房的工作模式。

• **充分掌握資訊的業務員**：幫助主廚決定如何最能滿足他們對食物與農產品的需求，介紹主廚認識新產品，並示範新設備的使用方式。

• **老師**：是全國無數烹飪學校不可或缺的角色。大多數的老師都是廚師，與學生分享自己的經驗。

• **飲食作家與美食評論家**：討論美食趨勢、餐廳與主廚。當然，如果作家精通烹飪藝術，意義更大。飲食媒體的一些知名人士，例如詹姆斯．比爾德（James Beard）、克雷格．克萊本（Craig Claiborne）與茱莉亞．柴爾德（Julia Child）都是影響力非凡的老師，不只寫出指標性的食譜，也為報章雜誌撰文或錄製電視節目。

• **食物造型師與攝影師**：與各種出版品合作，包括雜誌、書、型錄，以及促銷與廣告文宣。

• **研發廚房**：僱用多位烹飪專業人士。經營者可能是開發新產品、食品線的食品製造廠，或是希望能推廣產品的諮詢委員會。研發廚房也可能由各式各樣的貿易或消費者出版物經營。

餐飲服務產業既有挑戰，也有回報，充滿自發精神。需要體力、動力以及開創性的影響力。那些表現最出色的人知道開放的溝通、有效的組織、適當的管理、有創意的行銷以及完整的會計制度是成功的必要條件。只要時機成熟，你的知識與經驗可望獲得充分肯定。

轉變中的產業 the changing industry

農業的類型

現在的主廚更了解我們所吃的食物應該在怎樣的系統中成長與製造。了解這些很重要，不只是為了解答顧客與用餐者的疑問，也是為了能夠幫助自己作出選擇。

農業系統包括耕地、生產作物、飼養牲畜。農人可選擇的系統有好幾種，以下僅列數項。

傳統農業

工業化農業系統的特色包括：

▹ 機械化

▹ 單一作物（生物多樣性較低）

▹ 使用合成物質，如化學肥料與殺蟲劑

▹ 追求最高生產力與最大獲利

有機耕作

包括：

- 可再生資源及生物循環，例如堆肥
- 沒有基因改造生物
- 沒有合成殺蟲劑、除草劑與肥料
- 沒有合成飼料、生長激素與抗生素
- 更關切動物福利

生物動力農業

除了有機外，生物動力農業也考量：

- 農場的動力、形而上、精神的層面
- 有形與無形領域的平衡
- 宇宙事件，例如按照月亮週期栽種

食品產業與文化結構息息相關。產業與其中的每個職業都反映了文化與社會變遷，有些是表面的，有些則是根本的。這些在產業的每個層面幾乎都能看到，例如食物是如何製作，哪些種類或類型的食物更容易食用，以及菜單與食譜的開發。

永續性

永續性是目前的焦點。在食物的世界中，「永續性」指的是以健康的方式飼養、種植、採收、捕獵，並確保土地在未來可以養活種植者與作物。對消費者健康，對作物、動物、環境也健康。永續農耕不使用有傷害性的殺蟲劑或基因改造食品，也不過度耕作、不傷害環境。永續農場也照顧工人，以人道方式對待動物。永續農業給予農人合理的報酬，以表示對他們的尊敬。永續性旨在支持與改善社區，尤其是農村的社群，也就是農場的所在地。

消費者、主廚、餐飲業者日漸意識到永續性的正面效應，以及如何過著永續生活。餐廳可利用以下幾個方式支持永續性：

1. **購買當地產品：**這讓主廚得以知道自己使用的食材是以怎樣的品質及條件飼養、種植、採收、捕獵。購買當地食材也提升季節性，並支持地方經濟。從遠方運來的產品通常已流失品質與新鮮度。隨著消費者逐漸意識到永續性及使用當地食材的重要性，這個概念也可以吸引消費者。
2. **使用祖傳品種：**祖傳品種和大多數市售產品不同。「祖傳品種植物」是同一食物科一代代流傳下來的栽培植物。有些祖傳品種的種籽已有50-100年歷史（因此完全未經過基因改造），與商用品種比起來，有獨特的基因組成。祖傳品種可能會有新的質地、顏色、風味，讓廚師可以融入任何菜單中。

   祖傳原生種產品是：

   - 自由授粉，產出相近的幼苗
   - 植物的獨特品種
   - 通常未大量繁殖
   - 以傳統方法生產
   - 通常是小規模種植
   - 通常限於特定區域
   - 通常已使用40-50年或以上

3. **建造永續餐廳：**除了出現在菜單上的食物，廚師與餐廳老闆在餐廳中也可以用其他方式實現永續的概念。舉例來說，使用太陽能或風力發電，減少能源成本以及化石燃料的使用。主廚可以採用回收計畫，不只回收玻璃、塑膠、紙，也回收可以轉為生物燃料的廢油。請查詢當地或全國資源，了解使餐廳更具永續精神的方式。

風味的全球化

食品產業還有一個面向至今仍不斷轉變，那就是全球料理的分享與交融。

烹調和社會中其他的文化元素一樣，在地理、宗教及其他因素的影響下，發展出今日的樣貌。反之，某道菜一出現，也會影響當地的文化及當地可能接觸過的任何外界文化。菜色的元素或許會形塑活動與慶典，成為文化規範，或被另一種文化同化，或成為文化本質的一部分，從而形塑或推動農業需求與農法。

在這樣的脈絡下，我們吃任何一餐都不只是為了維生。對現代廚藝的主廚及學生來說，以下資訊可能很有價值：了解跨越不同料理、文化、洲界的基本食材與製作技巧，是烹飪專業很重要的一部分。料理所反映的，不只是特定地區的食材、烹煮器具、餐具。這些元素對建立料理認同（culinary identity）無疑也相當關鍵。但僅有這些，也不足以構成料理。

共有的傳統與信仰也賦予料理特別的認同。具有文化特質的料理，是發展與維持族群認同的重要元素。從現在的觀點來看，對料理影響最為強大的，或許是推動食物與菜餚從一地「遷徙」到另一地的治理與貿易系統。海岸線的存在與否，同樣會強烈影響烹飪風格。氣候、土壤組成，以及農耕技術，也對料理有重大影響。

藉由料理，我們也得以表現與建立飲食的習俗（吃什麼、何時吃、和誰吃），包括簡單的餐食、慶祝活動以及儀式餐食。從全球主要宗教來看，不難看出宗教對料理的影響。在許多區域，鼓吹或禁止某種食物的官方命令，以及享用大餐、禁食、慶祝儀式的曆法通常相當普遍，豐富了料理的演變，且定義哪種料理才正統。舉例來說，印度教禁止特定種姓吃肉類，造就了無肉料理的深厚傳統。

在任何時代，食物從一地傳到世界的另一端幾乎都會影響料理的發展。儘管這些交流到了現代更快速頻繁，但在所有時代都很明顯。有時交流的主因是侵略者征服土地，有時貿易與相關活動扮演了重要角色。

無論是出於善意或侵略，料理交流的系統是所有料理歷史的一部分。新的食材總會設法融入傳統菜餚。新食材隨著時間變得屹立不搖，我們甚至忘了某道菜原本並不被當成道地的料理。許多美洲原生種食材（例如番茄）就是明顯的例子。現在，誰能想像沒有番茄的義大利料理？番茄已深植於義大利料理，誰都可能會誤會義大利才是番茄的原產地。

技巧也是了解特定料理烹飪方式的一扇窗。你或許已經想到，同一個技巧在不同地區可能有不同的名字。某些料理風格在某一地區很流行，這是因為那適合當地的生活方式與生活條件，有些風格則幾乎沒人知道。

研究單一料理需從好幾個層面著手。料理並非憑空出現，在你更深入探究今日手上這份食譜的歷史源頭時，或許你會發現食材是從東方傳到西方，或從舊世界傳到新世界，並取代了更早使用的食材。傳統的烹煮方式可能會隨著時間或其他原因而改變，像是必須替一大群人做菜，或受限於餐廳環境。

了解特定文化（無論是法國、印度或其他地方）的經典技術與料理，在你選擇現代化或改造傳統料理時相當有幫助。閱讀食譜、造訪餐廳與其他國家，並保持開放的心態，如此才能體驗世界多樣的美食。

第
2
章

menus and recipes

菜單與食譜

菜單是餐廳用來讓服務生與客人了解餐廳菜色的重要資訊。食譜則提供詳細的指示，協助廚房人員做出菜單上的菜色。除此之外，設計嚴謹的菜單及完整的食譜可幫助專業主廚簡化廚房營運、控制成本。

菜單 menus

菜單是威力強大的工具：行銷與銷售都有賴菜單。菜單建立並強化餐廳從瓷器與刀叉匙的風格到員工訓練需求的整體概念。菜單可幫助主廚安排一日的工作、訂購食材、減少浪費、增加獲利。菜單如何開發、如何調整以及如何訂定價格，都反映了餐廳的概念或經營計畫是否清楚明確。有時菜單會隨著經營計劃變得更精準而調整，有時是先有概念才有菜單，有時菜單是餐廳的準則，是餐廳概念演進時所留下來的特定印記。

菜單讓廚房的工作人員獲得關鍵的資訊，例如誰負責備料、擺盤、裝飾。某些裝飾、配菜、醬汁、醃醬可能會先備妥，如此一來，某道食譜的所有材料就都是由主廚或廚師為某個工作站準備的，或也有可能是由備料廚師準備某些材料。

單點或宴席菜單需要特定的事前準備工作，以協助廚師適應工作流程。即使沒有提供書面菜單給客人，專業的廚房仍需要某種形式的菜單列表，以讓工作順利進行。察看菜單，決定你與其他工作人員分別負責哪些菜，然後詳細閱讀食譜，了解服務開始之前，以及擺盤、菜餚上桌時必須做的所有工作。如此一來，服務應該就能順利進行。

食譜 recipes

食譜是以文字寫下某道菜需要哪些食材與準備步驟。食譜的形式取決於最終使用食譜的人，以及食譜呈現的媒介。

在開始按照食譜做菜之前，第一個步驟永遠是先將食譜完整讀一遍，了解實際上需要什麼。這個步驟可以讓你留意食譜中可能會有的任何意外，包括需要用特別的設備，或需要放隔夜冷卻。你也必須在這時候決定是否調整食譜。或許食譜只能做10人份，但你需要50人份，反之亦然。你可能需要換算食譜的單位（利用第16頁的「使用食譜換算因數轉換食譜分量」）。在增減食譜分量時，可能會發現需要調整器具以容納新的食材分量。你也可能會決定省略、增加或替換某種食材。這些決定都應該在備料跟烹煮前決定。

一旦讀過、評估過、調整過菜單，就該開始做烹飪前的準備工作。在許多食譜中，食材列表可能會加注在正式烹調或混合食材前，食材應該怎樣處理（例如濾煮或切成特定大小）。

準確測量食材

準確的測量對食譜來說很關鍵。為了控制成本，並確保品質與分量的一致性，每次撰寫食譜都必須正確測量食材與分量大小。

食材的採購與使用是根據三種測量方式：數量、容量與重量。購買時可能採取某個系統，使用時又用另一種系統。

數量是購買時的完整單位。「一個、一捆、一打」都是數量的單位。如果物品已經過處理、分級，並依照現有標準包裝，以數量測量食材就實用而準確。如果是需要預先處理或沒有任何現有購買標準的食材，計算數量就會較不準確。蒜瓣即可充分證明這一點。如果食譜說要兩瓣蒜頭，該道菜蒜味的濃烈程度就會因蒜瓣的大小而變。

容量則是測量固體、液體、氣體占了多少空間。「一小匙、一大匙、液量盎司、杯、品脫、夸脫、加侖、毫升、公升」都是容量的單位。標有刻度的容器（量杯）以及知道容量的器具（例如2盎司的勺子或小匙）都可用來測量容量。

容量測量最適合用來量液體，不過也可以測量固體，特別是小量的香料。用來測量容量的工具不一定都夠準確，尤其是經常必須增加或減少分量的時候。測量容量的工具不必符合任何法定標準。因此，用這組量匙、量杯、量壺量出的食材分量，跟另一組器具量出的量可能差距很大。

重量測量的是固體、液體、氣體的質量或重量。「盎司、磅、克、公斤」都是重量的單位。測量重量使用的是磅秤，而磅秤必須符合特定的準確標準。由於重量比容量更為準確，因此專業廚房通常偏好使用重量。

標準食譜

各個專業廚房使用的食譜稱為「標準食譜」。標準食譜是為了個別廚房的需求而量身打造，和出版的食譜不一樣。在所有餐廳中，撰寫清楚又準確的食譜是廚師的重要工作。食譜不只要列出食材名稱與備料步驟，還要寫明整體分量、分量大小、端菜與出餐的方式、擺盤資訊，也設定烹飪的溫度與時間。這些標準都確保質與量能夠維持穩定，讓主廚可以監督工作效率，減少廢棄物降低成本。

標準食譜也可以讓服務生熟悉菜色，讓他們能準確與誠實回答客人的疑問。舉例來說，餐廳使用的油可能會讓客人過敏，因此油對客人來說，就是很重要的資訊。

標準菜單可以用手寫，也可以使用食譜管理程式或電腦資料庫來記錄。標準食譜應該以一致、清楚、容易理解的方式記錄，而且所有員工都要能輕鬆取得。要指示廚房的工作人員嚴格遵守標準食譜，除非有其他指示，並鼓勵服務人員對食材或料理方式有疑問時去查閱食譜。

製作標準食譜時，盡量精確並保持一致。盡可能將以下要素納入標準食譜中：

- 品項或菜名。
- 分量資訊，以下列其中一項或多項方式表示：總重、總容量、總份數。
- 每一份的分量資訊，以下列其中一項或多項方式表示：有幾個（數量）、容量、重量。
- 食材名稱，以適當的細節來描述，盡量詳述種類或品牌。
- 食材的測量，以下列其中一項或多項方式表示：數量、容量、重量。
- 食材處理的指示，有時列於食材下，有時列於作法的其中一個步驟。
- 備料、烹煮、保存、端菜、出餐使用的設備資訊。
- 詳列烹煮前準備工作的步驟、享調方式、安全處理食物的溫度（參見第36頁的HACCP）。
- 服務資訊，如果有的話，描述如何收尾、擺盤、增加配菜、醬汁、裝飾，並列出恰當的出餐溫度。
- 保存及重新加熱的資訊，描述程序、設備、所需時間與安全儲存的溫度。
- 適當階段的關鍵控制點（CCP），為了要有安全的食物處理流程，寫明食材儲存、準備、保存與重新加熱時的溫度與時間。

食譜計算 recipe calculations

你常需要調整食譜。有時候食譜的量必須增加或減少。你可能需要將從別處取得的食譜調整為標準格式，或是必須將標準食譜改為特殊活動（例如宴會或招待會）所用的食譜。你可能需要把容量換算為重量，或將公制改為美制。你也要有能力轉換購買單位及食譜所列的單位。在某些情況下，你可能會被要求增加或減少食譜建議的分量大小。或者，你或許會想要計算某道菜的成本。

使用食譜換算因數轉換食譜分量

為了調整食譜分量來做出更多或更少的菜，你需要算出食譜換算因數（Recipe Conversion Factor; RCF）。得出因數後，必須先將所有食材的分量乘以RCF，然後將所得的值轉換成適合的分量。這可能需要將原本以數量計算的材料轉為以重量或容量計算，或去掉尾數變成適當的量。在部分情況下，必須依據自己的判斷力去決定無法按比例增減的食材，例如香料、鹽巴或是稠化物。

$$\frac{\text{希望的分量}}{\text{原本的分量}} = \text{食譜換算因數（RCF）}$$

NOTE：希望的分量與原本的分量必須是同樣的測量方式，才能使用這個公式。舉例來說，假使原本的食譜寫明有5份，卻沒有列出每份的大小，這時若想改變每份的分量，就可能需要做個測試，了解每份的實際分量。同樣的，如果原本的食譜列出的分量單位是毫升，但你想做出3公升，就得將公升換算成毫升，才能決定食譜換算因數。

新的食材分量通常需要一些微調，可能要捨去尾數，或換算成最合理的測量單位。有些食材只需要直接增加或減少。舉例來說，雞胸肉的食譜要從5份改為50份，只需要將5塊雞胸肉乘以10即可，不需要進一步調整。不過其他食材，例如稠化物、芳香植物、調味料、發酵劑等，可能不能直接相乘。如果4人份的湯需要2大匙的麵粉來做出奶油炒麵糊，做40人份不見得真的需要20大匙（1¼杯）的麵粉來增加稠度。唯一確認的方法是測試並調整新的食譜，直到你對結果感到滿意，並記得將量記錄下來。

換算食譜分量時，其他要考慮的還有必須使用的器材、面對的生產問題、工作人員的技術水準。在這時候，要重寫步驟去配合的自己餐廳。這個工作很重要，唯有這樣才能發現你是否需要進一步改變食材與烹調方式。舉例來說，4人份的湯可以用小鍋子，但40人份的湯需要更大的器具。不過，使用大容器會導致蒸發率提高，因此烹煮時可能需要蓋上鍋蓋，或增加液體來補足蒸發的量。

換算分量大小

有時候你也需要調整某道食譜的分量大小。舉例來說，假設有道湯是4人份，每份240毫升，可是你需要做出40份，每份180毫升。

請依照下列步驟換算：

1. 計算原本的總分量與希望的總分量。

   份數 × 每份的量＝總分量

   舉例：

   4 × 240毫升＝960毫升（原本的總分量）

   40 × 180毫升＝7200毫升（期望的總分量）

2. 計算食譜換算因數，依據上述描述調整食譜。

   舉例：

   $$\frac{7200\text{毫升}}{960\text{毫升}} = 7.5 \text{（食譜換算因數）}$$

一旦使用的測量單位是盎司時，很容易搞混這究竟是重量或容量。請記得，重量的單位是「盎司」，而容量的單位是「液量盎司」。1個標準量杯相當於8液量盎司（240毫升），但量杯內容物的重量不見得都是8盎司。一杯（8液量盎司）玉米片的重量可能只有1盎司，但一杯（8液量盎司）花生醬有9盎司重。水是唯一可假設1液量盎司等於1盎司重的物質。至於其他的物質，如果是以盎司表達分量，就秤重；如果是液量盎司，就用準確的液體（或容量）測量用具。

將容量換算為重量

只要知道食材一杯（按食譜要求準備）的重量，就能將容量換算成重量。這類資訊可以在圖表或食材資料庫找到（參見本書〈附錄〉）。你也可以按照以下步驟計算或記錄。

1. 按照食譜指示準備食材：麵粉過篩、堅果切碎、蒜頭切末、乳酪磨成粉等。
2. 將測量容器放在磅秤上，磅秤歸零（或稱「扣重」）。
3. 將測量容器正確地裝滿。液體請用有刻度的量杯或量壺，裝到想要的量。為了確保測量準確，請彎下腰，使視線與刻度與平行。測量容器必須放在水平的表面才能準確測量。測量乾食材的容量時，使用多件一組的測量用具。測量時多裝一點，然後刮掉過多的食材，將表面弄平。
4. 將裝滿的測量工具放回磅秤上，將重量（克）記錄在標準食譜中。

換算公制與美制

公制系統幾乎是全球通用，為十進位系統。克是重量的基本單位，公升是容量的基本單位，公尺是長度的基本單位。加在基本單位前方的字首代表較大或較小的單位。舉例來說，公斤（kilogram）是1000克（gram），毫升（milliliter）是1⁄1000公升（liter），公分（centimeter）是1⁄100公尺（meter）。

美制是大多數美國人熟悉的系統，以盎司與磅來表示重量。以小匙、大匙、液量盎司、杯、品脫、夸脫、加侖來測量容量。與公制不同的是，美制系統不是進位制，不容易增加或減少分量。因此，要記下不同單位如何換算，或是手邊隨時放著一張對照表（參見本書〈附錄〉）。

現代的測量器材大多可以同時測量公制及美制。不過，如果你沒有食譜使用的測量系統所需的測量器材，就得換算成另一套系統。

計算進貨成本（As-Purchased Cost; APC）

大多數向供應商採購的食物都是以一箱、一盒、一袋、一小盒的批發量來包裝與計價。但在廚房中，同一包食材不見得會同時使用，通常會分拆並用於不同菜色。因此，為了統計每道菜的正確價格，必須將包裝價換算為單位價，並以每磅、每個、每打、每夸脫多少錢來表示。

如果你已經知道一包東西裡有多少單位，就能以進貨成本除以包裝中的單位數，得出每單位的成本。

$$\frac{\text{進貨成本}}{\text{單位數}} = \text{每單位進貨成本}$$

如果知道每單位的價格，可以將每單位成本乘以單位數得到總成本。

$$\text{每單位成本} \times \text{單位數} = \text{總進貨成本}$$

計算新鮮水果與蔬菜的分量，並決定分量的比例

許多食物都需要經過修整才能實際使用。為了得出這些食物的正確成本，也必須計入修整後的損失。

以這點來說，百分產率（yield percent）是決定訂貨量的重要資訊。

第一，先用發票來記錄進貨量（as-purchased quantity; APQ），或在處理、切塊前秤重。

舉例：
進貨量＝2.27公斤（＝2270克）胡蘿蔔

將材料依照需求整理、切好，將可食用分量裝在不同的容器中，分開秤重，將重量記錄在成本表中。

進貨量－整理損失＝可食用分量

舉例：
2270克胡蘿蔔（進貨量）－250克胡蘿蔔整理損失＝2020克胡蘿蔔切片

接下來，將可食用分量除以進貨量：

$$\frac{\text{可食用分量}}{\text{進貨量}}=\text{產率}$$

舉例：

$$\frac{\text{2020克胡蘿蔔切片（可食用分量）}}{\text{2270克胡蘿蔔（進貨量）}}=0.89$$

將小數乘以100，換算為百分比：百分產率＝89%

NOTE：若要更了解以上的烹飪數學主題，可參考蘿拉·德雷森（Laura Dreesen）、麥可·諾納格（Michael Nothnagel）、蘇珊·懷薩奇（Susan Wysocki）所著之《廚房收益之書》。

利用百分產率計算進貨量

由於許多食譜假設所列的食材都已經修整好，在採購食材時必須考量因修整而損失的食材量。在這個情況，可食用分量必須換算為進貨量，修整後才會得到需要的可食用分量。採購時，可將百分產率當成計算工具。

$$\frac{\text{可食用分量}}{\text{百分產率}}=\text{進貨量}$$

舉例來說，食譜要9公斤洗淨、切絲的甘藍菜。甘藍菜的百分產率是79%。9公斤除以79%（0.79）得出11.4公斤，即為最低進貨量。

由於百分產率是估計值，因此以這種方式算出的進貨量一般都會四捨五入到整數。有些主廚會提高數字，另外增加10%以計入人為疏失。必須記住，不是所有食材都會有損失。許多加工或精製食物的百分產率為100%，如糖、麵粉及乾燥香料。其他食物的百分產率則取決於上桌的型態。舉例來說，食材上桌時是切片（半顆香瓜）或食譜寫的是數量（15顆草莓），就不必考慮百分產率。採購時必須採購正確的量，才能做出正確的份數。不過，如果是做水果沙拉，已知每一份需要57克的哈密瓜切塊與28克的草莓切片，在採購時就必須考慮到百分產率。

使用百分產率計算可食用分量

有時候你必須計算從生食材中可取得多少分量。舉例來說，如果有9公斤重的四季豆，一份需要200克，要知道可以做幾份，必須先計算四季豆的百分產率，可以參考百分產率清單或作個產率測試。只要知道百分產率，就可以計算四季豆經過處理後有多少重量。

進貨量 × 產量率＝可食用分量

舉例：
9公斤四季豆（進貨量）× 0.88（產率）
＝7.9公斤四季豆（可食用分量）

可食用分量是7.9公斤。第二道步驟是計算如果每份200克，7.9公斤可以分成幾份。必要的話，將分量大小（此處是200克）換算成跟可食用分量同樣的單位（此處是1公斤）。1公斤是1000克，1份等於⅕或0.2公斤。

$$\frac{\text{可食用分量}}{\text{每份分量}}=\text{份數}$$

舉例：

$$\frac{\text{7.9公斤四季豆（可食用分量）}}{\text{每份0.2公斤}}=\text{39.5份}$$

以四季豆的例子來說，可以獲得完整的39份。如果出現小數點，要無條件捨去，原因是你不可能把只有一部分的餐點端給客人。

計算可食用分量成本

如前文所討論的，食譜通常假設食材已修整完成，所以計算一道菜的成本時，可用進貨成本計算可食用分量的成本，只要兩者的單位是一樣的就好。

$$\frac{\text{進貨成本}}{\text{產率}}=\text{可食用分量成本}$$

舉例：

$$\frac{\text{胡蘿蔔每克0.12元（進貨成本）}}{\text{0.75（切為橄欖形的胡蘿蔔的產率）}}$$

＝切為橄欖形的胡蘿蔔每克0.16元（可食用分量成本）

可食用分量 × 可食用分量成本 ＝ 總成本

舉例：

120克的胡蘿蔔切塊 × 胡蘿蔔切塊每克0.16元
＝每份19.2元（總成本）

計算廢棄食材中可使用部分的價值

食材切除不用的部分通常可以用於其他料理。舉例來說，若把胡蘿蔔切成橄欖形，而不是切塊或切片，切除的部分可以用來煮湯、做濃湯或用於其他料理。利用產率測試，可以估算切除的食材有多少價值。首先，決定食材的用途，找到每單位成本與產率。舉例來說，如果用胡蘿蔔切塊剩下的部分來做湯，切下的胡蘿蔔的成本和已經修整好、切好的胡蘿蔔一樣。

舉例：

$$\frac{\text{120元（每公斤的胡蘿蔔進貨成本）}}{\text{0.89（切塊胡蘿蔔的產率）}}$$

＝135元（可使用胡蘿蔔切塊每公斤的價值）

有些食材切除的部分有多種用途。舉例來說，牛前腰脊肉（strip loin）切除的部分可以用在多種料理中，像是用來取代絞肉澄清高湯，用更多的肉去做墨西哥烤肉的餡料。替切除的食材找到其他用途可以降低成本，也減少浪費。

有效利用食譜 using recipes effectively

在專業廚房裡，食譜可以用來改善效率與組織，並增加利潤。一旦知道洋蔥與胡蘿蔔大約的百分產率，只要進一次儲藏室就能拿到正確分量。如果知道每公斤菲力牛排的進貨價格與修整過端上桌的牛肉的每公斤實際價格之間的差距，就能更有效減少損失，並降低整體食材的成本。學習仔細讀懂食譜，並更有效率地使用食譜，是發展專業技能的重要步驟。

肉販的產率測試 the butcher's yield test

肉販的產率測試是用來找出分切肉、魚肉、禽肉的確實成本。這項測試可用於決定分切肉中可使用的量與切除的量，以計算可食用部位的價值，這不只包括送上桌給客人的肉，還有用於燉煮高湯的骨頭，以及做成絞肉、法式肉派、湯品與其他菜色的剩肉。

一般流程

選好用來測試的肉，並記錄進貨重量（整個流程請用同一個磅秤）。以需要的規格把肉分切好。將所有部位（骨頭、脂肪、可食用的肉、切除但仍可用的肉）放在不同的桶子或盤子裡，並記錄所有重量。

以購買的價格計算肉的價值，並以市場價值計算脂肪、骨頭以及切下來仍可使用的部分。舉例來說，如果把瘦肉留下做絞肉，這部分的價格便以絞肉的市價計算。

1. **計算進貨成本：**

   進貨重量 × 每公斤進貨價格＝進貨成本

   舉例：

   12 公斤 ×92 元 / 公斤＝1104 元（進貨成本）

2. **分切肉：**

   舉例：

   將 # 103 大塊烤牛肋排切成 # 109 牛肋排（烤好）

3. **計算切掉部分的總重及價值：**

   切下的脂肪重量 × 每公斤市場價值＝價值（脂肪）
   \+ 切下的骨頭重量 × 每公斤市場價值＝價值（骨頭）
   \+ 切下但仍可用的肉 × 每公斤市場價值＝價值（肉）

   切下部分的總重 ＝總價值

舉例：

1公斤脂肪	×78元 / 公斤	＝78元
+2公斤骨頭	×21元 / 公斤	＝42元
+3公斤還可使用的肉	×92元 / 公斤	＝276元
6公斤切下部分的總重		＝總價值396元

4. **計算新分切部位的重量：**

進貨重量－切下部位的重量＝ 新分切部位的重量

舉例：

12公斤的進貨重量－ 6公斤切下部位的重量

＝6公斤新分切部位的重量

5. **計算新分切部位的成本：**

進貨成本－ 切下部位的總價值＝ 新分切部位成本

舉例：

1104元－ 396元＝708元（新分切部位成本）

6. **計算新分切部位的每公斤成本：**

$$\frac{\text{新分切部位成本}}{\text{新分切部位重量}} = \text{新分切部位每公斤成本}$$

舉例：

$$\frac{708\text{元}}{6\text{公斤}} = 118\text{元 / 公斤}$$

7. **計算成本因數：**

$$\frac{\text{新分切部位每公斤成本}}{\text{每公斤購買價格}} = \text{成本因數}$$

舉例：

$$\frac{118\text{元 / 公斤}}{92\text{元 / 公斤}} = 1.28$$

8. **計算百分產率：**

$$\frac{\text{新分切部位重量}}{\text{進貨重量}} = \text{百分產率}$$

舉例：

$$\frac{6\text{公斤}}{12\text{公斤}} = 0.5 = 50\%$$

9. **從分切部位計算最後成品的份數：**

新分切部位重量 ×1000克＝總克數

$$\frac{\text{總克數}}{\text{分量大小（以克計算）}} = \text{份數}$$

舉例：6公斤整理過的肉可以得到幾份330克的肉？

6公斤 ×1000克＝6000克

$$\frac{6000\text{克}}{330\text{克}} = 18.18\text{份（完整的18份）}$$

10. **計算每份成本：**

$$\frac{\text{新分切部分每公斤價格}}{1000\text{克}} = 1\text{克成本}$$

1克成本 × 分量大小＝每份成本

舉例：一份330克的肉成本多少？

$$\frac{118\text{元/公斤}}{1000\text{克}} = 0.118\text{（1克成本}= 0.118\text{元/克）}$$

0.118×330克＝38.94元（每份成本）

第3章

the basics of nutrition and food science

營養與食物科學的基礎

營養指的是飲食與健康的研究。透過了解這門研究，身為餐飲專業人士的我們得以順應並豐富用餐者的飲食偏好與限制。為了符合現代生活型態的飲食需求，我們必須了解人們吃與不吃特定食物的各種理由。對顧客的關注不僅限於食物風味與質地，如今更延伸到營養優質的健康飲食。

營養的基礎 nutrition basics

除了提供富含風味的選擇，了解熱量與營養的功能對餐飲專業人士也有助益。首先，熱量與營養用於人體的成長、維持與修復。熱量以卡路里為單位，來源包括碳水化合物、蛋白質、脂肪、酒精。前三項是主要的營養素，但酒精不是。我們會說營養素豐富、卡路里相對較少的食物來源具有「營養緻密性」（nutrient dense）。

碳水化合物

碳水化合物提供肌肉運動與紅血球所需的能量，也在脂肪新陳代謝的調節中發揮作用。碳水化合物是由較小的單位「單一碳水化合物」與「複合碳水化合物」組成，要讓身體有效率地運作、滿足身體的熱量需求，就少不了碳水化合物。單一碳水化合物（通常是糖）可在水果與果汁、奶製品、精製糖中找到。複合碳水化合物（通常是澱粉）可在植物性食物中找到，包括穀物、豆類與蔬菜。含有複合碳水化合物的食物，在健康的飲食中通常也是其他重要營養素的良好來源，包括維生素與礦物質。

蛋白質

對於身體組織的成長與維護，對於賀爾蒙、酵素、抗體分泌以及體液調節來說，蛋白質都是必需營養素。蛋白質的基本單位稱為胺基酸。人體無法製造、必須透過飲食取得的必需胺基酸有9種。所有蛋白質含量高的食物都含有部分或全部必需胺基酸。

蛋白質食物可分為「完全蛋白質」與「不完全蛋白質」，差別在於是否含有必需胺基酸。完全蛋白質含有比例正確的全部9種必需胺基酸，可支援成人的身體去生產其他蛋白質。豬牛羊肉、禽肉、魚肉是完全蛋白質的良好來源。

不完全蛋白質（如蔬菜、穀類、豆類、堅果）不含有所有必需胺基酸。不過，每種食物都各含有部分必需胺基酸，只要與其他不完全蛋白質結合，即可成為完全蛋白質。下列提供素食者肉類以外的完全蛋白質組合：

- 穀類與豆類
- 小扁豆與米飯
- 義式麵食與豆類
- 墨西哥麵粉薄餅與豆類
- 豆腐與米飯
- 鷹嘴豆泥醬與希臘袋餅

脂肪

注重飲食的人通常十分顧慮脂肪。儘管脂肪攝取過多的確對健康有害，原因在於會增加冠狀心臟疾病、肥胖與特定癌症的風險，然而脂肪仍是提供熱量、讓身體運作的必需營養素。

目前的飲食建議都強調脂肪攝取的種類及量。日常的脂肪來源應為單元不飽和脂肪酸與多元不飽和脂肪酸。儘管攝取超出建議量的脂肪通常會造成體重增加與肥胖，但總熱量攝取過多才是問題的根源。

膽固醇是與脂肪有關的化合物，可分為飲食與血清兩類。飲食膽固醇僅能從肉食攝取。血清或血液膽固醇出現在血流中，是生命不可或缺的元素。由於人體可自行合成所有膽固醇，因此成人不需攝取膽固醇。高膽固醇的食物通常脂肪含量也高。無論每天攝取多少熱量，膽固醇的建議攝取量為不超過300毫克。

維生素與礦物質

維生素與礦物質需要的量比蛋白質、碳水化合物、脂肪少，為無熱量的必需營養素。維生素可分為水溶性與脂溶性。水溶性維生素可溶於水，容易透過血液在人體中流動。脂溶性維生素則儲存在脂肪組織中。兩種維生素及礦物質可以從許多食物來源中取得。因為沒有任何一種食物含有比例正確的各種必需營養素，也沒有哪種藥物或補給品可以彌補不健康的飲食，因此，攝取各種食物，達到飲食均衡，是滿足營養需求最健康的方式。維生素與礦物質的功能與來源列表請參見第26頁。

菜單開發與營養 menu development and nutrition

只要飲食提供均衡的營養素，就能輕鬆攝取足夠的熱量與營養素。雖然無從得知顧客在進入餐廳前吃了什麼，但預測顧客可能會點的菜色組合，就能夠設計餐廳菜單，確保客人獲得美味、營養、均衡的餐點。

儘管飲食指南的建議持續改變，但有一件事沒有改變：要維持健康體重，必得控制分量。每個人最適合的分量大小主要取決於每日熱量需求，而需求是取決於年紀、體型、身材、身體活動的程度。脂肪、油脂、甜食的建議攝取量相當低。在菜單中提供豐富的穀物、蔬菜、水果，以及少量的油脂、飽和脂肪、膽固醇，以及適量的糖、鹽、鈉，有助於顧客實行健康的飲食計畫。

由於消費者日益意識到均衡飲食的必要，因此也給了專業主廚改變的機會。開發健康、美味、令人滿足的菜色既簡單又值得。

以下是開發健康料理的原則。這些準則的用途是作為食材選擇、烹飪技法、飲品供應的參考。你可以藉此去探索新風味與健康料理。

- 選擇營養緻密性高的食材。
- 在儲存、處理所有食物時，都以保存最佳風味、質地、色澤、整體營養價值為目標。
- 在菜單的所有類別都加入多種植物性料理。
- 脂肪不論是用來作為食材，或者作為備料或烹飪的一部分，量都要控管。
- 給客人分量適當的食物。
- 謹慎並有意識地使用鹽。
- 提供各類飲料，包括酒精與非酒精類飲料，與菜單相輔相成。

健康的替代食材

只要簡單地改良現有食譜，更健康的菜餚便唾手可得。

原食材	改良過
1顆蛋	2顆蛋的蛋白
以奶油煎炒	以肉汁或高湯炒出汁
1杯蛋黃醬	½杯蛋黃醬加上½杯無脂優格
1杯酸奶油	1杯無脂優格加上1-2大匙的白脫乳或檸檬汁，每226克優格加1大匙麵粉
1杯高脂鮮奶油	1杯蒸發脫脂鮮奶

你會發現提供多樣選擇是值得的。持續努力滿足顧客的需求，應該是你與員工永不間斷的挑戰。請參考美國廚藝協會的《健康烹飪技巧》（*Techniques of Healthy Cooking*；暫譯），可看到更多關於營養、創新食譜、特定技法的討論。

維生素與礦物質：功能與常見來源

水溶性維生素

名稱：維生素 B 群，包含硫胺素(B)、核黃素(B2)、菸鹼酸(B3)、葉酸(B9)、生物素(B7)、泛酸(B5)、B6、B12

功能：讓能量在身體中適當釋放

食物來源：穀物、豆類、蔬菜、動物蛋白質(B12 只能透過肉食攝取)

名稱：維生素 C

功能：增加身體對鐵的吸收；協助身體組織的成長與維護，提升免疫系統；增進抗氧化性

食物來源：水果與蔬菜(莓果、瓜果、番茄、馬鈴薯、綠色葉菜)

脂溶性維生素

名稱：維他生素 A

功能：有助維持正常視力、骨頭成長與再生、細胞分裂與分化；管理免疫系統；維持人體上皮完整

食物來源：動物蛋白質如肝與雞蛋；維生素前驅物(β 胡蘿蔔素)可透過橘色、深黃色、暗綠色的葉菜類攝取。

名稱：維生素 D

功能：協助骨頭正常生成

食物來源：牛奶、部分玉米片與麵包、脂肪含量高的魚、蛋黃

名稱：維生素 E

功能：保護身體不受自由基的傷害，增進抗氧化性

食物來源：堅果、種籽、種籽油、酪梨、地瓜、綠色葉菜

名稱：維生素 K

功能：協助血液凝固

食物來源：深綠色葉菜，如波菜、羽衣甘藍、青花菜

礦物質

名稱：鈣(人體含量最多的礦物質)

功能：用於發展骨骼與牙齒，調節血壓，協助肌肉收縮、神經脈衝傳送、血液凝固

食物來源：奶製品(奶、優格)、青花菜、綠色葉菜

名稱：磷

功能：在能量釋放的反應中扮演重要角色；與鈣一起維護骨骼與牙齒

食物來源：動物蛋白質、堅果、玉米片、豆類

名稱：鈉與鉀(電解質)

功能：協助調節人體功能，幫助維持身體正常的體液平衡，參與神經與肌肉運作

食物來源：許多食物都富含鈉；幾乎所有水果與蔬菜都含有鉀

名稱：鎂

功能：促進牙齒與骨骼健康、肌肉收縮、神經傳導及腸道功能

食物來源：綠色蔬菜、堅果、豆類、全麥

名稱：氟

功能：協助預防蛀牙，可能可預防骨質疏鬆

食物來源：鹹水魚、貝類、茶

名稱：碘

功能：維持甲狀腺正常運作的必需營養素；協助調節新陳代謝、細胞氧化及成長

食物來源：食鹽、鱈魚、穀類

名稱：鐵

功能：協助血液將氧氣由肺部帶到細胞；參與細胞能量新陳代謝

食物來源：肝與紅肉、全麥、豆類、綠色葉菜、水果乾

食物科學的基礎 food science basics

烹調的過程中，有數十項科學原理在發揮作用。為了介紹食物科學，這一節提供最基本的原理概要。若想更了解這個主題，請見第1181頁列有食品科學參考資料的〈參考書目與資源來源〉。

熱傳遞

烹飪是為了進食而加熱食物的動作。食物烹煮時，風味、質地、香氣、顏色、營養素會在過程中改變。

熱能傳遞至食物的方式有三種。「熱傳導」是利用相鄰的分子直接傳遞熱能。以平面爐烹飪即是熱傳導，熱能由高溫爐面的分子傳導到相鄰鍋底的分子，然後由鍋底傳遞至鍋側，以及鍋內的食物。鍋子必須直接接觸爐面，傳導才會發生。

有些材料有較好的熱傳導效果。一般來說，大多數的金屬傳導效果都相當好，而瓦斯（氣體）、液體與非金屬固體（玻璃、陶瓷）傳導效果較差。因為熱傳導需要直接接觸，因此速度相對慢，不過，相鄰分子之間緩慢、直接的熱能傳遞過程能讓食物從外到裡煮熟，外層熟透，而內部仍濕潤多汁。

「熱對流」是透過氣體或液體傳遞熱能。氣體或液體加熱時，最接近熱源的氣體或液體溫度先升高，由於密度變低，因此會往上升，並被溫度較低、密度較高的氣體或液體取代。因此，熱對流結合了熱傳導與混合。

對流可透過自然或機械方式產生。把一壺水放到爐子上煮沸，就會產生自然對流。熱傳導將熱能由爐子傳遞至與水壺內層接觸的水分子。隨著水分子溫度升高，對流讓水分子移動到其他地方，由溫度較低的分子取而代之。如此持續不斷的動作造成水對流。如果把馬鈴薯放入水中，對流的水流會將熱能傳遞到馬鈴薯的表面，此時熱傳導開始發揮作用，將熱傳遞至馬鈴薯的中心。

「機械式對流」則發生在攪拌，或以風扇加速並使熱能散布變得均勻。攪拌濃稠的醬汁可使溫度上升更快，並避免鍋底燒焦，這就是機械式對流。對流式烤爐使用風扇以使熱空氣快速流動，可以比傳統烤爐烤得更快更均勻（傳統烤爐中，接觸加熱元件的空氣流動時會發生自然對流，不過傳統烤爐中大部分的熱傳遞是紅外線輻射的結果）。

「熱輻射」是透過電磁能量波迅速穿過空間來傳遞熱能。能量來源不需與食物直接接觸。當電磁波穿透空間，擊中物質並被吸收時，物質中的分子會震動得更快速，使溫度升高。廚房中有兩種輻射很重要：紅外線輻射與微波輻射。

食物科學的六大基本原理

要成為專業廚師，必須了解食物在特定情況下如何反應。從創造風味豐富的菜餚到開發出創新的捷徑，廚師每天都面對挑戰。食物科學的六大基本原理如右：

1. 焦糖化
2. 梅納反應
3. 糊化
4. 變性
5. 凝結
6. 乳化

「紅外線輻射」的來源包括炭爐裡燒紅的木炭，或是烤吐司機、炙烤爐、烤爐裡發熱的線圈。輻射能的波會從熱源朝四面八方散開，食物與廚具因吸收能量波而加熱。深色、無光澤、粗糙的表面比淡色、光亮、平滑的表面更能吸收輻射能。透明玻璃可讓輻射能穿透，所以傳統烤爐的溫度應比對流式烤爐低約14℃，以抵消使用玻璃烤盤時額外傳遞的熱能。

微波爐產生微波輻射，透過波長短而高頻的電磁波傳遞熱能。食物吸收了微波後，食物分子就會震動得更快而變熱。微波輻射烹煮食物的速度比紅外線輻射更快，原因在於可穿透食物，深度達數公分，而紅外線僅能被食物的表面吸收。食物成分不同，對微波的反應也不同。濕、甜、脂肪含量較高的食物最能吸收微波，且溫度更快升高。

不過，微波烹調有幾項缺點。微波最適合烹煮少量食物。以微波爐烹煮的肉類會流失較多水份，容易變乾。微波爐也無法使食物褐化，也不能使用金屬，因金屬反射微波會起火並破壞微波爐。

糖與澱粉的加熱反應：焦糖化、梅納反應、糊化

如本章先前所述，碳水化合物有不同形態，接觸熱能時也各有不同反應。以基礎食物科學角度來看，碳水化合物的兩種形態（單一與複合碳水化合物）分別是糖與澱粉。

糖接觸到熱能時，會先融化成濃稠的糖漿。隨著溫度持續升高，糖漿的顏色從透明轉為淡黃，並逐漸變成深褐色。轉為褐色的過程稱為「焦糖化」。焦糖化是複雜的化學反應，除了顏色改變外，糖的風味也會變得濃郁複雜，也就是我們所熟知的焦糖味。不同種類的糖會在不同溫度焦糖化。白砂糖熔化的溫度是160℃，並在170℃焦糖化。

至於不是以糖或澱粉為主的食物，則是在另一種反應中褐化，也就是梅納反應。這個反應牽涉到的是糖與胺基酸（蛋白質的基本單位）。加熱時，這些成分會出現反應，產生無數化學副產品，結果是食物變成褐色，並帶有強烈的風味與香氣。正是這個反應，讓咖啡、巧克力、烘焙食品、黑啤酒、烤過的肉與堅果有濃郁的風味與顏色。

電磁爐烹調

電磁爐烹調是相對新的烹調方式，透過特殊設計的爐具傳導熱能。爐子以平滑的陶瓷材料覆蓋電磁線圈，線圈會形成磁流，使爐子上的金屬鍋具迅速升溫，但爐具本身仍維持低溫。熱能於是透過熱傳導傳遞至鍋內的食物。電磁爐使用的廚具必須為平底，才能與爐面有良好接觸，且必須以含鐵金屬製成，如鑄鐵、磁性不鏽鋼、上釉的鋼。其他材質的廚具在電磁爐上無法加熱。電磁爐烹調的優點是加熱快速、清洗容易，且由於爐面平滑無死角，濺出的食物不會卡住，也不會在低溫的爐面上被烹煮。

儘管梅納反應在室溫下也可發生，但焦糖化與梅納反應通常需要相對高溫（超過149℃），才能快到使食物產生明顯變化。因為水無法加熱到100℃以上（除非施加壓力），所以用水加熱的食物（高溫水煮、蒸、低溫水煮、燉煮）不會有褐變反應。使用乾式加熱法的食物（煎炒、燒烤、烘烤）則會有褐變反應。也是因為如此，許多燉煮與燜煮的菜色必須先讓食材產生褐變反應，再加入液體。

澱粉是複合碳水化合物，有強力的稠化性。澱粉若與水或其他液體結合後加熱，澱粉顆粒會吸收液體並膨脹，這個過程稱為「糊化」，會導致液體變稠。不同的澱粉有不同的糊化溫度。以經驗法則來說，根莖類的澱粉（如馬鈴薯、葛粉）會在較低溫糊化，並更快分解；而穀類澱粉（如玉米或小麥）則需較高溫才會糊化，分解速度較慢。高含量的糖或酸會抑制糊化，而鹽巴則可促進糊化。

蛋白質變性

以分子的層次來看，天然蛋白質的形狀像是線圈或彈簧。天然蛋白質一接觸到熱、鹽巴或酸，就會變性，亦即線圈會解開。蛋白質變性後會結合在一起（凝結），形成固體結塊。熟蛋白就是一例，也就是蛋白由透明的液體變成不透明的固體。蛋白質一凝結，會失去部分留住水分的能力，因此蛋白質含量高的食物即使以蒸煮或水煮的方式烹調仍會失去水分。幸好，有些因熱產生的變性可透過冷卻恢復，這也是烘烤的食物在切開前應先靜置的原因。隨著溫度下降，蛋白質可重新吸收部分被夾擠在蛋白質之間的水（肉汁），食物就變得多汁。變性的蛋白質比天然蛋白質好消化。

雞蛋結構與用途

雞蛋由兩大部分組成：蛋白與蛋黃。各種膜使蛋黃維持在蛋白中央，避免受到污染或因蒸發而減少重量。

無論是全蛋或將蛋黃與蛋白分開，蛋都在烹調中扮演不少重要的角色。全蛋是許多早餐菜色的重要元素，可透過炒、煎、低溫水煮、烘焙的方式烹調，或做成卡士達。在烘焙中，全蛋可以用來刷在表面，增加營養、風味與色澤。

蛋白的成分幾乎全是水以及一種稱為卵白的蛋白質。蛋白可以形成相對穩定的泡沫，對天使蛋糕、舒芙蕾與蛋白霜發展出適當結構相當關鍵。蛋白也是法式清湯的關鍵食材，用來澄清高湯及肉湯。也可以用來黏合某些重組肉，尤其是用魚肉、禽肉或蔬菜做的慕斯林。

蛋黃含有蛋白質、大量脂肪與天然乳化劑卵磷脂。蛋黃也會起泡，再加上蛋黃也能乳化，使蛋黃成為蛋黃醬、荷蘭醬、法式海綿蛋糕的重要原料。在醬汁或湯裡加入蛋黃，也可讓菜餚更為濃郁。

烹調用脂肪的功能

脂肪依分子結構不同，在室溫下有些是固體的，有些則是液體。在室溫下是液體的脂肪稱為油。固體脂肪加熱時會軟化並在最後融化成液體。

脂肪除了是必要的營養素，在烹調中還有多項功能。脂肪提供濃郁的風味與絲綢般的口感或質地，令許多人覺得非常享受而滿足。脂肪也可吸收並混合其他食物的風味，讓我們可以攝取到僅溶於脂肪的風味化合物與營養素。此外，在食物亮相時，脂肪使菜餚看起來誘人，顯得濕潤、滑嫩、蓬鬆、閃閃發亮。在烘焙的過程中，脂肪發揮了多種化學作用，例如嫩化、膨發、幫助留住水份，並打造薄脆的質地。在烹飪時，脂肪把熱能傳遞至食物，避免食物沾鍋。脂肪也能維持食物的熱度、乳化醬汁或使醬汁變稠，在油炸時產生酥脆質地。

脂肪有個很重要的特點：能以較高的溫度加熱，卻不會沸騰或分解。這讓油炸的食物得以褐變並迅速煮熟。不過，如果溫度夠高，脂肪會開始分解，產生刺鼻的味道，毀了所有烹煮的食物。這種現象發生的溫度（也就是冒煙點）會依脂肪種類而不同。一般而言，植物油在約232℃開始冒煙，而動物性脂肪則是約191℃。油脂中所有額外的材料（乳化料、防腐劑、蛋白質、碳水化合物）會降低冒煙點。因為有些食材在普通的溫度已經分解，食物顆粒也很容易留在脂肪中，因此回鍋油的冒煙點也比較低。

乳化

乳化是兩種通常無法混合的物質被迫混在一起，而其中一種物質以小滴的形式均勻散布在另一種物質中。在正常情況之下，脂肪（無論是液體油或固體脂肪）和水無法混合，不過這兩種物質是乳化最常用的食材。

乳化有兩個階段：分散與持續。油醋醬就是油溶於醋的乳化，代表油（分散階段）已經分解成非常微小的小油滴，懸浮於醋的各處（持續階段）。暫時性乳化（例如油醋醬）形成的很快，只需要機械式的動作，如攪打、搖晃、攪拌。如果要使乳化作用維持穩定，讓油保持懸浮，則必須加入額外的材料，也就是乳化料，才能把油與液體吸住並結合起來。常用的乳化料包括蛋黃（含有乳化卵磷脂）、美式芥末醬、肉湯釉汁。天然澱粉（如蒜頭中的澱粉）與修飾澱粉（如玉米粉或葛粉）也能當作乳化料。

第4章

food and kitchen safety

食物與廚房安全

食物與廚房安全的重要性再怎麼強調都不為過。對餐飲服務公司來說，最大的打擊莫過於衛生做得不好造成食物中毒。除了提供衛生的環境以及遵守食物處理的安全程序，確保工作環境安全也相當重要。這一章內容涵括食物中毒的原因與預防措施，以及協助工作人員把廚房變得衛生安全的檢查清單。

食物感染病 food-borne illness

食物是許多疾病的病媒。食物感染病最常見的症狀包括腹部痙攣、噁心、嘔吐、下痢，或許伴隨著發燒。這些症狀可能會在吃下受感染食物的幾小時內出現，不過也不乏過幾天才出現的例子。要正式宣布食物感染病爆發，必須有兩人以上吃了同樣的食物，且經過衛生官員證實。

食物感染病是由不潔食品（不適合人類食用之食物）所造成。疾病的嚴重性取決於攝取的量，很大程度上也取決於個人的敏感度。孩童、老人及免疫系統較差的人通常較無法像一般成人那樣抵抗食物感染病。

侵襲食物的污染源可能是化學性、物理性或生物性。殺蟲劑與清潔劑是可能意外污染食物的「化學污染物」。「物理污染物」則包括玻璃碎屑、老鼠毛或油漆碎片。若處理食物時漫不經心，甚至可能導致耳環或 OK 繃掉入食物，引起疾病或受傷。

「生物性污染物」是食物感染病的主因。包括天然產生的毒，也就是毒素，存在於部分野菇、大黃的葉子、綠皮馬鈴薯與其他植物中。不過，主要的生物污染物是致病的微生物，也就是病原體，高達95%的食物感染病都是病原體所造成。各式各樣的微生物幾乎無所不在，就算不是人體所必需，也大多對人體有益，或是無害。致病微生物其實只有1%。

由生物性污染物造成的食物感染病可分為兩個子類別：中毒及感染。當人吃下含有細菌、黴菌毒素的食物或某些植物或動物，就會導致中毒。這些毒素在人體中就像是毒藥。肉毒桿菌中毒即是中毒的一例。

至於感染，則是食物中含有大量活的病原體。這些病原體在人體內繁殖，通常會攻擊胃腸道黏膜，沙門氏菌感染症即為一例。有些食物感染病兼具中毒及感染的特徵，大腸桿菌則是造成這種疾病的病原。

食物病原體

導致食物感染病的病原體種類為真菌、病毒、寄生蟲、細菌。真菌包括黴菌與酵母，適應力比其他微生物強，對酸性環境的耐受度高。比起食物感染病，真菌更常造成的是食物腐敗。有益的真菌在食品產業中對乳酪、麵包、葡萄酒、啤酒的生產很重要。

「病毒」並非真的在食物裡繁殖，不過，如果衛生沒做好，病毒可能污染食物，而吃進受污染的食物會導致疾病。舉例來說，具傳染性的 A 型肝炎是因為吃下從受污染水域捕撈（此為非法行為）的貝類，或是上廁所沒洗好手所造成。一旦病毒進入身體裡，會侵入細胞（稱為「宿主細胞」），並將細胞重新編程，複製更多病毒。複製後的病毒會離開死去的宿主細胞，侵襲更多細胞。對抗食源性病毒最好的方法是做好個人衛生，並從合格水域取得貝類。

「寄生蟲」這種病原體是把另一有機體（稱為宿主）當成營養來源，並寄生在上面。宿主不但不會從寄生蟲獲得好處，還會受到傷害，甚至因此死去。阿米巴原蟲與許多蟲（例如跟豬肉有關的旋毛蟲）也是會污染食物的寄生蟲。不同的寄生蟲會以不同方式繁殖。有種寄生蟲在幼蟲期住在肌肉中，這種蟲一被人類吃下肚，生命週期和繁衍週期就會不停展開，等幼蟲成為成蟲，受精的雌蟲會釋出更多卵，卵孵化後移到宿主肌肉組織中，如此周而復始。

在生物性病原體導致的食物感染病中，「細菌」占相當大的比例。為了在保存、處理、出餐時將食物保護得更好，有必要了解細菌的分類與生長模式。在細菌的幾種分類方式中，與廚師最相關的是對氧氣的需求（好氧／厭氧／兼性）、對人類的影響（致病／令人厭惡／有益／良性），以及形成孢子的能力。好氧菌需要氧氣才能成長。厭氧菌不需要氧氣，接觸到氧氣甚至可能死亡。兼性細菌有沒有氧氣都能生存。知道哪種溫度最適合細菌生長也很重要。某些細菌可以形成內孢子，可以抵抗高溫或缺水，並在有利環境再度出現時，讓細菌重新展開生命周期。

細菌的成長與繁殖需要三種基本條件：蛋白質的來源、容易取得的水分、時間。食物的蛋白質含量越高，就越可能成為食物感染病的病媒。食物中的水分以水活性（Aw）為標準。水活性介於0-1之間，1代表水的水活性。水活性高於0.85的食物有利於細菌生長。食物的相對酸度或鹼度是以pH值來表示，範圍在1-14之間。酸鹼度溫和（在4.6-10之間）最適合細菌生長，而大多數的食物都在這個範圍內。增加酸度高的食材，例如醋或柑橘汁，可以降低酸鹼度，延長保存期限。

許多具備細菌生長三大條件的食物因此被認為有潛在危險。肉、禽肉、海鮮、豆腐以及奶製品（部分硬乳酪除外）都被列為有潛在危險的食物。不過，並不是肉類才含有蛋白質，蔬菜與穀物也有。煮熟的米飯、豆子、義大利麵、馬鈴薯因此也是潛在危險食物。其他適合細菌生長的食材還包括瓜果切片、豆芽、蒜頭與油的混合。

即使食物裡病原體的含量多到足以致病，但外觀與味道可能還很正常。致病的微生物小到肉眼難以看見，通常無法用外觀確定食物是否受到污染。由於導致食物感染病的微生物（特別是細菌）與導致食物腐壞的微生物並不一樣，因此壞掉的食物可能沒有「異味」。

雖然烹煮可以摧毀許多微生物，但烹煮過後若不夠小心，可能會把病原體重新帶回食物中，而且因為病原體不需跟造成食物腐壞的微生物搶奪食物與空間，所以會成長得更快。儘管簡化料理步驟和不夠小心不見得都會導致食物感染病，但忽視細節會增加疾病爆發的風險，造成重病甚至死亡。食物感染病爆發所引發的各種相關代價，例如負面報導或失去聲譽，對許多餐廳而言是無法挽回的重大打擊。

避免交叉污染

許多食物感染病的起因是廚房內部處理的程序不夠衛生。致病的元素或有害物質從受到污染的表面傳染到另一表面，即為交叉污染。

良好的個人衛生是抵禦交叉污染的最佳方法。員工罹患傳染病或手上有感染的傷口，但仍舊工作，會讓所有顧客面臨風險。手指如果接觸到可能的污染源（臉、頭髮、眼睛、口），就必須徹底清潔才能繼續工作。

食物在處理階段交叉污染風險最大。理想上，生食與熟食應該用不同的工作區及砧板。設備與砧板在每次使用後都要清洗並徹底消毒。

所有食物都要小心存放，以免生食與熟食接觸。生食的下方放滴油盤。不要徒手處理即食食物，應該要用恰當的器皿或拋棄式手套。

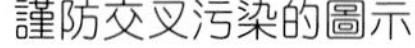
謹防交叉污染的圖示

洗手圖示

正確的洗手方式

為了降低交叉污染的風險，要經常且正確地洗手。手和前臂必須以肥皂清洗，並用43℃的水沖20秒以上。每次輪值前或開始動手前，以及處理生食、上廁所、打噴嚏、咳嗽之後，務必要洗手，處理過非食物物品後也要洗手。

讓食物遠離危險溫度帶

對付病原體有項重要武器：嚴格管控時間與溫度。一般來說，食物中的致病微生物需要相當大的量才能使人生病（大腸桿菌0157:H7型除外）。一旦食物源出現病原體，病原體會大肆繁殖或被摧毀，就取決於食物處於危險溫度帶多久。

有些病原體在任何溫度下都可存活。對足以造成食物感染病的病原體來說，最友善的環境溫度是5℃-57℃，也就是危險溫度帶。大多數病原體在57℃以上就會被摧毀或不再繁殖。把食物保存在5℃以下會中斷繁殖周期。（值得留意的是，有毒的病原體雖然可能在烹煮過程中被摧毀，但病原體產生的毒素仍在。）

細菌在有利環境下會以驚人的速度繁殖。因此，控制食物在危險溫度帶的時間對預防食物感染病相當重要。食物處於危險溫度帶4小時以上，會被視為不潔食品。此外，4小時是累計的，代表食物一處於危險溫度帶，碼錶就會再度往前跑。一旦超過4小時，加熱或冷卻也無法使食物恢復安全。

安全地收貨與保存食物

食物送來餐廳時已經受到污染的事情並非前所未聞。為了避免這樣的事情，請檢查所有貨品，確定是在衛生情況下送達。檢查貨車內部的溫度是否正確。檢查產品的溫度及有效期限。確認食物經過政府檢驗，並有認證標章。隨機試嘗產品，並退回不符合標準的貨品。將貨品立刻移到適當的保存環境。

冰箱與冷凍設備應定期檢查，並配備溫度計，確保溫度維持在安全範圍內。儘管在大多數案例中，冷卻無法殺死病原體，但可以大幅減緩繁殖的速度。一般來說，冰箱的溫度應該在2-4℃間，但有些食物如果能夠以特定溫度保存，品質會更好，這包括：

- 牛羊豬肉與禽肉：0- 2℃
- 魚與貝：–1- 1℃
- 雞蛋：3-4℃
- 奶製品：2-4℃
- 農產品：4-7℃

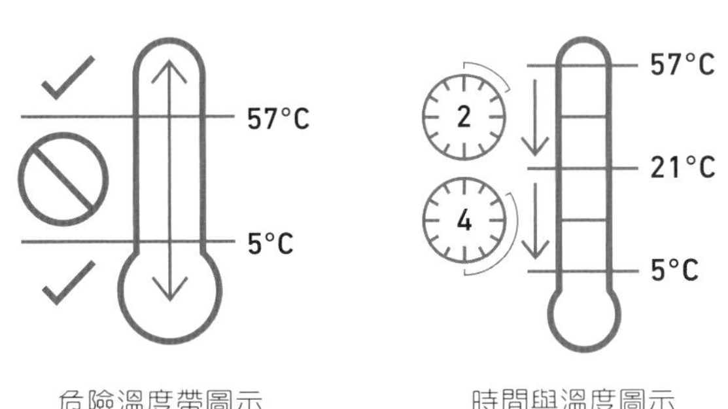

危險溫度帶圖示　　時間與溫度圖示

上述食物類別若能分開儲存在不同冰箱最為理想，但如果必要，可以把冰箱分成幾個部分。冰箱前方溫度最高，後方最低。食物放入冰箱之前要先適當冷卻，放在乾淨的容器中，包好，並以標籤清楚寫明內容物與日期。生的食物放在下方，並遠離熟食，以避免滴下的汁液造成交叉污染。擺放食物時採用「先進先出」的原則，放最久的擺在最前方。

乾燥的儲藏空間用於存放罐頭食品、香料、調味料、穀物、糖與麵粉這類基本原料，以及無需冷藏且不易腐敗的水果與蔬菜。這裡跟所有儲藏空間一樣，一定要乾淨，有適當的通風與空氣循環。清掃用具應該放在別的地方。

安全保存熟食及即食食品

熱的食物要保熱，冷的食物要保冷。利用保溫設備（水蒸保溫檯、雙層蒸鍋、隔水燉煮鍋、保溫櫃、保溫鍋），讓食物保持在57℃以上。不要拿保溫設備來烹煮或重新加熱。利用保冷設備（冰塊或冷藏），讓冰冷的食物維持在5℃以下。

安全地冷卻食物

導致食物感染病的主要原因之一是沒有恰當地冷卻食物。要存放的熟食必須儘快冷卻到5℃以下。冷卻必須在4小時內完成，除非是採用二階段冷卻法。在第一階段，食物必須在2小時內冷卻至21℃；在第二階段，食物必須在另外4小時內達到5℃以下，冷卻時間總計6小時。根據美國食品藥物管理局（FDA）的指引，兩階段冷卻法可以讓食物迅速度過細菌生長最快速的危險溫度帶。

冷卻高溫液體的正確方式是放入金屬容器，泡在冷水中，容器內外的液體要一樣高。頻繁地攪拌容器內的液體，讓中間溫度較高的液體與邊緣溫度較低的液體混和，使整體溫度下降得更快。

半固體及固體的食物應該用淺容器冷藏，鋪成一層，這樣才有更大的表面接觸冷空氣。同理，大塊的肉或其他食物應該切成小份，冷卻至室溫，在冷藏前先包裝好。

安全地重新加熱食物

若食物是預先準備好，重新加熱時應該儘速通過危險溫度帶，儘速加溫到至少74℃，維持最少15秒。只要每次都遵守所有適當的冷卻與加熱流程，食物可以冷卻或加熱一次以上。

食物應該用直接熱源加熱至適當溫度（瓦斯爐、平面爐、燒烤爐、傳統式烤爐），或以微波爐加熱。不要用保溫器材來烹煮或重新加熱。水蒸保溫檯可以將重新加熱的食物充分加熱到57℃以上，但無法迅速讓食物度過危險溫度帶。隨時用即時溫度計檢查溫度。

如何安全處理雞蛋

現在的消費者都很清楚雞蛋可能導致食物感染病。因此，我們會討論如何安全處理雞蛋與含有雞蛋的食物。

- 所有帶殼的雞蛋必須沒有裂痕、漏出蛋液與明顯的洞。
- 生蛋黃可能帶有沙門氏菌，含有潛在危險。雞蛋加熱到60℃，並維持至少3.5分鐘，就能殺死沙門氏菌。溫度到71℃，會迅速殺死沙門氏菌。只有在顧客要求時才提供生蛋黃的煎蛋與水煮蛋。
- 任何含蛋的料理在處理、烹煮、保存的過程中，都要維持安全溫度。冷卻與加熱必須迅速完成。

安全解凍食品

安全解凍冷凍食品的方式有幾種。絕對不要在室溫下解凍。最好（但最慢）的方法是在冷藏的情況下解凍。食物應該包裝好，放在淺容器中，存放在冰箱底層，避免交叉污染。

如果沒有時間讓食物在冷藏庫解凍，可以把食物蓋好或包好，放在容器裡，以21℃以下的流動水解凍。水流的強度要足以使食物周圍的水流動。

即將烹煮的單人份食物可以用微波爐解凍。液體、小型食材、單人份甚至可以不解凍就烹煮，不過較大塊的食材如果在冷凍狀態下烹煮，裡面還沒熟透外層就已經過熟了。

危害分析重要管制點（HACCP）

HACCP（Hazard Analysis Critical Control Points）代表「危害分析重要管制點」，是食物安全管理的先進科學技術系統，原本是為太空人所開發。HACCP以有系統的方式去處理會導致大多數食物感染病的情況。以預防為本質，預測食物安全問題最可能在什麼情況下發生，並採取行動預防。危害的種類有生物性、化學性、物理性。生物性危害通常是微生物，包括細菌、病毒、寄生蟲。化學性危害則源自廚房所用的衛生產品。物理性危害包括玻璃、木頭、石頭與其他異物。

食物加工業者、餐廳、FDA與美國農業部（USDA）均採用HACCP系統。目前餐飲業並沒有強制採用HACCP的規定。然而，建立這樣的規劃在許多層面上都有好處。HACCP的核心為以下7項原則：

1. 評估危害：第一個步驟是菜單或食譜的危害分析。設計好流程圖，檢視「從碼頭到餐盤」的每道步驟。
2. 找出重要管制點：建立流程圖並找出潛在的危害後，下一件事就是找出重要管制點（CCPs）。重要管制點是能夠避免、消除、減少既有危害，或者避免危害發生、將可能性最小化的時機。引用1999年的FDA食品法規，重要管制點是「特定食品系統的一個時間點或流程，一失控就會導致無法接受的健康危害」。採用HACCP系統最困難的一面是不要過度認定重要管制點。
3. 建立重要界限與管制措施：重要界限通常是每個管制點的標準，管制措施是為了更容易達成重要界限而預先做的準備。地方衛生機關已經建立許多界限。舉例來說，烹調雞肉的公認重要界限是內部溫度要達到74℃。如果雞肉要先保存再上桌，溫度要維持在60℃，以避免致病的有機體生長。保溫也是這個流程的重要步驟。
4. 建立監測重要管制點的步驟：要先建立每個重要管制點的重要界限，才能找出監測項目。你也必須確定重要管制點要如何監測、由誰監測。監測可強迫找出過程中某些特定時間點的問題或錯誤，有助於改善系統。這個原則可加強系統控制或改善系統。
5. 制定行動計畫去更正：為了因應過程中步驟出現偏差或不符標準的情況，必須制定行動計畫。由於每家廚房的每個食物或準備過程可能有天壤之別，因此每個重要管制點都必須建立具體特定的更正行動。
6. 建立記錄保存系統：保留文件，以證明系統是否有效。記錄重要管制點的事件，確保守住重要界限，且有實行預防性監測。文件通常包括時間／溫度記錄、檢查表、衛生表格。
7. 開發驗證系統：此步驟建立的流程可確定HACCP計畫有正確實行。如果沒有遵守流程，請針對系統做必要修正，確保廚房遵守流程。

如何安全出餐

食物並不是一離開廚房就不會再傳染食物感染病。餐廳也應該針對服務生傳授良好的衛生與安全處理食物的方法。用過洗手間、吃過飯、抽過菸、碰觸過人的臉或毛髮，拿過錢、髒碗盤、髒抹布之後，應該把雙手徹底洗淨。擺設餐具時，不要碰觸餐具上會接觸到食物的部分，只碰玻璃杯的杯腳或杯底。遞送餐盤、玻璃杯、餐具時不碰觸到食物的表面。用適當的刀叉匙分菜。

清洗與消毒

「清洗」指的是清除髒污及食物碎屑，「消毒」則是利用濕熱或化學藥劑殺死致病的微生物。至於不能浸泡在水槽的設備，或在處理時會用到的刀具、砧板，先把抹布泡在雙倍濃度的消毒溶液中，每次使用後都用這樣的抹布清潔消毒。碘、氯、四級銨化合物都是常見的消毒劑。

小型的設備、工具、鍋具、餐具應該用洗碗機或手工在三槽式水槽裡清洗。消毒後的設備與餐具應該完全風乾，用紙或布擦乾可能導致交叉污染。

仔細的消毒流程、適當處理的食物、良好維護的設備，這些可以共同預防蟲患與鼠患。採取這些必要步驟，以避免窩藏在害蟲身上的各種潛在病原體。

食物過敏

吃下會導致過敏的食物，身體的反應可能相當激烈甚至危險。食物的過敏反應也可能發生得很快。皮膚可能會搔癢、長出蕁麻疹或紅色腫塊。有些人的喉嚨或舌頭會腫起來。若有嚴重反應，必須立刻治療。

真正的食物過敏可不是鬧著玩的。身為主廚，不能假設客人要求「不要蒜頭」是因為味覺尚未演化，或是不理性的偏食。對有食物過敏的人而言，即使湯裡只有微量蒜頭也可能激發過敏反應。

過敏的人會詢問菜單上是否有他們無法食用的食物。你和員工必須了解每道菜使用的材料。自2006年1月起，所有含主要食物過敏原的包裝食物都必須在標籤上寫清楚，所以你也必須確定已經完整讀過預製食品的標籤。

依個人的敏感度，即使只是一小塊留在設備上的食物過敏原進入食物，也可能引發過敏反應。

以下是一些最常見的食物過敏原：

- 花生
- 堅果
- 牛奶
- 蛋
- 小麥
- 大豆
- 魚
- 蝦蟹貝

廚房安全 kitchen safety

除了預防食物感染病的必要措施，餐廳也必須小心避免員工與客人發生意外。餐廳應實施下述各項安全措施。

健康與衛生

以定期健檢維持整體健康。生病時不要處理食物。若皮膚上有任何燒燙傷或傷口，請以乾淨或防水的繃帶覆蓋。咳嗽、打噴嚏時請用紙巾蓋住臉，隨後必須洗手。

頭髮保持乾淨整齊，需要的話請包起來，留短指甲並定期修剪。處理食物時，手不要碰觸頭髮與臉部。

防火安全

只需幾秒，突發的火焰就會演變成熊熊大火。油及電器起火，或甚至一根火柴不小心被丟進裝滿紙張的垃圾桶引發火災，這些情況在繁忙的廚房裡都不難想像。餐廳應準備好完整的防火計畫，且應列入全體員工訓練中。

避免火災的第一步是確保所有員工都徹底了解可能發生火災的狀況。所有設備都必須符合規定。管線磨損或暴露在外、插頭故障，這些都很容易釀成火災。插座負荷過大也是另一項常見的主因。

請把滅火器擺在容易取得的位置。妥善維護滅火器，並請當地消防單位定時檢查。建築物裡所有區域的出口要很容易尋找，不能有任何障礙物擋住，而且要可以正常開關。

完整的訓練很重要。每個人都應該要知道遇到火災該怎麼辦。客人需要你和員工的指引。傳授廚房員工如何正確處理烤爐或油引起的火災（最重要的在於確定所有人都清楚明瞭不可以用水來撲滅油脂、化學物、電器引發的火災）。每名員工都應該知道消防隊的電話號碼貼在哪裡。

安全的穿著

由於廚師的工作環境可能相當危險，所以傳統廚師服的各個部位對保護廚師安全都很重要。舉例來說，廚師服有雙排扣，以雙層布料保護胸部，以免蒸氣燙傷或噴濺（這個設計也讓廚師服可以把紐扣重新扣在另一側，遮掉髒污）。廚師服的袖子是長的，能夠盡量遮住手臂。褲腳不該摺起，否則高溫的液體或碎屑可能會留在裡面。

不管是又高又白的廚師帽，或最受喜愛的鴨舌帽，廚師戴上帽子是為了把頭髮包起來，避免頭髮掉到食物裡。帽子也可以幫忙吸眉毛上的汗水。領巾也有同樣的吸汗功能。

圍裙只是用來避免廚師服與褲子沾上過多汙漬。廚房抹布在廚師使用高溫的鍋子、盤子及其他設備時可以保護雙手。用來拿高溫器具的抹布一定要是乾的，才有保護效果。

建議穿有防滑鞋跟的硬皮鞋，以提供雙腳良好的保護與支撐。

廚師服、廚師褲、圍裙、抹布、鞋子都可能窩藏細菌、黴菌、寄生蟲。使用熱水、好的洗潔劑與消毒劑來除去汙垢，例如硼砂或氯漂白液。

法規、檢查、認證
regulations, inspection, and certification

聯邦政府、州政府、地方政府的規定可以確保食物的衛生安全。任何新開業的餐飲店家應在開幕之前預先聯絡當地衛生部門，確定必要的法律規範。美國有些州跟當地執法機關會提供衛生認證計畫。每個地區的法規與檢測方式不同。認證通常是由特定學術機構提供。

職業安全與健康管理局

職業安全與健康管理局成立於1970年，由美國衛生及公共服務部管轄，其法規幫助雇主與員工打造並維持安全、健全的工作環境。該局的法規要求所有工作場所都要有充足並容易取得的急救箱。此外，員工超過10人的企業必須記錄所有需要接受治療的員工意外、受傷事故。該局的主要任務是為勞工安全風險最高的地方提供服務。

美國殘障國民法

這項法案旨在讓身心障礙人士能夠安全使用所有公共場所。餐廳裡所有施工或整修項目都必須符合法案標準。法案包括把電話裝設在輪椅人士拿得到的地方，並在廁所內裝設扶手。

工作場所中的藥與酒
drugs and alcohol in the workplace

最後一項主題在職場中相當重要：所有工作人員都有權利不受害於同事酗酒或嗑藥造成的危險。任何物質濫用都是嚴重問題，可能會改變或損害工作能力，包括反應時間變慢、自制力降低、判斷力受損。廚房的專業人士責任重大，不可以讓有物質濫用問題的人破壞你跟客戶、員工建立的尊重與信任。

tools and ingredients
in the
professional kitchen

專業廚房裡的工具與食材

第二部

第
5
章

equipment identification

辨識各式器具

無論是大型設備或小工具，都是讓廚師做好工作的關鍵。實際上，針對不同需求使用正確的工具，正是專業人士的特質。不管是砧板、刀具、蔬果切片器還是湯鍋，操作與保養工具的能力也同樣重要。

刀具 knives

成為專業廚師的第一步是收集一套自己的刀具。就像藝術家或工匠會收集雕刻、繪畫的必要工具一樣，廚師也必須挑選讓自己工作起來最安全、最有效率的刀具。你選擇的刀具會跟你的手指一樣重要，可以說是雙手的延伸。

1. 帶著敬意使用刀具。魯莽用刀會讓刀子受損。雖然品質好的刀可以用很久，但若沒有好好照顧還是會損壞。
2. 保持刀具鋒利。廚師應學習磨利與磨直刀刃的正確技巧。鋒利的刀不只效果更好，也由於切食材時較不費力因而更加安全。定期使用磨刀石、磨刀器，或交給專業磨刀師處理。
3. 保持刀具清潔。使用後立即徹底清潔。必要時消毒整支刀子，包括刀柄、刀肩、刀刃，以避免食物交叉污染。請勿以洗碗機清洗刀具。
4. 遵照刀具的安全操作程序。謹記以下使用刀具的行為準則：傳遞刀子時，將刀平放於工作檯面，刀柄朝向接刀子的人。必須持刀在廚房走動時，刀尖朝下垂放身側，刀口朝向後方，並讓其他人知道你正拿著鋒利的刀子經過。把刀放在工作檯面上時，請確認刀子沒有伸出砧板或工作桌之外。此外，不要以食物、布巾、器材等蓋住刀子。置於工作檯面的刀子要刀刃朝內，遠離檯面邊緣。刀子掉落時不要去接。
5. 使用適合的切割平面。直接在金屬、玻璃、大理石檯面上切菜會讓刀刃變鈍，使刀具受損。要使用木頭或合成砧板。
6. 妥善存放刀具。安全、實用的存放方式有好幾種，包括收在刀具組、刀具包、刀具收納架或磁性刀架上。存放設備應與刀具一樣保持清潔。

刀子的構造

為了挑選順手且符合需求的好刀，你需要了解刀子各部位的基本知識。

刀刃

目前最常用的刀刃材料是高碳不鏽鋼。也有不鏽鋼、碳鋼等其他材料製成的刀具。

1. **碳鋼刀**的刀刃雖然可以磨得比不鏽鋼或高碳不鏽鋼更鋒利，但也很快就會變鈍。此外，碳鋼刀刃接觸到酸性食物會變色。這種金屬易碎，在壓力下很容易斷裂。
2. **不鏽鋼刀**比碳鋼刀堅固多了，不會變色或生鏽。雖然不鏽鋼刀較難磨利，但一旦磨利，可以維持得比碳鋼刀久。
3. **高碳不鏽鋼刀**是新近開發的產品，結合了碳鋼與不鏽鋼的優點。碳含量越高，就越容易磨利，並保持鋒利。

以一般使用而言，**錐磨刀**（taper-ground）是最理想的類型，這種刀以單片金屬一體成形鍛造而成，經過研磨開鋒，從刀背至切刃流暢地變成錐形，沒有明顯斜角。**凹磨刀**（hollow-ground）的刀刃結合兩片金屬，刀刃有斜角或凹槽。

龍骨

龍骨是刀身後半延伸進刀柄的部分。主廚刀或剁刀這類用於繁重工作的刀具，應該採全龍骨一體結構，龍骨和刀柄要幾乎等長。龍骨長度僅占刀柄一部分的刀具即使沒那麼耐用，要是使用頻率低，仍可接受。鼠尾型龍骨則是指龍骨比刀背細很多，且包覆在刀柄之中。

刀柄

花梨木是最好的刀柄材質，既堅硬，紋理也非常緊密細緻，不易斷裂。若以塑料包覆木刀柄，可以保護刀柄，避免因持續接觸水與清潔劑而受損。刀柄握起來應該要順手，順手的刀使用起來較不費力。

鉚釘

龍骨與刀柄通常以金屬鉚釘固定。鉚釘應該要完全平滑，與刀柄的表面齊平。

刀枕

有些刀具在刀刃與刀柄接合處，留有一圈較寬的「領子」，又稱為刀肩，這是刀具做工考究的特徵。刀枕有助於刀具的平衡，同時防止使用者在不慎手滑時受傷。有些刀看似有刀枕，但其實是獨立於刀刃外的另一片金屬連接刀柄而成，這種刀很容易斷開，應避免使用。

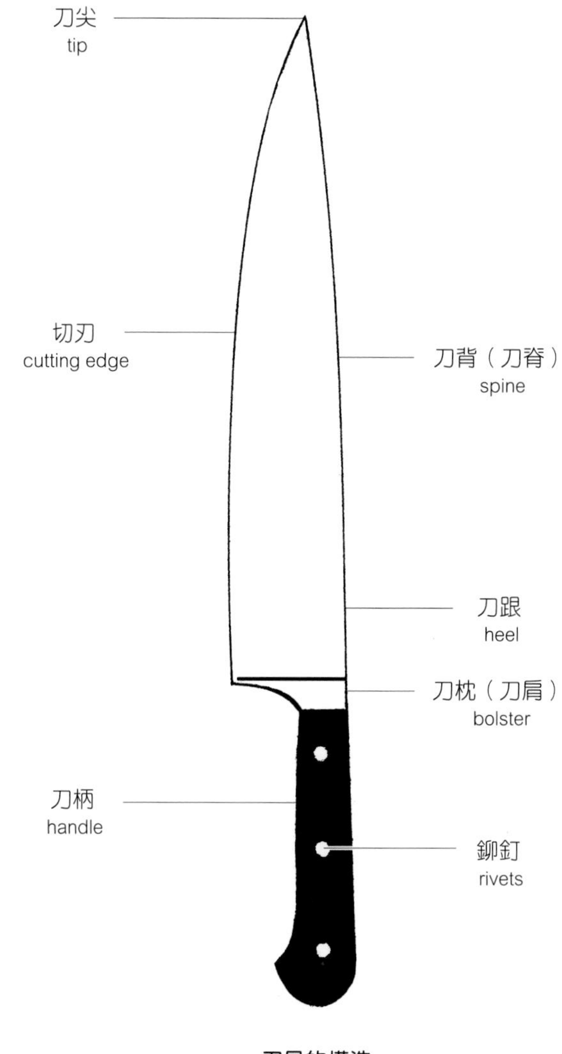

刀具的構造

刀具的種類

刀的種類繁多，能滿足各式各樣的需求。當你一直在專業廚房工作，你的收藏除了基礎刀具如主廚刀、剔骨刀、削皮小刀與西式片刀，還會增加多款特殊刀具。以下這份清單旨在介紹一套完整刀具組應含括的刀。

常見的廚房刀具

名稱	特性	常見用途
主廚刀 chef's knife/French knife	刀刃長20.3-30.5公分	萬用刀，用於剁碎、切片、切末
多用途刀 utility knife	較小、較輕的主廚刀，刀刃長12.7-20.3公分	執行各種切工
削皮小刀 paring knife	刀刃長5.1-10.2公分	蔬果削皮、修整
剔骨刀 boning knife	刀刃比主廚刀薄，長約15公分，且材質堅硬	去除生肉中的骨頭
片魚刀 filleting knife	形狀與尺寸與剔骨刀相似，但較薄，刀刃也較有彈性	片魚片
西式片刀 slicer	刀刃較長，有圓頭或尖頭；刀刃有彈性或剛硬之分，也有錐形與圓弧之別，有些刀刃亦具有凹槽	切開煮熟的肉，也適合用來片煙燻鮭魚等食材
剁刀 cleaver	刀身夠沉重，足以劈開骨頭；刀刃為四方形，依用途有各種大小	剁開食材
鳥嘴刀 tourné knife	與類似削皮小刀；刀刃具弧度，方便把蔬菜削成有弧度的橄欖形表面	將蔬菜削成橄欖形

磨利與磨直(honing)

確保刀刃銳利是正確、有效使用刀具的關鍵。一把銳利的刀能輕鬆切開食物，不僅操作起來順手，也更加安全。磨刀石可以磨利刀刃，磨刀棒則用於磨刀前後，以維持鋒利。

磨刀石對於保養刀具不可或缺。將刀刃以20度角刷過磨刀石的邊緣，便能將刀磨利。磨刀石的顆粒（或稱番數，也就是磨刀石表面的粗細度）能夠研磨刀刃邊緣，創造鋒利的刀口。謹記先從較粗的磨刀石開始磨，再改用較細的表面。

細面磨刀石可用來磨剔骨刀，或是刀刃需要特別鋒利的其他工具。大多數磨刀石都可以直接乾磨，或者加些水或礦物油濕磨。

「碳化矽磨刀石」一面較細，另一面番數中等。「阿肯薩斯磨刀石」有多種粗細度可供選擇，也有由三種不同番數石頭組成的磨石輪。「鑽石磨刀石」雖然價格昂貴，但受到一些廚師青睞，認為它能把切刃磨得更利。

應該從刀跟往刀尖磨，還是由刀尖往刀跟磨，各方看法不一。不過，大多數廚師都認為磨刀方向保持一致很重要。

使用磨刀石前，請先確定磨刀石已放穩。無論用什麼方法磨刀，都請謹記下列指引：

1. 所有工具準備就緒。
2. 固定好磨刀石，避免在磨刀過程中滑動。碳化矽或鑽石磨刀石可放在濕布或橡膠墊上。有種三面磨刀石可以架在旋轉基座上，放好後相當牢固。
3. 以礦物油或水潤滑磨刀石表面。每次使用的潤滑劑種類要一致。水或礦物油可減少摩擦，摩擦產生的熱或許不明顯，但終究可能傷害到刀刃。
4. 根據需求，從最粗糙的磨刀石開始磨。刀越鈍，磨刀石就要越粗。
5. 將整支刀刃刷過磨刀石表面，對刀施加的壓力要一致。以正確角度握刀，主廚刀或其他類似刀具適合以20度角去磨。你可能需要調整角度，才能將刀刃較薄的西式片刀或較厚的剁刀磨利。
6. 磨刀方向要一致，以確保刀刃平整，且呈一直線。
7. 刀的兩面打磨次數與力道要一致。不要用粗的磨刀石磨過頭。刀具兩面各別磨大約10次，即可改用較細的磨刀石。
8. 最後用最細的磨刀石研磨，使用或收納前徹底洗淨、拭乾。

磨刀方法一

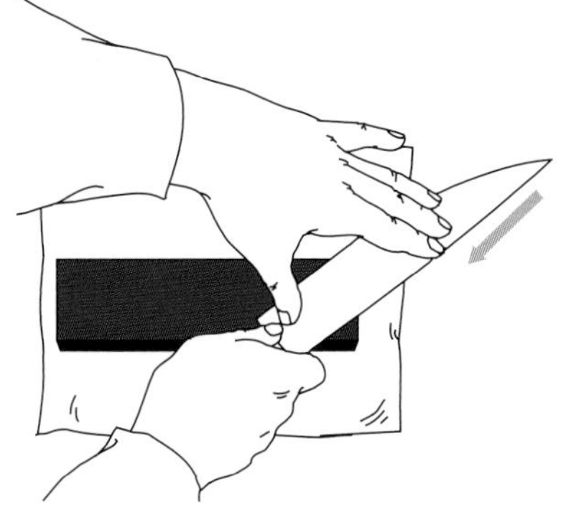
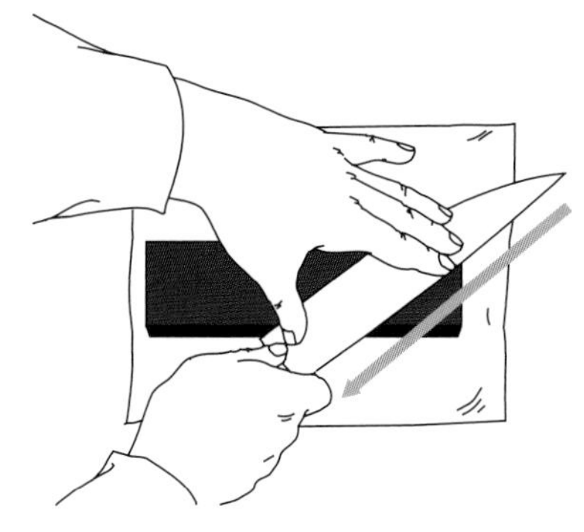
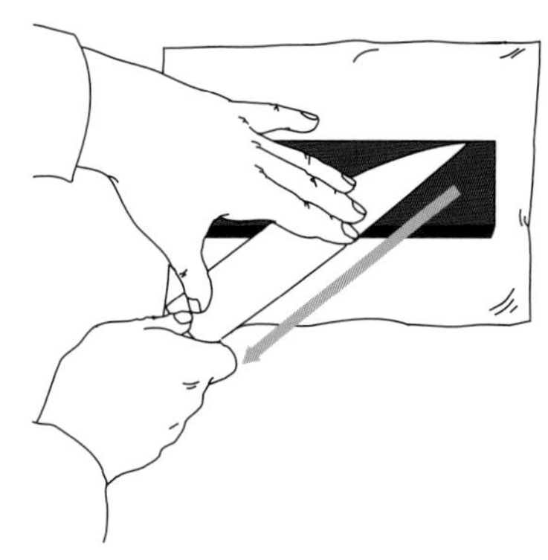

1. 主導磨刀方向的手（即圖中的左手）以四根手指頭對刀面施加一致的壓力。
2. 持刀輕柔刷過磨刀石。
3. 將刀具平順抽離磨刀石。將刀翻面，以另一面重複上述流程。

磨刀方法二

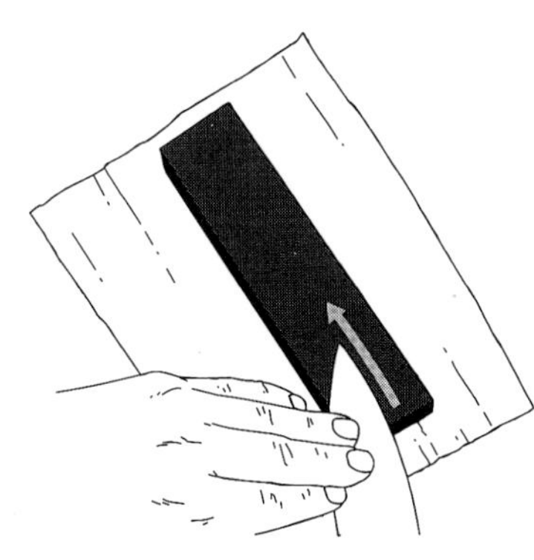
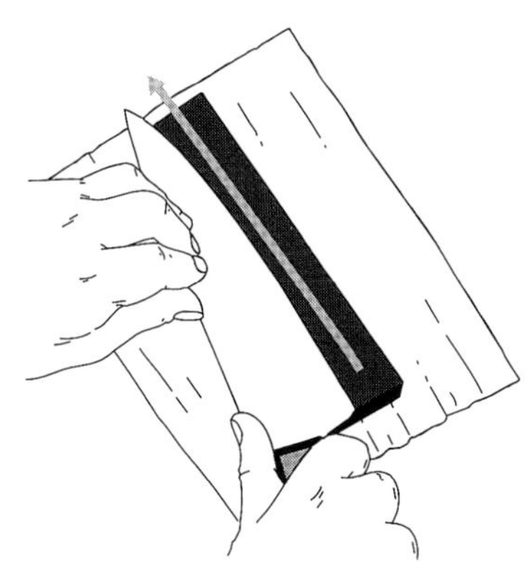
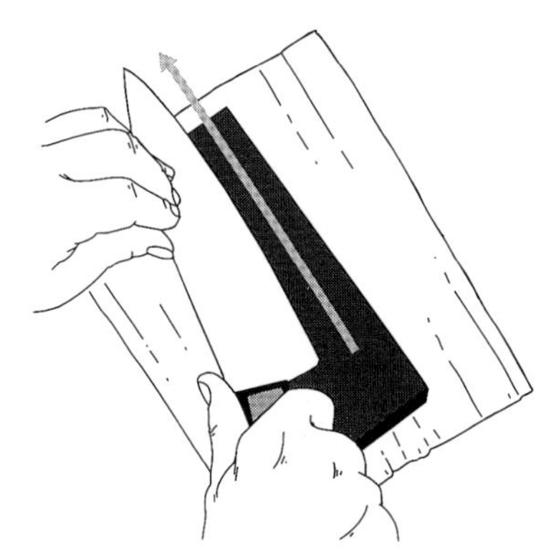

1. 將刀刃推過磨刀石的表面，利用主導磨刀方向的手（即圖中的左手）使壓力平均。
2. 繼續將一整道刀刃推過磨刀石。
3. 將刀具平順推離磨刀石。翻面後，重複所有流程。

磨刀棒

剛以磨刀石磨利刀刃後，以及在兩次磨刀之間，都應使用磨刀棒再做修整，讓刀刃維持一直線。磨刀棒有短至7公分的口袋型，也有長至35公分以上者。高硬度鋼是傳統磨刀棒採用的材質，但也有以其他材質製成的磨刀棒，例如玻璃、陶瓷和鑽石塗層等。

磨刀棒有粗粒、中粒、細粒之分，有些則具磁性，使刀能維持正確的角度並收集修下的金屬碎屑。磨刀棒與手把之間的護手可以保護使用者，手把底部的金屬環則方便吊掛。

使用磨刀棒時，將刀垂直拿著，刀刃呈20度角靠在磨刀棒上，再將刀刃沿著整根磨刀棒刷過。

多面油石磨刀座（三合一磨刀石）
multisided oil stone (tri-stone)

鑽石磨刀石
diamond-impregnated stone

陶瓷磨刀石
ceramic stone

扁鋼磨刀棒
flat steel

硬鋼磨刀棒
hard steel

鑽石磨刀棒
diamond-impregnated steel

陶瓷磨刀棒（藍、白）
ceramic steels

請記得以下準則：

- 在身體四周保留足夠空間工作，站立時重量平均分布於雙腿。以拇指抵住磨刀棒的護手，並確保所有手指都安全握在護手下方。
- 刀刃沿著磨刀棒刷，務求整道刀刃都接觸到磨刀棒。刀的兩面都順著同方向磨，以使刀刃邊緣保持直線。
- 維持施力均勻，避免磨損切刃中段的金屬，否則長久下來會造成凹痕。刀刃與磨刀棒之間的角度維持在20度。
- 手要輕，從始至終力道要均勻一致。將刀刃靠在磨刀棒上，別用敲的。磨刀時會聽見些微的清脆聲響。磨刀聲太重代表力道過大。
- 以同樣方法磨另一面的刀刃，將刀刃磨直。如果每邊修磨的次數需要5次以上，就該用磨刀石。

修刀方法一

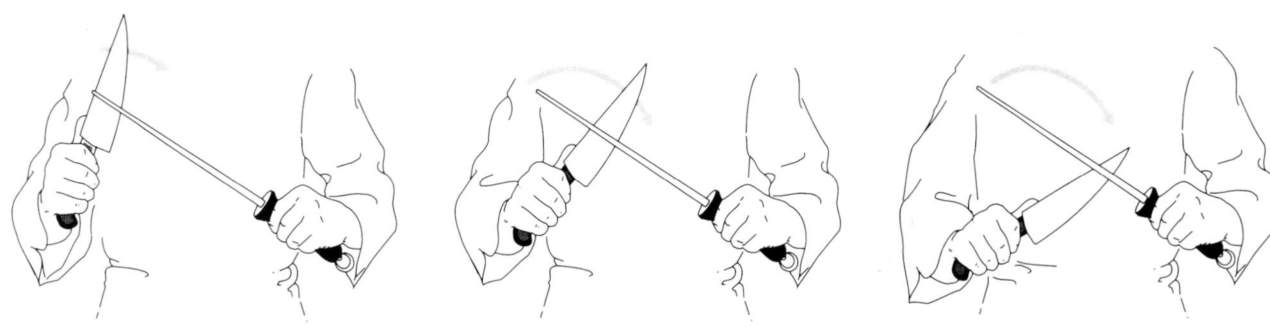

1. 刀身幾乎垂直，刀刃靠在磨刀棒上。
2. 一邊轉動執刀那隻手的手腕，一邊將磨刀棒上的刀刃由上往下刷。
3. 刀刃與磨刀棒始終保持相交，直到刀尖離開磨刀棒。將刀刃放到磨刀棒外側，重複同樣流程磨另一面。

修刀方法二

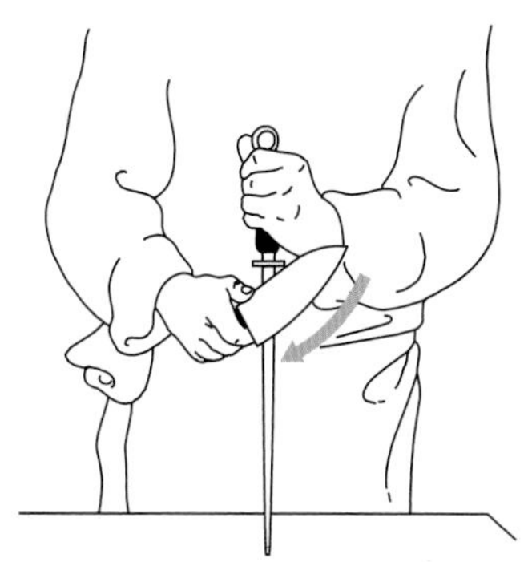

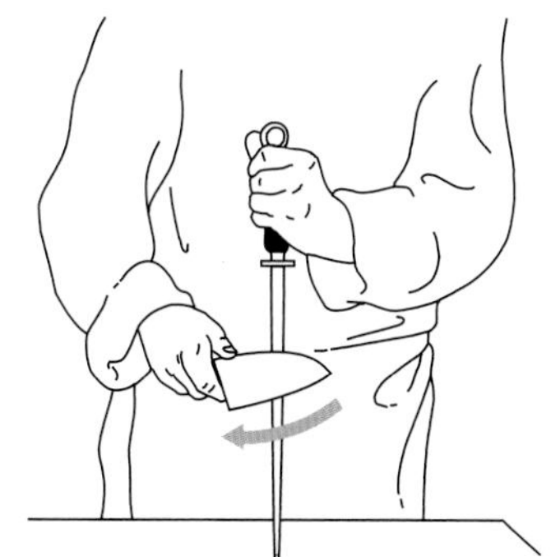

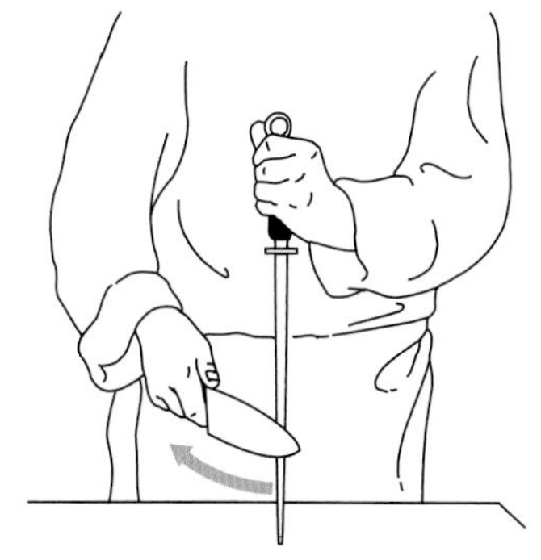

1. 以近垂直的角度握住磨刀棒，磨刀棒尖端抵在穩固不滑的表面上。將刀跟靠在磨刀棒的一側。
2. 不用手腕，而是利用手臂的動作，維持較輕力道，使磨刀棒上的刀刃平順地由上往下刷。
3. 刀刃要沿著磨刀棒向棒尖刷，一路刷到刀尖，完成第一回合。重複一次剛剛的動作，這次把刀刃靠在磨刀棒的另一側。

手持工具

使用專用工具是為了讓工作更簡單、更有效率。一套工具組除了刀具以外，也包括幾種小型手持工具。手持工具的數量與種類繁多。烹飪方式決定了一名廚師需要哪些工具，不同廚師對工具也會有各自的喜好。

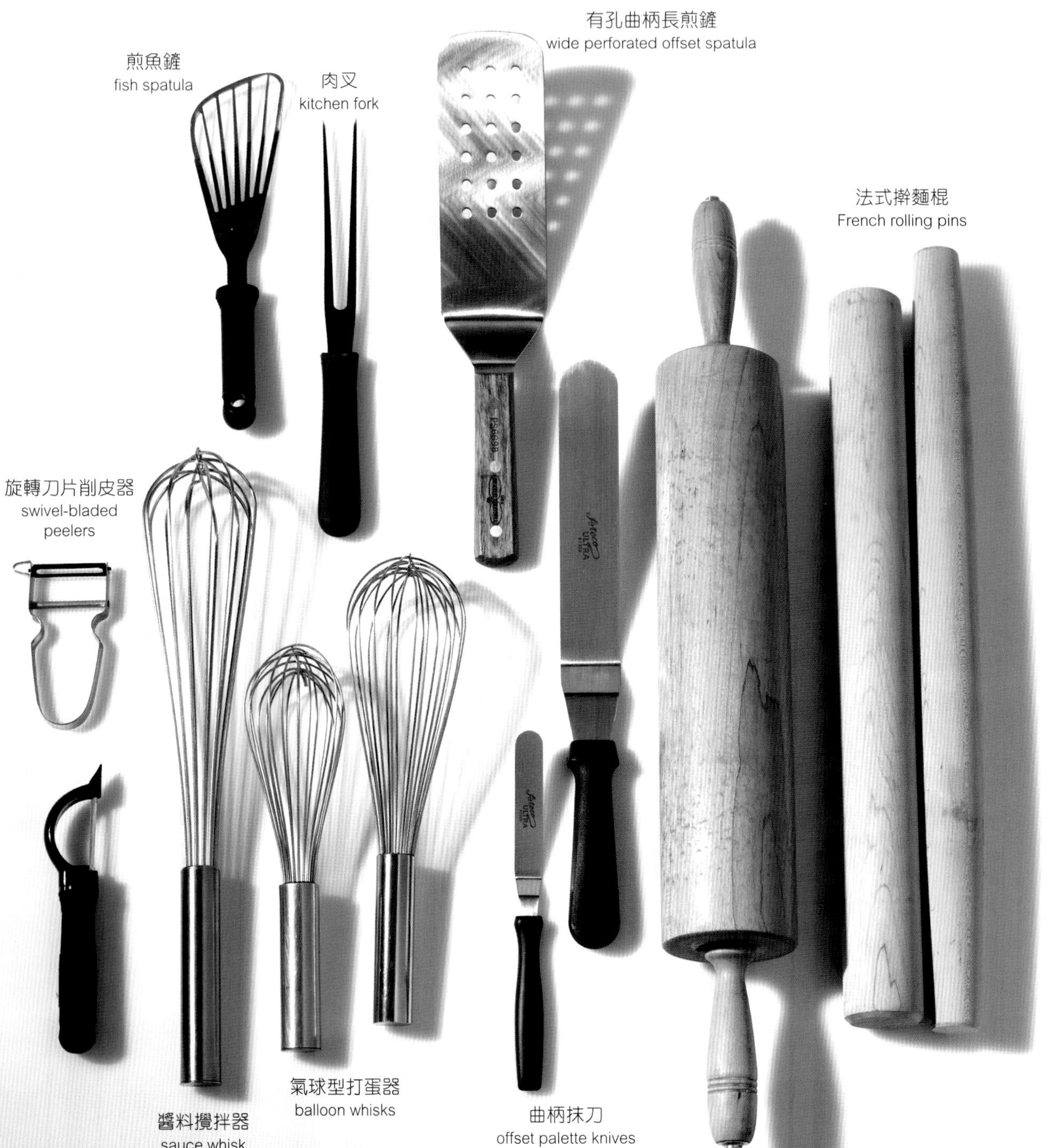

常見手持工具

名稱	特性	常見用途
旋轉削皮器（旋轉刀片削皮器） rotary peeler/swivel-bladed peeler	刀刃呈水平或垂直安置在把手上，刀刃長度通常為5-7公分	削去蔬果的皮。旋轉刀片可配合食材的外形弧度
蔬果挖球器 parisienne scoop/melon baller	有單頭或雙頭但不同大小的挖匙，直徑在0.6-2公分不等	自蔬果中挖出球形或蛋形造型
肉叉 kitchen fork	具有兩支細長分叉，分叉長約10-15公分	測試燜肉和蔬菜的熟度，也可用於將煮好的食材移到砧板或盤子上，或是切食物時的固定工具
金屬抹刀、金屬鏟 palette knife/metal spatula	圓頭、有彈性的工具，可能是平柄或曲柄。刀身長度約10-12公分，寬度為1.3-1.9公分	用於廚房或麵包店，可將填料或蜜汁抹平，或擺放盤飾，或分菜，以及其他用途
打蛋器（攪拌器） whisks	攪拌器為球形，有細鋼線，可協助在打發泡沫時拌入空氣。醬料攪拌器形狀較窄，鋼線通常更粗	攪打、攪拌或混合食材
曲柄長煎鏟 offset spatula	鏟片有鑿子般的邊緣（邊緣較銳利），長度為22-25公分，寬度為7-10公分。握柄短	將烤架、烤爐、煎鍋上的食材翻面或鏟起

擀麵棍的保養與清潔

擀麵棍是以堅硬、紋理緊密的木頭做成，可避免麵糰的油脂與調味料滲入。每次使用擀麵棍之後，都要立刻以乾布擦拭乾淨。擀麵棍不可水洗，水洗可能會使木頭紋理彎曲變形，破壞擀麵棍的完整性。擀麵棍的表面若有損傷，會使擀過的麵糰有瑕疵。

擀麵棍有兩種基本類型：法式擀麵棍與軸承式擀麵棍。法式擀麵棍是一支長形圓筒狀的木頭，要以手掌施壓擀過麵糰。軸承式擀麵棍較重、較寬，木頭的圓筒中有縱向的軸，軸中有金屬棒，兩端則連結木頭手把。

測量工具

在專業廚師的廚房中，計算食材分量的方式有很多種，因此擁有能同時顯示美制與公制刻度的液體和乾式測量工具，以及各種可精確測量重量的磅秤，至關重要。

最常見且實用的測量工具如下：量壺（測量液體量）、彈簧秤、天平秤、電子秤（備料時測量食材重量，或測量完成品以控制分量）、速讀式溫度計、煮糖用／油溫溫度計（用來測量內部溫度），以及各式量匙。

彈簧秤
spring scale

天平秤
balance beam scale

電子秤
electronic scale

量壺
measuring pitchers

量匙
measuring spoons

煮糖用 / 油溫溫度計
candy/deep-fat thermometers

速讀式溫度計
instant-read thermometers

探針溫度計
probe thermometer

篩子與過濾器

篩子與過濾器可以用來分離、疏鬆食材，移除乾食材中較大的雜質，也可用來瀝乾熟食或生食，或是壓泥。有些過濾器的網子很細緻且容易受損，切莫隨手扔進洗滌槽，以免壓壞或扯壞。

食物碾磨器是一種可將軟性食物磨成泥的過濾器。操作時，以手轉動曲柄把手，牽動圓盤上彎曲的扁平刀片。大多數的專業機型都可更換圓盤，以取得不同孔目。鼓狀篩是在圓形的鋁框或木框底部撐開一面馬口鐵網（鍍錫的鋼網）、尼龍網或不鏽鋼網，將食材過篩或壓泥。錐形篩則是用來將食物瀝乾或壓泥，圓錐上的篩孔有不同大小，從極大至極小都有。用來過濾或瀝乾食物的濾鍋也有不同大小，分為有底座和無底座兩種，材質多為不鏽鋼或鋁製。壓泥器是一種有洞的給料斗，使用時將煮熟的食物（通常是馬鈴薯）放入，以槓桿尾端的金屬薄片推動食物穿過給料斗底部的篩洞。濾布是一種輕薄、網目細密的棉質紗布，通常會與精密的錐形篩一同使用，或直接取代錐形篩。濾布是過濾某些醬汁必要的工具，也可以用來製作香料包。使用前，濾布應以熱水徹底洗淨，並以冷水沖洗，以去除所有鬆脫的纖維。濾布沾濕後更容易附著在碗、篩邊緣，方便工作。

湯鍋、平底鍋、模子 pots, pans, and molds

市面上有各種材質的鍋具與模子。鍋具的外形與功能密切相關，務必選擇適合手上任務的器皿。

銅鍋導熱快速且均勻。然而，許多食物直接接觸銅器後，顏色與質地都會改變，而銅鍋表面通常會鍍上一層錫或其他軟金屬（專門用來煮果醬、果凍、巧克力和其他高糖分料理的銅鍋例外，這類銅鍋又稱為果醬鍋*），使用時務必小心，避免刮傷鍍層。若鍍層脫落或磨損，可以送修重新鍍上。此外，銅很容易變色，保養上需耗費相當多時間與勞力。

鑄鐵鍋保溫效果好，熱能傳導相當平均。這種材質較為脆弱，必須小心處理，以免產生凹痕、傷痕或生鏽。有琺瑯塗層的鑄鐵鍋較容易清潔，但不沾特性會稍微減損，也不像未經處理的鑄鐵鍋那麼耐高溫。不鏽鋼鍋導熱能力相對差，但因為保養容易等優點而廣獲採用。為加強不鏽鋼鍋的熱能傳導效率，製造商常在兩層不鏽鋼之間夾著其他導熱性較優的金屬（如鋁、銅）。相較於銅鍋，不鏽鋼不會與食物產生化學反應，煮出來的白醬能夠維持純白或象牙色。

藍鋼、黑鋼、沖壓鋼和軋鋼材質易變色，但導熱非常快。這些材質的鍋具一般較薄，通常用於煎炒。

鋁鍋的熱傳導效果也相當好。不過，鋁是軟金屬，磨損速度快，如果用金屬湯匙或醬料攪拌器來攪伴鋁鍋中的白色或淡色醬汁、濃湯、高湯，食物就會染上灰色。除此之外，鋁也會與酸性食物產生化學反應。表面經陽極氧化處理的鋁較不會起反應，是現代廚房最受歡迎的金屬鍋具材質。

專業廚房有時也會使用不沾鍋，特別是提供少油、少脂肪餐點的餐廳。不過，這類塗層並不像金屬鍍層那麼堅固牢靠。

*編注：傳統法式果醬鍋通常為表面無其他金屬鍍層的銅鍋，這是因為銅會與酸性物質起化學反應，讓果醬、果凍等快速膠結，但今日多數消費者對此有銅中毒的疑慮。專業果醬師建議：避免將水果或其他酸性食材直接放入未鍍錫的銅鍋（或未經處理的鋁鍋、鐵鍋），而是先在玻璃或瓷器等安全器皿內進行前置工作，等均勻混進大量砂糖後，再放進銅製果醬鍋裡煮，讓混合物中的高濃度糖分降低銅的化學反應。

銅鍋的正確保養與清潔方式

多年來，許多廚師都是利用以下方式來清潔、保養銅製廚具，讓它們閃閃發亮。由於這個方法快速、便宜又有效，至今仍廣受廚師的喜愛。將等量的麵粉與鹽混和，加入足夠的蒸餾白醋做成麵糊。醋會與銅產生化學反應，除去所有因氧化與加熱導致的變色。其他酸性物質（例如檸檬汁）的效果也一樣好，不過白醋是最經濟的選擇。鹽能發揮洗滌劑的功能，麵粉則是扮演麵糊的黏合劑。混合好後，以這種麵糊完全覆蓋住銅器表面，接著以抹布用力搓洗，直到完全洗掉麵糊。至於用來烹煮食物的鍋具內壁，則與清潔其他鍋具一樣，利用較軟的菜瓜布與洗碗精來清洗即可。

NOTE：清潔脆弱的銅餐盤與餐具應使用特殊洗潔劑或不含金剛砂的軟性菜瓜布，避免刮傷。

鍋具

名稱	特性
高湯鍋、燉煮鍋 stockpot/marmite	高度大於寬度的大型鍋，鍋壁垂直，鍋壁上可能附有水龍頭
醬汁鍋 saucepan	鍋壁垂直，或稍微呈下窄上寬的喇叭狀，有一根長把手
湯鍋 sauce pot	形狀與高湯鍋相近，但體積沒那麼大，鍋壁垂直，且有兩個弧形握把（雙耳）
雙耳燉鍋 rondeau	偏寬且相當淺的鍋子，有雙耳。鑄鐵材質的燉鍋常稱為「griswold」，可能有一根短把手而不是雙耳握把。燜鍋（braiser）和燉鍋很類似，除了圓形外，也有方形燜鍋
煎炒鍋（平底煎炒鍋） sauteuse/sauté pan	淺平底鍋，鍋壁有斜度，有一根長把手
平底深煎鍋（煎鍋） sautoir/fry pan	淺平底鍋，鍋壁垂直，有一根長把手
蛋捲煎鍋、可麗餅鍋 omelet pan/crêpe pan	淺平底鍋，鍋壁非常短、略帶斜度，材質通常是軋鋼或藍鋼
隔水燉煮鍋、雙層蒸鍋 bain-marie/double boiler	可疊放的套鍋，有一根長把手。隔水燉煮鍋的原文 bain-marie 意指隔水加熱的烹調方式，也稱為水浴法。另外，bain-marie 也指在水蒸保溫檯裡盛裝食物的不鏽鋼內鍋
煎烤盤 griddle	平底，沒有鍋壁，有些可以直接裝在爐子上
煮魚鍋 fish poacher	長而窄的有蓋鍋子，鍋壁垂直；附有一片用來放魚的帶孔金屬架
蒸鍋 steamer	成對、可疊放的鍋子，附蓋的上鍋底部有通氣孔。steamer 也可能指蓋子緊密貼合的竹製蒸籠，可放進中式炒鍋裡使用

養鍋

使用鑄鐵鍋或軋鋼鍋的廚師常會養鍋，以封住鍋面的毛細孔。養鍋可以維護鍋具的表面，打造不沾的塗層。養鍋時將適量食用油倒入鍋內，平均覆滿鍋底，油深約0.6公分。將鍋子放入149℃的烤爐裡烤一個小時，再取出冷卻，最後以廚房紙巾擦去多餘的油。經常重複這個動作以更新保護層。如欲清洗養過的鍋子，可以拿一團廚房紙巾以鹽巴摩擦表面，直到刮除食物殘渣。

爐臺烹調用的湯鍋和煎炒鍋

可在爐臺上使用的湯鍋或煎炒鍋材質眾多，但都必須能承受明火直燒的熱度。湯鍋品質不佳，不僅脆弱，也容易變形。煎炒鍋的材質十分多樣，選擇哪種材質主要取決於喜好。挑擇時，保養鍋具的難易度固然重要，鍋具的導熱性是否良好與熱傳導是否均勻也不可輕忽。舉例來說，銅鍋的導熱性好，但需要投注大量時間與工夫才能好好維護。不沾鍋或許實用，但這種鍋的塗層表面不如金屬堅固；想要鍋面不沾，也可考慮選擇鑄鐵鍋。藍鋼鍋、黑鋼鍋、沖壓鋼鍋或軋鋼鍋由於對溫度變化的反應快，因此常用來煎炒菜餚。

選擇湯鍋或炒鍋時，應考慮以下資訊：

1. 選擇適合烹煮分量大小的鍋子：要熟悉不同湯鍋、炒鍋、模具所能容納的食物量。舉例來說，煎炒鍋裡擠了太多塊肉，肉就無法產生適當的褐變反應；要是煎炒鍋太大，鍋底焦渣（肉因梅納反應滲出的肉汁）可能會燒焦。如果用大鍋來煮一條小魚，煮液的風味則不夠濃郁。

2. 依照不同烹飪方式，選用適合的鍋具材質：經驗和科學實驗都已驗證，針對不同的料理方式搭配適用材質的鍋具會更好。舉例而言，煎炒需要導熱快速、對溫度變化反應敏銳的鍋具；燜煮需要長時間的溫和火候，因此更需要能均勻導熱、具良好保溫效果的鍋具，而不是對溫度變化反應快的鍋具。

3. 以適當的方式使用、清洗、保養鍋具：有些材質容易變形，應避免過度加熱，或急速改變鍋具的溫度（例如將熱得冒煙的湯鍋放進裝滿冷水的水槽）。有些材質如果粗魯地用，或是放在爐上空燒，可能會破損，甚至裂開。有琺瑯塗層的鑄鐵或鋼材質的法式砂鍋或模具，結構尤其脆弱。

附蓋湯鍋
sauce pot with lid

竹蒸籠
bamboo steamer

炒鍋
wok

附蓋平底深煎鍋
sautoir with lid

烤爐用烤盤模具

放進烤爐使用的烤盤模具，基本材質與爐臺專用的鍋具相仿。除此之外，上釉與未上釉的陶製、玻璃製或陶瓷製烤盤也很常見。烤爐的熱度不如爐火高，因此烤盤模具可以使用較脆弱的材質，不必擔心裂開或破碎。金屬烤盤模具又有不同規格之分（規格在此指的是金屬的厚度），厚的金屬烤盤模具因導熱更均勻而較受歡迎。不同金屬的導熱性也有分別。鋁製烤模導熱速度快，如果太薄則容易烤焦；另一方面，不鏽鋼導熱較差，薄的不鏽鋼烤模就十分適合用於烘焙。錫的導熱性也很好，而玻璃、陶瓷、陶器則是保溫效果佳，但導熱效果差。

活動模（脫底模）
springform pan

兩種尺寸的
圓形蛋糕烤模
cake pans

活動底派塔盤
loose-bottomed
tart pan

錫製馬芬烤模
muffin tin

圓環蛋糕模
Bundt pan

烤肉盤
roasting pan

吐司模
loaf pan

法式酥皮派烤模
pâté en croûte mold

小烤皿（在焗烤盤上）
ramekin

焗烤盤
gratin dish

帶蓋吐司模
pullman loaf pan

矽膠模
flexible silicone mode

烤爐用烤盤和模具

名稱	特性	常見用途
烤肉盤 roasting pan	長方形烤盤，有中等高度的盤壁，分不同大小	烘烤或烘焙
淺烤盤 sheet pan	非常淺的長方形烤盤，有全尺寸跟半尺寸*之分	烘焙、存放食物
方形調理盆、水蒸保溫盤、保溫鍋 hotel pan/steam table pan/ chafing dish	長方形的盤子，尺寸變化多。保溫鍋與方形調理盆通常為標準尺寸，所以大部分都可互相搭配	偶爾用於備料，但更常用來盛裝食物放進水蒸保溫檯、食品保溫箱、電蒸鍋或瓦斯蒸箱裡保溫。也經常用來醃肉，或存放要送進冰箱冷藏的食物
法式肉派模 pâté mold	長方形的金屬深模，模壁通常有鉸接設計，方便拿出肉派。也有特殊形狀的派模可選	烘焙法式肉派
法式肉凍模 terrine mold	附蓋的長方形或橢圓型模。傳統上會用陶器，也可能是有珐瑯塗層的鑄鐵材質	烘焙法式肉凍，或作為法式肉凍的外模
焗烤盤 gratin dish	橢圓形的淺烤盤；材質可能是陶瓷、有珐瑯塗層的鑄鐵，或是有珐瑯塗層的鋼	焗烤
小烤皿 ramekin	圓形、皿壁垂直的陶瓷器皿，有不同大小	烘焙舒芙蕾，或當作冰鎮舒芙蕾的外模；也可盛裝醬汁，烘焙卡士達醬；或是拿來焗烤菜餚，烘焙布丁或冷卻布丁，以及其他用途
布丁模 timbale mold	小型的金屬模或陶瓷模	將一份份食物塑造成形
矽膠模 flexible silicone mold	有不同大小與形狀	將食物塑成各種形狀，可用於高溫或冷凍
蛋糕烤模 cake pan	模壁垂直，有不同大小與形狀，可於水浴槽內使用	烤蛋糕、乳酪蛋糕和部分種類的餐包

*編注：全尺寸（full size）淺烤盤規格為長66 x 45.7公分（26 x 18英寸），半尺寸（half size）淺烤盤規格為長45.7 x 33公分（18 x 13英寸）。

名稱	特性	常見用途
活動模（脫底模） springform pan	類似蛋糕烤模，但底部可拆卸。模壁的彈簧扣可輕鬆解開，便於取出蛋糕	烤蛋糕
活動底派塔盤 loose-bottomed tart pan	淺底烤盤，底部可拆卸。盤壁可能是花邊或直邊，通常比派盤矮。可能是圓形、長方形或四方形	烤塔
烤派盤 pie pan	圓形的烤盤，盤壁向外展開，比塔盤深，有各種大小	烤派與法式鹹派
吐司模 loaf pan	深烤盤，通常是長方形，模壁垂直，或稍微向外展開	烤麵包與美式肉餅
帶蓋吐司模 pullman loaf pan	長方形的附蓋烤模，用來製作頂部平坦的長麵包	烤精品麵包
馬芬烤盤 muffin tin	有多個圓型凹洞的烤盤，凹洞可放入馬芬麵糰，有不同大小可選	烤馬芬與杯子蛋糕
圓環蛋糕模 Bundt pan	圓形的深盤，中間有根管子。模的形狀可能很繁複	烘焙特殊造型的蛋糕，包括戚風蛋糕和磅蛋糕
戚風蛋糕模 tube pan	圓形的深盤，模邊垂直，中間有根管子。有些模具的模邊可以卸下，類似彈簧扣蛋糕模	烘焙天使蛋糕、磅蛋糕，或戚風蛋糕

大型設備 large equipment

使用大型設備時，必須遵照安全預防措施，並時常進行妥善保養與清理。

1. 詳閱安全指示，徹底了解正確操作機器的方式。
2. 在組裝或拆除機前須關掉電源，並拔除設備插頭。
3. 啟用設備上的所有安全裝置：確定蓋子有蓋好，有使用護手裝置，機器亦已架設穩固。
4. 每次使用後，徹底清理並消毒設備。
5. 每次使用後，務必確認設備的所有零件皆已正確裝回原位，並拔除插頭。
6. 即時回報任何操作問題或故障，並提醒同事設備有狀況。

大型煮鍋與蒸鍋

大型煮鍋與蒸鍋可以讓廚師高效率烹煮大量食物，因為比起用單一爐火烹飪，這些設備的加熱範圍更大，烹煮時間通常比爐火短。

壓力蒸氣鍋：這種鍋具可自立於地面，或放置在工作檯上，蒸氣會在雙層蒸鍋壁間流動，提供均衡的熱能。不同型號的壓力蒸氣鍋具有不同裝置和功能，包括可傾斜、絕緣，或是附有水龍頭或蓋子。這種鍋具有各種大小，很適合用來煮高湯、湯品、醬汁。

可傾式深鍋：這種可自立於地面、相對比較淺的大型鍋又稱為瑞士燜鍋、可傾式平底鍋或可傾式炒鍋，可一次燜、燉、炒大量的肉或蔬菜。大多數的可傾鍋都有蓋子，也能用來蒸煮食物。

壓力蒸鍋：在密封鍋內將水加熱，使水因壓力升高而能達到超過沸點（100℃）的高溫。烹煮時間由自動計時裝置所控制，烹調時間一到，洩氣閥就打開。

對流式電蒸爐：蒸氣在鍋爐生成後，進入蒸煮室，湧到食物上。由於這種蒸爐會持續排氣，爐內壓力不會升高，爐門可隨時打開，因此不會有燙傷或灼傷的風險。

方形油炸機：以瓦斯或電力加熱大型不鏽鋼儲液槽內盛裝的油。油炸機上的恆溫器可控制油溫，不鏽鋼撈網則可用來將食物下鍋或自熱油中取出。

爐連烤箱與烤爐

爐臺又稱為爐連烤箱，烤箱通常位於爐子下方，但在這種標準配置之外仍有多種變化。瓦斯爐與電子爐有各種大小，也有不同結合，如開放式爐頭、內置式平面爐頭（勿與煎烤盤混淆）以及環形爐頭。開放式爐頭和環形爐頭直接以明火加熱，容易調整與控制。內置式平面爐頭則提供間接熱源，較為均勻，不像明火那麼強烈。需要長時間緩慢烹煮的食物，例如高湯，用內置式平面爐頭效果較好。小型的煮糖爐或高湯爐，在平口爐臺下有環狀的瓦斯噴口或可卸除的金屬環，熱能控制功能絕佳。烤爐讓食物周圍充滿熱空氣，藉此將食物煮熟，熱源比爐火更溫和，受熱也更均勻。

開放式爐連烤箱：這種爐連烤箱有獨立的爐架式爐頭，可以輕鬆調整熱度。

內置式平面爐連烤箱：這種爐連烤箱的爐頭在熱源之上有一層厚厚的鑄鐵板或鋼板。平面爐頭的熱能相對平均、一致，但無法快速調節溫度。

環形爐連烤箱：這種爐連烤箱的爐頭也算是一種內置式平面爐頭，但有可移除的環形金屬板，可將熱源開口擴大，以增加或減少熱能。

電磁爐臺：藉由電磁爐頭與鋼鐵或鑄鐵鍋具之間的磁力來產生熱能。爐頭表面維持低溫，但反應時間比傳統爐頭迅速許多。須避免與含有銅或鋁的鍋具一起使用。

對流式烤爐：這種烤爐配有風扇，使熱空氣在食物周圍流動，以均勻、快速烤熟食物。有些對流式烤爐還可使用水蒸氣讓食物保持濕潤。

傳統烤爐／分層烤爐：熱源位於底層，在烤爐的底板之下。熱能透過底板傳導到內部空間。傳統烤爐可能配置在爐臺下方，也可能獨立設置為有多層抽屜的分層烤爐。使用這種烤爐時，食物是直接放到底板上烤而非網架上。分層烤爐通常有2-4層，但也有單層的型號。

多功能蒸烤爐：結合對流式蒸鍋與對流式烤爐的多功能設備，分為瓦斯加熱或電力加熱兩種。可以選擇使用蒸氣模式、熱空氣對流模式，或者烤／蒸多功能模式。

微波爐：使用電力產生微波輻射，可極為迅速地將食物煮熟或加熱。有些機型可能當對流式烤爐使用。

煎烤盤／燒烤爐

煎烤盤和燒烤爐，也常作為爐連烤箱的一部分，成為傳統專業餐飲服務的基本配備。

煎烤盤：和內置式平面爐頭一樣，熱源位於一片厚實的鑄鐵板或鋼板底下，食物直接在煎烤盤的表面上加熱。

燒烤爐／炙烤爐／上明火烤爐：燒烤爐的熱源位於烤架底下，而炙烤爐或上明火烤爐的熱源則在上方。有些烤架的位置可調整，透過調高或降低食物的高度來控制燒烤速度。有些燒烤爐使用木材或木炭作為燃料，或是兩者皆可，不過一般餐廳的燒烤爐通常使用瓦斯或電力加熱，搭配一層陶瓷「石塊」製造炭烤效果。炙烤爐主要是從上方發散強烈的熱能，有些型號的瓦斯烤爐或電烤爐也附加這樣的功能。如果是獨立設置的炙烤爐，又稱為上明火烤爐，主要用來為菜餚收尾或烤出油亮光澤。

燻烤爐

真正的燻烤爐在高溫或低溫環境下都能煙燻食物。燻烤爐通常附有架子或鉤子，確保食物能均勻煙燻。

冷藏設備

維持足夠的冷藏食材對任何一家餐飲服務都至關重要。因此，菜單品項與冷藏庫存必須經過評估、調節，以求達到最佳平衡。所有冷藏設備都需要妥善保養，這意謂著每種冷藏設備都要定期、徹底清潔。

走入式冷藏庫：是最大型的冷藏設備，通常會在內壁四周擺設置物架。走入式冷藏庫可以依需求劃分為不同區域，在各區域維持適當的溫度與濕度來儲存各種食物。有些走入式冷藏庫大到設置活動輪置物架，以妥善利用儲存空間；有些則另外設置了雙通門或取放門，以利取得經常使用的食材。走入式冷藏庫可以就近設置在廚房裡，也可以設置在外。

取放式大型冷藏櫃：冷藏櫃有各種大小，可能是單獨一臺，也可能是一整排。在冷廚區，雙通門特別實用，服務生需要時可直接取用冷藏的菜色。

現場冷藏設備：廚房附設的抽屜式冰箱或工作檯底下的小型取放式冷藏櫃，可讓各工作站的食材維持在適當溫度。

移動型冷藏設備：冷藏車（附活動輪的冷藏櫃）可以視需求移動到各處。

展示型冷藏設備：這種展示櫃通常放在用餐空間，用來擺放甜點、沙拉或沙拉吧。

攪碎、切片、混合和打泥器具

使用攪碎、切片、打泥的設備時，若稍有不慎，會非常危險。由於許多菜餚的烹調過程都包括這些步驟，所有廚師都應該要能熟練使用這些工具。

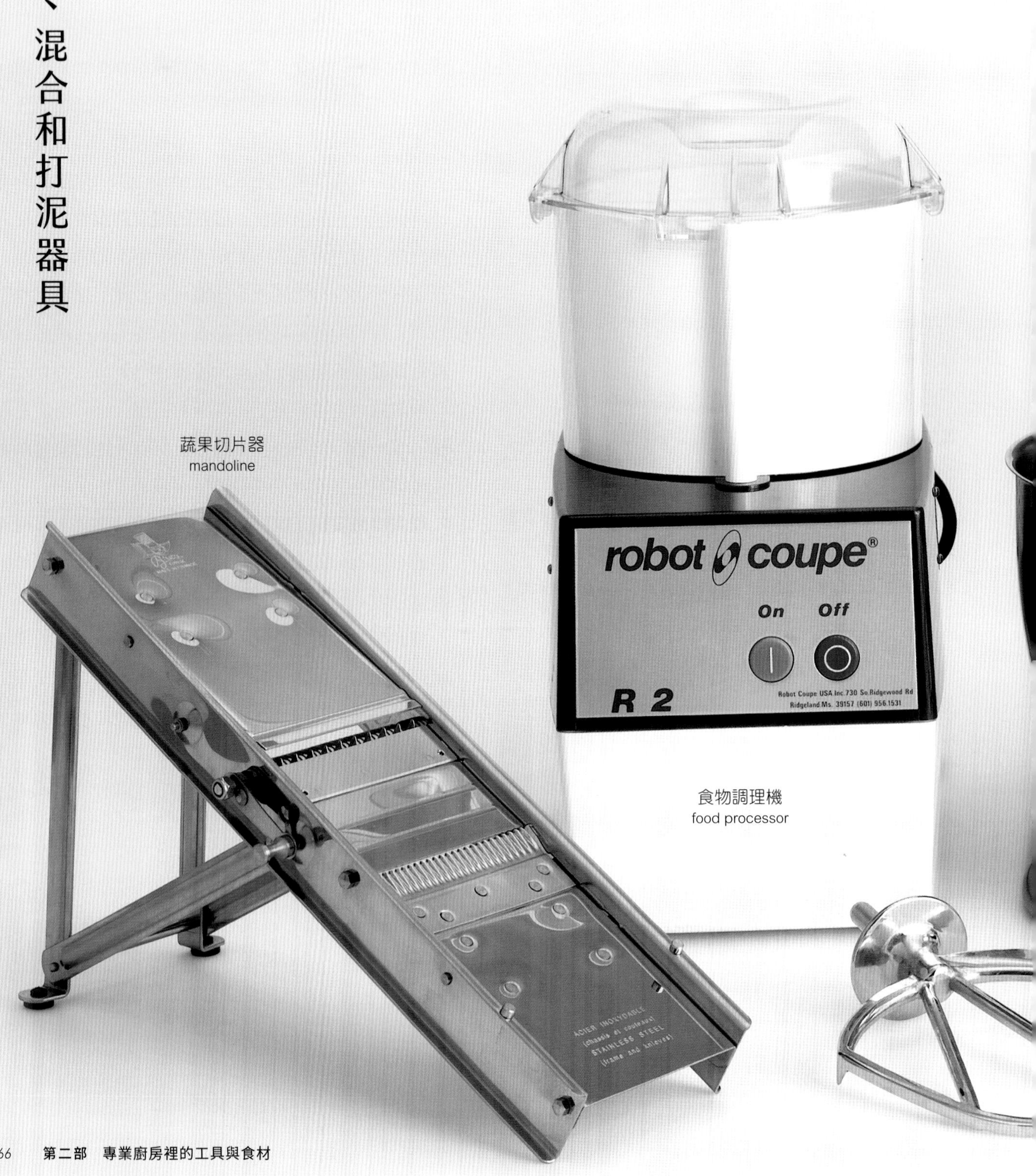

蔬果切片器
mandoline

食物調理機
food processor

手持式攪拌棒
immersion blender

果汁機
blender

直立式攪拌機與配件
standing mixer and attachments

攪碎、切片、混合和打泥器具

名稱	特性	常見用途
果汁機 blender	由附有馬達的底座與可拆卸的附蓋調理杯組成，底部有類似螺旋槳的刀片，馬達的轉速設定位於底座。調理杯材質可能是不繡鋼、塑膠或玻璃；有多種容量大小可選	打泥、液化或乳化食材的功能優異
食物調理機 food processor	馬達位於底座，並有獨立可拆卸的調理碗、刀片、蓋子。可能另附刀盤，用於特殊切割	研磨、打泥、混合、乳化、壓碎或揉捏食材。裝上特殊刀盤後可將食材切片、切絲、切細條
手持式攪拌棒 immersion blender/hand blender/stick blender/ burr mixer	形狀細長、一體成型的機器，外型像是上下顛倒的果汁機。機身最上方是馬達，通常只有一種轉速；塑膠手把的外殼頂端則有電源開關。不鏽鋼驅動軸由馬達往下延伸，尾端是埋在食物裡的刀片	直接將烹煮容器裡的大量食物打泥、液化或乳化
直立式切剁機 vertical chopping machine, VCM	馬達與內建刀片的盆子永久連接。為了安全考量，以絞鍊固定的頂蓋必須鎖住後，機器才能開始運作	研磨、打發、乳化、混合或壓碎大量食物
食物切碎機、細切機 food chopper/buffalo chopper	食物置入可旋轉的盆子中，以附有刀片的罩子加蓋，切碎食物。有些機型附有可替換的刀盤、料斗或輸料管。有落地式及桌上型機種可選	剁切大量食物；換上特殊刀盤後，亦可將食物切片或磨碎
食物切片機、片肉機 food slicer/meat slicer	置肉臺會將食物緊靠著圓形的刀片前後移動，刀片通常以碳鋼製成。附有可確保使用安全的護罩	把食物切成均勻的厚度
蔬果切片器 mandoline	刀片以高碳鋼製成。可用控制桿調整刀片角度，以切出想要的形狀與厚度。附有可確保使用安全的護罩	切片、切絲或切出格紋或切長條
直立式攪拌機 stand mixer	以電力驅動，附有可拆卸的大型攪拌盆，攪拌盆有各種容量（4.75、9.5、19、38公升等等）。另附配件：攪拌器、攪棒、麵糰鉤。攪拌盆鎖死固定後，機器會轉動上述配件來攪拌麵糊或麵糰	混合、攪打、攪拌或揉捏
絞肉機 meat grinder	可能是獨立式機器，或作為直立式攪拌機的配件，有不同大小的刀盤，通常會有輸料盤和推片	攪碎；（使用配件）灌香腸

第6章

meat, poultry, and game identification

辨識肉類、禽類與野味

採買、製作並供應肉類食物是大多數餐廳營運開銷最高的部分之一，但也是數一數二的高獲利。為了使購買來的肉品發揮最大價值，針對不同烹調方式選擇適合的肉品部位，就變得格外重要。

肉品基本知識 meat basics

餐廳該買哪些肉品部位，會根據營運模式的本質而有所不同。一間餐廳若主打現點現做，特別是以燒烤或煎炒類菜餚為主的餐廳，就要購買特別軟嫩（也比較昂貴）的部位。如果餐廳供應多種烹調法的菜餚，肉品選擇就不必那麼嚴苛，例如製作燜煮菜餚（如義式燉小牛膝），就很適合用肉質沒那麼軟嫩的小牛腿腱肉。

若以能否直接烹調來區分，就有多種形式與切分程度的肉品可選擇。主廚採買時應考慮以下幾個因素：儲存空間大小、製作餐廳供應菜色所需的器具、廚房員工處理肉品的能力，以及營運所需的肉品分量，這些都需納入考量。一旦評估過這些因素，主廚便可決定究竟是購買大塊的肉（如一整隻小牛腿），或是預先切分好的肉（如已經分好的小牛上後腿肉，或預切好的小牛薄切肉排）。

採買時，應檢查肉品是否新鮮、完整。肉的表面應顯得濕潤但不會發亮。肉品應有漂亮的顏色，色澤依據類型和部位而有所不同，同時也應具有好聞的味道。包裝肉品買來時包裝應完整，未遭刺破或撕裂。

以下各段介紹所附的表格提供了有關牛肉、小牛肉、豬肉和羊肉的重要資訊，表格內容改編自北美肉品處理業者協會（NAMP）撰寫的《購買肉品指南》（The Meat Buyer's Guide；暫譯），涵蓋由該協會排訂的肉品部位編號和每一種肉品尺寸的平均範圍，還包括了各種肉品適用的烹調方式。

保存要點

所有肉品皆應包裝好並以冷藏保存。如果可行，肉類、禽類和野味應放在獨立的保存設備中，或至少在冰櫃內有獨立的存放空間。各種肉品應放在托盤上，避免肉汁滴到其他食物上或地板上。

各類肉品應分開放，例如禽肉不應接觸到牛肉，豬肉製品也不應接觸到其他肉類，以免交叉污染。

只要真空袋沒有破洞，真空包裝的肉品可直接儲存在包裝中。一旦開封，應使用透氣的紙類（如包肉紙）重新包裝，因為氣密式的環境會助長細菌孳生，導致肉類腐敗或受到汙染。

下水、禽類和未用人工硝酸鹽做防腐處理的醃漬豬肉肉品，保鮮期較短，應於購買後盡速烹調。以適當溫度和最佳條件儲存的肉品可保存數日，品質不會明顯下降；肉類也可冷凍，保存時間更長。

- **冷藏：**–2 - 0°C
- **冷凍：**–18 - –7°C

檢驗和分級

在美國，所有肉品皆須接受政府的強制檢驗。這項檢驗必須分別於屠宰前和屠宰後在屠宰場內完成。這是為了確保動物沒有患病，所得肉品合乎衛生，可供消費者購買食用。這項檢驗所需費用由納稅人繳納的稅金負擔。

美國有些州將檢驗肉品衛生的責任交付給聯邦屠檢人員。其他依舊自行檢驗肉品的州，無論標準為何，至少都必須達到聯邦標準。

肉品的品質分級則不是強制執行的規定。美國農業部（USDA）已制定具體的肉品分級標準，並培訓分級人員，但肉商可以視狀況決定不雇用美國官方分級員，甚至放棄官方分級制度，改以品牌名稱來表示。這是因為肉品分級屬於自願辦理，分級所需的費用要由肉商自行吸收，而不是由納稅人負擔。

分級員會根據動物種類去考量屠體的整體形狀、脂肪和瘦肉的比例、肉和骨頭的比例、肉的顏色，以及瘦肉上的油花。特定屠體獲得的級別，將適用於由該屠體切分出的所有肉塊。以牛肉為例，只有少部分的牛肉可評為極佳級。特選級和可選用級通常較容易買到。低於可選用級的肉類通常用來製成加工肉品，對於餐廳業者（或零售業）沒有實際價值。

有些肉品也會做產肉率評級。這個評級對批發商而言意義重大，代表可銷售肉產出量和屠體總重量之間的關係。屠宰場稱為「精肉率」。換句話說，這是每磅屠體能切出多少可食用肉的測量值。

肉品的市售型態

屠宰、檢驗和分級後，屠體便切分成容易處理的小塊。屠宰場先沿著屠體脊骨直剖成兩半，接著自特定椎骨間下刀，將兩個半邊屠體再橫切成4份。再次從特定位置下刀，在屠體腹部橫切，可切出「鞍肉」*。不同動物各有精確的標準來決定屠體應從何處下刀。

接下來便進行所謂的初步分切。牛肉、小牛肉、豬肉和羊肉的初步分切都有統一的標準。稍後會再進一步次分切這些大型肉塊。次分切後的肉塊通常會修整、包裝或餐飲服務、食品加工或飯店餐廳機構（英文簡稱 HRI）使用的肉塊，或是經過更多的加工或切割，以便之後製作成牛排、肉排、烤肉或絞肉，這便是所謂的「切塊部分控制」（portion control）。

過去幾年，在肉品包裝廠中完成的切分工作越來越多。雖然還是買得到懸掛在肉鉤上的完整屠體，但大多數的買家都會購買所謂的盒裝肉。這表示肉已經被切分至特定的程度（初步分切、次分切或零售分切），使用 Cryovac 自動封膜包裝或盒裝，運送到供應商、肉攤和連鎖零售賣場等。

猶太認證肉

為了符合宗教飲食規定，猶太認證肉是經由特殊方式所宰殺、放血和切分。在美國，習俗上只有牛肉和小牛肉的前四分體、家禽和一些野味會進行猶太式處理。要製作猶太認證肉，動物須由猶太屠宰師或是受過特別培訓的猶太律法教師（拉比）宰殺，再進行切分。宰殺時必須一刀殺死動物，並徹底放血，所有的靜脈和動脈必須從肉中去除。這個過程會嚴重破壞牛肉和小牛肉的腰脊肉和腿肉組織，因此這些部位通常不會製成猶太認證肉。

下水

下水是肉類屠體可食用的副產品，包括各種內臟，如肝臟、腎臟、心臟、腦、胃、某些腺體和腸道。另外，頰部、尾部和舌頭也都算是下水。下水通常價格低廉，但需要一些技巧才能烹調得好。組成內臟的纖維不同於瘦肉，烹調時需移除肝臟和腎臟上的薄膜、血管和結締組織。像肝和腎這類內臟，因富含鐵質，烹調後會轉化成濃郁的風味。尾部則帶有一些肉，且含有大量膠原，通常會製作成濃郁的燜煮菜餚。

下水在許多文化中都被視為美味佳餚，甚至視作高級料理的典範，像是法式料理中的 foie gras，就是肥美的鴨肝或鵝肝。這種內臟的稠度和奶油很像，而且風味獨特。雖然內臟一般而言價格便宜，法式鵝肝或鴨肝卻是例外，售價十分高昂。另一個例外則是小牛身上的胸腺。如果烹調得當，這種結構柔軟的腺體可用叉子取食。小牛胸腺很搶手，而且保證價格不斐。

內臟十分容易腐壞，因此必須於屠宰後一週內趁新鮮使用，不然就要購買冷凍的內臟。要確保冷凍內臟皆保存在 −18-0℃之間，以確保小冰晶得以形成，減少內臟的損壞。

* 編注：這個部位在美國屠宰場專指包含屠體背部與臀部、圍繞脊骨而生的大面積肌肉，類似馬鞍放置的位置，也可統稱為背肉。

牛肉

牛肉對於餐飲服務業至關重要，尤其是在美國。牛肉是重要的蛋白質來源，在眾多經典和當代菜餚中也都扮演重要角色。處理這種昂貴的食材時，必須特別小心，處理者也要接受過特殊訓練。切分時務必遵循這個重要概念：妥善掌握每次下刀的機會，盡可能切出最多肉量。

用於牛肉產業的牛通常是一歲以上的閹牛（閹割的公牛）和不需繁殖後代的小母牛。基本上，牛越老，肉質越韌。市面上也買

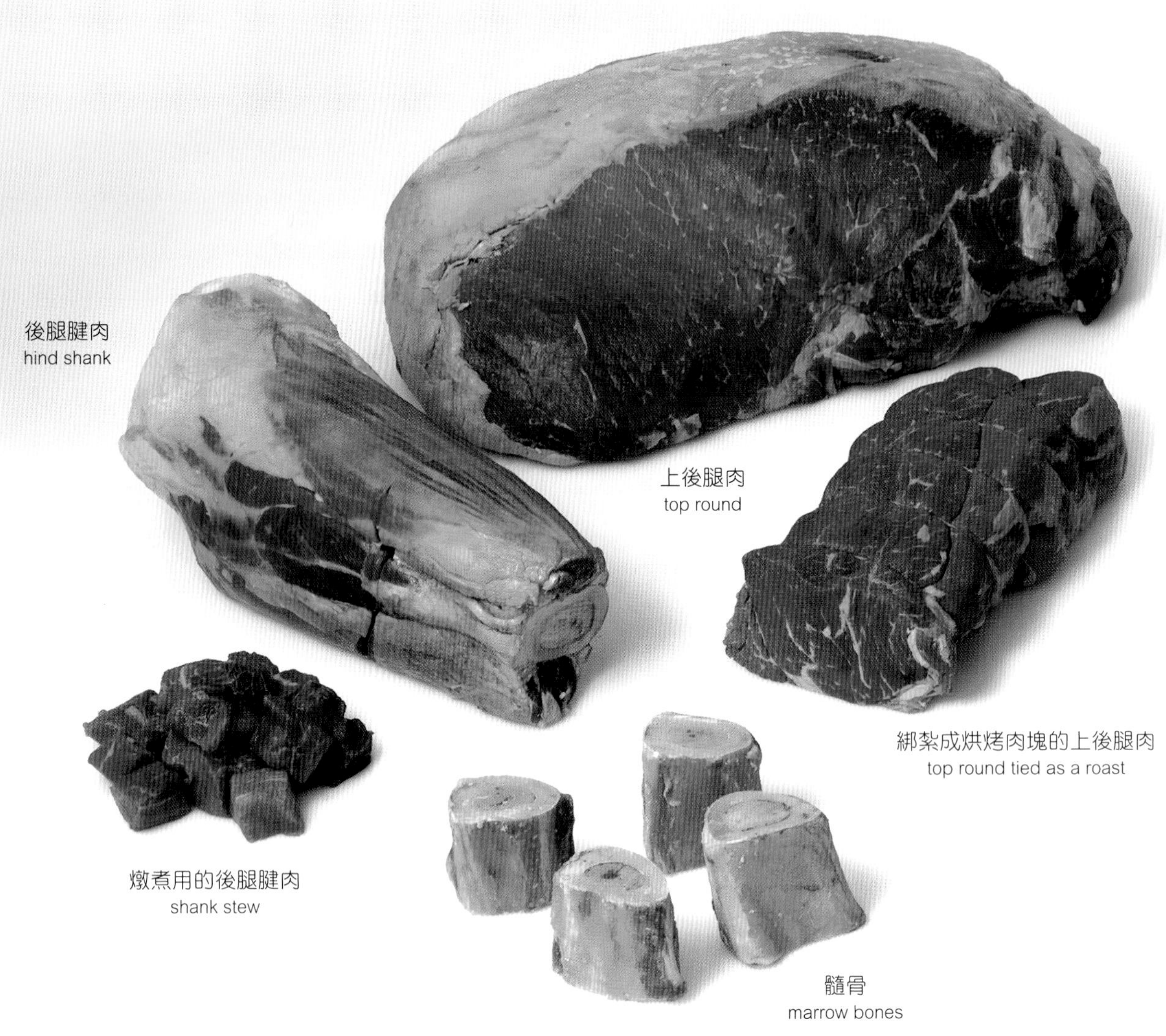

初步分切的後腿部可切分的肉塊

得到一些特殊牛肉，像是來自日本的神戶牛、來自法國的利木贊牛、來自美國的認證安格斯牛、不含瘦肉精和抗生素的自然牛、放養並餵食新鮮牧草的有機牛，以及乾式熟成牛肉等。

牛肉可分成八個等級，從最高到最低依序如下：**極佳級**、**特選級**、**可選級**、**合格級**、**商用級**、**可用級**、**切塊級**及**製罐級**。極佳級通常是預留給餐廳和肉販。

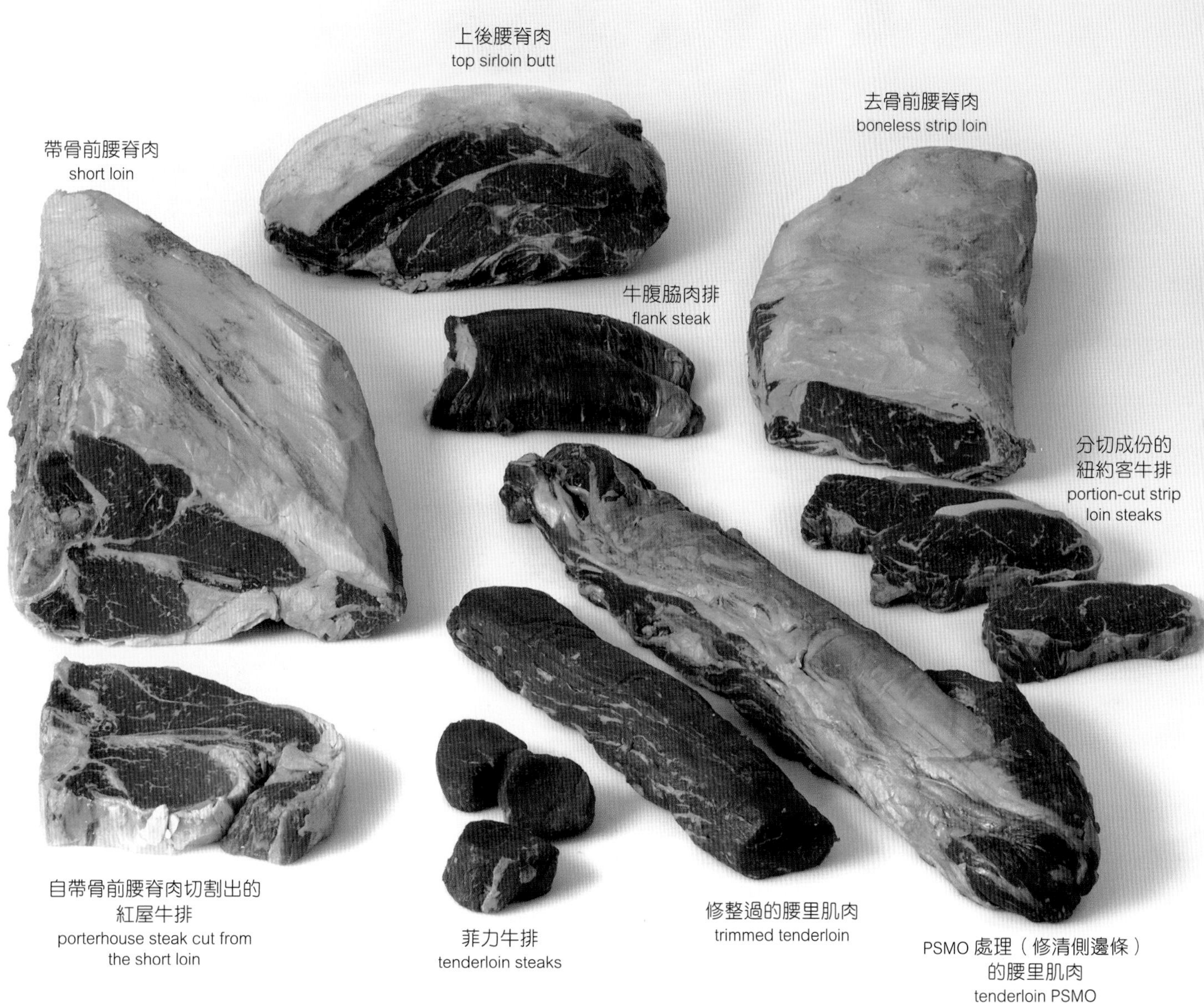

初步分切的腰脊部可切分的肉塊

牛肉

初步分切的肋脊部可切分的肉塊

初步分切的肩胛部可切分的肉塊

牛肉初步分切

次分切	常見的烹煮法	常見的用途
後腿部初步分切		
腿腱肉	燜煮、燉煮	常製成絞肉
腱子心	燜煮、燉煮	常用來燜煮或燉煮；製成匈牙利燉牛肉
後腿股肉（和尚頭）	燜煮、烘烤	常製成烤肉串
上後腿肉	烘烤、煎炸、炙烤	常製成肉卷、義式肉卷或炙烤醃牛肉
外側後腿肉眼（鯉魚管）	烘烤、燜煮	鍋爐烤；用烤爐烘烤，再切成薄片；生醃料理；瑞士牛肉鍋（fondue）
外側後腿肉	燜煮	常製成鍋爐烤牛肉或德式醋燜牛肉
腰脊部初步分切		
上後腰脊肉	烘烤、炙烤、燒烤	常製成肉排
腰里肌肉，PSMO 規格，分切成份	烘烤、炙烤、燒烤、煎炒	常製成夏多布利昂牛排、嫩菲力、迷你菲力牛排或菲力牛排
牛腹脇肉排	炙烤、燒烤、燜煮	常製成炙烤醃牛肉，也可切開攤平，或填入填料後烹調
規格編號175帶骨前腰脊肉；規格編號180去骨前腰脊肉	烘烤、炙烤、燒烤	常製成大塊的烘烤肉塊或牛排（紐約客牛排）
帶骨前腰脊肉	炙烤、燒烤	常製成紅屋牛排或丁骨牛排
肋脊部初步分切		
規格編號109D 出口形式的帶骨肋脊肉*	烘烤、燒烤	常製成帶骨烘烤的整條牛肋排（含多根肋骨），帶骨肋眼牛排，或帶骨切塊肋排（只含一根肋骨）
規格編號112A，去骨帶側唇的肋脊肉	烘烤、燒烤、煎炒	常製成去骨的肋眼烘烤肉塊，或戴爾莫尼客牛排
牛小排	燜煮	常以燜煮、慢烤或炭烤方式烹調
肩胛部初步分切		
方切肩胛肉	燜煮、燉煮	常製成大塊的烘烤肩胛肉或絞肉
上肩胛肉	燜煮、烘烤、燉煮、燒烤	常製成肉排或絞肉

次分切	常見的烹煮法	常見的用途
市售型態		
腹肉	燜煮	常製成牛小排
前胸肉	燜煮	常製成鹽漬牛肉和煙燻牛肉
前腿腱肉	燜煮、燉煮	常製成絞肉
雜碎肉（下水）		
肝	煎炒	常製成重組肉
胃	燜煮，或於清湯或紅醬中微滾	慢慢燜煮或燉煮
腎	燉煮	常製成烤派
舌	微滾煮	常以煙燻方式處理
牛尾	燜煮、燉煮	常慢慢燜煮，製成燉煮菜餚、湯或蔬菜燉肉
腸	根據製作的菜餚而定	作為香腸的腸衣
心	燜煮、燉煮	常以燉煮方式料理，或剁碎後加入菜餚中
血	根據製作的菜餚而定	一般會製成牛血腸

* 編注：去除外層脂肪、含有兩個側唇的短切帶骨肋脊排，一般重約7.3-9.1公斤。

牛骨架結構

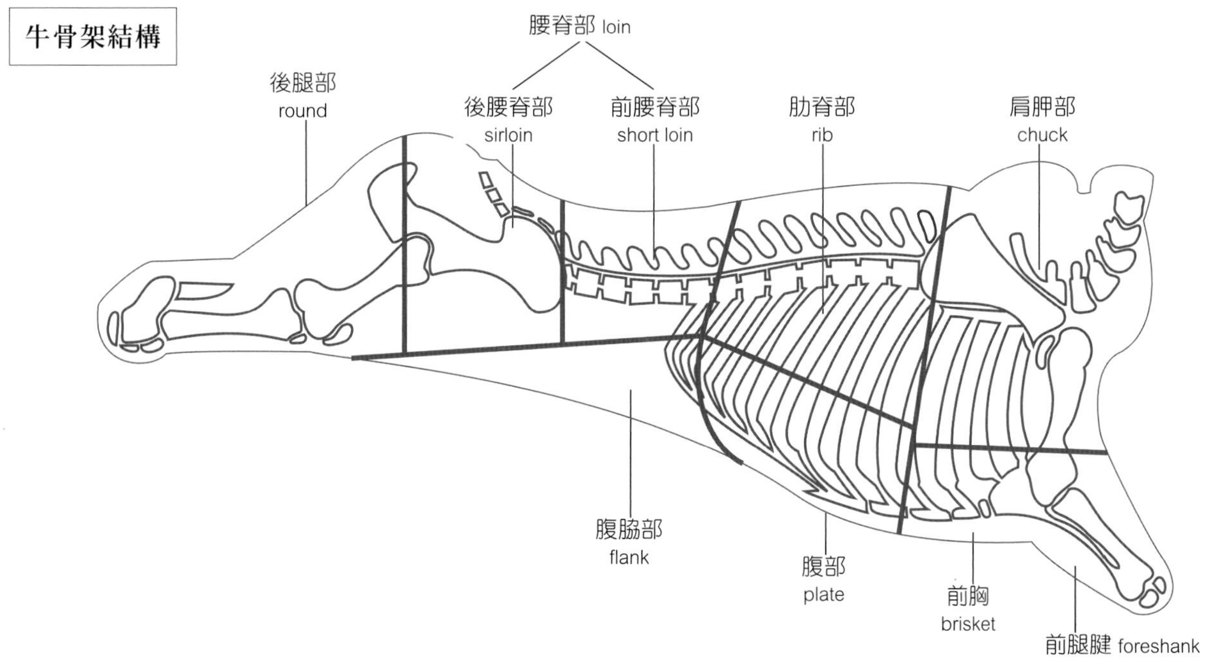

美國牛肉部位與規格（用於飯店、餐廳、機構）

規格編號	品名	重量範圍（公斤）
103	肋脊部（初步分切） rib (primal)	15.89-18.14
109	肋脊部，可直接烘烤 rib, roast-ready	8.16-9.98
109D	肋脊部，可直接烘烤，已去除蓋肉，短切 rib, roast-ready, cover off, short-cut	7.26-8.16
112	肋脊部，去骨無側唇肋眼肉 rib, rib eye roll	3.63-4.54
112A	肋脊部，去骨帶側唇肋眼肉 rib, rib eye roll, lip on	5-5.9
113	肩胛部，方切（初步分切） chuck, square-cut (primal)	35.87-48.07
114	肩胛部，上肩胛肉 chuck, shoulder clod	6.81-9.53
116A	肩胛部，綁紮好的整塊肩胛肉 chuck, chuck roll, tied	6.81-9.53
120	前胸，去骨，去除邊肉 brisket, boneless, deckle off	4.54-5.44
121C	腹肉，外側胸腹板肉（帶橫膈膜） plate, skirt steak (diaphragm), outer	0.91 以上（含）
121D	腹肉，內側胸腹板肉 plate, skirt steak, inner	1.36 以上（含）
123	肋脊部，牛小排 rib, short ribs	1.36-2.27
123B	肋脊部，修整過的牛小排 rib, short ribs, trimmed	依需求而定
166B	後腿部，已去除部分臀肉和腿腱肉，露骨為柄 round, rump and shank partially removed, handle on (steamship)	23.58-31.75
167	後腿部，後腿股肉 round, knuckle	4.09-5.9
167A	後腿部，修清後腿股肉 round, knuckle, peeled	3.63-5.44
169	後腿部，上內側後腿肉 round, top (inside)	7.72-10.44
170	後腿部，外側後腿肉（鵝頸肉） round, bottom (gooseneck)	10.44-14.07
170A	後腿部，外側後腿肉（鵝頸肉），已去除腱子心 round, bottom (gooseneck), heel out	9.07-12.7
171B	後腿部，外側後腿板肉 round, bottom, outside round flat	4.54-7.26
171C	後腿部，外側後腿肉眼（鯉魚管） round, eye of round	1.36 以上（含）
172	腰脊部，修整過的完整腰脊肉（初步分切） loin, full loin, trimmed (primal)	22.68-31.75
174	腰脊部，帶骨前腰脊肉，短切 loin, short loin, short-cut	9.98-11.79

規格編號	品名	重量範圍（公斤）
175	腰脊部，帶骨前腰脊肉 loin, strip loin, bone-in	8.16-9.07
180	腰脊部，去骨前腰脊肉 loin, strip loin, boneless	3.18-5
181	腰脊部，後腰脊肉 loin, sirloin	8.63-12.7
184	腰脊部，去骨上後腰脊肉 loin, top sirloin butt, boneless	5.44-6.35
185A	腰脊部，去骨下後腰脊翼板肉 loin, bottom sirloin butt, flap, boneless	1.36以上（含）
185B	腰脊部，去骨下後腰脊球尖肉 loin, bottom sirloin butt, ball tip, boneless	1.36以上（含）
185D	腰脊部，去骨下後腰脊角尖肉，已去脂 loin, bottom sirloin butt, tri-tip, boneless, defatted	1.36以上（含）
189	腰脊部，完整的腰里肌肉 loin, full tenderloin	3.63-4.54
189A	腰脊部，帶側肉的腰里肌肉，已去脂 loin, full tenderloin, side muscle on, defatted	2.27-2.72
190	腰脊部，去側肉的腰里肌肉，已去脂 loin, full tenderloin, side muscle off, defatted	1.36-1.81
190A	腰脊部，全修清腰里肌肉（去側肉、去膜） loin, full tenderloin, side muscle off, skinned	1.36-1.81
191	腰脊部，菲力頭 loin, butt tenderloin	0.91-1.81
193	牛腹脇肉排 flank steak	0.45以上（含）
134	牛骨 beef bones	依需求而定
135	牛肉丁 diced beef	依需求而定
135A	燉煮用的牛肉塊 beef for stewing	依需求而定
136	牛絞肉 ground beef	依需求而定
136B	漢堡肉餅混合肉餡 beef patty mix	依需求而定

小牛肉

小牛肉通常來自4-5個月大的幼小牛犢。因為小牛肉的肉質軟嫩，有些人認為是最好的肉類。經典的烹調方式包括義式燉小牛膝、小牛肉片佐鮪魚白醬、藍帶小牛肉排、香煎小牛肉和小牛薄切肉排，但也可用其他方法烹調。

肉質優良的小牛是以母乳或配方奶所哺餵。哺餵母乳的小牛會餵養至12週大，這

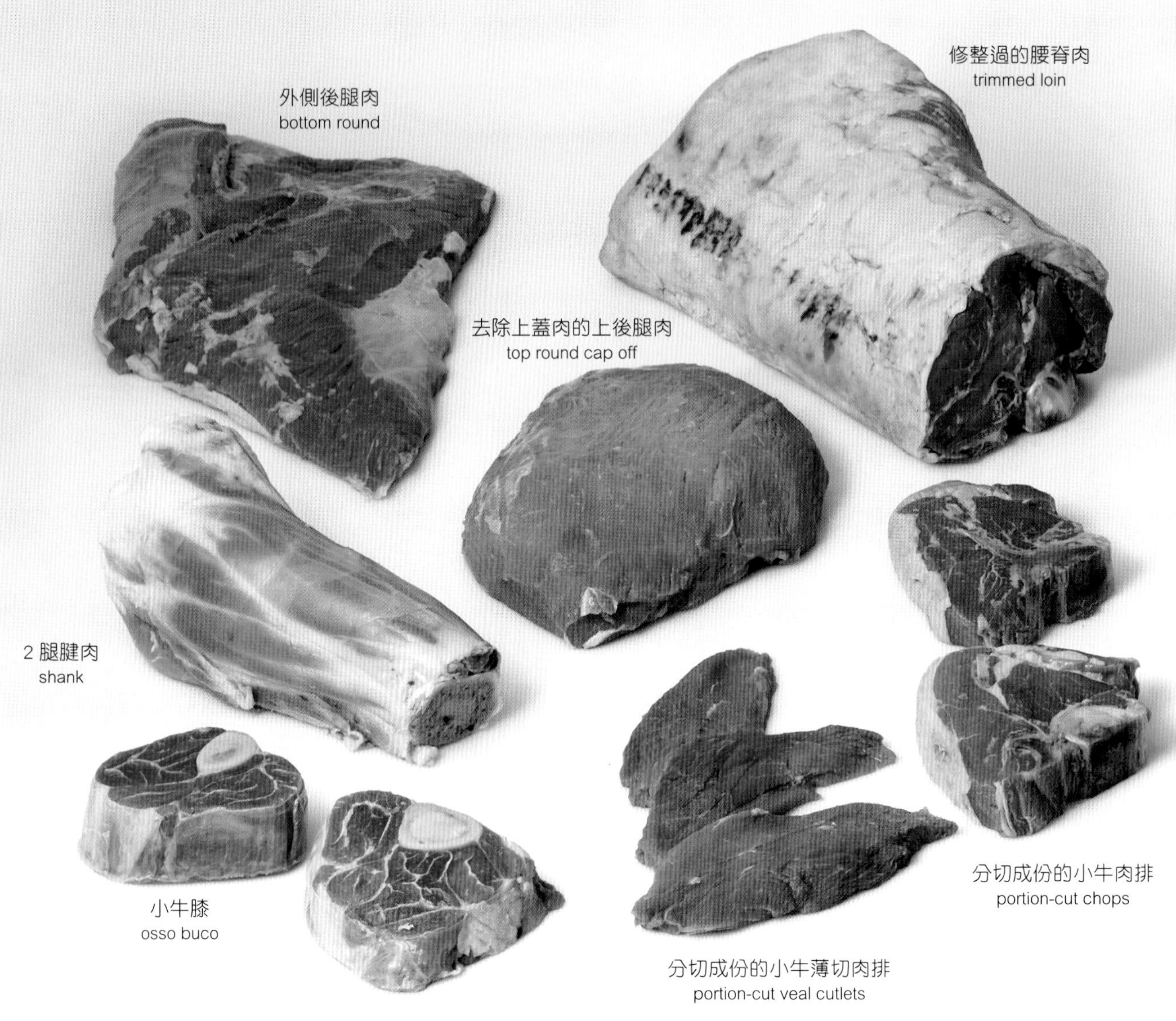

屠體後半部鞍肉可切出的肉塊

種小牛能產出最鮮嫩的肉。喝配方奶的小牛則以特殊飲食餵養，這是一般現代餐廳採用的標準小牛肉，這種小牛會餵養至4個月大。

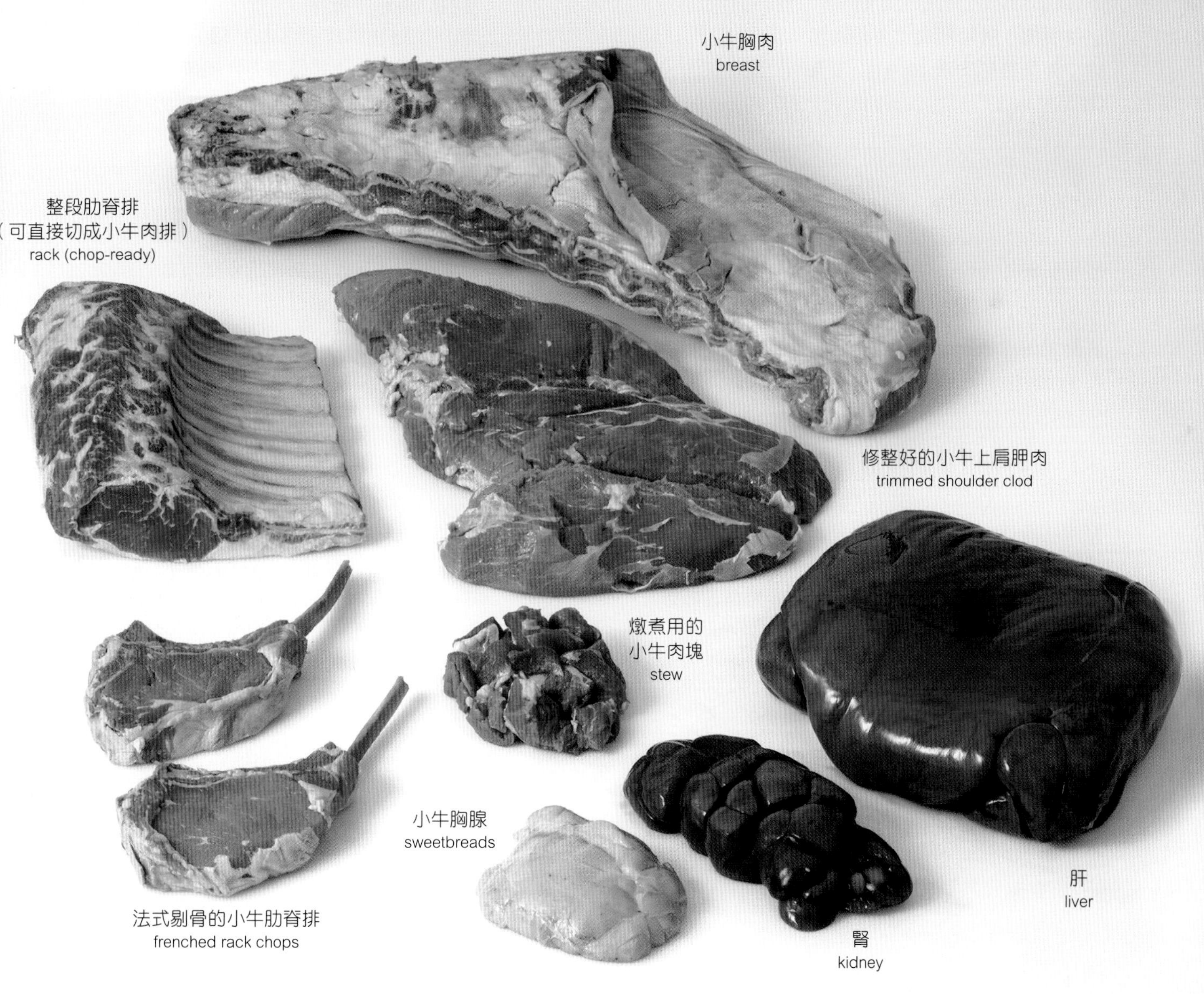

屠體前半部鞍肉可切出的肉塊

小牛肉初步分切

次分切	常見的烹煮法	常見的用途
腿部初步分切		
腿腱肉	燜煮、燉煮	常製成義式燉小牛膝
小牛腱子心	燉煮	常製成絞肉
上後腿肉；後腿股肉；外側後腿肉；外側後腿肉眼（鯉魚管）；臀肉	乾熱煎炒、烘烤、燉煮	常製成義式裹粉薄煎肉排、小牛肉片（厚1公分）、維也納炸小牛肉片（厚0.6公分）、小牛肉薄片、法式炸薄肉片和烤肉串。修整下來可用的肉塊常用來燉煮，或做成重組肉
腰脊部初步分切		
腰里肌肉；後腰脊肉	烘烤、煎炒	常製成迷你菲力牛排，也會整塊拿去烘烤
修整過的腰脊肉；對切去骨腰脊肉（前腰脊肉）	烘烤（帶骨或去骨）、煎炒、炙烤	常製成小牛肉排（帶骨或去骨）、迷你菲力牛排、義式裹粉薄煎肉排、小牛肉薄片、法式炸薄肉片
未修整的肋脊排初步分切		
整段肋脊排；可直接切成小牛肋脊排的整段肋脊排（含肋骨最上方的連接肉）；經法式剃骨的小牛肋脊排	烘烤（帶骨或去骨）、炙烤、燒烤、煎炒	常以法式剃骨或王冠綁紮法*處理，也可製成小牛肉排（帶骨、經法式剃骨）、迷你菲力牛排、義式裹粉薄煎肉排、小牛肉薄片、法式炸薄肉片
方切小牛上肩胛肉初步分切		
去骨方切上肩胛肉	烘烤（去骨）、燉煮、燜煮	常製成絞肉
上肩胛肉	燉煮、烘烤、燜煮	常製成絞肉
市售型態		
胸	燜煮、烘烤	常切開攤平後填入填料烹調，或製成醃肉（培根）
前腿腱肉	燜煮、燉煮	常製成絞肉

次分切	常見的烹煮法	常見的用途
雜碎肉（下水）		
頰	燜煮、燉煮	常用來燜煮或燉煮
舌	燜煮、微滾烹煮	常製成法式肉凍
小牛胸腺	低溫水煮後嫩煎	常製成開胃菜，但也可作為主菜
肝	煎炒	常跟洋蔥和其他調味食材（如雪利酒、香料植物或檸檬）一起煎炒
心	燜煮、燉煮	常製成燉煮菜餚，或剁碎後加入菜餚中
腎	煎炒	常用來煎炒；烤成派
腦	低溫水煮後嫩煎	常見於煎炒菜餚，但也可油炸
腳	微滾烹煮	最常用來熬製高湯，或製成義式碎肉填蹄（zambone；豬腳香腸）等經典冷食

* 編注：用刀將每根小牛肋排間稍為切開，豎起小牛肋排，肋骨向外彎曲，肋排肉最多的部位朝內，將小牛肋排圍成一個圈，用棉繩固定，因形狀類似王冠，故得此名。

小牛骨架結構

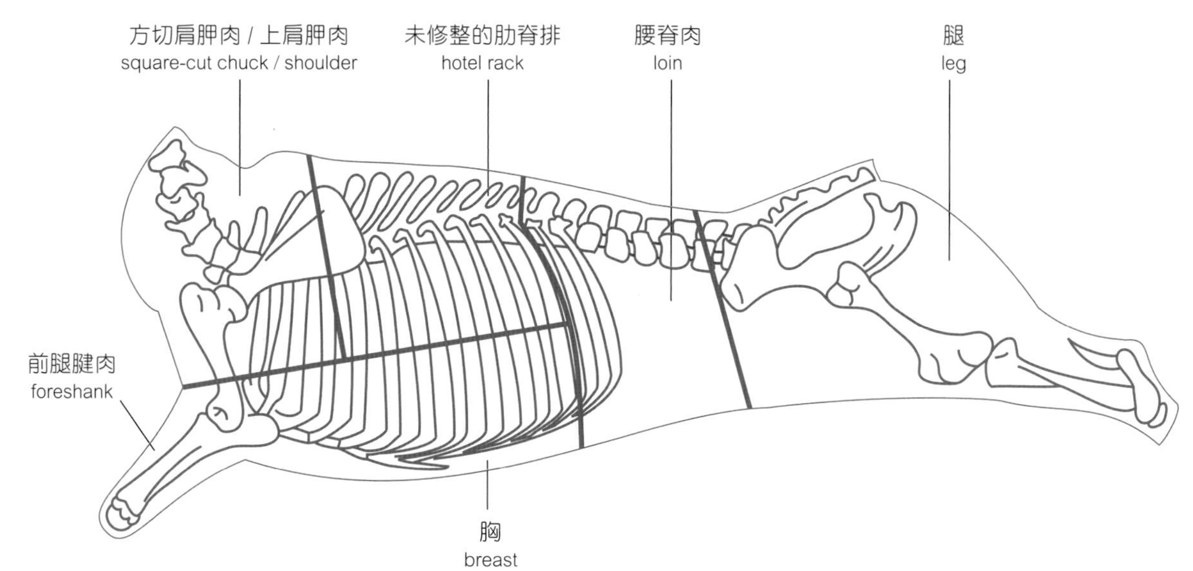

美國小牛肉部位與規格（用於飯店、餐廳、機構）

規格編號	品名	重量範圍（公斤）
306	未修整的肋脊排，7根肋骨 hotel rack, 7 ribs	4.54-5.44
306B	可直接切成小牛肋脊排的整段肋脊排 chop-ready rack	1.81-2.27
307	小牛肋脊排，去骨肋眼肉 rack, rib eye, boneless	1.36-1.81
309	帶骨方切肩胛部（初步分切） chuck, square-cut, bone-in (primal)	9.07-16.33
309B	肩胛部，去骨方切 chuck, square-cut, boneless	8.63-14.98
309D	肩胛部，去骨方切，去除頸部，已綁紮 chuck, square-cut, neck off, boneless, tied	8.16-14.51
310A	肩胛部，去骨上肩胛肉 chuck, shoulder clod, boneless	1.81-3.18
310B	肩胛部，去骨上肩胛肉，烘烤用大塊肉 chuck, shoulder clod, boneless, roast	1.81-3.18
312	前腿腱肉 foreshank	0.91-1.81
313	胸 breast	2.72-4.54
331	腰脊部（初步分切） loin (primal)	4.54-8.16
332	修整過的腰脊部 loin, trimmed	3.63-6.35
344	腰脊部，去骨前腰脊肉 loin, strip loin, boneless	1.36-2.72
346	腰脊部，菲力頭，去除脂肪 loin, butt tenderloin, defatted	0.45-0.68
334	腿部（初步分切） leg (primal)	18.14-31.75
336	腿部，去除腿腱，去骨 leg, shank off, boneless	4.99-8.63
337	後腿腱 hindshank	0.91-1.81
337A	腿腱，小牛膝 shank, osso buco	5.9
363	腿部，去骨上半腿（top）、下半腿（bottom）及後腰脊肉（sirloin）， 分成4部分包裝 legs, TBS, 4 parts	10.88-14.51
363A	腿部，去骨上半腿、下半腿及後腰脊肉，分成3部分包裝 leg, TBS, 3 parts	7.26-10.88
349	腿部，上後腿肉，保留上蓋肉 leg, top round, cap on	3.63-5.44
349A	腿部，上後腿肉，去除上蓋肉 leg, top round, cap off	2.72-3.63
395	燉煮用的小牛肉塊 veal for stewing	依需求而定
396	小牛絞肉 ground veal	依需求而定

豬肉

家豬所產出的豬肉，也是美國極受歡迎的肉類。豬肉的脂肪含量通常很高，但經過多代的專門配種飼養，已可生產出較精瘦的肉質。為了獲得軟嫩肉質，豬隻通常在一歲以前即會屠宰。

雖然豬肉較少接受品質評級，但若有評級，按照最高到最低品質，美國農業部的級別依序是1、2、3、4和**可用級**。由於豬肉不必強制使用美國農業部的品質評級，加上取得聯邦政府的評級又必須付費，肉商通常會使用自己的分級系統。這並不代表市面上各種切分豬肉的品質堪虞，因為幾間主要肉商使用的分級系統都有清楚的界定，且通常很可靠。之後的表格中，BRT 代表「去骨、捲起並綁紮」；RTE 則表示可即食。

屠體後半部可分切出的肉塊

豬肉

屠體前半部可分切出的肉塊

豬肉初步分切

次分切	常見的烹煮法	常見的用途
後腿肉初步分切		
腿腱肉、蹄膀	燉煮、燜煮	常以煙燻或鹽漬方式製作
後腿肉（帶骨或去骨）	新鮮的後腿肉可以帶骨烘烤，或以 BRT 形式烘烤；整塊肉烘烤；切成較小塊烘烤；製成薄切肉排	長時間鹽漬、乾醃，製成義式乾醃生火腿；乾醃和煙燻後，製成史密斯菲爾德火腿；內側後腿肉，用烤爐烘烤後可即食（RTE）；薄片煙燻火腿（以半份或整份的臀肉／腿腱肉濕醃製成）；熟火腿（濕醃後，煮至63℃）
上後腿肉	煎炒	通常拍平製成薄切肉排
腰脊肉初步分切		
中央段腰脊肉	烘烤、燒烤、炙烤、煎炒	常製成大塊的烘烤肉塊（帶骨或去骨）；經法式剃骨的煙燻豬排（帶骨）；加拿大培根（去骨）
去骨腰脊肉（腰眼肉，里肌心）	燒烤、炙烤、煎炒	常製成薄切肉排，或製成迷你菲力肉排，或維也納炸肉片
腰里肌肉	烘烤、煎炒	常製成迷你菲力肉排，或整塊烘烤
豬肩背肉初步分切		
豬肩背肉（梅花肉）	烘烤、燉煮、煎炒	常帶骨或去骨製成重組肉或香腸
美國鄉村火腿	烘烤、當作培根煎	新鮮的鄉村火腿常以大塊肉形式烘烤，亦可煙燻製成英式培根
前腿肉初步分切		
前腿肉（豬下肩肉），帶骨或去骨	燜煮、燉煮	新鮮前腿肉常一整塊用來烘烤，或製成去骨肉塊（可再細分為單純去骨、經 BRT 形式處理、帶皮）；經煙燻和鹽漬製成前腿肉火腿或煙燻豬肩肉；製成塔索火腿*；製成重組肉（用來製作切片冷盤）

* 編注：Tasso ham，豬肩肉用鹽和糖淺醃3-4小時，再撒上卡宴辣椒粉和蒜頭等香料製成，為美國路易斯安那州傳統名菜。

豬肉初步分切（承上頁）

次分切	常見的烹煮法	常見的用途
市售型態		
豬腹脇肉（豬腩，五花肉）	新鮮的腹脇肉可煎炒或烘烤；其他形式的腹脇肉可油炸	通常會鹽漬製成培根、義大利培根或鹹豬肉，但新鮮腹脇肉也可慢慢烘烤或燜煮
修整過的豬腩肋排，聖路易式豬肋排*	炭烤、燜煮	可在炭烤爐上慢烤；也可蒸或微滾煮到軟嫩
豬小肋排	炭烤	整段肋脊排可用炭火慢烤；也可切段，裹上醃醬，分開烹調
背部肥肉（豬背脂肪）	煎炒	可以在新鮮時烹調，或用鹽醃過；常製成豬脂肪條、油封肉，或用於白豆什錦鍋（卡酥來）和重組肉中
雜碎肉（下水）		
頰肉、鼻、頸肉、骨、肝、心、腳、豬腳趾（蹄花）、尾、腸、腎、網油	燜煮	常製成重組肉和香腸

*編注：聖路易式豬肋排是從豬肉腩肋排修整而來。兩者差別在於後者比前者多一段肋骨尖端（rib tips），也保留了胸骨及連接胸骨的軟骨部位；豬小肋排則是靠近脊骨側的肋排，骨頭弧度較大。三者骨頭長度由長到短分別是豬腩肋排、聖路易式豬肋排、豬小肋排。

豬骨架結構

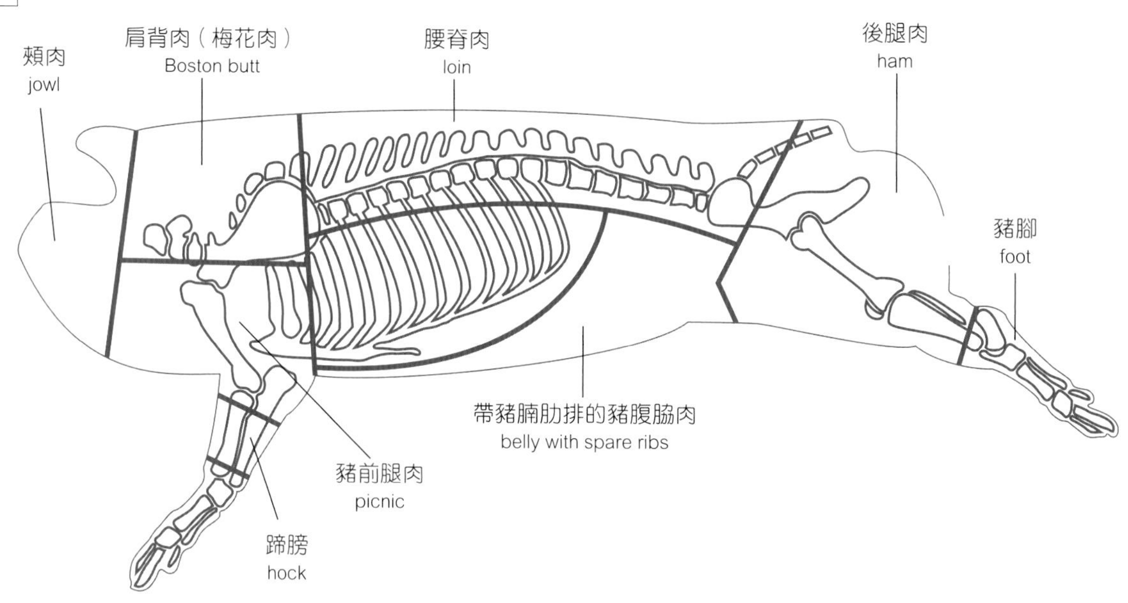

美國豬肉部位與規格（用於飯店、餐廳、機構）

規格編號	品名	重量範圍（公斤）
401	新鮮後腿肉 fresh ham	8.16-9
402B	去骨、綁紮好的新鮮後腿肉 fresh ham, boneless, tied	3.63-5.44
403	上肩胛部，前腿肉 shoulder, picnic	2.72-3.63
405A	上肩胛部，去骨前腿肉 shoulder, picnic, boneless	1.81-3.63
406	上肩胛部，帶骨豬肩背肉（梅花肉）（初步分切） shoulder, boston butt, bone-in (primal)	1.81 以上（含）
406A	上肩胛部，去骨豬肩背肉（梅花肉） shoulder, boston butt, boneless	1.81 以上（含）
408	豬腩 belly	5.44-8.16
410	背脊部（初步分切） loin (primal)	7.26-8.16
412	背脊部，中央段，帶骨，8 根肋骨 loin, center-cut, 8 ribs, bone-in	3.63-4.54
412B	背脊部，中央段，去骨，8 根肋骨 loin, center-cut, 8 ribs, boneless	1.81-2.72
412C	背脊部，中央段，帶骨，11 根肋骨 loin, center-cut, 11 ribs, bone-in	4.54-5.44
412E	背脊部，中央段，去骨，11 根肋骨 loin, center-cut, 11 ribs, boneless	2.27-3.18
413	去骨腰脊肉 loin, boneless	4.09-5
415	腰里肌肉 tenderloin	0.45 以上（含）
416	豬腩肋排 spare ribs	1.14-2.5
416A	聖路易式豬肋排 spare ribs, St. Louis style	0.91-1.36
417	前腿蹄膀 shoulder hocks	0.34 以上（含）
418	修整下來的肉塊 trimmings	依需求而定
420	前豬腳 feet, front	0.23-0.34
421	頸骨 neck bones	依需求而定
422	背脊部，里肌小排，豬小肋排 loin, back ribs, baby back ribs	0.68-1.02

羔羊肉和成年羊肉

羔羊肉是來自年幼家羊的鮮嫩肉塊。餵食的食物和宰殺的年齡會直接影響羊肉的質地。用奶水餵養的羔羊能產出最軟嫩的肉，一旦羔羊開始吃草，肉質會變得較為粗韌。

然而，美國生產的大多數羔羊肉來自以穀物飼養、6-7個月大的羔羊。年齡超過16個月的羊便稱為成年羊。成年羊肉的風味和質地比羔羊肉來得更加強烈、堅韌。和其他種類的肉一樣，隨著年齡增長，羊的肉質會變得比較韌。

修整過的腰脊肉
trimmed loin

羊腿
leg

腰脊肉羊排
loin chops

迷你菲力羊肉塊
noisettes

以 BRT 處理過的羊腿
leg BRT

屠體後半部可分切出的部位

羊肉通常帶有較多脂肪，獨特的風味很適合搭配味道強烈的調味料和配菜。羊肉可分成五種等級，從最高至最低依序排列如下：**極佳級、特選級、良好級、可用級和次級**。

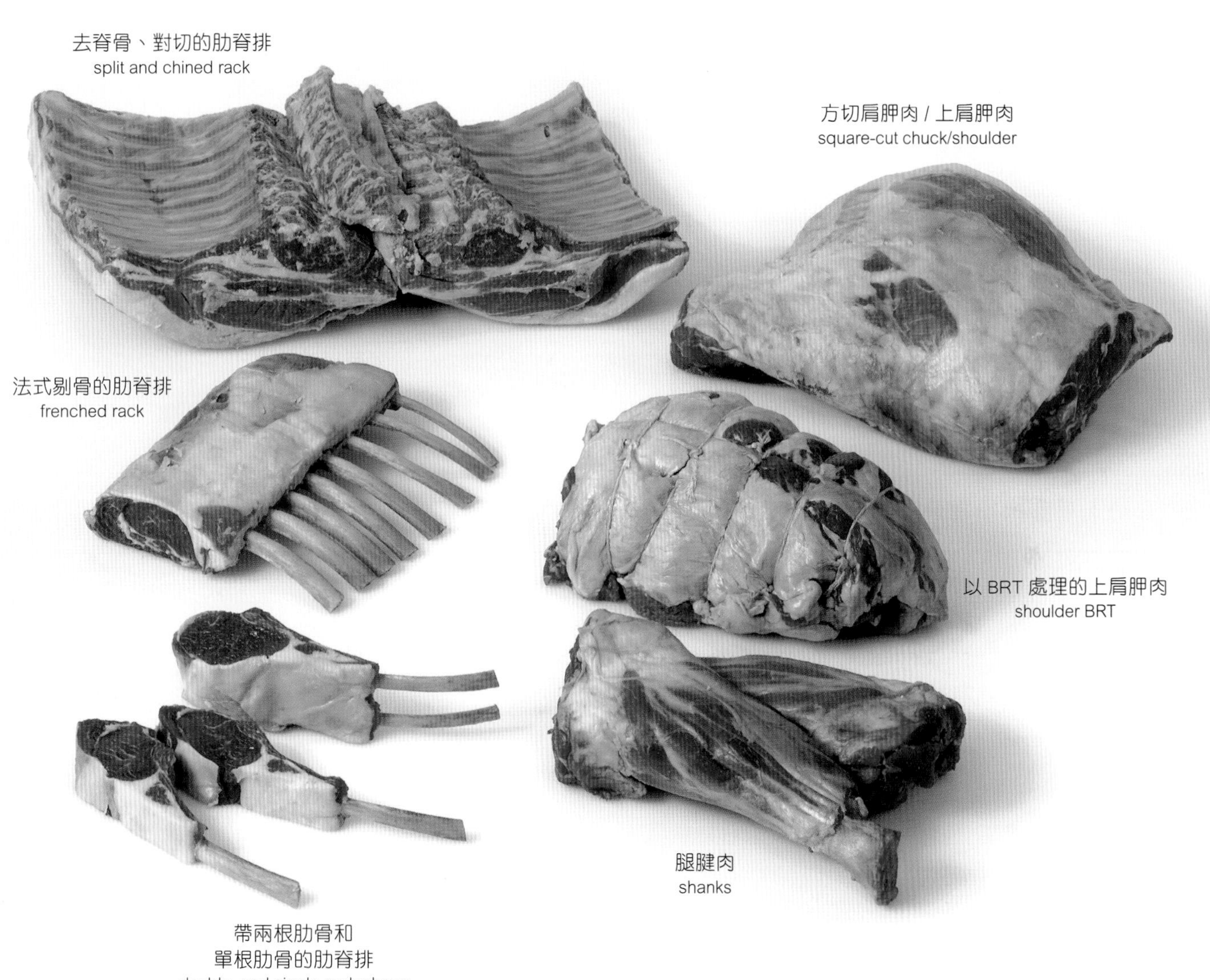

屠體前半部可分切出的部位

羊肉初步分切

次分切	常見的烹煮法	常見的用途
腿部初步分切		
腿腱肉、腱子心、膝骨、外側後腿肉眼、外側後腿肉	燉煮（帶骨或去骨）、燜煮、烘烤（最常見）	常整隻羔羊腿一起處理，或烘烤（可再細分為：帶骨；經 BRT 處理；直接放入烤爐；經法式剔骨；半去骨）
上後腿肉	烘烤、煎炒、燒烤、炙烤	常製成羊排、義式裹粉薄煎肉排，或切開攤平後烹調
腰脊肉初步分切		
修整過的對切腰脊肉；去骨腰脊肉（腰眼肉）；後腰脊肉	烘烤（一分熟）、煎炒、燒烤、炙烤	常製成大塊的烘烤肉塊（帶骨或去骨）；切成肉排
腰里肌肉	煎炒、燒烤、炙烤	常製成迷你菲力肉排
未修整的肋脊排的初步分切		
整段肋脊排（去脊骨、對切）	烘烤、煎、炙烤、燒烤	常以大塊肉塊形式烘烤（帶骨、王冠綁紮法）；兩根肋骨為一份／單根肋骨為一份的美式羊排，或經法式剔骨的羊排
胸	燜煮、燉煮	常製成羊肋條，或塞入填料後烹調
方切上肩胛肉初步分切		
前腿腱肉	燜、燉煮	可製成帶骨或去骨
頸	燜煮、燉煮	常製成絞肉
帶骨或去骨方切肩胛肉	燜煮、燉煮、燒烤、炙烤	常以大塊肉塊形式烘烤（帶骨，或經 BRT 處理），或是製成帶骨羊肩排（帶肱骨或肩胛）
雜碎肉（下水）		
舌	微滾煮	常以煙燻方式處理
肝	煎炒	常製成重組肉
心	燜煮、燉煮	較小的羊心常在塞入填料後做成單份的煎炒或烘烤菜餚
腎	燉煮、燜煮	通常會搭配豐盛的食材（如培根和蘑菇）一起燉煮
腸	根據製作的菜餚決定	作為香腸的腸衣

美國羔羊肉部位與規格（用於飯店、餐廳、機構）

規格編號	品名	重量範圍（公斤）
204	肋脊排（初步分切） rack (primal)	2.72-3.63
204B	肋脊排，可直接烘烤，單支 rack, roast-ready, single	0.91-1.81
206	上肩胛肉 shoulder	9.07-10.88
207	上肩胛肉，方切 shoulder, square cut	2.27-3.18
208	上肩胛肉，方切，去骨，已綁紮 shoulder, square cut, boneless, tied	2.72-3.63
209	胸 breast	3.18-5
210	前腿腱肉 foreshank	0.91-1.36
231	腰脊肉 loin	4.09-5
232	腰脊肉，已修整 loin, trimmed	2.72-3.63
232B	腰脊肉，一對，去骨 loin, double, boneless	1.36-1.81
233	腿，一對（初步分切） leg, pair (primal)	8.63-9.07
233A	腿，單支，去羊蹄 leg, single, trotter off	4.54-5.44
234	腿，去骨，已綁紮，單支 leg, boneless, tied, single	3.63-4.54
233G	腿，後腿腱肉 leg, hindshank	0.45 以上（含）
233E	腿，去臀肉的後腿肉 leg, steamship	3.18-4.09
295	燉煮用的羊肉塊 lamb for stewing	依需要而定
295A	烤肉串用的羊肉塊 lamb for kabobs	依需要而定
296	羊絞肉 ground lamb	依需要而定

羔羊和成年羊的骨架結構

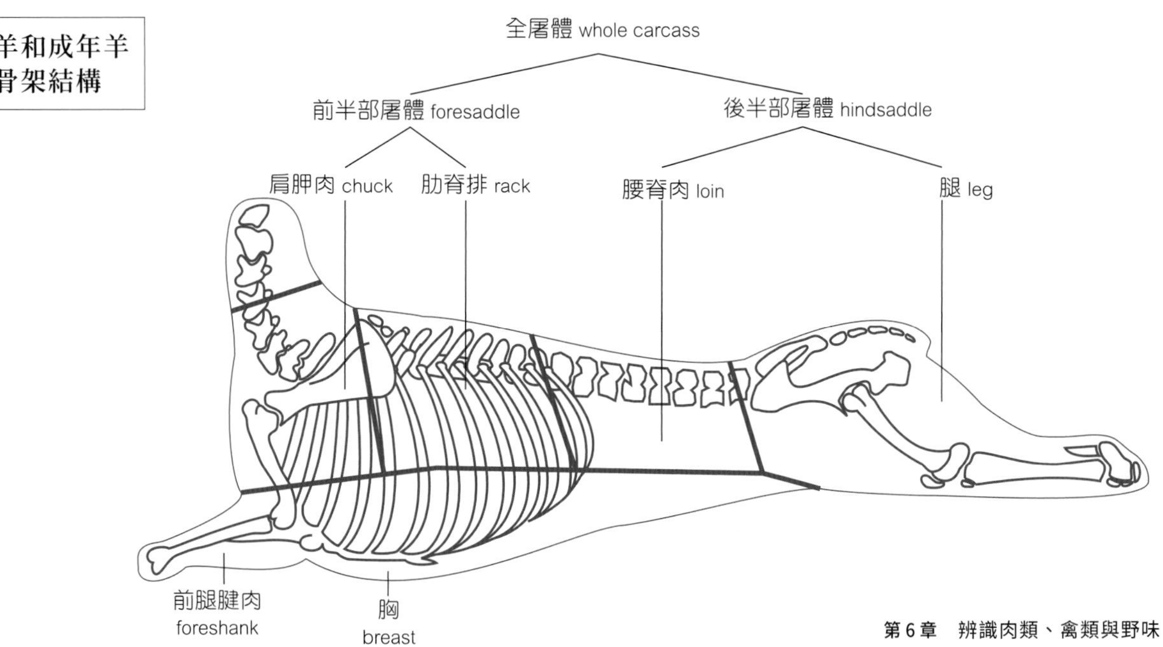

鹿肉和獸類野味

放養和馴養的野生動物會歸類為野味。由於消費者開始重視野味「低脂、低膽固醇」的特色，各種野味越來越受歡迎。在美國境內，根據餐廳所處的區域，可享用不同的獸類野味。

野味可分成大型和小型兩類。鹿肉是最受歡迎的大型野味，特色在於不含肌肉脂肪的純瘦肉，一般為深紅色，適合烘烤、煎炒和燒烤。雖然一般談到「鹿肉」指的是野鹿，但其他鹿科家族包括駝鹿、加拿大馬鹿和馴鹿也都算是鹿肉一員。其他受歡迎的大型野味還有美洲野牛和野豬。

最常見的小型野味是兔子。兔肉味道溫和、脂肪少、肉質軟嫩又細緻。成熟的兔子重量在1.4-2.3公斤之間，年幼的兔子則通常介於0.9-1.4公斤之間。兔腰脊肉常用來煎炒或烘烤，兔腿則通常以燜煮或燉煮方式烹調。

在美國，商用的野味肉品必須通過聯邦政府的檢驗。動物的年齡、飲食和宰殺時的季節會直接影響野味的肉質。

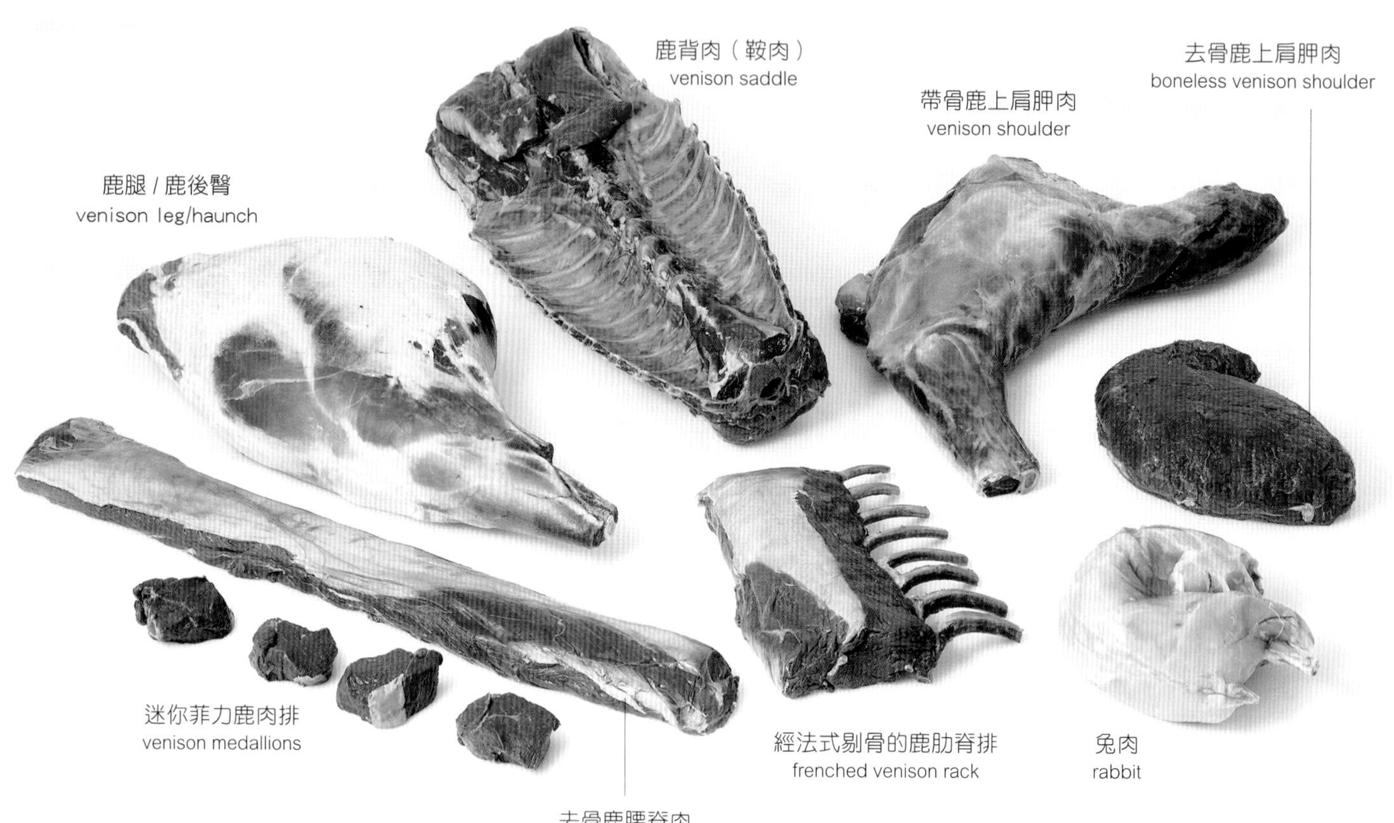

各種野味的分切肉塊

家禽

家禽指人類為了食用而馴養的鳥類。雞肉和其他家禽過去是特殊場合才吃得到的珍饈，如今在餐廳和家中已隨處可見。雞肉眾所熟知的細緻風味適合各種方式的烹調。使用家禽製作的主菜非常營養，在許多餐廳菜單上都是最受歡迎的品項。

與其他肉類相似，家禽必須經過政府的強制檢驗，以產出健康的肉品。美國農業部訂定的評級標準A、B、C三等級取決於許多因素，像是禽體的形狀、肉和骨頭的比例等。家禽一旦通過檢驗，便會清除羽毛、內臟等，以便冷凍包裝。採購時，可購買整隻家禽或只選擇某些部位。家禽按生長的時間分級，生長時間越短，肉質越嫩。

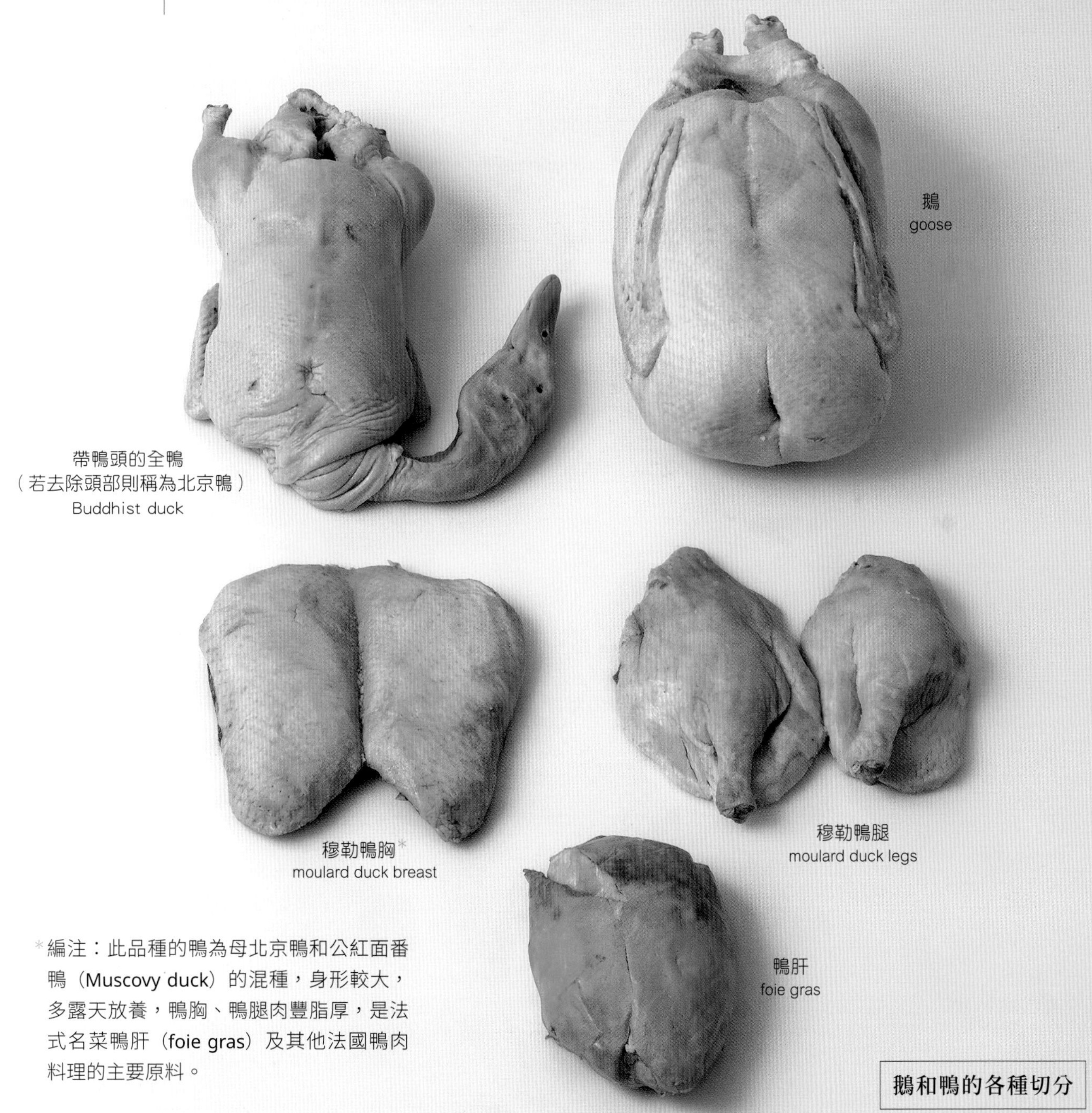

*編注：此品種的鴨為母北京鴨和公紅面番鴨（Muscovy duck）的混種，身形較大，多露天放養，鴨胸、鴨腿肉豐脂厚，是法式名菜鴨肝（foie gras）及其他法國鴨肉料理的主要原料。

鵝和鴨的各種切分

家禽

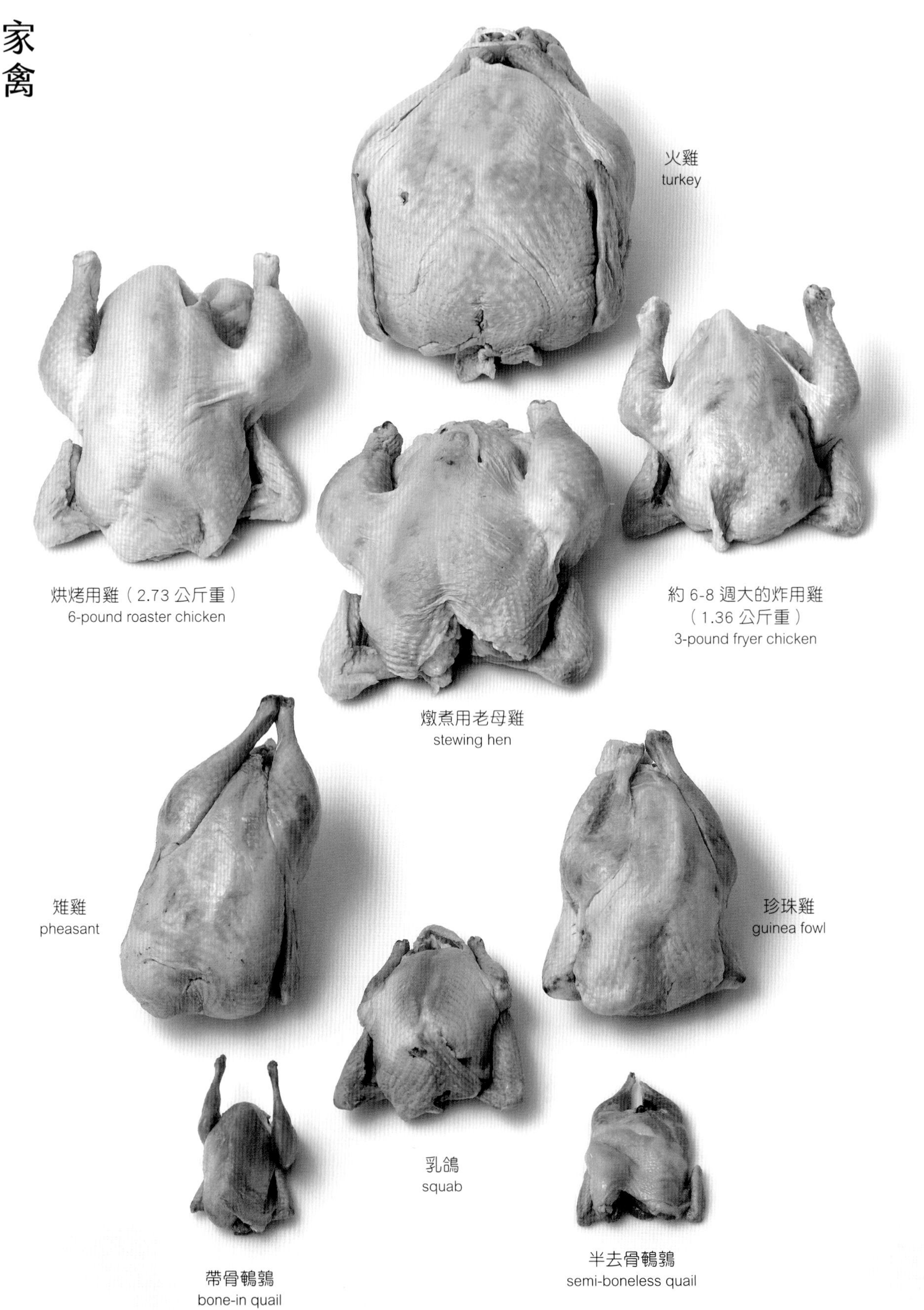
火雞
turkey
烘烤用雞（2.73 公斤重）
6-pound roaster chicken
約 6-8 週大的炸用雞
（1.36 公斤重）
3-pound fryer chicken
燉煮用老母雞
stewing hen
雉雞
pheasant
珍珠雞
guinea fowl
乳鴿
squab
帶骨鵪鶉
bone-in quail
半去骨鵪鶉
semi-boneless quail

雞和其他禽肉

家禽分類表

種類（描述）	大約年齡	大約重量（公斤）	常見的烹煮法	常見的用途
白肉雞 broiler	4-6週	0.45-1.36	炙烤、燒烤、煎	常以全雞或半雞來處理
炸用雞 fryer	6-10週	1.59-2.04	烘烤、燒烤、炙烤、煎炒	常以全雞、半雞、切分為4份或個別部位來處理
烘烤用雞 roaster	3-5個月	3.18-4.09	烘烤	最常以全雞來處理
老母雞 fowl (stewing hen, female)	超過10個月	2.72-3.63	微滾煮	最常用來煮湯、製作高湯或燉煮
普桑雞（春雞） poussin	3週	0.45	烘烤	最常以全雞來處理
美國嫩雛雞（康沃爾雞） rock cornish hen/cornish cross	5-7週	少於0.91	烘烤	最常以全雞或半雞來處理
閹（公）雞 capon (castrated male)	小於8個月	3.18-4.09	烘烤	全雞烘烤、切分
母火雞 hen turkey (female)	5-7 個月	3.63-9.07	烘烤	全雞烘烤
公火雞 tom turkey (male)	超過7個月	9.07以上（含）	烘烤	全雞烘烤
肉鴨 broiler duckling	小於8週	1.81-2.72	烘烤、煎炒、燒烤	常使用鴨胸製成菜餚。鴨腿常製成油封鴨。
烘烤用鴨 roaster duckling	小於12週	2.72-3.63	烘烤	全鴨或對切後慢烤；也可切分成個別部位後烘烤
鵝 goose	6個月以上（含）	3.63-7.26	烘烤	可乾式加熱；可全鵝或對切後烘烤，也可切分成個別部位後烘烤
乳鴿 squab	25-30天	0.34-0.45	烘烤	整隻烘烤

家禽分類表(承上頁)

種類(描述)	大約年齡	大約重量(公斤)	常見的烹煮法	常見的用途
鴿 pigeon	2-6個月	0.34-0.45	烘烤	整隻烘烤
雉雞 pheasant	6-8週	0.91-1.36	烘烤	可用各種乾式加熱或濕式加熱法烹調;也可整隻或對切後烘烤
鵪鶉 quail	6-8週	0.11-0.23	烘烤、燒烤、炙烤	整隻烘烤

雞骨架結構

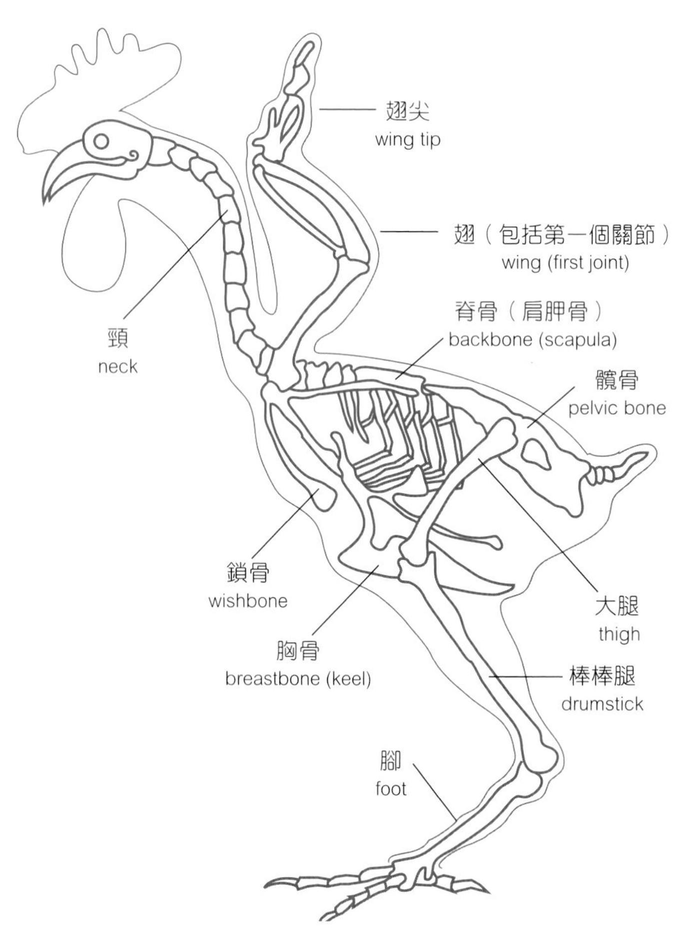

第7章

fish and shellfish identification

辨識魚類與蝦蟹貝類

魚類和蝦蟹貝類一度產量豐富且便宜，近年來卻由於過度捕撈，加上許多沿海地區的發展方向改變、生態環境惡化，需求開始超過供給。這些因素導致許多國家通過法案，在特定海域限制商業捕撈；水產業（養殖魚類）也開始興起，以確保可靠的貨源。許多美國人過去在家用餐和上餐館時都喜歡吃紅肉，隨著魚類的營養價值越來越廣為人知，現在已更常選擇魚類當主食。

魚類基本知識 fish basics

由於海鮮日漸受到重視，使得主廚必須熟悉各式各樣的魚蝦蟹貝類及其來源，還要能挑選品質最佳又真正新鮮的魚蝦蟹貝類，並了解最好的烹調方法和備料方式。

挑選的第一步是評估供應商或海鮮市場。魚販應妥善處理、冰藏和展示魚類，且能回答有關魚的來源和品質上的所有問題：精瘦或多油脂，肉質緊實或細緻，適合濕熱方式烹調或能承受燒烤的高溫。

魚類的市售型態

市面上可以買到下列幾種市售型態的鮮魚，也可以買到冷凍、煙燻、醃漬或鹽漬的魚。

全魚：整條魚保持捕獲時的樣子，完整無缺。英文通常稱為 whole fish 或 in the round。

去除內臟的全魚：已清除內臟，但頭部、鰭和鱗片仍然完好。

去頭去內臟的魚：已去頭部、清內臟，但鰭和鱗片仍然完好。

精處理魚：內臟、鰓、鱗片和鰭皆已清除，但不一定去頭。這類魚也稱為「全處理魚」，通常適合做成單人份菜餚。

魚排：為精處理魚的橫切面，切成一份份的尺寸。從鮪魚、旗魚等大魚的去骨魚排肉上切出來的一份份魚肉，通常也稱為魚排。

去骨魚排肉：自脊骨任一側初切下來的去骨魚肉。烹調前不一定會去除魚皮。一般魚販販售的魚肉，經常是帶有針狀骨的魚排肉（pin-bone in），因此訂購時務必注明「去除針狀骨」（pin-bone out）。

斜片：以45度斜切來增加切片表面積並分切成一份份的魚片。斜片一般是從大的去骨魚排肉上切分出來，例如鮭魚或大比目魚（庸鰈）魚片。

方形魚排：從魚排肉上切成一份份的方形魚塊。方形魚排一般是從大的魚排肉上切分出來，例如鮭魚、大比目魚、鬼頭刀（鯕鰍）或鮪魚的魚排肉。

有鰭魚類新鮮度的檢查要點

為了確保魚貨的鮮度和品質，主廚應仔細檢查，盡可能確認下列要點：

- ▷ 收到魚貨時的溫度應在4℃（含）以下。
- ▷ 魚的整體外觀良好（黏液清澈，沒有割傷或瘀傷，魚鰭柔軟）。
- ▷ 鱗片應緊黏在魚身上。
- ▷ 輕壓魚肉時，魚肉有彈性，不會過軟。
- ▷ 魚眼清澈、明亮且凸出。
- ▷ 魚鰓應呈鮮紅色至棕紅色，若有黏液，黏液顏色應清澈。
- ▷ 不應該出現「魚腹潰爛」的情況，否則代表內臟留在魚體內的時間過長，導致細菌和酵素沿著胸腔分解了魚肉。
- ▷ 魚應有乾淨、甜美、像海水一樣的氣味。

保存魚類

在正確的儲存條件下，魚蝦蟹貝類可保存數天，品質也不會明顯下滑。不過，最理想的情況是主廚一次只購買一、兩天所需的魚，並以下列方式妥善儲存：

1. 讓魚始終保存在適當溫度下，盡可能減少處理過程。有鰭魚類：–2-0℃；煙燻魚類：0℃；魚子醬：–2-0℃。
2. 全魚、去除內臟的全魚、去頭去內臟的魚和精處理魚可以先行清洗，但刮魚鱗和其他處理程序，則應等到接近烹調時再進行。

3. 在有孔容器（如內有排水盤的方形調理盆，而且最好是用不鏽鋼製成）之內鋪上一層刨冰或薄片冰，再將魚放在冰上。放置時，魚腹應該朝下，腹腔內也應填滿冰。
4. 蓋上更多的冰。如必要，魚可疊放，但須使用刨冰或薄片冰分隔；使用冰塊會傷到魚肉，同時也無法緊密貼合魚身。刨冰或薄片冰能將魚體包圍得更緊密，將魚密封，這樣可以防止魚體過度接觸空氣，減緩品質下降的速度，延長儲存時間。
5. 將有孔容器放入第二個容器中。這樣一來，冰融化時，水就能瀝掉。如果讓魚泡在水中，風味和質地會變差。浸泡時間越久，品質越差。
6. 每天為魚換冰。即使經適當冰藏，魚的品質還是會逐漸下降。刮除儲存容器最上層的冰以減緩品質下降的速度，並用新鮮的冰替代。

購買來的去骨魚排肉或魚排儲存時要置於冰上，切記先用不鏽鋼容器裝盛，不要直接接觸冰面，因為冰融化時，水會帶走魚的風味和質地。

冷凍魚應儲存在−29-−18℃，直到需解凍、烹調時。所謂冷凍魚包括包冰的全魚（將魚反覆淋上水後冷凍，使冰逐層堆積，包裹住整條魚）、經個別急速冷凍的魚，以及冷凍魚片（常用三聚磷酸鈉提高保水度）。

任何邊緣結有白霜的冷凍魚都不要收。這代表發生「凍燒」，是包裝不當或冰融化後再結凍的結果。

常見的食用魚類 common fish types

有鰭魚類可以從魚的骨骼結構來進一步細分。有鰭魚類的三種基本類型是扁身魚、圓體魚和非硬骨魚。扁身魚的中心有一條脊骨穿過，將扁身魚的上半、下半各分成兩片魚片，且兩隻眼睛在頭部的同一側。圓體魚的脊骨在身體的中間，將身體兩側各分成一片魚片，頭部兩側各有一隻眼睛。非硬骨魚體內有軟骨，但沒有硬的骨頭（見104頁和113頁的魚體結構圖）。

魚類也可依以下三種活動程度來分類：低度、中度或高度。魚游動得越頻繁，魚肉顏色便越黑。顏色較深的魚肉含有較多脂肪，因此風味也更強烈。為特定的魚選擇最適合的烹飪技巧時，要考慮魚肉的脂肪含量。烹飪低度和高度活動的魚，可選的方法較少，而烹飪中度活動的魚則有相當多種方法（各種活動度魚類的烹調法可見106-113頁的表格）。

扁身魚

扁身魚的特徵：身體一側有顏色，另一側沒有顏色；兩眼若不是同在右側，就是同在左側；背鰭和臀鰭接連延伸直至尾鰭。

大比目魚
halibut

大菱鮃
turbot

喬氏蟲鰈
petrale

大西洋牙鮃*
fluke (summer flounder)

小頭油鰈
lemon sole

多佛真鰈
Dover sole

美首鰈
（兩眼位於右側）
witch flounder

* 編注：在本書及許多餐飲實務中，sole 一詞都涵蓋了 sole 及 flounder 這兩科的魚，故會出現菜單上的名字為 sole，使用的食材卻是 flounder。兩者的中英文名多有混淆，無法精確區分。為方便讀者查閱及使用，本書不採符合學術分類的譯名，而使用通用譯名。

扁身魚

名稱	描述	常見的烹煮法和用途
兩眼位於右側		
美首鰈 gray sole/witch flounder	遍布美國緬因灣喬治沙洲一帶的較深海域。平均魚身長61公分，重1.36-1.82公斤，可產出113-284克的魚排肉。清淡、略甜，肉質細膩	烘烤、低溫水煮、煎炒、蒸煮
美洲擬鰈 / 黑脊比目魚 / 大西洋鰈 winter flounder/black-back flounder/mud dab	冬季時出現在近海，特別是美國紐約州、麻薩諸塞州和羅德島沿岸。平均重量為0.68-0.91公斤，顏色從紅褐色到深橄欖綠，魚體下側為白色，體型呈鑽石形。肉質細緻，風味溫和	烘烤、低溫水煮、煎炒、蒸煮
高眼鰈 plaice/rough dab	出現於大西洋兩岸，故可稱為歐洲鰈、愛爾蘭鰈、美洲鰈或加拿大鰈，取決於捕撈的位置。屬於比目魚家族的一員，小型的扁身魚，平均重量為0.45-1.36公斤。肉質緊實、精瘦，味道甜美，被視為品質上佳的魚肉	烘烤、低溫水煮、煎炒、蒸煮
大西洋黃蓋鰈 yellowtail flounder	主要分布在加拿大拉布拉多省水域到美國羅德島之間，最南可到美國維吉尼亞州。平均重量為0.45-0.91公斤，魚體為帶著鐵鏽色斑點的橄欖褐色，黃尾巴；身體的顏色可隨海底顏色變化，提供保護，以躲過掠食者。肉精瘦、易碎，味道鮮甜	烘烤、低溫水煮、煎炒
小頭油鰈（小型歐洲比目魚） lemon sole	屬於冬季比目魚，重量至少有1.59公斤，可產出227克魚排肉。魚肉為白色，較緊實，味道微甜	烘烤、低溫水煮、煎炒
雙線鰈 rock sole	分布於白令海到加州之間，往西最遠可至日本海域。平均重量不超過2.27公斤。魚肉為奶油白色，肉質緊實	烘烤、低溫水煮、煎炒
喬氏蟲鰈 petrale/petrale sole	分布於太平洋沿岸，從阿拉斯加到墨西哥都有；美洲西岸最重要的商業魚種。可全魚販售，或去除頭、尾和帶有顏色的魚皮後販售。平均重量為2.73-3.18公斤。魚肉呈白色，肉質緊實，吃起來類似小型歐洲比目魚	低溫水煮、煎炒
美洲美首鰈 rex sole	分布於阿拉斯加附近和四周的寒冷海域。平均重量為0.45-0.91公斤。魚身細長。魚肉呈白色，肉質細緻綿密、柔軟；風味鮮明	低溫水煮、煎炒

扁身魚（承上頁）

名稱	描述	常見的烹煮法和用途
多佛真鰈 Dover sole	僅分布於歐洲水域。顏色從淡灰色至褐色都有。頭小且扁平，眼睛很小，身體細長。比魚肉起其他種類的扁身魚，多佛真鰈的脂肪較多、魚肉較緊實。通常會採用全魚烹調	烘烤、炙烤、低溫水煮、煎炒、蒸煮
大比目魚（庸鰈） halibut	分布於大西洋，範圍自格陵蘭到美國紐澤西南部；若是捕撈自太平洋，則須標明是太平洋大比目魚。重量通常介於6.82-13.64公斤，最重可達317.51公斤。灰色魚皮帶白色斑紋。魚肉緊實、雪白；肉質細膩，味道溫和，為脂肪含量最高的低度活動扁身魚	烘烤、炙烤、油炸、燒烤、低溫水煮、煎炒、蒸煮
兩眼位於左側		
大西洋牙鮃／夏季比目魚 fluke/summer flounder	分布於美國緬因灣到南卡羅萊納州的沿海水域。大大的魚口延伸到眼睛下方。白色魚肉易碎，風味和肉質皆細緻	烘烤、低溫水煮、煎炒
大菱鮃 turbot	分布於北海和歐洲北大西洋海域，但大多數在伊比利半島和智利養殖。平均重量為1.36-2.73公斤。風味細緻，肉質緊實	烘烤、炙烤、油炸、燒烤、低溫水煮、蒸煮、煎炒

扁身魚骨架結構

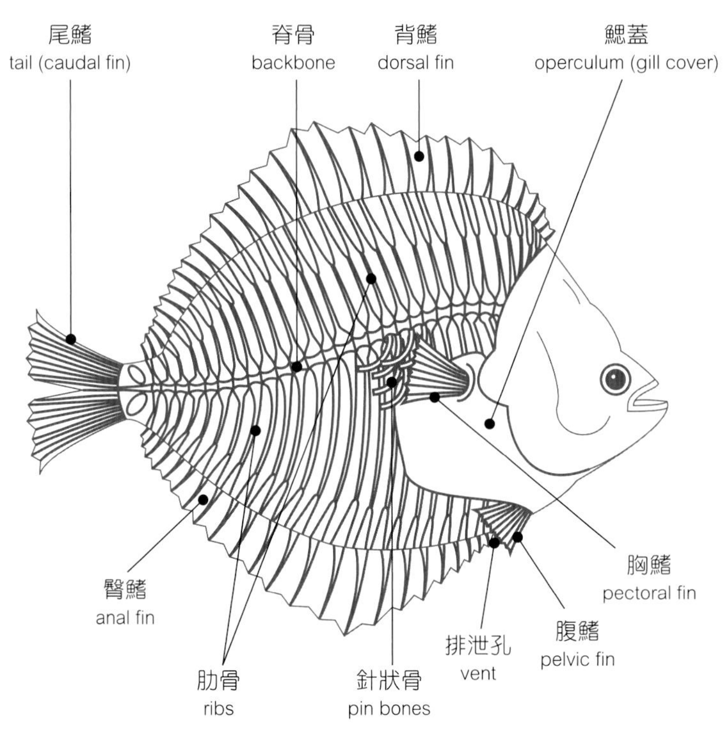

低度活動的圓體魚

圓體魚的特點包括：眼睛位於頭部兩側，游動時背鰭在上，鰓板堅硬，活動程度可分低度、中度或高度。

狼魚
wolf fish

黑線鱈
haddock

青鱈
pollock

鱈魚
cod

白長鰭鱈
white hake

低度活動的圓體魚

名稱	描述	常見的烹煮法和用途
鱈魚 cod	鹹水魚。能切出大分量的魚排肉，保存期長。厚實的白肉，味道溫和；在某些文化中，鱈魚的魚卵、臉頰和下巴都是美味佳餚	淺水低溫水煮、烘烤、煎炸、深炸、煙燻、醃製、鹽醃和風乾
黑線鱈 haddock	鹹水魚，鱈魚的一種。平均重量介於0.91-2.27公斤之間；體型近似鱈魚，但比最大的鱈魚來得小。市面上可買到去除內臟的全魚、魚片和魚排（購買魚排肉時，應帶有魚皮，以便和大西洋鱈魚作出區別）。低脂；肉質緊實，味道溫和	低溫水煮、烘烤、煎炒；煎炸；鹽醃後煙燻
白長鰭鱈 white hake	鹹水魚，鱈魚的一種。平均重量1.36-4.55公斤，最重可達13.64公斤。販售時一般會去除魚頭。魚肉柔軟，比起其他品種的鱈魚，肉質更鮮甜、更具風味	煎炸、烘烤、煙燻
青鱈 pollock	鹹水魚，鱈魚的一種。平均重量為1.82-4.55公斤。市售型態以無皮的魚排肉為主。因為脂肪含量較高，故保存期限較短。魚肉顏色較深；比起其他品種的鱈魚，風味更重也更鮮明	低溫水煮、烘烤、煎炒、燒烤、炙烤、煙燻
狼魚 wolf fish	分布於北大西洋（美國新英格蘭地區和冰島）的鹹水魚；鯰魚的一種。頭部大、下顎有力、犬齒鋒利；以軟體動物、蛤蜊和蛾螺為食。最重可達18.18公斤。魚肉為白色，肉質緊實，脂肪含量隨個體而異	淺水低溫水煮、煎炒、煎炸

中度活動的圓體魚

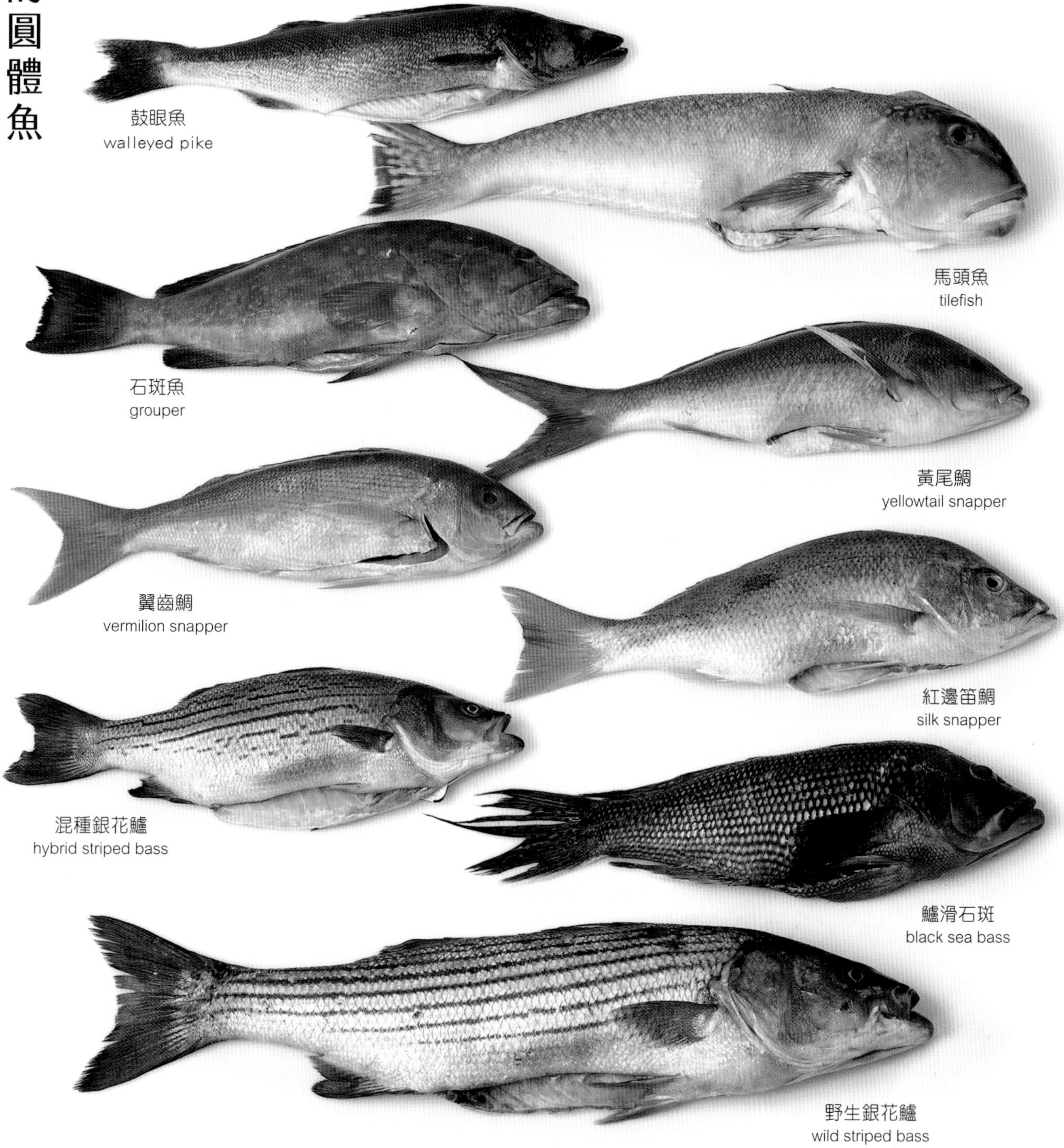

鼓眼魚
walleyed pike

馬頭魚
tilefish

石斑魚
grouper

黃尾鯛
yellowtail snapper

翼齒鯛
vermilion snapper

紅邊笛鯛
silk snapper

混種銀花鱸
hybrid striped bass

鱸滑石斑
black sea bass

野生銀花鱸
wild striped bass

中度活動的圓體魚

名稱	描述	常見的烹煮法和用途
犬牙石首魚 weakfish	鹹水魚。平均重量為0.91-2.73公斤。灰白色的魚肉味道甜美，肉質細緻	低溫水煮、烘烤、煎炒、燒烤、炙烤、蒸煮。用來製作法式調味鑲肉
鼓眼魚 walleyed pike	淡水魚。鰭多刺，平均重量為0.68-1.36公斤。味道溫和，脂肪含量低，肉質緊實	炙烤、煎炒、低溫水煮、蒸煮、烘烤、燉煮。用來製作法式調味鑲肉和湯品
鱸滑石斑 black sea bass	鹹水魚，分布於美國新英格蘭地區到佛羅里達州一帶。平均重量為0.45-1.36公斤。市面上可買到去除內臟的全魚或魚排肉。白色的魚肉緊實、細緻	低溫水煮、烘烤、深炸、煎炒。通常整隻烹調，在桌邊擺盤出餐
銀花鱸（條紋鱸）striped bass	平均重量為0.91-6.82公斤，最重可達22.73公斤。肉質緊實、風味飽滿，肉片大	炙烤、燒烤、低溫水煮、烘烤、深炸、煎炒、製成醃漬食物；用途多樣
混種銀花鱸 hybrid bass/hybrid striped bass	1980年代出現在市場上的養殖魚類；為白鱸（金眼鱸）和銀花鱸的混種。平均重0.45-0.91公斤。魚肉煮熟後顏色很白，帶土質風味	炙烤、燒烤、低溫水煮、烘烤、深炸、煎炒、製成醃漬食物；用途多樣
赤鰭笛鯛 red snapper	分布於墨西哥灣和毗鄰的大西洋海域。為珊瑚礁魚種，因為熱帶性海魚毒的緣故，請購買重量小於2.27公斤的魚。紅眼，胸鰭長，背部的紅色魚皮在腹部轉為淺紅色或粉紅色；肉質緊實	低溫水煮、烘烤、煎炒、燒烤、炙烤、蒸煮
黃尾鯛 yellowtail snapper	鹹水魚，屬珊瑚礁魚種。平均重0.45-0.91公斤，最重可達2.73公斤；因為熱帶性海魚毒的緣故，請購買重量小於2.27公斤的魚。身側帶有綠黃色條紋。魚肉為白色，肉質細緻，易碎，味道微甜；好吃的食用魚	低溫水煮、烘烤、煎炒、燒烤、炙烤、蒸煮
紅邊笛鯛 silk snapper	鹹水魚，屬珊瑚礁魚種；因為熱帶性海魚毒的緣故，請購買重量小於2.27公斤的魚。魚皮為紅粉色的皮膚，身體下側為黃色；黃眼睛。類似赤鰭笛鯛，但通常較便宜	低溫水煮、烘烤、煎炒、燒烤、炙烤、蒸煮
翼齒鯛 vermilion snapper/beeliner/Caribbean snapper	鹹水魚，屬珊瑚礁魚種。平均重0.91公斤，最重可達2.27-2.73公斤；因為熱帶性海魚毒的緣故，請購買重量小於2.27公斤的魚。身側呈淡紅色。通常用來代替赤鰭笛鯛，雖然體型更小，商業價值較低，風味也略遜一籌	低溫水煮、烘烤、煎炒、燒烤、炙烤、蒸煮

名稱	描述	常見的烹煮法和用途
赤點石斑 red grouper	鹹水魚，屬珊瑚礁魚種；因為熱帶性海魚毒的緣故，請購買重量小於2.27公斤的魚。紅褐色；皮膚上有斑點；眼睛周圍有黑點。只有少量針狀骨，甚至沒有。重要的商業魚種。魚肉為白色，味道鮮甜	低溫水煮、烘烤、炙烤、蒸煮、深炸。用於巧達濃湯
黑石斑 black grouper	鹹水魚，屬珊瑚礁魚種，棲息於深水域；因為熱帶性海魚毒的緣故，請購買重量小於2.27公斤的魚。黑褐色。只有少量會有針狀骨，甚至沒有。魚肉為灰白色，味道鮮甜	低溫水煮、烘烤、炙烤、蒸煮、深炸。用於巧達濃湯
小鱗喙鱸 gag grouper	鹹水魚，屬珊瑚礁魚種；因為熱帶性海魚毒的緣故，請購買重量小於2.27公斤的魚。淺褐色魚皮，帶有深褐色豹紋斑點。只有少量會帶有針狀骨，甚至沒有。魚肉為白色，味道鮮甜	低溫水煮、烘烤、炙烤、蒸煮、深炸。用於巧達濃湯
馬頭魚 tilefish	鹹水魚，遍布美國東岸水域。平均重2.73-3.64公斤，最重可達13.64公斤。市面上可買到全魚、去除內臟的全魚、魚排肉。魚身色彩斑斕，品質像鱸魚，肉質緊實但鮮嫩	低溫水煮、烘烤、炙烤、深炸、煎炸

高度活動的圓體魚

鬼頭刀（已去頭）
mahi mahi

養殖帝王鮭（太平洋鮭）
farm-raised king salmon
(Pacific salmon)

大西洋鮭
Atlantic salmon

虹鱒（陸封型）
rainbow trout

北極紅點鮭
Arctic char

馬加魚
Spanish mackerel

大西洋鯖
Atlantic mackerel

鯧鰺
pompano

黃鰭鮪
（魚橫切成 4 等份所得的條塊肉）
yellowfin tuna (loin)

高度活動的圓體魚

名稱	描述	常見的烹煮法和用途
大西洋鮭 Atlantic salmon	美國全境全年都可買到；因採人工養殖，市面上買不到野生的大西洋鮭。平均重2.73-5.45公斤。魚肉為深粉紅色，脂肪含量高，看起來濕潤、帶有光澤	煙燻、低溫水煮、烘烤、炙烤、蒸煮、燒烤。可製成蘸醬、湯品、壽司和生魚片
帝王鮭 / 太平洋鮭 king/Pacific salmon	分布於太平洋西北海域到阿拉斯加一帶。重量從7.27-9.09公斤都有，是市面上最大型的鮭魚。體型寬，魚肉從中等紅色至深紅色皆有	煙燻、低溫水煮、烘烤、炙烤、蒸煮、燒烤。可製成蘸醬和湯品
銀鮭 coho/silver salmon	遍布太平洋。風味和肉質近似大西洋鮭	低溫水煮、烘烤、炙烤、蒸煮、燒烤、煙燻。可製成蘸醬和湯品
紅鮭 sockeye/red salmon	分布於阿拉斯加與加拿大英屬哥倫比亞境內的河流。平均重2.27-3.18公斤。閃亮的銀色魚皮，魚肉呈深紅色	低溫水煮、烘烤、炙烤、蒸煮、燒烤、煙燻。可製成蘸醬、湯品、壽司和生魚片；十分適合製成罐頭
河鱒（美洲紅點鮭） brook trout	淡水魚；分布於美國東北部和加拿大東部，也採人工養殖。平均重168-280克。深橄欖綠魚皮，帶有奶油色斑點。肉質細緻、滑嫩	低溫水煮、烘烤、炙烤、油炸、燒烤、蒸煮。填入填料後烹調
虹鱒（陸封型） rainbow trout	淡水魚；人工養殖。平均重280-392克。販售時，一般都帶有魚頭。魚皮顏色較淺，上面帶有暗色斑點。魚肉緊實，呈灰白色，味道溫和	低溫水煮、烘烤、炙烤、油炸、燒烤、蒸煮。填入填料後烹調
虹鱒（溯河型） steelhead trout	一種溯河洄游的虹鱒；在美國、加拿大採人工養殖。平均重量不超過5.45公斤。外皮帶有與陸封型虹鱒相似的斑點。風味、質地和魚肉顏色近似大西洋鮭魚	低溫水煮、烘烤、炙烤、油炸、燒烤、蒸煮。填入填料後烹調
北極紅點鮭 Arctic char	溯河洄游魚種；分布於歐洲、加拿大和阿拉斯加，也有人工養殖。平均重0.91-3.64公斤。魚肉為深紅色至玫瑰色或白色；有些人認為肉質優於鮭魚	低溫水煮、烘烤、炙烤、油炸、燒烤、蒸煮。填入填料後烹調
長鰭鮪 albacore/tombo	鹹水魚；來自大西洋和太平洋海域。在美國罐頭產業中極具價值的商品，以「白鮪魚」（white tuna）的名稱販售。平均重4.55-13.64公斤。魚肉從淺紅色至粉紅色都有；煮熟後呈灰白色。味道溫和	烘烤、炙烤、燒烤、煎炒

高度活動的圓體魚(承上頁)

名稱	描述	常見的烹煮法和用途
大目鮪 bigeye tuna/ahi-b	鹹水魚，分布於熱帶、溫帶海域。重量從9.09-45.45公斤都有。深色魚肉，口感肥潤豐厚	烘烤、炙烤、燒烤、煎炒。廣受歡迎的壽司和生魚片食材
黑鮪（藍鰭鮪） bluefin tuna	鹹水魚；分布於太平洋、南洋、大西洋海域和墨西哥灣。體型最大的魚類之一，可重達681.82公斤。魚肉自深紅色至紅褐色都有；煮熟後風味非常鮮明	烘烤、炙烤、燒烤、煎炒。最受歡迎的壽司和生魚片食材（價格居高不下；大部分出口外銷）
黃鰭鮪 yellowfin tuna/ahi	鹹水魚；分布於熱帶至副熱帶海域。美國各處都買得到；比大目鮪和黑鮪便宜。黃色條紋在魚身兩側延伸，背鰭和臀鰭上也有黃紋。魚肉顏色比長鰭鮪深，但比黑鮪魚淺	烘烤、炙烤、燒烤、煎炒
正鰹 skipjack tuna/aku	鹹水魚；分布於中太平洋和夏威夷海域。經常製成鮪魚罐頭，以「低脂鮪魚」（light tuna）的名稱販售；通常冷凍銷售。平均重3.18-5.45公斤。魚肉顏色上近似黃鰭鮪	烘烤、炙烤、燒烤、煎炒
馬加魚 Spanish mackerel	鹹水魚；冬、春兩季出現於美國維吉尼亞州到墨西哥灣一帶。平均重0.91-1.82公斤。身側兩邊有明亮的金黃色斑點。肉質精瘦、細緻	烘烤、炙烤、燒烤、煎炒、煙燻
大西洋鯖 Atlantic mackerel	鹹水魚；分布於北大西洋。最好在秋季購買。平均重0.45-0.91公斤。光滑的魚皮上有著鮮豔的藍色和銀色。魚肉油脂多，顏色深；風味濃郁強烈	烘烤、炙烤、燒烤、煎炒、煙燻
土魠（康氏馬加鰆） king mackerel	鹹水魚；冬季時出現於美國佛羅里達州海域。平均重4.55-9.09公斤。魚肉比馬加魚含有更多脂肪，十分美味	炙烤、燒烤、煙燻
鯧鰺 pompano	鹹水魚；分布於美國北卡羅萊納州到佛羅里達州海域和墨西哥灣；鰺科魚的一種。價格高昂，公認品質極優。平均重0.45-0.91公斤。細緻的米色魚肉，煮熟後會變白；風味豐富，脂肪含量中等	低溫水煮、烘烤、炙烤、燒烤、油炸、蒸煮、紙包料理
紅杉魚（黃臘鰺） permit	鹹水魚；只在外形、顏色、棲息環境上與鯧鰺相似；鰺科魚的一種。平均重4.55-9.09公斤，最重可達22.73公斤。肉質比鯧鰺肉更乾、粗（但如果在相同的重量範圍內，兩者的差異不會那麼明顯）	低溫水煮、烘烤、炙烤、燒烤、油炸、蒸煮

名稱	描述	常見的烹煮法和用途
紅甘（杜氏鰤） greater amberjack	鹹水魚；分布於墨西哥灣、非洲西部和地中海一帶；鰺科魚的一種。平均重4.55-18.18公斤。魚肉顏色深，油脂多；風味強烈	烘烤、炙烤、煎炒、煙燻
斑紋鰤 lesser amberjack	鹹水魚；分布於美國麻薩諸塞州到墨西哥灣一帶和巴西海域；鰺科魚的一種。重量不超過3.64公斤。比起紅甘，魚肉脂肪較少，但品質相近	烘烤、炙烤、煎炒、煙燻
鬼頭刀（鯕鰍） mahi mahi/dolphin-fish	鹹水魚；分布於熱帶和副熱帶水域。重量大多在1.82-6.82公斤之間，最重可達22.73公斤。魚肉從粉紅色至淺黃褐色都有，煮熟後魚肉會變成米白至灰白色；肉質緊實、細緻且濕潤，味道鮮甜，肉片大	烘烤、炙烤、燒烤、煎炸、煎炒
扁鰺 bluefish	鹹水魚，分布於大西洋沿岸。平均重1.82-4.55公斤。魚肉顏色深，油脂多，風味強烈；較小的扁鰺風味較溫和；肉質細緻	烘烤、炙烤
西鯡 shad	溯河洄游魚種；分布於美國佛羅里達州到聖羅倫斯河一帶。雌魚（有卵）平均重1.82-2.27公斤；雄魚體型較小。灰白色的魚肉味道鮮甜，脂肪含量高。魚卵是高級食材	烘烤、炙烤、燒烤、煎炒、煙燻

圓體魚骨架結構

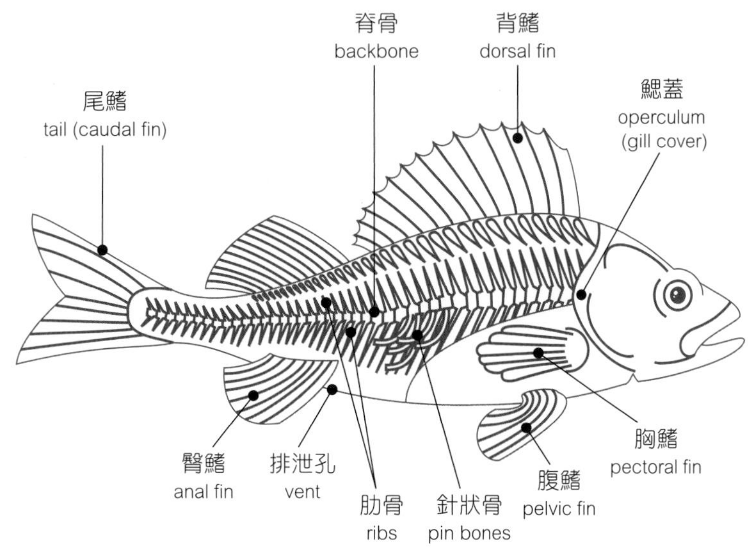

非硬骨魚

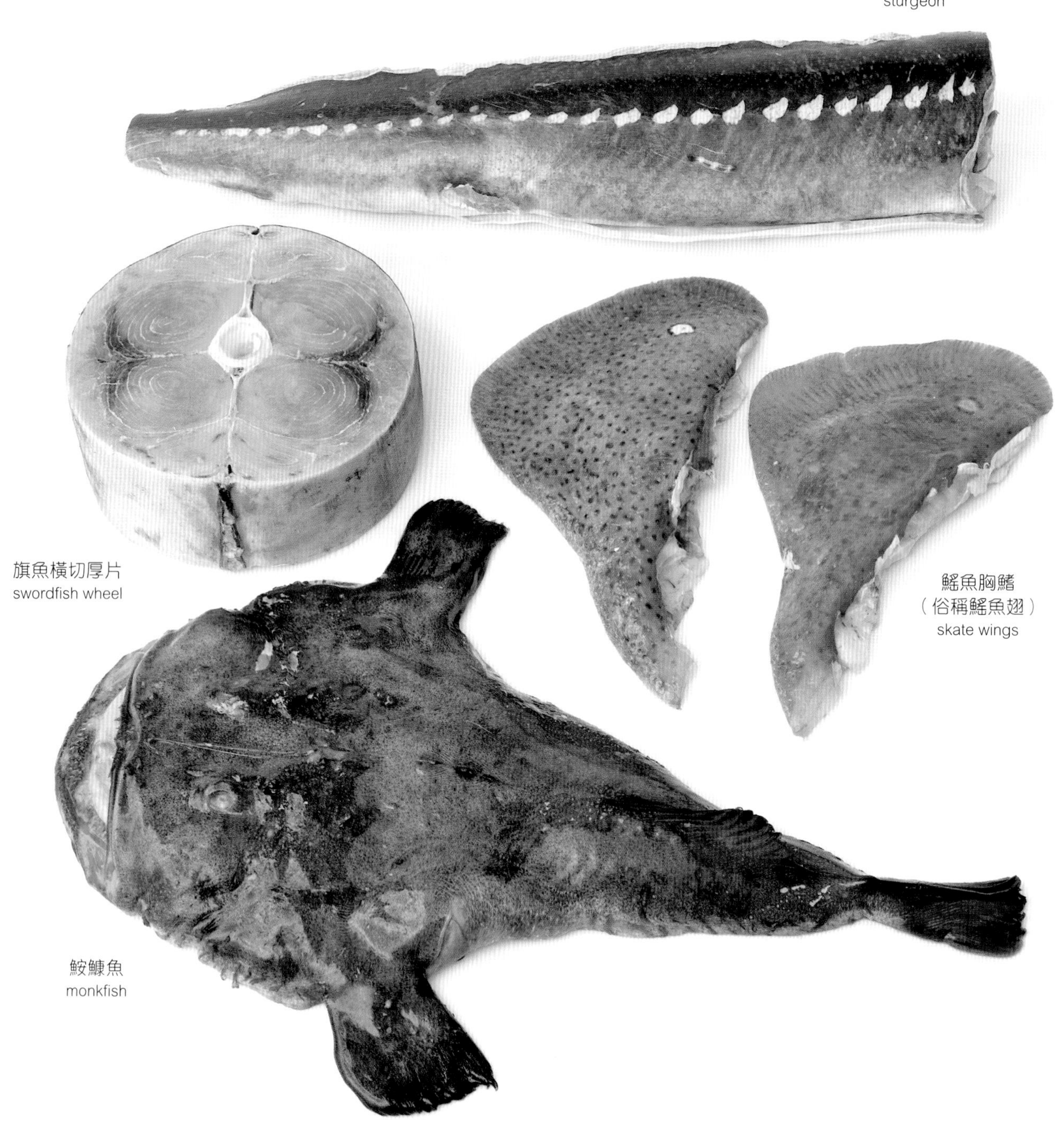

鱘
（已去除魚頭）
sturgeon

旗魚橫切厚片
swordfish wheel

鰩魚胸鰭
（俗稱鰩魚翅）
skate wings

鮟鱇魚
monkfish

非硬骨魚

名稱	描述	常見的烹煮法和用途
旗魚 swordfish	鹹水魚；分布於熱帶、溫帶海域和北大西洋。魚皮光滑，肉質緊實緻密。販賣時會去皮、去頭，也可買到切分好的魚排肉或魚排。風味獨特	烘烤、炙烤、燒烤、煎炒
大西洋鱘（白鱘） sturgeon/Atlantic sturgeon/white sturgeon	溯河洄游魚種。大西洋鱘：分布於美國佛羅里達北部至聖羅倫斯河一帶，平均重27.27-36.36公斤。白鱘：分布於美國加州到阿拉斯加一帶，也有人工養殖。平均重4.55-6.82公斤。鱘魚卵受到高度推崇，為高級魚子醬食材。肉質緊實，脂肪含量高，風味細緻	烘烤、燜煮、炙烤、燒烤、煎炒、煙燻
鮟鱇魚 monkfish/anglerfish	鹹水魚。平均重6.82-22.73公斤，可切出0.91-2.73公斤的魚排肉。常見的市售部位是尾巴和魚排肉；販售時若帶魚頭則出肉率低。白色魚肉為白色，肉質緊實，味道溫和	烘烤、炙烤、燒烤、油炸、煎炒、煎炸。其肝臟在日本很受歡迎
馬加鯊（鯖鯊） mako shark	鹹水魚；來自溫暖的溫帶和熱帶海域。重量介於13.64-45.45公斤。最受食客推崇的鯊魚品種之一	烘烤、炙烤、燒烤、油炸、煎炒。鯊魚鰭（魚翅）在香港、廣東很受歡迎
角鯊 dog fish/cape shark	鹹水魚。平均重1.36-2.27公斤。表皮光滑；魚身上側為褐或灰色；下側為白色；沿著身側帶有白色、灰色斑點。魚肉從柔和的粉紅色到白色都有，肉質緊實	低溫水煮、烘烤、炙烤、燒烤、油炸、煎炒
長尾鯊（狐鮫） thresher shark	鹹水魚；來自溫暖的溫帶和熱帶海域。平均重13.64-22.73公斤。特徵明顯，帶有非常長的尾鰭。魚肉為柔和的粉紅色	烘烤、炙烤、燒烤、油炸、煎炒。鯊魚鰭（魚翅）在香港和中國很受歡迎
鰩魚 skate/ray	這種鹹水魚遍布美國各地海域，外形扁平，是鯊魚的近親。胸鰭是鰩魚的可食部位，被稱為「翅膀」，可產出兩片魚片；上面的魚片通常比下面來得厚。白色魚肉風味甜美，肉質緊實，為優質食用魚	低溫水煮、烘烤、油炸、煎炒

其他魚類

名稱	描述	常見的烹煮法和用途
鰻魚 eel	溯河洄游魚種。美國鰻魚比歐洲鰻魚略小；雌魚體型大於雄魚；在中國採人工養殖。外形像蛇。販售形式包括活鰻或全鰻；洄游產卵前的肉質最佳；魚肉脂肪含量高、肉質緊實	炙烤、油炸、燉煮。煙燻後非常美味
美洲鯰魚 American catfish	淡水魚；主要分布在美國南部地區水域，但絕大多數為人工養殖。販售時，通常會去頭、去皮。魚排肉平均重168-336克。為低脂魚肉，肉質緊實，風味溫和	低溫水煮、烘烤、炙烤、燒烤、蒸煮、燉煮、深炸、煎炸、煙燻
鯷魚 anchovy	鹹水魚；分布於美國加州、南美洲、地中海和歐洲海域；全世界共有二十多種魚被歸類為鯷魚。最好購買短於10.2公分的魚。銀色魚皮，魚肉柔軟、風味飽滿	新鮮全魚可用深炸、煎炸、煙燻、醃製；也買得到鹽醃、罐頭（油漬）、風乾的鯷魚；亦常用來作為調味添加物和配菜
沙丁魚 sardine	鹹水魚；分布於西班牙、葡萄牙和義大利海域。沙丁魚被視為小型鯡魚的一種。市面上可買到全魚或精處理魚；最好購買短於17.8公分的魚。銀色魚皮。魚肉細緻、富含脂肪	炙烤、燒烤、深炸、醃滷；也買得到鹽醃、煙燻或罐裝沙丁魚
魴魚（多利魚）、聖・彼得魚（歐洲） John Dory/St. Peter's fish (in Europe)	鹹水魚；分布於東大西洋、加拿大新斯科細亞省和地中海海域。魚身兩側各有一個帶著金色光環的黑點。肉質緊實，呈亮白色；魚肉風味細緻溫和，肉片細薄	低溫水煮、燒烤、煎炒
吳郭魚 tilapia/mud fish	原產於非洲；目前世界各處皆有人工養殖。長約10.2-45.7公分，市售重量約0.45-0.91公斤。因混種使魚皮呈現紅、黑或金色；魚身兩側的體側線中斷不連貫、一分為二是吳郭魚的辨識重點。魚肉為灰白色至粉紅色，風味非常溫和	低溫水煮、烘烤、炙烤、燒烤、蒸煮

蝦蟹貝類 shellfish

蝦蟹貝類是受各種形式的背甲（殼）保護的水生動物。根據骨骼結構，可分成四類：單枚貝（單殼軟體動物），雙殼貝（軟體動物的兩片外殼透過絞合部連接），甲殼類（有活動關節的外骨骼或外殼）和頭足類（頭部直接連附著觸手的軟體動物）。

市售型態

新鮮和冷凍的蝦蟹貝類有各種市售型態。市面上買得到的新鮮型態包括活蝦蟹貝、雞尾酒式蟹鉗*，及去殼的尾肉、蟹腳肉和蝦蟹鉗肉。冷凍型態也有雞尾酒式蟹鉗、去殼的尾肉、蟹腿肉和蝦蟹鉗肉等選擇。

去殼是從殼中剝出軟體動物的肉；去殼後的蝦蟹貝類，在市面上或以純肉的型態，或和俗稱「liquor」（字意為烈酒）的天然原汁一起銷售。市面上也可買到事先去殼的牡蠣肉、蛤蜊肉和貽貝肉等。絕大部分扇貝都是去殼後販售，不過近年來活扇貝和半殼帶卵扇貝的市場也正興起。

品質指標

購買活蝦蟹貝類時，應檢查蝦蟹貝類是否還有活動跡象。龍蝦和螃蟹應會游動或走動。蛤蜊、貽貝和牡蠣的外殼應緊閉，但是一老化，外殼會開始張開，但碰觸時仍會閉合。務必丟棄那些輕敲後外殼不會閉合的貝類，這表示生物已經死亡了。貝類軟體動物應有新鮮甜美、如海洋一般的香氣。

儲藏與保存

收貨時，螃蟹、龍蝦和其他活的蝦蟹貝類應使用海藻或浸濕的紙包裹。如果沒有放置龍蝦的透明水槽，可直接用運送龍蝦的容器盛裝或放入大型有孔調理盤中，以4-7℃的溫度保存到烹調前。別讓龍蝦或螃蟹直接接觸淡水，這樣做會殺死牠們。

買來的帶殼蛤蜊、貽貝和牡蠣應保存在運送的袋子或大型有孔調理盤中。這些貝類應以2-4℃的溫度保存，不要冰凍。袋子應該緊閉，上方壓上一點重量，防止貝類開殼。

* 編注：cocktail claw，指去除一半外殼的蟹鉗，常作為雞尾酒會上的餐點。這種蟹鉗保留尖端外殼，露出後半蟹肉，既能維持新鮮美觀，也方便食用。

貝類軟體動物

*編注：cherry stone clams 和 topneck clams 為同一種簾蛤，差別只在於前者比後者大。

貝類軟體動物

名稱	描述	常見的烹煮法和用途
單枚貝		
鮑魚 abalone	腹足類軟體動物，分布於太平洋沿岸；美國加州、智利和日本也有人工養殖。養殖鮑魚的平均直徑為7.6公分，外殼呈圓形或橢圓形。市面販售形式包括全鮑、切片鮑魚、新鮮鮑魚和冷凍鮑魚	燒烤、煎炒、醃漬
海膽 sea urchin/uni	分布於世界各地的海洋；販售時，海膽常和軟體動物放在一起，但其實屬於棘皮動物。堅硬、深紫色的殼上布滿刺。最受歡迎的是綠色品種。海膽的食用部分是內部的海膽卵（日文稱 uni），顏色從鮮紅色到橙色、黃色都有；質地緊實，可融於口中；味道甜美，被視為珍饈美味	烘烤。製作成壽司；加入醬汁中調味
海螺 conch/scungilli	腹足類軟體動物；原產於加勒比海和美國佛羅里達礁島群，在加勒比海和美國佛羅里達州也有人工養殖。市面上可買到去殼或絞碎的螺肉。來自溫暖水域的海螺大又甘甜；來自寒冷水域的海螺則體型較小，也較不甘甜	用於製作沙拉、檸檬汁醃生魚、巧達濃湯、油炸餡餅
蛾螺（溝槽香螺） whelk/channeled whelk	腹足類軟體動物；分布於美國東岸從麻薩諸塞州到佛羅里達州北部的淺水區；是歐洲和韓國菜餚中較常見的大型海蝸牛。市面上生熟蛾螺皆有販售，可浸泡於醋中，或是製成罐頭	醃漬；用於製作沙拉和檸檬汁醃生魚
食用蝸牛 land snail/escargot	腹足類軟體動物；在世界絕大部分地區的產量皆豐富；美國加州有人工養殖。陸生動物，會呼吸空氣。市面上可買到新鮮或罐裝的食用蝸牛	烘烤、高溫水煮、炙烤
玉黍螺 periwinkle	腹足類軟體動物；分布於歐洲和北美洲的大西洋海岸，美國新英格蘭地區產量尤豐。平滑的圓錐螺旋外殼上有4圈螺環；外殼是灰色到深綠色，環繞著紅色條紋	高溫水煮、煎炒

貝類軟體動物（承上頁）

名稱	描述	常見的烹煮法和用途
雙殼類		
簾蛤 quahog clam	硬殼蛤；分布於北方的冷水海域。依不同的尺寸有不同稱呼，從最小到最大分別為：littleneck、topneck、cherrystone、chowder。以每60磅（27.27公斤）一桶中共有幾顆為尺寸標準來計價	烘烤、蒸煮、燉煮。可用於製作巧達濃湯；較小型的蛤可直接在敞開的半殼上食用
竹蟶 razor/Atlantic jack-knife clam	硬殼蛤；分布於美國東海岸的淺水區。形狀像是鋒利的剃刀。離開水後難以保存，很快便會脫水，使殼體乾燥脆化	烘烤、蒸煮、燉煮、深炸。用於製作油炸餡餅
軟殼蛤 soft-shelled/Ipswich/horse clam/steamer	軟殼蛤，分布於美國維吉尼亞州的乞沙比克灣、緬因州、麻薩諸塞州和全太平洋沿岸的淺水區。灰色外殼呈長形，材質軟而易碎。這種蛤的頸部（亦即其出／入水管）蓋著一層薄薄的皮。必須吐沙淨化，否則會帶沙。味甜	蒸煮；裹上麵包粉後深炸
象拔蚌 geoduck clam	硬殼蛤，沿著美國西海岸分布，在北美西北地區太平洋沿岸也有人工養殖。北美已知最大的蛤蜊；長度可達22.9公分，重達4.55公斤，但大部分市面販售的象拔蚌重量介於1.36-1.82公斤之間。外殼為灰白色，帶有圓環紋路。相較於外殼，頸部顯得特別長	烘烤、蒸煮、煎炒。用於製作油炸餡餅、巧達濃湯、壽司和檸檬汁醃生魚
菲律賓簾蛤 Manila/West Coast littleneck clam	硬殼蛤，分布於太平洋。灰白色的外殼略顯細長，帶有深黑色花紋。長度可達7.6公分	烘烤、蒸煮。用於製作燉煮菜餚
鳥蛤 cockle	在亞洲、美國和歐洲具有商業價值；主要產自加拿大英屬哥倫比亞省、格陵蘭島和佛羅里達州；體型小；殼為白色到綠色	烘烤、蒸煮；太小無法去殼烹調
淡菜（紫殼菜蛤） blue mussel	分布於北半球和南半球的溫帶水域；在美國緬因州、加拿大新斯科細亞省、加拿大愛德華王子島和西班牙均有人工養殖。平均5.08-7.62公分長。深藍色的外殼。味道微甜	烘烤、蒸煮。用於製作燉煮菜餚
孔雀蛤（綠殼菜蛤） green mussel	分布於印度洋至西太平洋沿海的熱帶水域；在紐西蘭也有人工養殖。販售形式包括活的、半殼和去殼。平均7.62-10.16公分長。綠殼。味道略甜	烘烤、蒸煮。用於製作燉煮菜餚

名稱	描述	常見的烹煮法和用途
美東蠔 East Coast oyster	分布於美國東北部、維吉尼亞州和墨西哥灣沿岸。市售有野生和人工水下養殖兩種。這在美國境內最常見。半殼光滑，上下共有兩片殼。常見品種包括 Malpeque、Chincoteague 和佛羅里達	烘烤、裹上麵糊後油炸、燒烤、煎炒、蒸煮。置於上半殼內生食。可用於湯品、燉煮菜餚、填料或開胃菜中
日本蠔、太平洋蠔、美西蠔 Japanese/Pacific/West Coast oyster	生長的地方在漲潮時位於水下，退潮時則露出水面。外殼呈層疊圓齒狀。熊本蠔為受歡迎的品種	烘烤、裹上麵糊後油炸、燒烤、煎炒、蒸煮。置於半殼內生食。可用於湯品、燉煮菜餚、填料或開胃菜
歐洲扁蠔 European flat oyster	原產於歐洲；美國緬因州沿岸可見其蹤跡。市售有野生和人工養殖兩種。外殼圓形、扁平。因出色的風味和質地而大受好評。常見品種包括貝隆、Marennes 和 Helford	烘烤、裹上麵糊後油炸、燒烤、煎炒、蒸煮。貝隆蠔應生食。置於半殼內生食。可用於製作湯品、燉煮菜餚、填料或開胃菜
奧林匹亞蠔 Olympia oyster	美國西海岸的原生蠔。體型小；直徑小於 7.62 公分；比起美國東岸的品種，奧林匹亞蠔杯狀外殼的深度較淺。具鮮明特的礦物質尾韻	烘烤、裹上麵糊後油炸、燒烤、煎、蒸煮。置於半殼中生食。可用於湯品、燉煮菜餚、填料或開胃菜
海灣扇貝 Bay/Cape Cod/Long Island scallop	分布於美國麻薩諸塞州到北卡羅來納州一帶沿海。比起棲息於離岸海底的海扇貝，體型較小。秋冬為產季，以人工耙網採集，在岸邊立刻去殼，並以活體販售（只限特定的現撈市場），不會冷凍。貝肉顏色從奶油象牙色到粉紅色都有，風味非常甜美，經常被視為是最美味的扇貝	炙烤、燒烤、低溫水煮、燉煮、煎炒
海扇貝 sea scallop/diver scallop	分布於美國緬因灣到北卡羅來納州一帶的海底大陸棚；也有人工養殖的海扇貝（只限特定市場）。冷凍販售居多，但全年都買得到活的海扇貝。直徑可達 20.32 公分。褐色殼。diverscallop 特指由水肺潛水夫人工採集的海扇貝，比起拖網耙撈的一般海扇貝，水分更多，砂礫更少，大小更一致。味道鮮甜，肉質多汁，但不如海灣扇貝那般軟嫩	炙烤、燒烤、低溫水煮、燉煮、煎炒
花布海扇蛤 calico scallop	從美國北卡羅萊納州至南美洲的大西洋海域皆可見，亦見於墨西哥灣一帶。全年均為產季，體型小，直徑小於 7.62 公分。比起海灣扇貝，不僅肉色更深，風味和質地也較差	炙烤、燒烤、低溫水煮、燉煮、煎炒

頭足類

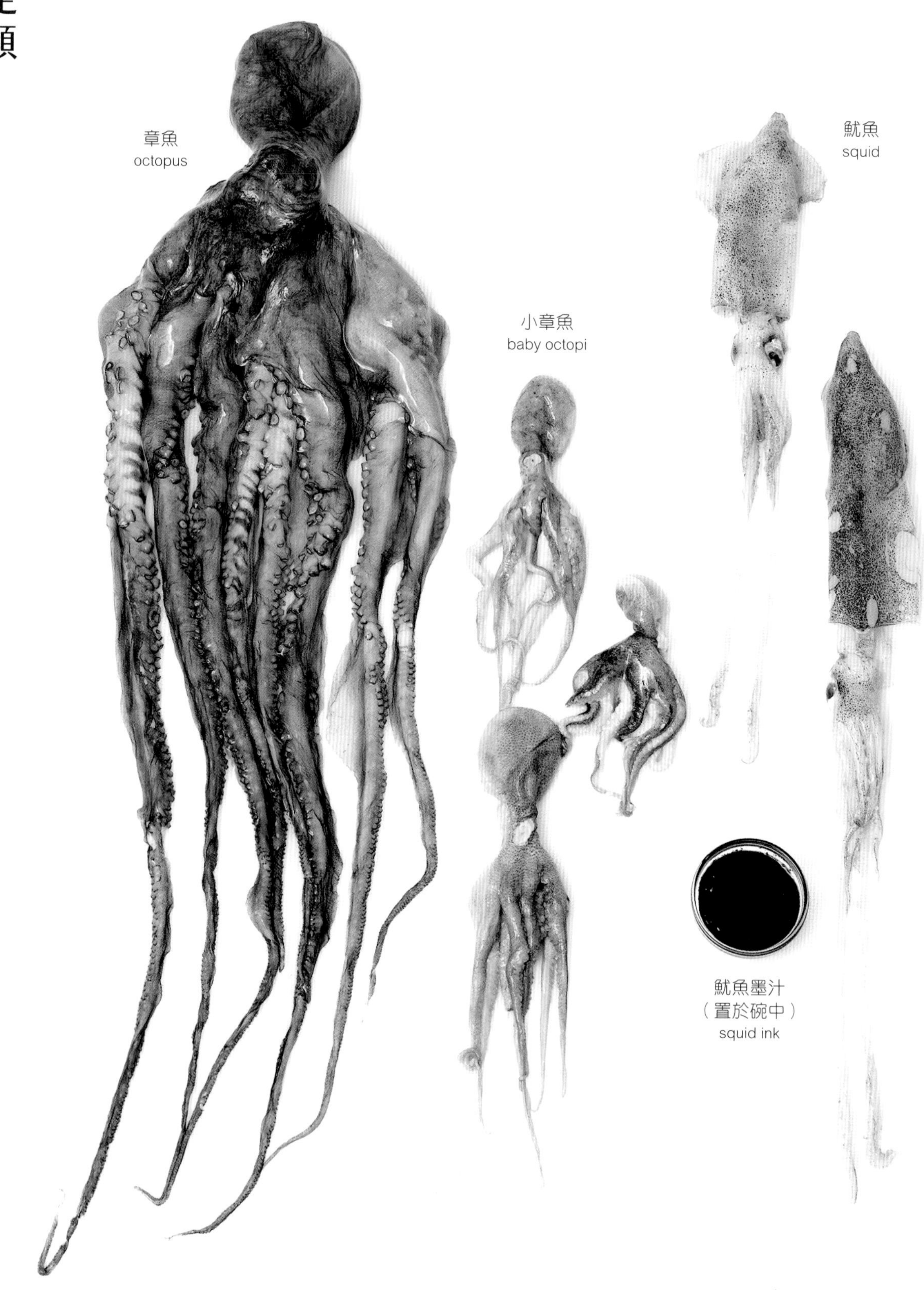

頭足類

名稱	描述	常見的烹煮法和用途
魷魚 squid/calamari	無脊椎動物，沿著美國東、西海岸分布。能改變膚色作為保護色；能噴出墨水混淆捕食者的視線。平均17.8公分長。市面上可買到新鮮魷魚、清理過的魷魚、切分成圈狀或切除觸手只有胴身的魷魚、冷凍魷魚。正確烹調後質地略緊實，風味溫和甜美	烘烤、高溫水煮、炙烤、深炸、煎炸、翻炒、煎炒。墨汁可用來為義大利麵或飯上色
章魚 octopus	分布於美國加州和阿拉斯加的淺水和深水海域；也見於大西洋至北極地區的英吉利海峽到百慕達一帶。重量從幾十克（小章魚）到超過45公斤都有。身體柔軟，血為藍色，眼睛位於頭兩側；擁有八臂，每隻有兩排吸盤。風味溫和，正確烹調後質地軟嫩	高溫水煮。小章魚則可深炸、燒烤、煎炒
花枝（烏賊、墨魚） cuttlefish	分布於泰國、中國、印度、西班牙和葡萄牙的海岸淺水區。擁有八臂，外加兩條窄長的觸手。外皮淺褐色帶有斑馬紋。正確烹調後味道鮮甜，肉質軟嫩，肉呈亮白色	高溫水煮、蒸煮、翻炒。做成壽司、生魚片

甲殼類

帝王蟹
King crab
黃金蟹
Dunqeness crab
淡水蝦
freshwater shrimp
波士頓龍蝦
American lobster
北黃道蟹
Jonah crab
沙蝦
pink shrimp
白蝦（去頭）
white shrimp
雪蟹螯足
snow crab claws
草蝦（去頭）
tiger shrimp

甲殼類

名稱	描述	常見的烹煮法和用途
波士頓龍蝦 Maine/northern/north American lobster	分布於美國北部、加拿大、歐洲（尺寸較小）的大西洋沿岸。可能需要8年才能長成市售的0.45-0.91公斤大小。亮白色肉帶紅色條紋；肉質緊實、鮮甜、細緻	烘烤、炙烤、燒烤、低溫水煮、蒸煮、翻炒
龍蝦 / 岩龍蝦 spiny/rock lobster	分布於美國佛羅里達州、南加州、新墨西哥州、澳洲、紐西蘭和南非等地。十隻腳大小全相同，沒有螯足（龍蝦鉗）；主要食用部位是尾巴。肉質緊實，但不如波士頓龍蝦鮮甜	烘烤、燒烤、低溫水煮、蒸煮、翻炒
螯蝦（小龍蝦、淡水龍蝦） crayfish/crawfish	分布於淡水沼澤、溪流、流動極為緩慢的河道支流；在美國路易斯安那州和佛羅里達州有人工養殖，也從東南亞進口。市面上可買到去殼螯蝦，或帶殼煮熟後挑出的螯蝦肉。深紅色外殼，煮熟後呈鮮紅色。肉鮮甜、色白而緊實	高溫水煮、蒸煮
挪威海螯蝦 langoustine/Dublin Bay prawn/scampi	分布於歐洲海域、大西洋和地中海；龍蝦的近親。肉略甜，美味可口	低溫水煮、高溫水煮、蒸煮、炙烤、燒烤、煎炒
溫水蝦 warm water shrimp	分布於熱帶海域；美國大部分產量都來自南大西洋和墨西哥灣。以每磅（454克）有幾隻蝦作為尺寸標準來計價。按外殼顏色分類：粉紅色（甜、嫩）；褐色（帶鹹味、緊實）；白色（甜、風味溫和）。身體顏色依棲息地而有很大差異	烘烤、炙烤、深炸、紙包料理、燒烤、煎炒、蒸煮、燉煮、低溫水煮
冷水蝦 cold water shrimp	分布於北大西洋和北太平洋。以每磅（454克）有幾隻蝦作為尺寸標準來計價。體型比溫水蝦要小得多，肉質也更為柔軟	烘烤、炙烤、深炸、紙包料理、燒烤、煎炒、蒸煮、燉煮
淡水蝦 freshwater shrimp	在美國夏威夷州和加州有人工養殖。以每磅（454克）有幾隻蝦作為尺寸標準來計價。體長可達30.5公分。肉非常柔軟，風味溫和	烘烤、炙烤、深炸、燒烤、煎炒、蒸煮
草蝦 tiger shrimp	分布於南太平洋、非洲東南部、印度；亞洲有人工養殖。以每磅（454克）有幾隻蝦作為尺寸標準來計價。灰藍色外殼上有灰黑色條紋；煮熟時外殼條紋會變成鮮紅色。若剝殼後烹調，白肉上會帶橙色；若帶殼烹調，煮熟後外殼呈紅色。風味溫和，略清淡，帶有鹹味	烘烤、炙烤、深炸、燒烤、低溫水煮、煎炒、蒸煮

甲殼類（承上頁）

名稱	描述	常見的烹煮法和用途
岩蝦 / 硬殼蝦 rock shrimp/hard- shelled shrimp	分布於美國東南部到墨西哥灣。去殼後販售，並以每磅（454克）有幾隻蝦作為尺寸標準來計價。風味和質地比其他蝦類更像螯蝦	烘烤、炙烤、深炸、紙包料理、燒烤、低溫水煮、煎炒、蒸煮、燉煮
藍蟹 blue crab	分布於美國乞沙比克灣到墨西哥灣沿岸。公蟹的螯足呈藍色，母蟹的螯足則是帶紅的藍色；深綠色殼的兩邊都有長刺。在下鍋的前一刻仍應是活的。肉質鮮甜軟嫩、多汁柔滑	烘烤、炙烤、深炸、燒烤、低溫水煮、煎炒、蒸煮、燉煮
軟殼蟹 soft-shell crab	藍蟹脫殼後，趁蟹身依然柔軟時捕捉，即為軟殼蟹；產季從每年4月至9月中旬，在6月至7月初達到高峰。清理後，整隻蟹都可食用	烘烤、炙烤、深炸、煎炸、燒烤、煎炒。做成壽司
北黃道蟹 Jonah crab	分布於加拿大愛德華王子島至美國緬因州。橢圓形。有兩隻強壯、尖端為黑色的螯足。肉質鮮甜、緊實，帶有鹹味，略有嚼勁	烘烤、炙烤、深炸、燒烤、低溫水煮、煎炒、蒸煮、燉煮
帝王蟹、阿拉斯加帝王蟹 king/Alaska king crab	分布於北太平洋，在阿拉斯加和俄羅斯數量最多。蟹腳伸展後全長達3.04公尺，重達4.55-6.82公斤。品種從紅色、金褐色到藍色都有	烘烤、炙烤、深炸、燒烤、低溫水煮、煎炒、蒸煮、燉煮
黃金蟹 Dungeness crab	分布於阿拉斯加至墨西哥的太平洋沿岸。平均重0.68-1.36公斤。紅褐色殼，底部為橙色帶一點白色。風味溫和，肉甜	烘烤、炙烤、深炸、燒烤、低溫水煮、煎炒、蒸煮、燉煮
雪蟹 snow crab	分布於阿拉斯加與加拿大東部。平均重2.27公斤。橢圓形；四對細長的蟹腳，前方有兩隻較短的螯足。肉甜，白肉略帶粉紅色，略有嚼勁，風味遜於帝王蟹	烘烤、炙烤、深炸、燒烤、低溫水煮、煎炒、蒸煮、燉煮

第8章

fruit, vegetable, and fresh herb identification

辨識水果、蔬菜與新鮮香料植物

水果、蔬菜和香料植物向來是人類飲食的重要一環，只不過，現今的消費者比以往更了解這些食物對維持健康體態的重要性。本章所提供的資訊與訣竅能幫助主廚充分利用各種新鮮農產品，並徹底了解其市售型態、品質判定方法、正確保存方式及食材用途。

通則 general guidelines

挑選

採買時，應選擇狀態良好的水果、蔬菜和香料植物，但記得所謂「狀態良好」在不同蔬果上也有差異。一般而言，水果和蔬菜不應有碰損、蟲害、褐斑，也不可有軟斑塊或發霉。蔬果應具備該品種應有的顏色與質地，葉片不可凋萎，果實則應飽滿不乾癟。各類農產品的相關資訊，將見以下段落說明。

生產方式

餐飲服務業的購買選擇代表對特定農法的支持或反對。購買食材時，不妨多考慮農產品的栽植與培育方式。

人類應用各種農業生物科技創造、改良或改造植物。數百年來，科學家利用傳統技術改良作物（例如選擇性育種），但傳統育種方法既費時又欠精準。現在透過基因工程技術，科學家已能分離特定基因，創造具備某些優良特性的農產品，例如對病蟲害有更強抵抗力的作物，並將該基因轉殖至其他物種，開發出基因改造生物（GMOs）。

食品輻射照射是種食品安全技術，能夠殺死病原體、延長保存期，類似鮮奶的巴氏殺菌和罐裝食品的高壓殺菌。輻射照射法也稱為冷巴氏殺菌，以游離輻射照射食品來殺死可能導致食物感染病的細菌。

永續農業旨在建立足以獲利，又能兼顧生態環境的農業生產和分銷系統。主要措施包括保護並再造土壤肥力與自然資源，提高農場既有資源的利用，盡量減少使用非再生資源等。永續農業致力於促進家庭農業和社區農業的發展，具體作法包括採取特定措施以防止土壤侵蝕，實施蟲害整合管理，以梯田方式耕種等。

有機食品的生產與栽植都不使用傳統農藥、化學肥料、下水污泥。作物不經生物工程改良，亦未經食品輻射照射。在美國，「有機」農產必須接受政府核准的認證機構檢驗，確保產品的栽植和加工符合美國農業部標準。

水耕作物培植於室內，生長在營養豐富的培養液而非土壤中，溫度和光照皆可調節，故可複製作物適宜生長的環境。現今市面上可買到的水耕作物包括萵苣、菠菜、香料植物和番茄。水耕蔬果易於清洗，但風味可能較土壤栽植的蔬果淡。

蔬果的取得與季節性

在農業的生產和配送科技進步之前，廚師僅能使用在地時令蔬果。如今，雖然餐廳不再受限於購買地方農產品，但仍應盡量向在地農人購買食材。支持在地小農的意義重大。在地小農能供應大型供應商無法提供的特色農產品（如刺毛萵苣、黃金甜菜和黃番茄）。此外，未經長途運輸碰撞的在地食材，如甜玉米、杏桃、桃子和草莓等，風味和外觀往往較佳。至於蘆筍、結球萵苣、青花菜、蘋果和柑橘類水果等，則較經得起運輸碰撞。

保存

收到農產品後，遵循以下原則可確保農產品維持最佳品質。大多數餐廳的農產品保存期不會超過三、四天，但這仍取決於生意、進貨頻率，以及保存空間與設備的多寡。農產品的處理盡可能交給供應商，讓餐廳能用最新鮮的農產品烹調，同時避免塞爆餐廳珍貴的保存空間。

除少數例外（香蕉、番茄、馬鈴薯和乾燥洋蔥），多數蔬果成熟後應冷藏。此外，除非另有說明，否則應將農產品保存於4-7℃、相對濕度80-90% 的環境中。若能以走入式冷藏庫或取放式大型冷藏櫃保存蔬果，則最為理想。

多餘的水分會使農產品腐壞，故大部分農產品應保持乾燥，使用前再去皮、清洗或修整，例如萵苣在保存時，外葉應保持完整，胡蘿蔔也應帶皮保存。不過也有例外，甜菜、蕪菁、胡蘿蔔和蘿蔔等根菜類植物頂端的葉子應切除後丟棄，或立刻烹煮，否則頂葉會繼續吸收根部養分，使水分流失。

需要進一步熟成的蔬果，特別是桃子和酪梨，應保存於室溫，大約18-21℃。成熟後應立刻冷藏，以免過熟。

某些水果（包括蘋果、香蕉和各類甜瓜）會在保存期間釋放大量乙烯，催熟未熟果實，並加速成熟蔬果腐壞。因此，除非刻意用來催熟，否則此類水果應單獨保存。若無足夠保存空間，可用密封容器收納。

有些蔬果的氣味會滲進其他食物，例如洋蔥、蒜頭、檸檬和甜瓜。乳製品特別容易吸收氣味，保存時應遠離蔬果。某些水果也會吸收氣味，譬如蘋果和櫻桃，這類水果應妥善封裝或單獨保存。

許多蔬果僅能保存3-4天。至於柑橘類水果、大部分根菜類和硬殼瓜，雖然能保存較久，但大多數餐廳也不會擺放超過2-3週。

水果 fruits

水果是植物的子房，包覆或裝載種籽。水果通常用於甜食，但也很適合搭配香鹹菜餚，例如馬鈴薯煎餅和豬排。水果也能當作清爽的早餐，或作為正餐的收尾。乾燥水果可製成糖煮菜餚、填料（stuffings）和醬汁。

蔬菜 vregetables

蔬菜指植物可安全食用的部位，包括根、塊莖、莖、葉、葉柄、種籽、種莢和花。蔬菜通常包括某些在植物學上歸類為水果的食材，例如番茄。本書以食材的烹飪用途作為分類原則，故將這些食材放在蔬菜章節討論。

香料植物 herbs

香料植物是芳香植物的葉子，主要用來增添食物風味。判斷新鮮和乾燥香料植物的品質時，香氣是很好的指標。高品質香料植物顏色均勻，葉片和莖看起來很健康，沒有凋萎、褐斑、曬傷或害蟲啃食的痕跡。

盡量在出餐前再將香料植物切成末或絲。香料植物的入菜時機通常是菜餚快煮好的時候。不過，製作生食料理時，則應盡早添加香料植物。

一般來說，香料植物應用浸濕的廚房紙巾稍微包覆並冷藏。也可將包好的香料植物放入塑膠袋，保持水分，避免葉片凋萎、褪色。你可以替香料植物貼上標籤，方便辨識、取用。

蘋果

蘋果或許是美國人最喜愛的水果。根據國際蘋果學會（International Apple Institute）的調查，蘋果在美國喬木類果實的總銷售量中，占了將近14%。

蘋果的外皮可能是黃色、綠色或紅色，也可能介於這三種顏色之間。不同品種的蘋果各有特色，有些生吃最美味，有些適合烘烤或做成派，另一些則適合製成濃郁、滑順的果泥，或果泥醬。製作蘋果酒時，通常會混合多種蘋果，使風味豐厚而均衡。

選擇緊實、果皮光滑、無碰損的蘋果，果皮上的粗糙褐斑無需理會。

蘋果可在氣溫、濕度嚴格控制的冷藏庫中保存數月，品質不會大幅下降。市售蘋果製品包括蘋果乾、果泥醬、蘋果汁（瓶裝或冷凍濃縮果汁）、蘋果酒、調味或原味蘋果派內餡等。

蘋果切開後，果肉一與空氣接觸，就會漸漸變成褐色。可將切開的蘋果泡在酸性水中（含少量檸檬汁的水），防止變色。但若看要表現蘋果的原味，則不適合這麼做。下頁表格將介紹不同品種的蘋果。

stayman winesap 蘋果
旭蘋果 McIntosh
北方間諜蘋果 Northern Spy
Cortland 蘋果
蜜脆蘋果 Honeycrisp
Cameo 蘋果
加拉蘋果 Gala
金冠蘋果 Golden Delicious
翠玉蘋果 Granny Smith
Macoun 蘋果
Cox Orange Pippin 蘋果

蘋果

品種*	描述	常見烹調用途
野生酸蘋果 crabapple	小型蘋果。果皮呈紅色。果肉非常硬，呈黃色或白色。味酸	製成醬汁、果醬漿、果醬、酸甜醃菜
金冠蘋果 Golden Delicious	果皮呈黃綠色，帶有斑點。爽脆多汁，味甜。比起其他品種，切開後較不易變色	直接吃。適合各種用途
翠玉蘋果（澳洲青蘋） Granny Smith	果皮呈綠色。果肉呈白色，非常爽脆，質地細緻。味酸。比起其他品種，切開後較不易變色	直接吃。製成甜食、鹹食，或派
旭蘋果 Mcintosh	果皮主要是紅色，帶少許黃色或綠色。果肉非常白。中等酸度	直接吃。製成果泥醬、蘋果酒
北方間諜蘋果 Northern Spy	果皮呈紅色，帶少許黃色。果肉緊實，爽脆多汁，甜中帶酸	非常適合做成派
五爪蘋果 Red Delicious	果皮呈鮮紅色，帶黃斑。果肉呈黃白色，緊實，味甜	直接吃
Rome Beauty 蘋果	果皮呈鮮紅色，帶黃斑。果肉緊實，風味溫和，酸中帶甜	很適合以烤爐整顆烘烤
Stayman Winesap 蘋果	暗紅色果皮，帶白斑。果肉緊實、爽脆。味酸，香氣明顯	適合各種用途。製成派、醬汁。用於烘焙
Cortland 蘋果	果皮呈紅色，光滑，有光澤。爽脆，甜中帶酸。比起其他品種，切開後較不易變色	適合各種用途
蜜脆蘋果 Honeycrisp	果皮呈黃色，帶大量紅暈。非常爽脆，極甜	直接吃。適合各種用途
加拉蘋果 Gala	果皮呈水蜜桃紅，帶黃斑。爽脆多汁，香甜可口	直接吃
Cameo 蘋果	果皮呈暗紅色，帶黃褐色不規則色塊。甜中帶酸。質地緊實	適合各種用途
Macoun 蘋果	果皮從棕紅色到綠色都有，帶有暗紅暈和少許白斑。爽脆多汁，甜中帶酸	直接吃。適合各種用途
Cox Orange Pippin 蘋果	果皮呈金褐或金橘，帶綠色調。爽脆多汁，微酸	適合各種用途

* 注：很多品種只在特定地區販售。不過，具有地區性蘋果的風味和烹調用途與上表所列出的品種類似。若有任何疑問，請詢問您的食材供應商或信譽良好的賣家，了解特定品種的最佳用途。

漿果

漿果通常非常容易腐壞（除了蔓越莓）、碰損、發霉，且很快就會過熟。仔細檢查到貨的漿果及外包裝，確認沒問題再簽收。若紙箱上有漿果汁的污漬，或漿果汁已滲出紙箱，都代表水果在運送過程中處理不當或放置過久。同一包裝裡一有漿果發霉，整批很快都會腐壞。

在非產季期間，通常可改用個別急速冷凍（IQF）的漿果。在糖煮（copote）冬季水果、填料或烘焙食品中添加乾燥漿果，可讓成品更美味。下頁表格將介紹不同品種的漿果。

藍莓 blueberries

覆盆子 raspberries

蔓越莓 cranberries

鵝莓（帶萼與去萼） gooseberries

草莓 strawberries

黑莓 blackberries

醋栗 currants

漿果

品種	描述	常見烹調用途
黑莓 blackberry	大型漿果。紫黑色。多汁。人工種植和野生皆有	直接吃。以烤爐烘烤。製成果醬
藍莓 blueberry	中小型漿果。藍紫色，光滑，上有一層銀藍色果粉。球體。多汁，味甜	直接吃。以烤爐烘烤。製成果醬、果乾。用來增添食醋風味
蔓越莓 cranberry	小型漿果。紅色，具光澤，有時透著一點白。硬實而乾，味酸	通常煮熟食用。製成酸甜醃菜、醬汁、果醬漿、果醬、果汁、果乾。用於麵包
鵝莓 gooseberry	中小型漿果。果皮光滑，呈黃色或綠色，幾乎透明。球體。多汁，酸度高	通常煮熟食用。製成果醬漿、果醬、派。用於烘焙食品
覆盆子 raspberry	成簇的小型果實（核果），每個小果實中皆有種籽。紅色、黑色或金色，可能有絨毛。多汁，味甜。露珠莓也是覆盆子的一種	直接吃。以烤爐烘烤。打成泥。製成糖漿、醬汁、甜酒、果醬。用來增添食醋風味
草莓 strawberry	各種大小皆有。紅色，有光澤。果實呈心形，種籽分布於表面。味甜	直接吃。搭配油酥糕餅。用於烘焙食品或冰淇淋。打成泥。製成果醬、果醬漿
醋栗 currant	小型果實。球體。白色、紅色或黑色。表皮光滑。味甜	白醋栗和紅醋栗可直接吃。黑醋栗多製成果醬、果醬漿、糖漿和香甜酒

柑橘類水果

柑橘類水果的特點包括果肉分成數瓣、非常多汁，果皮含有芳香油。

以葡萄柚、檸檬、萊姆和柳橙最為常見，這些水果大小、顏色、風味迥異。

挑選柑橘類水果時，選擇緊實、較沉、未軟化的果實。果皮若帶綠色調，或長了粗糙的褐斑，通常不影響風味及質地。柳橙未必越鮮豔越好，那通常是人工染色而成，但挑選葡萄柚、檸檬和萊姆時，則應選擇顏色鮮豔、紋理細緻的。柑橘類可暫時保存於室溫，但若需長時間保存，則應冷藏。市售柑橘類果汁有罐裝、瓶裝、冷凍和冷凍濃縮幾種型態。下頁表格將介紹不同品種的柑橘類水果。

柑橘類水果

品種	描述	常見烹調用途
臍橙 navel orange	橘色。還算光滑。無籽。味甜	直接吃。榨汁。皮可刨絲或糖漬
血橙 blood orange	橘色，帶紅暈，皮薄。果肉呈暗紅色，有香氣，甜中帶酸	直接吃。榨汁。製成醬汁。作為香料
橘子 Mandarin orange	品種眾多，從極小型到中型皆有。有些無籽，有些有籽。紅柑和地中海寬皮柑都是橘子的一種	直接吃
紅柑 tangerine	橘色。果皮略微凹凸不平。多籽，多汁，味甜	直接吃。榨汁
橘柚 tangelo	橘色。果皮略微凹凸不平。頂部稍微變窄。多汁，味甜	直接吃。榨汁
苦橙 seville orange	果皮厚又粗糙。多籽。味酸、苦、澀。	製成橘皮果醬、苦橙醬汁、香甜酒。果皮可糖漬
檸檬 lemon	果皮呈黃綠色或深黃色。有籽。酸度高	榨汁。皮可刨絲或糖漬。作為香料
梅爾檸檬 Meyer lemon	球體。果皮光滑。汁液較普通檸檬甜、酸度較低	榨汁。皮可刨絲或糖漬。作為香料。用於烘焙
波斯萊姆 Persian lime	果皮呈深綠色，光滑。無籽。味酸	榨汁。作為香料。皮可刨絲或糖漬
墨西哥萊姆 Key lime	小型果實，球體。黃綠色。味酸	榨汁。作為香料。最廣為人知的用途是製成墨西哥萊姆派
白肉 / 紅肉 / 粉紅肉葡萄柚 white/red/pink grapefruit	果皮呈黃色，可能帶綠色調。果肉呈淺黃或深紅色，甜中帶酸。也有無籽品種	直接吃。榨汁。作為香料。皮可刨絲或糖漬
牙買加醜橘 Uniq/Ugli fruit	混種的柑橘類水果。果皮呈黃綠色，厚、鬆、多皺摺。無籽。果肉黃中帶粉，風味濃烈香甜	直接吃

葡萄

嚴格來說，葡萄算是漿果，但因為葡萄和漿果各自包含許多品種及不同用途，我們通常將兩者區分開來。葡萄種類繁多，有籽、無籽兼具，可供食用和釀酒。

葡萄的顏色從淺綠到深紫都有。選用飽滿多汁、果皮光滑，並附有淺灰色表層（稱為果粉）的葡萄。每粒葡萄都應緊緊附著於綠色的果梗上。

有些品種的葡萄容易去皮（如康科特葡萄），有些品種的葡萄皮則緊黏著果肉（如湯普森無籽葡萄）。葡萄也可經乾燥處理，製成葡萄乾。

葡萄不要清洗，直接冷藏保存。食用前再徹底洗淨，並用廚房紙巾吸乾。室溫是最適合食用的溫度。下頁表格將介紹不同品種的葡萄。

在加州，有些紅葡萄的產季在5月底，湯普森葡萄產季則自6-7月開始，延續到12月初。美國東部的葡萄產季較短，從8-11月。在美國，通常全年都買得到進口葡萄，絕大部分來自墨西哥或智利。

香檳葡萄／黑科林斯葡萄
Champagne/
Black Corinth

湯普森無籽葡萄
Thompson
seedless

紅帝王葡萄
Red Emperor

黑葡萄
black

康科特葡萄
Concord

葡萄

品種	描述	常見烹調用途
湯普森無籽葡萄 Thompson seedless	中型葡萄。綠色。果皮薄。無籽。風味甜且溫和	食用。製成葡萄乾
康科特葡萄 Concord	藍黑色。果皮厚，易剝除。味甜	榨汁。製成果醬、果醬漿、糖漿和醃葡萄
黑葡萄 black	大型葡萄。深紫色。通常有籽。非常甜	食用
紅帝王葡萄 Red Emperor	果皮呈深淺不一的紅色，帶綠色調。皮薄，緊貼果肉。味甜。通常有籽	食用
香檳葡萄* / 黑科林斯葡萄 Champagne/Black Corinth	直徑約0.6公分。果皮呈紅色或淺紫色。無籽。汁多、味甜	食用
紅焰葡萄 Red Flame	湯普森葡萄的混種。無籽。球體。果皮呈紅色。緊實。味甜	食用。製成新鮮水果塔
紅寶石葡萄 Ruby Red	無籽。果實細長，多汁，味甜	食用
紅地球葡萄 Red Globe	有籽。大型葡萄。球體。酸度低，甜度高	食用
Tokay 葡萄	有籽。果實細長，淡而無味	食用
帝王葡萄 Emperor	有籽。小型葡萄。球體。甜度低，清淡，帶有櫻桃風味	食用
Reliance 葡萄	小型葡萄。果皮呈淺紅色或金黃色。風味飽滿	食用
黑美人葡萄 Black Beauty	無籽。小型葡萄。橢圓體。果皮顏色深且飽和。風味強烈，甜中帶辛香	食用
維納斯葡萄 Venus	無籽。大型葡萄。球體。果皮顏色深且飽和。味甜。皮澀	食用

*編注：黑科林斯葡萄在美國經常以「香檳葡萄」的俗稱出售，但實際上並不具釀製成香檳的功能。

甜瓜

甜瓜多汁、香氣濃郁，屬於葫蘆科。南瓜和黃瓜也屬同一科。甜瓜種類繁多，有些小如柳橙，有些則大如西瓜。甜瓜主要分為麝香甜瓜和西瓜兩大類。

市面上常見的麝香甜瓜有兩類：羅馬甜瓜和蜜瓜。

判斷甜瓜熟度的依據以及挑選準則依種類有所不同。羅馬甜瓜以沉重、「全脫」（full slip）者佳，「全脫」代表果實在瓜藤上成熟，自行脫離果梗，未留有殘莖。所有成熟的麝香甜瓜蒂頭都會稍微軟化，散發甜香，食用前需去籽。

西瓜風味溫和。無論品種為何，都應選擇外觀對稱的瓜果。避免有扁平面、軟斑塊或表皮受損的西瓜。成熟的西瓜底色均勻，底部無泛白。未熟甜瓜應存放於陰涼處，已成熟或切開的甜瓜則應冷藏。下頁表格將介紹不同品種的甜瓜。

無籽西瓜
seedless watermelon

蜜瓜
Honeydew

羅馬甜瓜
Cantaloupe

Cavaillon 甜瓜

聖誕甜瓜
Santa Claus

甜瓜

品種	描述	常見烹調用途
麝香甜瓜類		
羅馬甜瓜 Cantaloupe	果皮表面有米黃色網紋。果肉呈淡橘色，光滑，多汁，甜度高，香氣濃郁	直接吃。搭配醃肉和乳酪。製成水果冷湯
波斯甜瓜 Persian	大型甜瓜。屬於羅馬甜瓜類。果皮呈深綠色，帶有黃色網紋。果肉呈亮鮭魚粉色，微甜	直接吃
蜜瓜（蜜露瓜） Honeydew	橢圓體。屬於蜜瓜類。果皮呈淡綠色，光滑。果肉呈粉綠色，多汁，甜度高	直接吃。製成水果冷湯、甜點。當作盤飾
casaba 甜瓜	屬於蜜瓜類。果皮呈淺綠或黃綠色，帶有數道凹陷深紋。果肉呈奶油色，多汁，風味溫和、清爽	直接吃
Crenshaw 甜瓜	大型甜瓜。橢圓體。屬於蜜瓜類。果皮呈偏黃的綠色，光滑但稍有隆起。果肉呈鮭魚粉色，香氣濃郁，甜中帶辛香，甜度高	直接吃
西瓜類		
西瓜 watermelon	有些呈橢圓體，體型大；有些呈球體，體型小。表皮呈綠色，帶有淺色條紋。瓜皮內裡為白色。果肉多汁，呈紅粉色、黃色或白色。種籽呈褐色、白色，或有光澤的黑色。有些品種無籽。味甜且清爽	直接吃。瓜皮的白色內裡可醃漬

梨

梨的種類繁多，外觀呈圓形或鐘形，有紅有黃。有些品種香甜可口，有些則帶有辛香。有別於大多數水果，梨子在採摘後才開始成熟。尚未成熟的梨肉帶有顆粒，稱為石細胞。這帶來砂礫一樣粗糙的質地，並不美味。然而，成熟的梨子容易撞傷，運送不易，因此先採摘再熟成算是優點。購買時，挑選散發清香且已經成熟的梨子。注意梨子的表皮或頸部不應有刮傷、碰撞、凹痕或乾枯皺縮的痕跡。未成熟的梨子應保存於室溫，成熟後立刻冷藏，以低溫抑制熟成。切開的梨子就像切開的蘋果一樣，接觸到空氣就會漸漸變為褐色。可將切開的梨子浸泡在酸性水中，防止果肉變色。但這麼做也可能改變梨子的原始風味。下頁表格將介紹不同品種梨子的最佳用途。

波士梨 Bosc　紅巴特利西洋梨 / 威廉斯梨 Red Bartlett/William　安琪兒西洋梨 D'Anjou　塞克爾梨 Seckel　佛瑞梨 Forelle　亞洲梨 Asian　巴特利西洋梨 / 威廉斯梨 Bartlett/William

梨

品種	描述	常見烹調用途
巴特利西洋梨 / 威廉斯梨 Bartlett/William	大型梨。鐘形。有綠有紅。果皮光滑。多汁，味甜	直接吃。低溫水煮。製成醃梨。替香甜酒增添風味
波士梨 Bosc	大型梨。頸細長，底部圓胖。果皮呈深紅褐色。甜中帶酸	直接吃。低溫水煮。以烤爐烘烤。製成罐頭
安琪兒西洋梨 D'Anjou	大型梨。外形圓胖。果皮呈黃綠色，帶有綠斑或紅暈。味甜	直接吃。低溫水煮。以烤爐烘烤
塞克爾梨 Seckel	小型梨。果皮呈金色，帶有紅暈。果肉非常緊實、爽脆。甜中帶辛香。	低溫水煮。以烤爐烘烤。製成罐頭
佛瑞梨 Forelle	中型梨。果皮呈金色，帶有紅暈和紅斑。果肉多汁、爽脆、味甜	直接吃。低溫水煮。以烤爐烘烤
亞洲梨 Asian	球體。果皮呈金橘色，帶有白斑。果肉緊實、爽脆、多汁、風味溫和	直接吃。非常適合用於沙拉

核果

桃子、油桃、杏桃、李子和櫻桃的中央都有一顆大型果核，故稱為核果。核果類可進一步分成「不黏核」及「黏核」兩種：前者的種籽或核容易與果肉分離，而後者的核則較緊密黏附果肉。烹煮過程若會用到去核果肉，經常使用較易處理的「不黏核」核果。市面上除了新鮮核果外，亦有販售罐裝、冷凍和乾燥核果。許多國家也會生產以桃子、櫻桃和李子調味的水果白蘭地、水果酒和香甜酒。

在美國，除了南美洲進口品種外，核果通常只在夏季販售。核果採收後馬上會變軟，但甜度不會增加。因此，市售核果多半趁著核果還很緊實、堅硬時採收，避免熟透軟化的核果在運送中受傷。欲判斷核果是否熟透，顏色是最好的依據。選擇顏色飽滿、鮮豔，且不帶一絲綠色的核果。核果軟化後會散發濃郁甜香，亦可用此判斷核果風味。下頁表格將介紹不同品種的核果。

美國白桃
White peach

桃子
peach

油桃
nectarine

李子
plum

義大利李子
Italian plum

核果

品種	描述	常見烹調用途
桃子 peaches	中、大型果實。果皮有絨毛。果肉呈白色、黃橘色或紅色，非常多汁。分成不黏核和黏核兩種	直接吃。製成果醬、果醬漿、冰淇淋、甜點、罐頭或果乾
杏桃 apricots	中型果實。果皮呈黃色或金橘色，帶有短絨毛及玫瑰色塊斑。汁液比桃子少。甜中帶微酸	直接吃。製作果醬、果醬漿、甜點、果乾。榨汁
油桃 nectarines	大型果實。果皮光滑，呈黃、紅色。果肉緊實，多汁，味甜	直接吃。用於沙拉和烹煮甜點
櫻桃 cherries	小型果實。表皮有光澤，呈紅或黑色。果肉緊實。市售櫻桃包含甜味櫻桃和酸味櫻桃	甜味櫻桃：直接吃。用於烘焙食品。製成糖漿或果乾 酸味櫻桃：製成派、果乾、醃櫻桃或糖漿
李子 plums	中、小型果實。橢圓體或球體。果皮呈綠色、紅色或紫色。多汁。甜度高	直接吃。用於烘焙食品。製成醃李子。有些品種可經乾燥處理，製成果乾
義大利李子 Italian plums	小型果實。橢圓體。果皮呈紫色。果肉為黃綠色，微硬，甜度高	直接吃。用於烘焙食品。製成醃義大利李

其他水果

許多水果無法歸入某個特定類別，因此放在「其他」這一類。其中有些是熱帶水果，有些則生長於溫帶地區。有些在市面上較少見，如百香果，有些則隨處可見，如香蕉。下頁表格將介紹這些未分類水果。

其他水果

品種	描述	常見烹調用途
酪梨	西洋梨形。果皮呈綠色或黑色，質地似皮革，光滑及凹凸不平皆有。果肉呈黃綠色，綿密、滑順。風味溫和	用於沙拉、三明治。製成蘸醬（墨西哥酪梨醬）、莎莎醬
香蕉	果皮呈黃色或紅色，不宜食用。果肉甜，綿密	直接吃。用於布丁、烘焙食品和其他甜點
大蕉	尺寸比普通香蕉大，澱粉含量也較高。未成熟時果皮很硬，呈青綠色，成熟後顏色轉黃，帶不規則色塊，甚至變成黑色。未成熟的果肉質地像馬鈴薯，隨著熟度增加，逐漸變甜、變軟	無論熟度如何，皆於烹煮後食用。非常適合油炸、以烤爐烘烤或壓泥
大黃	長條形的紅色莖幹，略帶綠色。葉子有毒。質地爽脆，煮熟後軟化。帶明顯酸味	需煮熟才能食用。製成派、塔和醃大黃
椰子	球體。外殼呈褐色，堅硬，多毛。果肉呈白色，緊實、綿密。果實中心有像水的汁液。可加工製成椰子油、椰奶。乾燥後可製成含糖或無糖的椰子絲或椰子片	可生吃或煮熟食用。製成甜食或鹹食，例如印度甜酸醬、蛋糕、咖哩
無花果	小型果實。球體或鐘形。皮薄，柔軟，呈紫黑色或淺綠色。種籽小，可以食用。甜度高。最常見的品種是 Mission 和 Calimyrna 無花果	直接吃。製成果乾、醃無花果。任何形態皆可搭配乳酪食用
番石榴（芭樂）	橢圓體。果皮薄，成熟時呈黃色、紅色，或幾乎全黑。果肉呈淺黃色或鮮紅色。甜度高，香氣濃郁。市售番石榴包含尚未完全成熟的綠色果實、冷凍或罐裝的番石榴醬	非常適合製成果醬、醃番石榴和醬汁。番石榴醬可搭配乳酪食用
奇異果	小型漿果。橢圓體。果皮呈褐色，有毛。果肉呈亮綠色，柔軟，甜中帶酸，帶有可食用的細小黑色種籽	直接吃。非常適合製成醬汁和雪碧冰
芒果	球體或橢圓體。果皮呈黃色、綠色或紅色。內含一枚大型扁平種籽。果肉呈鮮黃色，味甜，柔軟。除新鮮芒果外，市面上亦有販售罐裝、冷凍芒果、芒果泥、果泥飲料和果乾。在美國，最常見的品種為 Tommy Atkins	非常適合製成甜味醬汁、雪碧冰，或用於印度甜酸醬。未成熟的綠芒果可用於沙拉
鳳梨	大型圓柱體。果皮呈黃色，粗糙，布滿鑽石形紋路。果實頂端是劍形長條葉片。除新鮮鳳梨外，市面上亦有販售冷凍、罐裝、糖漬鳳梨和果乾。市售品種通常香氣濃郁、多汁。果肉呈鮮黃色，甜度高	直接吃。燒烤。榨汁。用於烘焙食品

品種	描述	常見烹調用途
楊桃	橢圓體。長度7.6-12.7公分，5道明顯的稜線從一端延伸至另一端。果皮呈黃或綠色。橫切片呈星形。味甜，有時略帶酸味，類似鳳梨、奇異果和蘋果的綜合風味。果肉緊實	直接吃。用於水果沙拉、甜點。當作盤飾
木瓜	西洋梨形。長約15.2公分。果皮呈金黃色。果實中央的空腔長滿可食用的黑色圓形種籽。成熟果肉呈鮮豔的粉橘色，香氣濃郁，味甜，滑順如絲綢。市售木瓜製品包括果泥飲料、果泥和果乾	無論是否成熟，皆可直接食用。尚未成熟的木瓜呈青綠色，可製成亞洲沙拉。木瓜酵素（木瓜蛋白酶）可用來軟化肉類
石榴	形似蘋果。香氣濃郁。果皮呈鮮紅色，質地似皮革。內含數百粒可食用種籽，分布於奶油色薄膜隔開的腔室中，每粒種籽都由紅色果肉包覆。味酸甜，多汁。除新鮮石榴外，市售石榴製品還包括濃縮石榴汁和石榴糖蜜	只有種籽可以直接食用。常當作盤飾，或榨汁
百香果	蛋形。長約7.6公分。果皮有凹陷。成熟時呈深紫色。果肉呈黃色，甜中帶酸，香氣濃郁。內含可食用的黑色種籽。除新鮮百香果外，市面上亦有販售冷凍百香果、百香果泥、罐裝果泥飲料和濃縮果汁。	非常適合用於甜點和飲品
柿子	形似番茄。果皮和果肉皆呈橘紅色。市面上最容易購得的柿子是蜂屋柿和富有柿。成熟的蜂屋柿質地滑順綿密，富有柿則柔軟如番茄。柿子風味酸中帶甜。除新鮮柿子外，市面上亦有販售冷凍柿子和柿子泥	直接吃。蜂屋柿食用前需完全熟成，適合製成派和布丁。富有柿可趁爽脆時食用，或等到全熟後再享用軟嫩果肉，適合用於沙拉
榲桲	外觀和風味類似蘋果，質地像梨。果皮呈黃色。成熟時散發花香。果肉呈白色，爽脆，汁液少。煮熟後果肉轉為粉紅色。生食較澀，煮熟後則有甜味	需煮熟才能食用。非常適合製成果醬、果醬漿、醃榲桲，或用於烘焙食品

榲桲

甘藍類

甘藍類（十字花科）包含許多蔬菜，有些會結球，例如花椰菜和高麗菜，另一些會形成不緊密的葉球，例如青江菜。還有一些品種不會結球，但根部深受人們喜愛。蕪菁和蕪菁甘藍也屬十字花科，但兩者更常被視為根菜類。下頁表格將介紹不同品種的甘藍。

皺葉甘藍
savoy cabbage

紫甘藍
red cabbage

抱子甘藍
Brussels sprouts

花椰菜
cauliflower

大白菜
napa cabbage

青花菜
broccoli
羽衣甘藍
kale
青江菜
bok choy
綠葉甘藍
collard greens
球花甘藍
broccoli rabe

甘藍類

品種	描述	常見烹調用途
青花菜 broccoli	深綠色小花，有些帶紫色調。莖呈淡綠色、質地鬆脆	生吃。蒸煮、沸煮、煎炒。製成法式砂鍋菜
球花甘藍 broccoli rabe/rapini	深綠色。葉多。莖細長，帶小花。風味強烈，帶苦味	蒸煮、燜煮。隨橄欖油、蒜、壓碎的粗粒辣椒粉一起煎炒
抱子甘藍 Brussels sprouts	小型甘藍。球體。外形似甘藍菜。直徑約2.5公分。淺綠色。風味強烈	蒸煮、沸煮、煎炒
青江菜 bok choy/Chinese white cabbage	葉球不緊密。莖脆，呈綠色或白色。葉片呈深綠色，柔軟，風味溫和	生食可用於沙拉。翻炒、蒸煮、沸煮
高麗菜 green cabbage	結球甘藍。渾圓、緊實。淺綠或綠色。質地爽脆。風味偏強	蒸煮、燜煮、煎炒。發酵製成德國酸菜及韓國泡菜。生食可用於甘藍菜沙拉或各式沙拉
紫甘藍 red cabbage	結球甘藍。渾圓、緊實。深紫或棕紅色。葉脈呈白色。切開時，切面有大理石紋。質地爽脆。風味偏強	蒸煮、燜煮、煎炒。生食用於甘藍菜沙拉或各式沙拉
大白菜 napa/Chinese cabbage	長型結球甘藍。莖寬，呈白色，尖端為淺綠或綠色。葉片柔軟、多皺摺，風味溫和	蒸煮、燜煮、煎炒。生食可用於甘藍菜沙拉或各式沙拉
皺葉甘藍 savoy cabbage	結球甘藍。渾圓、緊實度中等。葉片呈深綠色，富紋理，多皺摺，風味溫和	生吃。蒸煮、燜煮、煎炒
花椰菜 cauliflower	頭狀花成白色、綠色或紫色。葉片呈綠色。風味偏強	生吃。蒸煮、沸煮、煎炒、烘烤、焙烤。製成法式砂鍋菜
大頭菜 kohlrabi/cabbage turnip	蕪菁形狀的圓形球莖，附莖和葉。白色帶淡紫色調。柔嫩。味微甜	生吃。蒸煮、沸煮、翻炒
羽衣甘藍 kale	深綠色，有些帶紫色調。葉緣有皺摺風味溫和似甘藍	煎炒、沸煮、蒸煮。用於湯品
綠葉甘藍 collard greens	葉片大而圓、扁平，呈綠色。風味似甘藍和羽衣甘藍	蒸煮、煎炒、燜煮。與蹄膀一起沸煮
蕪菁葉 turnip greens	葉片寬而扁平，呈綠色。質地堅韌、粗糙。風味強烈	蒸煮、煎炒、燜煮
芥蘭花菜 broccolini	亮綠色。莖細長，長有少許頭狀花。爽脆。味甜、溫和。風味既像蘆筍又像青花菜	蒸煮、沸煮、煎炒、燒烤
迷你青江菜 baby bok choy/pak choy	小型青江菜。葉呈淺綠色，柔嫩。莖的質地爽脆	燜煮、翻炒、蒸煮。用於湯品

軟皮瓜、黃瓜和茄子

這三種蔬菜都需在成熟前採收，確保果皮薄、果肉細嫩、種籽軟嫩。軟皮瓜和茄子所需的烹調時間短。黃瓜大多直接生吃。

採購時，選擇尺寸較小、緊實、顏色鮮豔、無碰損的軟皮瓜、茄子和黃瓜。這些蔬菜皆需冷藏保存。

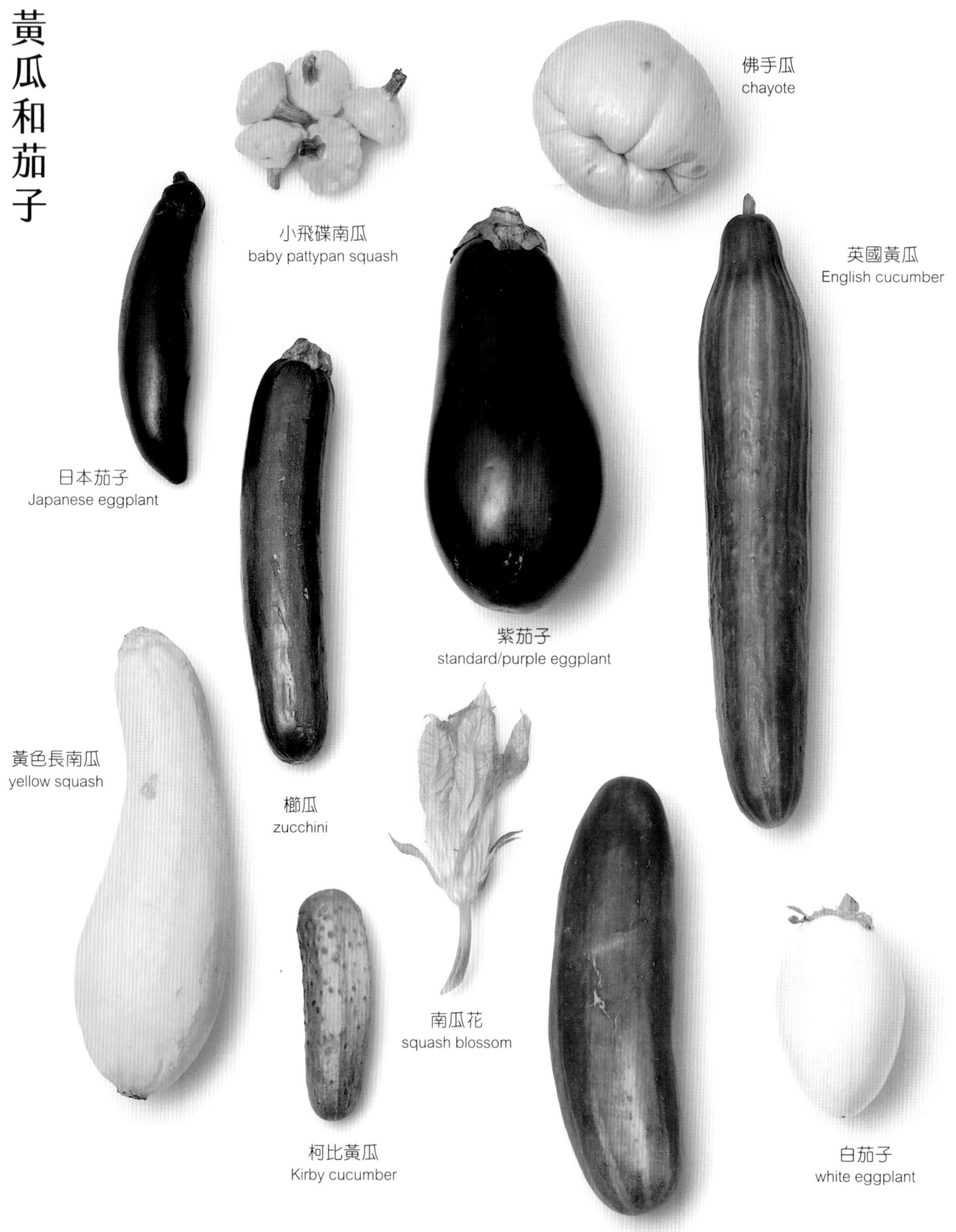

軟皮瓜、黃瓜和茄子

品種	描述	常見烹調用途
軟皮瓜		
飛碟南瓜 pattypan	中小型圓盤狀，邊緣呈波浪狀。瓜皮呈淺綠或黃色，有時有深綠色斑紋。質地軟嫩，風味溫和	蒸煮、煎炒、油炸
佛手瓜 / 合掌瓜 chayote/mirliton	中大型瓜，西洋梨形。淺綠色。底部正中央有數道深褶皺。白色瓜肉包裹一顆種籽。風味溫和	蒸煮、煎炒、翻炒、油炸，或填入填料後以烤爐烘烤
彎頸南瓜 crookneck	細長彎曲的瓜頸連著膨大的瓜體。瓜皮呈黃色，表面可能凹凸不平。瓜肉呈淡黃色，風味細緻	蒸煮、煎炒、油炸
黃色長南瓜 yellow	細長的西洋梨形。黃色瓜皮，奶油色瓜肉。風味溫和	蒸煮、煎炒、油炸、燒烤
櫛瓜 zucchini	細長圓柱體。瓜皮呈綠色，帶黃色或白色斑點。果肉呈綠色調，綿密。風味溫和	蒸煮、煎炒、油炸、燒烤。用於快速法麵包和油炸餡餅
南瓜花 squash blossoms	花瓣柔軟，呈黃橘色。莖為綠色。風味溫和類似南瓜	生食可用於沙拉。填入填料、以烤爐烘烤、油炸。用於義式蛋餅。當作配菜或盤飾
黃瓜		
標準黃瓜 standard/slicing cucumber	細長，寬度往兩端漸減。瓜皮薄，呈綠色，可能帶有淺綠色斑點。瓜肉呈乳白色，多籽。清爽、清脆。風味溫和	醃漬或生吃皆宜。可用於沙拉、酸甜醃菜及不需加熱烹調的醬汁，如印度優格蘸醬
柯比黃瓜 Kirby	比標準黃瓜短，但粗度相仿。瓜皮呈綠色，有時帶有疣。瓜肉呈白色。質地非常爽脆。風味溫和	直接吃。非常適合醃漬
英國黃瓜 English/burpless/ hothouse/seedless	粗細均勻的長圓柱體，表面有數道隆起。瓜皮呈翠綠色。爽脆，無籽。風味溫和	醃漬。用於沙拉。製成蔬菜棒
茄子		
紫茄子 standard/purple	圓形或拉長的西洋梨形。果皮呈紫黑色，具光澤。頂部有綠色花萼。果肉呈米白色，風味鮮甜，可能略帶苦味。茄子越大，苦味通常越明顯	燉煮、燜煮、烘烤、燒烤、油炸。熱門茄子菜餚包括普羅旺斯燉菜、中東茄泥蘸醬和帕爾瑪乳酪焗烤茄子
日本茄子 Japanese	細長圓柱體，有時略微彎曲。外皮呈紫黑色，有紋路，具光澤。頂部有紫色或黑色花萼。茄肉軟嫩，微甜	燉煮、燜煮、烘烤、燒烤、油炸
白茄子 white	長形、圓形或卵形。外皮堅韌，呈乳白色，有時帶紫色調。茄肉緊實、滑順、微苦	燉煮、燜煮、烘烤、燒烤、油炸

硬殼瓜

硬殼瓜也屬葫蘆科。種籽、果皮堅硬厚實。硬殼瓜的厚果皮和橘黃色果肉所需的烹煮時間較軟皮瓜長。

選擇緊實沉重、瓜皮堅硬、無受損的硬殼瓜。此類蔬菜可於陰涼處保存數週，品質不會下降。

硬殼瓜

品種*	描述	常見烹調用途
橡實南瓜 acorn	形狀如橡實，表皮有深脊。瓜皮呈深綠色，通常帶少許橘色。瓜肉呈深橘色，略帶纖維。味甜	以烤爐烘烤、攪打成泥、微滾烹煮。烹調時可刷上一層蜂蜜或楓糖漿。用於湯品
白胡桃瓜 / 奶油瓜 butternut	瘦長的梨形。黃褐色瓜皮。瓜肉呈亮橘色，綿密。味甜	以烤爐烘烤、攪打成泥、微滾烹煮。烹調時可刷上一層蜂蜜或楓糖漿。用於湯品
哈伯南瓜 Hubbard	大型瓜。外皮多疣，呈灰綠、亮橘或藍色。瓜肉呈黃橘色，帶顆粒。微甜	以烤爐烘烤、攪打成泥、微滾烹煮。烹調時可刷上一層蜂蜜或楓糖漿。用於湯品
南瓜 pumpkin	南瓜種類繁多，各有不同用途。常見品種包括：派南瓜（pie pumkin，球體。瓜皮呈亮橘色。莖為綠色）、傑克迷你南瓜（極小型南瓜。瓜皮呈白色或橘色）、乳酪甜瓜（大型瓜。較扁。瓜皮呈米色）。瓜肉綿密。味甜	以烤爐烘烤、攪打成泥、微滾烹煮。烹調時可刷上一層蜂蜜或楓糖漿。用於湯品、派和快速法麵包。南瓜籽稱為 pepitas，可烘烤食用
金線瓜 spaghetti	形狀如西瓜。瓜皮、瓜肉皆呈鮮黃色。煮熟後，瓜肉會散開成絲狀。風味溫和	蒸煮、烘烤
delicata 瓜 / 甜薯瓜 sweet potato squash	長橢圓體。瓜皮呈黃色，帶綠色條紋。瓜肉呈鮮黃色。甜度高	蒸煮、烘烤

*注：很多硬殼瓜只在特定地區販售。前頁圖片包含某些較少見的品種。

萵苣

萵苣有上千個品種，可歸為以下四類：抱合型、包被型、蘿蔓萵苣或葉萵苣。選擇爽脆、無凋萎或碰損的萵苣，並留待出餐前再清洗、切分或撕開菜葉。用浸濕的廚房紙巾稍微覆蓋萵苣，並冷藏保存。

泥土和沙礫容易藏在萵苣葉片之間，因此萵苣和大多數蔬菜一樣，都必須徹底洗淨。萵苣絕對不要長時間浸泡萵苣，洗淨後應充分瀝乾（推薦使用沙拉脫水器）。下頁表格將介紹不同品種的萵苣。

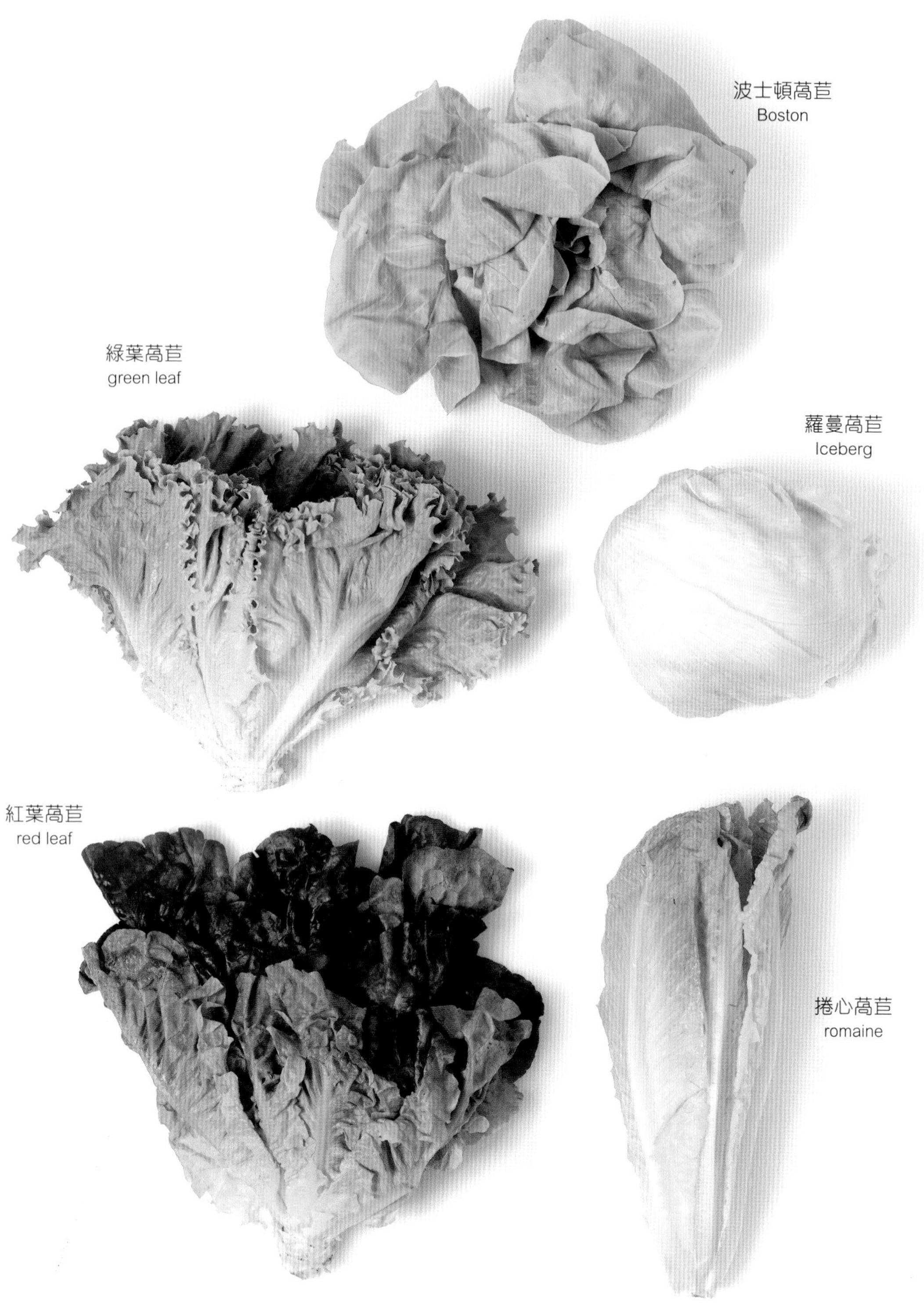

萵苣

品種	描述	常見烹調用途
抱合型		
波士頓萵苣 Boston	結球鬆散。葉片呈翠綠色，鮮嫩柔軟。風味溫和、甘甜、細緻	用於沙拉。燜煮
Bibb 萵苣	結球鬆散。尺寸較波士頓萵苣小。葉片呈翠綠色，鮮嫩柔軟。風味溫和、甘甜、細緻	用於沙拉。燜煮
包被型和蘿蔓萵苣		
捲心萵苣 iceberg	結球緊實。葉片呈淡綠色。風味非常溫和	用於沙拉，可切絲或切角。作為墨西哥料理的配菜或盤飾
蘿蔓萵苣 romaine	長圓柱體。外葉呈深綠色，葉脈明顯，內葉顏色逐層變淺。外葉稍苦，內葉則風味溫和鮮甜	用於沙拉，如凱薩沙拉。燜煮
葉萵苣		
紅葉萵苣 / 綠葉萵苣 red leaf/green leaf	結球鬆散。葉片尖端呈綠色或紅色。葉子柔軟、爽脆。風味溫和。越成熟的萵苣，風味越苦	用於沙拉。在亞洲料理中用於蔬菜捲
橡葉萵苣 oak leaf	結球鬆散。葉緣呈波浪狀。葉子柔軟、爽脆。帶有堅果風味	用於沙拉

苦味生菜

苦味生菜質地軟嫩，可加入沙拉生吃，也可以煎炒、蒸煮、燒烤或燜煮。苦味生菜包含許多品種，例如多葉的綠色芝麻菜及深紅色的球形紫葉菊苣。苦味生菜的挑選標準和處理方式類似萵苣。下頁表格將介紹不同品種的苦味生菜。

苦味生菜

品種	描述	常見烹調用途
芝麻菜 / 火箭菜 arugula/rocket	葉片軟嫩，葉緣呈圓滑鋸齒狀。翠綠色。帶胡椒味	用於沙拉、青醬、湯品。煎炒
比利時苦苣 Belgian endive	結球緊實，呈長橢圓體。葉片呈白色，爽脆，尖端則為黃綠色或紅色。微苦	用於沙拉。燒烤、烘烤、燜煮
捲鬚苦苣 frisée	白色葉片薄而捲曲，尖端呈黃綠色。微苦	用於沙拉，如以多種萵苣製成的綜合生菜
闊葉苣菜 escarole	結球萵苣。葉片呈綠色，葉緣不規則，呈波浪狀。微苦	用於沙拉和湯品。燜煮、燉煮
萵苣纈草 / 羊萵苣 mâche/lamb's lettuce	鬆散束狀。葉片呈深綠色，薄而圓。柔嫩細緻。味甜	用於沙拉。蒸煮
紫葉菊苣 radicchio	球體或橢圓體的結球萵苣。緊實。葉片呈深紅色或紫色。葉脈為白色。味苦	用於沙拉。燒烤、煎炒、以烤爐烘烤、燜煮
水田芥 watercress	深綠色的小葉呈波浪狀，爽脆。風味辛辣，似芥末或胡椒	用於沙拉、三明治和湯品。當作配菜或盤飾

烹調用青蔬

某些蔬菜的葉片可以食用，但富含纖維，需煎炒、蒸煮或燜煮後才能食用。烹調用青蔬的挑選標準和烹煮方式類似萵苣和苦味沙拉。下頁表格將介紹不同品種的烹調用青蔬。羽衣甘藍、綠葉甘藍和蕪菁葉的相關資訊，請見149頁甘藍類蔬菜表格。

烹調用青蔬

品種	描述	常見烹調用途
甜菜葉 beet greens	葉片平坦，呈深綠色。葉脈呈紅色。風味溫和，帶土質風味	蒸煮、煎炒、燜煮
蒲公英葉 dandelion greens	葉片窄，呈翠綠色，邊緣鋸齒狀。柔嫩，爽脆。微苦	用於沙拉。蒸煮、煎炒、燜煮
芥菜葉 mustard greens	葉片窄，呈深綠色波浪狀。爽脆。味辛辣，似胡椒、芥末。市售芥菜葉亦有冷凍和罐裝	蒸煮、煎炒、微滾烹煮、燜煮
菠菜 spinach	某些品種葉緣平滑，某些則有深缺裂。葉片呈深綠色。風味溫和。市面上亦有販售冷凍菠菜	用於沙拉和三明治。蒸煮、煎炒、燜煮
莙薘菜 Swiss chard	葉緣有皺摺和缺裂。葉片呈深綠色，質地柔嫩。莖爽脆。莖和葉脈呈白色、黃色或紅色。風味溫和	用於湯品。蒸煮、煎炒、燜煮。莖和葉皆可食用

主廚筆記：烹調用青蔬

烹調用青蔬富含纖維、鐵、鈣和植物性化學物質，例如維他命 C、維他命 A 和葉酸，故又稱為「鍋中藥草」（pot herbs）。這些蔬菜營養豐富，經常被認為是「超級食物」。大多數烹調用青蔬適宜生長於涼爽氣候，因此成為生長季較短地區的理想栽種選擇。這些綠色蔬菜在任何生長階段皆可以食用。較鮮嫩的青蔬只需稍微加熱便可食用，也可以生吃。

選擇新鮮且飽含汁液的蔬菜。綠色的莖葉顏色飽和，無乾枯、泛黃或凋萎。將綠色蔬菜放入有孔塑膠袋保存，或用棉布包好放入冰箱。

菇蕈

菇蕈是真菌，有上千個品種。白蘑菇、波特貝羅大香菇、棕蘑菇、香菇和蠔菇等常見的人工栽培菇蕈可在市面輕易購得。野生菇蕈以濃厚的土質風味而備受珍視，常見品種包括牛肝菌、雞油菌、羊肚菌和松露。許多野生菇蕈都有毒，若餐廳使用野生菇蕈烹製菜餚，務必確認供應商足堪信賴。某些品種的菇蕈亦有罐裝、冷凍及乾燥包裝。

選擇緊實、無瑕疵或碰損的菇蕈。挑選白蘑菇或棕蘑菇時，選擇蕈蓋收緊的，菌褶散開表示蘑菇過老。然而，菌褶散開的波特貝羅大香菇（即成熟的大型棕蘑菇）風味才濃厚。整顆烹煮的菇蕈大小應一致，以利均勻加熱。

將菇蕈平鋪成一層，以浸濕的廚房紙巾覆蓋，冷藏保存。使用時，以濕潤的廚房紙巾擦拭乾淨，或以冷水快速沖洗，立刻瀝乾。菇蕈避免浸泡，否則會像海綿一樣吸水，變得軟爛。下頁表格將介紹不同品種的菇蕈。

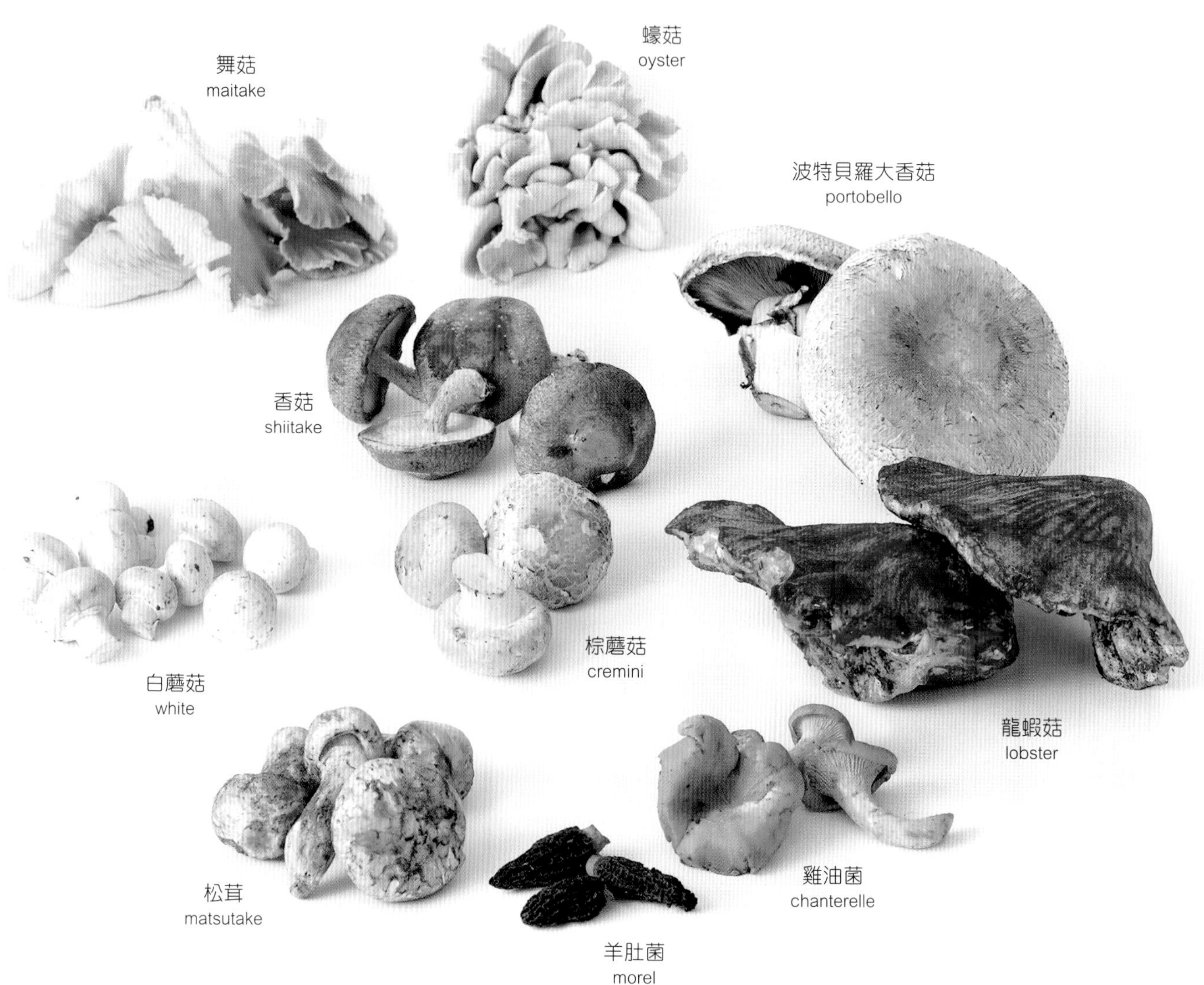

菇蕈

品種	描述	常見烹調用途
白蘑菇 white	白色或淺黃褐色。圓形蕈蓋，直徑1.3-7.6公分。鈕扣菇為此品種尺寸最小的蘑菇。質地緊實。風味溫和，帶木質風味	生吃或煮熟後食用。醃漬。用於醬汁、湯品、燉煮菜餚。填入填料後，以烤爐烘烤
牛肝菌 cèpe/porcini	淡褐色。直徑2.5-25.4公分。多肉。質地滑順。風味強烈。市面上亦有販售乾燥牛肝菌	生吃或煮熟後食用。醃漬。用於醬汁、湯品、燉煮菜餚
雞油菌 chanterelle	金黃色或杏桃色。喇叭形。有嚼勁，帶堅果風味	生吃或煮熟後食用。醃漬。用於醬汁、湯品、燉煮菜餚
棕蘑菇 cremini	深褐色。圓形蕈蓋，直徑1.3-5.1公分。質地緊實	生吃或煮熟後食用。用於醬汁
金針菇 enoki	白色或淺黃褐色。莖細長。鬆脆。風味溫和，帶水果味	生吃或煮熟後食用。用於沙拉及湯品。當作配菜或盤飾
龍蝦菇 lobster	大型真菌。呈斑駁的深紅色。質地緊實，風味似肉	煎炒。用於醬汁
羊肚菌 morel	淺棕或非常深的褐色。圓錐體。空心蕈蓋。高5.1-10.2公分。質地緊實，但表面呈海綿狀。帶土質風味。市面上亦有販售乾燥羊肚菌	煎炒。用於醬汁及沙拉
波特貝羅大香菇 portobello	蕈蓋平攤，呈深褐色，直徑7.6-15.2公分。質地緊實、多肉。風味強烈	煎炒、燒烤。用於三明治和沙拉
蠔菇 oyster	乳白色或銀灰色。扇形。叢生。質地嬌嫩。生吃時有胡椒的辛辣味，煮熟後風味溫和	煎炒、炙烤
香菇 shiitake	淺褐色或褐色。直徑7.6-15.2公分。多肉。帶土質風味。市面上亦有販售乾香菇	煎炒、炙烤、燒烤。莖可用於高湯
松露 truffle	黑色或灰白色。形狀不規則，有皺摺。香氣濃郁，帶土質風味和蒜香。市售松露製品包括罐裝松露、冷凍松露及松露風味油	生松露可撒在義式麵食上。用於醬汁和義式燉飯
松茸 matsutake	深褐色。質地緊實、多肉。香氣濃郁，帶堅果風味	燜煮、燒烤、蒸煮、油炸
舞菇 maitake/hen-of-thewoods	灰褐色。扇形蕈蓋彼此重疊，緊密叢生。菌柄呈白色。有嚼勁，風味深厚	煎炒

蔥類

蔥類是廚房裡的重要食材。可依使用時的狀態分為乾燥蔥類和綠色（新鮮）蔥類。綠色蔥類包括青蔥、韭蔥和野生韭蔥。乾燥蔥類則依尺寸和顏色分類，小至珍珠洋蔥，大至西班牙洋蔥，顏色則涵蓋白色、黃色及紅色。

蒜頭、紅蔥、綠色及乾燥蔥類的風味、香氣辛辣。在最基本的芳香食材組合「調味蔬菜」中，乾燥蔥類就占了一半。至於綠色蔥類，無論生食（如紅蔥）或熟食（如韭蔥），都帶有蔥類獨特的淡淡甜香。紅蔥和蒜也是許多菜餚重要的風味來源。

挑選乾燥蔥類、蒜頭和紅蔥時，選擇緊實、裹覆緊密、乾燥，且表皮薄如紙的。

品質好的綠色蔥類顏色翠綠，根部則為白色。質地爽脆，無凋萎。乾燥蔥類、紅蔥和蒜應保存在購買時所附的袋子或盒子裡，並置於廚房相對陰涼乾燥的區域。綠色蔥類應冷藏保存，使用前需徹底洗淨（韭蔥葉片交疊，容易沾附砂礫）。

細香蔥也屬蔥類，但常當作新鮮香料植物使用。下頁表格將介紹不同品種的蔥類。

蔥類

品種	描述	常見烹調用途
乾燥蔥類		
珍珠洋蔥 pearl/creamer	小型蔥，橢圓體，直徑約 1.9 公分。呈白色或紅色。風味溫和	沸煮、醃漬、鹵水醃漬。當作飲品的裝飾配菜。用於燉煮和燜煮菜餚
鮮煮小洋蔥 boiling	小型蔥，球體，直徑約 2.5 公分。外皮呈白色或黃色。風味溫和	用於燉煮菜餚和湯品。醃漬
cipollini 小洋蔥	小型蔥，扁平球體。外皮呈黃色，乾薄如紙。微甜。市面上亦有販售油漬 cipollini 小洋蔥	烘烤、燒烤。用於法式砂鍋菜
地球洋蔥 globe	中型蔥，球體，直徑 2.5-10.2 公分。呈白色、黃色或紅色。辛辣	用於燉煮菜餚、湯品、醬汁及調味蔬菜
西班牙洋蔥 Spanish/jumbo	大型蔥，球體，直徑至少 7.6 公分，若超過 8.9 公分，則為 colossal。呈黃色、紅色或白色。風味溫和	高湯、湯品、醬汁、燜煮和燉煮菜餚的芳香食材。用於調味蔬菜
甜洋蔥 sweet	大型蔥，可能偏扁。呈白色或黃色。味甜。常見品種包括 Walla Walla、Vidalia 和 Maui	生食可用於沙拉。燒烤、煎炒，以及油炸
蒜頭 garlic	小形鱗莖，直徑 5.1-7.6 公分。蒜外皮乾薄如紙，呈白色，或帶紅紋，包覆數粒長 1.3-2.5 公分的蒜瓣。每粒蒜瓣又由如紙的表皮包覆。風味辛辣強烈。象蒜的風味較溫和，尺寸可能大如小型葡萄柚。市面上亦有販售綠色的蒜苗，風味溫和，用途似青蔥	高湯、湯品、醬汁、燜煮和燉煮菜餚的芳香食材。烘烤後攪打成泥
紅蔥 / 蝦夷蔥 shallots	小型蔥，長 2.5-5.1 公分。由數個紅蔥瓣結成一球。外皮呈淡褐色，乾薄如紙。肉白中帶紫。風味溫和	當作湯品、醬汁、燜煮和燉煮菜餚的芳香食材。油炸後作為盤飾
綠色蔥類		
韭蔥 leeks	圓柱體，長而厚實。葉片扁平。莖的末端為白色，朝頂端逐漸變綠。軟嫩。帶有淡淡的洋蔥風味	高湯、湯品、醬汁、燜煮和燉煮菜餚的芳香食材。用於白色調味蔬菜。煎炒、燒烤、蒸煮、燜煮。油炸後作為盤飾
野生韭蔥 ramps/wild leeks	圓柱體，細長。葉片扁平。莖的末端為帶紫的白色，朝頂端逐漸變綠。帶有蒜頭風味。具季節性	高湯、湯品、醬汁、燜煮和燉煮菜餚的芳香食材。煎炒、燒烤、蒸煮、燜煮、醃漬。油炸後作為盤飾
蔥 / 青蔥 green onions/ scallions	圓柱體，細長。葉片呈圓筒狀。莖呈白色，往頂端逐漸變綠。風味溫和，帶青草及洋蔥風味	翻炒料理的芳香食材。生食可用於沙拉。當作盤飾

椒類

大致分成兩類：甜椒和辣椒。甜椒因其外形有時又稱為燈籠椒，有各種顏色，但風味類似，唯紅椒及黃椒偏甜。

辣椒是許多料理的重要食材。市售辣椒尺寸、顏色和辣度不一。辣椒素是辣椒辣味的源頭，主要來自辣椒內部白色的胎座。一般而言，越小的辣椒越辣。

處理辣椒時，務必戴手套，砧板和刀具要洗過，避免接觸眼睛等敏感部位。

市售辣椒包含新鮮、罐裝、乾燥（整根、粗粒、粉狀）以及煙燻辣椒。一般來說，辣椒經乾燥、煙燻處理後，會有不同名字（如：煙燻哈拉佩諾辣椒稱為 chipotle）。

挑選甜椒與辣椒時，選擇緊實、沉重、表皮緊緻、富光澤且無皺褶者，椒肉應則應厚實、爽脆。

椒類

品種	描述	常見烹調用途
甜椒 sweet peppers	燈籠形，長7.6-12.7公分，寬5.1-10.2公分。呈綠、紅、黃、紫等顏色。椒肉爽脆，多汁。風味溫和甘甜。市售烤甜椒有罐裝及瓶裝兩種	用於沙拉。生吃。煎炒、燒烤、烘烤。填入填料後以烤爐烘烤
辣椒／辣味椒類（依辛辣程度排序，從溫和到辛辣）		
阿納海辣椒 / 加州辣椒 Anaheim/California	錐體，細長。一般呈綠色，紅色品種則稱為科羅拉多辣椒（Colorado）。風味溫和甘甜。市面上亦有販售乾燥阿納海辣椒	用於莎莎醬。填入填料
poblano 椒	大型錐體，扁平，長10.2-12.7公分，寬約7.6公分。黑綠色。風味溫和。市面上亦有販售乾燥 poblano 椒，稱為 ancho 辣椒或 mulato 辣椒	通常會填入填料，製成墨西哥油炸辣椒鑲肉。用於湯品和燉煮菜餚
弗雷斯諾辣椒 Fresno	中小型錐體，長5.1-7.6公分。深綠色或紅色。辣度溫和至中等	用於飯類料理、沙拉、醬汁、莎莎醬和湯品
哈拉佩諾辣椒 jalapeño	中小型錐體，長約5.1公分，寬約1.9公分。深綠色或紅色。辣度高或極高。罐裝或瓶裝販售。煙燻後乾燥的哈拉佩諾辣椒稱為 chipotle 辣椒。	用於飯類料理、沙拉、醬汁、莎莎醬、湯品、燉煮菜餚、酸甜醃菜。填入填料
塞拉諾辣椒 serrano	小型辣椒，細瘦，長約3.8公分。深綠色或紅色。辣度極高。市面上亦可購得罐裝油漬或醃漬塞拉諾辣椒。乾燥塞拉諾辣椒（整根或粉狀）稱為 chile seco	用於醬汁、莎莎醬
泰國辣椒 Thai	小型辣椒，細瘦，長約2.5公分，寬約0.6公分。綠色或紅色。辣度極高。市面上亦可購得乾燥泰國辣椒，稱為泰國鳥眼辣椒	用於醬汁、翻炒菜餚。當作配菜或盤飾
哈瓦那辣椒 habanero	小型辣椒，燈籠形。外皮呈淡綠色或橙色。辣度極高。類似品種為蘇格蘭圓帽辣椒。市面上亦有販售乾燥哈瓦那辣椒	用於醬汁、肉類抹料。製成瓶裝調味料
Manzana 辣椒	小型辣椒，蘋果形，長3.8-5.1公分。紅色、黃色或綠色。黑色種籽包在莢中，與椒肉分離。辣度似哈瓦那辣椒	用於醬汁、肉類抹料。製成瓶裝調味料

莢果與種籽

此類別包括新鮮豆科植物（豌豆、菜豆及豆芽）、玉米及秋葵。這類蔬菜全應趁新鮮食用，風味最甜，口感最柔嫩。這類食材（尤其是豌豆及玉米）最好向在地農人購買，縮短從採收到食用的時間。

某些豆類的莢果只要鮮嫩飽滿，便可食用，如甜豌豆、荷蘭豆、四季豆和黃莢菜豆。然而，某些豆類的豆莢不可食用，應去除再烹煮，如皇帝豆、紅花菜豆和黑眼豆等。選購此類蔬菜時，挑選質地爽脆、色澤鮮豔、無褪色者。市面上亦有販售乾燥豌豆、菜豆及玉米，見第10章說明。

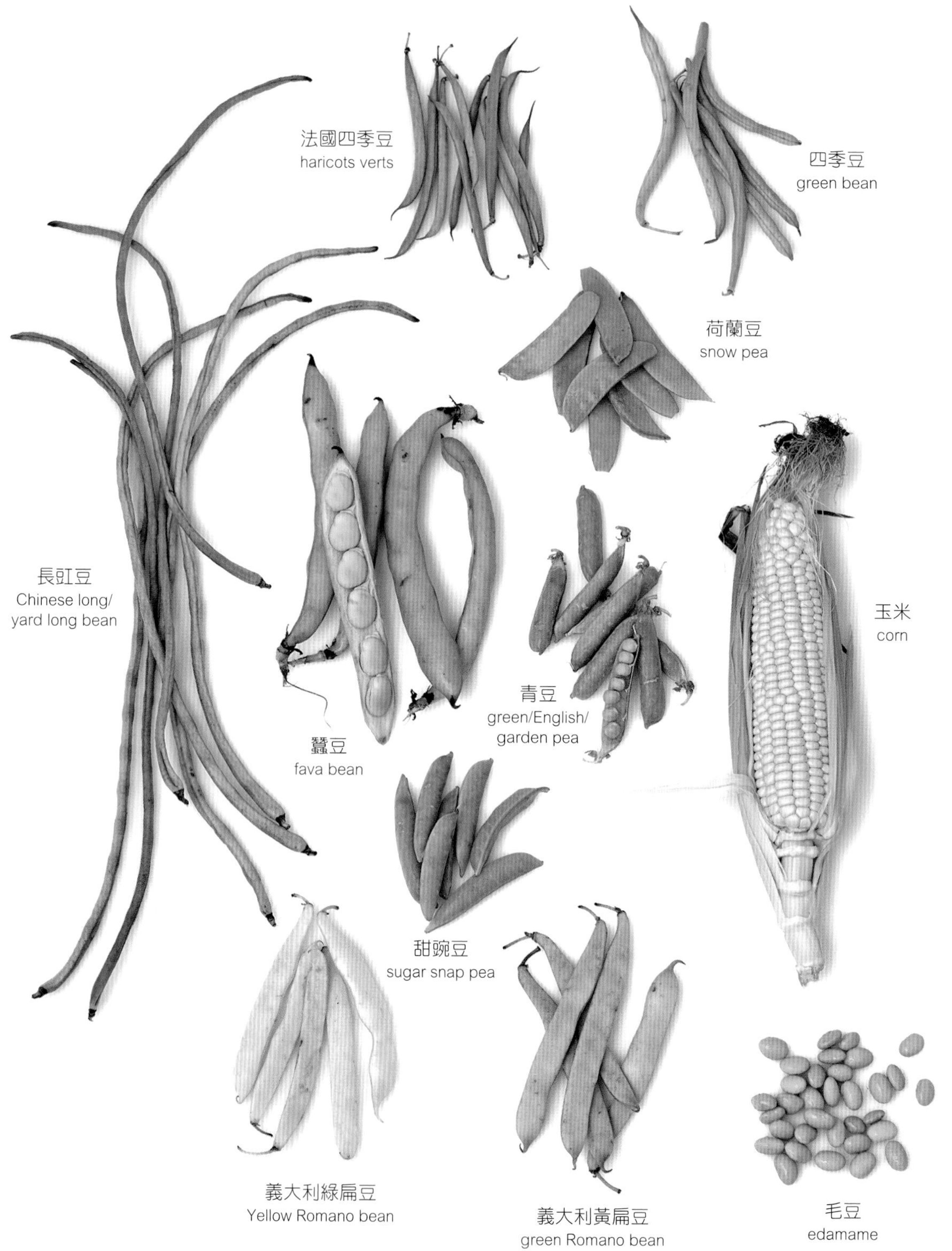

莢果與種籽

品種	描述	常見烹調用途
玉米 corn	苞葉乾薄如紙，包裹絲狀玉米鬚和粗長的穗軸。穗軸上長滿黃白色玉米粒。多汁，味甜。市面上亦有販售罐裝及冷凍玉米粒	沸煮、蒸煮、燒烤。玉米粒常用於湯品，製成奶油玉米、豆煮玉米（succotash）及其他配菜
菜豆屬		
四季豆 green bean	豆莢細長且薄，可食用，內有小種籽。暗綠色。有多個品種，包括淡黃色豆莢的黃莢菜豆、紫色豆莢的 Burgundy 豆（煮熟後會變成綠色）。通常以罐裝和冷凍形式販售	沸煮、蒸煮、煎炒、烘烤
法國四季豆 Haricots verts/French green bean	豆莢非常細長，可食用，內有小種籽。暗綠色。豆莢柔軟如絲絨	沸煮、蒸煮、煎炒、烘烤
義大利扁豆 Romano bean	豆莢寬扁，可食用。暗綠色。風味比四季豆鮮明	沸煮、蒸煮、煎炒、烘烤
長豇豆 Chinese long bean / yard-long bean	暗綠色。豆莢柔軟如絲絨。厚約0.6公分，長45.7-91.4公分。可食的豆莢內有小種籽。富彈性	煎炒、翻炒
皇帝豆 lima bean	豆莢大且長，不可食用。豆仁大而飽滿，呈腎形。豆莢為綠色，豆仁為淺綠色。美國南方稱之為奶油豆（butter beans）。市面上亦有販售冷凍、罐裝及乾燥皇帝豆	沸煮後煎炒。攪打成泥。可製成冷食或熱食。用於豆煮玉米
蠶豆 fava bean	豆莢大且長，不可食用，呈綠色。豆子大而扁平，呈腎形。必須剝去淺綠色堅硬外皮，才會看到淺綠色的豆仁。市面上亦有販售乾燥蠶豆	沸煮後煎炒。攪打成泥。可製成冷食或熱食
蔓越莓豆 cranberry bean	大型豆莢呈淺黃褐色，帶紅斑，不可食用。豆仁呈米白色，帶紅斑及堅果風味。通常以乾燥形式販售	沸煮後煎炒。攪打成泥。可製成冷食或熱食。用於湯品
毛豆 edamame/ green soybean	豆莢呈綠色，表面布滿絨毛，不可食用。長2.5-5.1公分。豆莢內有綠色豆仁。味甜	沸煮後蒸煮。當作點心或開胃菜
豌豆類		
青豆 green pea/English pea/garden pea	豆莢呈綠色，飽滿圓潤，朝兩端縮窄，不可食用。豆仁小而圓，有光澤，呈淡綠色，味甜	蒸煮、燉煮。青豆泥可用於湯品。有時可冷藏
荷蘭豆 snow pea	豆莢薄且扁平，呈綠色，可食用，內含小粒種籽。爽脆。味甜	蒸煮、翻炒、生吃
甜豌豆 sugar snap pea	豆莢飽滿，呈深綠色，可食用。內含小粒豆仁。鬆脆。味甜	蒸煮、翻炒、生吃

根菜類

根是植物儲存養分的地方，富含糖分、澱粉、維生素和礦物質。根部的主要功能在於運輸養分及水分至植物頂端。甜菜、胡蘿蔔與蕪菁等植物的葉片或葉柄直接與根部相連。根菜類保存時不需削皮，妥善放置於乾燥處即可。

購買時若仍帶有葉片，應選擇葉片外觀健康新鮮的，並於購買後儘速切除。只要妥善保存，大多數根菜類可維持良好品質達數週之久。

蕪菁甘藍
rutabaga

芹菜根
celery root

黑皮波羅門參
salsify

白蕪菁
white turnips

迷你黃金甜菜
baby gold beets

白蘿蔔
daikon

大型黃金甜菜
large gold beet

辣根
horseradish

根菜類

品種	描述	常見烹調用途
胡蘿蔔 carrot	細長錐體，呈橘色、黃色或紫色。頂部常有羽毛狀綠葉。鮮脆，味甜。市面上亦有販售迷你胡蘿蔔	製成調味蔬菜。沸煮、蒸煮、煎炒、烘烤，或塗上蜜汁烹煮。生食可用於沙拉及蔬菜棒拼盤
芹菜根 celery root	球體。表面凹凸不平，呈淺褐色。肉為白色	沸煮、烘烤。用於湯品和燉煮菜餚。製成法式砂鍋菜
蓮藕 lotus root	圓柱體，表面有細長隆起。長15.2-20.3公分。外皮呈紅褐色。藕肉呈白色，有許多大型洞孔	沸煮、以奶油烹煮。用於湯品
千年芋（黃體芋） malanga	酒桶狀。外皮粗糙呈褐色。芋肉呈白色，含大量澱粉	沸煮、以奶油烹調。用於湯品和燉煮菜餚
歐洲防風草 parsnip	胡蘿蔔狀。外皮呈白色，帶褐色斑點。肉呈白色，質地綿密。味甜	用於白色調味蔬菜。沸煮、蒸煮、煎炒、烘烤
黑皮波羅門參 / 西洋牛蒡 salsify/ oyster plant	細長棒狀。表皮呈黑色，無光澤。肉呈白色。帶有淡淡的牡蠣味	替翻炒菜餚、湯品和醬汁的增添風味
蕪菁 turnip	球體。外皮呈紫色或白色。肉呈白色。風味強烈	蒸煮、沸煮、煎炒。用於湯品。生食可用於沙拉
紫頂蕪菁 / 白蕪菁 purple-topped/ white turnip	球體。直徑2.5-10.2公分。外皮呈白色，頂部為紫色。蕪菁肉亦呈白色。味甜而溫和	蒸煮、沸煮、烘烤、油炸。常見於加勒比海料理
蕪菁甘藍 rutabaga/yellow turnip	大型根菜類。球體。直徑7.6-12.7公分。外皮與肉皆呈黃色。緊實。味甜	蒸煮、沸煮、壓泥、攪打成泥。常見於加勒比海、拉丁美洲和非洲料理
蘿蔔 radishes	球體。外皮呈紅色。肉呈白色。爽脆。風味辛辣	沸煮、以奶油烹煮。用於湯品。生食可用於沙拉，製成蔬菜棒
甜菜 standard beet	中小型根菜類。球體或橢圓體。表皮呈紅色、粉紅色、紫色、白色、金色或帶條紋。頂部多葉，呈綠色。市面上亦有販售袋裝無葉甜菜。風味甘甜，帶土質風味	沸煮、烘烤、醃漬，或塗上蜜汁烹調。用於沙拉、湯品（羅宋湯）。可製成熱食或冷食
白蘿蔔（大根） daikon	胡蘿蔔狀。長可達38.1公分，寬可達7.6公分。外皮及肉皆呈白色。爽脆多汁。風味溫和	生食可用於沙拉。醃漬、燒烤、以烤爐烘烤、沸煮、以奶油烹煮。用於湯品和燉煮菜餚

塊莖和地下莖

包含各式蔬菜，如菊芋、豆薯，及整個馬鈴薯家族。根菜類植物的根直接與植物本體相連，但塊莖和地下莖類植物則是透過地下莖連接根部系統。塊莖的功用是儲存養分及水分，使植物得以繁殖。

採購時，選擇緊實、尺寸適中、形狀完好的塊莖或地下莖。為了保持品質，塊莖不需削皮，放置於乾燥通風處保存，避開高溫或光線直射的地方。若保存環境過熱或過於潮濕，塊莖會發芽並起皺。

甘藷及馬鈴薯塊莖因烹調方式類似而放在同一節討論，不過兩者在植物學上並非同類。馬鈴薯可用不同手法烹煮，千變萬化，但每種煮法都有最適合的品種。馬鈴薯可依澱粉含量初步分類，再依尺寸（A、B、C）和顏色（白、紅、黃、紫）進一步分類。A尺寸馬鈴薯直徑約4.8-5.7公分，B尺寸約3.8-5.7公分，C尺寸則小於3.2公分。新馬鈴薯是剛收成的小型馬鈴薯，皮通常較薄，顏色不拘。多數C尺寸馬鈴薯在市面銷售時稱為迷你馬鈴薯（creamer potato）。

紅皮馬鈴薯
red potatoes

紅皮迷你馬鈴薯
red creamers

育空黃金馬鈴薯
Yukon Gold

紫色馬鈴薯
purple potatoes

手指馬鈴薯
fingerlings

A尺寸黃肉馬鈴薯
yellow A potatoes

B尺寸黃肉馬鈴薯
yellow B potatoes

迷你黃肉馬鈴薯
yellow creamers

赤褐馬鈴薯
russet potato/baking/Idaho

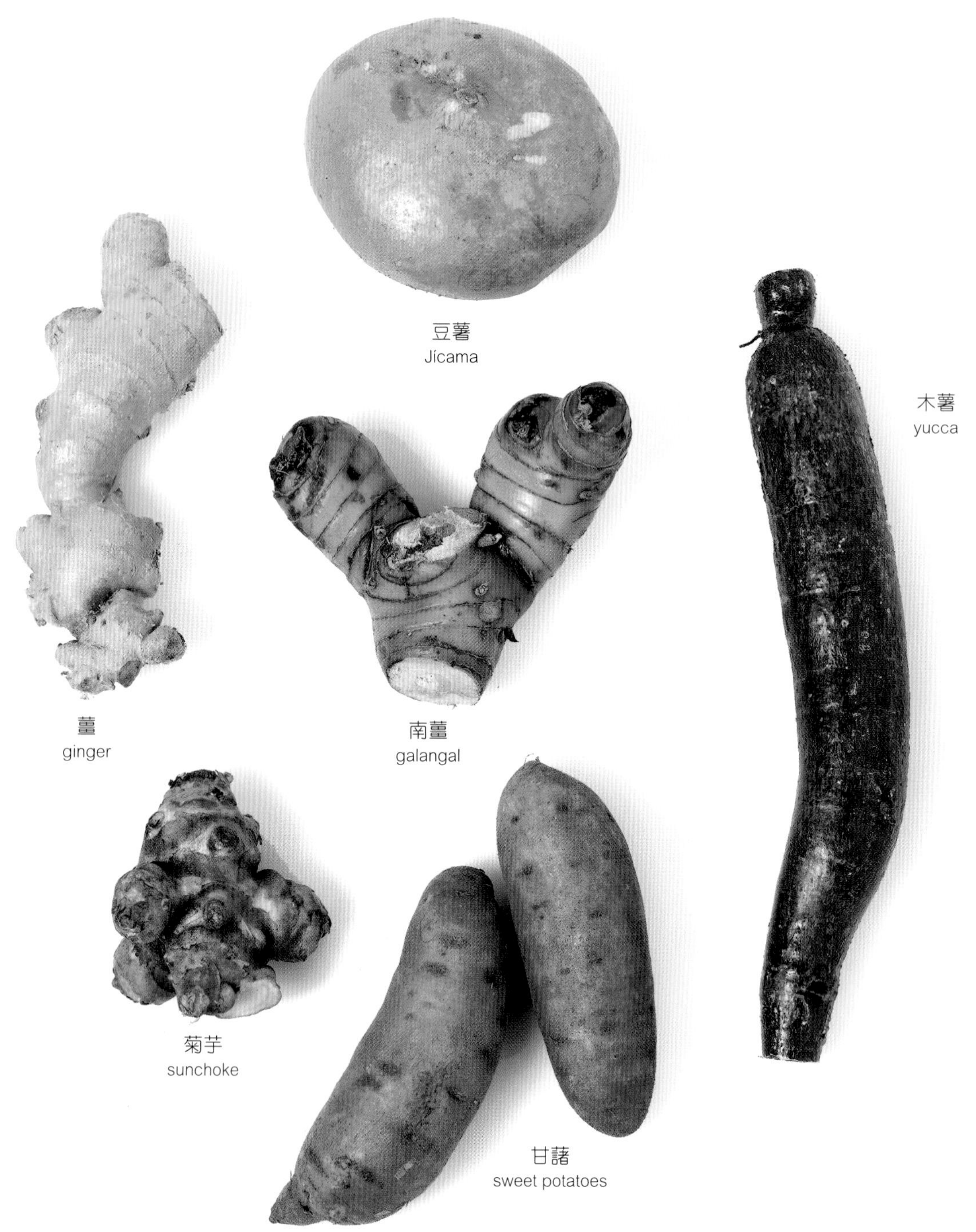
豆薯
Jícama
木薯
yucca
薑
ginger
南薑
galangal
菊芋
sunchoke
甘藷
sweet potatoes

塊莖和地下莖類

品種	描述	常見烹調用途
木薯（樹薯） cassava/yucca/manioc	長15.2-30.5公分，直徑5.1-7.6公分。外皮呈深褐色，帶蠟質。肉呈白色。味甜。市售木薯產品包括乾燥木薯、木薯粉及各種大小的粉圓	翻炒菜餚、湯品、醬汁、甜點（粉圓）。注意苦木薯必須確實煮熟才能食用，否則有毒
薑 ginger	地下莖，多節、粗糙。外皮呈淺褐色。肉呈黃白色。多纖維、多汁。辛辣中帶有淡淡甘甜。市面上亦有販售乾燥薑、薑粉、糖漬、醃漬薑及瓶裝薑汁	替翻炒菜餚、湯品、醬汁、甜點和飲品（薑茶、薑汁汽水）增添風味。糖漬、醃漬
南薑 galangal	似薑。薑肉顏色較淺。胡椒味重，辣度高	替翻炒菜餚、湯品、醬汁增添風味
豆薯 jícama	大型球體。外皮呈褐色，肉呈白色。爽脆。風味溫和、甘甜	蒸煮、沸煮、煎炒（口感仍鬆脆）。生食可用於沙拉，或製成涼拌小菜和蔬菜棒
菊芋 sunchoke/jerusalem artichoke	外觀似薑，但一顆就是一個節。外皮呈褐色。肉呈白色。爽脆。味甜，帶堅果味。	蒸煮、沸煮、煎炒、烘烤。用於湯品。生食可用於沙拉
boniato 甘藷	大型橢圓體。長度可達30.5公分。外皮呈紅褐色，肉呈白色。風味溫和，味甜如栗子	蒸煮、沸煮、烘烤、油炸、攪打成泥
馬鈴薯		
主廚馬鈴薯 chef	球體。直徑6.4-8.9公分，長7.6-10.2公分。外皮淺黃褐色。肉米白色，緊實。汁液和澱粉含量中等。平滑，芽眼淺	沸煮。製成馬鈴薯沙拉
赤褐馬鈴薯 russet	橢圓體。長約12.7公分，直徑約7.6公分。外皮呈褐色，粗糙。肉呈白色。水分少，澱粉含量高。鬆軟	以烤爐烘烤、油炸、壓泥、攪打成泥
紅皮馬鈴薯 red	球體。外皮呈紅色。肉呈米白色。祖傳原生種為Huckleberry，肉呈紅色	沸煮、烘烤。製成馬鈴薯沙拉
黃肉馬鈴薯 yellow	球體。外皮呈偏黃的淺褐色。肉呈金黃奶油色。祖傳原生種為育空黃金馬鈴薯及 Yellow Finn	以烤爐烘烤、攪打成泥。用於法式砂鍋菜。製成沙拉
白肉馬鈴薯 white	大型球體。外皮呈黃褐色。肉呈白色	以烤爐烘烤、攪打成泥。用於法式砂鍋菜。製成沙拉
紫色馬鈴薯 purple	小型球體。外皮呈深紫色。肉呈米白色或紫色。祖傳原生種為 Peruvian Purple	製成沙拉、薯塊等料理，展現特殊顏色和風味
手指馬鈴薯 fingerling	細小，手指長度。表皮呈黃褐色或紅色。肉呈米白色或黃色。祖傳原生種為 Russian Banana 和 La Ratte 馬鈴薯	沸煮、烘烤
甘藷 sweet potato/yam	長形，朝兩端逐漸收窄。表皮呈黃褐、淺橘、深橘或深紅。肉呈米白或深橘。緊實、含水量高。甜度高	烘烤、沸煮、攪打成泥。用於法式砂鍋菜、湯品、派

嫩芽與嫩莖

此類植物的芽或莖可以食用，如：朝鮮薊（屬菊科）、蘆筍、芹菜、茴香和蕨類嫩芽（蕨類植物生長周期的一個階段）。採購時，選擇緊實、多肉且飽滿的嫩莖，沒有褐化或凋萎的跡象。這類蔬菜應冷藏保存，烹煮前再洗淨。

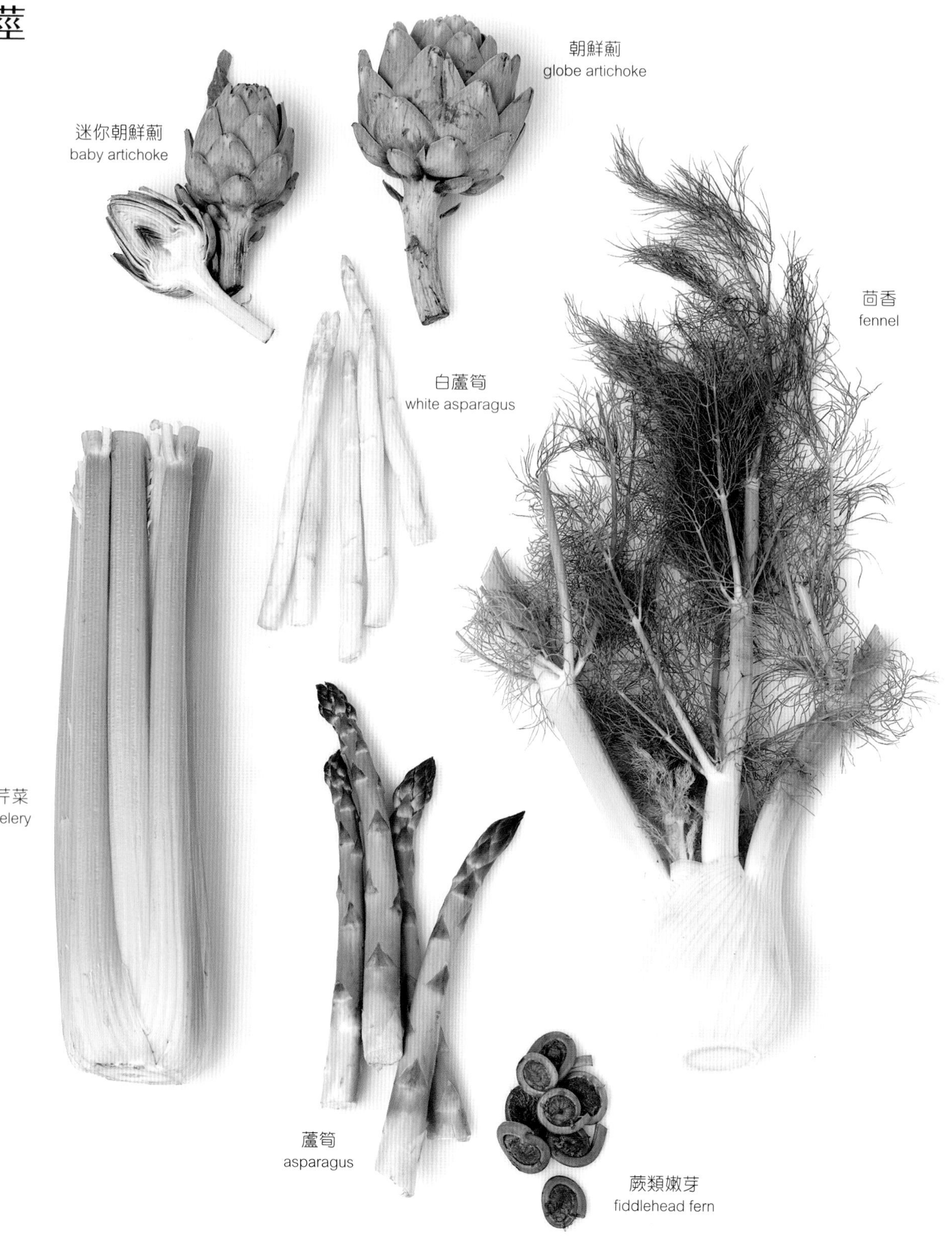

嫩芽與嫩莖

品種	描述	常見烹調用途
蘆筍 asparagus	莖細長，呈白色、紫色或綠色（尖端帶紫色調）。通常越細的蘆筍越鮮嫩	蒸煮、煎炒、烘烤、燒烤。用於湯品、義式燉飯
茴香 fennel	鱗莖植物。呈非常淡的綠色。有莖和翠綠色複葉。鮮脆，風味似茴芹	生食可用於沙拉。煎炒、汆燙、烘烤。複葉可用於沙拉。作為盤飾或配菜
蕨類嫩芽 fiddlehead fern	小巧且緊密纏繞的螺旋。呈深綠色。有嚼勁。風味似蘆筍	生食可用於沙拉。煎炒、蒸煮、沸煮
芹菜 celery	莖長，頂端有葉片。數根莖結成一束。呈淺綠色。鮮脆。風味溫和且獨特	製成調味蔬菜。生食可用於沙拉、湯品或燜煮菜餚。葉片可用於沙拉，作為盤飾或配菜
朝鮮薊 artichokes	從迷你（baby）到巨型（jumbo）皆有。外葉堅硬，呈綠色。中心部位軟嫩、綿密。味甜。市售朝鮮薊心有罐裝、油漬及冷凍包裝	巨型朝鮮薊：填入填料或蒸煮。迷你朝鮮薊：煎炒、油炸、烘烤、醃漬、整顆烹煮

番茄

番茄這種極為普遍的「蔬菜」，其實是水果。全世界有數百個品種，外皮呈綠、黃、鮮紅或紫色。常見品種包括小而圓的櫻桃番茄（cherry tomato），長橢圓形的橢圓形番茄（plum tomato），以及大型標準番茄（standard tomato）。以上三類番茄都有數種顏色，果皮皆光滑、富光澤，果肉多汁，且含可食用的小種籽。商業栽種的番茄多半尚未成熟即採收，於運送過程中熟成。因此大多數主廚偏好使用在地品種，讓番茄在植株上熟成。近年來，消費者對Cherokee Purple、綠斑馬（Green Zebra）等祖傳原生番茄的需求激增。

採購時，選擇顏色鮮豔、手感緊實、不過硬且無軟斑塊或瑕疵的番茄。番茄不應冷藏，低溫會使番茄變得軟糊，阻礙風味發展，並抑止番茄熟成。

番茄的市售型態眾多，包括日曬番茄、罐裝番茄泥、番茄糊及番茄丁。下頁表格將介紹不同品種的番茄，以及番茄的近親：黏果酸漿。

番茄

品種	描述	常見烹調用途
標準番茄 / 牛番茄 standard/beefsteak	大型。球體或橢圓體。深紅色或黃色。多汁。味甜	生食用於沙拉和三明治。放入醬汁、燜煮和燉煮菜餚中烹煮
橢圓形番茄 / 義大利橢圓形番茄 / 羅馬番茄 plum/Italian plum/Roma	中型。蛋形。紅或黃色。果肉比例高。汁少。味甜	攪打成泥。用於醬汁、湯品及其他煮菜餚。以烤爐高溫烘烤
櫻桃番茄 cherry	小型，直徑約2.5公分。紅或黃色。多汁。味甜	生食可用於沙拉，或製成蔬菜棒拼盤
醋栗番茄 / 蔓越莓番茄 currant/cranberry	特殊品種。極小型，直徑1.3-1.9公分。紅或黃色。爽脆。味甜	生食可用於沙拉
梨形番茄 pear tomatoes	小型。西洋梨形。紅或黃色。多汁。味甜	生食可用於沙拉，或製成蔬菜棒拼盤
祖傳原生種 （含 Brandywine, Marvel Striped, Purple Calabash 等）	尺寸、顏色多樣，包括綠色條紋的小番茄，及粉紫色的大番茄。色彩斑斕，形狀怪異。多汁。味甜	生食可用於沙拉。亦可放入湯品和醬汁中烹煮
黏果酸漿 tomatillos	中型，直徑2.5-5.1公分。球體。緊實。外皮乾薄如紙，呈綠色或紫中帶棕。味酸。風味似水果	生食可用於沙拉和莎莎醬。亦可放入醬汁中烹煮。常用於墨西哥和美國西南方料理

標準番茄 / 牛番茄
standard/beefsteak

橢圓形番茄 / 羅馬番茄
plum/Roma

黃番茄
yellow

櫻桃番茄
cherry

葡萄番茄
grape

梨形番茄
pear

梨形黃番茄
yellow pear

香料植物

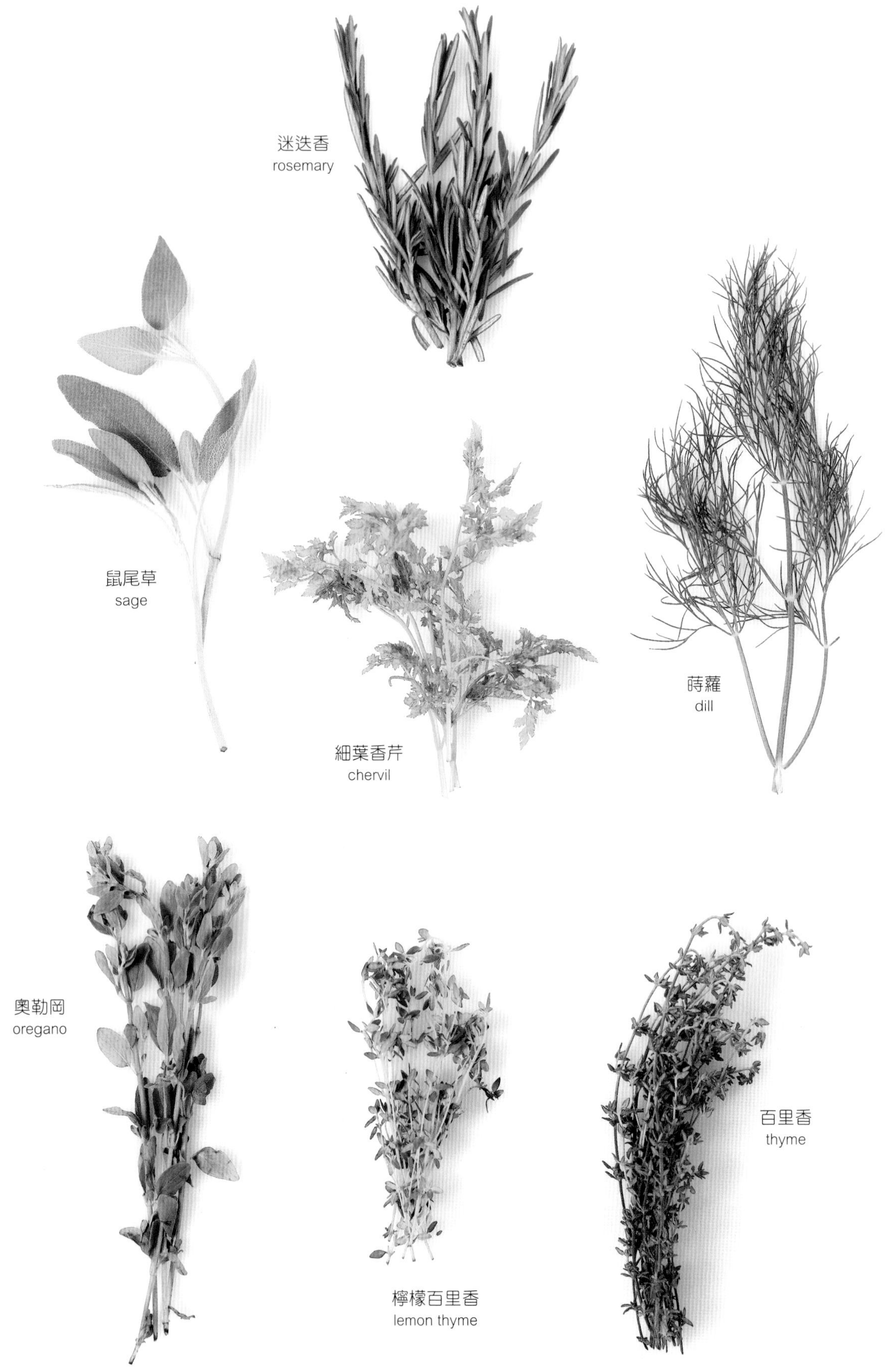
迷迭香
rosemary
鼠尾草
sage
蒔蘿
dill
細葉香芹
chervil
奧勒岡
oregano
百里香
thyme
檸檬百里香
lemon thyme

芫荽
cilantro
檸檬香茅
lemongrass
薄荷
mint
墨角蘭
marjoram
細香蔥
chives
平葉歐芹
flat-leaf parsley
捲葉歐芹
curly parsley

香料植物

品種	描述	常見烹調用途
羅勒 basil	葉片嬌嫩，水滴形，尺寸不一，呈綠色或紫色。風味強烈如甘草。常見品種包括紫葉羅勒、檸檬羅勒和泰國羅勒。市面上也售有乾燥羅勒葉	替醬汁、淋醬、浸漬油和醋增添風味。製成青醬。常見於地中海及泰式料理
月桂葉 bay leaf/laurel leaf	葉片光滑，橢圓形，呈綠色。具香氣。最常見的市售型態為乾燥月桂葉	替湯品、燉煮菜餚、高湯、醬汁、穀物菜餚增添風味。出餐前需取出
細葉香芹 chervil	葉片小而捲曲，呈綠色。嬌嫩。風味似茴芹。市面上也售有乾燥細葉香芹	當作盤飾。用於法式綜合香料植物碎末
細香蔥 chives	葉片長而薄，圓柱狀，呈翠綠。帶有淡淡的洋蔥風味	替沙拉、奶油乳酪增添風味。當做盤飾。用於法式綜合香料植物碎末
芫荽 cilantro/Chinese parsley/coriander	外形似平葉歐芹，但葉緣皺摺更繁密，呈偏淺的綠色。嬌嫩。風味清爽	替莎莎醬及無需烹煮醬汁增添風味
咖哩葉 curry leaves	中小型葉片，水滴形，呈深綠色。風味溫和，微苦。具香氣	翻炒。用於咖哩
蒔蘿 dill	羽毛狀長形葉，呈綠色。風味鮮明。市面上也售有乾燥蒔蘿	替沙拉、醬汁、燉煮和燜煮菜餚增添風味
檸檬香茅 lemongrass	葉片長而粗糙，呈淡黃綠色。帶檸檬味	替湯品、高湯、翻炒和蒸煮菜餚增添風味
墨角蘭 marjoram	小型葉片，橢圓形，呈淡綠色。風味溫和似奧勒岡。市面上也售有乾燥墨角蘭	替羊肉和蔬食料理增添風味
薄荷 mint	葉片尖，有紋理，呈淡綠或翠綠。顏色、大小及風味強烈程度依品種而異。常見品種有胡椒薄荷、綠薄荷和巧克力薄荷	替甜品、醬汁和飲品增添風味。甜點上的裝飾。薄荷果凍則可搭配羊肉
奧勒岡 oregano	小型葉片，橢圓形，呈淡綠色。風味強烈。市面上也售有墨西哥和地中海種，以及乾燥奧勒岡	替番茄菜餚增添風味。用於披薩
歐芹 parsley	葉片捲曲或扁平，呈翠綠色。葉緣呈波浪狀，一端較尖。風味清爽。平葉歐芹也稱義大利香芹。市面上也售有乾燥歐芹	替醬汁、高湯、湯品、淋醬增添風味。當作盤飾。用於法式綜合香料植物碎末、香草束和香料包
迷迭香 rosemary	松針狀葉片，呈偏灰的深綠色。木質莖。帶濃郁的松樹香氣和風味。市面上也售有乾燥迷迭香	替燒烤食物（特別是羊肉）和醃醬增添風味。常見於地中海料理。如樹枝的莖常作竹籤使用
鼠尾草 sage	葉片薄，橢圓形，柔軟如絲絨，呈灰綠色。帶霉味。品種包括鳳梨鼠尾草。市面上也售有剁碎或磨碎的乾燥鼠尾草	替填料、香腸和燉煮菜餚增添風味
香薄荷 savory	長形葉片，橢圓形，呈深綠色。柔軟。表面覆蓋絨毛。市面上也售有乾燥香薄荷	替法式肉派、填料增添風味。用於禽肉調味料
龍蒿 tarragon	葉片薄而尖，呈深綠色。嬌嫩。風味似茴芹。市面上也售有乾燥龍嵩	替貝亞恩蛋黃醬增添風味。用於法式綜合香料植物碎末
百里香 thyme	極小型葉片，呈深綠色。木質莖。品種包括庭院百里香、檸檬百里香、野生百里香。市面上也售有乾燥百里香	替湯品、高湯、醬汁、燉和燜煮菜餚、燒烤食物增添風味。用於香草束和香料包

第
9
章

dairy and egg purchasing and identification

採購、辨識 乳製品與蛋類

乳製品和蛋類富含多種營養素，幾乎在所有菜單上都看得到，既可單獨供應，也可作為許多菜餚的重要食材。舉例來說，白醬即是使用鮮奶當基底，而鮮奶油、法式酸奶油、酸奶油和優格，也用於製作各種沙拉醬和許多烘焙食品。奶油是眾多烘焙食品中不可或缺的要角，也可以作為烹飪用油。乳酪可以搭配水果成為一道菜，或作為菜餚中的配料。蛋類可單獨供應，也可做成早餐、舒芙蕾甜點和多種醬汁。

採購與保存 purchasing and storage

乳製品和蛋都十分容易腐壞，因此，謹慎選購、妥善保存很重要。

奶類和鮮奶油的包裝容器上通常會標明保存期限。容器不同，保存期限也不同，為避免污染，來自不同容器的奶和鮮奶油千萬不要混合。棘手的是，我們通常也不可能單靠嗅聞或品嘗未加熱的奶來判斷有沒有腐壞。烹調菜餚時，若需添入奶類或鮮奶油，應先煮沸過，再加進其他食材中。若奶出現結塊，就不應使用。

說到保存乳製品，就要特別注意乳製品容易吸收氣味的問題。奶、鮮奶油和奶油的存放處應遠離洋蔥這類氣味強烈的食物。乳酪應仔細封裝以保持濕潤，並避免氣味轉移到其他食物，或吸收其他食物的氣味。

蛋應冷藏保存，並將最早採購的庫存放在儲物架最前方，以優先使用，確保供應的蛋始終新鮮、衛生。點收食材時，應仔細檢查所有的蛋，確保蛋殼乾淨、沒有裂痕。破損的蛋應丟棄，因為可能已遭到污染。

乳製品 dairy products

奶類

不管是作為飲品還是重要食材，奶類都是大多數廚房不可或缺的原料。為確保奶類乾淨並可安全食用，美國聯邦法規明文規範奶類須如何生產和銷售。大部分在美國銷售的奶類皆經過巴氏殺菌處理。巴氏殺菌法會將奶類加熱至63℃達30分鐘，或加熱至72℃達15秒，以殺死可能導致感染或污染的細菌和其他生物。在美國，乳製品的乳脂含量若高於全脂鮮乳，將會使用超高溫殺菌法加熱至66℃達30分鐘，或加熱至74℃達30秒*。

奶類和鮮奶油紙盒上戳印的保存期限，通常是巴氏殺菌後的7天、10天或16天。這代表未開封產品保持新鮮、衛生的時限，前提是過程中產品皆受到妥善保存和處理。

一般情況下，奶類皆經過均質化處理，這表示奶類已在高壓下通過超細的網篩，破壞奶中原有的脂肪球，藉此讓脂肪均勻散布在奶中，而不會浮至表面。奶類也可添加維生素A和D，強化營養價值。低脂和脫脂奶類幾乎都會添加維生素，因為去除脂肪的同時，也去除了這些脂溶性維生素。

美國州政府和地方政府管理奶類的標準都相當一致。乳製品在加工過程前後皆經過仔細檢驗，而酪農場和產乳動物（乳牛、綿羊和山羊）也要接受檢查，以確保衛生條件皆符合標準。妥善生產、加工的奶類會標示為A級。

奶類形式眾多，並可再根據脂肪和乳固形物的含量比例進行分類。下頁表格將說明奶類和鮮奶油的各種市售型態及常見的用途。

鮮奶油

乳牛、山羊或綿羊產出的奶含有一定比例的脂肪，稱為乳脂。過去，酪農會將奶靜置一段時間，讓比奶還輕的鮮奶油浮至表面。現代酪農則使用離心機將鮮奶油旋轉至中央，以利於吸除，留下來的就是鮮奶。

*編注：臺灣乳製品使用的超高溫瞬間殺菌法（UHT-pasteurization）則是以120~130℃加熱2秒。

鮮乳和鮮奶油的型態

型態	描述*	常見的用途
脫脂鮮乳 nonfat/skim milk	乳脂含量少於0.25%	當作飲品。使菜餚變得更濃郁。用於烘焙食品、甜點
低脂鮮乳 reduced-fat milk	乳脂含量為1-2%，外包裝貼有相應的標示	當作飲品。使菜餚變得更濃郁。用於烘焙食品、甜點
全脂鮮乳 whole milk	乳脂含量為3.5%	製作白醬。當作飲品。使菜餚變得更濃郁。用於烘焙食品、甜點
半對半鮮奶油 half-and-half	乳脂含量為10.5%	當作咖啡用鮮奶油，或供餐桌上調味用。使湯品和醬汁變得更濃郁。用於烘焙食品、甜點
低脂鮮奶油 light cream	乳脂含量為18%	當作咖啡用鮮奶油，或供餐桌上調味用。使湯品和醬汁變得更濃郁。用於烘焙食品、甜點
打發用鮮奶油 whipping cream	乳脂含量為34%	當作打發鮮奶油、鮮奶油慕斯。使湯品和醬汁變得更濃郁。用於烘焙食品、甜點
高脂鮮奶油 heavy cream	乳脂含量為36%	當作打發鮮奶油、鮮奶油慕斯。使湯品和醬汁變得更濃郁。用於烘焙食品、甜點
奶粉 powdered/dry milk	完全去除水分的牛奶；由全脂或脫脂鮮乳製成，外包裝貼有相應的標示	用於烘焙食品、熟肉製品和調製飲品
奶水 evaporated milk	以真空加熱除去鮮乳中60%的水分；由全脂或脫脂鮮乳製成，外包裝貼有相應的標示	使卡士達和醬汁變得更濃郁。用於烘焙食品、甜點
煉乳 sweetened condensed milk	奶水加糖後製成	製作糖果、派、布丁、烘焙食品、牛奶焦糖醬
優格 yogurt	使用菌株輕微發酵或培養後製成。乳脂含量可低於0.25%，也可達3.5%，外包裝貼有相應的標示	搭配水果食用。用於湯品、醬汁、烘焙食品、甜點
酸奶油 sour cream	在鮮奶油中加入乳酸菌種製成，乳脂含量為18%	使湯品和醬汁變得濃郁。用於烘焙食品、甜點

*編注：本表的乳脂含量為美國食品藥物管理局針對食品標示規範的最低標準。有些產品像是高脂鮮奶油，乳脂含量可能高於上表。

鮮奶油一如奶，會經過均質化和巴氏殺菌法處理，也有可能添加穩定劑以延長保存期限。有些主廚偏好未添加穩定劑或未經超高溫殺菌的鮮奶油，認為這樣可攪打出較膨鬆的成品。大多數廚師都使用以下三種形式的鮮奶油：高脂鮮奶油、打發用鮮奶油和低脂鮮奶油。半對半鮮奶油（混合了全脂奶和鮮奶油）的乳脂含量大約為10.5%，由於內含的乳脂不足，不被視為真正的鮮奶油。各種鮮奶油的詳細資訊，請見上一頁表格。

冰淇淋

為了符合政府的食品標準，任何標示為冰淇淋的產品必須含有一定比率的乳脂。例如，香草冰淇淋的乳脂含量不可低於10%，其他口味的標準則為8%。穩定劑的占比不能超過2%。乳脂含量低於此標準的冷凍乳製品必須標示為乳冰。頂級冰淇淋的乳脂含量可能是此標準的好幾倍。最濃郁的冰淇淋使用卡士達為基底（將鮮奶油與／或奶和雞蛋混合），這將為冰淇淋帶來香濃、滑順的質地。

冰淇淋在室溫下融化時不應該散開；若融化時出現「滲水」，表示使用了過量的穩定劑。

其他類似冰淇淋的冷凍甜點還包括義式冰淇淋、雪酪、雪碧冰、霜凍優格，以及使用豆漿或米漿製成的冷凍甜點。義式冰淇淋和一般冰淇淋雖然很類似，但空氣的含量較少，口感更緊實、綿密。雪酪不含鮮奶油，乳脂含量遠低於冰淇淋，但含糖比率相對高，才能在凍結時達到正確的質地和稠度。有些雪酪含有一定比率的蛋或奶，或兩者皆具。雖然sherbet（雪酪）是最接近法語sorbet（雪碧冰）一詞的英文翻譯，不過一般認為雪碧冰完全不含奶。

無論是霜凍優格，還是使用豆漿和米漿製成的冷凍甜點，通常都含有穩定劑。這些產品的總脂肪含量可能低於冰淇淋，甚至不含脂肪，但由於含糖量高，某些品牌的產品熱量仍然很高。

請多加嘗試，以評估哪些品牌以最實惠的價錢提供最好的品質。請見本書第34章，了解在自家廚房製作冷凍甜點的相關訊息。

奶油

當你不小心將鮮奶油過度打發，就等於在製造奶油。傳統上，奶油是用手攪拌製成，現代工廠則是透過機器來高速混合乳脂含量為30-45%的鮮奶油。最後當乳脂凝聚在一起，分離出來形成固體，便是奶油；剩下的液體則稱為白脫乳（不過，現在市售的大部分白脫乳都是經過菌種培養發酵的脫脂乳）。

品質最上等的奶油帶有甜味，味道近似極新鮮的高脂鮮奶油。如果要加鹽到奶油中，應控制在幾乎嘗不出鹹味的範圍內。奶油的顏色因乳牛品種和製作季節而有所不同，但通常是淡黃色。

所謂的甜奶油，僅代表該奶油是使用甜的鮮奶油（而不是酸奶油）製成。如果你需要的是無鹽奶油，請確定外包裝上注明「無鹽」的字樣。

含鹽奶油最多可含2%的鹽。鹽不僅能延長奶油的保存期限，也能稍微掩蓋「久放」的風味或氣味。久放的奶油會產生非常微弱的乳酪風味和氣味，加熱後尤其明顯。當奶油繼續腐壞，這種很像鮮乳酸敗或結塊的風味和氣味會變得非常明顯，極其難聞。

品質最上等的奶油會標示成AA級，這種奶油使用甜鮮奶油製成，具有最佳的風味、顏色、香氣和質地。A級奶油的品質也相當不錯。AA級和A級奶油最少都應含有80%的脂肪。B級奶油可能略帶酸味，因為是由酸奶油製成。

發酵乳製品

優格、酸奶油、法式酸奶油和白脫乳皆是在奶或鮮奶油中植入使菌株發酵。發酵過程會使奶變稠，產生宜人的酸味。

在奶（全脂、低脂或脫脂皆可）中添加適當的培養菌，即可製成優格。市售優格有各種容量，口味上則有原味優格，或是添加不同水果、蜂蜜、咖啡或其他食材的調味優格。

酸奶油是經菌種發酵的甜鮮奶油，乳脂含量約為18%。在美國，酸奶油以多種容量販售，最小的容量為237毫升；也可買到低脂或脫脂的酸奶油。

法式酸奶油和酸奶油很類似，但風味較溫潤而不刺激。法式酸奶油通常用於烹調，因為烹調熱食時，法式酸奶油比酸奶油更不易結塊。法式酸奶油使用乳脂含量約為30%的高脂鮮奶油製成，高乳脂含量也說明了法式酸奶油的價格為什麼較高。

嚴格說來，白脫乳是攪拌奶油的副產品。在美國，市售的大部分白脫乳其實在脫脂或低脂奶中添加菌種發酵製成，通常以473或946毫升為單位販售，也可買到用於烘焙的粉狀乾燥白脫乳。

乳酪

世界各地生產的乳酪種類繁多，包括風味溫和的新鮮乳酪（卡達乾酪）、風味強烈的藍紋乳酪（洛克福乳酪、戈根索拉乳酪）和硬質刨絲用的乳酪（帕爾瑪乳酪、蒙特利傑克乾酪）。有些乳酪非常適合入菜，有些則適合單吃。

乳酪的名字可源於原產地、製造過程、使用的乳類原料或食材種類。佩科利諾乳酪是解釋乳酪命名的最佳範例。佩科利諾 Pecorino 一名源自義大利文 pecora，指綿羊，代表此乳酪由綿羊奶製成，羅馬佩科利諾乳酪和穆傑羅佩科利諾乳酪則分別在義大利羅馬和穆傑羅地區製造的綿羊奶乳酪。

大多數乳酪是經由以下過程製作而成：將適當的乳酪菌元（可能是含有酵素的凝乳酶，或是某種酸性物質，如酒石酸或檸檬汁）加入奶中，使乳固形物凝聚成凝乳，或是引發酸性物質、微量酵素和化學物質生成，進而形成凝乳；過程中剩下來的液體則稱為乳清。也有些乳酪是直接添加檸檬汁之類的酸性物質製成。接著根據所需的乳酪類型，以不同方式處理凝乳：如果是新鮮乳酪，凝乳瀝乾後便立刻使用；或進一步將凝乳加壓、形塑並加入特殊黴菌，等待熟成。

以傳統方法製作的乳酪公認是「有生命的」，就像釀酒一樣。乳酪將繼續發展或熟成，最終將會腐壞（過度熟成）。另一方面，加工過或經巴氏殺菌的乳酪和乳酪製品則不會熟成，性質也不會改變。

乳酪是由不同的奶類製成：牛奶、山羊奶、綿羊奶，甚至是水牛奶。不同的奶類會決定乳酪的最終風味和質地。乳酪可依據使用的奶類原料、質地、熟成時間長短或熟成過程來分類。本書將乳酪分成新鮮乳酪、軟質／帶皮熟成乳酪、半軟質乳酪、硬質乳酪、刨絲乳酪和藍紋乳酪，請見本書187-197頁的表。

新鮮乳酪

新鮮乳酪的質地濕潤，而且十分柔軟，風味普遍都算溫和，但用山羊或綿羊奶製成的新鮮乳酪可能味道稍微刺鼻且強烈。新鮮乳酪未經熟成，含水量高，且通常帶有新鮮、清新、如鮮奶油般的風味。新鮮乳酪通常是最容易腐壞的乳酪，有時會保存在鹵水中。

新鮮乳酪

種類	描述	常見的用途
山羊乳酪 chèvre/goat cheese	山羊奶製成，呈白色塊狀、金字塔形、扁平圓形、車輪形或長條形。味道從溫和至刺鼻皆有（取決於熟成時間）；可用香料植物或胡椒調味。根據熟成時間，從軟到易碎的質地皆有。 Montrachet 是廣受歡迎的品牌	用於抹醬、填料、沙拉
卡達乾酪 cottage cheese	全脂或脫脂牛奶製成，使用圓桶狀盒子包裝。白色的凝乳。溫和，柔軟，濕潤	搭配水果食用。製作蘸醬
奶油乳酪 cream cheese	全脂牛奶加鮮奶油製成，呈白色方塊狀。溫和、些微刺鼻。柔軟，綿密。在美國很多地方也稱為 Neufchâtel 乳酪（脂肪含量較低），雖然 Neufchâtel 乳酪在法國其實是另一種的乳酪	用於抹醬、蘸醬。當作烹調食材。用於烘焙食品、甜點
菲達乳酪 feta	綿羊奶、山羊奶或牛奶製成，呈白色方塊狀。刺鼻且鹹。質地柔軟，易碎	製作沙拉。當作烹調食材。用於希臘菠菜餡餅中
白乳酪 fromage blanc	全脂或脫脂牛奶製成，白色。溫和，刺鼻。質地柔軟，稍微易碎	當作烹調食材
馬士卡彭乳酪 mascarpone	牛奶鮮奶油製成，以圓桶狀盒子包裝。呈淡黃色，味甜、濃郁，帶奶油味。質地柔軟、滑順	搭配水果食用。用於製作提拉米蘇。使菜餚變得濃郁
莫札瑞拉乳酪 mozzarella	全脂或脫脂的牛奶或水牛奶製成，不規則的白色球體帶有淡淡的綠黃色澤。溫和。根據熟成時間，質地從有彈性到軟嫩或柔軟。可煙燻	放在披薩、義式麵食上。搭配番茄和羅勒製成義式卡布里沙拉。當作烹調食材
瑞可達乳酪 ricotta	全脂、脫脂或低脂牛奶製成，使用圓桶狀盒子包裝。軟的白色凝乳，溫和。質地從濕潤至稍微乾燥，有顆粒。通常是乳酪製程中的副產品，乳清加熱後，加入凝乳酶、酸性物質或兩者，則可製成	當作烹調食材。用於甜點中；當作奶油甜餡煎餅捲的餡料。非常適合製作乳酪蛋糕
農夫乳酪 farmer's cheese	牛奶製成，白色。無凝乳，質地緊實可切片。溫和，有顆粒，可用湯匙舀起	搭配新鮮水果和蔬菜食用。製作蘸醬、甜點、義式麵食
伯森乳酪 Boursin	全脂牛奶和鮮奶油製成，白色圓形。可調味或加入新鮮香料植物製成奶油乳酪抹醬，質地滑順	用於製作抹醬，或本身即可當作抹醬
墨西哥鮮乳酪 queso fresco	牛奶製成，介於灰白色至白色之間的圓形。溫和，帶鹹味。類似瑞可達乳酪或農夫乳酪。易碎，略有顆粒	作為許多墨西哥料理最後撒上的頂飾或填料

軟質／帶皮熟成乳酪

這類乳酪的表面通常都有一層黴菌。這柔軟如天鵝絨的外層可以食用，但有些人覺得味道太強烈而無法接受。這一類乳酪多半有一層經過洗浸的外皮，這是在熟成過程中，定期使用啤酒、蘋果酒、紅酒或白蘭地等液體擦洗而來。這些乳酪由外皮開始往內部熟成。大多數的軟質乳酪完全熟成時，於室溫下切開時會往兩旁鼓起，並且帶有濃郁的風味。這類乳酪大多會撒上或噴上黴菌以進行熟成。市面上的軟質熟成乳酪有各種濃度，像是單份（50%乳脂）、雙倍（60%乳脂）和三倍乳脂（70%乳脂）等。

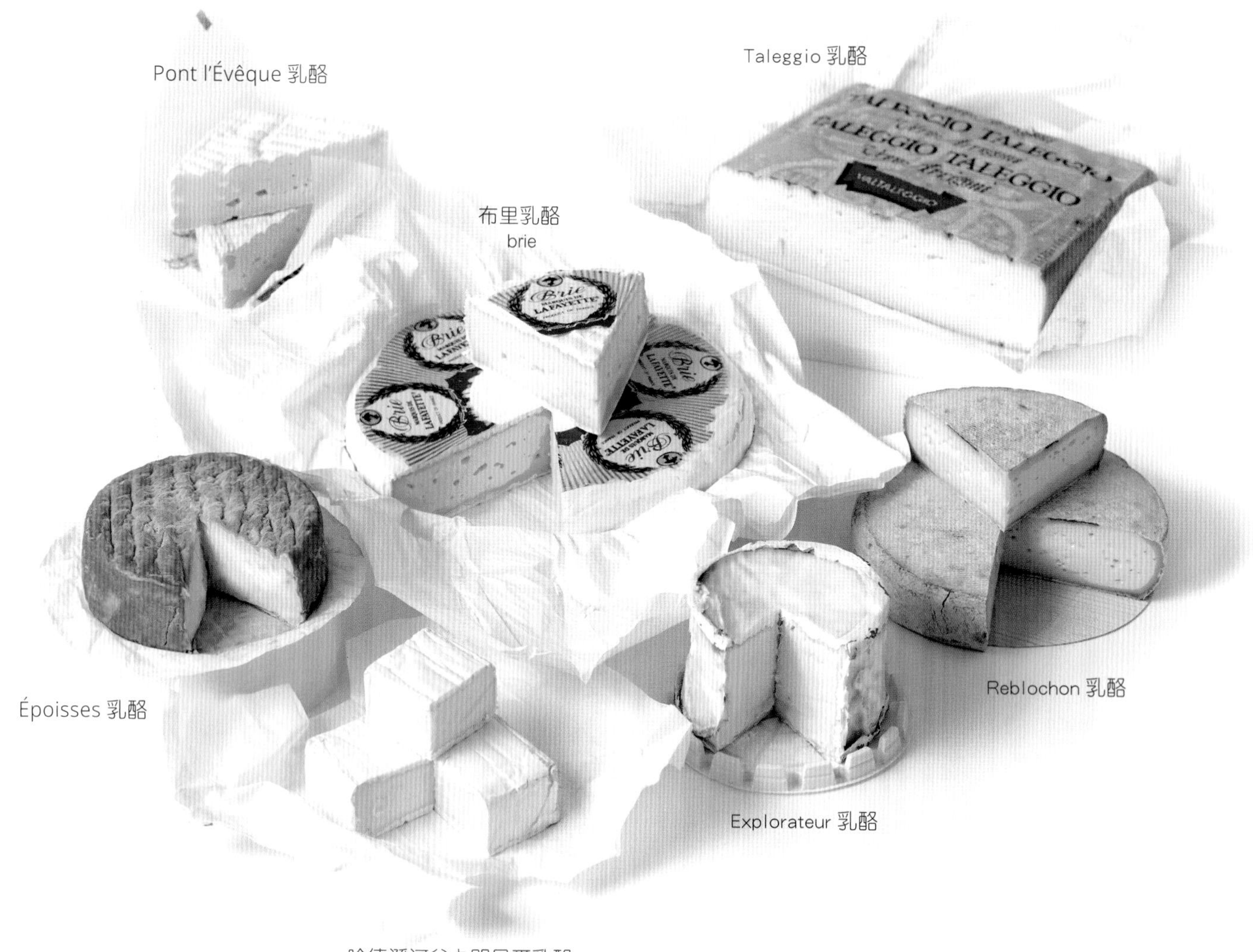

Pont l'Évêque 乳酪

Taleggio 乳酪

布里乳酪
brie

Époisses 乳酪

Reblochon 乳酪

Explorateur 乳酪

哈德遜河谷卡門貝爾乳酪
Hudson Valley camembert

軟質／帶皮熟成乳酪

種類	描述	常見的用途
布里乳酪 brie	經巴氏殺菌的全脂、脫脂牛奶或山羊奶製成，有時使用鮮奶油。淡黃色圓輪狀。奶油味，氣味強烈。柔軟，滑順，有著可食用的外皮；綿密	單吃。用於三明治和沙拉
卡門貝爾乳酪 camembert	生乳或是經巴氏殺菌的全脂牛奶或山羊奶製成，淺黃色圓盤形或方形。像蘑菇般的溫和風味。柔軟綿密，帶有可食用的外皮	單吃。用於三明治
Explorateur 乳酪	全脂牛奶和鮮奶油製成，呈淡黃色的桶狀、圓盤形或圓輪狀。風味濃郁溫和。柔軟，綿密，滑順	單吃。非常適合搭配香檳
Limburger 乳酪	全脂或低脂牛奶製成，淡黃色方塊狀，褐色的外皮。非常強烈的風味和氣味，鹹味。柔軟，滑順，帶有蠟質感	單吃，搭配水果和蔬菜
Pont l'Évêque 乳酪	全脂牛奶製成，淡黃色的正方體。嗆鼻，氣味強烈。柔軟有彈性，帶有小孔和可食用的金黃色外皮；為洗浸乳酪	單吃。用於甜點、可麗餅、沙拉
Taleggio 乳酪	生牛奶製成，接近稻草色的淺金色正方體。帶酸味、鹹味、奶油味，味道濃烈（隨熟成時間而定）。有一些小洞；為洗浸乳酪	單吃。用於沙拉，或當作烹調食材
Époisses 乳酪	牛奶製成，呈淺金色、幾乎接近稻草色的圓盤。風味濃郁撲鼻，帶著宜人的臭味，像是穀倉旁院子的味道。質地滑順；為洗浸型乳酪	單吃。當作菜餚的配菜
Reblochon 乳酪	牛奶製成，象牙色的圓盤。味甜而濃烈，帶堅果味。綿密，綿滑；為洗浸型乳酪	單吃，搭配水果和麵包

半軟質乳酪

半軟質乳酪比軟質乳酪更堅硬；儘管還是不易刨絲，但非常適合切片。這類乳酪的主要特徵是用來當作加融化型乳酪。半軟質乳酪有特定的熟成時間，但不像硬質或刨絲乳酪那麼久。半軟質乳酪的熟成通常不外乎下列三種方式：洗浸外皮、天然外皮（熟成過程自然形成外皮）、蠟封外皮（密封於蠟中熟成）。

半軟質乳酪

種類	描述	常見的用途
caciotta 乳酪	全脂牛奶乳酪。半軟，帶有一些孔洞和一層淡黃色的厚蠟。需熟成2個月。溫和，香鹹可口。市面上也有使用辣椒或香料植物調味的 caciotta 乳酪	單吃。很好的融化型乳酪
風提那乳酪 Fontina	全脂牛奶或綿羊奶製成，帶黃色的圓輪狀。溫和，帶有草味、水果味和堅果味	單吃。用於三明治中。當作烹調食材。用於瑞士乳酪火鍋。很好的融化型乳酪
Havarti 乳酪	使用添加了鮮奶油的牛奶製成，呈白色至淺黃色方塊或圓輪狀。非常溫和，帶有奶油味，通常使用香料植物、辛香料或辣椒類調味。綿密，帶小孔	單吃。很適合夾在三明治中
Morbier 乳酪	全脂牛奶製成，呈淡黃色的圓輪狀，內有一層可食用的灰燼，褐色外皮。綿密，滑順。帶有水果味、堅果味和乾草般的香氣	單吃。當作烹調食材。用在煎蛋捲、可麗餅
蒙特利傑克乳酪 Monterey Jack	使用經巴氏殺菌的全脂牛奶製成，呈淡黃色的圓輪或方塊狀。溫和；可使用哈拉佩諾辣椒調味	單吃。很好的融化型乳酪
Muenster 乳酪	全脂牛奶製成，呈淡黃色圓輪或方塊狀；可能有橘色的外皮。根據熟成時間，風味介於溫和到刺激之間。滑順，帶有蠟質感和小孔	單吃。很好的融化型乳酪
Port-Salut 乳酪	全脂或低脂牛奶製成，黃色方塊狀；橘色外皮。奶油味，味道從溫潤至刺激皆有。滑順，帶有小孔	單吃，搭配生洋蔥和啤酒享用。很好的融化型乳酪

緊實型乳酪

比起半軟質乳酪，這類乳酪的質地緊實、較為乾燥，很容易切片和刨絲。緊實型乳酪有各種製造方式，其中最常見的便是切達乳酪。特殊的「切達」製作工法*英國，但許多美國的乳酪也使用相同的製法，像是 Colby 乳酪、蒙特利傑克乳酪和蒙特利傑克乾酪。

* 編註：Cheddaring，在此用以指稱切達乳酪特殊的製造過程：將塑成方塊狀的新鮮凝乳層層堆疊，經由凝乳本身重量加壓排除部分乳清、調整酸度、增加風味，同時形成切達乳酪特殊的緊實質地。

緊實型乳酪

種類	描述	常見的用途
Cantal 乳酪	全脂牛奶製成，淡黃色圓柱體。溫和，帶有奶油味。易碎，緊實	單吃。用於製作沙拉、三明治。搭配水果
切達乳酪 Cheddar	全脂牛奶製成，顏色從淡到稍深的黃色皆有，呈圓輪狀或長方體。根據熟成時間，從溫和到刺激皆有。甜甜的青草香。質地如奶油，濃郁	單吃，搭配啤酒。用於三明治。當作烹調食材。很好的融化型乳酪
艾曼塔乳酪 Emmentaler	使用生的或經巴氏殺菌的半脫脂牛奶製成，呈淡黃色圓輪狀。風味十足，帶有堅果和水果味。滑順，有光澤，帶有大孔洞。一般稱為瑞士乳酪	單吃。很好的融化型乳酪。用於製作瑞士乳酪火鍋、三明治
高達乳酪 Gouda	全脂牛奶製成，圓輪狀，表面通常會塗上紅色的蠟；根據熟成時間，內裡顏色從金黃色到琥珀色皆有。溫和柔潤，有點堅果味。滑順，可能有小孔。可煙燻	單吃。很好的融化型乳酪。熟成高達乳酪可刨絲
Jarlsberg 乳酪	半脫脂牛奶製成，圓輪狀，呈淡黃色。刺激，帶有堅果味。帶有大孔洞，在美國很受歡迎	單吃。很好的融化型乳酪
蒙契格乳酪 Manchego	全脂綿羊奶製成，圓輪狀，呈白色到淡黃色。外皮是褐色的編織籃子紋路。微鹹，堅果味。帶有小孔	單吃。用於沙拉。可刨絲
provolone 乳酪	全脂牛奶製成，形狀像西洋梨、香腸或圓球。淡黃色內裡，帶有黃色至金褐色的外皮。刺激。有彈性，油脂多。可煙燻	單吃，搭配橄欖、麵包、生蔬菜和義式薩拉米香腸。用於三明治。很好的融化型乳酪
鹽漬瑞可達乳酪 ricotta salata	全脂綿羊奶製成，純白色的圓柱體。鹹味，堅果味。滑順但易碎	用於義式麵食、沙拉。單吃，搭配義式薩拉米香腸、水果和蔬菜
格呂耶爾乳酪 Gruyère	全脂生牛奶製成。扁平的圓輪狀，米黃色內裡，褐色外皮。帶有水果、堅果的味道。滑順；可能含有結晶體	製作瑞士乳酪火鍋、焗烤類菜餚、湯品、三明治。當作烹調食材

硬質乳酪

硬質乳酪具顆粒的質地，通常會刨成絲或刨成薄片，而不會切成片狀。在義大利，這種類型的乳酪便是因為顆粒質地而被稱為「grana」（有顆粒的乳酪）。硬質乳酪獨特的質地主要是由長時間的熟成所造成，熟成期通常為2-7年，但有些乳酪需要更長的時間。硬質乳酪非常堅硬、水分含量很低，比其他乳酪更不易腐壞。

硬質乳酪

種類	描述	常見的用途
艾斯亞格乳酪 Asiago	全脂或半脫脂牛奶製成，淺黃色的圓輪狀，帶有淺灰色外皮。根據熟成時間，從溫和到刺激皆有	用於沙拉、義式麵食中。單吃，搭配水果和麵包
帕爾瑪乳酪 Parmigiano- Reggiano	半脫脂牛奶製成，形狀像大鼓，內部呈稻草色，帶有金色外皮。刺激，帶有堅果味和鹹味。很硬，乾燥，易碎	單吃。刨成絲撒在義式麵食或義式燉飯上。用於沙拉。外皮可用於蔬菜高湯和其他湯品
蒙特利傑克乾酪 dry Monterey Jack	全脂牛奶或半脫脂的牛奶製成，呈淡黃色。濃郁，刺激，帶有一點堅果味	單吃。刨成絲撒在義式麵食上。熟成的蒙特利傑克乾酪則用於沙拉
羅馬佩科利諾乳酪 Pecorino Romano	全脂綿羊奶製成，高的圓柱體，呈白色，有薄薄的黑色外皮。非常刺激，帶鹹味、胡椒味。乾燥，易碎	單吃。刨成絲撒在義式麵食或義式燉飯上。用於沙拉
Glarner Schabziger/ Sap Sago 乳酪	脫脂牛奶製成，淺綠色，呈壓扁的圓錐體。嗆鼻，刺激，帶有鼠尾草和蒿苣的風味。非常堅硬，有顆粒感	刨成絲撒在麵食、沙拉或湯品上。加入奶油或優格，混合後用於蘸醬
帕達諾乳酪 Grana Padano	牛奶製成，形狀像鼓，呈金黃色。風味溫和。非常堅硬	刨成絲。烹調時，可取代較為昂貴的帕爾瑪乳酪

藍紋乳酪

藍紋乳酪的質地從滑順綿密到乾燥易碎皆有。乳酪中的藍紋，是熟成前將乳酪暴露於特殊黴菌下的結果。接種黴菌後的乳酪會先鹽漬或用鹵水醃漬，再放在陰暗、涼爽、潮濕的環境下熟成。

藍紋乳酪

種類	描述	常見的用途
丹麥藍紋乳酪 Danish blue	全脂牛奶製成，白色塊狀或像鼓的形狀，沒有外皮。強烈，刺激，帶有鹹味。緊實，易碎	用於淋醬、沙拉、抹醬。可切片。當作烹調食材
戈根索拉乳酪 Gorgonzola	全脂牛奶和／或山羊奶製成，黃色圓輪狀，帶藍色大理石紋。刺激、嗆鼻。半軟，綿密，極易碎	單吃，搭配水果。用於沙拉、披薩、抹醬。當作烹調食材。可以切片
洛克福乳酪 Roquefort	生的綿羊奶製成。象牙色的圓柱體，帶有藍綠色大理石紋。風味深濃、飽滿、辛辣。半軟，易碎	單吃。用於沙拉。當作烹調食材
史帝爾頓乳酪 Stilton	全脂牛奶製成，高的圓柱體，呈象牙色膏狀，帶有藍綠色大理石紋。飽滿、濃郁的乳酪風味，辛辣的香氣。緊實但易碎	單吃。用於沙拉。當作烹調食材
西班牙藍紋乳酪 Spanish Blue	牛奶、綿羊奶或山羊奶製成，呈稻草色圓柱體，帶有藍紫色紋路。鹹，辛辣，刺鼻。濕潤，易碎。常見的種類是 Cabrales 藍紋乳酪	單吃。用於沙拉。當作烹調食材
美國手工藍紋乳酪 American artisan-style blue cheese	加州 Point Reyes 牧場和愛荷華州 Maytag 牧場的產品皆十分有名。可使用各種奶製成，各有不同風味、質地	單吃。用於淋醬、沙拉。當作烹調食材

蛋類 eggs

蛋類是廚房中最重要的食材之一。從蛋黃醬到蛋白霜，湯品到醬汁，開胃菜到甜點，在所有菜單上都不可或缺。為特定菜餚選擇正確的蛋（帶殼蛋、純蛋黃、純蛋白或經巴氏殺菌的蛋）是美味的關鍵。想了解更多關於烹調蛋類的資訊，請見本書第26章。

分級、大小和市售型態

在美國，雞蛋由農業部根據外觀和新鮮度進行分級。最高等級的AA雞蛋表示雞蛋很新鮮，敲開時蛋白不會過度溢開，蛋黃凸出於蛋白表面，並藉由稱為卵繫帶的外膜固定不動。

雞蛋有幾種尺寸：特大蛋、加大蛋、大蛋、中蛋、小蛋和特小蛋。年輕的母雞（小母雞）生出來的雞蛋比較小，但品質往往比體積較大的雞蛋更好。中蛋最適合用來烹調早餐，因為在早餐裡，熟蛋的外觀很重要。大蛋和加大蛋一般用於烹煮和烘焙，因為在這類料理中，全蛋外觀沒有那麼重要。

雞蛋也以下列幾種加工形式出售：大批數量或液態的全蛋（有時會額外添加一定比例蛋黃，以做成特定的混合物）、蛋白和蛋黃。經巴氏殺菌的雞蛋會用於製作沙拉醬、蛋酒或甜點，儘管這類食物的傳統食譜可能要求使用生鮮雞蛋。以上這些蛋類產品通常都有液態及冷凍的形式。

市售乾燥蛋粉可用於烘焙食品，或於特殊場合使用，例如在遠洋航行的船上。航行期間可能無法妥善保存新鮮雞蛋，蛋粉就能派上用場。

蛋類替代品可能完全不含蛋的成分，也可能使用蛋白製作，並加上乳製品或植物製品以取代蛋黃。這些替代品對於需要低膽固醇飲食的人很重要。

第10章

dry goods identification

辨識穀物與乾燥食材

乾燥食材涵蓋範圍很廣，對絕大多數餐飲業者都不可或缺。在選擇、採購和保存乾燥食材時，應和處理新鮮肉品、農產品一樣謹慎。

採購和保存 purchasing and storage

乾燥食材也稱為不易腐壞食品，但隨著時間流逝，這些食材如同易腐食品，品質同樣會變差。餐廳為維持營運順暢，存貨必須充足，但庫存過多則會占用寶貴的空間和成本。輪流使用庫存，並遵守「存貨先進先出原則」，這同時適用於乾燥食材及易腐食品。

將乾燥食材存放在乾燥、通風良好、容易拿取的地方。所有貨物應離地置放於貨架或棧板上。某些乾燥食材若已開封或非真空包裝，最好儲存在冰箱，甚至是冰庫中，例如全穀類、堅果、種籽和咖啡。

穀物、穀物粉和麵粉 grains, meals, and flours

米和大麥這類的全穀物，以及玉米粉和低筋麵粉，都屬於這個類別。全世界各種料理和文化中，穀物都廣受喜愛且用途多變，不僅因為穀物是重要營養來源，那細緻但令人滿足的風味和質地，也在烹調中占有關鍵地位。

在美國和加拿大這類西方國家，小麥和玉米是最重要的穀物。米飯是許多亞洲料理的基礎，事實上在許多亞洲語言裡，「米飯」和「食物」甚至是同一個字。其他文化則倚賴燕麥、裸麥和蕎麥等穀物作為主食。

穀物就是穀類植物的果實和種籽。大部分穀物價格便宜、易於取得，同時提供高價值、高濃度的纖維質和營養素。雖然穀物與其他水果（如蘋果和梨）的外觀迥異，但兩者結構其實很近似。

全穀是未經碾磨的穀物，保存期限往往比碾磨過的穀物短，因此採購全穀類時應控制在2-3週就能使用完畢的量。碾磨過的穀物經過精碾，亦即去除了胚芽、麩皮和／或外殼，雖然保存時間較久，但在加工過程中已流失一些營養價值。

碾磨過的穀物壓碎成粗顆粒狀稱為碎粒（cracked）。如果繼續碾磨，就會形成穀物粉和穀片（如玉米粉、美國的 farina 麥粉和 Cream of Rice 牌米糊粉）。最後，穀物可進一步磨細，英文統稱為「flour」（穀類粉末，一般若無特別說明則指麵粉）。

碾磨可用數種方法進行：用金屬滾輪壓碎，用石頭碾磨，或用類似食物調理機的鋼刀切砍。與其他碾磨方式相比，石磨的加工過程溫度較低，穀物能保留更多營養價值，是較好選擇。接下來的表格將說明數種穀物的各種市售型態。

小麥

小麥產量大且經濟實惠，栽種歷史已有數千年之久，是所有主食中最營養、蛋白質含量最高的穀物。小麥可用於製作各種甜、鹹菜餚，用途多變，風味飽滿。

小麥麵粉

小麥磨成麵粉後，通常用來製作烘焙食品。麵筋由小麥中的蛋白質形成，能為烘焙食品提供彈性和結構，有助烘焙食品（特別是麵包）成形。小麥可按種植季節和顏色分類如下：硬紅冬小麥、硬白冬小麥、硬紅春小麥、軟紅冬小麥和軟白冬小麥。杜蘭小麥則是一種特殊類型的硬質小麥。冬小麥於冬季種植，隔年夏季收成；春小麥於春季種植，在當年夏季收成。一般來說，春小麥製成的硬質麵粉最硬，冬小麥製成的軟質麵粉最軟。

小麥和小麥麵粉

品種	描述	常見烹調用途
麥仁 berries/whole	未精製或僅經最低程度加工的完整小麥穀物顆粒，呈淺褐色至紅褐色。有點嚼勁，帶堅果味	製作熱穀片粥，用於香料飯、沙拉、麵包
碎麥 cracked	壓碎成粗粒，是加工最少的小麥仁。呈淡褐色至紅褐色。有點嚼勁，帶堅果味	製作熱穀片粥，用於香料飯、沙拉、麵包
布格麥 bulgur	蒸過、乾燥後碾碎成細顆粒、中等顆粒或粗顆粒。呈淺褐色，口感柔嫩，風味溫和	製作熱穀片粥，用於香料飯、沙拉（tabbouleh 沙拉）
麩皮 bran	從小麥粒分離出的外皮，呈褐色薄片狀，帶溫和的堅果味	製作熱或冷穀片粥。用於烘焙食品（麩皮馬芬）
胚芽 germ	從小麥粒分離出的胚。體積小，呈褐色顆粒狀。強烈的堅果味，以烘烤過和生的型態販售	製作熱或冷穀片粥。用於烘焙食品
farina 麥粉	精碾、中度研磨的小麥。白色麵粉狀，風味極溫和	製作熱穀片粥
Ebly 牌杜蘭全粒小麥	預先蒸煮成半熟的杜蘭小麥，質地柔軟。生的時候狀似飽滿的米粒，煮過後類似珍珠麥（去殼去麩皮的大麥仁）。風味溫和不明顯。以生的或煮熟的型態販售	製作湯品、沙拉、配菜、主菜和甜點
全麥麵粉 whole wheat flour	硬質小麥，整顆麥粒經精細研磨。呈淺褐色，風味豐厚，帶堅果味。顆粒較粗則為粗全麥麵粉（graham flour）	用於烘焙食品、義式麵食、披薩麵糰
中筋麵粉 all-purpose flour	混合了硬質和軟質小麥。胚乳經精細研磨，呈灰白色。通常有添加營養強化成分，可能經漂白處理	用於烘焙食品、義式麵食。當作稠化物
高筋麵粉 bread/patent flour	硬質小麥，胚乳經精細研磨，呈灰白色。通常有添加營養強化成分，可能經漂白處理	製作麵包、軟式圓麵包
低筋麵粉（蛋糕用） cake flour	軟質小麥，胚乳經非常精細的研磨，呈純白色。通常有添加營養強化成分，並經漂白處理	製作蛋糕、餅乾、餃類
低筋麵粉（派皮、西點用） pastry flour	軟質小麥，胚乳經非常精細的研磨，呈純白色。通常有添加營養強化成分，並經漂白處理	製作派皮麵糰、馬芬、比司吉、糕點
杜蘭小麥麵粉 durum flour	硬質小麥。從杜蘭小麥中取出的胚乳經精細研磨，呈淡黃色	製作麵包、義式麵食
杜蘭粗粒小麥粉 semolina flour	杜蘭小麥。胚乳經粗略研磨，呈淡黃色	製作義式麵食、義式麵疙瘩、布丁。用於製作庫斯庫斯

米

米是半個世界的主食，也是無價的多用途食材。這種飽含澱粉的全穀物，幾乎能襯托任何食材的風味。

米在販售時會按照大小尺寸（長粒米、中粒米、短粒米）分類。白米和糙米是米的兩種主要類型，白米經過碾磨，糙米則未經碾磨，含有更多營養和纖維質。

預熟米 parboiled rice
米穀粉 rice flour
Cream of Rice 牌米糊粉
義大利 Carnaroli 米
西班牙米 Spanish rice
不丹紅米 Bhutanese red rice
預熟長粒米 converted long-grain rice
長粒糙米 long-grain brown rice
野米 wild rice
泰國香米 jasmine rice
爆米花米 popcorn rice
印度香米 basmati rice

米

品種	描述	常見烹調用途
糙米 brown	全穀物，已去除不可食用的稻殼。呈淺褐色。有嚼勁，帶堅果味。市面上可買到短粒、中粒或長粒糙米	製作香料飯、沙拉
白米 white/polished	已去除稻殼、麩皮和胚芽，呈白色。風味溫和。市面上可買到短粒、中粒或長粒白米	製作香料飯、沙拉。短粒白米可用來製作米布丁
預熟米（蒸穀米） converted/parboiled	未脫殼的稻穀在去殼、去麩皮和胚芽之前，預先浸泡並蒸成半熟，即為預熟米。呈非常淺的褐色，煮熟後粒粒分明，質地蓬鬆	製作香料飯、沙拉
印度香米 basmati	超長粒米，質地細緻。氣味芬芳，帶堅果味。會經過熟成以降低水分含量。市面上可買到僅去稻殼的香米，或精製成白米的香米。美國的爆米花米是印度香米的一種	製作香料飯、沙拉
泰國香米 jasmine	氣味芬芳、風味細緻的長粒米，呈白色	製作香料飯、米布丁。蒸煮
義大利 Arborio 米	米粒非常短而胖，呈灰白色，澱粉含量高，煮熟後質地綿密。品種包括 Carnaroli 米、Piedmontese 米、Vialone Nano 米等等	製作義式燉飯、米布丁
西班牙 Calasparra 米	米粒非常短而胖，呈灰白色，澱粉含量高，煮熟後質地綿密	製作西班牙燉飯
野米 wild	與稻米無直接關係的沼澤植物。極細長的穀物，呈深褐色。質地有嚼勁，帶堅果味	製作沙拉、填料、美式煎餅、法式調味鑲肉。通常會和糙米混合使用
糯米、珍珠米、壽司米 sticky/pearl/glutinous/sushi	渾圓的短粒米，澱粉含量很高。煮熟後十分黏稠，具溫和的甜味	製作壽司、甜點，以及其他用途
米穀粉 rice flour	經非常精細研磨的白米。呈白色粉狀，風味溫和	當作稠化物，用於烘焙食品
祖傳原生種米 heirloom	品種包括不丹紅米、黑米、孟加拉 Kalijira 米 。這些米粒的長度與顏色各不相同	製作沙拉、填料。通常會和糙米混合使用

玉米

廣受歡迎的玉米，以多種型態出現在世界各地的眾多料理中。玉米經常拿來新鮮食用（整穗玉米、玉米粒），或乾燥，也是許多副產品（波本威士忌酒、玉米油、玉米澱粉、玉米粉、玉米糖漿）的基底。

美式粗玉米粉
grits

藍玉米粉
blue cornmeal

墨西哥馬薩玉米麵粉
masa harina

玉米粉
cornmeal

玉米澱粉
cornstarch

白玉米粉
white cornmeal

脫殼玉米粒
hominy

玉米

品種	描述	常見烹調用途
脫殼玉米粒（玉米糝）hominy	經浸泡於鹼液中去除外殼和胚芽的乾燥玉米粒。市面上可買到罐裝或乾燥的脫殼玉米粒	用於豆煮玉米、法式砂鍋菜、湯品、燉煮菜餚、配菜。用於墨西哥玉米湯
美式粗玉米粉 grits	磨碎的脫殼玉米粒。市面上可買到細、中或粗研磨的美式粗玉米粉	製作熱穀片粥。用於烘焙食品、配菜。美國南方菜常用
馬薩麵糰 masa	乾玉米粒煮熟後浸泡在石灰水中，再磨成麵糰，呈淺黃色，質地濕潤。相關製品：墨西哥馬薩玉米麵粉，是馬薩麵糰經乾燥後所磨成的細緻麵粉，需加水才能還原成麵糰	製作墨西哥玉米薄餅、玉米粽和其他墨西哥料理。墨西哥馬薩玉米麵粉通常用於烘焙食品，或當作煎炸或深炸時的麵衣
玉米粉（玉米粒粉）cornmeal	乾燥玉米粒磨成細、中等或粗顆粒的粉末，呈白色、黃色或藍色。相關製品：玉米澱粉（細研磨）、義式粗玉米粉（粗研磨）	製作熱穀片粥。用於烘培食品。作為煎炒或煎炸用的麵衣
玉米澱粉 cornstarch	乾燥玉米粒去除外殼和胚芽後磨成的粉末，呈純白色	當作稠化物（澱粉漿）。用於烘培食品、麵衣

主廚筆記：玉米

玉米也可稱為玉蜀黍（maize），是一種原生於美洲的禾本科植物，在當地已有幾千年的種植歷史，並於十五世紀引進歐洲。今天，世界各地皆廣泛栽培玉米，作為家畜飼料、生物燃料或供人類食用，美國的玉米產量則占全世界的40%左右。

玉米有幾個基本品種，各為了不同用途而種植。飼料玉米也被稱為馬齒玉米，主要當作家畜飼料、工業產品原料，或用以製作加工食品。硬粒玉米的典型用途和飼料玉米類似，由於硬粒玉米含有澱粉，最適合製作爆米花。粉質玉米的玉米粒易於碾磨，有各種顏色，最常見為白色，也是美洲原住民最普遍栽種的品種。甜玉米比其他品種含有更多糖分，是最適合整穗食用的品種。在同一個生長階段，甜玉米的含糖量是飼料玉米的兩倍以上。若採購後準備整穗直接食用，玉米的新鮮度就至關重要，因為甜玉米在採收的24小時內，約50%的糖分會轉化成澱粉。

燕麥

燕麥容易購得且價格低廉，也是營養素和纖維質的重要來源，主要作為熱或冷穀片粥食用，也常作為食材製成烘焙食品和配菜。

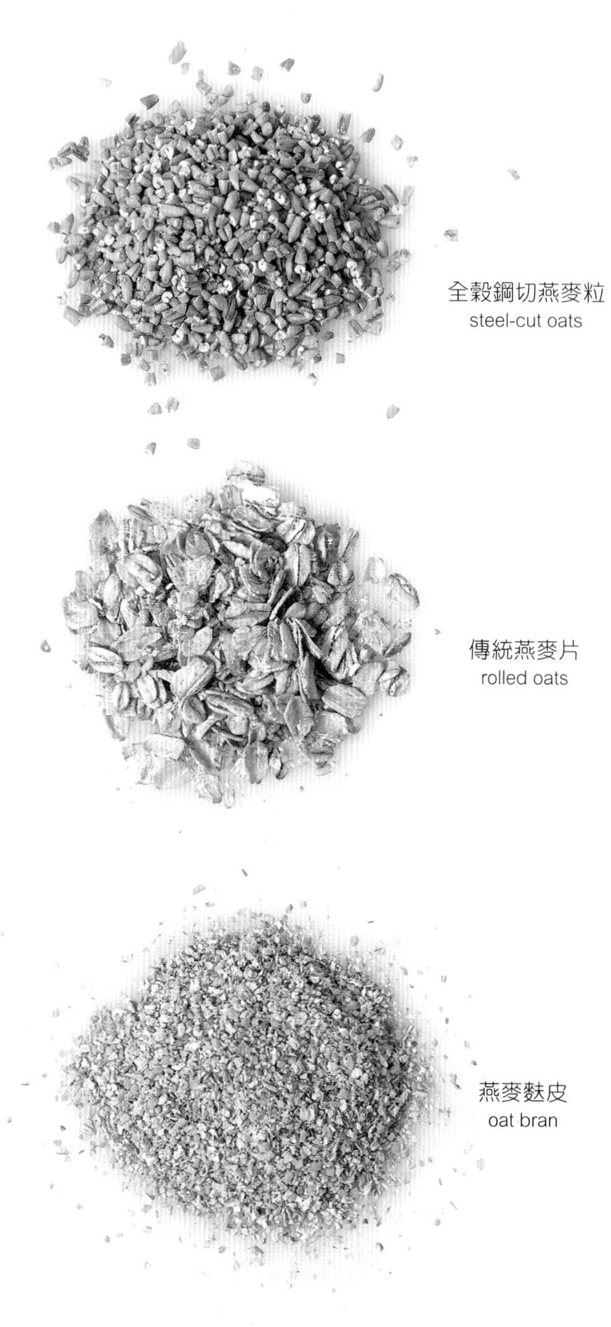

全穀鋼切燕麥粒
steel-cut oats

傳統燕麥片
rolled oats

燕麥麩皮
oat bran

燕麥

品種	描述	常見烹調用途
脫殼燕麥粒 groats	去殼的穀物，通常經過碾碎，專指燕麥，但也可以是小麥、烘製蕎麥	製作熱穀片粥。用於沙拉、填料，或和其他穀片混合
傳統燕麥片 rolled/old-fashioned	脫殼燕麥經蒸煮後壓扁而成。非常淡的褐色，幾乎呈白色。圓形片狀，質地軟。市面上也可買到「快熟」和「即食」燕麥片	製作熱穀片粥（燕麥粥）。用於烤蜂蜜燕麥脆片（燕麥棒）、烘培食品
全穀鋼切燕麥粒 steel-cut/irish/scotch	脫殼燕麥切碎。呈褐色。有嚼勁	製作熱穀片粥。用於烘培食品
燕麥麩皮 bran	燕麥的外皮	製作熱或冷的穀片粥。用於烘培食品
燕麥粉 flour	脫殼燕麥磨成細緻的粉末	用於烘培食品

主廚筆記：燕麥

燕麥生長於溫帶氣候，在貧瘠土壤上也易於栽種，是一年生的禾本植物，可於秋季播種，在盛夏收割；或於春季播種，在夏末收割。燕麥大多是作為家畜飼料，然而比起其他穀物，燕麥含有更多可溶性纖維，因此成為健康飲食的好選擇。燕麥麩皮還含有 omega 脂肪酸、澱粉、蛋白質，維生素和礦物質。將脫殼燕麥粒壓製成薄片，就成了早餐和烘焙食品中使用的燕麥片。燕麥可以生吃，可用於製成原味乾果燕麥片和其他可冷食的穀片粥。燕麥也可拿來釀造啤酒，最常用於釀造燕麥司陶特啤酒，即在啤酒麥芽汁中加入部分燕麥。

其他穀物

許多穀物無法符合前述各類的特徵，便歸在此類。這些穀物當中，有些十分常見，有些則鮮少使用。不過，不少主廚近年來開始嘗試使用較為罕見的穀物品種。

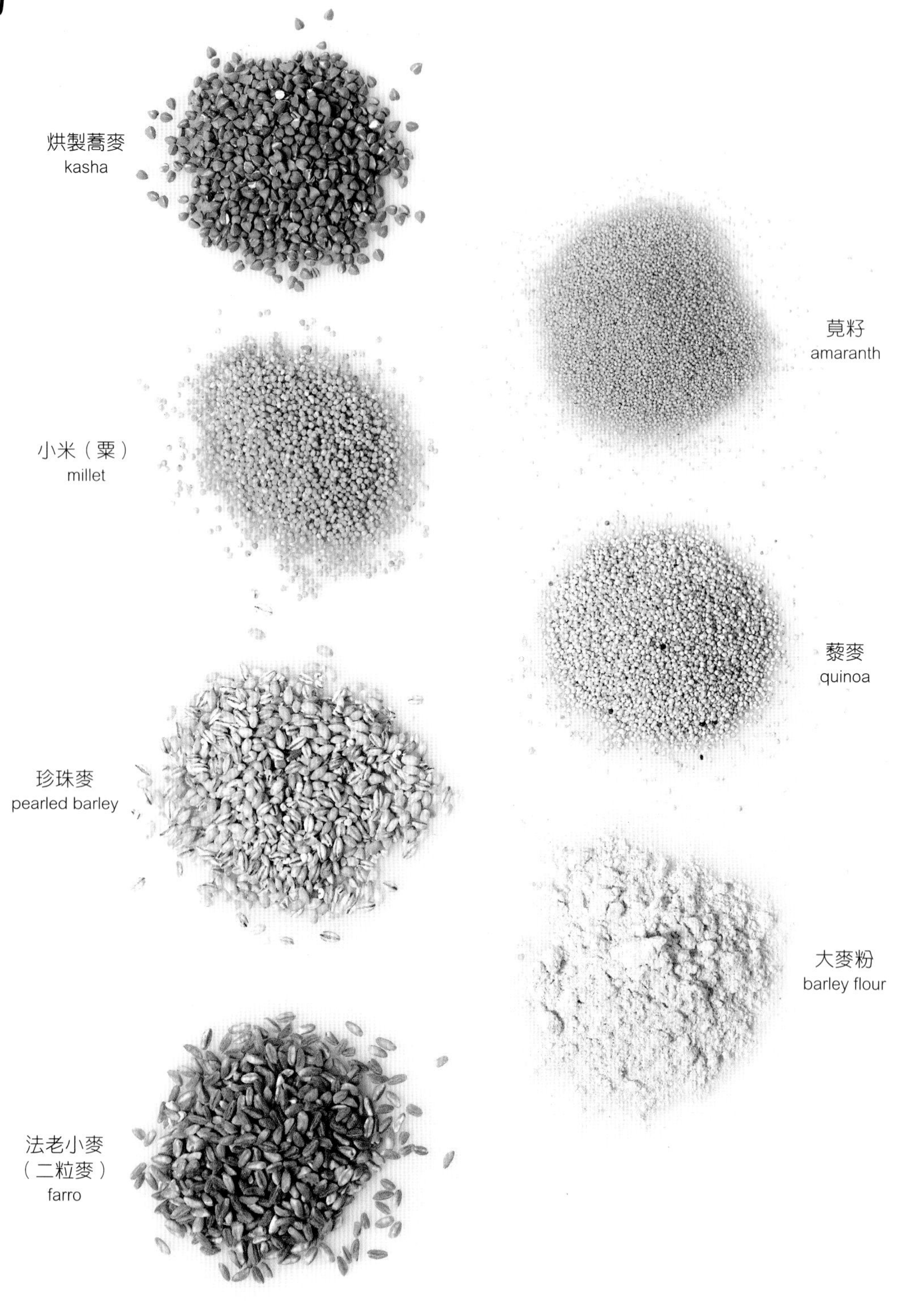

其他穀物

品種	描述	常見烹調用途
蕎麥 buckwheat	使用完整穀粒，或碾磨成蕎麥麵粉。呈淺褐色。帶些微堅果味	製作熱穀片粥、香料飯。蕎麥麵粉可用來製作美式煎餅、俄羅斯布林薄煎餅、烘焙食品
烘製蕎麥 kasha	去殼、碾碎的蕎麥仁（脫殼蕎麥粒）經烘烤而成。紅褐色，有嚼勁。帶烘烤香和堅果味	用於香料飯、沙拉。製作鹹美式鬆餅
小米（粟） millet	使用完整穀粒，或碾磨成小米粉末。風味清淡	製作熱穀片粥、香料飯。小米粉可用來製作布丁、無酵餅、蛋糕
高粱 sorghum	通常經沸煮製成濃糖漿	製作稠粥、無酵餅、啤酒、糖漿、糖蜜
裸麥、黑麥 rye	使用完整穀粒、壓碎或碾磨成麵粉。顏色從淺褐到深褐色皆有，質地緊實。粗磨全穀裸麥麵粉（pumpernickel flour）用去殼後的全穀裸麥仁粗磨而成，顏色非常黑	用於香料飯、沙拉。裸麥麵粉用於製作烘焙食品
苔麩 teff	使用完整穀粒，顆粒極小。呈淺棕至紅褐色。帶栗子般的甜味	用於湯品、法式砂鍋菜。當作稠化物
莧籽 amaranth	使用完整穀粒，或碾磨成麵粉。顏色從白色到黃褐色、金色或粉紅色，味甜	製作熱或冷的穀片粥。用於香料飯、沙拉、湯品
spelt 小麥	使用完整穀粒，或碾磨成麵粉。帶中度的堅果味	用於香料飯、沙拉。麵粉用於製作烘焙食品
薏仁 job's tears	使用完整穀粒，顆粒小，呈白色。稍微有嚼勁。帶青草風味	用於香料飯、沙拉
藜麥 quinoa	使用完整穀粒，或碾磨成麵粉。非常微小的圓形。呈灰白色、紅色或黑色。風味溫和	用於香料飯、沙拉、布丁、湯品。可加入玉米糕
大麥 barley	分去殼大麥和珍珠麥（去除外殼和麩皮的大麥仁）兩種。其他型態：粗磨大麥粉、大麥麵粉。呈黃褐色至白色。帶堅果味	用於香料飯、沙拉、湯品。常用來釀造威士忌和啤酒

乾燥義大利麵和乾麵條

乾燥義大利麵是深具價值的簡便食品，不僅保存容易、烹煮迅速，還有各式各樣的形狀、大小和口味，請見214-215頁表格。義大利麵由多種麵粉和穀類製成。品質好的乾燥義大利麵通常都使用杜蘭小麥麵粉製成。義式麵食可加入菠菜、番茄、甜菜、香料植物、魷魚墨汁來增添風味或上色。

義大利蝴蝶麵
farfalle

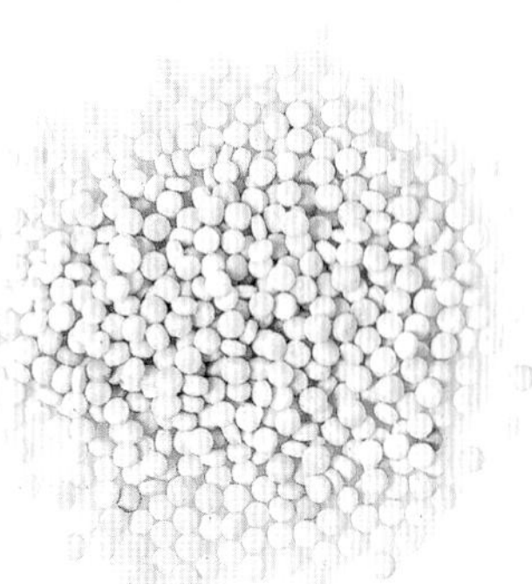

以色列庫斯庫斯
Israeli couscous

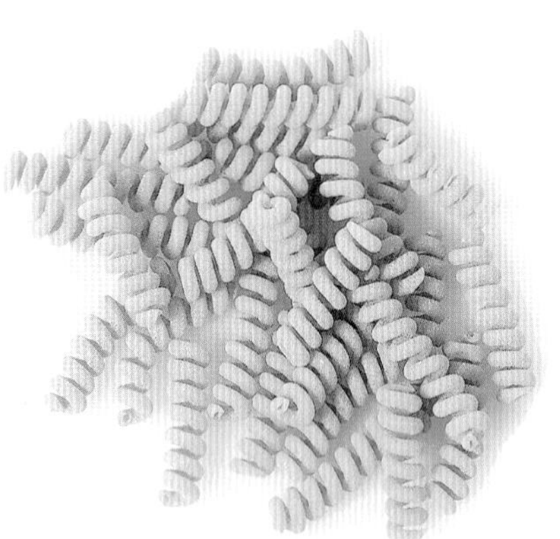

義大利螺旋麵
fusilli

義大利貓耳朵麵
orecchiette

庫斯庫斯
couscous

義大利短管麵
tubetti

義大利筆管麵
penne

義大利米粒麵
orzo

韓式粉絲
Korean starch noodles
粄條（河粉）
rice noodles
冬粉
bean thread
米線
rice vermicelli
日本麵條
（以小麥麵粉製成）
Japanese wheat
noodles
日本蕎麥麵
soba
義大利
天使髮絲麵
angel hair
義大利直麵
spaghetti
義大利
小孔通心麵
bucatini
義大利細扁麵
linguine
義大利
緞帶麵
fettuccine

乾燥義大利麵和乾麵條

品種	描述	常見烹調用途
義大利小孔通心麵 bucatini	空心的長麵條，形狀像義大利直麵	搭配較濃稠的醬汁
冬粉 bean thread noodles	纖細、凝膠狀的麵條，以綠豆製成	用於湯品、翻炒菜餚、沙拉、甜點或飲品。常見於受亞洲料理影響的菜餚
義大利髮絲麵 capellini	細而長的麵條。比髮絲麵更細的麵條，則稱為天使髮絲麵（capelli d'angelo，即 angel hair）	搭配清湯、各種油脂或非常清爽的醬汁
義大利緞帶麵 fettuccine	粗而長的麵條，形狀扁平，像緞帶一樣	搭配多種醬汁，特別是奶油白醬
義大利千層麵 lasagne	厚而長、扁而寬的麵條，邊緣呈皺褶狀	用於法式砂鍋菜
義大利細扁麵 linguine	細長、扁平的麵條。名字源於義大利文 lingua，意指「舌頭」	搭配味道清淡至強烈的各式醬汁
粄條（河粉） rice noodles	有各種寬度，長條狀，用米穀粉製成	常見於受亞洲料理影響的菜餚
日本蕎麥麵 soba noodles	帶狀的細長麵條，用蕎麥麵粉製成	用於湯品或翻炒菜餚。常見於受亞洲料理影響的菜餚
義大利直麵 spaghetti	有各種寬度、圓而長的麵條	搭配味道清淡至強烈的各式醬汁
日本烏龍麵 udon noodles	粗而長的麵條	用於湯品、燉煮及翻炒菜餚。常見於受亞洲料理影響的菜餚
義大利細麵 vermicelli	細而長的麵，外形類似義大利直麵	用於清湯、湯品。搭配清淡的醬汁
義大利胡椒粒麵 acini de pepe	小顆粒，類似米粒的形狀	搭配各式醬汁。用於湯品、沙拉、法式砂鍋菜
義大利扭捲麵 casareccia	短而捲曲，扭成 S 形	搭配各式醬汁。用於湯品、沙拉、法式砂鍋菜

品種	描述	常見烹調用途
義大利彎管麵 elbows	短而窄，呈彎曲的管狀	搭配各式醬汁。用於湯品、沙拉、法式砂鍋菜
義大利蝴蝶麵 farfalle	中等大小，領結形	搭配各式醬汁。用於湯品、沙拉、法式砂鍋菜
義大利螺旋麵 fusilli	短的螺旋形	搭配各式醬汁。用於湯品、沙拉、法式砂鍋菜
義大利貓耳朵麵 orecchiette	杯形，彎曲的圓片	搭配各式醬汁。用於湯品、沙拉、法式砂鍋菜
義大利米粒麵 orzo	小型顆粒狀，狀如穀類	搭配各式醬汁。用於湯品、沙拉、法式砂鍋菜
義大利筆管麵 penne	斜切短管狀，表面光滑或有凸紋	搭配各式醬汁。用於湯品、沙拉、法式砂鍋菜
義大利 radiatori 麵	粗短而厚實，邊緣呈漣波狀	搭配各式醬汁。用於湯品、沙拉、法式砂鍋菜
義大利橫紋粗管麵 rigatoni	粗管狀，有凸紋	搭配各式醬汁。用於湯品、沙拉、法式砂鍋菜
義大利貝殼麵 shells	尺寸從小到大皆有，外形像海螺殼	搭配各式醬汁。用於湯品、沙拉、法式砂鍋菜。較大的貝殼麵可塞入填料
義大利短管麵 tubetti	小至中等尺寸，外形像管子	搭配各式醬汁。用於湯品、沙拉、法式砂鍋菜
庫斯庫斯 couscous	小而不規則的外形，穀粒狀，形似粗糙砂礫	製作熱穀片粥。用於香料飯、沙拉
以色列庫斯庫斯 Israeli couscous	顆粒比傳統庫斯庫斯更大，珍珠狀的光滑圓球。有嚼勁，有時會經過烘烤	用於香料飯、沙拉、湯品
義大利珍珠麵 Italian couscous/ fregola sarda	顆粒比傳統庫斯庫斯更大，不規則的形狀。經日曬，呈金褐色。有嚼勁，帶堅果味	用於沙拉，或以魚或番茄為基底的湯品

乾燥豆子

豆子是豆科植物所結莢果中的乾燥種籽，也是世界各地眾多料理的主食之一。

豆子存放時間久，會變得越乾、越硬，而且需要更長的烹飪時間，所以最好能在購買後6個月內使用完畢。採購時，應選擇外觀明亮有光澤、沒有積灰或生黴菌的豆子。

豆子使用前務必先沖洗乾淨，並去除所有不可食用的外來雜質，發霉、潮濕或乾皺的豆子也都要丟掉。

扁豆
lentils

紅扁豆
red lentils

綠扁豆
green lentils

去莢乾燥豌豆瓣
green split peas

鷹嘴豆
chickpeas

樹豆
pigeon peas

皇帝豆
lima beans

笛豆
flageolets

黑眉豆
black beans

蔓越莓豆
cranberry beans

腰豆
kidney beans

大北豆
Great Northern beans

乾燥豆子

品種	描述	常見烹調用途
一般豆類		
紅豆 adzuki	顆粒小。呈紅褐色。以全豆或粉狀型態販售。味甜	日式料理常用。製作糖果類點心的甜醬或糖衣。用於香鹹料理
黑眉豆 black/turtle	顆粒中等。表皮為黑色，淺奶油色內裡。味甜	用於湯品、燉煮菜餚、莎莎醬、沙拉、配菜
金絲雀豆 canary	尺寸比斑豆稍小。像金絲雀般的淺黃色，帶甜味和堅果味	秘魯料理常用，特別是燉煮菜餚
白腰豆 cannellini/Italian kidney	顆粒大，腎形。白色。帶堅果味	用於義大利蔬菜濃湯、沙拉、燉煮菜餚、配菜
蔓越莓豆 cranberry	顆粒大，外形渾圓。淡黃褐色外皮有棕紅色的斑紋。帶堅果味	用於湯品、燉煮菜餚、沙拉、配菜
蠶豆 fava/broad	顆粒大，扁平的橢圓形。黃褐色。帶草本風味。質地緊實	地中海和中東料理常用。用於炸鷹嘴豆泥蔬菜球（falafel）、湯品、燉煮湯品、沙拉、配菜
笛豆 flageolets	顆粒中等，腎形。淡綠色至乳白色。風味細緻	搭配羊肉。燜煮後攪打成泥，當作配菜
鷹嘴豆 garbanzo/chickpeas	顆粒中等，橡實形，米白色，帶堅果風味	許多民族特色菜餚常用。用於庫斯庫斯、鷹嘴豆泥蘸醬、湯品、燉煮菜餚、沙拉、配菜
大北豆 great northern	顆粒中等，外形略呈渾圓。白色。風味溫和細緻	用於湯品、燉煮菜餚、法式砂鍋菜、配菜
腰豆 kidney	顆粒大。腎形。呈粉紅色到棕紅色。風味濃郁	用於墨西哥辣豆醬、墨西哥炒豆泥、豆飯、湯品、燉煮菜餚、法式砂鍋菜、配菜
扁豆 lentils	顆粒小，渾圓，褐色。品種包括法國扁豆（灰綠色外觀，淡黃色內裡）、紅扁豆、黃扁豆和白扁豆瓣（split white）。帶胡椒風味	以全豆或攪打成泥後作為配料。用於湯品、燉煮菜餚、沙拉和配菜
皇帝豆 lima/butter	顆粒大，略微扁平的腎形。呈白色至淺綠色。帶奶油風味	用於豆煮玉米、湯品、燉煮菜餚、沙拉和配菜

乾燥豆子（承上頁）

品種	描述	常見烹調用途
綠豆 mung	顆粒小，外形渾圓。呈綠色，質地柔軟。味略甜	發芽後變成豆芽。磨成綠豆粉，製成粉條或冬粉
海軍豆 navy/yankee	顆粒小，外形渾圓。呈白色。風味溫和	用於茄汁焗豆、墨西哥辣豆醬、湯品、沙拉
斑豆 （墨西哥花豆） pinto/red Mexican	顆粒中等，筒形。米黃色外皮上有褐色條紋	用於墨西哥辣豆醬、墨西哥炒豆泥、燉煮菜餚、湯品
赤小豆 rice	祖傳原生種。顆粒非常小但飽滿，呈長橢圓膠囊狀，近似米粒形狀。風味溫和，微苦	可代替米飯。用於湯品、燉煮菜餚、法式砂鍋菜、配菜
大豆 soybeans	顆粒小，呈豌豆或櫻桃的形狀。乾燥大豆是成熟的大豆，有紅、黃、綠色、褐、黑等顏色。風味清淡	用於湯品、燉煮菜餚、法式砂鍋菜、配菜
祖傳原生種 heirloom	如 Calypso、Tongue of Fire、Jacob's Cattle、Madeira 和其他品種，大小和顏色各有不同，許多品種的外表都有條紋或斑點	用於湯品、燉煮菜餚、法式砂鍋菜、配菜、沙拉
其他豆類		
黑眼豆 black-eyed	顆粒小，腎形。呈米黃色，種臍外圍有一黑圈，猶如黑眼。帶土質風味	用於黑眼豆培根拌飯（Hoppin' John）、湯品、配菜
樹豆 pigeon/gandules	顆粒小，外形接近渾圓。呈米黃色，帶橘色斑點。有類似皇帝豆的甜味	非洲、加勒比海和印度料理常用
去莢乾燥豌豆瓣 split	顆粒小，渾圓。呈綠色或黃色。帶土質風味	用於豌豆泥濃湯、沙拉、配菜

堅果和種籽

堅果通常指各種樹木的果實，除了花生；花生是一種豆科植物的果實，但生長在地下根系之間。

堅果的市售型態包括帶殼、帶殼烘烤、汆燙、切片、切細條、剖半和剁碎。堅果也可用來製成各類抹醬，例如廣受歡迎的花生醬。

某些堅果價格不菲，必須正確保存，否則很容易就會變質酸敗。未烘烤或去殼的堅果可保存較長的時間。去殼的堅果可存放在冰庫或冰箱中，以延長保存期限。

扁桃仁（杏仁果）
almonds

美洲山核桃（胡桃）
pecans

榛果
hazelnuts

核桃
walnuts

花生
peanuts

夏威夷豆（澳洲胡桃）
macadamias

腰果
cashews

開心果
pistachios

松子
pine nuts

南瓜籽
pumpkin seeds

葵花籽
sunflower seeds

罌粟籽
Poppy seeds

黑芝麻
black sesame seeds

白芝麻
white sesame seeds

堅果和種籽

品種	描述	常見烹調用途
堅果		
扁桃仁（杏仁果） almond	淚滴形，淡黃褐色，木質的外殼，味甜。販售型態包括帶殼全粒、去殼、汆燙、切細條、切片、剖半、剁碎、磨粉（粗磨和細磨）	直接吃。常製成生杏仁膏、杏仁奶油醬和杏仁油。生的或烘烤過的扁桃仁可用於烘焙食品、糖果類點心、烤蜂蜜燕麥脆片（燕麥棒）、咖哩料理
巴西堅果 Brazil	大的三角形堅果，外殼堅硬呈深褐色。去除外膜的果仁呈白色，風味濃厚	直接吃。生的或烘烤過的巴西堅果可用於烘焙食品
腰果 cashew	腎形，黃褐色的堅果。帶奶油味，風味微甜。市面上只以去殼型態販售（外皮含類似毒葛的油，會令人皮膚發癢）	直接吃。製作腰果醬。生的或烘烤過的腰果可用於烘焙食品、糖果類點心
栗子 chestnut	相當大的堅果，呈圓形至淚滴形。深褐色的外殼堅硬有光澤。內部表皮呈褐色，堅果為灰白色，味甜。販售型態包括整顆帶殼栗子，去殼後用水浸漬或以糖漿醃漬的罐裝栗子，以及冷凍、乾燥或攪打成泥的栗子	用於甜、鹹菜餚。可烘烤、沸煮、攪打成泥
榛果 hazelnut/filbert	顆粒小，幾近圓球狀，外殼光滑堅硬。風味濃郁、香甜而細緻。市售型態包括帶殼或去殼的整顆榛果，或是經汆燙、剁碎的榛果	直接吃。生的或烘烤過的榛果可用於甜和鹹的菜餚、烘焙食品、沙拉、穀片粥
夏威夷豆 （澳洲胡桃） macadamia	近乎圓形，有著非常堅硬的外殼。金黃色的堅果。風味濃郁、微甜，帶奶油味。多以去殼型態販售	直接吃。生或烘烤過的夏威夷堅果可用於烘焙食品、糖果類點心
花生 peanut	黃褐色，豆莢狀的外殼，如紙般的褐色外皮，堅果呈灰白色。獨特的甜味。可買到完整帶殼花生，或去殼、去皮的花生	直接吃。製作花生醬和花生油。生的或烘烤過的花生可用於甜和鹹的菜餚、烘焙食品、糖果類點心、沙拉
美洲山核桃 （胡桃） pecan	光滑、堅硬、橢圓形的薄外殼。呈兩瓣的堅果，帶褐色外皮，奶油色的內裡。風味濃郁帶奶油香。可買到帶殼全粒、去殼切半或是剁碎的美洲山核桃	直接吃。生的或烘烤過的美洲山核桃可用於甜和鹹的菜餚、烘焙食品、派、糖果類點心、沙拉
松子 pine/pignoli	小而長的核仁，平均長約1.3公分，呈淺黃褐色。帶奶油味，風味溫和	生或烘烤過的松子可用於甜和鹹的菜餚、烘焙食品、沙拉、青醬

品種	描述	常見烹調用途
開心果 pistachio	堅果成熟時，黃褐色外殼會稍微裂開；外殼有時會染成紅色。堅果呈綠色，具淡淡甜味。市售帶殼全粒開心果通常會加鹽烘烤，也有去殼、剁碎的型態	直接吃。生的或烘烤過的開心果可用於甜、鹹菜餚
核桃 walnut	淺褐色外殼有厚有薄，種仁具褐色外皮，生長在粗糙而多節瘤的內部分隔空間中。質地軟，含油量高，風味溫和。以帶殼全粒或去殼、切半、剁碎、醃漬的型態販售	直接吃。製作核桃油。生或烘烤過的核桃可用於甜、鹹菜餚。用於烘焙食品、糖果類點心、沙拉
種籽		
罌粟籽 poppy	渾圓的藍黑色種籽，顆粒非常小。質地酥脆。風味濃郁，稍微帶點霉味。有整粒或粉狀的販售型態	作為烘焙食品的餡料和頂飾。用於沙拉醬。中歐和中東料理常用
南瓜籽 pumpkin	小而扁平的橢圓形。奶油色外殼，內裡呈綠褐色，含油量高。風味細緻。市面上可買到帶殼全粒或去殼的南瓜籽，通常會加鹽調味	生的或烘烤過的南瓜籽可用於甜和鹹的菜餚、烘焙食品。墨西哥料理常用
亞麻籽 flax	細小的橢圓形種籽，呈金黃色或深褐色。溫和的堅果味。食用前一定要煮熟	製作亞麻籽油。用於烘焙食品、熱或冷穀片粥
芝麻 sesame	細小、扁平、橢圓形的種籽。有黑色、紅色或黃褐色。口感酥脆，帶甜味和堅果味	製作芝麻油和塔希尼芝麻醬。生的或烘烤過的芝麻可用於甜和鹹的菜餚、烘焙食品、糖果類點心，或當作盤飾
葵花籽 sunflower	顆粒小，有點扁平的淚滴狀種籽。黑白相間的木質外殼，淺黃褐色的種籽。風味溫和。可買到帶殼整粒或去殼的葵花籽，通常會加鹽調味	製作葵花籽油。生的或烘烤過的葵花籽可用於烘焙食品、沙拉

乾燥辛香料

辛香料主要是植物的樹皮、種籽所製成的芳香食材，長久以來為甜、鹹菜餚增添風味。市面上可以買到完整或磨成粉的乾燥辛香料，也可買到綜合辛香料。

完整辛香料的保存期限通常比磨成粉的辛香料來得長。乾燥辛香料最好存放在密封容器中，置於陰涼乾燥處，遠離高溫，並避免光線直射。為獲得最佳風味，應採購完整的辛香料，要使用時再磨碎。

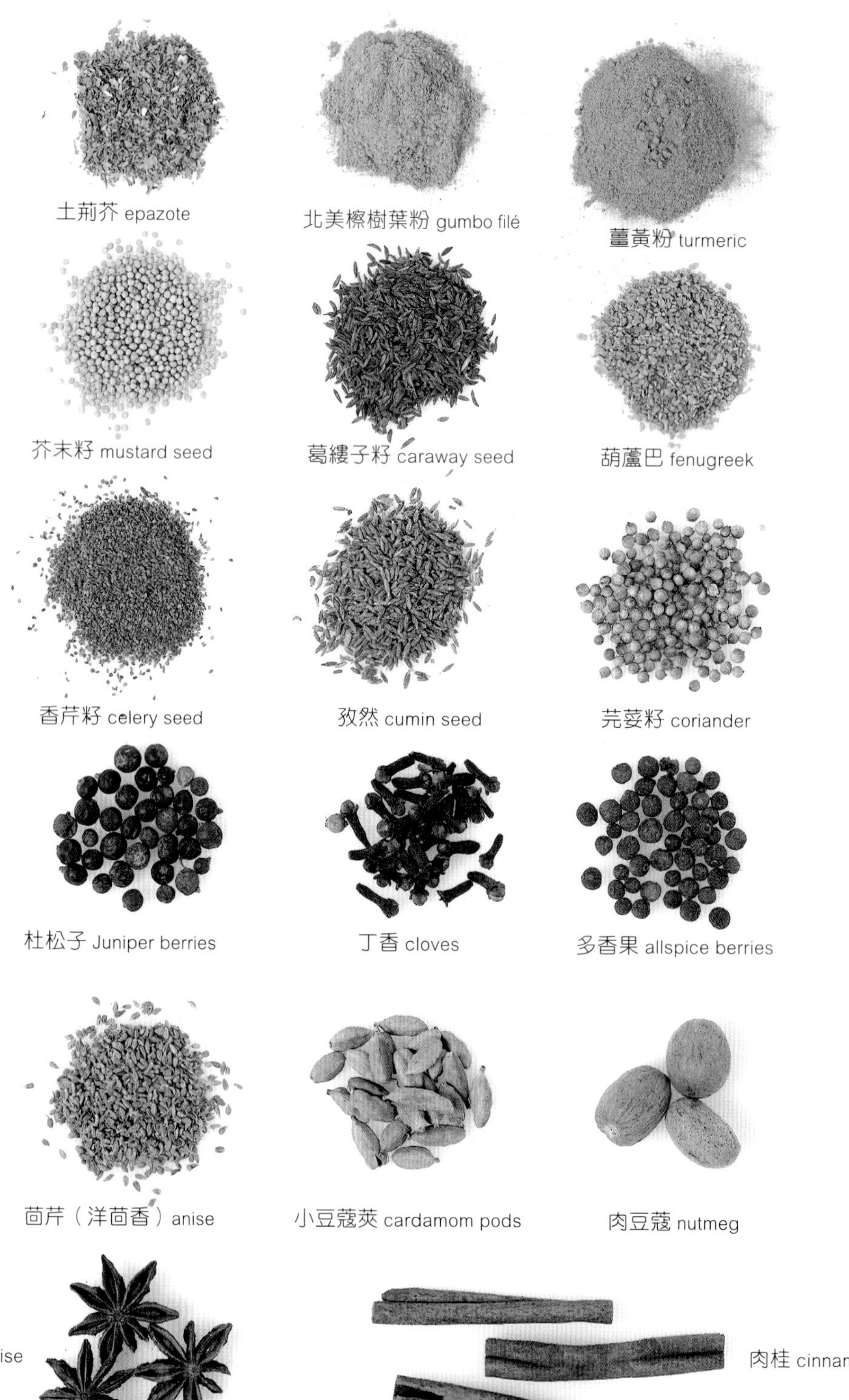

乾燥辛香料

品種	描述	常見烹調用途
多香果 allspice	常綠多香果樹的未成熟漿果經乾燥而成。豌豆般大小，深紅褐色。嘗起來像肉桂、肉豆蔻和丁香。市面上以整粒或粉狀型態販售	用於燜煮菜餚、重組肉、魚類菜餚、甜點
胭脂樹籽 annatto	胭脂樹的種籽，經乾燥處理而成。深紅色。幾乎無味；可將食物染成橘黃色。市面上以整粒販售	拉丁美洲與加勒比海料理常用。用於燉煮菜餚、湯品、醬汁
乾燥石榴籽 anardana	經乾燥處理的石榴種籽。呈黯淡的深紅色。味酸。市面上以整粒或粉狀型態販售	印度料理中常當酸化劑用
茴芹籽（洋茴香籽） anise	香料植物茴芹（學名 *Pimpinella anisum*）的成熟果實乾燥而成，呈淺褐色。風味類似茴香籽，甜而辛辣，帶甘草的味道和香氣	東南亞和地中海料理常用。也用在香鹹菜餚、甜點、烘焙食品、香甜酒
葛縷子籽 caraway	芳香植物葛縷子的乾燥果實，和歐芹一樣都屬繖形花科（香芹科）。新月形的小種籽有條紋。風味獨特，類似茴芹籽，但更甜一些	奧地利、德國和匈牙利料理常用。用於豬肉、甘藍菜、湯品、燉煮菜餚，或用在裸麥麵包、特定幾種乳酪、烘焙食品和 kümmel 香甜酒
小豆蔻 cardamom	經乾燥處理的未成熟果實，薑科的成員。圓形小種籽包在綠色、黑色或粉白色豆莢中。具濃郁香氣，風味甜而辛辣。市面上以全豆莢、純種籽或粉狀型態販售	用於咖哩、烘焙食品、醃漬食物
卡宴辣椒 cayenne	Capsicum frutescens 辣椒的成熟果實乾燥後製成。亮紅色，辛辣。市面上有新鮮或乾燥的卡宴辣椒，整根或磨成粉後販售	用於醬汁、湯品、肉類、魚類、禽類
香芹籽 celery	野生芹菜（圓葉當歸）的乾燥種籽。具濃郁的植物風味，市面上以整粒或粉狀型態販售	用於沙拉、甘藍菜沙拉、沙拉醬、湯品、燉煮菜餚、番茄類菜餚、烘焙食品
肉桂 cinnamon	生於熱帶地區，為肉桂樹的內皮乾燥後製成。紅褐色，市面上以棒狀或粉狀的型態販售	用於烘焙食品、咖哩、甜點、醬汁、飲品、燉煮菜餚
丁香 cloves	生於熱帶地區，為常綠丁香樹未開的花經乾燥製成。紅褐色，呈釘狀。具甜而強烈的香氣與風味。市面上以整枚或粉狀的型態販售	用於高湯、醬汁、燜煮菜餚、醃醬（醃粉）、咖哩、醃漬食物、甜點、烘焙食品

乾燥辛香料（承上頁）

品種	描述	常見烹調用途
芫荽籽 coriander	芫荽成熟的果實，乾燥後製成。小而圓的種籽。呈黃褐色至褐色。獨特的柑橘風味，市面上以整粒販售	亞洲、印度和中東料理常用。用於咖哩料理、重組肉、醃漬食物、烘焙食品
孜然 cumin	一種繖形花科（香芹科）植物的乾燥果實。新月形的小種籽。有三種顏色：琥珀色、黑色、白色。帶堅果風味。以整粒或粉狀型態販售	印度、墨西哥和中東料理常用；用於咖哩料理、辣味菜餚
蒔蘿籽 dill	香料植物蒔蘿（學名 *Anethum graveolens*）的乾燥種籽，繖形花科（香芹科）家族的成員。黃褐色的小種籽，市面上以整粒型態販售	北歐和東歐料理常用。用於醃漬食物、德國酸菜、乳酪、麵包、沙拉醬
土荊芥 epazote	香料植物土荊芥（學名 *Chenopodium ambrosioides*）的葉片，呈中等綠色。風味和香氣鮮明。可買到乾燥或新鮮的土荊芥	墨西哥和加勒比海料理常用。用於辣椒醬、豆類料理、湯品、燉煮菜餚
茴香 fennel	多年生植物茴香（學名 *Foeniculum vulgare*）成熟的果實乾燥後製成。橢圓形的小種籽，呈淺褐綠色，帶甘草般的風味和香氣。市面上以整粒或粉狀型態販售	地中海、義大利、中國和斯堪地那維亞料理常用的調味料。用於香腸、魚肉料理、貝類料理、番茄料理、烘焙食品、醃醬（醃粉）、香甜酒
葫蘆巴 fenugreek	某種一年生香料植物的種莢。種籽小而扁平，呈長方形，黃褐色。味苦而強烈，帶乾草般和楓葉般的香氣。以整粒或粉狀的型態販售	印度料理常用。用於咖哩料理、豬肉料理、醃醬（醃粉）、禽肉料理、印度甜酸醬、綜合辛香料、茶品
北美檫樹葉粉 filé powder	為北美檫樹乾燥後的葉片。帶木質風味，類似麥根沙士。以粉狀型態販售	美國路易斯安那州傳統克里奧爾料理常用。用於秋葵濃湯
薑 ginger	生於熱帶和副熱帶的植物。黃褐色，多節多纖維的地下莖。帶甜味和胡椒般的風味，香氣辛辣。可買到新鮮、糖漬、醃漬或粉狀的薑	亞洲和印度料理常用。用於咖哩料理、燜煮菜餚、烘焙食品
辣根 horseradish	大而白的根，和芥菜同屬十字花科。風味刺激、濃烈，香氣強烈。以乾燥或新鮮的型態販售	用於醬汁、調味料、雞蛋沙拉、馬鈴薯料理、甜菜料理
杜松子 juniper berries	杜松灌木小而圓的漿果乾燥後製成。呈深藍色。略帶苦味，必須壓碎才能釋放風味	用於醃醬（醃粉）、燜煮菜餚、豬肉／野味料理、德國酸菜、琴酒、香甜酒、茶品

品種	描述	常見烹調用途
肉豆蔻乾皮 mace	包覆肉豆蔻種籽的假種皮。新鮮時呈鮮紅色，乾燥時呈黃橘色。帶濃郁的肉豆蔻風味和香氣。市面上以完整或粉狀的型態販售	用於重組肉、豬肉、魚肉料理、菠菜和其他蔬菜料理、醃漬食物、甜點、烘焙食品
芥末 mustard	和甘藍菜同屬十字花科，是芥菜的種籽。共分成三種：傳統的白／黃色顆粒較小，風味較溫和；褐色；黑色顆粒較大，風味強烈且辣。市面上以整粒或粉狀型態販售	用於醃漬食物、豬肉料理、醬汁、乳酪料理、蛋類料理。製作美式芥末醬
肉豆蔻 nutmeg	熱帶常青樹 Myristica fragans 所結果實的大顆種籽，呈小蛋形，深褐色。帶甜味，風味和香氣辛辣。市面上以整塊或粉狀型態販售	用於醬汁、湯品、小牛肉料理、雞肉料理、清湯凍、蔬菜料理、甜點、烘焙食品、蛋酒
綜合辛香料		
辣椒粉 chili powder	將磨成粉的辛香料和乾辣椒混合而成的基底。可以加入孜然、丁香、芫荽籽、蒜頭和奧勒岡等。辣度隨辣椒種類的而異	美國西南方和墨西哥料理常用。用於辣味菜餚、墨西哥辣豆醬、湯品、燉煮菜餚、醬汁
中式五香粉 Chinese five-spice	由磨成粉的辛香料混合而成，成分是相同分量的花椒、八角、肉桂、丁香和茴香。帶強烈的風味和香氣	中式料理常用。用於豬肉料理、魚肉料理、蔬菜料理料理、醃醬（醃粉）、醬汁
咖哩粉 curry powder	由磨成粉的辛香料混合而成，包括小豆蔻、辣椒、肉桂、丁香、芫荽、孜然、茴香籽、葫蘆巴、肉豆蔻乾皮、肉豆蔻、紅椒、黑胡椒、罌粟籽、芝麻、番紅花、羅望子、薑黃等等。辣度和顏色隨種類而異	印度料理常用。用於豬肉料理、海鮮料理、蔬菜料理、醬汁、米飯、湯品
印度綜合香料 garam masala	混合多種乾烤香料，有許多變化版。可以加入黑胡椒、小豆蔻、肉桂、丁香、芫荽、孜然、乾辣椒、茴香、肉豆蔻乾皮、肉豆蔻等。具溫暖的風味和香氣。以完整或磨成粉的型態販售	印度料理常用。用於魚肉、羊肉、豬肉、禽肉、花椰菜、馬鈴薯料理
法國四香粉 quatre épices	法文字意為「四種香料」，指以多種香料混合而成。可以加入胡椒、多香果、薑、肉桂、丁香、肉豆蔻	用於燉煮菜餚、湯品、蔬菜料理、法式肉派、法式肉凍

鹽和胡椒

鹽（氯化鈉）和胡椒由於能用來保存食物，千百年來都極具價值。然而，隨著冷藏技術的普及，鹽和胡椒作為防腐劑的功能已不那麼重要。

鹽有多種市售型態，這種珍貴的礦物可透過兩種來源和程序取得：從鹽礦中開採，或將海水蒸發曬製而成。雖然鹽沒有保存期限的顧慮，最好還是存放在乾燥的地方。在潮濕氣候下，鹽可能會結塊，為防止這種情況，可混幾粒米在鹽裡。

胡椒籽是在胡椒樹上生長的漿果，全世界熱帶地區皆有栽植。採收的時間決定了胡椒籽的類型與風味。整粒的胡椒籽幾乎能無限期保存，風味不會因此變質，但必須壓碎或研磨以釋放風味。

鹽和胡椒

品種	描述	常見烹調用途
鹽		
醃製鹽 curing	93.75% 食鹽，6.25% 硝酸鈉。有時會染成粉紅色，以區隔其他鹽類	醃製豬肉和魚肉
猶太鹽 kosher	片狀的粗粒鹽，不含碘。用於製作猶太認證肉。很多人喜歡猶太鹽更甚於食鹽	多用途的增味劑。用於烹調、製作罐裝食品、醃漬食物
加碘鹽 iodized	額外添加碘的食鹽，是調節甲狀腺機能的營養補充品。帶苦味，可能會與某些食物產生化學反應	多用途增味劑。用於烘焙食品
味精 MSG (monosodium glutamate)	食品添加劑，麩胺酸衍生物，用以加強香鹹食品的風味	用於許多加工食品
泡菜鹽 pickling/canning	類似食鹽。不含添加劑，在潮濕環境下會結塊。能提供純淨的味道和清澈的醃漬／罐頭湯汁	用於醃漬食品、製作罐頭。可取代食鹽當作增味劑
岩鹽 rock	顆粒非常粗的鹽。價格便宜	用於傳統手轉冰淇淋機（可加速外圍冰塊融化）。鋪在蝦蟹貝類下
代鹽（低鈉鹽）salt substitutes/ light salt	將鹽中的氯化鈉部分或全部替換成氯化鉀	烹調低鈉飲食。取代食鹽當作增味劑
海鹽 sea/bay	薄薄的片狀。將海水蒸發後製成。含有微量礦物質，風味強烈。可買到細顆粒和結晶體較大的型態	提升食物的風味和質地。不可用於醃漬、烘烤食品或製作罐頭

品種	描述	常見烹調用途
調味鹽 seasoned	食鹽和其他風味添加物混合而成	在特定製作過程中作為增味劑
食鹽 table	主要成分為氯化鈉。可分兩種：加碘鹽和普通食鹽。通常會添加防止結塊的矽酸鈣和具穩定效果的右旋糖（葡萄糖）	多用途增味劑
胡椒		
黑胡椒籽 black peppercorns	乾燥、皺縮的黑色漿果。未成熟時採收並乾燥製成。具強烈的辛辣風味，為最常見的胡椒。有兩個品種：來自印度的 Tellicherry 胡椒，以及來自印尼的 Lampong 胡椒。可買到整粒、壓裂或粉狀的黑胡椒籽	多用途增味劑。用於鹽醃和醃漬食物、香料包
綠胡椒籽 green peppercorns	柔軟的未成熟漿果。風味溫和，略微刺舌。外觀類似酸豆。可買到冷凍乾燥或浸泡於醋／鹵水中的綠胡椒籽	當作調味料、增味劑
紅胡椒籽 pink peppercorns	巴西胡椒木的漿果，乾燥後製成。呈玫瑰色。風味濃烈、微甜。價格昂貴。市面上可買到冷凍乾燥或浸泡於鹵水／水中的紅胡椒籽	為肉類菜餚、魚類菜餚和各式醬汁調味
花椒 szechwan peppercorns	花椒樹的漿果，乾燥後製成，外觀近似黑胡椒籽。呈深紅色，內有一個小種籽。風味辛辣。市面上以整粒或粉狀態販售	中國四川和湖南的菜餚常用
白胡椒籽 white peppercorns	成熟的胡椒籽去除外皮後製成。呈米黃色。風味溫和，帶花香。市面上以整粒、壓裂或粉狀型態販售	為淺色的醬汁和食物調味

甜味劑

糖一度是富貴昌隆的象徵，現在則廣泛應用於專業廚房的各種面向。從植物（甜菜和甘蔗）中萃取後，糖會再依需求精煉成各種型態。大多數的糖漿，例如楓糖漿、玉米糖漿、糖蜜和蜂蜜，也都來自植物。

甜味劑的風味強弱通常能從顏色深淺看出，糖或糖漿的顏色越深，風味越濃。

糖可引發焦糖化反應，能平衡食物的酸度，並有助於蜜汁、醬汁和醃醬形成吸引人的外觀、風味和黏度。在烘焙坊裡，糖可增添烘焙食品的甜度，保持食品中的水分，延長保鮮／保存期限，輔助乳化，並讓麵包外殼具有顏色與風味。選擇合適的甜味劑，有助於創造出理想的烹調成品。

糖蜜 molasses
蜂蜜 honey
透明玉米糖漿 light corn syrup
楓糖 maple sugar
淺色紅糖 light brown sugar
深色紅糖 dark brown sugar
turbinado 紅砂糖
粗糖粒 coarse sugar
方糖 sugar cubes
白砂糖 granulated sugar
特細砂糖 superfine sugar
糖粉 confectioners' sugar

甜味劑

品種	描述	常見烹調用途
糖		
人工甘味劑 artificial sweetwners	糖的替代品，不具營養價值。常見人工甘味劑包括（但不限於）阿斯巴甜、醋磺內酯鉀、糖精、甜菊糖和蔗糖素	食用糖。不建議用於任何烘焙或烹調
黃砂糖（赤砂糖、二砂） brown *	精煉過的砂糖，帶一些剩餘雜質，或另外添加糖蜜。微濕。在美國又分成兩種：淺色紅糖和深色紅糖。深色紅糖的風味更強烈（來自糖蜜）	用於烘焙食品、西點、醬汁、香鹹菜餚
糖粉 /「10x」** confectioners'/ powdered/10x	純淨的精煉糖。白色的細粉。添加極少量的玉米澱粉以防止結塊	用於烘焙食品、西點、霜飾、糖果類點心。當作裝飾
白砂糖 granulated/white	精煉的純蔗糖或甜菜糖。白色，通常是小顆粒。可買到各種粗細與尺寸的白砂糖：粗糖粒（又稱 crystal/decorating sugar，可裝飾、點綴食品外觀）、特細砂糖、方糖、扁平小方塊糖（tablet）	用於烘焙食品、西點、醬汁、香鹹菜餚
楓糖 maple	楓樹汁煮沸至幾乎蒸發後製成。呈淺黃褐色。細粉狀。比砂糖甜得多	用於烘焙食品和香鹹菜餚。加入穀片、優格、咖啡和茶，以增加甜味
墨西哥 piloncillo 糖	來自墨西哥的未精煉糖，壓製成硬實的錐體。呈中等褐色至深褐色。每個糖錐重21-252克不等。可分兩種：較淺色的 blanco 和較深色的 oscuro	代替深色紅糖。用於香鹹菜餚
印度黑糖 / 棕櫚糖 jaggery/palm	未精煉的糖，以棕櫚樹汁或甘蔗製成。深色，顆粒粗。市售型態眾多，柔軟的抹醬和固體硬塊最常見	印度料理常用。當作麵包抹醬。用於烘焙食品、糖果類點心
粗糖 raw	純化過的甘蔗渣，可分成幾種：Demerara 粗糖，白色糖結晶添加糖蜜製成，顆粒粗；Barbados/muscovado 黑砂糖，濕潤的深色細顆粒；turbinado 紅砂糖，經蒸汽清洗的淺褐色粗顆粒	粗顆粒的粗糖最適合用來裝飾食物和增添甜味，細顆粒可用來代替淺色紅糖
甘蔗 sugarcane	用來製糖的禾本科植物。沸煮後可食用，市面上販售的是莖部，不如白砂糖那麼甜	當作點心、裝飾

*編注：在美國，brown sugar 泛指所有含糖蜜的砂糖，並進一步分成糖蜜含量約占3.5% 的淺色紅糖，以及糖蜜含量在6.5% 至 10% 之間的深色紅糖。在台灣，brown sugar 相當於赤砂糖（二砂）。

**編注：糖粉根據顆粒粗細分級，「10X」的顆粒最細。

甜味劑（承上頁）

品種	描述	常見烹調用途
糖漿		
玉米糖漿 corn	玉米澱粉加工製成的液化糖，可分三種：透明玉米糖漿（經澄清處理去除顏色）、深色玉米糖漿（添加顏色和焦糖風味）和高果糖玉米糖漿。甜度比砂糖低，糖漿顏色越深，風味越濃重。可抑制結晶化	用於烘焙食品、西點、糖果類點心、抹醬
風味糖漿 flavored	額外添加其他風味的糖漿。常見風味包括水果、堅果、香料、巧克力、焦糖	用於烘焙食品、西點、香鹹菜餚、飲品
蜂蜜 honey	蜜蜂採食花蜜後生產的濃稠甜液，呈淡黃色至深褐色。顏色越深，風味越濃重。種類無數，根據花的名稱命名。可買到整片含蜂蜜的蜂巢、含一小塊蜂巢的罐裝蜂蜜、液態蜂蜜、打發過的蜂蜜	用於烘焙食品、西點、香鹹菜餚、飲品、抹醬
楓糖漿 maple	楓樹汁煮沸後製成，呈金褐色，風味獨特。分成等級「A」或「B」販售，等級 A 的精煉程度較高	搭配美式煎餅、格子鬆餅、法國吐司。用於烘焙食品、西點、糖果類點心、香鹹菜餚
糖蜜 molasses	將糖精煉時的液態副產品。可分為三種：淺糖蜜一次煮沸）、深糖蜜（第二次煮沸）和黑糖蜜（第三次煮沸，顏色最黑也最濃稠）。顏色越深，風味和香氣也越強烈	搭配美式煎餅、格子鬆餅和法國吐司。用於烘焙食品、西點、香鹹菜餚

墨西哥 piloncillo 糖
甘蔗（縮小圖）
sugarcane sticks
印度黑糖
jaggery
去皮甘蔗
sugarcane
棕櫚糖
palm sugar

食用脂肪和食用油

無論在專業廚房還是烘培坊，食用脂肪和食用油都有無數種用途。食用脂肪能帶來濃郁的風味、柔滑的口感及質地，還有令人愉悅的香氣。脂肪同時具有多種化學功能，像是使食材軟化、膨鬆，幫助食物保持水分，以及創造出食物層狀、鬆脆的質地。食用脂肪和食用油可避免食物直接受熱，把熱傳遞到食物中，並防止食物沾黏，使醬汁乳化、變稠，以及在煎炸時產生酥脆的質地。

食用脂肪和食用油有許多相似之處，但在室溫下脂肪是固體，而油是液體。橄欖、堅果、玉米或大豆等油脂含量高的食物，經壓製榨出液體油，再經過濾、澄清或氫化反應處理，即能製成食用油或食用脂肪（起酥油）。

食用脂肪或食用油的冒煙點決定了各自的適合用途。舉例來說，冒煙點越高，表示越可以承受高溫加熱，也因此越適合用來油炸。

食用脂肪和食用油

品種	描述	常見烹調用途
脂肪		
全脂奶油 butter, whole	從牛奶中攪動分離出的固體脂肪，含有80% 以上乳脂、20% 水和乳固形物。風味、稠度、質地、顏色和含鹽量決定了奶油的品質。分級：AA 級最佳，其後為 A 級、B 級、C 級	烹調和烘焙。用於西點、醬汁、調合奶油（冒煙點為 177℃）
澄清奶油 （印度酥油） butter, clarified/ drawn/ghee	純化過的乳脂，去除乳固形物的無鹽奶油。保存期限比奶油更長，冒煙點高	用於奶油炒麵糊、溫熱奶油醬汁、印度料理、香鹹菜餚（冒煙點為 252℃）
油炸用脂肪 frying fats	呈液狀，在室溫下易變形。可以是調合油或起酥油。以加工過的玉米或花生油為主要成分。冒煙點高，經得起長時間高溫油炸	深炸（冒煙點各異）
豬油 lard	固體，豬肉加熱熬煉出來的脂肪。加工過的豬油風味溫和。飽和脂肪含量高，冒煙點中等	油炸、烘烤、西點（冒煙點為 188℃）
起酥油 shortening	固體，由植物油製成，可能含有動物脂肪。液態油經化學氫化作用轉成固態脂肪。無味，冒煙點低	深炸、烘烤（冒煙點為 182℃）
食用油		
芥花油 / 菜籽油 canola/ rapeseed	油質輕薄。從幾種油菜籽中萃取，類似紅花籽油。呈金黃色。飽和脂肪含量低。無明顯風味（中性風味）。冒煙點溫度介於相當高至極高	烹調。用於沙拉醬（冒煙點為 204℃）

品種	描述	常見烹調用途
椰子油 coconut	油質濃稠。從乾燥椰肉中萃取。幾乎無色。脫臭後無明顯風味。飽和脂肪含量高。冒煙點高	用於營業用包裝食品、調合油、起酥油（冒煙點為177℃）
玉米油 corn	精煉油。呈中等黃色。無氣味，風味溫和。冒煙點高	深炸。用於營業用沙拉醬、人造奶油（冒煙點為232℃）
棉籽油 cottonseed	油質濃稠。從棉花種籽中萃取。呈非常淺的黃色。無明顯風味。冒煙點中高	和其他油混合製成調合植物油、食用油、沙拉醬、人造奶油、營業用食品（冒煙點為216℃）
葡萄籽油 grapeseed	油質輕薄。顏色淺。無明顯風味。冒煙點高	炒、油炸。用於沙拉醬（冒煙點為252℃）
橄欖油 olive	有各種黏度，呈淡黃色至深綠色（取決於橄欖類型和加工方式）。品質取決於油酸值，油酸值最低、品質最好的是特級初榨橄欖油。整體可分兩類：初榨油和調合油。橄欖油的風味會因產地而有很大的變化，從溫和、草本植物味、草味到辛辣皆有。冒煙點從低溫到高溫不等	地中海料理常用。低至高溫的烹調方式，溫度取決於加工類型。用於醃醬（醃粉）、沙拉醬（冒煙點為191-241℃）
噴霧油 oil sprays	油質輕薄的調合植物油。包裝在噴罐或噴霧器中。種類包括植物油、橄欖油和奶油風味油	在平底鍋、煎烤盤表面噴上一層薄油
花生油 peanut	油質輕薄。精煉油。呈清澈透明至淺黃色。氣味／風味不明顯；精煉程度較低的種類有較強的氣味／風味。冒煙點高	深炸、翻炒。用於營業用沙拉醬、人造奶油、起酥油（冒煙點為232℃）
紅花籽油 safflower	油質輕薄。精煉油。從紅花種籽中萃取。無色無味。冒煙點非常高	深炸。用於沙拉醬（冒煙點為266℃）
沙拉油 salad	調合植物油。風味不明顯	用於沙拉醬、蛋黃醬（不同沙拉油有不同冒煙點）
芝麻油 sesame	兩種類型：一種風味清淡而溫和，帶堅果味；另一種顏色深，風味和香味更強。從芝麻中萃取。根據類型，冒煙點從低溫到中溫不等	油炸、煎炒。用於沙拉醬、增添風味（冒煙點為177-210℃）
大豆油 soybean	油質濃稠。淡黃色。顯著的風味和香氣。冒煙點高	中式料理常用。翻炒。用於營業用人造奶油、起酥油（冒煙點為232℃）
葵花籽油 sunflower	油質輕薄。從葵花籽中萃取。呈淡黃色。風味細微。飽和脂肪含量低。冒煙點中低	多種烹飪用途。用於沙拉醬中（冒煙點為227℃）
植物油 vegetable	油質輕薄。精煉調合植物油，溫和的風味和香氣。冒煙點高	多種烹飪用途、深炸、烘烤（不同植物油有不同冒煙點）
核桃油 walnut	油質輕薄。未精煉。呈淡黃到中等黃色。細緻的堅果風味和香氣。非常容易腐壞，需冷藏以防止酸敗	沙拉醬、肉類菜餚、義式麵食、甜點中的調味添加物。不加熱直接食用最佳（冒煙點為160℃）

其他乾燥食材 miscellaneous dry goods

巧克力

巧克力由可可豆製成，而可可豆生長於可可樹的豆莢中。在古老的阿茲提克帝國，可可豆不僅用來製成飲品、加入各種醬料，同時也是貨幣。今天，許多甜食裡通常都有巧克力，像是蛋糕、糖果和其他甜點，但巧克力也可用於製作香鹹的主菜，如源自墨西哥的巧克力辣醬（mole poblano）燉火雞。

在阿茲提克帝國時代之後，巧克力冗長的萃取過程已經過許多改良。第一階段先將可可豆仁壓碎成糊狀物，此時完全沒有加糖，成品稱為可可膏。然後將可可膏再次研磨，使質地更滑順、更細膩，同時可加入甜味劑和其他成分。可可膏經碾壓會流出可可脂，剩下來的可可固形物磨碎後便成了可可粉。可可脂若和可可膏混合，可製成食用巧克力，或調味、加糖後製成白巧克力。可可脂也能用於生產藥品與化妝品。

巧克力應妥善包好，儲存在陰涼、乾燥且通風的地方。大多數情況下，巧克力不應冷藏，以免導致水分凝結在表面。有時巧克力上會出現白色的「霜斑」，這僅代表部分可可脂已融化，並在巧克力表面再次結晶。起霜斑的巧克力仍可安全食用。可可粉若存放在密封容器中，置於乾燥處，就幾乎可以無限期保存。

醋和調味料

醋和大多數調味料能將酸味、甜味、嗆辣或辛辣等各種滋味帶入食物中，也可以當作食材，或和菜餚一起出餐，讓客人根據自己的口味自行添加。

備品充足的廚房應備有各種類型的醋、芥末、酸甜醃菜、醃漬食物、橄欖、果醬和其他調味料。一般而言，醋和調味料的儲存可比照食用油和起酥油。

萃取精

烹飪和烘焙時，主廚使用各種萃取精進行調味。香料植物、辛香料、堅果和水果都能製成以酒精作為基底的萃取精。常見萃取精包括香草莢蘭、檸檬、薄荷和杏仁。萃取精若接觸空氣、高溫或光線，可能會風味盡失。為維持風味，請將萃取精存放在密封的暗色瓶罐中，遠離熱源，並避免光線直射。

膨發劑

膨發劑用來讓食物可以有輕薄而膨鬆的質地。小蘇打（碳酸氫鈉）和泡打粉（混合小蘇打、塔塔粉和玉米澱粉製成）這類的化學膨大劑，反應速度都相當快。泡打粉通常具有雙重作用，一種是在液體倒入乾燥食材時，在濕氣中起反應；另一種則是在將食物放入烤爐裡烘焙時，在高溫中起反應。

酵母透過發酵讓食物變得膨鬆，過程中會產生酒精和二氧化碳。氣體被麵糰困住，產生許多小洞，而酒精則在烘焙過程中蒸發。

乾燥酵母可保存較長時間，但新鮮酵母的保存期限相當短，放入冰箱冷藏也只能保存數週。化學膨大劑則應保持絕對乾燥。

稠化物

稠化物能使液體帶一定程度的黏稠性。乳化和久煮濃縮都是使液體變稠的方法，而使用各種稠化物也能達成類似效果，包括葛粉、玉米澱粉、北美檫樹葉粉和明膠等等。

咖啡、茶和其他飲品

一杯好咖啡或好茶往往能決定餐廳的聲譽。廚師應選出最符合餐廳特定需求的品牌和配方。有些經營者喜歡精選咖啡豆現磨現沖，而其他經營者則可能更適合購買預磨、定量、真空包裝的咖啡粉。許多餐廳會供應沖煮的無咖啡因咖啡，有些則同時供應正常及無咖啡因的義式濃縮咖啡和卡布奇諾咖啡。

茶的種類繁多，包括紅茶、綠茶和花草茶。大部分是已調配好的茶葉，以單杯量的茶包或散裝茶葉型態販售。

雖然咖啡和茶通常皆可保存一段時間，但如果保存時間過長或儲存條件不當，風味會大量流失。咖啡豆或開封的咖啡粉皆應置於密閉容器中，並盡快使用，以確保最佳風味與風韻。茶應存放在陰涼乾燥的地方，遠離光線和潮濕。

已調配好的飲料沖泡粉（如水果飲料粉或可可粉）應存放於乾燥處。冷凍果汁和其他飲料應冷凍起來，直到需要使用時。罐裝果汁應保存在乾燥的儲存空間內。記得先從較早的庫存用起，並於使用前檢查所有罐子、盒子和其他容器，確保沒有任何溢出、凸起、生鏽或發霉的現象才用。

葡萄酒、甜酒和香甜酒

選擇用來烹飪和烘焙的葡萄酒、甜酒和香甜酒，基本原則是：如果一款酒不適合飲用，也不會適合用於烹飪。

白蘭地和干邑白蘭地、香檳、干紅／白葡萄酒、波特酒、Sauterne 白酒、雪利酒、司陶特啤酒、愛爾啤酒、一般啤酒，甜味和干苦艾酒等等，都是廚房烹調時常用的酒。若用來烘焙，主廚手上應備有波本威士忌酒、黑醋栗乳酒、水果白蘭地、琴酒、卡魯哇咖啡香甜酒、蘭姆酒和蘇格蘭威士忌。應購買價格經濟實惠且品質好的葡萄酒和香甜酒。佐餐葡萄酒（如勃艮第葡萄酒、夏布利白酒和夏多內白酒）一打開，就會失去風味並變酸，尤其接觸到高溫、光線和空氣影響的時候。為了維持餐酒的風味，請將開封的酒傾入密閉或裝有注酒器的瓶子中，不使用時要冷藏。加烈葡萄酒（如馬德拉酒、雪利酒和波特酒）比餐酒更穩定，可以存放在乾燥的儲藏室裡。這些規則同樣適用於甜酒、干邑白蘭地和香甜酒。

stocks,
sauces,
and soups

高湯、醬汁與湯品

第 三 部

第11章

mise en place for stocks, sauces, and soups

製作高湯、醬汁與湯品的準備工作

所謂的出色烹調，是指細心讓每道菜餚盡可能呈現最佳風味與最完美的質地。基本調味料與芳香食材的結合構成基礎風味，稠化物帶來豐富、滑順的口感，蛋奶液則可讓高湯、醬汁與湯品具有稠度。

食譜會再三出現香草束、香料包、乾焦洋蔥這三種預先準備好的基本芳香食材。這些芳香蔬菜、香料植物、辛香料的組合，能慢慢將香氣注入液體，為高湯、醬汁與湯品增添風味，以提升、烘托一道佳餚的風味。

bouquets, sachets, and oignon brûlé
香草束、香料包與乾焦洋蔥

這三種預先準備好的芳香食材都在烹調的過程中加入。香草束與香料包的材料通常都會綁在一起，這樣在烹煮時，即使其他食材仍未煮好，也可以先移除已釋出足夠風味的香草束與香料包。

香草束由新鮮香料植物與蔬菜綁在一起製成。如果要用韭蔥來包裹香草束的其他材料，必須先徹底洗掉韭蔥上的泥土，包好後用棉繩綑綁，棉繩的另一端綁在鍋把上，以便取出。

香料包的材料包括胡椒粒、其他辛香料與香料植物等等，是否用濾布袋封裝，取決於成品煮好後會不會過濾。如果會，可以不封裝直接下鍋。標準香草束或香料包的材料可以稍微更動（放入胡蘿蔔或蒜瓣）或大幅調整（加入小豆蔻、薑或肉桂），以創造不同風味。香料包可以使風味融入液體，原理就像用茶包泡茶。

烹調的量少於3.84公升，就在最後15-30分鐘放入香料包或香草束，反之則在最後1小時放入。確切作法參見相關食譜與配方。香草束或香料包放入高湯或湯品的前後都要嘗過，以了解香料對菜餚風味的影響。若按基本配方來調配芳香食材，且適當烹煮使菜餚入味，那麼這些芳香食材就是菜餚的主要香氣來源，但不能完全蓋過主食材的味道。

乾焦洋蔥與月桂丁香洋蔥是以整顆、剖半或切4瓣的洋蔥做成的風味食材，作法是將洋蔥去皮後剖半，切面朝下，以平底鍋煎焦。有些高湯與法式清湯會用乾焦洋蔥讓湯帶有金褐色。月桂丁香洋蔥的作法，是將幾粒丁香和一片月桂葉插在洋蔥上，用來為白醬和湯品調味。

香草束與香料包

標準香草束 1 束

3.84公升液體

- 百里香1枝
- 歐芹莖3-4枝
- 月桂葉1片
- 韭蔥葉2-3片與／或芹菜莖1段，縱剖
- 胡蘿蔔1根，縱剖（非必要）
- 歐洲防風草塊根1根，縱剖（非必要）

標準香料包 1 包

3.84公升液體

- 歐芹莖3-4枝
- 百里香1枝或乾燥百里香2克（1小匙）
- 月桂葉1片
- 壓碎的胡椒粒2克（1小匙）
- 蒜瓣5粒（非必要）

標準香草束的材料

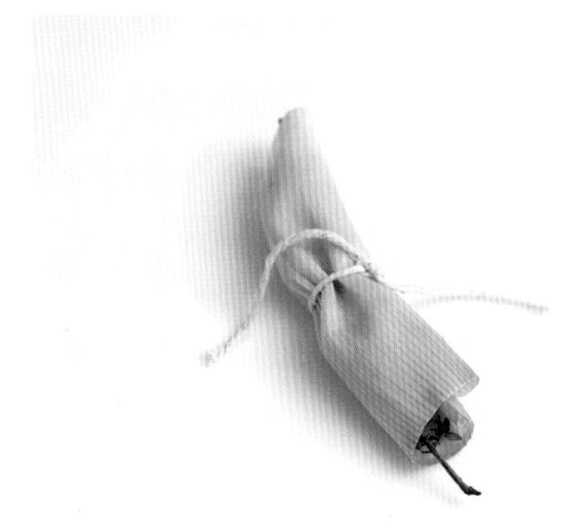

完成的香草束

標準香料包的材料

完成的香料包

調味蔬菜譯自法文字「mirepoix」，指洋蔥、胡蘿蔔、芹菜的混合物，不過實際上的組合不止這一種，即便法式料理也是這樣。調味蔬菜與類似的芳香蔬菜組合是為了給菜餚細微但宜人的基礎風味，以烘托並提升成品的風味。

mirepoix 調味蔬菜

常見的芳香食材有洋蔥、胡蘿蔔、芹菜（包括帕斯卡爾芹菜與根芹菜）、韭蔥、歐洲防風草塊根、蒜頭、番茄、紅蔥、蘑菇、椒、薑，組合可依烹調方式與菜餚本身而定。芳香食材用量不大，但對菜餚有顯著影響。例如，454克的調味蔬菜可用於3.84公升的高湯、湯品、醬汁、燉煮、燜煮及醃醬上。

為了得到最佳風味，要先洗淨並修整所有蔬菜。洋蔥皮會讓湯汁染上橘色或黃色，如果不想要這樣的顏色，要先去皮。胡蘿蔔與歐洲防風草塊根只要刷洗就好，省去削皮的時間。不過，有些廚師會去掉所有蔬菜的外皮，讓風味更容易釋出；有些則只在成品不濾除時才去皮。

無論是否去皮，都應視烹煮時間來決定蔬菜要切成什麼尺寸。時間越短，切得越小越薄，反之則越大越厚。鍋爐烤菜餚或小牛褐高湯等需長時間烹調的菜餚，應使用較大塊的蔬菜。不烹煮的醃醬、鍋底肉汁醬，以及微滾煮不超過3小時的菜餚，用切成小丁或小片的調味蔬菜。法式高湯與微滾煮少於1小時的高湯，用切得非常薄的調味蔬菜。

調味蔬菜即使在微滾階段才下鍋，也能替菜餚增加鮮明的香氣，不論是炒軟、烘烤、燜煮、煎褐，都會大幅度改變菜餚風味。先用足以淹沒鍋底、沾裹蔬菜的油來烹調洋蔥，接著放入胡蘿蔔，最後是芹菜。煮白高湯或濃湯時，通常先用油脂將調味蔬菜以小火慢炒至稍微出汁，此時若蓋上鍋蓋，稱為燜煮。「茄香綜合蔬菜」出自法文字「pinçage」，原意是指變稠或縮起，描述番茄以熱油烹調時的變化，作法是將番茄糊或其他番茄製品倒入已經煎褐的調味蔬菜，煮到變紅褐色。

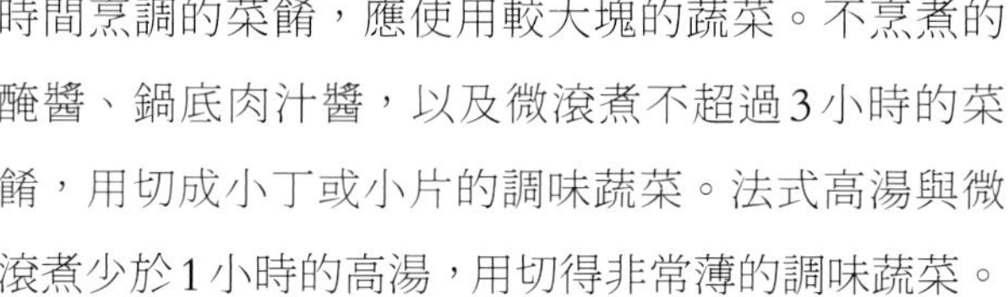

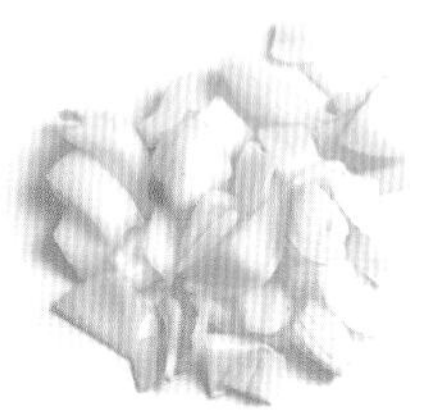

標準調味蔬菜

白色調味蔬菜

基本配方

標準調味蔬菜
454克

- 洋蔥227克
- 胡蘿蔔113克
- 芹菜113克

NOTE：洋蔥、胡蘿蔔、芹菜的比例為2：1：1。

白色調味蔬菜
454克

- 洋蔥113克
- 芹菜或根芹菜113克
- 歐洲防風草塊根113克
- 韭蔥113克

NOTE：比例為等量的洋蔥、芹菜、歐洲防風草塊根、韭蔥。

亞洲芳香調味蔬菜
567克

- 蒜頭227克
- 薑227克
- 青蔥113克

NOTE：蒜頭、薑、青蔥的比例為2：2：1。

卡津三菜（Cajun Trinity）
454克

- 洋蔥227克
- 芹菜113克
- 燈籠椒113克

NOTE：洋蔥、芹菜、燈籠椒的比例為2：1：1。

什錦蔬菜丁（Matignon）
369克

- 火腿85克
- 洋蔥113克
- 胡蘿蔔113克
- 芹菜57克
- 百里香1枝
- 月桂葉1片

作法精要

1. 洋蔥與胡蘿蔔煎出褐色。
2. 放入芹菜煮軟。
3. 製作茄香綜合蔬菜。倒入番茄糊，煮成褐色。

專業訣竅

- 標準調味蔬菜用於各種高湯與湯。為了增添風味和上色，常在煮褐高湯、肉汁、燉煮菜或湯品時，倒入番茄糊或番茄泥。
- 白色調味蔬菜用於白高湯及味道溫和且（或）呈淺象牙色或白色的湯品。
- 亞洲芳香調味蔬菜用於許多亞洲翻炒菜餚、湯品與醬汁。由於很容易燒焦，炒到散發香氣即可。
- 卡津三菜用於許多路易斯安那克里奧爾料理與卡津料理，例如秋葵濃湯。烹調形式依地區與傳統食譜而有非常多變化。
- 什錦蔬菜丁有時稱為可食的調味蔬菜，不僅用來增加風味，也當作裝飾。通常有整齊切丁的洋蔥、胡蘿蔔、芹菜、火腿，也可依喜好添加蘑菇與各種香料植物和辛香料。先將火腿煎出油，再放入蔬菜煎軟。依食譜使用。

1. **洋蔥與胡蘿蔔煎出褐色**，再加入芹菜。調味蔬菜可以在爐火上或烤爐裡烹調到變成深褐色（有時稱為焦糖化）。先用足以淹沒鍋底、沾裹蔬菜的油來煎洋蔥，接著放入胡蘿蔔，最後是芹菜。

作法詳解

2. **倒入番茄糊（若有使用）**。等調味蔬菜的材料煎到半熟、芹菜變軟且顏色變深，若使用番茄糊，便在此時倒入。烹調褐高湯、肉汁、燉煮菜或湯品時，常在調味蔬菜裡倒入番茄糊或番茄泥，以增添風味與上色。

3. **小心烹煮**，直到茄香綜合蔬菜變成深褐色，番茄糊變鏽褐色且散發甜味，就完成了。

奶油炒麵糊可以稠化醬汁、湯品與燉煮菜，賦予菜餚特殊風味。以油脂炒麵粉會讓麵粉的某種酵素失去活性，而這種酵素如果不以高溫破壞，會妨礙麵粉的稠化能力。這麼做也會將麵粉的生粉味轉化成焦香味或堅果味。烹調時間越長，顏色越深，風味越有層次。

roux
奶油炒麵糊

除了改善生粉味與顏色，以油脂來烹調麵粉還有個作用：在奶油炒麵糊與液體結合時，油脂有助於避免麵粉裡的澱粉形成長鏈或結塊。不過要記得，以同等分量的奶油炒麵糊來說，白色的稠化力比深色更強，這是因為部分澱粉會在褐變過程中分解，失去稠化能力。因此，奶油炒麵糊顏色越深，稠化力越弱。

奶油炒麵糊在美國廚房中儘管因各種因素而逐漸被其他稠化物取代（包括為了讓生粉味消失而必須烹煮較久、製作出來的醬汁較厚實），卻依然很廣泛，或許因為奶油炒麵糊是從歐洲傳來的烹飪方式，而且有好幾種獨特優點。奶油炒麵糊除了稠化菜餚，也可以改變醬汁顏色。深色奶油炒麵糊則會帶來堅果味及焦香味。舉例來說，深色奶油炒麵糊就讓秋葵濃湯及燉煮菜具有獨特的特質，因此對克里奧爾料理和卡津料理尤其重要。另一個優點是麵粉裡的澱粉不像其他稠化物那麼容易分解，做出來的醬汁比較穩定。

白色奶油炒麵糊

金色奶油炒麵糊

褐色奶油炒麵糊

深色奶油炒麵糊

任何種類的白麵粉都可以做成奶油炒麵糊，不過中筋麵粉的澱粉含量最理想。每種麵粉的澱粉與蛋白質比例都不相同，低筋麵粉的比例就比高筋麵粉高，做成奶油炒麵糊後，稠化力也比高筋麵粉做成的還強。本書使用的奶油炒麵糊都以中筋麵粉製作，稠化力介於兩者之間。

澄清奶油是製作奶油炒麵糊最常使用的油脂，也可以用全脂奶油、植物油、熬煉雞油和其他熬煉油脂，油脂種類會影響成品的風味。

以中火加熱油脂，倒入麵粉拌勻。奶油炒麵糊的基本配方為60%麵粉、40%油脂（按重量）。奶油炒麵糊應該非常滑順濕潤，看起來像「低潮時的海沙」，表面油亮有光澤，既不乾，也不油膩。增加麵粉或油脂的用量，可以調整奶油炒麵糊的質地。為了避免燒焦，炒麵糊時要不斷攪拌，直到變成理想顏色。炒大量麵糊時，為了避免燒焦，可以放入中溫烤爐（177-191℃）。

奶油炒麵糊的四種基本顏色為白色（稍微上色或白堊色）、金色（金黃麥稈色且稍帶堅果香）、褐色（深褐色且帶有強烈堅果香），以及深色（暗褐色且帶有濃烈堅果風味與香氣）。烹調到理想熟度即可使用，或放涼備用。

奶油炒麵糊與液體結合的方式有三：將冷奶油炒麵糊倒入熱液體裡、將冷液體倒入熱奶油炒麵糊裡，或將溫奶油炒麵糊倒入等溫液體裡。無論採用何種方法，都應遵循下列通則：

1. 避免極端溫度，以免結塊。
2. 由於油脂在低溫中會凝結，因此冷奶油炒麵糊或室溫奶油炒麵糊比冰奶油炒麵糊還容易倒入熱液體裡拌勻。
3. 冰液體會在一開始就讓奶油炒麵糊變硬，應避免使用。
4. 極高溫的奶油炒麵糊與液體結合時可能會噴濺並造成嚴重燒燙傷，應避免使用。

奶油炒麵糊的稠化在液體達到約93℃時變得非常明顯。長時間烹煮的醬汁與湯品會用濃縮的方式來進一步稠化。

純澱粉漿

在重量相等的條件下，葛粉、玉米澱粉、其他純澱粉的稠化力比麵粉強，而且不像奶油炒麵糊需長時間烹煮，也很少或根本不會改變成品顏色。不過要記得，這類澱粉較容易隨時間分解。

葛粉、玉米澱粉、樹薯粉、馬鈴薯澱粉、米穀粉都是純澱粉，以冷液體化開即為澱粉漿。澱粉與液體要徹底混合成高脂鮮奶油的稠度。澱粉漿可以預先調好，待現場烹調時使用。如果不立刻使用，澱粉會沉澱在容器底層。使用前需重新攪拌，讓澱粉和液體混合均勻。

將澱粉漿倒入或淋上微滾液體中，同時持續攪拌。以這種方式加入澱粉漿，液體會快速稠化，讓廚師更好控制成品稠度。液體重新煮到沸騰，煮到醬汁呈現理想的稠度與澄清度，過程中要不斷攪拌，以免結塊或燒焦。

以澱粉漿稠化的菜餚無法久放，若必須放在水蒸保溫檯裡，一定要定時檢查稠度。每種澱粉的特質不同，不過可以相互替代，配方見下頁。

用純澱粉取代奶油炒麵糊

基本公式

奶油炒麵糊的麵粉重量

（奶油炒麵糊重量 ×0.6＝麵粉重量）

× 替代澱粉的稠化力（參考下方資料）

＝所需替代澱粉的預估重量

範例：

用葛粉取代食譜中的奶油炒麵糊284克：

284克 ×0.6＝麵粉170克

麵粉170克 ×0.5（葛粉的稠化力）＝葛粉85克

稠化力

米穀粉：	0.6
葛粉：	0.5
玉米澱粉：	0.5
樹薯粉／木薯粉：	0.4
馬鈴薯澱粉：	0.2

常見稠化澱粉與其特質

- 米穀粉：半透明。稠化力相對較弱。可冷凍。價格相當昂貴。
- 葛粉：比玉米澱粉透明。稠化力與玉米澱粉差不多。冷卻後不會變成凝膠或出水。
- 玉米澱粉：半透明。加熱會變稠，但過度加熱會降低稠化力。冷卻後會變成凝膠，也會出水。
- 樹薯／木薯粉：半透明。稠化力比玉米澱粉稍強。價格中等。
- 馬鈴薯澱粉：半透明。稠化力比玉米澱粉強。價格中等。

蛋奶液是蛋黃與鮮奶油混合物，用途是為醬汁與湯品增添風味並略微增稠。蛋奶液的作法不同於奶油炒麵糊與純澱粉漿等稠化物，但是鮮奶油與雞蛋的結合，經過適當烹煮，可以讓菜餚染上一抹象牙金色，帶來光澤、柔滑口感、稠度與風味。

liaison
蛋奶液

蛋黃通常在65℃開始凝結，倒入鮮奶油後，可以將凝結溫度提高到82-85℃。鮮奶油與蛋黃均勻混合後，倒入一部分熱液體，可避免溫度劇烈變化導致蛋黃結塊，這個過程稱為調溫（tempering），能讓湯品或醬汁保有滑順口感。慢慢將⅓的熱液體倒入蛋奶液，每次舀入一大勺，同時不斷攪拌。等熱液體加得夠多時，將調溫過的蛋奶液倒入湯品或醬汁裡，再以小火慢慢加熱混合物到稍微變稠，同時不斷攪拌。混合物不應超過85℃，以免蛋黃凝結。添加蛋奶液的時間離出餐時間越近越好，以確保品質。以蛋奶液稠化的湯品與醬汁應維持在60-85℃，以維護食品安全及品質。

基本配方（按重量）

作法精要

1. 鮮奶油與蛋黃均勻混合。
2. 以熱液體為蛋奶液調溫。
3. 調溫過的蛋奶液倒入菜餚中。
4. 煮到稍微變稠，同時不斷攪拌。

蛋奶液

315毫升，可稠化液體720毫升

- 鮮奶油240毫升
- 蛋黃75毫升（約3顆大雞蛋的蛋黃）

NOTE：鮮奶油與蛋黃的比例為3：1。

1. 從熱湯、醬汁或法式白醬燉小牛肉（見597頁）之類的菜餚開始。鮮奶油與蛋黃混合均勻。蛋黃通常在65℃開始凝結，倒入鮮奶油後，可將凝結溫度提高到82-85℃。慢慢將熱液體倒入蛋奶液裡調溫。一部分熱液體倒入蛋奶液中，避免溫度劇烈變化導致蛋黃結塊，這個過程稱為調溫，能讓湯品或醬汁保有滑順口感。慢慢將⅓的熱液體倒入蛋奶液裡，每次舀入一大勺，同時不斷攪拌。

< 作法詳解

2. 等熱液體加得夠多時，將調溫過的蛋奶液倒回湯或醬汁裡，再以小火慢慢加熱，直到混合物稍微變稠，同時不斷攪拌。混合物不應超過85℃，以免蛋黃凝結。添加蛋奶液的時間離出餐時間越近越好。以蛋奶液稠化的湯品與醬汁應維持在60-85℃，以維護食品安全及品質。

製作澄清奶油要將全脂奶油加熱到乳脂與乳固形物分離。全脂奶油在脫脂與換瓶的過程中會流失一部分，454克奶油約可做出340克澄清奶油。不建議用含鹽奶油製作澄清奶油，原因是無法預估成品的鹽濃度。使用無鹽澄清奶油可以另外加鹽調味。

clarified butter
澄清奶油

基本配方

澄清奶油
340克

- 奶油454克

作法精要

1. 融化奶油。
2. 撈除雜質。
3. 為澄清奶油換瓶。

專業訣竅

▶製作澄清奶油是為了去除奶油裡的乳固形物與水分，如此一來，我們就能用比全脂奶油更高的溫度來烹飪。澄清奶油通常用來製作奶油炒麵糊。由於澄清奶油能帶來少許奶油味，因此常用於煎炒，有時也和植物油混用。有些廚師偏好用澄清奶油製作溫熱的奶油醬，例如荷蘭醬、貝亞恩蛋黃醬。用於部分亞洲料理的印度酥油也是一種澄清奶油。乳固形物在與乳脂分離前會先褐變，因此澄清奶油帶有堅果味。

1. **融化奶油並撈除雜質**。以小火加熱奶油，直到浮沫浮上表面，且水與乳固形物沉到鍋底。剩餘的乳脂會變得非常清澈。奶油變清澈時，便以長柄勺、撈油勺或漏勺撈除雜質。

< 作法詳解

2. **小心將乳脂倒入或舀入**另一只容器，所有水和乳固形物要留在鍋底。全脂奶油變清澈後，部分體積因去浮沫、換瓶與捨棄水分和乳奶固形物而喪失。1塊454克的全脂奶油可以做出約340克的澄清奶油。

第12章

stocks

高湯

高湯是專業廚房中最基本的備品。其實，高湯的法文為「fonds de cuisine」，意思就是「烹飪的基礎」。高湯是具有風味的液體，將取自肉或禽肉的肉骨、海鮮與／或蔬菜放入清水中，和芳香食材一起微滾煮，直到萃取出風味、香氣、顏色、稠度、營養。高湯可用於製作醬汁、湯品等，並作為燜煮與微滾煮蔬菜和穀物的烹飪介質。

白高湯、褐高湯、法式高湯是三種基本高湯。白高湯的作法是將所有食材和冷液體（通常為清水）一起以小火微滾慢煮。褐高湯的作法，是先用適量油脂將骨頭、調味蔬菜以烤爐烘烤或爐火烹煮，直到變成紅褐色，再加水微滾慢煮。法式高湯（有時稱精淬液）的作法是先將主要食材炒軟或先燜燒，再微滾慢煮，通常會倒入干白酒。

stocks
高湯

為了有良好風味與稠度，應使用肉骨與魚骨。可以是肉或海鮮分切後剩下來的骨頭，也可以專為製作高湯而買。幼齡動物的骨骼含有較高比例的軟骨與結締組織，在微滾慢煮的過程中會分解成明膠，讓高湯變濃稠。膝骨、脊椎骨、頸骨也適合用來製作高湯。如果有的話，放入修整下來的邊角肉，高湯風味更濃郁。骨頭切成8公分長，才能更快、更徹底地萃取出風味、明膠與營養。若購買冷凍肉骨，烹煮高湯前要先解凍。

新鮮或冷凍肉骨在放入高湯鍋前都要洗淨，去除會減損高湯品質的血與雜質。製作褐高湯要先烘烤肉骨與邊角肉，作法見263頁。調味蔬菜修整後，切成容易萃取風味的大小，尺寸與烹煮時間成正比。若烹煮時間為1小時，粗略切或片成5公分大小。褐高湯所用的調味蔬菜與番茄糊會先烘烤或煎成褐色，再加入高湯。

香料包或香草束也會用來煮高湯，並依據高湯類型選擇適合的芳香植物。由於高湯最後都會過濾，有些廚師不會把香料包或香草束的材料綁好。但如果有綁，在風味變得太濃時比較容易移除。

用於製作高湯的鍋具通常高度大於寬度。表面積較小，能將烹煮期間的蒸發速度減至最小。有些高湯鍋底部裝有水龍頭，煮好的高湯不必攪動肉骨就可以流出。調味高湯、法式高湯、精淬液都不需長時間烹煮，可以用雙耳燉鍋或其他寬淺鍋具。可傾式深鍋或壓力蒸氣鍋通常用於大量製作。烹煮中要不時以長柄勺或撈油勺移除浮渣。用濾布、篩子、濾鍋來分離高湯與肉骨和蔬菜。此外，也要準備好溫度計、降溫用的金屬容器、保存高湯的塑膠容器，還有試味道用的湯匙。

基本配方

肉高湯或禽肉高湯
3.84公升

- 肉骨與邊角肉3.63公斤
- 冷液體4.8-5.76公升
- 標準調味蔬菜或白色調味蔬菜454克（見243頁）
- 標準香料包1包或標準香草束1束（見241頁）

魚高湯
3.84公升

- 低脂肪魚的魚骨4.99公斤
- 白色調味蔬菜454克（見243頁）
- 水4.32公升
- 標準香料包1包（見241頁）

法式魚高湯
3.84公升

- 低脂肪魚的魚骨4.99公斤，切5公分大塊
- 白色調味蔬菜454克（見243頁），切薄片
- 蘑菇284克，切片
- 水3.36公升
- 白酒960毫升
- 標準香料包1包（見241頁）
- 鹽20克（2大匙）（非必要）

蔬菜高湯
3.84公升

- 各式非澱粉類蔬菜1.36公斤
- 水4.8公升
- 標準香料包1包或標準香草束1束（見241頁）

作法精要

1. 主要的風味食材與液體混合。
2. 煮到微滾。
3. 烹煮期間盡量撈除雜質。
4. 在適當時間放入調味蔬菜與芳香蔬菜。
5. 以微滾慢煮，直到煮出適當的風味、稠度、顏色。
6. 過濾。
7. 立刻使用或冷卻後保存。

專業訣竅

▶ 高湯的風味會因食材而改變或加深。某些高湯通常使用基本調味蔬菜組合（見243頁），不過也可添加更多食材，以製作出想要的風味。標準香草束與香料包的材料種類也都可以增加，以製作出更深厚、更多變的風味。使用新鮮或冷凍的骨頭與邊角肉也會影響風味。

▶ 更健康的選擇：高湯是在不加入油脂或多餘卡路里的情況下，讓風味滲入菜餚的絕佳方法。你可以用高湯來烹調穀物、蔬菜、肉類、醬汁或是湯品。

白高湯的食材

小牛肉褐高湯的食材

法式魚高湯的食材

蔬菜高湯的食材

作法詳解

1. **肉骨放入大小適當的高湯鍋裡**，倒入冷液體，淹過食材5公分，慢慢煮到微滾。需要時撈除雜質。為了做出最具風味且最清澈的高湯，應以冷液體（清水或二次高湯，見261頁）慢慢煮出風味與稠度。整個烹調過程都要保持最輕微的微滾，高湯表面應該很少有泡泡破裂。法文以動詞「frémir」（顫抖）形容這個階段的泡泡活動。

2. **不斷撈除雜質**，以製作出清澈高湯，同時調節適當溫度。法文以動詞「dépouiller」形容撈除雜質的過程，意指「去皮或剝皮」。清澈的高湯除了較美觀之外，也不會有混濁的雜質造成高湯迅速腐壞或酸化。因此，高湯越清澈，保存期限越長。

3. 在適當時間將調味蔬菜放入高湯，以萃取出最多風味。除了魚高湯、法式高湯、調味高湯，其他高湯添加調味蔬菜的正確時機大致是最後兩小時，這樣既有充分時間來萃取最佳風味，蔬菜也不至於在長時間烹煮中碎裂解體。其他像是香料包、香草束等芳香食材，都應在最後30-45分鐘放入。由於魚高湯、法式魚高湯、精淬液、調味高湯並不需長時間烹煮，開始微滾煮沒多久，就會放入切得較小的調味蔬菜，烹煮全程都不撈出。

NOTE 魚高湯：魚骨、冷水與芳香食材入鍋，微滾慢煮35-45分鐘。這有時又稱為「游泳法」，藉此區分用「出汁法」煮成的法式高湯。

NOTE 法式魚高湯：調味蔬菜、蘑菇炒先軟，再放入魚骨，最後倒入水。

4. 約在微滾慢煮的最後45分鐘放入香料包，以獲得最好的風味。煮到高湯呈現理想的風味、香氣、稠度、顏色，期間應不時聞味、嘗一嘗，才能了解高湯製作的各個階段，也才能知道風味在何時達到顛峰。風味若已達到顛峰，繼續煮只會讓風味變得單調，煮太久也會讓顏色變暗淡。

5. 高湯過濾後立刻使用或適當冷卻。取細網篩或鋪上濕濾布的濾鍋，倒入或舀入高湯過濾。盡量避免攪動鍋內的固體，以獲得最清澈的高湯。用長柄勺舀出大部分高湯後，剩餘高湯倒入濾鍋，以碗盛接。之後若有必要，可用濾布或細網篩再次過濾高湯，以濾出剩餘雜質。若有需要，也可以保留骨頭與調味蔬菜，用來製作二次高湯（見261頁）。

6. 若不立刻使用，就用冰水浴冷卻高湯，不時攪拌，直到降到4°C。撈除浮油，或讓油脂在冷藏時凝結，之後重新加熱使用時可直接撈起。

以四個標準來評估高湯的品質：風味、顏色、香氣、澄清度。只要骨頭、調味蔬菜、芳香食材與液體的比例正確，並遵循正確流程，高湯風味應該要平衡、濃郁且厚稠，既具有主要食材的鮮明風味，也有芳香食材的細微風味。高湯的顏色依類型而定。優質白高湯是清澈的，熱燙時呈淺色至金色。褐高湯由於肉骨和調味蔬菜都先烘烤過，因此呈深琥珀色或褐色。蔬菜高湯顏色則視主要食材而定。

高湯製作通則 general guidelines for stocks

製作高湯需要時間也耗費成本。若要準備高湯，務必以正確程序來冷卻與保存。視食譜或希望達到的效果來選擇高湯。使用高湯前，為確保高湯仍具有風味且合乎衛生，務必先檢查過。取少許高湯煮到沸騰並嘗一嘗，香氣應該要很誘人，不會過度刺鼻或發酸。

二次高湯

「二次高湯」譯自法文「remouillage」，意思是「再濕」，作法是用已經煮過高湯的骨頭與調味蔬菜來煮第二次，也可以用製作法式清湯時用來澄清高湯的黏附筏（raft）。二次高湯味道較清淡，可以當成製作高湯與清湯的液體，或當成烹飪介質，或收乾成釉汁。

釉汁

釉汁是收乾到非常稠的高湯或二次高湯。不斷收乾的結果，高湯質地變成了果凍狀或糖漿狀，風味極其濃縮，可以用來提升其他食物的風味，尤其是醬汁。因為含有高濃度明膠，冷藏後會變得像軟膠。

釉汁重新加水調開後，可以當成醬底，就跟商用醬底一樣。釉汁以多種高湯製成。最常見的是肉湯釉汁，以小牛褐高湯、牛肉高湯或二次高湯製成。

商用湯底

現今並非所有廚房都會製作高湯，可能因為肉骨與邊角肉來源不穩定，並非隨時可得，或是因為缺乏足夠的空間或人力來製作與儲存高湯。因此，商用湯底就取代了高湯。即使要自行製作高湯，這種湯底也是很方便的材料，能改善並加深高湯的風味。

湯底的形式有二，一為高度濃縮的湯凍（類似傳統肉湯釉汁），另一為脫水形式（粉狀或塊狀）。然而，並非所有湯底都一樣，使用前應仔細閱讀標籤。避開那些用高鈉材料來製造風味的湯底。高品質湯底以肉、骨、蔬菜、辛香料、芳香食材製成。應按包裝說明來使用，而且要嘗過味道。以風味、含鹽量、平衡度、濃郁度來判斷湯底品質。

決定符合品質和成本的湯底後，就得學會怎麼做必要的調整。例如，你可能要炒出汁或烘烤更多蔬菜，並將蔬菜放在稀釋湯底裡微滾慢煮，也許還得添加褐變的邊角肉，以做出濃郁的褐色醬汁。

高湯烹煮時間

下列烹煮時間只是概略，確切時間會隨許多因素而變，包括食材品質、總量與烹煮溫度等。

牛白高湯	8-10小時
小牛肉與野味白高湯及褐高湯	6-8小時
家禽與野禽白高湯	3-4小時
魚高湯與法式魚高湯	35-45分鐘
蔬菜高湯	45-60分鐘，依食材和蔬菜切塊的尺寸而定

雞高湯

Chicken Stock

3.84公升

- 雞骨3.63公斤，切8公分長
- 冷水4.8-5.76公升
- 標準調味蔬菜454克中丁（見243頁）
- 標準香料包1包（見241頁）

1. 以冷的活水清洗雞骨，再放入大小適中的高湯鍋。
2. 倒入冷水，淹過雞骨約5公分，慢慢煮到微滾，需要時撈除雜質。
3. 以82℃微滾慢煮3-4小時。
4. 放入調味蔬菜與香料包，繼續微滾慢煮1小時，視需要撈除雜質，不時試嘗味道。
5. 過濾後可直接使用（視需要用撈除雜質的方式撈除油脂），或快速冷卻後保存備用。

NOTES：可以用雞脖子取代907克的雞骨，煮出特別濃厚的膠狀高湯。

添加或取代芳香食材，以煮出特定風味。煮亞洲風味雞湯，可以加薑、檸檬香茅、新鮮或乾燥的辣椒。杜松子可以和風味強烈的香料植物如龍蒿或迷迭香，或是野菇蕈柄一起加入野禽高湯。這些食材的風味都很濃烈，使用時應謹慎，避免過度增味。

小牛白高湯：用等量的小牛骨取代雞骨，微滾慢煮6-8小時。

牛白高湯：用等量的牛骨取代雞骨，微滾慢煮8-10小時。

小牛褐高湯

Brown Veal Stock

3.84公升

- 植物油60毫升，或視需求增減
- 小牛骨3.63公斤，包括膝骨與邊角肉
- 冷水5.76公升
- 標準調味蔬菜大丁454克（見243頁），每種材料分開
- 番茄糊170克
- 標準香料包1包（見241頁）

1. 準備烤肉盤：倒適量油脂到烤盤上，放入烤爐，以218-232℃加熱，讓烤盤覆上一層薄油。若小牛骨脂肪含量非常高，則不需加油，脂肪會在烘烤過程中釋出油脂潤滑烤盤，一開始就加油可能造成浪費。小牛骨平均放入烤盤，繼續烘烤約30-45分鐘，不時攪拌翻面，直到呈深褐色。
2. 小牛骨移入能夠容納所有材料的高湯鍋裡，倒入冷水5.28公升，加熱到82℃微滾。
3. 多餘油脂倒出烤盤，保留一些製作茄香綜合蔬菜。烤盤放回烤爐，若瓦斯爐臺空間夠，也可以放在爐臺上。讓胡蘿蔔與洋蔥焦糖化，等變成深褐色，加入芹菜煮到芹菜開始枯萎變小，10-15分鐘。（芹菜含有大量水分，褐變程度不會太高）
4. 調味蔬菜出現恰當顏色後，倒入番茄糊，慢慢煮到茄香綜合蔬菜變成磚紅褐色。番茄糊一煮好，移出混合物。倒入剩餘的冷水，溶解鍋底褐渣，收乾成糖漿狀，等著加入高湯中。
5. 高湯微滾慢煮5小時後，加入茄香綜合蔬菜、溶解褐渣的液體、香料包。
6. 繼續以82-85℃微滾煮約1小時，視需要撈除雜質，並不時嘗一嘗，直到煮出濃郁的風味、明顯的稠度，並變成深褐色。

7. 過濾後可直接使用（視需要撈除油脂），或快速冷卻後保存備用。

野味褐高湯：用等量野味肉骨與邊角肉取代小牛骨與邊角肉。標準香料包添加茴香籽與／或杜松子。

愛斯杜菲式高湯：用牛骨與邊角肉取代一半的小牛骨與邊角肉，並加入1隻未煙燻的後腿蹄膀。

羊褐高湯：用等量羊骨與邊角肉取代小牛骨與邊角肉。香料包添加至少一種下列香料植物與辛香料：薄荷莖段、杜松子、孜然、葛縷子籽或迷迭香。

豬褐高湯：用等量新鮮或煙燻豬骨與邊角肉取代小牛骨與邊角肉。在香料包添加至少一種下列香料植物與辛香料：奧勒岡莖段、乾辣椒碎、葛縷子籽或芥末籽。

雞褐高湯：用等量的雞骨與邊角肉來取代小牛骨與邊角肉。

鴨褐高湯：用等量鴨骨與邊角肉（和其他野禽骨，如雉雞）取代小牛骨與邊角肉。依喜好在香料包添加茴香籽與／或杜松子。

法式魚高湯

Fish Fumet

3.84公升

- 植物油60毫升
- 白色調味蔬菜薄片454克（見243頁）
- 白蘑菇片284克
- 低脂肪魚的魚骨4.99公斤
- 冷水4.32公升
- 白酒960毫升
- 標準香料包1包（見241頁）

1. 植物油倒入大型雙耳燉鍋加熱，調味蔬菜與蘑菇下鍋炒軟，放入魚骨。蓋上鍋蓋，以中火燜軟約10-12分鐘，直到蔬菜變軟、魚骨不再透明。
2. 加入冷水、酒與香料包，加熱到82-85℃微滾。
3. 打開蓋子，微滾慢煮35-45分鐘，視需要撈除雜質。
4. 過濾後可直接使用（視需要撈除油脂），或快速冷卻後保存備用。

蝦蟹貝高湯：用等量的甲殼類海鮮（蝦、龍蝦或蟹）的殼取代魚骨，以熱油煎到顏色變深，放入標準調味蔬菜（見243頁）煎軟。若想要，可倒入番茄糊85克，煮到呈深紅色，約15分鐘。倒入冷水，淹過殼，以82-85℃微滾慢煮40分鐘，全程不斷撈除雜質。

蔬菜高湯

Vegetable Stock

3.84公升

- 非澱粉類蔬菜（韭蔥、番茄、蘑菇等）2.27公斤
- 冷水4.8公升
- 標準香料包1包（見241頁）

1. 所有食材放入大小適中的高湯鍋裡，倒入冷水。
2. 煮到82-85℃微滾，視需要撈除雜質。
3. 微滾慢煮約45-60分鐘，直到新鮮蔬菜的風味達到平衡。
4. 過濾後放涼至室溫，冷藏備用。

烤蔬菜高湯：蔬菜與60毫升的植物油拌勻，放入大烤盤，以204°C烘烤15-20分鐘，不時翻面，確保每面都烤成均勻的褐色，再跟冷水、香料一同入鍋，微滾慢煮45-60分鐘。

調味高湯

Court Bouillon

3.84公升

- 冷水4.8公升
- 白酒醋240毫升
- 洋蔥絲907克
- 胡蘿蔔片454克
- 芹菜片454克
- 標準香料包1包（見241頁）

1. 所有食材放入大小適中的高湯鍋，倒入冷水及白酒醋，以82-85℃微滾慢煮1小時。
2. 過濾後可直接使用，或快速冷卻後保存備用。

禽肉與牛肉高湯（義式肉高湯）

Poultry and Meat Stock (Brodo)

3.84公升

- 燉煮用老母雞1隻（約2.72公斤），去除多餘雞皮與脂肪
- 牛腱1.13公斤
- 雞翅1.13公斤
- 火雞骨1.13公斤，壓碎
- 雞腳227克
- 冷水5.76公升
- 粗剁標準調味蔬菜1.36公斤（見243頁）
- 蒜瓣5粒，拍碎
- 月桂葉2片
- 歐芹莖6枝
- 百里香½束

1. 肉塊與肉骨用熱水清洗2次，瀝乾。
2. 肉塊與肉骨放入大型的高湯鍋，倒入冷水，淹過材料15公分。以中火煮到82-85℃，保持微滾，視需要撈除雜質。
3. 加入調味蔬菜、蒜頭、月桂葉、歐芹、百里香，微滾慢煮6小時，不時撈除雜質。注意別讓高湯煮沸，否則會變濁。
4. 過濾後可直接使用，或快速冷卻後保存備用。

日式一番高湯

Ichi Ban Dashi

3.84公升

- 昆布2片，8公分見方
- 冷水3.84公升
- 鰹魚乾片57-85克

1. 在昆布上劃幾刀，以濕布擦拭，移除沙粒，注意別擦掉帶有風味的白色粉末。（若昆布的中心露出或煮沸，高湯會煮出不好的風味與黏糊的膠狀質地）
2. 昆布放入大型不鏽鋼高湯鍋，倒入冷水，以中火煮到接近沸騰。沸騰前移除昆布。昆布可視需要留存備用（見下方NOTE）。
3. 加入鰹魚乾片，熄火，浸泡2分鐘。
4. 小心撈除雜質。緩緩過濾高湯，保留鍋內固體。高湯可直接使用，或快速冷卻後保存備用。

NOTE：二番高湯的作法是把留下來的昆布和瀝乾的鰹魚乾片連同960毫升的冷水微滾慢煮20分鐘後過濾。二番高湯可用來製作蘸醬、沙拉醬、燉煮或燜煮菜餚，也可用來烹煮蔬菜。

第13章

sauces

醬汁

醬汁常被視為廚師技能的最大考驗之一。成功做出搭配某道食物的醬汁，顯示了廚師的技術專業、對食物的理解，以及判斷與評估菜餚風味、質地與色澤的能力。

褐醬這個名詞一度跟經典的西班牙醬汁及半釉汁畫上等號，不過現今也可以用來指稱速成小牛褐醬、鍋底醬，或以褐高湯或濃縮過的高湯為基底的濃縮醬汁。

brown sauce 褐醬

西班牙醬汁的作法，是用額外烘烤過的調味蔬菜、茄香綜合蔬菜與芳香食材來加強小牛褐高湯的味道，並以褐色奶油炒麵糊來增稠。傳統的半釉汁是把等量的西班牙醬汁和褐高湯混合起來，再收乾一半，或收乾到能裹覆的稠度。現在，半釉汁的製作可以添加額外的褐變邊角肉與調味蔬菜到褐高湯中，收乾成可以裹覆的稠度，並倒入澱粉漿稠化（非必要）。速成小牛褐醬的作法，是收乾褐高湯或濃縮過的高湯（可依喜好加入風味食材），並以純澱粉漿增稠。鍋底醬與濃縮醬汁是烘烤或煎炒過程的產物，可以用收乾或倒入奶油炒麵糊或純澱粉漿的方式來增稠。無論採用何種方法，最終目標都是製作風味足以直接當醬汁使用，同時也能用來製作其他醬汁的基本褐醬。

褐醬製作的成功與否，端看基本高湯的品質，通常是用小牛褐高湯（見263頁）。高湯的品質必須非常好，帶有濃郁且平衡的風味與香氣，但沒有調味蔬菜、香料植物和辛香料的強烈味道，那會喧賓奪主，蓋過醬汁。

骨頭與邊角肉切成小塊放入基本高湯，以加快萃取速度，提升高湯風味。也可以放入切大丁的調味蔬菜。不過如果高湯風味已經很足，可能就不需要額外添加骨頭、邊角肉和調味蔬菜。此外，煮醬汁的過程中也可以加入蘑菇的邊角、香料植物、蒜頭或紅蔥。

奶油炒麵糊（見246頁）是一種稠化物，可以提早做好，或在煮醬汁時再製作。速成小牛褐醬的稠化物為玉米澱粉，不過也可以用其他純澱粉，像是馬鈴薯澱粉或葛粉。因為用玉米澱粉稠化的醬汁成品會呈半透明並帶有光澤，所以一般比較偏好玉米澱粉。

速成小牛褐醬通常以寬度大於高度的湯鍋或醬汁鍋來製作，要完全且快速地把風味融入醬汁中，這是最有效的方法。準備好攪拌匙、長柄勺或撈油勺，在烹煮時用來撈除雜質。此外你還需要嘗味道用的湯匙、細網篩和裝醬汁成品的容器，以及用來放涼與保存醬汁的額外容器。

基本配方

褐醬
3.84公升

- 額外的骨頭與邊角肉1.81公斤
- 切大塊的標準調味蔬菜454克（見243頁）
- 油脂，用來把骨頭、邊角肉與調味蔬菜煎出褐變
- 番茄糊或番茄泥142-170克
- 小牛褐高湯4.8公升（見263頁）
- 標準香料包1包或標準香草束1束（見241頁）
- 褐色奶油炒麵糊510克（見246頁）

速成褐醬
3.84公升

- 小牛邊角肉907克
- 標準調味蔬菜454克（見243頁）
- 番茄糊57克
- 小牛褐高湯4.8公升（見263頁）
- 玉米澱粉或葛粉85-113克
- 冷高湯或清水，用來把澱粉漿調成鮮奶油的稠度，視需求添加

作法精要

褐醬

1. 骨頭、邊角肉、調味蔬菜煎成褐色。
2. 倒入番茄製品，煎成茄香綜合蔬菜。
3. 倒入高湯。
4. 微滾慢煮2½-3小時，視需要撈除雜質。最後1小時放入香料包或香草束。
5. 倒入奶油炒麵糊，拌勻，微滾慢煮30分鐘。
6. 過濾後可直接使用，或冷卻後適當保存。

速成褐醬

1. 邊角肉、調味蔬菜、番茄糊煎成褐色。
2. 倒入液體，煮到沸騰。
3. 爐火轉小，繼續微滾煮，視需要撈除雜質。
4. 倒入稠化物。
5. 過濾。
6. 完成醬汁，加上湯飾便可使用。

專業訣竅

▶ 若要提升風味，煮醬汁時可以添加下列額外食材：

骨頭與邊角肉／切小塊的調味蔬菜／切大丁的蘑菇邊角／香料植物／蒜頭／紅蔥

▶ 若要稠化醬汁，要注意褐醬的質地（某種程度上顏色也是）與稠化物的種類有關。可依個人喜好使用下列稠化物：

奶油炒麵糊／打成泥的調味蔬菜／濃縮湯汁（半釉汁）／純澱粉（葛粉、馬鈴薯澱粉或玉米澱粉）

▶ 若要收尾，醬汁煮好後，有些材料可以加入還在微滾的醬汁中：

倒入鍋中溶解褐渣並收乾的酒，或是與芳香食材一起微滾煮的酒／加烈葡萄酒如波特酒、馬德拉酒或雪利酒／冰冷或室溫的全脂奶油

▶ 若要加湯飾，可先煮好下列含水量高的食材，在出餐前加入醬汁中：

蘑菇／紅蔥／番茄

1. **骨頭、邊角肉、調味蔬菜**放入烤肉盤或厚底高湯鍋內，烹調到褐變。基本高湯的風味通常會用褐變的肉骨、邊角瘦肉與調味蔬菜來強化，也可以使用商用湯底。這些食材褐變後，製成的醬汁風味會更豐富，顏色也會變深。褐變作法是在食材內加入少許油脂，以218-232℃烤爐烘烤，或將食材放入稍後用來煮醬汁的大型高湯鍋裡，在爐火上以中溫至高溫煎炒，直到骨頭、邊角肉與調味蔬菜呈深金褐色。番茄糊煮到焦糖化，呈鐵鏽色，以減少多餘的甜味、酸度與苦味。這樣做也能使醬汁的風味與香氣更圓融。如果以烤爐來烤出褐變，番茄製品和蔬菜要跟調味蔬菜一起放入烤爐。如果用爐火來煎出褐變，則在調味蔬菜接近褐變時再加入番茄製品。番茄糊在爐火上加熱很快就會焦糖化，小心不要燒焦。

   骨頭、邊角肉與調味蔬菜烤出褐變後，移入高湯鍋內。倒掉烤盤上的多餘油脂，再倒入一些液體溶解褐渣，將這些液體倒入醬汁中。如果用爐火來煎出褐變，可以用一些高湯溶解鍋底褐渣。

   將剩餘褐高湯倒入骨頭、邊角肉與調味蔬菜裡，微滾慢煮2-4小時，視需要撈除雜質。（見258頁照片）醬底要微滾慢煮夠久，才能煮出最濃郁的風味，且過程中要頻繁撈除雜質。高湯鍋的位置應該要稍微偏離爐火中心，好讓雜質集中到鍋子的一側，較易撈除。

2. **在風味發展之際，**大約在過濾前1小時加入香料包與／或其他芳香食材。微滾慢煮能以兩種方式發展風味：萃取骨頭、邊角肉與調味蔬菜的風味，還有減少液體量以濃縮風味。在風味發展期間，應頻繁品嘗醬汁基底，依喜好調味，例如加入或移除香料包等芳香食材，或是加入調味料。微滾慢煮3-5小時，一旦達到理想風味，便可離火。

   其他選擇：加入預先做好的褐色奶油炒麵糊，視需求以微滾煮15-20分鐘，做成西班牙醬汁。若要製作速成褐醬，則視需求在過濾前或過濾後加入純澱粉漿，微滾煮2-3分鐘，直到醬汁稠化。

3. 用細網篩或雙層濾布過濾醬汁。接下來就可以進行出餐前的收尾，或快速冷卻後保存備用。稠化物的類型會影響褐醬的質地，在某種程度上也會影響顏色。以奶油炒麵糊為稠化物的褐醬（西班牙醬汁）並不透明，而且很稠實。以調味蔬菜泥增稠的醬汁同樣也濃稠不透明，但質地稍微粗糙，不那麼細緻。同時以奶油炒麵糊和濃縮湯汁（半釉汁）稠化的醬汁呈半透明，非常有光澤，濃稠感很明顯，但入口不應覺得黏稠。以純澱粉漿稠化的醬汁（速成褐醬）就如附圖，比其他褐醬還要澄清，稠度較低，顏色較淡，而且冷卻後不能重新加熱，原因是澱粉會失去稠化力，這一點不同於以奶油炒麵糊為稠化物的褐醬。最後以自己的喜好收尾，並保持在74℃，以供出餐使用。

如果醬底已經冷卻過，就重新煮到微滾，並依喜好調整風味及質地。若需要額外增稠，以中火微滾煮到理想稠度或能裹覆的程度，或馬上加入澱粉漿。若醬汁已經用奶油炒麵糊或濃縮的方式稠化，不需要再加入額外的稠化物。

褐醬收尾時可以加入濃縮湯汁、加烈葡萄酒、湯飾與／或全脂奶油。褐醬做好後如果沒有加蓋，表面有時會形成薄膜。為了避免這個狀況，可在水浴保溫時蓋上密合鍋蓋，或者裁切烘焙油紙或保鮮膜，直接覆在醬汁表面。

4. 高品質褐醬有飽滿濃郁的風味。一開始就烤出褐變的骨頭、邊角肉與調味蔬菜能為醬汁增添宜人的燒烤香或焦糖香，醬汁一加熱就能聞到，此外還有烤肉或烤蔬菜的明顯風味。調味蔬菜、番茄與芳香食材不應掩蓋主要風味，醬汁也不應出現苦味或焦味。

好的褐醬呈深褐色，沒有黑色微粒或殘渣，如右圖所示。醬汁的顏色受眾多因素的影響，包括基本高湯的顏色、番茄糊用量（太多會染上紅色）、邊角肉與調味蔬菜的焦糖化程度、是否適度撈除雜質、微滾慢煮的時間（會影響濃縮），以及用於收尾或作為湯飾的食材。

各種由褐醬衍生的醬汁

衍生醬汁名稱	附加風味與收尾	典型搭配
苦橙醬汁 bigarade	用醋、橙汁與檸檬汁稀釋的焦糖。收尾時加入汆燙過的橙皮絲與檸檬皮刨絲	禽類野味、鴨肉
波爾多醬 Bordelaise	紅酒、紅蔥、胡椒粒、百里香與月桂葉。收尾時加入檸檬汁、肉釉汁與切丁或切片的水煮骨髓	燒烤紅肉、魚（當代烹飪）
布根地醬 Bourguignonne	紅酒、紅蔥、百里香、歐芹、月桂葉與蘑菇。收尾時加入全脂奶油與卡宴辣椒粉1撮	蛋或牛肉
布列塔尼醬 Bretonne	洋蔥、奶油、白酒、番茄與蒜頭。收尾時加入粗剁歐芹1撮	布列塔尼醬四季豆
酸黃瓜醬 charcutière	霍貝赫褐芥醬收尾時加入切絲的酸黃瓜	煙燻豬肉
獵人醬 chasseur/Hunts-man' s	蘑菇、紅蔥、白酒、白蘭地與番茄。收尾時加入奶油與香料植物（龍蒿、細葉香芹和／或歐芹）	牛肉與獸類野味
櫻桃醬 cherry	波特酒、香料肉醬、橙皮與橙汁、紅醋栗凍與櫻桃	鴨肉或鹿肉
鹿肉醬 chevreuil	加了培根、調味蔬菜與紅酒的胡椒醬。（若搭配禽類野味，應以野禽邊角肉取代培根）收尾時加入糖與卡宴辣椒粉各1撮	牛肉、禽類野味或獸類野味
黛安醬 Diane	調味蔬菜、野味邊角肉、月桂葉、百里香、歐芹、白酒與胡椒粒。收尾時加入奶油、打發鮮奶油、刨片的松露和水煮蛋白	禽類野味與獸類野味
費南雪醬 Financiere	馬德拉酒與松露精淬液	牛肉
日內瓦醬 Genevoise/ Genoise	調味蔬菜、鮭魚邊角肉與紅酒。收尾時加入鯷魚精淬液與奶油	鮭魚與鱒魚
焗烤醬 gratin	白酒、魚、紅蔥與歐芹	鰈魚或其他白肉魚
義大利醬 Italienne	番茄與火腿。（若搭配魚肉則省略火腿）收尾時加入龍蒿、細葉香芹與歐芹	禽肉或魚
馬拉特醬 matelote	紅酒、蘑菇、碎魚肉、歐芹與卡宴辣椒	鰻魚
蘑菇醬 mushroom	蘑菇與奶油	牛肉、小牛肉、禽肉

衍生醬汁名稱	附加風味與收尾	典型搭配
胡椒醬 Poivrade	調味蔬菜、野味邊角肉、月桂葉、百里香、歐芹、白酒與胡椒粒。收尾時加入奶油	獸類野味
麗津醬 Regence	紅酒、調味蔬菜、奶油與松露	煎炒肝臟與腎臟
霍貝赫褐芥醬 Robert	洋蔥、奶油與白酒。收尾時加入糖與英式芥末粉各1撮。稀釋使用	燒烤豬肉
吉普賽醬 Zingara	紅蔥、麵包粉與奶油。收尾時加入歐芹與檸檬汁	小牛肉或禽肉

白醬家族包括經典的絲絨濃醬與白醬，兩者都以奶油炒麵糊來增稠。絲絨濃醬的法文是「velouté」，意思是「口感又滑又柔又順」，作法是用芳香食材為白高湯（小牛高湯、雞高湯或魚高湯）增加風味，並以金色奶油炒麵糊來增稠。在法國名廚埃斯科菲耶（1846-1935）的年代，白醬的作法是將鮮奶油倒入較為濃稠的絲絨濃醬裡。今日則用淺色奶油炒麵糊來為牛奶增稠（有時會為了增添風味將芳香食材泡在牛奶中）。

white sauce
白醬

用來製作白醬的高湯（小牛高湯、雞高湯、魚高湯或蔬菜高湯）或牛奶可以先煮到微滾，並依喜好將芳香食材與調味料泡在牛奶中，以讓醬汁成品具有特別的風味與／或顏色。金色奶油炒麵糊是絲絨濃醬的傳統稠化物。金色或白色奶油炒麵糊可以用來製作白醬（奶油炒麵糊顏色越深，醬汁成品的顏色越金黃）。白醬的稠度取決於奶油炒麵糊的用量（見246頁）。

我們有時也會添加額外的調味蔬菜、蘑菇邊角或蔥類，以增進白醬風味，或產生特殊風味。要加入的食材切成小丁或薄片，讓風味更快速釋入湯中。

白醬很容易燒焦，若用鋁鍋煮，會染上一抹灰色調，用非鋁製厚底平底鍋煮出的成品最佳。微滾慢煮白醬時，應將鍋子放在平面熱源上，以緩慢、均勻地加熱，或使用節能板。

依用途與種類（絲絨濃醬或傳統白醬）來決定製作白醬的液體。絲絨濃醬可使用的液體有白色小牛高湯、雞高湯、魚高湯或蔬菜高湯。傳統白醬通常使用牛奶。

基本配方

白醬

3.84公升

- 芳香食材（白色調味蔬菜、洋蔥末或月桂丁香洋蔥末，或蘑菇的邊角，邊角肉），視需求添加
- 奶油或植物油，視需求添加
- 帶有風味的液體4.8公升（絲絨濃醬用白高湯，傳統白醬用牛奶）
- 白色或金色奶油炒麵糊454克（見246頁）
- 標準香料包1包或標準香草束1束（見241頁）
- 適合的調味料，視需求添加

作法精要

1. 若有需要，炒軟芳香食材。製作或軟化奶油炒麵糊。
2. 混合液體與奶油炒麵糊。
3. 煮到沸騰。
4. 鍋子移到偏離熱源中心的位置。
5. 頻繁撈除雜質並攪拌。
6. 微滾煮。視需求加入調味料。
7. 過濾。
8. 進行收尾、加入裝飾並使用，或冷卻後保存。

專業訣竅

▶ 可以依喜好的風味與高湯濃郁度添加額外的調味料。調味蔬菜與蘑菇切下來的邊角或洋蔥，都可以在一開始烹煮就加進去。芳香食材如香料包，則應該在最後30分鐘才放入。若要添加乳酪，應將乳酪磨碎，等白醬稠化後才拌入，微滾慢煮後過濾。

額外調味料

香料包或香草束／烤過的番茄製品／磨碎的乳酪

▶ 白醬質地依用途而定，可透過調整奶油炒麵糊的分量來改變白醬的質地。下面提供的奶油炒麵糊分量可以用在3.84公升的液體上。

湯品所需的低稠度，用量為金色或白色奶油炒麵糊284-340克。

多數醬汁所需的中等稠度，奶油炒麵糊用量增加到340-397克。

可樂餅、餡料、填料所用的黏合料或焗烤義大利麵所需的濃稠質地，奶油炒麵糊用量增加到510-567克。

▶ 由於太濃稠的白醬無法通過細網篩，因此要用濾布擰緊來過濾。

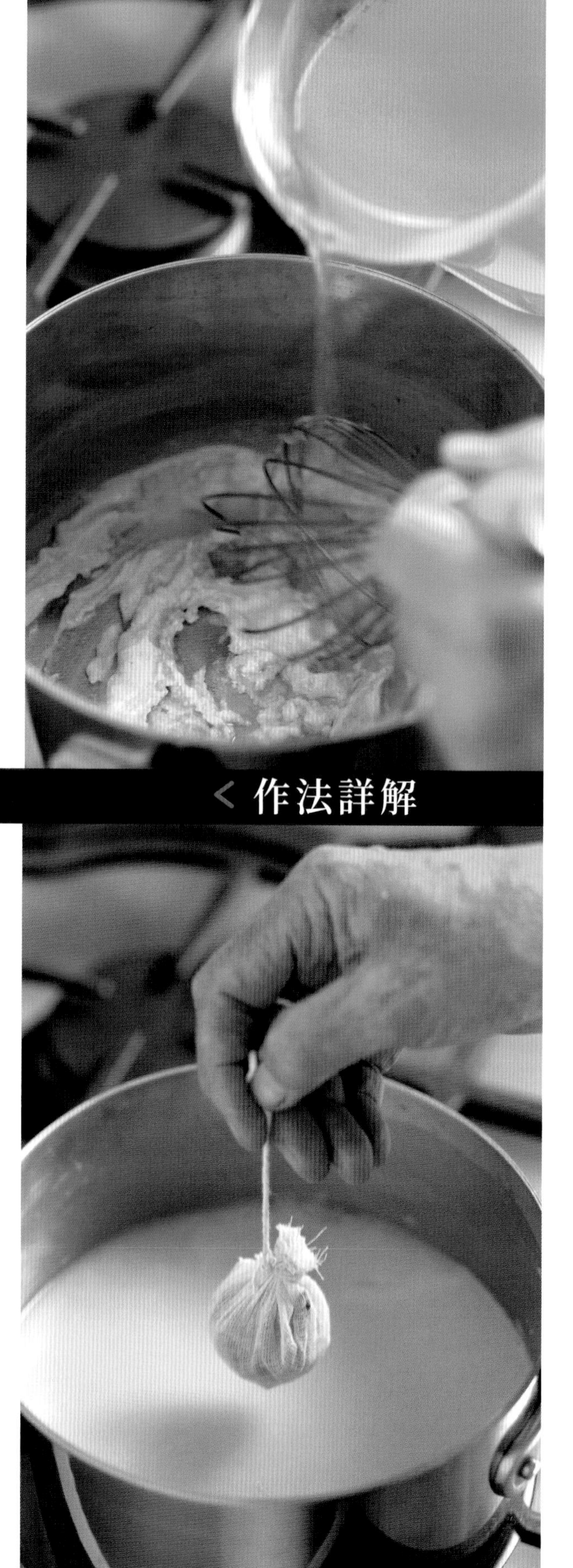

1. **芳香食材**以少量奶油或植物油炒軟，放入邊角肉一起慢炒，不要炒到褐變。將奶油炒麵糊拌入白醬的方法有很多種。第一種是將麵粉加入鍋中，跟油脂、芳香食材一起烹調，頻繁翻炒。製作醬汁時，在鍋裡烹調奶油炒麵糊的這段過程，法文稱為「singer」。視需求加入更多植物油或奶油，做出稠度適當的奶油炒麵糊。煮4-5分鐘，或是炒到奶油炒麵糊變金色（如左圖所示）。

   另一個方法，是將準備好的奶油炒麵糊倒入炒軟的芳香食材裡。最後一個方法，是將液體倒入芳香食材裡，煮到微滾，之後再將準備好的奶油炒麵糊倒入，邊以打蛋器攪打。奶油炒麵糊倒入熱高湯之前，必須先加熱。

   液體慢慢倒入奶油炒麵糊裡。許多廚師倒入的是冰涼或室溫的高湯或牛奶，有些則偏好將液體煮到微滾，好以胡椒、鹽或其他芳香食材調味。液體預熱過後要離開熱源，讓溫度降到比熱奶油炒麵糊還低。分批將液體倒入奶油炒麵糊，以打蛋器攪打到非常滑順後再繼續倒入液體。

2. **香料包、調味料或其他芳香食材**下鍋後，以中小火微滾慢煮30分鐘，並不時攪拌、嘗味道。非常濃郁的高湯可能不需要再加入額外的芳香食材。如果想要，可以在預熱高湯時泡入這些材料，或在醬汁恢復微滾時放入。至少微滾慢煮30分鐘，把奶油炒麵糊的生味煮掉。過程中，不時用木匙攪拌鍋底每個角落，避免燒焦（由於乳固形物容易沉澱，因此傳統白醬比絲絨濃醬還容易燒焦）。

   烹煮過程中應頻繁試嘗醬汁，並視需要調味。測試質地時，可以放一點白醬在舌頭上往上顎壓。若白醬已煮好，應該不會出現黏稠、凝膠或沙沙的口感。

3. 煮白醬時，表面無可避免會形成厚膜，鍋底與鍋壁也會有一層厚重膠狀物。過濾白醬可以移除結塊，讓白醬質地變得非常柔滑。過濾後可直接使用，或冷卻後保存備用。出餐前視需求收尾，並將白醬維持在74℃。

若白醬已冷卻，使用前以小火煮到微滾，同時頻繁攪拌。視需求調整稠度，並加入收尾的食材。製作白醬衍生的醬汁時，可以用濃縮湯汁或精淬液為基本醬汁增加風味，並加上裝飾。白醬常以鮮奶油收尾。

白醬煮好後如果未加蓋，表面會形成薄膜，可在水浴保溫時蓋上密合鍋蓋，或者裁切烘焙油紙或保鮮膜，直接覆在醬汁表面。完美的白醬必須符合幾個標準：應該要有所用液體的風味，半透明帶明顯光澤，完全滑順，沒有明顯的厚實感和顆粒感，且要濃稠到足以裹覆在湯匙背面，但又能輕易用長柄勺澆淋。

各種由絲絨濃醬衍生的醬汁

衍生醬汁	附加風味與收尾	典型搭配
阿爾布費拉醬 Albufera	雞醬汁、肉釉汁與甜椒奶油	水煮與燜煮禽肉
日耳曼醬、巴黎醬 allemande/Parisienne	蘑菇、蛋黃與檸檬	禽肉
美式醬 Américaine	鯷魚、碎魚肉與奶油	魚肉
金黃醬 aurore	番茄泥	蛋、白肉與禽肉
魚香金黃醬 aurore maigre	碎魚肉與奶油	魚肉
奶油蝦醬 aux crevettes	碎魚肉、鮮奶油、蝦殼與奶油	魚肉與某些蛋料理
貝西醬 Bercy	紅蔥、白酒、碎魚肉、奶油與剁碎的歐芹	魚肉
博納富瓦醬 Bonnefoy	以白酒和絲絨濃醬而非西班牙醬汁做成的波爾多白醬。以龍蒿收尾	燒烤魚與白肉
布列塔尼醬 Bretonne	碎魚肉、鮮奶油、韭蔥、芹菜、洋蔥與蘑菇	魚肉
香料白酒醬 Chivry	白酒、細葉香芹、歐芹、龍蒿、紅蔥、細香蔥與鮮嫩的小地榆	水煮禽肉
外交官白醬 diplomate	碎魚肉、奶油、龍蝦肉與松露	大型全魚
諾曼地醬 Normande	碎魚肉、蘑菇、貽貝、檸檬汁與蛋黃	諾曼地式真鰈與多種魚肉料理，也可當醬底使用
雞醬汁 suprême	蘑菇、鮮奶油與奶油	禽肉
維勒魯瓦醬 Villeroy	蘑菇、蛋黃、檸檬、火腿與松露	食材沾取麵包粉前裹覆的醬汁
白酒醬 Vin blanc	碎魚肉、蛋黃與奶油	魚肉

各種由白醬衍生的醬汁

衍生醬汁	附加風味與收尾	典型搭配
吉普賽醬 Bohémienne	龍蒿。以低溫出餐	冷魚、水煮鮭魚
龍蝦醬 Cardinal	松露與龍蝦	魚肉、松露與龍蝦
蘇格蘭蛋黃醬 écossaise/Scotch egg	蛋	蛋
英式龍蝦醬 homard à l'anglaise/lobster	鯷魚精淬液。以龍蝦肉丁與卡宴辣椒裝飾	魚肉
牡蠣醬 huitres/oyster	牡蠣。以切片的水煮牡蠣裝飾	水煮魚肉
莫奈爾醬 Mornay	格呂耶爾乳酪與帕爾瑪乳酪。以奶油收尾	水煮魚肉
英式蛋黃醬 sauce à l'anglaise/Egg	蛋與肉豆蔻	甜點醬汁

各式各樣的番茄醬汁，從新鮮、簡單的調味，到複雜、大量的調味，都在世界各地的料理中扮演重要角色。番茄醬汁是通稱，用來描述任何以番茄為主要食材的醬汁。製作方式有很多種，可以是生的或煮過的，烹煮時間短則10分鐘，長則數小時。某些番茄醬汁只用橄欖油烹調，有些得用鹹豬肉或培根熬出來的油脂。有些食譜會用到烤小牛骨或豬骨，有些則完全只用番茄和其他蔬菜。有些番茄醬汁是打成滑順的泥，有些則保有塊狀番茄。埃斯科菲耶的番茄醬汁則以奶油炒麵糊來稠化。

tomato sauce
番茄醬汁

新鮮或罐裝番茄都可以做出好的番茄醬汁。新鮮番茄盛產時，可以全用新鮮番茄。其他時期，用優質罐裝番茄較佳。橢圓形番茄有時又稱羅馬番茄，由於果肉比例相對高於果皮和籽，製作番茄醬汁時一般偏好用這個品種。新鮮番茄可以去皮、去籽後做成醬汁，或單純洗淨去核後，切4等份或切丁。罐裝番茄一般已去皮，有整顆的，也有壓碎或泥狀，或結合後兩者。番茄醬汁有時也用來做其他醬汁。

增加風味的材料有很多選擇，有些食譜使用以標準調味蔬菜組成的芳香蔬菜，有些則使用蒜頭與洋蔥。

因番茄酸度高，所以要選用材質不跟食材起化學反應的厚重鍋具來烹煮，例如不鏽鋼鍋或陽極氧化鋁鍋。某些番茄品種的糖分較高，要用沒有熱點的均勻熱源，醬汁才不會燒焦。用食物碾磨器將醬汁磨成泥，若用果汁機、手持式攪拌棒或食物調理機，醬汁質地會更加滑順。

好的番茄醬汁不透明、質地稍粗、帶有番茄的濃縮風味、沒有苦味或多餘的酸味或甜味。用來為醬汁增加風味的材料應該只具有淡薄的風味。番茄醬汁要很好淋。下圖右側是沒有磨成泥的番茄醬汁，左側則用細孔食物碾磨器磨成泥。

基本配方

番茄醬汁

3.84公升

- 植物油或其他烹飪用油脂60毫升
- 洋蔥末340克
- 蒜末18克（2大匙）
- 新鮮番茄4.54-5.44公斤，或罐裝番茄與其湯汁4.8公升
- 額外食材（按食譜或用途而定）：番茄泥與／或番茄糊、胡蘿蔔或調味蔬菜、新鮮與／或乾燥的香料植物、煙燻肉、高湯、稠化物（奶油炒麵糊或純澱粉漿）
- 鹽，視需求添加
- 黑胡椒粉，視需求添加

作法精要

1. 洋蔥與蒜頭炒軟。
2. 其餘材料放入，煮到微滾。
3. 頻繁翻攪。
4. 微滾煮。
5. 若想要，可打成泥。
6. 收尾，加入裝飾後使用，或冷卻後保存。

專業訣竅

▶ 可在適當時機加入下列食材，以煮出不同的風味。有些食材要在烹煮初期就加入，有些快要結束時才加，以保持這些食材的獨特風味與鮮美。一開始就下鍋的洋蔥與芳香食材不只要炒軟，還要煎炒到稍微褐化，讓醬汁風味更深厚。

新鮮與（或）乾燥的香料植物／煙燻肉／煙燻火腿的骨頭或豬骨／番茄糊或番茄泥／炒軟並剁碎的洋蔥與胡蘿蔔／高湯

▶ 番茄醬汁可在適當時機以下列材料稠化：

奶油炒麵糊／純澱粉漿

▶ 番茄製品的種類對最後成品有決定性影響。下列製品都可以單獨使用或混用：

新鮮番茄／罐裝番茄：整顆、去皮、切丁、泥狀或壓碎／番茄糊

▶ 視需求決定番茄醬汁的稠度，也可以磨成泥。

作法詳解

1. 油倒入材質不跟食材起化學反應的厚重高湯鍋或醬汁鍋內。洋蔥、蒜頭放入鍋中炒軟，並煎炒到想要的顏色。芳香蔬菜慢慢炒軟或煎炒，讓蔬菜風味釋入油脂，並滲入醬汁中。蔬菜的烹煮方式會影響醬汁成品的風味：通常會將蔬菜以油脂炒軟，不過若要有更複雜的烘烤風味，可以煎炒到稍微褐變。

2. 番茄與其餘材料加入鍋中，微滾慢煮，直到風味完全煮出來。烹煮期間應頻繁翻拌、撈除雜質並嘗過。若想要，可在收尾前放入新鮮香料植物。（此時可放入切絲的新鮮羅勒）

烹煮時間視食材而定，一般來說，以蔬菜或水果為基底的醬汁，烹煮時間越短，醬汁越美味。長時間烹煮會讓食材喪失新鮮風味。大多數番茄醬汁煮到食材風味融合即可。若覺得磨成泥的番茄醬汁含太多水，可以過濾醬汁，將多餘液體分開來收乾，以免過度烹煮食材。

烹煮過程中應頻繁攪拌醬汁，偶爾也要嘗一嘗。若有需要調整刺鼻的味道或苦味，可以另外將少量洋蔥末與胡蘿蔔末炒軟再加入醬汁。若醬汁風味很淡，可以倒入少量番茄糊或番茄泥。若風味太甜，可以加入高湯、清水或更多番茄來調整。

若想要，可以用食物碾磨器將醬汁磨成泥。若使用果汁機，在攪打時倒入少許油脂，以幫助醬汁乳化，做出較低但仍然夠濃的稠度。用果汁機打成泥，會讓醬汁的顏色變淡，從紅色變成橘色，成品可能不太理想。

檢查醬汁的平衡與調味，按食譜指示加入鹽、胡椒、新鮮香料植物或其他食材，針對醬汁的風味與稠度進行必要調整。此時，醬汁已經做好，可直接使用。可以視需求（參考食譜）收尾，或冷卻後保存。

荷蘭醬絕大部分是奶油，製作的成功與否取決於二個因素，一是技巧，要把蛋黃、清水、酸與奶油混合成濃郁、滑順的醬料；二是奶油的品質。製作荷蘭醬主要需要融化的奶油或澄清奶油、水分（以濃縮湯汁與／或檸檬汁的形式）與半熟蛋黃。

hollandaise sauce 荷蘭醬

大家對荷蘭醬家族的認識，就是很多類似的溫奶油乳化醬汁，製作時可以更換濃縮湯汁裡的食材，或添加不同的食材（如龍蒿等）來收尾或裝飾。這類醬汁包括貝亞恩醬、修隆醬、慕斯林醬等。荷蘭醬也可以混入打發鮮奶油與／或絲絨濃醬，做成鏡面醬，覆蓋菜餚，出餐前放到上明火烤爐上或炙烤爐內，烤到表面呈淡褐色。

融化的全脂奶油或澄清奶油可以用來製作荷蘭醬。有些廚師喜歡用融化的全脂奶油，原因是能為醬汁帶來濃郁、乳脂般的風味，是搭配大部分肉、魚、蔬菜與蛋料理的最佳選擇。有些廚師則偏好澄清奶油帶來的硬挺效果，特別適合用來製作鏡面醬。無論是哪種奶油，都必須相當溫熱（約63℃），但也不能太燙，才能成功做出醬汁。

蛋黃與奶油的比例通常是1顆對57-85克。醬汁的量越大，每顆蛋黃能乳化的奶油量也會增加。舉例來說，用20顆蛋黃來製作荷蘭醬，每顆

成功做出荷蘭醬的關鍵之一，在於事先準備好所有材料。這種細緻的醬汁有別於其他醬汁，製作要一氣呵成。

蛋黃可以乳化的奶油量通常多於85克。想要的話，也可以用巴氏殺菌蛋黃來製作荷蘭醬，不過，這裡所列出來的作法已經足以消滅蛋類主要病菌：沙門氏菌。

運用酸性食材製作荷蘭醬的原因有二，一是為了風味，二是酸性食材對蛋黃內蛋白質的作用。酸性食材可以是濃縮醋與／或檸檬汁，同時也提供乳化物形成所需的水分，依想要的醬汁成品風味來決定使用哪一種。濃縮醋可讓醬汁具有更多層次的風味，最後收尾時倒入檸檬汁調味更是如此。

基本配方

荷蘭醬

600毫升

- 濃縮湯汁60毫升，以白酒、白酒醋或蘋果醋、紅蔥末和胡椒粒製成
- 水60毫升，用來為濃縮湯汁調整濃度或降溫
- 新鮮或巴氏殺菌蛋黃4顆（99克）
- 融化的全脂奶油或澄清奶油360毫升
- 檸檬汁，視需求添加
- 鹽，視需求添加
- 辣醬或卡宴辣椒，視需求添加

作法精要

1. 製作濃縮湯汁。
2. 加入蛋黃拌勻。
3. 碗放在微滾的熱水上。
4. 攪打。
5. 慢慢加入溫熱的奶油，同時繼續攪打。
6. 過濾。
7. 調味後使用或保溫。

專業訣竅

▶ 融化的全脂奶油或澄清奶油都可以用來製作荷蘭醬。前者可做出更濃郁、綿密的質地，後者則能做出較硬實、穩定的醬汁。

▶ 可依喜好的成品風味使用不同酸性食材，例如：

濃縮醋液／檸檬汁

▶ 大家對荷蘭醬家族的認識，就是各種類似的溫奶油乳化醬汁，製作時可以更換濃縮湯汁裡的食材，或添加不同的食材（如龍蒿等）來收尾或裝飾：

檸檬汁／卡宴辣椒／香料植物末／番茄切細丁或去外皮、去白皮層的柑橘類／肉釉汁、番茄泥、精淬液或蔬果汁

▶ 荷蘭醬也可以混入打發鮮奶油與／或絲絨濃醬，做成鏡面醬。

1. 製作荷蘭醬用的標準濃縮湯汁。干白酒或蘋果醋倒入材質不跟食材起化學反應的小型醬汁鍋內，紅蔥、胡椒粒放入鍋中，開中火，直接煮到幾乎變乾。冷卻後以少量清水潤澤，再過濾到中型不鏽鋼攪拌盆內。

2. 蛋黃加入濃縮湯汁裡，放在接近微滾的熱水上攪打，直到變稠且溫熱（約63℃）。確認熱水只是接近微滾，水面不能出現明顯的沸騰，只要有大量水蒸氣出現即可。混合物的溫度慢慢升高後，體積也會增加。若混合物的溫度似乎過高，攪拌盆邊緣與底部出現凝結，則讓攪拌盆遠離熱源，放到冰涼的地方，繼續攪打，直到混合物溫度稍微降低，再放回接近微滾的熱水上繼續煮。

等混合物體積變成原本的3倍，且舀起倒下時可形成帶狀的程度，便將攪拌盆從熱水上移開。不要煮過頭，否則蛋黃會失去乳化醬汁的能力。

< 作法詳解

3. 攪拌盆固定在布巾上或放入鋪上布巾的鍋子裡，以免滑開。奶油用細流方式慢慢倒入鍋中，同時持續攪打，將奶油打進混合物。打入越來越多的奶油後，醬汁會開始變稠。若變得太稠，可加入少許清水或檸檬汁稀釋，如此可以在不破壞醬汁的前提下，倒完全部的奶油。

若醬汁溫度變得太高，蛋黃會開始凝結，這時候可以把醬汁從熱源上移開，並加入少量冷水。將醬汁攪打至滑順，視需要過濾醬汁，以移除煮過頭的蛋黃。

醬汁快完成時，若想要的話，可以添加調味料，例如檸檬汁、鹽、胡椒與卡宴辣椒。檸檬汁會讓醬汁的風味與稠度變輕變低，但不要讓檸檬成為最明顯的味道，只要剛好可以提升風味就好。若醬汁太濃稠，加入少許溫水，讓醬汁恢復理想的低稠度。

4. 好的荷蘭醬帶有明顯的奶油風味與奶油香氣。蛋黃也會強烈影響荷蘭醬風味。濃縮湯汁的食材可以讓醬汁具有平衡的味道，檸檬汁與收尾所用的任何額外調味料也具有同樣作用。荷蘭醬的顏色應該是檸檬黃，質地柔滑（顆粒狀質地表示蛋黃煮過頭或凝結了）。醬汁應該帶有光澤而不油膩，稠度要低到可以流動。

做好後立刻出餐，或以63℃左右保溫至多2小時。大部分廚房都會有一、兩個地方的溫度很適合保存荷蘭醬，通常是爐臺或烤爐上方，或保溫燈附近（但不是直接放在保溫燈下方）。不過，荷蘭醬保溫仍有點棘手，溫度必須低於66℃，以免蛋黃凝結，但這個溫度卻只比最適合細菌生長的溫度略高一點而已。濃縮湯汁與／或檸檬汁裡的酸有助於抑菌，但是醬汁保溫時間絕對不能超過2小時。

各種由荷蘭醬衍生的醬汁

衍生醬汁	附加風味與收尾	典型搭配
巴伐利亞醬 Bavaroise	螯蝦奶油、打發鮮奶油與切丁的螯蝦肉	魚肉
貝亞恩蛋黃醬 Béarnaise	龍蒿濃縮液。以新鮮龍蒿與細葉香芹裝飾	燒烤肉
修隆醬 Choron	貝亞恩蛋黃醬與番茄	燒烤肉與禽肉
弗祐醬、瓦盧瓦醬 Foyot/Valois	貝亞恩蛋黃醬與肉湯釉汁	燒烤肉與下水
馬爾他醬 Maltaise	血橙	蘆筍
慕斯林醬 Mousseline	打發鮮奶油	水煮魚肉、蘆筍
波城醬 Paloise	薄荷濃縮液與新鮮薄荷	燒烤肉
皇家醬 Royal	等量絲絨濃醬、荷蘭醬與打發鮮奶油	水煮白肉與淺水水煮魚肉

荷蘭醬的補救與收尾

荷蘭醬的補救

若荷蘭醬開始油水分離，試著倒入少量清水，攪打到醬汁滑順，再繼續倒入奶油。若這個方法不管用，則另外將1顆蛋黃與5毫升清水放進微滾的熱水，煮到變稠，然後慢慢將油水分離的荷蘭醬打入新蛋黃液裡。然而要注意的是，以這種方法補救的醬汁，做出來的體積會小於不需補救的醬汁，而且也無法保存。

荷蘭醬的收尾

荷蘭醬做好後，可以另外添加特定材料來做成衍生醬汁。製作時，應將肉釉汁、番茄泥、精淬液、蔬果汁、其他半液狀或液狀材料徐徐倒入荷蘭醬中，以免過度稀釋。若使用澄清奶油製作荷蘭醬，可留下乳固形物，等最後收尾時用來調整醬汁成品的稠度並增添風味。加入其他風味食材，意味著可能必須再度調整風味與調味。

有些荷蘭醬類型的醬汁會以切末的香料植物來收尾。香料植物應適度洗淨、拍乾，用鋒利的刀子切成大小一致的細末或細絲，以保有顏色與風味。切丁的番茄或柑橘果肉也可以加入某幾種荷蘭醬中。這些裝飾在切好後應該要瀝乾，以免多餘的水分稀釋了醬汁。

傳統上，如果用淺水低溫水煮來烹調菜餚，都會在過程中一併利用水煮後留下的煮液（法文 cuisson）來準備白醬。另一種常見的作法是另外準備濃縮湯汁來大量製作奶油白醬，如此便能將奶油白醬當成製作其他衍生醬汁的重要底醬。如同荷蘭醬，只要更換濃縮湯汁或改變裝飾，就能製作奶油白醬的衍生醬汁。例如，將紅酒倒入濃縮湯汁，就能做出紅奶油醬。

beurre blanc
奶油白醬

奶油白醬成功的關鍵在於奶油品質。最適合的是無鹽奶油，原因是在後續烹調時比較容易控制鹹度。仔細檢查奶油是否質地柔滑且聞起來帶甜味。奶油切成方塊並保持低溫。

奶油白醬所用的標準濃縮湯汁以干白酒和紅蔥製成。（如果是在淺水低溫水煮的過程中一併準備，濃縮湯汁就用經久煮濃縮的烹調湯汁來替代，見540頁）其他經常用於濃縮湯汁的食材包括醋或柑橘類果汁；剁碎的香料植物，包括龍蒿、羅勒、細香蔥或細葉香芹；壓碎的胡椒粒；有時也會用到蒜頭、薑、檸檬香茅、番紅花與其他風味食材。

有時也會將少量濃縮高脂鮮奶油倒入奶油白醬裡，以穩定乳化物。使用鮮奶油時，要另外收乾一半。小心以微滾煮鮮奶油，直到鮮奶油變稠並出現飽滿的象牙色。鮮奶油收得越乾，穩定效果越強。醬汁越穩定，在出餐時就能維持得更久。不過，鮮奶油的風味會蓋過奶油的鮮味。

務必使用材質不跟食材起化學反應的鍋具來烹煮。外層為銅或陽極氧化鋁，內層為不鏽鋼的雙金屬鍋具，是用來製作這種醬汁的絕佳選擇。

可以用打蛋器將奶油打入醬汁中，不過許多廚師偏好在爐火或平面熱源上轉動鍋具，以這樣的動作來混合奶油。這種醬汁不一定要過濾，不過要是你想過濾濃縮湯汁或醬汁成品，就得準備篩子。做好後，奶油白醬可以留在鍋子內保溫，或移到乾淨的隔水燉煮鍋內鍋、陶瓷容器或寬口保溫瓶內。

基本配方

奶油白醬
960毫升

- 濃縮湯汁，以干白酒240毫升、醋90-180毫升、紅蔥末60毫升、胡椒粒製成
- 奶油680克
- 高脂鮮奶油180-240毫升（非必要）
- 鹽，視需求添加
- 白胡椒粉，視需求添加
- 檸檬汁，視需求添加

作法精要

1. 製作濃縮湯汁。
2. 打入奶油，若使用鮮奶油，也在此時倒入。
3. 調味。
4. 過濾。
5. 調味後可馬上使用或保存。

專業訣竅

▶ 可以添加到濃縮湯汁中的額外風味食材包括：

醋／柑橘類果汁／紅酒／剁碎的香料植物／壓碎的胡椒粒／蒜頭／薑／檸檬香茅／番紅花

▶ 偶爾會利用少量濃縮高脂鮮奶油來穩定醬汁。若使用鮮奶油，應單獨將鮮奶油收乾一半。鮮奶油收得越乾，穩定效果越強。

▶ 這種醬汁不一定要過濾，濃縮湯汁的食材可以留在醬汁裡，既增加質地，也作為裝飾。

1. **使用材質**不跟食材起化學反應的中型醬汁鍋，以酒、醋、紅蔥、胡椒粒做出濃縮湯汁，這是醬汁的主要風味來源。其他芳香食材如月桂葉等，可以按食譜要求加入。混合濃縮湯汁的食材，以相當高的溫度收成糖漿的質地（幾乎收乾）。若是利用淺水低溫水煮的煮液製作醬汁，只要將煮液收乾即可（見543頁）。

   爐火轉小火。慢慢用打蛋器打入奶油（如圖所示），或以不斷轉動鍋身的方式混入奶油。這個動作很像醬汁收尾時加入奶油的動作（法文為monter au beurre）。

   若醬汁看起來不柔滑，而是油油的，或似乎出現油水分離，表示醬汁的溫度太高，應該馬上讓鍋子離火，放到冰涼的表面上降溫。繼續分次加入少量奶油，攪打到混合物恢復該有的柔滑質地。之後可以將鍋子放回小火上，繼續混入剩餘的奶油。

   若奶油需要很長時間才能混入醬汁中，可以稍微將爐火調大。

2. **檢查調味、過濾**，針對風味和質地做最後想做的必要調整。也可以將濃縮湯汁的食材留在醬汁裡，以增加質地，同時作為湯飾。如果先前沒有過濾濃縮湯汁，此時可以選擇是否過濾。若要過濾，動作必須快，以維持醬汁溫熱。醬汁要立刻使用或保溫。

   要大量製作奶油白醬並在供餐過程中為醬汁保溫，可以使用跟荷蘭醬一樣的技巧（見286頁）。不過，醬汁可能會隨時間而變質，必須隨時留意品質。

   奶油白醬的風味結合了全脂奶油的風味與濃縮湯汁的爽口開胃。收尾與／或湯飾也會影響醬汁的風味。好的奶油白醬應呈乳白色，不過裝飾的食材也有可能改變醬汁顏色。醬汁應該帶有明顯光澤與低稠度。若醬汁太稀，表示奶油的用量可能不足。相對地，如果太濃稠，表示用了太多奶油或鮮奶油。質地應帶有泡沫，不應有油膩口感。

醬汁的功用 the purpose of sauces

大部分醬汁在菜餚中都有一個以上的功用。舉例來說，能營造出風味對比的醬汁，在口感上與視覺上可能也很誘人。醬汁通常有以下一種或多種功用。

帶進互補或對比的風味

醬汁與特定食物的經典搭配說明了這個功用。雞醬汁用雞湯絲絨濃醬的濃縮液為基底，並加入雞高湯，以鮮奶油收尾。這種象牙色醬汁具有深厚的雞肉風味，質地絲滑。搭配雞肉出餐時，顏色及風味跟雞肉本身的細膩風味相輔相成，有助於強化風味。風味會因醬汁裡的鮮奶油而變得圓融飽滿。

酸黃瓜醬以芥末和酸黃瓜製成，風味十足且帶刺激性。搭配豬肉時，醬汁的強烈味道帶來對立的風味，沖淡豬肉的肥膩，提供了宜人但不令人驚訝的對比。這種醬汁能帶出豬肉的風味，不過搭配小牛肉這種風味較細緻的肉品，卻會喧賓奪主。

醬汁所含的風味若能跟食物互補，就能提升食物的風味。龍蒿能凸顯禽肉的溫和甘甜。辛辣的綠胡椒醬搭配牛肉時，可以深化並豐富整體味道，凸顯牛肉的濃郁風味。

焦糖醋醬可以為醬汁成品增加深度與複雜度，作法通常是混合等量的糖和酸，加熱收乾一半，可用於醬汁、湯品與燉煮菜，一開始或最後再倒入焦糖醋醬皆可。若在一開始烹煮濃縮湯汁時便倒入焦糖醋醬，則應該在芳香食材煮熟後再加入菜餚所需的糖，如果可以的話，甚至可以先把糖焦糖化再加入酸液，然後收乾。接下來，如果有使用酒的話，通常會在這時候倒入酒，然後把酒完全收乾，再倒入高湯或半釉汁，收乾，並嘗一嘗。若焦糖醋醬在烹調的最後才加入，例如做燉煮菜的時候，則應分開製作，最後再慢慢用湯匙將焦糖醋醬倒入菜餚中，直到風味平衡。法式橙汁鴨肉所用的就是經典焦糖醋醬，製作時先把糖焦糖化，再用橙汁溶解褐渣，收乾，再倒入鴨肉半釉汁。焦糖醋醬用的糖可以是砂糖、粗糖、蜂蜜或紅醋栗果，用的酸可以是醋、酸葡萄汁或酸果汁。

讓菜餚更濕潤或更多汁

對於脂肪原本就少的食物（如禽肉或魚肉），或容易乾化的烹飪方式（如燒烤或煎炒），醬汁都可以增加水分。燒烤食物通常會搭配溫熱的奶油乳化醬汁，例如貝亞恩蛋黃醬，或是調和奶油、莎莎醬、印度甜酸醬。奶油白醬通常用來搭配淺水低溫水煮的低脂白魚，以讓食物更鮮美多汁。

讓食物外觀更誘人

醬汁可以讓菜餚變得更有光澤、更耀眼。煎過的去骨羊排薄薄裹上速成褐醬，可以多一層亮光，讓整道菜餚更有吸引力。在燒烤旗魚排的下方墊一層紅椒醬，可增添色彩，讓食物看起來更令人垂涎。

調整質地

許多醬汁都含有裝飾食材，讓菜餚成品有更多質地。以番茄和蘑菇來收尾的醬汁，能提升法式獵人燉雞的吸引力，而滑順的醬汁則為煎炸軟殼蟹帶來對比的質地。

醬汁搭配 sauce pairing

某些經典醬汁組合之所以歷久不衰，是因為在所有層面都達到平衡，包括風味、質地與視覺美感等。為菜餚選擇醬汁時，必須注意下列重點：

- 要能配合出餐方式：在宴會或任何必須在食物風味最佳時刻迅速供應大量菜餚的場合，選擇的醬汁要能預先製作，而且以正確溫度大量存放也不影響品質。在供應單點菜餚的廚房，就比較適合現場烹調的醬汁。
- 要適合主要食材的烹飪技法：例如烘烤或煎炒這類能產生風味鍋底肉汁的技法，應該搭配能運用這些鍋底肉汁的醬汁。同樣地，奶油白醬適合搭配淺水低溫水煮的菜餚，這樣就可以用煮液來製作醬汁。
- 要能搭配食物的風味：細緻的鮮奶油醬汁跟多佛真鰈是完美組合，不過搭配燒烤鮪魚就黯淡無味。羊肉本身的風味就很濃烈，搭配迷迭香醬汁稱得上相得益彰，然而細緻的魚肉搭配迷迭香醬汁就淪為配角了。

醬汁盛盤守則 guidelines for plating sauces

- 維持正確的溫度：檢查醬汁、搭配的菜餚及盤子的溫度。確定應熱騰騰上桌的醬汁保持高溫，溫熱的乳化醬汁在不油水分離的前提下維持適度溫熱，而冷醬汁在接觸到熱菜前，則應維持冰涼。
- 考慮菜餚出餐時的質地：若菜餚有酥脆或其他不尋常的質地，應直接把醬汁抹在餐盤上，墊在菜餚下。若淋少許醬汁在菜餚上能為菜餚增色，或醬汁本身的外觀就很誘人，可以把醬汁均勻地淋上菜餚表面。
- 盛盤的醬汁應適量：每口菜餚都應有足夠的醬汁來搭配，但也不能讓整盤食物看起來像片沼澤。醬汁太多，會干擾餐盤內各種食物的平衡，服務生出餐途中，也很難不讓少許醬汁流到餐盤邊緣，甚至溢出去。

速成小牛褐醬

Jus de Veau Lié

3.84公升

- 植物油60毫升
- 小牛邊角瘦肉907克
- 標準調味蔬菜中丁454克（見243頁）
- 番茄泥57克
- 小牛褐高湯4.8公升（見263頁）
- 標準香料包1包（見241頁）
- 葛粉或玉米澱粉85-113克，以冷水或高湯稀釋成澱粉漿
- 鹽，視需求添加
- 黑胡椒粉，視需求添加

1. 油脂倒入小型雙耳燉鍋，以中火加熱。加入小牛肉、調味蔬菜，不時攪拌，直到小牛肉、洋蔥、胡蘿蔔都呈深褐色，25-30分鐘。
2. 倒入番茄泥，繼續以中火煮，直到番茄泥呈鏽褐色且散發甜香。
3. 倒入高湯，煮到微滾。繼續微滾慢煮2-3小時，慢慢煮出良好風味，視需要撈除雜質。香料包在最後1小時放入。
4. 醬底料再煮到微滾。若有需要，攪拌澱粉漿，讓澱粉與液體重新混合，然後慢慢把澱粉漿倒入醬底料，只要足以裹覆醬底料即可。澱粉漿的分量取決於要製作多少醬汁，以及澱粉漿怎麼用。例如濃郁的高湯原本就相當濃稠，需要的澱粉漿就比較少。
5. 嘗一嘗醬汁，以鹽和胡椒調味。
6. 過濾醬汁。可以馬上使用，或快速冷卻後冷藏備用。

速成禽肉褐醬：用雞褐高湯（見264頁）取代小牛褐高湯，並以等量的雞邊角肉取代小牛邊角肉。

速成鴨肉褐醬：用鴨褐高湯（見264頁）取代小牛褐高湯，並以等量的鴨邊角肉取代小牛邊角肉。

速成羊肉褐醬：用羊褐高湯（見264頁）取代小牛褐高湯，並以等量的羊邊角肉取代小牛邊角肉。

速成野味褐醬：用野味褐高湯（見264頁）取代小牛褐高湯，並以等量的野味邊角肉取代小牛邊角肉。

半釉汁

Demi-Glace

960毫升

- 小牛褐高湯960毫升（見263頁）
- 西班牙醬汁960毫升（見294頁）

1. 將高湯與西班牙醬汁倒入中型厚底醬汁鍋內混合，以中小火微滾煮，直到收乾一半，約45分鐘。過程中應頻繁撈除雜質。
2. 過濾後可直接使用，或快速冷卻後冷藏備用。

西班牙醬汁

Espagnole Sauce

3.84公升

- 植物油90毫升
- 標準調味蔬菜中丁454克（見243頁），每種材料分開
- 番茄糊170克
- 小牛褐高湯4.8公升（見263頁），熱的
- 褐色奶油炒麵糊510克（見246頁）
- 標準香料包1包（見241頁）
- 鹽，視需求添加
- 黑胡椒粉，視需求添加

1. 植物油倒入雙耳燉鍋，以中火加熱，洋蔥放入煎炒，直到呈半透明。倒入其餘調味蔬菜，繼續煎出褐色，約10分鐘。
2. 倒入番茄糊，煮到呈鏽褐色且散發甜香，1-3分鐘。
3. 倒入高湯溶解鍋底褐渣，煮到微滾。
4. 奶油炒麵糊打入高湯裡。高湯重新沸騰後，倒入香料包，微滾煮約1小時，視需要撈除雜質。
5. 過濾醬汁。嘗一嘗並以鹽和胡椒調味。可直接使用，或快速冷卻後冷藏備用。

絲絨濃雞醬

Chicken Velouté

3.84公升

- 澄清奶油或植物油60毫升
- 白色調味蔬菜小丁227克（見243頁）
- 金色奶油炒麵糊454克（見246頁）
- 雞高湯4.8公升（見263頁）
- 標準香料包1包（見241頁）
- 鹽，視需求添加
- 黑胡椒粉，視需求添加

1. 以中火加熱醬汁鍋內的奶油或植物油，再倒入調味蔬菜，偶爾翻拌，直到洋蔥變軟且開始出汁，約15分鐘。洋蔥可能會變成淺金色，但不要煎成褐色。
2. 倒入奶油炒麵糊，煮到奶油炒麵糊變得非常燙，約2分鐘。
3. 熱好的高湯慢慢倒入鍋中，邊攪打或攪拌，以打散結塊。加熱到完全沸騰，然後爐火調小，讓高湯保持微滾。放人香料包，繼續微滾，視需要撈除雜質，慢慢煮出風味與質地，直到麵粉的澱粉感及澱粉味消失，45-60分鐘。
4. 以細網篩過濾醬汁。若想要更細緻的質地，可用乾淨的雙層濾布再過濾一次。
5. 醬汁重新煮到微滾。嘗一嘗，並以鹽和胡椒調味，依喜好收尾。
6. 醬汁可直接使用，或快速冷卻後冷藏備用。

雞醬汁：加入960毫升的高脂鮮奶油與907克的切片蘑菇。醬汁以微滾慢煮，頻繁攪拌並撈除雜質，直到醬汁可以裹覆在湯匙上。若想要，可以在收尾時加入170克的奶油。以鹽和胡椒調味。

絲絨濃魚醬：用法式魚高湯（見264頁）取代雞高湯。

絲絨濃蝦醬：用蝦殼煮出來的蝦蟹貝高湯（見264頁）取代雞高湯。

絲絨濃蔬菜醬：用蔬菜高湯（見265頁）取代雞高湯。

白醬
Béchamel Sauce
3.84公升

- 澄清奶油或植物油30毫升（2大匙）
- 洋蔥末57克
- 白色奶油炒麵糊454克（見246頁）
- 牛奶4.8公升
- 鹽，視需求添加
- 白胡椒粉，視需求添加
- 肉豆蔻刨屑，視需求添加（非必要）

1. 以中型厚底醬汁鍋加熱奶油或植物油，再放入洋蔥，以中小火煎炒，頻繁翻拌，直到洋蔥變軟、呈半透明，6-8分鐘。
2. 倒入奶油炒麵糊，煮到奶油炒麵糊非常燙，約2分鐘。
3. 熱好的牛奶慢慢倒入鍋中，邊攪打或攪拌，以打散結塊。加熱到完全沸騰，然後爐火調小，以小火微滾慢煮，直到醬汁變得滑順濃稠，約30分鐘。過程中頻繁攪拌，視需要撈除雜質。
4. 以鹽、胡椒調味。若想使用肉豆蔻，也在此時加入。用細網篩過濾醬汁，或用乾淨的雙層濾布以擰擠法過濾（見329頁）。
5. 開小火，將醬汁重新煮到微滾。嘗一嘗，以鹽、胡椒調味，依喜好收尾。
6. 醬汁可直接使用，或快速冷卻後冷藏備用。

切達乳酪醬：將454克長期熟成（sharp）的切達乳酪磨碎後加入。

莫奈醬：將227克的格呂耶爾乳酪與等量的帕爾瑪乳酪磨碎後加入。如果想要，可以全脂奶油收尾，但不要超過227克。

鮮奶油醬：加熱過的480毫升高脂鮮奶油倒入做好的白醬，微滾煮4-5分鐘。

番茄醬汁
Tomato Sauce
3.84公升

- 橄欖油60毫升
- 洋蔥小丁340克
- 蒜頭18克（2大匙），切末或切薄片
- 去核、剁碎的橢圓形番茄4.8公升，帶汁
- 羅勒細絲85克
- 鹽，視需求添加
- 黑胡椒粉，視需求添加

1. 橄欖油倒入材質不跟食材起化學反應的雙耳燉鍋或寬口淺鍋內，以中小火加熱。放入洋蔥煎炒，偶爾翻拌，直到呈淺金色，約12-15分鐘。
2. 放入蒜頭，繼續煎炒，頻繁翻拌，直到蒜頭軟化、散發香味，約1分鐘。
3. 加入番茄及果汁，煮到醬汁微滾，繼續以小火煮，不時攪拌，直到煮出良好醬汁應有的稠度，約45分鐘（確切烹煮時間按番茄品質與其天然含水量而定）。
4. 加入羅勒，繼續微滾煮2-3分鐘。嘗一嘗醬汁，視需求以鹽和胡椒調味。
5. 醬汁可以用粗孔食物碾磨器磨成泥，也可以用打蛋器打碎，做成質地較粗的醬汁泥，或保留原狀。
6. 醬汁可直接使用，或快速冷卻後冷藏備用。

NOTE：若想要，可以用罐裝的整粒橢圓形番茄4.08公斤取代新鮮番茄。使用罐裝番茄時，可能得先濾掉一部分液體。若想要，可以在製作醬汁前，先用食物碾磨器將整顆番茄磨成泥。

波隆那肉醬

Bolognese Meat Sauce (RagÙ Bolognese)
960毫升

- 義大利培根細丁57克
- 特級初榨橄欖油15毫升（1大匙）
- 奶油14克
- 洋蔥細丁142克
- 胡蘿蔔細丁57克
- 芹菜細丁43克
- 瘦牛絞肉227克
- 低脂豬絞肉227克
- 番茄糊43克
- 白酒240毫升
- 鹽，視需求添加
- 黑胡椒粉，視需求添加
- 肉豆蔻刨屑，視需求添加
- 雞高湯480毫升（見263頁）
- 高脂鮮奶油240毫升，加熱

1. 義大利培根、橄欖油、奶油倒入材質不跟食材起化學反應的中型醬汁鍋中，開中小火，頻繁翻拌，直到培根呈金褐色並熬出油脂，約15分鐘。
2. 調成中大火。放入洋蔥、胡蘿蔔、芹菜，頻繁翻拌，直到蔬菜變軟、洋蔥呈半透明，5-7分鐘。
3. 放入牛肉與豬肉，繼續翻拌，直到肉呈褐色，3-4分鐘。視需要舀出油脂。
4. 拌入番茄糊，煮到稍微焦糖化，2-3分鐘。拌入白酒，煮到混合物幾乎收乾。
5. 以鹽、胡椒、肉豆蔻調味。倒入高湯，煮到沸騰，轉小火，開蓋微滾煮，直到混合物液體收乾、風味濃縮。視需要加入額外高湯，以免燒焦。
6. 出餐前拌入鮮奶油，醬汁再次煮到微滾，小心別煮到沸騰。以鹽及胡椒調味。
7. 醬汁可直接使用，或快速冷卻後冷藏備用。

番茄蔬果漿

Tomato Coulis
960毫升

- 橄欖油30毫升（2大匙）
- 洋蔥末113克
- 蒜末6克（2小匙）
- 番茄泥120毫升
- 紅酒180毫升
- 去皮、去籽的橢圓形番茄中丁567克
- 雞高湯480毫升（見263頁）
- 羅勒葉5片
- 百里香1枝
- 月桂葉1片
- 番茄汁，視需求添加（非必要）
- 鹽，視需求添加
- 黑胡椒粉，視需求添加

1. 橄欖油倒入材質不跟食材起化學反應的小型醬汁鍋內，加熱。放入洋蔥，煎炒到呈半透明，6-8分鐘。
2. 放入蒜末，稍微煎炒，直到散發香氣。
3. 倒入番茄泥，煮到呈鏽褐色、散發甜香，2-3分鐘。
4. 放入紅酒、番茄、高湯、羅勒、百里香、月桂葉，微滾慢煮，直到煮出良好醬汁應有的稠度，約45分鐘。
5. 香料植物取出、丟棄。用粗孔食物碾磨器將混合物磨成泥，視需要添加番茄汁或更多高湯來調整醬汁稠度。
6. 嘗一嘗，並以鹽和胡椒調味。醬汁可直接使用，或快速冷卻後冷藏備用。

貝亞恩蛋黃醬

Béarnaise Sauce

1.08公升

- 龍蒿醋90毫升
- 龍蒿莖3枝，剁碎
- 拍碎的黑胡椒粒2克（1小匙）
- 干白酒45毫升（3大匙）
- 水90毫升
- 新鮮或巴氏殺菌蛋黃240毫升（約8顆）
- 融化的全脂奶油或澄清奶油720毫升，溫熱
- 剁碎的新鮮龍蒿9克（3大匙）
- 剁碎的新鮮細葉香芹4.5克（1½大匙）
- 鹽，視需求添加

1. 胡椒粒、龍蒿莖放入材質不跟食材起化學反應的小型鍋中，加入醋，以中火收到幾乎全乾。
2. 白酒與清水倒入濃縮液裡，再將液體過濾到中型不鏽鋼攪拌盆內。
3. 蛋黃倒入盆內一起攪打。攪拌盆要放在微滾熱水上，邊煮邊不斷攪打，直到混合物變稠，用打蛋器拉起可以拉出一圈圈帶狀的程度。
4. 奶油慢慢以細流方式倒入，同時不停攪打，直到奶油全部倒完且醬汁變稠。
5. 剁碎的龍蒿與細葉香芹放入盆內，並以鹽調味。醬汁可直接使用，或至多保溫2小時。

薄荷醬（波城醬）：用薄荷莖取代龍蒿莖，用蘋果醋取代龍蒿醋，用剁碎的新鮮薄荷葉9克取代剁碎的龍蒿與細葉香芹。

修隆醬：煮熟的番茄泥43克拌入做好的貝亞恩蛋黃醬裡。依需求以清水或檸檬汁調整醬汁稠度。

修隆醬

荷蘭醬

Hollandaise Sauce

840毫升

- 剁碎的紅蔥18克（2大匙）
- 壓碎的黑胡椒粒2克（1小匙）
- 蘋果醋或白酒醋90毫升
- 水90毫升
- 新鮮或巴氏殺菌蛋黃180毫升（約6個）
- 融化的全脂奶油或澄清奶油540毫升，溫熱
- 檸檬汁15毫升（1大匙）
- 鹽，視需求添加
- 白胡椒粉，視需求添加
- 辣醬或卡宴辣椒，視需求添加（非必要）

1. 紅蔥、黑胡椒放入材質不跟食材起化學反應的小型醬汁鍋內，倒入醋，以中火收到幾乎全乾。
2. 水倒入濃縮液，再將液體過濾到不鏽鋼攪拌盆內。
3. 蛋黃倒入盆內一起攪打，攪拌盆要放在微滾熱水上，邊煮邊不斷攪打，直到混合物變稠，用打蛋器拉起可以拉出一圈圈帶狀的程度。
4. 奶油慢慢以細流方式倒入，同時不停攪打，直到奶油全部倒完且醬汁變稠。
5. 嘗一嘗醬汁，若想要，可加入檸檬汁、鹽、胡椒與辣醬或卡宴辣椒。醬汁已可直接使用。最多可保溫2小時。

慕斯林醬：150毫升的高脂鮮奶油打到中度發泡，輕輕拌入分量適當的荷蘭醬裡，或在出餐時將發泡鮮奶油分別拌入每份荷蘭醬裡。

馬爾他醬：60毫升的血橙汁倒入濃縮液裡，或在荷蘭醬收尾時添加攪碎或切細絲的血橙皮6克與血橙汁45毫升。

奶油白醬

Beurre Blanc

960毫升

- 紅蔥末35克
- 黑胡椒粒6-8粒
- 干白酒240毫升
- 檸檬汁60毫升
- 蘋果醋或白酒醋90毫升
- 高脂鮮奶油240毫升，收乾一半（非必要）
- 奶油680克，切丁，冷藏
- 鹽，視需求添加
- 白胡椒粉，視需求添加
- 刨屑的檸檬皮9克（1大匙）（非必要）

1. 紅蔥、胡椒放入材質不跟食材起化學反應的醬汁鍋內，倒入酒、檸檬汁、醋，以中大火收到幾乎全乾。
2. 若有使用收乾的高脂鮮奶油，在此時倒入，以小火微滾煮2-3分鐘，稍微收乾。
3. 奶油以每次幾小塊的量分批放入，同時持續攪打，把奶油打入濃縮液裡，火要非常小。繼續放入奶油，直到所有奶油都融入混合物。
4. 嘗一嘗，並以鹽、胡椒調味。若有使用檸檬皮，可在收尾時加入。若想要，可過濾醬汁。
5. 醬汁可直接使用。最多可保溫2小時。

紅椒醬

Red Pepper Coulis

960毫升

- 橄欖油30毫升（2大匙）
- 紅蔥末14克
- 去皮、去籽、去薄膜的紅椒680克，剁碎
- 鹽，視需求添加
- 黑胡椒粉，視需求添加
- 干白酒120毫升
- 雞高湯240毫升（見263頁）
- 高脂鮮奶油60-90毫升（非必要）

1. 橄欖油倒入小型醬汁鍋內，以中火加熱。放入紅蔥，炒軟，約2分鐘。放入甜椒，炒到非常軟，約12分鐘。以鹽、胡椒調味。
2. 倒入干白酒溶解褐渣，收到幾乎全乾。
3. 倒入高湯，微滾慢煮到收乾一半。
4. 用食物碾磨器將醬汁磨成粗糙質地，或以食物調理機或果汁機打成滑順質地。若有使用高脂鮮奶油，可在此時倒入打成泥的醬汁裡。嘗一嘗，並以鹽、胡椒調味。
5. 醬汁可直接使用，或是快速冷卻後冷藏保存備用。

青醬

Pesto

約960毫升

- 羅勒葉227克
- 乾炒松子113克
- 蒜瓣6粒，壓泥
- 鹽10克（1大匙）
- 橄欖油360毫升
- 磨碎的帕爾瑪乳酪227克
- 鹽，視需求添加

1. 羅勒葉洗淨擦乾，大略剁碎，放入食物調理機或研缽中。加入羅勒、松子、蒜頭、鹽一起研磨，慢慢倒入橄欖油，做成濃稠的糊。
2. 拌入乳酪，視需要加入更多鹽。醬汁可直接使用，或是冷藏保存備用。

NOTE：羅勒葉以沸騰鹽水汆燙過，有助於避免青醬在保存期間氧化，也讓顏色更鮮豔。

歐芹奶油

Maître d'Hôtel Butter

454克

- 奶油454克，室溫
- 剁碎的歐芹57克
- 檸檬汁22.5毫升（1½大匙）
- 鹽，視需求添加
- 黑胡椒粉，視需求添加

1. 用手或裝有攪拌槳的電動攪拌機讓奶油變軟，加入剩餘材料，混合均勻。嘗一嘗，並以鹽、胡椒調味。
2. 調和奶油可直接使用，或者捲成長棍狀或用擠花袋擠出形狀，冷藏備用。

歐芹奶油捲成長棍狀

龍蒿奶油：用等量龍蒿末取代歐芹。

甜椒奶油：用等量甜椒末取代歐芹。

青蔥奶油：添加醬油15毫升與蒜末1.5克，並用等量青蔥末取代歐芹。

蒔蘿奶油：用等量蒔蘿末取代歐芹。

日曬番茄奧勒岡奶油：添加奧勒岡末3克與日曬番茄末28克。

羅勒奶油：用等量羅勒末取代歐芹。

龍蒿奶油

第14章

soups

湯品

一道精心烹調的湯品總能令人留下深刻印象。湯品為風味食材及湯飾提供大量表現的機會。湯品也讓廚師得以發揮創意運用修整下來的邊角料與剩餘食材，而對任何餐廳來說，這都是重要的獲利作法。

高湯的製作技巧與烹煮時間都很類似清湯。肉、禽肉、魚肉、邊角料或蔬菜等，可以先烘烤或煎上色，或直接和芳香蔬菜、辛香料、香料植物一起微滾慢煮，煮成清澈、具有風味又有些濃稠的湯汁。清湯與高湯的主要差別，在於清湯可直接出餐，而高湯則用來製作其他菜餚。

broth
清湯

肉清湯及禽肉清湯是以肉而非骨頭來微滾慢煮，風味比高湯明顯。魚清湯及蔬菜清湯的基本材料跟高湯一樣，真正的差異只在最後的用途及名稱。

若小心控制清湯的烹煮溫度，維持微滾，並在需要時撈除雜質，那麼煮出來的清湯即使不經澄清處理，也可以跟任何法式清湯一樣清澈、濃稠、濃郁。

動物身上較常運動的部位，肌肉會較發達，而越發達的肌肉越有風味，所以要選這些部位來煮湯。禽肉清湯也是，燉煮用老母雞或更成熟的野禽是獲得深厚風味的最佳選擇。用來煮清湯的肉或禽肉若只煮熟就取出，通常可以再用來製作其他菜餚。肉切絲或切丁後可以當湯飾。

魚清湯最好用低脂肪的白肉魚，例如鰈魚、比目魚、大比目魚或鱈魚。風味較濃、脂肪含量較高的魚種，像是扁鰺、鯖魚等，魚身上細緻的魚油一經高溫烹煮，即使時間再短，也往往會失去風味。以少量液體烹煮帶殼貝類與甲殼類能得到風味絕佳的清湯，不過要非常仔細過濾，去除所有砂礫與細沙。

可以用幾種蔬菜的乾淨邊角料一起煮蔬菜清湯，也可以依照食譜烹煮。要考量蔬菜本身風味的強度，及該風味可能會如何影響清湯的平衡。甘藍與其他同科蔬菜如花椰菜等，風味就太強了。

許多清湯都是用最簡單的液體製作，也就是冷的淡水。若用高湯、二次高湯或清湯來烹煮，成品有時會被稱為「二次清湯」（double broth）。要增加清湯的風味、香氣、色澤，可以選擇添加額外食材。傳統作法會添加香料植物與芳香蔬菜的組合，如調味蔬菜、香料包或香草束等。現代作法可能會用番茄乾、檸檬香茅、野菇、薑等材料，來讓清湯具有獨特性。

湯飾會讓清湯看起來更誘人、更有質地。傳統作法是用簡單的湯飾，像是切細丁的蔬菜或細葉香芹枝。其他選擇包括：切丁或切絲的肉、碎魚肉或碎甲殼類、貝肉、酥脆麵包、西式餃子、法式魚餃，以及餛飩、麵條與米飯等。

用足以容納所有食材的大型鍋具來煮清湯，鍋子上方必須有充分空間，以容納烹煮中食材的些許膨脹，也更容易撈除雜質。鍋具應該要又高又窄，不要又低又寬。可以的話，選擇附有水龍頭的鍋具，這樣會更容易倒出高湯。另外也要準備撈油勺與長柄勺、保存容器、網篩、嘗味道用的湯匙與杯子，以及能用來移出任何大塊肉的肉叉。

基本配方

用水烹煮的肉清湯或禽肉清湯
3.84公升

- 肉或禽肉4.54公斤，包括骨頭
- 冷水4.8公升
- 標準調味蔬菜454克（見243頁）
- 標準香料包1包（見241頁）

用高湯烹煮的肉清湯或禽肉清湯
3.84公升

- 肉或禽肉1.36公斤
- 高湯4.8公升
- 標準調味蔬菜454克（見243頁）
- 標準香料包1包（見241頁）

魚清湯或蝦蟹貝清湯
3.84公升

- 魚或蝦蟹貝4.54-5.44公斤，包括骨頭或殼
- 高湯4.8公升
- 白色調味蔬菜454克（見243頁，可包括蘑菇邊角）
- 標準香料包1包與／或標準香草束1束（見241頁）

作法精要

1. 肉放入液體中。
2. 煮到微滾。
3. 放入調味蔬菜與／或香草束。
4. 微滾慢煮，撈除浮渣。
5. 過濾。
6. 冷卻後保存，或收尾、放入湯飾後出餐。

專業訣竅

▶ 要加強清湯風味，可以增加肉或蔬菜的用量。肉也放進高湯中烹煮，可獲得更強烈、濃郁的風味。為了進一步加強清湯的風味與色澤，主要風味食材（肉與／或蔬菜）先煎成褐色，再放入液體中。

▶ 可添加額外食材，讓清湯具有更多風味。在適當時機加入下列食材。有些在烹煮之初就加入，以釋出風味。其餘可以稍後再加入，讓食材保有本身獨特的風味與／或質地：

香料包或香草束／乾焦洋蔥／新鮮或乾燥的香料植物／芳香蔬菜

▶ 添加湯飾是帶出並影響清湯風味的另一種方法。湯飾切成適當的大小與形狀，在最後才加入：

蔬菜／肉、禽肉或魚肉／新鮮香料植物／煮熟的義式麵食／煮熟的穀物，例如米飯或大麥

1. **主要風味食材、適合的調味料**放入鍋中，倒入冷液體，淹過食材，慢慢煮到微滾，視需要撈除浮渣。微滾慢煮能萃取出最濃厚的食材風味，也是種自然的澄清法，讓雜質（脂肪與浮渣）聚集在表面，有利於撈除。肉或禽肉在下鍋前先汆燙過，也有助於去除雜質。

   煮清湯應避免劇烈沸騰，以免食材風味散失。劇烈沸騰也會讓脂肪和雜質混入清湯，導致清湯混濁。

2. **隔一段適當時間後**，放入剩餘食材與芳香食材。香料包與香草束的風味很快就會釋出，快煮好時再加入即可。持續煮其實不會加強風味，反而會煮掉原本保有風味精華的細緻揮發性油脂。微滾慢煮，煮出充分的風味、色澤與稠度即可。清湯的烹煮時間變化很大，製作時應參考相關食譜。

   烹煮過程中應不時嘗一嘗，以確保風味發展得宜，並視需要調整。舉例來說，若香料包的丁香風味快要蓋過清湯，就要取出。若缺乏濃郁的烘烤味，則加入乾焦洋蔥（見240頁）。不過，通常是等主要食材釋出最多風味後，才進行最後的調味與風味調整。肉與禽肉應該煮到可以用叉子輕易插入。魚、貝與甲殼類則只要短時間微滾煮到全熟即可。蔬菜應該要非常軟，但不碎爛。

3. 清湯從鍋中取出時，應以湯勺舀取，不要用倒的。清湯要保持清澈，首先應該在過濾前移走湯裡的肉或雞肉與蔬菜。在篩子或濾鍋上鋪洗淨的雙層濾布，或使用細網篩或過濾紙。在放入湯飾出餐前，或在快速冷卻並保存前，應盡量撈除表面油脂。

清湯加熱到適合出餐的溫度，並依喜好加入湯飾。冷藏過的清湯要先移除表面的凝結油脂，再煮到微滾。準備並加熱湯飾。

4. 好的清湯應該澄清無雜質、呈金黃色、濃郁、香氣四溢，有著良好風味和明顯的稠度。要煮出品質最好的清湯，必須選用新鮮的高品質食材，風味食材與液體的比例要正確，溫度要小心調節，浮渣要徹底撈除，烹煮時間要適當，烹煮過程中也要不斷調味。適當地保存與重新加熱，也能確保清湯維持該有的品質。清湯表面通常會有些油滴，這是濃郁、風味豐富的象徵。

法式清湯是極度清澈的清湯。風味特別濃郁，外觀晶瑩剔透。這是高品質高湯或清湯與澄清用混合物結合的成果。要做出高品質的法式清湯，廚師必須仔細挑選食材，澄清混合物在烹煮前得維持非常低溫，微滾慢煮的過程中要監控溫度。法式清湯一發展出濃郁風味與色澤，就得仔細過濾、去油脂，以做出晶瑩剔透、沒有油脂、風味濃郁宜人的法式清湯。

consommé 法式清湯

應該要用高品質且非常新鮮的高湯來製作法式清湯。取少量高湯，煮到沸騰，聞一聞並嘗一嘗，以檢查高湯品質。若對品質有疑慮，則應改用更新鮮或重新烹煮的高湯。

澄清用的材料是瘦絞肉、蛋白、調味蔬菜、香料植物與辛香料、番茄或其他酸性食材的混合物。這些食料的多重功用有助於製作出平衡的法式清湯，混合後能移除高湯裡的雜質並加強風味，讓我們做出晶瑩剔透且風味濃郁的湯品。為了做出最具風味、最高品質的法式清湯，肉和調味蔬菜盡可能一同絞碎。無論是否自行絞肉，都應確保絞肉和蛋白是以低溫保存，以維護衛生並避免走味。

調味蔬菜應切小丁或攪碎，才能跟其他澄清食材結合起來，並迅速釋出風味。通常會使用許多種芳香蔬菜，典型的有洋蔥、胡蘿蔔、芹菜、蒜頭、韭蔥、歐洲防風草塊根、蘑菇等。澄清食材（酸性食材除外）完全混合，時間允許的話，應冷藏數小時或一整晚。等到澄清混合物要混入高湯之前，才把番茄等酸性食材加進去。酸性食材除了能幫助黏附筏成形，也能為湯增添風味。製作法式魚清湯或法式蔬菜清湯可以用檸檬汁或醋當酸性食材。也可以加入乾焦洋蔥，以增添額外風味與色澤。可視需要運用其他風味食材，以煮出特殊風味。

澄清混合物也包括香料植物與辛香料。香料植物用的是龍蒿、歐芹、細葉香芹、蒔蘿、百里香、其他新鮮香料植物的細枝或莖。辛香料則有丁香、月桂葉、胡椒粒、杜松子、八角，以及薑和檸檬香茅。

製作法式清湯的工具跟前面的清湯一樣，不過還要特別考慮以下幾點：鍋底要厚，以免用來澄清的食材沾黏燒焦，鍋子高度應大於寬度。最為理想的是受熱均勻的蒸氣鍋或平面熱源。

基本配方

法式清湯

3.84公升

澄清食材

- 標準調味蔬菜454克（見243頁），切末或攪碎
- 瘦絞肉、禽肉或魚肉1.36公斤
- 蛋白12顆
- 剁碎的番茄284克
- 鹽20克
- 冷液體（高湯或清湯）5.76公升
- 調味料與風味食材，例如鹽與胡椒、標準香料包（見241頁）、乾焦洋蔥（見240頁）或其他想用的食材

NOTE：製作法式魚清湯時，可用檸檬汁、醋與／或酒來取代番茄，以免清湯顏色太深。用量則按個別食材的酸度來調整。

作法精要

1. 調味蔬菜、肉、蛋白混合。酸性食材、鹽加入澄清食材中。
2. 微滾慢煮高湯與澄清食材，頻繁攪拌。
3. 溫度達到49-52℃時，停止攪拌，讓黏附筏成形。
4. 繼續微滾慢煮，頻繁澆淋黏附筏。若想要，可加入額外食材。
5. 過濾。
6. 撈除油脂。
7. 冷卻後保存，或收尾並添加湯飾出餐。

專業訣竅

▶ 若要提升法式清湯的風味與色澤，可將食譜中的絞肉用量加倍，這又稱為「雙倍法式清湯」（double consommé）。

▶ 可添加額外食材，以煮出更多風味。在適當時間添加下列材料：

　　香料包或香草束／乾焦洋蔥／新鮮或乾燥的香料植物／芳香蔬菜

▶ 製作法式清湯時可利用不同的酸性食材，來做出想要的風味或色澤：

　　番茄／檸檬汁／干白酒／醋

▶ 湯飾會帶出或影響法式清湯的風味。湯飾食材切成適當的大小與形狀，在烹飪過程的最後加入：

　　蔬菜／蒸烤蛋／肉／禽肉

1. **開始烹煮時**，用來澄清的食材溫度應該非常低（低於4℃）。有些廚師會在製作法式清湯的前一天攪碎澄清混合物，這樣就有充分的時間冷卻。開始烹煮法式清湯的前一刻，才把酸性食材（例如番茄或檸檬汁）加入澄清食材中。冷高湯的量要足夠，才能讓澄清食材散開。大量製作時，部分高湯可以分開來煮到微滾，以縮短法式清湯的整個烹煮時間。

作法詳解

2. **煮到微滾，過程中頻繁攪拌**，直到黏附筏開始成形。繼續攪拌法式清湯，以免澄清食材黏鍋或燒焦。溫度升高後，澄清食材的顏色會開始轉灰，結成軟軟的一大片，也就是所謂的黏附筏，此時溫度約在60-63℃。一達到這個溫度，就停止攪拌，並調整火力，維持只有少量小泡泡浮上表面的程度。若過於沸騰，黏附筏可能會在還沒充分為法式清湯澄清與增添風味之前就破裂了。另一方面，若熱度太低，雜質可能無法從鍋底浮上表面，附在黏附筏上。若想要，可以加入一顆乾焦洋蔥。

3. **澄清食材一形成黏附筏**，就應停止攪拌。持續用清湯澆淋黏附筏，以確保清湯能發展出最濃郁的風味，並避免黏附筏乾化破裂。在湯汁微滾的過程中，肉和蛋白會自然凝結，形成黏附筏。微滾的動作會把鍋底的雜質往上帶，最後附在黏附筏上。這個過程會讓湯變得清澈。

   微滾的動作也可能會讓黏附筏出現小裂洞。若小洞沒有自行形成，可以用湯匙或長柄勺輕輕在黏附筏上捅出一個只容小湯勺穿過的洞口，好在烹煮過程中嘗味道、調味。

   微滾慢煮到煮出充分的風味、色澤與稠度。食譜通常會提供烹煮守則（一般是1-1½小時），時間長到足以加強清湯風味，並充分澄清。微滾慢煮期間，頻繁以湯汁澆淋黏附筏。當黏附筏開始下沉時，如果已經煮了相當時間（並不是因為火力未適當調整而下沉），就表示煮的方式正確。舀出少量清湯，放在湯碗或湯盤裡，評估澄清程度。

   以細網篩、墊上咖啡濾紙的錐形篩或仔細洗淨的濾布來過濾法式清湯。不要弄破黏附筏，也不要把清湯和黏附筏倒入篩子裡，那樣會釋出雜質。視需要調味。

4. **仔細撈除油脂**。用吸油紙吸附清湯表面的油脂，或將清湯冷藏，使脂肪凝結在表面，這樣重新加熱前就可以輕易移除。法式清湯應該完全沒有油脂。撈除油脂之後，就可以加入湯飾出餐，或冷卻後保存。

   品質優良的法式清湯不僅帶有平衡、濃郁的主要食材風味，稠度明顯，且極為清澈，完全沒有油脂，散發香氣。選擇新鮮、高品質的食材，澄清食材的溫度要非常低，風味食材及芳香食材跟液體的比例要適當，烹煮時間要充分，溫度要小心調控，浮渣要仔細撈除，並在烹調過程中不斷調味與調整風味，才能做出最高品質的法式清湯。保存與重新加熱時要小心處理，以確保品質。

法式清湯的湯飾

法式清湯的經典湯飾有數百種之多，從最簡單樸實的根莖蔬菜丁到出自埃斯科菲耶《烹飪指南》的可食用金箔都有。湯飾受到亞洲料理、加勒比海菜、義大利地方烹調風格等多元影響。無論採用何種湯飾，重點是必須跟法式清湯一樣精心製作。

蔬菜要切得整齊、精準。蒸烤蛋要精心處理，軟嫩、入口即化。湯飾的調味應該要能提升法式清湯的風味，而不是干擾。

名稱	經典組合
蔬菜丁清湯 Consommé à la Brunoise	法式清湯，以切成小方塊的胡蘿蔔、蕪菁、芹菜、韭蔥和細葉香芹作為湯飾
法式教皇清湯 Consommé Célestine	法式清湯，以樹薯粉稍微稠化，用切絲的可麗餅、剁碎的松露或香料植物作為湯飾
蔬菜絲清湯 Consommé Julienne	法式清湯，以切絲的胡蘿蔔、韭蔥、蕪菁、芹菜和甘藍菜，加上青豆仁、切絲的酢漿草與細葉香芹作為湯飾
春蔬清湯 Consommé Printanièr	法式清湯，以一球球胡蘿蔔、蕪菁，加上豌豆、細葉香芹作為湯飾
蒸烤蛋清湯 Consommé Royale	法式雞清湯，以切丁、切圓片或菱形的蒸烤蛋作為湯飾
獵人清湯 Consommé au Chasseur	野味清湯，以切絲的蘑菇、用野味做成的法式肉丸或填入野味肉泥的泡芙作為湯飾
外交官清湯 Consommé Diplomate	法式雞清湯，稍微以樹薯粉稠化，並用切絲的松露和雞重組肉佐螯蝦奶油作為湯飾
格利馬迪清湯 Consommé Grimaldi	法式清湯，以新鮮番茄泥澄清，用切丁的蒸烤蛋和切絲的芹菜作為湯飾
天皇清湯 Consommé Mikado	加入番茄的法式雞清湯，以切丁的番茄和雞肉作為湯飾

豐盛清湯以清澈的清湯或高湯為基底，比清澈的湯更具風味、質地與稠度。蔬菜會切成相同大小，放在湯裡微滾慢煮，直到變軟。材料通常有肉、穀物與義式麵食，讓整道湯更厚實。豐盛清湯的額外食材會直接放在清湯裡煮，因此不像一般清湯或法式清湯那麼清澈。豐盛清湯也可以用單一蔬菜來製作（例如洋蔥湯）。

hearty broths
豐盛清湯

豐盛清湯含有蔬菜，目的有二，既為蔬菜本身的風味，也為了蔬菜的香氣。每種蔬菜都先去皮、修整，切成整齊、同等大小的形狀，才能均勻烹煮，也兼顧美觀。

有些豐盛清湯也會用到肉、禽肉或魚肉。這些肉都先依湯品風格來修整、切塊。放入湯中烹煮之後，常會切丁或切絲，收尾前才放回湯裡。

其他材料可能有豆子、全穀物、義式麵食。如果是較為清澈的湯，這些澱粉食材要另外煮，再加入湯中作為湯飾。更具鄉村風格的作法是將這些食材跟湯一同烹煮，這樣的成品通常較濃稠，有時稱為豐盛雜菜湯。

清澈的清湯、高品質高湯、水、蔬菜精淬液或蔬菜汁，都可以用來當湯底煮蔬菜湯。從開始烹煮到出餐，全程都要不斷嘗味道並調味。可參考相關食譜的食材建議。準備其他食材的同時，以小火將湯底煮到微滾，並視需求調味、添加芳香食材。這樣湯能更快跟上正確的烹調速度，不僅有助於縮短整體烹煮時間，也能提升清湯成品的風味。

湯飾的變化就跟湯品本身的變化一樣多。酥脆麵包是常見湯飾，也是菜餚很重要的一部分，例如焗洋蔥湯（見335頁）。其他如青醬、磨碎的乳酪，甚至打勻的蛋液等，都應在出餐前一刻才加入蔬菜湯。紅椒泥、辣椒、番茄或酢漿草等，也都可以在出餐前加入湯裡，以增添色彩與風味。最後可以倒入加烈葡萄酒（如雪利酒）、醋或柑橘類果汁來調味。

烹煮蔬菜湯時，大多全程都用同一只鍋子。鍋子的高度應大於寬度，清湯才能一直均勻地微滾慢煮。撈油勺、湯勺、湯匙，都是烹煮時常用的工具。嘗味道用的湯匙與杯子也應該放在手邊，才能監控清湯的風味發展。另外，還需要準備保存容器。

基本配方

豐盛清湯

3.84公升

- 一種以上的主要風味食材1.81公斤，如蔬菜、肉、禽肉、魚肉、豆類或義式麵食
- 高湯或清湯3.84公升
- 調味料和風味食材，例如鹽與胡椒、標準香料包1包或標準香草束1束（見241頁）、乾焦洋蔥（見240頁）或其他想用的材料

洋蔥湯

3.84公升

- 洋蔥2.27公斤
- 高湯3.84公升

清澈蔬菜湯

3.84公升

- 蔬菜1.81公斤
- 蔬菜高湯3.84公升，若非用於素食也可以用肉清湯

作法精要

1. 芳香食材與蔬菜炒軟。若有使用其他額外主要食材，在此時下鍋。
2. 倒入液體。
3. 煮到沸騰，撈除浮渣。
4. 放入香草束或香料包。
5. 微滾慢煮，撈除浮渣。
6. 剩餘材料於適當時機下鍋。
7. 煮出想要的風味後，取出香草束或香料包。
8. 冷卻後保存，或收尾並添加湯飾後出餐。

專業訣竅

▶若要加強清湯風味，可以增加肉或蔬菜的用量。要進一步提升清湯的風味與色澤，可以先把主要風味食材（肉與／或蔬菜）煎出褐變，再加入液體中。

▶可添加額外食材，讓湯發展出更多風味。在適當時機加入下列食材。有些在烹煮之初就放入，以釋出風味。其餘則稍後放入，讓食材保有各自的風味與／或質地。

香料包或香草束／乾焦洋蔥／新鮮或乾燥的香料植物／芳香蔬菜

▶若要讓豐盛清湯更濃稠，可以依想要的成果添加下列食材之一：

肉／穀物／義式麵食／澱粉類蔬菜／豆類

▶添加湯飾是帶出或影響豐盛清湯風味的另一種方法。在快煮好或出餐前才添加切成適當大小與形狀的湯飾：

肉、禽肉或魚肉／穀物或義式麵食／蔬菜／新鮮香料植物或香料植物泥，例如青醬／酥脆麵包／乳酪／普通油或風味油／加烈葡萄酒或其他想用的食材

1. 蔬菜切成一致的形狀及大小，以油脂炒到所需的程度。蔬菜應分批炒，以煎出最佳風味、質地與色澤。洋蔥、蒜頭、韭蔥、芹菜、胡蘿蔔、歐洲防風草塊根是多種蔬菜湯的基本芳香食材。蔬菜以少量油脂炒軟，開啟了蔬菜風味釋入湯裡的過程。洋蔥之類的蔬菜炒到深金褐色，能讓湯品發展出更濃郁的風味。有些軟嫩蔬菜禁不起炒軟，例如青花菜小株、蘆筍尖與其他嬌嫩蔬菜。這些食材都得按各自的烹煮時間依序下鍋。有關烹煮蔬菜的具體說明，請參考食譜。

< 作法詳解

2. 液體倒入鍋中，煮到微滾，烹煮全程不斷攪拌、撈除浮渣、調味。主要風味食材在適當時間依序下鍋。此時可依照清湯的風味，加入所需的調味料。請記住，湯會微滾煮約30分鐘。

對大部分湯品而言，微滾慢煮是最適當的烹煮速度。蔬菜與肉能釋出最佳風味，蔬菜外觀也比較誘人。沸煮往往會把食材煮碎。

繼續在適當時機加入食材，讓食材能正確烹煮，並發展出良好風味。香料包或香草束等額外芳香食材，也應在烹煮快結束時下鍋，這樣剛好足以讓風味釋入湯中。全程需要撈除浮渣。煮出來的浮渣要撈掉，成品才會有最佳品質與外觀。烹煮期間應不時嘗一嘗，並視需求調味。湯品一達到最佳風味，就可以進行最後調味、添加湯飾，出餐，或冷卻後保存。

3. **成品應具有**飽滿色澤、濃郁的風味與香氣。蔬菜「清」湯並不像清湯或法式清湯那麼清澈。不同於濾過的湯，蔬菜清湯中的蔬菜是湯的一部分，讓湯具有質地與稠度。蔬菜只要烹煮得當，應該有誘人色澤。肉、禽肉、魚肉，以及馬鈴薯與豆類等澱粉食材，質地都應非常柔軟，且形狀完整。

NOTE：豆類應分開烹煮，在特定時間加入湯裡。豆類若和其他蔬菜同時下鍋，其他蔬菜已經煮軟時，豆類會仍然又生又硬。

清湯的額外食材

肉、禽肉與魚肉

肉較成熟且較不柔軟的部位，應該早早就加入湯裡，才能適度增加清湯風味，並和其他食材同時煮熟。魚肉或蝦蟹貝應該在快煮好時才加入豐盛清湯，以免煮過頭。

穀物與義式麵食

用湯烹煮穀物和義式麵食所需的時間，比用沸騰鹽水還要稍微長一些。

豆類

扁豆、黑眼豆應該跟高湯同時下鍋，才能完全煮熟。其餘豆類可能需要另外烹煮。

綠色蔬菜

青豆仁、四季豆，以及菠菜或羽衣甘藍等葉菜類，在微滾慢煮的最後15-20分鐘才下鍋。有些廚師偏好汆燙過再加入湯中，以幫蔬菜固色。

密實的蔬菜或澱粉類蔬菜

根莖類小丁通常需要30-45分鐘，才能夠煮透。

番茄

某些情況下，番茄會在一開始烹調時就跟其他芳香食材一起下鍋，作為清湯的風味食材。作為湯飾時，應在微滾慢煮的最後5-10分鐘才下鍋。

香料植物與辛香料

乾燥的香料植物、大部分的辛香料都跟芳香食材一起下鍋，以在烹煮過程中為清湯增加風味。新鮮和乾燥的香料植物、辛香料也可以做成香料包或香草束，在微滾慢煮的最後15-20分鐘放入，或在出餐前加入，以保留最新鮮的風味。

根據傳統定義，奶油濃湯以白醬（用奶油炒麵糊稠化的牛奶）為基底，並以高脂鮮奶油收尾。絲絨濃湯以低稠度的絲絨濃醬（用奶油炒麵糊稠化的高湯）為基底，以高脂鮮奶油和蛋黃做成的蛋奶液收尾。現代的廚師不會刻意區分兩者，經常用絲絨濃醬取代奶油濃湯的白醬，甚至用「濃湯」來指稱以鮮奶油簡單收尾的菜泥湯。

cream soup
奶油濃湯

某些奶油濃湯的主要風味食材通常只有一種，像是青花菜、蘆筍、雞肉、魚肉。禽肉或魚肉應該先適當的修整、綑綁、切塊，再放入湯裡微滾慢煮，為湯增加風味與稠度。蔬菜無論是當成主要風味食材或芳香蔬菜，都要先洗淨、去皮、修整，並切成大小一致的小塊，以均勻烹煮。

使用調味出色、稠度最高的清湯、高湯，或低稠度的絲絨濃醬。有時也可以用牛奶或低稠薄的白醬。調味料、芳香食材或其他風味食材一起放入液體中，煮到微滾。作法應參考相關食譜。

事先做好的奶油炒麵糊、麵粉或馬鈴薯等稠化物，以及主要食材打成泥後自然形成的稠化，都能讓奶油濃湯具有質地。不過，若湯底為事先做好的絲絨濃醬，就不需加入稠化物。

預先準備好收尾食材、風味食材與調味料、湯飾，以在適當時機加入湯裡。鮮奶油應先煮到微滾，再倒入微滾的湯中。蛋奶液均勻混合，並在出餐前調溫。

材質不跟食材起化學反應的厚底平底鍋是用來烹煮奶油濃湯的上選，例如不鏽鋼鍋或陽極氧化鋁鍋。奶油濃湯應在平面熱源或節能板上微滾慢煮，以免因產生熱點而燒焦。烹煮的全程都會用到木匙、湯勺與撈油勺。用果汁機（桌上型或手持式攪拌棒）和／或食物碾磨器把湯打成泥。若要讓成品有絲絨般的質地，就用細網篩或濾布再過濾一次。

基本配方

奶油濃湯
3.84公升

- 白色調味蔬菜454克（見243頁）
- 一種以上的主要風味食材1.81公斤，例如蔬菜、肉、禽肉或魚肉
- 絲絨濃醬3.84公升（見294頁），以雞湯或其他高湯製成，能輕薄裹覆的稠度
- 調味料與風味食材（鹽與胡椒，或標準香料包〔見241頁〕）
- 高脂鮮奶油480毫升
- 適當的收尾食材與湯飾（蛋奶液〔見249頁〕、切丁或切絲的主要風味食材，或是切末或切細絲的香料植物）

作法精要

1. 烹煮調味蔬菜或其他芳香食材。
2. 加入主要風味食材，以小火慢煮。
3. 倒入絲絨濃醬，煮到沸騰。
4. 火調小，保持微滾。
5. 放入香草束或香料包。
6. 微滾慢煮，撈除浮渣。
7. 煮出適當的風味後，取出香草束或香料包。
8. 湯打成泥，視需要過濾。
9. 視需要調整濃稠度。
10. 微滾煮，調味，倒入鮮奶油。
11. 冷卻後保存，或收尾並添加湯飾後出餐。

專業訣竅

▶依想要的成果，就下列稠化物擇一使用：

金色奶油炒麵糊／白色奶油炒麵糊／麵粉／馬鈴薯

▶可添加額外食材，以煮出更多風味。食材在適當時機添加。有些在烹煮之初就加入，以釋出風味。其餘則稍後加入，讓食材保有本身的風味與／或質地。

香料包／香草束

▶奶油濃湯的湯飾是帶出並影響風味的另一種方法。湯飾切成適當的大小與形狀，在烹煮末期或出餐前加入。下列食材可以擇一使用：

蛋奶液／高脂鮮奶油／切丁或切絲的主要風味食材／切末或切細絲的香料植物

▶更健康的選擇：用蔬菜泥（尤其是高澱粉類蔬菜）取代奶油炒麵糊、絲絨濃醬或麵粉，作為濃湯的稠化物。用脫脂煉乳取代鮮奶油，以降低卡路里與油脂。

1. **烹煮芳香蔬菜**，以煮出良好的風味基礎。白色調味蔬菜是常用來製作奶油濃湯的芳香蔬菜組合，這裡用來作為芳香基礎，讓濃湯保有淡綠色。

2. **主要風味食材**在一開始就下鍋。如右圖，青花菜等蔬菜與芳香食材用油或澄清奶油以小火炒到變軟、呈半透明，且開始釋出汁液，然後倒入絲絨濃醬。使用預先做好的絲絨濃醬或白醬時，鍋內只要放入適量的油脂燜軟芳香食材，避免食材燒焦即可。或者也可以添加一顆馬鈴薯來為濃湯增稠。

絲絨濃醬或白醬慢慢拌入鍋中。濃湯煮到微滾，同時頻繁攪拌。嘗一嘗並調味。每隔一段時間加入一些食材，下鍋時間依這些食材的緻密度及長時間烹煮對食材的影響而定。鮮嫩豌豆煮太久會變灰、變糊。香料包在湯裡煮太久會減損風味。食材下鍋的時機，可參考個別食譜的具體說明。

微滾慢煮時要頻繁攪拌、撈除浮渣、調整調味，煮到主要食材熟透、變軟，濃湯也具有良好風味。奶油濃湯通常需要微滾慢煮30-45分鐘，才能發展出風味並適度稠化。烹煮時應頻繁攪拌，以免燒焦。撈除浮渣的動作可以移除多餘脂肪和雜質，讓濃湯成品具有良好的風味、色澤與質地。鍋子的擺放位置應該稍微偏離爐火中心，好讓脂肪和雜質集中到鍋子的一側，較易撈除。烹煮時應不斷嘗味道，並視需要添加額外的調味料和芳香食材。

3. 視需要將湯打成泥並過濾，留在濾網內的任何固體物質都應捨棄不用。過濾後的湯底倒回鍋中，以85℃微滾慢煮，直到煮出理想的稠度。蔬菜濃湯必須過濾。以肉、魚肉或禽肉為基底的奶油濃湯不一定要打成泥。用食物碾磨器、果汁機、手持式攪拌棒或食物調理機將蔬菜濃湯打成泥。

打成泥的奶油濃湯必須用細網篩或洗淨的雙層濾布過濾。若使用細網篩，將固體物質往篩子側面壓，以擠出菜泥。過濾可移除所有纖維，讓濃湯具有絲絨般滑順的質地。

此時濃湯應該已經有理想的風味與濃稠度。若需要調整濃稠度，在這時候調整。現在，濃湯已經可以收尾，或快速冷卻後冷藏，待稍後出餐（或當成冷湯出餐）。

4. 以微滾煮濃湯，並檢查風味、濃稠度、調味，再倒入鮮奶油。若要端出熱燙的奶油濃湯，應將濃湯放回爐上，以中火煮到微滾，並添加足夠的熱鮮奶油，在不至於掩蓋主要食材風味的前提下，讓濃湯更濃郁。若有需要，重新將濃湯煮到微滾，再次調味。

5. 湯飾加入熱濃湯時必須非常熱燙。湯飾放入風味液體內重新加熱，以進一步提升濃湯風味。奶油濃湯的收尾與湯飾，可根據廚房需求一份份做或分批做。湯飾要煮到熟透並好好調味。湯飾的食材不會跟濃湯一起微滾慢煮，需要另外烹煮。若想要，可將加熱過且調味好的湯飾加入濃湯裡，以熱的湯碗或湯杯盛裝出餐。

冷濃湯的收尾，通常是將冷藏過的鮮奶油倒入湯裡。視需要調味（同樣的一道菜，以冷菜出餐時，通常比熱菜需要更多調味料），並添加冷藏過且調味好的湯飾。若想要，可以用冰過的湯碗或湯杯盛裝出餐。

6. 出色的奶油濃湯應具有濃郁風味，能在主要風味食材與烘托的芳香食材和收尾的風味食材間達到平衡，質地如絲綢，稠度稍高，類似高脂鮮奶油。奶油濃湯若太濃重，口感和味道都會像糊，這是因為加了太多稠化物或煮過頭。若濃湯的風味與顏色讓人失望，就表示主要風味食材的用量不足、食材煮過頭，或是倒入過多液體。鮮奶油太多可能會干擾濃湯的主要風味，掩蓋掉原本的味道。

巧達濃湯

巧達濃湯音譯自英文的「chowder」，源自法文的「chaudière」，指漁夫用來烹煮燉菜的釜鍋。傳統的巧達濃湯以海鮮製作，同時包含豬肉、馬鈴薯與洋蔥等食材，不過「巧達濃湯」也常被用來指稱任何濃稠、濃郁且含有大塊湯料的濃湯。巧達濃湯還有許多變化，其中最廣為人知的，可說是曼哈頓風格的蛤蜊巧達濃湯（見344頁），製作方式類似豐盛清湯。巧達濃湯的主要風味食材通常是蝦蟹貝類、魚肉或蔬菜，例如玉米。蔬菜無論是作為主要風味食材或是芳香食材，都要先洗淨、去皮、修整，並切成形狀一致的小塊，以便均勻烹煮。

製作時，應使用適當調味、最濃稠的清湯或高湯，也可使用清水。調味料、芳香食材或其他風味食材一起放入液體中，煮到微滾，具體作法應參考相關食譜。麵粉與馬鈴薯等稠化物會讓巧達濃湯具有質地。

提前準備好收尾食材、最後的風味食材及調味料，還有湯飾，以在適當時機加入湯裡。若要添加鮮奶油，應先把鮮奶油煮到微滾，再倒入微滾的巧達濃湯裡。

傳統的巧達濃湯使用撒麵粉法（singer method），作法是把用來稠化的麵粉撒在芳香蔬菜上一起烹煮，而不是像絲絨濃醬那樣分開來以油脂煎炒。也因為這樣，烹煮芳香食材時需要更多油脂。用撒麵粉法煮湯時，這是成功的關鍵。

也正因為這樣，撒麵粉法並不是煮巧達濃湯的可靠方法。由於傳統上的油脂來源是烹調中熬出來的豬油，而能熬出多少油脂是很難預測的，也就因此很難決定到底需要額外添加多少油脂，所以烹調成果往往有極大的差異。每次熬出的油脂量不一，讓人抓不準油脂與麵粉的比例，結果是用來稠化巧達濃湯的奶油炒麵糊不是過多就是過少。

此外，蔬菜在煎炒時會釋出汁液，也可能影響奶油炒麵糊。使用另外製作、分量適當的奶油炒麵糊，能確保煮出稠度及濃度都正確的巧達濃湯。

若要更嚴謹地控制成品品質，則應製作以絲絨濃醬為基底的濃湯，詳細作法可見317頁。由於奶油炒麵糊的溫度很高，添加的液體應該是冷的或是室溫，否則奶油炒麵糊會結塊。一邊攪拌一邊慢慢倒入液體，可進一步確保用來煮巧達濃湯的液體是滑順的。

蔬菜泥濃湯的稠度通常比奶油濃湯還要高，質地也稍粗。通常以乾燥豆類、馬鈴薯或澱粉類蔬菜為基礎食材，往往徹底打成泥狀，不過偶爾也會保留一些固體，讓質地更引人入勝。收尾食材可以是牛奶或鮮奶油，不過並非必要。蔬菜泥濃湯的湯飾通常是麵包丁，或是切小丁、風味互補的肉、新鮮香料植物，或是蔬菜。

purée soups 蔬菜泥濃湯

許多蔬菜泥濃湯都以乾燥豆類為基礎食材，包括大北豆、海軍豆或黑豆、扁豆與去莢乾燥豌豆瓣。除了扁豆與去莢乾燥豌豆瓣以外，其餘乾豆應在烹煮前泡水數小時。豆子會吸收一些液體，縮短烹煮時間，而且煮得較為均勻，烹煮時吸收的水分也較少。

其他的蔬菜泥濃湯常以澱粉含量相當高的蔬菜為基礎食材，包括馬鈴薯、南瓜或芹菜根。這些食材必須削皮，然後切丁或切片。這些食材即使最後都會打成泥，還是得切成一致的大小，才能均勻烹煮。

蔬菜泥濃湯常有的芳香食材包括洋蔥、蒜頭、胡蘿蔔、芹菜。蔬菜可事先烘烤或燒烤，以增添額外風味。詳細準備與切法請參考個別食譜。

清水、清湯與高湯是最常見的湯底。使用預先做好的清湯或高湯來製作濃湯前，要檢查新鮮度。

許多以豆類為基礎食材的蔬菜泥濃湯，都會用上少許煎過的鹹豬肉、煙燻火腿、培根，或其他醃製的豬肉製品。有時候這些食材必須先用水煮過，以去除多餘鹽分，作法是將食材放入鍋中，倒入清水，淹過食材，煮到微滾後瀝乾洗淨。詳盡的可參見特定食譜。另一個方法是使用火腿清湯。除了醃製豬肉以外，蔬菜泥高湯的調味料也非常多元，包括辣椒、乾蘑菇、辣醬、柑橘類果皮或果汁，以及醋。湯飾包括剁碎的香料植物、麵包丁、肉丁、烤過或煎過的墨西哥薄餅、莎莎辣醬與酸奶油。

製作蔬菜泥濃湯所需的設備與奶油濃湯差不多。選用厚底鍋，以避免燒焦與產生熱點。可以的話，應使用節能板或其他類似裝置，保持均勻加熱。手邊應準備試味道用的湯匙與杯子，以在烹煮時確認湯的風味。此外，也應該準備好木匙、湯勺與漏勺。磨泥工具如食物碾磨器或果汁機，是蔬菜泥濃湯收尾的必要工具。你也會需要冷卻用或盛裝用的容器。

基本配方

蔬菜泥濃湯
3.84公升

- 風味食材如鹹豬肉、煙燻火腿或培根
- 標準調味蔬菜或白色調味蔬菜（見243頁）或其他芳香蔬菜454克
- 高湯或清湯3.84公升，用來煮馬鈴薯或澱粉類蔬菜，或高湯或清湯4.8公升，用來煮豆類
- 蔬菜1.81公斤，例如馬鈴薯與／或南瓜，或乾燥豆類680-907克，例如扁豆
- 標準香料包1包或標準香草束1束（見241頁）
- 調味料和其他風味食材，如鹽與胡椒、番茄、檸檬汁，或醋
- 收尾食材與湯飾，例如酥脆麵包、新鮮香料植物，或火腿丁

NOTE：這個配方會依主要食材的澱粉含量而變。乾燥豆類的澱粉含量不同於白胡桃瓜或馬鈴薯等澱粉類蔬菜。高湯用量與烹煮時間需依澱粉含量調整。

作法精要

1. 蔬菜炒軟。
2. 倒入液體。
3. 煮到微滾。
4. 若主要食材沒有在步驟1下鍋，則在此時放入。
5. 放入香料包或香草束。
6. 煮出適當的風味後，取出香料包或香草束。
7. 過濾。
8. 將固體食材打成泥。
9. 再次調整液體，以得到適當濃度。
10. 冷卻後保存，或收尾並添加湯飾後出餐。

專業訣竅

▶ 可添加額外食材，以提升蔬菜泥濃湯的風味。食材應在適當時機添加。有些在烹煮之初就加入，以釋出風味。其餘則稍後加入，讓食材保有本身的風味。

調味蔬菜／香料包／香草束／煙燻火腿或鹹豬肉／番茄

▶ 湯飾是帶出並影響濃湯風味的另一種方法。湯飾切成適中的大小與想要的形狀，在烹煮末期或出餐前加入。

酥脆麵包／小火腿丁／切小丁或整塊的主要風味食材／新鮮香料植物

▶ 更健康的作法：減少或拿掉會增加油脂與卡路里的額外食材，例如肉製品。以蔬菜為主要或唯一的湯飾。

1. **若使用鹹豬肉**，將鹹豬肉放入鍋中，煎炒出油，開始建立風味基礎。這個動作也提供了所需的油脂，可將芳香食材炒軟或煎出褐色。若食譜的食材有用到切末的鹹豬肉或培根，則以小火熬出豬油。若食材中沒有肉，可以用奶油或其他油脂。芳香蔬菜炒到稍呈褐色。以中小火不斷翻炒蔬菜，直到散發香味或呈現金色光澤，約20-30分鐘。

2. **剩餘的食材與液體**以適當的間隔下鍋。乾燥、緻密、堅硬、纖維多或澱粉含量高的食材（例如乾燥豆類、根莖類、冬南瓜）要在烹煮之初就下鍋，通常是高湯或清湯一微滾就放入。這些食材在出餐前會攪打成泥，跟豐盛清湯相比，即使煮過頭也比較沒關係。豐盛清湯的食材在烹煮與出餐時都必須維持形狀。微滾慢煮，直到煮出良好風味，而且所有食材都變得非常軟。以澱粉類蔬菜或馬鈴薯為基礎食材的濃湯約需25-30分鐘，乾燥豆類則需要45-60分鐘。

   烹煮時要頻繁攪拌，以免澱粉類蔬菜沾黏鍋底。視需要倒入更多高湯或其他液體。澱粉材料或乾燥材料在烹煮時會依成熟度而吸收或多或少的液體。烹煮時應撈除雜質和浮渣，並視需求調味。香料包或香草束在最後30分鐘下鍋。

   以豆類為基礎食材的蔬菜泥濃湯，製作時可能會用到後腿蹄膀或是其他類似的煙燻豬肉。煙燻後腿蹄膀非常堅韌，需要長時間慢煮，才能煮出可以用在蔬菜泥濃湯的軟度。一般來說，後腿蹄膀清湯必須在製作蔬菜泥濃湯之前的3-5小時就開始煮。後腿蹄膀煮好後，煮出來的清湯可以當蔬菜泥濃湯的湯底。煮出想要的風味後，就取出豬肉。瘦肉整齊切丁，留待稍後作為湯飾加入濃湯中。

< 作法詳解

3. 取出少量湯汁過濾，保留到最後用來調整濃湯的濃度。剩餘的固體食材和液體打成泥，並調整味道與濃度。不同類型的磨泥工具會打出不同的質地。鄉村或家常蔬菜泥濃湯的質地也許比較粗，甚至可能只依賴主要食材的澱粉來增稠。粗孔食物碾磨器也可用來製作質地較明顯的蔬菜泥。果汁機與手持式攪拌棒可以做出質地極其滑順細緻的濃湯。熱蔬菜泥濃湯靜置時，主要澱粉食材可能會持續吸水，讓湯變得更稠。要不時檢查濃湯稠度，視需要調整。到了這個階段，濃湯就可收尾、添加湯飾後出餐，或快速冷卻後冷藏。

4. 蔬菜泥濃湯的稠度比其他濃湯高，質地也略粗，不過仍應保有適當的流動性，可以輕易用湯勺舀入碗中。稠度與高脂鮮奶油相似。固體食材跟液體的適當平衡，能為湯帶來濃烈、宜人的風味。若要讓濃湯變得更濃郁，可在出餐前將少許軟化的奶油撒在濃湯表面。

傳統的法式濃湯以甲殼類如蝦、龍蝦或螯蝦為基礎食材，並以米飯、米穀粉或麵包來稠化。通常在做最後的過濾之前，殼會跟其他食材一起打碎。法式濃湯的稠度類似奶油濃湯。

bisque 法式濃湯

現代的法式濃湯可能會用甲殼類以外的食材，也可能會以蔬菜泥或奶油炒麵糊來稠化。若使用事先製作的絲絨濃醬來烹煮法式濃湯，就不需加入額外的稠化物。以蔬菜為基礎食材的法式濃湯，作法與蔬菜泥濃湯相同。若主要蔬菜的澱粉含量不足，無法當稠化物，可以使用米飯、奶油炒麵糊或另一種澱粉類蔬菜如馬鈴薯，以增加湯的稠度。蔬菜一煮軟，就可以把湯打到滑順。所以，蔬菜泥濃湯跟法式濃湯之間的區別並不總是那麼明顯。

煮湯之前，甲殼類動物的肉和殼都必須先徹底洗淨，然後大略切過。貝類要刷洗乾淨。若使用預先煮好的法式魚高湯、一般高湯或清湯來製作法式濃湯，應該先檢查湯的品質。取少量高湯或清湯煮到沸騰，嘗嘗看是否出現酸味或走味。用於法式濃湯的蔬菜，應去皮修整後剁碎。剁碎的洋蔥、調味蔬菜或蒜頭，通常是法式濃湯的基礎食材，其餘常用來增添風味與色澤的食材包括番茄糊、甜紅椒粉、白蘭地與酒。

大多數法式濃湯都會用鮮奶油與雪利酒來收尾。煮熟後切丁的主要風味食材則是常見的湯飾。

製作法式濃湯所需的設備跟奶油濃湯一樣（見315頁），包括厚底鍋具、磨泥工具、網篩或濾布，以及盛裝、出餐和保存用的容器。

基本配方

法式濃湯

3.84公升

- 一種以上的主要風味食材907克，如甲殼類動物的殼（蝦、蟹、龍蝦或混用上述食材）
- 標準或白色調味蔬菜454克（見243頁）
- 番茄糊或番茄泥
- 若不使用預先做好的絲絨濃醬，則準備稠化物，如金色奶油炒麵糊（見246頁）、麵粉或米飯（全穀或粉狀）
- 液體3.84公升（蝦蟹貝高湯、法式魚高湯、清湯或蝦蟹貝絲絨濃醬）
- 調味料與風味食材，如鹽與胡椒、甜椒粉、標準香料包或香草束（見241頁）
- 收尾食材與湯飾，例如高脂鮮奶油480毫升、雪利酒，切丁或用其他切法處理的熟蝦肉、龍蝦肉或蟹肉

作法精要

1. 以油脂煎甲殼類動物的殼，殼煎出顏色後移出鍋子。
2. 放入調味蔬菜，炒軟。
3. 放入番茄製品、茄香綜合蔬菜。
4. 若有用酒，應在此時倒入，並收乾。
5. 若有用奶油炒麵糊，在此時拌入。
6. 液體、香料包或香草束一起下鍋。殼也放回鍋中。
7. 微滾煮，撈除浮渣。
8. 煮出適當的風味後，取出香草束或香料包。
9. 過濾。
10. 固體食材打成泥。
11. 再次調整液體，調出適當的稠度。
12. 過濾。
13. 冷卻後保存，或收尾並添加湯飾後出餐。

專業訣竅

▶ 要為濃湯增稠，可以依想要的成果擇一使用下列食材：

絲絨濃醬／金色奶油炒麵糊／麵粉／米飯或米穀粉

▶ 可添加額外食材，以煮出更多風味。在適當時機添加額外食材。有些在烹煮之初即下鍋，以釋出風味。其餘則稍後加入，讓食材保有本身的風味與質地。

調味蔬菜／香料包／香草束／番茄糊

▶ 添加湯飾是帶出並影響法式濃湯風味的另一種方法。湯飾切成適中的大小與想要的形狀，在烹煮末期或出餐前加入。

高脂鮮奶油／雪利酒／切丁的熟蝦肉、龍蝦肉或蟹肉

▶ 更健康的作法：用蔬菜泥（尤其是高澱粉類蔬菜）取代奶油炒麵糊、絲絨濃醬或麵粉，作為濃湯的稠化物。以脫脂煉乳取代鮮奶油，以降低卡路里與油脂含量。

1. **徹底洗淨殼**，較大的殼如蟹殼或龍蝦殼剁碎。瀝乾並擦乾。傳統法式濃湯的色澤與風味來自蝦殼、龍蝦殼、蟹殼或螯蝦殼。使用一種甲殼類，或是多種混用。殼放入油脂裡，煎到褐變，要頻繁翻拌，直到殼變成鮮豔的粉紅色或紅色，從鍋中取出。

< 作法詳解

2. **放入調味蔬菜**，以中火烹煮20-30分鐘，或是煮到蔬菜變軟、洋蔥呈淺褐色。番茄糊通常會在此時倒入，並煮到鍋內食材出現甜香、呈深鐵鏽色。甜椒粉之類的辛香料和其他芳香食材加入油脂中，一起烹煮。

3. 預先製作的奶油炒麵糊加入殼裡，烹煮到奶油炒麵糊變軟。將液體攪打入鍋，以形成絲絨濃醬。

品質優良的高湯或清湯對法式濃湯風味的重要性就跟殼不相上下。可能的話，先用蝦蟹貝高湯或魚高湯製作低稠度的絲絨濃醬，並以金色奶油炒麵糊稠化。烹煮芳香蔬菜的同時，絲絨濃醬煮到微滾，以節省時間。更傳統用米飯稠化的高湯，也可以當法式濃湯的湯底，若使用這種高湯，就不需要用麵粉或事先製作的奶油炒麵糊。

在此時加入酒和額外的香料植物或芳香食材，例如香料包或香草束。

4. 烹煮中不時嘗一嘗，並調整味道及稠度。視需要倒入更多液體，以維持液體和固體物之間的良好平衡。必須不斷撈除浮渣、頻繁攪拌並監控溫度。法式濃湯跟其他以澱粉類食材製作的湯品一樣，即使才幾分鐘沒注意，也會很快燒焦。

法式濃湯大約煮45-60分鐘。煮好時，所有食材（殼當然除外）都應相當柔軟，容易打成泥。打泥之前，應移除香料包或香草束。使用果汁機或手持式攪拌棒，把湯打成相當滑順、均勻的稠度。將殼和芳香蔬菜攪碎，可以讓更多風味釋入湯裡。若有時間，可將打成泥的法式濃湯放回爐上以微滾煮幾分鐘，再適度調整調味或稠度，然後過濾。

5. 用洗淨的雙層濾布來過濾。濾布會濾出所有碎殼，做出質地非常細緻的濃湯。這件事需要兩個人合作。首先，將篩子或濾鍋放在一只乾淨的鍋子裡。鋪上洗淨的濾布，倒入法式濃湯。大部分濃湯都會穿過濾布。兩人各抓住濾布兩角，輪流抬起（所謂的擠牛奶法）。等濾布內只剩固體物，各自把手上的兩個角抓在一起，兩人朝相反方向扭轉，完成過濾（所謂的擰緊法）。進行擰緊法時務必小心，以免燙傷。也可以用鋪上濾布的細網篩來過濾法式濃湯。此時法式濃湯已經可以收尾，或快速冷卻後冷藏備用。

6. 收尾並添加湯飾。法式濃湯放回爐上，以中火煮到微滾，嘗一嘗並調味。若要添加鮮奶油，鮮奶油應先煮到微滾，再慢慢倒入法式濃湯裡。鮮奶油的用量要足以讓湯更濃郁並帶來滑順口感及風味，但也不能多到蓋過主要食材的風味。

好的法式濃湯能顯現出主要食材的風味。所有法式濃湯的質地都稍粗或帶有顆粒，稠度類似高脂鮮奶油。湯的顏色從淺粉紅色或紅色到象牙色都有。蔬菜法式濃湯的顏色比主要蔬菜的顏色淡一些。

烹煮湯品的通則 general guidelines for soup

烹煮

每種蔬菜都依其烹煮時間依序下鍋。為了避免澱粉含量高的食材黏在鍋底，並獲得最佳風味、質地與外觀。烹煮中要不時攪拌。等風味完全煮出且食材都已煮軟，便可收尾、撒上湯飾立刻出餐，或冷卻後冷藏。雖然有些湯會在煮好的隔天發展出更圓融、醇美的風味，但都不宜在爐火上長時間烹煮，這樣不但會讓湯的風味變得單調貧乏，營養價值也會大量流失。

調整稠度

濃稠的湯可能在烹煮、存放、重新加熱與靜置時繼續變稠，尤其是以澱粉含量高的蔬菜或乾燥豆類烹煮的湯。一般而言，奶油濃湯與法式濃湯的稠度近似於冰冷的高脂鮮奶油，並具有足夠的流動性，能夠從湯勺流入碗裡。蔬菜泥濃湯則更為濃稠。

湯不夠濃稠，可以加少量澱粉漿。在湯微滾或小滾的狀態下加入，持續攪拌，煮2-3分鐘。

調整風味與味道

湯的烹煮全程要不斷調味。清湯或法式清湯可加肉釉汁或禽肉釉汁來提升風味，不過如此一來也會影響湯的澄清度。剁碎的新鮮香料植物、幾滴檸檬汁、塔巴斯克辣椒醬、伍斯特醬，或磨碎的柑橘皮刨絲，也都可以用來增加風味。

撈除油脂

有些湯，尤其是以清湯煮成的湯品，可以預先製作，然後冷卻後冷藏。如此一來，之後在重新加熱之前，便可輕鬆移除表面凝結的油脂。若是一做好就要出餐，應盡量撈除表面油脂。出餐前，可用廚房紙巾或沒有上蠟的包肉牛皮紙將湯的表面油脂吸除乾淨。先將吸油的紙輕輕放在湯面，再小心拿起來。法式清湯應該完全撈除油脂，但一般清湯和澄清蔬菜湯的表面上都會有幾小滴油脂。一開始就盡量以最少量的油脂來烹煮永遠是上策，以免後續得大量撈除油脂。

收尾

有些湯可以先製作到特定程度，再冷卻後冷藏。為了避免湯變濁，並使湯飾保持新鮮，湯在出餐前才撒上湯飾。

有些湯飾是在出餐前才逐份加入熱湯杯或湯碗內。如果是自助餐等情況，可以將湯飾加入整鍋湯中。

奶油濃湯與蛋奶液所做的湯在出餐時才收尾。這麼做的原因有二：一來湯的風味會比較新鮮，二來保鮮期比較長。鮮奶油先煮滾再加入，一方面檢查新鮮度，另一方面也能避免湯降溫。蛋奶液要先調溫，以免凝結成塊（見249-250頁）。湯完成之後，做最後的調味。出餐前一刻，務必再次檢查調味。

加湯飾

湯飾能提供對比的風味與質地，或是帶來互補風味，也能提供額外或對比的色彩。無論如何，湯飾都應該謹慎選擇、用心製作及調味。

餃子、餛飩、法式魚餃這類較大型的湯飾，必須配合出餐用的湯杯或湯盤尺寸，做成適當大小，不要過於搶眼。讓客人容易食用也同樣重要，湯飾應該要軟到足以用湯匙邊緣切開。

出餐溫度對所有湯品都極為重要，務必記得湯飾要先加熱到出餐溫度，再加入湯中。加熱的方式有以下幾種：

- 放入蒸鍋加熱，或放入少量清湯或法式清湯裡，再放入水蒸保溫檯加熱。

- ▹ 易碎的湯飾切成用湯本身的熱度即可徹底溫熱的形狀。湯飾如果又小又細，湯品的溫度就不會大幅下降。
- ▹ 餃子、餛飩、法式魚餃等大型湯飾放在水蒸保溫檯或爐連烤爐的爐臺上，除了保溫，也要稍微保持濕度，加蓋以免成品脫水。

出餐

上熱湯時，溫度要高。湯越稀薄，溫度就越重要。法式清湯及一般清湯會迅速降溫，在舀入熱的湯杯之前，應該加熱到接近沸騰。暴露在空氣中的表面積越大，冷卻速度就越快，所以法式清湯或其他清湯類湯品通常用湯杯盛裝出餐，較少用寬口淺底的湯盤或湯碗。湯盤或湯碗多用於奶油濃湯與蔬菜泥濃湯。以湯杯盛裝清湯，侍者端湯上桌時也比較不會溢出。冷湯應該徹底冰鎮，出餐時用的湯杯、湯碗或玻璃杯也要冰過。

上熱湯時，湯的溫度要高，出餐時應盡速從廚房端到客人面前。花點時間向相關人員說明這件事的重要性。讓所有侍者及二廚都明白水應該如何端到客人面前，以及湯飾與額外食材（如磨碎的乳酪或優質油）是要供客人自行取用或由侍者在桌邊服務。

再加熱

如果是預做的湯，只取出供餐時段所需的量來加熱。食物長時間維持在高溫狀態，對風味和質地往往有不良影響。依客人所點的份數來重新加熱，是維持最佳品質並減少浪費的好方法。然而，這種方法有時候並不實際。請找出最佳方法，看如何利用現有的設備來讓食物達到出餐溫度。讓食物盡快脫離危險溫度，這點很重要。

清澈的湯直接煮到幾乎沸騰。出餐前，檢查調味與稠度，並加入合適的湯飾。濃稠的湯緩慢加熱。首先，以小火加熱，並頻繁攪拌，直到湯稍微變軟。接下來，爐火稍微轉大，煮到微微冒泡。若已加了鮮奶油、酸奶油或蛋奶液收尾，就不要直接煮滾，否則可能會結塊。加熱到82℃就足以兼顧品質與食品安全。出餐前，再次檢查調味與稠度，並加入湯飾。

保存在水蒸保溫檯的湯，要定時檢查溫度。若一直無法保持理想溫度（大部分湯品與醬汁至少要有74℃），就要校準、維修水蒸保溫檯的恆溫器，或是用直接熱源或微波爐，迅速將每份湯品煮到應有的溫度。

牛肉清湯

Beef Consommé

3.84公升

澄清用食材

- 切末或攪碎的標準調味蔬菜454克（見243頁）
- 低脂肪牛絞肉1.36公斤
- 蛋白12顆，打散
- 鹽28克
- 新鮮或罐裝番茄284克，剁碎
- 標準香料包1包（見241頁），外加丁香1粒與多香果2粒（見NOTES）

- 牛白高湯5.76公升，冷的（見263頁）
- 乾焦洋蔥2顆（見240頁，非必要）

1. 調味蔬菜、牛絞肉、蛋白、鹽、番茄、香料包等食材混合均勻。若時間許可，讓混合物浸泡1-2小時。
2. 取一只足以容納所有食材的高湯鍋，倒入高湯，加熱到約38℃。加入澄清用的混合物，並徹底拌勻。
3. 繼續煮到63℃，不停攪拌，直到黏附筏開始形成，約8-10分鐘。留意蛋白質是否開始浮上表面，並在較稀薄但尚未澄清的高湯中陸續形成約十元硬幣大小的小團塊。黏附筏一形成，便在黏附筏上挖出一道小開口。若要使用乾焦洋蔥，就將乾焦洋蔥放在開口旁。
4. 以82℃微滾慢煮，直到煮出適當的風味與澄清度（見309頁），1-1½小時。過程中，不時從開口舀湯澆淋黏附筏。過濾之前務必嘗過，確定湯已煮出完整風味。
5. 以濕潤的濾紙或雙層濾布來過濾法式清湯：用長柄勺小心從黏附筏的開口往下壓，讓清湯流入長柄勺，再將清湯舀進過濾裝置。一直舀，直到黏附筏碰到鍋底，然後小心讓剩餘清湯流入勺裡，並注意不要弄破黏附筏。視需要以鹽調味。此時清湯已可收尾，或迅速降溫後冷藏備用。
6. 法式清湯出餐前，先煮滾收尾。熱的法式清湯若要撈除油脂，可直接撈除或用紙巾吸除油脂。冷藏過的法式清湯只需直接移除表面凝結的油脂。
7. 嘗一嘗，以鹽調味，以熱的湯碗或湯杯盛裝，並依喜好加入湯飾。

NOTES：芳香食材可做成香料包（較能控制成品的風味），或零散加入湯裡。

若初次澄清不太成功，可再澄清一次：3.84公升冷的法式清湯與最多12顆打散的蛋白、少量調味蔬菜與15毫升剁碎的番茄一起拌勻，慢慢煮滾。蛋白會在凝結的同時吸附雜質。這樣的補救措施雖然能移除雜質，卻會減損一些風味。

雞肉清湯佐蒸烤蛋：用等量白色調味蔬菜（見243頁）取代標準調味蔬菜，用雞絞肉取代牛絞肉，並以雞高湯（見263頁）取代牛白高湯。以82℃微滾慢煮1小時至1小時15分鐘。最後加上蒸烤蛋作為湯飾（食譜如下）。

蒸烤蛋

Royale Custard

90個直徑3公分的圓形蒸烤蛋

- 蛋黃3顆
- 雞蛋1顆
- 雞高湯或牛白高湯180毫升（見263頁）
- 鹽1克（¼小匙），或視需求添加
- 白胡椒粉1撮，或視需求添加

1. 混合所有食材，再把混合的蛋漿倒入抹上奶油的½方形調理盆。蛋漿的厚度不超過0.9公分。
2. 鍋子放入熱水浴槽，再放入烤爐裡，以149℃烘烤到剛好變緊實，約需要30分鐘。

3. 用直徑3公分（1吋）的圓形模具，將烤好的蒸烤蛋切出一個個圓形。加蓋冷藏備用。

NOTES：為了確保蛋奶液的厚度均勻，要選擇鍋底完全平坦的方形調理盆，同時也要確保烤爐內的架子是水平的。

蒸烤蛋可以切成不同形狀，如菱形或正方形。做出來的數量也會依切模的形狀和大小而有所不同。

雞高湯

Chicken Broth

3.84公升

- 3.63公斤的燉煮用老母雞1隻或1.81公斤的母雞2隻
- 清水4.8公升
- 標準調味蔬菜中丁454克（見243頁）
- 標準香料包1包（見241頁）
- 鹽，視需求添加
- 黑胡椒粉，視需求添加

1. 母雞切半，放入大小適中的高湯鍋裡，倒入清水，剛好淹過雞肉。以中火煮到微滾，然後火稍微轉小，繼續微滾慢煮，直到雞肉變得非常軟、高湯具有濃郁風味，3-5小時。微滾慢煮期間視需要撈除浮渣。
2. 放入調味蔬菜，微滾煮30分鐘。加入香料包，繼續微滾煮，直到高湯具有濃郁風味與良好稠度，30-40分鐘。
3. 母雞肉煮到熟透、變軟，從鍋中取出。去骨、去皮、去肌腱，保留雞肉作為湯飾，或留作他用。
4. 嘗一嘗高湯，以鹽和胡椒調味。用細網篩或濾布過濾高湯，視需要撈除油脂。高湯此時已可添加湯飾，並舀入熱湯盤或湯杯內（見NOTES），或作為其他菜餚的材料，或快速冷卻後冷藏備用。

NOTES：如314頁所示，以下這些都可以當雞高湯的湯飾：保留下來的雞肉284克，切丁，義式香料麵284克（見819頁），切成3公分見方並煮熟、胡蘿蔔與芹菜170克，切片並煮軟。

其他雞高湯湯飾的選擇有肉絲、蔬菜丁或蔬菜細絲、大麥或德式麵疙瘩（見834頁）。

艾美許式雞肉玉米湯：製作清湯時，用雞高湯（見263頁）取代清水。壓碎的番紅花絲0.20克（¼小匙）和香料包一起加入湯裡。保留下來的雞肉切丁或切絲，跟煮熟的新鮮或冷凍玉米粒170克、煮熟的雞蛋麵170克、剁碎的歐芹57克一起加入湯裡。

牛清湯：用等量的牛腱、肩胛肉、外側後腿肉、牛尾或牛小排來取代燉煮用老母雞。

小牛清湯：用等量的小牛腱或前腿小牛腱、小牛肩胛肉、小牛外側後腿肉或小牛頭取代燉煮用老母雞。

火腿清湯或煙燻豬清湯：用等量的豬後腿蹄膀（新鮮或煙燻）、帶肉豬後腿骨或豬肩背肉（梅花肉）取代燉煮用老母雞。

羊清湯：用等量的羊腱、羊腿、羊肩或羊脖取代燉煮用母雞。

火雞清湯或野禽清湯：用等量的火雞脖子、背脊肉或腿肉，或珍珠雞、鴨、雉雞、鵝或其他禽肉或野禽的相同部位來取代燉煮用老母雞。

魚清湯：用等量的低脂肪白肉魚，如鱈魚、大比目魚、常鰭鱈、比目魚或梭子魚取代燉煮用老母雞。使用白色調味蔬菜（見243頁），讓湯維持淺色。

蝦蟹貝清湯：用等量的蝦、龍蝦、螯蝦與／或蟹取代燉煮用老母雞。

洋蔥湯

Onion Soup

3.84公升

- 洋蔥薄片2.27公斤
- 澄清或全脂奶油57克
- 蘋果白蘭地或雪利酒120毫升（見下方NOTE）
- 雞高湯或牛白高湯3.84公升（見263頁），溫熱
- 標準香料包1包（見241頁）
- 鹽，視需求添加
- 黑胡椒粉，視需求添加

1. 洋蔥、奶油放入醬汁鍋或雙耳燉鍋中，以中大火將洋蔥焦糖化，不時翻炒，直到洋蔥呈褐色，約25-30分鐘。先不要加入鹽，以免洋蔥出汁，這樣才能達到最佳焦糖化。
2. 倒入蘋果白蘭地，溶解鍋底褐渣，並以中大火至大火將液體收乾成糖漿稠度。
3. 放入高湯與香料包，微滾煮，直到洋蔥變軟、湯煮出適當風味，30-35分鐘。此時已可收尾，或快速冷卻後冷藏備用。
4. 進行出餐前的最後收尾。湯煮到沸騰，以鹽和胡椒調味，以熱的湯碗或湯杯盛裝出餐。

NOTE：若要使用雪利酒，在湯快煮好時才倒入鍋中。如果在步驟2倒入雪利酒，酒香可能會消散。雪利酒之類的甜酒最好在收尾時加入。

白洋蔥湯：洋蔥以奶油用小火慢慢煮到變軟，但尚未呈褐色。視需求加入最多170克麵粉作為稠化物。洋蔥也可以在打成泥後重新加回湯裡。

焗洋蔥湯：洋蔥湯以耐熱湯碗或陶製湯盅盛裝。以切薄片的橢圓形酥脆麵包（見889頁）作為湯品的湯飾，每份湯一片。把大量磨碎的格呂耶爾乳酪撒到麵包上（每片30毫升〔2大匙〕），以上明火烤爐或炙烤爐烘烤到稍微呈褐色，3-5分鐘。

墨西哥薄餅湯

Tortilla Soup

3.84公升

- 橢圓形番茄12顆（約680克），去核
- 白洋蔥1顆（約284克），剖半、去皮
- 蒜瓣4粒，帶皮
- 芥花油300毫升
- 雞高湯3.84公升（見263頁）
- 土荊芥12枝，用繩子綁好
- 鹽，視需求添加
- Pasilla乾辣椒4條
- 墨西哥玉米薄餅24片，切細絲
- 酪梨2顆，切中丁
- 磨碎的墨西哥鮮乳酪480毫升（2杯）

1. 番茄、洋蔥、蒜頭放在墨西哥煎烤盤或鑄鐵平底鍋上，以中大火乾烤到番茄開始變軟且邊緣焦黑。蒜頭表皮一開始變成褐色就取出，剝皮。
2. 烤番茄、洋蔥、蒜放入果汁機，打成滑順的泥。
3. 120毫升的芥花油倒入高湯鍋中，以中大火加熱，倒入蔬菜泥，不斷翻炒，直到顏色變深，約5分鐘。倒入雞高湯與土荊芥，以鹽調味，煮到微滾。微滾慢煮45分鐘。
4. 同時間，pasilla乾辣椒橫切成1公分寬環狀。搖動切好的辣椒，讓辣椒籽脫離。丟棄蒂和籽。
5. 剩餘的180毫升芥花油倒入中型煎炒鍋，以中大火煮到高溫但還沒冒煙。加入辣椒，立刻關火。辣椒馬上用漏勺撈出，放到鋪上紙巾的盤子裡。這道步驟必須快速進行，以免辣椒燒焦。
6. 再以中火加熱煎炒鍋，墨西哥薄餅絲分批以辣椒油煎至金黃酥脆，以漏勺取出，放紙巾上瀝乾。
7. 出餐前，取出湯裡的土荊芥。裝在熱的湯碗或湯杯中，每份湯品加入大量煎過的墨西哥薄圓餅、pasilla乾辣椒、酪梨、墨西哥鮮乳酪，作為湯飾。

雞肉粥（巴西雞肉粥）

Chicken Rice Soup (Canja)

3.84公升

- 燉煮用老母雞1隻（約1.36公斤），切6塊
- 橄欖油60毫升
- 粗剁的標準調味蔬菜227克（見243頁）
- 剁碎的薑14克
- 月桂葉2片
- Malagueta辣椒或哈拉佩諾辣椒1-2條，剁碎
- 迷迭香1枝
- 鹽，視需求添加
- 黑胡椒粉，視需求添加
- 雞高湯3.84公升（見263頁）
- 棕櫚油15毫升（1大匙）
- 蒜瓣3粒，切末
- 長粒白米85克，洗淨、瀝乾
- 玉米粒454克，新鮮或冷凍的
- 芫荽43克，粗剁

1. 用紙巾將雞肉塊拍乾。橄欖油倒入中型湯鍋內，以中火加熱。雞肉塊帶皮面朝下放入鍋中，煎到每面都呈金黃色，12-14分鐘。煎好的雞肉移出鍋子。
2. 調味蔬菜、薑、月桂葉、辣椒下鍋，以中大火不時翻炒，直到稍微上色、散發香氣，約5分鐘。
3. 加入雞肉、迷迭香、鹽、胡椒、高湯，煮到微滾，85℃，攪拌並刮下鍋底褐渣。爐火轉小，蓋上鍋蓋，微滾慢煮到雞肉變軟，40-45分鐘。
4. 鍋子離火。取出雞肉塊，放涼到可以徒手處理。以細網篩過濾雞湯，丟棄固體食材。
5. 濾好的雞湯靜置幾分鐘，讓油脂浮上表面。撈除油脂。
6. 去掉雞肉塊的皮和骨頭，肉切中丁，留作湯飾。
7. 棕櫚油、蒜頭放入湯鍋，以中火煮到散發香氣。蒜頭不要煎褐。鹽、胡椒、過濾的高湯、白米下鍋，煮滾。爐火轉小，蓋上鍋蓋，微滾煮到米飯剛好彈牙但還沒熟透，約15分鐘。
8. 雞肉、玉米放入鍋中，微滾煮到玉米變軟、雞肉熱透，約5分鐘。
9. 以鹽和胡椒調味。加入芫荽作為裝飾，以熱湯碗或湯杯盛裝出餐，或快速冷卻後冷藏備用。

番茄奶油濃湯

番茄奶油濃湯

Cream of Tomato Soup

3.84公升

- 培根小丁227克（非必要，見下方NOTE）
- 標準調味蔬菜末454克（見243頁）
- 蒜瓣4粒，切末
- 雞高湯2.88公升（見263頁）
- 金色奶油炒麵糊255克（見246頁）
- 剁碎的橢圓形番茄907克，當季的新鮮番茄或罐裝番茄
- 番茄泥720毫升
- 標準香料包1包（見241頁），外加丁香2粒
- 高脂鮮奶油480毫升，熱的
- 鹽12克（4小匙），或視需求增減
- 白胡椒粉2.5克（1¼小匙），或視需求增減

湯飾

- 酥脆麵包227克（見965頁）

1. 若有使用培根，培根放入大型醬汁鍋，以中火熬出油脂，約10分鐘。加入調味蔬菜、蒜頭，以中大火翻炒，直到蔬菜變軟，8-10分鐘。
2. 加入高湯，煮到沸騰。奶油炒麵糊攪打入湯中，混合均勻。加入番茄、番茄泥、香料包，以85℃微滾慢煮，直到番茄熟透，約25分鐘。
3. 取出香料包，湯打成滑順的泥，用細網篩過濾。湯再次入鍋，以中小火慢慢煮到微滾，再微滾煮8-10分鐘，以調整稠度。
4. 此時已可收尾，或快速冷卻後冷藏備用。
5. 出餐前，湯重新加熱到85℃。添加鮮奶油，以鹽和胡椒調味。以熱的湯碗或湯杯盛裝，撒上酥脆麵包作為湯飾。

NOTES：若不使用培根，則以植物油90毫升將調味蔬菜與蒜頭炒軟。

若用果汁機將濃湯打成泥，成品顏色會比用其他方法還要稍微偏向橘色。

番茄奶油濃湯粥：出餐前將長白米飯454克加入番茄奶油濃湯裡。

青花菜奶油濃湯

Cream of Broccoli Soup

3.84公升

- 青花菜1.81公斤
- 澄清奶油或植物油60毫升
- 白色調味蔬菜中丁454克（見243頁）
- 絲絨濃雞醬3.84公升（見294頁）
- 標準香料包1包（見241頁）
- 高脂鮮奶油480毫升，熱的
- 鹽20克（2大匙），或視需求增減
- 黑胡椒粉3克（1½小匙），或視需求增減
- 肉豆蔻刨屑，視需求添加

1. 從青花菜上切下小株，保留約454克作為湯飾。莖去皮後切丁。
2. 奶油或植物油倒入大型醬汁鍋內，以中火加熱。放入調味蔬菜，炒軟，直到洋蔥呈半透明，8-10分鐘。除了作為湯飾的青花菜小株之外，所有青花菜都入鍋，炒到莖稍微變軟，10-15分鐘。
3. 加入絲絨濃醬，加熱到85℃。加入香料包。爐火轉小，微滾慢煮到蔬菜熟透，約35分鐘。過程中頻繁翻拌，視需要撈除浮渣。
4. 預留的青花菜切成適合入口的大小（保留花蕾球的形狀），以沸騰鹽水汆燙到變軟，5-7分鐘。取出，放入冰水中降溫，留待出餐時使用。
5. 香料包取出。湯打到完全滑順，以細網篩過濾，丟棄網篩裡的纖維。湯此時已可出餐，或快速冷卻後冷藏備用。

6. 湯重新加熱到85℃。加入鮮奶油，以鹽、胡椒、肉豆蔻調味。青花菜以微滾高湯或清水加熱，放入每份湯或整批濃湯裡，作為湯飾。以熱的湯碗或湯杯盛裝出餐。

蘆筍奶油濃湯：用等量的蘆筍取代青花菜，保留部分蘆筍尖作為湯飾。

芹菜奶油濃湯：用等量的芹菜或根芹菜取代青花菜。以汆燙過的芹菜小丁作為湯飾。

威斯康辛切達乳酪啤酒濃湯

Wisconsin Cheddar Cheese and Beer Soup

3.84公升

- 澄清奶油180毫升
- 洋蔥末170克
- 蘑菇薄片85克
- 粗剁的芹菜85克
- 蒜末28克
- 雞高湯2.88公升（見263頁）
- 金色奶油炒麵糊255克（見246頁）
- 啤酒240毫升（拉格啤酒或褐色艾爾啤酒）
- 磨碎的切達乳酪907克
- 芥末粉14克
- 高脂鮮奶油240毫升，熱的
- 辣椒醬5毫升（1小匙），或視需求增減
- 伍斯特醬5毫升（1小匙），或視需求增減
- 鹽15克（1½大匙），或視需求增減
- 黑胡椒粉2.5克（1¼小匙），或視需求增減

湯飾

- 酥脆麵包227克（見965頁），以裸麥麵包做成

1. 奶油放入大型湯鍋或雙耳燉鍋內，以中火煮到融化。放入洋蔥、蘑菇、芹菜、蒜頭，炒軟，直到洋蔥變半透明，8-10分鐘。
2. 倒入高湯，煮到85℃。奶油炒麵糊攪打入湯裡，煮到變稠。以85℃微滾慢煮，直到煮出良好風味及絲滑質地，約30分鐘。
3. 以細網篩過濾，移除固體食材。此時濃湯已可收尾，或快速冷卻後冷藏備用。
4. 收尾時，湯先煮到微滾。出餐前，加入啤酒和乳酪，慢慢加熱到乳酪融化。湯不能沸騰。
5. 芥末粉倒入足夠的清水中，混成糊狀。芥末混合物和鮮奶油倒入湯裡，煮到微滾。視需要用高湯調整稠度。以辣椒醬、伍斯特醬、鹽、胡椒為湯調味。
6. 以熱的湯碗或湯杯盛裝，酥脆麵包放在旁邊一起出餐。

新英格蘭蛤蜊巧達濃湯

New England-Style Clam Chowder

3.84公升

- 蛤蜊60粒，刷洗乾淨
- 魚高湯2.88公升（見255頁），或視需求增減，或用清水製作蛤蜊清湯
- 鹹豬肉227克，剁成糊
- 洋蔥末227克
- 芹菜小丁113克
- 金色奶油炒麵糊340克（見246頁）
- 赤褐馬鈴薯454克，去皮、切小丁
- 標準香料包1包（見241頁）
- 高脂鮮奶油480毫升，熱的
- 鹽15克（1½大匙），或視需求增減
- 黑胡椒粉3克（1½小匙），或視需求增減
- 辣椒醬10毫升（2小匙），或視需求增減
- 伍斯特醬10毫升（2小匙），或視需求增減

1. 蛤蜊放入有蓋的雙耳燉鍋內，以高湯或清水蒸煮到蛤蜊打開，約10分鐘。
2. 清湯以網篩或雙層濾布過濾備用。過濾時湯要緩緩倒出，盡量不攪動鍋底沉澱物。取出蛤肉，剁碎備用。
3. 鹹豬肉放入大型醬汁鍋或雙耳燉鍋內，以中火加熱到熬出油脂、豬肉變酥脆，10-15分鐘。加入洋蔥與芹菜，炒軟，直到呈半透明，6-7分鐘。
4. 混合預留的蛤蜊清湯和足夠的額外高湯或清水，共需要3.84公升液體。液體加入芳香食材中，煮到微滾。奶油炒麵糊慢慢攪打到高湯裡，混合均勻，打散結塊。
5. 以85℃微滾慢煮30分鐘，視需要撈除浮渣。
6. 加入馬鈴薯、香料包，微滾煮到馬鈴薯變軟，10-15分鐘。濃湯此時已可收尾，或快速冷卻後冷藏備用。
7. 出餐前，濃湯重新煮到微滾。加入預留的蛤肉和鮮奶油。以鹽、胡椒、辣椒醬、伍斯特醬調味。以熱的湯碗或湯杯盛裝出餐。

海螺巧達濃湯

Conch Chowder

3.84公升

- 海螺肉1.13公斤，絞成0.3公分碎丁
- 檸檬汁60毫升
- 奶油43克
- 標準或白色調味蔬菜中丁907克（見243頁）
- 蘇格蘭圓帽辣椒1顆，去籽、切末
- 非蠟質馬鈴薯680克，去皮、切中丁
- 水1.92公升
- 魚高湯1.92公升（見255頁）
- 去皮、去籽的橢圓形番茄中丁680克
- 番茄糊57克
- 月桂葉2片
- 剁碎的新鮮百里香3克（1大匙）
- 鹽，視需求添加
- 黑胡椒粉，視需求添加

1. 海螺肉、檸檬汁放入材質不跟食材起化學作用的大碗內混合，醃漬30分鐘。
2. 奶油放入大型醬汁鍋內，以中火煮到融化。放入調味蔬菜，炒到蔬菜變軟，約7分鐘。加入蘇格蘭圓帽辣椒、馬鈴薯，繼續加熱2-3分鐘。
3. 倒入清水、高湯、醃好的海螺肉、番茄泥與番茄、月桂葉、百里香，以85℃微滾慢煮，直到馬鈴薯變得非常軟、湯煮出良好風味，約25分鐘。
4. 以鹽調味。蘇格蘭圓帽辣椒非常辣，可能不必加胡椒。取出月桂葉。以熱的湯碗或湯杯盛裝出餐。

玉米巧達濃湯

Corn Chowder

3.84公升

- 鹹豬肉或培根227克，切末
- 洋蔥小丁170克
- 芹菜小丁170克
- 青椒小丁113克
- 紅椒小丁113克
- 雞高湯2.88公升（見263頁）
- 金色奶油炒麵糊255克（見246頁）
- 玉米粒680克，新鮮或冷凍
- 澱粉含量低的馬鈴薯680克，去皮、切小丁
- 月桂葉1片
- 高脂鮮奶油480毫升，熱的
- 鹽20克（2大匙），或視需求增減
- 白胡椒粉4克（2小匙），視需求增減
- 辣椒醬10毫升（2小匙）
- 伍斯特醬10毫升（2小匙）

1. 鹹豬肉放入大型醬汁鍋內，以中小火熬出油脂，直到瘦肉部分稍微酥脆，約6分鐘。
2. 加入洋蔥、芹菜、青椒及紅椒，炒到軟，5-7分鐘。
3. 倒入高湯，煮到85℃微滾。金色奶油炒麵糊攪打入高湯，打散結塊。微滾煮，直到稍微變稠。
4. 一半的玉米粒打成泥，攪打入湯裡。加入馬鈴薯、剩餘的玉米粒、月桂葉，以85℃微滾煮，直到玉米和馬鈴薯變軟，20-25分鐘。
5. 鮮奶油倒入拌勻。濃湯加熱到開始微滾，約10分鐘。移除月桂葉。此時已可收尾，或快速冷卻後冷藏備用。
6. 出餐前收尾時，湯先煮到微滾。以鹽、白胡椒、辣椒醬、伍斯特醬調味，以熱的湯碗或湯杯盛裝出餐。

太平洋海鮮巧達濃湯

Pacific Seafood Chowder

3.84公升

- 干白酒480毫升
- 水240毫升
- 香料包1包（見241頁），含蒜瓣3粒（拍碎）、薑塊28克（去皮）、檸檬香茅4枝（切3公分小段）、箭葉橙葉4片
- 蛤蜊汁1.92公升
- 椰奶1.44公升
- 高脂鮮奶油240毫升，熱的
- 紅咖哩醬57克（見370頁）
- 去皮的芋頭中丁680克
- 佛手瓜1顆，去核、切中丁
- 植物油30毫升（2大匙）
- 鹽，視需求添加
- 黑胡椒粉，視需求添加
- 玉米澱粉28克
- 肉質緊實的魚454克，如海鱸，去皮、切中丁
- 蝦子454克（每454克21-26隻），去殼、去腸泥、切中丁
- 檸檬1顆，榨汁

湯飾

- 羅勒葉細絲14克

1. 酒、清水倒入材質不跟食材起化學反應的醬汁鍋中，加入香料包，微滾慢煮10分鐘。倒入蛤蜊汁、椰奶、鮮奶油，重新煮到85℃微滾，咖哩醬拌入湯中。
2. 加入芋頭，微滾煮到變軟，約15分鐘。
3. 同時間，佛手瓜拌上植物油，以鹽和胡椒調味，放入烤爐，以177℃烘烤到變軟，15-20分鐘。放著備用。
4. 玉米澱粉加入少量清水拌勻，調成高脂鮮奶油的稠度，然後倒入湯裡，讓湯具有低稠度。煮到湯變稠，約5分鐘，移除香料包。此時已可收尾，或快速冷卻後冷藏備用。
5. 出餐前收尾時，湯先煮到85℃微滾。加入魚肉丁、蝦肉丁，繼續煮到海鮮熟透，約5分鐘。加入烤過的佛手瓜，徹底加熱。
6. 加入檸檬汁，只用鹽來調味。以熱的湯碗或湯杯盛裝，加入羅勒作為湯飾後出餐。

曼哈頓蛤蜊巧達濃湯

Manhattan-Style Clam Chowder

3.84公升

- 蛤蜊4.54公斤，洗淨
- 鹹豬肉85克，剁成泥
- 標準調味蔬菜中丁454克（見243頁）
- 韭蔥中丁113克，只使用蔥白
- 青椒中丁113克
- 蒜末3克
- 赤褐馬鈴薯340克，去皮、切中丁
- 月桂葉1片
- 百里香1枝
- 奧勒岡1枝
- 去皮、去籽的橢圓形番茄454克，切中丁
- 鹽，視需求添加
- 白胡椒粉，視需求添加
- 辣醬2.5毫升（½小匙）
- 伍斯特醬2.5毫升（½小匙）
- 美式海鮮調味粉0.5克（¼小匙）

1. 蛤蜊放入有蓋的鍋子中，以3.84公升清水蒸煮到全部打開，15-20分鐘。蛤肉從殼中取出，剁碎備用。過濾蛤蜊清湯備用。
2. 鹹豬肉放入大型醬汁鍋內，以中火加熱，直到脂肪融化、豬肉稍微酥脆，約6分鐘。加入調味蔬菜、韭蔥、青椒，炒到變軟，約5分鐘。
3. 加入蒜頭，炒到散發香氣，1分鐘。加入預留的蛤蜊清湯、馬鈴薯、月桂葉、百里香、奧勒岡，以中火至中小火微滾慢煮，直到所有蔬菜變軟，約25分鐘。
4. 移除芳香植物，加入番茄。此時已可收尾，或快速冷卻後冷藏備用。
5. 收尾時，湯先煮到85℃微滾。撈除油脂，倒入預留的蛤肉，以鹽、白胡椒、辣椒醬、伍斯特醬、海鮮調味粉調味。以熱的湯碗或湯杯盛裝出餐。

扁豆泥濃湯

Purée of Lentil Soup

3.84公升

- 培根末227克
- 標準調味蔬菜末454克（見243頁）
- 褐色扁豆907克，洗淨、揀選
- 雞高湯4.8公升（見263頁）
- 標準香料包1包（見241頁）
- 鹽20克（2大匙），或視需求增減
- 黑胡椒粉2克（1小匙），視需求增減
- 檸檬汁60毫升

湯飾

- 酥脆麵包227克（見965頁）
- 細葉香芹28克，剁碎

1. 培根放入大型高湯鍋內，以小火加熱，直到脂肪融化、培根稍微酥脆，約10分鐘。保留培根作為湯飾，或留在湯裡為湯增加風味。
2. 加入調味蔬菜，以中火煮到變軟、稍呈褐色，8-10分鐘。
3. 加入扁豆，稍微烤過，再倒入高湯。加入香料包，煮到85℃微滾，視需要撈除浮渣。
4. 微滾慢煮，直到扁豆變軟，30-40分鐘。鍋子離火，移除香料包。以鹽和胡椒調味。
5. 過濾混合物，濾出的清湯保留備用。用食物碾磨器裡或手持式攪拌棒將混合物打成泥。倒入適量的預留清湯，調整出適當的稠度。
6. 以檸檬汁調味。此時已經可以收尾，或快速冷卻後冷藏備用。
7. 出餐前，湯先煮到85℃微滾，以鹽和胡椒調味。以熱的湯碗或湯杯盛裝，每份湯品加入預留的培根、酥脆麵包、細葉香芹，作為湯飾。

豌豆泥濃湯

Purée of Split Pea Soup

3.84公升

- 培根末227克
- 標準或白色調味蔬菜末454克（見243頁）
- 蒜末6克（2小匙）
- 雞高湯4.8公升（見263頁）
- 去莢乾燥青豌豆瓣680克
- 非蠟質馬鈴薯227克，去皮、切大丁
- 後腿蹄膀1隻
- 月桂葉1片
- 鹽20克（2大匙），或視需求增減
- 黑胡椒粉2克（1小匙），或視需求增減

湯飾

- 酥脆麵包454克（見965頁）

1. 培根放入大型醬汁鍋中，以中火加熱，直到油脂融化、培根稍微酥脆，約10分鐘。培根取出，留作湯飾。
2. 加入調味蔬菜，以熬出來的豬油煎炒，直到洋蔥呈半透明，8-10分鐘。加入蒜末，繼續煎1分鐘，直到散發香氣。蒜末不要煎褐。
3. 加入高湯、青豌豆瓣、馬鈴薯、後腿蹄膀、月桂葉，煮到85℃微滾。微滾慢煮，直到豌豆變軟，約45分鐘。移除月桂葉。取出後腿蹄膀，若想要，可將瘦肉切成丁，留待收尾時使用。
4. 用食物碾磨器或手持式攪拌棒將湯打成滑順的質地。若想要，可把後腿蹄膀肉丁放回湯裡。嘗一嘗，以鹽和胡椒調味。此時已可收尾，或快速冷卻後冷藏備用。
5. 出餐前收尾時，湯先煮到85℃微滾。以熱的湯碗或湯杯盛裝，若想要，每份湯品可加入酥脆麵包、培根，作為湯飾。

黃豌豆泥濃湯：用等量的黃豌豆瓣取代青豌豆瓣。

加勒比海黑豆泥濃湯

Caribbean-Style Pureé of Black Bean Soup

3.84公升

- 鹹豬肉小丁85克
- 標準調味蔬菜小丁227克（見243頁）
- 乾燥黑豆907克，以清水浸泡整晚
- 雞高湯5.76公升（見263頁）
- 標準香料包1包（見241頁）
- 煙燻後腿蹄膀2隻
- 干雪利酒165毫升
- 磨碎的多香果1克（½小匙）
- 鹽，視需求添加
- 黑胡椒粉，視需求添加

湯飾

- 酸奶油369克
- 去皮、去籽的橢圓形番茄中丁156克
- 青蔥28克，斜切成薄片

1. 鹹豬肉放入大型醬汁鍋裡，以小火加熱，直到脂肪融化、豬肉稍微酥脆，約10分鐘。
2. 放入調味蔬菜，炒軟，直到洋蔥呈半透明，5-7分鐘。
3. 加入黑豆、高湯、香料包、後腿蹄膀，微滾慢煮，直到黑豆變得非常軟，3-4小時。
4. 取出後腿蹄膀。若想要，可將瘦肉切成丁，作為湯飾。
5. 用食物碾磨器或食物調理機將一半的黑豆打成泥。豆泥放回鍋中，拌入雪利酒、多香果，以鹽和胡椒調味。此時已可收尾，或快速冷卻後冷藏備用。
6. 出餐前收尾時，湯先煮到沸騰。以熱的湯碗或湯杯盛裝，若想要，每份湯品可加入後腿蹄膀肉丁作為湯飾，並將酸奶油、番茄與青蔥加入湯中。

白豆濃湯

Senate Bean Soup

3.84公升

- 乾燥海軍豆680克，以清水浸泡整晚
- 雞高湯5.76公升（見263頁）
- 煙燻後腿蹄膀2隻
- 植物油60毫升
- 洋蔥中丁170克
- 胡蘿蔔中丁170克
- 芹菜中丁170克
- 蒜瓣2粒，切末
- 標準香料包1包（見241頁）
- 辣醬6-8滴
- 鹽，視需求添加
- 黑胡椒粉，視需求添加

1. 海軍豆、後腿蹄膀放入高湯鍋裡，倒入高湯。以中火微滾慢煮，直到豆子幾乎變軟，約2小時。
2. 清湯過濾，備用。煮好的海軍豆放在另一個容器。後腿蹄膀的瘦肉切成丁，留作湯飾。
3. 植物油倒入同一只高湯鍋內，加熱。加入洋蔥、胡蘿蔔、芹菜，以中火炒軟，直到洋蔥呈半透明，4-5分鐘。加入蒜末，繼續煎炒，直到散發香氣，約1分鐘。
4. 豆子放回鍋中，倒入清湯。加入香料包，以85℃微滾慢煮，直到豆子變軟，20-30分鐘。移除香料包。
5. 用果汁機或食物碾磨器將一半的湯打成泥。菜泥、預留的豬肉丁、剩餘的湯混合均勻。若有必要，可用額外的清湯或清水調整稠度。此時已可收尾，或快速冷卻後冷藏備用。
6. 出餐前收尾時，湯先以小火煮到微滾，徹底加熱，6-8分鐘。以辣醬、鹽和胡椒調味。

高麗菜肉濃湯

Potage Garbure

3.84公升

- 絞碎的鹹豬肉57克
- 橄欖油60毫升
- 剁細的洋蔥227克
- 剁細的胡蘿蔔227克
- 剁細的韭蔥340克，蔥白與淺綠色的蔥綠
- 雞高湯2.88公升（見263頁）
- 非蠟質馬鈴薯薄片340克
- 高麗菜絲340克
- 去皮、去籽、剁絲的番茄340克
- 鹽，視需求添加
- 黑胡椒粉，視需求添加

湯飾

- 酥脆麵包227克（見965頁）

1. 鹹豬肉放入湯鍋中，倒入橄欖油，以中火加熱，直到豬肉上的脂肪融入，12-15分鐘。
2. 加入洋蔥、胡蘿蔔、韭蔥，翻拌，直到蔬菜完全裹上油脂。蓋上鍋蓋，以小火燜軟，偶爾翻拌，直到蔬菜變軟、呈半透明，10-12分鐘。
3. 加入高湯、馬鈴薯、高麗菜、番茄，以中小火微滾慢煮，直到馬鈴薯開始裂開，20-25分鐘。烹煮中，視需要撈除浮渣，定時嘗一嘗，以監控烹煮時間並調味。
4. 湯打成粗糙的質地。此時已可收尾，或快速冷卻後冷藏備用。
5. 出餐前收尾時，湯先煮到沸騰。嘗一嘗，以鹽和胡椒調味。以熱的湯碗或湯杯盛裝，每份湯品加入酥脆麵包作為湯飾，出餐。

馬鈴薯冷湯
Vichyssoise
3.84公升

- 植物油45毫升（3大匙）
- 剁細的韭蔥680克，只使用蔥白
- 剁細的洋蔥170克
- 非蠟質馬鈴薯1.36公斤，去皮、切中丁
- 雞高湯2.88公升（見263頁）
- 標準香料包1包（見241頁）
- 鹽10克（1大匙），視需求增加用量
- 白胡椒粉，視需求添加
- 半對半鮮奶油720毫升
- 細香蔥57克，剪小段

1. 植物油倒入中型高湯鍋中，加熱。加入韭蔥、洋蔥，以中小火炒軟，直到呈半透明，2-3分鐘。
2. 爐火調成大火。加入馬鈴薯、香料包、1大匙鹽、白胡椒，倒入高湯。煮到大滾，爐火調成中小火，微滾慢煮，直到馬鈴薯變軟，約30分鐘。移除香料包。
3. 用果汁機或食物碾磨器分批將湯打成泥。快速冷卻後冷藏，出餐前再取出。
4. 出餐前收尾時，拌入半對半鮮奶油、細香蔥。以鹽和白胡椒調味。以冰鎮過的湯碗或湯杯盛裝出餐。

鮮蝦奶油濃湯
Shrimp Bisque
3.84公升

- 蝦殼680克
- 奶油85克
- 洋蔥末454克
- 蒜瓣3粒，切末
- 甜椒粉6克，或視需求增減（1大匙）
- 番茄糊57克
- 白蘭地90毫升
- 絲絨濃魚或蝦醬2.88公升（見294頁）
- 鹽，視需求添加
- 黑胡椒粉，視需求添加
- 高脂鮮奶油960毫升，熱的
- 蝦肉737克，去殼、去腸泥
- 美式海鮮調味料1克（½小匙）
- 辣醬2.5毫升（½小匙），或視需求增減
- 伍斯特醬料2.5毫升（½小匙），或視需求增減
- 干雪利酒120毫升

1. 蝦殼洗淨瀝乾，連同奶油57克放入中型高湯鍋內，以中大火煎炒，直到蝦殼變成亮粉紅色，1-2分鐘。蝦殼取出備用。
2. 爐火轉成中火，放入洋蔥。煎炒，直到洋蔥呈半透明，約2分鐘。
3. 加入蒜頭、甜椒粉、番茄糊，烹調到番茄散發煮過的甜香，約2分鐘。
4. 倒入白蘭地，溶解鍋底褐渣，收到幾乎全乾，2-3分鐘。放入煮熟的蝦殼。
5. 倒入絲絨濃醬，以中小火微滾慢煮，直到濃湯出現明顯的鐵鏽色、稍微變稠，約45分鐘。微滾慢煮時以鹽和胡椒調味。
6. 濃湯以細網篩，或用擰緊法過濾（見329頁）。
7. 濃湯重新煮到微滾，倒入鮮奶油。
8. 蝦肉切成小丁，連同剩餘的28克奶油一起下鍋，以中大火煎炒到熟透、變成粉紅色，1-2分鐘。蝦肉加入濃湯裡，微滾煮5分鐘。
9. 加入海鮮調味料、辣椒醬、伍斯特醬，以鹽和胡椒調味。此時已可收尾，或快速冷卻後冷藏備用。
10. 出餐前收尾時，先煮到沸騰，倒入雪利酒，以熱的湯碗或湯杯盛裝出餐。

龍蝦奶油濃湯

Lobster Bisque (Bisque de Homard)

3.84公升

- 橄欖油90毫升
- 洋蔥小丁510克
- 胡蘿蔔小丁510克
- 芹菜小丁510克
- 韭蔥薄片227克
- 茴香小丁1.02公斤
- 蒜瓣6粒，拍碎
- 龍蝦殼2.86公斤，洗淨、烘烤、壓碎
- 番茄糊113克
- 白蘭地75毫升
- 干白酒360毫升
- 魚高湯2.88公升（見255頁）
- 水1.44公升
- 義大利米（Arborio或Carnaroli米）113克
- 金色奶油炒麵糊142克（見246頁）
- 高脂鮮奶油720毫升，熱的
- 鹽，視需求添加
- 卡宴辣椒，視需求添加
- 檸檬汁30毫升（2大匙）
- 龍蒿葉28克，剁碎

1. 橄欖油倒入大型湯鍋或雙耳燉鍋內，以中火加熱。放入洋蔥，炒軟5分鐘，然後加入胡蘿蔔、芹菜、韭蔥、茴香、蒜頭，繼續炒軟至少5分鐘。
2. 加入龍蝦殼，翻炒，直到散發濃烈香氣，約10分鐘。
3. 加入番茄糊，繼續翻炒，直到呈鏽褐色。
4. 倒入白蘭地，點燃。
5. 倒入白酒，收乾一半，約5分鐘。
6. 倒入高湯、清水，煮到沸騰。爐火轉小，保持微滾，加入米烹煮，蓋上鍋蓋，煮到米變得非常軟，約45分鐘。
7. 湯用細網篩過濾出來，倒入乾淨的鍋子裡，煮到沸騰。
8. 奶油炒麵糊攪打到熱湯裡，煮到湯變稠，約10分鐘。攪拌以打散結塊。
9. 加入鮮奶油。保持微滾，讓液體收乾到理想的稠度。以鹽、卡宴辣椒與檸檬汁調味。若有必要，可再次過濾。此時已可收尾，或快速冷卻後冷藏備用。
10. 出餐前收尾時，湯先煮到沸騰。加入龍蒿，以熱的湯碗或湯杯盛裝出餐。

雞肉鮮蝦秋葵濃湯

Chicken and Shrimp Gumbo

3.84公升

- 植物油15毫升（1大匙）
- andouille內臟腸113克，切小丁
- 去骨、去皮的雞胸肉227克，切中丁
- 洋蔥中丁227克
- 青椒中丁142克
- 芹菜中丁142克
- 哈拉佩諾辣椒末14克
- 青蔥99克，斜切薄片
- 剁碎的蒜頭14克
- 秋葵片142克
- 去皮、去籽的橢圓形番茄中丁227克
- 中筋麵粉142克，烘烤成深褐色
- 雞高湯2.88公升（見263頁）
- 月桂葉2片
- 乾燥奧勒岡2克（1小匙）
- 洋蔥粉2克（1小匙）

- 乾燥百里香1克（½小匙）
- 乾燥羅勒1克（½小匙）
- 鹽，視需求添加
- 黑胡椒粉，視需求添加
- 蝦肉567克，去殼、去腸泥、剁碎
- 長粒白米飯369克
- 北美檫樹葉粉9克（1大匙）

1. 植物油倒入厚底大型湯鍋內，以中大火加熱，加入 andouille 內臟腸，煎炒，偶爾翻拌，直到內臟腸開始變緊實，約1分鐘。
2. 加入雞肉，煎上色，直到雞肉開始褪去生肉的外觀，2-3分鐘。
3. 加入洋蔥、青椒、芹菜、哈啦佩諾辣椒、青蔥、蒜頭、秋葵、番茄，煎炒，偶爾翻拌，直到蔬菜變軟、洋蔥呈半透明，5-7分鐘。
4. 加入麵粉，烹煮1分鐘，不斷攪拌。倒入高湯，不斷攪拌，以打散結塊。
5. 加入月桂葉、奧勒岡、洋蔥粉、百里香、羅勒、鹽、胡椒，微滾煮30分鐘。
6. 加入蝦肉、米飯，繼續微滾煮2分鐘。北美檫樹葉粉攪打入湯中。確定混合均勻，並且不要讓湯重新沸騰。此時已可收尾，或是快速冷卻後冷藏備用。
7. 出餐前收尾時，先將湯煮到微滾。視需要以鹽和胡椒調味。移除月桂葉。以熱的湯碗或湯杯盛裝出餐。

安達路西亞冷湯

Gazpacho Andaluz (Andalucian Gazpacho)

3.84公升

- 去皮、去籽的橢圓形番茄中丁3.63公斤
- 青椒小丁454克
- 去皮的黃瓜小丁454克
- 蒜瓣8粒，拍碎
- 紅酒醋240毫升
- 橄欖油480毫升
- 鹽，視需求添加
- 黑胡椒粉，視需求添加

湯飾

- 番茄小丁113克
- 青椒小丁113克
- 黃瓜小丁113克

1. 番茄、青椒、黃瓜、蒜頭、鹽、胡椒放入材質不跟食材起化學反應的容器裡，倒入紅酒醋、橄欖油，蓋好，冷藏醃漬整晚。
2. 醃漬過的食材用果汁機或食物碾磨器打成泥，可以視需要分批處理。以細網篩過濾。以鹽和胡椒調味。
3. 打好的湯冷藏至冷透。
4. 以冰鎮過的湯碗或湯杯盛裝，每份湯品放入番茄丁、青椒丁、黃瓜丁，作為湯飾。

豬腿骨芥藍菜葉湯

Ham Bone and Collard Greens Soup

3.84公升

- 絞碎的鹹豬肉113克
- 澄清奶油或植物油90毫升
- 洋蔥小丁227克
- 芹菜小丁113克
- 中筋麵粉142克
- 雞高湯2.88公升（見263頁）
- 後腿蹄膀3隻
- 標準香料包1包（見241頁）
- 修整過的綠葉甘藍454克，剁碎、汆燙
- 鹽，視需求添加
- 黑胡椒粉，視需求添加

1. 鹹豬肉放入高湯鍋中，以中火加熱，直到脂肪融化、豬肉稍微酥脆，5-7分鐘。
2. 加入奶油、洋蔥、芹菜，炒軟，直到洋蔥呈半透明，約6分鐘。
3. 加入麵粉烹煮，同時頻繁攪拌，做成淺色麵糊。
4. 慢慢倒入雞高湯中，攪散所有結塊。
5. 放入後腿蹄膀、香料包，煮到微滾，並繼續煮1小時。加入綠葉甘藍，以微滾煮到變軟，約30分鐘。
6. 取出後腿蹄膀、香料包。後腿蹄膀的瘦肉切成小丁，放回湯裡，以鹽和胡椒調味。此時已可出餐，或快速冷卻後冷藏備用。
7. 出餐前收尾時，湯先煮到沸騰。以熱的湯碗或湯杯盛裝出餐。

中式酸辣湯

Chinese Hot and Sour Soup (Suan La Tang)

3.84公升

- 植物油60毫升
- 薑末9克（1大匙）
- 青蔥薄片21克
- 絞成中等粗細的豬肩背肉227克
- 黑木耳28克，浸泡後切短絲
- 金針43克，浸泡後切短絲
- 皺葉甘藍細絲227克
- 板豆腐227克，切小丁
- 雞高湯3.36公升（見263頁）
- 深色醬油60毫升
- 米醋240毫升
- 鹽10克（1大匙）
- 黑胡椒粉21克
- 玉米澱粉64克
- 水120毫升
- 雞蛋3顆，稍微打散
- 芝麻油30毫升（1大匙）

湯飾

- 青蔥薄片28克

1. 植物油倒入炒鍋或湯鍋內，以中大火加熱。加入薑末、青蔥翻炒，直到散發香氣，約30秒。
2. 放入豬肉，翻炒到熟透，4-5分鐘。
3. 加入黑木耳、金針、甘藍，翻炒到甘藍變軟，3-4分鐘。
4. 加入豆腐、高湯、醬油、醋、鹽、胡椒，煮沸。
5. 玉米澱粉和清水拌勻，慢慢倒入沸騰的湯裡，不斷攪拌。蛋液慢慢拌入湯裡。
6. 維持高溫，但不要沸騰。
7. 加入芝麻油。以熱的湯碗或湯杯盛裝出餐，每份湯品加入青蔥作為湯飾，出餐。

韓式辣味牛肉湯

Spicy Beef Soup (Yukkaejang)
3.84公升

- 牛骨3.4公斤
- 牛腹脇肉680克，修整，保留脂肪備用
- 水4.32公升
- 洋蔥454克，去皮、切4瓣
- 薑28克，去皮、切成0.3公分薄片
- 牛脂肪57克
- 中筋麵粉28克
- 青蔥薄片6克
- 韓國辣椒醬120毫升
- 韓國大醬240毫升
- 淡色醬油5毫升
- 高麗菜絲284克
- 芝麻油7.5毫升（1½小匙）
- 蒜末3克（½小匙）
- 豆芽85克，切3公分小段
- 雞蛋2顆，稍微打散
- 鹽，視需求添加
- 黑胡椒粉，視需求添加

1. 牛骨放入大型高湯鍋裡汆燙，取出瀝乾、洗淨。
2. 牛骨放回高湯鍋裡，加入牛肉、清水，煮到沸騰後，爐火調小，保持微滾。以中小火微滾慢煮，直到牛肉變軟，約1¼分鐘。牛肉取出並放入冷水中浸泡15分鐘。牛肉撕成3公分的肉絲，加蓋冷藏。
3. 洋蔥、薑片放入清湯裡，以中小火微滾慢煮約1小時。清湯此時已可過濾，並於快速冷卻後冷藏，待出餐時使用。
4. 出餐前收尾時，清湯應先撈除浮渣，並煮沸。
5. 修整牛腹脇肉時保留下來的脂肪放入鍋中熬油，煎到稍微褐變。過濾融化的油脂，將其中的30毫升（2大匙）倒入高湯鍋裡，加入麵粉，以小火翻炒5分鐘，做成奶油炒麵糊。滾燙的清湯慢慢倒入鍋中，頻繁翻拌，煮到沸騰。
6. 加入青蔥、辣椒醬、大醬、醬油、高麗菜、預留的牛肉，再次煮到沸騰，同時不斷翻拌。
7. 芝麻油倒入另一只厚底平底深煎鍋，以中火加熱。加入蒜頭，炒到散發香氣，約30秒。加入豆芽，炒到熟透但質地仍然緊實，約3分鐘，然後加入湯裡。
8. 蛋液倒入湯裡，緩緩攪拌，讓蛋液形成長緞帶狀。嘗一嘗，以鹽和胡椒調味，以熱的湯碗或湯杯盛裝出餐。

味噌湯

味噌湯

Miso Soup

3.84公升

- 乾燥裙帶菜14克
- 日式一番高湯3.84公升（見266頁）
- 味增240毫升（夏季用紅味噌，冬季用白味噌）
- 豆腐小丁680克

湯飾

- 青蔥35克，斜切成薄片

1. 裙帶菜放入溫水中浸泡30分鐘。取出瀝乾，淋上沸水，再泡入非常冷的水（不加冰塊）。完全瀝乾後，切除堅韌的部位，留下的裙帶菜大略剁碎（最大1公分）。用雙層濾布包好，並擰掉多餘水分。
2. 一番高湯倒入大型高湯鍋或炒鍋裡。味噌慢慢加入高湯中調溫，持續攪打，使完全混合。
3. 高湯煮到微滾，加入豆腐、剁碎的裙帶菜，微滾煮1分鐘。此時已可收尾，或是快速冷卻後冷藏備用。
4. 出餐前收尾時，湯先煮到沸騰。以熱的湯碗或湯杯盛裝，每份湯品加入青蔥作為湯飾，出餐。

泰式南薑椰奶雞湯

Thai Chicken Soup with Coconut Milk and Galangal

3.84公升

- 植物油30毫升（2大匙）
- 紅蔥末92克
- 蒜末4.5克（1½小匙）
- 檸檬香茅末57克
- 泰國辣椒醬30毫升（2大匙）
- 南薑43克，切成0.6公分厚片
- 箭葉橙葉18片，捶敲
- 雞高湯1.44公升（見263頁）
- 糖15克（1大匙），或視需求增減
- 魚露180毫升，或視需求增減
- 椰奶1.92公升
- 去骨、去皮的雞腿肉907克，切長條
- 瀝乾的罐裝蘑菇184克，剖半
- 去皮、去籽的番茄中丁113克
- 萊姆汁30毫升（2大匙），或視需求增減
- 鹽10克（1大匙），或視需求增減

湯飾

- 芫荽40枝

1. 植物油倒入湯鍋，以中火加熱，加入紅蔥、蒜頭、檸檬香茅、辣椒醬，炒到散發香氣，約30秒。
2. 加入南薑、箭葉橙葉、高湯、糖、魚露、椰奶，煮到沸騰，然後爐火調小，微滾煮15分鐘。
3. 高湯過濾到鍋子裡，丟棄固體食材。加入雞肉、蘑菇、番茄，微滾煮到雞肉熟透，3-5分鐘。
4. 加入萊姆汁、鹽，以糖和魚露調味。此時已可收尾，或快速冷卻後冷藏保存。
5. 出餐前收尾時，先將湯煮到微滾。以熱的湯碗或湯杯盛裝出餐，將芫荽加入每份湯品中作為湯飾，出餐。

泰式酸辣湯（冬蔭功湯）

Thai Hot and Sour Soup (Tom Yum Kung)

3.84公升

- 植物油30毫升（2大匙）
- 紅咖哩醬60毫升（見370頁）
- 蝦子454克（每454克31-36隻），去殼、去腸泥、縱切兩半，蝦殼保留備用
- 泰國鳥眼辣椒末8克（1大匙）
- 雞高湯3.84公升（見263頁）
- 檸檬香茅4枝，捶敲、切8公分長段
- 南薑28克，切0.3公分厚片
- 箭葉橙葉12片，捶敲
- 橢圓形番茄397克，每顆切成8瓣
- 罐裝蘑菇510克，瀝乾、剖半
- 魚露120毫升，或視需求增減
- 糖28克
- 萊姆汁120毫升
- 芫荽葉43克

1. 植物油倒入大型醬汁鍋內，以中火加熱。加入咖哩醬，翻炒1分鐘，咖哩醬不要炒出褐變。
2. 加入保留的蝦殼、辣椒、高湯、檸檬香茅、南薑、箭葉橙葉，微滾煮10分鐘。
3. 清湯過濾到乾淨的鍋子裡，丟棄固體食材。加入番茄、蘑菇、魚露、糖，煮到沸騰。
4. 萊姆汁拌入湯裡，以魚露調味。此時已可收尾，或快速冷卻後冷藏備用。
5. 取少許清湯，放入蝦肉， 以低溫煮到不透明、熟透，2-3分鐘。蝦肉撈出，放在淺烤盤上散熱（煮蝦的液體可倒回湯裡）。放涼的蝦肉和芫荽一起拌勻，留待出餐使用。
6. 出餐前收尾時，湯先煮到沸騰。芫荽和蝦肉以熱的湯碗或湯杯盛裝，淋上清湯，立刻出餐。

餛飩湯

Wonton Soup

3.84公升

餛飩

- 絞成中等粗細的豬肉227克
- 剁細的大白菜227克
- 青蔥薄片28克
- 薑末6克（2小匙）
- 淡色醬油15毫升（1大匙）
- 芝麻油15毫升（1大匙）
- 鹽1.5克（½小匙），或視需求增減
- 糖15克（1小匙）
- 白胡椒粉0.5克（¼小匙），或視需求增減
- 餛飩皮48張，每張8公分見方
- 雞蛋1顆，稍微打散

湯

- 植物油或花生油30毫升（2大匙）
- 青蔥57克，斜切成薄片
- 薑末3克（1小匙）
- 雞高湯3.84公升（見263頁）
- 深色醬油75毫升
- 鹽1克（¼小匙），或視需求增減
- 胡椒粉1撮，或視需求增減
- 去莖的菠菜葉170克
- 火腿113克，切細絲

煎蛋捲

- 植物油或花生油15毫升（1大匙）
- 雞蛋4顆，打散

1. 用湯匙或手將豬肉、白菜、青蔥、薑末、醬油、芝麻油、鹽、糖、胡椒混合均勻，做成餛飩餡。做好的餡料冷藏，包餛飩時再取出使用。
2. 包餛飩。每張餛飩皮的中央放入5毫升（1小匙）

餡料，在餛飩皮邊緣稍微刷上打散的蛋液。餛飩皮往斜對角對摺，做成三角形，再把長邊的兩角疊在一起壓緊。包餛飩的同時，已經包好的餛飩要蓋著。

3. 餛飩分批放入沸騰鹽水裡煮到熟透，2-3分鐘。取出瀝乾，蓋好備用。
4. 製作湯。油倒入醬汁鍋裡，以中大火加熱。加入青蔥、薑，炒到散發香氣，約1分鐘。
5. 倒入高湯，煮到沸騰。以醬油、鹽和胡椒調味。此時已可收尾，或快速冷卻後冷藏備用。
6. 燒一大鍋鹽水，放入菠菜，汆燙30秒後撈出瀝乾，放入冰水裡冷卻，再次瀝乾，擠出多餘水分，大略剁碎，保留備用。
7. 製作煎蛋捲時，油脂倒入中型平底煎炒鍋或蛋捲專用煎鍋裡加熱。倒入蛋液，不斷攪拌，直到蛋液凝結。蛋攤成均勻的蛋皮，捲起後起鍋。稍微冷卻後切絲。
8. 出餐前收尾時，湯先煮到微滾。加入菠菜、火腿、蛋絲，微滾煮到熱即可，約2分鐘。
9. 若有必要，可重新加熱餛飩，然後將3顆餛飩放入熱的湯碗或湯杯裡，淋上熱湯。立刻出餐。

托斯卡尼白豆闊葉苣菜濃湯

Tuscan White Bean and Escarole Soup

3.84公升

- 橄欖油30毫升（2大匙）
- 義大利培根小丁340克
- 洋蔥小丁170克
- 紅蔥末28克
- 乾燥海軍豆340克，以清水浸泡整晚後瀝乾
- 罐裝番茄680克，去籽、剁碎
- 雞高湯2.4公升（見263頁）
- 標準香料包1包（見241頁）
- 胡蘿蔔小丁113克
- 鹽，視需求添加
- 黑胡椒粉，視需求添加
- 闊葉苣菜227克，剁細
- 小水管麵227克
- 橄欖油，視需求添加
- 蒜頭薄片50克

湯飾

- 酥脆麵包20塊（見965頁）
- 磨碎的帕爾瑪乳酪43克

1. 橄欖油倒入厚重的大型湯鍋內，以中大火加熱，加入義大利培根，煎到稍呈褐色，約10分鐘，同時頻繁翻拌。培根以漏勺取出，放到紙巾上瀝乾備用。倒出鍋內的大部分油脂，只保留15毫升。
2. 爐火轉成小火，加入洋蔥與紅蔥，炒到變軟且稍呈金黃色，5-6分鐘。
3. 加入瀝乾的海軍豆、番茄、高湯、香料包、煮熟的培根，微滾慢煮到豆子幾乎變軟，約1小時。
4. 加入胡蘿蔔，煮到胡蘿蔔、豆子都變軟，15-20分鐘。以鹽和胡椒調味，保溫備用。此時已可收尾，或快速冷卻後冷藏備用。
5. 闊葉苣菜放入沸騰鹽水中，汆燙約1分鐘，撈出放入冰水中快速冷卻備用。
6. 小水管麵放入沸騰鹽水中，煮到彈牙，撈出放入冰水中快速冷卻，再撈出瀝乾，倒上少量橄欖油拌勻。
7. 出餐前收尾時，湯先煮到微滾。保留的培根油脂倒入平底煎炒鍋，加入蒜末，以中大火煎到呈褐色，約2-3分鐘。蒜頭倒入湯裡，加入闊葉苣菜、小水管麵，煮到熱透，約3分鐘。以鹽和胡椒調味，以熱的湯碗或湯杯盛裝出餐，每份湯品撒上酥脆麵包、磨碎的帕爾瑪乳酪作為湯飾，出餐。

艾米利亞－羅馬涅蔬菜湯

艾米利亞－羅馬涅風味蔬菜湯

Vegetable Soup, Emilia-Romagna Style (Minestrone alla Emiliana)
3.84公升

- 奶油113克
- 橄欖油240毫升
- 洋蔥薄片454克
- 胡蘿蔔小丁454克
- 芹菜小丁454克
- 赤褐馬鈴薯510克，去皮、切小丁
- 櫛瓜小丁680克
- 四季豆小丁340克
- 皺葉甘藍菜絲907克
- 義式肉高湯3.84公升（見266頁）
- 帕爾瑪乳酪的邊2塊，每塊8公分見方，洗淨
- 罐裝橢圓形番茄454克，帶汁
- 鹽，視需求添加
- 黑胡椒粉，視需求添加
- 大北豆或海軍豆284克（見1161頁），煮熟

湯飾

- 磨碎的帕爾瑪乳酪57克，或視需求增減
- 特級初榨橄欖油120毫升，或視需求增減

1. 橄欖油倒入大型湯鍋內，加入奶油，以小火煮到融化。加入洋蔥，炒到出水、變軟，約15分鐘。加入胡蘿蔔，繼續煮3分鐘。
2. 蔬菜依下列順序放入鍋中：芹菜、馬鈴薯、櫛瓜、四季豆、甘藍菜。前一種蔬菜煮軟後，才能放入下一種。蔬菜不要煮成褐色。
3. 加入高湯、乳酪邊、番茄及茄汁。鍋蓋半掩，保持微滾，煮到蔬菜恰好熟，20-25分鐘。視需要添加高湯。此時可收尾或快速冷卻後冷藏備用。
4. 出餐前收尾時，湯先煮到沸騰。若想要，可移除乾酪邊。嘗一嘗，以鹽和胡椒調味。豆子加入湯中，加入磨碎的帕爾瑪乳酪作為湯飾，淋上少許橄欖油，出餐。

義大利雜菜湯

Minestrone
3.84公升

- 鹹豬肉57克，絞碎
- 橄欖油60毫升
- 切指甲片的洋蔥454克
- 切指甲片的芹菜227克
- 切指甲片的胡蘿蔔227克
- 切指甲片的青椒227克
- 切指甲片的高麗菜227克
- 蒜末14克
- 番茄丁454克
- 雞高湯2.88公升（見263頁）
- 鹽，視需求添加
- 黑胡椒粉，視需求添加
- 煮熟的鷹嘴豆113克（見1161頁）
- 煮熟的黑眼豆170克（見1161頁）
- 煮熟的義大利短管麵170克（見815頁）

湯飾

- 磨碎的帕爾瑪乳酪142克

1. 橄欖油倒入大型醬汁鍋內，加入鹹豬肉，以中火煎炒，直到脂肪融化，但豬肉尚未變成褐色，約10分鐘。
2. 加入洋蔥、芹菜、胡蘿蔔、青椒、甘藍菜、蒜頭，炒軟，直到洋蔥呈半透明，約15分鐘。
3. 加入番茄、高湯、鹽、胡椒，微滾煮到蔬菜變軟，25-30分鐘。不要煮過頭。
4. 加入鷹嘴豆、黑眼豆、義大利短管麵。此時已可收尾，或快速冷卻後保存備用。
5. 出餐前收尾時，湯先煮到微滾。以鹽和胡椒調味。盛盤後撒上磨碎的帕爾瑪乳酪，作為湯飾。

meats,
poultry, fish,
and shellfish

肉類、禽類、魚類與蝦蟹貝類

第四部

第15章

mise en place for meats, poultry, fish, and shellfish

肉類、禽類、魚類與蝦蟹貝類的準備工作

對專業大廚而言，能提煉出各種肉、禽肉、魚肉最美好的風味，似乎理所當然。而將肉、禽肉、魚肉烹調出完美熟度的能力，則是專業素質的另一項指標。要培養出這些技能，你得保持專注、反覆練習，並且對各種調味和烹調技法都有基本了解。

烹調過程中，在適當時機加入調味料，是讓成品風味發揮到極致的關鍵。調味料的種類繁多，有簡單的，也有香料植物和辛香料的複雜混合。還有醃醬，而醃醬可能包含油、酸，以及洋蔥、蒜頭、辛香料、新鮮或乾燥的香料植物等芳香食材。但在任何情況下，調味料的作用都是強化風味，而不是用來減損或掩蓋菜餚的味道。液態醃醬除了增添風味外，可能也會改變食物的質地。

seasonings
調味料

添加鹽和胡椒是如此理所當然，以致一些新手廚師會太晚加入，或加得不夠多，無法帶出食材最好的風味。烹調前加入鹽和胡椒能帶出食材原味，若完成後才加，調味料的風味可能會太過明顯。鹽和胡椒一般最好分開加。用指尖加不但能控制分量，也能較平均地撒落在表面上。

鹽和胡椒是基礎，而混合多種辛香料、香料植物和芳香食材的調味料則能創造特定風味曲線。這些調味料亦可直接撒在生肉、生禽或生魚上。種籽、香料先用爐臺或中溫烤烘烤過再磨碎，可強化風味。烤的時候要密切注意，前一秒還很完美的種籽和辛香料，轉眼就會烤焦。

以烤爐烘烤時，種籽、辛香料平鋪在乾燥烤盤上，以中溫烘烤，期間經常翻動，確保烤出均勻的褐色。一聞到明顯香氣，立刻出爐，倒到乾淨的鍋子或盤子中冷卻。

在爐臺上乾炒時，在預熱過、乾燥的平底煎炒鍋內薄薄鋪上一層種籽和辛香料，接著拋炒、晃動或旋轉鍋身，直到香氣濃郁、鮮明。炒好的種籽和香料移到冷的烤盤中，以免烤焦。

新鮮香料植物等食材（如蒜頭、刨絲乳酪、新鮮或乾燥麵包粉）可混入糊醬或裹料中。這些食材有時也會加入油、美式芥末醬或類似材料，調出濕潤質地，這樣就能輕易黏附在食物上，或更容易攪打進菜餚中，作為最後的調味。新鮮香料植物的葉片可能帶有泥沙或沙礫，需要沖洗乾淨、徹底晾乾，以免水分稀釋風味，有助提升調味料的風味和質地。

若用綜合辛香料作為乾醃料（又稱乾式醃醬），裹上食材後，食材需冷藏，好充分吸收醃料風味。這些醃料常含少許鹽，這有助於強化菜餚中的所有風味。烹調時，乾醃料可留在食材上，或在烹調前刮除。在製作燜煮或燉煮菜餚的第一階段，可把綜合辛香料加入芳香蔬菜一起煎炒。煎炒用油能有效釋放辛香料風味，讓風味融入菜餚，效果比微滾慢煮階段才加入更佳。炭烤牛肉和牙買加炭烤豬肉都是先用乾醃料調味的經典示範。第459頁的牙買加辣烤春雞則是用糊醬醃泡，增加風味。

醃醬常含有一或多種油、酸和芳香食材（辛香料、香料植物和蔬菜）。油能在烹調中保護食材，隔絕劇烈高溫，也有助於黏合食物與其他風味食材。酸（如醋、紅酒、優格和柑橘汁）可增添食物風味，並改變質地。某些情況下，酸可讓食物更緊實或硬挺。檸檬汁醃生魚正是用萊姆汁做醃汁來「烹調」生魚。

食物質地不同，醃漬時間也不同。軟嫩的魚肉或禽類胸肉所需的醃漬時間較短，較韌的大塊肉類則可能需要醃漬數天。醃醬中酸類與其他原料的比例也會影響醃漬時間。酸度高的醃醬，如檸檬汁醃生魚的醃汁，抹上食物後15-20分鐘內便可達到預期效果，其他種類醃醬最好與食物保持接觸數小時，有些則需數天的時間。有些醃醬使用前需先加熱，有些則不需要。醃醬有時用來增添佐醬風味，有時則作為蘸醬。接觸過生食的醃醬在依上述方式使用時，需先煮沸數分鐘，殺死殘留病菌。

使用液態醃醬時，將醃汁倒在要醃漬的食材上，翻動，使醃汁均勻沾裹。封口後靜置冷藏，冷藏時間依食譜指示、醃漬的肉、禽肉或魚肉種類，及想要的成果而定。烹調前，刷掉或刮除多餘醃醬，拍乾。若醃醬含容易燒焦的香料植物或芳香食材，這道步驟就特別重要。

抹上適量乾醃料的肉塊。

食材刷上或浸入醃醬，以均勻沾裹。

填料可增進菜餚的風味、濕潤度和質地。最簡單的填料只使用香料植物、蔬菜和水果，如切成4等份或剖半的洋蔥、蒜瓣、檸檬或柳橙，以及數枝或數綑新鮮香料植物。配方雖然不複雜，對食物的風味卻有極大影響。

stuffings 填料

麵包和重組肉屬於比較複雜的填料，重組肉尤其繁複。製作麵包填料時，要將麵包（鄉村麵包、玉米麵包、法式或義式麵包）切成方丁或弄碎。填料通常會用芳香蔬菜（一般會先在油中加熱，以煎出風味）、香料植物和辛香料來增加風味。有些麵包填料會以高湯或清湯浸潤，並視情況加入雞蛋來黏結填料。也可以加入額外食材，包括煮熟的香腸、海鮮或蘑菇。

若是以穀物為主的填料，要將米、大麥、烘製蕎麥或其他穀物煮到剛好變軟（運用烹煮香料飯或全穀物的作法，見761、754頁）。煮好的穀物要放到全涼之後，才可以填進肉、禽肉或魚肉。這類填料可以用類似麵包填料的方法調味、浸潤或黏結。

碎肉填料可以用任何一種重組肉的作法，或參照本書第30章（見985-1011頁）的食譜製作。這些混合物必須小心處理，保持低溫和衛生。碎肉填料應該放在冰水浴槽內，以維持品質及食品安全。這類碎肉填料通常用在細緻軟嫩的肉塊和魚片上，例如先塗抹在魚片上，再將魚片製成魚肉卷，接著以淺水低溫水煮。

除了美味和品質，填料要考量的另一重點是食品安全。任何需要預先烹調的填料食材，都應冷卻到4℃以下，才能跟其他食材混合。完成的填料混合物在使用之前同樣需妥善冷藏。在最後的烹調階段中，填料也必須加熱到主要食材的最低安全溫度，才能填入。舉例來說，雞胸肉或雞腿的填料，就必須加熱到74℃以上。基於這個原因，專業廚房很少會把填料放入整隻雞或整隻火雞一起烹調，否則等填料達到必要溫度時，雞肉已經烤過頭了。烤全雞的填料一般分開來烘烤，在這種情況下，便稱為「dressings」。

「裹粉」是為了讓油炸食物擁有酥脆的外皮，指的是以麵粉、蛋液和麵包屑或其他裹料包裹食物，而標準裹粉法則運用一套既定的程序，是為大量食物裹粉最有效率的方法。

standard breading
標準裹粉法

裹粉前，確定食物已完成調味。

裹粉時，確食物先薄薄裹上一層麵粉、類似麵粉的粗磨穀粉或細粉（例如玉米澱粉），再浸入蛋液中。

雞蛋（全蛋、蛋黃或蛋白）和水或牛奶混合好，製成蛋液。通則如下：每2顆全蛋需搭配約60毫升的牛奶。有些食材會改浸在牛奶或白脫乳中，而不是蛋液。

麵包粉又分成乾燥麵包粉與新鮮麵包粉。新鮮的白麵包粉（法文為 mie de pain）使用質地細緻的麵包，例如切邊的帶蓋白吐司，經加工或磨碎後製成。乾燥麵包粉（法文為 chapelure）用的是放得稍微久一點的麵包，放入烤爐進一步烘乾或烘烤。日式麵包粉（panko）近來變得很熱門，顆粒比一般麵包粉還要粗，油炸時能炸出更酥脆的麵皮。

有些食材也能取代麵包粉，或加入麵包粉一起使用，包括：堅果、種籽、椰子絲、玉米片、馬鈴薯雪花片、刨絲馬鈴薯、刨絲乳酪、磨碎的辛香料、蒜頭醬和剁碎的香料植物。

用廚房紙巾吸乾食物上的水分，依喜好調味。一手拿起食物，放入麵粉中沾裹。搖一搖，去除多餘麵粉，然後放入盛裝蛋液的容器中。用另一隻手拎起食物，必要時可翻面，以均勻沾裹蛋液。食物移到盛裝麵包

標準裹粉法的配置

粉的容器中。用乾燥的手為食物均勻拍裹上麵包粉，搖去多餘的粉，再把食物移到墊著托盤的網架上。裹過粉的食物需要以「單層平放」的方式保存，如果空間不足，必須把幾層食物疊在一起並用烘焙油紙或蠟紙一層層隔開。

丟棄剩下的麵粉、蛋液和麵包粉。在裹粉時，這些材料會被食物的汁液、滴下來的液體或顆粒污染，因此無法安全使用在其他食物上。就算把用過的麵粉或麵包粉過篩，或過濾用過的蛋液，都無法防止交叉污染或降低食物感染病發生的風險。

判斷肉、禽肉或魚肉熟度的通則

general guidelines for determining doneness in meats, poultry, and fish

烹調時，主廚不但仰賴溫度計，也仰賴他們的感官。在現點現做的烹調方式中，這些感官判斷熟度的能力會受到更嚴苛的考驗，原因是主廚無法像試嘗湯品或醬汁那樣，在現場試吃要出給顧客的菜餚。判斷食物熟度的通則如下：

- **食物的氣味：**食物快煮熟時，氣味會改變。香氣會變濃，也更容易聞出來。每種烹調方法都會產生特定的香氣，燒烤或炙烤的食物應該要有宜人的焦香和煙燻香，那代表濃郁、深厚的風味。
- **食物的觸感：**食物應該要變得好切、容易咀嚼。用戴著手套的手指按壓食物，以判定彈性。肉越生，觸感越柔軟，觸壓時越凹陷。要記得肉塊的質地會依種類和部位而異。
- **食物的外觀：**肉在烹調時，外層的顏色會改變。內部的顏色也會改變，而這是按顧客偏好（一分熟、五分熟或全熟）烹調時判斷熟度的重要依據。如果肉看起來很蒼白，甚至呈現灰色，代表還沒熟透。從肉中流出的肉汁即使量很少，也應該呈現正確的顏色。肉越生，肉汁的顏色就越紅。

外觀也是決定肉在何時翻面的重要因素。當肉上方的表面變得極為濕潤（甚至溢出水珠）時，就應該翻面。薄肉片的邊緣一開始變色，就可以翻面。

下表中的溫度是最終靜置溫度，根據美國農業部的安全烹調規範所制訂。大部分的肉、禽肉或魚肉在達到各自的最終靜置溫度之前，必須從平底鍋、燒烤爐上或烤爐中移開，以免烹調過度，使食物變乾。食物即使離火，還是會含有餘熱，而餘熱會繼續加熱食物，這個現象叫餘溫烹調。食物剛移出烤爐所測得的內部溫度跟靜置之後測得的溫度會有落差，範圍從幾度到十度、十五度，甚至更多。有幾種因素會影響食物靜置期間內部溫度會如何改變，包括烹調的食物總量，以及食物內部是否有填料與骨頭。

食物熟度的溫度和外觀

熟度	最終靜置溫度	外觀
新鮮牛肉、小牛肉、羊肉		
一分熟	57°C	內部帶有光澤
三分熟	63°C	暗紅至粉紅
五分熟	71°C	粉紅至淡粉
全熟	77°C	淡粉，邊緣呈灰褐色為七分熟；完全不帶粉紅則為全熟
新鮮豬肉		
五分熟	71°C	整塊肉不透明，略有彈性，肉汁泛微微血色
全熟	77°C	略有彈性，肉汁清澈
火腿		
新鮮火腿	71°C	略有彈性；肉汁泛微微紅色
熟火腿（重新加熱）	60°C	肉完全煮熟
禽肉		
全禽（雞、火雞、鴨、鵝）	82°C	拉動腿部時，關節可輕易活動；肉汁泛紅
禽胸肉	77°C	肉不透明，整片肉質緊實
禽大腿肉、腿肉、翅	82°C	肉和骨頭分離
填料（單獨烹調，或放入內部烹調）	74°C	全熟的外觀取決於食譜
絞肉和混合肉		
火雞、雞	74°C	肉完全不透明，肉汁清澈
牛肉、小牛肉、羊肉、豬肉	71°C	肉不透明，可能些微泛紅。肉汁不透明，不帶紅色
海鮮		
魚	63°C	依舊濕潤，容易切開。或烹調到不透明
蝦、龍蝦、螃蟹		殼轉紅，肉呈珍珠白
扇貝		貝肉變得緊實，呈乳白
蛤蜊、貽貝、牡蠣		殼打開

印度綜合香料
Garam Masala
57克

- 青色或黑色小豆蔻莢12-13粒
- 芫荽籽7克（4小匙）
- 孜然8克（4小匙）
- 肉桂棒1根，敲碎成小塊
- 丁香2.5克（1¼小匙）
- 黑胡椒粒5克（2½小匙）
- 磨碎的肉豆蔻0.5克（¼小匙）
- 月桂葉2-3片（非必要）

1. 敲開小豆蔻莢，取出籽。混合小豆蔻籽、芫荽籽、孜然、肉桂塊、丁香和黑胡椒粒。放入烤爐以177℃烘烤，直到散發香氣，約5分鐘。移出烤爐，稍微放涼。
2. 取乾淨的香料研磨器，混合烘烤過的辛香料、肉豆蔻、月桂葉（若要使用），並研磨成中細顆粒的粉末。
3. 保存於密封容器中，1個月內用完。

中式五香粉
Chinese Five-Spice Powder
57克

- 八角5粒
- 丁香2-3粒
- 花椒9克（4½小匙）
- 茴香籽7克（1大匙）
- 肉桂棒¼根（約3公分長）

1. 取乾淨的香料研磨器，混合所有香料，並研磨成中細顆粒的粉末。保存於密封容器中，1個月內用完。
2. 使用時，取分量正確的香料粉，倒入乾燥的平底煎炒鍋內，稍微烤過，直到辛香料的香氣清晰可聞。烤過的香料粉要迅速倒入冷的平底鍋或容器中，才不會因繼續加熱而燒焦。

炭烤用綜合辛香料
Barbecue Spice Mix
57克

- 西班牙紅椒粉14克
- 辣椒粉14克（按下一則食譜製作或購得）
- 鹽14克
- 孜然粉4克（2小匙）
- 糖10克（2小匙）
- 芥末粉2克（1小匙）
- 黑胡椒粉2克（1小匙）
- 乾燥百里香2克（1小匙）
- 乾燥奧勒岡2克（1小匙）
- 咖哩粉3克（1小匙）（按369頁食譜製作或購得）
- 卡宴辣椒1克（½小匙）

混合所有辛香料，保存於密封容器中，1個月內用完。

辣椒粉
Chili Powder
57克

- 乾辣椒43克，磨碎
- 孜然粉14克
- 乾燥奧勒岡2克（1小匙）
- 蒜粉1克（½小匙）
- 芫荽粉0.5克（¼小匙）
- 丁香粉0.5克（¼小匙）（非必要）

混合所有辛香料。若要使用丁香，加入一起混合。保存於密封容器中，1個月內用完。

NOTES：如果要做不那麼辣的辣椒粉，可去除乾辣椒中的辣椒籽。

有些市售辣椒粉其實和這則食譜很類似。

這裡做出來的辣椒粉和某些食譜中使用的研磨乾辣椒不同，不應混為一談。

咖哩粉
Curry Powder
57克

- 孜然43克
- 芫荽籽14克
- 薑黃粉14克
- 肉桂粉12克（2大匙）
- 薑粉12克（2大匙）
- 芥末籽8克（2小匙）
- 乾燥紅辣椒8條

1. 混合所有辛香料，放入烤爐，以177℃烘烤，直到散發香氣，5-7分鐘。移出烤爐，稍微放涼。切開紅辣椒，去蒂、去籽，丟掉蒂和籽。
2. 取乾淨的香料研磨器，混合所有辛香料，並研磨成中細顆粒的粉末。保存於密封容器中，1個月內用完。

NOTE：若想要，可加入紅椒粉、丁香或新鮮咖哩葉。

法國四香粉
Quatre Épices
57克

- 黑胡椒粒35克
- 肉豆蔻粉14克
- 肉桂粉6克（1大匙）
- 丁香4克（2小匙）

取乾淨的香料研磨器，混合所有辛香料，並研磨成中細顆粒的粉末。保存於密封容器中，1個月內用完。

法式綜合香料植物碎末
Fines Herbes
57克

- 剁碎的細葉香芹葉14克
- 細香蔥末14克
- 剁碎的歐芹葉14克
- 剁碎的龍蒿葉14克

所有香料植物混合均勻，保存於密封容器中，可冷藏保存1-2天，或視需要使用。

NOTES：若想要，可添加墨角蘭、香薄荷、薰衣草或水田芥，以調整風味。

法式綜合香料植物碎末的香氣無法維持太長時間，應於菜餚起鍋前才加入。

常見的用法包括為煎蛋捲或可麗餅增加風味，或作為額外食材，在最後加入湯或法式清湯中。

紅咖哩醬
Red Curry Paste
57克

- 鳥眼辣椒14克
- 乾燥新墨西哥辣椒或 guajillo 辣椒4根，去蒂，切成數段
- 孜然1克（½小匙）
- 芫荽籽2.5克（1½小匙）
- 白胡椒粒0.5克（¼小匙）
- 蒜瓣3粒，切薄片
- 中型紅蔥1-2顆，切薄片
- 檸檬草薄片9克（1大匙）
- 南薑薄片4.5克（1½小匙）
- 刨絲萊姆皮1.5克（½小匙）
- 箭葉橙葉1-2片，剁碎
- 剁細的芫荽根或莖1克（1½小匙）
- 泰式蝦醬2克（1小匙）
- 鹽1.5克（½小匙）
- 水60毫升，視需求增減

1. 乾辣椒在熱水中浸泡15分鐘，瀝乾，放一旁備用。
2. 孜然、芫荽籽、胡椒粒放入小型平底煎炒鍋混合，以中火乾炒，經常攪拌，直到散發香氣，3-5分鐘。放涼。
3. 取乾淨的香料研磨器，將炒過的辛香料研磨成中細顆粒的粉末，放一旁備用。
4. 辣椒、蒜頭、紅蔥、檸檬草、南薑、萊姆皮、箭葉橙葉、芫荽根、蝦醬、鹽、水放入果汁機，打成質地細緻的糊。
5. 加入磨碎的辛香料，混合均勻，直到質地滑順，可視需要加入更多水。
6. 保存於密封容器中，冷藏至多可保存1週，或視需要使用。

綠咖哩醬
Green Curry Paste
57克

- 孜然0.5克（¼小匙）
- 芫荽籽2.5克（1½小匙）
- 白胡椒粒5粒
- 中型紅蔥1-2顆，切薄片
- 蒜瓣3粒，切薄片
- 泰國青辣椒5根，去蒂去籽
- 檸檬草14克，切薄片
- 剁細的芫荽根或莖1克（1½小匙）
- 南薑片1克（½小匙）
- 刨絲萊姆皮1.5克（½小匙）（若有箭葉橙更佳）
- 箭葉橙葉1-2片，剁碎
- 泰式蝦醬1克（½小匙）
- 鹽1.5克（½小匙）

1. 孜然、芫荽籽倒入小型平底煎炒鍋內混合，以中火乾炒，直到種籽呈現金褐色並散發香氣，3-5分鐘。倒入小碗。
2. 在同一個煎炒鍋內以相同方法炒胡椒粒。接著混合胡椒粒、孜然、芫荽籽。
3. 取乾淨的香料研磨器，將炒過的辛香料研磨成中細顆粒的粉末，放一旁備用。
4. 紅蔥、蒜頭、青辣椒、檸檬草、芫荽根、南薑、萊姆皮、箭葉橙葉、蝦醬、鹽放入果汁機，打成質地細緻的糊。
5. 加入磨碎的辛香料，混合均勻，直到質地滑順。
6. 保存於密封容器中，冷藏至多可保存1週，或視需要使用。

黃咖哩醬

Yellow Curry Paste

57克

- 孜然1克（½小匙）
- 芫荽籽2.5克（1½小匙）
- 白胡椒粒2粒
- 泰國辣椒14克，去蒂、對切、去籽
- 蒜瓣2粒，切片
- 中型紅蔥2顆，切片
- 薑黃粉3克（1½小匙）
- 南薑薄片4.5克（1½小匙）
- 刨絲萊姆皮1.5克（½小匙）（若有箭葉橙更佳）
- 箭葉橙葉1-2片，剁碎
- 泰式蝦醬2克（1小匙）
- 鹽3克（1小匙）
- 植物油7.5毫升（1½小匙）

1. 孜然、芫荽籽放入小型平底煎炒鍋內混合，以中火乾炒，直到呈現金褐色並散發香氣，倒入小碗。
2. 在同一個平底鍋內以相同方法炒胡椒粒。接著混合胡椒粒、孜然、芫荽籽。
3. 在同一個平底鍋內稍微炒辣椒，辣椒一開始出現黑點就離火（不要整個炒黑）。倒出辣椒，靜置一旁備用。
4. 以相同方法炒蒜頭和紅蔥，靜置一旁備用。
5. 取乾淨的香料研磨器，將孜然、芫荽籽、胡椒粒磨成中細顆粒的粉末，放一旁備用。
6. 辣椒、蒜頭、紅蔥、薑黃、南薑、萊姆皮、箭葉橙葉、蝦醬、鹽放入果汁機，打成質地細緻的糊。
7. 加入磨碎的辛香料、油，混合均勻，直到質地滑順。
8. 保存於密封容器中，冷藏至多可保存1週，或視需要使用。

肉與禽肉串烤用混合調味料

Seasoning Mix for Spit-Roasted Meats and Poultry

64克

- 鹽35克
- 芥末粉12克（2大匙）
- 黑胡椒粉5克（2½小匙）
- 乾燥百里香3克（1½小匙）
- 乾燥奧勒岡3克（1½小匙）
- 芫荽粉3克（1½小匙）
- 香芹籽2.5克（1½小匙）

混合所有辛香料，保存於密封容器中，1個月內用完。

亞洲醬
Asian-Style Marinade
480毫升

- 中式海鮮醬180毫升
- 干雪利酒180毫升
- 米酒醋60毫升
- 醬油60毫升
- 蒜末14克

混合所有食材，保存於密封容器中，冷藏至多可保存1週，或視需要使用。

烤肉醬
Barbecue Marinade
480毫升

- 植物油300毫升
- 蘋果醋150毫升
- 伍斯特醬30毫升（2大匙）
- 黃砂糖15克（1大匙）
- 蒜末6克（2小匙）
- 芥末粉4克（2小匙）
- 塔巴斯克辣椒醬5毫升（1小匙）
- 蒜粉2克（1小匙）
- 洋蔥粉2克（1小匙）

混合所有食材，保存於密封容器中，冷藏至多可保存1週，或視需要使用。

魚醬
Fish Marinade
480毫升

- 橄欖油360毫升
- 檸檬汁、干白酒或白苦艾酒120毫升
- 蒜末14克
- 鹽10克（2小匙）
- 黑胡椒粉4克（2小匙）

混合所有食材，保存於密封容器中，冷藏至多可保存1週，或視需要使用。

紅酒野味醬
Red Wine Game Marinade
480毫升

- 干紅酒180毫升
- 洋蔥丁142克
- 芹菜丁43克
- 胡蘿蔔丁43克
- 橄欖油30毫升（2大匙）
- 紅酒醋30毫升（2大匙）
- 蒜末3克（1小匙）
- 乾燥百里香2克（1小匙）
- 杜松子1克（½小匙）
- 乾燥香薄荷1克（½小匙）
- 黑胡椒粉1克（½小匙）
- 歐芹1-2枝
- 月桂葉1片

混合所有食材，保存於密封容器中，冷藏可保存2-3天，或視需要使用。

羊肉醬

Lamb Marinade

480毫升

- 干紅酒120毫升
- 紅酒醋120毫升
- 橄欖油60毫升
- 糖15克（1大匙）
- 乾燥薄荷6克（1大匙）
- 鹽3克（1小匙）
- 杜松子2克（1小匙）
- 月桂葉2片
- 洋蔥切片2片，1.5公分厚
- 歐芹1枝
- 百里香1枝
- 蒜瓣1粒，切末
- 肉豆蔻粉一小撮

混合所有食材，保存於密封容器中，冷藏可保存2-3天，或視需要使用。

拉丁柑橘醬（古巴 Mojo 醬）

Latin Citrus Marinade (Mojo)

480毫升

- 柳橙汁270毫升
- 檸檬汁135毫升
- 萊姆汁45毫升（3大匙）
- 胭脂樹籽粉8克（4½小匙）
- 鹽5克（1½小匙）
- 剁碎的蒜3克（1小匙）
- 乾燥奧勒岡1.5克（¾小匙）
- 孜然粉1.5克（¾小匙）
- 丁香粉0.5克（¼小匙）
- 肉桂粉0.5克（¼小匙）
- 黑胡椒粉0.5克（¼小匙）

混合所有食材，保存於密封容器中，冷藏可保存2-3天，或視需要使用。

燒烤肉用紅酒醬

Red Wine Marinade for Grilled Meats

480毫升

- 紅酒240毫升
- 橄欖油180毫升
- 檸檬汁60毫升
- 蒜末6克（2小匙）
- 鹽3克（1小匙）
- 黑胡椒粉2克（1小匙）

混合所有食材，保存於密封容器中，冷藏可保存2-3天，或視需要使用。

照燒醬

Teriyaki Marinade

480毫升

- 醬油180毫升
- 花生油180毫升
- 干雪利酒90毫升
- 蜂蜜28克
- 柳橙皮刨絲18克（2大匙）（非必要）
- 蒜末6克（2小匙）
- 薑絲6克（2小匙）

混合所有食材，如果想要，可以加入柳橙皮刨絲，保存於密封容器。冷藏可保存2-3天，或視需要使用。

fabricating meats, poultry, and fish

第16章

肉類、禽類與魚類的分切

無論一家餐飲服務的營運規模大還是小，肉類、禽類及魚類都占據了食材預算裡最龐大的一環。餐廳的營運規模和供餐種類，會決定營運者採購哪種形式的肉品。對於人力和倉儲空間有限的餐廳，購買已事先處理過的高品質盒裝肉類、禽類及魚類，仍不失為權宜之計。

有財力這麼做的主廚，通常希望由餐廳自行分切採購來的肉品，好控制每份肉的尺寸和品質，這是維繫餐廳名聲的重要因素。

meat fabrication
肉類的分切

肉由餐廳內部自行分切可能比購買預先切好的肉塊還要便宜，這取決於餐廳所在地的人力和市場價格。切除的邊角肉和骨頭可以用來製作高湯、湯品、醬汁和重組肉等，帶來更多經濟效益。

牛肉、小牛肉、羊肉、鹿肉和豬肉的相同部位，肉質多半會有相似之處。經常使用或負責費力動作的肌肉部位，通常會比不常活動的部位來得強韌。背部肌肉的活動頻率比四肢肌肉來得低，因此肋排肉和腰肉最為軟嫩，一般也比更常使用、更堅韌的肩胛肉來得貴。腿可能同時兼具軟嫩和堅韌的肉塊，而動物的年齡與飼養方式也會影響軟嫩的程度。同一部位的肉，也許在某些品種身上屬於高品質肉塊，在另一種動物身上卻很堅韌。

分切時正確的處理有利於肉品的後續烹調。肉品處理的基礎技術包括修整、去骨、切成一份份、軟化、絞碎、綁紮。本章介紹的大多數技術，並不需要深入了解動物解剖學或特定肉塊中的骨頭分布，但參考第6章〈辨識肉類、禽類和野味〉會有所幫助。

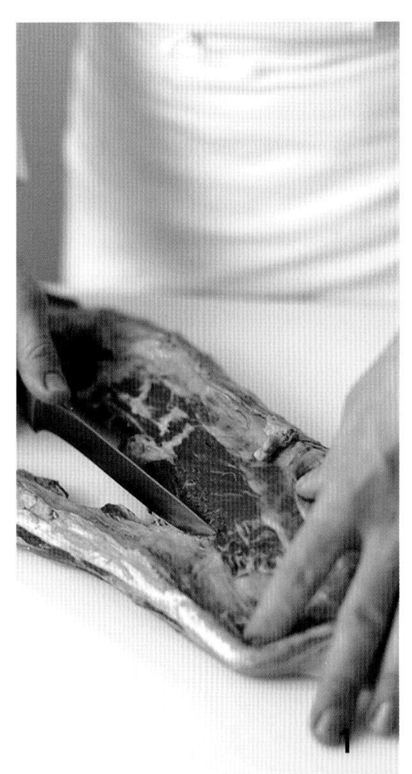

修整腰里肌肉

尚未分切的豬腰肉通常比修整好的去骨腰肉便宜。豬肉的脂肪和骨頭並不難切除，而且豬骨和邊角瘦肉烘烤後，還能製成深褐色的原汁或高湯。一開始可能需要花點時間去學習如何正確修整腰肉、去骨，以製作烤肉或肉排。

1. 取尚未修整的腰里肌肉，拉開外條肉 。外條肉應該能輕易拿掉，拉開時可以用剔骨刀的刀刃固定住腰里肌肉。若有需要，也可以用剔骨刀切下外條肉。
2. 徹底去除薄膜、膠原和筋膜。去除時，刀子朝肉塊前端移動（腰里肌肉較寬的那端）。這面堅韌的膜帶有銀色，英文稱為 silverskin，在接觸高溫時容易捲縮，導致烹調不均。操作時，剔骨刀切入膜的下方，緊抵著肉塊，刀刃稍微朝膜傾斜，沿著膜的下方滑動。圖片是用牛腰里肌肉示範，但同樣的技術不但可以用在豬、小牛和羊的腰里肌肉上，也適用於其他帶有筋膜的肉塊，包括牛和小牛的上後腿肉，以及鹿和其他大型野味的腰脊肉。

迷你菲力塑形

迷你菲力是去骨肉塊，取自牛腰里肌肉，以及小牛、羊、豬的腰脊肉或腰里肌肉。英文為 medallion，法文為 noisette（指榛果，因其形似而得名）或 grenadin（指取自腰肉的大塊肉）。習慣上，medallion 和 noisette 這兩個字常交替使用，指的都是重量介於57-170克的小型去骨軟嫩肉塊。嫩菲力（tournedos）和夏多布利昂牛排（châteaubriand）通常特指牛肉的腰里肌肉塊。嫩菲力通常取自腰里肌肉較窄的一端，重量為142克。夏多布利昂牛排為2人份，取自腰里肌肉的中段，重量通常為284克。

切出迷你菲力或其他類似的去骨肉塊後，可以用濾布包裹，塑成緊實、一致的形狀。如此一來，肉塊外觀不但更吸引人，也能均勻烹調。濾布收合後扭轉末端，緊緊圈住肉塊。一手抓住濾布扭緊，另一手用刀背或表面平坦的其他工具，均勻、溫和地施力，穩穩往下壓平肉塊。上圖左邊的肉塊已完成塑形，形狀、大小都比較一致。

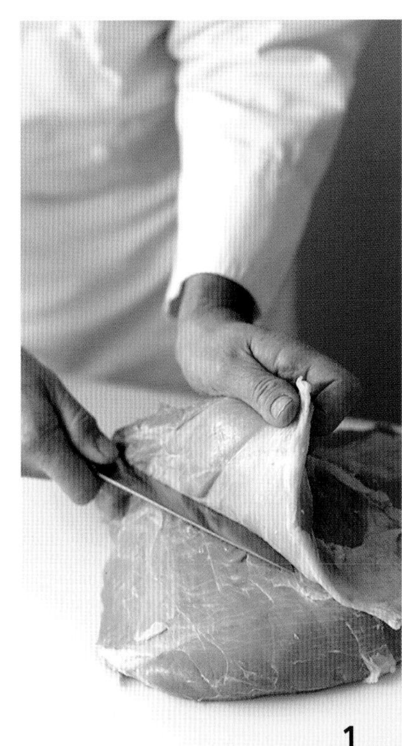
1

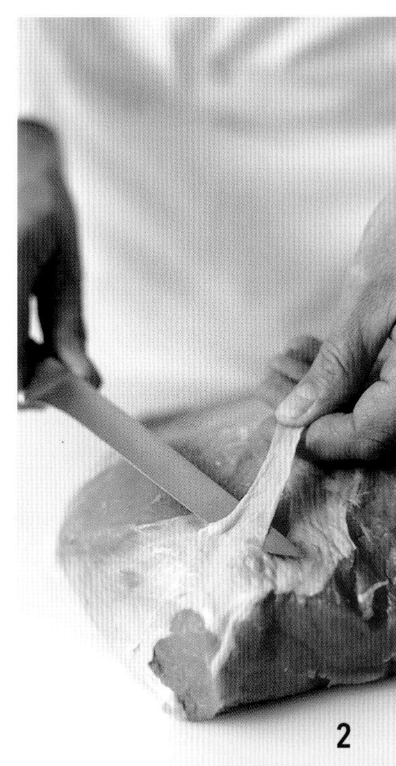
2

3

去骨肉塊的分切

用在煎炒、煎炸、燒烤或燉煮的肉，通常是從較大的去骨肉塊（像是後腿肉、腰脊肉和腰里肌肉）分切出來。這些大型肉塊通常包含多塊肌肉，而每塊肌肉都有自己的紋理，也就是肌肉纖維的排列方向。大型肉塊切成一塊塊之後，廚師便能依食譜或餐廳的菜單需求，妥善分切每一塊肉。

1. 分切大型肉塊（上圖所示為小牛上後腿肉）時，必須沿著原有的肌肉層切，這些肌肉層就像路線圖，劃分出一塊塊特定肉塊。這讓廚師不但能夠逆紋切，也容易去除結締組織或脂肪。
2. 使用前文所述處理牛腰里肌肉的技巧，去除脂肪和筋膜。注意刀刃角度應向上傾斜，以免切掉可食用的肉。
3. 比起順紋切，逆紋切出來的肉塊比較不堅韌。

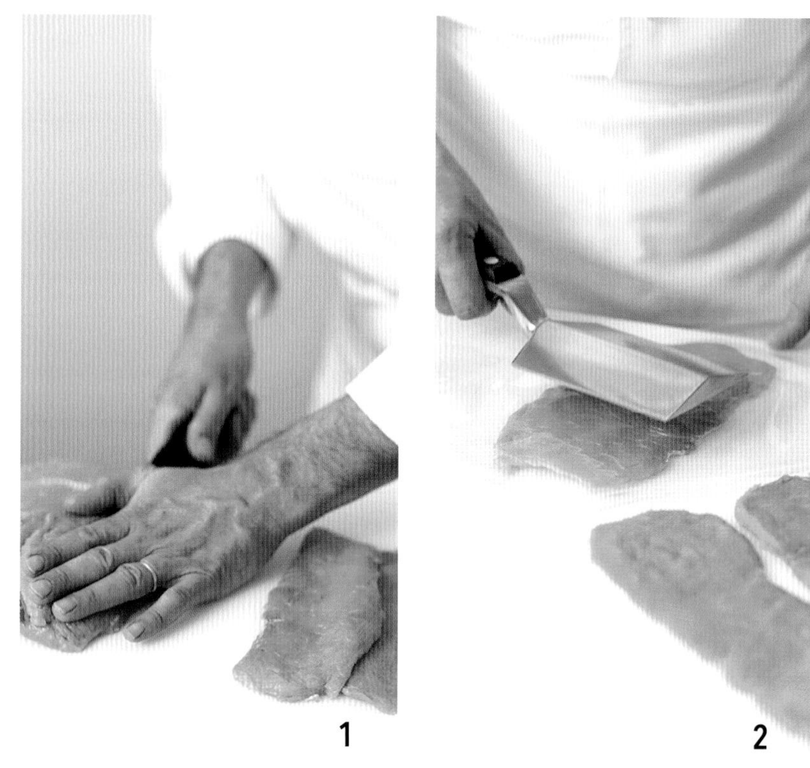
1 2

切絲和切末

這種切法的法文是émincé，「切成薄片」的意思。廚師將肉逆紋切成長、寬適合特定菜餚的長條肉。這類薄肉條或薄肉片通常以煎炒的方式烹調，應選用最軟嫩的部位。這項技巧適用於牛肉、羊肉，甚至豬肉也可以。切成薄片前，要確定肉上的脂肪和筋膜已經完全切除。肉片切好後，可以用敲捶肉排的方式來捶打肉片。捶過的肉片烹調之前，要用廚房紙巾吸乾肉上的水分。

薄切肉排的分切和捶敲

去骨薄切肉排的肉，取自於屠體的腰脊肉、腰里肌肉或其他任何夠軟嫩的部位，像是上後腿肉的肉片。英文稱為cutlet，義大利文是scaloppine，法文稱作escalope，雖然說法不同，但指的都是同一種切法，並用在菜單的特定菜色上。切肉排時，通常是逆紋斜切。

薄切肉排通常會捶敲過，確保每個部分厚度一致，這樣才能迅速煎炒或煎炸。捶敲過的薄切肉排若用燒烤方式烹調，而非炒或炸，則稱作paillard。肉錘的重量和捶敲的力道需依據肉的柔嫩程度來調整。舉例來說，捶敲火雞肉排（火雞胸肉片）時，力道必須比捶敲豬肉排更加輕。捶敲時，注意別撕裂肉排或捶得過薄。

1. 肉切成大小、重量一致（通常約28-113克）的肉排。這步驟並不一定要用彎刀，但彎刀可避免切肉時將肉撕裂。
2. 肉排放在一層層保鮮膜之間，用先捶後拉的動作，均勻拍薄。擴大肉的表面積並減少厚度，能加快烹調速度。

帶骨肉排的分切

肉排（英文稱為 chop 或 steak）切自動物腰部或肋骨的帶骨肉塊。大型骨頭很難鋸斷，但肉塊若是取自豬、羊、鹿、牛的腰脊部和肋骨，附帶的骨頭相對容易處理。

1. 用手鋸切掉脊骨（backbone，在廚房或肉品市場上統稱為 chine bone）。完全切斷脊骨跟肋骨的連結，但要避免切進肉塊上的肌肉。
2. 用未持刀的手將脊骨從肉塊上拉開，以剔骨刀尖沿著羽狀骨（棘突）滑順劃開，俐落地將肉從脊骨上切開。
3. 用彎刀或主廚刀切進肋骨與肋骨之間，切出單塊肋排。切肉時施力平均，才能保持肉排表面光滑。

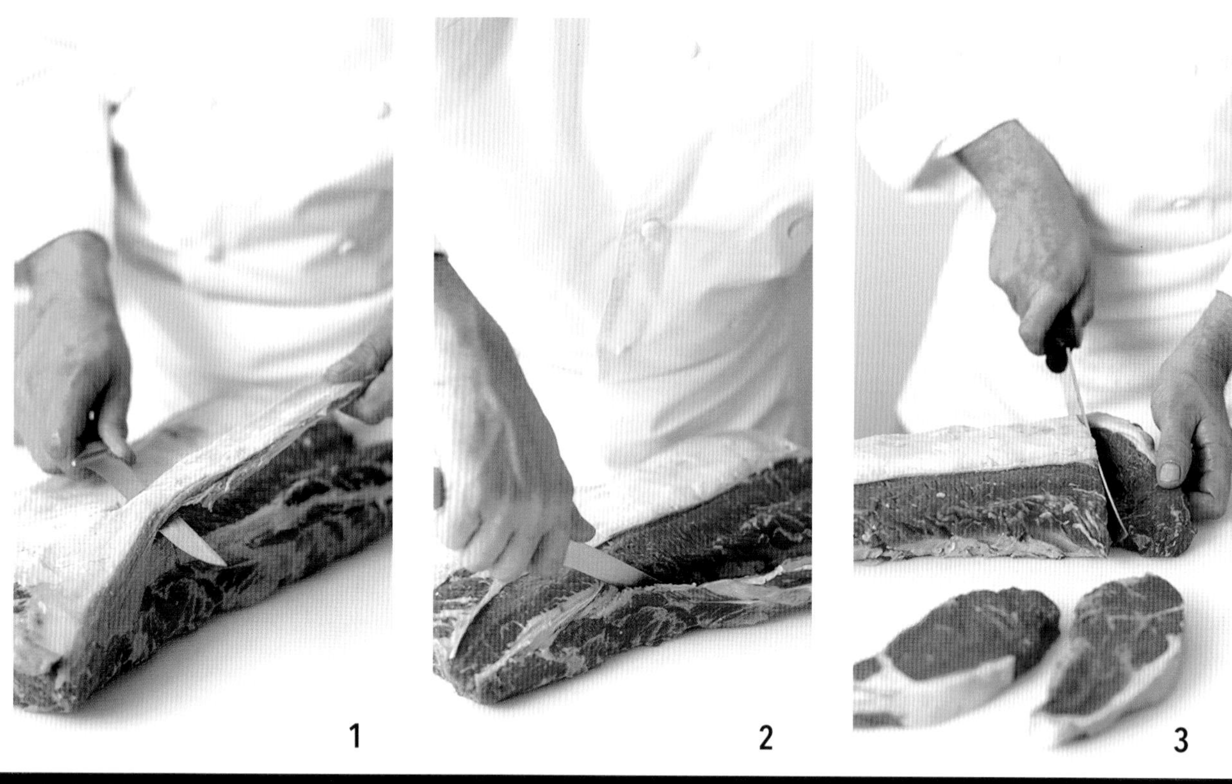

修整前腰脊肉，切去骨肉排

自行切肉排能降低廚房的食材成本。肉塊必須切得均勻，以確保烹調時間一致。

1. 可切出紐約客牛排的前腰脊肉，其中一側有片厚重的脂肪層，有時稱為側唇（lip），需要先去除。拉緊這條脂肪，刀刃稍微向上傾斜，沿著腰肉表面往前切，注意不要切到底下的肌肉。移除約4-5公分的表層脂肪。
2. 前腰脊肉的外側有一片外條肉，表層脂肪一修整成想要的厚度，就去掉外條肉。切下的外條肉可另作他用。
3. 圖中主廚從前腰脊肉的肋脊端開始切，左邊那塊肉排正是從肋脊端切下，V形的膠原已去除，右邊的肉排則取自後腰脊端。雖說兩端肉質都一樣軟嫩，但後腰脊這端的膠原較為堅韌，讓人覺得後腰脊端的肉也比較韌。這部分的肉排有時候會稱為帶紋肉排（vein steak）。
   調整下刀位置，以切出符合所需重量、大小一致的肉排。切好的肉排需冷藏保存，烹調前再取出。

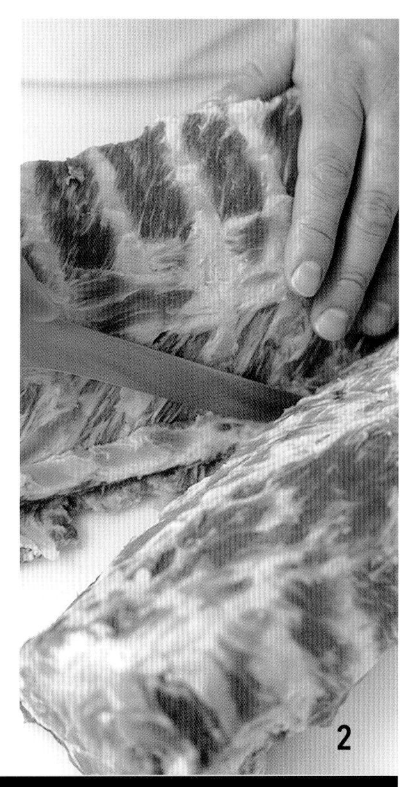

豬腰脊肉的修整、去骨

整塊豬腰脊肉通常比修整好的去骨豬腰脊肉便宜。切除脂肪和骨頭相對容易，而切下的豬骨和邊角瘦肉經過烘烤，又可製成深褐色的原汁或高湯。一開始可能需要多花點時間學習如何正確修整，並去骨製成烤肉或薄切肉排。

1. 新手應放慢下刀速度，每切一刀，就停下來檢查。處理豬腰脊肉的第一步是切下腰里肌肉（如果還在），接著切除表層包覆的脂肪，直到修整成需要的厚度。如圖所示，分切時，沿著肋骨滑順劃下。用未持刀的手拉開豬骨，這樣可以看得更清楚，避免誤切可食用部位。刀貼近豬骨，將肉削乾淨，留在骨頭上的肉越少越好。

2. 以刀尖清理豬骨和關節周圍，以刀面劃出較長的切口。靠近豬肋骨底部有道弧形隆起，角度近乎垂直，必須順著切，以便完全分離豬肉和豬骨。在切這道突起周圍的肉時，小心別切到可食用的部位。

腰肉一修整好、去完骨，就可依照菜單需求切成各式各樣的肉，包括迷你菲力、薄切肉排和薄片。

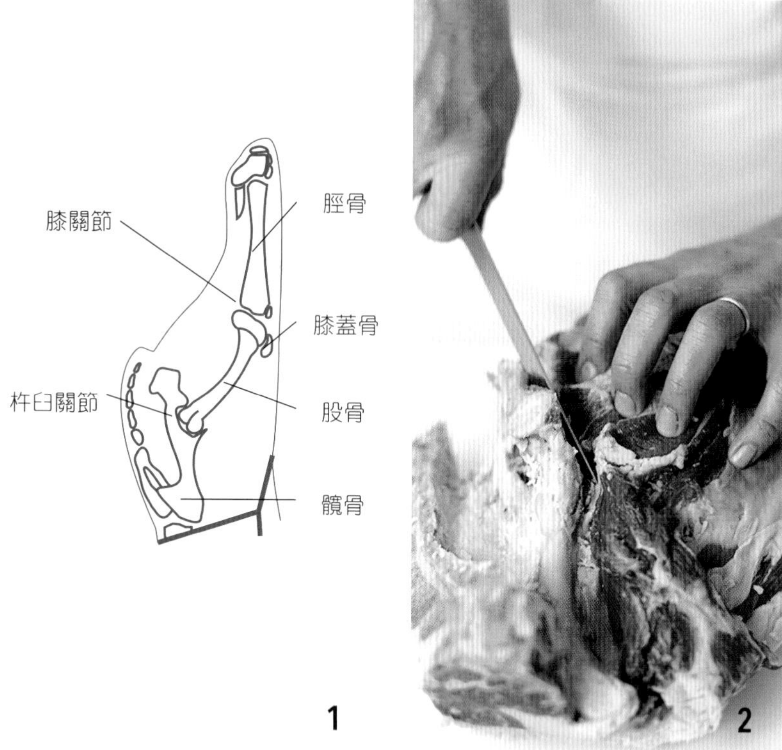

羊腿去骨

雖然羊腿的去骨程序可能看起來很難，但只要遵循附圖的步驟，就能順利完成。羊腿表面包覆著一層脂肪和一層稱作 fell 的薄膜，這層脂肪和薄膜都必須小心去除，盡可能留下最多的肉。

去骨羊腿有多種用途：可將肉切開攤平後燒烤，或將肉塊捲起綁好後烘烤。羊腿肉也可順著天生的肌理切成小塊來燒烤，或是切成薄切肉排或方型肉塊。

1. 羊腿上有脛骨、髖骨（包括髂骨和坐骨）、部分的脊骨和尾骨，以及大腿骨（也稱為股骨）。
2. 刀尖順著髖骨將羊骨從羊肉上切開。用正握法（掌心朝內、拇指朝上）握住剔骨刀柄，處理骨頭和關節周圍時，運用刀尖切入肉中，移除骨頭。用刀尖沿著骨頭移動，盡可能切下最多的肉。

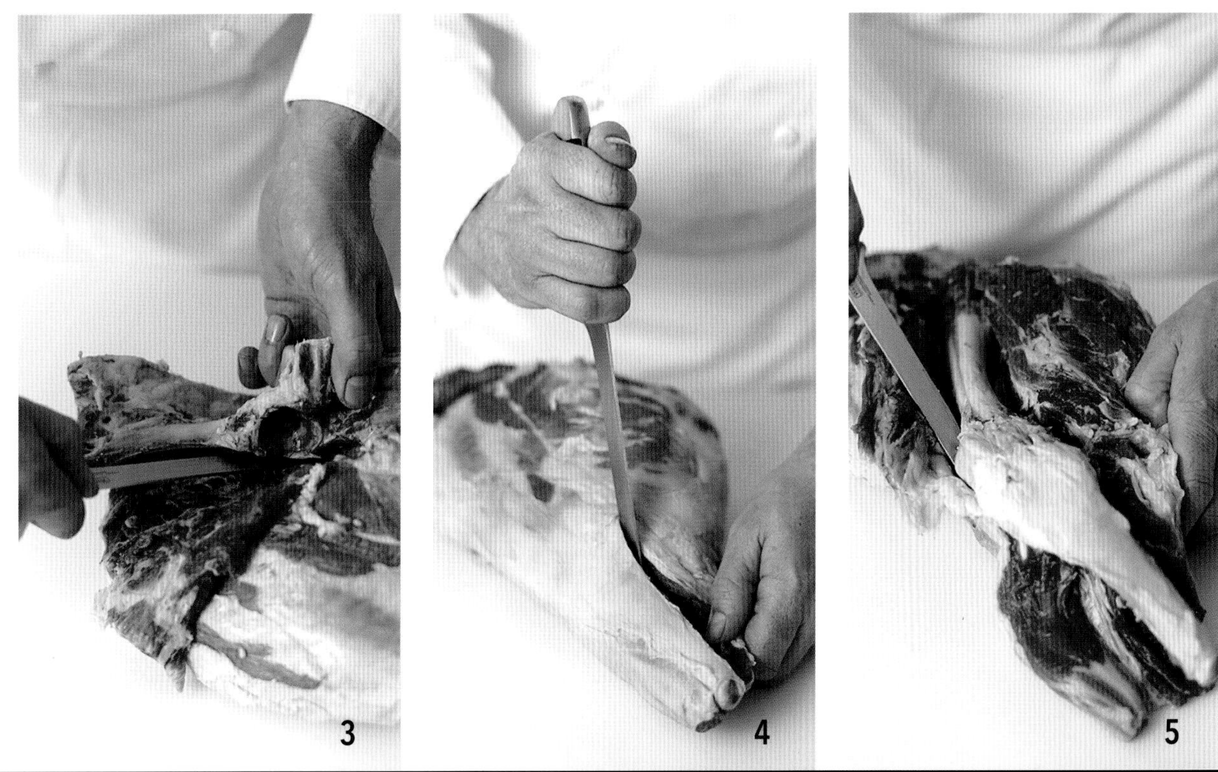

3. 肉從髖骨上切下後，從羊腿上抽出髖骨。

4. 沿著脛骨下刀，俐落地從骨頭上切下肉。

5. 肉從脛骨上切下之後，沿著股骨把骨頭從肉上切下來。

1

2

羊肋排法式剔骨

這算是比較複雜的分切技巧，但並不特別難學。主廚當然可以向肉品供應商訂購修整過、做好法式剔骨的肋排或肉排，但如果能在餐廳廚房自行處理，主廚就比較能掌控修整過程，避免浪費。同樣的技巧也可以用來處理單支羊肋排、小牛肋排或豬肋排。切掉的瘦肉可以用來製作原汁或高湯。

1. 在距離肋眼約3公分處下刀，平穩地切穿包覆著肉塊的脂肪，直到切到骨頭。
2. 讓肋排立起，以剛剛劃下的那刀為基準，每兩根肋骨之間都刺一刀，形成一條虛線。

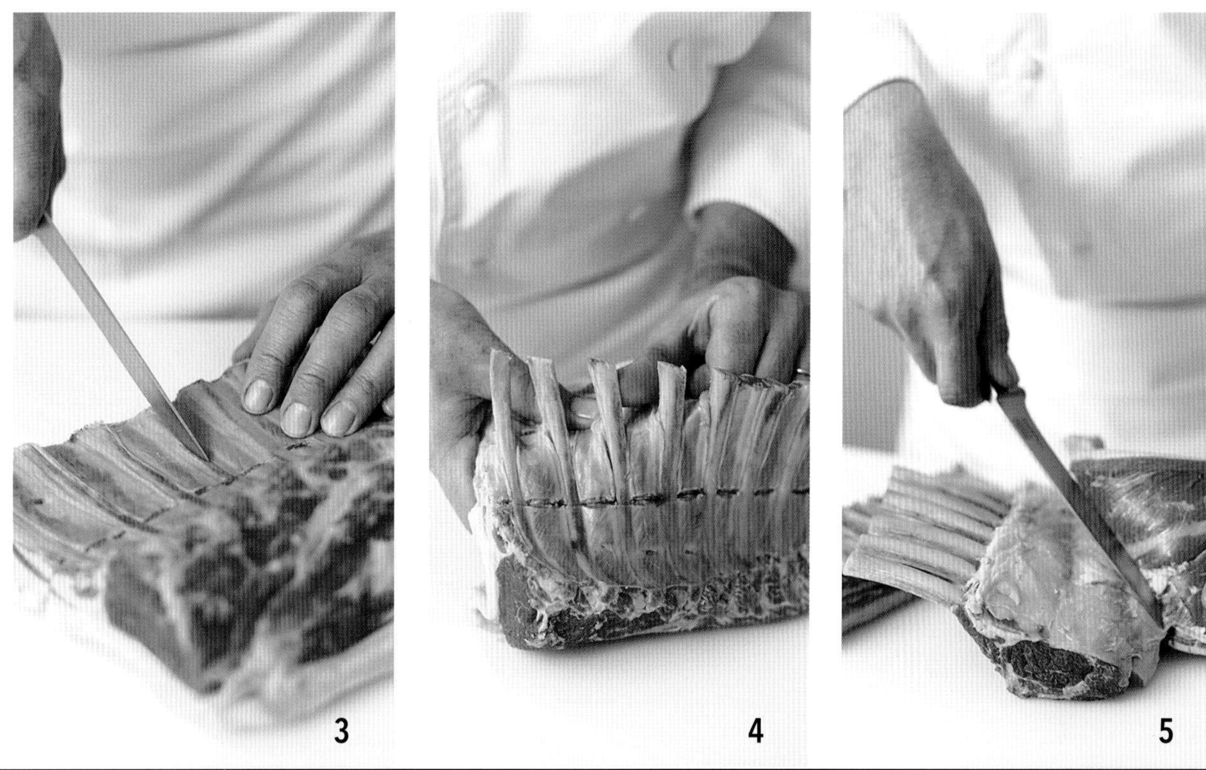

3. 用剔骨刀的刀尖劃開覆在肋骨上的薄膜，讓薄膜與骨架分離。
4. 將肋骨自薄膜下推出。剝除劃開的薄膜時，先用四隻手指固定肋排底部，再用大拇指朝上推出骨頭。
5. 骨架那一面朝下平放。平穩地切除肋排另一端上方的脂肪層和周圍的肉，此時應該很輕鬆就能拉開這些組織。

1

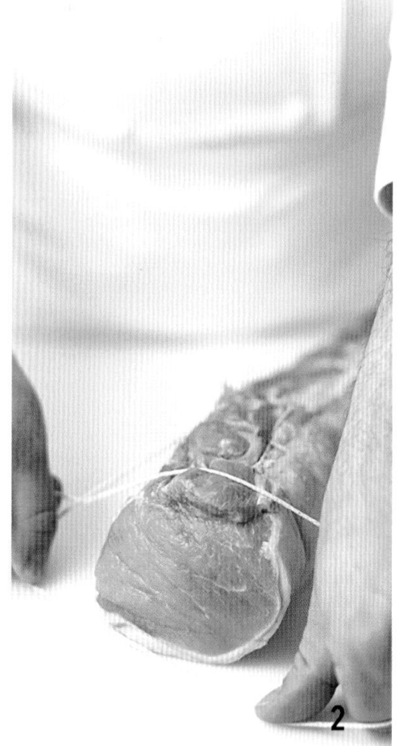
2

3

綑紮肉塊

綁好肉塊，打上牢固的結，讓繩結保持恰好的鬆緊度，這是最簡單也是處理肉品時最常需要用到的方法。這樣不僅確保肉塊能均勻烹調，烘烤後也能維持原本的形狀。只要棉繩綁得夠牢，讓肉塊維持緊實的形態，但又不至於過緊，就會有很好的成果。這需要一段很長的棉線，長度足以綁住整塊肉的前後左右。也可以把棉繩留在繩軸上，等整塊肉綁好再剪斷。

方法一

使用此方法時，棉繩留在繩軸上，不先剪斷。一開始，先從肉塊較厚的那一端綁起，打結（任一種牢固的繩結）。

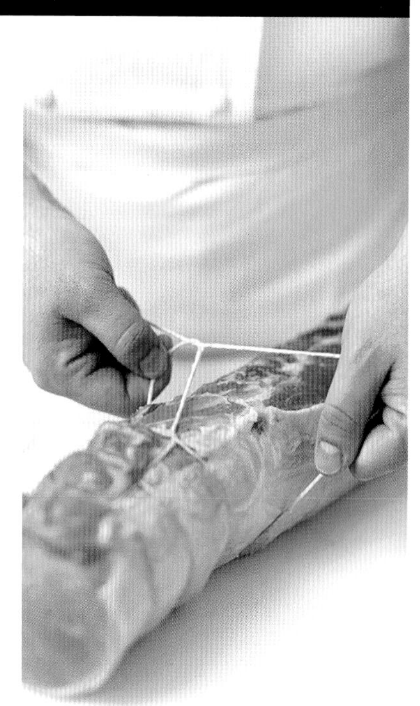
4

1. 棉繩繞過展開的拇指和四根手指，再交叉形成 X 形。
2. 張開手，撐大線圈。
3. 繼續撐開線圈，直到線圈能輕鬆套住肉塊較厚的一端，繞緊。
4. 讓線圈繞住肉塊，確定繩結間的距離一致。

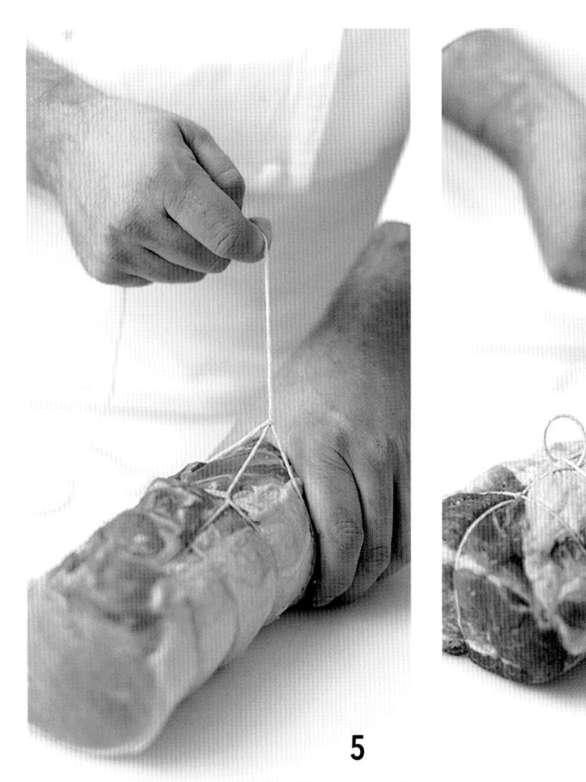
5

6

7

5. 拉直線頭，直到線圈緊緊套住肉塊。注意這時棉繩已打成半扣結。重複上述步驟，直到整塊肉都用棉繩綑緊。
6. 肉塊翻面，將可活動的線頭穿過離線頭最近的線圈下方，往回繞後拉緊，重複此步驟，直到綁完整塊肉。
7. 綿繩一圈圈從肉塊一端繞到另一端後，肉翻回正面。剪斷棉繩，把線頭牢牢綁在第一道線圈上，打結。

方法二

使用這個綁法時，棉繩剪成數段，每段都要夠長，長到在繞住肉塊之後，還足以打幾個雙結固定。

除了以上說明的兩種作法之外，綁肉塊其實還有其他方法。如果你有機會學到其他綁法，就更能輕鬆綑綁不同的肉塊。

這裡以圖片示範的兩種方法，同時適用於去骨及帶骨肉塊，可依個人喜好選擇。

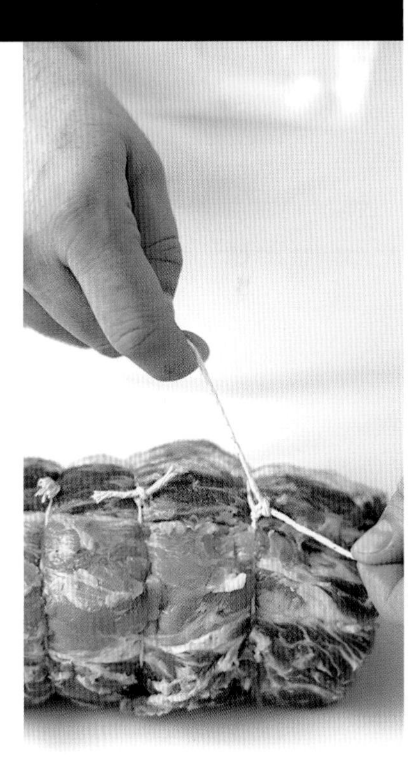
方法二

雜碎肉 variety meats

近幾年來，美國人開始不再那麼排斥動物的內臟，經過妥善處理的肝、腎、舌、胸腺和其他雜碎肉，也越來越受市場歡迎。然而，由於這些部位在美國一般超市甚至肉攤上都很難找到，因此很多人都不確定該如何正確處理，或不敢處理。

肝臟

烹調前，必須去除動物肝臟上的筋膜、堅韌的薄膜、血管和軟骨。筋膜一遇到高溫，會收縮得比肌肉還快，導致肝臟縮皺起來，無法均勻烹調。

腎臟

腎臟只要十分新鮮，經適當處理便能展現獨特的風味。腎臟泡在鹽水中12小時，沖洗乾淨，再泡在牛奶中12-24小時。接著，清洗乾淨，剖半，去除所有脂肪和血管（有些食譜會要求先汆燙過），最後剝除包覆在腎臟外的薄膜即可。

舌

舌頭的肉質堅韌，買來時可能帶皮，也可能煙燻過。煮熟的煙燻舌頭比較容易去皮。放入風味清湯中以微滾煮過，會變得非常軟嫩。舌頭煮後應留在烹調湯汁裡放涼，以加強風味。放涼後，小心剝除外皮。舌尖的外皮用手指便能輕鬆剝開，靠近舌根處則黏得較緊，可能需要用削皮小刀移除舌根和舌頭底部殘留的外皮。

去皮的舌頭有多種烹調方式：可切絲或切丁裝飾醬汁、湯品或法式肉派，也可以切薄片後作為熱食或冷食，或當成法式肉凍的襯底。

骨髓

骨髓是骨頭內部的柔軟組織，常用來搭配湯品、醬汁和其他菜餚。某些特定的骨頭因含有大量骨髓，又稱為髓骨。使用以下技巧便能輕鬆取出骨髓：將髓骨浸泡在冷鹽水中數小時，以除去多餘的血和雜質。骨頭泡過鹽水後，便可以用拇指推出骨髓。

胸腺

胸腺是小牛身上的腺體，構造柔軟，經妥善烹調後，用叉子便可分切。這個特殊的內臟公認是美味佳餚，而且價格高昂。

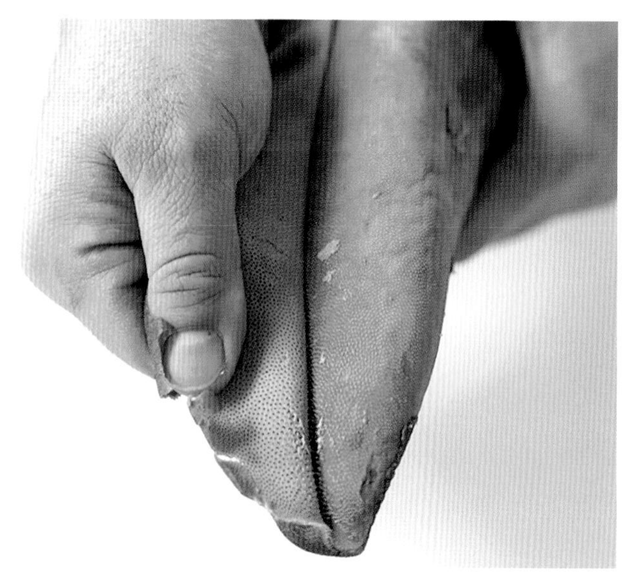

舌

骨髓

1

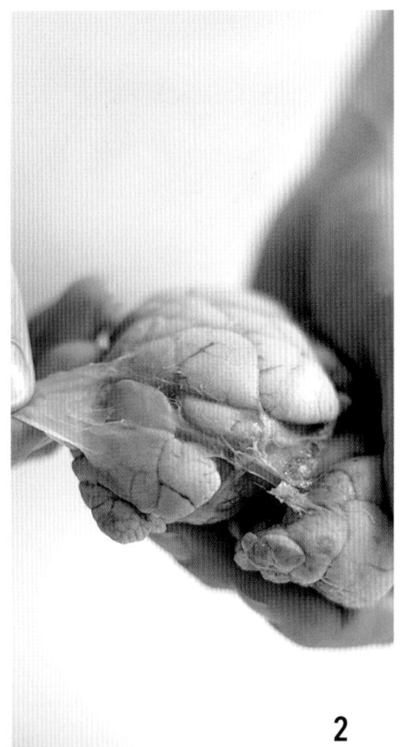
2

3

處理胸腺

小牛胸腺需用冷水徹底洗淨，洗去所有血跡，然後放入調味高湯中汆燙。汆燙後剝膜、壓過，讓胸腺的質地變得更緊實、更誘人。胸腺可以麥年料理法烹調（à la meunière，裹粉後下鍋煎），也常用來製作法式肉凍。

4

1. 胸腺以冷水徹底洗去所有血跡後，放入夠深的調味高湯中汆燙。
2. 汆燙後放涼，直到不燙手，之後剝掉表面的薄膜。
3. 將剝淨的胸腺緊緊捲進濾布中，讓質地變得更緊實、更誘人。胸腺放入有孔的方形調理盆（如圖3），上方放置重物加壓，冷藏數小時。
4. 加壓冷藏後的胸腺應變得緊實、緻密，而且容易切成片。胸腺可裹粉後下鍋煎，或做成法式肉凍，也可做成其他菜色。

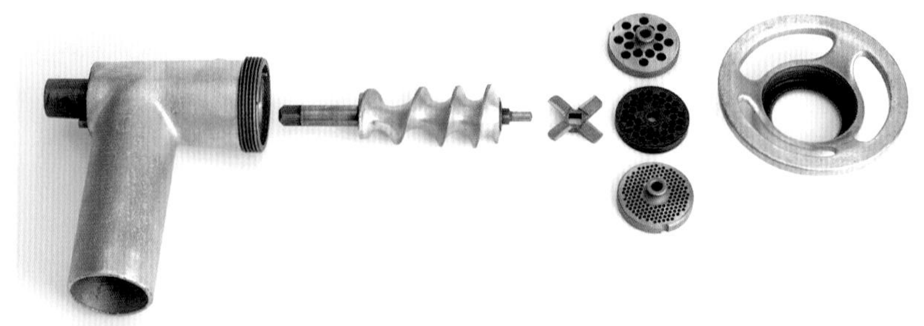

由左至右：
絞肉機外殼或機身、螺旋桿、十字刀、不同孔徑尺寸的刀網、環狀螺帽

不同孔徑尺寸的刀網絞出的肉
由左至右：
以粗孔徑、中孔徑、細孔徑絞出的肉

絞肉

絞肉時，需格外注意食品的安全處理流程，並謹慎執行（見31頁）。這種處理法除了可以用於紅肉，也適用於禽肉和魚肉。請遵照以下程序，以製作出高品質的絞肉：

- 組裝和拆卸絞肉機之前，先拔掉插頭。
- 絞肉機清理乾淨，正確組裝。確定鋼刀緊貼刀網，這樣鋼刀才能俐落地切肉，而不是把肉撕裂或撕碎。
- 肉塊先切丁或切條，才能輕易通過絞肉機的進料口。
- 絞肉前，肉塊需確實冷藏，會接觸到食材的絞肉機零件也需冷藏或泡在冰塊水中。
- 不要用工具強行推擠肉塊通過進料口。只要肉塊的大小正確，螺旋桿就能輕鬆拉入肉塊。
- 確保鋼刀夠鋒利。肉塊通過絞肉機時，鋼刀應該要能俐落切斷肉塊，絕不是將肉塊碾爛或絞成泥。
- 除非是肉質細緻的肉（像是鮭魚或其他魚類），絞肉一開始都先用粗孔徑的刀網，此時絞出的肉會很粗。
- 之後一次次換用較小孔徑的刀網，直到絞出需要的質地。
- 最後使用細刀網，讓絞肉質地更細緻，瘦肉和肪脂也混合得更均勻。

禽肉向來廣受喜愛、容易取得，在製作主菜和菜單上的其他品項時，是成本最低的肉。這裡使用餐廳裡最常使用的禽類——雞，來說明禽肉的多種分切方法。這些方法幾乎適用於所有禽鳥，只要針對體型做些微調整（體型較小的禽類需要較細緻、精準的分切；體型較大或年齡較長的禽類，則需要較重的刀和較多力氣，才能剖開堅韌的關節、肌腱和韌帶），便可用於乳鴿、鴨、雉雞、火雞和鵪鶉。

poultry fabrication

禽類的分切

雖然鵝的體型通常比雞鴨來得大，骨骼結構卻很類似。分切鵝肉的困難主要在於鵝身上的脂肪很多，比較難判斷該從何處下刀。

越年輕的禽鳥越容易分切，原因是年輕的禽鳥通常體型小很多，骨頭也尚未變硬。除此之外，禽鳥的尺寸和品種也會影響分切的難易程度，例如雞肉一般而言遠比雉雞肉容易分切，原因是雞在圈養下成長，肌腱和韌帶通常發展得較差，但放養的雞由於能夠四處走動，肌腱和韌帶會發展得比較完整。

處理禽肉時，要特別注意食品安全規範。有些廚房的砧板採分色管理，避免肉、禽、魚和蔬菜發生交叉污染。不論砧板的材質是木頭、樹脂或塑膠，若能使用正確的方法清潔，便能保持砧板衛生。

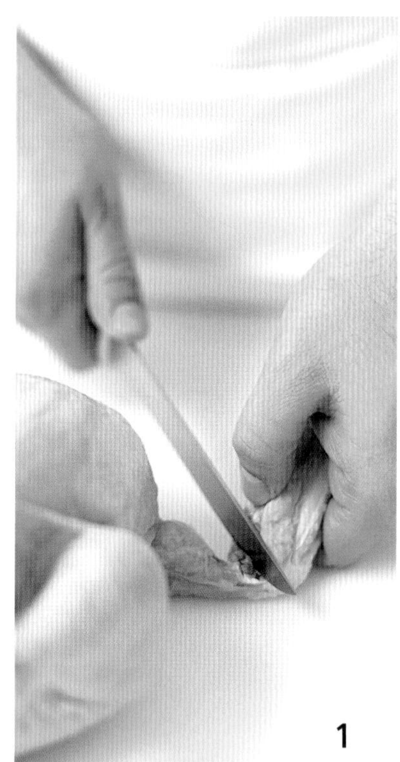

1

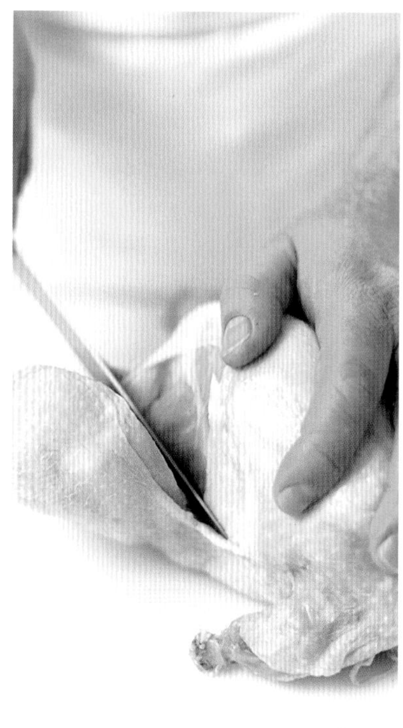

2

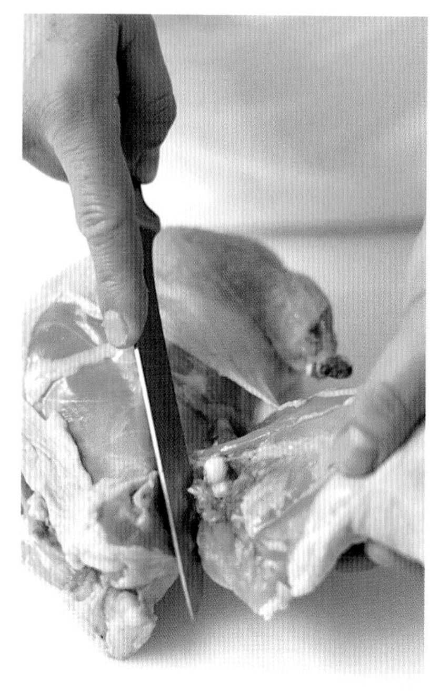

3

處理胸肉

局部去骨的半邊禽胸肉通常取自於雞、鴨、雉雞或鵪鴣。這個部位咸認是禽類身上「最上等的肉」，又名 suprême（法文「最上等」之意）。這樣的胸肉會保留一個相連的翅關節，這個翅關節通常會以法式剔骨處理，露出半截骨頭。如果胸肉上的皮已去除，則可稱之為排（法文為 côtelette）。胸肉可以煎、低溫水煮或燒烤。

要以此法從全雞上取下一份雞胸肉，須切掉翅尖，去除雞腿，再切下跟雞翅第一個關節相連的雞胸肉，剩餘雞身可製成高湯或清湯。

4

1. 以剔骨刀的刀尖沿著翅骨的第二個關節切一圈，確定皮膜也有切開。扳開第二關節，從這裡折斷翅骨，繼續切斷關節，直到切下翅尖和翅中，只留翅腿連在雞胸上。
2. 切斷雞腿和雞胸之間的雞皮。
3. 拉住雞腿，往後扳離雞身，露出杵臼關節。沿著脊骨往下切，直到切到杵臼關節（如圖3）。用刀跟穩定雞身，拉掉雞腿，俐落地將雞腿及腰眼肉（chicken oyster，位於脊骨與股骨之間）從骨架上去除。另一側也以相同方法取下雞腿。
4. 雞胸朝上，沿胸骨的兩邊各切一刀。用未持刀的手固定雞身。

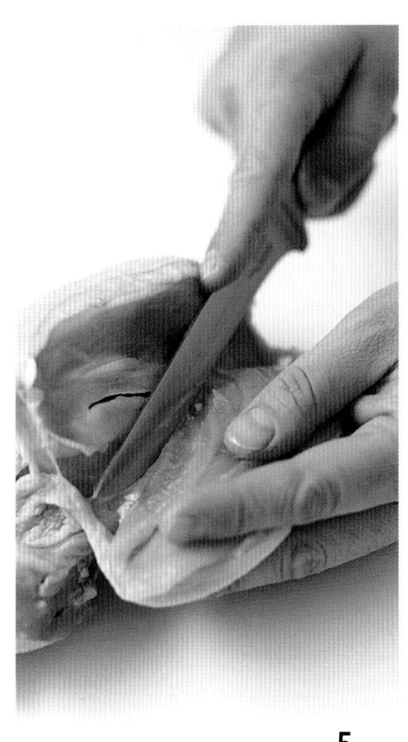

5

6

7

5. 小心地從肋骨架上取下雞胸肉。用刀尖把胸肉從骨頭上切下，刀尖沿著骨頭切，以取下最多的肉。

6. 修掉多餘的雞皮，要確定留下的雞皮足以完整包覆雞胸肉。

7. 用刀刃刮除翅骨上殘留的肉，完整露出翅骨。這個步驟稱為法式剔骨。胸肉的骨頭並不總是需要用法式剔骨處理。

8. 如右圖所示，左邊的雞胸未經法式剔骨處理，右邊的雞胸則已移除翅骨上多餘的肉。

8

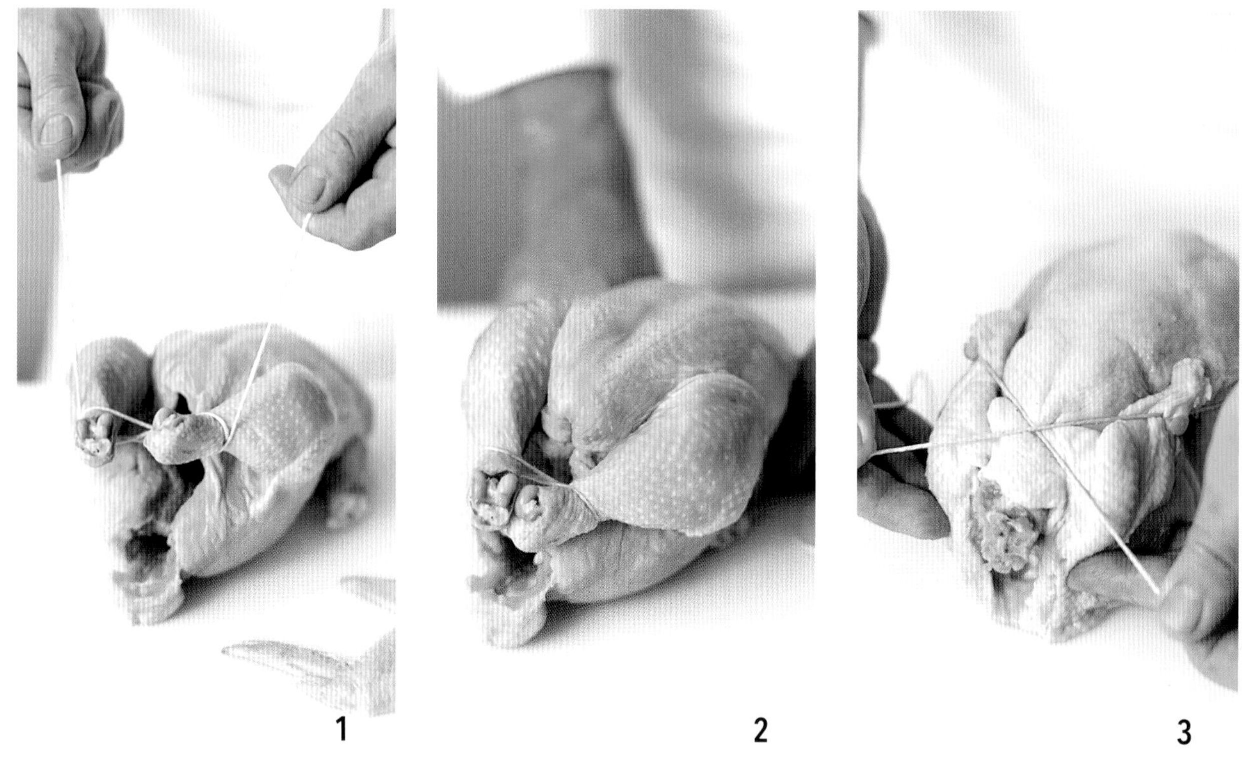

1 2 3

綑紮禽鳥

綑紮或綑綁任何禽鳥的目的，是為了形成平滑、緊實的外形，以在烹調時均勻受熱，並保持肉質濕潤。綑紮禽鳥有多種方法，有些會使用縫合針，有些只需要棉繩即可。這裡說明只使用棉繩綑紮的簡易方法。

1. 切下翅尖和翅中，把一截棉繩置中放在棒棒腿末端關節的下方，棉繩的兩端交叉形成一個 X，接著朝尾巴的方向往下拉，用棉繩環繞末端關節一圈。
2. 拉緊棉繩兩端，越過連接棒棒腿和大腿的關節，沿著身體朝雞的背部繼續拉緊棉繩，過程中將雞翅膀也收束到棉繩下。
3. 全雞翻面，拉緊棉繩。棉繩以 X 形繞過雞翅膀，固定，使翅膀緊靠著雞身。

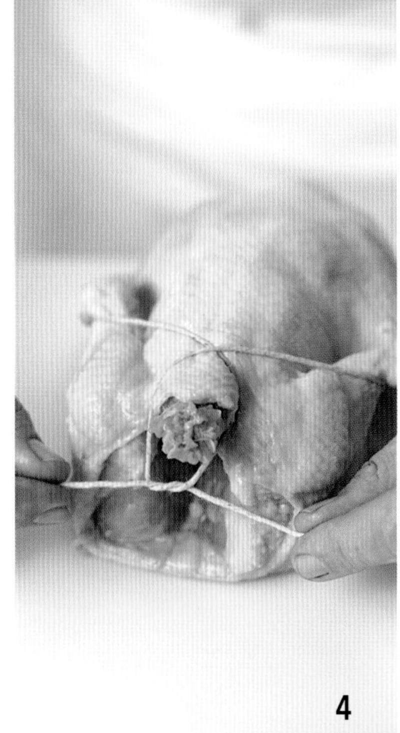

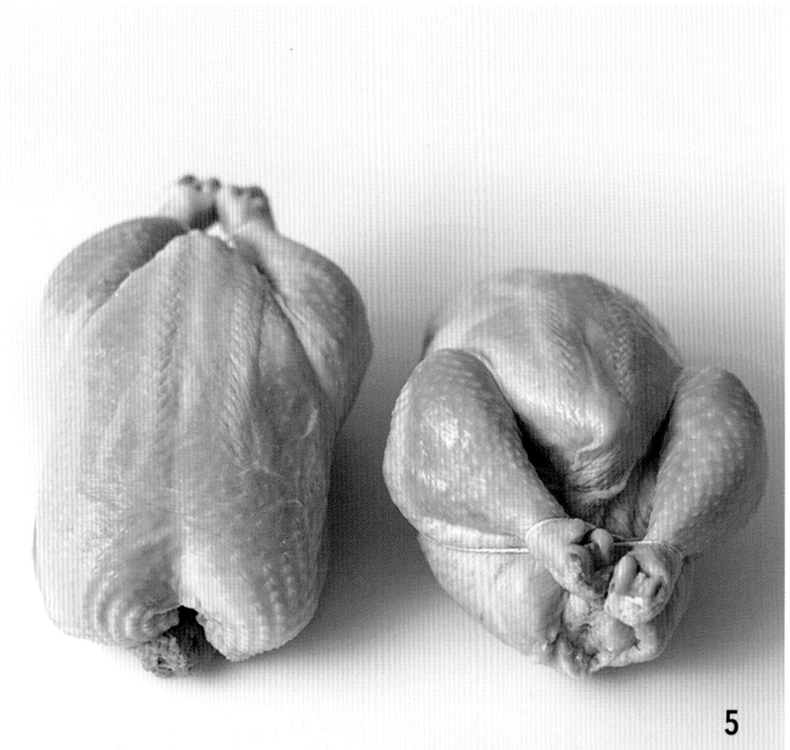

4. 從脊骨下方拉過棉繩，直到棉繩兩端繞到雞脖子的斷面，再用棉繩兩端打一個牢固的結。

5. 正確綑紮的全雞正視圖和後視圖。

1

2

對切和切四等分

將雞與其他禽鳥對切或切四等分的工作，在烹調前或烹調後都能進行。較小型的禽鳥通常會對半切，例如要拿來燒烤的美國嫩雛雞和白肉雞。這些禽鳥的體形夠小，在表皮烤焦前便能烤到熟透。燒烤時保留完整的骨架，這些骨頭有助於防止禽肉收縮。在很多餐廳裡，主廚會預先烤好晚餐時段供應的鴨肉，接著對半剖開烤鴨，除去部分骨頭，這樣一來，出餐時鴨肉只需放進烤爐加熱，烤脆表皮即可。

1. 沿著脊骨兩側，從尾椎到脖子各切一刀。邊切邊稍微往上提拉，施力切穿肋骨。
2. 攤開整片雞胸，骨頭朝上。以剔骨刀的刀尖切斷胸骨最頂端的白色軟骨。

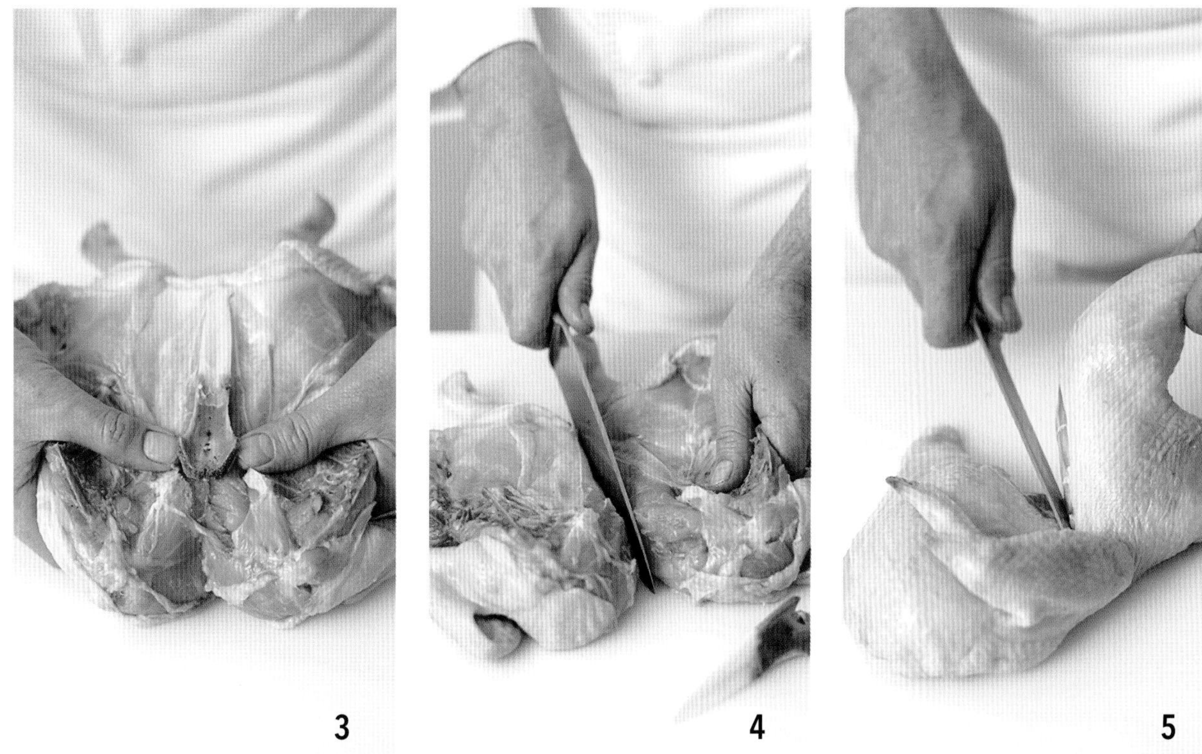

3. 像攤開書本一樣扳開雞胸，露出胸骨。抓緊胸骨向上拉，連同相連的軟骨一起拉離雞胸肉。過程中軟骨可能會從胸骨斷開。要確定整個骨架都有拉開。
4. 從中間切一刀，將雞身一分為二。
5. 從雞胸和大腿連接處下刀，切下整條雞腿。

1

2

3

支解兔子

支解兔子的方法跟雞很類似。相較於其他的肉，兔肉較沒有脂肪，味道也溫和。兔子的腰脊肉和肋脊肉比腿肉精瘦，就像雞的胸肉也比腿肉精瘦。去除兔腿和兔肩之後，主廚可用兩種方式烹調同一隻兔子，以獲得最令人滿意的成果：兔腿用濕熱法烹調，兔腰肉則以乾熱法烹調。

1. 剖開兔子的腹腔，拿出腎臟和肝臟。切斷所有連結肝臟與胸腔的薄膜。如果有需要，可保留肝臟另作他用。
2. 切斷兩隻後腿的關節，接著劃開兔肉，分離後腿和兔腰脊肉。
3. 將前腿拉離兔身，並斬斷關節，讓前腿及肩膀跟剩下的身體分離。

4. 切掉兔腰脊肉的前、後端，留下背肉。
5. 圖5便是分切好的兔肉，包括後腿（圖上方）、背肉、肝、腎和前腿／肩膀。

廚師買來的魚，大多都已由人工或特殊的切魚機切成魚片。這種魚片在市面上太過普遍，而全魚的取得和運送又所費不菲，導致一般餐廳或零售商店較難從普通食材專賣店直接訂購全魚。若要為餐廳選購海鮮，海鮮批發商有較完善的設備可以處理全魚，並且也更了解魚的品質。

fish fabrication
魚類的分切

大部分的魚可分為兩種類型：圓體魚或扁身魚。時間、練習和經驗能幫助廚師判斷一尾魚該用眾多方法中的哪一種處理。不同的方法可以產生近乎雷同的成果，本書示範的幾種方法也不見得是僅有的處理法。現實是，片魚的過程很麻煩，需要時間、空間和技巧，但如果不購買全魚，就無法透過幾項重要指標來判斷魚是否新鮮，包括：清澈的魚眼、氣味、鮮亮的魚鰓、緊實的魚肉。購買全魚，除了可以衡量魚的品質和新鮮度之外，也比購買魚片更容易判斷魚的品種，而切下來的魚骨也可以拿來製成珍貴的魚骨高湯。

不論用什麼方法處理魚肉，第一件事都是刮除魚鱗。刮魚鱗的基本程序適用於所有魚類，但圓體魚和扁身魚去除內臟的方法則有些微不同，去骨製成魚片的方法也不一樣。廚師需要了解各種魚的特性，才能有效判斷如何妥善處理（見第7章〈辨識魚類和蝦蟹貝類〉）。其他海鮮，諸如甲殼類（龍蝦、蝦子、螯蝦和螃蟹）、軟體動物（蛤蜊、牡蠣和貽貝）和頭足類動物（魷魚和章魚），也同樣必須謹慎處理，以維持品質和衛生。

刮魚鱗和修整魚肉

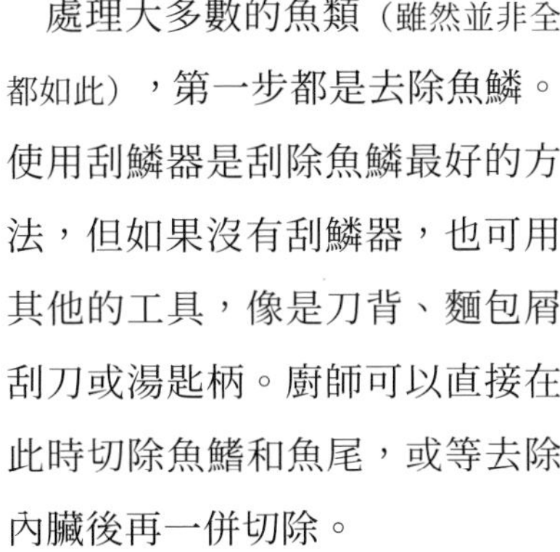

處理大多數的魚類（雖然並非全都如此），第一步都是去除魚鱗。使用刮鱗器是刮除魚鱗最好的方法，但如果沒有刮鱗器，也可用其他的工具，像是刀背、麵包屑刮刀或湯匙柄。廚師可以直接在此時切除魚鰭和魚尾，或等去除內臟後再一併切除。

刮魚鱗時，手持魚尾，由魚尾往魚頭方向刮，同時以活水沖洗魚身，以避免魚鱗四處飛濺。別將魚捏得太緊，否則可能會傷到魚肉。

去除圓體魚的內臟

魚打撈上來之後，通常會就地在漁船上去除內臟，原因是魚內臟中的酵素會迅速破壞魚肉，導致魚肉腐敗。若購買的鮮魚尚未去內臟，就應在刮除魚鱗後立刻去除。

去除圓體魚的內臟時，用刀劃開魚肚，取出內臟，接著在流動的冷水下徹底清洗腹腔內部，洗掉所有殘留的內臟和血。

1

2

圓體魚切片：直切法

魚片是魚類最常見的分切法。去骨且通常不帶皮的魚片可以煎、燒烤、烘烤，做成魚肉卷，或切成魚柳或斜片。

圓體魚可以切成兩片魚片，兩側各一片。分切圓體魚片有兩種方法：第一種方法適用於處理軟骨圓體魚，像是各種鮭魚、鱒魚，以及土魠魚，此種處理方法稱為**直切法**；第二種方法叫做**上翻式切法**，適用於硬骨圓體魚。

3

1. 魚放在砧板上，魚脊和工作檯面平行，魚頭和拿刀的手在同一邊。使用片魚刀，自魚頭和鰓板後方切下。調整刀身角度，讓刀刃往下切時也往後拉離魚身。這一刀別切到底，別切斷魚頭和身體。
2. 不改變片魚刀的位置，只轉動刀身，將刀刃朝向魚尾。調整刀身位置，使刀柄比刀尖低。刀鋒貼緊骨頭，好切下更多魚肉。避免像拉鋸子一樣來回移動刀刃。
3. 均勻往下劃，直到將魚尾一剖為二，如圖3所示。魚皮面朝下，放在工作檯上或方形調理盆中。

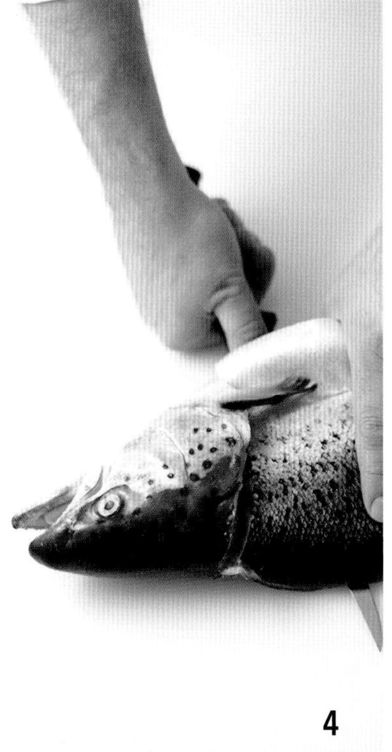

4

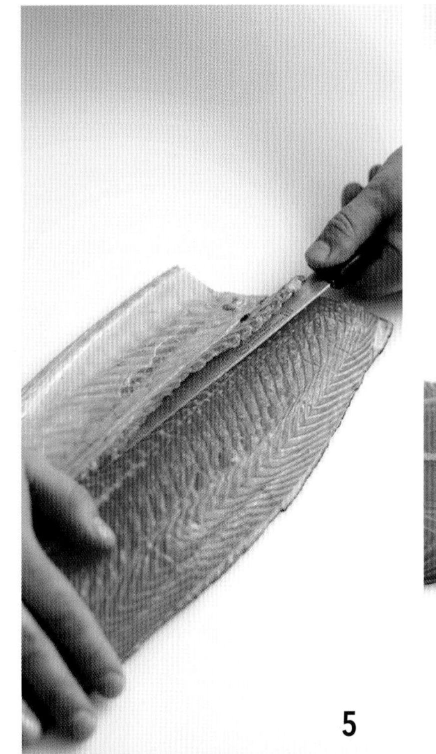

5

6

7

4. 魚翻面，重複前述步驟，切下第二片魚片。

5. 緊貼著魚腹的骨頭平滑地往下劃，完整削掉魚腹骨。如有需要，用刀刃沿著脊骨下方滑動，清除殘留的脊骨。

6. 魚片放在砧板上，與砧板邊緣平行，開始去皮。用未持刀的手拉緊魚皮，另一隻手將刀鋒緊貼魚皮，完整削下魚片。

7. 用手指觸摸魚片，找到針狀骨，並以尖嘴鉗或鑷子拔出。拔出針狀骨時，謹記著要朝魚頭的方向拉（順著紋理），以免撕裂魚肉。

1

2

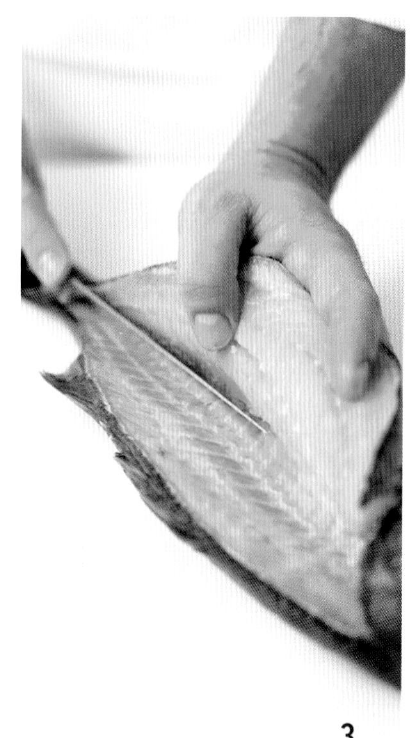
3

圓體魚切片：上翻式切法

上翻式切法只適用於硬骨圓體魚，且應使用刀刃有彈性的片魚刀。

4

1. 魚放在砧板上，魚腹朝外，魚頭朝向自己的慣用手（持刀的手）。切開胸鰭下方的魚肚，接著沿著鰓板切一刀，要確定有切進頭部。
2. 從魚頭長長劃一刀劃到魚尾，切開魚背上的魚皮。接著沿背部筆直切下數刀，直到切到中間的脊骨。
3. 刀子移到脊骨上方，貼著針狀骨往下剖。
4. 繼續貼著魚腹骨剖，直到從魚身上剖下魚片。去除魚皮的方法和直切法一樣（見405頁）。

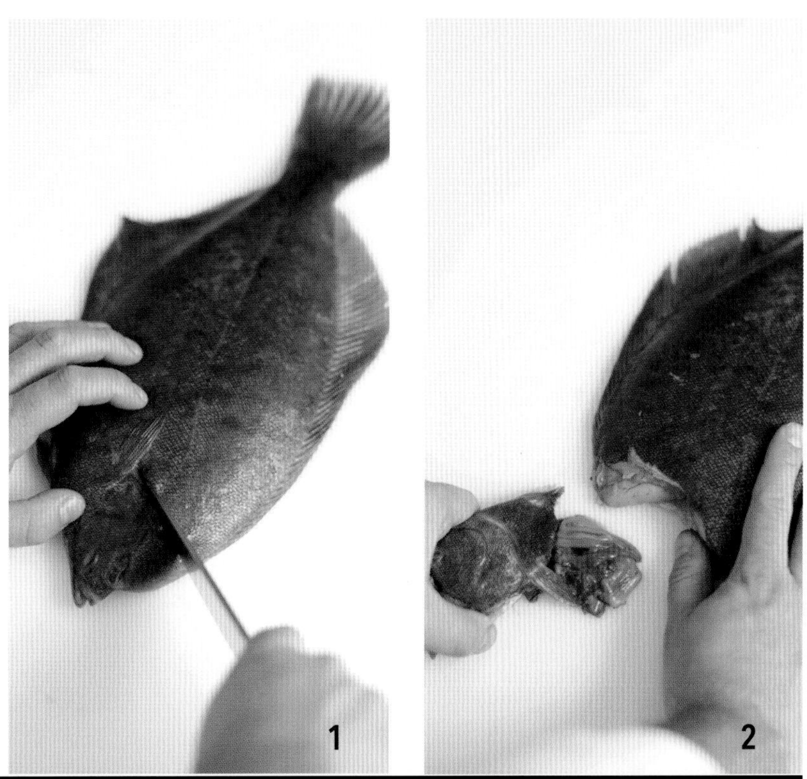

去除扁身魚的內臟

魚的內臟通常在送往市場之前已經去除。若採購來的鮮魚還留有內臟，本步驟應在刮除魚鱗後立刻進行。

1. 去除扁身魚的內臟時，先在頭部周圍劃出一個 V 形。
2. 稍微轉動魚頭，將魚頭拉離魚身，這時內臟會和魚頭一起脫落。在流動的冷水下徹底清洗腹腔內部，洗掉所有殘留的內臟和血。

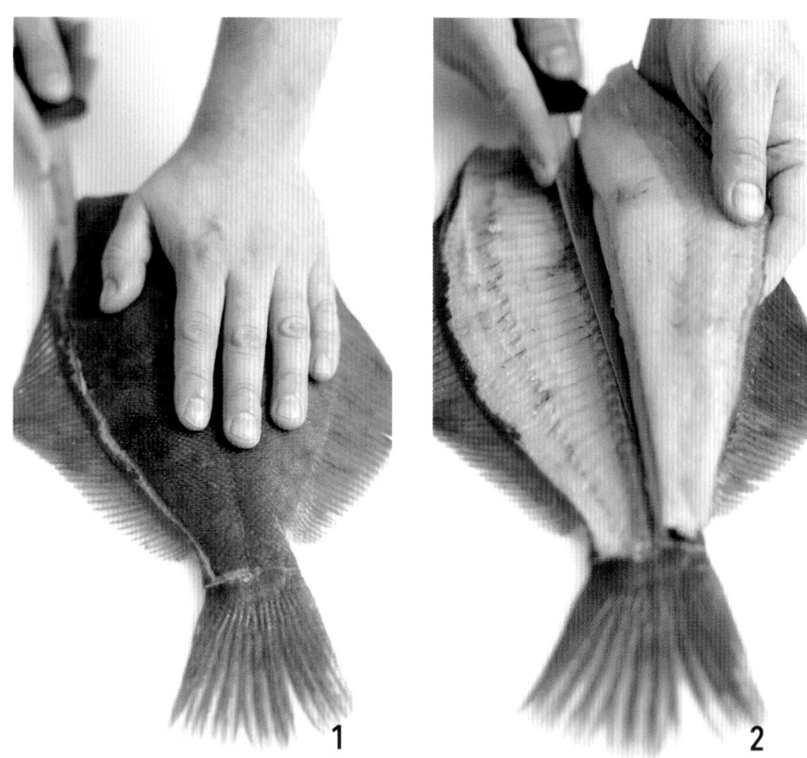

扁身魚切片：切出整面魚片

扁身魚可以分切成兩片魚片，從魚的上下兩面各剖下一整片。

1. 以片魚刀從骨頭上切下魚片，從外緣開始下刀，自尾部切向頭部。
2. 調整每一刀的方向和下切的長度，以越過魚片中央突起的脊骨。邊切邊將魚片拉離骨頭，以看清魚骨結構。繼續切另一側，直到切下一整面魚片。翻到扁身魚的另一面，重複相同步驟。

1

2

3

扁身魚切片：切出四片魚片

扁身魚可以分切成四片魚片，分別從脊骨的兩側，每側的上方和下方各取下一片。

1. 魚放好，頭朝向自己，沿中央脊骨的一側劃下一刀。
2. 緊貼著骨頭，從中央脊骨朝魚身的邊緣多劃幾刀，切下魚肉。
3. 魚片拿開後，便可看到扁身魚的卵囊和魚腹。烹調的準備工作中，這些部位都應從魚片上修掉。

魚肉切成魚排

魚肉只要橫切，就成了魚排，這相對很好切。此時整條魚已刮除魚鱗、去除內臟，並剪掉鰭和鰓。魚排幾乎可以切成任何厚度，而法文 darne 則指厚切魚排。扁身魚的體型很少大到足以切成魚排，但鮭魚這種圓體魚則通常會採這種方式分切。

取一條刮去魚鱗、去除內臟、修整好的魚（上圖使用的是鮭魚）。用主廚刀橫切魚身，大小可依需求而定。精處理魚若較小，通常不會切成魚排，而是以全魚烹調、出餐。

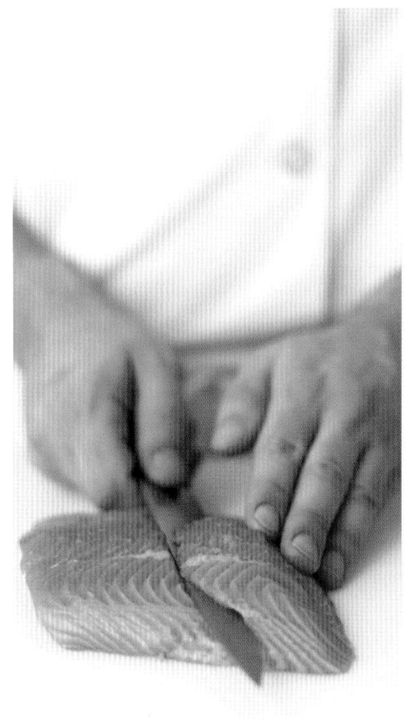

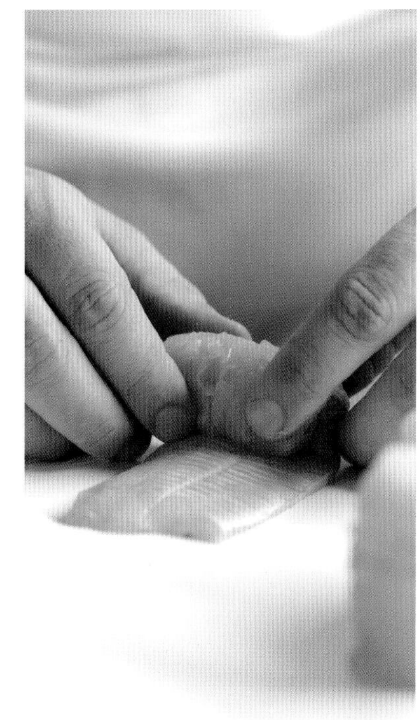

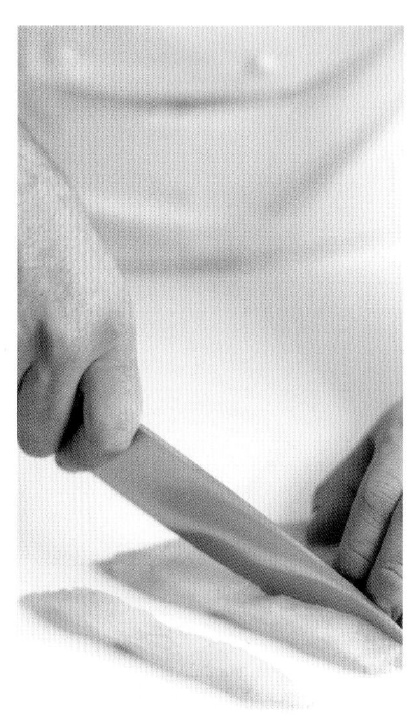

斜片

斜片就是魚片的切片。處理時需以特定角度斜斜往下切，以增加每一片的表面積，這樣看起來比較大。任何大型魚的魚片都可以再分切成斜片，例如鮭魚或大比目魚。雖然一般印象裡，斜片通常是用煎或煎炸，但其實燒烤或炙烤也很常見。

取非常銳利的片刀，傾斜約45度角斜斜下刀。刀身傾斜的角度越大，斜片的表面積就越大。

魚肉卷

薄魚片捲起來便成了魚肉卷，通常裡面會放入重組肉或其他填料（非必要）。製作得宜的話，魚肉卷看起來會像是大型軟木塞。魚肉卷通常用脂肪少的魚肉做成，如比目魚、鰈魚，但有時也會用一些脂肪含量中等的魚肉，比如鱒魚或鮭魚。魚肉卷最常見的烹調方式，是淺水低溫水煮。

魚柳

魚柳在法文中稱為goujonette，源自名為鮈魚的小魚（法文為goujon）。魚片切成小條便是魚柳，通常裹粉或沾麵糊後深炸。魚柳的尺寸大致上和成人食指一樣。魚柳通常用低脂肪的白肉魚製成，像是比目魚、鰈魚。

逆著魚肉的紋理斜切下刀，從處理好的魚片上切出整齊均勻、食指大小的魚柳。

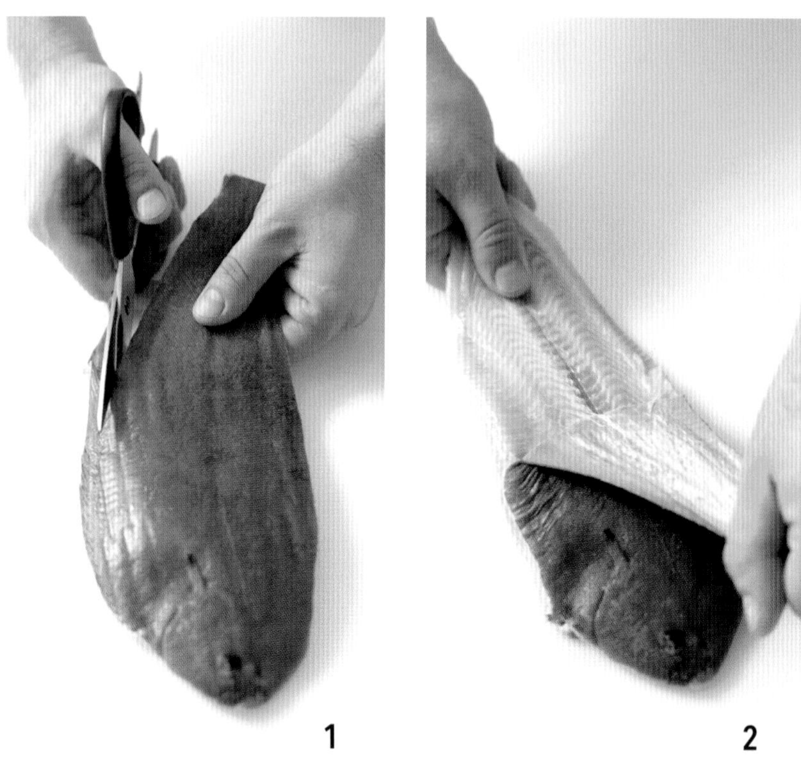

多佛真鰈

多佛真鰈需用特殊方法處理。很多主廚喜歡先去除魚皮再片魚。用片魚刀從尾部掀起魚皮，接著就能輕鬆拉掉整張皮。

1. 用廚房剪刀剪掉魚鰭。
2. 從魚尾有肉的地方先劃下一刀，掀起魚皮。抓緊魚尾，拉掉整張魚皮再切片。

蝦蟹貝類主要可分為三大類：「甲殼類」，身體外層是有關節連結的外骨骼；「軟體動物」，身上有一個殼（單枚貝）或兩個殼（雙殼貝）；最後是擁有觸手的「頭足類」。龍蝦、蝦子、螯蝦和螃蟹全屬於甲殼類，蛤蜊、牡蠣和貽貝是軟體動物，魷魚和章魚則是頭足物。烹調蝦蟹貝類前，各自有不同的準備和分切法。

shellfish fabrication
蝦蟹貝類的分切

處理活龍蝦

採購食材時，最好買活龍蝦。龍蝦無論是用來沸煮或蒸煮，第一步要做的都是宰殺。在炙烤或烘烤前，也可以剖半切開龍蝦。

1. 細繩不要拆開，留在龍蝦的螯足上。將龍蝦腹部朝下平放。以主廚刀的刀尖刺入龍蝦頭的底部，劃穿龍蝦殼，沿著龍蝦頭切到底，將頭部剖成兩半。
2. 將龍蝦頭尾方向對調，刀尖置於剛剛第一刀的起刀處，順著尾段的外殼切到底，將龍蝦尾一剖為二。

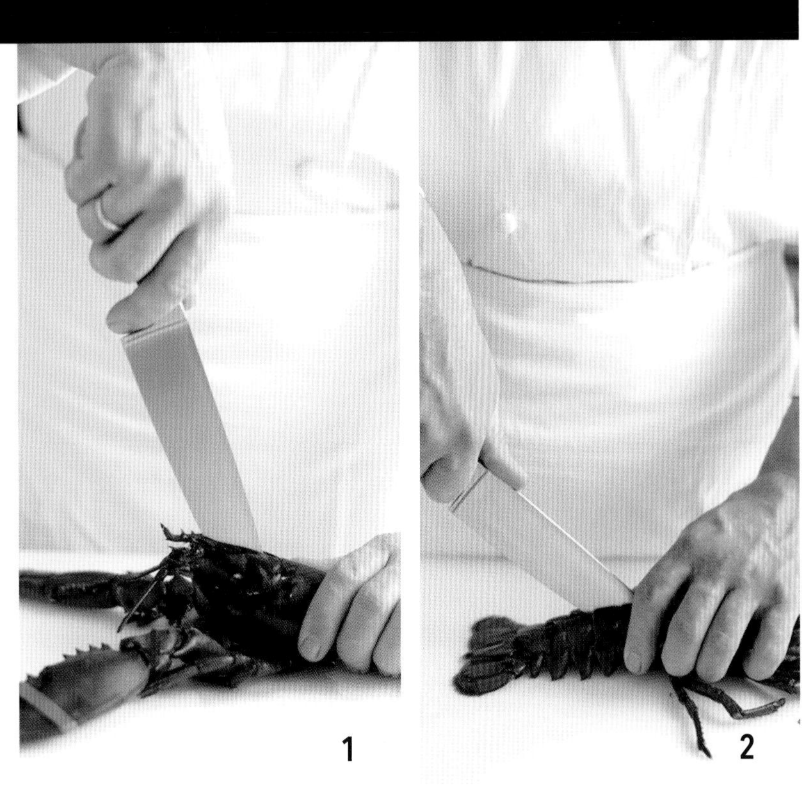

1

2

處理熟龍蝦

在煮熟之前，龍蝦肉或其他甲殼類動物的肉會一直緊黏在外殼上。即使龍蝦肉出餐時會從殼中取出，或只用龍蝦肉製作沙拉、填料或裝飾，龍蝦仍可整隻帶殼一起蒸煮、燒烤，或以沉浸式低溫水煮。龍蝦放涼不燙手後，就可以從殼中輕鬆取出龍蝦肉。

如圖所示，把龍蝦可食用的部位從殼中取出，包括一大塊龍蝦尾、完整的螯肉，以及從龍蝦關節和腿部取出的小塊龍蝦肉。龍蝦肝（又稱龍蝦膏）和龍蝦卵（只有母龍蝦才有）則取出，加入填料、醬汁或奶油中。

1. 一手牢牢住龍蝦尾，另一手握住龍蝦的身體。兩手朝反方向扭轉，直到尾部與身體俐落分離。
2. 用廚房剪刀剪開龍蝦尾底面的兩側，從殼中拉出龍蝦尾肉。應取出一塊完整的肉。

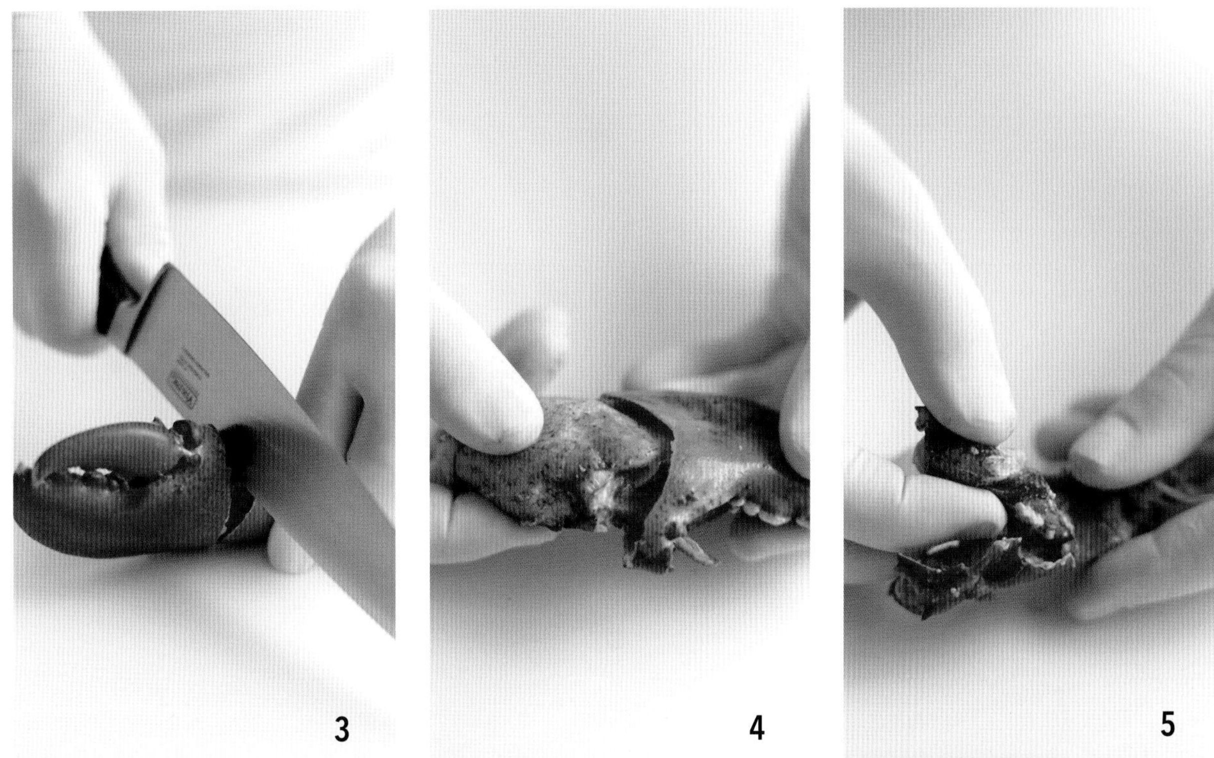

3. 用主廚刀的刀跟或刀背敲裂龍蝦螯。
4. 用手指從龍蝦螯的殼中取出肉。龍蝦螯肉應能一整塊取出，保持螯足的形狀。
5. 用刀剖開龍蝦關節，拉出關節部分的龍蝦肉。

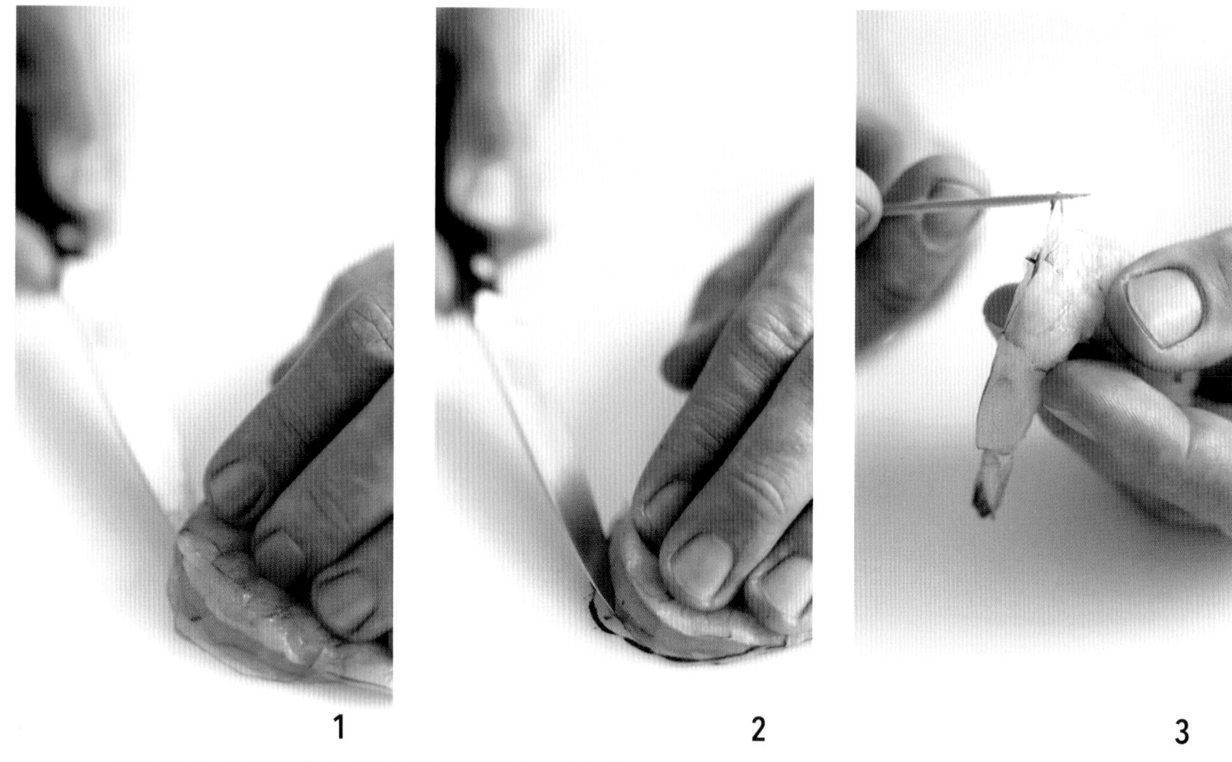

蝦子

清理蝦子時，蝦殼及蝦背上的蝦線（腸腺）可以在烹調前或烹調後挑除。比起烹調前便剝殼、去除蝦線的蝦子，帶殼沸煮或蒸煮的蝦肉會更濕潤而飽滿。蝦子若用於開胃菜或沙拉等冷菜，也可以帶殼烹調。不過，在煎或烤之前就需要先剝殼、去蝦腺。剝下的蝦殼可留作他用，例如製作成蝦高湯、濃湯或海鮮奶油。

1. 鮮蝦放在工作檯上，彎曲的外側和持刀的手擺在同一側。用水果刀或多用途刀切進蝦殼，淺淺切下一刀可以去除腸腺，切深一點可以攤平蝦肉。
2. 用刀尖剔除蝦線（蝦的腸道）。
3. 還有一種另類方法，不用切開蝦子就能去除腸腺：用牙籤或竹籤勾起腸腺，一口氣勾出一整條。

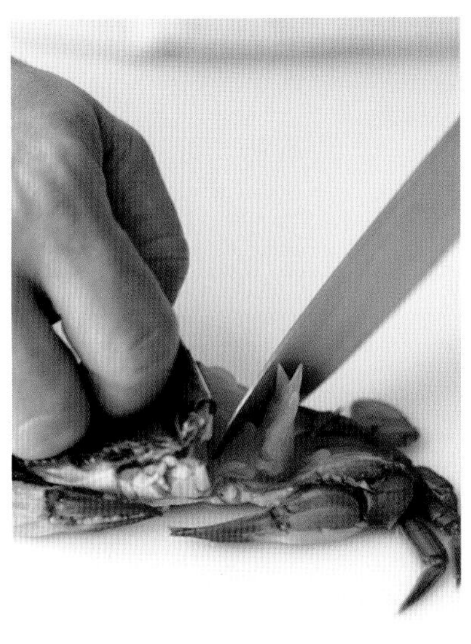

1

2

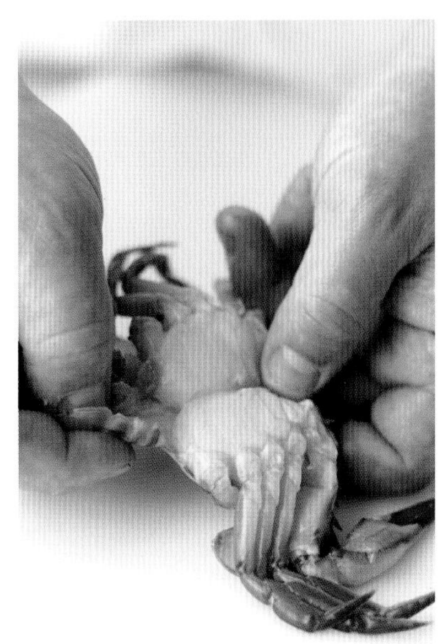

3

清理軟殼蟹

4

軟殼蟹非常美味，是廣受饕客喜愛的時令海鮮。只要能辨別軟殼蟹的各個部位，清理起來不會特別困難。軟殼蟹通常採煎炸或煎炒的方式烹調，可連殼帶肉一起吃。

1. 剝開帶有尖狀突起的那面外殼，刮除兩側的鰓絲。
2. 從蟹眼的正後方往下切，切除蟹眼和蟹嘴。接著輕輕擠壓螃蟹，擠出綠色泡沫。這些泡沫的風味很差。
3. 扳開肚臍蓋，用輕輕轉動的方式拉掉，蟹的腸腺也會一起脫離。
4. 此為清理乾淨的軟殼蟹，肚臍蓋、頭部和鰓絲都已經去除。

1

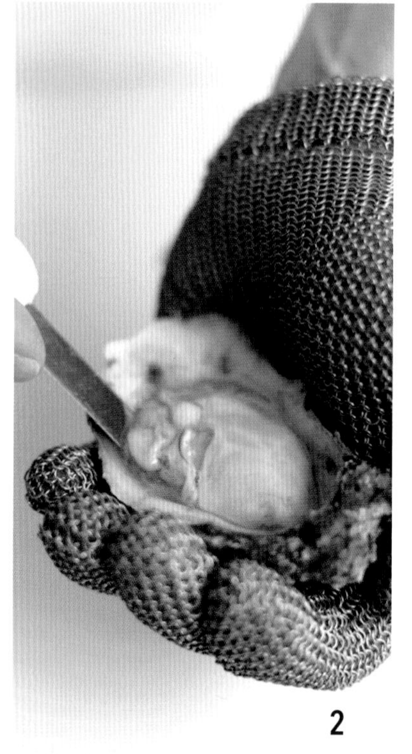

2

牡蠣

只要切斷連結兩片外殼的絞合部，即可撬開牡蠣。撬開牡蠣和蛤蜊的外殼時，務必保留殼中的所有汁液，這種鮮美的天然汁液能大幅提升湯品、燉煮料理和高湯的風味。

1. 戴上金屬鋼絲手套，以防受傷。握住牡蠣，絞合的那一側朝外，接著將牡蠣刀的刀尖插進殼縫，轉動刀尖，割斷連結上下兩片外殼的絞合部。
2. 撬開牡蠣之後，牡蠣刀分別滑入上、下殼內壁，取出牡蠣肉。

螯蝦

螯蝦和龍蝦有許多相似之處，但螯蝦的體型遠比龍蝦小。若是購買整批活螯蝦，需仔細檢查，挑出並拋棄已經死亡的螯蝦。市面上也買得到整隻或只有尾部的冷凍螯蝦。烹調前去除螯蝦的腸腺並不困難，但等烹調後再去除也可以。

螯蝦可帶殼沸煮或蒸煮。出餐時可以整隻螯蝦帶殼一起上桌，或煮熟後再剝殼，取出尾部的螯蝦肉。

1

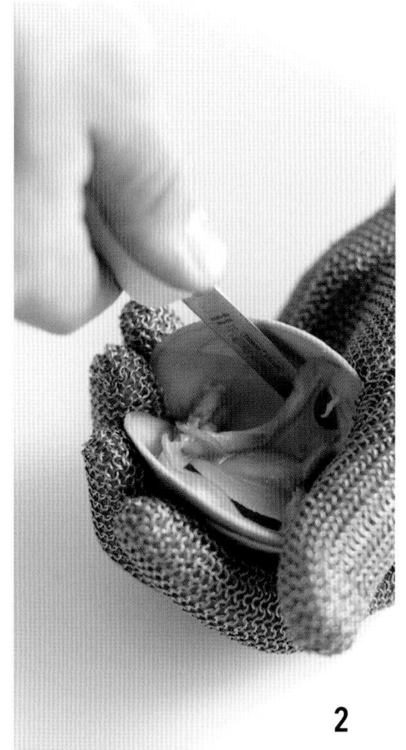

2

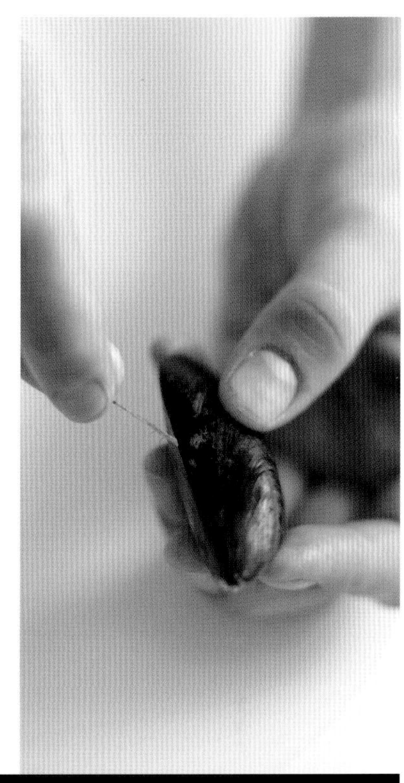

蛤蜊

戴上金屬鋼絲手套，保護握住蛤蜊的那隻手。蛤蜊刀的刀緣插入上下殼之間的縫隙。

1. 拿起蛤蜊，絞合的那一側朝向掌根。戴著手套的手指可以幫助移動刀子，也可以幫忙在開殼時多施一點力。像用鑰匙開門一樣輕轉刀刃，撬開外殼。
2. 蛤蜊一撬開，將蛤蜊刀分別滑入上、下殼內壁，取出蛤蜊肉。

貽貝

貽貝鮮少生食，大多蒸煮或低溫水煮，但烹調前的清理方式和蛤蜊類似。貽貝不同於蛤蜊和牡蠣，外殼通常長有蓬亂的深色足絲，這些通常會在烹調前去除。

足絲一拔除，貽貝就會死去，因此盡可能在烹調前再進行這項步驟。

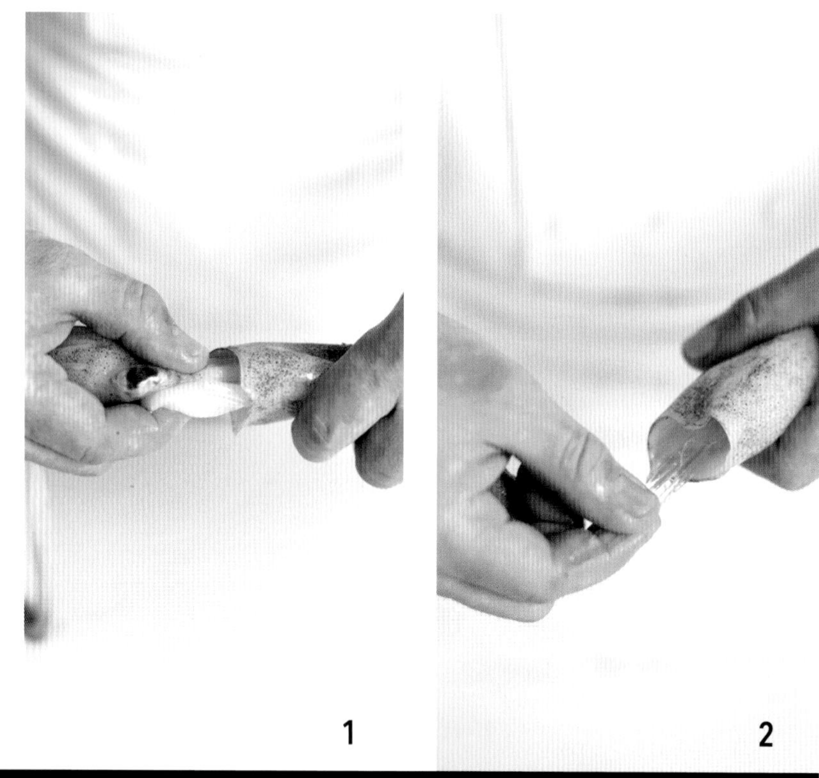

1

2

清理魷魚

章魚和魷魚屬於頭足類，一定要正確清理、分切，獨特的風味和肉質才能在菜餚中徹底展現出來。小魷魚和小章魚只要妥善處理，即使經過高溫、快速烹調，口感依舊軟嫩、濕潤。體型較大的魷魚和章魚則是比較適合燜煮或燉煮。

魷魚的外套膜可切成圈狀後煎炒、煎炸或深炸。或整隻魷魚拿去燒烤或燜煮（可填入填料，也可不填）。魷魚的墨囊可保留製成多種菜餚，讓菜餚染上濃重鮮明的黑色。

1. 將觸手從外套膜中抽出，眼睛、墨囊和腸子也會隨著觸手一起脫離。
2. 從外套膜中抽出透明的軟骨，丟棄軟骨。

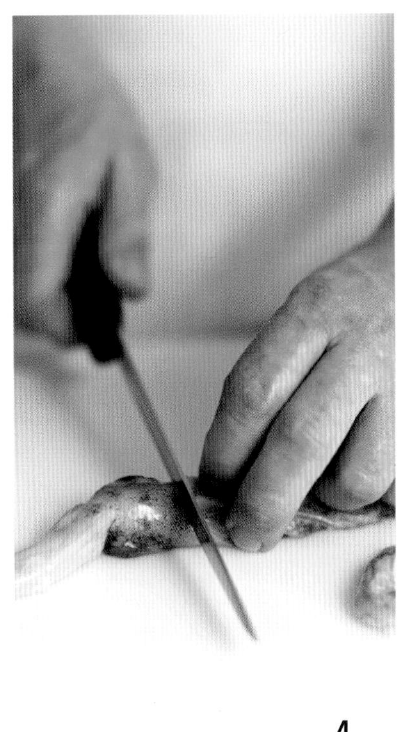

3. 盡可能剝除外套膜上的外皮，丟棄外皮。
4. 從魷魚眼睛的正下方往下切，把觸手從頭部切掉。若有需要，留下墨囊。丟棄頭部剩下的部分。
5. 攤開觸手，露出魷魚嘴。剝除並丟棄魷魚嘴。如果觸手小而短，留著一整條；如果觸手很長，切段。一清理好，用冷水將魷魚沖洗乾淨。

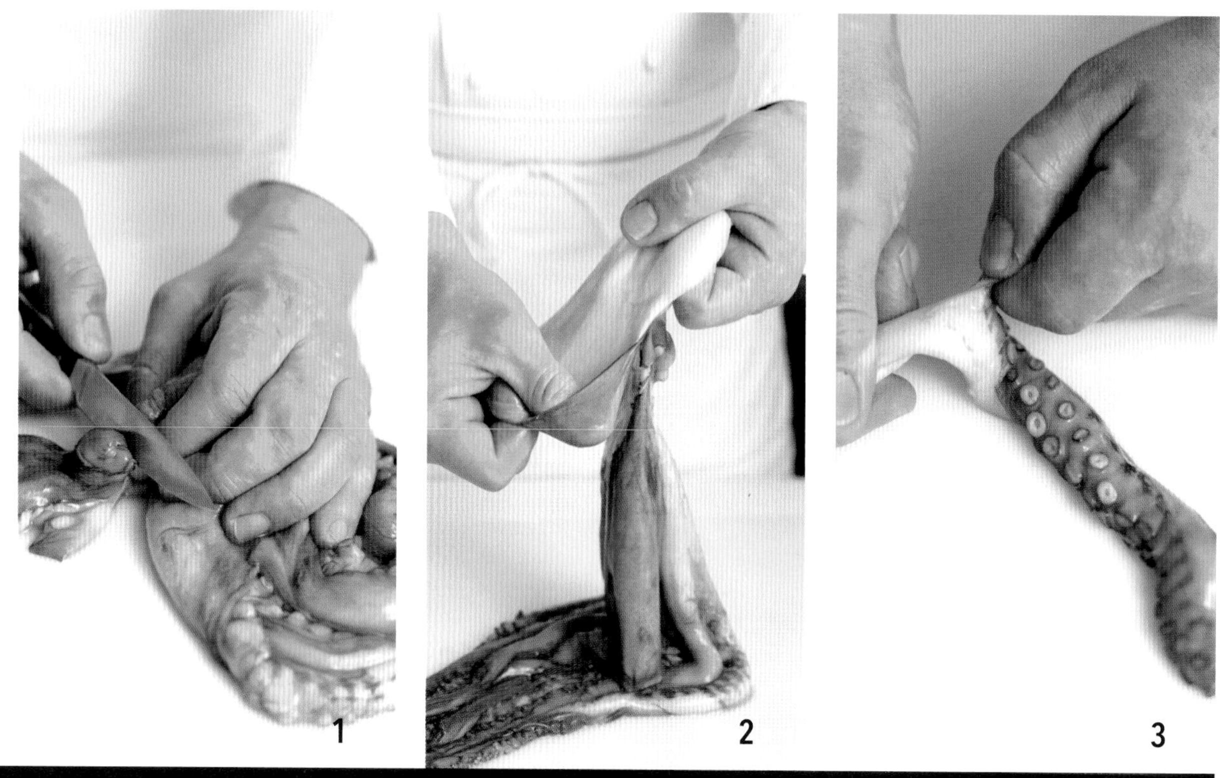

清理章魚

市售章魚通常都已經清理好，但有時仍需要自行去除內臟和口器（在英文中稱為 beak，有時候也俗稱為 eye）。若買來的章魚已清理乾淨，只需要在章魚頭部和足部中間劃一刀，切下頭部，再各自切成適合食用的大小。小章魚通常會整隻烹調。

1. 用水果刀沿著口器周圍下刀，拔掉口器。
2. 用力剝去章魚身上的外皮。
3. 若想要，可除去觸手上的吸盤。章魚此時已處理完畢，隨時可用。

第17章

grilling, broiling, and roasting

燒烤、炙烤與烘烤

有些烹調方法不使用脂肪或油，而是利用乾熱法。烹調食物時或直接運用輻射熱（燒烤和炙烤），或在烤爐內運用間接熱能（烘烤和烘焙）。這些烹調方法製作出的成品都有散發強烈風味的外部及濕潤內部。

燒烤和炙烤這兩種快速的烹調方式，是用來烹調本質軟嫩的單人份或較小塊的肉、禽肉或魚。相較之下，烘烤和烘培需較長的烹調時間，通常用來烹調比較大塊的肉、整隻禽鳥和精處理魚。

grilling, broiling, and roasting

燒烤、炙烤與烘烤

燒烤用的熱源是位於食物底下的輻射熱。食物的汁液有些直接濃縮在食物中，有些會滴下來。燒烤食物帶有些微煙燻風味，這是因為食物本身的汁液和脂肪在烹調過程中些微烤焦了，同時也因為食物會直接接觸到烤肉架的金屬條。

炙烤的概念類似燒烤，但熱源位於食物上方，而不是下方。搭配燒烤及炙烤食物的醬汁需另外準備。適合用炙烤和燒烤來烹調的食物包括柔軟、切成單人份的禽肉，腰脊肉、肋骨和上後腿肉的肉塊，以及脂肪多的魚片，像是鮪魚、旗魚和鮭魚。脂肪較少的魚或體型較小的全魚，像是多佛真鰈或小型比目魚，也可以炙烤和燒烤，只要在魚的表面塗上油或以油為基底的醃醬，並且用手持烤網上下夾住，以免魚肉在烹調過程中裂開即可。嬌嫩的食物像是脂肪少的白肉魚，會先刷上奶油或油，放在預熱好、塗上油的鐵板盤上，置於炙烤爐內熱源下方的烤架上。有些較不軟嫩的肉塊，像是牛的橫膈膜中心肉或腹脇肉排，如果切得非常薄，也可以用這個方法。

處理燒烤或炙烤食物時，肉和魚都應切成均勻的厚度，可視需要稍微捶肉，讓厚度更均勻。非常厚的肉塊或魚也可切開攤平，這樣食物從開始到最後都可以在烤架上或炙烤爐內烹調。肉類應去除多餘的脂肪、所有筋膜和軟骨。有些食物會切成條狀、塊狀或方丁，串在烤肉叉上。食物本身應經過調味，有些情況下需要稍微塗油。

燒烤爐或炙烤爐有些區域的溫度比較高。烤爐依照溫度高低分成不同區塊，包括溫度非常高的區域，能快速烤出顏色及一分熟的熟度；中等熱度的區域則能烤成三分熟或五分熟；低溫區能慢烤至七分熟或全熟，同時也能用來保溫。（若燒烤爐使用木柴或木炭，需在側邊另設一區來點燃燃料。點燃的過程溫度太高、產生太多煙，無法用來直接烹調食物。）食物也可分區擺放，以免互相沾染風味。建立在烤架上或炙烤爐內擺放食物的系統，不論是按照食物的種類或熟度來區分，都有助於縮短烹調的流程。

木頭，像是牧豆樹、胡桃木或蘋果木，很常用來添加特殊風味。硬木的木屑、香料植物的莖、修剪下來的葡萄藤和其他芳香植物可以放入煙燻盒（有孔的鐵盒），或包在鋁箔紙內，並在鋁箔紙上戳幾個洞。任何一種方法都能讓煙布滿燒烤爐，又不會點燃香料植物。

燒烤爐和炙烤爐須妥善保養、保持乾淨，以烤出品質良好的燒烤或炙烤主菜。供餐前、中、後都要花時間整理烤爐。

基本配方

燒烤或炙烤

主菜一份

- 肉、禽肉或海鮮1份（170-227克）
- 調味料，包括鹽和胡椒或醃醬、醃料、蜜汁。若想要，也可使用烤肉醬
- 其他佐料，包括調和奶油、褐醬、蔬果漿、莎莎醬

作法精要

1. 燒烤爐或炙烤爐徹底清潔，預熱。
2. 烤架薄塗一層油。
3. 主要食材調味並醃泡，或視需要刷上油以免沾黏。
4. 主要食材放上燒烤爐或炙烤爐，魚之類的嬌嫩食物用手持烤網。
5. 若想要，主要食材可旋轉90度，烤出交叉烤紋。
6. 翻面，烤成想要的熟度。

專業訣竅

▶ 主要食材的調味有多種選擇。在適當時間塗抹上調味料，大部分是在烤前。

醃醬（多餘的醃醬應該在燒烤前擦掉，以免爐火驟燃）／辛香料醃料／鹽預醃（主要食材用鹽或醃料以按摩方式抹上後，靜置一晚，燒烤前清洗乾淨並徹底風乾）

▶ 為了添加額外風味，可在爐火中加入一些材料，製造出芳香的煙，例如：

硬木屑／香料植物的莖／修剪下來的葡萄藤

作法詳解 >

1. **先點燃燒烤爐或炙烤爐**，讓爐火燒掉烤架上的舊微粒。微粒物質一變成白色灰末，便可用鋼絲刷刷掉或用濕布擦掉。用浸過油的毛巾清理燒烤爐，小心油別用太多，否則燒烤時會製造過多的煙及驟燃。金屬烤肉叉使用前清理乾淨並上油，木籤先泡水，以免之後烤太焦或著火。

   用來烤嬌嫩或可能較難翻面食物的手持烤網，也應清理乾淨並上油，以免表皮因沾黏而撕裂。

   鐵板盤、烤肉夾、曲柄長煎鏟、彈性煎鏟，還有刷抹蜜汁、醃醬及烤肉醬的刷子，以及出餐所需使用的物品（加熱過的盤子、湯匙或長柄勺），都是燒烤工作站開工前要檢查的裝備。烹調過程中烤架必須保持乾淨。清潔刷和濕毛巾應該放在手邊，用來擦拭烤網。若食物在以油為基底的醃醬中醃過，燒烤前應瀝掉多餘的油，以免燒烤時爐火驟燃。任何驟燃都會讓食物帶有不好的風味，看起來也不漂亮。

2. **別急著翻動食物**，先好好烤完一面再翻面。這樣可以烤出更好的風味，也利用食物的天然脂肪（如果有）讓食物不至於黏在烤架上，翻動時才不會撕裂。把調味過的食物放在預熱好的燒烤網或炙烤架上，開始烤並烤出烤紋。永遠先烤食物比較漂亮的那一面（盛盤時朝上），食物接觸到熱烤架時，表面會烙上深色烤紋。為了在燒烤爐上烤出交叉烤紋，用煎鏟或夾子輕輕伸進食物下方，抬起，旋轉90度。這通常稱為「10點鐘方向／2點鐘方向」烤紋烤法，借用時鐘上數字的位置來說明旋轉方向。

   很多烤肉醬含有糖，容易烤焦，因此先把食物烤半熟再塗上醬汁通常是好方法。這樣一來，食物烤好時，醬汁會發亮、稍微焦糖化卻沒有烤焦。食物兩面各塗上一層醬汁。或者，若想有厚一點、稍微脆一點的醬汁層，可以反覆薄刷醬汁。

3. 食物翻面後繼續烤成想要的熟度。大多數燒烤或炙烤的食物都會切得相對較薄，而且較軟嫩，翻面後便不需要烤很久。較厚的肉塊或需要烤到較高內部溫度的食物，可能需要移到燒烤爐或炙烤爐溫度較低的區域，才不會烤焦表面。（處理較小肉塊或魚類時切開攤平的技巧，或許可用在這種情況下。）另一個解決方法是等較厚的肉塊兩面都烤出烤紋後，移出燒烤爐或炙烤爐，放到烤爐中完成烹調。在筵席中，食物可快速地在燒烤架或炙烤架上烤出烤紋，只需稍微烤一下食物外層，便可移至烤爐的烤架上，下方放一個淺烤盤，在烤爐內完成烹調。這個方法可增加燒烤爐或炙烤爐的產量。基於食物安全，烤半熟的食物若要等一段時間再用，需在快速冷卻時格外留意。

肉類和魚類幾乎全熟時，即可自烤架上移開，這樣出餐時食物才不會過熟。肉片或魚片即使是薄的，也會保留一些熱能，從熱源上移開後都還會繼續加熱。

適當處理的燒烤或炙烤食物有鮮明的煙燻風味，那來自程度有限的烤焦，並由額外添加的硬木或香料枝葉增強。煙燻風味和香氣不應蓋過食物本身的風味，食物也不應烤太焦，那會帶有苦味或焦味。任何醃醬或蜜汁都應用來提味，而不是蓋過食物的天然風味。

燒烤鍋燒烤

燒烤鍋燒烤是在爐臺上用厚重的鑄鐵鍋或其他橫紋金屬鍋以高溫燒烤。厚實的橫紋溝槽能製造出燒烤爐那種烤紋，同時墊高食物，隔開鍋底的食物汁液或脂肪。然而要知道，燒烤鍋燒烤所烤出的風味不會和傳統燒烤一樣。燒烤爐和炙烤爐須妥善保養、保持乾淨，以烤出品質良好的燒烤或炙烤主菜。供餐前、中、後都要花時間整理烤爐。

烘烤食物烤得好，那風味和香氣可全面帶動你的感官去品嘗口舌上的飽滿、濃郁及深厚。顏色和外觀都會直接表現出食物的風味。若食物看起來太暗淡，視覺上就不吸引人，風味也缺乏深度。烤得好的食物軟嫩濕潤，若有保留外皮，外皮應該是脆的，和肉的質地形成對比。

roasting
烘烤

無論用平底鍋烘烤、烘焙、煙燻烘烤或鍋爐烤（法文 poêléing），都是在烤爐內間接加熱。baking（烘焙）和 roasting（烘烤）常交替使用，但烘焙通常用於製作麵包、蛋糕、糕點等。

串烤和旋轉棒烤似燒烤或炙烤，食物穿入鐵棒以爐火或瓦斯噴嘴提供輻射熱烹調，同時用馬達或手旋轉，讓食物布滿油脂，並確保均勻烹調。

烘烤則像烘焙。食物放入密閉烤爐，藉由接觸乾熱空氣烹調。外層受熱的同時，食物本身汁液變成蒸氣，滲入食物深處。烘烤產生的肉液稱為油滴（dripping）或鍋底褐渣（fond），可在肉類靜置時做成醬汁。

煙燻烘烤是烘烤的變形，讓食物帶有濃厚的煙燻風味。食物於緊閉或瀰漫著煙的空間內加熱。此烹調法可用明火或烤爐完成。

烘烤通常指烹調大型、本質軟嫩、多人份的肉塊，如全雞和精處理魚。腰、腿及肋骨部位的軟嫩肉塊最適合烘烤。切除多餘脂肪和筋膜，留下一層脂肪或禽肉皮，以利在烘烤時自然而然布滿油脂。烘烤前先調味，以便充分烤出食物的風味。想在烘烤時添加額外風味，可把新鮮香料植物或芳香蔬菜填塞在禽或魚的肚子中，或放入禽肉的外皮下。

好的烤肉盤邊緣相對低，熱空氣能自由流動。選擇能容納食物的烤肉盤，但不要過大，以免肉汁烤焦。烘烤的食物可以架在烘烤架上，或放在芳香食材上，讓整個食物的表面都能接觸到熱空氣。烤肉盤不應加蓋。

烤爐應預熱。不同技法需要不同溫度，有些以高溫快速烘烤；有些則以低溫開始，以較高的溫度結束；但也有以高溫開始，以低溫結束。烘烤頂級牛肋等大型肉塊，全程以中低溫烘烤。較小或較嬌嫩的食物以中低中溫（149-163℃）開始，結束前再升溫至177-191℃，製造褐變。

你可能會需要棉線或烤肉叉、速讀溫度計和肉叉。另準備一個烤肉盤，在用盤中肉汁製作醬汁時，用來盛裝烤好的食物。製作醬汁會用到網篩、撈油勺或長柄勺。同時備妥砧板和極度鋒利的切肉刀，用來切肉出餐。

基本配方

烘烤肉、禽肉或海鮮

一份

- 烘烤肉、禽肉或海鮮1份，依照想要的方式修整、捆紮或綁好
- 調味蔬菜28克（見243頁），搭配454克肉
- 調味料
- 鍋底醬、鍋底肉汁醬60毫升，或可根據每份肉的分量準備其他醬汁

鍋底肉汁醬

- 高湯（濃縮或一般高湯）
- 調味蔬菜或其他芳香蔬菜
- 可使用奶油炒麵糊或純澱粉漿這類稠化液；某些情況下，可使用打成泥的調味蔬菜或用收乾的方式使鍋底醬變稠

作法精要

1. 主要食材調味、塞入填料、醃泡、穿油或包油，若想要，可以在熱源上方或是放入烤烘烤上色。
2. 把主要食材放在烤肉盤中架高，讓食材的每一面都可以接觸熱空氣。
3. 不加蓋烘烤，直到達到想要的內部溫度。確定有留空間給餘溫加熱。
4. 若想製作鍋底肉汁醬，於烘烤的最後半小時，在烤肉盤中加入調味蔬菜。
5. 烘烤完成後，先靜置再切片。
6. 在烤肉盤中製作鍋底肉汁醬。
7. 切分，搭配合適的肉汁醬或醬汁出餐。

專業訣竅

▶ 為了烤出額外的風味和色澤，烘烤前先烤上色。食物一經調味及捆紮，便可在瓦斯爐上、炙烤爐下或非常高溫的烤爐內以熱油脂烤上色。在長時間慢烤的烤法中，烤上色能有效烤出風味和色澤。

▶ 食物外層塗上油脂能同時增添風味和濕潤度。如果食物的脂肪不多，本身釋放的油脂不足以讓外表布滿油，可使用以下任一種食材：

融化的奶油／油／醃醬

▶ 用鍋子為體積較小或表面平滑的食物煎上色，像是前腰脊肉。用烤爐為形狀不規則的食物烤上色，烤爐的溫度應設定於218-232℃之間。

▶ 如果食物經大幅修整，應塗抹或包覆一層「外皮」。不同的食材可加上少量脂肪去製作這層外殼，像是：

包油：肉塊四周綁上切成薄片的背部脂肪、培根或網油

已調味過的乾燥馬鈴薯雪花片／米片／玉米片／玉米粉／細磨乾燥蘑菇

▶ 也可塗上蜜汁增添風味。塗抹時，請使用以高湯或水果為基底的蜜汁。

▶ 全禽、雞胸和肉排這類食物，可在烘烤前塞入填料。填料調味後先冷藏至4℃以下，再混入生肉、生魚或禽肉。烘烤前，預留足夠的時間讓調味料滲入食物。

這個烤法在用餐者之間越來越受歡迎。只要有正確的器具、使用適當的方式，對任何廚師來說，都是在菜單上添加了一道獲利的生力軍。

煙燻

煙燻烹調用低溫長時間烹烤，為食物注入煙燻風味，並烤出十分軟嫩的肉質。主廚可以用肉質較堅韌的肉塊，長時間慢烤能破壞肉的結締組織。有些部位十分適合煙燻，包括牛胸肉、豬肩胛肉，以及牛或豬肋排

煙燻和炭烤訣竅

- 大多數食譜要求在烤之前去除多餘的脂肪和軟骨，但有件事很重要：不要去除太多脂肪，要留一些在煙燻和炭烤時使用。脂肪（特別是肉類表面覆蓋的脂肪）在烤的過程中可保持肉塊濕潤。如果去除太多脂肪，肉塊在長時間慢烤中容易乾掉。
- 這類型的烹調非常適合用乾醃料，不但能調味、提供絕佳風味，又不會在過程中烤焦。烤肉醬和醃醬雖然充滿風味，但也含有糖和其他容易燒焦的食材。這種醬汁應在烤的最後階段才添加，或塗在成品上，或出餐時放在旁邊。
- 煙燻中使用的木頭種類會影響肉類的最終風味。有件事很重要：要記得不同的木頭種類會為肉注入不同風味，而且有些木頭的風味可能會蓋過某些肉。煙燻常使用的木頭包括牧豆樹、櫻桃木、胡桃木、榿木、核桃木和蘋果木。
- 在煙燻爐中，肉塊要相隔正確的距離，這是均勻烹調的關鍵。確保肉塊跟肉塊之間有足夠的空間，烤的時候空氣和煙才能在肉塊周圍均勻地流通。
- 煙環（smoke ring）是肉煙燻得當的特徵。肉表面的硝酸累積之後，再被吸收回肉中，就形成了煙環。烤好後，可在外皮下方發現一圈淡粉色煙環，厚度不一，但通常希望是0.6-1.2公分。

不同的區域特色

煙燻、炭烤和其他低溫慢烤的烤法在全世界越來越盛行。亞洲、歐洲各國和加勒比海地區有各式各樣的炭烤法，每種烤法都跟這些區域一樣獨特。北美地區有七大區域特色煙燻法。

北卡羅來納州：豬肉（整隻豬）是炭烤的首選，醬汁稀薄，主要用醋和番茄醬或其他番茄產品來調味。

南卡羅來納州：也是豬肉，醬汁同為稀薄，也以醋為基底，但以芥末和其他辛香料來調出強烈風味。

堪薩斯市：牛肉和豬肉都很受歡迎，醬汁濃厚、甘甜，以番茄為基底。

德克薩斯州：牛肉和香腸。以濃厚、煙燻味更重的醬汁聞名，搭配辣椒和孜然等辛香料。

聖路易斯市：豬肋排。使用以番茄為基底的溫和醬汁，不像堪薩斯市那般濃厚，也不像德克薩斯州那麼辛香。

孟菲斯市：豬肩胛肉。醬汁稀薄、以番茄為基底，通常於烤好後淋上。

肯塔基州：羊肉。以獨特的「黑」醬聞名，醬汁以波本酒、伍斯特醬和糖蜜調味。

商用煙燻爐內部。

這塊煙燻牛胸肉上可看到明顯的煙環，外皮正下方有一圈淡粉色。

1. **傳統上是用食物本身**釋出的脂肪和肉汁來塗抹外皮。但也可以用別的材料來塗抹，像是醃醬、蜜汁、調味或原味奶油。

食物經過調味和捆紮後，可在瓦斯爐上、炙烤爐下或非常高溫的烤爐內以熱油脂烤上色。有些食物不會一開始先烤上色，特別是大型肉塊，原因是長時間烘烤會讓外皮顏色變得很深，就算一開始沒有先烤上色也會如此。

食物放在直壁烤肉盤的網架上（網架有助於空氣對流）。烤肉盤的空間要充足，食物放入後不會太擠，而且四周還有足夠的空間可以放芳香食材。

把烤肉盤放入預熱好的烤爐中，開始烘烤，視需要調整烤爐溫度。過程中若有需要，可塗抹醬汁或油脂（如圖中所示）。

塗抹醬汁或油脂可補充食物中的水分，以免烤乾。醬汁也能替食物增添額外的風味。如果食物本身的脂肪少，沒有釋出足夠的油脂來塗抹，可以塗抹融化的奶油、油或醃醬。若想要，可在烤肉盤中加入調味蔬菜或其他芳香食材，以製作鍋底醬或鍋底肉汁醬。

2. **用速讀溫度計**來判斷烘烤食物的熟度。為了取得最正確的溫度，溫度計至少必須插到探針上的小洞對齊肉。注意探針要插入食物最厚實的部位，遠離骨頭。

食物烘烤到正確的熟度後，先靜置再出餐。肉、魚、禽肉和野味通常需要烹調至特定的內部溫度（見第367頁）。食物快要烤好時，從烤肉盤中移出來靜置。用鋁箔紙寬鬆地覆蓋食物，保持濕潤，靜置於溫暖處。在餘溫加熱的過程中，靜置是關鍵，應視為烹調的最後階段。小型食物約需靜置5分鐘，中型食物約15-20分鐘，非常大的肉則需45分鐘。之所以需要靜置，是因為烘烤時肉汁都縮在肉塊的中央，切分前靜置一段時間，可以讓肉汁均勻散布。靜置也能讓食物內外的溫度一致，帶來更好的質地、香氣和風味。

3. **烘烤食物**出餐時搭配鍋底醬，鍋底醬是以滴到烤肉盤中的肉汁為基底製成。肉汁和鍋底肉汁醬是最常製作的鍋底醬。放入烤肉盤中的洋蔥、胡蘿蔔、芹菜、蒜頭和其他芳香蔬菜或香料植物會在滴下來的肉汁中烤成褐色。這些蔬菜的顏色會變深，並吸收肉汁的一些風味，因此能適當地為鍋底醬增添風味和顏色。製作鍋底醬前，確定滴下來的肉汁沒有烤焦。烤焦的肉汁會做出帶有苦味、不可口的醬汁。

   製作鍋底肉汁醬時，把烤肉盤放在爐火上，以中火烹煮肉汁，直到調味蔬菜變成褐色，油脂變得成清澈透明。肉汁會和油脂分離，收乾一些後形成鍋底褐渣。若是製作鍋底肉汁醬，須倒出油脂，但留下足夠的量和少許麵粉混合烹煮，製作奶油炒麵糊。若是製作肉汁，則無需使用麵粉。

4. **等到奶油炒麵糊變成褐色**，便可慢慢把高湯倒入烤肉盤，持續攪拌，打散結塊。確保肉汁不至於煮得太滾，以免濺出去。

   加入高湯，微滾烹煮鍋底肉汁醬或肉汁。鍋底肉汁醬煮至濃稠、散發風味，但至少需煮20分鐘，以確保麵粉中的澱粉充分煮熟。製作肉汁時，倒掉剩下的全部油脂，若想要，也可以用酒或其他汁液溶解鍋底褐渣。加入適合該烘烤食物的高湯，以微滾煮至散發風味，約15-20分鐘。一邊煮，一邊撈除油脂和浮渣。肉汁可以煮到變濃稠；或加入葛粉或玉米澱粉漿，讓肉汁變稠，然後過濾，做成速成褐醬。

5. 使用細網篩，把鍋底肉汁醬或肉汁過濾到乾淨的容器或鍋子中保溫備用。如同處理其他醬汁，把完成的鍋底肉汁醬或肉汁放在保溫檯上或水浴槽中。保存肉汁時，蓋上可緊密閉合的蓋子。

包油和穿油

製作脂肪少的烘烤食物有兩種傳統方法：包油（在肉塊周圍綁上切成薄片的背部脂肪、培根或豬網油）和穿油（將小條脂肪注射到肉塊中）。額外增加的脂肪能增添風味，也有助於維持肉的軟嫩多汁。鹿肉、野豬、野禽和牛或羊的特定部位都適合用這兩種方法。

使用其他食材也能為烘烤食物帶來不同風味。例如不使用背部脂肪穿油，改用蒜片，蒜頭不會像背部脂肪那麼保留汁液，但可添加許多風味。

由於現代人越來越憂慮飲食的脂肪含量，儘管烘烤時從表皮或脂肪層釋放的油脂並不會滲入肉中，但通常還是會去除任何看得到的脂肪或表皮，以降低成品的脂肪含量。脂肪和表皮能提供一些保護，讓肉不至於烤乾，但又不會大幅改變肉中的脂肪含量。脂肪及表皮是食物的天然防護，一旦去除，食物會變乾並失去風味。

大型烘烤食物一定要正確切成一份份，才能充分利用每個部位。接下來說明三種不同的肉塊（全鴨、烤牛肋排和豬腿肉），應可視為切肉的樣板。舉例來說，羊腿肉的結構類似豬腿肉，可以用相同的方法切分。

carving techniques
切分技巧

切烤鴨

顧客點烤鴨時，這樣盛盤讓顧客最容易食用。大多數的骨頭已去除，腿部只留腿骨下段，而胸部只有一根翅骨。這兩個部位會靠在一起，讓無骨鴨胸肉和大腿肉相疊。顧客可輕鬆地切入肉中，無需避開骨頭。

1. 自腿和胸的連接處下刀，從鴨身切下兩隻腿。把腿從鴨身拉開，露出關節，切斷杵臼關節，讓腿跟鴨身完全分離。
2. 使用剔骨刀沿著胸骨的兩邊各切一刀。

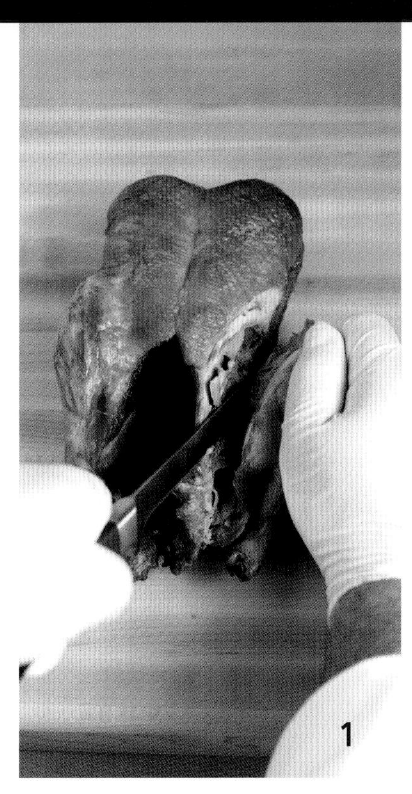
1

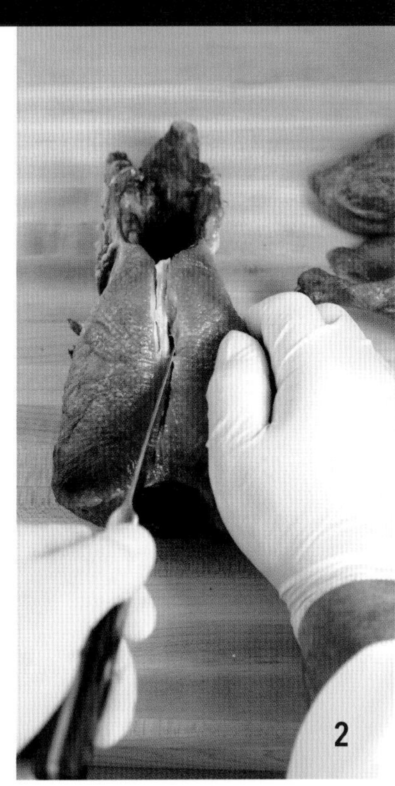
2

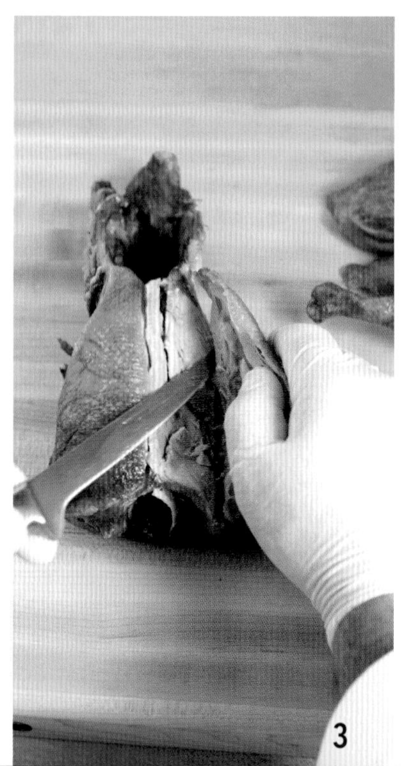

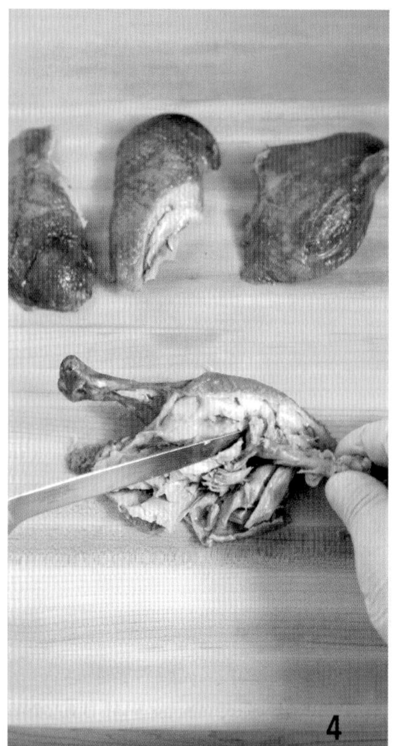

切烤鴨（承上頁）

3. 自胸廓切下鴨胸肉，刀刃邊緣盡量貼近骨頭，盡量不浪費胸肉。
4. 把大腿骨從大腿肉中拉出來。如圖所示，用刀子從腿關節切開骨頭。
5. 擺盤，腿肉和胸肉相靠，腿部放在底層，胸肉一部分疊在腿部上，腿骨下段和翅骨分別朝向不同方向。

切烤牛肋排

牛肋排屬於大型肉塊，側放時最容易處理。這個切法也可用來切小牛肋或鹿肋。但這兩種肉塊體積較小，無需側放，只要由上往下切進肋骨之間即可。可自骨頭上切下肉再切片，或留著骨頭做肋排。

1. 整塊肋排側放，使用切片刀平行地一刀刀由外往骨頭方向切。可以用刀尖從骨頭上切下肉。切好的肉若需要先放著，讓切面朝上，以免肉汁流失。

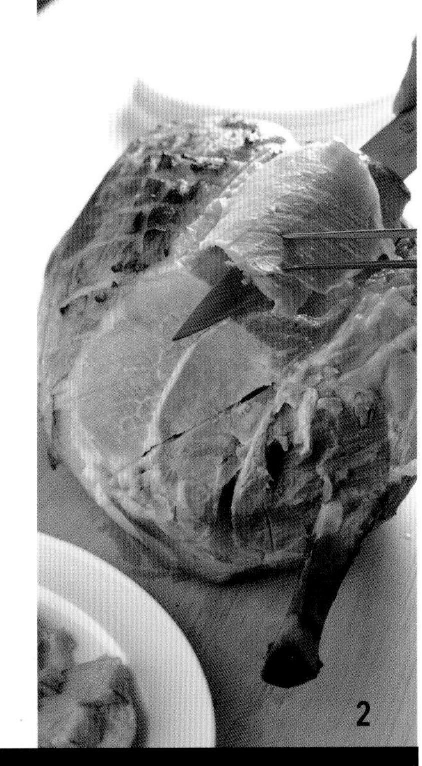

在現場切豬腿肉

此切法也可用於羊腿及去掉臀肉的牛後腿肉（steamship rounds）。

1. 切除末端的肉之後，從脛骨端開始一刀刀平行下切。繼續從腿上切下肉片，從骨頭端慢慢往後切，以切成均勻的肉片。第一刀垂直往下切，直到切到骨頭。
2. 若切下的肉片變得很大片，下一刀稍微傾斜刀子，首先向右傾斜，接著向左傾斜，如此交替，直到切完整塊腿肉。

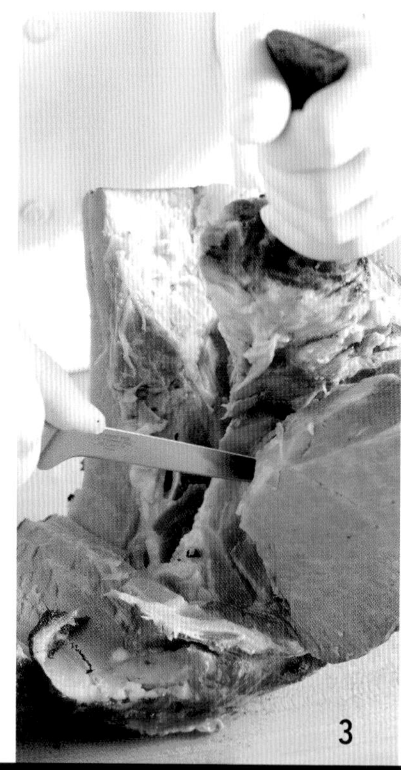

在廚房切豬腿肉

1. 後腿肉朝下立起，後腰脊端放在砧板上。用未持刀的手握住脛骨末端，保持平衡。在脛骨末端的膝關節下方下刀，切入瘦肉，順著股骨本身的曲線往下切。切時靠近骨頭，以切出最多的肉。
2. 切到杵臼關節時，沿著關節切開。第一刀無法完全從骨頭上切下肉。從坐骨上切除上端的肉。
3. 在骨頭的第二側重複同樣的動作順序，完全切下肉。肉塊自骨頭上切下的那一面會呈現 V 形凹口。

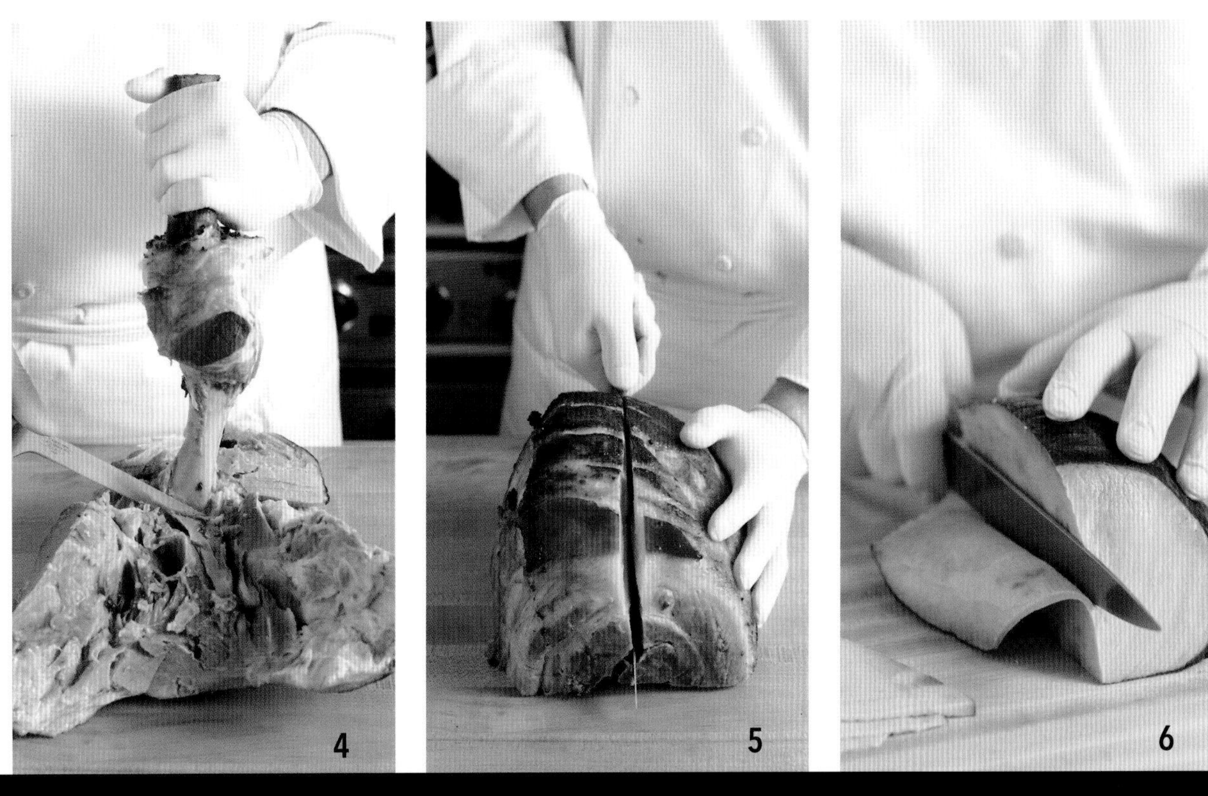

4. 切下股骨背面的肉。盡可能保持肉塊完整。

5. 較大塊的後腿肉切成可處理的大小，以切成一片片。

6. 如圖示，後腿肉使用切片刀切成片，也可用電動切片機切片。

燒烤或炙烤沙朗牛排佐蘑菇醬

Grilled or Broiled Sirloin Steak with Mushroom Sauce

10份

- 沙朗牛排10份（每份約284克）
- 鹽10克（1大匙）
- 黑胡椒粉3克（1½小匙）
- 植物油45毫升（3大匙）
- 蘑菇醬600毫升（食譜請見右欄）

1. 預熱燒烤爐或炙烤爐。
2. 牛排用鹽和胡椒調味。
3. 牛排的擺盤正面朝下放在燒烤架上，或朝上放在炙烤架上。不要翻動，燒烤或炙烤約2分鐘。（其他選擇：每塊牛排旋轉90度，烤出烤紋。）
4. 牛排翻面，烤成想要的熟度，一分熟約烤5分多鐘（內部溫度為57℃）；三分熟烤6½分鐘（內部溫度為63℃）；五分熟烤8分鐘（內部溫度為71℃）；七分熟則烤9分鐘（內部溫度為74℃）；全熟烤11分鐘（內部溫度為77℃）。
5. 加熱醬汁。每份牛排搭配60毫升醬汁出餐。

燒烤或炙烤沙朗牛排佐香草奶油：以284克香草奶油（見300頁）取代蘑菇醬，奶油擠出10份或切成10片，每份28克。把奶油分別放到烤好的單份牛排上，放在炙烤爐或上明火烤爐內，直到奶油開始融化。立刻出餐。

蘑菇醬

Mushroom Sauce

960毫升

- 紅蔥末43克
- 澄清奶油57克
- 白蘑菇片1.02公斤
- 干白酒240毫升
- 半釉汁960毫升（見293頁）
- 全脂奶油113克，切丁
- 鹽，視需求添加
- 黑胡椒粉，視需求添加

1. 把澄清奶油放入小型雙耳燉鍋，開中火，紅蔥炒軟不上色。
2. 倒入蘑菇，用大火煎炒，經常翻動，直到湯汁消失。
3. 倒入白酒，溶解鍋底褐渣，煮至白酒收乾剩三分之一。
4. 倒入半釉汁，煮至醬汁出現適當的稠度並且入味，約5分鐘。最後加入全脂奶油（乳化奶油，monte au beurre）。
5. 加入鹽和胡椒調味。醬汁已完成並可使用，或快速冷卻後冷藏備用。

燒烤或炙烤沙朗牛排佐紅酒醬

Grilled or Broiled Sirloin with Marchand de Vin Sauce

10份

- 沙朗牛排10份（每份284克）
- 鹽10克（1大匙）
- 黑胡椒粉3克（1½小匙）
- 植物油45毫升（3大匙）
- 紅酒醬600毫升（食譜請見右欄）

1. 預熱燒烤爐或炙烤爐。
2. 牛肉用鹽和胡椒調味，刷上一點油。
3. 牛肉的擺盤正面朝下放在燒烤架上，或朝上放在炙烤架上。不要翻動，燒烤或炙烤約2分鐘。（其他選擇：每塊牛排旋轉90度，烤出烤紋。）
4. 牛排翻面，烤成想要的熟度，一分熟約烤5分多鐘（內部溫度為57℃）；三分熟烤6½分鐘（內部溫度為63℃）；五分熟烤8分鐘（內部溫度為71℃）；七分熟烤9分鐘（內部溫度為74℃）；全熟烤11分鐘（內部溫度為77℃）。
5. 加熱醬汁。每份牛排搭配60毫升醬汁出餐。

法式紅酒醬

Marchand de Vin Sauce

960毫升

- 紅蔥末57克
- 百里香2枝
- 月桂葉1片
- 壓裂的黑胡椒粒1克（½小匙）
- 紅酒480毫升
- 半釉汁960毫升（見293頁）
- 鹽，視需求添加
- 黑胡椒粉，視需求添加
- 奶油113克，切丁

1. 把紅蔥、百里香、月桂葉、黑胡椒粒和紅酒放入雙耳燉鍋中混合。煮滾，收乾到糖漿的稠度，約5分鐘。
2. 倒入半釉汁，收乾到可以裹上食物的稠度，8-10分鐘。
3. 加入鹽和胡椒，過濾醬汁，最後加入奶油。
4. 醬汁已可使用，或快速冷卻後冷藏備用。

麵筋沙嗲

Seitan Satay

10份

麵筋

- 橄欖油30毫升（2大匙）
- 紅蔥丁57克
- 去籽哈拉佩諾辣椒末14克
- 蒜末14克
- 薑末14克
- 醬油150毫升
- 萊姆汁75毫升
- 芝麻油30毫升（2大匙）
- 蜂蜜57克
- 粗剁的芫荽6克（2大匙）
- 麵筋851克，切成方丁或0.6公分寬的長條

辣花生醬

- 花生油30毫升（2大匙）
- 紅咖哩醬14克（見370頁）
- 薑黃粉2克（1小匙）
- 花生醬255克
- 椰奶240毫升
- 蔬菜高湯240毫升（見265頁）
- 萊姆汁45毫升（3大匙）
- 泰式甜辣醬75毫升
- 花生170克，乾炒後粗剁

1. 製作麵筋。開小火，用小型平底煎炒鍋加熱橄欖油。放入紅蔥和哈拉佩諾辣椒，炒軟，約2分鐘。放入蒜頭和薑，炒到發出香氣，約1分多鐘。倒入果汁機或食物調理機。
2. 倒入醬油、萊姆汁、芝麻油、蜂蜜和芫荽，攪打至混合均勻。如果混合物太稠、太黏，一次倒入15毫升（1大匙）的水製作成濃稠的醃醬。
3. 混合物倒入淺的方形調理盆，倒入麵筋。翻動麵筋，讓每塊都沾上醃醬。醃泡、加蓋。放入冰箱，冷藏，至少1小時或至多放過夜。
4. 木籤泡水30分鐘。
5. 製作花生醬。開中火，用中型平底煎炒鍋加熱花生油。拌入咖哩醬和薑黃，煮至混合物稍微冒泡，約1分鐘。
6. 拌入花生醬、椰奶、高湯、萊姆汁和甜辣醬，轉小火。經常攪拌，煮3分鐘。醬汁開始冒泡時，鍋子離火，繼續攪拌1分鐘。加入花生，保存備用。
7. 醃好的麵筋串上木籤。燒烤麵筋，直到表面變成漂亮的褐色，並已徹底加熱，每面烤3-4分鐘。搭配辣花生醬出餐。

照燒牛肉佐毛豆（作法第 681 頁）
佐長米（作法第 785 頁）

照燒牛肉

Beef Teriyaki

10份

醃醬

- 淡色醬油240毫升
- 清酒240毫升
- 味醂180毫升
- 糖106克
- 蘋果刨絲64克

- 牛胸腹板肉10份（每份約170克）
- 荷蘭豆454克
- 植物油30毫升（2大匙）
- 中型白蘑菇的蕈蓋20個
- 豆芽454克
- 鹽5克（1½小匙）

1. 製作醃醬，把醬油、清酒、味醂和糖放入中型醬汁鍋中混合，煮沸。鍋子離火，加入蘋果，攪拌均勻，放到完全冷卻。
2. 牛肉放在方形調理盆中，倒上醃醬，醃泡、加蓋。放入冰箱，冷藏8小時或至多放過夜。
3. 荷蘭豆斜切成2或3段。
4. 開中火，用平底煎炒鍋或炒鍋熱油。倒入蕈蓋、豆芽和荷蘭豆，炒到剛好變軟。加鹽調味，保溫備用。
5. 預熱燒烤爐或炙烤爐。瀝掉牛肉上多餘的醃醬。視需要吸乾牛肉上的水分。
6. 牛肉擺盤正面朝下放在燒烤架上，或朝上放在炙烤架上。不要翻動，燒烤或炙烤約2分鐘。（其他選擇：每塊牛排旋轉90度，烤出烤紋。）
7. 牛排翻面，烤成想要的熟度，一分熟約烤5分多鐘（內部溫度為57℃）；三分熟烤6½分鐘（內部溫度為63℃）；五分熟烤8分鐘（內部溫度為71℃）；七分熟烤9分鐘（內部溫度為74℃）；全熟烤11分鐘（內部溫度為77度℃）。
8. 自烤架上取下牛排，靜置於溫暖處5分鐘。每塊牛排斜切成5小塊。
9. 放上蔬菜立刻出餐。

香料脆皮炭烤牛排

Barbecued Steak with Herb Crust

10份

香料脆皮

- 麵包粉170克
- 奶油170克，融化
- 歐芹14克，剁碎
- 蒜末6克（2小匙）
- 鹽3克（1小匙）
- 黑胡椒粉1克（½小匙）

牛排

- 沙朗牛排10份（每份284克）
- 鹽10克（1大匙）
- 黑胡椒粉3克（1½小匙）
- 蒜末9克（1大匙）
- 植物油45毫升
- 烤肉醬360毫升（見475頁；可不用）

1. 預熱燒烤爐或炙烤爐。
2. 香料脆皮的所有食材混合均勻，備用。
3. 牛排用鹽和胡椒調味，抹上蒜頭，刷上一點油。
4. 牛排擺盤正面朝下放在燒烤架上，或朝上放在炙烤架上。不要翻動，燒烤或炙烤約2分鐘。
5. 牛排翻面，烤成想要的熟度，一分熟約烤5分多鐘（內部溫度為57℃）；三分熟烤6½分鐘（內部溫度為63℃）；五分熟烤8分鐘（內部溫度為71℃）；

七分熟烤9分鐘（內部溫度為74℃）；全熟烤11分鐘（內部溫度為77℃）。

6. 香料脆皮放上牛排，牛排放入明火烤爐或炙烤爐，脆皮烤成褐色。牛排立刻出餐，若想要的話，也可搭配烤肉醬。

青蔥牛肉串

Skewered Beef and Scallions

10份

醃醬

- 醬油120毫升
- 芝麻油60毫升
- 糖43克
- 蒜末14克
- 薑末14克
- 黑胡椒粉2克（1小匙）

牛肉

- 牛腹脇肉1.70公斤，切成每塊長10公分、寬3公分、厚0.3公分
- 青蔥6束，切成每小段9公分

1. 把製作醃醬的所有食材放入方形調理盆中混合，放入牛肉，醃泡、加蓋。放入冰箱，冷藏3小時或放過夜。
2. 木籤泡水30分鐘。牛肉串上木籤，與蔥交錯。
3. 預熱燒烤爐或炙烤爐。
4. 串燒牛肉擺盤正面朝下放在燒烤架上，或朝上放在炙烤架上。不要翻動，燒烤或炙烤約1分鐘。（其他選擇：每串牛肉旋轉90度，烤出烤紋。）
5. 串燒翻面，烤到想要的熟度，或內部溫度至少達63℃。
6. 立刻出餐。

燒烤肋眼牛排

Grilled Rib Eye Steak

10份

醃醬

- 橄欖油480毫升
- 黑胡椒粉14克
- 蒜瓣13粒，拍碎
- 迷迭香1束，粗剁

牛肉

- 無骨肋眼牛排10份（每份284克）
- 鹽28克
- 黑胡椒粉14克

1. 預熱燒烤爐。
2. 製作醃醬的所有食材放入方形調理盆中混合，放入牛排，醃泡、加蓋。放入冰箱，冷藏至少3小時。
3. 抹去牛肉上多餘的醃醬，以鹽和胡椒調味。牛肉擺盤正面朝下放在燒烤架上，或朝上放在炙烤架上。不要翻動，燒烤或炙烤約2分鐘。（其他選擇：每塊牛排旋轉90度，烤出烤紋。）
4. 牛排翻面，烤到想要的熟度，或內部溫度至少達63℃。
5. 立刻出餐。

豬肉和小牛肉串

Pork and Veal Skewers (Raznjici)

10份

醃醬

- 檸檬汁120毫升
- 植物油120毫升
- 洋蔥片113克
- 蒜頭薄片50克
- 剁碎的歐芹6克（2大匙）
- 去骨小牛上後腿肉907克，切成4公分方丁
- 去骨豬腰脊肉907克，切成4公分方丁
- 鹽10克（1大匙）
- 黑胡椒粉3克（1½小匙）

裝飾

- 洋蔥絲340克
- 蒔蘿醬600毫升（食譜請見下方）

1. 製作醃醬的所有食材放入方形調理盆中混合，放入豬肉和小牛肉，醃泡、加蓋。放入冰箱，冷藏3小時或放過夜。
2. 木籤泡水30分鐘，豬肉和小牛肉串上木籤。燒烤或炙烤前，瀝掉肉上多餘的醃醬。視需要吸乾肉上的水分。以鹽和胡椒調味。
3. 預熱燒烤爐或炙烤爐。
4. 肉串擺盤正面朝下放在燒烤架上，或朝上放在炙烤架上。不要翻動，燒烤或炙烤約3-4分鐘。
5. 串燒翻面，再烤3-4分鐘，或烤到內部溫度至少達63℃。燒烤或炙烤時，可再刷上醃醬。
6. 搭配洋蔥絲和蒔蘿醬立刻出餐。

炙烤羊肉串佐甜椒奶油：用同等分量的去骨羊腿肉取代小牛肉和豬肉。用甜椒奶油（見300頁）來取代蒔蘿醬。

蒔蘿醬

Dill Sauce

960毫升

- 法式絲絨濃雞醬720毫升（見294頁）
- 酸奶油240毫升
- 剁碎的蒔蘿9克（3大匙）
- 鹽，視需求添加
- 黑胡椒粉，視需求添加

1. 於中型醬汁鍋中加熱絲絨濃醬至微滾，約85℃。酸奶油調溫後加入絲絨濃醬中。
2. 一邊放入蒔蘿，一邊攪拌。再度加熱至微滾，約82℃。加入鹽和胡椒調味，保溫備用。

燒烤煙燻愛荷華豬排
Grilled Smoked Iowa Pork Chops
10份

- 豬腰脊肉排10份（每份約227克）
- 鹽10克（1大匙）
- 黑胡椒粉3克（1½小匙）
- 植物油60毫升，或視需求增減
- 蘋果酒醬600毫升（食譜請見右欄）
- 焦糖蘋果10份（食譜請見右欄）
- 燜煮紫甘藍1.28公斤（見711頁）

1. 在烤架上放6塊炭磚，用爐火直接加熱至發紅、發熱。
2. 豬排放上淺烤盤的網架，放入未預熱的烤爐。
3. 炭磚小心地移入½方形調理盆，撒上木屑，製造煙霧。
4. 把裝有冒煙木屑的形調理盆放在豬排下方，保持一點距離。關上烤爐門，煙燻豬排至少10分鐘，但最多不超過15分鐘，不要過度煙燻。
5. 豬排從烤爐中拿出，加蓋冷藏，使用前再取出。把水倒在炭磚上熄火，冷卻後丟棄。
6. 預熱燒烤爐。豬排以鹽和胡椒調味，刷上一點油。豬排擺盤正面朝下放在燒烤架上。不要翻動，燒烤約2分鐘。（其他選擇：每塊豬排旋轉90度，烤出烤紋。）
7. 豬排翻面，內部溫度至少烤到63℃。
8. 加熱蘋果酒醬、焦糖蘋果和紫甘藍。每份豬排搭配128克紫甘藍、60毫升的醬汁和6片蘋果角。

蘋果酒醬
Apples Cider Sauce
960毫升

- 修整過的豬瘦肉227克，切成3公分方丁
- 鹽3克（1小匙）
- 黑胡椒粉1克（½小匙）
- 植物油30毫升（2大匙）
- 標準調味蔬菜中丁113克（見243頁）
- 蘋果酒480毫升
- 蘋果白蘭地30毫升（2大匙）
- 小牛褐高湯1.92公升（見263頁）
- 百里香3枝
- 黑胡椒粒5粒，壓碎
- 月桂葉1片
- 澱粉漿（見第247頁），視需求添加

1. 豬排以鹽和胡椒調味。開中火，用大型醬汁鍋熱油。放入豬排，煎至各面呈現均勻的褐色。自鍋中取出豬肉，保存備用。
2. 調味蔬菜放入鍋內，煎至焦糖化。
3. 倒入蘋果酒和蘋果白蘭地，溶解鍋底褐渣，收乾一半。
4. 豬肉倒回鍋中，加入高湯、百里香、黑胡椒粒和月桂葉，煮至微滾（介於82-85℃），繼續煮至收乾一半，視需要撈除雜質，25-30分鐘。
5. 若有需要，可加入澱粉漿讓醬汁變濃稠。過濾醬汁，保溫備用。

焦糖蘋果
Caramelized Apples
10份

- 當季蘋果8顆
- 檸檬2顆，擠汁

- 糖198克
- 鹽，視需求添加

1. 蘋果削皮、去核。每顆蘋果切成8片。把一半的檸檬汁淋到蘋果上，以免蘋果氧化。
2. 把剩下的檸檬汁和糖放入大型平底煎炒鍋，均勻混合。開大火煮成焦糖。
3. 小心地放入蘋果片，裹上焦糖。加一小撮鹽調味，保溫備用。

燒烤或炙烤豬排佐雪利酒醋醬

Grilled or Broiled Pork Chops with Sherry Vinegar Sauce

10份

- 帶骨豬排10份（每份約340克，5公分厚）
- 鹽10克（1大匙）
- 黑胡椒粉3克（1½小匙）
- 植物油60毫升
- 雪利酒醋醬600毫升（食譜請見下方）

1. 預熱燒烤爐或炙烤爐。
2. 豬排以鹽和胡椒調味，刷上一點油。豬排擺盤正面朝下放在燒烤架上，或朝上放在炙烤架上。不要翻動，燒烤或炙烤8-10分鐘。（其他選擇：每塊豬排旋轉90度，烤出烤紋。）
3. 豬排翻面，內部溫度至少烤到63℃。
4. 豬排從燒烤爐或炙烤爐中拿出，靜置約5分鐘。
5. 雪利酒醋醬加熱。每份豬排淋上60毫升的醬汁，立刻出餐。

雪利酒醋醬

Sherry Vinegar Sauce

960毫升

- 雪利酒醋120毫升
- 深色紅糖85克
- 速成小牛褐醬780毫升（見293頁）或半釉汁（見293頁）
- 鹽，視需求添加
- 黑胡椒粉，視需求添加
- 奶油113克，切丁

1. 使用以下方式製作焦糖醋醬：開中火，用中型醬汁鍋加熱醋和糖，直到沸騰，糖完全融化，4-6分鐘。
2. 鍋子離火，焦糖醋醬中加入肉汁。攪拌混合，再以中火加熱至微滾。煮至醬汁收乾的稠度可以覆上食物，約15分鐘。
3. 以鹽和胡椒調味。過濾醬汁，最後加入全脂奶油（乳化奶油）。醬汁已完成並可使用，或快速冷卻後冷藏備用。

燒烤羊排搭配迷迭香、朝鮮薊和 Cipollini 小洋蔥

Grilled Lamb Chops with Rosemary, Artichokes, and Cipollini Onions

10份

醃醬

- 黑胡椒粒6粒
- 月桂葉1片
- 歐芹葉57克
- 百里香葉14克
- 迷迭香葉14克
- 蒜瓣28克
- 橄欖油720毫升
- 羊肋排20份（每份約113克），法式剔骨

朝鮮薊和洋蔥

- 檸檬3顆，擠汁
- 迷你朝鮮薊30顆
- 特級初榨橄欖油180毫升
- 鹽10克（1大匙）
- 黑胡椒粉3克（1½小匙）
- cipollini 小洋蔥30顆
- 蒜片57克
- 剁碎的歐芹9克（3大匙）
- 剁碎的奧勒岡6克（2大匙）
- 雞高湯720毫升（見263頁）
- 奶油170克，切丁

1. 把黑胡椒粒、月桂葉、歐芹、百里香葉、迷迭香葉和蒜頭放入果汁機中混合。倒入橄欖油60毫升，打至均勻。再逐次加入剩下的橄欖油，打至均勻。
2. 羊排放入方形調理盆中，倒入醃醬後加蓋，冷藏至少45分鐘或放過夜。
3. 3.84公升的水與檸檬汁混合。剝除朝鮮薊莖的外皮、外部堅韌的葉片，縱切剖半。用湯匙或蔬果挖球器去除中心纖維狀的絨毛。半顆朝鮮薊再對切，放入檸檬水中保存，以免變色。
4. 開中火，在大型平底煎炒鍋內加熱90毫升特級初榨橄欖油，視需要可倒入更多橄欖油（油量比煎炒多，但比煎炸少）。徹底瀝乾朝鮮薊，稍微煎出褐色，但朝鮮薊別擠在一起（如有必要可分批炒）。朝鮮薊變成淺金黃色時，以鹽和胡椒調味，移出鍋具，放在廚房紙巾上瀝乾備用。
5. 煮滾一大鍋水，放入洋蔥，煮到變軟，8-10分鐘。撈出後浸泡冷水、剝皮，縱切剖半。開中火，用大型煎炒鍋加熱60毫升特級初榨橄欖油，洋蔥煎到稍微焦糖化，約5分鐘。倒出洋蔥，冷卻後備用。
6. 剩下的30毫升（2大匙）特級初榨橄欖油倒入大型煎炒鍋內，開中火煎蒜片，煎到邊緣開始出現褐色。倒入洋蔥、朝鮮薊、歐芹和奧勒岡，加入鹽和胡椒調味。加入高湯，收乾到剩四分之一。拌入奶油，煮到蔬菜裹上奶油。保溫備用，同時開始燒烤羊排。
7. 預熱燒烤爐或炙烤爐。瀝掉羊排上多餘的醃醬；若有需要，吸乾羊排上的水分。以鹽和胡椒調味。若想用鋁箔紙包住骨頭也可以。
8. 羊排擺盤正面朝下放在燒烤架上，或朝上放在炙烤架上。不要翻動，燒烤或炙烤約2分鐘。（其他選擇：每塊羊排旋轉90度，烤出烤紋。）
9. 羊排翻面，烤到想要的熟度，或內部溫度至少達63℃。
10. 出餐時，燉煮的蔬菜放在盤子中央，上方放兩塊羊排。

印度烤羊肉佐新鮮芒果甜酸醬

Indian Grilled Lamb with Fresh Mango Chutney

10份

- 去骨羊腿2.72公斤，切成供餐用的小塊肉（見第384頁）

醃醬

- 青小豆蔻粉2克（1小匙）
- 孜然粉2克（1小匙）
- 肉豆蔻粉1克（½小匙）
- 洋蔥末113克
- 蒜末21克
- 薑末21克
- 黑胡椒粉2克（1小匙）
- 原味優格120毫升

- 新鮮芒果甜酸醬600毫升（食譜請見右欄）

1. 修整羊肉，沿著肌肉束切開。去除所有內部脂肪和軟骨。腿肉切成薄的長條狀，長10公分、寬3公分、厚0.3公分。
2. 製作醃醬。青小豆蔻和孜然放入乾燥平底煎炒鍋稍微加熱。加入肉豆蔻、洋蔥、蒜末、薑末和胡椒，加熱到散發香氣。放涼後倒入優格中。
3. 羊肉放入方形調理盆，倒入醃醬。羊肉翻面，以均勻裹上醃醬。醃泡、加蓋。放入冰箱，冷藏8小時或放過夜。
4. 預熱燒烤爐。羊肉串上金屬烤肉叉，瀝掉多餘的醃醬。
5. 羊肉擺盤正面朝下放在燒烤架上。不要翻動，燒烤約1分鐘。（其他選擇：每串羊肉旋轉90度，烤出烤紋。）
6. 羊肉串翻面，烤到想要的熟度，或內部溫度至少達65℃。
7. 每人份約3或4串羊肉，搭配60毫升印度甜酸醬出餐。

新鮮芒果甜酸醬

Fresh Mango Chutney

960毫升

- 芒果小丁907克
- 萊姆汁60毫升
- 粗剁的芫荽4克（4小匙）
- 薑末6克（2小匙）
- 哈拉佩諾辣椒末3克（1小匙）（非必要）
- 鹽，視需求添加
- 黑胡椒粉，視需求添加

混合所有食材，若有使用哈拉佩諾辣椒末，可加入一起混合。甜酸醬靜置於冰箱中2小時，讓食材的風味互相融合。如有必要，出餐前可另外添加萊姆汁、鹽或胡椒調味。

巴基斯坦羊肉餅

Pakistani-Style Lamb Patties

10份

- 洋蔥末57克
- 植物油30毫升（2大匙）
- 蒜末9克（1大匙）
- 新鮮的白麵包粉57克
- 水60毫升，或視需求增減
- 羊絞肉1.36公斤
- 乾炒松子85克
- 蛋2顆，打散
- 塔希尼芝麻醬28克
- 剁碎的歐芹9克（3大匙）
- 鹽10克（1大匙）
- 黑胡椒粉3克（1½小匙）
- 芫荽粉2克（1小匙）
- 孜然粉12克（2大匙）
- 茴香籽2克（1小匙）
- 薑刨絲18克（2大匙）

1. 植物油倒入小型平底煎炒鍋內，開中火，烹調洋蔥直到變成透明，約5分鐘。倒入蒜末，炒1分鐘。鍋子離火，放涼。
2. 麵包粉泡水，擠掉多餘水分，混入洋蔥和蒜頭。
3. 羊肉、松子、蛋、塔希尼芝麻醬、歐芹、鹽、黑胡椒、辛香料和薑絲加入麵包粉混合物中。輕輕攪拌均勻。混合物形塑成10份肉餅，冷藏。
4. 預熱燒烤爐或炙烤爐。羊肉餅放在燒烤架或炙烤架上。不要翻動，燒烤或炙烤約2分鐘。（其他選擇：每份羊肉餅旋轉90度，烤出烤紋。）
5. 羊肉餅翻面，烤到想要的熟度，或內部溫度至少達63℃。
6. 立刻出餐。

燒烤或炙烤雞胸肉佐日曬番茄及奧勒岡奶油

Grilled or Broiled Chicken Breasts with Sun-Dried Tomato and Oregano Butter

10份

- 去骨帶皮雞胸肉10份（每份170克）
- 鹽10克（1大匙）
- 黑胡椒粉3克（1½小匙）
- 植物油45毫升（3大匙）
- 奶油，視需求添加
- 日曬番茄284克和奧勒岡奶油（見300頁），奶油擠成10份或切成10片，每份28克

1. 預熱燒烤爐或炙烤爐。
2. 捶雞胸肉，讓厚度均勻。以鹽和胡椒調味，稍微刷上一點油。
3. 雞胸肉擺盤正面（帶皮面）朝下放在燒烤架上，或朝上放在炙烤架上。不翻動，燒烤或炙烤約2分鐘。（其他選擇：每份雞胸肉旋轉90度，烤出烤紋。）
4. 雞胸肉翻面，完全烤熟（烤到內部溫度至少達74℃），6-8分鐘。
5. 每份雞胸肉上放一份日曬番茄及奧勒岡奶油，放入炙烤爐或上明火烤爐，烤到奶油開始融化，立刻出餐。

燒烤或炙烤茴香雞胸肉

Grilled or Broiled Chicken Breasts with Fennel

10份

- 植物油180毫升
- 蒜瓣3粒，拍碎
- 壓碎的茴香籽2克（¾小匙）
- 鹽2.5克（¾小匙）
- 黑胡椒粉1克（½小匙）
- 去骨去皮雞胸肉10份（每份142-170克），捶至均匀的厚度

茴香

- 奶油57克
- 紅蔥末28克
- 茴香567克，切絲
- 茴香酒30毫升（2大匙）
- 茴香葉莖10小枝（非必要）

1. 把植物油、蒜頭、茴香籽、1.5克（½小匙）鹽和0.5克（¼小匙）黑胡椒放入方形調理盆中混合。加入雞肉，醃泡、加蓋。放入冰箱，冷藏30分鐘。
2. 預熱燒烤爐或炙烤爐。瀝掉雞肉上多餘的醃醬。若有需要，可吸乾雞肉上的水分。
3. 雞肉擺盤正面朝下放在燒烤架上，或朝上放在炙烤架上。不要翻動，燒烤或炙烤約2分鐘。
4. 刷上醃醬後，雞肉翻面。繼續燒烤雞肉，不時刷上醃醬，直到完全烤熟（烤到內部溫度至少達74℃），6-8分鐘，保溫備用。
5. 製作茴香。開中火，用中型醬汁鍋加熱奶油，放入紅蔥煎至透明，約1分鐘。
6. 放入茴香，蓋上鍋蓋，煮至茴香變軟，約5分鐘。鍋子離火，倒入茴香酒。點燃茴香酒，燒到火焰自然熄滅。加入鹽和胡椒調味。
7. 出餐時，茴香先鋪上盤子，再放上雞胸肉，並以茴香葉裝飾。

燒烤雞肉佐龍蒿奶油

Grilled Paillards of Chicken with Tarragon Butter

10份

- 去骨去皮雞胸肉10份（每份142-170克）

醃醬

- 植物油60毫升
- 檸檬汁60毫升
- 剁碎的龍蒿2克（2小匙）
- 鹽3克（1小匙）
- 黑胡椒粉1克（½小匙）
- 龍蒿奶油284克（見300頁），奶油擠成10份或切成10片，每份28克

1. 修整、捶打雞胸肉製成雞排（見第380頁）。
2. 製作醃醬的所有食材放入方形調理盆中混合。加入雞肉，醃泡、加蓋。放入冰箱，冷藏30分鐘。
3. 預熱燒烤爐或炙烤爐。瀝掉雞肉上多餘的醃醬。若有需要，可吸乾雞肉上的水分。
4. 雞肉擺盤正面朝下放在燒烤架上，或朝上放在炙烤架上。不要翻動，燒烤或炙烤約2分鐘。（其他選擇：每塊雞胸肉旋轉90度，烤出烤紋。）雞胸肉翻面，烤到全熟（內部溫度至少達74℃），3-5分鐘。
5. 每份雞排上放一份龍蒿奶油出餐。

巴西綜合燒烤

Brazilian Mixed Grill

10份

醃醬

- 橄欖油60毫升
- malaguetas或哈瓦那辣椒末14克
- 剁碎的百里香1克（1小匙）
- 蒜末3克（1小匙）
- 鹽8.5克（2½小匙）
- 黑胡椒粉3克（1½小匙）

綜合燒烤

- 全雞腿5隻（每隻約277克），分開放
- 去骨豬腰脊肉907克
- 牛腹脇肉排907克
- 辣椒醬600毫升（食譜見右欄）

1. 製作醃醬。橄欖油、胡椒、百里香、蒜、1.5克（½小匙）鹽和1克（½小匙）胡椒放入方形調理盆中混合。醃泡雞肉、加蓋。放入冰箱，冷藏8小時或放過夜。
2. 預熱燒烤爐。
3. 以鹽3克（1小匙）和胡椒1克（½小匙）為豬肉調味，用剩下來的鹽和胡椒為牛肉調味。瀝掉雞肉上多餘的醃醬。若有需要，可吸乾肉上的水分。
4. 豬肉燒烤到金褐色，每面4-5分鐘。移入177℃的烤爐，烘烤到內部溫度為68℃，約10分鐘，時間會依厚度而有所不同。自烤爐中取出，靜置10分鐘。
5. 牛肉和雞肉擺盤正面朝下放在燒烤架上。不要翻動，烤到全熟（內部溫度達74℃），每面8-10分鐘。視需要翻面，確保肉塊均勻地烤成褐色。
6. 同時間燒烤牛肉，不要翻動，烤約2分鐘。牛肉翻面，烤到想要的熟度或內部溫度至少達63℃。
7. 豬肉切片，每片1公分。牛肉逆紋切成薄片。每人份為1隻棒棒腿或雞大腿、2片豬腰脊肉和2片牛腹脇肉排，搭配辣椒醬出餐。

辣椒醬

Hot Pepper Sauce (Molho Apimentado)

960毫升

- 洋蔥小丁680克
- 去皮橢圓形番茄小丁680克
- 剁碎的歐芹21克
- 蒜末2.25克（¾小匙）
- 紅酒醋90毫升
- 植物油90毫升
- malaguetas辣椒油或辣椒醬，視需求添加
- 鹽，視需求添加
- 黑胡椒粉，視需求添加

1. 洋蔥、番茄、歐芹和蒜頭放入小型調理盆中混合。再混入醋、植物油，以辣椒油或醬汁、鹽及黑胡椒調味。
2. 加蓋，使用前至少冷藏1小時。若有需要，以鹽、胡椒和辣椒油或醬汁調味。

炭烤雞胸肉佐豆豉醬

Breast with Black Bean Sauce

10份

醃醬

- 蘋果酒240毫升
- 蘋果醋30毫升（2大匙）
- 紅蔥末14克
- 蒜末3克（1小匙）
- 壓裂的黑胡椒粒2克（1小匙）

雞

- 去骨帶皮雞胸肉10份（每份170克）
- 鹽10克（1大匙）
- 黑胡椒粉3克（1½小匙）
- 烤肉醬480毫升（見475頁）
- 豆豉醬600毫升（食譜見右欄），溫熱

1. 製作醃醬的所有食材放入方形調理盆中混合，放入雞肉。雞肉翻面，以均勻裹上醃醬。醃泡、加蓋。放入冰箱，冷藏1-2小時。
2. 預熱燒烤爐或炙烤爐。瀝掉雞肉上多餘的醃醬；若有需要，可吸乾雞肉上的水分。以鹽和胡椒調味。
3. 雞肉擺盤正面朝下放在燒烤架上，或朝上放在炙烤架上。不要翻動，燒烤或炙烤約2分鐘。（其他選擇：每份雞胸肉旋轉90度，烤出烤紋。）
4. 刷上烤肉醬後翻面，繼續燒烤，不時薄刷上烤肉醬，直到雞肉全熟（內部溫度達74℃），6-8分鐘。
5. 雞胸肉放在加熱過的盤子上，搭配豆豉醬出餐。

豆豉醬

Black Bean Sauce

960毫升

- 乾燥黑豆269克，泡水過夜
- 雞高湯1.5公升（見263頁）
- 培根丁14克
- 植物油15毫升（1大匙）
- 洋蔥丁113克
- 蒜末6克（2小匙）
- 剁碎的奧勒岡0.25克（¼小匙）
- 孜然粉1克（½小匙）
- 切碎的哈拉佩諾辣椒1.5克（½小匙）
- 乾燥辣椒1根
- 鹽，視需求添加
- 黑胡椒粉，視需求添加
- 剁碎的日曬番茄14克
- 檸檬汁15毫升（1大匙），或視需求增減
- 雪利酒醋醬5毫升（1小匙）

1. 開中火，高湯倒入中型醬汁鍋，以微滾煮黑豆，煮至黑豆變軟，約1小時。瀝乾豆子，保留約240毫升的煮豆湯。
2. 開中火，在第二個中型醬汁鍋內煎培根，讓培根釋出油脂、變脆，約5分鐘。倒入植物油、洋蔥、蒜、奧勒岡、孜然、哈拉佩諾辣椒和乾燥辣椒。開中火煎炒，不時翻動，直到洋蔥變軟、變透明，6-8分鐘。
3. 煮過的黑豆加入煎炒的蔬菜中，徹底加熱所有食材。以鹽和胡椒調味，再炒10-15分鐘。
4. 三分之一的黑豆做成泥狀，加入番茄，攪打直到滑順。若有需要，可用留下來的煮豆湯調整黑豆泥的稠度。黑豆泥倒回裝有剩餘黑豆的鍋子中。若有需要，可用保留的煮豆湯調整稠度。以檸檬汁和醋調味。
5. 加入鹽和胡椒調味。醬汁已完成並可使用，或快速冷卻後冷藏備用。

牙買加辣烤春雞

Jerked Game Hens

10份

牙買加香辣醬

- 植物油120毫升
- 粗剁的洋蔥113克
- 粗剁的青蔥71克
- 黑萊姆酒60毫升
- 醬油60毫升
- 多香果粉6克（1大匙）
- 肉桂粉6克（1大匙）
- 百里香4克（4小匙）
- 鹽5克（1½小匙）
- 肉豆蔻粉3克（½小匙）
- 丁香粉2克（1小匙）
- 蘇格蘭圓帽辣椒1、2顆，去蒂去籽，粗剁
- 春雞10份，切開攤平
- 粗鹽28克

1. 牙買加香辣醬的所有食材放入果汁機中混合，打成滑順、濃稠的醬。
2. 戴上手套，春雞的兩面都抹上牙買加香辣醬。醃泡、加蓋。放入冰箱，冷藏8小時或放過夜。
3. 預熱燒烤爐或炙烤爐。以粗鹽2.5克（½小匙）為每隻春雞調味。春雞擺盤正面（帶皮面）朝下放在燒烤架上，或朝上放在炙烤架上。燒烤或炙烤12分鐘。翻面，再烤約12分鐘，烤到內部溫度為74℃。
4. 立刻出餐。

鬼頭刀魚片
佐鳳梨豆薯莎莎醬

Fillet of Mahi Mahi with Pineapple- Jícama Salsa

10份

- 鬼頭刀魚片1.7公斤，切成每份170克
- 鹽10克（1大匙）
- 黑胡椒粉3克（1½小匙）
- 萊姆汁75毫升
- 植物油75毫升
- 鳳梨豆薯莎莎醬600毫升（食譜請見下方）

1. 預熱燒烤爐或炙烤爐。
2. 以鹽、胡椒和萊姆汁調味魚片，然後刷上一點植物油。
3. 魚片擺盤正面朝下放在燒烤架上，或朝上放在炙烤架上。不要翻動，燒烤或炙烤約2分鐘。
4. 魚片翻面，完全烤熟，直到魚肉變得不透明且緊實，3-5分鐘。
5. 搭配鳳梨豆薯莎莎醬出餐。

鳳梨豆薯莎莎醬

Pineapple-Jícama Salsa

960毫升

- 植物油15毫升（1大匙）
- 萊姆汁45毫升（3大匙）
- 鹽，視需求添加
- 黑胡椒粉，視需求添加
- 粗剁的芫荽3克（1大匙）
- 豆薯170克，切極細絲
- 鳳梨小丁227克
- 紅洋蔥末120克
- 紅甜椒小丁128克
- 哈拉佩諾辣椒末14克

炙烤填料龍蝦佐綜合綠沙拉（作法見第 907 頁）

混合植物油、萊姆汁、鹽、胡椒和芫荽。加入剩下的其他食材，翻動，讓食材均勻沾上醬汁。以鹽、胡椒調味。莎莎醬已完成並可使用，或快速冷卻後冷藏備用。

炙烤填料龍蝦

Broiled Stuffed Lobster

10份

- 龍蝦10隻（每隻約680克）
- 奶油99克
- 洋蔥末284克
- 芹菜末142克
- 紅甜椒末113克
- 青椒末113克
- 鹽10克（1大匙）
- 黑胡椒粉3克（1½小匙）
- 麵包粉35克
- 干雪利酒45毫升（3大匙）
- 奶油57克，融化

1. 預熱炙烤爐。
2. 煮滾一大鍋加鹽的水。放入龍蝦預煮7分鐘。龍蝦稍微放涼。
3. 分離鉗和身體，取出鉗肉並切丁，備用。對剖龍蝦身。取出肝及卵，若想要，可留下來加入填料。
4. 開中火，用平底煎炒鍋融化奶油，放入洋蔥、芹菜和胡椒，煮至洋蔥變透明，5-6分鐘。以鹽和黑胡椒調味，鍋子離火。放入鉗肉丁、麵包粉和雪利酒，若有使用肝和卵，一起加入。若有需要，以鹽和胡椒調味。
5. 在每隻龍蝦身體的中空處放上一匙填料，尾肉上別放填料。以鹽和胡椒調味尾肉，刷上一點融化的奶油。
6. 龍蝦放上炙烤架，有殼那面朝下，炙烤到填料開始變脆，呈金褐色，5-7分鐘。立刻出餐。

英式炙烤扁鰺佐香草奶油

Broiled Bluefish à l'Anglaise with Maître d'Hôtel Butter

10份

- 去皮扁鰺片10片（每片170克）
- 鹽10克（1大匙）
- 黑胡椒粉3克（1½小匙）
- 檸檬汁75毫升
- 奶油113克，融化
- 新鮮麵包粉28克
- 香草奶油284克（見300頁），奶油擠出10份或切成10片，每份28克

1. 預熱炙烤爐。
2. 以鹽、胡椒和萊姆汁調味魚片，刷上一點油。魚片放入麵包粉中沾裹並輕壓表面。
3. 魚片放上炙烤架。炙烤到近乎全熟（變得不透明且緊實），3-4分鐘。
4. 每份魚片上放一份香草奶油，放在炙烤爐或上明火烤爐內，烤到奶油開始融化。立刻出餐。

烤魚肉串

Fish Kebabs

10份

醃醬

- 酸奶油300毫升
- 腰果醬113克
- 鷹嘴豆麵粉85克
- 剁細的泰國辣椒14克
- 檸檬汁45毫升（3大匙）
- 現磨白胡椒9克（4½小匙）
- 蒜泥9克（1大匙）
- 磨碎的茴香籽6克（1大匙）
- 印度藏茴香4克（2小匙），壓碎
- 薑粉3克（1小匙）
- 鹽，視需求添加

- 1.7公斤黑鱈魚片，切成8公分的方丁
- 鹽，視需求添加
- 檸檬汁，視需求添加
- 澄清奶油60毫升，融化
- 薄荷優格甜酸醬600毫升（食譜請見右欄）

1. 預熱炙烤爐。
2. 製作醃醬的所有食材放入方形調理盆中混合。以鹽和胡椒調味，若需要可額外添加辣椒。
3. 以鹽和檸檬汁為魚片調味，靜置15分鐘。
4. 用廚房紙巾吸乾魚片上多餘的水分。魚片放入醃醬中。醃泡、加蓋，放入冰箱，冷藏至少1小時或至多放過夜。
5. 魚片放到淺烤盤的網架上，塗抹奶油。確定每份魚片上都有足夠的醃醬。
6. 以高溫炙烤魚片，直到魚片表面呈深褐色，並帶有一些黑點，12-15分鐘。
7. 搭配薄荷優格甜酸醬立刻出餐。

薄荷優格甜酸醬

Mint and Yogurt Chutney

960毫升

- 芫荽莖與葉156克
- 薄荷葉156克
- 孜然4克（2小匙）
- 泰國鳥眼辣椒16根
- 檸檬汁180毫升
- 糖28克
- 鹽，視需求添加
- 原味優格600毫升，去乳清，放過夜

1. 芫荽、薄荷、孜然和辣椒放入果汁機中混合，打至質地滑順。若需要，攪打時可加入30毫升（2大匙）的檸檬汁。混合物不應該過於稀薄；視需要過濾。
2. 香料泥和剩下的檸檬汁、糖、鹽和優格混合。視需要調味。（甜酸醬應帶有薄荷味、辛辣味、甜味和鹹味。）
3. 醬汁已完成並可使用，或快速冷卻後冷藏備用。

威靈頓牛排

Beef Wellington

10份

- 牛菲力1.81-2.27公斤
- 鹽10克（1大匙）
- 黑胡椒粉3克（1½小匙）
- 澄清奶油或植物油60毫升
- 鵝肝醬227克
- 剁細的松露薄片57克
- 酥皮麵糰1張（見1076頁）
- 蛋液90毫升（見1023頁）
- 馬德拉酒醬600毫升（食譜見右欄）

1. 以鹽和胡椒為牛菲力調味。開大火，用大型平底煎炒鍋加熱奶油。牛菲力的各面煎上色後，鍋子離火並放涼。
2. 牛菲力表面塗上鵝肝醬，撒上松露。
3. 酥皮麵糰擀成0.5公分厚，牛菲力置於酥皮中央，酥皮蓋過牛菲，翻面，讓酥皮疊合處在下。刷上蛋液。
4. 疊合處朝下，牛菲力放入塗了油的淺烤盤，送入烤爐，溫度設定204℃。烘烤到酥皮麵糰呈淡褐色，而牛菲力的內部溫度達63℃，約20分鐘。（如有可能，請使用旋風式烤爐。）自烤爐中取出，靜置15分鐘。
5. 切成每片2公分的厚度，旁邊搭配馬德拉酒醬，立刻出餐。

馬德拉酒醬

Madeira Sauce

960毫升

- 速成小牛褐醬1.2公升（見293頁）或半釉汁（見293頁）
- 馬德拉酒360毫升
- 鹽，視需求添加
- 黑胡椒粉，視需求添加
- 奶油 113克，切中丁

1. 肉汁以中火煮至微滾，收乾一半。
2. 加入馬德拉酒，再煮2-3分鐘，以微滾煮到醬汁出現良好的稠度及風味。以鹽、胡椒調味。
3. 準備出餐前，開小火，邊拌攪邊加入奶油。

馬沙拉酒醬：以馬沙拉酒取代馬德拉酒。

烤牛肋排佐肉汁

Standing Rib Roast au Jus

25份

- 帶骨牛肋排6.35公斤（見NOTE）
- 鹽35克
- 黑胡椒粉6克（1大匙）
- 粗剁的標準調味蔬菜680克（見243頁）
- 小牛褐高湯1.92公升（見263頁）

1. 牛肋排以鹽和胡椒調味。
2. 牛肋排放到烤肉盤的網架上，放入烤爐，以177℃烤到牛肋排內部溫度達52℃。
3. 烘烤完成前約30分鐘放入調味蔬菜，烤出褐色。
4. 牛肋排從烤肉盤上取出，靜置30分鐘。
5. 靜置的同時，烤肉盤放在瓦斯爐上，煮至調味蔬菜完全褐變，且油脂清澈，約5分鐘，並收乾盤中的肉汁。視需要撈除油脂。倒入高湯溶解鍋底褐渣，以鹽和胡椒調味。過濾肉汁，以水蒸保溫檯保溫備用。
6. 牛肉切片，搭配肉汁立刻出餐。

NOTE：牛肋排的重量從6.35公斤起，最高可至9.97公斤。

烤小牛肩胛肉

Veal Shoulder Poêlé

10份

- 去骨小牛肩胛肉1.81公斤
- 鹽5克（1½小匙）
- 黑胡椒粉2克（1小匙）
- 剁細的迷迭香0.25克（1/4小匙）
- 羅勒絲0.5克（½小匙）
- 剁細的百里香0.5克（½小匙）
- 剁細的墨角蘭0.5克（½小匙）
- 蒜瓣2粒，切末
- 澄清奶油60毫升，視需求增加
- 切丁的培根塊或煙燻豬腿肉57克
- 標準調味蔬菜小丁227克（見243頁）
- 番茄糊28克（非必要）
- 小牛褐高湯240毫升（見263頁）
- 白酒240毫升
- 月桂葉2片
- 玉米澱粉3克（1小匙），加水或高湯稀釋調成澱粉漿

1. 小牛肩胛肉切開攤平，以鹽、胡椒調味。
2. 混合迷迭香、羅勒、百里香、墨角蘭和蒜頭。混合物均勻塗抹在小牛肩胛肉內側。捲起來，綁好。
3. 製作什錦蔬菜丁。開中火，用有蓋的平底煎炒鍋融化奶油。放入培根，烹調1-2分鐘。放入調味蔬菜，煮成淺金褐色，10-12分鐘。若想加番茄糊，此時倒入，稍微煮一下。
4. 小牛肩胛肉放在什錦蔬菜丁上，另塗上一些奶油。
5. 蓋上鍋蓋，放入烤爐，溫度設定為149℃。每20分鐘塗一次奶油，烤約1小時。最後30分鐘掀開鍋蓋，讓小牛肩胛肉烤成褐色。
6. 檢查熟度：叉子刺入時，小牛肩胛肉應已軟嫩。小牛肩胛肉從鍋中取出，保溫。
7. 高湯、白酒和月桂葉倒入鍋中，以微滾煮20分鐘。視需要撈除油脂。
8. 倒入澱粉漿，讓醬汁變稠，若有需要可收乾湯汁。以鹽、胡椒調味。
9. 小牛肩胛肉切成單人分量，搭配醬汁出餐。

烤豬肉佐速成褐醬
Pork Roast with JusLié
10份

- 帶骨豬腰脊肉塊2.04公斤
- 蒜末14克
- 迷迭香末1克（1小匙）
- 鹽10克（1大匙）
- 黑胡椒粉3克（1½小匙）

速成褐醬

- 標準調味蔬菜中丁227克（見243頁）
- 番茄糊30毫升（2大匙）
- 干白酒120毫升
- 小牛褐高湯960毫升（見263頁）
- 百里香2枝
- 月桂葉1片
- 葛粉澱粉漿30毫升（2大匙），或視需求增減

1. 修整腰脊肉並綁好。豬腰脊肉抹上蒜頭、迷迭香末、鹽和黑胡椒。豬腰肉放在網架上，下面墊著大小適當的烤肉盤。
2. 以191℃烘烤豬腰肉1小時，不時塗油。調味蔬菜分散放在豬肉四周後，繼續烤30-45分鐘，直到速讀溫度計插入肉塊中心時，溫度達到63℃。
3. 豬肉自烤肉盤中取出，靜置20分鐘後切分。
4. 製作速成褐醬。烤肉盤放在瓦斯爐上烹煮，直到調味蔬菜呈褐色、油脂清澈，約5分鐘。倒掉油脂。倒入番茄糊，繼續烹煮，時常攪拌，直到醬汁散發甜味，呈磚紅色，30-45秒。倒入酒溶解鍋底褐渣。讓酒稍微收乾，待酒精揮發。
5. 倒入高湯，攪拌，讓褐渣完全融出。放入百里香和月桂葉，肉汁以微滾煮20-30分鐘，或醬汁出現適當的稠度及風味。倒入澱粉漿，讓醬汁稠到足以裹上湯匙背面。撈除油脂，以鹽、胡椒調味。
6. 使用細網篩過濾速成褐醬，保溫備用。豬腰脊肉切成單份的分量，搭配速成褐醬立刻出餐。

烤填料豬肉排
Baked Stuffed Pork Chops
10份

- 中段豬肉排10份（每份227-284克，4公分厚）

填料

- 植物油60毫升
- 洋蔥末113克
- 芹菜末85克
- 蒜末6克（2小匙）
- 乾燥麵包粉680克
- 剁碎的歐芹3克（1大匙）
- 搓揉過的鼠尾草1克（1小匙）
- 鹽6.5克（2小匙）
- 黑胡椒粉2克（1小匙）
- 雞高湯180毫升（見263頁），或視需要增減
- 半釉汁720毫升（見293頁）

1. 每份豬肉排中間切出袋狀，冷藏，直到填料做好並已冷卻。
2. 平底煎炒鍋內倒入30毫升（2大匙）的植物油，開中火熱油。放入洋蔥，煎成金褐色，8-10分鐘。放入芹菜和蒜頭，繼續煎8-10分鐘，直到芹菜變軟。蔬菜在淺烤盤中攤平，以完全冷卻。
3. 洋蔥等調味蔬菜與麵包粉、歐芹和鼠尾草混合。以鹽、胡椒調味。倒入足夠的高湯，讓填料帶有水分但不過濕。冷藏填料至4℃。
4. 填料均分成10份，逐一填入每份豬肉排中。以牙籤確實封好豬肉排的開口。
5. 豬肉排以鹽和胡椒調味。開大火，用大型平底煎

炒鍋加熱剩下的30毫升（2大匙）植物油。豬肉排煎到兩面皆呈金褐色。取出豬肉排，放上淺烤盤，放入烤爐，以177℃烤到豬肉排的內部溫度達63℃。

6. 同時間，倒掉平底煎炒鍋內多餘的油脂。倒入半釉汁，煮至微滾。視需要撈除油脂。以鹽和胡椒調味。
7. 豬肉排搭配醬汁出餐。

廣式烤豬肉（叉燒）

Cantonese Roast Pork (Char Siu)

10份

- 去骨豬肩背肉1.81公斤

鹵水

- 水3.84公升
- 鹽113克
- 黃砂糖113克
- 1顆柳橙的橙皮
- 肉桂棒1根
- 黑胡椒粒6克（1大匙）
- 花椒6克（1大匙）
- 八角3粒
- 薑14克，壓碎
- 乾燥的中國辣椒10根
- 青蔥1束，稍微壓軟

醃醬

- 雞高湯90毫升（見263頁）或豬褐高湯（見264頁）
- 中國米酒60毫升（紹興酒）
- 黃砂糖43克
- 蘑菇醬油30毫升（2大匙）
- 中式海鮮醬20毫升（4小匙）
- 豆瓣醬1大匙
- 蒜末6克（2小匙）
- 芝麻油5毫升（1小匙）
- 中國五香粉3克（1小匙）（見368頁）
- 蔥段142克

1. 豬肉切成長8公分、寬20公分、高8公分的長方體。冷藏直到鹵水做好。
2. 用來製作鹵水的水煮滾，放入鹵水的其他食材，攪拌溶解糖和鹽。鹵水放涼至室溫。
3. 豬肉加入放涼的鹵水中，加蓋，冷藏8小時或放過夜。
4. 豬肉從鹵水中取出，拍乾，倒掉鹵水。
5. 開始製作醃醬。混合所有醃醬的食材。豬肉放入方形調理盆中，倒上醃醬。加蓋，冷藏8小時或放過夜，偶爾翻動肉塊。
6. 豬肉從醃醬中取出，擦掉多餘的醃醬（多餘的醃醬保留下來當蜜汁）。豬肉放到烤肉盤的網架上。
7. 方形調理盆中倒入水，放在烤爐的底層，溫度設定為163℃。
8. 豬肉放入烤爐，開始燒烤，每30分鐘把留下來的多餘醃醬刷到肉塊上，重複此步驟，直到內部溫度達到63℃，約1½小時。
9. 從烤爐中取出豬肉，切片前靜置5分鐘。搭配蔥段出餐，或切碎後做成叉燒包。

番石榴蜜汁肋排

Guava-Glazed Pork Ribs

10份

醃醬

- 水720毫升
- 紅酒醋480毫升
- 剁碎的洋蔥227克
- 粗剁的芫荽57克
- 剁碎的奧勒岡57克
- 孜然粉14克
- 黑胡椒粉4克（2小匙）
- 蒜瓣10粒

- 豬小肋排5.9公斤
- 番石榴烤肉醬720毫升（食譜請見右欄）

1. 製作醃醬。所有食材放入果汁機混合，打成泥。
2. 肋排放入不會起化學反應的容器，裹上醃醬。醃泡、加蓋，放入冰箱，冷藏至少8小時或放過夜。
3. 肋排和醃醬移到燉鍋或鍋子中，以微滾煮30分鐘。瀝乾湯汁，肋排放涼。
4. 肋排放到淺烤盤的網架上。烤爐溫度設定為177℃，烤肋排20-25分鐘。肋排兩面皆刷上烤肉醬，繼續烤8-10分鐘。再次刷上烤肉醬，翻面讓肉多的那面朝上，繼續烤8-10分鐘，直到烤出漂亮的光澤。
5. 立刻出餐。

番石榴烤肉醬

Guava Barbecue Sauce

960毫升

- 含有果肉和皮的番石榴果醬340毫升
- 番茄糊57克
- 糖蜜28克
- 芥末粉28克
- 孜然粉6克（1大匙）
- 蒜末21克
- 干雪利酒120毫升
- 蘇格蘭圓帽辣椒1顆，切末
- 水240毫升
- 鹽，視需求添加
- 黑胡椒粉，視需求添加
- 萊姆汁120毫升

1. 果醬、番茄糊、糖蜜、芥末粉、孜然、蒜、雪利酒、蘇格蘭圓帽辣椒和水放入中型醬汁鍋中混合。以鹽和胡椒調味。
2. 以微滾煮醬汁30分鐘，鍋子離火，靜置冷卻。
3. 醬汁冷卻後倒入萊姆汁。醬汁已完成並可使用，或冷藏備用。

卡羅來納烤肉

Carolina Barbecue

10份

- 豬肩背肉5.44公斤
- 鹽28克
- 黑胡椒粉14克
- 小圓麵包10份，剖半，烤過
- 北卡羅來納 Piedmont 醬300毫升（食譜見下方）
- 北卡羅來納西部烤肉醬300毫升（食譜見右欄）
- 芥末烤肉醬300毫升（食譜見右欄）

1. 豬肩背肉以鹽和胡椒調味。放入149℃的烤爐，烤到軟嫩，約5小時。
2. 豬肉從烤爐中取出，稍微放涼。冷卻至不燙手後切碎或剝成絲。
3. 豬肉每一分量約為170克，放在烤過的小圓麵包上，旁邊搭配醬汁出餐。

北卡羅來納 Piedmont 醬

North Carolina Piedmont Sauce

960毫升

- 白醋450毫升
- 蘋果醋450毫升
- 粗粒辣椒粉7克（3½小匙）
- 塔巴斯克辣椒醬45毫升（3大匙）
- 糖50克
- 壓裂的黑胡椒粒8克（4小匙）

混合所有食材並拌攪均勻。醬汁已完成並可使用，或冷藏備用。

北卡羅來納西部烤肉醬

North Carolina Western Barbecue Sauce

960毫升

- 黃砂糖43克
- 紅椒粉9克（4½小匙）
- 辣椒粉9克（4½小匙）（按368頁食譜製作或購得）
- 芥末粉9克（4½小匙）
- 鹽3克（1小匙）
- 卡宴辣椒1.5克（¾小匙）
- 伍斯特醬30毫升（2大匙）
- 白醋240毫升
- 番茄醬720毫升
- 水60毫升

混合所有食材並拌攪均勻。若有需要，可加入鹽和卡宴辣椒調味。醬汁已完成並可使用，或冷藏備用。

芥末烤肉醬(北卡羅來納東部低地烤肉醬)

Mustard Barbecue Sauce (North Carolina Eastern Low Country Sauce)

960毫升

- 植物油30毫升（2大匙）
- 剁碎的洋蔥454克
- 蒜末43克
- 白醋480毫升
- 辛辣褐芥末醬330毫升
- 香芹籽4克（2小匙）
- 糖99克
- 鹽，視需求添加
- 黑胡椒粉，視需求添加

1. 植物油倒入醬汁鍋中，以中火加熱。放入洋蔥煎炒至透明，約4分鐘。放入蒜，煎炒至發出香氣，約1分鐘。

2. 加入剩下的食材，加熱至微滾，以融化糖。鍋子離火，靜置，讓風味互相融合，約30分鐘。以鹽和胡椒調味。
3. 醬汁已完成並可使用，或冷藏備用。

豬肩背肉佐甘藍菜沙拉

Pork Butt with Coleslaw

10份

- 鹽78克
- 粗磨黑胡椒64克
- adobo 辛香料50克
- 帶骨豬肩背肉6.18公斤
- 烤肉醬1.44公升（見475頁）

蛋黃醬

- 殺菌的蛋黃45毫升（3大匙）
- 水15毫升（1大匙）
- 白酒醋15毫升（1大匙）
- 第戎芥末7克

正確煙燻的肩背肉很容易取出骨頭。

煙燻過的肉應該夠軟嫩，可用手指輕鬆拉開。

- 糖1.25克（¼小匙）
- 植物油360毫升
- 檸檬汁15毫升（1大匙）
- 鹽3克（1小匙）
- 白胡椒粉2小撮

甘藍菜沙拉

- 酸奶油180毫升
- 蘋果醋60毫升
- 芥末粉7克（3½小匙）
- 糖43克
- 香芹籽3克（1½小匙）
- 辣醬15毫升（1大匙）
- 鹽10克（1大匙）
- 黑胡椒粉2克（1小匙）
- 高麗菜絲851克
- 胡蘿蔔絲206克

1. 於小碗中混合鹽、胡椒和adobo辛香料，製成乾醃料。
2. 找到並移除豬肩背肉上的腺體（位於肩胛骨背面）。
3. 豬肩背肉抹上辛香料，醃泡、加蓋。放入冰箱，冷藏一晚或至多24小時。
4. 肉在煙燻前需在室溫中放至少1小時。
5. 煙燻爐預熱至91℃。
6. 豬肩背肉放入煙燻爐，有脂肪那面朝上。肉塊相距不超過3公分。
7. 豬肩背肉煙燻至非常軟嫩，且內部溫度達77℃，約10-12小時。最終的煙燻時間依肩背肉的大小而定。
8. 豬肩背肉從煙燻爐中拿出，並取出骨頭。靜置45分鐘。
9. 用手指或兩支叉子撕開豬肉。加熱烤肉醬。倒入適量烤肉醬，讓豬肉絲剛好都裹上醬汁即可。豬肉絲和烤肉醬分開保溫，待之後出餐。

10. 開始製作蛋黃醬。蛋黃、水、醋、芥末和糖放入中型攪拌盆內混合，打發至稍微起泡。

11. 植物油以小水流狀慢慢倒入碗中，繼續用手動打蛋器打到植物油完全融入，蛋黃醬質地滑順、濃稠。以鹽、胡椒和檸檬汁調味。

12. 開始製作甘藍菜沙拉。做好的蛋黃醬、酸奶油、醋、芥末、糖、香芹籽和辣醬放入大型攪拌盆中混合，攪拌至滑順。以鹽和胡椒調味。

13. 加入高麗菜和蘿蔔，拌至蔬菜均勻裹上沙拉醬。

14. 每297克裹上醬汁的豬肉絲搭配113克甘藍菜沙拉，搭配一些烤肉醬出餐。

煙燻牛胸肉佐醃漬甜黃瓜

Smoked Brisket with Sweet Pickles

10份

- 煙燻牛胸肉9.07公斤，保留上蓋肉
- 鹽78克
- 深色辣椒粉57克
- 紅椒粉50克
- 粗磨黑胡椒35克
- 蒜粉21克
- 洋蔥粉21克

醃漬甜黃瓜

- 柯比黃瓜907克
- 洋蔥227克
- 蘋果醋360毫升
- 鹽5克（1½小匙）
- 芥末籽2克（½小匙）
- 糖397克
- 水960毫升
- 白醋300克
- 香芹籽14克（1大匙）
- 壓碎的多香果5克（1½小匙）

辛香料醃料一定要抹勻。

理想上，煙燻好的牛胸肉應有0.6-0.13公分厚的煙環。

- 薑黃粉2克（1小匙）
- 克拉克主廚的西南風味醬600毫升（食譜請見下方）

1. 去除上蓋肉上多餘的脂肪，只留1-2公分的脂肪在肉的表層上。保留脂肪較多的上層肉。
2. 鹽、辣椒粉、紅椒粉、胡椒、蒜粉和洋蔥粉放入小碗中混合。混合物均勻地抹在牛胸肉上。加蓋後，放在冰箱中靜置過夜。
3. 煙燻前，取出牛胸肉放在室溫下1小時。
4. 預熱煙燻爐至91℃（見NOTE）。
5. 牛胸肉放入煙燻爐，有脂肪的那一面朝上，肉塊相距不超過3公分。肉塊煙燻至非常軟嫩，約10-12小時（每454克肉約需1小時）。
6. 開始製作醃漬甜黃瓜。清洗黃瓜，切片，每片約0.6公分厚。洋蔥切片，每片約0.6公分厚。
7. 黃瓜、洋蔥、蘋果醋、鹽、芥末籽、糖15克（1大匙）以及水放入不起化學反應的大型醬汁鍋中混合，以微滾煮10分鐘。過濾後倒入容器中。
8. 白醋、香芹籽、多香果、薑黃和剩下的糖倒入中型鍋中，煮滾。
9. 混合物淋在黃瓜和洋蔥上，加蓋後冷藏3-4天再使用。可冷藏保存至多1星期。
10. 將牛胸肉搭配醃漬甜黃瓜和一些西南風味醬一起出餐。

NOTE：煙燻爐的溫度保持在91℃左右。表層脂肪在這個溫度下會融化但不會沸騰，溫度再高些就沸騰了。

克拉克主廚的西南風味醬

Chef Clark's Southwest-Style Sauce

600毫升

- 奶油57克
- 洋蔥丁135克
- 蒜14克
- 泰國辣椒末28克

- 辣椒粉28克（見368頁或自行購買）
- 濃咖啡113克
- 伍斯特醬128克
- 番茄醬120毫升
- 蘋果醋60毫升
- 黃砂糖50克
- 玉米澱粉14克
- 水60毫升

1. 用大型醬汁鍋以中火融化奶油，放入洋蔥炒至透明，4-5分鐘。
2. 放入蒜和辣椒，煮到發出香氣，再煮2-3分鐘。
3. 拌入辣椒粉，繼續煮到辣椒粉出現風味，再煮2-3分鐘。
4. 拌入咖啡、伍斯特醬、番茄醬、醋和糖。以微滾煮到出現良好風味，約45分鐘。
5. 水和玉米澱粉放入小碗中攪打，直到滑順。
6. 澱粉漿拌入醬汁中，以調整醬汁稠度。醬汁再次煮滾後冷卻。
7. 醬汁完成並可使用，或可冷藏保存至多1星期。

聖路易斯式肋排

St. Louis-Style Ribs

10份

- 鹽20克（2大匙）
- 乾燥百里香8克（4小匙）
- 粗磨黑胡椒6克（1大匙）
- 香芹籽18克（3大匙）
- 紅椒粉24克（4大匙）
- 洋蔥粉31克（3大匙）
- 聖路易斯式豬肋排12.25公斤
- 烤肉醬1.44公升（食譜請見右欄）
- 甘藍菜沙拉1.13公斤（見470頁）

1. 於中型攪拌盆中混合鹽、百里香、黑胡椒、香芹籽、紅椒粉和洋蔥粉。混合物均勻地抹在豬肋排上。靜置肋排，加蓋。放入冰箱，冷藏8小時或放過夜。
2. 煙燻爐預熱至91℃（見NOTE）。
3. 煙燻肋排直到豬肉與肋骨尖端分離0.9-1.3公分，約4½小時。肉和骨頭應可輕鬆分離，分離後骨頭在10-15秒內看起來應為乾燥。
4. 自煙燻爐中取出肋排，兩面皆刷上烤肉醬。肋排擺盤正面朝下，放在熱的燒烤架上。不要翻動，燒烤到烤肉醬開始焦糖化。肋排翻面，再次燒烤到第二面上的烤肉醬開始焦糖化。
5. 切分肋排，搭配烤肉醬和甘藍菜沙拉一起出餐。

NOTE：可使用多種木頭煙燻。傳統的選擇包括了胡桃木、櫻桃木或牧豆樹。

烤肉醬

Barbecue Sauce

1.44公升

- 番茄醬960毫升
- 白酒醋255克
- 水113克
- 106克
- 伍斯特醬75毫升
- 紅椒粉21克
- 辣椒粉21克（按368頁食譜製作或購得）
- 芥末粉21克
- 鹽6.5克（2小匙）
- 卡宴辣椒3克（1½小匙）

於果汁機中混合所有食材，攪打至滑順。立刻使用或冷藏，可保存至多3週。

抹上醃料前，去除肋排上的薄膜。

烤好的肋排切成每份的分量。

醬烤豬肋排（烤排骨）

Lacquer-Roasted Pork Ribs (Kao Paigu)
10份

- 黑醬油45毫升（3大匙）
- 雪利酒45毫升（3大匙）
- 完整豬肋排5份，修整過

醃醬

- 中式海鮮醬240毫升
- 中式豆豉醬180毫升
- 番茄醬360毫升
- 蒜末9克（1大匙）
- 薑末6克（2小匙）
- 白胡椒粉2克（1小匙）
- 青蔥絲14克
- 中式米酒60毫升（紹興酒）
- 芝麻油30毫升（2大匙）
- 鹽10克（1大匙）
- 糖99克

塗醬

- 蜂蜜120毫升
- 芝麻油15毫升（1大匙）

1. 醬油和雪利酒混合後，刷上肋排。
2. 製作醃醬的所有食材混合起來。牛肉放入深的方形調理盆中，淋上醃醬，按摩牛肉，使醃醬滲入肉中。加蓋、冷藏8小時或放過夜，不定時翻面。
3. 肋排從醃醬中取出，抹去多餘的醃醬，放到烤肉盤的網架上。
4. 水倒入方形調理盆，放在烤爐內的底層，烤爐溫度設定為163℃。
5. 肋排放入烤爐，烤到肋排內部溫度達66℃，約1½小時。
6. 開始製作塗醬。蜂蜜和芝麻油混合，在烘烤的最後20分鐘刷到肋排上。
7. 肋排從烤爐中取出，靜置10分鐘。出餐前，整排肋排對切或單支肋排切成一份。

烤羊腿洋蔥

Roast Leg of Lamb Boulangère
10份

- 帶骨羊腿4.08公斤（見下方NOTE）
- 鹽35克
- 黑胡椒粉6克（1大匙）
- 蒜片28克
- 赤褐馬鈴薯1.13公斤，切片，每片厚0.3公分
- 洋蔥絲227克
- 羊肉褐高湯360毫升（見264頁）或小牛褐高湯（見263頁），或視需要增減
- 速成小牛褐醬600毫升（見293頁）或半釉汁（見293頁）

1. 以一些鹽和胡椒為羊肉調味，蒜片插入羊肉中。
2. 羊肉放在烤肉盤的網架上。以204℃烘烤1小時，不時塗上油脂。從烤肉盤中取出羊肉，倒出油脂。
3. 馬鈴薯和洋蔥鋪上烤肉盤，用剩下來的鹽和胡椒調味。倒入足夠的高湯浸潤馬鈴薯和洋蔥。
4. 羊肉放在馬鈴薯上，繼續烤到想要的熟度，或內部溫度達63℃。馬鈴薯應該要是軟的。
5. 從烤爐中取出烤肉盤，羊肉分切前先靜置。
6. 靜置羊肉的同時，以中火加熱速成小牛褐醬。
7. 羊肉切片。每一份餐點有85克馬鈴薯和洋蔥，放在加熱過的盤子上，再放170克的烤羊肉在馬鈴薯上，用湯匙淋上60毫升醬汁，立刻出餐。

NOTE：4.08-5.44公斤的羊腿肉可製作10-15人份餐點。

烤羊排佐歐芹

Roast Rack of Lamb Persillé

8份

- 法式剃骨羊排2份（每份907克）
- 植物油30毫升（2大匙）
- 鹽10克（1大匙）
- 黑胡椒粉3克（1½小匙）
- 剁碎的迷迭香1克（1小匙）
- 剁碎的百里香1克（1小匙）
- 標準調味蔬菜丁284克（見243頁）
- 羊肉褐高湯1.2公升（見264頁）或小牛褐高湯（見263頁）
- 歐芹蒜泥醬340克（食譜見右欄）

1. 羊排薄刷上一層油，以鹽和胡椒調味，抹上剁碎的迷迭香和百里香。羊排放在烤肉盤的網架上。
2. 以204℃烘烤15分鐘，烤出來的肉汁和油脂定時刷在羊排上。調味蔬菜放到羊排周圍，溫度降低至163℃。羊排繼續烘烤到想要的熟度後，移到另一個烤盤上，保溫。
3. 開始處理原汁。烤肉盤放在爐火上，煮到調味蔬菜呈現褐色，油脂清澈。倒出所有油脂，倒入高湯溶解鍋底褐渣。攪拌，讓褐渣完全融出。以微滾煮至肉汁呈現想要的稠度和風味，20-30分鐘。撈除油脂，以鹽和胡椒調味。使用細網篩過濾肉汁，保溫備用。
4. 每份羊排塗上一半的歐芹蒜泥醬，放回烤爐，烤到歐芹蒜泥醬呈淡褐色。
5. 羊排分切成一根根，搭配醬汁出餐。

歐芹蒜泥醬

Persillade

340克

- 新鮮麵包粉142克
- 蒜泥醬6克（2小匙）
- 剁碎的歐芹35克
- 奶油99克，融化
- 鹽6.5克（2小匙）

混合所有食材，做成均勻、潤濕的混合物。放入密封容器中，冷藏或視需要使用。

烤羊肩肉佐庫斯庫斯

Roasted Shoulder of Lamb and Couscous (Mechoui)

10份

- 奶油454克，軟化
- 蒜57克，加一小撮鹽壓成泥
- 剁碎的歐芹21克
- 粗剁芫荽21克
- 乾燥百里香6克（1大匙）
- 孜然粉6克（1大匙）
- 紅椒粉6克（1大匙）
- 羊肩肉4.54公斤，切成方塊，去除多餘的脂肪和筋膜
- 鹽28克
- 黑胡椒粉6克（1大匙）
- 特級初榨橄欖油120毫升，或視需求增減
- 水240毫升，或視需求增減
- 玉米澱粉9克（1大匙）混合水15毫升（1大匙）做成澱粉漿

調味料

- 粗鹽6克（1大匙）
- 孜然粉6克（1大匙）
- 黑胡椒粉2克（1小匙）
- 庫斯庫斯1.36公斤（見826頁），熱的

1. 奶油和蒜、歐芹、芫荽、百里香、孜然、紅椒粉混合。
2. 以3克（1小匙）鹽和0.5克（¼小匙）胡椒為羊肉調味。羊肉塗上混合好的奶油。
3. 羊肉放到烤肉盤的網架上。倒入油和水，直到淹過整個盤底，但還沒碰到羊肉（所需的量依烤肉盤的大小而定。）
4. 不加蓋，在烤爐內以177℃烘烤，每15分鐘上油一次，直到烤出深焦糖色，約45分鐘。
5. 加蓋，繼續烤到羊肉變得極為軟嫩，2-3小時。每30分鐘檢查一次水和油的分量，如果水位看起來太低，加水。
6. 羊肉取出並保溫，烤肉盤放到爐火上。
7. 撈除盤中的油脂，慢慢倒入澱粉漿，持續攪拌。以鹽和胡椒調味。
8. 混合所有製作調味料的食材。
9. 羊肉切成薄片，並搭配庫斯庫斯和調味料，立刻出餐。

烤羊腿佐法式白豆

Roast Leg of Lamb with Haricots Blancs (Gigot à la Bretonne)

10份

法式白豆

- 乾燥的法式白豆680克
- 橄欖油30毫升（2大匙）
- 剁碎的洋蔥340克
- 剁碎的蒜頭21克
- 月桂葉2片
- 歐芹2枝
- 鹽10克（1大匙）
- 黑胡椒粉3克（1½小匙）
- 奶油28克
- 番茄680克
- 去皮、去籽的番茄中丁
- 百里香葉0.5克（½小匙）

羊肉

- 帶骨羊腿肉4.08公斤（見右欄NOTE）
- 蒜片14克
- 橄欖油15毫升（1大匙）
- 鹽10克（1大匙）
- 黑胡椒粉3克（1½小匙）
- 滾水180毫升
- 干白酒120毫升

1. 豆子揀過，以冷水清洗乾淨，用長泡或短泡法（見第753頁）浸泡，泡好後瀝乾。
2. 豆子倒入大型湯鍋中，倒水淹沒豆子，煮滾。撈除所有浮渣，鍋子離火，豆子瀝乾。用同一個鍋子熱油，倒入113克洋蔥和6克（2小匙）剁碎的蒜。以中火煮到洋蔥變軟。豆子倒回鍋內，倒入冷水，直到高出豆子5公分。煮滾，放入月桂葉、歐芹枝。加蓋，以微滾煮45分鐘。
3. 加入鹽6克（2小匙）和剁碎的蒜頭。加蓋，繼續以微滾煮到豆子變軟但還沒爛，約30分鐘。撈出月桂葉和歐芹枝，視需要以鹽和胡椒調味。放置一旁並保溫。
4. 煮豆子的同時，以厚底煎炒鍋加熱奶油，放入剩下的洋蔥和剁碎的蒜頭，以小火翻炒，直到變成金色，需5-10分鐘。拌入番茄和百里香，以中火烹調15分鐘，不時翻動。以鹽和胡椒調味後，倒入豆子中。
5. 在羊腿上劃出幾個切口，塞入蒜片。用油按摩後，以鹽和胡椒調味。
6. 烤肉盤放到爐火上，再放入羊腿，將每一面都煎上色。
7. 羊肉放入204℃的烤爐，烘烤15分鐘後，滾水倒入烤肉盤中。烘烤過程中，不時在羊腿上塗抹烤肉盤中的肉汁，直到速讀溫度計顯示羊肉溫度至少有63℃，約1小時。羊肉從烤肉盤中移出，靜置於溫暖處。
8. 撈除烤肉盤中的油脂。倒入白酒溶解鍋底褐渣，收乾一半。鍋底肉汁醬拌入豆子中。如有需要，豆子加熱至出餐所需的溫度。
9. 羊肉切片，放在一層豆子上，出餐。

NOTE：4.08-5.44公斤的羊腿肉可製作10-15人份餐點。

烤羊腿佐薄荷醬

Roast Leg of Lamb with Mint Sauce

10份

- 去骨羊腿2.72公斤
- 香料鹽21克（食譜見右欄）
- 蒜末14克
- 植物油60毫升，視需要可斟酌增減
- 標準調味蔬菜中丁113克（見243頁）

薄荷醬

- 半釉汁720毫升（見293頁）
- 薄荷枝葉57克
- 鹽10克（1大匙）
- 黑胡椒粉3克（1½小匙）
- 薄荷細絲28克

1. 以香料鹽和蒜按摩羊肉各面。醃泡、加蓋，在冰箱中靜置過夜。
2. 羊肉捲起並綁好，用油按摩後，放到烤肉盤的網架上。
3. 以177℃烘烤45分鐘，不時塗上油脂。
4. 調味蔬菜分散放在羊肉四周，繼續烘烤30-40分鐘，直至速讀溫度計插入羊肉中心時，溫度至少有63℃。羊肉從烤肉盤中取出並靜置。
5. 開始製作薄荷醬。烤肉盤放在爐火上，煮到調味蔬菜呈褐色，油脂清澈。倒出所有油脂，倒入半釉汁，攪拌，讓褐渣完全融出。放入薄荷枝葉，以微滾煮出想要的稠度和風味，20-30分鐘。撈除油脂，以鹽和胡椒調味。用細網篩過濾，最後加入薄荷細絲。
6. 分切羊肉，搭配薄荷醬出餐。

香料鹽

Salt Herbs

57克

- 鹽35克
- 迷迭香葉4克（4小匙）
- 百里香葉4克（4小匙）
- 黑胡椒粒2克（1小匙）
- 月桂葉6片

所有食材放入乾淨的香料研磨器，研磨成中細顆粒的粉末，放入氣密式容器，使用前靜置12小時。

烤雞佐鍋底肉汁醬

Roast Chicken with Pan Gravy

10份

- 雞5隻（每隻1.13公斤），切下翅尖備用
- 鹽57克
- 白胡椒粉8克（4小匙）
- 百里香5枝
- 迷迭香5枝
- 月桂葉5片
- 軟化的澄清奶油或植物油150毫升
- 標準或白調味蔬菜340克（見243頁）
- 中筋麵粉57克
- 雞高湯1.2公升（見263頁），熱的

1. 每隻雞的胸腔以鹽和胡椒調味，各放入1枝百里香、迷迭香和1片月桂葉。
2. 以奶油按摩雞的表皮，用棉線捆紮每隻雞。
3. 雞放到烤肉盤的烤架上，雞胸朝上，放入232℃的烤爐。翅尖分散放在烤盤內，雞肉一開始呈現金褐色，就把溫度降至177℃。
4. 烘烤45分鐘，不時塗上油脂。調味蔬菜分散放在雞四周，繼續烤到大腿肉的中心溫度為74℃。
5. 雞肉從烤肉盤中取出，靜置並保溫。
6. 烤肉盤放在爐火上，煮到調味蔬菜呈褐色，油脂清澈。油脂倒出，但留下45毫升（3大匙）。
7. 加入麵粉，炒2分鐘。一邊倒入高湯，一邊攪打，直到麵糊完全滑順。
8. 以大約82℃煮肉汁，20-30分鐘，直到呈現想要的稠度和風味。撈除油脂，以鹽和胡椒調味。用細網篩過濾。
9. 雞肉對切，搭配鍋底肉汁醬立刻出餐。

雞腿鑲法式蘑菇泥

Chicken Legs with Duxelles Stuffing

10份

- 全雞腿10隻（每隻約170克）

法式蘑菇泥填料

- 紅蔥末170克
- 奶油57克
- 蘑菇小丁907克
- 鹽10克（1大匙）
- 黑胡椒粉4克（2小匙）
- 高脂鮮奶油240毫升，收乾一半
- 新鮮麵包粉227克
- 剁碎的歐芹3克（1大匙）

- 奶油57克，融化
- 雞醬汁600毫升（見294頁）

1. 雞腿去骨，雞肉攤平，上下各鋪上數張烘培紙或保鮮膜。以肉錘把雞肉捶平。冷藏備用。
2. 開始製作法式蘑菇泥填料。紅蔥放入平底深煎鍋，開中火，用奶油炒到紅蔥變透明，2-3分鐘。放入蘑菇，炒到乾，做成法式蘑菇泥。用一些鹽和胡椒調味。
3. 放入奶油、麵包粉和歐芹，混合均勻。若想要，法式蘑菇泥現在可冷藏，保存備用。
4. 用剩下的鹽和胡椒為雞腿肉調味，每份雞腿放上85克的蘑菇泥。對摺雞腿肉包住蘑菇泥，接合處朝下，放到烤肉盤的網架上。
5. 雞腿刷上融化的奶油，放入191℃的烤爐烘烤，偶爾塗油，直到插入雞腿中心的溫度計達到74℃，25-30分鐘。雞腿應呈淺金褐色。
6. 每隻雞腿放到預熱過的盤子上，搭配60毫升醬汁出餐。

煙燻烤雞

Pan-Smoked Chicken

10份

- 去骨去皮雞胸肉10份（每份170克）
- 鹽1.5克（½小匙）
- 黑胡椒粉0.5克（¼小匙）

醃醬

- 蘋果酒240毫升
- 蘋果醋60毫升
- 紅蔥末14克
- 蒜末6克（2小匙）

1. 雞肉洗淨，拍乾，以鹽和胡椒調味，放入淺的方形調理盆內。
2. 醃醬的所有食材混在一起，倒在雞肉上。翻動雞肉，以均勻裹上醃醬。醃泡、加蓋。放入冰箱，冷藏3小時或放過夜。
3. 稍微浸濕的硬木屑放入烤肉盤，架上烤架，放上雞肉。烤盤緊密包好，放入232℃的烤爐，烤到煙燻味變得明顯，6-8分鐘。從這時候開始再煙燻3分鐘，之後雞肉移到另一個烤盤，放入177℃的烤爐，烤（不煙燻）到熟透（74℃），10-12分鐘。
4. 立刻出餐，或放涼後冷藏備用。

美國嫩雛雞胸肉鑲蘑菇重組肉

Breast of Rock Cornish Game Hen with Mushroom Forcemeat

10份

- 美國嫩雛雞10隻（每隻約567克）
- 蘑菇重組肉1.25公斤（食譜請見下頁）
- 鹽10克（1大匙）
- 3克（1½小匙）黑胡椒粉
- 澄清奶油30毫升（2大匙），融化
- 馬德拉酒醬600毫升（見463頁）

1. 胸肉從嫩雛雞上取下，處理好，冷藏備用。取下雞腿和大腿肉，製成蘑菇重組肉。
2. 鬆開胸肉上的皮，胸肉各面抹上鹽和胡椒調味。每份胸肉在雞皮和胸肉之間灌入約57克的蘑菇重組肉。順平雞皮表面，讓重組肉分布均勻。
3. 填好的胸肉放到烤盤上，刷上一點奶油。放入預熱過的烤爐，以177℃烤20-25分鐘，直到內部溫度達74℃。烘烤時可把額外的奶油或烤盤肉汁塗抹在雞胸肉上。
4. 加熱馬德拉酒醬，每份胸肉（含2份雞胸）搭配60毫升醬汁出餐。

NOTE：其他擺盤方式：每份胸肉稍微斜切成4片，在溫熱的盤子上以放射狀排開。

蘑菇重組肉

Mushroom Forcemeat

1.25公斤

- 美國嫩雛雞腿和大腿肉340克，切小丁（見NOTE）
- 鹽6.5克（2小匙）
- 黑胡椒粉1克（½小匙）
- 培根末71克
- 奶油28克
- 紅蔥末28克
- 蒜瓣1粒，切末
- 白蘑菇末284克
- 羊肚菌末284克
- 百里香1枝
- 月桂葉1片
- 鼠尾草4片
- 馬德拉酒120毫升
- 蛋1顆
- 高脂鮮奶油150毫升

1. 以鹽和胡椒調味雞肉，冷藏備用。
2. 培根和奶油放入平底煎炒鍋內，開中火。培根煎至酥脆，加入紅蔥和蒜，煎至發出香氣。倒入全部的蘑菇，炒到稍微變軟且未上色。放入百里香、月桂葉、鼠尾草和馬德拉酒，收到幾乎變乾。月桂葉、百里香和鼠尾草撈起丟棄。以鹽和胡椒調味，冷藏至溫度低於4℃。
3. 肉丁和雞蛋放入食物調理機，打成糊，不時刮下調理盆壁上的殘留物。倒入鮮奶油，食物調理機開開停停，直到奶油均勻混入。倒入攪拌盆中，拌入冷藏的蘑菇混合物，再放回冷藏，保存備用。

NOTE：這款重組肉可以用任何禽類的瘦肉丁取代嫩雛雞的雞腿和大腿肉。

烤幼鴨肉佐苦橙醬汁

Roast Duckling with Sauce Bigarade

10份

- 鴨5隻（每隻約2.5公斤）
- 鹽14克
- 黑胡椒粉2克（1小匙）
- 歐芹莖25根
- 百里香5枝
- 月桂葉5片
- 小牛褐高湯240毫升（見263頁）

苦橙醬汁

- 糖21克
- 水15毫升（1大匙）
- 白酒30毫升（2大匙）
- 蘋果醋30毫升（2大匙）
- 血橙汁90毫升
- 半釉汁960毫升（見293頁）
- 小牛褐高湯480毫升（見263頁）
- 鹽，視需求添加
- 黑胡椒粉，視需求添加
- 血橙5顆

1. 幼鴨肉洗淨、修整，去除體腔中的脂肪（若想要，可保留另作他用）。鴨肉放到烤肉盤的網架上，胸部朝上。以鹽和胡椒調味，每隻幼鴨的體腔內放入5根歐芹莖、1枝百里香、1片月桂葉。
2. 以218℃烘烤鴨肉約1小時，直到流出來的肉汁呈非常淡的粉色，大腿肉的溫度為74℃。鴨肉從烤肉盤中移出，切分前靜置至少10分鐘。
3. 撈除烤肉盤中的油脂，並用高湯溶解鍋底褐渣，肉汁過濾後保留。
4. 在烘烤鴨肉的同時製作醬汁。糖和水倒入醬汁鍋中混合，以中火烹煮至糖融化並焦糖化成深金褐色，約1分鐘。

5. 倒入酒、醋和血橙汁。混合均勻，並以中火加熱收乾一半，約1分鐘。攪拌以溶解結塊。
6. 倒入半釉汁和高湯，加熱至沸騰。倒入預留的肉汁，轉中火，以微滾煮約15分鐘，直到醬汁出現適當的稠度及風味。以鹽和胡椒調味，用濾布過濾醬汁，保溫。
7. 從血橙上削下橙皮，切絲後氽燙。血橙切角。
8. 從肋骨上切下胸肉，從身體切下腿肉。鴨肉放在鐵板盤上，胸肉一部分重疊在腿肉上方，帶皮面朝上。鴨肉刷上少量醬汁，在232℃烤爐中重新加熱至表皮酥脆，約5分鐘。
9. 每盤舀入60毫升的醬汁，鴨肉放在醬汁上。用氽燙過的血橙刨絲和橙瓣裝飾。

烤火雞佐鍋底肉汁醬及栗子填料

Roast Turkey with Pan Gravy and Chestnut Stuffing

10份

- 火雞全雞1隻（約5.9公斤）
- 鹽10克（1大匙）
- 黑胡椒粉2克（1小匙）
- 洋蔥2顆，去皮，切成4等份
- 歐芹莖12-15枝
- 軟化的澄清奶油或植物油150毫升
- 標準調味蔬菜中丁340克（見243頁）
- 中筋麵粉57克
- 雞高湯1.2公升（見263頁），熱的
- 栗子填料1.25公斤（見486頁）

1. 火雞體腔以鹽和胡椒調味。洋蔥平均切成4等份，跟歐芹莖一起放入體腔內。
2. 用奶油塗抹火雞皮，用棉線綁好火雞。
3. 火雞放到烤肉盤的網架上，胸部朝上。
4. 以177℃烘烤3小時，不時在火雞身上刷油。
5. 調味蔬菜分散放在火雞四周，繼續烘烤30-40分鐘，直到大腿肉的內部溫度達74℃。火雞從烤肉盤中取出靜置。
6. 烤肉盤放在爐火上，煮到調味蔬菜呈現褐色，油脂清澈。油脂倒出，但留下30毫升（2大匙）。
7. 加入麵粉，煮4-5分鐘，直到呈現金黃色。一邊倒入高湯，一邊攪打，直到麵糊完全滑順。
8. 以微滾煮肉汁20-30分鐘，直到出現想要的稠度和風味。撈除油脂，以鹽和胡椒調味。用細網篩過濾肉汁。火雞切分成單人分量，搭配鍋底肉汁醬和栗子填料出餐。

栗子填料

Chestnut Stuffing

1.25公斤

- 洋蔥末113克
- 培根脂肪或奶油113克
- 切成方塊的隔夜麵包680克
- 雞高湯240毫升，熱的（見263頁）
- 蛋1顆
- 剁碎的歐芹6克（2大匙）
- 剁碎的鼠尾草1克（1小匙）
- 栗子227克，去殼、去皮，烤過，剁碎
- 鹽3克（1小匙）
- 黑胡椒粉1克（½小匙）

1. 用培根脂肪煎炒洋蔥，直到炒軟。
2. 混合麵包、高湯和雞蛋，倒在洋蔥上。放入歐芹、鼠尾草、栗子、鹽和胡椒，攪拌均勻。
3. 填料放入塗上奶油的方形調理盆中，用烘培紙蓋住盤口。以177℃烘烤45分鐘。
4. 立刻出餐。

鮭魚片佐煙燻鮭魚及辣根脆皮

Salmon Fillet with Smoked Salmon and Horseradish Crust

10份

- 鮭魚肉片1.7公斤，切成10份，每份170克
- 萊姆汁60毫升
- 蒜末6克（2小匙）
- 紅蔥末6克（2小匙）
- 壓碎的黑胡椒粒4克（2小匙）

麵包粉混合物

- 紅蔥末4.5克（1½小匙）
- 蒜末2.25克（¾小匙）
- 奶油85克
- 新鮮麵包粉142克
- 煙燻鮭魚末142克
- 準備好的辣根28克
- 奶油白醬600毫升（見298頁）

1. 鮭魚片抹上萊姆汁、蒜、紅蔥和黑胡椒粒。製作麵包粉混合物時，鮭魚片冷藏保存。
2. 開始製作麵包粉。用奶油煎炒紅蔥和蒜，直到發出香氣，約1分鐘。
3. 炒過的紅蔥和蒜、麵包粉、煙燻鮭魚和辣根放入食物調理機，攪打至質地細緻。
4. 每份鮭魚片放上約28克麵包粉混合物。
5. 在177℃的烤爐中烤鮭魚，直到鮭魚外表呈現透明的粉色，魚肉開始剝離，6-7分鐘。
6. 鮭魚放到加熱過的盤子上，搭配奶油白醬出餐。

第18章

sautéing, pan frying, and deep frying

煎炒、煎炸與深炸

本章所提到的烹調技法都以脂肪或油作為介質，但每種技法所需的脂肪用量都不同，達成的效果也不一樣，有些只需薄薄一層，有些則要完全淹過食物。

煎炒是在相對高溫下少油快速烹調食物的技術。菜單上的某些品項會寫明是煎上色／平底鍋煎上色（seared / pan-seared）、炭燒／平底鍋炭燒（charred / pan-charred），或平底鍋炙燒（pan-broiled），本質上都是煎炒（這些詞彙也暗示所用的油量比傳統煎炒來得少）。煎炒菜餚通常包含用鍋底褐渣（fond）做成的醬汁，並以現點現做或「點幾份做幾份」（just in time）的方式烹調。

sautéing
煎炒

在烹調某些烘烤、燜煮、燉煮的菜餚時，第一步是煎上色。以少量的油，用直接熱源快速加熱。煎上色和煎炒的不同之處不在技巧，而在不把食物煎到熟透。煎上色會搭配其他烹調法，以在長時間、緩慢的烹調中，有效煎出風味和色澤。

翻炒源於亞洲，和煎炒有許多相似之處。具創新精神的西式主廚成功將之引入西餐。煎炒時，食物通常會切成小塊（通常是條、丁或絲），以少量油快速烹調。食材依序下鍋。需加熱最久的食材先放，快熟食材快起鍋時才放。翻炒用醬汁跟煎炒所用的一樣，都在鍋中製作或收尾，以留住菜餚的完整風味。翻炒通常使用薄壁炒鍋，而煎炒則使用深平底鍋。

煎炒牛肉、小牛肉、羊肉、豬肉和大型野味時，要選用從肋排、腰脊肉或部分腿肉切分出來的部位。這些部位最軟嫩。禽肉和野禽胸肉通常是煎炒的首選。比起非常脆弱的魚肉，緊實或質地中等的魚肉比較容易煎炒。蝦蟹貝類不論有沒有去殼，都很適合煎炒。請根據想創造的風味、食材成本、能否取得及冒煙點來挑選烹調用油脂。煎炒用的鍋底醬可能要依據主要食材的風味使用不同醬底。褐醬，像是半釉汁或速成褐醬、絲絨濃醬、濃縮高湯、蔬果漿或番茄醬汁，請參考個別食譜。

平底煎炒鍋有低矮的斜邊，寬度大於高度，利於快速蒸發。以金屬材質製成，能快速反應爐火變化。炒鍋用於煎炒。平底鍋煎上色和平底鍋炙燒時，通常用厚實金屬鍋來保留熱能，像是鑄鐵平底深煎鍋。

準備好夾子或煎鏟，方便翻面、從鍋中取出食材。也要準備保存食物的鍋子，好在製作醬汁或收尾時用來保存食物。此外還要準備出餐時會用到的所有東西（加熱過的盤子、盤飾和配料）。

基本配方

煎炒

主菜1份

- 去骨的肉、禽肉或海鮮170-227克（重量依骨頭、皮或外殼所占的重量調整）
- 少量烹調用脂肪或油
- 鹽、胡椒，及其他調味料
- 鍋底醬所需芳香食材和／或盤飾
- 液體30毫升（2大匙），用來溶解鍋底褐渣
- 做好的醬底60毫升，適量
- 收尾用食材，適量

作法精要

煎炒

1. 在熱鍋中以熱油煎炒主要食材的兩面，直到煎出適當的褐色。
2. 取出主要食材，視需要放進烤爐收尾。
3. 溶解鍋底褐渣。
4. 倒入製作醬汁用的液體。
5. 收乾醬汁。
6. 若有需要，加入收尾食材（奶油除外）。
7. 調味並試吃。
8. 若有需要，主要食材可放回鍋中加熱。
9. 若想要，可加入奶油乳化。

翻炒

1. 以炒鍋或大型的平底煎吵鍋熱油。
2. 放入主要食材。
3. 翻炒，不斷翻動食材。
4. 依適當順序加入額外食材（包括芳香食材，先放烹調時間最久的食材，快熟的最後放）。
5. 加入製作醬汁所需的液體。加入稠化物。
6. 立刻出餐。

專業訣竅

▶ 可在煎炒前加入額外食材來調味，以發展出更多風味：

醃醬／辛香料醃料／乾燥辛香料

▶ 可在煎炒之後依想要的成果加入額外食材，以進一步發展主要食材的風味：

全脂奶油／醬汁／蜜汁

▶ 更健康的作法是用較健康的油來烹調主要食材，如橄欖油。

作法詳解 >

1. **食物以鹽和胡椒調味**。如果適宜，烹調前也可用混合辛香料或辛香料醃料調味。在下鍋之前調味，比最後再加入鹽和胡椒更有效果。可選擇用撒的，而且應在食材下鍋前才撒上。麵粉有助於吸收多餘水分，並避免食材黏鍋，同時也能為淺色肉或白肉、禽肉和魚肉製造出漂亮的表面顏色。如果要用麵粉，確認食材均勻沾裹後，搖去多餘的麵粉。

選擇大小適中的鍋子。鍋子要夠大，讓主要食材剛好鋪滿鍋底，但不互相重疊。

先熱鍋，再倒油，這稱為 conditioning the pan。倒入足量油脂，鋪薄薄一層。食材含有越多天然油花或脂肪，鍋中所需的油脂便越少。保養良好的鍋子或不沾鍋可能不需要額外加入油脂，只要使用食物所含的脂肪即可。鍋子和烹調油加熱到正確的溫度後，再放入食物。煎炒紅肉與／或非常薄的肉片時，烹調油先加熱到表面起油紋，看起來霧霧的。白肉、魚、蝦蟹貝類及較厚的肉塊所需溫度較低。

食物立刻放入鍋中。為了讓煎炒食物有最漂亮的外觀，擺盤的那一面先朝下放在熱鍋上，煎成褐色或金黃色。不要翻動食物，煎上數秒，最多1-2分鐘，讓最後的成品有適當的風味和顏色。一開始食物可能會黏鍋，但到了可以翻面的時候，自然會鬆開。

煎炒的食物只翻面一次，以煎出美好的風味和漂亮的顏色。肉每翻一次面，肉和鍋子的溫度都會下降。只翻一次面的原因還有一個：這樣才能產生鍋底。但也有例外，像炒蝦、切薄片的肉或蔬菜便可能在鍋中重複翻動或翻面。

若有需要，可調整爐火，以便在爐臺上完成烹調。某些情況下，煎炒食物可能會放在平底煎炒鍋內或烤皿中、鐵板盤或淺烤盤上，放進烤爐中收尾。

熟度取決於食材本身、食品安全、顧客偏好。確定已預留餘溫加熱的溫度差，等到食物烹調完成、放上盤子時，才不會過熟。想了解更多資訊，參見「判斷肉、禽肉和魚肉熟度的通則」（見366頁）。取出食物，放入保存鍋中，置於溫暖處，同時直接在平底煎炒鍋中製作醬汁。

2. 倒入高湯或葡萄酒之類的液體，溶出褐變的油汁，或是鍋底，讓醬汁帶有獨特的深厚風味。為了在平底煎炒鍋內製作出充分混入鍋底的醬汁，得先去除過多的油脂。放入芳香食材或需要烹調的盤飾，接著溶解鍋底褐渣，以釋出收乾的油汁。這道步驟通常使用葡萄酒、高湯或清湯。

3. 葡萄酒或高湯收到幾近全乾。醬底（如分開製作的醬汁、速成褐醬、濃縮高湯，或是蔬菜泥或蔬果漿）應倒入鍋中，煮到微滾。如果有使用鮮奶油，應跟著醬底一起下鍋，以便跟醬底一起適度收乾。有些醬汁在使用前可能需要稠化，在這種情況下，倒入少量純澱粉漿，直到調出正確的稠度。

4. 從眾多方式中擇一完成鍋底醬的收尾和裝飾。加入任何收尾用及裝飾用食材之前，可以先用細網篩過濾鍋底醬，以濾出非常滑順的質地。收尾用及裝飾用食材要在醬汁中以微滾煮得夠久，以適當加熱。以鹽、胡椒、新鮮香料植物、肉汁、精淬液、泥或其他類似的材料調味。

最後一次確認調味無誤後，主廚通常會選擇將主要食材（例如一份雞胸肉或小牛薄肉片）放回醬汁中，稍微沾裹醬汁後略微加熱。若想要，可在出餐前加入少量全脂奶油（乳化法），以增加風味和口感。可以把醬汁舀到盤子上，再放上食物。也可以把醬汁直接舀到食物上，或淋在食物周圍。出餐前，確定用浸過熱水並擰乾的乾淨布巾擦去滴到盤子上醬汁。煎炒食物在適當褐變後，會有富含風味的外皮，能強化食物的風味。過淡的風味和顏色表示烹調時溫度過低，或煎炒時鍋中的食材太擠。「漂亮的顏色」取決於食物的種類。若煎炒得宜，紅肉和野味應該有深褐色外皮。白肉（小牛肉、豬肉和禽肉）應該有金黃色或琥珀色外皮。如果是低脂肪的去皮白肉魚，外表應該是淡金黃色。鮪魚等較結實的魚肉，外表的顏色會更深一些。

只有天生就很軟嫩的食物才適合煎炒，且煎炒後應該仍保有軟嫩和濕潤。太乾則代表食物烹調過度，可能是太早預煮並保存過久，或煎炒時溫度過高。

煎炸食物有著質地飽滿的麵皮外殼，濕潤、風味豐富的內裡，製作出的菜餚在質地和味道上都能呈現吸引人的對比。搭配精心挑選的醬汁，既能做出家常風味，也能做成高級料理。煎炸食物幾乎都會在外面裹上麵粉、麵糊或麵包粉。食物會用夠多的油脂來煎炸，油量通常會淹過食物½-⅔的高度，烹調的溫度通常比煎炒來得低。

pan frying
煎炸

煎炸時，食物主要藉由油的高溫來加熱，非直接接觸鍋子。煎炸時，熱油會封住裹粉食物的表面，因此能鎖住食物內部的天然汁液。由於食物汁液不會滲出，且使用大量的油，因此搭配的醬汁通常會分開製作。

煎炸的目的是製造具有風味的表層，而這層褐色、酥脆的麵皮外殼又能把食物的汁液和風味封在內部。至於外殼的實際顏色，則取決於使用的裹粉、裹粉的厚度和食物本身。

煎炸食物通常是一份的大小或更小。煎炸就如同煎炒，用的都是質地原本就很軟嫩的肉塊。肋排、腰脊肉、上後腿肉或禽胸肉都是很好的選擇。低脂肪的魚，像是比目魚、鰈魚也很適合。去除所有脂肪、筋膜和軟骨，若必要或想要，可去除禽類和魚排肉的表皮和骨頭。你也可以拍捶薄切肉排，讓厚度均勻，以縮短烹調時間。這意味著當肉烹調好時，既能有褐變的外殼，又不會過度烹調。裹粉的材料包括麵粉、牛奶與／或打過的蛋、麵包粉或玉米粉。標準裹粉法的說明請見365頁。

煎炸用的油一定要能加熱到高溫，且在高溫下不會分解或冒煙。植物油、橄欖油及起酥油都可用來煎炸。特定區域和民族菜系也會使用豬油、鵝油和其他熬煉動物油脂。油脂的選擇對成品的風味有很大影響。

煎炸使用的鍋子一定要夠大，讓食材在鍋內平鋪成一層，而且不會互相碰觸。如果食物放得太擠，油溫會下降得太快，無法形成好的外殼。鍋子應用厚實金屬製成，而且能均勻導熱。鍋壁應該比煎炒鍋更高，這樣食物放入油中或翻面時，才不會有熱油濺出鍋外。手邊可準備鋪上廚房紙巾的盤子，以便吸乾油炸食物表面的油脂。將食物翻面時，常會使用烤肉夾或煎魚鏟。用又淺又寬的容器盛裝裹料、裹粉或麵糊。

基本配方

煎炸菜餚

主菜1份

- 去骨的肉、禽肉或海鮮170-227克（重量依骨頭、皮或外殼所占的重量調整）
- 足量的烹調用脂肪或油，煎炸時能淹過食材½或⅔高度
- 標準裹粉法所用食材、麵糊，或其他裹料
- 鹽、胡椒，及其他調味料
- 做好的醬汁60-90毫升

作法精要

1. 加熱烹調介質。
2. 主要食材放入鍋中（通常已裹好麵包粉或麵糊），不要重疊。
3. 煎炸食物的擺盤正面，直到出現適當的褐色。
4. 翻面，加熱到想要的熟度。
5. 將食物取出，並視需要以烤爐收尾。
6. 食物放在廚房紙巾上吸油。
7. 調味，加上適當的醬汁和盤飾後出餐。

專業訣竅

▶ 依想要的成果，選用不同裹料，以獲得不同的麵皮外殼。裹料包括：

麵糊／麵包粉／玉米粉／麵粉

▶ 為了發展出額外風味，煎炸前可用額外食材替主菜調味。這些食材可加入裹料中：

新鮮香料植物／乾燥辛香料

1. 以標準裹粉法（見365頁）為食物裹粉。首先用廚房紙巾吸乾食物上的水分，食物表面上的任何水分都會讓麵包粉太濕潤。水分也會更快分解烹調用油脂，導致油濺出來。食物在裹粉前先調味。食物通常會先沾上麵粉或穀粉，再泡在蛋液中，接下來裹上麵包粉。蛋液是由打過的蛋加上水、牛奶或鮮奶油混合而成。為了有最好的成果，蛋需攪打到顏色均勻，看不到凝結成塊的蛋白。主要食材放入熱油之前，記得搖去多餘的麵包粉。像這樣的標準裹粉法，可以在烹調前20-25分鐘進行。

食物下鍋前，鍋子和烹調用油脂必須加熱到正確溫度，否則外殼成形的速度會變慢，而且可能永遠無法呈現想要的酥脆質地和金褐色。基本原則是，倒入的油脂要足以淹過食材½或⅔的高度。食物越薄，所需的油脂就越少。看到油呈些微霧狀或微微滾動時，通常代表夠熱了。將食物的一角浸入油中，以測試溫度，若油溫約為177℃，食物周圍會冒泡，45秒內裹粉就開始變成褐色。

2. 食物小心放入熱油中，擺盤正面朝下，煎炸到外殼酥脆、變色。這時要特別小心，以免燒焦。要煎炸出均勻的褐色、酥脆的外殼，食物需要直接跟熱油接觸。食物不要放太擠，否則無法炸出漂亮的顏色和質地。若鍋內沒有足夠的油，食物可能會黏鍋並撕裂，或裹料可能會脫落。若使用平底鍋分批煎炸大量食物，下一批食物下鍋前要先撈掉或濾掉油中的碎渣。倒入更多新鮮的油，維持油量一致，並避免油冒煙或冒泡。

< 作法詳解

3. **食物翻面一次**，繼續煎炸，直到第二面呈金黃色且熟度適中。煎炸食物熟度的判斷很難有精準的說明。一般來說，越薄、越細嫩的肉越快炸熟。煎炸的食物就像煎炒和深炸的食物，就算是薄片都會受到餘溫加熱的影響，最好煎炸到快熟就好。想了解更多資訊，參見「判斷肉、禽肉和魚肉熟度的通則」（見366頁）。

有些食物因為較厚、帶有骨頭或內有填料，從油中取出後可能需要再放入烤爐才能完成。如果確實需要放入烤爐，確定食物沒有被蓋住，否則會留住蒸氣，讓酥脆的外殼變軟。

用乾淨的紙巾或毛巾吸乾或擦乾煎炸食物。此時已可出餐。煎炸好的食物在出餐前只能放非常短的時間，否則會很快變濕軟。如果需要放一小段時間，不要加蓋。可以放在開放的烤架上，用乾熱方式保存。出餐時，醬汁倒在煎炸食物下或分開放，以保持外殼酥脆。

深炸食物和煎炸食物有許多同樣的特性，包括酥脆、褐色的外層，濕潤、富含風味的內裡。但是，烹調深炸食物時，油要多到能完全淹沒食物。深炸使用的油脂遠比煎炒或煎炸還多。

deep frying
深炸

深炸食物幾乎都會依標準裹粉法來裹粉，或裹上天婦羅麵糊、啤酒麵糊之類的麵糊，或簡單裹上麵粉。這層外皮隔開了油脂和食物，也帶來風味和質地。深炸也很適合用來做可樂餅和其他類似的菜餚，像是煮熟的肉、魚肉或禽肉先切丁，然後沾上濃稠的白醬，再裹粉。

為了快速、均勻地烹調，食物必須先修整，切成一致的大小和形狀。選擇肉質原本就很軟嫩的部位。禽肉、海鮮、蔬菜都是典型的選擇。可以視情況及喜好除去禽肉和魚片的皮及骨頭。確定食物在裹粉前已做好調味。

深炸食物常見的作法是沾裹麵包粉，以及用食材裹住食物。標準裹粉法可以在深炸前20-25分鐘進行，並在深炸前先冷藏，但裹粉的時間離出餐時間越近越好。標準裹粉法的說明參見365頁。若是使用麵糊或中筋麵粉，在下鍋前一刻裹上。

雖然也可在爐臺上用大型鍋具深炸食物，但深炸通常會使用附有油炸籃的電子或瓦斯深炸機。鍋子四邊要夠深，才能防止深炸時泡沫溢出或油濺出。鍋口也要夠寬，讓廚師能夠輕鬆放入及取出食物。不論用的是深炸機或普通大型鍋具，都要用深炸溫度計檢查油溫。要熟悉深炸機回溫所需的時間（食物下鍋後，油恢復適當溫度所需的時間）。食物下鍋時，油溫短時間內會下降。放入越多食物，溫度就下降越多，恢復到適當油溫的時間便越長。

必須深炸多種食物的廚房通常會備有數個深炸機，避免不同食物的風味互相沾染。準備一個鋪有廚房紙巾的烤盤，出餐前先吸乾深炸食物的油。用夾子、笊籬、油炸籃把食物放入深炸機，適當深炸後再取出。

基本配方

深炸

主菜1份

- 去骨的肉、禽肉或海鮮170-227克（重量依骨頭、皮或殼所占的重量調整）
- 足量的烹調用脂肪或油，要能完全淹沒食材
- 標準裹粉法所用食材、麵糊，或其他裹料
- 鹽、胡椒，及其他調味料
- 做好的醬汁60-90毫升

作法精要

1. 油熱到適當溫度。
2. 主要食材（通常會裹上麵包粉或麵糊）用適當方式放入熱油。
3. 視需要翻動食物。
4. 取出食物，視需要在烤爐內完成烹調。
5. 用廚房紙巾吸乾油脂。
6. 以適當醬汁調味，放上盤飾後出餐。

專業訣竅

▶依想要的成果，使用不同裹料，以獲得不同的外殼。裹料包括：

麵糊／麵包粉／麵粉

▶深炸前可用額外食材為食物調味，以發展出額外風味。這些食材可加入沾裹食物的裹粉或麵糊中：

新鮮香料植物／乾燥辛香料

1. **烹調用油脂加熱到適當溫度**（通常是163-191℃）。油脂在深炸全程必須達到並維持近乎一致的溫度，才能炸出酥脆、富含風味且不油膩的深炸食物。適當維護油脂能延長使用時間。和新鮮油脂比起來，舊油脂顏色較深，氣味較明顯，也可能在較低的溫度中冒煙，在食物放入後起泡。每次供餐時段結束後，確定有適當過濾或瀝油。視需要補充深炸鍋內的油到適當深度。

   裹上麵糊的食物通常用「游泳法」深炸。食物準備沾裹麵糊時，先撒上麵粉，接著搖去多餘麵粉，浸入麵糊，再用夾子夾起，稍作停留，讓多餘的麵糊滴下。用夾子或手（請格外注意安全）小心將裹好麵糊的食物放一半到熱油中，油開始冒泡時，鬆開食物。食物不會沉下去。

   裹上麵包粉的食物通常用「油炸籃法」。將沾裹麵包粉的食物放入油炸籃，再一起放入熱油中。食物炸好後，用油炸籃取出。深炸可能會太快浮到表面的食物時，可在食物上方擺第二個油炸籃，不讓食物浮起，這便是「雙網法」。

   炸法的選擇，取決於食物、沾裹材料和希望達到的成果。使用你全部的感官，同時也使用溫度計精準判斷內部熟度。想了解更多資訊，參見「判斷肉、禽肉和魚肉熟度的通則」（見366頁）。

2. **食物炸到熟透**，且外殼呈淡金褐色。出餐前放在廚房紙巾上吸油。評估深炸食物的成品品質，嘗起來味道應該像食物本身，而不是油（或同一批油之前炸過的其他食物）。食物從油鍋中取出後會直接出餐，所以非常燙，吃起來味道較佳，也較不油膩。如果食物嘗起來味道不鮮明、油膩，或帶有其他食物強烈的風味，代表油不夠熱、重複使用太多次，或之前炸過帶有強烈風味的食物，像是魚。製作良好的深炸食物內部濕潤、軟嫩，外殼酥脆、細緻。如果外殼濕軟，可能是炸太久，或油溫不正確。

< 作法詳解

煎雞肉佐法式綜合香料植物炒末醬

Sautéed Chicken with Fines Herbes Sauce

10份

- 去骨雞胸肉10份，每份198-227克
- 鹽6.5克（2小匙）
- 黑胡椒粉2克（1小匙）
- 中筋麵粉85克（非必要）
- 澄清奶油或油60毫升
- 紅蔥末21克
- 干白酒120毫升
- 法式綜合香料植物碎末醬600毫升（食譜見右欄）
- 法式綜合香料植物碎末113克（見369頁）

1. 吸乾雞肉上的水分，以鹽和胡椒調味。若想要，可裹上麵粉。
2. 奶油放入大型平底深煎鍋內，以中大火加熱到幾乎冒煙。煎雞胸的擺盤正面，直到呈金褐色，約3分鐘。翻面，繼續煎雞胸，直到熟透（82℃）。雞胸肉取出，製作醬汁時，雞胸肉須保溫。
3. 撈除鍋中的油脂，放入紅蔥，煎到半透明，約1分鐘。
4. 倒入白酒，溶解鍋底褐渣，收乾到幾乎乾掉，約3分鐘。加入法式綜合香料植物碎末醬，稍微以微滾煮一下，收乾到醬汁的稠度可以沾裹食物。
5. 以鹽和胡椒調味，拌入法式綜合香料植物碎末。
6. 雞胸肉搭配醬汁立刻出餐，或保溫備用。

NOTE：為筵席製作煎炒食物時，醬汁可預先製作。由於油汁不見得能拌入預先製作的醬汁中，因此醬汁品質會有差異。

法式綜合香料植物碎末醬

Fines Herbes Sauce

960毫升

- 澄清奶油30毫升（2大匙）
- 紅蔥末21克
- 干白酒270毫升
- 法式綜合香料植物碎末170克（見369頁）
- 速成禽肉褐醬（見293頁）、速成小牛褐醬（見293頁）或半釉汁（見293頁）600毫升
- 高脂鮮奶油300毫升
- 鹽，視需求添加
- 黑胡椒粉，視需求添加

1. 奶油放入小型醬汁鍋中，以中大火加熱。加入紅蔥，炒軟，直到呈半透明，2-3分鐘。加入白酒、法式綜合香料植物碎末，以82-85℃微滾煮到湯汁幾乎收乾。
2. 倒入速成小牛褐醬，煮到微滾，稍微收乾。倒入鮮奶油，繼續微滾煮，直到醬汁出現良好的風味及稠度，視需要撈除浮渣。
3. 以鹽和胡椒調味，過濾醬汁。
4. 醬汁已完成並可使用。若使用的是半釉汁，可快速冷卻後冷藏備用。

NOTE：每份雞胸肉也可以搭配現做醬汁，使用的材料是雞湯釉汁15毫升（1大匙）。

普羅旺斯煎雞

Chicken Provençal

10份

- 去骨雞胸肉10份，每份198-227克
- 鹽6.5克（2小匙）
- 黑胡椒粉2克（1小匙）
- 中筋麵粉85克（非必要）
- 澄清奶油或油60毫升

普羅旺斯醬

- 蒜末6克（2小匙）
- 鯷魚片3片，搗成糊
- 干白酒300毫升
- 速成禽肉褐醬（見293頁）、速成小牛褐醬（見293頁）或半釉汁720毫升（見293頁）
- 番茄丁340克
- 黑橄欖113克，切片或切絲
- 羅勒絲28克

1. 吸乾雞肉上的水分，以鹽和胡椒調味。若想要，可裹上麵粉。
2. 奶油放入大型平底煎炒鍋內，以中大火加熱到幾乎冒煙。煎雞胸的擺盤正面，直到呈金褐色，約3分鐘。翻面，繼續煎到熟透（74℃）。取出雞胸肉，製作醬汁時，雞胸肉須保溫。
3. 倒出鍋內多餘的油，放入蒜頭、鯷魚，煎炒30-40秒，以釋放食材香氣。倒入白酒，溶解鍋底褐渣，以微滾煮到幾乎收乾。
4. 倒入速成小牛褐醬、從雞肉流出來的全部肉汁，收乾到出現良好的風味及稠度。加入番茄、橄欖、羅勒。視需求以鹽和胡椒調味。
5. 雞肉放回烤爐再次加熱。搭配醬汁立刻出餐，或保溫備用。

NOTE：可用不同種類的橄欖製作這道菜餚，也可加入一些酸豆，或其他香料植物，不管是作為額外加入的食材或取代羅勒都可以。奧勒岡、墨角蘭、細香蔥、細葉香芹、百里香都是很好的選擇。

普羅旺斯嫩菲力：用10份170克菲力末端的肉取代雞肉，用紅酒取代白酒。以鹽和胡椒調味牛肉，按上述步驟煎到想要的熟度：一分熟每面煎2分鐘（57℃），三分熟每面煎3分鐘（63℃），五分熟每面煎4½分鐘（71℃），七分熟每面煎6分鐘（74℃），全熟則每面煎7分鐘（77℃）。牛排取出並保溫，同時依上述步驟製作醬汁。軟嫩的肉塊絕對不能放在醬汁中微滾煮，會使肉質變硬。

瑞士小牛薄片搭配瑞士薯餅（薯餅食譜見 744 頁）

瑞士小牛薄片
Émincé of Swiss-Style Veal
10份

- 小牛的上後腿肉或軟嫩的腿肉1.7公斤，切薄片
- 鹽13克（4小匙）
- 黑胡椒粉4克（2小匙）
- 中筋麵粉85克（非必要）
- 澄清奶油或油60毫升
- 剁碎的紅蔥85克
- 蘑菇片142克
- 白酒300毫升
- 速成小牛褐醬（見293頁）或半釉汁（見293頁）300毫升
- 高脂鮮奶油120毫升
- 白蘭地30毫升（2大匙）
- 檸檬汁10毫升（2小匙）

1. 吸乾小牛肉上的水分，以鹽和胡椒調味。若想要，可裹上麵粉。
2. 奶油放入大型平底煎炒鍋內，以中大火加熱到幾乎冒煙。小牛肉分批下鍋，不斷翻動，直到煎出想要的熟度（74℃），約3分鐘。取出小牛肉，製作醬汁時，小牛肉須保溫。
3. 撈除鍋內的油脂，加入紅蔥、蘑菇，煎炒到變軟、呈半透明，約3分鐘。
4. 倒入白酒，溶解鍋底褐渣，收乾到幾乎乾掉，約3分鐘。
5. 倒入速成小牛褐醬、鮮奶油、白蘭地、小牛肉流出的所有肉汁。收乾，直到出現良好的風味及稠度，1-2分鐘。
6. 倒入檸檬汁，若有需要，以鹽和胡椒調味。
7. 小牛肉搭配醬汁立刻出餐，或保溫備用。

義式裹粉煎小牛肉排佐馬沙拉酒醬
Veal Scaloppine Marsala
10份

- 去骨小牛上後腿肉1.7公斤，切成10份，每份170克
- 鹽6.5克（2小匙）
- 黑胡椒粉2克（1小匙）
- 中筋麵粉85克（非必要）
- 澄清奶油或油60毫升
- 紅蔥末14克
- 白酒180毫升
- 馬沙拉酒醬720毫升（見504頁）
- 奶油142克，切丁（非必要）

1. 每份小牛肉上下各鋪上數張烘培紙或保鮮膜，捶敲成0.6公分厚。吸乾水分，以鹽和胡椒調味。若想要，可裹上麵粉。
2. 奶油放入大型平底煎炒鍋內，以中大火加熱到幾乎冒煙。小牛肉煎到想要的熟度。若是五分熟，則每面煎2分鐘（74℃）。取出小牛肉，製作醬汁時，小牛肉須保溫。
3. 撈除鍋內的油脂，倒入紅蔥，煎到半透明，約1分鐘。
4. 倒入白酒，溶解鍋底褐渣，收乾到幾乎乾掉，約3分鐘。倒入馬沙拉酒醬，以微滾煮一下。
5. 小牛肉再放回醬汁中加熱。醬汁煮到微滾，視需求以鹽和胡椒調味。若想要，可拌入奶油收尾。
6. 義式裹粉煎小牛肉排立刻搭配醬汁出餐，或保溫備用。

義式裹粉煎豬肉排佐番茄醬汁：用去骨豬腰脊肉取代小牛肉，用番茄醬汁（見295頁）取代馬沙拉酒醬。

馬沙拉酒醬

Marsala Sauce

960毫升

- 紅蔥末113克
- 蘑菇片454克
- 澄清奶油30毫升（2大匙）
- 速成小牛褐醬（見293頁）或半釉汁（見293頁）720毫升
- 馬沙拉酒240毫升
- 鹽，視需求添加
- 黑胡椒粉，視需求添加
- 奶油113克，切丁（見下方NOTES）

1. 紅蔥、蘑菇倒入醬汁鍋中，煎到蘑菇變軟、紅蔥變半透明。加入馬沙拉酒，收乾一半。
2. 倒入速成小牛褐醬，以82-85℃微滾煮，直到醬汁出現良好的風味及稠度。
3. 以鹽和胡椒調味。醬汁過濾到乾淨的醬汁鍋中。
4. 奶油攪打入醬汁中。以鹽和胡椒調味。醬汁已完成並可使用，若使用的是半釉汁，可快速冷卻後冷藏，使用時再加熱。

NOTES：另一種選擇是用高脂鮮奶油240毫升取代奶油。醬汁可能需要稍微收乾，以煮出適當的稠度。

醬汁只有在立刻使用時，才可以攪入奶油。若是先保存備用，使用前再攪入奶油即可。

若是製作搭配義式裹粉煎小牛肉排的馬沙拉酒醬，無需加入奶油。

豬排佐綠胡椒粒及鳳梨

Noisettes of Pork with Green Peppercorns and Pineapple

10份

- 去骨的豬腿或豬腰脊肉1.7公斤，切成20份，每份為85克的圓形小肉排
- 鹽6.5克（2小匙）
- 黑胡椒粉2克（1小匙）
- 澄清奶油或油60毫升
- 紅蔥末21克
- 白酒240毫升
- 豬褐高湯（見264頁）、速成小牛褐醬（見293頁）或半釉汁（見293頁）600毫升
- 高脂鮮奶油150毫升
- 第戎芥末15毫升（1大匙）
- 鳳梨小丁198克
- 瀝乾的綠胡椒粒28克

1. 吸乾豬肉上的水分，以鹽和胡椒調味。
2. 奶油放入大型平底煎炒鍋內，以中大火加熱到幾乎冒煙。豬肉每面煎到63℃，2-3分鐘。取出豬肉，製作醬汁時，豬肉須保溫。
3. 撈除鍋內的油脂，倒入紅蔥，煎到半透明，約1分鐘。
4. 倒入白酒，溶解鍋底褐渣，收乾到幾乎乾掉，約3分鐘。
5. 倒入高湯、鮮奶油、豬肉流出來的肉汁。收乾，直到醬汁出現良好的風味及稠度。醬汁過濾到乾淨的醬汁鍋中，煮到微滾。
6. 加入芥末、鳳梨、綠胡椒粒，若有需要，以鹽和胡椒調味。豬肉再放回醬汁中加熱。
7. 每份2塊豬排，搭配醬汁後立刻出餐，或是保溫備用。

煎迷你菲力豬排佐冬季果醬

Sautéed Medallions of Pork with Winter Fruit Sauce

10份

- 去骨豬腰脊肉1.7公斤，切成20份，每份為85克的圓形小肉排
- 鹽6.5克（2小匙）
- 黑胡椒粉2克（1小匙）
- 澄清奶油或油60毫升
- 干白酒240毫升
- 冬季果醬600毫升（食譜見右欄）

1. 吸乾豬肉上的水分，以鹽和胡椒調味。
2. 奶油放入大型平底煎炒鍋內，以中大火加熱到幾乎冒煙。豬肉每面煎到63℃，2-3分鐘。取出豬肉，製作醬汁時，豬肉須保溫。
3. 撈除鍋內的油脂。倒入白酒，溶解鍋底褐渣，收乾到幾乎乾掉，約3分鐘。
4. 倒入果醬、豬肉流出來的全部肉汁。收乾到出現良好的風味及稠度。以鹽和胡椒調味。
5. 豬排立刻搭配醬汁出餐，或保溫備用。

冬季果醬

Winter Fruit Sauce

960毫升

- 半干白酒300毫升
- 杏桃乾（不含二氧化硫）99克
- 櫻桃乾50克
- 澄清奶油或油60毫升
- 紅蔥末28克
- 去皮的五爪蘋果小丁142克
- 去皮的巴特利西洋梨小丁113克
- 蘋果白蘭地60毫升
- 豬褐高湯（見264頁）、速成小牛褐醬（見293頁）或半釉汁（見293頁）720毫升
- 檸檬汁10毫升（2小匙），或視需求增減
- 鹽，視需求添加
- 黑胡椒粉，視需求添加

1. 白酒倒入小型醬汁鍋中，煮到沸點以下微滾。鍋子離火，放入杏桃乾、櫻桃乾，浸泡（浸軟）30分鐘。濾出水果，酒另外保存。
2. 奶油放入中型醬汁鍋內，以中火加熱。加入紅蔥，煎炒到半透明，1-2分鐘。放入蘋果、西洋梨，煎到略呈褐色。
3. 倒入白蘭地，溶解鍋底褐渣，收乾到幾乎乾掉。倒入剛才保留的酒，煮到微滾。倒入高湯，煮到微滾。以微滾煮，直到收乾成良好的風味及稠度。加入浸軟的水果，以檸檬汁、鹽和胡椒調味。
4. 醬汁已完成並可使用，或快速冷卻後冷藏備用。

迷你菲力豬排佐溫甘藍沙拉

Pork Medallions with Warm Cabbage Salad

10份

- 豬腰脊肉1.7公斤，切成30份，每份為57克的圓形小豬排
- 鹽6.5克（2小匙）
- 黑胡椒粉2克（1小匙）
- 澄清奶油或油60毫升
- 干白酒180毫升
- 雪利酒醋醬600毫升（見450頁）
- 溫甘藍沙拉10份（食譜見右欄）

1. 吸乾豬肉上的水分，以鹽和胡椒調味。
2. 奶油放入大型平底煎炒鍋內，以中大火加熱到幾乎冒煙。豬肉每面煎2-3分鐘至71℃。取出豬肉，製作醬汁時，豬肉須保溫。
3. 撈除鍋內的油脂，倒入白酒，溶解鍋底褐渣，收乾至幾乎乾掉。
4. 把雪利酒醋醬和豬肉流出來的肉汁倒入，收乾至出現良好的風味及稠度。視需求以鹽和胡椒調味。
5. 豬肉立刻搭配醬汁和溫甘藍沙拉出餐，或保溫備用。

豬排佐蜜漬紅洋蔥：以上述方式煎豬排，用蜜漬紅洋蔥取代溫甘藍沙拉。蜜漬紅洋蔥的作法是以蜂蜜120毫升、紅酒120毫升、紅酒醋150毫升來煮切片的紅洋蔥907克，以微滾煮出果醬的稠度，約40分鐘。以鹽和胡椒調味，保溫待上菜或冷卻後冷藏備用。本變化食譜請參閱下頁圖片。

溫甘藍沙拉

Warm Cabbage Salad

10份

- 培根末50克
- 奶油28克
- 紅洋蔥小丁99克
- 蒜末14克
- 皺葉甘藍絲907克
- 雪利酒醋53毫升
- 糖28克
- 葛縷子籽2克（1小匙）
- 剁碎的歐芹3克（1大匙）
- 鹽，視需求添加
- 黑胡椒粉，視需求添加

1. 培根放入平底煎炒鍋內，以中火煎到出油、外表酥脆。用漏勺撈起培根，讓培根油滴回鍋中。保留培根備用。
2. 奶油放入鍋中，加入紅蔥、蒜頭，煎到變軟、呈半透明，2-3分鐘。
3. 加入甘藍，翻動以均勻沾裹油脂，煎炒到甘藍菜變軟，6-8分鐘，過程中頻繁翻動。
4. 加入醋、糖和葛縷子籽，加熱至微滾，直到甘藍葉變得燙且柔軟，3-4分鐘。加入歐芹，以鹽和胡椒調味。
5. 立刻出餐，或保溫備用。

薄豬肉排佐霍貝赫褐芥醬

Pork Cutlet with Sauce Robert

10份

- 去骨豬腿或豬腰脊肉1.7公斤，切成10份，每份170克
- 鹽6.5克（2小匙）
- 黑胡椒粉2克（1小匙）
- 中筋麵粉85克（非必要）
- 澄清奶油或油60毫升
- 干白酒120毫升
- 霍貝赫褐芥醬600毫升（食譜見右欄）

1. 每份豬肉上下各鋪數張烘培紙或保鮮膜，捶敲成0.6公分厚。
2. 吸乾豬肉上的水分，以鹽和胡椒調味。若想要，可裹上麵粉。
3. 奶油放入大型平底煎炒鍋內，以中大火加熱到幾乎冒煙。豬肉分批下鍋，煎豬肉的擺盤正面，直到呈金褐色，約3分鐘。翻面，繼續煎豬排，直到熟透（63℃），2-3分鐘。取出豬排，製作醬汁時，豬排須保溫。
4. 撈除鍋內的油脂，倒入白酒，溶解鍋底褐渣，收乾到幾乎乾掉，約3分鐘。倒入霍貝赫褐芥醬和豬肉流出的所有肉汁，徹底加熱，並經常攪拌。若有需要，以鹽和胡椒調味。
5. 豬排立刻搭配醬汁出餐，或保溫備用。

霍貝赫褐芥醬

Sauce Robert

960毫升

- 澄清奶油或油60毫升
- 剁細的紅蔥57克
- 干白酒240毫升
- 壓裂的黑胡椒粒2克（1小匙）
- 半釉汁960毫升（見293頁）
- 第戎芥末30毫升（2大匙）
- 檸檬汁10毫升（2小匙）
- 鹽，視需求加入
- 黑胡椒粉，視需求添加
- 奶油113克，切丁

1. 將澄清奶油倒入中型醬汁鍋，以中小火加熱。倒入紅蔥，煎炒到半透明，2-3分鐘。
2. 加入酒、胡椒粒，加熱到微滾，收乾一半。
3. 邊倒入半釉汁邊攪拌，加熱到微滾，煮20分鐘，頻繁攪拌，直到芳香食材的風味融入醬汁中，且醬汁變稠。醬汁過濾到乾淨的鍋子中，再次煮到微滾。
4. 加入芥末、檸檬汁，以鹽和胡椒調味。
5. 奶油丁攪入醬汁中收尾。醬汁已完成並可使用，或快速冷卻後冷藏備用。

酸黃瓜醬：酸黃瓜絲43克，連同芥末和檸檬汁一起加入醬汁中。

赤鱠笛鯛佐葡萄柚莎莎醬

Red Snapper with Grapefruit Salsa

10份

- 帶皮赤鱠笛鯛魚片1.7公斤，切成10份，每份170克
- 鹽3克（1小匙）
- 黑胡椒粉1小撮
- 中筋麵粉113克，或視需求增減
- 橄欖油60毫升，或視需求增減
- 葡萄柚莎莎醬600毫升（見955頁）

1. 鯛魚以鹽和胡椒調味。魚肉面可沾裹麵粉，但魚皮面不要。搖去多餘麵粉。
2. 取平底煎炒鍋，以中大火熱油。煎鯛魚片，直到鯛魚片呈金褐色、熟透，每面煎2-3分鐘，時間取決於魚片厚度。
3. 搭配莎莎醬立刻出餐。

杏仁鱒魚

Trout Amandine

10份

- 鱒魚片10份，每份170克
- 鹽6.5克（2小匙）
- 黑胡椒粉2克（1小匙）
- 牛奶240毫升，或視需求增減（非必要）
- 中筋麵粉85克，或視需求增減
- 澄清奶油或油60毫升
- 全脂奶油284克
- 杏仁片142克
- 檸檬汁150毫升
- 剁碎的歐芹57克

1. 吸乾鱒魚上的水分，以鹽和胡椒調味。若想要，魚片可先泡牛奶，再沾裹麵粉，搖去多餘麵粉。
2. 奶油放入大型平底煎炒鍋內，以中火加熱。魚片每面煎2-3分鐘，或煎到魚肉不透明且緊實（63℃）。取出魚片，製作醬汁時，魚片須保溫。
3. 撈除鍋內的油脂，加入全脂奶油。以中大火加熱，直到奶油微微褐變，散發堅果香氣，2-3分鐘。
4. 加入杏仁，攪動以均勻沾裹奶油，稍微烤到呈金褐色。倒入檸檬汁，畫圈攪拌，以溶解鍋底褐渣。加入歐芹。
5. 鱒魚片立刻搭配醬汁出餐，或保溫備用。

Ancho 辣椒酥皮鮭魚佐黃椒醬、燉黑豆（食譜見 775 頁）
和炒夏南瓜絲（食譜見 704 頁）

Ancho 辣椒酥皮鮭魚佐黃椒醬

Ancho-Crusted Salmon with Yellow Pepper Sauce

10份

- ancho 辣椒2根
- 孜然6克（1大匙）
- 茴香籽6克（1大匙）
- 芫荽籽7.5克（4½小匙）
- 黑胡椒粒6克（1大匙）
- 乾燥百里香6克（1大匙）
- 乾燥奧勒岡6克（1大匙）
- 鹽43克
- 芥末粉6克（1大匙）
- 鮭魚片1.7公斤，切成10份，每份170克
- 澄清奶油或油45毫升（3大匙）
- 黃椒醬600毫升（食譜見右欄）

1. 辣椒去蒂、去籽，稍微剁碎。
2. 辣椒、孜然、茴香籽、芫荽籽倒入淺烤盤，放入烤爐，以149℃烘烤，直到散發香氣，約5分鐘。淺烤盤移出烤爐，放涼至室溫。
3. 烘烤過的辛香料和胡椒粒、百里香、奧勒岡混合，放入香料研磨器中，研磨成粗顆粒的粉末。拌入鹽、芥末粉。
4. 每份鮭魚都薄薄塗上一層辛香料。奶油放入大型平底煎炒鍋內，以中大火加熱，煎鮭魚的擺盤正面，直到辛香料變褐色，1-2分鐘。
5. 鮭魚翻面，以中火繼續煎，或放入烤爐以177℃烘烤4-6分鐘（依鮭魚片的厚度而定），直到烤出想要的熟度。
6. 鮭魚片立刻搭配醬汁出餐，或保溫備用。

黃椒醬

Yellow Pepper Sauce

960毫升

- 橄欖油30毫升（2大匙）
- 洋蔥片340克
- 蒜片3克（1小匙）
- 黃椒680克，去籽、剁碎
- 剁碎的茴香142克
- 肉桂棒1根，5公分長
- 磨碎的多香果0.5克（¼小匙）
- 乾燥土荊芥3克（1½小匙）
- 糖21克
- 水240毫升
- 黏果酸漿85克，切成4個角
- 萊姆汁30毫升（2大匙）
- 鹽，視需求添加

1. 使用厚底鍋，以中大火熱油。加入洋蔥、蒜頭，煎到半透明，約8分鐘。
2. 加入黃椒、茴香、肉桂、多香果、土荊芥、糖，以及水。
3. 加蓋，以小火微滾烹煮，直到黃椒變軟，約25分鐘。
4. 混合物倒入以果汁機中，加入黏果酸漿打成泥，打到質地非常滑順。以大孔徑網篩過濾醬汁。
5. 以萊姆汁和鹽調味，醬汁已完成並可使用，或快速冷卻後冷藏備用。

椰汁燉蝦

Vatapa

10份

- 椰子1整顆（約850克）
- 橄欖油150毫升
- 蝦子1.13公斤（每454克16-20隻），去殼、去腸泥，保留剝下的蝦殼
- 白蘭地120毫升
- 洋蔥小丁340克
- 蒜瓣3粒，切末
- 哈拉佩諾辣椒2根，切小丁
- 剁碎的無鹽花生71克
- 薑絲71克
- 番茄糊57克
- 白酒120毫升
- 蝦蟹貝類高湯（見264頁）、法式魚高湯（見264頁）或雞高湯（見263頁）1.44公升
- 白色奶油炒麵糊85克（見246頁）
- 高脂鮮奶油360毫升
- 鮟鱇魚1.13公斤，切3公分方丁
- 鹽5克（1½小匙）
- 黑胡椒粉0.5克（¼小匙）
- 中筋麵粉113克
- 去皮、去籽的番茄小丁227克
- 乾炒無鹽花生113克
- 芫荽葉9克（3大匙）

1. 椰子剖半，保留椰子水。挖出椰肉，剝掉椰肉上的褐色皮，椰肉刨絲。113克的椰絲放進烤爐，以177度烘烤至呈淺金褐色，保留備用。其餘的椰子絲留下來製作醬汁。
2. 油45毫升（3大匙）倒入大型平底煎炒鍋內，以大火加熱。保留的蝦殼煎炒至呈粉紅色，稍微焦糖化，45-60秒。倒入白蘭地，點火燃燒蝦殼。
3. 洋蔥、蒜頭、哈拉佩諾辣椒、剩下的椰絲、剁碎的花生、薑加入蝦殼中，煎炒3分鐘。
4. 轉中火，倒入番茄糊，煎炒1分鐘。倒入白酒，溶解鍋底褐渣。加入高湯和預留的椰子水，煮滾。收乾一半，約10分鐘。轉小火，攪入奶油炒麵糊，再微滾煮15分鐘。
5. 加入鮮奶油，以中火收乾，稠到足以沾裹食物，1-2分鐘。醬汁用細網篩過濾。
6. 鮟鱇魚以鹽和胡椒調味，再裹上麵粉。用剩下的油以大火煎炒鮟鱇魚5-7分鐘，接著放入蝦子。煎炒鮟鱇魚和蝦子，直到熟透，2-3分鐘。倒入醬汁。檢查稠度和調味。
7. 立刻加入番茄、烘烤過的椰子絲、花生和芫荽葉作為盤飾後出餐，或保溫備用。

嫩煎麥年鱒魚

Sautéed Trout à la Meunière

10份

- 精處理的鱒魚肉10份，每份255-284克
- 鹽6.5克（2小匙）
- 黑胡椒粉2克（1小匙）
- 中筋麵粉57克
- 澄清奶油或油60毫升
- 全脂奶油284克
- 檸檬汁60毫升
- 剁碎的歐芹9克（3大匙）

1. 吸乾鱒魚上的水分，以鹽和胡椒調味，然後裹上麵粉。
2. 澄清奶油倒入大型平底煎炒鍋內，以中火加熱。分批煎鱒魚，直到呈淺褐色、熟透，每面煎3-4分鐘。取出鱒魚，製作醬汁時，鱒魚須保溫。
3. 撈除鍋內油脂，倒入全脂奶油。以中大火加熱，直到奶油稍微褐變、散發堅果香氣，2-3分鐘。
4. 倒入檸檬汁，攪拌以溶解鍋底褐渣。加入歐芹，醬汁淋或舀到鱒魚上。立刻出餐。

中美洲乾烤蝦

Shrimp Ticin-Xic

8份

- 胭脂樹籽醬106克
- 剁碎的白洋蔥57克
- 丁香0.5克（¼小匙）
- 蒜瓣6粒
- 磨碎的多香果1小撮
- 黑胡椒粉2克（1小匙）
- 鹽5克（1½小匙）
- 塞維爾柑橘汁120毫升
- 白醋30毫升（2大匙）
- 萊姆汁113毫升
- 塞拉諾辣椒21克，去蒂
- 蝦子907克，去殼、去腸泥
- 橄欖油60毫升（非必要）
- 香蕉葉2片，切成15公分見方數張（非必要）

1. 胭脂樹籽醬、洋蔥、丁香、蒜頭、多香果、黑胡椒、鹽、柑橘汁、醋、萊姆汁、辣椒放入果汁機或食物調理機中，打成滑順泥狀。
2. 蝦子放到淺盤上，倒入泥。醃漬1小時，烹調前須冷藏。
3. 可用兩種方式烹調蝦子。開大火，用橄欖油煎炒蝦子，直到熟透，2-3分鐘。另一種方式，在每片方型香蕉葉的中間放上4隻蝦子，葉子四角往中間包住蝦子，摺成一個包裹，用棉線或香蕉葉條綁緊。取30公分（12吋）的鑄鐵平底深煎鍋，以中火加熱。蝦子烹調4分鐘後，包裹翻面，再烹調4分鐘或直到蝦子恰好熟透。若有需要，可分批烹調。出餐前，打開香蕉葉取出蝦子。

石鍋拌飯

Bibimbap

10份

醃醬

- 韓國醬油60毫升
- 糖15克（1大匙）
- 青蔥末21克，蔥綠和蔥白
- 蒜末21克
- 薑末9克（1大匙）
- 芝麻6克（1大匙），乾炒後磨碎
- 黑芝麻油5毫升（1小匙）
- 黑胡椒粉2克（1小匙）

- 牛胸腹板肉454克，切絲
- 櫻桃蘿蔔227克，切絲
- 白蘿蔔227克，切絲
- 胡蘿蔔227克，切絲
- 英國黃瓜227克，切絲
- 紫蘇葉10片，切絲
- 捲心萵苣絲227克
- 植物油75毫升
- 蛋10顆
- 長粒米飯1.98公斤（見785頁）
- 韓國辣椒醬300毫升

1. 醬油、糖、蔥、蒜頭、薑、芝麻、芝麻油、黑胡椒倒入方形調理盆中混合。加入牛肉絲，攪拌以沾裹醃醬，加蓋，冷藏24小時。
2. 混合櫻桃蘿蔔、白蘿蔔、胡蘿蔔、英國黃瓜、紫蘇葉、捲心萵苣，翻攪均勻後冷藏至使用前。
3. 植物油60毫升倒入炒鍋，以中大火加熱。瀝乾牛肉，下鍋翻炒，直到快熟透，3-4分鐘。牛肉倒出，保溫備用。
4. 剩下的油15毫升（1大匙）倒入大型不沾平底煎炒鍋內，以中大火加熱，煎太陽蛋。
5. 煎炒過的牛肉43克和生蔬菜113克翻攪拌勻，放在198克的飯上，做成一份石鍋拌飯。煎蛋倒到牛肉和蔬菜上。
6. 旁邊搭配辣椒醬30毫升（2大匙），立刻出餐。

泰國羅勒炒魷魚

Stir-Fried Squid with Thai Basil

10份

- 蒜片43克
- 剁細的芫荽根6克（2大匙）
- 泰國鳥眼辣椒末28克
- 壓裂的黑胡椒粒2克（1小匙）
- 植物油60毫升
- 魷魚身和觸手907克，切成適口的大塊
- 紅椒227克，切絲
- 青蔥絲85克，蔥綠和蔥白
- 蠔油60毫升
- 魚露60毫升
- 糖28克
- 雞高湯240毫升（見263頁）
- 泰國羅勒葉28克

1. 蒜頭、芫荽根、辣椒、胡椒粒倒入果汁機中混合，攪打成糊。
2. 油倒入炒鍋內，以大火加熱。倒入打好的糊，翻炒到散發香氣，約30秒。
3. 加入魷魚，翻炒到半熟、邊緣呈褐色，3-4分鐘。
4. 加入紅椒，再翻炒約1分鐘。
5. 倒入蔥、蠔油、魚露、糖、高湯，煮到魷魚恰好熟透，2-3分鐘。
6. 加入泰國羅勒，再翻拌均勻。立刻出餐，或保溫備用。

雞胸蘑菇泥填料佐雞醬汁

Breast of Chicken with Duxelles Stuffing and Suprême Sauce

10份

- 去骨雞胸肉10份，每份198-227克
- 鹽6.5克（2小匙）
- 黑胡椒粉2克（1小匙）
- 蘑菇泥填料907克（見482頁）
- 中筋麵粉142克，或視需求增減
- 蛋液180毫升（見1023頁），或視需求增減
- 乾燥麵包粉340克，或視需求增減
- 澄清奶油或油720毫升，或視需求增減
- 雞醬汁600毫升（見294頁）

1. 修整雞胸肉，若想要，可去除雞皮。每片雞胸切開攤平，上下各鋪上數張烘培紙或保鮮膜，捶敲成均勻的厚度。
2. 烹調前（或最多可提前3小時）吸乾雞肉上的水分，以鹽和胡椒調味。每份雞胸肉平鋪上一份蘑菇泥填料，捲起雞胸肉，包住填料。邊緣重疊接合。
3. 進行標準裹粉法：雞肉裹上麵粉，沾上蛋液，在麵包粉中滾動（若預先裹粉，裹粉後接合處朝下放在烤肉盤的網架上冷藏）。
4. 將1公分厚的奶油放入大型平底煎炒鍋內，以中火加熱到約177℃。雞肉接合處朝下放入鍋中，煎炸到呈金褐色、酥脆，2-3分鐘。翻面，煎炸第二面，直到雞肉內部溫度達77℃，約3分鐘（可依喜好用烤爐完成烹調，外殼變成適度的褐色後，便可放入烤爐以177℃烘烤）。
5. 雞肉放在廚房紙巾上稍微吸油，搭配熱醬汁立刻出餐。

白脫乳炸雞

Buttermilk Fried Chicken

10份

- 雞4隻，每隻1.59公斤，各切成10份
- 白脫乳480毫升
- 龍蒿末12克（4大匙）
- 第戎芥末120毫升
- 禽肉調味粉2克（1½小匙）
- 鹽40克（4大匙）
- 中筋麵粉907克
- 卡宴辣椒3克（1½小匙）
- 美式海鮮調味粉14克
- 花生油1.92公升，或視需求增減
- 鄉村肉汁600毫升（食譜見右欄）

1. 混合白脫乳、龍蒿、芥末、禽肉調味粉、鹽20克（2大匙），加入雞肉，翻拌均勻後，醃漬、加蓋，冷藏過夜。
2. 麵粉、卡宴辣椒、美式海鮮調味粉和剩下的鹽混合均勻。
3. 瀝乾雞肉，丟棄醃醬。裹上麵粉後，在網架上靜置至少30分鐘。
4. 油倒入30公分（12吋）的鑄鐵平底鍋，以中大火加熱。雞肉再次裹上麵粉，油溫達到177℃後，雞肉分批下鍋煎炸，直到兩面都呈金褐色，約15分鐘。
5. 雞肉放上淺烤盤的網架上，放進烤爐，以177℃烤到雞肉內部溫度達到82℃。
6. 雞肉放在廚房紙巾上稍微吸油，立刻搭配鄉村肉汁出餐，或保溫備用。

鄉村肉汁

Country Gravy

960毫升

- 切成末的培根塊85克，去皮
- 澄清奶油60毫升
- 洋蔥末227克
- 芹菜末57克
- 蒜末4.5克（1½小匙）
- 中筋麵粉71克
- 雞高湯1.44公升（見263頁）
- 雞翅454克，煎成褐色
- 月桂葉1片
- 鹽，視需求添加
- 黑胡椒粉，視需求添加
- 高脂鮮奶油120毫升

1. 開中小火，用奶油將培根煎到酥脆，約8分鐘。
2. 加入洋蔥、芹菜、蒜頭，炒軟，直到呈半透明、4-6分鐘。
3. 攪入麵粉，以中火做成白色奶油炒麵糊。
4. 倒入高湯、雞翅、月桂葉。以鹽和胡椒調味。
5. 以微滾煮肉汁，直到煮出良好的風味及稠度，1½-2小時，視需要撈除雜質。倒入鮮奶油，肉汁再次煮到微滾。
6. 過濾肉汁，以鹽和胡椒調味。
7. 肉汁已完成並可使用，或快速冷卻後冷藏備用。

白脫乳炸雞佐鄉村肉汁，搭配奶香馬鈴薯（食譜見 735 頁）和燜煮青蔬（食譜見 710 頁）

煎炸薄小牛排

Pan-Fried Veal Cutlets

10份

- 去骨小牛上後腿肉1.7公斤，切成10份，每份170克
- 鹽3克（1小匙）
- 黑胡椒粉1克（½小匙）
- 中筋麵粉142克，或視需求增減
- 蛋液180毫升（見1023頁），或視需求增減
- 乾燥麵包粉340克，或視需求增減
- 植物油或澄清奶油或豬油720毫升，視需求增減

1. 每份小牛肉上下各鋪上數張烘培紙或保鮮膜，捶敲成0.6公分厚。
2. 烹調前（或最多可提前25分鐘）進行標準裹粉法：小牛肉上的水分吸乾，以鹽和胡椒調味，裹上麵粉，沾上蛋液，在麵包粉中滾動（若預先裹粉，裹粉後放在烤肉盤的網架上冷藏）。
3. 油倒入大型平底深煎鍋、鑄鐵平底鍋或平底煎炒鍋，倒0.3公分高，以中火加熱到177℃。分批放入裹粉的小牛肉，擺盤正面朝下，煎炸約2分鐘，或煎到呈金褐色、酥脆。翻面，煎炸第二面，直到小牛肉內部溫度達71℃，1-2分鐘。
4. 小牛排放在廚房紙巾上稍微吸油，立刻出餐或保溫備用。

維也納炸肉片：依上述步驟準備、烹調小牛肉。奶油113克放入大型平底煎炒鍋、平底深煎鍋或鑄鐵平底鍋，加熱到發出滋滋聲，約2分鐘。煎炸過的小牛排放入熱奶油中，翻面，兩面都沾裹奶油。搭配檸檬角或檸檬片、數枝歐芹後，以熱餐盤盛裝，立刻出餐。

煎炸豬排：用等量的去骨豬腰脊肉取代小牛肉，依上述步驟製作豬排。

藍帶小牛排

Veal Cordon Bleu

10份

- 去骨的小牛上後腿肉1.7公斤，切成10份，每份170克
- 鹽3克（1小匙）
- 黑胡椒粉1克（½小匙）
- 豬腿肉薄片142克
- 格呂耶爾乳酪薄片142克
- 中筋麵粉142克，或視需求增減
- 蛋液120毫升（見1023頁），或視需求增減
- 新鮮麵包粉227克，或視需求增減
- 植物油或澄清奶油或豬油720毫升，或視需求增減
- 蘑菇醬600毫升（見440頁），或視需求增減

1. 每份小牛肉上下各鋪上數張烘培紙或保鮮膜，捶敲成0.6公分厚。吸乾水分，以鹽和胡椒調味。
2. 每份小牛排上放豬腿肉和乳酪14克，包住，捲成半月型，上下各鋪上數張烘培紙或保鮮膜，小心捶敲兩端開口，以封住小牛排。
3. 烹調前（或最多可提前25分鐘）進行標準裹粉法：小牛肉裹上麵粉，沾上蛋液，最後在麵包粉中滾動（若預先裹粉，裹粉後放在烤肉盤的網架上冷藏）。
4. 油倒入大型平底深煎鍋、鑄鐵平底鍋或平底煎炒鍋內，倒1公分高，以中火加熱到177℃。小牛肉放入熱油，擺盤正面朝下煎炸，直到呈金褐色、酥脆，2-3分鐘。翻面，煎炸第二面，直到小牛肉內部溫度達71℃，約2分鐘（其他選擇：可依喜好放進烤爐以177℃烘烤完成烹調）。
5. 小牛肉排放在廚房紙巾上稍微吸油，立刻搭配蘑菇醬出餐，或保溫備用。

香煎小牛佐米蘭醬

Veal Piccata with Milanese Sauce (Piccata di Vitello alla Milanese)

10份

- 去骨的小牛上後腿肉1.7公斤，切成10份，每份170克
- 蛋4顆，打散
- 帕爾瑪乳酪刨絲57克
- 植物油240毫升，或視需求增減
- 鹽3克（1小匙）
- 黑胡椒粉1克（½小匙）
- 中筋麵粉170克，或視需求增減
- 米蘭醬600毫升（食譜見右欄）

1. 每份小牛肉上下各鋪數張烘培紙或保鮮膜，捶敲成0.6公分厚。
2. 雞蛋、帕爾瑪乳酪倒入攪拌盆中混合，攪拌均勻備用。
3. 油倒入大型平底深煎鍋、鑄鐵平底鍋或平底煎炒鍋內，倒1公分高，以中火加熱到177℃。
4. 吸乾小牛肉上的水分，以鹽和胡椒調味，裹上麵粉，沾上蛋液混合物，再次裹上麵粉。小牛肉放入熱油中，擺盤正面朝下煎炸，直到呈金褐色、酥脆，約2分鐘。翻面，煎炸第二面，直到小牛肉內部溫度達71℃，約2分鐘。
5. 小牛肉排放在廚房紙巾上稍微吸油，立刻搭配米蘭醬出餐，或保溫備用。

NOTE：若不打算立刻烹調，小牛肉不要放到蛋液混合物中，原因是蛋液混合物無法附著在小牛肉上，就算沾了，油炸前還是得再沾一次。

米蘭醬

Milanese Sauce

960毫升

- 澄清奶油90毫升
- 白蘑菇113克，切絲
- 紅蔥末57克
- 紅酒360毫升
- 番茄醬汁720毫升（見295頁）
- 速成小牛褐醬720毫升（見293頁）
- 豬腿肉113克，切絲
- 牛舌57克，切絲
- 剁碎的歐芹4克（4小匙）
- 鹽，視需求添加
- 黑胡椒粉，視需求添加

1. 奶油放入大型醬汁鍋內，以中火加熱。加入蘑菇、紅蔥，煎到紅蔥恰好呈半透明，1-2分鐘。
2. 酒倒入鍋中，收乾到幾乎乾掉。倒入番茄醬汁、速成小牛褐醬，以微滾煮，依想要的醬汁稠度，收乾¼-½。
3. 加入豬腿肉、牛舌、歐芹，以微滾煮到所有食材都變熱，以鹽和胡椒調味。
4. 醬汁已完成並可使用，或快速冷卻後冷藏備用。

漁夫拼盤

Fisherman's Platter

10份

- 比目魚片567克，切成魚柳，每條28克
- 小圓蛤20顆，撬開
- 牡蠣20顆，撬開
- 蝦子20隻（每454克16-20隻），去殼、去腸泥
- 海扇貝284克，切除閉殼肌
- 檸檬汁60毫升，或視需求增減
- 鹽3克（1小匙）
- 黑胡椒粉1克（½小匙）
- 中筋麵粉142克，或視需求增減
- 蛋液180毫升（見1023頁），或視需求增減
- 乾燥麵包粉340克，或視需求增減
- 植物油480毫升，或視需求增減
- Rémoulade醬600毫升（食譜見右欄）

1. 烹調前（或最多可提前25分鐘）吸乾比目魚片、蛤蜊、牡蠣、蝦子和扇貝上的水分，以鹽和胡椒調味。進行標準裹粉法：以上每種食材裹上麵粉，沾上蛋液，最後在麵包粉中滾動。（若預先裹粉，裹粉後食材需冷藏）
2. 油倒入大型平底深煎鍋、鑄鐵平底鍋或平底煎炒鍋內，倒1公分高，以中火加熱到177℃。比目魚、海鮮入倒入熱油中，擺盤正面朝下，煎炸到呈金褐色、酥脆，約2分鐘。翻面，煎炸第二面，直到每樣食材內部溫度達63℃，1-2分鐘。（可依喜好在烤爐中完成烹調，外殼一煎炸出適當的褐色，便可放入烤爐以177℃烘烤）
3. 魚片和海鮮放在廚房紙巾上稍微吸油，立刻出餐。每份餐點包括魚柳2條、蛤蜊2顆、牡蠣2顆、蝦子2隻和扇貝1顆，搭配Rémoulade醬60毫升。

Rémoulade醬

Rémoulade Sauce

960毫升

- 蛋黃醬840毫升（見903頁）
- 剁碎、瀝乾的酸豆57克
- 細香蔥末9克（3大匙）
- 剁碎的龍蒿9克（3大匙）
- 第戎芥末15毫升（1大匙）
- 鯷魚醬5毫升（1小匙）
- 鹽，視需求加入
- 黑胡椒粉，視需求加入
- 伍斯特醬，視需求加入
- 塔巴斯克辣椒醬，視需求加入

混合所有食材並攪拌均勻，以鹽、胡椒、伍斯特醬、塔巴斯克辣椒醬調味。醬汁已完成並可使用，或冷藏備用。

古典鹽漬鱈魚餅

Old-Fashioned Salt Cod Cakes

10份

- 鹽漬鱈魚片680克
- 水1.92公升
- 牛奶960毫升
- 赤褐馬鈴薯1.36公斤
- 洋蔥末340克
- 蒜末12克
- 奶油57克
- 蛋3顆
- 芥末22.5毫升（4½小匙）
- 伍斯特醬22.5毫升（4½小匙）
- 剁碎的歐芹14克
- 鹽6.5克（2小匙）
- 黑胡椒粉1克（½小匙）
- 日式麵包粉85克
- 切成薄片的培根塊454克，去皮
- 植物油480毫升，或視需求加入

1. 鹽漬鱈魚多次換水清洗，泡在乾淨的水中，冷藏過夜。
2. 隔天取出鹽漬鱈魚，切成大塊，放入牛奶中，以中小火微滾煮約15分鐘。
3. 倒掉牛奶，在冷水下洗淨鹽漬鱈魚。試吃，此時應該沒有鹹味。若還是太鹹，視需要重複以牛奶微滾煮的步驟。骨頭、魚皮去除後丟棄，鱈魚刨薄片或切薄片。冷藏到徹底冷卻。
4. 刷洗馬鈴薯，去皮、切大塊。沸煮或蒸煮馬鈴薯，直到能輕鬆搗成泥。取出瀝乾，放到鍋裡以小火加熱，或放在烤盤上送進烤爐以149℃烘烤，直到不再有蒸氣逸出。趁熱用食物碾磨器或馬鈴薯壓泥器壓成泥，放入熱攪拌盆裡。
5. 烹調馬鈴薯的同時，將奶油放入中深平底煎炒鍋，以中火加熱。加入洋蔥、蒜頭炒軟，直到呈半透明，3-4分鐘。冷藏至徹底冷卻。
6. 混合馬鈴薯和鹽漬鱈魚，應該要可以在馬鈴薯泥中看到小塊的鱈魚。
7. 蛋、芥末、伍斯特醬、歐芹、冷藏過的洋蔥和蒜頭加入鱈魚馬鈴薯泥中，以鹽和胡椒調味。冷藏到徹底冷卻。
8. 鱈魚馬鈴薯泥分成每塊85克的鱈魚餅，直徑約6公分，厚度約3公分。
9. 每片鱈魚餅沾裹一層薄薄的日式麵包粉，外面再包上1片培根，用牙籤固定。組好的鱈魚餅先冷藏30分鐘，然後下鍋煎炸。
10. 將油120毫升倒入大型平底深煎鍋內，以中大火加熱，直到微微冒泡，但沒有冒煙。鱈魚餅入鍋煎炸，直到呈金褐色、酥脆並熟透，每面3-4分鐘。若有需要，可加入乾淨的油。
11. 鱈魚餅放在廚房紙巾上吸油，立刻出餐，或保溫備用。

煎炸河鱒佐培根
Pan-Fried Brook Trout with Bacon
10份

- 培根15片
- 河鱒魚10份（每份170-284克），精處理並去骨
- 鹽6.5克（2小匙）
- 黑胡椒粉2克（1小匙）
- 白脫乳480毫升，或視需求增減
- 植物油480毫升，或視需求增減
- 中筋麵粉227克，或視需求增減
- 檸檬2顆，切角

1. 淺烤盤上鋪烘焙油紙，再平鋪一層培根，放進烤爐，以191℃烘烤到酥脆，約15分鐘。每片培根逆紋對半切，備用。
2. 每份鱒魚內部以鹽和胡椒調味，放入方形調理盆，倒上白脫乳。
3. 油倒入大型鑄鐵平底鍋或平底煎炒鍋內，以中大火加熱，直到微微冒泡，但沒有冒煙。鱒魚稍微裹上麵粉，搖去多餘麵粉。
4. 每面煎炸到熟透，4-5分鐘。視需要轉小火，以免燒焦。
5. 放在廚房紙巾上稍微吸油。
6. 每份鱒魚上放3片培根，立刻搭配檸檬角出餐，或保溫備用。

炸比目魚佐番茄醬汁
Flounder à l'Orly
10份

- 植物油960毫升，或視需求增減
- 比目魚片1.7公斤，切成10份，每份170克
- 檸檬汁30毫升（2大匙）
- 鹽3克（1小匙）
- 黑胡椒粉1克（½小匙）
- 中筋麵粉，視需求添加
- 啤酒麵糊660毫升（食譜見下方）
- 番茄醬汁660毫升（見295頁）
- 歐芹20枝
- 檸檬角10塊

1. 油倒入深炸機或深鍋內，加熱到177℃。
2. 烹調前，吸乾魚片上的水分，用檸檬汁、鹽和胡椒調味魚片。裹上麵粉，搖去多餘麵粉，浸入啤酒麵糊後拿出。比目魚片放入油中，深炸至呈金褐色、熟透，3-4分鐘。
3. 魚片放在廚房紙巾上稍微吸油，搭配番茄醬汁60毫升、歐芹2枝和檸檬角1塊，立刻出餐。

啤酒麵糊
Beer Batter
60毫升

- 中筋麵粉284克
- 泡打粉1.5克（½小匙）
- 鹽3克（1小匙）
- 蛋1顆，蛋白和蛋黃分離
- 啤酒480毫升

1. 麵粉、泡打粉、鹽攪打混合，同時倒入蛋黃及啤酒，攪打到非常滑順。冷藏至使用前。
2. 蛋白打到濕性發泡後，切拌入麵糊，立刻使用。

炸蝦天婦羅

Shrimp Tempura

10份

- 蝦子1.7公斤（每隻約22-28克），去殼、去腸泥
- 植物油480毫升
- 花生油240毫升
- 芝麻油240毫升

天婦羅麵糊

- 蛋3顆，打散
- 水480毫升
- 碎冰227克
- 中筋麵粉369克，外加一些用於裹粉
- 天婦羅蘸醬600毫升（食譜見右欄）

1. 如果想讓蝦子保持筆直的形狀，可在蝦子腹部劃兩刀。冷藏至使用前。
2. 植物油、花生油、芝麻油倒入厚重深鍋或油炸鍋內混合，加熱到177℃。
3. 製作麵糊。混合蛋、水和冰。慢慢加入麵粉，攪拌均勻，別攪拌過度。
4. 蝦子裹上薄薄的麵粉。抓著蝦尾拿起蝦子，只將蝦身浸入麵糊，薄薄裹上一層即可。立刻放入油中炸到酥脆，外殼呈白色或淺金褐色。
5. 將蝦子放在廚房紙巾上吸油，搭配蘸醬後，立刻出餐。

天婦羅蘸醬

Tempura Dipping Sauce

960毫升

- 淡色醬油480毫升
- 日式一番高湯240毫升（見266頁）
- 味醂240毫升
- 白蘿蔔泥142克
- 薑泥9克（1大匙）

所有食材倒入醬汁鍋混合，以小火稍微加熱。醬汁已完成並可使用，或快速冷卻後冷藏備用。

橙汁脆皮雞

Crispy Tangerine-Flavored Chicken

10份

醃醬

- 淡色醬油30毫升（2大匙）
- 蒜末4.5克（1½小匙）
- 鹽3克（1小匙）
- 白胡椒粉4克（2小匙）

- 去骨去皮雞大腿肉907克，切3公分方丁
- 植物油960毫升，或視需求增減

裹料

- 蛋1顆，打散
- 水120毫升
- 玉米澱粉170克

- 花生油60毫升
- 薑末9克（1大匙）
- 蒜末9克（1大匙）
- 青蔥薄片14克，蔥綠和蔥白
- 陳皮14克，泡水後切末
- 剁碎的乾燥紅辣椒7克（2小匙）
- 白蘑菇227克，每朵切4等份
- 紅椒227克，切3公分見方
- 青花菜小株227克，汆燙過
- 甜蒜醬420毫升（食譜見右欄）

1. 混合醬油、蒜頭、鹽和胡椒。將醃醬倒在雞肉上，冷藏20分鐘。
2. 將油倒入厚重深鍋，加熱到177℃。
3. 製作裹料。混合蛋、水和玉米澱粉，攪拌成滑順的糊。雞肉瀝乾，放入調好的麵糊中。
4. 雞肉深炸到呈金褐色、酥脆、熟透，2-3分鐘。放在廚房紙巾上稍微吸油，保溫備用。
5. 出餐前，將花生油倒入炒鍋，以中大火加熱。加入薑、蒜頭、蔥、陳皮和辣椒，翻炒到散發香氣，15-30秒。
6. 加入蘑菇，翻炒2分鐘。加入紅椒，翻炒1-2分鐘。加入青花菜，翻炒1-2分鐘。
7. 加入炸好的雞肉，翻炒1-2分鐘，再次加熱。
8. 慢慢倒入甜蒜醬，持續攪拌，讓雞肉和蔬菜都沾裹醬汁。
9. 立刻出餐。

甜蒜醬

Sweet Garlic Sauce

960毫升

- 植物油75毫升
- 薑末6克（2小匙）
- 蒜末28克
- 青蔥末35克，蔥綠和蔥白
- 辣豆瓣醬10毫升（2小匙）
- 淡色醬油480毫升
- 紹興酒75毫升
- 米酒醋75毫升
- 雞高湯300毫升（見263頁）
- 糖156克
- 芝麻油10毫升（2小匙）
- 玉米澱粉71克，與水混合成澱粉漿

1. 油倒入炒鍋，以中大火加熱。加入薑、蒜頭、蔥，翻炒到散發香氣，15-30秒。
2. 加入豆瓣醬，再翻炒15-30秒。
3. 加入醬油、米酒、醋和高湯，煮到滾。
4. 加入糖和芝麻油，攪拌，再次煮滾。
5. 將玉米澱粉漿慢慢倒入醬汁中，直到醬汁變成中等稠度。
6. 醬汁已完成並可使用，或快速冷卻後冷藏備用。

麻婆豆腐

麻婆豆腐

Grandmother's Bean Curd (Ma Po Dofu)

10份

- 植物油，視需求加入
- 板豆腐1.13公斤，切成1公分厚的三角形
- 花生油120毫升
- 薑末9克（1大匙）
- 蒜末9克（1大匙）
- 青蔥薄片11克（1大匙），蔥綠和蔥白
- 辣豆瓣醬71克（3大匙）
- 中國豆豉醬71克（3大匙）
- 韓國辣椒粉6克（1大匙）
- 香菇284克，去蒂後切片
- 荷蘭豆227克，去絲，對半斜切
- 紅椒227克，切長條
- 豆芽227克
- 素蠔油60毫升
- 黑芝麻油30毫升（2大匙）
- 芫荽末6克（2大匙）
- 鹽3克（1小匙）
- 白胡椒粉1克（½小匙）
- 磨碎的花椒籽2克（1小匙）

1. 將油倒入厚鍋，加熱到176℃。將豆腐炸成金褐色，約5分鐘，可視需要分批炸。豆腐在廚房紙巾上徹底吸油後，保存備用。
2. 將花生油倒入炒鍋內加熱。放入薑、蒜頭、蔥，翻炒到散發香氣，約1分鐘。加入豆瓣醬、豆豉醬、辣椒粉，再翻炒1分鐘。加入香菇、荷蘭豆、紅椒、豆芽，翻炒到蔬菜變軟，6-8分鐘。
3. 加入豆腐、蠔油、黑芝麻油、芫荽、鹽、白胡椒，翻炒到每樣食材都變熱，約3分鐘。最後加入磨碎的花椒籽收尾。

NOTE：若想製作傳統的麻婆豆腐，可另外準備熟牛絞肉454克，在步驟3跟豆腐一起下鍋。

河內蒔蘿膾魚

Hanoi Fried Fish with Dill (Cha Ca Thang Long)

10份

- 米穀粉113克
- 薑黃粉4克（2小匙）
- 鹽10克（1大匙）
- 植物油960毫升
- 鯰魚片1.36公斤，切5公分方丁
- 花生油30毫升（2大匙）
- 蔥絲113克，蔥綠和蔥白
- 泰國羅勒葉30片，縱切
- 芫荽葉60片
- 蒔蘿60枝，去梗
- 煮熟的米線454克
- 炒花生71克
- 越式蘸醬480毫升（見956頁）

1. 米穀粉、薑黃、鹽倒入大型攪拌盆中混合。植物油加熱到191℃。
2. 魚片放入混合好的麵粉中翻動。拿起魚片，搖去多餘麵粉，立刻放入油中，炸到呈金色、酥脆，2-3分鐘。放在廚房紙巾上吸油，保溫備用。
3. 花生油倒入炒鍋內加熱，青蔥翻炒約5秒。加入泰國羅勒、芫荽、蒔蘿，翻炒到香料植物縮水，30-45秒。立刻倒出。
4. 出餐時，盤底先鋪一層米線，再放入魚片，最後鋪上炒過的香料植物，加上花生作為盤飾，搭配越式蘸醬出餐。

炸魚餅
Fried Fish Cakes

10份

- 泰國鳥眼辣椒10根
- 紅蔥43克
- 蒜瓣2粒
- 芫荽根或莖14克
- 南薑末9克（1大匙）
- 箭葉橙葉3片
- 鹽3克（1小匙）
- 白肉魚片567克，切末
- 魚露30毫升（2大匙）
- 長豇豆113克，切成薄如紙片的小圓片
- 花生油960毫升
- 黃瓜沙拉600毫升（見922頁）

1. 辣椒、紅蔥、蒜頭、芫荽、南薑、箭葉橙葉、鹽倒入食物調理機中打成糊。
2. 混合魚、魚露、長豇豆和辛香料糊，揉均勻、稍微有點黏稠。
3. 塑形成幾個71克的扁型圓餅，冷藏至烹調前。
4. 油倒入深炸機或深鍋，加熱到177℃，加入魚餅，炸到表面呈金褐色，浮起，約3分鐘。
5. 放在廚房紙巾上吸油，立刻搭配黃瓜沙拉出餐，或保溫備用。

辣椒鑲瓦哈卡肉餡
Chiles Rellenos con Picadillo Oaxaqueño

10份

瓦哈卡肉餡

- 去骨豬上肩胛肉907克，切5公分方丁
- 白洋蔥中丁142克
- 粗剁的蒜頭6克（2小匙）
- 鹽15克（1½大匙），可視需求增加
- 芥花油45毫升（3大匙）
- 白洋蔥丁397克
- 蒜末18克（2大匙）
- 橢圓形番茄907克，切丁
- 葡萄乾20克（2大匙），剁碎
- 瀝乾的酸豆8克（2小匙），剁碎
- 去籽綠橄欖57克
- 剁碎的杏仁25克（2大匙）
- 歐芹57克
- 丁香0.5克（¼小匙）
- 黑胡椒粒0.5克（¼小匙）
- 墨西哥肉桂2克（1小匙）
- 白醋10毫升（2小匙）
- 糖10克（2小匙）

醬汁

- 橢圓形番茄907克
- 水480毫升
- 白洋蔥丁113克
- 蒜末3克（1小匙）
- 芥花油22.5毫升（1½大匙）
- 月桂葉2片
- 鹽6.5克（2小匙）

辣椒

- poblano 椒907克
- 中筋麵粉99克
- 蛋5顆，蛋白和蛋黃分離
- 鹽，視需求添加
- 植物油1.92公升

1. 製作肉餡。豬肉、洋蔥中丁、剁碎的蒜頭倒入大型鍋中混合。倒入清水，淹過食材，視需求以鹽和胡椒調味。混合好的食材煮滾，轉小火，微滾煮到肉變軟，1½小時。
2. 豬肉瀝乾，丟棄高湯、洋蔥、蒜頭。豬肉放涼，用手或兩支叉子撕成肉絲。
3. 油倒入中型雙耳燉鍋，以中火加熱。加入洋蔥丁，炒到變軟，3-4分鐘。加入蒜頭，炒到散發蒜香，約1分鐘。加入番茄，炒到熟透，偶爾攪拌，8-10分鐘。拌入葡萄乾、酸豆、橄欖、杏仁和歐芹。
4. 丁香、胡椒粒、肉桂放入香料研磨器中磨碎，拌入炒熟的番茄中。轉小火，微滾煮10分鐘。
5. 鍋子離火，拌入豬肉、醋、糖、鹽15克（1½大匙）。攪拌均勻，肉餡塞入辣椒前須完全冷卻。
6. 製作醬汁。番茄放入中型湯鍋，倒入水，煮滾。轉小火，加蓋微滾煮，直到番茄熟透，10-12分鐘。
7. 番茄瀝乾，保留湯汁。番茄、洋蔥、蒜頭放入果汁機或食物調理機中打成泥，製成滑順的醬汁。
8. 在大鍋中熱油，倒入番茄醬汁，頻繁攪拌至顏色變深，呈鐵鏽紅色。加入月桂葉、足量烹調湯汁，製出想要的醬汁稠度。以小火微滾煮醬汁，30分鐘。
9. 撈起月桂葉，以鹽調味醬汁。醬汁已完成並可使用，或快速冷卻後冷藏備用。
10. 製作辣椒鑲肉。將瓦哈卡肉餡塞入 poblano 椒內，小心別塞太滿。捏緊肉餡周圍的辣椒開口。
11. 塞好肉餡的辣椒放到85克的麵粉上裹粉，搖去多餘麵粉。
12. 蛋黃稍微攪打混合。蛋白用電動攪拌機打發成濕性發泡。剩下的14克麵粉拌入蛋黃中，以鹽調味。將⅓的打發蛋白拌入蛋黃糊中，讓蛋黃糊質地變輕，然後再拌入剩下的蛋白。
13. 將植物油倒入厚鍋內，加熱到177℃。辣椒一次一顆浸在蛋黃糊中，放入鍋中，油炸到呈金褐色。放在廚房紙巾上吸油後保溫。
14. poblanos 搭配醬汁出餐。

墨西哥燉豬肉

Tinga Poblano

10份

- 去骨豬上肩胛肉1.36公斤，切5公分方丁
- 中型白洋蔥1½顆，去皮
- 蒜瓣2粒
- 鹽15克（1½大匙），或視需求增減
- 紅皮馬鈴薯340克，去皮
- 芥花油60毫升
- 墨西哥辣香腸340克
- 白洋蔥1½顆，切細丁
- 橢圓形番茄907克，切丁
- adobo 醬醃 chipotle 辣椒8罐，切成0.6公分的長條
- 蘋果酒醋22.5毫升（4½小匙）
- 糖15克（1大匙）
- 酪梨2顆，去核、去皮、切薄片
- 白洋蔥½顆，切成極薄片

1. 豬肉放入30公分（12吋）的平底深煎鍋中，倒入清水，淹過豬肉。煮滾後，豬肉瀝乾，水倒掉。
2. 豬肉再放回鍋中，放入整顆洋蔥、蒜頭，倒入清水，淹過豬肉。以鹽5克（1½小匙）調味，煮滾。火轉小，微滾煮約45分鐘至豬肉軟嫩。
3. 瀝乾豬肉，丟棄高湯、洋蔥和蒜頭。豬肉放涼，用手或兩支叉子撕成絲，保留備用。
4. 馬鈴薯放入鹽水，沸煮到軟，但中心還未熟透，約15分鐘。
5. 馬鈴薯瀝乾後放涼，切中丁，備用。
6. 油倒入大型平底煎炒鍋內，以中火加熱。辣香腸下鍋炒到熟透，5-7分鐘。瀝掉多餘的油，香腸備用。
7. 開中大火，用留下來的油脂炒洋蔥丁，直到剛好呈褐色，約5分鐘。加入豬肉，炒到呈金黃色、外層稍微酥脆，約6分鐘。加入番茄，炒到變熱，約3分鐘。加入馬鈴薯、辣香腸、chipotle 辣椒、醋、鹽10克（1大匙）、糖，炒到每樣食材都變熱。試吃，如果辣香腸還不夠辣，加入更多 chipotle 辣椒。
8. 用酪梨和洋蔥片裝飾豬肉。

NOTE：出餐時，墨西哥燉豬肉也可搭配米飯或黑豆及墨西哥薄餅。

第19講

steaming and submersion cooking

蒸煮與淹沒式烹調

濕熱烹調技術（蒸煮、紙包、淺水低溫水煮、沉浸式低溫水煮和微滾煮）以液體與／或水蒸氣作為烹調介質。小心監控烹調溫度和時間、精準判斷熟度，是掌握濕熱烹調法的關鍵。

蒸煮食物時，食物放在密閉容器中，用四周的水蒸氣加熱，烹調出清新、鮮明的風味。蒸氣在食物周圍循環流動，提供濕潤、均勻的加熱。蒸煮法對原本就軟嫩的魚肉和禽肉來說，是有效率又有效的方法。蒸煮得當的食物飽滿、濕潤、軟嫩，而且通常不太會縮水。

steaming
蒸煮

比起用其他方式烹調的食物，蒸煮食物通常較能保留原味，原因是烹調介質通常不太會把風味傳給食物。食物的顏色也都是食材原色。

原本就很軟嫩，大小和形狀也可以在短時間內煮熟的食材最適合蒸煮。若有需要，食材可切成適當大小。魚通常會切片，但也有些菜餚會整條魚下去蒸煮。去骨去皮的禽胸肉也同樣適合蒸煮。蝦蟹貝類可以帶殼蒸煮，除非另有說明，例如，扇貝通常會去殼，蝦子蒸煮前也會去殼。

許多液體都可以用來蒸煮。清水很普遍，但帶有風味的清湯或高湯、調味高湯，甚至酒和啤酒也可以。這些風味煮液特別適合會搭配湯汁一起出餐的食物。把香料植物和辛香料、柑橘皮刨絲、檸檬香茅、薑、蒜頭和蘑菇等芳香食材加入液體，能增添液體及蒸煮食材的風味。有時候，食物會在加蓋的器皿中墊著一層蔬菜蒸煮，蔬菜的汁液會變成蒸氣的一部分，一起蒸煮食物。在準備蒸煮食物時，也可以使用填料、醃醬和包覆材料。魚肉有時候會用這種方式包起來，這樣蒸煮出來的魚肉會格外濕潤。

分量少的食物可以用小型蒸鍋蒸煮。分量較多的食物，或同時烹調數種不同蒸煮時間的食物時，用多層蒸鍋較恰當。重點是，蒸煮時必須留足夠空間，讓蒸氣能徹底在食物周圍循環，好快速、均勻地烹調。

比起多層蒸鍋，壓力蒸鍋能產生更高的溫度，蒸爐則是蒸煮大量食物的好選擇。如此一來，廚師就可以在供餐時分批製作分量合宜的食物，或處理筵席或團膳的大量需求。

基本配方

蒸煮
主菜1份

- 肉、禽肉或海鮮肉塊1份大小（170-227克）
- 蒸煮液體，足夠維持蒸煮全程所需
- 鹽和其他調味食材，為主要食材和蒸煮液體調味
- 額外的收尾用及裝飾用食材
- 做好的醬汁60-90毫升

作法精要

1. 湯汁煮到滾。
2. 主要食材放到蒸籠的蒸架上，不要交疊。
3. 加蓋。
4. 食物蒸煮到正確的熟度。
5. 搭配適合的醬汁和盤飾，立刻出餐。

專業訣竅

▶ 可用某些液體取代全部或部分清水，以增添風味：

清湯／果汁，例如柳橙汁、蘋果汁、蔓越莓汁／高湯

▶ 可依想要的成果，用芳香蔬菜為液體增加風味：

胡蘿蔔／芹菜／洋蔥

▶ 可依想要的成果，用香料植物和辛香料為液體增加風味：

月桂葉／剁碎的蒜頭／剁碎的歐芹／剁碎的百里香／芫荽籽／壓裂的胡椒粒／孜然／薑碎屑

作法詳解 >

1. **液體和額外芳香食材放入加蓋容器**，煮到大滾。液體倒入蒸籠底部，量要足以維持蒸煮全程所需。若在蒸煮中加入更多液體，會降低蒸煮的溫度，拉長烹煮所需的時間。若必須在過程中加入液體，液體先預熱。

2. **食材放入蒸籠**，不要交疊。若食材很多，只鋪一層鋪不完，使用多層蒸籠。食材可以放在蒸架上，下面墊上盤子或淺盤，以蒐集可能流失的湯汁。

調整火侯，以保持均勻、溫和的熱度。液體並非只有煮到沸騰才會產生蒸氣，事實上，快速沸煮可能導致液體太快煮乾。

蓋回蓋子，蒸煮到食物變熟。蒸煮以密閉容器烹調，和其他方法相比，較難估烹調時間。食譜可能會說明食物蒸煮多久可以達到正確熟度。儘管如此，在食物可能煮熟的最早時間點就檢查熟度依然很重要，因為此時食物可能已經熟透。

開蓋時，記得蓋子朝外打開，這樣蒸氣排出時才不會撲向臉和手。

3. **烹調一完成就立刻出餐**。蒸煮食物很容易變乾、變硬，要小心別蒸過頭。食物流出來的湯汁應該接近無色。蒸煮完成時，魚肉和蝦蟹貝類的肉會變得幾乎不透明。軟體動物（貽貝、蛤蜊和牡蠣）的殼會打開，肉則會變得不透明，邊緣捲起。甲殼類動物（蝦子、螃蟹和龍蝦）蒸煮好時呈淺粉色或紅色。禽肉會變得不透明，手指壓下去，肉帶有一點彈性。

以熱的盤子盛裝食物，依喜好搭配適當的醬汁，或依食譜指示搭配，立刻出餐。記住，食物從蒸籠中取出後，餘溫仍會繼續加熱。

因為食物一開始沒有經過褐變，所以依舊維持清新風味。任何加入食物的芳香食材，風味都不應該強烈到蓋過主要食材。蒸煮得當的食物，表面應該相當濕潤。魚，特別是鮭魚，魚肉上不應出現白蛋白沉積，否則就表示鮭魚烹調過度與／或烹調速度過快。

這是蒸煮的變體，依法文原文 en papillote 直譯為「用紙包住」。主要食材和盤飾都包在烘焙油紙做成的袋子中，用食物本身湯汁所形成的蒸氣加熱。紙包是特殊的烹調法，不過從地方料理到世界各地菜系，都有類似的菜色。

cooking en papillote 紙包料理

紙包菜餚傳統上使用烘焙油紙來包裝，但烹調效果很像鋁箔紙、萵苣、大蕉葉、葡萄葉、香蕉葉、玉米苞葉或其他類似的包裹材料，這類包裹能留住食物加熱後產生的蒸氣。出餐時通常還包著紙，客人一打開，食物會釋出帶有香氣的蒸氣。

烹調紙包食物時，應恰好煮熟。由於無法打開包裝檢查或感覺熟度，若沒有經驗，會很難下判斷。如果食物已切成正確的尺寸或已預先烹調到半熟，當包裹脹得很鼓、包裝紙變成褐色時，就應該熟了。如果食材都能在事前準備好，試煮幾次，可幫助了解紙包菜餚應有的烹調時間。

紙包烹調就像蒸煮一樣，適合原本就很軟嫩的食物，如雞肉、魚肉和蝦蟹貝類。根據食譜指示去修整、分切食物。如果適合，烹調的第一步可能是醃泡或煎上色。醃醬可增添風味和色澤，煎上色則有助於確保較厚的肉塊能更快煮熟，同時強化風味和色澤。有些食材可能會塞入填料。

放入蔬菜可增添水分，並增添風味、顏色和質地。蔬菜要切過，通常是切成薄片、細絲或末。若有需要，可先炒軟或汆燙，確保蔬菜能完全煮熟。香料植物保留完整的枝葉，切細或切末。另外，根據食譜指示準備好醬汁、收乾的高脂鮮奶油、酒或柑橘汁。

進行紙包烹調時，需準備烘焙油紙（或食譜要求的其他包裝紙）、鐵板盤或淺烤盤，以及出餐用的餐具。包裝紙要裁得夠大，大到足以包住主要食材和所有額外食材，而且不會太擠。

基本配方

紙包
主菜1份

- 處理好的肉、禽肉或海鮮113-170克
- 烹調湯汁（高湯、醬汁、酒）最多30毫升（2大匙）或足夠的多汁蔬菜，以製造蒸氣
- 鹽和其他調味料
- 額外的收尾用及裝飾用食材，視喜好使用

作法精要

1. 烘焙油紙裁出大小適中的心形，刷上奶油或油。
2. 在紙的半邊鋪上一層芳香食材、蔬菜或醬汁，再放上主要食材。
3. 紙對摺，邊緣捲起包住。
4. 包裹放在熱鐵板盤上。
5. 烘烤包裹，直到包裹膨起、呈褐色。
6. 以盤子盛裝，立刻出餐。

專業訣竅

▶ 可選擇調味出色的液體來製造蒸氣、加熱主要食材，以烹調出額外風味：

高湯／清湯／酒／醬汁

▶ 加入額外食材以烹調出更多風味。食材直接放入包裹內，可在烹調過程中為食物注入風味。某些食材還能創造更多蒸氣，像是多汁的蔬菜：

調味蔬菜／蔬菜／新鮮香料植物

1. 組裝紙包。烘焙油紙或其他包裝紙裁成心形或其他形狀，尺寸要夠大，大到用一半的面積就足以盛裝食物，還能留下3公分的邊。

包裝紙兩面都塗上一點油或奶油，以免燒焦。在半邊包裝紙上鋪一層蔬菜、芳香食材或醬汁，再放上主要食材。

作法詳解 >

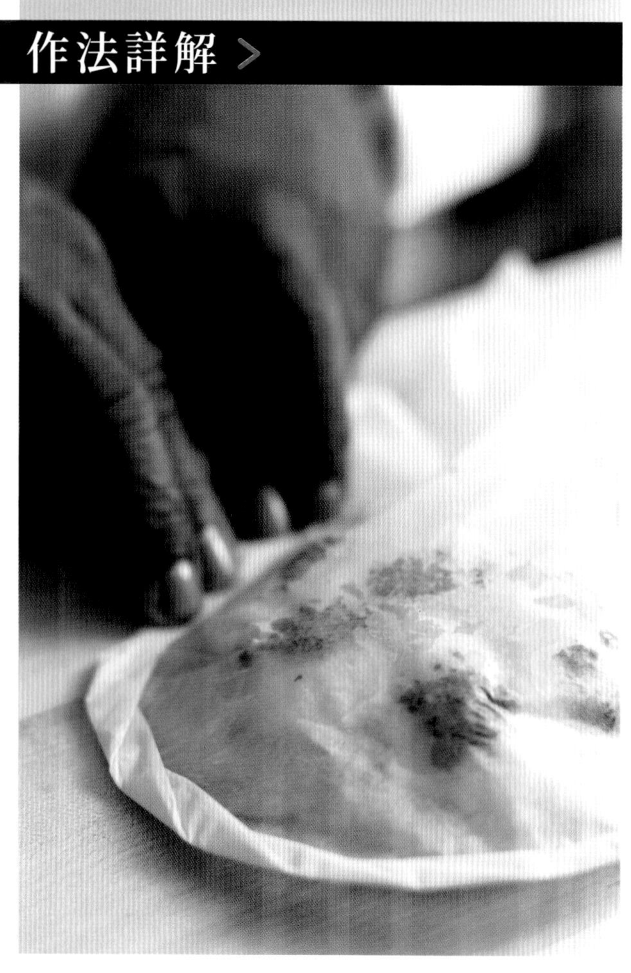

2. 另一半的包裝紙對摺過來，邊緣往內捲，或密實地綁緊包裹，封住開口。包裹邊緣要密封，才能留住蒸氣，以適當地烹調食物。

3. **包裹放到鐵板盤或淺烤盤上**，放入烤爐中，以中溫烘烤，直到包裹膨脹、變成褐色。小心監控烤爐溫度，魚片之類的細嫩食材很容易烤過頭。

包裹一冷卻就會慢慢變扁，所以紙包菜餚一完成就要盡快出餐。若想要有戲劇化的擺盤，可以讓服務生在客人面前切開包裹。

以類似的方法烹調肉、魚肉和禽肉，需按廚房設定的熟度標準或客人的偏好烹調（見367頁，食物熟度的溫度和外觀）。醬汁、烹調湯汁和其他食材也需呈現完整的風味，並適當地烹調。

淺水低溫水煮就像炒和燒烤，屬於現點現做的技術。食物是同時用蒸氣和燉煮液體來烹調。淺水低溫水煮時，食材有部分浸在液體中，而液體通常含有酸（酒或檸檬汁）。可加入紅蔥和香料植物之類的芳香食材，以增加更多風味。加蓋可留住烹調時液體釋出的部分蒸氣。

shallow poaching
淺水低溫水煮

食材風味會大量釋放到烹調湯汁中。為了取得最多的食物風味，煮液通常會收乾，當作醬汁的醬底。液體中的酸為醬汁帶入鮮明、平衡的風味。由於奶油會很快在醬汁中乳化，因此通常會用奶油白醬來搭配淺水低溫水煮的菜餚。

原本就很軟嫩，大小和形狀也適合快速烹調的食材最適合蒸煮。其中最常見的食材是魚、蝦蟹貝和雞胸肉。適度修整主要食材，去除骨頭及皮後，切成魚片或去骨去皮的禽胸肉。也可以把填料放在魚片上，讓魚肉連向骨頭的那一面露在外面，然後捲起或摺起，做成魚肉卷（見411頁）。若想要，可去除蝦蟹貝的外殼。

淺水低溫水煮的液體可為食物及用這些液體製成的醬汁注入風味。液體可選擇濃郁的高湯或清湯，也可以用適合的酒、醋或柑橘汁。

芳香食材切細或切末，跟醬汁一起盛盤的盤飾應該整齊地切成條、丁、細條（蔬菜類）或絲（有葉的香料植物），通常會先炒軟或預煮過，以盡可能煮出最佳風味，同時確保成品中的每樣食材都能同時煮熟。

醬汁可以是奶油白醬或白酒醬（見298頁），也可以把食物流出來的湯汁收乾，當醬汁用。其他建議或指示，請參閱每份食譜的說明。

進行淺水低溫水煮時，使用平底深煎鍋或方形調理盆等適合淺水烹調的容器。謹慎選擇調理盆及烤皿，食物四周留下太多或太少的空間，食物都有可能過熟或太生，用來製作醬汁的湯汁也可能過多或過少。烹調時，鬆鬆蓋上塗有奶油或油的烘培油紙，或是不密合的蓋子，這樣既可以留住足夠的蒸氣去加熱被蓋住的食材，又不會有過多的蒸氣加快烹調速度。製作醬汁可能需要用到網篩，也需要煎魚鏟之類的器具去處理水煮食物，出餐時需要使用熱的盤子。

基本配方

淺水低溫水煮
主菜1份

- 去骨去皮的魚肉或雞胸肉113-170克
- 奶油28克
- 紅蔥14克
- 白酒和白高湯各30毫升，根據烹調分量調整
- 鹽和其他調味料，用來為食材和水煮液體調味
- 額外的收尾食材，包含做好的醬汁和盤飾

作法精要

1. 以煎炒鍋加熱奶油。
2. 芳香食材在鍋底平鋪成一層後燜燒。
3. 放入主要食材及水煮液體。
4. 液體加熱到微滾。
5. 用烘培油紙蓋住平底深煎鍋。
6. 平底深煎鍋放入烤爐，或在熱源上方完成烹調。
7. 取出主要食材，淋上液體潤澤並保溫。
8. 若想要，可以收乾煮液製成醬汁。
9. 主要食材搭配醬汁和適當盤飾後出餐。

專業訣竅

- 選擇風味飽滿的水煮液體，以煮出額外風味：

  高湯／清湯／酒／醬汁

- 煮液也可不收乾，直接當作清湯，跟主要食材一起出餐。這種方法有時稱為「清蒸」（à la nage）。
- 可依想要的成果，將烹調湯汁製成醬汁，為水煮菜餚收尾。
- 製作奶油白醬：烹調湯汁收乾成糖漿的稠度。若想要，可在此時將湯汁過濾到另一個鍋子裡。收乾後的湯汁煮到微滾，放入冷的奶油，每次數塊，同時持續搖動鍋子，讓融化的奶油在醬汁中翻滾。
- 製作白酒醬：烹調湯汁收乾，依喜好加入芳香食材和風味適合的絲絨濃醬。若有需要，可過濾醬汁，收尾時加入鮮奶油或蛋奶液，以及額外的盤飾。
- 想了解更多針對淺水低溫水煮菜餚所製作的醬汁，請參見相關食譜。

作法詳解 >

1. 確保水煮液體高度不超過食物的⅓-½。烹調所需的液體通常不會太多，如果過多，就需要相當長的時間才能適度收乾，或只能使用部分來製作醬汁。

在淺鍋內薄薄塗上一層奶油，放入芳香食材，讓烹調湯汁和收尾醬汁具有良好風味。如果芳香食材能在烹調期間完全煮熟，可直接放入生食材，否則就需要事先另外烹調，以奶油稍微炒軟。

主要食材調好味之後放到芳香食材上方，接著在周圍倒入液體。液體在大部分情況下都不需預熱，但如果量很大，預熱或許有幫助。小心別煮到沸騰。

2. 放入烤爐前，先用塗有奶油的圓形烘焙油紙蓋住魚肉卷。比起用直接熱源加熱，烤爐內的熱度較均勻，而且較溫和，因此最好能在烤爐中完成低溫水煮食物的烹調，這樣也能將爐火讓給其他菜餚。

用直接熱源加熱液體，讓液體達到水煮烹調所需的溫度（71-82°C），鬆鬆蓋上烘焙油紙，放入烤爐，以中溫完成烹調。不過，整個烹調都在烤爐中完成更好。食物的分量和能使用的器具會決定哪種方式最合適。整個過程中都別讓湯汁沸騰，快速沸煮會太快煮熟食物，影響菜餚的品質，可能導致鍋中所有液體都蒸發掉，蛋白質可能會煮焦。

3. **烹調淺水低溫水煮食物**，直到恰好熟透。魚、蝦蟹貝的肉應變得不透明，肉質稍微緊實。牡蠣、蛤蜊、貽貝的邊緣捲起。雞胸肉應呈不透明，手指壓下去，肉帶有一點彈性。

   魚肉卷移至盤中，以少量烹調湯汁浸潤，以免在製作醬汁時乾掉。蓋上密合的蓋子保溫，並避免水分流失。根據食譜指示，將製作醬汁所需的額外食材放到烹調湯汁中。一切完成之後，淺水低溫水煮的菜餚會同時具有食物和烹調湯汁的風味，而醬汁則添加了濃郁、互補的風味。一般來說，食物看起來濕潤、不透明，顏色相對較淡。魚肉上不應出現白蛋白沉積，那表示魚肉烹調過度，或烹調速度過快。淺水低溫水煮食物烹調得當，質地會十分軟嫩，且格外濕潤。細嫩食物的質地幾乎都很脆弱，最常使用這種烹調法。但細嫩食物若破裂或乾掉，代表烹調過度。

4. **用直接熱源以微滾加熱烹調湯汁**，以濃縮風味，讓湯汁變稠。此時可將製好的絲絨濃魚醬倒入收乾的煮液中。另可選擇加入低脂鮮奶油、蔬菜泥或奶油。

沉浸式低溫水煮和微滾煮時，食物完全浸在湯汁中，以穩定、溫和的溫度烹調。沉浸式低溫水煮和微滾煮有相同目的：烹調出濕潤、極度軟嫩的食物。兩種烹調法的不同處在於烹調溫度，適合的食物也不一樣。沉浸式低溫水煮的烹調溫度較低，較適合原本就軟嫩的肉、禽肉或魚肉。

deep poaching and simmering

沉浸式低溫水煮和微滾煮

因為微滾煮的溫度稍高一些，所以肉質較強韌的肉塊在烹調中也能變得軟嫩、濕潤。採用沉浸式低溫水煮時，應選擇原本就軟嫩的食物。不過使用微滾煮就沒有這項限制，原因是微滾煮的過程會讓食物變得軟嫩。但切成單份尺寸的肉塊，像是四分之一隻雞，也經常使用低溫水煮和微滾煮來烹調。另外，精處理魚、全禽或大塊肉也會用這兩種方式烹調。

用濾布包裹住精處理魚，避免魚肉在烹調中破裂。若想要，可在禽類中塞入填料，然後綑住，以維持形狀。也可以在肉塊中塞入填料，然後綁住，以維持形狀。

沉浸式低溫水煮和微滾煮應使用風味良好的液體。烹調肉和禽肉，可選擇風味合適且飽滿的高湯。烹調魚和蝦蟹貝，可使用魚高湯、法式高湯、葡萄酒或調味煮液。芳香食材，像是香料植物和辛香料、葡萄酒、蔬菜、蔬菜汁或柑橘皮刨絲，都可以放入烹調湯汁中，以強化菜餚的風味。芳香食材、調味料和風味材料都應以平衡方式來強化或補足食物風味。製作和加入這些食材的相關說明，請參見各食譜。

沉浸式低溫水煮和微滾煮的食物，經常會搭配另外製作的醬汁一起出餐。例如，傳統的「水煮」牛肉會搭配辣根醬，水煮鮭魚則經常搭配溫熱奶油製成的乳狀醬汁，像是貝亞恩醬或慕斯林。關於醬汁建議，請參見各食譜。

沉浸式低溫水煮和微滾煮使用的鍋具，除了要能輕鬆盛裝食物、液體和芳香食材，也要有足夠空間容納膨脹的湯汁。此外，還應有足夠空間，以在烹調過程中視需要撈除表面的浮渣。密合的蓋子可能可以幫助液體達到特定溫度。但烹調全程加蓋，實際上可能導致湯汁過熱。

其他有用的工具還包括長柄勺或撈油勺、用來保溫食物的容器、砧板和片刀。速讀式溫度計能幫助監控烹調湯汁的溫度。雖然溫度一絲不差的湯汁和離小滾有一、兩度之差的湯汁在外表上幾無二致，但對食物影響卻可能相當大。

基本配方

沉浸式低溫水煮

主菜1份

- 魚肉、雞肉或肉170克
- 調味高湯、高湯或其他液體約300毫升
- 綜合蔬菜
- 鹽和其他調味料，為食材和液體調味
- 額外食材，包括做好的醬汁和配菜

作法精要

1. 烹調湯汁煮到微滾。
2. 放入主要食材，若有需要，可使用網架。確保主要食材完全浸入湯汁中。
3. 若食譜有指示，可加蓋。
4. 用直接熱源或在烤爐內完成烹調。
5. 取出主要食材，保持濕潤，製作醬汁時主要食材需保溫，如果情況允許，讓主要食材於湯汁中冷卻。

專業訣竅

▶ 選擇風味飽滿的水煮液體，以發展額外風味：

高湯／清湯／葡萄酒

▶ 加入額外食材，可能可以煮出更多風味。食材直接放入液體，可在烹調過程中為食物注入風味。

調味蔬菜／蔬菜／新鮮香料植物

▶ 可依想要的成果過濾液體。

作法詳解 >

1. **食物放入法式高湯之前**，高湯需先加熱到適當的溫度（71-85℃）。確定鍋內不會過於擁擠，否則食物無法均勻烹調。有些食物可放入冷的液體直接烹調。

液體的溫度應該介於71-85℃。液體表面或許可以看出液體的流動，有時候稱為抖動（shivering），但不應有氣泡冒出表面。微滾煮使用的液體會有小氣泡緩緩冒出表面，溫度應為85-93℃。可依喜好成果過濾水煮液體。

2. **食物完全浸入液體中**，否則會烹調不均勻，成品也無法呈現適當的嬌嫩顏色。食物沒有浸入液體的部分，看起來可能會像是生的。

水煮或微滾煮的整個過程需維持適當的烹調速度，直到煮好。若有需要，烹調過程中可撈除浮渣，並調味。

若有加蓋，定時監控烹調溫度。加蓋會製造壓力，讓液體的溫度升高。讓蓋子微開是很好的預防措施，可確保液體不至於一不小心就煮沸了。

3. **食物水煮到適當熟度**。每種食物測試熟度的方法都不一樣。如果水煮或微滾煮的食物是作為冷食出餐，煮到帶一點點生可能比較理想。鍋子離火後，把食物留在液體中放涼，液體就含有足夠的熱能，足以完成烹調。把液體放在冰水浴槽中冷卻，以免細菌孳生。等液體溫度下降到室溫，取出食物，繼續後續處理。液體可以用來水煮或微滾煮其他食材。

禽肉和其他肉經過適當的沉浸式低溫水煮和微滾煮後，叉子可以插進肉裡，從禽肉流出來的湯汁幾乎無色。禽肉看起來不透明、色澤均勻，手指壓下去，肉帶有一點彈性。全禽完全煮熟時，輕拉腿部，關節會很容易移動。

經過適當烹調後，魚肉和蝦蟹貝的肉變得較緊實，且幾乎不透明。貝類的殼會打開，肉的邊緣捲起。蝦子、螃蟹和龍蝦則呈淺粉色或紅色。

真空低溫烹調 sous vide

儘管這種烹調法已有將近40年的歷史，但近年來在全球受歡迎的程度和普及度才開始大幅增加。「真空低溫烹調」一詞來自法文 sous vide，意思是「真空下」，如今已演變成專有詞彙，指一種現代烹調概念和烹調方式。真空低溫烹調可以總結成：將食物真空密封在不透氣的塑膠袋中，以精準的低溫烹調一段相對長的時間。這幾個元素的組合讓主廚能烹調出絕佳的成果，且成果還能非常精準、精確地有效複製。

真空低溫烹調的基礎食品科學

烹調肉質強韌、帶有大量結締組織的肉塊時，低溫烹調向來是更適合的方式。若能掌握正確溫度，提供濕潤溫熱的環境，所有的纖維組織會慢慢分解成膠質，使最後成品變得濕潤。這通常需要長時間的烹調，但如此一來，食物也會同時受到氧化和有害微生物的影響。因此，烹調時通常會遵守傳統的烹調溫度規定，確保食品安全，但這樣也會使肌肉纖維變質，導致肉質一開始就變硬、肉汁流失，結果是成品肉質乾硬、缺乏風味且烹調過度，營養成分也大量流失。

但是，透過真空低溫烹調的精準溫度控制，堅韌的結締組織會慢慢轉化成絲綢般的膠質，且肌肉纖維不會變質，也保留了全部的天然肉汁。真空密封袋內的環境也可以減少氧化，避免食物的天然汁液蒸發。

這種控制溫度的方法也適用於需要不同熟度的紅肉。肌肉組織中原本就有的某些蛋白質軟化酵素會在真空烹調的低溫下活化，非常有助於烹調出更軟嫩的成品，儘管只是一分熟，也是如此。

溫和的烹調週期，加上同樣溫和的冷卻過程，以及真空形成的壓力，都能確保食物不斷地重複吸收所有汁液（也稱為滲出液），變得更加多汁。

食物為了抵抗周圍空氣形成的壓力，會產生一股反抗力。而在真空低溫烹調中，食物由於處於真空，就不會有這股反抗力。事實上，真空袋外的壓力，不僅讓食物的形狀變得誘人，也會促進食物吸收真空袋中的所有香氣。真空包裝同樣會降低食物細胞內水分的沸點，如果處理過程中溫度太高，這些水分會開始沸騰，使細胞裂開。因此，採用真空低溫烹調的食物，裝袋前必須儲存在極低的溫度下。

用於真空低溫烹調的加熱設備通常可以提供精準的溫度，這個設備也可用在非真空低溫烹調的食物上，目的是提供同樣精準和穩定的熱源去加熱沒有裝袋、但也採用低溫烹調的食物。這個方法有個很好的例子，便是用熱循環機烹調不剝殼雞蛋，可根據雞蛋內不同蛋白質的凝結溫度設定烹調溫度，以符合個人喜好。

關鍵過程和優點

任何烹調方式（傳統或真空低溫烹調）的基本目標都是把成品的感官特質（顏色、多汁、軟嫩、風味等等）放到最大，同持確保食品安全和保存期限。雖然傳統的烹調方式和真空低溫烹調有許多相同之處，兩種方法都可以達到類似的效果，但真空低溫烹調讓廚師有機會一舉二得：既獲得最佳的感官特質，又獲得最大的食物安全和最長的保存期限。雖說真空低溫烹調本身不應作為保存食物的方法，但以此法適當烹調的食物，確實有更長的保存期限。

真空低溫烹調的優點列舉如下：

多汁：既留住食物本身的汁液，又重複吸收烹調汁液（滲出液），也完成肉塊內結締組織的凝膠化。

增加分量：減少了因蒸發或水分流失所引起的縮水。如果是鵝肝或鴨肝這類低脂肪熔點的食材，也減少了脂肪的流失。

一致：成品的色澤和質地一致，而不是「平均」。這表示整份成品的熟度不是落在一段範圍區間，而是只有一個熟度。這時就可依個人喜好決定成品要不要煎上色，以引起梅納反應。

提升風味和營養：液體的烹調介質不直接接觸到食物，從而確保風味和營養不會流失到烹調湯汁中。芳香食材和醃醬的風味更鮮明、強烈。保留了食物的新鮮度，並且不會氧化。

一致的形狀：特別是使用可收縮的袋子幫助塑形，或在細嫩食材上輕輕加壓。

改造質地：細嫩食物也可經過壓縮或改造，以顯得更誘人，並轉換風味、質地。

安全：袋內消毒可避免反覆污染，等於煮出符合微生物檢驗安全的產品，可延長保存期限。

綠色標章：降低能源用量，也縮減人力、器具、清潔上的耗費，減少化學、生物廢棄物。加工和保存空間最小化。出餐變得簡單、有效率，且精準、正確。

燜煮肉塊要煮上數小時才能軟到可以接受，烘烤則需要一段適當的時間才能達到正確的中心溫度。烘烤食物的中心是粉紅色，但外部多少有點烤到熟透、乾化。燜煮則會煮出灰色、氧化的成品，缺乏汁液，營養價值下降，需要燜煮湯汁提供必要的風味，才能變成令人滿意的菜餚。

有沒有一種烹調方式可以達到好的成果，卻沒有後續的缺點？真空低溫烹調就有可能做到。真空低溫烹調煮出的肉，整塊都有一致、均勻的色澤和質地，同時保留所有肉汁，也提升了風味和營養價值。

大部分熟肉的「平均」顏色，顯然取決於烹調的溫度和想達到的成果。另一方面，肉的軟嫩度就是比較複雜的問題了。肉與生俱來的軟嫩特質直接和物種及年齡有關，而這又與肌肉結締組織的數量及狀況有關。如同蛋白質的所有受熱，肌肉纖維一接觸到極端溫度就會立即收縮，導致蛋白質硬化，最後造成水分流失。為了逆反這些作用，最終需要通過水解使組織變得易於溶解，或透過與水起反應來分解組織。但任何燜煮過肉的人都知道，這很耗費時間。

真空低溫烹調的概念相對於傳統烹調，可以簡化成兩個簡單的詞彙：濃縮和稀釋。

乾熱式和濕熱式的傳統烹調法有其好處，但也有代價。為了製作出誘人的「外殼」，還有梅納反應所帶來的美味曲線，而奮力地在蛋白質上煎出褐色，付出的代價就是汁液流失，肉塊一定會收縮，分量因而減少。即使是用濕熱式傳統烹調法中最溫和的方法加熱，時間一久，食物外部也常烹調過度，在氧化食物的同時吸光所有汁液。就算是溫和的微滾慢煮也會吸走食物的天然汁液，以及某些重要的風味和營養價值。這便是稀釋。儘管蒸煮是健康的烹調法，但對海鮮等細嫩食物來說，熱能仍太過強烈。

以術語來說，烹調溫度和食物中心最終溫度之間的溫差稱為 delta T（ΔT）。數字越大，食物的能量動量便越大，這和餘溫烹調有關。簡單說，就是一旦施加了能量，分子就會活化，食物內部就會開始累積熱能。由於使用的是高溫，犯錯的空間因而減少，稍微有點失誤，就會導致成品乾化與／或堅硬。反之亦然。這說明了透過低溫和小 delta T，便能達到精準烹調。這讓廚師有較多的失誤空間，也可避免以過高溫度烹調以及過度烹調。

透過使用幾乎不透氣的塑膠袋，真空低溫烹調能留住所有精華風味，甚至將風味濃縮到一定程度。非常低的烹調溫度搭配真空袋，便可製作出軟嫩的食物，多汁、均勻地熟透，而且產量高，成果還帶有誘人的顏色和形狀（若想要，甚至可煮出粉紅色的燜煮肉）。

乾熱式烹調法烤出的「外殼」廣受喜愛，這層蛋白質表面的外殼可在食物加熱之前或之後快速烤出。以這種方式烹調，食物會兼具溫和加熱帶來的軟嫩肉質與多汁，以及梅納反應化合物帶來的強烈風味。

顯然，只有未受污染和絕對新鮮的產品才能使用真空低溫烹調，原因是這種方式會同時放大、濃縮食物原本的風味，以及令人不喜的風味。正由於風味會「濃縮」，烹調時需另外計算調味料和芳香食材的分

真空低溫烹調的操作程序

為了達成巴氏殺菌和均勻烹調，有一件事很重要：食物的所有部位都要一致地加熱。既然水傳導熱能的效能比空氣高出上百倍，因此水浴是較好的烹調介質。同時也需要精準、穩定的熱源，所以大多數廚師使用熱循環器，並透過**電子探針溫度計**監控溫度，以達到最佳效能。

生食或帶有烤紋（煎上色過／燒烤過）的食物徹底冷卻到6℃或更低，再放入**積層的**（laminated）**、可擠縮的塑膠袋**中，放好後用間隔塊調整，然後袋子邊緣居中對齊**槽式真空包裝機**封口棒。接著設定機器，包括**真空量**（食物種類、形狀等等）、抽氣後所需的**排氣時間**（如果食物的孔洞多）、所需的**封口時間**，後者取決於塑膠袋的厚度和特性。

完成封口的袋子稍微冷藏後，放在溫度適當的水浴中，需要多久的烹調時間就放多久，以加熱到想要的熟度，同時也進行巴氏殺菌，讓食物能安全保存、再次加熱出餐。

烹調完成後，袋子浸入冰水浴槽中（冰塊至少占一半），直到中心溫度在2小時內降至3℃為止。食物一定要降到這個溫度，否則必須丟掉。接著在袋子上貼標籤，註明**品名、日期、時間、丟棄日期**。食物保存在3℃或更低溫度、附有電子記錄功能的冰箱（或冷凍庫）中，直到規定的時間（見當地的HACCP食品準則）。時間一到就得出餐或丟棄。出餐時需再加熱，將袋子放入加熱到適當溫度的水浴中，直到食物達到正確的中心溫度，接著打開袋子，立刻出餐。

從開始到結束的整個過程中，必須嚴謹記錄烹調、冷藏、保存、再加熱的溫度和時間，還有丟棄日期，這些資料要留存至少一段期間（見當地HACCP的食品準則）。

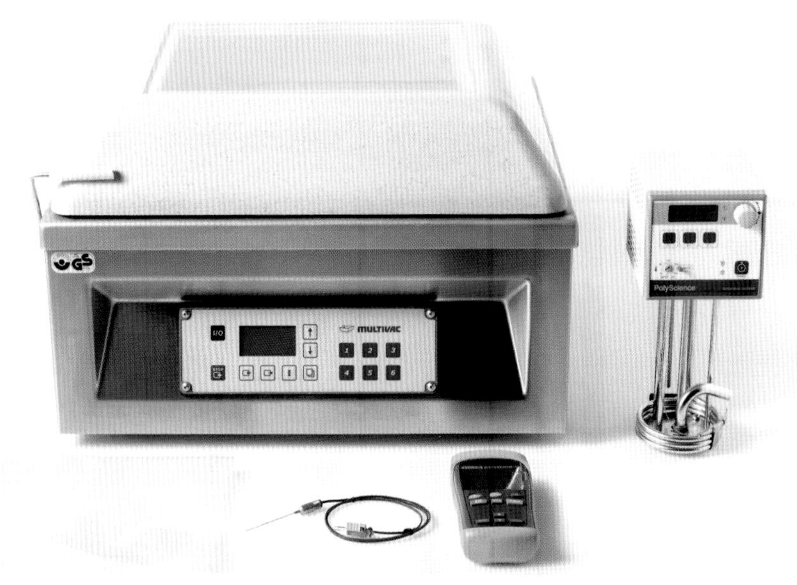

浸入式烹調所需的器具。
自左上依順時鐘方向：真空封口機、浸入式熱循環器、電子溫度計、探針、真空袋。

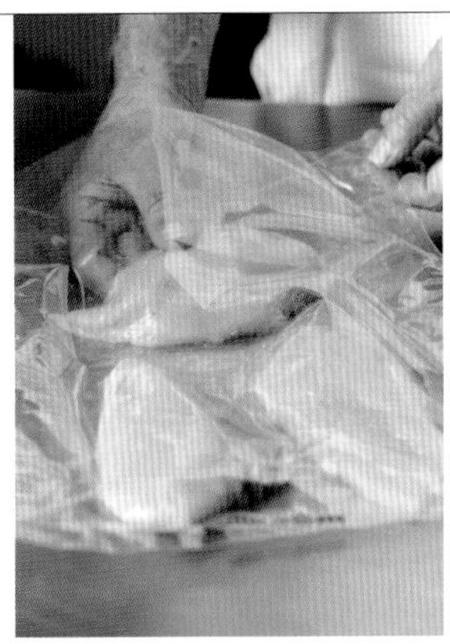

別讓真空袋過於擁擠，袋內的食物不應相互碰觸。

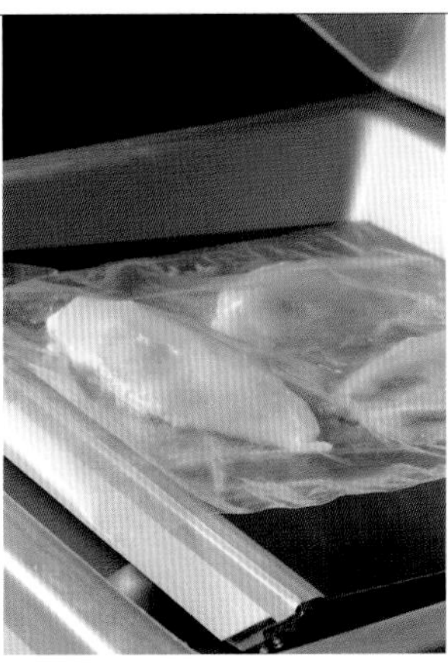

真空袋小心地放上真空封口機，確保有留足夠的袋子懸垂在封口機邊緣，以便完整密封袋口。

確實密封好的真空袋。

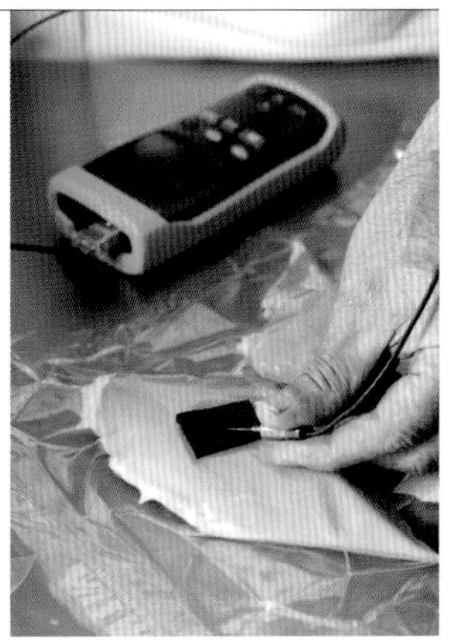

為了避免空氣和汁液從密封袋中滲出，在溫度計探針插入的位置貼上一塊密閉式泡棉膠帶。溫度計探針穿過膠帶，輕輕插入肉塊。

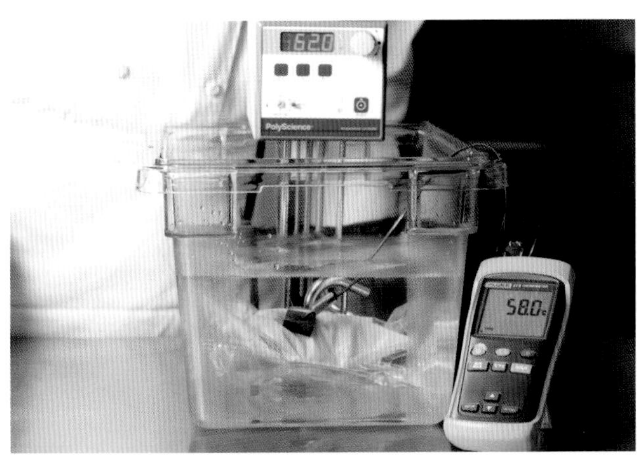

於水浴中架設熱循環器時，必須注意一件非常重要的事：真空袋周圍的水要一直高於回流管。如果水位降到回流管以下，機器很可能會損壞。

真空袋完全浸入冰水浴中，水浴中至少有一半是冰塊。

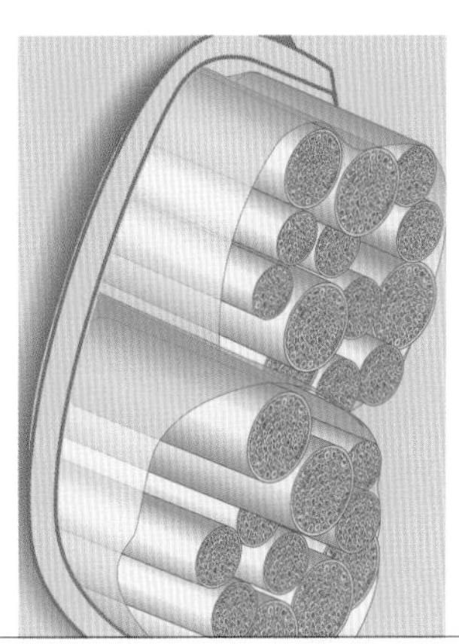

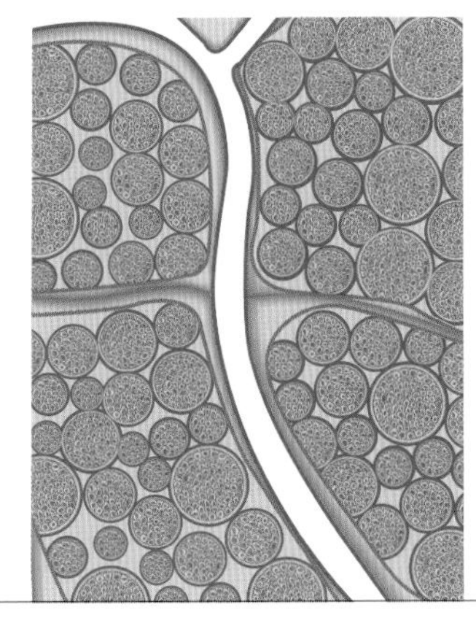

肌肉纖維的結構和將各個肌肉纖維綑綁成束的結締組織決定了肉的質地。在左圖中，一片片結締組織包裹著肌肉纖維。右圖則是肌肉纖維束的橫切面。

量，並且審慎、嚴格地控制。生蒜和未精煉的油會在長時間烹調中分解，常會帶來非常強烈且變質的味道。蔬菜在烹調時與／或作為芳香食材時，也會帶來問題，原因是蔬菜的澱粉和果膠（由纖維素結合而成）的溶解溫度遠高於烹調蛋白質的溫度。所以，若使用蔬菜作為芳香食材，一定要先處理過才放入真空袋。

最初，食物是裝在真空袋或調氣包裝袋中，採用高溫烹調，以殺死有害微生物，確保食品安全，但這卻犧牲了成品的顏色、風味和質地。現代的方法名為「正確溫度的烹調」，使用低溫，配合計算過、較長的烹調時間，製作出最誘人的色香味，同時兼顧巴氏殺菌和食品微生物安全。就這點而言，真空低溫烹調既是一種烹調技法，也是延長保存期限的處理過程。

基本的真空低溫烹調過程可分成幾種方式，一種是CCRS烹調（煮cook、冷藏chill、再加熱reheat、出餐serve，取四字的英文字首）：食物先烤出烤紋（燒烤或煎上色，非必要）、裝袋、熱處理（烹調、巴氏殺菌）、冷藏或冷凍，接著再加熱（再次烤上烤紋，非必要），立刻出餐。另一種是CS烹調（煮cook、出餐serve，取兩字的英文字首）：每份食物裝袋，現點現做，立刻出餐。後者是時下許多廚師烹調海鮮時偏好的方式。

安全

任何受過餐飲服務食品安全訓練的人都知道，細菌永遠無法完全殲滅，但需保持在「可接受的水平」。

透過實驗，食物科學家分析了在各種情況下，各種形態的細菌在一段時間後的生長率和死亡率。實驗的結果整理成一份「時間／溫度表」，並由美國食品藥物管理局發表在「食品準則」（Food Code）上。餐飲業在供應熟食和生食給大眾食用時，必須遵照這些食品安全的準則（見FDA.gov）。危害分析重要管制點（HACCP）是一套風險評估的系統，對消費者、廚師和食物來說都很重要。這種「風險」正是真空低溫烹調的安全核心，採用此烹調法的廚師都必須具有相當程度的專業知識和培訓。

真空低溫烹調的環境（真空袋）創造了一個地帶，這個地帶裡沒有氧氣，既可防止氧化，也能抑制**好氧**的致腐、病原體生長。同時，這個地帶也有利於**厭氧**的致腐、病原體生長，特別是溫控失當的食物。雖然這類微生物大多可用適當的**酸鹼值**和足夠的鹽來控制，但真空低溫烹調的過程主要是透過溫度和時間來控制。

因此，真空低溫烹調必須使用品質無可挑剔的食物，以大幅降低表面污染的風險。如果能在處理過程中提供足夠的熱能，以巴氏殺菌法摧毀病原體和致腐菌的所有生長（活化）體，或大幅降低活性。烹調過程唯一真正的威脅是某些產孢菌，像是產氣莢膜梭菌和肉毒桿菌，這些細菌的孢子大部分都很耐熱。但如果處理後保存的溫度不超過3℃，且不超過指定的時間，就能安全地控制胞子的生長。

基於以上原因，這裡的重點是要理解真空低溫烹調不是用來作為保存系統，也不應該用來無限期延長包裝食品的保存期限。每樣食物都有各自的烹調參數（時間和溫度），也有相應的保存期限和保存參數（也是時間和溫度），這些都必須嚴格遵守。否則，真空低溫烹調會變成充滿潛在危險的烹調法和保存法。以此而言，真空低溫烹調跟傳統烹調法相比，並沒有更好或更差，但若符合適當的條件，就沒有反覆污染的風險，因此成為更安全的保存法。

紙包扇貝和鱸魚

Bass and Scallops en Papillote

10份

- 海鱸魚片454克，切10份，每份43克
- 海扇貝454克，去除閉殼肌
- 奶油57克
- 蔬菜高湯720毫升（見265頁）
- 苦艾酒240毫升
- 根芹菜907克，切絲
- 紅皮馬鈴薯454克，切薄片
- 胡蘿蔔315克，切絲
- 黃瓜315克，切絲
- 義式檸檬醬150毫升（見601頁）
- 壓碎的黑胡椒粒2克（1小匙）

1. 把烘焙油紙裁成10個心形，面積要大到足以包覆魚片、扇貝和蔬菜。烘焙油紙雙面都薄薄塗上奶油。
2. 高湯、苦艾酒倒入大型醬汁鍋內混合，煮到微滾（85℃）。根芹菜、馬鈴薯、胡蘿蔔分別在高湯混合物中汆燙到變軟。瀝乾蔬菜，放入黃瓜拌勻。
3. 每張心形烘焙油紙的半邊鋪上一層約198克的蔬菜。將鱸魚片1份和扇貝43克放到蔬菜上，再淋上義式檸檬醬約15毫升（1大匙），之後撒上胡椒粒。
4. 另一半的心形紙對摺過來，包住魚片和蔬菜。紙的邊緣往內捲，封住開口，冷藏至使用前。
5. 每個烘培油紙包裹便是1人份，包裹放到預熱過的鐵板盤或淺烤盤上，送入烤爐，以218℃烘烤7分鐘。包裹應膨脹，烘培紙應變成褐色。立刻出餐。若想要有戲劇化的擺盤，可在客人面前切開包裹。

水煮海鱸魚搭配蛤蜊、培根和青椒

Poached Sea Bass with Clams, Bacon, and Peppers

10份

- 奶油113克，冷的
- 海鱸魚片1.7公斤，切10份，每份170克
- 小圓蛤50顆，徹底刷淨外殼
- 干白酒300毫升
- 法式魚高湯150毫升（見264頁）
- 蛤蜊汁150毫升
- 鹽，視需求添加
- 黑胡椒粉，視需求添加
- 青椒227克，切絲，汆燙
- 培根末284克，煎至酥脆並瀝乾
- 細香蔥末3克（1大匙）

1. 用28克奶油薄薄塗抹淺鍋內壁。放入魚（帶皮面朝下）、蛤蜊、酒、高湯、蛤蜊汁。
2. 用直接熱源加熱湯汁，直到快要微滾（71-82℃）。用一張塗好奶油的圓形烘焙油紙蓋住魚片和蛤蜊。整鍋移入177℃的烤爐。
3. 低溫水煮到魚快要熟透、蛤蜊快要打開，10-12分鐘。
4. 魚和蛤蜊移到½方形調理盆內，倒入少量煮液，以保鮮膜包住並保溫。
5. 以中大火加熱盛有煮液的方形調理盆，煮到微滾，收乾⅔。剩下的奶油攪打入醬汁中，使醬汁稍微變稠，以鹽和胡椒調味。
6. 用細網篩把醬汁過濾到乾淨的醬汁鍋或隔水燉煮鍋中。最後放入胡椒和培根，完成醬汁。
7. 魚和蛤蜊立刻搭配醬汁、放上細香蔥裝飾後出餐，或保溫備用。

水煮鱒魚佐番紅花慕斯

水煮鱒魚佐番紅花慕斯

Poached Trout with Saffron Mousse

10份

- 去皮的鱒魚片20份，每份85-113克
- 鹽6.5克（2小匙），視需求增加用量
- 白胡椒粉1.5克（¾小匙），視需求增加用量
- 鱒魚番紅花慕斯林284克（食譜見右欄）
- 奶油28克
- 中型紅蔥3顆，切末
- 干白酒300毫升
- 法式魚高湯300毫升（見264頁）
- 絲絨濃魚醬300毫升（見294頁）
- 番茄丁198克
- 剁碎的細香蔥6克（2大匙）
- 煎炒過的嫩菠菜284克

1. 鱒魚以鹽和胡椒調味。帶皮的那面均勻地抹一層14克的慕斯林，每片魚片往內捲起，做成魚肉卷，魚皮那面朝內。魚肉卷放入方形調理盆中，接合處朝下，冷藏至低溫水煮前。
2. 在30公分（12吋）平底深煎鍋上薄薄塗上奶油，鍋底均勻撒一半的紅蔥。把一半的魚肉卷放在紅蔥上，接合處朝下。倒入一半的酒、一半的魚高湯，不要高過魚肉卷的一半。
3. 以中火加熱湯汁，直到快要微滾（71-82℃）。用一張塗好奶油的圓形烘焙油紙蓋住魚肉卷。整鍋移入149-163℃的烤爐。
4. 低溫水煮魚肉卷，直到鱒魚肉變得不透明，壓下時稍有緊實感，10-12分鐘。
5. 魚肉卷移到½方形調理盆內，倒入少量煮液，以保鮮膜包住並保溫。
6. 以中大火加熱盛有煮液的方形調理盆，煮到微滾，收乾⅔。轉中火，倒入一半的絲絨濃魚醬，微滾煮1-2分鐘。醬汁應已收乾成可以沾裹食物的稠度。以鹽和白胡椒調味。
7. 若想要，醬汁可用細網篩過濾到乾淨的醬汁鍋或隔水燉煮鍋中。最後放入一半的番茄和一半的細香蔥，完成醬汁。
8. 魚肉卷放在廚房紙巾上，吸乾水分。盤底鋪上一層煎炒過的嫩菠菜，放上魚肉卷，立刻搭配醬汁出餐，或保溫備用，但不要放超過10分鐘。
9. 重複步驟2-8，製作第二批魚肉卷。

NOTE：最後在醬汁中倒入檸檬汁，可為菜餚增添一些美味的層次。

水煮鰈魚佐番紅花慕斯：以相同分量的鰈魚片取代鱒魚片。

鱒魚番紅花慕斯林

Trout and Saffron Mousseline

284克

- 番紅花絲2小撮，搗碎
- 高脂鮮奶油240毫升
- 鱒魚魚片454克，修整過
- 鹽3克（1小匙），視需求增加用量
- 蛋白1顆
- 現磨白胡椒一小撮

1. 番紅花、鮮奶油倒入中型醬汁鍋中混合，煮到微滾。鍋子離火，靜置30分鐘，完全冷卻。
2. 鱒魚、鹽放入食物調理機中，打成細緻的糊。若有需要，刮下調理碗壁上沾黏的食材。暫停調理機，加入蛋白後打至均勻混合。倒入混有番紅花的鮮奶油、鹽和胡椒，調理機開開停停，直到食材混合均勻。
3. 放入少量慕斯林到微滾的鹽水中低溫水煮，並試味道。若有需要，可在繼續下一道步驟前調味。
4. 若想要，可以細網篩過濾。
5. 慕斯林已完成並可使用，或可冷藏備用。

NOTE：可用剁碎的細香蔥3克（1大匙）裝飾，或可於食材攪打均勻後拌入其他香料植物。

鰈魚慕斯林：以相同分量的鰈魚片取代鱒魚，不需加入番紅花。

鮭魚慕斯林：以相同分量的鮭魚取代鱒魚，不需加入番紅花。

水煮鱒魚卷佐白酒醬

Poached Trout Paupiettes with Vin Blanc Sauce

10份

- 去皮鱒魚片20份，每份85-113克
- 鹽3克（1小匙）
- 白胡椒粉1克（½小匙）
- 鮭魚慕斯林454克（見上方）
- 奶油28克
- 中型紅蔥3顆，切末
- 歐芹莖5根
- 細香蔥莖5根
- 稍微壓裂的白胡椒粒0.5克（¼小匙）
- 干白酒300毫升
- 法式魚高湯300毫升（見264頁）
- 絲絨濃魚醬300毫升（見294頁）
- 高脂鮮奶油300毫升
- 檸檬汁30毫升（2大匙），或視需求增減（非必要）

1. 鱒魚以鹽和胡椒調味。在鱒魚片上均勻地抹上一層慕斯林，每片魚片往內捲起，做成魚肉卷。魚肉卷放入方形調理盆中，接合處朝下，冷藏至低溫水煮前。
2. 在淺鍋內薄薄塗上奶油，均勻撒上紅蔥，放入歐芹莖、細香蔥莖、白胡椒粒。魚肉卷放到紅蔥上，接合處朝下。倒入酒和魚高湯。
3. 用直接熱源加熱湯汁，直到快要微滾（71-82℃）。用一張塗好奶油的圓形烘焙油紙蓋住魚肉卷。整鍋移入149-163℃的烤爐。
4. 低溫水煮魚肉卷，直到鱒魚肉變得不透明，壓下時稍有緊實感，10-12分鐘。
5. 魚肉卷移到½方形調理盆內，倒入少量煮液，以保鮮膜包住並保溫。
6. 以中大火加熱盛有剩下煮液的方形調理盆，煮到微滾，收乾⅔。轉中火，倒入絲絨濃醬，微滾煮1-2分鐘。拌入鮮奶油，醬汁收乾到可以沾裹食物的稠度。如果想加入檸檬汁，在此時倒入。以鹽和白胡椒調味。
7. 醬汁用細網篩過濾到乾淨的醬汁鍋中，或大到足以保存醬汁的隔水燉煮鍋中。
8. 魚肉卷放在廚房紙巾上吸乾水分，立刻搭配醬汁出餐，或保溫備用。

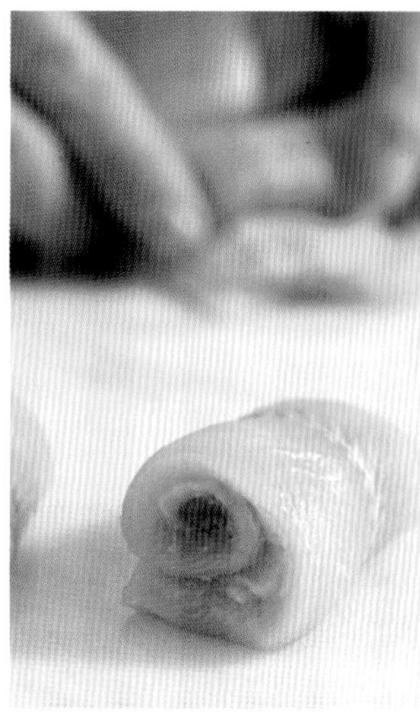

左圖：魚片用保鮮膜包住，小心捶平，確保能均勻烹調。餡料沿著魚片擠出一條，均勻抹開。餡料非必要，但若有使用，要保存在非常低的溫度下，烹調前才拿出。右圖：餡料要完整包住，確保烹調時能保持完整，不會漏出。魚肉卷移到儲存容器中備用之前，魚片需向內捲起，且完全包住餡料。

水煮鰈魚肉卷

Poached Sole Paupiettes Véronique

10份

- 鰈魚片10份，每份142-170克
- 鹽3克（1小匙）
- 白胡椒粉1克（½小匙）
- 鰈魚慕斯林284克（見556頁）
- 奶油28克
- 紅蔥末28克
- 歐芹莖8根，剁碎
- 干白酒300毫升
- 法式魚高湯300毫升（見264頁）
- 皇家鏡面醬300毫升（食譜見右欄）
- 無籽綠葡萄284克，去皮加熱（每人份約葡萄4顆）

1. 鰈魚以鹽和胡椒調味。帶皮的那一面均勻地抹上一層慕斯林，每片魚片往內捲起，做成魚肉卷。魚肉卷放入方形調理盆中，接合處朝下，冷藏至低溫水煮前。
2. 淺鍋內薄薄塗上奶油，均勻撒上紅蔥。歐芹放到紅蔥上，再放上魚肉卷，接合處朝下。倒入酒和魚高湯。
3. 用直接熱源加熱湯汁，直到微滾（71-82℃）。用一張塗好奶油的圓形烘焙油紙蓋住魚肉卷。整鍋移入149-163℃的烤爐。
4. 低溫水煮魚肉卷，直到鰈魚肉變得不透明，壓下時稍有緊實感，10-12分鐘。（煮液保留下來製作鏡面醬）
5. 魚肉卷移到盤子上，覆上鏡面醬，放入上明火烤爐或炙烤爐內，烤成褐色。
6. 立刻放上葡萄作為盤飾後出餐，或保溫備用。

NOTE：葡萄可先放在魚肉卷上，再覆上鏡面醬，放入上明火烤爐。

皇家鏡面醬

Royal Glaçage

720毫升

- 低溫水煮湯汁（如果有）或法式魚高湯（見264頁）150毫升
- 絲絨濃魚醬240毫升（見294頁）
- 荷蘭醬240毫升（見298頁）
- 高脂鮮奶油240毫升

1. 低溫水煮湯汁收乾⅔，過濾到攪拌盆中。
2. 絲絨濃醬和荷蘭醬加熱到相同溫度（約77℃），再倒入收乾的湯汁中，攪拌均勻。
3. 鮮奶油打發成中性發泡。
4. 打發的鮮奶油慢慢拌入絲絨荷蘭濃醬中，直到混合均勻。保溫，視需求使用。

水煮鰈魚蔬菜佐白酒醬

Poached Sole with Vegetable Julienne and Vin Blanc Sauce

10份

- 鰈魚片10份，每份142-170克
- 鹽3克（1小匙）
- 白胡椒粉1克（½小匙）
- 紅椒227克，切絲，汆燙
- 胡蘿蔔227克，切絲，汆燙
- 黃色長南瓜227克，切絲，汆燙
- 櫛瓜227克，切絲，汆燙
- 奶油28克
- 中型紅蔥3顆，切末
- 歐芹莖5根
- 細香蔥5根
- 白胡椒粒0.5克（¼小匙），稍微壓裂
- 干白酒300毫升
- 法式魚高湯300毫升（見264頁）
- 蝦子680克（每454克21-25隻），去殼、去腸泥
- 絲絨濃魚醬300毫升（見294頁）
- 高脂鮮奶油300毫升
- 檸檬汁30毫升（2大匙），或視需求增減（非必要）
- 細香蔥末6克（2大匙）
- 細剁的碎歐芹6克（2大匙）

1. 魚片放在工作檯上，帶皮面朝上，以鹽和白胡椒調味。混合胡椒、胡蘿蔔、黃色長南瓜和櫛瓜。每份魚片上放上大量蔬菜，讓蔬菜超過魚片兩邊。魚片從尾巴往頭部的方向捲起或摺起。魚肉卷放入方形調理盆中，接合處朝下，冷藏至低溫水煮前。
2. 淺鍋內薄薄塗上奶油，均勻撒上紅蔥，放上歐芹莖、細香蔥和胡椒粒，再放上魚肉卷，接合處朝下。倒入酒和魚高湯。
3. 用直接熱源加熱湯汁，直到快要微滾（71-82℃）。用一張塗好奶油的圓形烘焙油紙蓋住魚肉卷。整鍋移入149-163℃的烤爐。
4. 6分鐘後，每份魚肉卷放上3隻蝦子，繼續低溫水煮4-6分鐘，或直到魚肉和蝦子變得不透明，壓下時稍有緊實感。
5. 魚肉和蝦子移到½方形調理盆內，倒入少量煮液後，以保鮮膜包住並保溫。
6. 以中大火加熱盛有剩下煮液的方形調理盆，煮到微滾，收乾⅔。轉中火，倒入絲絨濃醬，微滾煮1-2分鐘。拌入鮮奶油，醬汁收乾到可以沾裹食物的稠度。如果想加入檸檬汁，在此時加入。以鹽和白胡椒調味。
7. 醬汁用細網篩過濾至乾淨的醬汁鍋或隔水燉煮鍋中。細香蔥和歐芹放入醬汁內拌勻。
8. 魚肉卷和蝦子在廚房紙巾上吸乾水分，立刻搭配醬汁出餐，或保溫備用。

紙包赤鱔笛鯛魚片

Fillet of Snapper en Papillote

10份

- 赤鱔笛鯛魚片10份，每份170克
- 奶油170克
- 鹽3克（1小匙）
- 黑胡椒粉1克（½小匙）
- 中筋麵粉113克
- 絲絨濃魚醬150毫升（見294頁）
- 紅蔥末71克
- 青蔥薄片142克
- 白蘑菇薄片142克
- 干白酒150毫升

1. 把烘焙油紙裁成10個心形，面積大到足以包覆魚片。烘焙油紙雙面都薄薄刷上奶油，大約會使用57克的奶油。
2. 剩下的奶油放入平底煎炒鍋內，以中大火加熱。魚片以鹽和胡椒調味，裹上麵粉，魚肉那面稍微煎上色（另一面不用），3-5分鐘。取出魚片。
3. 在每張心形烘焙油紙的半邊舀上絲絨濃醬15毫升（1大匙），接著撒上紅蔥6克（2小匙）。魚片放到紅蔥上，魚皮面朝下。每片魚片撒上蔥14克，疊上蘑菇切片14克，再淋上白酒15毫升（1大匙）。
4. 另一半的心形紙對摺過來，包住魚肉。紙的邊緣往內捲，封住開口，冷藏至使用前。
5. 每個烘培油紙包裹便是1人份，放在預熱過的鐵板盤或淺烤盤上，送入烤爐，以218℃烘烤7分鐘。包裹應膨脹，烘培油紙應變成褐色。立刻出餐。若想要有戲劇化的擺盤，可在客人面前切開包裹。

紙包赤鱔笛鯛魚片

新英格蘭海鮮餐

新英格蘭海鮮餐

New England Shore Dinner

10份

- 奶油113克
- 洋蔥小丁284克
- 蒜末14克
- 乾燥百里香2克（1小匙）
- 月桂葉2片
- 雞高湯480毫升（見263頁），或視需求增減
- 整穗玉米5根，去苞葉，切4等份
- 龍蝦尾5條，剖半
- 小圓蛤或櫻桃寶石蛤60顆，刷淨外殼
- 貽貝60顆，刷淨外殼，去足絲
- 紅皮馬鈴薯907克
- 鱈魚片567克，切成10份，每份43克
- 韭蔥5根，只用白色和淺綠色部位，縱切，洗淨
- 珍珠洋蔥30顆，汆燙、去皮
- 海扇貝284克，去除閉殼肌
- 櫛瓜567克，切粗長條
- 剁碎的歐芹6克（2大匙）

1. 奶油放入大型鍋子內，以中火加熱。加入洋蔥，頻繁翻動，直到變軟、呈半透明，2-3分鐘。加入蒜頭，炒到散發蒜香，1分鐘。
2. 加入百里香、月桂葉和高湯，轉小火，煮到微滾。
3. 按下列順序將十樣食材放到洋蔥混合物上：玉米、龍蝦、蛤蜊、貽貝、馬鈴薯、鱈魚、韭蔥、珍珠洋蔥、扇貝、櫛瓜。
4. 蓋上密合的鍋蓋，以中火蒸煮，直到所有食材熟透，約25分鐘。
5. 魚、海鮮、蔬菜擺在盤子上，或直接整鍋出餐。加入歐芹作為盤飾。若想要，可另外過濾蒸煮湯汁並出餐。

波士頓小鱈魚佐鮮奶油、酸豆和番茄

Boston Scrod with Cream, Capers, and Tomatoes

10份

- 小鱈魚片1.7公斤，切10份，每份170克
- 鹽3克（1小匙）
- 黑胡椒粉1克（½小匙）
- 奶油113克，冰的
- 紅蔥末9克（3大匙）
- 蘑菇片113克，煎炒
- 干白酒300毫升
- 法式魚高湯300毫升（見264頁）
- 高脂鮮奶油300毫升
- 番茄丁113克
- 瀝乾的酸豆30毫升（2大匙）
- 檸檬汁30毫升（2大匙），或視需求增減

1. 小鱈魚以鹽和胡椒調味。
2. 奶油28克薄薄塗在平底深煎鍋內，均勻撒上紅蔥和蘑菇，再放上小鱈魚片。倒入酒和魚高湯。
3. 用直接熱源加熱湯汁，直到微滾（71-82℃）。用一張塗好奶油的圓形烘焙油紙完全蓋住小鱈魚片。整鍋移入177℃的烤爐。
4. 低溫水煮到魚肉變得不透明，壓下時稍有緊實感，10-12分鐘。魚肉移到½方形調理盆內，倒入少量煮液，以保鮮膜包住並保溫。
5. 以中火收乾一半的鮮奶油。同時，以中大火加熱盛有剩下煮液的方形調理盆，煮到微滾，收乾⅔。轉中火，倒入鮮奶油，微滾煮1-2分鐘。
6. 加入番茄丁和酸豆，微滾煮醬汁3-4分鐘，直到稠度足以沾裹食物。剩下的奶油攪打或拌攪入醬汁中，倒入檸檬汁，調味。
7. 小鱈魚立刻搭配蘑菇和醬汁出餐，或保溫備用。

墨西哥蔬菜燉魚

Pescado Veracruzana

10份

- 赤鰭笛鯛魚片10份，每份約170克
- 鹽3克（1小匙）
- 黑胡椒粉1克（½小匙）
- 萊姆汁180毫升

醬汁

- 橄欖油90毫升
- 洋蔥末454克
- 蒜末3瓣
- 去皮、去籽的番茄中丁1.36公斤
- 大型綠橄欖15顆，去籽、剁碎
- 瀝乾的酸豆14克（4½小匙），洗淨
- 酸漬哈拉佩諾辣椒5根，瀝乾、切絲
- 月桂葉3片
- 剁碎的墨角蘭或奧勒岡1.5克（1½小匙）
- 剁碎的百里香1.5克（1½小匙）
- 法式魚高湯960毫升（見264頁），或視需求增減

盤飾

- 剁碎的歐芹12克（4大匙）

1. 在魚片的魚皮上，用剔骨刀淺淺劃出一個「X」。魚片以鹽和胡椒調味，放入檸檬汁中醃泡。冷藏至少1小時或放過夜。
2. 製作醬汁。將油60毫升倒入醬汁鍋內，以中大火加熱。加入洋蔥和蒜，煎炒到開始變成金黃色。加入番茄、橄欖、酸豆、哈拉佩諾辣椒、月桂葉、墨角蘭或奧勒岡、百里香和高湯。醬汁以微滾煮到番茄變軟，各種風味均勻融合。若有需要，以鹽和胡椒調味。保留備用。
3. 剩下的油在淺鍋內薄薄塗上一層。鯛魚片放入鍋內，魚皮面朝下。醬汁倒在魚片上，也淋在四周。
4. 用直接熱源加熱湯汁，直到微滾（71-82℃）。用一張塗好奶油的圓形烘焙油紙蓋住魚片。整鍋移入177℃的烤爐。
5. 魚片低溫水煮到熟透（60℃），6-8分鐘。
6. 魚片立刻淋上醬汁出餐，每份魚片可以放上歐芹作盤飾。

義式燉海鮮湯

Cioppino

10份

- 橄欖油30毫升（2大匙）
- 洋蔥細丁340克
- 青蔥1束，包括蔥綠和蔥白，斜切薄片
- 青椒小丁340克
- 茴香小丁340克
- 鹽10克（1大匙）
- 黑胡椒粉0.5克（¼小匙）
- 蒜末12克（4小匙）
- 番茄丁1.81公斤
- 干白酒240毫升
- 番茄醬汁480毫升（見295頁）
- 月桂葉2片
- 法式魚高湯960毫升（見264頁）
- 菲律賓簾蛤1.13公斤，刷淨外殼
- 貽貝1.13公斤，刷淨外殼，去足絲
- 蝦子680克（每隻約22-28克），去殼、去腸泥
- 鱈魚片1.13公斤，切大丁
- 海扇貝340克，去除閉殼肌
- 蒜味酥脆麵包10個（食譜見右欄）
- 羅勒細絲21克

1. 開中火，用大型湯鍋熱油。加入洋蔥、蔥、胡椒、茴香，以鹽和胡椒調味，煎炒到洋蔥呈半透明，

7-8分鐘。加入蒜頭，煎炒到散發蒜香，1分鐘。

2. 倒入番茄丁、酒、番茄醬汁、月桂葉和魚高湯，加蓋，微滾慢煮約20分鐘。若有需要，可加入更多魚高湯。月桂葉撈起丟棄。
3. 加入海鮮，微滾煮到鱈魚、蝦子和扇貝熟透，花蛤和貽貝打開，7-8分鐘。
4. 立刻出餐。每份海鮮湯可以撒上酥脆麵包和些許羅勒，作為湯飾。

蒜味酥脆麵包

Garlic-Flavored Croutons

10份

- 法國麵包片10片，斜切
- 蒜瓣5粒，去皮剖半
- 橄欖油60毫升
- 鹽，視需求添加
- 黑胡椒粉，視需求添加

1. 麵包片放在淺烤盤上。以蒜頭磨每片麵包，兩面都薄刷上油。以鹽和胡椒調味。
2. 放在上明火烤爐或炙烤爐內烤成褐色，翻面，第二面也烤成褐色。保存備用。

水煮雞胸肉佐龍蒿醬

Poached Chicken Breast with Tarragon Sauce

10份

- 去骨雞胸肉10份，每份約198-227克
- 鹽，視需求添加
- 白胡椒粉，視需求添加
- 奶油57克
- 紅蔥末57克
- 干白酒300毫升
- 雞高湯300毫升（見263頁）
- 雞肉絲絨濃醬300毫升（見294頁）
- 高脂鮮奶油300毫升
- 剁碎的龍蒿3克（1大匙）

1. 雞胸肉以鹽和胡椒調味。
2. 淺鍋內薄薄塗上奶油，均勻撒上紅蔥，放上雞胸肉，帶皮面朝下。倒入酒和雞高湯。
3. 用直接熱源加熱湯汁，直到微滾（71-82℃）。用一張塗好奶油的圓形烘焙油紙蓋住雞胸肉。整鍋移入177℃的烤爐內。
4. 雞胸肉低溫水煮到熟透（74℃），12-14分鐘。
5. 雞胸肉移到½方形調理盆內，倒入少量煮液，以保鮮膜包住並保溫。
6. 以中大火加熱盛有剩下煮液的方形調理盆，煮到微滾，收乾⅔。轉中火，倒入絲絨濃醬，微滾煮1-2分鐘。拌入鮮奶油，醬汁收乾到可以沾裹食物的稠度。以鹽和白胡椒調味。
7. 醬汁用細網篩過濾到乾淨的醬汁鍋內，或大到足以保存醬汁的隔水燉煮鍋內。拌入龍蒿。
8. 雞胸肉放在廚房紙巾上吸乾水分，立刻搭配醬汁出餐，或保溫備用。

鄉村雞肉搭配比司吉

Farmhouse Chicken with Angel Biscuits

10份

- 去骨、去皮雞胸肉10份，每份198-227克
- 鹽，視需求添加
- 白胡椒粉，視需求添加
- 奶油85克
- 中型紅蔥3顆，切末
- 白蘑菇片680克
- 干白酒300毫升
- 雞高湯300毫升（見263頁），或視需求增減
- 雞肉絲絨濃醬300毫升（見294頁）
- 迷你胡蘿蔔30根，去皮，氽燙
- 白蕪菁長條30條，氽燙
- 蕪菁甘藍長條30條，氽燙
- 抱子甘藍15顆，剖半，氽燙
- 比司吉餃20個（見835頁）
- 剁碎的歐芹12克（4大匙）
- 剁碎的蒔蘿12克（4大匙）

1. 雞胸肉以鹽和胡椒調味。
2. 把一半的奶油薄薄塗在淺鍋內，均勻撒上紅蔥和227克的蘑菇。放上雞胸肉，帶皮面朝下。倒入酒和雞高湯。
3. 用直接熱源加熱湯汁，直到微滾（71-82℃）。用一張塗好奶油的圓形烘焙油紙蓋住雞胸肉。整鍋移入177℃的烤爐內。
4. 雞胸肉低溫水煮到熟透（74℃），12-14分鐘。
5. 雞胸肉移到½方形調理盆內，倒入煮液，以保鮮膜包住並保溫。
6. 以中大火加熱盛有剩下煮液的方形調理盆，煮到微滾，收乾⅔。轉中火，倒入絲絨濃醬，收乾到可以沾裹食物的稠度。以鹽和白胡椒調味。
7. 醬汁用細網篩過濾到乾淨的醬汁鍋或隔水燉煮鍋內，保溫備用。
8. 剩下的奶油分出28克，放入平底煎炒鍋內，以中大火加熱。加入剩下的蘑菇，煎炒到軟。以鹽和胡椒調味。保溫。
9. 用另一個平底煎炒鍋加熱剩下來的奶油，重新加熱胡蘿蔔、蕪菁、蕪菁甘藍和抱子甘藍。若有需要，可加入一點點高湯。以鹽和胡椒調味。
10. 雞胸肉立刻搭配醬汁、蔬菜和比司吉餃出餐。每份可各放入一小撮歐芹和蒔蘿作為裝飾。

法式蔬菜燉雞

Poule au Pot (Chicken with Vegetables)

8份

- 白肉雞2隻（每隻約1.36公斤），去除雞肝，保留其他內臟
- 雞高湯3.36公升（見263頁）
- 標準香草束1束（見241頁）
- 標準香料包1包（見241頁）
- 馬鈴薯大丁227克
- 胡蘿蔔大丁227克
- 根芹菜大丁227克
- 歐洲防風草塊根大丁227克
- 韭蔥大丁227克，蔥白和蔥綠
- 鹽10克（1大匙）
- 黑胡椒粉2克（1小匙）
- 細香蔥末28克

1. 去除雞的脊骨，脊骨保留備用。雞切成4等份，雞胸肉剖開。
2. 高湯用大型鍋子加熱到微滾（82-85℃）。雞肉、脊骨、雞脖子、雞心和雞胗放入另一個鍋子中，倒入微滾的高湯，淹過雞雞3-4公分。開小火，再次煮到微滾。烹調時，小心地撈除浮渣。
3. 加入香料包和香草束，微滾煮約45分鐘。雞腿和雞胸肉移到乾淨的鍋內。雞肉湯過濾到雞肉上，丟棄香料包、香草束、脊骨、雞脖子、雞心和雞胗。雞肉湯再次煮到微滾後，以小火繼續煮30分鐘。
4. 蔬菜依照以下順序放入雞肉湯中，放入後先煮1-2分鐘，再放入下一樣：馬鈴薯、胡蘿蔔、根芹菜、歐洲防風草塊根，最後是韭蔥。
5. 繼續微滾煮20-25分鐘，視需要撈除浮渣，直到叉子可以插入雞肉，且所有蔬菜都煮熟。
6. 取出雞肉，棒棒腿從大腿上切下來。半邊雞胸肉再斜斜剖半。以鹽和胡椒調味。
7. 雞肉（一塊雞胸和一隻棒棒腿或大腿）放入碗中，搭配蔬菜，舀入高湯，最後撒上細香蔥。立刻出餐，或保溫備用。

烏龍湯麵

Udon Noodle Pot

10份

- 乾燥烏龍麵907克
- 植物油30毫升（2大匙）
- 日式一番高湯3.84公升（見266頁）
- 小圓蛤20顆，徹底刷淨外殼
- 去骨、去皮的雞大腿肉680克，切成適口大小
- 蝦子20隻（每454克31-36隻），去殼、去腸泥，汆燙
- 香菇992克，去蒂
- 迷你青江菜567克，剖半，去菜心，汆燙
- 菠菜454克，切絲
- 胡蘿蔔454克，切成小圓片，汆燙
- 荷蘭豆227克，去絲、汆燙
- 醬油300毫升
- 味醂30毫升（2大匙）
- 青蔥2根，斜切薄片

1. 煮滾一大鍋鹽水，烏龍麵煮到剛好變軟，6-8分鐘。麵條瀝乾，放在冷水下沖洗。再次瀝乾，倒入油，混合拌勻後備用。
2. 日式一番高湯倒入大鍋，煮到微滾。
3. 蛤蜊、雞肉、蝦子和香菇放入另一個鍋中，淋上微滾的日式一番高湯。以中火煮到微滾，繼續低溫水煮，直到蛤蜊開殼，雞肉熟透（74℃）。
4. 麵盛入碗中，放上蛤蜊、雞肉、蝦子和香菇，搭配青江菜、菠菜、胡蘿蔔和荷蘭豆。最後淋上日式一番高湯，立刻出餐。加上醬油、味醂和青蔥作為盤飾。

鹽漬牛肉搭配冬季蔬菜

Corned Beef with Winter Vegetables

12-14份

- 鹽漬牛前胸肉4.54公斤，修整過
- 冷的牛白高湯2.88公升（見263頁）或水，或視需求增減
- 高麗菜907克，切12-14瓣
- 新馬鈴薯14顆，剖半
- 迷你胡蘿蔔30根，去皮
- 迷你蕪菁14根，去皮
- 珍珠洋蔥454克，汆燙、去皮
- 鹽，視需求添加
- 黑胡椒粉，視需求添加

1. 沿著肌肉層將牛前胸肉分成2塊。
2. 肉放入深鍋中，倒入高湯或水，淹過牛肉。煮到微滾（82-85℃），視需要撈除浮渣。火轉小，變成微滾慢煮，加蓋，繼續煮到叉子幾乎可以插入牛肉，約2½小時。
3. 蔬菜放入裝有鹽漬牛前胸肉的鍋子中，繼續微滾煮到變軟、充滿風味、叉子可插入，35-45分鐘。烹調過程中，視需要以鹽和胡椒調味。
4. 取出鹽漬牛胸肉，切片。立刻搭配蔬菜出餐，或保溫備用。

鹽漬牛肉搭配冬季蔬菜

越南牛肉河粉

Beef Noodle Soup (Pho Bo)

10份

- 牛髓骨4.54公斤
- 牛上肩胛肉907克
- 水11.52公升
- 薑284克，縱切、乾烤
- 中型紅蔥10顆，去皮、乾烤
- 魚露240毫升
- 糖198克
- 肉桂棒6根
- 八角12粒，稍微乾炒過
- 丁香6顆，稍微乾炒過
- 鹽，視需求添加
- 黑胡椒粉，視需求添加
- 河粉454克，每條0.3公分寬
- 豆芽170克
- 中型洋蔥1顆，切成紙般的薄片
- 牛前腰脊肉227克，稍微冷凍，切成紙般的薄片
- 青蔥4根，切薄片
- 泰國羅勒葉30片
- 芫荽葉30片
- 薄荷葉30片
- 越南香菜30片
- 泰國鳥眼辣椒5根，切成紙般的薄片
- 萊姆角10塊
- 越南辣椒醬150毫升

1. 汆燙牛骨和牛肩胛肉，瀝乾。
2. 牛骨和牛肩胛肉放入大型鍋子中，倒入水，淹過牛骨和牛肩胛肉。加入薑、紅蔥、魚露和糖，煮到滾。
3. 微滾煮，直到牛肩胛肉變軟，約1½小時。烹調過程中，視需要撈除浮渣。
4. 自湯汁中取出牛肩胛肉，放入裝有冷水的碗，浸泡15分鐘。
5. 肉桂棒、八角、丁香放入牛肉湯中，繼續微滾煮，直到香料風味道變得明顯，約30分鐘。過濾牛肉湯，以鹽和胡椒調味後，保存備用。
6. 自水中取出牛肩胛肉，切薄片，保存備用。
7. 煮滾一大鍋鹽水。放入河粉，煮到剛好變軟。立刻使用或用水沖涼、瀝乾，出餐時再加熱。
8. 牛肉湯煮滾，河粉一份份放入碗中，放上一些豆芽和洋蔥絲，再放上幾片牛肩胛肉。放入2、3片生牛肉，蓋在熟牛肩胛肉上。淋上煮滾的牛肉湯，淹過牛肉3公分。
9. 放上蔥、香料植物和辣椒作為湯飾，立刻出餐，旁邊附上一塊萊姆角和辣椒醬。

德國水煮牛肉 搭配麵疙瘩和馬鈴薯

Boiled Beef with Spätzle and Potatoes (Gaisburger Marsch)

10份

- 牛腱肉1.81公斤，切1公分方丁
- 牛白高湯5.76公升（見263頁）
- 洋蔥中丁1.25公斤
- 月桂葉2片
- 丁香1粒
- 鹽，視需求添加
- 黑胡椒粉，視需求添加
- 馬鈴薯中丁454克
- 韭蔥中丁340克，白色和淺綠色部位
- 奶油85克
- 德國麵疙瘩907克（見834頁），放入牛肉清湯或加鹽的水中煮熟，瀝乾、放涼
- 剁碎的歐芹28克

1. 汆燙牛腱肉，瀝乾。
2. 將牛腱肉、340克的洋蔥、月桂葉和丁香放入大型鍋子中，倒入高湯，煮到滾。火轉小，微滾煮到牛肩胛肉變軟。烹調過程中，視需要撈除浮渣，視需求以鹽和胡椒調味。
3. 微滾煮45-60分鐘後，將馬鈴薯放入中型醬汁鍋中，倒入牛肉湯，淹過馬鈴薯。馬鈴薯煮到變軟，10-15分鐘。馬鈴薯取出，放在一旁稍微冷卻。將韭蔥加入清湯中，預煮3分鐘，取出放涼。
4. 同時間，在中大型的平底煎炒鍋中以奶油將剩下的洋蔥煎炒成金褐色。
5. 加入馬鈴薯和德國麵疙瘩，加熱到熱透。加入韭蔥和歐芹，以鹽和胡椒調味。立刻搭配牛肉出餐，或保溫備用。

番紅花茴香清湯水煮海鮮

Seafood Poached in a Saffron Broth with Fennel

10份

- 法式魚高湯960毫升（見264頁）
- 番紅花絲1.5克（1小匙），壓碎
- 標準香料包1包（見241頁）
- 茴香酒120毫升
- 干白酒120毫升
- 茴香454克，切絲
- 鹽，視需求添加
- 黑胡椒粉，視需求添加
- 綜合海鮮1.36公斤（見下方NOTE）
- 番茄丁454克
- 剁碎的歐芹或茴香葉3克（1大匙）

1. 法式魚高湯、番紅花、香料包、茴香酒、白酒、茴香放入大型平底煎炒鍋中混合。以82-85℃微滾煮到茴香快要變軟，高湯充滿風味，約12分鐘。取出香料包。以鹽和胡椒調味。立刻使用，或快速冷卻後保存備用。
2. 出餐前，高湯和茴香煮到剛剛好微滾，加入海鮮，低溫水煮到快要煮熟，6-8分鐘。加入番茄，繼續微滾煮到食材都熱透。
3. 海鮮立刻搭配高湯出餐，或保溫備用，放上歐芹作為裝飾。

NOTE：可使用的海鮮有許多種，包括蝦、鮟鱇魚、魷魚、鯊魚、扇貝和龍蝦。

第10講

braising and stewing

燜煮與燉煮

燜煮和燉煮料理的風味強烈、豐盛，通常被當成秋冬菜餚。跟其他烹調方式相比，這些菜餚使用的主要食材通常較不軟嫩（也較便宜），因此也常被視為鄉村菜。然而，只要用家禽、魚類或蝦蟹貝類類等傳統食材來取代，就可以更快地處理好燜煮和燉煮的材料，做出更淺的顏色和更清淡的風味，適合放上現代菜單。

製作燜肉。肉塊首先以熱油煎上色，接著於加蓋容器內以高湯或其他烹調湯汁微滾煮。燜煮時，成功與否的關鍵是使用的湯汁分量，因此要確定烹煮全程都有足夠的湯汁保持食物濕潤，並製作出足夠醬汁去搭配成品上桌。通常三分之一至一半的主要食材應浸泡在湯汁中。

braises
燜煮

燜煮的優點包括使強韌的肉塊變得柔軟，那是因為濕熱會慢慢穿透肉塊，軟化結締組織，轉化成明膠，增添特殊的濃稠感。此外，燜煮時食材風味會釋放到湯汁中，而湯汁可製成醬汁，幾乎保留所有風味。

柔軟，甚至嬌嫩的魚類和蝦蟹貝類也可燜煮，但需使用較少的烹調湯汁，並以較低的溫度烹調較短的時間。

較堅韌的燜煮食材則來自較老和運動量較大的動物。這類肉塊燜煮起來會比煎炒、蒸煮用的軟嫩食物更入味。燜煮時通常是用一大塊肉，之後再切片或切開。為了保持形狀，可以加以綑紮或綑綁，或用萵苣葉或其他包覆材料包裹。除了固定形狀，也可避免食物於烹調中碎裂。

烹調湯汁通常混用濃郁高湯及搭配主要食材的高湯和醬汁（如西班牙醬汁、半釉汁或絲絨濃醬），也可使用清湯、精淬液或蔬菜汁。通常會先用酒來溶解鍋底褐渣，之後再倒入燜煮湯汁。

有時也加入芳香蔬菜或香料植物來增添風味。若這些食材會濾掉，或放入醬汁前會先打成泥，就不需切成一致的形狀。但這些食材若要當配菜，就應該去皮、切整齊，並按適當順序下鍋，以便同時煮好。

製作褐色燜煮菜餚時，可加入番茄製品（番茄丁、泥、糊皆可）添加風味和顏色。依需要或食譜準備香料包、束，可放入辛香料、香料植物和其他芳香食材。整顆蒜頭可用少許油烘烤後加入，使風味更深厚、甘美。

為了稠化燜煮湯汁，以便製成醬汁，可使用濃縮湯汁、生奶油麵糊（beurre manié）、奶油炒麵糊或以奶油炒麵糊增稠的醬汁。沒有其他選擇時，亦可使用純澱粉漿，或調味蔬菜泥。

挑選尺寸和形狀最適合緩慢、均勻烹煮肉及禽肉的厚底燜鍋或有蓋的雙耳燉鍋。用肉叉子測試熟度，用湯匙從醬汁中取出食物。也可準備切肉刀和製作醬汁的其他器具，像是網篩和／或手持式攪拌棒。

基本配方

燜煮

主菜4份

- 肉、禽肉或魚0.85-1.13公斤
- 烹調湯汁1.92公升（褐高湯、褐醬和／或其他含風味的汁液，像是酒）
- 準備好的芳香食材113克（調味蔬菜和／或其他蔬菜）
- 鹽和其他調味料（如香料包或香草束）
- 額外添加的收尾和湯飾食材，酌量

作法精要

1. 主要食材各面以熱油煎上色。
2. 取出主要食材。
3. 放入調味蔬菜，炒軟不上色。
4. 如果有使用奶油炒麵糊，倒入奶油炒麵糊。
5. 將食材放回鍋中，置於調味蔬菜上方。
6. 倒入湯汁。
7. 在熱源上方煮至湯汁微滾。
8. 加蓋。在烤爐中烤至叉子可插進主要食材。
9. 於適當時機放入香料包或香草束及湯飾。
10. 取出主要食材並保溫。
11. 準備醬汁：過濾、收乾、增稠，依想要的方式裝飾。
12. 主要食材切開或切片，搭配醬汁、適當裝飾後出餐。

專業訣竅

▶根據想要的成果，可使用以下任一種方式讓醬汁變稠。若是加麵粉，可以撒在主要食材上，或跟芳香蔬菜一起放入鍋中。想收乾醬汁，可用中火加熱，直到煮出適當的稠度。

麵粉（奶油炒麵糊）／澱粉漿／芳香蔬菜泥／收乾／生奶油麵糊

▶可添加額外食材創造更多風味。部分食材可早點放入鍋中注入風味，其他食材可稍後放入，以保留各自的風味和／或質地：

烘烤過的蒜／香料包或香草束／其他蔬菜

▶搭配燜煮菜餚的醬汁可不過濾，含有和主要食材一起燜煮的食材，像是馬鈴薯和其他蔬菜。在其他情況下，醬汁會先過濾，最後添加的額外食材和裝飾會在出餐前才放入。

1. **修整分切好的肉塊**，去除多餘的脂肪和軟骨。肉類煎上色前，應用鹽巴和新鮮研磨的胡椒、混合辛香料或醃醬調味。

　適當分切的肉塊可增進菜餚的品質和風味。主要食材、烹調湯汁和加入的食材本身的風味經燜煮後會濃縮，但於開始烹調前替食物調味依然重要。長時間微滾煮減少了湯汁的分量，量相對少的調味料味道會變更濃。應於烹調過程中試味並調整調味。

作法詳解 >

2. **肉塊煎上色**，創造風味和深褐色澤。熱鍋、熱油，主要食材各面煎至深褐色。以高溫烹調主要食材，根據需要，經常翻動至各面都煎上色。若是製作顏色較淺的燜煮菜餚，有時稱為「淺色燜煮」。有些食物只會烹調至外部變熟，但沒有變褐色。煎上色後，應取出主要食材，火轉小，調味蔬菜應烹調至想要的顏色。

3. 調味蔬菜煎成褐色後，烹調番茄糊至呈深鐵鏽色，聞起來有甜味。洋蔥通常最先下鍋，才能煎出適當的顏色。做淺色燜煮菜餚時，洋蔥煎至變軟且透明；做褐色燜煮菜餚時，則煎至深金色。保留足夠的時間以便恰當地烹調這些食材，依序加入其他蔬菜、香料植物和辛香料。

燜煮時通常會加入酸味食材，像是番茄或酒，除了可溶解鍋底褐渣釋放出基底之外，湯汁和／或酸可幫助軟化某些燜煮食物的強韌組織，並替成品添加宜人的風味和顏色。

4. 倒入足夠的高湯，蓋過茄香綜合蔬菜三分之一至一半的高度，煮至微滾。主要食材連同額外添加的食材一起放回微滾的高湯中。蓋上蓋子，於烤爐中燜煮。

高湯的量應隨著主要食材的特性調整。高湯煮至微滾（不是真的煮滾），充分攪拌，芳香蔬菜中若加有麵粉更要攪拌均勻。

於適當時間加入芳香食材（如烘烤蒜頭、香料包或香草束、額外的蔬菜或其他食材），部分食材可早點放入鍋中注入風味，其他食材可稍後放入，以保留各自的風味及質地。

5. 燜煮主要食材，直到完全煮熟、肉質軟嫩。在熱源上方慢煮，加蓋，接著放入中低溫（約135-163℃）烤爐或在熱源上方以小火完成燜煮。過程中記得攪拌、撈除浮渣、調味和調整高湯的分量。不時塗抹油脂或翻動食物，以保持烹調湯汁均勻地浸潤食物各面。這有助於確保均勻烹調。

在烹調的最後階段掀開蓋子，讓烹調湯汁適當地收乾，帶來適當的稠度和風味。此外，打開蓋子後經常翻動主要食材，能使主要食材接觸到熱空氣，在食物表面形成一層釉汁，提供光澤和良好風味。燜煮至叉子可輕易劃開食物，或用叉子側邊便可切開。

儘管比起烘烤、燒烤和煎炒，餘溫加熱對燜煮菜餚的作用較小，但若食物能靜置數分鐘，依然會比較容易切開。取出主要食材放入另一個鍋中保溫，同時完成醬汁。

靜置燜煮菜餚的同時，可用多種方法完成醬汁。香料包或香草束取出丟棄。再次加熱燜煮湯汁至微滾，撈除表面浮油以減少醬汁中的油脂。湯汁一呈現正確的稠度就視需要調味。很多燜煮菜餚會加入蔬菜、馬鈴薯或其他材料，跟主要食材一起烹調。若是如此，醬汁無需過濾。在其他情況下，醬汁使用前會先過濾。

燜煮菜餚可視需要於快速冷卻後冷藏備用。最後收尾及裝飾用的食材在出餐前才放入。

只要烹調得當，燜煮菜餚會帶有強烈風味，質地柔軟，幾乎入口即化，那是長時間慢煮的結果。主要食材的天然汁液及烹調湯汁都濃縮了，煮出濃稠、風味深厚的醬汁。食物會變成各種深色，雖然流失了可觀的分量，但應能保持原本的形狀。完成時，燜煮食物會極為軟嫩，但不應該乾癟或碎裂成一條條，那表示食物煮過頭，或在高溫下煮得太快。

燉煮和燜煮有許多相似之處，從肉塊的選擇到成品的質地都很相近。不同的地方在於燉煮的食物會切成方便入口的小塊，並以更多湯汁烹調。一份燉煮菜餚就是一餐的分量，包含肉、禽肉或海鮮，質地軟嫩、風味濃郁。此外，各種浸在香氣濃烈醬汁中的蔬菜也非常可口。

stews
燉煮

燉煮過程中，其他食材的風味會融入湯汁，醬汁開始變得濃稠、產生較深厚的風味。烹調的最後也可加入鮮奶油、香料植物，或混合雞蛋和鮮奶油來增稠。

燉煮和燜煮使用肉類或魚類的相同部位，這些食材通常需要較長時間的濕熱烹調，才能變得軟嫩美味。去除多餘的內外部脂肪、軟骨和筋。較大的肉塊沿著肌肉的連接處切開，之後會更容易逆紋切，讓成品更加軟嫩。燉煮方式不同，切塊大小就不同，但通常每小塊2.5公分。切得太小，曝露的表面太多，肉塊會太乾。

用來燉煮的食物先用鹽、胡椒、醃醬或乾醃料調味，使成品帶有複雜、多變的風味。根據燉煮的食材或食譜的建議選擇烹調湯汁，包括味道濃郁的高湯或混合高湯和醬汁、蔬菜汁或果汁、水。燉煮菜餚中通常會放入蔬菜，既作為芳香食材，也是不可或缺的材料。蔬菜洗淨、去皮、切成一致的形狀，如此才能恰當地烹煮。不同蔬菜分開放，之後才能依照正確順序放入鍋中。選擇厚底燜鍋或有蓋雙耳燉鍋，以緩慢、均勻地烹煮。準備長柄勺或撈油勺，在燉煮時撈除浮渣。測試熟度時，用餐叉切下一塊，或刺入一小塊肉中。有些燉煮菜餚須在肉塊上抹麵粉，用熱油烹調至開始變硬，但不變成褐色。其他的燉煮菜餚，主要食材需烹調成深褐色。肉一呈現適當的顏色，便可自鍋中取出並保溫。若有需要，將芳香蔬菜炒軟不上色、煎成褐色或燜煮。

烹煮淺色燉煮菜餚像是法式白醬燉肉時，倒入湯汁前，主要食材無需煎上色，而是把調味好的湯汁直接倒在尚未烹調的肉塊上。或者，燉煮湯汁連同芳香食材一起倒入鍋中，再把主要食材放回鍋裡燉煮。

肉、禽肉和魚肉應先修整並調味。或許可以在主要食材上抹麵粉。蔬菜和水果視需要可去皮、切塊。豆子和穀物可能需要浸泡或預煮。

基本配方

燉煮

主菜1份

- 肉、禽肉或魚1份（227-284克）
- 烹調湯汁240-300毫升（高湯、醬汁和／或其他帶有風味的湯汁，像是酒）
- 準備好的芳香食材28克（調味蔬菜和／或其他蔬菜）
- 鹽和其他調味料（如：香料包或香草束）
- 添加風味或裝飾用的額外食材（見各食譜）

作法精要

1. 主要食材煎上色或汆燙。
2. 自鍋中取出主要食材。如有汆燙，濾乾汆燙水。
3. 調味蔬菜炒成褐色，炒軟不上色。
4. 主要食材放回鍋中，放在調味蔬菜上。
5. 倒入湯汁。
6. 在熱源上方煮至微滾。
7. 加蓋。在烤爐中烤到軟嫩，一咬即斷。
8. 在適當時機放入香料包或香草束、湯飾。
9. 若有需要，收乾醬汁（先取出主要食材）。
10. 適當裝飾燉煮菜餚後出餐。

專業訣竅

▶ 根據想要的成果，可使用以下任一種方式讓醬汁變稠。若是加麵粉，可以撒在主要食材上，或跟芳香蔬菜一起放入鍋中。想收乾醬汁，可用中火加熱，直到煮出適當的稠度。

麵粉（奶油炒麵糊）／澱粉漿／芳香蔬菜泥／收乾／生奶油麵糊

▶ 可添加額外的食材創造更多風味。部分食材可早點放入鍋中注入風味，其他食材可稍後放入，以保留各自的風味和／或質地：

香料包／香草束／蒜

▶ 更健康的選擇：增稠時，用蔬菜泥（特別是澱粉含量高的蔬菜）取代奶油炒麵糊或澱粉漿。

1. **熱鍋、熱油**。調味好的主要食材各面煎上色，或混合烹調湯汁跟主要食材。烹調湯汁先煮到微滾，再倒入準備好的肉塊上，這樣既可調味烹調湯汁、縮短整體烹煮時間，也讓成品的質地更好。

主要食材煎出色澤和風味。為了要有好的色澤，加入鍋中的肉塊不應緊密相貼。肉塊太擠，鍋子的溫度會明顯下降，妨礙色澤生成。可以分批煎上色，每批肉塊一呈現漂亮色澤就起鍋。

所需的湯汁量因肉的種類而異，纖嫩或柔軟的食物像是魚類或蝦蟹貝類，可能只需非常少量的水便可成功完成燉煮。

較硬的肉塊需要較長烹煮時間，以軟化強韌的組織，可能要按比例加入更多湯汁。請參考各食譜的指示。

2. **烹調湯汁要完全蓋過肉塊及主要食材**。撈除浮渣會讓成品有更好的風味、色澤和質地。鍋子的附近準備一個小碗盛裝撈除的浮渣。

以小火煮至微滾，加蓋，在中溫烤爐內或在熱源上方以小火完成燉煮，打開蓋子。烹調過程中不時攪拌、撈除浮渣、調整湯汁量和調味。以正確的順序加入額外的芳香食材和裝飾蔬菜，以製作濃郁、複雜的風味和完美的質地。某些菜餚中，部分或全部的裝飾蔬菜會分開準備，以便維持顏色。盡量到出餐的前一刻才加入預煮、汆燙過或很快便煮熟的食材。若需要加入芳香食材，確定已先試過烹調湯汁的味道，再決定放入哪種芳香食材。如果高湯已經很有風味，或許不需要加入香草束或香料包。

< 作法詳解

作法詳解 >

3. **取出肉塊和主要食材前，**先拿幾塊起來檢查，確定已經完全煮熟且軟嫩，再開始製作醬汁。烹煮得當的燉煮食物，應能用餐叉的側邊輕易切開（如果想創造質地的反差，可以利用最後添加的湯飾或配菜）。丟棄香料包或香草束。燉煮菜餚可能會準備到這個階段，之後會冷卻並保存，待後續出餐。燉煮菜餚冷卻後，可輕易從表面刮掉脂肪。

最後把燉煮湯汁製作成醬汁。先用漏勺或撈油勺取出固體食材，用少量烹調湯汁浸濕，加蓋並保溫。視需要過濾醬汁，在熱源上方收乾，使醬汁變稠。加入額外的材料增稠，像是準備好的奶油炒麵糊或澱粉漿，繼續煮。視需要撈除浮渣，直到醬汁煮出良好風味及稠度。

固體食材倒回醬汁中，加熱煮至微滾。許多燉煮菜餚都會添加額外食材，像是蔬菜、蘑菇、馬鈴薯或餃子。這些食材和主要食材一起煮，各自的風味和整鍋的風味都會變得更好。

4. **調整燉煮菜餚最後的風味和稠度。**成品應該要有絲滑的醬汁，所有食材完全煮熟，但仍維持原本的形狀。讓燉煮菜餚更濃郁的最後步驟是加入高脂鮮奶油或慢慢倒入增稠材料（見第249頁）。若有必要，可繼續微滾煮調整濃度。以鹽、胡椒、檸檬汁或其他食材調味。可分批加入額外的湯飾食材，或在每次上菜時添加。

評斷燉煮菜餚的品質。好的燉煮菜餚風味濃郁，質地柔軟，幾乎入口即化。食材的天然汁液連同烹調湯汁一起濃縮後，煮出濃稠、風味深厚的醬汁。食材雖然會流失可觀的分量，但應能保持原本的形狀。完成時，燉煮菜餚會極為軟嫩，幾乎用叉子便能切開，但不會碎裂成一條條，否則就代表煮過頭了。燉煮菜餚通常在煮好後一至兩天更好吃。可放在熱源上以低溫再次加熱，或放入烤爐或微波爐。

燜牛尾
Braised Oxtails
10份

- 牛尾4.54公斤，切成橫切面5公分的小塊
- 鹽20克（2大匙），或視需求增減
- 黑胡椒粉3.5克（1¾小匙），或視需求增減
- 植物油60毫升
- 標準調味蔬菜大丁454克（見243頁）
- 番茄泥60毫升
- 干紅酒960毫升
- 小牛褐高湯960毫升（見263頁）
- 標準香料包1份（見241頁）
- 胡蘿蔔170克，切成橄欖形或長條
- 根芹菜170克，切成橄欖形或長條
- 白蕪菁170克，切成橄欖形或長條
- 蕪菁甘藍170克，切成橄欖形或長條
- 炸洋蔥284克（食譜見右欄）

1. 牛尾以鹽及胡椒調味。
2. 開中大火，用雙耳燉鍋或燜鍋熱油到微滾。牛尾小心放入油中，煎至每面呈深褐色。可分批進行，以免鍋內食材過於擁擠。
3. 轉中火，放入調味蔬菜，不時攪拌直到煮成金褐色。放入番茄泥，煮至顏色變深並散發甜香，約1分鐘。
4. 轉中大火，酒倒入鍋中，攪拌以融化釋出任何油滴。酒收乾一半。牛尾連同流出的肉汁一起倒回鍋中，倒入高湯，淹到牛尾三分之二的高度。
5. 開中火，高湯煮至微滾，放入香料包。蓋上蓋子，鍋子移至177℃的烤爐，燜煮牛尾2小時。
6. 放入胡蘿蔔、根芹菜、蕪菁和蕪菁甘藍。繼續燜煮至叉子可插入牛尾、蔬菜全熟，約30分鐘。偶爾翻動牛尾，以保持牛尾均勻浸潤。
7. 牛尾和蔬菜移至調理盆或其他保存容器中，以一些烹調湯汁浸潤。保溫，同時開始準備醬汁。
8. 以微滾煮烹調湯汁，直到煮出良好的風味及稠度。徹底撈除醬汁中的油脂。以鹽和胡椒調味後過濾。
9. 牛尾搭配醬汁和蔬菜立刻出餐，或保溫備用。出餐前可用炸洋蔥裝飾。

炸洋蔥
Deep-Fried Onions
10份

- 植物油960毫升
- 洋蔥340克，切絲或切成薄圈
- 中筋麵粉142克
- 鹽，視需求添加

1. 以深炸鍋或深鍋加熱植物油至191℃。
2. 洋蔥放入麵粉中裹粉，搖動去除多餘的麵粉，深炸至金褐色。
3. 放在廚房紙巾上瀝乾後保溫，用鹽調味，保溫直到出餐前。

韓式燜牛小排

Korean Braised Short Ribs (Kalbi Jjim)
10份

- 乾燥香菇10個
- 牛小排20塊（約4.54公斤），每塊8公分長
- 味醂480毫升
- 淡色醬油240毫升，或視需求增減
- 洋蔥227克，切成5公分小塊
- 薑57克，去皮，稍微壓碎
- 蒜瓣6粒，剁碎
- 中國紅棗71克
- 白蘿蔔片454克
- 胡蘿蔔454克，切成滾刀塊
- 鹽3克（1小匙）
- 植物油30毫升（2大匙）
- 蛋4顆，分離蛋白和蛋黃
- 糖，視需求添加
- 乾炒松子142克
- 芝麻油15毫升（1大匙）

1. 香菇泡一晚冷水，或在烹調當天泡熱水。去柄，剖半。香菇水過濾後備用。
2. 一大鍋水煮滾，汆燙牛小排6-8分鐘，去除雜質。撈除表面的浮渣。撈起牛小排並沖洗。
3. 汆燙好的牛小排放入大鍋中，倒入味醂、醬油和預留下來的香菇水，量要足夠覆蓋牛小排。放入洋蔥、薑、蒜和紅棗。
4. 開小火煮微滾，直到叉子可插入牛小排，約2小時。偶爾翻面，以保持牛肉均勻浸潤。
5. 叉子可插入牛肉時，放入香菇、白蘿蔔、胡蘿蔔和鹽，煮到蔬菜變軟，約10分鐘。
6. 同時，在平底煎炒鍋中加熱一半的植物油。用蛋白煎出薄薄的蛋捲。剩下的油和蛋黃重複一樣的步驟。蛋白和蛋黃蛋捲切成菱形，留著備用。
7. 撈除烹調湯汁中的薑。放入糖，視需要以醬油調味。加入松子和芝麻油拌攪，直到徹底加熱。
8. 牛小排搭配醬汁立刻出餐，或保溫備用。可用菱形蛋捲裝飾牛小排。

燜牛小排

Braised Short Ribs

10份

- 牛小排10塊（約3.85公斤），每塊長5公分
- 鹽15克（1½大匙）
- 黑胡椒粉3.5克（1¾小匙）
- 植物油60毫升
- 標準調味蔬菜大丁227克（見243頁）
- 番茄糊60毫升
- 干紅酒120毫升
- 小牛褐高湯240毫升（見263頁）
- 半釉汁960毫升（見293頁）或西班牙醬汁（見294頁）
- 月桂葉2片
- 乾燥百里香1小撮
- 馬德拉酒或雪利酒90毫升

1. 以鹽10克（1大匙）和黑胡椒3克（1½小匙）為牛小排調味。
2. 開中大火，用雙耳燉鍋或燜鍋熱油到微滾。牛小排小心放入油裡，煎至每面呈深褐色，15-20分鐘。牛小排移至方形調理盆中備用。
3. 轉中火，調味蔬菜放入油中，不時翻炒，直到呈金褐色，7-10分鐘。放入番茄糊，煮至顏色變深並散發甜香，約1分鐘。
4. 酒倒入鍋中，攪拌以融化釋出任何油滴，酒收乾一半，3分鐘。牛小排連同流出的肉汁一起倒回鍋中。倒入高湯，淹到牛小排三分之二的高度。
5. 開中小火，煮到微滾。蓋上蓋子，鍋子移至177℃的烤爐，燜煮牛小排45分鐘。
6. 放入月桂葉和百里香，視需要撈起油脂。燜煮牛小排至叉子可插入，約1½小時。
7. 牛小排移至調理盆或其他容器中，以一些烹調湯汁浸潤。保溫，開始準備醬汁。
8. 以微滾煮烹調湯汁，直到煮出良好的風味及稠度。徹底撈除醬汁中的油脂。以鹽和胡椒調味後過濾。拌入馬德拉酒或雪利酒，煮至微滾，讓部分酒精風味揮發後即完成。
9. 牛小排搭配醬汁立刻出餐，或保溫備用。

德國牛肉卷佐紅酒醬

Beef Rouladen in Burgundy Sauce

10份

- 去骨牛外側後腿肉1.36公斤，修整後切成20片，每片57克
- 鹽10克（1大匙）
- 黑胡椒粉3克（1½小匙）
- 德國牛肉卷填料567克（食譜見右頁）
- 醃黃瓜20根
- 中筋麵粉85克，或視需求增減
- 植物油60毫升，視需要求增減
- 洋蔥小丁170克
- 蒜末3克（1小匙）
- 番茄泥113克
- 勃根地或其他干紅酒120毫升
- 半釉汁（見293頁）或西班牙醬汁1.68公升（見294頁）

1. 每片牛肉上下各鋪數張烘培油紙或保鮮膜，捶敲至0.6公分厚。吸乾水分，以鹽和胡椒調味。
2. 每片牛肉中間放上15毫升（1大匙）的填料，再放上一根醃黃瓜。捲起牛肉包住填料，用牙籤或棉繩固定。牛肉裹上麵粉，搖去多餘的麵粉。
3. 開中大火，用雙耳燉鍋或燜鍋熱油到微滾。牛肉卷小心地放入油裡，煎至每面呈深褐色，約5分鐘。牛肉捲移至方形調理盆中備用。

4. 洋蔥放入油中，不時翻炒直到呈金褐色，7-8分鐘。放入蒜，炒至散發蒜香，1分鐘。倒入番茄泥，煮至顏色變深並散發甜香，約1分鐘。
5. 酒倒入鍋中，攪拌以融化釋出任何油滴。酒收乾一半。牛肉卷連同流出的肉汁一起倒回鍋中。倒入半釉汁，淹到牛肉卷三分之二的高度。
6. 開中小火，煮至微滾。加蓋以163℃的烤爐燜煮，直到叉子可插入牛肉卷，1-1½小時。偶爾翻面，以保持牛肉均勻浸潤。
7. 牛肉卷移至方形調理盆中，以一些烹調湯汁浸潤，保溫。
8. 開中火煮烹調湯汁，直到煮出良好的風味及稠度。徹底撈除醬汁中的油脂。以鹽和胡椒調味。
9. 牛肉卷搭配醬汁立刻出餐，或保溫備用。

德國牛肉卷填料

Rouladen Stuffing

680克

- 植物油60毫升
- 剁碎的培根227克
- 洋蔥末85克
- 剁碎的豬腿瘦肉113克
- 牛絞肉57克
- 蛋2顆，打散
- 乾燥麵包粉99克，或視需求增減
- 剁碎的歐芹3克（1大匙）
- 鹽3克（1小匙）
- 黑胡椒粉1克（½小匙）

1. 開中大火，在平底煎炒鍋中熱油。放入培根，煎至冒泡並變成褐色。放入洋蔥，炒至軟且透明，4-5分鐘。倒入碗中，培根和洋蔥放涼。
2. 豬腿肉、牛絞肉和蛋加入洋蔥及培根中，並攪拌均勻。
3. 放入足夠的麵包粉，讓填料變緊實。填料要能凝聚成團，但依舊濕潤。以歐芹、鹽和胡椒調味。
4. 填料已可使用，或可冷藏備用。

洋基燜牛肉

Yankee Pot Roast

10份

- 牛上肩胛肉、牛外側後腿肉或牛外側後腿肉眼1.81公斤，修整好
- 鹽12克（4小匙）
- 黑胡椒粉2克（1小匙）
- 植物油60毫升
- 洋蔥小丁227克
- 番茄泥170克
- 干紅酒227毫升
- 小牛褐高湯1.68公升（見262頁）
- 半釉汁720毫升（見293頁）或西班牙醬汁（見294頁）
- 標準香料包1份（見241頁）
- 新馬鈴薯10顆（1.92公斤），剖半
- 迷你蕪菁10根（227克），剖半
- 迷你胡蘿蔔20根（227克），去皮
- 珍珠洋蔥60個（567克），汆燙、去皮

1. 以鹽6.5克（2小匙）和黑胡椒粉1克（½小匙）為牛肉調味，綁緊牛肉。
2. 開中大火，用雙耳燉鍋或燜鍋熱油到微滾。牛肉小心地放入油中，煎至每面呈深褐色，每面約3分鐘。牛肉移至方形調理盆中備用。
3. 轉中火，放入洋蔥，不時翻炒直到呈金褐色，6-8分鐘。放入番茄泥，煮至顏色變深並散發甜香，約1分鐘。
4. 酒倒入鍋中，攪拌以融化釋出任何油滴。酒收乾一半。牛肉連同流出的肉汁一起倒回鍋中，倒入高湯和半釉汁，約覆蓋牛肉一半的高度。
5. 開中小火，煮至微滾。蓋上蓋子，鍋子移至163-177℃的烤爐，燜煮牛肉1½小時。偶爾翻動牛肉，保持牛肉均勻浸潤。放入香料包，視需要撈起油脂。
6. 放入馬鈴薯、蕪菁、胡蘿蔔和珍珠洋蔥，一起燜煮至叉子可插入牛肉、蔬菜全熟，35-45分鐘。
7. 牛肉和蔬菜移至方形調理盆或其他容器中，以一些烹調湯汁浸潤。保溫，同時開始準備醬汁。
8. 開中火煮烹調湯汁，直到煮出良好的風味及稠度。徹底撈除醬汁中的油脂。視需要用剩下的鹽和胡椒調味。
9. 解開牛肉上的棉線，切成盛盤的尺寸，搭配醬汁和蔬菜立刻出餐，或保溫備用。

德式醋燜牛肉

Sauerbraten

10份

醃醬

- 干紅酒240毫升
- 紅酒醋240毫升
- 水1.92公升
- 洋蔥片340克
- 黑胡椒粒8粒
- 杜松子10粒
- 月桂葉2片
- 丁香2粒
- 去骨牛外側後腿肉1.81公斤

- 鹽6.5克（2小匙），或視需求增減
- 黑胡椒粉2克（1小匙），或視需求增減
- 植物油90毫升
- 標準調味蔬菜454克（見243頁）
- 番茄糊113克
- 中筋麵粉57克
- 澄清奶油5克（3大匙）
- 小牛褐高湯2.88公升（見263頁）
- 脆薑餅乾85克，搗碎

1. 開始製作醃醬。在不會起化學反應的中型醬汁鍋內混合所有食材，煮滾。放涼至室溫後冷藏。
2. 以鹽和胡椒為牛肉調味後，綁緊牛肉。牛肉置於醃醬中，冷藏3-5天，每天翻面兩次。
3. 自醃醬中取出牛肉，徹底瀝乾，再次以鹽和胡椒調味。
4. 過濾醃醬，汁液和固體食材分開放。過濾後的醃汁煮至微滾，撈掉表面的浮渣。固體食材放入濾布中，束緊開口，做成香料包。
5. 開中大火，用中型雙耳燉鍋或燜鍋熱油到微滾。牛肉小心地放入油中，煎至每面呈深褐色。牛肉移至方形調理盆中備用。
6. 放入調味蔬菜，不時翻炒直到呈金褐色。放入番茄糊，煮至顏色變深並散發甜香，約1分鐘。
7. 預留的醃汁放入鍋中，攪拌以融化釋出任何油滴。放入以醃醬食材做成的香料包。醃汁收乾一半。
8. 製作奶油炒麵糊。油倒入小型平底煎炒鍋中，再倒入麵粉，煮至金黃色，4-5分鐘。稍微冷卻，再攪打拌入收乾的醃汁中。
9. 奶油炒麵糊攪打拌入醃汁中，煮至微滾。牛肉連同流出的肉汁一起倒回鍋中，蓋上蓋子，以小火煮至牛肉軟嫩，3½-4½小時。
10. 牛肉移至方形調理盆或其他容器中，以一些烹調湯汁浸潤。保溫，同時開始準備醬汁。
11. 以微滾煮烹調湯汁，直到煮出良好的風味及稠度，30-35分鐘。徹底撈除醬汁中的油脂。
12. 加入脆薑餅乾碎片，煮至餅乾溶解，約10分鐘。用濾布過濾醬汁，視需要用鹽和胡椒調味。
13. 解開牛肉上的棉線，切成每份分量，搭配醬汁後立刻出餐，或保溫備用。

墨西哥黑醬雞肉

Mole Negro

10份

- guajillo 辣椒64克，去籽、去蒂，保留辣椒籽
- ancho 辣椒43克，去籽、去蒂，辣椒籽保留備用
- 大型 chipotle 辣椒14克，去籽、去蒂，辣椒籽保留備用
- 白洋蔥539克
- 橢圓形番茄454克
- 黏果酸漿227克
- 帶皮蒜瓣28克
- 豬油234克，或視需求增減
- 去皮的成熟大蕉片255克
- 布里歐喜麵包64克
- 整顆杏仁14克
- 美洲山核桃21克
- 花生14克
- 葡萄乾18克
- 芝麻57克
- 磨碎的墨西哥肉桂2克（1小匙）
- 黑胡椒粒5粒
- 丁香3粒
- 墨西哥奧勒岡1克（½小匙）
- 乾燥墨角蘭1克（½小匙）
- 乾燥百里香1克（½小匙）
- 酪梨葉3片
- 雞清湯960毫升（見334頁）
- 墨西哥巧克力142克，扳成小塊
- 鹽20克（2大匙）
- 糖，視需求添加
- 全雞腿4隻，低溫水煮
- 雞胸4份，去皮、去骨，低溫水煮

1. 開中火，用30公分（12吋）的鑄鐵平底深煎鍋乾烤 guajillo 辣椒、ancho 辣椒和 chipotle 辣椒，直到辣椒變黑但未燒焦。
2. 烤過的辣椒用熱水泡15分鐘。過濾後水倒掉。
3. 開中火，用15公分（6吋）的鑄鐵平底深煎鍋乾烤辣椒籽，直到辣椒籽變黑但未燒焦，烤15-20分鐘（此步驟只可在通風良好處或室外進行）。
4. 辣椒籽浸泡熱水10分鐘。過濾後水倒掉。
5. 開中火，用大鑄鐵平底深煎鍋乾烤洋蔥、番茄和黏果酸漿。持續翻動直到表面起泡、變軟，約15分鐘。從鍋子裡倒出，備用。
6. 開中火，用小型鑄鐵平底深煎鍋乾烤蒜，直到紙般的外皮變成褐色，7-10分鐘。鍋子離火，丟棄外皮。
7. 開中火，用15公分（6吋）鑄鐵煎鍋熱油，炸大蕉直到變成深褐色，約5分鐘。用網篩過濾出大蕉，保留濾出的豬油。
8. 以下各項食材重複同樣步驟，每樣食材分開炸至深褐色，用網篩盡量瀝掉豬油：麵包、杏仁、美洲山核桃、花生、葡萄乾和芝麻。
9. 開中火，用小型平底煎炒鍋乾炒肉桂、胡椒粒、丁香、奧勒岡、墨角蘭、百里香，直到散發香氣，約1分鐘。
10. 480毫升的水倒入果汁機，或視需求增減，放入辣椒和辣椒籽，打成滑順的辣椒泥。用細網篩過濾後，置於一旁備用。
11. 開中火，用雙耳燉鍋或燜鍋加熱90毫升預留的豬油。轉中小火，炒辣椒泥，炒至大部分水分蒸發，約5分鐘。（攪拌時應該能看到鍋底。）
12. 把所需的水量倒入果汁機，放入蔬菜、辛香料和所有炸過的食材，打成滑順的泥。用細網篩過濾後，置於一旁備用。
13. 當刮拌能看到鍋底、油浮至辣椒泥的表面時，把混合蔬菜泥倒入辣椒泥中。轉小火，以微滾煮至

醬汁能覆蓋湯匙背面，而且刮拌時能看到鍋底，約30分鐘。

14. 開中火，用乾燥的平底煎炒鍋乾炒酪梨葉，直到散發香氣。酪梨葉放入醬汁中。
15. 倒入480毫升的雞清湯，持續攪拌，小火微滾煮1小時。
16. 加入巧克力，攪拌至融化。以鹽和糖調味。
17. 繼續微滾煮1小時，期間不時攪拌。如果醬汁太黏稠，加水或雞清湯。
18. 低溫水煮過的雞肉放入醬汁中，煮至熱透，約5分鐘。
19. 以鹽、糖和巧克力調味，酪梨葉撈起丟掉。醬汁已完成並可使用，或快速冷卻後冷藏備用。

NOTES：黑醬可搭配白米飯和溫熱的玉米薄餅食用。

黑醬冷藏可保存至多兩星期，但每三天應再次加熱並用溫水稀釋。黑醬冷凍可保存兩個月。

燉牛肉

Beef Stew

10份

- 去骨牛腱或牛肩胛肉3.4公斤，切成5公分方丁
- 鹽10克（1大匙）
- 黑胡椒粉3克（1½小匙）
- 植物油60毫升
- 洋蔥末142克
- 蒜瓣5粒，切末
- 番茄糊60毫升（非必要）
- 紅酒900毫升
- 小牛褐高湯1.2公升（見263頁），或視需求增減
- 西班牙醬汁2.4公升（見294頁）
- 標準香料包1份（見241頁）
- 標準香草束1份（見241頁）
- 奶油57克
- 雞高湯240毫升（見263頁）
- 胡蘿蔔567克，切大丁或長條，汆燙
- 白蕪菁567克，切大丁或長條，汆燙
- 蕪菁甘藍567克，切大丁或長條，汆燙
- 四季豆567克，切成3公分長，汆燙
- 剁碎的歐芹14克

1. 牛肉以鹽和胡椒調味。
2. 開中大火，用雙耳燉鍋或燜鍋熱油到微滾。牛肉小心地放入油裡，盡可能每一面都煎成深褐色。牛肉移至方形調理盆中備用。
3. 視需要撈起油脂。放入洋蔥，不時攪拌直到焦糖化。若有使用蒜和番茄糊，於此時加入，煮至番茄糊顏色變深並散發甜香，約1分鐘。
4. 酒倒入鍋中，攪拌以融化釋出任何油滴，收乾四分之三。牛肉連同流出的肉汁一起倒回鍋中。
5. 倒入小牛褐高湯、西班牙醬汁、香草束和香料包。開中火以微滾加熱。蓋上蓋子，煮至牛肉軟嫩，約2小時。視需要於烹煮過程中倒入更多高湯。撈除浮渣和油脂。
6. 香料包和香草束撈起丟掉。
7. 準備出餐時，開中大火，用大型平底煎炒鍋加熱奶油和雞高湯。放入胡蘿蔔、白蕪菁、蕪菁甘藍和四季豆，拋翻，讓蔬菜裹上高湯，直到高湯收乾、蔬菜炒熱。以鹽和胡椒調味。
8. 燉牛肉搭配蔬菜後立刻出餐，或保溫備用。以歐芹裝飾。

燜豬肉卷及香腸佐肉汁及橫紋粗管麵

Braised Pork Rolls and Sausage in Meat Sauce with Rigatoni (Braciole di Maiale al Ragù e Rigatoni)

10份

- 豬肩背肉2.27公斤，切薄片
- 去硬皮麵包255克，乾燥後切成3公分方丁
- 牛奶360毫升
- 乾炒松子43克
- 剁碎的歐芹50克
- 蒜末28克
- 刨細絲的帕爾瑪乳酪57克
- 刨細絲的佩科利諾乳酪57克
- 葡萄乾78克
- 鹽3克（1小匙）
- 黑胡椒粉0.5克（¼小匙）
- 義大利乾醃生火腿薄片113克
- 義大利 provolone 乳酪113克，切成細長條
- 特級初榨橄欖油120毫升
- 蒜57克，去皮、壓碎
- 紅酒240毫升
- 去皮的橢圓形番茄5.67公斤，用食物碾磨器碾碎，保留番茄汁
- 粗粒辣椒粉2克（1小匙）
- 月桂葉3片
- 茴香香腸907克
- 橫紋粗管麵454克，煮熟
- 羅勒細絲6克（2大匙）

1. 每份豬肉上下各鋪數張烘培油紙或保鮮膜，捶敲至每片為20公分見方，厚0.3公分。用肉錘鋸齒狀那面將肉敲軟。放冷藏。
2. 麵包在牛奶中泡軟，用來製作填料。擠壓麵包，去除多餘的牛奶。將松子、43克的歐芹、蒜末、43克的帕爾瑪乳酪、43克的佩科利諾乳酪、葡萄乾和麵包混合。以鹽和胡椒調味。
3. 每片豬肉上蓋上一小片義大利乾醃生火腿，再鋪上填料，與邊緣保持1公分的距離。填料上再放上一條義大利 provolone 乳酪。
4. 每片豬肉向內捲起，包住填料，用棉線綑成一卷。豬肉卷外層以鹽和胡椒調味。
5. 開中大火，用雙耳燉鍋或燜鍋熱油到微滾。豬肉卷小心地放入油中，煎至每面呈深褐色，移至方形調理盆中備用。
6. 轉小火，放入壓碎的蒜頭，不時攪拌直到呈金褐色，3-4分鐘。蒜頭撈出丟棄。
7. 酒倒入鍋中，攪拌以融化釋出任何油滴，收乾至幾乎乾掉，約8分鐘。放入番茄，以微滾煮。豬肉卷連同流出的肉汁一起倒回鍋中，放入粗粒辣椒粉和月桂葉，以鹽和胡椒調味。
8. 開中小火，以微滾煮。蓋上蓋子，煮至叉子可插入肉內，約1小時，偶爾翻動豬肉卷，以保持豬肉均勻浸潤。
9. 同時，用厚的平底煎炒鍋加熱剩下來的油。放入香腸，開小火慢煮至金褐色，約15分鐘。
10. 豬肉卷煮1小時後，放入香腸，再煮30分鐘。
11. 燜煮的豬肉卷、香腸和醬汁靜置30分鐘。視需要撈起鍋內的油。
12. 解開豬肉卷的綿繩，碗內先鋪滿橫紋粗管麵，再放上豬肉卷，搭配香腸和醬汁後立刻出餐，或每樣食材都保溫備用。可用剩下的帕爾瑪乳酪、佩科利諾乳酪、歐芹和羅勒裝飾。

阿爾薩斯酸菜

Choucroute

10份

- 煙燻豬腰背肉851克
- 鹽，視需求添加
- 黑胡椒粉，視需求添加
- 法蘭克福牛肉香腸10根
- 蒜味香腸567克
- 熬煉鵝油、豬油或蔬菜起酥油180毫升
- 洋蔥片284克
- 蒜末28克
- 自製德國酸菜1.13公斤（食譜見右欄）
- 干白酒240毫升
- 標準香料包1份（見241頁），加上6粒杜松子
- 培根塊567克，切成每片3×5公分
- 赤褐馬鈴薯1.7公斤，切成橄欖形

1. 豬肉以鹽和胡椒調味，視需要以棉繩綁緊。兩種香腸都戳5、6個洞避免烹煮時爆裂。冷藏備用。
2. 開中火，用雙耳燉鍋或燜鍋熱油脂。放入洋蔥和蒜，炒軟不上色，但不要炒成褐色。放入德國酸菜。
3. 倒入酒，放入香料包，攪拌。湯汁微滾煮。
4. 豬肉和培根放在酸菜上。加蓋，在163℃的烤爐中燜煮約45分鐘。兩種香腸放入鍋中，蓋回鍋蓋，繼續煮至豬肉、兩種香腸的內部溫度達到68℃，15-20分鐘。
5. 肉移至方形調理盆中並保溫。香料包撈起丟棄。
6. 馬鈴薯加入酸菜中，煮至馬鈴薯熟透，約15分鐘。以鹽和胡椒調味。
7. 豬肉、法蘭克福牛肉香腸和蒜味香腸切片，放在一層德國酸菜上後，搭配馬鈴薯立刻出餐，或每樣食材均保溫備用。

自製德國酸菜

Homemade Sauerkraut

7.68公升

- 高麗菜絲9.07公斤，切成5公分長
- 鹽227克

1. 高麗菜絲和鹽一起拋翻，均勻混合。
2. 在食品級的塑膠桶內鋪上濾布。加鹽的高麗菜絲放入桶中，濾布再往內蓋，包住菜絲。用力往下壓，使高麗菜絲的表面平坦。
3. 壓重物在高麗菜絲上方，再用保鮮膜封住桶子。貼上標籤註明日期，讓酸菜在室溫下發酵10天。移開重物，封好開口後冷藏。
4. 德國酸菜已完成並可使用，或可冷藏備用。使用前，用流動的冷水清洗，稍微去除過多的鹽分。

白豆燉肉

Cassoulet

12份

燉豆子

- 雞高湯2.88公升（見263頁）
- 乾燥海軍豆907克，浸泡過夜
- 培根塊454克，切成0.6公分厚
- 蒜味香腸454克
- 中型洋蔥2顆
- 剁碎的蒜頭28克
- 標準香草束1份（見241頁）
- 鹽10克（1大匙）

燉肉

- 去骨豬腰背肉680克，切成5公分方丁
- 680克去骨羊肩肉或腿肉，切成5公分方丁
- 鹽，視需求添加
- 黑胡椒粉，視需求添加
- 橄欖油90毫升
- 白色調味蔬菜454克（見243頁）
- 蒜醬1.5克（½小匙）
- 白酒90毫升
- 番茄丁227克
- 標準香料包1份（見241頁）
- 半釉汁480毫升（見293頁）
- 小牛褐高湯960毫升（見263頁）
- 油封鴨794克（見595頁）
- 乾燥麵包粉340克
- 剁碎的歐芹6克（2大匙）

1. 雞高湯在大型醬汁鍋中煮滾，放入海軍豆和培根，製作燉豆子。繼續以微滾煮30分鐘。
2. 放入香腸、洋蔥、蒜和香草束。再次煮滾，直到香腸達到66℃，叉子可插進培根內，約30分鐘。取出香腸、培根、洋蔥和香草束。
3. 放入鹽，煮至海軍豆變軟，20-25分鐘。濾出海軍豆，保留備用。高湯收乾一半，至醬汁的稠度可以沾裹食物，約30分鐘。保留醬汁備用。
4. 豬肉和羊肉以鹽和胡椒調味，製作燉肉。開中大火，用中型雙耳燉鍋或燜鍋熱油到微滾。豬肉和羊肉小心地放入油中，盡可能將每一面煎成深褐色，移至方形調理盆中備用。
5. 視需要撈除鍋中的油脂。開中火，放入調味蔬菜，不時攪拌，直到煮成焦糖化，約11分鐘。放入蒜醬，煮至散發蒜香，約1分鐘。
6. 酒倒入鍋中，攪拌以融化釋出任何油滴，收乾至幾乎乾掉。豬肉和羊肉連同流出的肉汁一起倒回鍋中。
7. 放入番茄丁、香料包、半釉汁和小牛褐高湯，轉中小火，煮微滾。加蓋，放入135℃的烤爐中燜煮，直到叉子可插進肉內，約1小時。
8. 肉類移至方形調理盆或其他保存容器中，以一些烹調湯汁浸潤。保溫，同時開始準備醬汁。
9. 以微滾煮烹調湯汁，直到煮出良好的風味及稠度。徹底撈除醬汁中的油脂。以鹽和胡椒調味後過濾。醬汁倒在肉上後保溫備用。
10. 預留的香腸去腸衣，切成每片2公分厚，培根也切成每片2公分厚。香腸、培根、豬肉和羊肉放入法式砂鍋。
11. 用一半的豆子蓋住肉，再放上油封鴨，最後放上另外一半的豆子。
12. 醬汁倒到豆子上，讓醬汁流到其他食材上。撒上麵包粉和歐芹。放入149℃的烤爐中，直到食材都熱透，表面形成漂亮的外殼，約1小時。
13. 立刻出餐，或保溫備用。

油封鴨
Duck Confit
1.81公斤

- 鹽71克
- 醃鹽1克（¼小匙）
- 黑胡椒粉0.5克（¼小匙）
- 杜松子2粒，壓碎
- 月桂葉1片，壓碎
- 剁碎的蒜0.75克（¼小匙）
- 完整鴨腿12隻（2.72-3.18公斤）
- 熬煉鴨油720毫升

1. 混合2種鹽、胡椒、杜松子、月桂葉和蒜。鴨腿裹上混合好的調味料，放入容器中，蓋上加重的蓋子，往下壓住鴨腿，放入冰箱冷藏72小時。
2. 刷掉多餘的調味料，或輕輕拿起後吸乾水分。鴨肉放入雙耳燉鍋或燜鍋中，用熬煉鴨油蓋過鴨肉，開中小火煮，或放入149℃的烤爐烤到鴨肉變得非常軟嫩，約2小時。
3. 鴨腿留在烹調油脂中放涼保存。
4. 準備使用油封鴨時，刮除多餘的油脂，鴨腿放到烤架上炙烤至外皮酥脆，約2分鐘，或於232℃的烤爐中加熱。視需要決定。

燉新墨西哥青辣椒
New Mexican Green Chile Stew
10份

- 乾燥白豆227克，浸泡過夜
- 去骨豬肩胛肉1.59公斤，切大丁
- 雞高湯2.4公升（見263頁）
- 阿納海辣椒680克
- 植物油30毫升（2大匙）
- 洋蔥小丁340克
- 蒜末28克
- 赤褐馬鈴薯907克，切中丁
- 哈拉佩諾辣椒43克，去籽
- 粗剁芫荽78克
- 鹽21克
- 芫荽細莖21克

1. 豆子放入小鍋中，倒水淹沒。開中小火，以微滾煮至完全變軟，約1小時。過程中視需要倒入更多的水。豆子留在水中備用。
2. 微滾煮豆子時，另外煮滾一大鍋水。在微滾的水中汆燙豬肉6分鐘以去除雜質。撈除表面的浮渣。倒掉熱水，再用水沖洗豬肉。
3. 汆燙好的豬肉放入大鍋中，倒入高湯。開小火，以微滾煮至豬肉軟嫩，約2小時。
4. 火烤阿納海辣椒，直到外皮變黑、內部變軟，6-8分鐘，過程中頻繁翻動。辣椒放入碗中，用保鮮膜封住碗口，用熱氣蒸辣椒。冷卻後，去皮、去蒂、去籽。保存備用。
5. 在中型平底煎炒鍋內以中大火熱油。放入洋蔥和蒜，炒軟不上色，直到洋蔥變透明，約5分鐘。洋蔥和蒜加到放豬肉的鍋中。
6. 馬鈴薯和豆子放入裝豬肉的鍋中，煮到馬鈴薯變軟，約10分鐘。
7. 將烤過的阿納海辣椒、哈拉佩諾辣椒和剁碎的芫荽放入果汁機中，打成滑順的泥。加入一些烹調湯汁幫助攪打。如果想要過濾，可用細網篩。
8. 出餐前，再把辣椒泥加入燉豬肉中，微滾煮1-2分鐘。加鹽。
9. 立刻出餐，或保溫備用。可剁切芫荽細莖裝飾。

酸辣咖哩豬肉
Pork Vindaloo
20份

辛香料糊

- 丁香2克（1小匙）
- 小豆蔻莢2克（1小匙）
- 孜然18克（3大匙）
- 蒜瓣20粒，切薄片
- 薑片142克
- 薑黃粉12克（2大匙）
- 芫荽籽90毫升（6大匙）
- 葫蘆巴籽9克（4 ½小匙）
- 乾燥紅辣椒397克
- 棕櫚醋540毫升
- 糖99克
- 濾好的羅望子醬240毫升
- 鹽85克
- 肉桂粉6克（1大匙）

豬肉醃醬

- 棕櫚醋360毫升
- 糖99克
- 韓國辣椒粉12克（2大匙）
- 薑黃粉6克（1大匙）

- 6.8公斤去骨豬肩背肉，切成3公分方丁
- 印度酥油或植物油360毫升
- 中型洋蔥4顆，切大丁
- 番茄糊170克
- 棕櫚醋480毫升
- 鹽60克（6大匙），或視需求增減
- 黑胡椒粉，視需求添加

1. 混合所有製作辛香料糊的食材，加蓋冷藏1天。
2. 混合所有製作醃醬的食材。醃醬倒在豬肉上，翻動豬肉以均勻沾附醃醬，加蓋，冷藏過夜。
3. 辛香料糊的食材放入果汁機中打碎，製成帶有粗顆粒的糊。
4. 在中型雙耳燉鍋或燜鍋中內以中大火加熱印度酥油。放入洋蔥，炒至洋蔥變金褐色。倒入600毫升的辛香料糊，煮至散發香氣。番茄醬和醋混合後倒入鍋中，煮至幾乎所有的水分都蒸發，鍋內食材幾乎乾掉。
5. 瀝乾豬肉上的醃醬，豬肉放入鍋中，攪拌至豬肉塊沾滿辛香料。
6. 開中小火，煮微滾。蓋上蓋子，煮至豬肉軟嫩，偶爾攪拌確保肉塊沒有燒焦。邊煮邊撈除浮渣和油脂。
7. 以鹽和胡椒調味，立刻出餐，或保溫備用。

綠咖哩豬肉
Pork in a Green Curry Sauce
10份

- 椰奶2.4公升
- 綠咖哩醬240毫升（見370頁）
- 去骨豬肩背肉1.81公斤，切成5公分方丁
- 箭葉橙葉12片，稍微壓軟
- 魚露120毫升
- 棕櫚糖71克
- 泰國茄子454克，切成4等份
- 泰國羅勒葉50片
- 泰國辣椒3或4根，切細絲

1. 從椰奶的表面撈起濃稠的椰子漿。椰子漿放入大湯鍋中烹煮，偶爾攪拌，直到椰子漿油水分離。
2. 拌入咖哩醬，煮至散發香氣，至少2分鐘。放入豬肉和箭葉橙葉，並攪拌均勻，讓豬肉都沾上咖哩醬。

3. 倒入魚露、糖和剩下的椰奶，煮至微滾。放入茄子，繼續煮微滾，直到豬肉軟嫩熟透。
4. 鍋子離火，放入泰國羅勒，攪拌均勻。
5. 立刻出餐，或保溫備用。用泰國辣椒裝飾。

匈牙利燉豬肉

Székely Goulash (Székely Gulyás)

10份

- 培根塊切小丁340克
- 洋蔥小丁454克
- 甜味紅椒粉8克（4小匙），或視需求增減
- 去骨豬腿或豬肩胛肉1.59公斤，切成2公分方丁
- 瀝乾、洗淨的自製德國酸菜2.04公斤（見593頁）
- 牛白高湯（見263頁）或雞高湯（見263頁）1.44公升，或視需求增減
- 中筋麵粉57克，與水混合做成澱粉漿
- 酸奶油480毫升
- 培根塊284克，皮留下，切成厚片

1. 開中火，用大鍋煎培根丁直到酥脆，約10分鐘。從鍋中倒出培根，備用。
2. 開中大火，洋蔥放入培根油中，炒到透明，6-8分鐘。鍋子離火。
3. 豬肉及6克（1大匙）甜味紅椒粉放入鍋中，加蓋，開小火煮30分鐘，不時攪拌。（小心別煮乾，導致辣椒煮焦。）
4. 放入德國酸菜，倒入高湯，直到淹沒酸菜。加熱至微滾，加蓋，煮至叉子可插進肉內，約1小時。
5. 澱粉漿及240毫升酸奶油相混，倒入肉中，微滾煮4-5分鐘，或直到醬汁充分變稠。
6. 每片培根的外皮上每隔1-2公分劃一刀（每刀1-2公分），做成「雞冠花狀」。培根煎至酥脆，呈褐色。培根雞冠花的尖端沾上剩下的紅椒粉，保溫至出餐前。
7. 剩下來的酸奶油淋到燉豬肉上，出餐，或先不要裝飾，保溫備用。出餐時，可用雞冠花培根裝飾。

法式白醬燉小牛肉

Veal Blanquette

10份

- 去骨小牛胸肉1.81公斤，去除多餘脂肪，切成5公分方丁
- 鹽10克（1大匙）
- 白胡椒粉1克（½小匙）
- 小牛白高湯（見263頁）、牛白高湯（見263頁）或雞高湯（見263頁）1.92公升
- 標準香草束1份（見241頁）
- 金色或白色奶油炒麵糊227克（見246頁）
- 白蘑菇794克，用奶油和／或高湯燉軟
- 珍珠洋蔥340克，汆燙、去皮
- 蛋黃2顆，打散
- 高脂鮮奶油240毫升
- 檸檬汁，視需求添加

1. 小牛肉以鹽和胡椒調味。
2. 用中型醬汁鍋煮高湯至微滾，視需要以鹽和胡椒調味。小牛肉放入第二個鍋內，倒上熱過的高湯。再次煮至微滾，攪拌，視需要撈除雜質。微滾煮1小時。
3. 放入香草束，繼續微滾煮30-45分鐘，直到小牛肉變軟、易咬。自高湯中撈出小牛肉，移至方形調理盆中，保溫。
4. 微滾的湯汁中倒入奶油炒麵糊，攪打混合均勻，加熱至全滾。火轉小煮微滾，攪拌，視需要撈除浮渣，煮至醬汁變稠且充滿風味，20-30分鐘。

5. 小牛肉連同流出的肉汁、蘑菇、珍珠洋蔥一起倒回醬汁中，微滾煮熱。（燉肉可快速冷卻後冷藏備用。冷卻後的燉肉先加熱至微滾，再倒入蛋奶液）
6. 混合蛋黃和鮮奶油，製作蛋奶液。在蛋奶液中慢慢拌入一些微滾湯汁，再倒入燉肉中。燉肉繼續加熱至微滾，煮至湯汁稍微變稠並且達到74℃（太熱和／煮太久都會讓蛋黃凝結）。倒入檸檬汁，以鹽和胡椒調味。
7. 立刻出餐，或保溫備用。

燜小牛胸肉佐蘑菇香腸

Braised Veal Breast with Mushroom Sausage

15-20份

- 去骨小牛胸肉1份（約3.63公斤）
- 鹽10克（1大匙）
- 黑胡椒粉3克（1½小匙），視需求增加
- 蘑菇香腸1.25公斤（食譜見右欄）
- 橄欖油60毫升
- 標準調味蔬菜小丁227克（見243頁）
- 番茄糊57克
- 干白酒180毫升
- 小牛褐高湯480毫升（見263頁）
- 半釉汁（見293頁）或法式小牛高湯（見293頁）480毫升

1. 小牛胸肉切開攤平，以肉錘敲出均勻厚度。以鹽和胡椒調味。中間放上香腸，順著肉紋捲起包住香腸，綑綁固定。
2. 開中大火，用雙耳燉鍋或燜鍋熱油到微滾。小牛肉小心放入油中，煎至每面呈深褐色。小牛肉移至方形調理盆中備用。
3. 放入調味蔬菜，不時攪拌直到煮成金褐色，7-8分鐘。放入番茄糊，煮至顏色變深並散發甜香，約1分鐘。
4. 酒倒入鍋中，攪拌以融化釋出任何油滴，收乾一半。小牛肉連同流出的肉汁一起倒回鍋中，倒入高湯和半釉汁，淹到小牛肉三分之二的高度。
5. 開中小火，加熱至微滾。加蓋，放入177℃的烤爐中燜煮1¾-2小時，直到叉子可插進肉內。偶爾翻動，保持小牛肉均勻浸潤。
6. 小牛肉移至方形調理盆中，以一些烹調湯汁浸潤，保溫。
7. 以微滾煮烹調湯汁，直到煮出良好的風味及稠度。徹底撈除醬汁中的油脂。以鹽和胡椒調味，過濾醬汁。
8. 解開棉繩，小牛肉切成每份分量，搭配醬汁立刻出餐，或保溫備用。

蘑菇香腸

Mushroom Sausage

1.25公斤

綜合辛香料

- 洋蔥粉6克（2小匙）
- 鹽3克（1小匙）
- 香料肉醬4克（¾小匙）（見1011頁）
- 茴香籽3克（½小匙）
- 蒜粉0.75克（¼小匙）
- 西班牙紅椒粉0.5克（¼小匙）
- 卡宴辣椒0.5克（¼小匙）

- 小牛腱肉或豬瘦肉794克，切丁
- 白飯170克
- 洋蔥末99克
- 高脂鮮奶油90毫升
- 蛋白3顆
- 白蘑菇198克，切丁

1. 混合製作綜合辛香料的所有食材。均勻撒在肉上，翻動，讓肉均勻裹上。冷藏至使用前。

2. 絞肉機裝上粗刀網，放進裹上辛香料的肉。白米飯和洋蔥拌入絞肉中，用細刀網再絞一次。（如果溫度超過4℃，冷藏混合後的絞肉。）
3. 在冰水浴槽上進行混合，放入鮮奶油和蛋白，用手攪拌均勻。拌入蘑菇。
4. 香腸已完成並可使用，或可冷藏備用。

匈牙利燉豬肉

Pork Goulash

10份

- 去骨豬肩胛肉1.81公斤，切成5公分方丁
- 匈牙利紅椒粉21克
- 鹽，視需求添加
- 黑胡椒粉，視需求添加
- 植物油或豬油85克
- 洋蔥小丁1.36公斤
- 干白酒240毫升
- 法式小牛高湯480毫升（見293頁）
- 小牛褐高湯480毫升（見263頁）

香料包

- 檸檬皮刨絲3克（1小匙）
- 葛縷子籽2克（1小匙）
- 乾燥墨角蘭1克（½小匙）
- 乾燥香薄荷1克（½小匙）
- 乾燥百里香0.5克（¼小匙）
- 黑胡椒粒0.5克（¼小匙）
- 月桂葉2片
- 蒜瓣2粒

- 酸奶油240毫升

1. 豬肉以紅椒粉、鹽和胡椒調味。
2. 開中大火，用雙耳燉鍋或燜鍋熱油或豬油到微滾。豬肉小心地放入油中，煎至每面呈深褐色。可分批進行。豬肉移至方形調理盆中備用。
3. 放入洋蔥，並不時攪拌，直到變成金褐色，6-8分鐘。
4. 酒倒入鍋中，攪拌以融化釋出任何油滴，收乾一半的量。豬肉連同流出的肉汁一起倒回鍋中。倒入褐醬和高湯，完全淹沒豬肉。
5. 開中火，加熱高湯至微滾，香料包的所有食材放入濾布中，綁緊開口，放入鍋中。蓋上蓋子，繼續以小火煮至微滾，或移至177℃的烤爐內，燉煮至叉子可插進肉內，約1¼小時。
6. 徹底撈除醬汁中的油脂。香料包撈起丟棄。以鹽和胡椒調味。燉肉放在加熱過的碗中，搭配鮮奶油出餐。

匈牙利燉牛肉：用相同分量的去骨牛外側後腿肉或牛肩胛肉取代豬肉。

米蘭燜牛膝搭配米蘭燉飯（783 頁）

米蘭燜牛膝

Osso Buco Milanese

10份

- 橫切小牛腱肉10份，每塊4公分厚（約340克）
- 鹽10克（1大匙），或視需求增減
- 黑胡椒粉3克（1½小匙），或視需增減
- 橄欖油120毫升
- 中筋麵粉57克
- 標準調味蔬菜小丁340克（見243頁），各種蔬菜分開擺放
- 蒜末3克（1小匙）
- 番茄糊85克
- 干白酒240毫升
- 小牛褐高湯1.92公升（見263頁）
- 標準香草束1份（見241頁）
- 義式檸檬醬28克（食譜見右欄）

1. 小牛腱肉以鹽和胡椒調味，用棉繩細綁固定。
2. 開中大火，用雙耳燉鍋或燜鍋熱油到微滾。小牛腱肉放入麵粉中，裹上薄薄的麵粉，搖動去除多餘的麵粉。小牛腱肉小心地放入油中，煎至每面呈深褐色。小牛肉移至方形調理盆中備用。
3. 轉中小火，放入調味蔬菜中的洋蔥，不時攪拌，直到變成金褐色。放入胡蘿蔔和芹菜，煮至剛開始變軟。放入蒜和番茄糊，煮至番茄糊顏色變深並散發甜香，約1分鐘。
4. 酒倒入鍋中，攪拌以融化釋出任何油滴，收乾一半的量。小牛肉連同流出的肉汁一起倒回鍋中。倒入高湯，淹到小牛腱肉三分之二的高度。
5. 開中小火，加熱至微滾。加蓋，移至163℃的烤爐中燜煮45分鐘。放入香料包，視需要撈除湯汁中的油脂。繼續燜煮約1-1½小時，直到叉子可插進小牛腱肉。
6. 小牛腱肉移至方形調理盆或其他容器中，以一些烹調湯汁浸潤。解開棉繩並保溫，接著開始準備醬汁。
7. 以微滾煮剩下的烹調湯汁，直到煮出良好的風味及稠度。徹底撈除醬汁中的油脂。以鹽和胡椒調味後過濾，保溫備用。
8. 小牛腱肉搭配醬汁和義式檸檬醬後立刻出餐，或保溫備用。

義式檸檬醬

Gremolata

198克

- 新鮮麵包粉142克
- 橙皮14克，汆燙後切末
- 檸檬皮刨絲14克，汆燙後切末
- 蒜瓣4粒，切末
- 剁碎的歐芹14克
- 鹽，視需求添加
- 黑胡椒粉，視需求添加

1. 在乾燥的淺烤盤中均勻地鋪上一層薄薄麵包粉，放入204℃的烤爐中烤，直到烤成淺褐色，約7分鐘。倒入碗中備用。
2. 將橙皮、檸檬皮、蒜、歐芹、鹽和胡椒放入麵包粉中，翻動混合均勻。
3. 醬汁已完成並可使用，或可冷藏備用。

NOTE：如要製作更傳統的義式檸檬醬，混合14克蒜末、21克檸檬皮、43克切碎的歐芹。如果喜歡鯷魚，可加入7克鯷魚片末。

波蘭甘藍菜捲

Polish Stuffed Cabbage

10份

- 大型皺葉甘藍葉20片（外部葉片）

填料

- 去骨小牛胸肉340克，切丁
- 去骨豬肩胛肉340克，切丁
- 去骨牛外側後腿肉340克，切丁
- 鹽15克（1½大匙）
- 黑胡椒粉3克（1½小匙）
- 洋蔥小丁284克，炒過後放涼
- 高脂鮮奶油240毫升
- 蛋3顆
- 麵包粉170克
- 肉豆蔻刨屑0.5克（¼小匙），或視需求增減

- 細剁的標準調味蔬菜170克（見243頁）
- 月桂葉1片
- 牛白高湯2.4公升（見263頁），或視需求增減
- 培根塊170克，切成10片（非必要）
- 番茄醬汁750毫升（見295頁）

1. 煮滾一大鍋加鹽的水。放入甘藍葉，煮軟，約5分鐘。瀝乾，用冷水沖洗，再次瀝乾。用削皮小刀去除每片甘藍葉上的主脈，冷藏備用。
2. 小牛肉、豬肉和牛肉用鹽10克（1大匙）和黑胡椒2克（1小匙）調味，製成填料。
3. 絞肉機裝上粗刀網，放入調味好的肉。接著，洋蔥拌入絞肉中，用細刀網再絞一次。（如果溫度超過4℃，冷藏混合後的絞肉。）
4. 在冰水浴槽上進行混合，中碗內放入混合後的絞肉，再放入鮮奶油和蛋。使用橡膠抹刀攪拌至混合均勻。拌入麵包粉，以剩下的鹽、胡椒和肉豆蔻調味。
5. 浸濕30公分方丁的濾布，用來製作甘藍菜卷。濾布放入240毫升的圓杯中，再放入2片甘藍葉，葉片重疊，菜卷才不會有洞。在葉片中央放上113克混合好的肉餡，葉片往內捲，包住肉餡。扭緊周圍多餘的濾布，讓每個甘藍菜卷變成球狀。別扭太緊，以免葉子破掉。甘藍菜卷一變成球狀，便可自濾布中取出，小心地放在淺盤上或方形調理盆中。
6. 調味蔬菜和月桂葉放入雙耳燉鍋或燜鍋中，再放上甘藍菜卷，接合處朝下。倒入熱高湯，約略淹到甘藍菜卷一半的高度。如果喜歡培根，也可於此時放在甘藍菜卷上。開中小火，高湯煮至微滾。加蓋，移至163℃的烤爐內，燜煮甘藍菜卷至內部溫度達71℃，25-30分鐘。
7. 每人份的甘藍菜卷搭配75毫升番茄醬汁後立刻出餐，或保溫備用。

NOTE：這道菜餚不同於一般的燜煮菜餚，並不搭配收乾的烹調湯汁，而是另外準備醬汁。

燜羊腱

Braised Lamb Shanks

10份

- 羊腱454克
- 鹽20克（2大匙）
- 黑胡椒粉5克（2½小匙）
- 植物油60毫升
- 標準調味蔬菜大丁454克（見243頁）
- 番茄糊30毫升（2大匙）
- 干紅酒480毫升
- 羊褐高湯（見264頁）或小牛褐高湯1.92公升（見263頁）
- 金色奶油炒麵糊227克（見246頁），放涼
- 標準香料包1份（見241頁）
- 帶蒂蒜頭1顆，剖半後烘烤（見第634頁）
- 葛粉（見第248頁），視需求添加（非必要）

1. 以鹽10克（1大匙）和黑胡椒3克（1½小匙）為羊腱調味。
2. 開中大火，用雙耳燉鍋或燜鍋熱油到微滾。羊腱小心地放入油中，煎至每面呈深褐色，約15分鐘。羊腱移至調理盆中備用。
3. 放入調味蔬菜中的洋蔥，不時攪拌，直到煮成金褐色，約7分鐘。放入胡蘿蔔和芹菜，煮至剛開始變軟。放入番茄糊，煮至番茄糊顏色變深並散發甜香，約1分鐘。
4. 酒倒入鍋中，攪拌以融化釋出任何油滴，收乾一半的量，約4-5分鐘。攪打拌入高湯，再煮至微滾，拌入冷卻的奶油炒麵糊，直到混合均勻，醬汁繼續煮至微滾。羊腱連同流出的肉汁一起倒回鍋中。
5. 開中小火，煮至微滾。加蓋，鍋子移至163℃的烤爐內，燜煮45分鐘。放入香料包和烤過的蒜，視需要撈除湯汁中的油脂。繼續燜煮約2小時，直至叉子可插入羊腱。
6. 羊腱移至方形調理盆或其他容器中，以一些烹調湯汁浸潤。保溫，開始準備醬汁。
7. 以微滾煮烹調湯汁，直到煮出良好的風味及稠度，約3分鐘。徹底撈除醬汁中的油脂。視需要以葛粉讓醬汁稍微變稠。以剩下的鹽和胡椒調味，過濾醬汁。
8. 羊腱搭配醬汁立刻出餐，或保溫備用。

NOTES：為了預先準備好燜煮羊腱，最後再分批完成或現點現做，羊腱從燜煮湯汁中取出後可先放涼。帶骨燜煮的肉會有極佳的風味和質地，但客人可能會吃得很辛苦。有時可在出餐前移除骨頭：脛骨一放涼不燙手就抽出。去骨羊腱移至方形調理盆中，加蓋後冷藏。醬汁冷卻後，分開存放於隔水燉煮鍋或其他容器中。

出餐前舀出少量風味高湯、二次高湯或清湯，淋在羊腱上，放在烤爐中加熱。

最後收尾時，在平底煎炒鍋內加熱所需的醬汁分量，放入熱好的羊腱，以微滾稍煮一下，調味。

葡萄牙羊腿鑲肉餡

Portuguese Stuffed Leg of Lamb

12份

- 去骨羊腿2.27公斤
- 鹽10克（1大匙），或視需求增減
- 黑胡椒粉3克（1½小匙），或視需求增減
- 香料肉餡填料1.25公斤（食譜見右欄）
- 橄欖油60毫升
- 標準調味蔬菜小丁340克（見243頁）
- 番茄糊60毫升
- 干雪利酒90毫升
- 羊褐高湯（見264頁）或小牛褐高湯（見263頁）1.44公升
- 月桂葉2片
- 葛粉（見第248頁），視需求添加
- 粗剁的芫荽3克（1大匙）

1. 羊肉切開攤平，以肉錘敲出均勻的厚度。
2. 以鹽和胡椒調味，填料鋪在羊肉上，向內捲起，綑綁固定。
3. 開中大火，用雙耳燉鍋或燜鍋熱油到微滾。羊肉小心地放入油中，煎至每面呈深褐色。羊肉移至方形調理盆中備用。
4. 放入調味蔬菜，不時翻動直到煮成金褐色，7-8分鐘。放入番茄糊，煮至顏色變深並散發甜香，約1分鐘。
5. 雪利酒倒入鍋中，攪拌以融化釋出任何油滴，收乾一半的量。羊肉連同流出的肉汁一起倒回鍋中，倒入高湯，淹到羊肉三分之二的高度。
6. 開中小火，煮至微滾。放入月桂葉，加蓋，鍋子移至163℃的烤爐內，燜煮1½-2小時，直到叉子可插入羊肉。偶爾翻動，保持羊肉均勻浸潤。
7. 羊肉移至方形調理盆中，以一些烹調湯汁浸潤，保溫。
8. 以微滾煮剩下的烹調湯汁，直到煮出良好的風味及稠度，徹底撈除醬汁中的油脂。視需要以葛粉增加醬汁稠度。以鹽和胡椒調味後過濾。芫荽加入整鍋羊肉中，或盛盤時再加入。保溫備用。
9. 解開棉繩，羊腿切成每份分量。羊腿搭配醬汁立刻出餐，或保溫備用。

香料肉餡

Herbed Forcemeat Stuffing

1.02公斤

- 奶油57克
- 洋蔥細丁 227克
- 芹菜細丁85克
- 蘑菇細丁227克
- 麵包小丁142克
- 牛絞肉170克
- 豬絞肉170克
- 小牛絞肉170克
- 蛋1顆
- 剁碎的歐芹14克
- 羅勒細絲0.5克（½小匙）
- 香薄荷末0.5克（½小匙）
- 鼠尾草末0.5克（½小匙）
- 鹽，視需求添加
- 黑胡椒粉，視需求添加

1. 在大平底煎炒鍋中以中大火加熱奶油，放入洋蔥，經常翻動，直到洋蔥呈金褐色，約5-6分鐘。放入芹菜和蘑菇，煮到變軟。倒入碗中放涼。
2. 放入麵包塊、絞肉、蛋、香料、鹽和胡椒，混合均勻。填料已完成並可使用，或可冷藏備用。

春蔬燉羊肉

Lamb Navarin

10份

- 去骨羊肩肉、頸肉、腱肉或腿肉1.81公斤，切成5公分方丁
- 鹽10克（1大匙）
- 黑胡椒粉3克（1½小匙）
- 植物油60毫升
- 洋蔥中丁170克
- 蒜末3克（1小匙）
- 番茄糊60毫升
- 干紅酒120毫升
- 羊褐高湯（見264頁）或小牛褐高湯（見263頁）1.44公升，或視需求增減
- 半釉汁（見293頁）、法式小羔羊高湯（見293頁）、法式小牛高湯（見293頁）或西班牙醬汁（見294頁）600毫升
- 標準香料包1份（見241頁）
- 胡蘿蔔227克，切成橄欖形或滾刀塊
- 馬鈴薯227克，切成橄欖形或中丁
- 芹菜227克，切成橄欖形或滾刀塊
- 蕪菁227克，切成橄欖形或中丁
- 白蘑菇227克，剖半
- 番茄丁170克

1. 羊肉以鹽和胡椒調味。
2. 開中大火，用大型雙耳燉鍋或燜鍋熱油到微滾。羊肉小心地放入油中，盡可能把每一面煎成深褐色，可分批煎上色。羊肉移至方形調理盆中備用。
3. 視需要撈起鍋中的油脂。開中火，放入洋蔥，不時攪拌直到焦糖化。放入蒜和番茄糊，煮至番茄糊顏色變深並散發甜香，約1分鐘。
4. 酒倒入鍋中，攪拌以融化釋出任何油滴，收乾四分之三。羊肉連同流出的肉汁一起倒回鍋中。
5. 倒入高湯和半釉汁，淹沒羊肉和香料包。開中小火，煮至微滾，避免燒焦。加蓋，煮約1小時，過程中視需要倒入更多高湯。撈除浮渣和油脂。
6. 放入胡蘿蔔、馬鈴薯、芹菜、蕪菁和蘑菇，繼續煮至羊肉軟嫩易咬、蔬菜全熟。香料包撈起丟棄。放入番茄丁，再微滾煮10分鐘，直到番茄變得非常燙，以鹽和胡椒調味。
7. 燉羊肉立刻出餐，或保溫備用。

香料羊肉咖哩

Lamb Khorma

10份

醃醬

- 原味優格300毫升
- 白胡椒粉4克（2小匙）
- 磨碎的小荳蔻4克（2小匙）
- 蒜醬9克（1大匙）
- 薑泥9克（1大匙）

羊肉

- 去骨羊肩肉2.27公斤，切成4公分方丁
- 印度酥油或植物油240毫升
- 洋蔥小丁680克
- 孜然粉18克（3大匙）
- 小荳蔻粉2克（1小匙）
- 茴香籽粉9克（1½大匙）
- 黑胡椒粉2克（1小匙）
- 薑末9克（1大匙）
- 芫荽粉12克（2大匙）
- 泰國辣椒6根，切末
- 粗剁的芫荽莖28克
- 腰果454克，浸泡於熱水中，磨成糊
- 高脂鮮奶油240毫升
- 粗剁的芫荽葉21克

1. 混合所有製作醃醬的食材，放入羊肉，一起放進冰箱醃30分鐘。
2. 開中大火，用雙耳燉鍋或燜鍋加熱印度酥油到微滾。放入洋蔥炒軟不上色，直到透明。
3. 轉小火，每1-2分鐘拌攪加入孜然、小荳蔻、茴香籽、黑胡椒、薑和芫荽。辛香料散發香氣時，放入辣椒和芫荽莖。煮1-2分鐘。
4. 瀝乾羊肉上的醃醬，羊肉放入裝有辛香料的鍋中。火轉大，攪拌至羊肉均勻裹上辛香料。開中小火，加熱至微滾。蓋上蓋子，以中小火煮1小時30分鐘。偶爾攪拌，確保肉塊沒有黏鍋。如果鍋內的食材變得太乾，加水。
5. 倒入腰果糊，讓醬汁變稠，攪拌確定沒有食材黏在鍋底。如果鍋內的食材變得太乾，加水。放入鮮奶油，以鹽和胡椒調味。攪拌均勻，繼續煮至羊肉變軟。
6. 立刻出餐，或保溫備用。用芫荽葉裝飾。

咖哩山羊肉佐青木瓜沙拉

Curried Goat with Green Papaya Salad

20份

- 山羊肉11.34公斤，依照主要部位切分
- 鹽28克
- 黑胡椒粉8克（4小匙）
- 植物油240毫升，或視需求添加
- 小牛褐高湯7.68公升（見263頁）
- 百里香8小枝
- 哈瓦那辣椒2顆，去籽、切末
- 咖哩粉14克（見369頁）
- 半釉汁（見293頁），視需求添加（非必要）
- 橢圓形番茄20顆，去皮、去籽，切中丁
- 青蔥567克，切成1公分小段
- 萊姆汁210毫升
- 青木瓜沙拉1.2公升（見921頁）

1. 山羊肉以鹽和胡椒調味。
2. 開中大火，用燜鍋熱油到微滾。山羊肉小心地放入油中，煎至每面呈深褐色，可分批進行。山羊肉移至方形調理盆中備用。
3. 所有山羊肉煎上色之後，山羊肉連同流出的肉汁一起倒回燜鍋。倒入高湯、放入百里香，以鹽和胡椒調味。開中小火，煮至微滾。加蓋，移至177℃的烤爐內，燜煮至山羊肉非常軟嫩，至少2小時，最多3小時。
4. 山羊肉移至方形調理盆或其他容器中，以一些烹調湯汁浸潤。保溫，開始準備醬汁。
5. 微滾煮烹調湯汁，直到收乾一半，徹底撈除醬汁中的油脂。以鹽和胡椒調味，過濾，保溫備用。
6. 山羊肉削成大片，丟棄骨頭。
7. 開中大火，用大雙耳燉鍋熱油。放入哈瓦那辣椒，炒軟不上色，直到變軟並散發香氣。放入山羊肉塊、咖哩粉，和收乾過的湯汁，煮至微滾，以鹽和胡椒調味。視需要倒入半釉汁。
8. 出餐前，拌攪加入番茄、一半的蔥和萊姆汁。搭配青木瓜沙拉，以剩下的蔥裝飾後立刻出餐，或保溫備用。

愛爾蘭燉羊肉

Irish Stew

10份

- 去骨羊肩肉1.81公斤，切成5公分方丁
- 鹽10克（1大匙）
- 白胡椒粉1克（½小匙）
- 牛白高湯1.92公升（見263頁）
- 標準香草束1份（見241頁）
- 珍珠洋蔥454克，汆燙、去皮
- 馬鈴薯大丁454克
- 芹菜大丁227克
- 胡蘿蔔大丁227克
- 歐洲防風草塊根切大丁227克
- 蕪菁大丁227克
- 剁碎的歐芹6克（2大匙）

1. 羊肉以鹽和胡椒調味。
2. 用中型湯鍋微滾煮高湯，視需要以鹽和胡椒調味。羊肉放到第二個鍋內，倒上熱過的高湯。再次煮至微滾，不時攪拌，視需要撈除雜質。微滾煮1小時。
3. 放入香草束、洋蔥、馬鈴薯、芹菜、胡蘿蔔、歐洲防風草塊根和蕪菁，繼續微滾煮30-45分鐘，直到羊肉和蔬菜變軟易咬。
4. 燉羊肉立刻出餐，或保溫備用。用歐芹裝飾。

燉羊肉及雞肉佐庫斯庫斯

Couscous with Lamb and Chicken Stew

10份

- 去骨羊肩肉或腿肉907克，切成3公分方丁
- 帶骨去皮的雞腿肉、大腿肉和棒棒腿1.36公斤，分開擺放
- 鹽10克（1大匙）
- 黑胡椒粉3克（1½小匙）
- 橄欖油120毫升
- 洋蔥丁227克
- 蒜末21克
- 薑末9克（1大匙）
- 孜然粉14克
- 薑黃粉14克
- 芫荽粉2克（1小匙）
- 肉豆蔻粉1克（½小匙）
- 月桂葉2片
- 番紅花絲1小撮
- 丁香粉1小撮
- 羊褐高湯（見264頁）或雞褐高湯（見263頁）2.4公升
- 胡蘿蔔大丁227克
- 蕪菁大丁113克
- 庫斯庫斯454克
- 櫛瓜小丁227克
- 青椒小丁227克
- 煮熟的鷹嘴豆113克
- 煮熟的皇帝豆57克
- 番茄454克，去皮，切角
- 生朝鮮薊底部170克，切成4等份
- 阿拉伯白松露113克，切片（非必要）

裝飾

- 杏仁片170克，乾炒
- 葡萄乾170克
- 哈里薩辣醬30毫升（2大匙）（見959頁）
- 剁碎的歐芹14克

1. 羊肉和雞肉以鹽和胡椒調味。
2. 開中大火，用庫斯庫斯鍋的下鍋加熱60毫升的油，直到微滾。羊肉小心地放入油中，盡可能把每一面煎成深褐色。
3. 放入洋蔥、蒜、薑和辛香料，倒入高湯，直到淹沒羊肉。加熱高湯，以微滾煮45分鐘。
4. 放入胡蘿蔔、蕪菁和雞肉，開小火煮至微滾。視需要撈除浮渣及油脂。
5. 庫斯庫斯鍋的上鍋內鋪上浸濕的濾布，放上庫斯庫斯。加蓋，繼續煮30分鐘。
6. 掀起鍋蓋，庫斯庫斯以鹽調味。倒入剩下的60毫升油，攪開所有結塊。為燉肉收尾時，庫斯庫斯應保溫。
7. 燉肉中放入櫛瓜和青椒，煮4分鐘。
8. 放入鷹嘴豆、皇帝豆、番茄、朝鮮薊的底部，如果有用松露，於此時放入。微滾煮至所有食材皆軟嫩且非常燙。視需要以鹽、胡椒和辛香料調味。
9. 在加熱過的盤子或淺盤上堆庫斯庫斯，放上燉肉。撒上杏仁、葡萄乾、歐芹，淋幾滴哈里薩辣醬立刻出餐。

塔吉鍋燜雞
Chicken Tagine
10份

- 雞5隻（每隻約1.13公斤），每隻切成6塊
- 鹽10克（1大匙）
- 黑胡椒粉3克（1½小匙）
- 特級初榨橄欖油60毫升
- cipollini洋蔥30顆，汆燙、去皮
- 1公分的薑1片，切薄片
- 蒜瓣5粒，切薄片
- 孜然2克（1小匙），乾炒過磨碎
- 番紅花0.2克（¼小匙）
- 水或雞高湯240-300毫升（見263頁），或視需求增減
- picholine綠橄欖50顆
- 醃檸檬2顆（食譜請見右欄），切碎
- 剁碎的歐芹12克

1. 雞肉以鹽和胡椒調味。
2. 開中火，於可容納全部雞肉的鍋子（塔吉鍋、雙耳燉鍋或燜鍋）中熱油，直到微滾。雞肉小心地放入油中，煎至每面呈深褐色。雞肉移至方形調理盆備用。
3. 洋蔥放入油中，不時攪拌，直到呈金褐色，7-8分鐘。放入薑和蒜，加熱至散發香氣，1分鐘。放入孜然和番紅花，煮至顏色變深並散發甜香，約1分鐘。
4. 雞肉連同流出的肉汁一起倒回鍋中。倒入水或高湯，以鹽和胡椒調味。開中小火，煮至微滾，避免燒焦。加蓋，燜煮至雞肉熟透，30-40分鐘。偶爾翻動雞肉，保持均勻浸潤。（鍋中只保留少量的水或高湯，燜煮湯汁才能變濃。）
5. 烹調的最後15分鐘，放入橄欖、檸檬和歐芹。微滾煮至橄欖變軟，檸檬的香氣明顯。
6. 撈出檸檬，燜雞立刻出餐，或保留備用。

醃檸檬
Preserved Lemons
做6顆

- 檸檬6顆
- 鹽142克
- 檸檬汁300毫升，或視需求增減

1. 檸檬洗得非常乾淨，每顆檸檬切成6個檸檬角，去籽。檸檬角放入非常乾淨的玻璃罐中，加入鹽和檸檬汁，混合均勻。視需要倒入更多檸檬汁，直到淹沒檸檬。
2. 蓋上蓋子後冷藏。每天攪拌一兩次，幫助鹽溶解。至少醃泡1星期。
3. 使用前，視需要用冷水洗淨檸檬。醃檸檬須冷藏保存。

白酒燉雞

Chicken Fricassee

10份

- 雞5隻（每隻1.13公斤），每隻切成8塊
- 鹽10克（1大匙）
- 白胡椒粉0.5克（¼小匙）
- 澄清奶油或植物油60毫升
- 洋蔥丁454克
- 蒜末6克（2小匙）
- 中筋麵粉57克
- 白酒240毫升
- 雞高湯480毫升（見263頁）
- 月桂葉2片
- 百里香葉3克（1大匙）
- 高脂鮮奶油240毫升
- 胡蘿蔔小丁454克，汆燙
- 韭蔥小丁454克，白色和淺綠色部位，汆燙
- 剁碎的歐芹或細香蔥末14克

1. 雞肉塊以鹽和胡椒調味。
2. 開中小火，用大型雙耳燉鍋或燜鍋加熱奶油。維持中小火，放入洋蔥和蒜到鍋中，不時攪拌，直到洋蔥變成透明，約5分鐘。
3. 放入麵粉，經常攪拌，煮約5分鐘。
4. 酒倒入鍋中，攪拌以融化釋出任何油滴。倒入高湯，放入月桂葉和百里香，再煮至微滾。雞肉塊放入鍋中。
5. 蓋上蓋子，開中小火煮雞肉，直到叉子可插入雞肉、熟透，30-40分鐘。（雞肉也可於163℃的烤爐中烹調。）
6. 雞肉移至方形調理盆或其他容器中，以一些烹調湯汁浸潤。保溫，開始準備醬汁。
7. 剩下的烹調湯汁中放入鮮奶油，微滾煮至醬汁稍微變稠，5-7分鐘。徹底撈除醬汁中的油脂。以鹽和胡椒調味，過濾。
8. 雞肉倒回鍋中，放入胡蘿蔔和韭蔥。微滾煮至蔬菜變軟，約2分鐘。
9. 立刻出餐，或保溫備用。用細香蔥裝飾。

白酒燉小羊肉：用相同分量的去骨小牛肩胛肉、胸肉或腿肉取代雞肉。

燉蝦及燉雞（海與山）

Chicken and Prawn Ragout (Mar I Muntanya)

10份

- 雞3隻（每隻約1.13公斤），每隻切成8塊
- 鹽10克（1大匙）
- 黑胡椒粉3克（1½小匙）
- 特級初榨橄欖油60毫升
- 蝦794克（每454克公斤16-20隻），去腸腺，留殼
- 洋蔥小丁 340克
- 橢圓形番茄680克，剁碎
- 白酒300毫升
- 雞高湯480毫升（見263頁）
- 茴香酒30毫升（2大匙）

杏仁蒜醬

- 蒜末35克
- 烤過的法國麵包14克
- 墨西哥巧克力71克
- 汆燙過的杏仁28克，乾炒
- 剁碎的歐芹1克（1小匙）
- 鹽，視需求添加
- 黑胡椒粉，視需求添加
- 特級初榨橄欖油15毫升（1大匙）

1. 雞肉以鹽和胡椒調味。
2. 開中大火，用中型雙耳燉鍋或燜鍋熱油到微滾。雞肉小心地放入油中，雙耳煎至每面呈深褐色。雞肉移至方形調理盆中保存。
3. 用同一個鍋子，炒帶殼的蝦子，炒至蝦殼呈亮紅色，約3分鐘。蝦子移至另一個方形調理盆中。
4. 視需要撈起鍋中油脂。洋蔥和番茄放入油中，不時攪拌，直到變軟，稍微帶鐵鏽色，約15分鐘。
5. 酒倒入鍋中，攪拌以融化釋出任何油滴，收乾一半的量。雞肉連同流出的肉汁一起倒回鍋中。倒入高湯，直到淹沒雞肉。
6. 開中小火，煮至微滾。蓋上蓋子，開中火煮雞肉，直到叉子可插入雞肉、熟透，30-40分鐘。
7. 倒入茴香酒，繼續微滾煮10分鐘。放入蝦子，最後再煮約2分鐘。以鹽和胡椒調味。
8. 開始製作杏仁蒜醬。將蒜、麵包、巧克力和杏仁壓碎或磨碎至滑順。放入歐芹後混合均勻，以鹽和胡椒調味。倒入油，直到剛好淹沒食材，攪拌成濃稠的醬。
9. 杏仁蒜醬拌入雞肉和明蝦中，再煮2分鐘。
10. 立刻出餐，或保溫備用。

vegetables, potatoes, grains and legumes, and pasta and dumplings

蔬菜、馬鈴薯、全穀豆類、義式麵食與餃類

第 五 部

第21章

mise en place for vegetables and fresh herbs

蔬菜與新鮮香料植物的準備工作

許多蔬菜與香料植物都需要預先處理，才能食用或入菜，這些工作包括修整、去皮、切片與切丁。廚師運用各種刀工，將蔬菜和香料植物切成需要的形狀。出色入化的刀法涵蓋以下幾種能力：能妥善地把蔬菜及香料植物處理成好切的狀態、能運用多種刀具、能切得精準又一致。

無論烹煮何種蔬菜，都應將蔬菜切成相同大小，以確保熟度一致。蔬菜與澱粉類食材的處理也會影響擺盤。高品質的準備工作是完美料理的首要條件。

cutting vegetables and fresh herbs

切蔬菜與新鮮香料植物

關於購買與處理農產品，請閱讀第8章。無論備料或烹調，處理新鮮農產品時都必須非常小心，才能維持食材的風味、顏色與營養價值。保持農產品品質的重要關鍵，是盡量將所有切菜工作留到烹煮前進行。

同樣重要的是，視情況選用正確的工具，並將工具維持在最佳狀態。切食材時，手邊應備有磨刀棒，以便隨時磨刀。有關處理刀具的基本法則，見44-45頁。

基本刀法

切剁 chopping	切末 mincing
葉菜切絲 chiffonade (shredding)	切絲與切長條 julienne and batonnet
切丁 dicing	切指甲片 paysanne (fermière)
切菱形片 diamond (lozenge)	切圓片、斜切、滾刀塊 rondelle, bias, oblique, or roll cuts

切東西時，應將食材切成形狀、大小一致的小塊，否則會給人漫不經心的印象，也毀了菜餚的外觀。更重要的是，如果食材的大小與形狀不一致，就無法烹煮均勻。

若想切出形狀、大小一致的細絲、長條、細丁與丁，訣竅在於運用「切片」的技巧。握好刀子，手腕保持穩定。切片時，刀子向前或向後移動，不要直接下壓，手腕不要下垂，否則切出來的成品會比較不整齊。

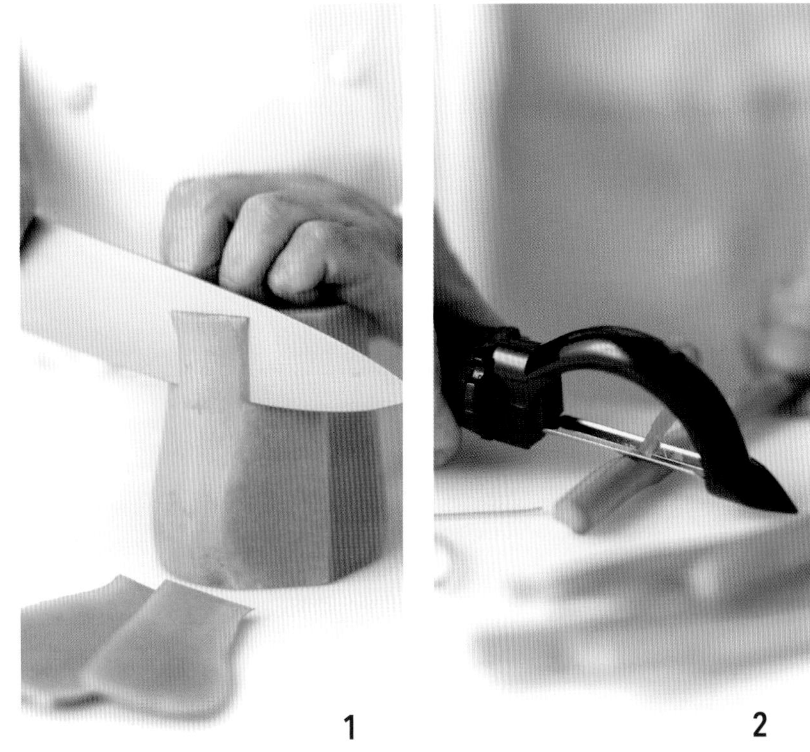

削皮

所有新鮮農產品都應該徹底洗淨，即使是切菜前才去皮的農產品也一樣。清洗可以去除表面的灰塵和細菌，以及其他因為接觸刀子或削皮小刀而沾取的污染物。為了保持新鮮，盡量在烹調前才清洗蔬菜。

並非所有蔬菜在烹煮前都需要削皮。處理必須去皮的蔬菜時，選用的工具要能均勻且俐落地去除表皮，且不會去除太多可食用的部位。為冬南瓜等厚皮蔬菜去皮時，可使用主廚刀。主廚刀適用於體積較大或外皮堅硬的蔬菜，例如根芹菜或冬南瓜。青花菜及其他纖維較粗或表皮較硬的蔬菜，可用削皮小刀或削皮器來修整。這些蔬菜的外皮通常只需切一刀，剩餘的皮可直接用手剝除。

有些蔬菜與水果的外皮比較薄，例如胡蘿蔔、歐洲防風草塊根、蘆筍、蘋果、西洋梨與馬鈴薯。這些食材可以用削皮器來去皮。使用削皮器時，可由內側向外削，也可從外側朝內刨，兩種方式都可以削去外皮。在某些情況下，削皮小刀可以取代削皮器。使用削皮小刀時，刀緣與蔬菜表面呈20度角，削去薄薄一層表皮。

1. 表皮較厚的蔬菜，例如冬南瓜，應用主廚刀去皮。
2. 外皮較薄的蔬菜，例如蘆筍、胡蘿蔔或歐洲防風草塊根，則用削皮器處理。

1

2

切剁

調味蔬菜或類似的風味食材會在料理完成前就濾出丟棄，不會上桌，所以多半用粗剁。切剁通常指垂直向下的切菜動作，適用於即將製成泥的蔬菜。必要時，修整蔬菜的根部與莖部，並且去皮。切片或切剁蔬菜時，下刀間隔應盡量一致，以切出一致的菜片。成品不需要切到完美，不過大小應大致相同。

1. 洗淨並瀝乾香料植物，拔除莖上的葉子。用非持刀手把香料植物緊緊收成一球，接著用刀粗切成大致均勻的小片。
2. 香料植物大略切碎後，將主廚刀的刀尖抵在砧板上，並用非持刀手的指尖固定，接著平穩且快速地反覆剁切。

1

2

切末

切末指將食材切得非常細碎，適用於許多蔬菜和香料植物。洋蔥、蒜頭與紅蔥通常會以切末方式處理。

1. 反覆切碎香料植物，直到獲得理想細度。
2. 青蔥和細香蔥的切末方式則不一樣，並非反覆切剁，而是切成極薄的薄片。洋蔥的切末方式請見631頁。

葉菜切絲

葉菜類與香料植物通常會切成細絲，也就是極細的長條，通常作為裝飾或墊在菜餚底下。

切比利時苦苣絲時，剝下菜葉，一片片疊好，縱切成絲狀。葉片較大的葉菜，例如蘿蔓，可將單片菜葉捲成圓筒後橫切。至於羅勒等葉片較小的蔬菜，則將葉片交疊，捲成圓筒後再切。用主廚刀切絲時，每刀的間隔要小，且相互平行。

蔬菜的標準切法

蔬菜的標準切法可參考下列圖示。此處的尺寸僅供參考，可視需求調整。按照食譜或菜單的要求、蔬菜特性、所需烹煮時間，以及喜好來決定要切成什麼尺寸。

細絲
fine julienne
0.15× 0.15 × 3-5 公分

絲狀、火柴棒狀
julienne/allumette
0.3 × 0.3 × 3-5 公分

長條
batonnet
0.6 × 0.6 × 5-6 公分

極細丁
fine brunoise
0.15 × 0.15 × 0.15 公分

切蔬菜之前應先修整蔬菜，除去根、核、莖及胎座，必要時也移除種籽。修整圓形蔬菜時，可先在一側切出一道小切面，以此切面貼著平臺。這個動作讓切菜更安全，避免蔬菜在切的時候滾動或滑脫。若想切出大小一致的絲或丁，將蔬菜劃分成上下左右四面，每一面都切掉一小片，切成一個平整的長方體或立方體。

細丁
brunoise
0.3 × 0.3 × 0.3 公分

小丁
small dice
0.6 × 0.6 × 0.6 公分

中丁
medium dice
1.25 × 1.25 × 1.25 公分

大丁
large dice
2 × 2 × 2 公分

蔬菜的其他切法

下圖蔬菜是按標準比例切成，讓擺盤看起來更加高級。有些切法可以讓蔬菜的原型得以在菜餚裡展現。

橄欖形（見630頁）可切成最經典的橄欖球形，如下圖所示，或是根據蔬菜形狀調整。

切指甲片
paysanne
1 × 1 × 0.3 公分

鄉村式指甲片
fermière
先縱切，再切成需要的厚度： 0.3-1 公分

菱形片
lozenge
1 × 1 × 0.3 公分

圓片
rondelle
切成需要的厚度： 0.3-1 公分

橄欖形
tourné
切成 7 面，長約 5 公分。

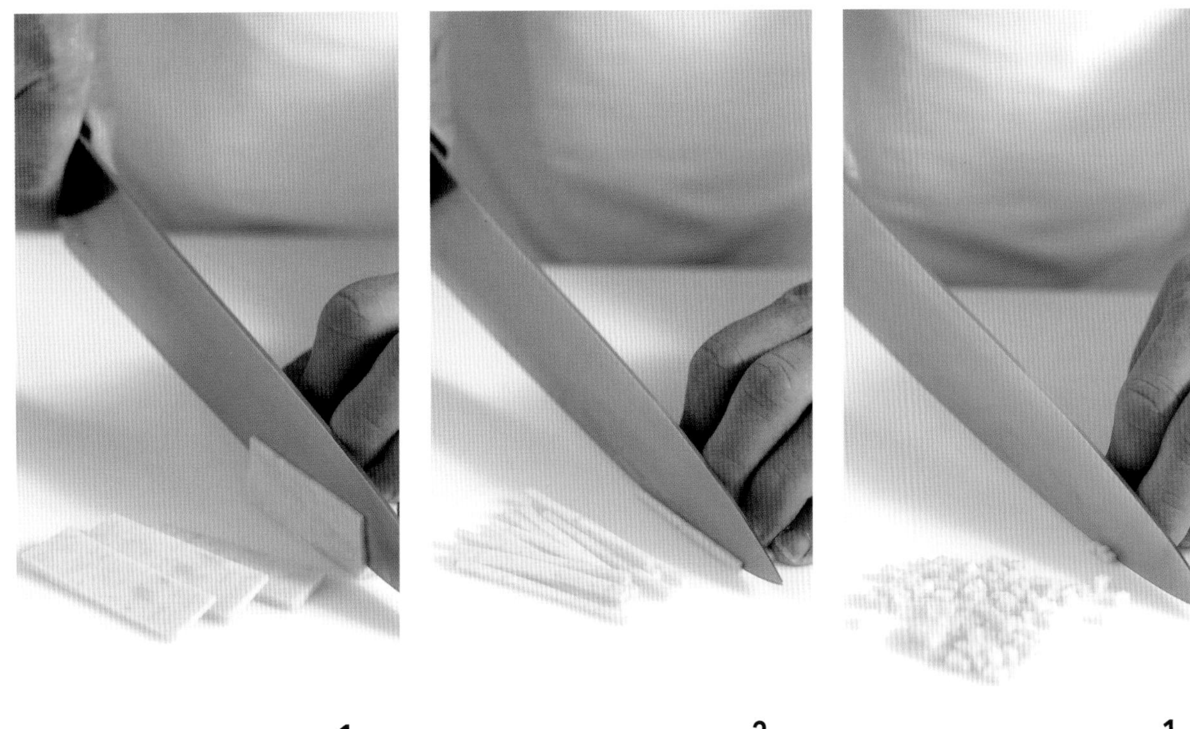

1　　2　　1

切絲與切長條

這兩種切法切出來的成品都是細長的長方體，相關刀法還有火柴棒切法，以及標準薯條切法（standard pommes frites cuts）和新橋之薯切法（pommes pont neuf cuts）後兩者都是炸薯條的名字。這些切法的差別在於尺寸。

修整蔬菜，切掉圓弧，使蔬菜變成有6個面的長方體。這些動作有助於切出整齊的長條。修整下來的邊角料可以用來製作高湯、湯品、蔬菜泥，或其他不講究蔬菜形狀的菜餚。

1. 先把蔬菜切成長方體，再縱切，下刀應平行，切出厚度一致、平行的切片。
2. 疊好切片，邊緣對齊，再平行下刀切出厚度相同的長條。若兩個步驟都切得更薄更細，則為細絲。

切丁

切丁指切成立方體，尺寸分成細丁、小丁、中丁與大丁。可依烹調方式選擇適合的大小，詳細規格見622-623頁的圖表。切丁時，首先將蔬菜修整成長方體，方法同切絲或切長條。

1. 切成絲或長條以後，再按等距橫切成丁。

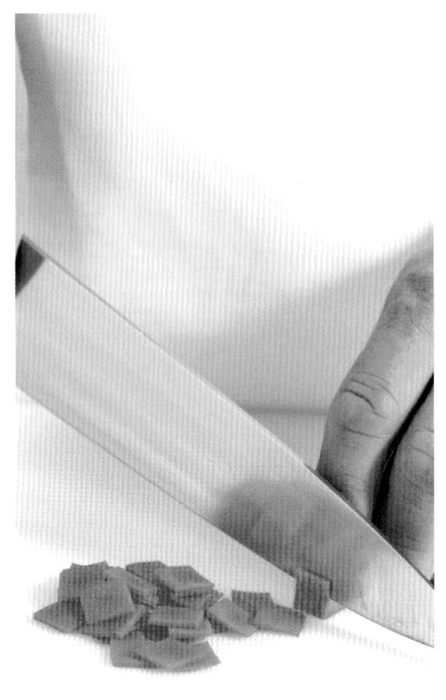

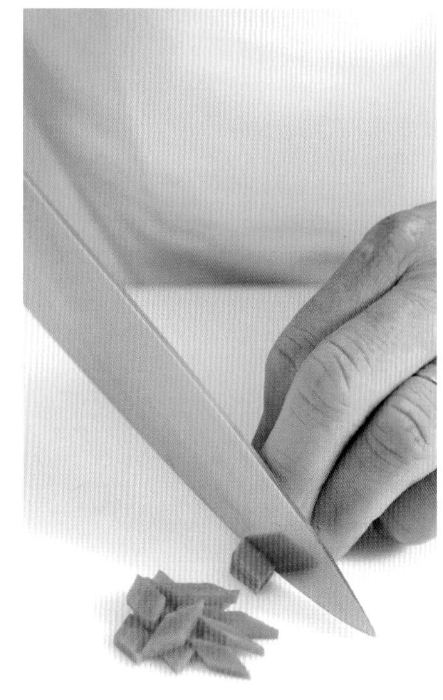

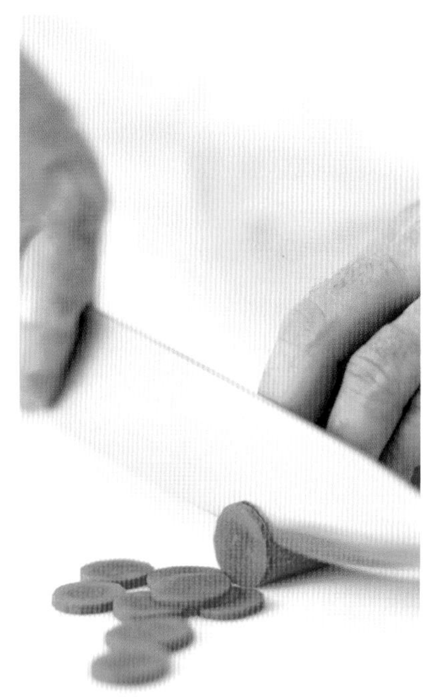

切指甲片

這類切法通常用於鄉村或家常風味菜餚。製作傳統地方特色菜餚時，這種切法讓蔬菜本身的曲線或不平整的邊緣得以呈現。不過重要的是，切好的材料厚度必須相同，才能均勻烹煮。

先將蔬菜切成長方體，再切成2公分厚的長條，然後每0.3公分橫切一片。至於更具鄉村風味的薄片，則是先按蔬菜大小切成2等份、4等份或8等份，尺寸與上述長條差不多。接下來，大約每0.3公分橫切一片，切出均勻的薄片。

切菱形片

切菱形片的方法與切指甲片類似，但切菱形片時，不要將蔬菜切成長條，而是先薄切成片，然後按適當寬度切成小條。

蔬菜修整後切成薄片，然後將薄片斜切成0.3公分寬的小條。接下來，將蔬菜斜切成菱形。第一刀修整下來的部分可保留備用（可用於不講究整齊、美觀的菜餚）。之後繼續斜切，下刀方向應與第一刀平行。

切圓片

切圓片並不困難，胡蘿蔔或黃瓜等圓柱形蔬菜只要橫切即可。也可以依喜好用雕刻刀將圓片刻成花形。切圓片時，視情況修整蔬菜，或者去皮。接著大拇指置於蔬菜末端，一邊切一邊輕輕向前推，按固定間隔平行下刀。若想要有些變化，可以將蔬菜斜切成橢圓形，或先將蔬菜縱切剖半，再切成半月形。

斜切

斜切可以增加蔬菜受熱面積，縮短烹調時間，製作翻炒料理與其他亞洲菜時經常使用這種刀法。斜切時，將已經去皮或修整好的蔬菜放在工作檯上。握好刀，以固定角度下刀。角度越大，切面就越長。繼續平行下刀，適時調整刀片角度，才能切出尺寸略同的切片。

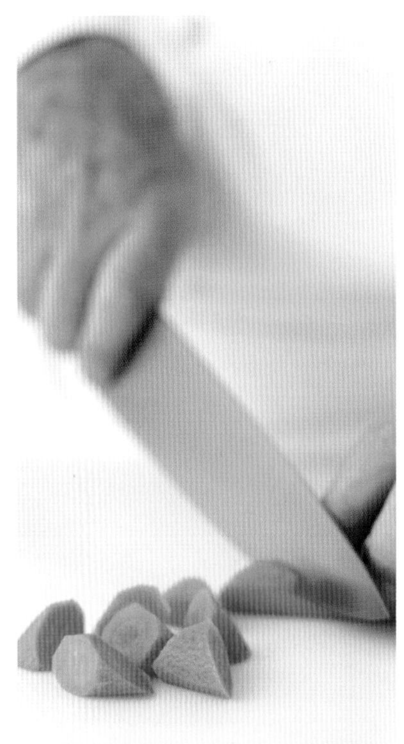

滾刀

這種刀法主要用來切圓柱狀的長條形蔬菜，例如歐洲防風草塊根或胡蘿蔔。蔬菜去皮後放在砧板上，斜切一刀，除去帶莖的一末端。刀子的位置不動，蔬菜滾動¼圈（90度），以同樣的斜角切下，切出有兩道斜邊的小塊。隨著蔬菜直徑越來越大，斜切角度應該縮小。這樣才能切出大小一致的塊狀，烹煮時熟度才會均勻。重複同樣動作，切完整條蔬菜。或者也可以將蔬菜滾動半圈（180度），切出的成品如上圖。

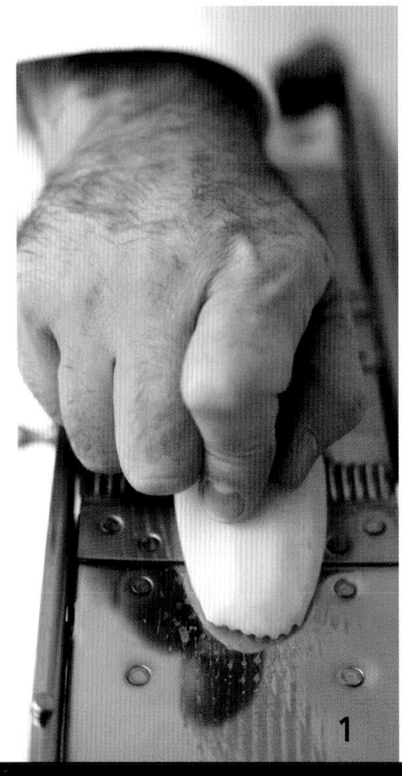

1

2

網格切

利用蔬果切片器可切出網格。馬鈴薯、甘藷、甜菜或其他質地相對結實的大型食材，都可以用這種切法處理。

1. 調整好蔬果切片器的刀片，第一刀切出來的薯片表面有凹痕，但沒有網格。
2. 馬鈴薯旋轉45度，再次滑過刀口，切出網格薯片。使用切片器時，蔬菜應一路從切片器的頂端滑至底部。將蔬菜旋轉45度並重複以上動作。照上述作法繼續切，每切一片，蔬菜就要旋轉45度。

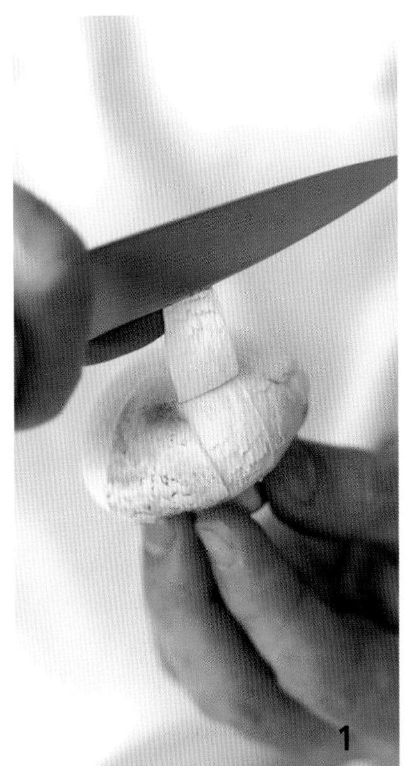

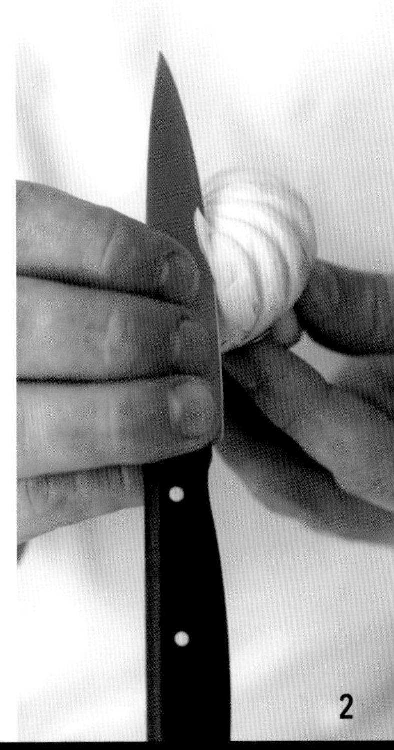

蘑菇雕花

蘑菇雕花的技巧需要花點時間練習才能掌握。不過一旦精通，就能做出令人驚豔的盤飾。一般只有在切蘑菇的時候才會用到這種刀法。

1. 將蘑菇置於非持刀手的大拇指與其餘四指之間，由蕈蓋下側往上除去蕈蓋最外層。
2. 削皮小刀對準蕈蓋正中央，刀片稍微傾斜。持刀手的大拇指抵在蕈蓋上，用來支撐刀片。刀子由蕈蓋中央朝底部旋轉，蘑菇則朝相反方向轉動。
3. 平行旋轉蘑菇，繼續切，直到整個蕈蓋都雕出凹痕。最後，用削皮小刀的刀尖輕割蕈蓋頂部，刻出星星的形狀。清除修整下來的部分，並切掉蕈柄。

1

切橄欖形

若想將蔬菜切成橄欖形，需要一連串動作，這些動作既是在修整，也是在塑形。成品的形狀類似小木桶或橄欖球。視需要替蔬菜去皮，然後切成容易操作的大小。甜菜和馬鈴薯等體積較大的圓形或橢圓形蔬菜可按尺寸切成4等份、6等份或8等份，每一份應稍長於5公分。胡蘿蔔等圓柱形蔬菜則切成5公分長的塊狀。

1. 用削皮小刀或鳥嘴刀將蔬菜切成容易操作的大小，再刻成木桶狀或橄欖球狀。盡量減少下刀次數，切出7道面都很清楚的橄欖形。橄欖形的各面應平滑、面積一致，寬度朝兩端漸縮。

1

扇形

這種切法非常基本且容易掌握，卻能做出外觀複雜的配料盤飾。生食和熟食都可以切成扇形，例如醃黃瓜、草莓、罐頭水蜜桃、酪梨、櫛瓜和其他柔軟、易彎曲的蔬果。

1. 在食材上平行縱切幾刀，莖端不要切斷。切好後，攤成扇形即可。

1

洋蔥

無論使用何種洋蔥，都應等到烹調前再切開。洋蔥切開後放置越久，風味和整體品質就流失越多。洋蔥切開後會產生強烈的辛辣硫磺味，可能損及菜餚的氣味與吸引力。

1. 替洋蔥去皮時，剝掉的層數越少越好。照片中，廚師正使用削皮小刀去除洋蔥的外皮。

   用削皮小刀從球莖的莖端和根部各自切下一片薄片。用大拇指指腹和刀背夾住洋蔥外皮並撕除。必要時，修去下層的褐色斑點，然後將洋蔥切成需要的大小或形狀。

   若想切出洋蔥片或洋蔥圈，應用完整的去皮洋蔥。洋蔥表面渾圓，切洋蔥圈時，非持刀手務必握穩洋蔥，否則洋蔥可能會滑離砧板。

   若要切絲或切丁，將洋蔥剖半，從根部直切到莖端。修整根部，但不要切掉，這樣在切絲或切丁時，一層層的鱗葉才不至於不散開。切洋蔥絲的時候，取半顆洋蔥，在根部切出 V 形切口。

   另一種去皮方法特別適合用來處理馬上要使用的洋蔥。在修整與去皮之前，先將洋蔥從根部縱切成兩半，接著修整末端，若要切丁就不要切斷根部，然後即可剝去兩邊的洋蔥皮。

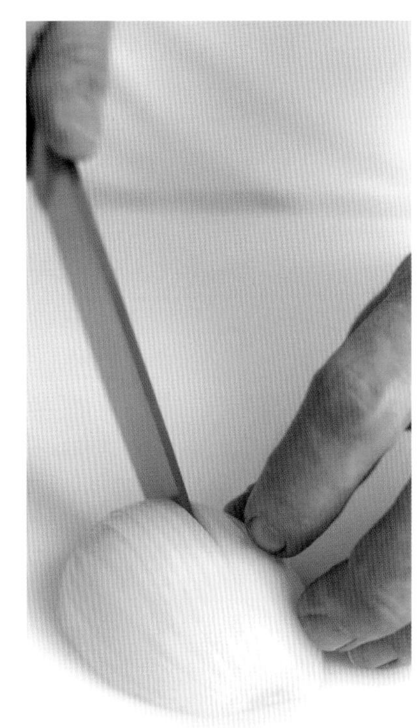

1

洋蔥切丁／切末

1. 洋蔥剖半後，若要切丁或切末，將切面朝下放在砧板上。用主廚刀的刀尖縱切幾刀，每一刀間隔相等且平行，根部不切斷。每 0.6 公分切一刀，可切出小丁。每 1 或 2 公分切一刀，可以切出中丁或大丁。每 0.3 公分切一刀，則可以切出細末。

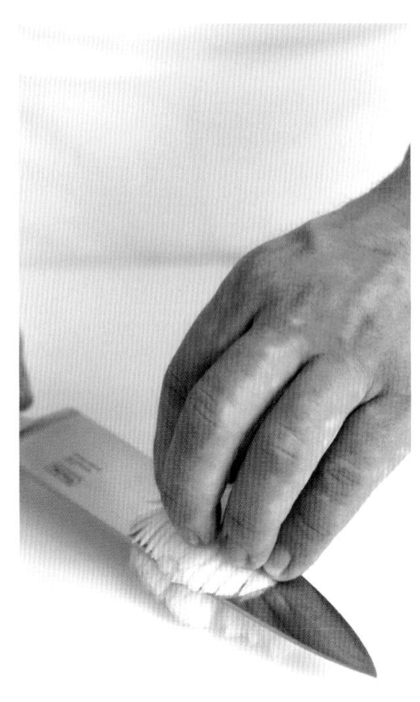

2　　　　　　　　3

洋蔥切丁／切末（承上頁）

2. 輕輕將縱切好的洋蔥放好，刀子平行於工作檯面，從莖端朝根部橫切二或三刀，但不要完全切斷。將切好的部分聚攏，接下來才能切出更均勻的細末。

3. 從莖端開始往根部方向按相同間隔橫切，切穿每一層鱗葉，完成切丁。保留還可使用的邊角料製成調味蔬菜。

有些廚師在切洋蔥時，喜歡按洋蔥的自然曲線來切。應該先去掉根部。

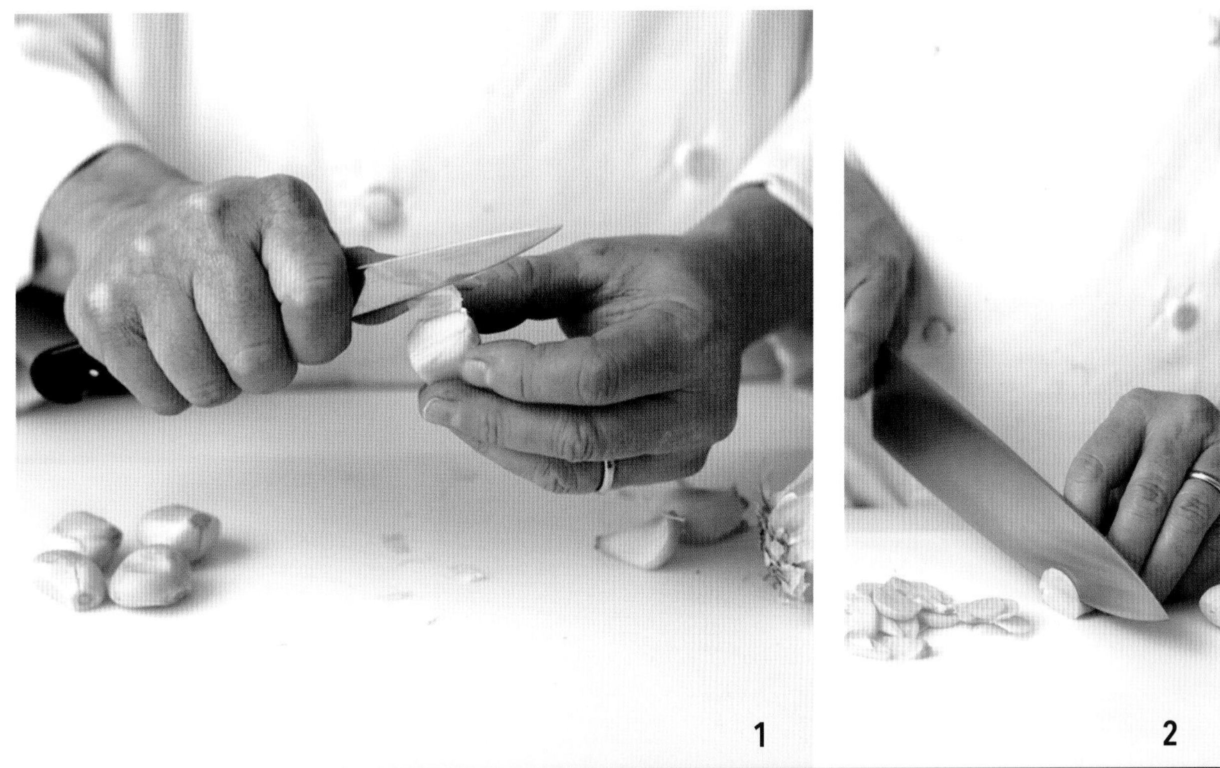

蒜頭

蒜頭的風味可能因切法而異。而蒜頭就像洋蔥，切開後，風味會更強烈。市面上可以買到處理好的蒜仁，不過除非用量大，求方便，否則最好避免使用。

許多料理都會用到拍碎的蒜頭或蒜末，因此必須準備足夠分量，以撐過整個供餐時段。為避免細菌滋長，將生蒜末浸泡在油脂中冷藏儲存，並在24小時內使用。不過，最好還是等到烹調前再處理。

分開蒜瓣的方法是，用布巾包裹蒜頭，從正上方下壓，讓蒜瓣完全脫離根部。布巾可以防止薄紙般的蒜皮四處飛。

1. 蒜頭可能會在某些時節或在某種儲存環境中發芽。應將發芽的蒜瓣切成兩半，去掉嫩芽，以維持最佳風味。

帶皮蒜瓣置於平放的砧板和刀子之間，用拳頭或手掌根部用力敲擊刀面，壓碎蒜頭。也可以用削皮小刀除去蒜皮。為了使蒜皮鬆脫，將蒜瓣放在砧板上，然後把刀子平放上去。接著用拳頭或手掌根部敲擊刀面，即可剝掉蒜皮，同時應除去根部與褐色斑點。

2. 去皮蒜頭先切片，再剁切。

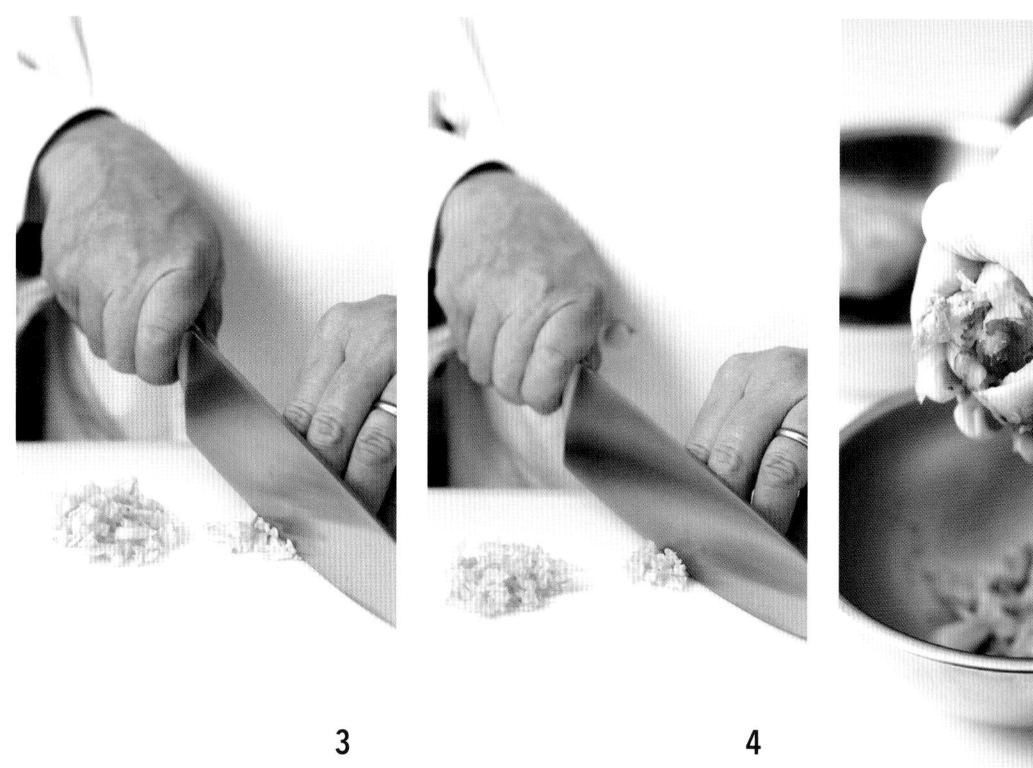
3　4　1

蒜頭（承上頁）

3. 將蒜片大致切碎。
4. 以製作洋蔥末的方式處理蒜頭。運用剁切香料植物的運刀動作，切細蒜頭。

製作蒜泥時，將刀子幾乎平貼在砧板上，用刀刃壓碎蒜頭。重複這個動作，直到蒜頭碾成泥狀。必要時，可在碾壓之前撒點鹽，作為研磨料，加快壓泥過程，也避免蒜頭沾黏在刀上。另一個作法是用研缽和研杵來碾碎撒了鹽的蒜頭，並研磨成泥。

烤蒜頭

烘烤過的蒜頭散發濃郁、甜美的煙燻風味，可以製成蔬菜泥或馬鈴薯泥、醃醬、蜜汁、油醋醬，以及烤麵包塗醬。

將帶皮的蒜頭放在小型鍋或鐵板盤上。若希望質地乾一點，先撒鹽再放蒜頭，或者用鋁箔紙包裹。烘烤之前，先切掉蒜頭尖端，稍後比較容易擠出烤好的蒜頭。或者，先去皮，稍微上點油，然後用烘焙油紙包起來烘烤。

1. 蒜瓣放入烤箱，以177 ℃烘烤30-45分鐘，直到蒜瓣變軟。蒜頭流出的汁液會褐變。烤蒜頭的氣味應該香甜宜人、不刺鼻、不帶硫味。剝開蒜瓣，擠出烤好的蒜頭，或以食物碾磨器處理帶皮蒜頭。

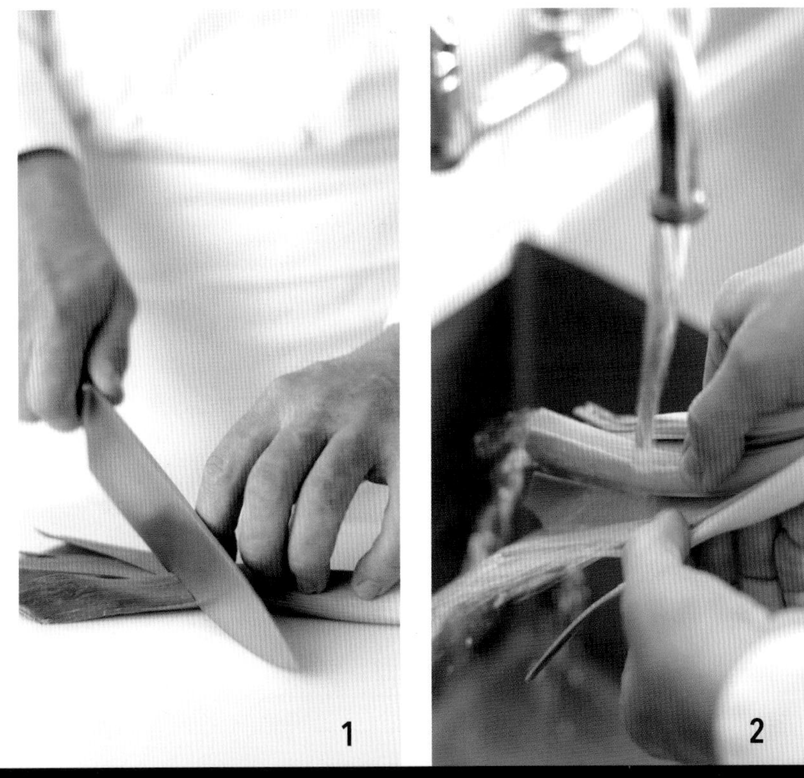

韭蔥

韭蔥會一層層生長，把泥沙卡在一層層葉片之間。烹調韭蔥最麻煩的事情，就是清除這些泥沙，使用前務必仔細清洗。

1. 清洗韭蔥時，先洗淨表面泥沙，尤其要注意容易附著泥土的根部。將韭蔥平放在砧板上，用主廚刀修掉深綠色的粗厚葉片。以斜切方式處理可避免浪費鮮嫩的淺綠色部分。修整下來的深綠色葉片不要丟掉，可用來製作香草束或其他用途。
2. 切除大部分的根。將韭蔥縱切成2等份、3等份或4等份。以活水洗淨，去除殘餘泥沙。

   將韭蔥切成適當形狀。燜煮用韭蔥切成2段或4段，並保留莖端完整。或者，也可切成片、絲、丁或指甲片。

番茄

新鮮番茄與罐裝番茄的用途相當廣泛。我們可以用幾種刀具來切番茄，也可以用電動切片機來切片。

番茄的表皮緊密附著在果肉上，內部含有汁液，以及長滿種籽的小室。番茄去皮、去籽、切丁後，就是所謂的番茄丁（concassé）。去籽、切剁或切丁的技巧，適用於新鮮番茄與罐裝番茄。整顆番茄和番茄片都可以烘烤，不僅改變質地，也讓風味更濃郁。

製作番茄丁

許多醬汁與菜餚會在製作或收尾階段用到番茄丁。然而番茄一旦去皮、切丁，就會慢慢失去原本的風味和質地，因此烹煮前只要準備單次供餐時段所需的量即可。

番茄可按用途切成不同大小：番茄細丁作為盤飾，粗切番茄丁則有其他用途，例如作為菜餚或醬汁的食材。

1. 用刀子在番茄底部劃出十字，下刀不要太深，接著去蒂。
2. 燒一鍋水，煮滾，另準備一盆冰塊水以冰鎮番茄。番茄放入沸水燙10-15秒，時間按番茄成熟度而定，接著取出番茄，放入冰水中冰鎮。

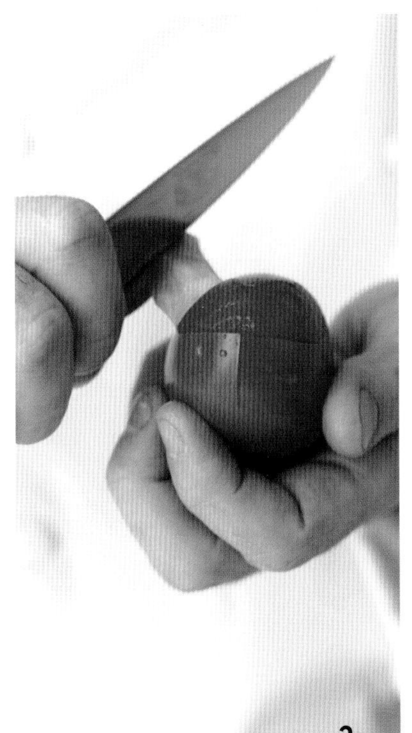

3

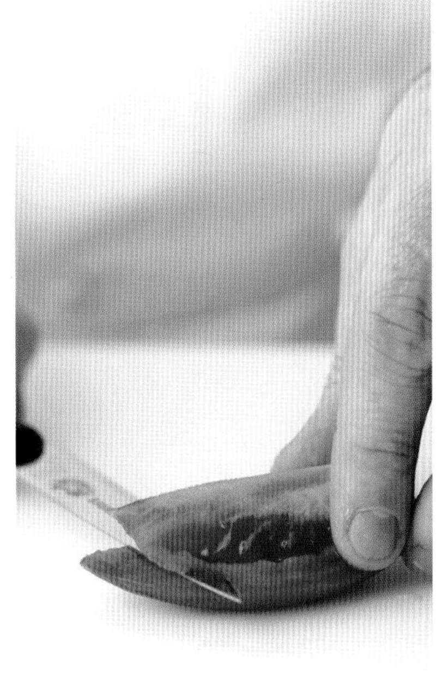

4

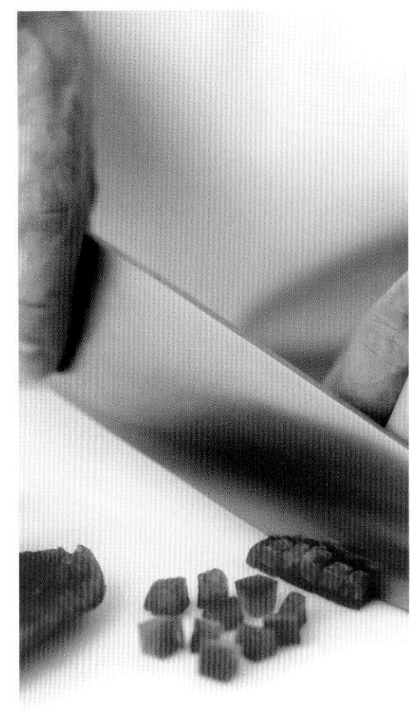

番茄（承上頁）

3. 用削皮小刀去皮。番茄只要妥善汆燙過，去皮時果肉就不會黏在果皮上。
4. 將番茄從最寬處橫切成兩半（橢圓形番茄可縱切，較容易去籽）。輕輕擠出種籽。若要切得更精細，可將番茄切成4等份，再切除種籽。若只是要大致切塊，把籽擠出來即可。番茄籽和汁液可保留另作他用。
5. 製作番茄丁時，不用切得太精細。至於已經去皮、去籽的番茄，則可以視需求來決定要怎麼切。

精切番茄

修整番茄，讓果肉厚度均勻，以便切成形狀、大小一致的絲、丁或菱形片。番茄去皮後，切成2等份或4等份，從蒂切到底部，接著用刀尖剔除籽和薄膜，這個技巧有時稱為filleting（也用在椒類及辣椒上）。最後再視需求將果肉切成絲或其他形狀。

切得非常精細的番茄可以用來裝飾湯品、醬汁等熱食，或用於沙拉等冷食，另外也可鋪在開胃點心底部，或切碎做成盤飾、湯飾，增添菜餚的色彩與風味。番茄去皮、切開後容易出水，若用於冷食，盡量在出菜前再切開、擺盤。

1

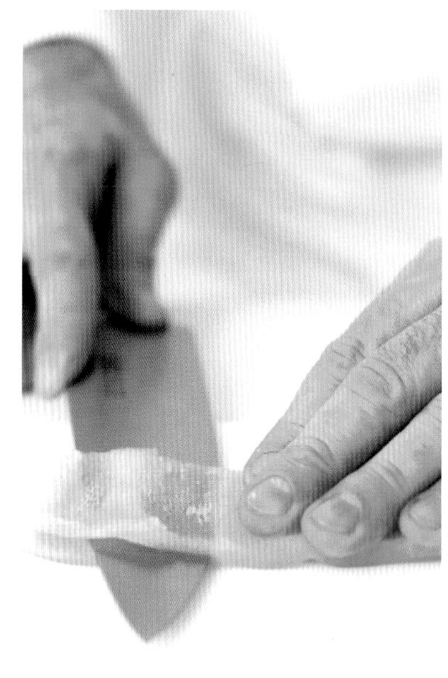

2

新鮮椒類與辣椒

椒類與辣椒的用途廣泛，多元程度比美中南美洲、亞洲、西班牙與匈牙利的菜式種類。人們對這類食材的興趣與日俱增，市面上已有新鮮與乾燥的特殊品種。有關乾辣椒的使用，見645頁。處理辣度極高的辣椒時，務必戴上塑膠手套，避免接觸具刺激性的辣椒油。

新鮮椒類與辣椒的處理與去籽

由上往下縱切成4等份，大型椒類特別應如此處理。

用削皮小刀的刀尖切掉莖和籽，以避免浪費可使用的部分。辣椒的籽、胎座和果頂都有辣度，只要控制好這些部分的使用量，就能調整菜餚的辣度。

1. 使用 filleting 刀法去除籽和胎座後，可將椒切細，甚至切成絲或丁。首先，去掉頭尾，切成長方體。去籽和胎座的時候，向外滾動甜椒，完成後會獲得一塊長方形，可視需求繼續切成想要的形狀。
2. 必要時，可替椒類去皮，再切成絲或丁。若要製作更精緻的菜餚，可以用主廚刀切掉薄薄一層果肉，使表面完全平坦。如此一來就能切出更方正整齊的絲或丁。保留可食用的邊角料，製成蔬菜泥或蔬果漿，或是用來替清湯與燉菜增味。

替新鮮椒類與辣椒去皮

椒類與辣椒通常會在入菜前先去皮，以提升菜餚風味、質地。

1. 椒類與辣椒通常會用火炙烤或燒烤直到焦黑，或放入非常高溫的烤箱烘烤，引出更強烈、濃郁的風味，也讓去皮更容易。處理的量較小時，用食物夾或叉子固定椒類，放在瓦斯爐上用中火烤，或者放上燒烤爐，邊烤邊翻面，直到表面完全焦黑。將椒類放入塑膠袋、紙袋或有蓋的碗裡，靜置至少30分鐘，用蒸氣讓表皮脫離。
2. 待椒類放涼到可以用手處理時，用削皮小刀去除焦黑的表皮。去皮時，在旁邊放一盆水，以便隨時洗去刀上的焦黑表皮。殘留在食材上的焦皮，則用布巾輕輕擦掉。

   椒類或辣椒的量較大時，通常會用高溫烤箱或炙烤爐烘烤，而不是各別放在火上烤。將椒類或辣椒切半，視需求去除莖、籽和胎座（也可以不切開，整顆直接烘烤）。切面朝下放在抹了油的烤盤上，然後放入高溫烤箱或炙烤爐，烤至表面焦黑後取出，並立刻蓋上另一個倒扣的烤盤，靜置30分鐘，蒸氣能讓椒類的表皮更容易去除。

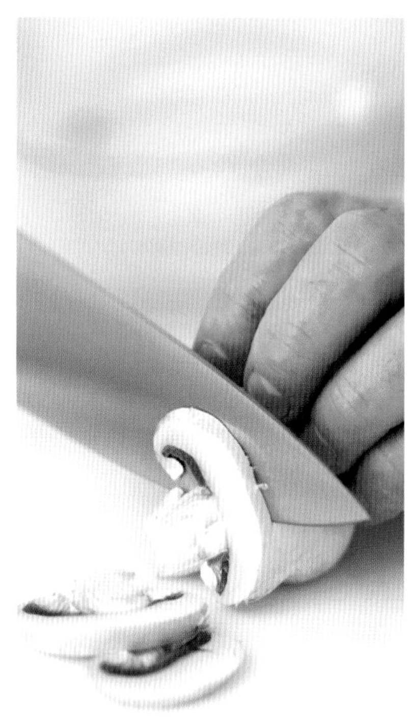

蘑菇

蘑菇應在烹調前才清洗，且只要快速洗去泥沙即可，不要泡在水裡。蘑菇吸水的速度很快，而過多的水分讓蘑菇容易變質（有些人會以軟布擦拭或用軟毛刷清理，但這在專業廚房並不實用）。瀝乾蘑菇，切片或切末前用紙巾擦乾。

蘑菇切開後應盡快烹煮，成品才會有最佳風味、色澤與質地。此外，應盡量避免一次切太多。

有些蘑菇的柄必須去除，例如香菇。香菇的木質莖很堅韌，應切除並留作高湯食材，或替醬汁增添風味。至於白蘑菇、羊肚蕈、牛肝蕈等，通常會保留完整的蕈柄，不過仍應修除末端較乾燥或纖維較粗的部分。

可以的話，將蘑菇放在平坦的表面上切開，讓操作更穩定。用非持刀手握住蕈蓋，切片時應切穿蕈蓋和蕈柄（如果蕈柄沒有修掉）。若想要有效率地處理大量蘑菇，將切好的蕈菇片交疊，再按所需厚度切成長條。要切末，讓長條與工作檯的邊緣平行，然後橫切。蕈菇末可用來製作法式蘑菇醬其他品項。

栗子

用削皮小刀或栗子刀去皮時，在栗子的平坦面劃十字，深度需剛好刺穿外皮。接著沸煮或烘烤栗子，直到表皮開始脫落。分批剝開並切除栗子堅硬的外皮，同時除去褐色的內層。尚未處理的栗子應保溫。煮熟的栗子可以整顆使用、打成泥、加糖調味或塗上釉汁。

玉米

玉米在去掉苞葉及附著在上頭的鬚之後，可以整支沸煮或蒸煮。去掉苞葉的玉米應盡快烹煮。

移除苞葉與玉米鬚。玉米軸保持直立，刀子盡量貼近玉米軸，往下切，將玉米粒從軸上切下來。擠玉米汁時，將玉米平放在砧板上，用刀子輕輕劃過各排玉米粒。用刀背、湯匙背面或奶油捲製器刮下果肉和玉米汁。

豌豆莢

荷蘭豆與甜豌豆的豆莢都可食用，通常直接生食，或蒸煮、翻炒。豆莢的品質和風味會快速減損，挑選時要注意新鮮度。盛產期從早春到夏季。

荷蘭豆與甜豌豆通常會在某一側豆莢長有堅韌的筋絲，不過這依品種而異，烹煮前應去除。用削皮小刀或手指折斷莖之後輕輕往上拉，就能輕易撕除此筋絲。

蘆筍

嫩蘆筍除了稍微修整末端並洗淨以外，不太需要其他處理。比較成熟的蘆筍，需要修掉的部分可能比較多，較堅韌且纖維較粗的外皮也應削掉。

蘆筍越成熟，莖就越硬。輕輕彎折蘆筍，直到斷開，除去較堅韌的部分。其他部位則用特製的蘆筍削皮器或旋轉刀片削皮器去皮，讓蘆筍更好嚼，烹煮時熟度也更均勻。

為了方便從沸水中取出燙好或沸煮好的蘆筍，可以稍微綁住蘆筍。不要綁得太緊，每束直徑幾公分即可，否則中心的蘆筍可能會煮不熟。

1

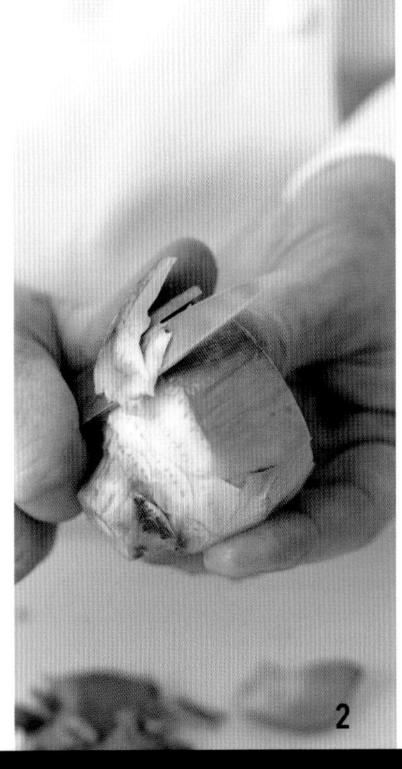
2

3

朝鮮薊

朝鮮薊的苞葉有像尖刺一樣的尖銳倒鉤，從莖和朝鮮薊心（也就是多肉的底座）長出來。可食用的部位就在每片苞葉的底部。朝鮮薊的中心呈紫色的絨毛狀，成熟朝鮮薊的絨毛不可食用，小朝鮮薊柔軟的絨毛則可以食用。

處理朝鮮薊時，先切掉部分或全部的莖，去除的長度與擺盤方式有關，也和莖本身的軟嫩度有關。莖完全切掉後，朝鮮薊底部變成平面，可以平放在餐盤上。如果要將朝鮮薊切成2等份或4等份，可以保留一部分的莖，並用削皮小刀去除莖上的皮。切除朝鮮薊的上端，用廚房剪刀剪去苞葉的倒鉤，再用檸檬汁擦拭切面，避免變色。或將修整過的朝鮮薊泡在檸檬水或「白水」（blanc，參見書末的詞彙釋義）中。移除中央絨毛時，撐開朝鮮薊的葉子，用湯匙挖出絨毛。

1. 處理朝鮮薊心時，從最寬的地方切開，位置略高於心。
2. 用削皮小刀去除朝鮮薊心外層堅硬的苞葉。
3. 用湯匙挖除中央的絨毛，修整好的朝鮮薊心應放入檸檬水浸泡，以免變色。

酪梨

酪梨有粗糙厚實的外皮與碩大的果核。酪梨、馬鈴薯、香蕉和朝鮮薊都一樣，一旦暴露在空氣中，很快就會變成褐色。為了避免變色，盡量在出菜前才處理。酪梨富含油脂但味道單調，可以用柑橘類果汁來增添風味，並避免酪梨變色。

替酪梨去皮、去果核時，用非持刀手的指尖輕巧但穩固地拿好酪梨。刀子從底部切入，穿透表皮，切入果肉，直到碰到果核。接著轉動酪梨，切出一圈。

酪梨去皮後，縱切成角或片狀。若要切丁，則橫切酪梨角。成熟酪梨的果肉柔軟，很容易就能壓成泥。

1. 酪梨割開以後，用雙手握住兩邊，轉一下並輕輕往外拔，將酪梨分成兩半。
2. 用手直接取果核容易弄爛果肉，可以改用湯匙挖出，挖取時應避免挖到可食用的部分。另一種方法是將刀跟切入果核，左右轉動刀具，取出果核。接著，利用砧板或容器邊緣撬下刀跟上的果核。
3. 去酪梨皮時，用大拇指指腹和刀面夾住果皮，然後剝除。

乾燥蔬菜與果乾的使用
working with dried vegetables and fruits

乾燥蔬菜與果乾一直都廣泛用於各種料理。乾燥讓食材得以長時間儲存，並濃縮食材的風味。

即使是現在，仍有些蔬果容易腐敗，禁不起長途運輸，或是產季很短，只能乾燥處理，供非產季期間使用。有些食材儘管全年皆可取得，但乾燥過後會產生非常特別的風味，例如辣椒、蕈菇、番茄和蘋果、櫻桃與葡萄等水果。

為了充分利用這些食材，食譜通常會要求將乾燥食品放入液體中泡開。下水前，先檢查是否有蟲害，並去除碎塊或嚴重受損、發霉的部分。

將乾燥蔬菜或果乾放進碗或其他容器裡，倒入沸騰或非常燙的液體（水、酒、果汁或清湯），水應淹沒食材。接著，讓蔬菜或水果浸泡幾分鐘，直到變軟且吸飽水分。浸泡完成後，倒出的液體可視需求用於其他菜餚。必要時，可用咖啡濾紙或濾布過濾，除掉殘渣。

某些果乾與乾燥蔬菜可用火、煎烤盤或熱鍋烤至表層焦黑，使其軟化。有些則可在烘烤後泡開。

乾辣椒、乾燥香料、堅果和種子的烘烤方式都相同，都是放在乾燥的平底深煎鍋裡拋翻，並以中火加熱。或者，也可以將食材反覆放到火上烘烤，直到軟化。剝開或切開乾辣椒，搖出裡頭的籽，並按食譜說明刮下表皮上的果肉與種子，或是整支使用。烘烤過的辣椒用高溫液體泡開。

蔬菜與香料植物的準備工作通則
general guidelines for vegetable and herb mise en place

觀察廚師如何切菜，便可判斷他是新手或老手。切菜最重要的是一致性與速度，必須經過練習才能達成。

為了使蔬菜的準備工作更順利，首先應弄清楚工作時間。列出清單與優先任務，先處理可以久放的蔬菜，至於風味或色澤會受時間影響的蔬菜，則盡量留到出餐前或烹煮前再處理。想要列出這份清單，必須了解當日菜單，如果可以，也應該了解預估的用餐時間，以及賓客用餐時何時會吃到蔬菜，同時也要知道在廚房裡切好的蔬菜應如何保存。

開始之前，先預想整個工作流程。拿齊所有需要用到的工具，包括用來放置待處理蔬菜、已處理蔬菜、可用邊角料與無用廚餘的容器。也將削皮器、刀子和磨刀棒準備好。在一開始與整個工作過程中，都應隨時磨利刀具（包括削皮小刀）。

蔬菜和香料植物在修整之前應先洗淨，避免弄髒工作檯面。切菜前，也要先甩乾菜葉與香料植物。

按邏輯排定工作流程，需要用到的工具應放在容易取得之處。這會讓工作更容易、更有效率，也能減少浪費，增進工作的舒適度。

隨時清理工具與工作檯面上的殘渣。邊角料會隨工作進行而累積，隨手清掉，避免掉落地面。在每個工作階段，都應拭淨刀具和砧板。著手處理下一種食材時，也應消毒切菜工具與工作檯。此外，記得洗手。若蔬菜處理好之後不會再烹調，記得先戴上手套。

除了前面討論過的技巧與準備工作，烹調蔬菜時通常也需要運用其他技巧及相關知識，可以參考本書的下列章節：

▷ 綠色葉菜的處理方式（見148-159頁）

▷ 乾炒香料、堅果與種籽（見362頁）

▷ 柑橘皮刨絲與切分柑橘瓣（見891頁）

▷ 水果的處理方式（見890-893頁）

▷ 醃醬（見372-374頁）

▷ 標準裹粉法（見365頁）

第22章

cooking vegetables

烹煮蔬菜

今日在規劃菜單時，蔬菜早就不是最後才決定添加的配菜。蔬菜可作為素食主餐的焦點，也可以利用某些特定蔬菜，增進其他菜餚的風味，甚至當成開胃菜或開胃點心。要做出迷人的蔬食料理，應選購高品質食材、遵循正確的食品保存與處理準則，並確實做好每一個烹飪步驟。

沸煮是調煮蔬菜的基本技法。運用這種技法的方式不同，成品的質地與風味也不同。蔬菜可以汆燙、預煮至半熟或煮到全熟。沸煮過的蔬菜可以冷卻後出餐、為燉菜等料理收尾、製成蔬菜泥、淋上蜜汁，或用奶油等油脂收尾。幾乎所有蔬菜都可以沸煮，只要適時微調即可。

boiling 沸煮

沸煮用蔬菜應清洗或刷洗乾淨，去除所有塵土。廚師應根據蔬菜的特質和擺盤方式來修整蔬菜，並決定蔬菜是要切開還是完整下鍋。切好的蔬菜若容易受空氣影響而變色（如朝鮮薊），盡量等到要烹煮時再切開，或將切好的蔬菜放入清水或添加酸性物質的水裡浸泡。不過，長時間泡水會減損蔬菜的風味、質地與營養價值。無論是完整下鍋，或切開後沸煮，蔬菜的尺寸、形狀與直徑應盡量一致，以確保均勻烹煮。

最常用來沸煮蔬菜的液體是水，不過也可按期望的風味使用其他液體。在液體中加入鹽或其他調味料也可增添成品風味。收尾食材與盤飾亦能提供額外的風味與趣味。

嬌嫩的綠色蔬菜必須在持續沸騰的濃鹽水中少量烹煮，取出後馬上冰鎮。烹煮大量綠色蔬菜時，應分批處理，讓水有時間回溫並保持沸騰。烹煮半熟蔬菜時，可在水中加鹽以提升風味，並讓水更快煮沸，也更快恢復沸騰。煮好的綠色蔬菜應取出冰鎮。將鹽以少量溫水或熱水融化，然後倒入冰水中。

按食材分量決定鍋具尺寸。選用的鍋子要能容納蔬菜、液體與芳香食材，此外，還要有空間讓液體受熱膨脹。預留的頂部空間要足夠，才能視需要撈除雜質。密合鍋蓋可讓液體更快升溫，不過並非必要。某些綠色蔬菜在烹煮時，若全程都蓋著鍋蓋，就會變色。蓋上鍋蓋雖然可以縮短烹煮時間，不過務必定時檢查蔬菜烹煮狀況，以免煮過頭或變色。

其他實用工具包括過濾用的濾鍋或網篩、用來降低預煮蔬菜溫度的器具、保溫容器，以及湯匙、長柄勺或撈油勺等用於烹調、試味與出餐的工具。

調味烹調湯汁，加熱至正確的烹調溫度，再放入處理好的蔬菜。烹調湯汁的用量應視蔬菜類型、數量，以及烹煮的時間來決定。一般而言，鍋內水量必須蓋過蔬菜，避免讓蔬菜擠在一起。接著在液體中加入鹽、調味料或芳香食材。

基本配方

沸煮綠色蔬菜

10份

- 處理好的蔬菜1.13公斤，修整、去皮、切開後秤重
- 足量冷鹽水，水應大幅淹過蔬菜，避免讓蔬菜擠在一起（水與蔬菜的比例約為6：1）。每3.84公升水對57克鹽

沸煮根莖類蔬菜

10份

- 處理好的蔬菜1.13公斤，修整、去皮、切開後秤重
- 足量冷鹽水，水應大幅淹過蔬菜

沸煮紅色或白色蔬菜

10份

- 處理好的蔬菜1.13公斤，修整、去皮、切開後秤重
- 足量冷水，水應蓋過蔬菜，避免蔬菜擠在一起
- 每3.84公升水對120毫升的醋、檸檬汁或其他酸

作法精要

1. 液體加熱至完全沸騰，放入調味料與芳香食材。
2. 放入蔬菜。
3. 將蔬菜煮到理想熟度。
4. 取出蔬菜並瀝乾。
5. 出餐，或返鮮後保存備用。

專業訣竅

▶無論何種烹調方式，判定蔬菜熟度都很重要，但使用沸煮此一最基本的技法時，這尤其關鍵。

汆燙：讓蔬菜短暫在沸水中浸泡30-60秒，時間長短按蔬菜種類與成熟度而定。汆燙的目的在於讓表皮容易移除、去除或減少強烈的氣味或風味、維持冷食蔬菜的顏色。汆燙也可作為其他烹調技法的第一步。

烹煮／沸煮到半熟：將蔬菜烹煮或沸煮到半熟，是為了替後續的燒烤、煎炒、煎炸、深炸或燉煮做準備。

嫩脆或彈牙：將蔬菜煮到可以輕易咬斷，但不軟爛，仍具有口感（「彈牙」一詞原文來自義大利文 al dente，更適當的用法是用來描述義式麵食，而非蔬菜的熟度）。

1. **除了較緊實或澱粉含量較高的蔬菜**（如蕪菁與根芹菜應該一開始就下鍋，和水一起加熱至沸騰，以利均勻烹煮），大部分蔬菜應該在水完全煮滾後才下鍋。若要讓紫甘藍、甜菜與白色蔬菜保有最漂亮的色澤，蔬菜放入沸水後應蓋上鍋蓋。這個動作有助於留住酸，維持蔬菜的顏色。沸煮胡蘿蔔與南瓜等橘色與黃色蔬菜時，也可視需求蓋上鍋蓋。至於青花菜、蘆筍或四季豆等綠色蔬菜，則應開蓋沸煮，這樣才能維持漂亮的綠色。

 蔬菜下鍋後，開大火，讓烹調湯汁恢復滾沸，將蔬菜煮到適當熟度。

 蔬菜煮好後，應用濾鍋或網篩瀝乾，或直接以笊籬或撈油勺取出。

2. **現在可以替蔬菜收尾、調味**（見670頁以煎炒方式收尾及上蜜汁）或者保存備用。也可以快速冷卻蔬菜，停止餘溫加熱。若蔬菜用於冷食，放涼後即可出餐。

 快速冷卻蔬菜的方法，也就是所謂的冰鎮或返鮮，作法如下：蔬菜瀝乾後，放入溫度非常低的冷水或冰水裡浸泡，讓蔬菜完全冷卻。取出後再次瀝乾，放入保存容器加蓋冷藏。蔬菜不應長時間泡水。

 不易變色的澱粉類蔬菜，例如蕪菁、歐洲防風草塊根或胡蘿蔔，最好先平鋪在陰涼處放涼後再冷藏。試吃蔬菜，吃起來應該有新鮮、良好的風味。熱的沸煮蔬菜應該很軟嫩，但保有原本的形狀。顏色應該要引人垂涎。綠色蔬菜應為深綠色或淺綠色，不帶灰或黃。白色蔬菜應為白色或象牙色。紅色蔬菜顏色則應變得更深，有些會變成紫色或洋紅色，但不會是藍色或綠色。

 蔬菜煮好後若不是立刻出餐，則應試吃以評估風味，視需要用新煮好的蔬菜取代。

用蒸氣蒸熟蔬菜能夠展現食材純粹的自然風味。蒸煮與沸煮其實是相當類似的蔬菜烹煮技法。可以沸煮的蔬菜也能用蒸煮處理。若同時端上蒸煮與沸煮的胡蘿蔔，即使兩者確實有所不同，但大部分的人都無法分辨。

steaming
蒸煮

蒸煮時，蔬菜直接接觸蒸氣而非液體，因此，某些蒸煮蔬菜會沒有沸煮蔬菜那麼濕軟。一般來說，蒸煮蔬菜含有更高的營養價值。

無論沸煮或蒸煮，蔬菜都以相同方式準備。清洗、刷洗、去皮、修整、切開等作業，都離出餐時間越近越好。

水是蒸煮時最常使用的烹調湯汁，但有時也會以風味高湯、清湯或其他芳香液體取代，或與水混合使用。按蔬菜所需的烹煮時間決定烹調湯汁的使用量：烹煮時間越短，需要的液體越少。

鹽、胡椒與其他調味料可在蒸煮過程中加入，或收尾時再放入。芳香蔬菜、辛香料、香料植物或柑橘類皮刨絲也可以加入烹調湯汁，調出特定的風味。蒸煮過的蔬菜可以重新加熱，或是以風味油、奶油、高脂鮮奶油或醬汁來收尾。

蔬菜的蒸煮量決定了應該使用的工具。少量蔬菜可以用蒸盤蒸煮，分量較大，或同時蒸煮多種蔬菜，且每樣蔬菜所需的烹煮時間不同時，最好使用壓力蒸鍋、對流式電蒸爐、分層蒸籠或蒸鍋。重要的是蒸煮時，必須有足夠空間讓蒸氣在食材周圍流動，這樣才能均勻且快速地烹煮。

此外，也應準備好出餐或保溫用的盛裝器具、醬汁容器，以及湯匙、長柄勺與其他出餐用具。

基本配方

蒸煮蔬菜

10份

- 處理好的蔬菜1.13公斤，修整、去皮、切開後秤重
- 足量烹調湯汁，能在烹調期間產生足夠蒸氣（蒸煮鍋具內的液體高度應為5-8公分）
- 調味料，用來為蔬菜、烹調湯汁調味

作法精要

1. 液體加熱至完全沸騰，放入調味料與芳香食材。
2. 蔬菜平鋪在蒸煮器內。
3. 將蔬菜蒸煮到理想熟度。
4. 蔬菜可直接出餐，或返鮮後保存備用。

專業訣竅

▶ 蔬菜本身就具有風味，不過若要替蒸煮蔬菜添加額外風味，可以嘗試以下作法。用下列液體取代部分或全部的水：

清湯／蔬菜汁或果汁，如柳橙汁、蘋果汁、蔓越莓汁／高湯

▶ 按想要的成果，在蒸煮湯汁中放入芳香蔬菜，增添風味：

胡蘿蔔／芹菜／洋蔥

▶ 按想要的成果，在蒸煮湯汁中放入香料植物或辛香料，增添風味：

月桂葉／完整或剁碎的蒜頭／完整或剁碎的歐芹／完整或剁碎的百里香／芫荽／拍碎的胡椒粒／孜然／生薑刨絲

1. **將液體倒入有蓋蒸鍋底層**，加熱至完全沸騰。蔬菜平鋪在蒸煮器的蒸盤或網架上，讓蔬菜的每一面都能接觸蒸氣。蔬菜放入蒸煮器前，先加入調味料，讓風味能完全發展。液體一沸騰便可產生蒸氣蒸烹煮蔬菜。蒸煮器加蓋可讓液體更快沸騰，並將蒸氣留在容器內。

   一開始就先加入調味料，讓調味料能釋出風味。蒸煮器放上直接熱源之前，先在烹調湯汁中加入芳香食材或調味料，風味才能確實滲入蒸氣。

   將蔬菜蒸煮到理想熟度。熟度取決於蔬菜蒸煮後的處理方式，可以參考沸煮蔬菜，兩者的處理方法相同。

2. **理想的蒸煮蔬菜**應該有好的風味與鮮豔的顏色。務必試吃，以便評估風味與質地。蔬菜的質地變化很大，可能非常清脆（汆燙的蔬菜），也可能柔軟到能夠攪成泥。舉例來說，正確蒸煮的青花菜應該是翠綠色，削皮小刀可以輕易切入莖中。調味料的目的是為了增強菜餚的風味。除非是冷食，否則蔬菜應趁熱出餐。

< 作法詳解

在現點現做的供餐場合，由於分量較小，且是個別點餐，因此非常適合運用鍋蒸的技巧。鍋蒸蔬菜時，將蔬菜和相對少量的液體一起放入有蓋的鍋子內，一般來說，恰好淹過蔬菜即可。大部分的烹調是由蒸氣完成。

pan steaming
鍋蒸

速度是鍋蒸最大的優點。四季豆等綠色蔬菜若在有蓋的鍋子裡烹煮，可能會變色，若改用鍋蒸，則可快速烹煮，且保有明亮的色澤。鍋蒸的另一個優點是，烹調湯汁收乾後，可以做成鍋底醬或蜜汁。

鍋蒸是很有效率的烹煮法，煮熟的蔬菜風味、顏色、質地或營養價值不會流失或減損。有些廚師喜歡在鍋蒸時使用微滾的液體，一方面縮短蔬菜在鍋中的時間，也能先將紅蔥、薑等調味料與芳香食材浸泡在液體中，讓風味滲入烹調湯汁和蒸氣，成品更具風味。

基本上，所有蔬菜都可用鍋蒸。首先應檢查蔬菜的品質與新鮮度。為了保持食材的最佳風味與營養價值，盡量在烹煮前才清洗、修整、去皮、切開。切菜以整齊一致為原則，這樣才能確保成品的熟度一致，並維持食材的最佳風味與質地。視需要將切好的蔬菜加蓋冷藏。

水是最常見的烹調液體，不過若想要，也可使用高湯或清湯來增添風味。無論使用何種烹調湯汁，都要試吃，視需求加入鹽或其他風味食材，如紅酒、果汁、香料植物、辛香料，或韭蔥、紅蔥等芳香蔬菜。

白糖、紅糖、楓糖漿、蜂蜜與糖蜜等甜化物可當作蜜汁使用。若打算用烹調湯汁製作鍋底醬，則按食譜指示準備好需要的調味料或盤飾、稠化物、鮮奶油或蛋奶液。

基本配方

鍋蒸蔬菜

10份

- 處理好的蔬菜1.13公斤，修整、去皮、切開後秤重
- 足量烹調湯汁，能在烹調期間產生足夠蒸氣（蒸煮鍋具內的液體應恰好淹過蔬菜）
- 額外食材，依食譜指示

作法精要

1. 將足量烹調湯汁倒入鍋內，並使用密合鍋蓋。
2. 烹煮期間應密切注意水量與蔬菜熟度。
3. 蒸煮蔬菜至適當熟度。
4. 視需求打開鍋蓋，收乾烹調湯汁，製成蜜汁或鍋底醬。
5. 出餐，或返鮮後保存備用。

專業訣竅

▶ 若想替蔬菜增添額外風味，可選擇以下充分調味的烹調湯汁：

高湯／果汁，例如蘋果汁、柳橙汁或蔓越莓汁／清湯

▶ 添加額外食材可使菜餚發展出更多風味。以下食材可直接加入烹調湯汁，藉由蒸煮讓風味滲入菜餚。

調味蔬菜／蔬菜／新鮮香料植物

< 作法詳解

1. **將足量烹調湯汁**，倒入或舀入鍋裡，以烹煮蔬菜。較緊實或切成大塊的蔬菜比質地柔軟或切成小塊的蔬菜需要更多液體。鍋蒸胡蘿蔔時，烹調湯汁應大致淹過胡蘿蔔。煮好後，可能會有少量液體殘存。注意鍋子不能乾燒。

   烹煮期間應隨時檢查烹調湯汁的量。密合鍋蓋能留住烹調湯汁的蒸氣。蒸氣會在鍋蓋上凝結成水珠，再滴回蔬菜，表示任何流失到烹調湯汁的風味都能保留下來。

2. **烹煮時應隨時檢查蔬菜熟度**，並維持適當溫度。鍋蒸蔬菜的熟度依用途而定，可以稍微汆燙、煮到半熟或全熟。判斷熟度時，試吃一小塊，或切開檢查。

3. 打開鍋蓋，收乾烹調湯汁，視需求做成鍋底醬或蜜汁。若蔬菜容易碎裂，或煮過頭，則應在製作鍋底醬前先行取出，然後再收乾，直到風味明顯變濃，視需要也可添加澱粉漿或奶油炒麵糊幫忙稠化。醬汁做好後，將蔬菜放回鍋中，煮至熟透。若要製作蜜汁，不需取出蔬菜，待烹調湯汁收乾即可。

觀察菜餚的外觀、氣味和風味。蔬菜塊應有一致的大小和形狀，且外觀誘人，散發的香氣要能顯現出選用的調味料與收尾食材或盤飾。蔬菜應熟得恰到好處、軟嫩、風味飽滿、燙口，且充分調味。

燒烤爐與炙烤爐的高溫賦予蔬菜濃郁且鮮明的風味。蔬菜能否炙烤，主要取決於尺寸。廚藝界起先只有少數幾樣蔬菜會以燒烤或炙烤方式料理，例如夏南瓜、椒類與洋蔥片。幾經嘗試之後，無論是軟嫩的紫葉菊苣，或緊實的冬南瓜，都能以這種方式烹調。

grilling and broiling 燒烤與炙烤

選用沒有變軟、變色、凋萎且非常新鮮的蔬菜，徹底洗淨或刷洗，視情況去皮、去核、去籽。烤之前，應先切成相同大小的片狀或其他形狀。

水分含量高或較軟的蔬菜，可以直接燒烤或炙烤。較緊實的蔬菜或澱粉類蔬菜，可能需要預煮，才能確保食材熟透。可以直接燒烤的蔬菜有茄子、櫛瓜、椒類與蘑菇。通常會先煮到半熟再進行燒烤的蔬菜有茴香、甘藷、胡蘿蔔與甜菜。烹飪前的準備工作依蔬菜種類和預期成品而定。洗淨蔬菜、修整、去皮，並切成相同大小。若想要，也可用竹籤串起。

質地柔軟或經過預煮的硬質蔬菜可在燒烤或炙烤前短暫醃漬15-30分鐘。長時間醃漬可能會讓蔬菜吸收太多水分。用來醃漬蔬菜的醃漬液也可以當成醬汁，搭配煮好的蔬菜一起出餐。其他的醬汁選擇包括莎莎醬、醬油、油醋醬或奶油醬。

小心保養燒烤爐和炙烤爐，一更換食材，就要用鋼刷刷淨烤架。結束烹調後，也應刷去附著在烤架上的焦炭，並用乾布擦去殘渣。使用燒烤爐之前，稍微用油抹過燒烤架。小心不要抹太多，否則可能會產生過多煙霧，或發生驟燃，十分危險，也可能導致火災。

燒烤蔬菜有明顯的炭燒風味，外觀呈褐色，有時會印上燒烤架的紋路，內部通常柔軟且風味濃郁。

基本配方

燒烤或炙烤蔬菜
10份

- 處理好的蔬菜1.13公斤，修整、去皮、切開後秤重
- 油、醃漬液或蜜汁（非必要）
- 鹽、胡椒與其他調味料
- 醬汁與收尾食材或盤飾

作法精要

1. 加熱燒烤爐或炙烤爐。
2. 醃漬蔬菜或刷上油脂。
3. 燒烤或炙烤蔬菜至軟化，並且熟透。
4. 立刻出餐。

專業訣竅

▶ 許多食材都可用來調味蔬菜，不過應在適當的時機使用，大部分在烹煮前加入。

辛香料醃料／醃漬液／蜜汁

▶ 若在燒烤爐火中加入不同材料，就能製造出帶有香氣的煙霧，增添蔬菜風味。可加入的材料如下：

硬木片／香料植物的莖／葡萄藤枝

1. **處理好的蔬菜**，直接放上高溫燒烤爐或炙烤爐架。蔬菜在燒烤或炙烤前可用醃漬液調味。上烤爐之前，瀝乾多餘的醃漬液，避免驟燃。烤未醃漬的蔬菜時，一邊烤，一邊刷上薄薄的蜜汁或醃漬液來調味。

生的蔬菜不容易沾附鹽與胡椒，但一在燒烤爐或炙烤爐中加熱過，便能輕易沾取。若蔬菜容易沾黏烤架，或從烤架縫隙掉落，可將蔬菜放在鐵板盤或烤網上烤。

燒烤或炙烤蔬菜時，視情況翻面，烤熟蔬菜。蔬菜表面烤出痕跡或褐色後，用鏟子或食物夾翻面。若想烤出十字痕，等蔬菜烙上烤架痕跡後，將蔬菜旋轉90度，再次烙上烤痕。等到兩面都均勻烤成褐色，就完成了。

蔬菜可以只稍微烤過，並在出現烤痕及風味後用於其他菜餚。切成厚片的高澱粉蔬菜在燒烤爐或炙烤爐上烤出痕跡後，可以視情況放入烤爐收尾。

無論是完整的蔬菜或切開的蔬菜都可以烘烤，以烤出褐色外層。廚師選擇烘烤蔬菜有許多考量：冬南瓜、茄子等表皮較厚的蔬菜，可在烘烤後製成風味濃郁的蔬菜泥。烘烤過的調味蔬菜與其他芳香蔬菜則可增添高湯、醬汁與其他菜餚的風味與色澤。番茄與椒類可藉由烘烤來濃縮風味，並讓質地變乾。

roasting and baking
烘烤及烘焙

部分根莖類蔬菜，以及表皮較厚的冬南瓜、茄子等，非常適合整顆烘烤。蔬菜的表皮有保護作用，可避免內部乾掉或燒焦。剖半、切塊、切片或切丁的蔬菜也可以烘烤。椒類等不易去皮的蔬菜，可藉由烘烤幫助去皮。視情況洗淨蔬菜，去皮、修整後再切開。為了確保均勻烘烤，蔬菜應切成一致的大小。拌勻蔬菜與油脂，可幫助褐變，並避免過度脫水或燒焦。

以乾熱法烘烤蔬菜時，醃漬液可提升蔬菜的風味，並提供額外保護。加入鹽、胡椒、綜合辛香料或蒜頭等調味料與芳香食材，並視需求或根據食譜要求準備好收尾食材（如剁碎的香料植物、純油脂或調味油脂、全脂或調和奶油、收乾的高脂鮮奶油，或醬汁）。選擇有足夠空間讓空氣自由流通的烤肉盤或淺烤盤，但不能太大，否則食材釋出的汁液可能會燒焦。有些蔬菜可直接放在烤架上烘烤，不過在封閉環境中烘烤時，應使用方形調理盆或類似的烤盤或容器。

基本配方

烘烤或烘焙蔬菜
10份

- 處理好的蔬菜1.59公斤，修整、去皮、切開後秤重
- 油脂、醃漬液或蜜汁（非必要）
- 鹽、胡椒與其他調味料
- 醬汁與收尾食材或盤飾

作法精要

1. 蔬菜放入高溫或中溫烤爐。
2. 烘烤至適當熟度。
3. 蔬菜出餐、留作備用，或用另一種方法繼續烹調。

專業訣竅

▶烹調前可添加以下油脂或液體，以滲入額外風味：

浸漬油／醃漬液／蜜汁

▶添加額外食材，可賦予菜餚不同的風味：

芳香蔬菜／新鮮香料植物／辛香料／蒜頭

1. 依據蔬菜種類或預期用途來備料。切面朝下，放上預熱好的烘烤盤或烤肉盤。切塊或切片的蔬菜可用鹽、胡椒、辛香料、油脂、果汁或醃漬液調味。在烤肉盤內加入少許液體，烤較緊實的蔬菜，避免蔬菜在烘烤時過度褐變，或者燒焦。蔬菜可直接浸入液體，或用烤架架在液體上方。在理想的狀況下，烘烤完成時，液體應已完全蒸發，才能達到烘烤蔬菜應有的品質。

2. 處理好的蔬菜放入中高溫烤爐，烤至理想熟度。烤好後可立刻出餐、留作備用，或用於其他菜餚。

烘烤的時間取決於蔬菜的種類、密度、尺寸、厚度，以及切片直徑。一般來說，烘烤時間越長，烤爐溫度應該越低。蔬菜可以放在淺烤盤或烤肉盤裡烘烤，有時候也可直接放在烤爐的烤架上，讓熱空氣得以在蔬菜周圍流通。一般而言，蔬菜若可用刀尖或肉叉輕易刺穿，便算完成。大部分烤爐都有熱區和冷區，烘烤時記得移動或旋轉蔬菜，才能烤得均勻。同時烘烤多樣食材，也可能造成烘烤不均勻。烘烤期間，應調整蔬菜位置或翻面，避免烤盤邊緣的蔬菜燒焦。烘烤時，若用蓋子或鋁箔紙蓋住烤盤，記得在烘烤的最後階段打開或移除，讓蔬菜能夠沾染濃郁的烘烤風味與色澤。

烘烤蔬菜最好在完成後立刻盛上熱的餐盤，視需求收尾，然後出餐。若欲留作他用，不用加蓋，放在溫暖處備用並盡快出餐。

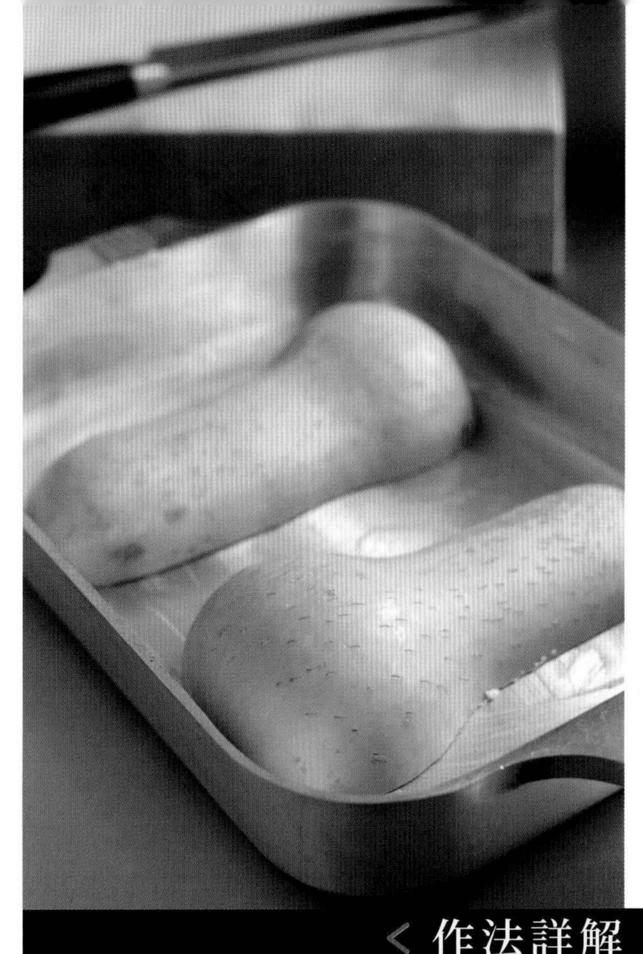

< 作法詳解

攪泥

要攪成泥的蔬菜，通常會先沸煮、蒸煮或烘烤至軟化蒸烤蛋。有些蔬菜原本就柔軟或有一定含水量，可以不經烹煮，直接做成菜泥。蔬菜泥可直接出餐，或當成烤蔬菜杯、蒸烤蛋、可樂餅或舒芙蕾的基底。也可以當成其他菜餚的食材，或是用來增添醬汁、湯品的色澤或風味。

蔬菜的質地多元，有些粗糙，有些則非常滑順。視情況或喜好將蔬菜煮至能夠輕易壓成泥的程度。煮熟的蔬菜應趁熱攪成泥，製作時可用乾淨布巾保護雙手。

蔬菜烤好後，切掉過厚或不可食用的外皮、莖和根。視需要也應挖除或擠掉種籽，不過應盡量保留可食用的部分。接下來，視選用的攪打工具，將蔬菜切成適當的大小。

按照蔬菜泥的用途決定使用的工具。食物碾磨器、壓泥器或網篩可以去除纖維、表皮與籽，但做出來的蔬菜泥質地相當粗糙。食物調理機可以做出非常滑順的蔬菜泥，且不論是煮熟的蔬菜，或是已經修整、去皮、去籽的生蔬菜都可以用食物調理機處理。不過應避免用食物調理機或果汁機攪打澱粉類蔬菜，否則蔬菜泥可能會變成膠狀。若蔬菜纖維較多，食物調理機未必能移除纖維，因此必須用網篩再處理一次。手持式攪拌棒、一般果汁機與直立式切剁機可以將蔬菜切得很細，方便之後做成非常滑順的蔬菜泥，不過這些設備也無法去除某些蔬菜的纖維。

蔬菜泥的收尾方法包括調整風味、添加鮮奶油或奶油、放涼備用，或拌入其他料理中。熱的蔬菜泥可放入冰水浴槽冷卻，再保存備用。要使用時，用小火或水浴法加熱，直到蔬菜泥恢復符合食品安全的溫度。

煎炒與翻炒是兩個類似的技巧，既是烹煮蔬菜的基本技法，也是現點現做料理的收尾技法。沸煮、蒸煮或鍋蒸蔬菜都可以在最後階段添加奶油，以大火加熱拋翻，當作收尾，或與少量風味液體、醬汁或鮮奶油一起烹調。煎炒過的蔬菜具有獨特風味，主要來自蔬菜本身的味道，不過也受選用的烹飪油脂及額外收尾食材或盤飾影響。

sautéing
煎炒

上蜜汁是從煎炒衍生出來的收尾技法。重新加熱蔬菜時，添加少量奶油與蜂蜜、糖或楓糖漿。糖受熱融化或焦糖化後，均勻沾裹蔬菜，替蔬菜帶來額外風味、光澤與金黃色澤。

洗淨蔬菜，修整、去皮，再切成適當的形狀。芝麻菜、菠菜、其他葉菜類、蘑菇、夏南瓜與洋蔥等蔬菜，可直接下鍋煎炒或翻炒，不需預煮。不過，綠色蔬菜與其他可能沾取過多水分的蔬菜應徹底瀝乾，這樣才能確保成品有最佳的風味、質地與顏色。

有些蔬菜必須先用另一種烹調法預煮至半熟，否則光靠煎炒無法完全煮熟。在這種情況下，利用煎炒替菜餚收尾。視需要蔬菜可先沸煮、蒸煮或烘烤到半熟或全熟。

煎炒用的烹飪油脂必須和蔬菜的風味互補。可選用的油脂包括橄欖油、花生油、菜籽油、玉米油、紅花籽油，或使用全脂奶油、澄清奶油或熬煉的動物性油脂（豬油、鴨油或培根油）。另外也可選擇性加入鹽、胡椒、檸檬汁等調味料與芳香食材，調整或增添蔬菜風味。新鮮香料植物先切末或剁碎，最後再放入。

選擇鍋具時，應考慮食物的分量。鍋子必須夠大，避免鍋內太過擁擠。鍋裡若放了太多食材，溫度會快速下降。然而，為了避免燒焦，鍋子也不能太大。某些材質的鍋具導熱性較佳，對溫度變化的反應較快。有些材質則能維持穩定的熱度，對溫度的反應較慢。兩類材質都有優點，你很快就會知道哪種鍋具適合哪種煮法與食物。煎炒時，用曲柄長煎鏟、食物夾或翻炒工具來翻動蔬菜。

基本配方

煎炒蔬菜

10份

- 處理好的蔬菜1.13公斤，修整、去皮、切開並汆燙或煮到半熟後再秤重（綠色葉菜在煎炒時水分會散失，炒後重量減少約一半，因此烹煮綠色蔬菜時，應準備1.81公斤左右的蔬菜，才能做出10份煎炒綠色蔬菜）
- 少量油脂或其他烹飪用油
- 鹽、胡椒與其他調味料
- 醬汁與收尾食材或盤飾

作法精要

1. 熱鍋，加熱油脂
2. 蔬菜下鍋。
3. 煎炒並頻繁翻動蔬菜。
4. 放入芳香食材、調味料或蜜汁，充分加熱。
5. 立刻出餐。

專業訣竅

▶ 以蒸煮、沸煮或烘烤方式煮到半熟或全熟的蔬菜，可稍微煎炒，重新加熱或煮熟，這就是所謂的收尾。

全脂奶油經常用來當作蔬菜的收尾食材，不過以下富含風味的烹飪油脂也能替菜餚增添特定風味：

特級初榨橄欖油／浸漬油／熬煉培根油或鴨油

▶ 蔬菜也可用少量液體炒軟不上色，這種手法與煎炒類似，不過烹調液體只要沾裹蔬菜即可。可運用的液體包括：

高脂鮮奶油／高湯／清湯／醬汁

▶ 若想要，在蜜汁裡添加以下甜化物，提升風味或調和蔬菜的苦味：

糖／蜂蜜／糖漿

▶ 額外食材或盤飾可以用來增加菜餚風味。視想要的成果在油熱好後，或烹調的最後階段加入以下食材：

蒜頭／新鮮香料植物／生薑刨絲

▶ 用中火加熱烹飪油脂、鮮奶油或醬汁。將處理好的蔬菜放入鍋中，並預留足夠的翻炒空間。翻炒、拋翻或翻動蔬菜，使油脂均勻沾裹，並充分加熱。試吃以測試熟度與風味，完成後立刻出餐。

▶ 更健康的作法是用較健康的油脂來煎炒蔬菜，例如橄欖油。

1. **油脂和芳香食材下鍋炒軟不上色**，然後再放入處理好的蔬菜。油脂用量只要足以讓鍋子保持潤滑，避免蔬菜燒焦即可。煎炒時，油溫要高，但不能冒煙。煎炒蔬菜所需的溫度比肉類、禽肉與魚肉來得低。煎炒某些蔬菜時，會先用油脂烹煮芳香食材，這是為了替成品增添風味。

   同時煎炒多種蔬菜時，應從需要較長烹煮時間的蔬菜開始，然後依序下鍋，不需長時間烹煮的蔬菜留到最後。

   鍋內的食材不能太多。大部分蔬菜在鍋裡平鋪一層即可。葉菜類在煎炒時體積會大幅縮小，因此下鍋的量可以稍多，在鍋裡鬆散堆疊。

   添加調味料並繼續煎炒，直到蔬菜熟透且入味。煎炒時若太早放鹽，可能會讓蔬菜水分提早散失，反而妨礙烹煮。有些蔬菜煎炒時必須不停翻動，有些只要翻動一、兩次就能發展出絕佳的風味與色澤。煎炒時可以用曲柄長煎鏟、食物夾或翻炒工具來翻動蔬菜。

2. **蔬菜會在煎炒中脫水、變軟**，顏色也會加深。以煎炒方式烹煮的每種蔬菜都必須煮到全熟、燙口，且充分調味。在水蒸保溫檯或其他保溫設備保溫的蔬菜，出餐前應再次檢查菜餚的溫度與調味。有關以煎炒來收尾的額外資訊，見670頁。

< 作法詳解

基本配方

翻炒蔬菜
10份

- 處理好的蔬菜1.13公斤，修整、去皮、切開後秤重
- 少量油或其他烹飪油脂
- 鹽、胡椒與其他調味料
- 醬汁或製作醬汁的食材（非必要）

作法精要

1. 熱鍋，加熱油脂。
2. 芳香食材下鍋，蔬菜下鍋。
3. 翻炒並頻繁翻動蔬菜。炒好的蔬菜移至炒鍋一側，再放入更多蔬菜。
4. 加入芳香食材、調味料或蜜汁，並充分加熱。
5. 立刻出餐。

專業訣竅

▶ 以下額外食材料能替菜餚增添風味：

芳香蔬菜／新鮮香料植物／辛香料／蒜頭

▶ 收尾時，加入液體或醬汁，使翻炒蔬菜發展出更多風味

清湯／蜜汁／預先製作的醬汁

1. **先加熱炒鍋**，再舀少許烹飪油脂，沿著鍋子的上緣往下淋。鍋底油熱了以後，放入芳香食材，炒至風味釋出。同時翻炒多種蔬菜時，按蔬菜所需的烹煮時間依序放入切好的蔬菜，從較不易熟的胡蘿蔔、青花菜開始。翻炒時應不停翻動蔬菜。

< 作法詳解

2. **蔬菜炒熱以後**，便可推到炒鍋一側。這個動作能讓炒鍋在下一批蔬菜下鍋前恢復熱度。繼續放入蔬菜，在炒鍋中央翻炒，直到所有蔬菜都充分加熱且燙口。櫛瓜與夏南瓜等蔬菜，應在烹煮中段下鍋，青蔥或新鮮香料植物等細嫩食材，則應最後下鍋。

3. **理想的翻炒蔬菜**應兼具風味、質地與色澤。有些蔬菜炒過會變得軟爛（例如茄子或櫛瓜），有些則保有清脆口感。炒蔬菜可用各種調味料或風味食材收尾。蔬菜炒好後，直接從炒鍋盛盤，趁熱出餐。

以煎炒收尾及上蜜汁

蒸煮、沸煮或烘烤至半熟或全熟的蔬菜，可以用煎炒重新加熱或煮熟，這就是所謂的收尾。

全脂奶油經常作為蔬菜的收尾食材，不過其他富含風味的烹飪油脂也能增添菜餚的風味，如特級初榨橄欖油、浸漬油或培根油等。蔬菜也可以用少量高脂鮮奶油或醬汁來收尾，用量只需足以沾附所有蔬菜即可。

用中大火加熱烹飪油脂、鮮奶油或醬汁。也可依喜好加入少量糖、蜂蜜或其他糖漿，製成蜜汁。盤飾可現在加入，或等蔬菜熱透後再放入。

放入處理好的蔬菜，注意鍋內不可太過擁擠。接著以翻炒、拋翻或翻動的方式炒熱蔬菜，並讓收尾食材均勻沾裹蔬菜。試吃以測試熟度和風味，完成後立刻出餐。

煎炸蔬菜的外層酥脆，與濕潤且風味飽滿的內層形成宜人的對比。煎炸類似煎炒，主要的差異在於煎炸使用的油量比較多，烹煮的溫度通常也較低。此外，搭配煎炸蔬菜的醬汁需另外製作。煎炸蔬菜可以沾上麵包粉，或者裹上麵粉或麵糊。

pan frying 煎炸

洗淨蔬菜、去皮、修整後切成合適的形狀。視需要先將蔬菜煮到全熟或半熟。以標準裹粉法裹粉，或沾裹麵粉或麵糊。

澄清奶油、大部分植物油、起酥油與熬煉動物油脂（鴨油或豬油）都可以用於煎炸。烹飪油脂的量應淹過鍋內蔬菜高度的一半。

蔬菜下鍋之前或之後都可放入芳香食材與調味料。若合適，也可混入麵包粉或麵糊。此外，食譜可能會要求以調和奶油、醬汁、醃漬小菜或莎莎醬收尾。

煎炸用鍋具必須夠大。鍋內若太擁擠，油溫會快速下降。水氣一聚集，蔬菜就無法好好沾覆麵包粉。一旦發生上述情形，蔬菜可能會吸收油脂，麵包粉會變得濕軟，甚至脫落。從鍋裡取出蔬菜時，可用食物夾、撈油勺或笊籬。鍋子旁應備有鋪上紙巾的大盤，起鍋的蔬菜先放上去吸油後再出餐。

基本配方

煎炸蔬菜

10份

- 處理好的蔬菜1.13公斤，修整、去皮、切開後再秤重。未烹煮、汆燙過、煮到半熟或全熟皆可
- 麵皮材料（非必要），如麵粉、玉米粉、蛋液、麵糊，或以標準裹粉法裹粉（非必要）
- 液態油或其他烹飪油脂
- 鹽、胡椒與其他調味料
- 醬汁、收尾食材或盤飾

作法精要

1. 熱油。
2. 蔬菜下鍋。
3. 煎炸蔬菜，直到外層酥脆且稍微呈褐色。
4. 用紙巾吸油。
5. 調味後立刻出餐。

專業訣竅

▶依想要的成果決定麵皮材料，不同材料可做出不同的外層。麵皮材料包括：

麵糊／麵包粉／玉米粉／麵粉

▶蔬菜下鍋前先調味，可增添額外風味。以下調味食材可加入用來沾裹蔬菜的材料或麵糊：

新鮮香料植物／乾燥辛香料

1. **選用厚重的平底煎炒鍋、雙耳燉鍋或燜鍋**。煎炸時，油脂必須加熱至中高溫。油脂起霧或出現油紋，表示溫度已經夠高。煎炸期間隨時注意油溫，保持穩定。煎炸時間越短，所需的油溫越高。要迅速煎炸出顏色漂亮的菜餚，應避免鍋內太過擁擠，否則可能會破壞蔬菜表層的脆皮。此外，蔬菜不可一次全部下鍋，以免降低油溫。

   以中大火煎炸蔬菜，表面稍微呈褐色且酥脆後翻面，把另一面也炸熟。取出蔬菜，用紙巾輕拍，吸掉多餘油脂。蔬菜起鍋後再用鹽和胡椒調味，用乾淨、未調味的油繼續煎炸剩餘蔬菜。第二批蔬菜下鍋前，先撈除油裡的脆皮碎屑。煎炸蔬菜起鍋後立刻出餐。

   完美的煎炸蔬菜有金色或褐色的酥脆外皮，內部軟嫩且燙口。無論使用何種麵皮材料，煎炸蔬菜的麵皮都應酥脆、清爽。

完美的深炸蔬菜清爽、可口。廚師能運用不同質地與風味的深炸蔬菜製作開胃菜、配菜、盤飾、配料與主餐。深炸蔬菜的成果多樣，包括酥脆易碎的薯片和飽足感十足的可樂餅等。天婦羅式的油炸鮮蔬則裹上清爽的麵糊（薯條請見747頁）。

deep frying
深炸

選用新鮮且富含風味的蔬菜。按食譜要求，或按出餐方式備料。所有蔬菜都應徹底洗淨或刷淨，修去堅硬或不可食用的表皮、核、籽和根，並視需求切成片狀或其他形狀。有些蔬菜在深炸前必須先煮到半熟。

製作蔬菜餡餅或可樂餅時，將蔬菜切丁、切末或攪成泥狀，並以適當的黏合料黏合所有食材，製成麵糊。可選用的黏合料包括濃郁白醬或絲絨濃醬、高脂鮮奶油、新鮮乳酪、蛋與麵包粉。有些炸蔬菜會以標準裹粉法裹粉（見365頁）或裹上麵糊。深炸蔬菜應等到下鍋時再裹上麵糊。

油炸時應選擇冒煙點或裂解點高的油脂，例如玉米油、菜籽油與紅花籽油等風味中性且冒煙點高的植物油。也可以使用特定油脂，以創造特殊風味。橄欖油、熬煉鴨油或鵝油都可以用來油炸。

使用油炸鍋或深炸機烹調。電子或瓦斯深炸機可以維持油溫穩定，油炸大量蔬菜或其他食材時極有效率。有些油炸物可放在籃子裡炸，炸好後再取出籃子。也可以使用游泳法，也就是用食物夾將蔬菜放入油裡，再用笊籬或撈油勺取出。油炸時，鍋邊應備有鋪了紙巾的盤子，炸好的食材起鍋後應立刻放上去吸油。

基本配方

深炸蔬菜

10份

- 處理好的蔬菜1.13公斤，修整、去皮、切開後秤重。未烹煮、汆燙過、煮到半熟或全熟皆可
- 麵皮材料（非必要），如麵粉、蛋液、麵糊，或以標準裹粉法裹粉
- 液體油或其他烹飪油脂，油應完全淹沒蔬菜
- 鹽、胡椒與其他調味料
- 醬汁、收尾食材或盤飾

作法精要

1. 蔬菜裹上麵包粉或麵糊。
2. 熱油，並將蔬菜放入深炸機。
3. 深炸蔬菜，直到表面均勻變成褐色或金褐色。
4. 取出蔬菜並用紙巾吸油。
5. 調味後立刻出餐。

專業訣竅

▶ 依想要的成果決定麵皮材料，不同材料可做出不同麵皮。可選用的麵皮材料包括：

麵糊／麵包粉／麵粉

▶ 油炸前替蔬菜調味可增添額外風味。以下調味料也可以加入用來沾裹蔬菜的材料或麵糊：

新鮮香料植物／乾燥辛香料

作法詳解

1. **以深炸機或油炸鍋加熱油脂**，大部分蔬菜的理想油炸溫度為177°C。裹粉蔬菜放入籃子，再把籃子放入油鍋。蔬菜不可相互沾黏，籃子也不要裝得太滿。使用麵糊時，用食物夾或笊籬將蔬菜完全浸入麵糊，取出後立刻下鍋（在某些情況下，蔬菜在沾麵糊之前應先撒裹上麵粉）。

   蔬菜下鍋時，油溫會短暫降低（重回適當油炸溫度所需的時間就是「恢復時間」），因此要注意每次下鍋的蔬菜量，以縮短恢復時間。

2. **油炸蔬菜至全熟**，炸好後取出瀝乾，並視需要調味。油炸時間按蔬菜種類而定。炸好的蔬菜（製作可樂餅或炸餡餅時則為蔬菜混合物）應熟透、軟嫩且燙口。若有裹粉，應炸成金色或褐色。不過，理想的蔬菜天婦羅應為白色或淺金色，而且質地酥脆。

   裹上麵包粉且在油炸籃內油炸的蔬菜通常會沉在熱油裡，熟透了才會浮上來。食材炸好後，從熱油中取出籃子，並讓籃子在深炸機上方短暫停留，讓油滴回鍋內。至於裹上麵糊且用游泳法油炸的蔬菜，則應一邊炸，一邊用食物夾、笊篱或類似的工具翻面，使蔬菜均勻上色。炸熟後，亦可用這些工具取出蔬菜。

   炸好的蔬菜放上鋪了紙巾的盤子，吸掉多餘油脂。此時可用鹽、胡椒或綜合辛香料調味。由於調味料會加速炸油裂解，因此絕對不要直接在深炸機上方調味。剛起鍋的深炸蔬菜品質最佳，應立刻出餐。若有需要，在溫暖處（例如加熱燈下）保溫至多15分鐘。

   蔬菜切得越薄，成品通常越酥脆。蔬菜外層應是金色或褐色，風味新鮮、誘人。若有裹粉，應視蔬菜尺寸決定厚度，不能太厚，但要均勻。蔬菜與麵皮都應充分調味且燙口。

以燉煮和燜煮方式製作的蔬食料理包括嬌嫩的法式嫩青豆，以及另一種極端：結實豪邁的普羅旺斯燉菜和燜煮甘藍等。燉煮蔬菜與燜煮蔬菜基本上都利用蔬菜本身的液體來烹煮。燉煮蔬菜通常切成小塊，燜煮蔬菜則切成大塊，或整顆下鍋。有時會在湯汁裡加入奶油麵糊或澱粉漿，增加飽足感並讓菜餚更美觀。稠化的湯汁薄薄覆在蔬菜表面，創造迷人的光澤。燉煮蔬菜與燜煮蔬菜的風味深厚、濃烈，質地軟爛，可用叉子切碎，有些甚至入口即化。

stewing and braising
燉煮與燜煮

燉煮蔬菜與燜煮蔬菜可以只用一種食材，也可以使用數種蔬菜。舉例來說，燜煮茴香只用一種主要食材，普羅旺斯燉菜則用了好幾種蔬菜。這類菜餚通常都含有部分芳香食材，例如紅蔥或調味蔬菜。

依蔬菜種類與想要的成果備料，視需求洗淨、修整後切成合適的形狀。若想去除苦味，或使去皮工作更容易，可將蔬菜放入沸水中汆燙。

選用風味佳且適合所做菜餚的油脂。若蔬菜本身不太會出水，烹煮時必須加入額外液體，如高湯、紅酒、法式高湯、果汁或水。

備齊並使用各種調味料與芳香食材，如鹽、胡椒、紅蔥、蒜頭、香料植物末、辛香料、調味蔬菜或調味蔬菜末。有些燜煮或燉煮蔬食菜餚會加入豬肉製品（鹹豬肉、培根或火腿）或是某種酸（醋、紅酒、柑橘類皮刨絲或果汁），讓菜餚能發展出更複雜的風味。

有些食譜會使用稠化物如葛粉漿、玉米澱粉漿、太白粉漿或奶油炒麵糊。收乾的高脂鮮奶油、鮮奶油醬汁、奶油或蛋奶液等收尾食材則可賦予燉煮蔬菜更濃郁的風味、些許光澤與滑順口感。若放入麵包粉和乳酪等盤飾，則可做成焗烤菜餚。

製作燜燉蔬菜所需的主要設備為燜鍋、雙耳燉鍋，或其他有蓋的厚底寬口深鍋。替醬汁收尾之前，應先用撈油勺或漏勺取出煮好的燜燉蔬菜。

用網篩或手持式攪拌棒替醬汁收尾。

基本配方

燉煮或燜煮蔬菜

10份

- 處理好的蔬菜1.35-1.59公斤，修整、去皮、切開後秤重
- 芳香蔬菜、調味料、香料植物與辛香料
- 具有風味的烹調湯汁
- 少量烹飪油脂
- 收尾食材與盤飾

作法精要

1. 加熱油脂或高湯。
2. 燜軟少許蔬菜、調味料或芳香食材。
3. 倒入烹調湯汁，加熱至微滾後開始烹煮。
4. 剩餘蔬菜與芳香食材下鍋。
5. 開始燉煮或燜煮，直到蔬菜軟化。
6. 調味並按照食譜指示收尾。
7. 出餐或保存備用。

專業訣竅

▶若想增添菜餚風味，可在燜燉料理中加入以下具有風味的液體：

高湯／清湯

▶添加額外食材，可增添菜餚風味。烹調之初先加入少許，讓風味滲入蔬菜。剩餘部分則稍後再加入，讓食材保有本身的風味、質地。

香料包／香草束／蒜頭

▶利用烹調湯汁製作醬汁時，先取出蔬菜，再任選下列方法增稠烹調湯汁：

- ▷ 收乾液體，直到風味與質地變得像醬汁。
- ▷ 將部分芳香蔬菜製成菜泥，然後放回烹調湯汁中。
- ▷ 在烹調湯汁中放入少許奶油炒麵糊或澱粉漿。

1. **用烹飪油脂烹煮芳香蔬菜**。首先放入各種蔥蒜，這類食材能賦予菜餚溫順清甜的風味。稍微燉煮成燜煮芳香蔬菜，只要蔬菜微微變軟且開始出水即可。若一開始就加鹽，可以讓蔬菜更快出水。某些菜式的芳香蔬菜應煮到適度褐變，顏色從淺金色到深褐色不等。烹煮芳香食材時，酌量使用油脂，不要燒焦，並視情況翻炒，使蔬菜能發展風味與色澤。

< 作法詳解

2. **依質地由硬到軟放入其餘食材**，視情況在燜煮或燉煮時翻炒，調整風味與稠度。燉煮蔬菜時，應使用微火並加蓋，使蔬菜得以釋出風味，並將風味留在烹調湯汁中。燜煮蔬菜可直接加熱，或放入烤爐烹煮。烹調湯汁蒸發速度太快時，可再加入烹調湯汁，並稍微把火關小。若烹調湯汁沒在烹煮過程中順利收乾，則打開鍋蓋，使液體自然蒸發。將蔬菜燜燉到風味飽滿、完全熟透且軟爛到可用叉子切碎。菜餚可在此階段直接出餐，或用烹調湯汁製作醬汁，以此醬汁收尾。

   直接將蔬菜盛入熱的餐盤中出餐，或以焗烤方式收尾，撒上盤飾後放入上明火烤爐或炙烤爐中烘烤上色。相較於其他烹煮方式，燜燉蔬菜可保存較長的時間，品質也不會下降太多。保存備用時，稍微蓋著蔬菜，並放進水蒸保溫檯保存。亦可放涼後冷藏，再視需求重新加熱。

烹煮蔬菜的通則 general guidelines for vegetables

每種烹煮技法都能做出特定且別具特色的蔬食菜餚，且會影響蔬菜的風味、質地與營養價值。廚師可利用技法的不同變化，視需求製作各種蔬食料理。可使用的食材有地區性與季節性的限制時，可調整烹煮方法，以順應食材需求，並達到特定效果。舉例來說，橡實南瓜通常會拿來烘烤，或製成南瓜泥，不過也可以用鮮奶油慢慢燉煮，或燒烤後搭配莎莎醬食用。多數人認為黃瓜是生食，但黃瓜其實可以蒸煮、煎炒，甚至燜煮。同一種蔬菜用不同技巧烹煮，便能做出風味、質地與色澤迥異的菜餚，令人驚豔。

小心處理蔬菜，以保存其風味、顏色、質地與營養價值。清洗葉菜類或較嬌嫩的蔬菜時，應避免蔬菜受傷，且應徹底瀝乾。

外皮較堅硬的蔬菜，在去皮前應刷洗乾淨，務必除去所有塵土或砂礫。

無論是只需簡單調味的蒸煮或沸煮蔬菜，還是複雜的焗烤蔬菜，都應確實烹煮至理想熟度，並趁熱出餐，這樣才能確保品質。出餐形式、廚房規模，以及蔬菜本身的特質與烹調方式都會影響蔬菜可預先製作的時間，及可保存的時間。煎炒、翻炒、煎炸與深炸菜餚可在出餐前一刻製作。適合保存且風味、質地都幾乎不隨時間流失的燜燉蔬菜與蔬菜泥則可預先分批大量製作，需要時再重新加熱（短暫保存有時甚至可以提升風味）。

每種蔬菜煮熟後應有的軟度都不同。例如，青花菜與四季豆等必須煮到相當柔軟才算煮熟。荷蘭豆和甜豌豆則應該保有些許緊實口感（完全煮熟但質地仍然緊實）。廚師偏好的正確熟度，也因菜式與蔬菜種類而有所不同。此外，不同烹飪技法也有不同的標準。舉例來說，翻炒蔬菜通常質地非常清脆，而烘烤與燜煮蔬菜則相當柔軟。

重新加熱蔬菜的方法

用微滾的高湯或水：用網篩或炸籃盛裝蔬菜，並放入微滾的高湯或水中，煮至蔬菜熱透即可。取出瀝乾，立刻用奶油、醬汁、調味料等收尾。

利用微波爐：通常是最適合加熱少量蔬菜的方法。將蔬菜平均鋪放在圓盤、橢圓盤等適用於微波爐的容器上。可能需要加入少許液體，維持蔬菜濕潤。用保鮮膜封住容器，並切出幾道排氣孔，讓蒸氣溢出，或可改用烘焙油紙。用最強的火力，加熱最短的時間，然後馬上收尾，完成後即可出餐。

利用煎炒或炒軟不上色：在平底煎炒鍋裡加入少量橄欖油、奶油、鮮奶油、高湯、醬汁或蜜汁，並放入蔬菜，以中大火拋翻，直到蔬菜熱透。視需要加入調味料，完成後即可出餐。

沸煮胡蘿蔔

Boiled Carrots

10份

- 水2.88公升
- 鹽，視需求添加
- 胡蘿蔔1.36公斤，切成適當形狀（滾刀塊、圓片、長條、絲等）

1. 水倒入大型鍋子中，加熱至沸騰，用足量鹽調味，然後放入胡蘿蔔。視需要加蓋，讓水儘快恢復沸騰。火關小，讓液體維持小滾。
2. 胡蘿蔔下鍋煮至軟化，約需4-7分鐘，確切時間依食材厚度而定。取出後立刻瀝乾。
3. 煮好的胡蘿蔔可以立刻出餐、視需求收尾，或快速降溫後冷藏備用，出餐前再重新加熱。

沸煮毛豆

Boiled Edamame

10份

- 海鹽170克
- 水960毫升
- 去莢毛豆454克

1. 水倒入中型高湯鍋中，加入167克海鹽，剩餘3克（1小匙）留作備用，接著加熱至沸騰。
2. 毛豆下鍋煮至軟化，約需4-5分鐘。取出瀝乾，用預留的3克（1小匙）海鹽調味。趁熱出餐或放涼至室溫。

蒸青花菜

Steamed Broccoli

10份

- 青花菜1.59公斤（約4株）
- 鹽，視需求添加
- 黑胡椒粉，視需求添加

1. 修整青花菜，去除莖上的皮，並切成小株。平鋪在蒸架或蒸盤上，以鹽和胡椒調味。
2. 蒸煮器加蓋，將底部的水加熱至完全沸騰。取下蓋子，放入鋪有青花菜的蒸架或蒸盤，蒸5-7分鐘至青花菜軟化。
3. 取出青花菜，以鹽和胡椒調味後立刻出餐。若不立刻出餐，則先不要調味，放涼後備用。

蒜香青花菜：取中型平底煎炒鍋，以奶油或植物油爆香蒜片。蒜片稍微變成褐色後，放入蒸青花菜，與奶油一起拋翻、翻拌至充分加熱。視需求以鹽和胡椒調味，然後立刻出餐。

蜜甜菜

蜜甜菜

Glazed Beets

10份

- 水3.84公升
- 紅酒醋或白酒醋60毫升
- 紅甜菜或金甜菜1.13公斤，切除菜葉與根部，帶皮清洗
- 糖99克
- 紅酒醋或白酒醋15毫升（1大匙）
- 柳橙汁45毫升（3大匙）
- 雞高湯240毫升（見263頁）
- 奶油43克
- 鹽，視需求添加
- 黑胡椒粉，視需求添加

1. 將水與60毫升的醋倒入大型鍋子中，並放入甜菜。液體加熱至沸騰，然後把火關小，讓液體保持微滾。甜菜烹煮至軟化，可用叉子或竹籤刺穿，約需40分鐘，確切烹煮時間視甜菜塊大小而定。
2. 取出甜菜並瀝乾，稍微降溫後去皮，切成0.6公分的圓片或大小一致的角形。保溫備用。
3. 在小型平底煎炒鍋內混合15毫升醋、果汁與高湯，糖與奶油下鍋，加熱至微滾。慢煮約15分鐘，直到蜜汁變成淺糖漿狀。
4. 準備出餐時，用蜜汁澆淋甜菜，以中火拋翻。以鹽和胡椒調味後立刻出餐。

鮮奶油玉米

Creamed Corn

10份

- 剁細的韭蔥170克，選用蔥白與淡綠色的蔥綠
- 高脂鮮奶油480毫升
- 鹽，視需求添加
- 黑胡椒粉，視需求添加
- 磨碎的肉豆蔻，視需求添加
- 玉米粒680克，新鮮或冷凍皆可
- 剁碎的細葉香芹3克（1大匙）

1. 在不起化學反應的的中型醬汁鍋內混和韭蔥和鮮奶油，以鹽、胡椒和肉豆蔻調味。用中火烹煮，直到鮮奶油收乾一半。
2. 以沸水蒸熟玉米粒，約需4-5分鐘。取出瀝乾後放入韭蔥混合物中，再烹煮2-3分鐘，直到風味和質地都達到理想狀態。
3. 視需要以鹽和胡椒調味。若要立刻出餐，放入剁碎的細葉香芹，或等到出餐前再加入。煮好的鮮奶油玉米可立刻出餐，或保溫待稍後出餐。

鍋蒸胡蘿蔔

Pan-Steamed Carrots

10份

- 胡蘿蔔片1.13公斤，0.6公分厚
- 奶油85克
- 剁碎的歐芹1克（1小匙）
- 鹽，視需求添加
- 黑胡椒粉，視需求添加

1. 將鹽水倒入大型醬汁鍋內，水深約3公分，加熱至沸騰。
2. 胡蘿蔔下鍋，視需要加水，讓水幾乎淹過胡蘿蔔。加熱至沸騰。蓋好鍋蓋並稍微關小爐火。
3. 胡蘿蔔蒸至熟透且口感軟嫩，約需5-6分鐘。
4. 煮好後，濾掉鍋裡多餘的水，將胡蘿蔔放回爐火上，讓多餘的水氣蒸發。放入奶油與歐芹，並以鹽和胡椒調味。翻炒、拋翻胡蘿蔔，充分加熱，並讓蜜汁均勻沾裹。完成後立刻出餐。

鍋蒸法國四季豆：用1.13公斤修整過的法國四季豆取代胡蘿蔔。按上述作法烹煮四季豆。收尾時，用30毫升橄欖油煎炒9克紅蔥末，直到紅蔥末變成半透明。接著加入煮熟的四季豆一起拋翻，使四季豆均勻沾附紅蔥末。用鹽和胡椒調味，就可出餐。

美洲山核桃胡蘿蔔：按上述作法烹煮胡蘿蔔。進行到步驟4時，放入奶油、紅蔥末21克、蜂蜜43克與剁碎的烤美洲山核桃85克，並以細葉香芹末取代歐芹。

薑味荷蘭豆與夏南瓜

Gingered Snow Peas and Yellow Squash

10份

- 花生油30毫升（2大匙）
- 薑末18克（2大匙）
- 紅蔥末14克（2大匙）
- 蒜末6克（2小匙）
- 荷蘭豆680克，去筋絲
- 夏南瓜中丁340克
- 鹽，視需求添加
- 現磨白胡椒，視需求添加

1. 油倒入大型平底煎炒鍋，以中火加熱。
2. 薑、紅蔥、蒜頭下鍋爆香約1分鐘。
3. 放入荷蘭豆與夏南瓜，煎炒2-3分鐘至蔬菜軟化。以鹽和胡椒調味，立刻出餐。

核桃四季豆

Green Beans with Walnuts

10份

- 法國四季豆1.13公斤，洗淨
- 奶油57克
- 紅蔥末57克
- 蒜末3克（1小匙）
- 雞高湯240毫升，滾燙（見263頁）
- 鹽，視需求添加
- 黑胡椒粉，視需求添加
- 核桃油30毫升（2大匙）
- 剁碎的核桃85克
- 細葉香芹末3克（1大匙）

1. 依喜好斜切四季豆。
2. 用小型雙耳燉鍋或大型平底深煎鍋加熱奶油。紅蔥與蒜頭下鍋，以中大火煎炒1-2分鐘至呈半透明。
3. 四季豆下鍋，平鋪成一層。倒入高湯，以鹽和胡椒調味。
4. 加熱至微滾，蓋上鍋蓋，四季豆蒸至軟化。這段期間，烹調湯汁的量會慢慢減少、變稠，裹在四季豆表面。視需要打開鍋蓋，再煮1-2分鐘，直到液體差不多收乾，且均勻沾裹在蔬菜上。
5. 拌勻核桃油、核桃、細葉香芹與四季豆。以鹽和胡椒調味，立刻出餐。.

蜜汁胡蘿蔔

Glazed Carrots

10份

- 奶油85克
- 胡蘿蔔滾刀塊1.13公斤
- 糖43克
- 水、雞高湯（見263頁）或蔬菜高湯（見265頁）360毫升，熱的
- 鹽，視需求添加
- 現磨白胡椒，視需求添加

1. 奶油放入大型平底煎炒鍋，以中小火加熱至融化，然後放入胡蘿蔔。
2. 蓋上鍋蓋，胡蘿蔔炒軟但不上色，約需2-3分鐘。
3. 加入糖和烹調液體，用鹽和胡椒調味。以中火加熱至微滾。
4. 蓋上鍋蓋，以小火烹煮約5分鐘，直到胡蘿蔔大致軟化。
5. 打開鍋蓋，繼續烹煮2-3分鐘，直到烹調湯汁收乾成蜜汁，且胡蘿蔔完全軟化。
6. 以鹽和胡椒調味，立刻出餐。

普羅旺斯式燒烤蔬菜

Grilled Vegetables Provençal-Style

10份

- 蒜瓣57克
- 橄欖油240毫升，或視需求添加
- 迷迭香末6克（2大匙）
- 櫛瓜567克，切1.25公分厚片（斜切成長片或縱切）
- 茄子567克，切1.25公分厚片（斜切成長片或縱切）
- 洋蔥227克，切1.25公分厚環狀
- 鹽，視需求添加
- 黑胡椒粉，視需求添加
- 青椒170克
- 紅椒170克
- 去皮、去籽的番茄中丁113克
- 巴薩米克醋15毫升（1大匙）
- 羅勒28克，切絲

1. 將蒜頭放進大型淺鍋，並倒入足量油脂，大致淹過蒜頭。迷迭香下鍋，以微火烹煮15-20分鐘，直到蒜頭去除苦澀味但尚未軟爛。鍋子離火，放涼至室溫，保留備用。
2. 將調味橄欖油刷在櫛瓜、茄子和洋蔥圈上，並以鹽和胡椒調味。用高溫燒烤蔬菜，表層變成褐色後，翻面烤軟，兩面合計至少烤3分鐘。蔬菜烤好後，移下燒烤爐。
3. 青椒與甜椒烤至各面均勻燒焦，靜置降溫後除去表皮、核、籽、胎座，再切成1.25公分條狀。
4. 在大型醬汁深鍋內放入蒜頭和60毫升的油，並以中火加熱。鍋子離火，放入番茄與烤好的蔬菜，輕輕攪拌讓風味融合。加醋，並以鹽和胡椒調味。輕輕拌入羅勒，立刻出餐。或保溫備用，出餐時，再以羅勒裝飾。

燒烤醃漬蔬菜：均勻混和植物油240毫升、醬油60毫升、檸檬汁30毫升、蒜末6克（1小匙）與壓碎的茴香籽1克（½小匙）。櫛瓜、茄子、洋蔥圈和甜椒醃漬1小時，瀝乾多餘的醃漬液後燒烤。

蜜漬麻醬烤香菇

Grilled Shiitake Mushrooms with Soy-Sesame Glaze

10份

麻醬蜜汁

- 醬油或 tamari 醬油120毫升
- 水60毫升
- 花生油或玉米油60毫升
- 塔希尼芝麻醬57克
- 芝麻油15毫升（1大匙）
- 蒜末9克（1大匙）
- 薑末6克（2小匙）
- 粗粒辣椒粉1克（½小匙）（非必要）

- 香菇1.13公斤
- 青蔥10根，洗淨、修整根部
- 乾炒芝麻21克

1. 在小碗中均勻混合所有蜜汁材料，並冷藏保存，要用時再取出。
2. 若想要，可將大型蕈傘縱切剖半。
3. 用蜜汁醃漬香菇和青蔥15-60分鐘。
4. 取出香菇和青蔥，瀝乾多餘蜜汁。
5. 燒烤香菇與青蔥，直到各面出現烤痕且熟透，每一面約需2分鐘。
6. 撒上芝麻，立刻出餐。

NOTE：烤好的香菇可放回醃漬液，也可放涼至室溫，或作為沙拉或其他菜餚的盤飾。

蜜漬麻醬烤香菇

櫛瓜煎餅佐希臘黃瓜優格醬

Zucchini Pancakes with Tzatziki

10份

- 櫛瓜326克，刨絲
- 鹽，視需求添加
- 青蔥128克，切薄片
- 雞蛋4顆
- 中筋麵粉71克
- 剁碎的蒔蘿14克
- 剁碎的歐芹35克
- 剁碎的龍蒿6克（2大匙）
- 黑胡椒粉1克（½小匙）
- 希臘菲達乳酪85克，壓碎
- 松子85克
- 橄欖油，視需求添加

希臘黃瓜優格醬

- 原味優格120毫升
- 酸奶油120毫升
- 黃瓜71克，去皮、去籽、切小丁
- 蒜末3克（1小匙）
- 特級初榨橄欖油15毫升（1大匙）
- 薄荷末或蒔蘿末3克（1大匙）
- 檸檬汁5毫升（1小匙）
- 檸檬皮刨絲1.5克（½小匙）
- 鹽，視需求添加
- 黑胡椒粉，視需求添加

1. 櫛瓜放入濾鍋，撒上5克（½小匙）鹽，靜置30分鐘。
2. 擠壓櫛瓜，盡量去除所有水分。用紙巾包住櫛瓜並壓乾。
3. 混合櫛瓜、青蔥、雞蛋、麵粉、蒔蘿、歐芹與龍蒿，以鹽和胡椒調味，拌勻後，輕輕拌入希臘菲達乳酪（見右方NOTE）。
4. 拌入松子。
5. 做好的煎餅放上淺烤盤，以149℃的烤爐保溫。
6. 在大型平底煎炒鍋內倒入足量油脂，油高約0.3公分，以中大火加熱直到出現油紋。煎餅應分批製作，每次放入30-45毫升（2-3大匙）的櫛瓜混合物，保留充分空間讓煎餅在烹煮時自由定型。煎餅的每一面需煎大約3分鐘才會熟透，且變成金褐色。煎餅放進烤爐保溫之前，先用紙巾吸掉多餘的油脂。視需要倒入更多油脂。
7. 用食物調理機將優格、酸奶油、黃瓜與蒜頭打成泥，製成希臘黃瓜優格醬。用碗盛裝混合物，並輕輕拌入橄欖油、薄荷、檸檬汁與檸檬皮刨絲。
8. 攪拌均勻，以鹽和胡椒調味。冷藏至出餐前取出。
9. 在煎餅旁放上希臘黃瓜優格醬，一併出餐。

NOTE：前4個步驟可於出餐前3小時預先完成，並密封冷藏。繼續製作前應先攪拌均勻。

蘆筍佐檸檬荷蘭醬

Asparagus with Lemony Hollandaise

10份

荷蘭醬

- 紅蔥末14克
- 拍碎的黑胡椒1.5克
- 白酒45毫升
- 蘋果醋90毫升
- 冷水180毫升
- 蛋黃6顆
- 澄清奶油454克，溫熱
- 檸檬汁10毫升（2小匙）
- 鹽3克（1小匙）
- 白胡椒粉0.5克（¼小匙）

- 辣醬1.25毫升（¼小匙）
- 蘆筍1.96公斤
- 水7.68公升
- 鹽57克

1. 製作荷蘭醬時，將紅蔥、拍碎的黑胡椒放入小型醬汁鍋，並倒入白酒與蘋果醋，以中火加熱約5分鐘，煮至幾乎收乾。
2. 立刻倒入冷水，避免醬汁繼續收乾。混合物瀝乾、冷卻後混入蛋黃，並攪打均勻。
3. 在微滾的熱水上加熱攪拌盆，注意盆底不要碰到熱水。繼續攪打混合物，直到質地變得輕盈蓬鬆，拉起打蛋器時，混合液呈帶狀落回盆中。攪拌盆每分鐘應離開熱源約10秒，溫度穩定後再放回。整個過程都要不斷攪打，這麼做可避免混合液因餘溫加熱而煮過頭。
4. 一邊攪打蛋黃混合物，一邊慢慢倒入澄清奶油。奶油若無法馬上融入混合液，應先暫停倒入奶油，待盆內奶油與混合液攪打均勻後，再繼續倒入。
5. 奶油完全融入混合液後，再攪打10秒鐘，並以檸檬汁、鹽、白胡椒和辣醬調味。
6. 過濾混合液，去除結塊，然後立刻出餐，或倒入金屬容器中，以66℃浴槽保溫。
7. 修整蘆筍，去除較硬的部分。輕輕彎摺，讓蘆筍自然斷裂。
8. 在大型高湯鍋裡加水、加鹽並加熱至沸騰。蘆筍下鍋，沸煮至熟透，約需5分鐘。
9. 瀝乾蘆筍，搭配荷蘭醬立刻出餐。

烤橡實南瓜佐蔓越莓橙醬

Baked Acorn Squash with Cranberry-Orange Compote

12份

- 橡實南瓜3個（每個約680克）
- 紅糖、蜂蜜或楓糖漿71克
- 奶油142克，切12份
- 鹽5克（1½小匙），或視需求添加
- 黑胡椒粉1.5克（¾小匙），或視需求添加
- 蔓越莓橙醬720毫升（見下方食譜）

1. 橡實南瓜切成四半、去籽，切面朝上放入淺烤盤。撒上糖，並在每塊南瓜上放1塊奶油。用鹽和胡椒調味。
2. 用鋁箔紙蓋住南瓜，放入烤爐以204℃烘烤30分鐘。移除鋁箔紙，繼續烘烤約15分鐘，直到南瓜軟化。烘烤時，不時用流出的湯汁澆淋南瓜。
3. 烤好的南瓜放在熱的餐盤上出餐，並淋上60毫升的蔓越莓橙醬。

蔓越莓橙醬

Cranberry-Orange Compote

960毫升

- 蔓越莓907克
- 柳橙汁360毫升
- 糖227克，或視需求添加
- 橙皮113克，切絲、汆燙
- 鹽，視需求添加
- 黑胡椒粉，視需求添加

1. 在不起化學反應的中型醬汁鍋內混合蔓越莓、柳橙汁和足量清水，液體應恰好淹過蔓越莓。加糖，以中火烹煮8-10分鐘至蔓越莓軟化、液體變稠。
2. 拌入橙皮，以鹽和胡椒調味。完成後趁熱出餐。

金線瓜

金線瓜

Spaghetti Squash

10份

- 金線瓜1.81公斤
- 奶油28克
- 鹽，視需求添加
- 黑胡椒粉，視需求添加

1. 金線瓜剖半、去籽，切面朝下，放上中型烤肉盤。倒入足量清水，淹過金線瓜的⅓。烤肉盤加蓋或覆蓋鋁箔紙。
2. 以191℃的烤爐烘烤約1小時，直到金線瓜變得軟爛。檢查熟度的方法是，用肉叉或削皮小刀輕刺瓜肉，若可輕易插入表示已經熟透了。
3. 金線瓜放涼到可以徒手處理後，挖出瓜肉，用叉子刮成細絲。
4. 將瓜肉放入大型平底深煎鍋，和奶油一起用中火煎炒。以鹽和胡椒調味後，立刻出餐。

白胡桃瓜泥

Butternut Squash Purée

10份

- 白胡桃瓜1.81公斤，剖半、去籽
- 奶油113克，軟化
- 高脂鮮奶油120毫升，熱的
- 鹽，視需求添加
- 黑胡椒粉，視需求添加

1. 白胡桃瓜切開後，切面朝下放在中型烤肉盤上。倒入清水，讓烘烤在起始階段能產生足量蒸氣，視需求加蓋或用鋁箔紙覆蓋。
2. 以191℃的烤爐烘烤約1小時，直到白胡桃瓜變得非常軟爛。檢查熟度的方法是，用肉叉或削皮小刀輕刺瓜肉，若可輕易插入表示已經熟透了。在烘烤的最後15分鐘取下蓋子或鋁箔紙，將白胡桃瓜烘烤上色。
3. 取出白胡桃瓜，待放涼到徒手處理不會燙傷時（溫度仍非常高），挖出果肉。
4. 用食物碾磨器、果汁機或食物調理機，將瓜肉攪成泥。
5. 若有需要，可將瓜泥放進中型湯鍋，用小火烹煮、稠化。
6. 拌入奶油與鮮奶油，以鹽和胡椒調味。瓜泥做好後可以馬上使用，或快速冷卻後冷藏備用。

咖哩風味烤花椰菜

Curried Roasted Cauliflower

10份

- 花椰菜2顆（約1.81公斤），去主莖
- 橄欖油60毫升，或視需求增減
- 咖哩粉13克（2大匙）（按369頁食譜製作或購得）
- 磨碎的孜然4克（2小匙）
- 鹽3克（1小匙），或視需求增減
- 黑胡椒粉1克（½小匙），或視需求增減

1. 將花椰菜分成小株，較大者需剖半，加入橄欖油、咖哩粉、孜然、鹽和胡椒拌勻。
2. 將花椰菜放在鋪有烘焙油紙的淺烤盤上，以240℃的烤爐烘烤約30分鐘，直到外觀呈金褐色。烘烤期間視情況翻面。烤好後立刻出餐。

烤番茄

Oven-Roasted Tomatoes

10份

- 羅馬番茄2.04公斤
- 特級初榨橄欖油90毫升
- 蒜末14克
- 紅蔥末14克
- 羅勒細絲2克（2小匙）
- 剁碎的奧勒岡2克（2小匙）
- 剁碎的百里香1克（1小匙）
- 鹽，視需求添加
- 黑胡椒粉，視需求添加

1. 番茄去蒂後切成適當的形狀（2等份、4等份、角形或片狀）。在淺烤盤裡放上烤架，番茄的帶皮面朝下，平鋪在烤架上。
2. 混合橄欖油、蒜頭、紅蔥、羅勒、奧勒岡與百里香，並以鹽和胡椒調味。將混合液淋或刷在番茄上，小心翻面，讓番茄表面裹上混合液。烘烤前，務必確認番茄的帶皮面朝下。
3. 以135℃的烤爐烘烤1-1½小時，直到番茄脫水且稍微呈褐色。
4. 烤好的番茄可直接出餐，也可當作其他菜餚的材料，或在烤架上放涼後加蓋並冷藏保存。

烤番茄

醃烤甜椒

醃烤甜椒

Marinated Roasted Peppers

10份

- 烘烤過的紅椒及黃椒1.93公斤（見694頁）
- 橄欖油120毫升
- 黃金葡萄乾113克
- 乾炒松子113克
- 剁碎的歐芹14克
- 蒜末7.5克（2½小匙）
- 鹽，視需求添加
- 黑胡椒粉，視需求添加

1. 烤好的甜椒切成0.6公分厚片，放入網篩或濾鍋裡瀝乾2小時。
2. 拌勻甜椒、橄欖油、葡萄乾、松子、歐芹與蒜頭，並以鹽和胡椒調味。
3. 立刻出餐，或冷藏備用。

烤胡蘿蔔

Roasted Carrots

10份

- 鴨油、豬油或植物油57克
- 滾刀塊的胡蘿蔔1.13公斤
- 鹽，視需求添加
- 黑胡椒粉，視需求添加

1. 用177℃的烤爐預熱中型烤肉盤，並融化油脂。
2. 放入胡蘿蔔，與融化的油脂翻拌均勻，並以鹽和胡椒調味。胡蘿蔔烘烤至軟化且呈金褐色即可，烘烤期間視情況翻動。
3. 立刻出餐。

蝦餡佛手瓜

Shrimp-Stuffed Mirlitons

10份

- 佛手瓜5顆
- 奶油85克
- 洋蔥末227克，切末
- 中型青椒2顆，切小丁
- 芹菜莖2枝，切小丁
- 蒜瓣2粒，切末
- 去殼、去腸泥的蝦子小丁227克
- 新鮮麵包粉142克
- 辣醬，視需求添加
- 百里香末3克（1大匙）
- 鹽，視需求添加
- 黑胡椒粉，視需求添加
- 雞蛋1顆，稍微打散
- 植物油，視需求添加

1. 將鹽水倒入大型醬汁鍋，並以大火燒開。佛手瓜下鍋沸煮約20分鐘，變得軟爛即可取出瀝乾。
2. 待佛手瓜放涼到可以徒手處理，縱切剖半，取出並丟棄中央的籽，挖出瓜肉，保留完整外皮，厚度約0.6公分。粗切瓜肉留作備用。
3. 將57克奶油放入大型平底煎炒鍋，以中火加熱至融化。洋蔥、青椒、芹菜和蒜頭下鍋翻炒約5分鐘，直到蔬菜開始軟化。放入瓜肉，再煮5分鐘，接著放入蝦仁丁，並拌入麵包粉85克、辣醬與百里香。以鹽和胡椒調味。
4. 稍微放涼餡料，拌入蛋液。
5. 佛手瓜切面朝上，放在抹油的淺烤盤上。餡料填進瓜殼，撒上剩下的麵包粉並綴以剩餘的奶油。
6. 烤盤放入烤爐，不用加蓋，以177℃烘烤30-35分鐘，直到餡料變得緊實且呈金褐色。烤好後立刻出餐。

烤千層茄子

Eggplant Parmesan

10份

- 茄子1.81公斤
- 鹽43克
- 黑胡椒粉2克（1小匙）
- 中筋麵粉369克
- 蛋液480毫升（見365頁）
- 乾燥麵包粉680克
- 植物油780毫升
- 番茄醬汁1.5公升（見295頁）
- 帕爾瑪乳酪絲284克
- 莫札瑞拉乳酪680克，切0.3公分厚片（20片）

1. 茄子去皮並切成1公分的大圓片，共需40片茄子（每份4片）。用鋪有烘焙油紙的淺烤盤盛裝茄子片，撒少許鹽，靜置30分鐘，讓茄子出水。
2. 用紙巾吸乾茄子表面的水分，以胡椒調味，並以標準裹粉法裹上麵包粉（見365頁）。
3. 將油脂放入大型平底煎炒鍋，以中大火加熱。分批煎炸茄子片，直到表面變金褐色。炸好的茄子放到紙巾上，瀝乾2-3分鐘，再移到烤架上靜置。
4. 將10個容量360毫升的法式小砂鍋放上淺烤盤，在每個砂鍋裡倒番茄醬汁60毫升，然後放上2片炸好的茄子，表面撒上帕爾瑪乳酪約14克及1片莫札瑞拉乳酪。接著重複動作，淋上番茄醬汁約60毫升，上頭放2片茄子。最後在表層淋上至少30毫升的番茄醬汁，並放上剩餘的莫札瑞拉乳酪和14克帕爾瑪乳酪。
5. 烤盤放入烤爐，以177℃烘烤至表層呈金褐色且醬汁開始冒泡。烤好後立刻出餐。

烤千層茄子

poblano 椒鑲豆

Poblano 椒鑲豆

Poblanos Rellenos

10份

- 乾燥黑豆113克，浸泡過夜
- 乾燥紅腎豆113克，浸泡過夜
- poblano 椒10條

餡料

- 洋蔥小丁57克
- 蒜末6克（2小匙）
- 橄欖油15毫升（1大匙）
- 哈拉佩諾辣椒傑克乳酪絲113克
- 乾傑克乳酪絲113克
- chihuahua 乳酪絲113克
- 淡味 caciotta 乳酪113克
- 剁碎的墨角蘭2克（2小匙）
- 乾燥土荊芥1.5克（1½小匙）
- 乾燥墨西哥奧勒岡2克（1小匙），壓碎
- 鹽6.5克（2小匙）

- 黑胡椒粉1克（½小匙）
- 墨西哥玉米脆餅60片（見962頁）
- 芫荽10枝
- 酪梨沙拉醬300毫升（見958頁）
- 酸奶油150毫升
- 夏南瓜莎莎醬300毫升（食譜見右欄）

1. 豆子分別以微滾水烹煮到完全軟化，黑豆需煮約90分鐘，紅腎豆約1小時。煮熟後瀝乾、放涼，使溫度降至室溫。
2. 洗淨、拍乾 poblano 椒，以中溫明火烘烤，視情況翻動以確保均勻烘烤。待辣椒烤到半軟且表皮大致燒焦，便可放入大型方形調理盆，封上保鮮膜，靜置出水30分鐘。
3. 用削皮小刀的刀背去除辣椒表皮，小心不要傷到可食用部分。縱切辣椒，劃出一道切口，刮除內部的籽，注意辣椒應保持完整。
4. 製作餡料時，將橄欖油倒入中型平底煎炒鍋，以中火翻炒洋蔥與蒜頭2-3分鐘，直到蔬菜出水且變半透明。放入豆類食材、哈拉佩諾辣椒傑克乳酪、乾傑克乳酪、chihuahua 乳酪、caciotta 乳酪、墨角蘭、土荊芥、奧勒岡、3克（1小匙）鹽與胡椒，輕輕拌勻所有材料。
5. 每根辣椒填入85克餡料，小心不要塞太滿。疊合辣椒切口，使接縫密合。
6. 以177℃的烤箱烘烤辣椒18-20分鐘，直到餡料燙口。
7. 辣椒鑲豆應搭配以下食材一起出餐：墨西哥玉米脆餅6片、芫荽枝1枝、酪梨沙拉醬30毫升（2大匙）、酸奶油15毫升（1大匙）與夏南瓜莎莎醬30毫升（2大匙）。

NOTE：辣椒鑲豆也可以依喜好裹上麵糊後深炸，如528頁的辣椒鑲瓦哈卡肉餡。

夏南瓜莎莎辣醬

Summer Squash Salsa

960毫升

- 夏南瓜1顆，去籽、切小丁
- 櫛瓜1顆，去籽、切小丁
- 胡蘿蔔小丁43克
- 橢圓形番茄小丁184克
- 黏果酸漿小丁85克
- 紅洋蔥小丁85克
- chipotle 辣椒末14克
- 粗切墨角蘭1.5克（1½小匙）
- 粗切芫荽4克（4小匙）
- 特級初榨橄欖油30毫升（2大匙）
- 米酒醋30毫升（2大匙）

- 糖2.5克（½小匙）
- 鹽，視需求添加
- 黑胡椒粉，視需求添加

1. 夏南瓜、櫛瓜與胡蘿蔔分別用沸騰的鹽水汆燙軟化，放入冰水浴槽冰鎮後，取出瀝乾。
2. 均勻混和以下食材，並以鹽和胡椒調味：煮好的夏南瓜、櫛瓜、胡蘿蔔和番茄、黏果酸漿、洋蔥、chipotle 辣椒、墨角蘭、芫荽、橄欖油、醋與糖。
3. 莎莎醬可於此階段出餐，或冷藏備用。

墨西哥蘑菇薄餅
佐兩種莎莎辣醬

Mushroom Quesadillas with Two Salsas

10份

墨西哥麵粉薄餅

- 起酥油78克
- 中筋麵粉539克
- 鹽14克
- 水300毫升（32℃）

蘑菇內餡

- 橄欖油15毫升
- 洋蔥末191克
- 蒜瓣3粒，切末
- 蘑菇907克，切0.3公分厚片
- 塞拉諾辣椒末8克（1大匙）
- 萊姆汁90毫升
- 乾燥土荊芥1克（1小匙）
- 乾燥百里香3克（1½小匙）
- 鹽，視需求添加
- 黑胡椒粉，視需求添加

- Chihuahua 乳酪227克
- 乾花豆燉湯1.92公升（見773頁）
- 墨西哥風味飯907克（見782頁）
- 莎莎紅醬454克（見954頁）
- 莎莎粗青醬765克（見954頁）

1. 製作墨西哥麵粉薄餅時，在中型攪拌盆中用指尖均勻混合起酥油和麵粉，持續搓揉直到混合物變鬆鬆的一團。
2. 加入鹽和水，混合成滑順的麵糰。攪拌盆加蓋，讓麵糰在室溫靜置20分鐘。
3. 在工作檯上撒一些麵粉，將麵糰分成50克的小塊，並擀成厚度約0.15公分的圓形。刷掉多餘麵粉，疊起擀好的麵皮，注意每張麵皮間應以烘焙油紙隔開，避免沾黏。
4. 分批將麵皮放進中型鍋，以中火乾煎2-3分鐘，直到兩面都稍微呈褐色。煎好的薄餅加蓋保留備用。
5. 製作蘑菇內餡時，將油倒入中型平底煎炒鍋，以中火加熱。煎炒洋蔥與蒜頭4-5分鐘，洋蔥變半透明後，放入蘑菇與辣椒，繼續煎炒4-5分鐘，直到蘑菇軟化。
6. 萊姆汁、土荊芥與百里香下鍋，並以鹽和胡椒調味。繼續烹煮直到液體蒸發。混合物放涼後保留備用。
7. Chihuahua 乳酪刨成絲，拌入蘑菇餡。
8. 將蘑菇餡分成小份，夾到兩片麵粉薄餅之間。
9. 在鑄鐵平底深煎鍋底部抹上薄薄一層油，放上夾了蘑菇餡的薄餅，以中火加熱至外層稍微呈褐色，且餡料熱透。視需要用177℃的烤爐烘烤，作為收尾。
10. 搭配乾花豆燉湯、墨西哥風味飯、莎莎紅醬與莎莎粗青醬一起出餐。

時蔬鹹塔

Seasonal Vegetable Tarts

10份

- 橄欖油75毫升
- 洋蔥片184克
- 蒜頭14克
- 櫛瓜284克，斜切0.6公分厚片
- 夏南瓜397克，斜切0.6公分厚片
- 茄子482克，斜切0.6公分厚片
- 橢圓形番茄361克，斜切0.6公分厚片
- 鹽，視需求添加
- 黑胡椒粉，視需求添加
- 剁碎的百里香6克（2大匙）
- 去核的卡拉瑪塔橄欖28克，粗切

脆皮酥塔

- 低筋麵粉1.02公斤
- 鹽21克
- 奶油510克，切塊
- 水240毫升
- 雞蛋113克

盤飾

- 羅勒，切絲，視需求添加

1. 在中型煎炒鍋裡加熱37.5克的橄欖油。洋蔥炒軟不上色，約需4-5分鐘。接著放入蒜頭煎炒至散發香氣。起鍋後保留備用。
2. 將剩餘的橄欖油倒入鍋內，分別炒軟櫛瓜、夏南瓜與茄子，炒好後取出，放入同一個攪拌盆內備用。
3. 拌勻以下食材，並以鹽和胡椒調味：番茄、櫛瓜、夏南瓜與茄子。完成後再加入百里香和橄欖，拌勻後備用。
4. 製作酥塔皮時，在電動攪拌機的攪拌盆內放入麵粉、鹽，用麵糰勾充分混合，接著放入奶油，攪打至麵糰結成小塊。
5. 混合水和雞蛋，慢慢倒入麵糊，以低速攪拌，混合成表面粗糙的麵糰。取出後，用保鮮膜包緊，放入冰箱靜置1小時。
6. 在工作檯上撒一些麵粉，將麵糰分成10等份。小塊麵糰包好後，冷藏備用，等到要使用時再取出（見下方NOTE）。
7. 在工作檯上撒一些麵粉，將麵糰擀成0.3公分厚的圓形。用15公分（6吋）模具切割麵糰，並用叉子戳幾個洞，放上鋪有烘焙油紙的淺烤盤，以177℃的烤爐烘烤約20分鐘，直到表面呈金褐色。取出後放涼。
8. 塔皮冷卻後，填入預先做好的洋蔥蒜頭混合物，然後放上蔬菜，鋪成圓形。組合好的蔬菜塔以177℃的烤爐烘烤約10分鐘至熱透。最後以羅勒絲裝飾，並立刻出餐。

NOTE：酥塔皮可以冷藏或冷凍保存。冷凍麵糰應靜置於室溫解凍。

煎炒芝麻菜

Sautéed Arugula

10份

- 芝麻菜1.81公斤
- 植物油或橄欖油60毫升
- 紅蔥末14克
- 蒜末7.5克（2½小匙）
- 鹽，視需求添加
- 黑胡椒粉，視需求添加

1. 洗淨、瀝乾芝麻菜，去掉任何堅硬或裂開的莖。
2. 用特大型平底煎炒鍋加熱油脂，以中火煎炒紅蔥1-2分鐘，開始轉半透明即可放入蒜頭，繼續炒到散發香氣。
3. 芝麻菜下鍋，裝滿鍋子（芝麻菜炒過體積會縮小）。一邊炒，一邊翻拌，視需要分批烹煮。
4. 芝麻菜煎炒至完全軟化且燙口。以鹽和胡椒調味後，立刻出餐。

清炒青江菜

Stir-Fried Shanghai Bok Choy (Qinchao Shanghai Baicai)

10份

- 嫩青江菜907克
- 植物油60毫升
- 蒜瓣8粒，切薄片
- 鹽，視需求添加
- 糖，視需求添加

1. 青江菜洗淨、瀝乾，縱切成兩半，去除根部的硬梗，使菜葉均勻烹煮。
2. 用沸騰鹽水汆燙菜葉，然後放入冰水浴槽冰鎮，取出後瀝乾。
3. 用炒鍋加熱植物油，放入蒜頭，翻炒到散發香氣且呈淺褐色。
4. 青江菜下鍋，翻炒至熟透。視需要倒入少量清水，避免蒜頭燒焦。以鹽和糖調味。
5. 立刻出餐。

清炒青江菜

炒夏南瓜絲

Summer Squash Noodles

10份

- 夏南瓜360克，切長絲
- 櫛瓜360克，切長絲
- 韭蔥360克，使用淺綠色蔥綠與蔥白，切長絲並汆燙
- 四季豆360克，汆燙、縱向剝開
- 奶油43克
- 鹽，視需求添加
- 黑胡椒粉，視需求添加
- 香料植物21克，例如龍蒿、羅勒或芫荽，剁碎

1. 在大型攪拌盆內拌勻夏南瓜、櫛瓜、韭蔥，以及四季豆。
2. 把奶油放入大型平底煎炒鍋，以中火加熱。蔬菜下鍋，煎炒、拋翻至熱透且軟化，約需5分鐘。
3. 以鹽和胡椒調味，再加入剁碎的香料植物，立刻出餐。

麥年比利時苦苣

Belgian Endive à la Meunière

10份

- 比利時苦苣1.13公斤
- 鹽28克，視需求增加用量
- 糖15克（1大匙）
- 檸檬汁60毫升
- 牛奶180毫升
- 黑胡椒粉，視需求添加
- 中筋麵粉64克
- 澄清奶油或其他油脂45毫升（3大匙）
- 全脂奶油85克
- 剁碎的歐芹14克

1. 摘除比利時苦苣外層損傷的葉片，並修整根部。準備一大型鍋子清水，加熱至沸騰，用鹽、糖和15毫升（1大匙）的檸檬汁調味。放入比利時苦苣，煮約3分鐘至半熟。取出瀝乾，放入冰水浴槽冰鎮，取出後完全瀝乾。
2. 用鋒利的刀子修整比利時苦苣根部的硬梗（不要全部切除，避免菜葉散開），並用手掌稍微壓平。
3. 沾取牛奶，以鹽和胡椒調味。撒上麵粉，並抖落餘粉，避免過量。
4. 將澄清奶油倒入大型厚底平底煎炒鍋，以中大火加熱。煎炒苦苣至兩面焦脆呈褐色，總烹煮時間3-4分鐘。苦苣起鍋後應保溫。
5. 倒掉鍋內剩餘的油脂，放入全脂奶油，以中火烹煮至呈褐色且散發堅果香氣。倒入剩餘檸檬汁，並放入歐芹，輕晃鍋子煮2-3分鐘，直到混合物稍微變稠。用鍋底醬澆淋苦苣，立刻出餐。

辣味蒜香球花甘藍

Broccoli Rabe with Garlic and Hot Crushed Pepper (Cime di Broccoli con Aglio e Pepperoncino)

10份

- 球花甘藍1.81公斤，洗淨、修除硬莖
- 特級初榨橄欖油60毫升
- 薄蒜片28克
- 粗粒辣椒粉2.5克（1¼小匙）
- 雞高湯120毫升（見263頁），或視需求添加
- 鹽，視需求添加
- 檸檬汁30毫升（2大匙）
- 檸檬皮刨絲5克（1½小匙）

1. 準備一大型鍋子鹽水，煮至沸騰。球花甘藍分批下鍋，烹煮約3分鐘至稍微軟化但仍然緊實，放入冰水浴槽中冰鎮，然後徹底瀝乾。若非馬上要使用，可先冷藏備用。
2. 將油倒入大型平底煎炒鍋，以中大火加熱。加入蒜頭與粗粒辣椒粉，再煎炒約2分鐘至蒜頭呈淺金色。
3. 放入球花甘藍與高湯，以大火烹煮，充分攪拌，使蒜頭與辣椒均勻分布。烹煮2-3分鐘至大部分液體蒸發。
4. 以鹽和檸檬汁調味。用檸檬皮刨絲裝飾後，立刻出餐。

園丁香蔬

Jardinière Vegetables

10份

- 胡蘿蔔255克，切長條
- 芹菜255克，切長條
- 白蕪菁255克，切成條
- 青豆仁255克
- 奶油113克
- 鹽，視需求添加
- 黑胡椒粉，視需求添加
- 糖，視需求添加
- 剁碎的歐芹3克（1大匙）

1. 用大型高湯鍋煮沸鹽水。分別放入胡蘿蔔、芹菜、蕪菁與青豆仁，汆燙1-2分鐘，取出瀝乾後放入冰水浴槽冰鎮，然後再次瀝乾。
2. 將奶油放入大型平底煎炒鍋，以中火加熱。放入蔬菜（單份或是分批處理），以鹽、胡椒和糖調味，拋翻或翻炒至蔬菜均勻沾裹奶油且非常燙口。
3. 添加歐芹，立刻出餐。

炒蔬菜絲

Vegetable Julienne

10份

- 胡蘿蔔113克，切絲
- 芹菜113克，切絲
- 韭蔥113克，只用淺綠色蔥綠與蔥白，切絲
- 奶油57克
- 鹽，視需求添加
- 黑胡椒粉，視需求添加

1. 用大型高湯鍋煮沸鹽水。分別放入胡蘿蔔、芹菜與韭蔥，汆燙1-2分鐘，取出瀝乾後放入冰水浴槽冰鎮，然後再次瀝乾。
2. 將奶油放入中型平底煎炒鍋，以中火加熱。放入蔬菜（單份或是分批處理），以鹽和胡椒調味。拋翻或翻炒到蔬菜均勻沾覆上奶油且非常燙口。
3. 立刻出餐。

綜合炒蔬菜丁

Macédoine of Vegetables

10份

- 奶油57克
- 蘑菇大丁57克
- 紅蔥末14克
- 洋蔥大丁57克
- 芹菜大丁113克
- 櫛瓜大丁170克
- 夏南瓜大丁170克
- 胡蘿蔔大丁170克，蒸煮或沸煮至軟化
- 白蕪菁大丁170克，蒸煮或沸煮至軟化
- 蕪菁甘藍大丁170克，蒸煮或沸煮至軟化
- 紅椒小丁57克
- 細葉香芹末，視需求添加
- 剁碎的龍蒿，視需求添加
- 羅勒細絲，視需求添加
- 鹽，視需求添加
- 黑胡椒粉，視需求添加

1. 將奶油放入大型平底煎炒鍋，以中大火加熱。放入蘑菇與紅蔥，烹煮2-3分鐘，不時翻拌直到湯汁收乾。
2. 放入洋蔥與芹菜，煎炒約5分鐘至洋蔥變半透明。
3. 放入櫛瓜與夏南瓜，煎炒2-3分鐘至軟化。
4. 放入胡蘿蔔、蕪菁、蕪菁甘藍與紅椒，煎炒至少2分鐘到熱透。
5. 放入細葉香芹、龍蒿與羅勒，翻拌均勻後，以鹽和胡椒調味。可立即出餐或保留備用。若要暫時保溫，則等到出餐時再加入香料植物。

菠菜煎餅

Spinach Pancakes

10份

- 牛奶360毫升
- 奶油28克，融化
- 蛋4顆
- 中筋麵粉340克
- 糖15克（1大匙）
- 菠菜907克，汆燙後擠乾，並大略剁碎
- 鹽3克（1小匙）
- 黑胡椒粉1克（½小匙）
- 肉豆蔻刨屑0.5克（¼小匙）
- 植物油60毫升，或視需求添加

1. 均勻混合牛奶、奶油與雞蛋。
2. 在另一個大型攪拌盆中拌勻麵粉和糖。在麵粉混合物中央挖一個洞，倒入牛奶混合物，攪拌成滑順的麵糊。
3. 將菠菜混入麵糊，並以鹽、胡椒和肉豆蔻調味。
4. 將少量油脂倒入中型平底煎炒鍋或鑄鐵平底鍋，以中火加熱。將60毫升麵糊舀入鍋裡，製成單份煎餅。烹煮2-3分鐘，直到受熱面變成金褐色。
5. 煎餅翻面後繼續烹煮3-4分鐘，直到表面呈金褐色。煎好後立即出餐，或放保溫盆待稍後出餐。

煎炸櫛瓜

Pan-Fried Zucchini

10份

- 櫛瓜1.13公斤
- 植物油960毫升
- 鹽14克
- 中筋麵粉113克
- 啤酒麵糊737克（見522頁）

1. 櫛瓜斜切成1公分厚片，並以紙巾拍乾。
2. 將植物油倒入中型平底煎炒鍋或鑄鐵平底鍋，高度約5公分，加熱至163℃。
3. 用鹽調味，撒上麵粉，並抖落餘粉，避免過量。櫛瓜兩面均勻裹上麵糊，並讓多餘麵糊落回攪拌盆。將櫛瓜小心放入高溫油脂中，煎炸1-2分鐘，直到受熱面呈褐色。小心翻面後，再煎1-2分鐘，直到表面呈金褐色。
4. 取出櫛瓜，以紙巾吸乾多餘油脂，視需要以鹽調味。立刻出餐。

玉米煎餅

Corn Fritters

10份

- 玉米粒1.13公斤，現煮或解凍的冷凍玉米粒
- 蛋2顆，打散
- 切達乳酪絲57克（非必要）
- 中筋麵粉113克
- 糖57克
- 鹽3克（1小匙），視需求添加
- 黑胡椒粉0.5克（¼小匙）
- 油240毫升，或視需求添加

1. 在小型攪拌盆裡拌勻玉米和雞蛋，若想要，也可拌入乳酪。麵粉、糖、鹽和胡椒放入另一個攪拌盆拌勻，並在混合物中間挖洞，倒入玉米混合物，攪拌成大致滑順的麵糊。
2. 將油脂倒入中型平底煎炒鍋或鑄鐵平底鍋，油高約1公分，加熱至185℃。將30毫升的麵糊舀入熱油，製成單份煎餅。
3. 受熱面煎2-3分鐘至呈金褐色後翻面，再煎至少2分鐘。煎好後起鍋，以紙巾拍乾，視需要以鹽調味。趁熱出餐。

蔬菜天婦羅

Vegetable Tempura

10份

- 植物油480毫升
- 花生油240毫升
- 芝麻油240毫升
- 主廚馬鈴薯2顆，切0.3-0.6公分厚條狀
- 洋蔥2顆，切0.3-0.6公分厚環狀
- 胡蘿蔔2根，切0.3-0.6公分厚條狀
- 四季豆454克，切5公分長段
- 紫蘇葉20片
- 蓮藕454克，去皮，切0.3公分厚片
- 中筋麵粉227克，或視需求添加
- 天婦羅麵糊（見523頁），視需求添加
- 天婦羅蘸醬600毫升（見523頁）

1. 將蔬菜、花生油與芝麻油倒入深鍋，加熱至166-171℃。
2. 在蔬菜上撒少許麵粉，然後沾裹麵糊，馬上放入熱油油炸至表皮酥脆呈白色或淺金褐色。視情況分批油炸，一次只炸一種蔬菜。
3. 炸好的天婦羅放在鋪有紙巾的瀝油盤上瀝油。
4. 搭配蘸醬立刻出餐。

炸大蕉脆片

Fried Plantain Chips

10份

- 植物油960毫升，或視需求添加
- 大蕉3根，綠色、未成熟
- 鹽，視需求添加

1. 將油倒入雙耳燉鍋或油炸鍋，加熱至177℃。
2. 大蕉去皮，斜切成薄片（約0.15公分厚）。
3. 大蕉油炸4-5分鐘，期間應不時翻面，直到表面呈金褐色。視需要分批油炸。炸好的大蕉片放上紙巾瀝油，起鍋後馬上以鹽調味。立刻出餐。

炸大蕉餅：將大蕉切成1公分厚片，按上述方法油炸。用厚重的平底物壓扁大蕉片，直到厚度剩下約0.6公分。混合240毫升的水、28克鹽與4粒切成末的蒜瓣。壓扁的大蕉二度油炸前先沾裹混合物，並滴乾。炸好的大蕉餅放上紙巾瀝油，撒上鹽後，立刻出餐。

普羅旺斯燉菜

Ratatouille

10份

- 橄欖油90毫升，或視需求增減
- 洋蔥中丁340克
- 蒜末21克
- 番茄糊28克
- 紅椒中丁113克
- 茄子中丁454克
- 櫛瓜中丁340克
- 去皮、去籽的番茄中丁227克
- 雞高湯（見263頁）或蔬菜高湯（見265頁）120毫升，或視需求添加
- 鹽，視需求添加
- 黑胡椒粉，視需求添加
- 剁碎的香料植物14克，例如百里香、歐芹、奧勒岡

1. 將油脂倒入大型鍋子或雙耳燉鍋，以中火加熱。洋蔥下鍋，翻炒4-5分鐘至呈半透明。放入蒜頭，炒至變軟，約需1分鐘。
2. 轉中小火，倒入番茄糊，烹煮1-2分鐘至洋蔥完全沾裹番茄糊且顏色變得更深。

炸大蕉脆片

3. 按以下順序放入蔬菜：甜椒、茄子、櫛瓜、番茄。每種蔬菜煮2-3分鐘至軟化後，再放入下一種。
4. 倒入高湯，轉小火，慢慢燉煮蔬菜（蔬菜應濕軟但不能濕爛）。燉煮到蔬菜軟化且風味飽滿。以鹽、胡椒和香料植物調味後，立刻出餐。

燜煮青蔬
Braised Greens
10份

- 綠葉甘藍或羽衣甘藍1.81公斤
- 培根末113克
- 洋蔥末227克
- 蒜瓣3粒，切末
- 雞高湯300毫升（見263頁）
- 糖15克（1大匙）
- 後腿蹄膀1隻
- 鹽，視需求添加
- 黑胡椒粉，視需求添加
- 蘋果醋30毫升（2大匙）

1. 從綠葉甘藍的莖摘下菜葉，切成適口大小。
2. 將培根放入大型平底煎炒鍋，以中火熬煉出油脂。待培根變成淺金色，便可放入洋蔥和蒜頭，炒軟至散發香氣但不上色。
3. 放入菜葉，用少許高湯溶解鍋底褐渣。高湯收乾一半就拌入糖。
4. 放入蹄膀及剩餘高湯，以鹽和胡椒調味，並用177℃的烤爐燜煮30-45分鐘至蹄膀變軟。
5. 取出菜葉和蹄膀，保留備用。將醋混入鍋內湯汁，收乾一半後，再次放入菜葉，與濃縮湯汁混合，並以鹽和胡椒調味。依喜好將蹄膀肉加進煮好的菜葉。立刻出餐。

燜煮奶油茴香
Braised Fennel in Butter
10份

- 茴香2.04公斤
- 奶油170克
- 雞高湯（見263頁）或蔬菜高湯（見265頁）360毫升
- 檸檬汁60毫升
- 鹽，視需求添加
- 黑胡椒粉，視需求添加
- 帕爾瑪乳酪絲113克

1. 切掉茴香的莖並修整根部。視尺寸縱切成2等份或4等份。
2. 將一半的奶油放入中型雙耳燉鍋，以中大火加熱。放入茴香，翻拌使均勻沾裹奶油，並將表面煮到稍微呈褐色。倒入高湯，以檸檬汁、鹽和胡椒調味。
3. 加熱至微滾，蓋上鍋蓋，放入烤爐以163℃燜燉約45-60分鐘至茴香軟化但仍維持形狀。完成時，液體應已幾乎煮乾，視需要以中火加熱至湯汁收乾。
4. 打開鍋蓋後，撒上帕爾瑪乳酪絲，並綴上剩餘的奶油。
5. 茴香不加蓋直接放入232℃的烤爐，或以炙烤爐或上明火烤爐燜煮，直到奶油與乳酪呈金色。立刻出餐。

燜煮紫甘藍

Braised Red Cabbage

10份

- 植物油或熬煉培根油45毫升（3大匙）
- 洋蔥中丁113克
- 去皮澳洲青蘋中丁227克
- 紅酒240毫升
- 紅酒醋240毫升
- 糖28克
- 紅醋栗果醬57克
- 肉桂棒1根
- 丁香1粒
- 月桂葉1片
- 杜松子3粒
- 紫甘藍絲907克
- 蔬菜高湯（見265頁）或水，或視需求增減
- 鹽1.5克（½小匙）
- 黑胡椒粉0.5克（¼小匙）

1. 將植物油或培根油倒入不起化學反應的大型鍋子或雙耳燉鍋，以中小火加熱。放入洋蔥與蘋果，炒軟不上色，直到洋蔥呈半透明，蘋果稍微軟化，約需5分鐘。
2. 倒入水、紅酒與醋，並加入糖和果醬。此時的風味應很強烈且帶果酸。
3. 將肉桂、丁香、月桂葉與杜松子做成香料包，連同甘藍放入鍋中。加蓋並放入烤爐，以177℃燜煮45-60分鐘至甘藍變軟。定時檢查，避免液體完全蒸發，視需要加入更多高湯或清水。
4. 取出香料包，以鹽和胡椒調味，立刻出餐。

燜煮蘿蔓

Braised Romaine

10份

- 蘿蔓萵苣2.04公斤
- 奶油71克
- 洋蔥小丁142克
- 胡蘿蔔薄片142克
- 小牛褐高湯（見265頁）、雞高湯（見263頁）或蔬菜高湯（見265頁）300毫升
- 鹽，視需求添加
- 黑胡椒粉，視需求添加
- 培根塊170克，去皮、切0.3公分厚片

1. 修整蘿蔓，去除褪色、受傷或凋萎的菜葉。準備一大型鍋子鹽水，煮至沸騰，蘿蔓下鍋汆燙1分鐘，直到顏色變淡、菜葉變軟。瀝乾萵苣，用冷水沖洗，避免餘溫加熱，然後再次瀝乾。
2. 製作單份燜煮蘿蔓時，將蘿蔓縱切成10等份，並切除硬梗。將菜葉捲成圓柱，邊捲邊擠乾多餘水分。若要製作的分量較大，為了方便出餐時分切，可摘除外層較大片的菜葉，放在保鮮膜或烘焙油紙上，排成大長方形。去掉根部硬梗，將菜葉平均鋪在外層菜葉上，然後像製作蛋糕卷一樣捲起，擠乾多餘水分。
3. 將奶油放入中型雙耳燉鍋，以中火加熱。洋蔥與胡蘿蔔下鍋，以小火炒8-10分鐘至變軟且開始出水。蘿蔓平鋪在鍋裡，倒入高湯並加熱至微滾。以鹽和胡椒調味，最後放上培根。
4. 鍋子加蓋放入烤爐，以177℃燜煮25-30分鐘，直到蘿蔓變得非常軟。燜煮的最後10分鐘，打開鍋蓋，收乾烹調湯汁，並讓培根烤出顏色。
5. 從烹調湯汁中取出蘿蔓與培根，並加以保溫。撈除湯汁中的油脂，以鹽和胡椒調味。視需要進一步收乾烹調湯汁，製成醬汁，濃縮風味。
6. 用熱的餐盤盛裝蘿曼與培根，搭配醬汁出餐。

燜煮德國酸菜

Braised Sauerkraut

10份

- 熬煉豬油或植物油120毫升
- 洋蔥小丁227克
- 去皮且刨成絲的金冠蘋果198克
- 刨成絲的主廚馬鈴薯170克
- 家常德國酸菜1.13公斤（見593頁）
- 葛縷子籽2克（1小匙）
- 杜松子12個
- 豬褐高湯（見264頁）或小牛褐高湯（見263頁）960毫升

7. 將豬油放入大型雙耳燉鍋，以中火加熱。洋蔥與蘋果下鍋，炒8-10分鐘至變軟、呈半透明但不上色。
8. 馬鈴薯下鍋，再炒幾分鐘至軟化、稍變半透明但不上色。放入德國酸菜、葛縷子籽與杜松子，並倒入高湯，加熱至沸騰。加蓋後放入烤爐，以163℃燜煮1-1½小時至高湯大致煮乾，且德國酸菜充分入味。若烹調湯汁太多，可視情況將鍋子放上爐火，以收乾湯汁。
9. 煮好的德國酸菜可直接出餐，或快速冷卻後冷藏備用。

法式青豆

French-Style Peas

10份

- 珍珠洋蔥57克
- 奶油113克
- 青豆仁567克
- 波士頓萵苣絲340克
- 雞高湯120毫升（見263頁）
- 鹽，視需求添加
- 黑胡椒粉，視需求添加
- 中筋麵粉25克（3大匙）

1. 準備一大型鍋子水，加熱至滾沸。珍珠洋蔥下鍋汆燙1分鐘後取出，放入冷水，降溫至可徒手處理後去皮。
2. 將57克奶油放入大型平底煎炒鍋，以小火加熱，並放入珍珠洋蔥。加蓋烹煮8-10分鐘至洋蔥變軟、呈半透明。
3. 放入青豆、萵苣、高湯。以鹽和胡椒調味，用小火加熱至微滾後加蓋。燉煮3-4分鐘至青豆熟透且變軟。
4. 剩餘奶油與麵粉拌勻，一點一點加入青豆，直到烹調湯汁稍微變稠。視需要以鹽和胡椒調味。以熱的餐盤盛裝出餐。

第 23 章

cooking potatoes

烹調馬鈴薯

馬鈴薯是用途最廣的蔬菜之一，菜單的每種類別幾乎都會出現馬鈴薯菜餚。馬鈴薯可作為開胃菜、湯品、主餐與配菜的主要元素，也是舒芙蕾、美式煎餅與麵包等料理的重要食材。

馬鈴薯的品種 potato varieties

不同品種的馬鈴薯，澱粉含量、水分含量、表皮顏色、肉色和形狀也都不同。甘藷與薯蕷在植物學上與馬鈴薯並沒有關係，卻有許多類似的特徵，可用相同的方法烹調。不同烹調方式會做出質地、風味與外觀迥異的馬鈴薯料理。對廚師而言，最重要的是了解每種馬鈴薯的特質，以及哪些烹飪方式可以增強或減弱這些特質。

含水量低／澱粉含量高的品種

這類馬鈴薯包含愛達荷州馬鈴薯（又稱赤褐馬鈴薯或焙烤馬鈴薯）紫色馬鈴薯與某些手指馬鈴薯。馬鈴薯的澱粉含量越高，烹煮過後就越乾，顆粒感也越明顯。這類馬鈴薯容易刨成薄片或搗成泥，適合拿來烘烤，或做成薯泥。此外，由於含水量低，油炸時不易噴濺，所以也適合油炸。這類馬鈴薯較容易吸水，因此成為奶汁焗薯片或法式砂鍋馬鈴薯的上選食材。

含水量與澱粉含量中等的品種

這類馬鈴薯包括所謂的萬用馬鈴薯、蠟質馬鈴薯、主廚馬鈴薯、緬因州馬鈴薯、美國1號馬鈴薯、紅皮馬鈴薯、蠟質黃肉馬鈴薯（例如 Yellow Finn 馬鈴薯與育空黃金馬鈴薯），以及某些手指馬鈴薯。含水量與澱粉含量中等的馬鈴薯，即使煮軟也能維持原有的形狀，因此是沸煮、蒸煮、煎炒、烤爐烘烤時的上選，同時也適合製成燜煮與燉煮菜餚。這類馬鈴薯常用來製作沙拉與湯品。蠟質黃肉馬鈴薯的風味特別出色，許多廚師在製作烘烤菜餚、薯泥與法式砂鍋菜時都偏好此品種。

含水量高／澱粉含量低的品種

此類馬鈴薯包含所謂的「新」馬鈴薯（任何採收時直徑小於4公分的馬鈴薯）與某些手指馬鈴薯。新馬鈴薯的表皮很軟，烹煮或食用前不需要去皮。沸煮、蒸煮、烤爐烘烤等簡單的烹飪技巧最能展現其甘甜、清新的自然風味。

沸煮是最簡單的一種馬鈴薯烹煮方法，能煮出細緻的土質風味。這種烹煮法沒有芳香食材或其他風味輔助，因此在選擇、處理、烹煮馬鈴薯時必須特別費心。每一種馬鈴薯在沸煮後都有獨特的質地與風味。有些就算煮到非常軟，形狀也不會改變，而且質地滑順柔軟。有些質地較粉，完全煮熟後容易碎掉。馬鈴薯可以沸煮或蒸煮成不同熟度：半熟馬鈴薯可製成煎炒料理，全熟馬鈴薯可以攪打成泥，或放涼後做成沙拉。

boiling potatoes
沸煮馬鈴薯

中高含水量的馬鈴薯沸煮後仍能保持形狀，適合用來製作整顆入菜的料理。含水量低的馬鈴薯則適合做成薯泥。

刷洗馬鈴薯，或替馬鈴薯去皮，同時去除芽眼和嫩芽。馬鈴薯可在沸煮前先去皮，但皮較薄的手指馬鈴薯或新馬鈴薯通常帶皮烹煮，法文為「en chemise」。烹煮整顆馬鈴薯時，盡量使用大小相同的馬鈴薯。視需要將馬鈴薯切成形狀、大小一致的小塊，或是用不同容器烹煮不同大小的馬鈴薯。

馬鈴薯變綠的部分必須完全削掉。綠色代表一種叫做茄鹼的毒素，大量食用會危害人體。馬鈴薯的嫩芽和芽眼也有茄鹼，這些部分也應完全去除。

生馬鈴薯去皮後會氧化變色，首先變成淺粉紅色，最後則變成深灰色或黑色。為了避免變色，可將去皮或切好的生馬鈴薯泡在冷水中，烹煮前再取出。若可行，應使用浸泡馬鈴薯的水來烹煮，這樣才能保留溶進水中的營養素。儘管如此，最好還是烹煮前再去皮。

水是最常用來沸煮馬鈴薯的液體，不過有些食譜會要求使用高湯或牛奶，以獲得特殊風味、質地或外觀。為了確保均勻烹煮，趁水還是冷的時候就放入馬鈴薯。烹調湯汁裡通常會加鹽，不過，量要足夠，才能提升馬鈴薯風味。液體煮沸後也可放入辛香料。番紅花或薑黃能讓沸煮馬鈴薯變成金色，並獲得特殊風味。馬鈴薯若只煮半熟，添加的鹽量要比全熟還多。馬鈴薯烹煮後千萬不能冰鎮，否則會一邊降溫一邊吸水，變得不好吃。

妥善沸煮的馬鈴薯具有細緻的香氣及風味，質地柔軟。要直接出餐的沸煮馬鈴薯，煮到非常軟後仍應維持形狀。烹調湯汁及任何額外的收尾食材或盤飾都應經過調味，且能夠搭配成品菜餚。

沸煮馬鈴薯所需的器具很簡單：能夠容納清水與馬鈴薯的鍋子、用來瀝乾馬鈴薯的撈油勺或濾鍋，以及盛裝容器。煮好的馬鈴薯可以平鋪在淺烤盤上，以利快速冷卻或乾燥。

基本配方

沸煮馬鈴薯

10份

- 中高含水量馬鈴薯1.81公斤（去皮、切開前秤重），或處理好的馬鈴薯1.47公斤
- 淹過馬鈴薯的足量冷液體
- 鹽與其他調味料
- 收尾食材與盤飾

作法精要

1. 馬鈴薯下鍋。
2. 倒入足量的冷液體，直到淹過馬鈴薯。
3. 液體加熱至沸騰。
4. 火關小，讓鍋內保持微滾。
5. 煮至適當熟度。
6. 瀝水並放乾。立刻出餐、攪打成泥或保留備用。

專業訣竅

▶ 按想要的成果，用不同的方法來處理馬鈴薯。處理方法會影響成品的風味與質地，需要考慮的事項包括：

馬鈴薯的尺寸／去皮或帶皮／切法

▶ 添加額外食材可增添菜餚風味。在適當時機放入以下食材，通常是馬鈴薯煮好之後：

新鮮香料植物／磨碎的辛香料／烤蒜頭

1. 將馬鈴薯放入大小適當的鍋子，倒入清水，水應淹過馬鈴薯。視需要加入鹽和其他調味料。在水尚未加熱時就放入馬鈴薯，讓熱度能夠緩慢且均勻地穿透，馬鈴薯質地才會均勻，外層也才不會煮過頭。將水加熱至沸騰，保持微滾或小滾，直到馬鈴薯煮熟。

檢查熟度時，試吃一小塊或用叉子輕刺，若可輕易插入，表示馬鈴薯已經熟。若要製作半熟馬鈴薯，叉子插得越深，越不容易刺穿。

煮熟後，立刻取出瀝乾。若想提升馬鈴薯的風味與質地，可將馬鈴薯放進鍋子，開蓋以極小的火慢慢加熱，使馬鈴薯變得乾燥。或者將馬鈴薯平鋪在淺烤盤上，並將淺烤盤放入溫熱的烤爐烘烤。等馬鈴薯不再散發蒸氣，就表示已經變乾。

帶皮沸煮的馬鈴薯最好一放涼到可以徒手處理就儘快去皮，並用削皮小刀去除芽眼及黑點。若馬鈴薯沒有立刻要使用，可以用乾淨的濕布稍微蓋著保溫（應於1小時內使用）。

< 作法詳解

蒸煮馬鈴薯

可以用蒸煮取代沸煮。蒸煮用馬鈴薯的處理方式與沸煮用馬鈴薯相同，將馬鈴薯切成同樣的大小，或將尺寸類似的馬鈴薯放在一起蒸煮。蒸煮時，將馬鈴薯平鋪在有孔方形調理盆或蒸盤的網架上，讓蒸氣徹底環繞馬鈴薯，使烹煮更均勻、迅速。

對流式電蒸爐或壓力蒸鍋都適合用來蒸煮大量馬鈴薯。這些器具可處理單次供餐時段需要分批烹煮的繁重工作，也可應付宴會或大型食堂的大量需求。

使用爐臺上的蒸鍋時請記住，馬鈴薯越大，蒸煮時間越長，需要的液體越多。將蒸鍋底層的烹調湯汁加熱至大滾，再放入鋪有馬鈴薯的蒸架或蒸盤。馬鈴薯的排放方式應讓蒸氣能在四周流通，不要堆疊，數量也不宜過多。香料植物、辛香料或芳香蔬菜可放入烹調液體，或直接撒上馬鈴薯，利用蒸氣讓風味滲入馬鈴薯。

薯泥是重要的基本食材，可與牛奶和奶油混合做成奶香薯泥、與蛋黃混合做成公爵夫人馬鈴薯或馬鈴薯可樂餅，也可與泡芙麵糊混合做成炸薯球。薯泥用馬鈴薯會以沸煮、蒸煮或帶皮烘烤的方式煮熟。

puréeing potatoes 薯泥

中低含水量的馬鈴薯，例如赤褐馬鈴薯與粉質黃肉馬鈴薯，最適合用來製作薯泥。將沸煮或蒸煮馬鈴薯瀝乾並放乾，趁熱使用，或可改用熱騰騰的烤馬鈴薯。

除了鹽和胡椒這兩種標準調味料以外，也可加入其他食材，創造特殊風味。馬鈴薯打成泥後，可用油、奶油、鮮奶油、蒜頭或其他蔬菜泥增添風味。所有額外食材在加入前，都應加熱至薯泥的溫度或室溫。可選用的額外食材包括牛奶或鮮奶油、軟化（非融化）奶油、雞肉清湯或肉類清湯、蒜頭、紅蔥、青蔥、辣根、芥末、乳酪，或其他蔬菜泥，如歐洲防風泥或根芹菜泥。要製作公爵夫人馬鈴薯或炸薯球，則需要蛋黃或泡芙麵糊。

食物碾磨器或馬鈴薯壓泥器能賦予薯泥最佳質地。使用手持式馬鈴薯壓泥器，則會做出較粗糙的薯泥。將食材拌入薯泥時，可使用木匙，製作奶香馬鈴薯時可使用電動攪拌機。避免使用食物調理機與果汁機，否則會做出膠狀質地的薯泥。若要用薯泥來做盤飾或做成各種形狀，則會用到裝上星形、圓形花嘴的擠花袋。

基本配方

薯泥

10份

- 低含水量馬鈴薯1.81公斤（去皮、切開前秤重），或處理好的馬鈴薯1.47公斤
- 牛奶或高脂鮮奶油360-480毫升
- 奶油113-227克，軟化
- 鹽、胡椒、其他調味料

作法精要

1. 沸煮、蒸煮或烘烤馬鈴薯，直到軟化。
2. 煮好的馬鈴薯放上淺烤盤，以中溫烤爐烘乾。
3. 用馬鈴薯壓泥器、食物碾磨器或網篩將馬鈴薯壓成泥。
4. 視需求擇一加入熱牛奶、鮮奶油或軟化奶油，以及雞蛋。
5. 視需求調味。
6. 直接出餐或保溫待稍後出餐。

專業訣竅

- 基本薯泥的主要食材包括牛奶、奶油、鹽和胡椒，不過也可按需求或喜好加入額外材料，或替換使用。
- 牛奶是製作薯泥時最常見的烹調湯汁，但也可用下列食材取代牛奶，或與牛奶合併使用，以做出不同的風味與質地：

  清湯（蔬菜、禽肉、牛肉或小牛肉）／高脂鮮奶油／高湯

- 其他常見的增味或調味食材如下：

  細香蔥末或蔥末／剁碎的香料植物，如歐芹、迷迭香或鼠尾草／乳酪絲／橄欖油／蔬菜泥，如胡蘿蔔泥、白胡桃瓜泥或根芹菜泥／烤蒜頭或煎炒蒜頭

作法詳解

1. 沸煮、蒸煮或烘烤馬鈴薯至軟化，加熱牛奶或鮮奶油。烹調前可先去皮、切4等份或切丁，以縮短放乾時間及沸煮（見715頁）或蒸煮（見717頁）的時間。若以烘烤的方式處理馬鈴薯，不要切開或去皮，整顆直接放進烤爐（見723頁）。調味、戳洞並烘烤，直到馬鈴薯變得非常軟，烤好後立刻剖半，挖出馬鈴薯肉。製作時可以用乾淨的布巾保護雙手。

用食物碾磨器或壓泥器碾壓瀝乾後放乾的熱馬鈴薯。為了製作完美薯泥，馬鈴薯應趁熱處理，使用的工具也要加熱。理想的馬鈴薯應能輕易用食物碾磨器壓成泥。壓泥時，不時檢查盛裝薯泥的攪拌盆，避免滿出。不要使用果汁機或食物調理機攪泥，否則馬鈴薯的質地可能會變得太水、太黏且無法維持形狀。處理大量馬鈴薯時，可以使用大孔徑研磨機，直接將薯泥研磨進盛裝的攪拌盆裡。

2. 視需求或按照食譜添加調味料與額外食材，並確保食材加入時的溫度正確。牛奶或鮮奶油應達到微滾或接近微滾的狀態，奶油應該已經軟化。確實以鹽和胡椒調味薯泥。

輕輕攪入或拌入蒜泥等風味食材。攪拌時可以使用湯匙，或用電動攪拌機的攪拌槳。攪拌適度即可，否則馬鈴薯釋出過多澱粉，會讓薯泥質地變得厚重黏膩。

3. 製作公爵夫人馬鈴薯時：按737頁說明混合薯泥，並用擠花袋擠出等量的混合物至鋪有烘焙油紙的淺烤盤。馬鈴薯泥也可以直接放上或擠上出餐用餐盤。

薯泥可以放入熱水浴槽或水蒸保溫檯保溫，表面直接覆上保鮮膜。薯泥不應放置太久，否則品質會下降。

4. 烘烤公爵夫人馬鈴薯直到表層呈金褐色，如圖所示。理想的薯泥質地輕盈滑順，從湯匙落下時能夠維持形狀。薯泥濃稠綿密，不該有脂肪與薯泥分離的跡象。

若薯泥接下來要以烘烤、煎炒或油炸的方式完成烹調，可以冷藏數小時。一旦製作完成，就應該立刻出餐。

經典的焙烤馬鈴薯通常佐以奶油、鹽、胡椒，外皮酥脆，也會搭配酸奶油與細香蔥一起出餐。以烤爐烘烤馬鈴薯時，若未添加額外液體或蒸氣，烤好的馬鈴薯會發展出濃郁風味與乾燥輕盈的質地。高澱粉含量的馬鈴薯，如愛達荷州馬鈴薯或赤褐馬鈴薯，會變得蓬鬆且容易吸水。馬鈴薯的含水量越高，烘烤後的質地就越濃稠濕潤。

baking and roasting potatoes
烘烤及烘焙馬鈴薯

烤馬鈴薯通常直接出餐，一般帶皮，不過也有其他用途和處理方法。例如，可以挖出馬鈴薯肉，做成薯泥後直接出餐，或放回挖空的外殼，做成鑲馬鈴薯或二焗馬鈴薯。以烤爐烘烤時，馬鈴薯與油脂、奶油或烘烤食材的熬練湯汁一起烘烤，直到外層呈褐色，內部完全軟化。

含水量低的馬鈴薯通常最適合用烤爐烘烤，不過蠟質黃肉馬鈴薯的效果也不錯。無論含水量高或低，都可以用烤爐烹煮。將馬鈴薯搓洗乾淨，若表皮較厚，可用刷子刷洗，新馬鈴薯則用布擦拭。馬鈴薯放入烤盤前應先擦乾，烘烤時才不會產生過多蒸氣。在馬鈴薯表皮戳幾個洞，讓烘烤時產生的蒸氣可以逸出。

千萬不要用鋁箔紙包覆馬鈴薯，否則烤出來的成品會跟蒸煮的效果差不多，皮不脆，風味也無明顯改變。基於同樣理由，微波爐也無法做出烘烤馬鈴薯。有些廚師認為，將馬鈴薯放置於鹽上烘烤，或在皮上稍微抹點油脂，可讓表皮更酥脆，內部則更細嫩蓬鬆。

馬鈴薯在用烤爐烘烤前，應先搓洗乾淨，或者去皮後切成想要的形狀。將馬鈴薯和油拌勻（烤肉留下的油脂和肉汁、液體油、澄清奶油、豬油、鵝油等），並視需求使用以下調味料調味：鹽和胡椒、新鮮或乾燥的香料植物及辛香料。

烘烤完成後，仔細檢視菜餚。理想的烘烤馬鈴薯外皮酥脆，內部熟透，可輕易壓成泥，且必須儘快出餐，才能保留最佳風味、質地與溫度。

烤馬鈴薯需要的工具非常少，唯一不可或缺的是烤爐。馬鈴薯可直接放到烤爐架上烘烤，也可以在淺烤盤裡排好，以利進出烤爐，處理大量馬鈴薯時這點尤其重要。若要製作鑲馬鈴薯，還會用到壓泥工具，如壓泥器或食物碾磨器。此外，也應準備好保溫和出餐用具。以烤爐烘烤時，需準備淺烤盤，讓馬鈴薯能平鋪在上頭。此外，也需要烘烤時的翻拌工具，及保溫和出餐用具。

基本配方

焙烤馬鈴薯

10份

- 焙烤馬鈴薯10個（每個約170克）或含水量低或黃肉馬鈴薯1.81公斤，搓洗乾淨
- 鹽或油，用來塗抹馬鈴薯表皮（非必要）
- 收尾食料與盤飾

烘烤馬鈴薯

10份

- 含水量中等至含水量高的馬鈴薯1.81公斤（去皮、切開前秤重），或處理好的馬鈴薯1.47公斤
- 足量烹飪油脂，能夠沾裹馬鈴薯
- 鹽與其他調味料
- 收尾食材與盤飾

作法精要

1. 馬鈴薯搓洗乾淨，並在表皮戳洞（其他選擇：在馬鈴薯表面抹油或鹽）。
2. 把馬鈴薯放入高溫烤爐。
3. 焙烤或烘烤至軟化。
4. 立刻出餐或加以保溫。

專業訣竅

▶ 可添加額外食材來增添更多風味，不過添加的時機應恰當。焙烤馬鈴薯的額外食材或盤飾通常在烤好以後添加。烘烤馬鈴薯的額外食材則在烘烤前添加，好讓風味滲入。

橄欖油／生蒜頭或烤蒜頭／生洋蔥或烤洋蔥／剁碎的香料植物，如歐芹、迷迭香或鼠尾草／細香蔥末或蔥末／乳酪絲

< 作法詳解

1. **焙烤完整的帶皮馬鈴薯前**，要先將馬鈴薯搓洗乾淨，拍乾後視需求抹上油或鹽。用叉子或竹籤在馬鈴薯上戳洞，讓蒸氣在焙烤時能夠散逸。完整的馬鈴薯可以直接放在烤爐架上，或放入淺烤盤烘烤。若使用淺烤盤，烘烤時要記得翻面一次，否則接觸烤盤的地方可能會變得潮濕，無法均勻烹煮。

   調味、戳洞，然後焙烤或烘烤至軟化。一個170克的馬鈴薯應以177℃烤約1小時。測試熟度的方法是，用竹籤或叉子輕戳馬鈴薯，若可直接插入、毫無阻礙，表示已經烤熟。

   烤好的馬鈴薯應立刻出餐。如果無法立刻出餐，不要加蓋，放在溫暖處保溫最多1小時。注意馬鈴薯內部無法散逸的蒸氣會慢慢讓酥脆的表皮變得濕軟。鑲馬鈴薯可以預先準備並加蓋冷藏，出餐前再放入高溫烤爐重新加熱並烤上色。

NOTE：用烤爐烘烤時，將馬鈴薯搓洗乾淨並放乾。視需求切成大小一致的形狀。馬鈴薯皮不一定要去除，有些廚師偏好保留馬鈴薯皮，以創造不同質地並增加營養價值。將馬鈴薯平鋪在淺烤盤或烤肉盤上，視情況頻繁翻動，確保均勻上色。測試熟度時，可以試吃一塊，或用叉子戳。

法式砂鍋馬鈴薯通常會和鮮奶油或蛋漿一起烘烤。奶汁焗薯片、焗烤馬鈴薯與馬鈴薯千層派都是很好的例子。製作法式砂鍋馬鈴薯時，應使用去皮的馬鈴薯片（可以是生的，或是煮到半熟以縮短烘烤時間），與調味高脂鮮奶油、醬汁或生蛋漿混合，放入烤爐慢慢烘烤，直到馬鈴薯變得非常軟，但切開準備出餐時仍能保持形狀。

baking potatoes en casserole
法式砂鍋馬鈴薯

含水量低的馬鈴薯較容易吸水，可做出非常柔軟的法式砂鍋馬鈴薯。黃肉馬鈴薯的顏色金黃，質地明顯，也常用來製作此類菜餚。

將馬鈴薯搓洗乾淨、去皮、去芽眼，切成薄片或相等的丁狀。放入水裡暫時保存的生馬鈴薯取出後要徹底弄乾，再拌入其他食材。多餘的水分會破壞馬鈴薯的風味和菜餚的質地。預先煮到半熟的馬鈴薯也要拍乾後再使用。

加熱製作菜餚會用到的液體（例如鮮奶油、蛋漿或高湯等），再與馬鈴薯混合。這樣能使菜餚更快達到烹煮溫度，縮短烹煮時間，也讓香料植物與辛香料等食材風味能夠融入菜餚。

鹽與胡椒是所有法式砂鍋料理的基本調味料，不過也常用到其他辛香料。這類菜餚大多會用到至少一種刨絲乳酪，例如格呂耶爾乳酪與帕爾瑪乳酪。此外也可以加入額外食料，賦予菜餚不同的色澤、風味與質地，常見的例子包括香料植物、蘑菇、芥末與麵包粉。

法式砂鍋菜通常會以方形調理盆或類似的烘焙盤製作。可在鍋具內抹上大量奶油或油脂，以避免黏鍋。其他好用但非必要的工具包括蔬果切片器，這能將馬鈴薯切成厚度均勻的薄片，以及用來協助盛盤的大型曲柄長煎鏟。

基本配方

法式砂鍋馬鈴薯
10份

- 含水量低的馬鈴薯或蠟質黃肉馬鈴薯1.47公斤（去皮、切開前秤重），或處理好的馬鈴薯1.25公斤
- 液體（高脂鮮奶油、牛奶、半對半鮮奶油、高湯或醬汁）720-900毫升
- 雞蛋或蛋黃2或3顆（非必要）
- 刨絲乳酪或其他頂飾113-142克（非必要）

作法精要

1. 將切片馬鈴薯平鋪在抹了奶油的烤盤上。
2. 倒入溫熱的鮮奶油、醬汁，或蛋漿。
3. 搖晃烤盤，讓食材均勻分布，並用鋁箔紙稍微蓋上。
4. 以中溫烤爐烘烤馬鈴薯，直到軟化。
5. 撒上麵包粉、奶油與乳酪絲，然後短暫炙烤。
6. 立刻出餐或留作備用。

專業訣竅

▶ 加入以下帶有風味的液體，使菜餚發展出額外的風味與質地：

清湯（蔬菜、禽肉、牛肉或小牛肉）／高脂鮮奶油／高湯

▶ 可添加額外食材增添菜餚風味。有些材料應該加入馬鈴薯混合物，有些則當成盤飾或頂飾：

烤蒜頭或炒蒜頭／炒洋蔥／細香蔥末或蔥末／剁碎的香料植物，如歐芹、迷迭香或鼠尾草／磨碎的乳酪

1. 選擇含水量低的馬鈴薯或蠟質黃肉馬鈴薯，並用蔬果切片器快速、有效率地將馬鈴薯刨成厚度均勻的薄片。

視需求用食譜標明的烹調液體將馬鈴薯煮到半熟，此時馬鈴薯稍有脆度，可以輕易咬斷。馬鈴薯若在這個階段煮過頭，成品會變糊，切開後也無明顯分層。反之，若煮得不夠熟，烘烤後質地會仍然酥脆。

2. 將生的或半熟馬鈴薯放入抹了奶油的烤盤，稍微交錯，平鋪成屋瓦狀，重疊的部分越少越好，這樣才能均勻烹煮。按此方法層層堆疊，每疊一層，就要添加芳香食材與調味料，例如蒜片、乳酪、或鹽與胡椒，以獲得最佳風味（或將部分芳香食材與調味料放入烹調湯汁裡浸漬）。每一層馬鈴薯都要淋上烹調湯汁。

< 作法詳解

3. 疊好之後，淋上剩餘的烹調液體，鮮奶油、醬汁和肉汁應先加熱至非常燙，蛋漿也要加熱，但不要沸騰。輕輕搖晃鍋身，讓液體均勻分布在每一層馬鈴薯上。視需求在此時或烘烤後放上頂飾。許多法式砂鍋馬鈴薯料理都有「焗烤」之名。焗烤菜餚的表層通常會烤成褐色且形成硬殼。

放進低溫烤爐（149-163°C）烘烤至馬鈴薯變軟且表面呈金褐色。此烘烤溫度可避免結塊，這點在使用蛋漿時特別重要。若將焗烤菜餚放入熱水浴槽，可創造非常濃稠的質地。

若太快變成褐色，可調降烤爐溫度，或在烤盤上覆蓋鋁箔紙。若馬鈴薯在表面變成褐色前就已經煮熟，可將已經軟化的馬鈴薯放進上明火烤爐或炙烤爐裡短暫烘烤，幫助上色。

4. 正確烹煮的法式砂鍋馬鈴薯濕潤柔軟，切開盛盤時能維持原本形狀，醬汁濃稠滑順，不會太水、有顆粒感或結塊。菜餚表面呈褐色且酥脆可口，賦予料理額外的風味。

焗烤菜餚容易分食，特別適合宴會。這類料理可在單次供餐時段內保溫備用，鬆鬆地蓋上鋁箔紙後，放在溫暖處即可。視需要放涼冷藏。將馬鈴薯切成單人份，出餐前再以烤爐重新加熱，或用上明火烤爐或炙烤爐烘烤上色。

家常煎炒馬鈴薯丁、安娜馬鈴薯派、馬鈴薯煎餅、瑞士薯餅與里昂醬馬鈴薯等，都以煎炒的方式來烹煮。煎炒馬鈴薯外層酥脆焦香，內部柔軟濕潤。烹飪油脂對成品風味影響甚鉅，可使用的油脂也非常多樣，包括以大量奶油煎成的安娜馬鈴薯派或瑞士薯餅，以及用豬油、液體油或鴨油煎炒，更具鄉村風味的馬鈴薯煎餅和家常煎炒馬鈴薯丁等。

sautéing potatoes
煎炒馬鈴薯

成功做出煎炒馬鈴薯菜餚的關鍵在於處理方式，必須同時煎出顏色與質地漂亮的外層，以及熟透的內部。

含水量中等的馬鈴薯煎炒出來的質地最佳，外觀也最漂亮。將馬鈴薯搓洗乾淨、去皮、去芽眼，並切成相等的片、丁、絲、橄欖球形或球形。若預先去皮、切形，則應用冷水浸泡切開的馬鈴薯，煎炒前再取出。下鍋煎炒前，取出瀝乾，並用紙巾拍乾避免熱油噴濺。為了縮短烹煮時間，可以預先將馬鈴薯蒸煮或沸煮至半熟或全熟，並按717頁說明瀝乾馬鈴薯，去除表面水分。

煎炒用烹飪油脂有多種選擇，例如植物油、橄欖油、澄清奶油，或熬煉鴨油、鵝油，或是培根油。為了讓成品展現最佳風味，可單用一種油，也可混用多種。

烹煮期間，以鹽和胡椒調味。也可加入洋蔥、紅蔥、青蔥、切丁的青椒與紅椒，或是培根丁、火腿丁等多種香料植物與辛香料、蔬菜和肉，以創造特殊風味或外觀。熱的鮮奶油、融化奶油、熱酸奶油或乳酪絲等收尾食材可於烹調階段加入，或等馬鈴薯煮軟後再放入。

選用的平底煎炒鍋必須夠大，能輕易容納所有馬鈴薯。鑄鐵鍋能煎出非常酥脆的表層，非常適合用來煎馬鈴薯。必要的用具還有煎鏟、出餐工具及用來瀝乾多餘油脂的紙巾等。

基本配方

煎炒馬鈴薯

10份

- 含水量中等的馬鈴薯1.81公斤（去皮、切開前秤重），或處理好的馬鈴薯1.47公斤
- 烹飪油脂（液體油、澄清奶油，或熬煉鴨油、鵝油，或培根油）
- 鹽與其他調味料
- 收尾食材與盤飾

作法精要

1. 以平底煎炒鍋加熱油脂。
2. 放入切好的馬鈴薯。
3. 充分搖晃鍋身，讓馬鈴薯均勻沾上油脂。
4. 煎炒馬鈴薯，烹煮期間頻繁翻炒或翻面，煎到表面呈金褐色且內部柔軟。
5. 調味後出餐。

專業訣竅

▶ 調味煎炒馬鈴薯時，可擇一使用下列食材，或結合使用。

用來煎炒馬鈴薯的油脂對菜餚風味影響甚鉅。下列油脂常單獨或混用於這類料理，使用種類按油脂本身的冒煙點與偏好的風味而定。

澄清奶油／橄欖油／熬煉鴨油或鵝油／植物油

某些肉品也常用來調味煎炒馬鈴薯：

培根／義大利培根

在適當時機添加香料植物、辛香料與芳香蔬菜，可替菜餚增添風味與美麗色澤：

剁碎的芹菜／剁碎的蒜頭／剁碎的香料植物，如歐芹、迷迭香，或細香蔥末／剁碎的哈拉佩諾辣椒／剁碎的椒

1. **搓洗生馬鈴薯，並且去皮**，再依喜好切塊、切片或刨絲。若馬鈴薯下鍋前是保存於冷水中，應先瀝乾、拍乾才可煎炒。有些食譜要求廚師先將馬鈴薯煮到半熟，無論是整顆烹煮或切開後烹煮皆可。

 放入烹飪油脂，分量一定要足夠，使油脂均勻且充分沾覆鍋子，避免馬鈴薯黏鍋、破碎。油脂務必加熱到高溫，讓馬鈴薯一下鍋立刻就能形成酥脆外皮，使成品擁有理想的顏色、風味與質地，且避免馬鈴薯吸取太多油脂。

 受熱面呈褐色後再翻面。烹調期間應不時翻動馬鈴薯或搖晃鍋身，以利均勻上色。收尾材料或盤飾通常在馬鈴薯差不多煮好時才放入。完成後立刻出餐，這樣才能展現馬鈴薯的最佳風味與質地。但視需要也可開蓋置於溫暖處保存5-10分鐘。

2. **煎炒馬鈴薯**應有金色的酥脆外層與柔軟的內部。妥善煎炒的馬鈴薯受烹飪油脂影響，表面焦香，風味濃郁。可用調味料帶出馬鈴薯的風味，並以盤飾和收尾材料來增添風味、質地與色澤，進一步提升成品風味。

< 作法詳解

薯條、牛排薯條、格子薯片、薯籤和泡泡薯片等，都是油炸馬鈴薯。這些菜餚看來簡單，不過要細心製作才能做出絕佳品質。大部分以生馬鈴薯直接油炸的菜餚，會先將馬鈴薯放進149-163℃的油脂裡，炸到變軟且接近半透明後，撈出來徹底瀝乾，出餐前再放入177-191℃的油脂裡，完成烹調。

deep frying potatoes
深炸馬鈴薯

低溫油炸能確保成品有理想的顏色、質地與風味，且能讓馬鈴薯在不過油或燒焦的情況下完全煮熟。這個步驟在製作泡泡薯片時尤其重要，因為這樣才能使馬鈴薯順利膨發。切得非常細的馬鈴薯（例如薯籤）通常可以用一道步驟完成，不需先低溫油炸。炸薯球、馬鈴薯可樂餅與酥皮薯球等深炸馬鈴薯，都是用薯泥來製作。

含水量低的馬鈴薯最適合油炸。搓洗乾淨後，去皮、去芽眼，切成均勻片狀、細條、長條或其他形狀。若預先去皮、切形，則應將切好的馬鈴薯放入冷水中浸泡。按食譜指示，用數盆冷水洗淨馬鈴薯，瀝乾後擦乾，避免下鍋時熱油噴濺。用數盆冷水洗淨馬鈴薯則是為了清除表面澱粉，避免馬鈴薯互相沾黏。製作薯籤時，這個步驟特別重要，這麼做才能避免食材下鍋時黏成一團。不過，用來炸成馬鈴薯巢和馬鈴薯蛋糕的馬鈴薯，則需要表面澱粉提供黏性，不需洗淨。

深炸馬鈴薯時，選擇風味中性且冒煙點高的油脂。而深炸馬鈴薯通常在炸好後、出餐前才用鹽調味。出餐時可一併附上盤飾，以番茄醬和麥芽醋最為常見。

使用油炸鍋或深炸機烹煮。電子或瓦斯深炸機能維持溫度穩定，是處理大量油炸物的利器。這些機器容易清潔，油脂的狀態也很容易掌握。若沒有油炸鍋，可以用深鍋取代，例如高湯鍋。用溫度計監控油溫，一達到正確的油炸溫度就調整火力，維持油溫穩定。其他應準備好的工具包括油炸籃、食物夾、笊籬和鋪上紙巾的盛裝容器。

基本配方

深炸馬鈴薯

10份

- 馬鈴薯1.13-1.59公斤，去皮、切成適當形狀
- 能淹過馬鈴薯的足量油脂
- 鹽與其他調味料
- 出餐時使用的收尾食材或盤飾

作法精要

1. 以149℃低溫油炸馬鈴薯。
2. 取出瀝乾。
3. 油溫加熱至191℃。
4. 將低溫油炸的馬鈴薯重新放入熱油，炸到表面呈金褐色且浮上油面。
5. 取出炸馬鈴薯，放在紙巾上瀝掉油。
6. 馬鈴薯遠離油鍋，以鹽調味。
7. 立刻出餐。

專業訣竅

▶ 深炸生馬鈴薯看似簡單，不過若用心製作，也能扮演要角，替菜餚增添質地和風味。

▶ 不同形狀的馬鈴薯油炸出來的成果也不同。切得越薄，炸出來的馬鈴薯越酥脆。切得越厚或越大塊，則會炸出外皮酥脆、內部綿密的成品。深炸馬鈴薯可切成以下幾種形狀：

火柴棒狀／鞋帶狀／格子狀

▶ 深炸馬鈴薯最常用的調味料是鹽（有時還有胡椒）。不過，也可以試著在油炸後加入磨碎的辛香料或辛香料混合物，搭配菜餚的特殊風味：

卡宴辣椒／芫荽／孜然

▶ 油炸馬鈴薯時，可在油鍋裡放入新鮮香料植物的乾燥細枝，讓香氣滲入油裡，增添馬鈴薯的風味：

迷迭香／鼠尾草

作法詳解

1. **馬鈴薯搓洗、去皮、切好後**，放入冷水浸泡。下鍋前，按食譜指示用冷水清洗數次，取出瀝乾後拍乾。油脂加熱到149-163℃，放入馬鈴薯低溫油炸至幾乎熟透，但尚未上色。取出馬鈴薯，平鋪在淺烤盤上。

   低溫油炸的馬鈴薯可加蓋冷藏數小時再取出完成烹煮，也可以冷凍存放1個月。

2. **出餐前將油加熱到177-191℃**。放入馬鈴薯炸至表面呈金褐色且完全熟透。油炸期間，輕輕攪動馬鈴薯，幫助均勻上色。用籃子或笊籬取出馬鈴薯，把多餘油脂瀝回油鍋。

   將馬鈴薯移到鋪有紙巾的烤盤上，吸掉多餘油脂。依喜好趁熱調味，調味時務必遠離油炸用油，以延長油脂的使用時間。

   檢視成品品質，取一小塊試吃。格子薯片等切得非常薄的馬鈴薯質地酥脆，幾乎一咬即碎。切得比較厚的馬鈴薯應有酥脆外層與柔軟蓬鬆的內部。油炸馬鈴薯只能放數分鐘。

奶香馬鈴薯

Whipped Potatoes

10份

- 赤褐馬鈴薯907克
- 奶油113克，軟化
- 牛奶120毫升，熱的
- 高脂鮮奶油60毫升，熱的
- 鹽，視需求添加
- 黑胡椒粉，視需求添加

1. 馬鈴薯搓洗乾淨、去皮、切大塊，沸煮或蒸煮至軟化，且能輕易搗成泥（見下方NOTE）。取出瀝乾，以小火加熱，使水分蒸發，或放到烤盤上，以149℃的烤爐低溫烘烤10-15分鐘，直到不再有蒸氣逸出。趁熱用食物碾磨器或馬鈴薯壓泥器壓成泥，放入熱的攪拌盆。
2. 用手或電動攪拌機的攪拌槳或螺旋攪拌頭將奶油拌進馬鈴薯，完全混合後，加入牛奶、鮮奶油、鹽和胡椒，用手或打蛋器攪打至混合物質地滑順輕盈。
3. 用熱的餐盤盛裝馬鈴薯，或填入擠花袋，擠成想要的形狀。完成後立刻出餐。

NOTE：也可以將帶皮馬鈴薯用烤爐烘烤至非常軟，然後剖半，趁熱用湯匙挖出裡頭的肉。

公爵夫人馬鈴薯

Duchesse Potatoes

10份

- 赤褐馬鈴薯907克
- 奶油57克，軟化
- 蛋黃4個，打散
- 肉豆蔻刨屑，視需求添加
- 鹽，視需求添加
- 黑胡椒粉，視需求添加
- 蛋液（見1023頁），視需求添加

1. 馬鈴薯搓洗乾淨、去皮、切大塊，沸煮或蒸煮至軟化，且能輕易搗成泥。取出瀝乾，以小火加熱，使水分蒸發，或放到烤盤上，以149℃的烤爐低溫烘烤10-15分鐘，直到不再有蒸氣逸出。趁熱用食物碾磨器或馬鈴薯壓泥器壓成泥，放入熱的攪拌盆。
2. 加入奶油與蛋黃，以肉豆蔻、鹽和胡椒調味，並用手或電動攪拌機的螺旋攪拌頭混合均勻。
3. 將混合物填進擠花袋，在鋪有烘焙油紙的淺烤盤上擠出想要的形狀，並在表面刷上薄薄一層蛋液。
4. 放入烤爐，以191℃烘烤10-12分鐘至表面呈褐色且熱透。烤好後立刻出餐。

沸煮歐芹馬鈴薯

沸煮歐芹馬鈴薯

Boiled Parsley Potatoes

10份

- 赤褐馬鈴薯2.04公斤
- 鹽，視需求添加
- 奶油57克
- 歐芹28克，剁碎
- 黑胡椒粉，視需求添加

1. 將馬鈴薯搓洗乾淨，視需求去皮，並切成5公分的丁或角（切好的馬鈴薯用冷水浸泡，烹煮前再取出，避免變色）。
2. 馬鈴薯放入大型鍋，倒入足量冷水，水應高於馬鈴薯約5公分。加鹽並以中火慢慢加熱至微滾。蓋上鍋蓋，煮約15分鐘至叉子可輕易刺穿馬鈴薯。取出後瀝乾，放進鍋子，以小火稍微加熱10-15分鐘至蒸氣不再逸出。
3. 將奶油放入平底煎炒鍋，以中火加熱。放入馬鈴薯，翻拌至表面均勻覆上奶油，再加熱至熱透。
4. 放入歐芹，並以鹽和胡椒調味。立刻出餐。

烤馬鈴薯佐炸洋蔥

Baked Potatoes with Deep-Fried Onions

10份

- 赤褐馬鈴薯10顆
- 植物油15毫升（1大匙）
- 鹽，視需求添加
- 黑胡椒粉，視需求添加
- 酸奶油300毫升
- 細香蔥末6克（2大匙）
- 深炸洋蔥284克（見581頁）

1. 將馬鈴薯搓洗乾淨並拍乾。用削皮小刀或肉叉在表面戳幾個洞，抹上薄薄一層油脂，以鹽和胡椒調味。
2. 用淺烤盤盛裝馬鈴薯，以218℃的烤爐烘烤約1小時至非常軟且熟透，期間翻面一次。
3. 烤馬鈴薯的同時，拌勻酸奶油和細香蔥，並以鹽和胡椒調味。
4. 剝開或切開馬鈴薯，依序放上30毫升（2大匙）酸奶油和洋蔥。立刻出餐。

托斯卡尼式烤馬鈴薯

Roasted Tuscan-Style Potatoes

10份

- 主廚馬鈴薯1.5公斤
- 橄欖油90毫升
- 蒜頭薄片57克
- 剁碎的迷迭香9克（3大匙）
- 剁碎的鼠尾草9克（3大匙）
- 鹽，視需求添加
- 黑胡椒粉，視需求添加

1. 將馬鈴薯搓洗乾淨、去皮、切大塊，放入冷水中，以中大火加熱至沸騰，烹煮約10分鐘至半熟，取出瀝乾，小心不要弄碎。
2. 以中火加熱大型平底煎炒鍋，然後倒入橄欖油。馬鈴薯下鍋，各面都煎成褐色後取出。鍋裡保留45毫升油脂，其餘倒出。
3. 轉小火，放入蒜頭、迷迭香與鼠尾草。烹煮到蒜頭稍微呈褐色，且香料植物變得酥脆。將混合物與馬鈴薯拌勻。
4. 以鹽和胡椒調味，立刻出餐。

NOTE：除了以沸煮方式將馬鈴薯煮到半熟外，也可拌勻馬鈴薯、橄欖油60毫升、蒜末18克（2大匙）、迷迭香末6克（2大匙）、剁碎的鼠尾草6克（2大匙）、鹽和胡椒，然後放上抹了油的淺烤盤，以191℃的烤爐烘烤40-45分鐘至軟化且上色。

蜜甘藷

Glazed Sweet Potatoes

10份

- 甘藷1.81公斤
- 鳳梨小丁227克
- 檸檬汁60毫升
- 糖227克
- 肉桂粉2克（1小匙）
- 奶油57克
- 鹽，視需求添加
- 黑胡椒粉，視需求添加

1. 將甘藷搓洗乾淨並拍乾。用削皮小刀或肉叉在表面戳幾個洞，平鋪在淺烤盤上，放入烤爐，以218℃烤爐烘烤45-50分鐘至非常軟且熟透，期間翻面一次。
2. 在醬汁鍋內混合鳳梨、檸檬汁、糖、肉桂、奶油、鹽和胡椒。一邊烘烤甘藷，一邊加熱混合物，並煮至微滾。待混合物稍微變稠，便可靜置保溫。
3. 甘藷放涼到可以徒手處理後，去皮、切片或切大塊。以淺烤盤盛裝，淋上蜜汁並放入烤爐，以177℃烘烤約10分鐘至燙口。立刻出餐。

薑味甘藷泥

Mashed Sweet Potatoes with Ginger

10份

- 甘藷1.36公斤
- 奶油57克
- 高脂鮮奶油120毫升，熱的
- 薑末4.5克（1½小匙）
- 鹽，視需求添加
- 黑胡椒粉，視需求添加

1. 甘藷搓洗乾淨並拍乾。用削皮小刀或肉叉在表面戳幾個洞。
2. 將甘藷放上烤爐的烤架，以218℃烘烤約45分鐘至非常軟且熟透。
3. 取出剖半，趁熱用湯匙挖出番薯肉，並用食物碾磨器或馬鈴薯壓泥器碾壓成泥，放入熱的攪拌盆。
4. 在醬汁鍋內混合奶油、鮮奶油與薑末，加熱至微滾，澆淋甘藷泥，輕輕拌勻。以鹽和胡椒調味，立刻出餐。

焗烤薯片（焗烤馬鈴薯千層派）

Potatoes au Gratin (Gratin Dauphinoise)

10份

- 主廚馬鈴薯1.47公斤
- 蒜瓣5粒
- 牛奶960毫升
- 肉豆蔻刨屑，視需求添加
- 鹽，視需求添加
- 黑胡椒粉，視需求添加
- 高脂鮮奶油360毫升
- 奶油113克，切小塊

1. 將馬鈴薯搓洗乾淨、去皮，用蔬果切片器或電動切片機切成薄片。
2. 用中型醬汁鍋加熱蒜頭和牛奶至沸騰。以肉豆蔻、鹽和胡椒調味，然後放入馬鈴薯片。
3. 牛奶加熱至82℃，並將馬鈴薯煮到半熟，約需8-10分鐘。注意別讓牛奶沸騰溢出。蒜頭應取出丟掉。
4. 用抹了奶油的方形調理盆盛裝馬鈴薯和牛奶，淋上鮮奶油，並綴以奶油丁。
5. 放入烤爐以191℃烘烤約45分鐘至表層呈金褐色，且牛奶完全被吸收。
6. 馬鈴薯靜置10-15分鐘，再切片盛盤。

NOTE：製作傳統奶汁焗薯片時，可將馬鈴薯片放在方形調理盆內，排成屋瓦狀，並與切達乳酪絲113-142克交疊，最後再撒上切達乳酪絲142克。完成後，蓋上鋁箔紙，放入烤爐烘烤35分鐘，接著移除鋁箔紙，將表層乳酪烘烤上色。

里昂醬馬鈴薯

Lyonnaise Potatoes

10份

- 主廚馬鈴薯1.81公斤
- 植物油60毫升
- 洋蔥片454克
- 鹽，視需求添加
- 黑胡椒粉，視需求添加
- 剁碎的歐芹9克（3大匙）

1. 將馬鈴薯搓洗乾淨、去皮、切片，並放入大型高湯鍋，以沸騰鹽水烹煮6-8分鐘至半熟。取出瀝乾，以小火加熱，使水分蒸發，或放上淺烤盤，以149℃烤爐烘烤5-10分鐘至不再有蒸氣逸出。
2. 油脂倒入大型鑄鐵平底鍋，以中大火加熱。洋蔥下鍋，頻繁翻炒7-8分鐘至稍微呈褐色後，取出備用。
3. 馬鈴薯放入油鍋，以鹽和胡椒調味。繼續以中大火煎炒5-7分鐘，不時翻拌，直到各面焦黃且柔軟適口。再次放入洋蔥，以歐芹裝飾，立刻出餐。

城堡馬鈴薯

Château Potatoes

10份

- 主廚馬鈴薯或蠟質黃肉馬鈴薯1.81公斤
- 澄清奶油或液體油30毫升（2大匙）
- 剁碎的歐芹14克
- 鹽，視需求添加
- 黑胡椒粉，視需求添加

4. 將馬鈴薯搓洗乾淨，視需求去皮，並切成大小相同的小橄欖型（切開的馬鈴薯用冷水浸泡，煎炒前再取出，避免變色）。洗淨馬鈴薯，取出瀝乾後，徹底放乾。
5. 將澄清奶油倒入平底煎炒鍋，以中火加熱。馬鈴薯下鍋煎炒8-10分鐘至外層金黃、內部柔軟。
6. 撒上歐芹，以鹽和胡椒調味。立刻出餐。

戴爾莫尼克馬鈴薯

Delmonico Potatoes

10份

- 主廚馬鈴薯2.27公斤
- 澄清奶油30毫升（2大匙）
- 全脂奶油57克
- 鹽，視需求添加
- 黑胡椒粉，視需求添加
- 剁碎的歐芹6克（2大匙）
- 檸檬汁45毫升（3大匙）

1. 將馬鈴薯搓洗乾淨、去皮，用蔬果挖球器將馬鈴薯製成大球狀。
2. 沸煮馬鈴薯至軟化，或用中型高湯鍋或對流式電蒸爐蒸煮至大致軟化，約需5-7分鐘。馬鈴薯瀝乾後，以小火加熱，使水分蒸發，或放上淺烤盤，以149℃烤爐烘烤5-10分鐘至不再有蒸氣逸出。
3. 將澄清奶油倒入大型平底煎炒鍋，以大火加熱。馬鈴薯下鍋，翻炒至熟透且表面呈淺金褐色。接著放入全脂奶油，加熱至融化，然後以鹽和胡椒調味。
4. 撒上歐芹，並淋上檸檬汁，立刻出餐。

煎炒馬鈴薯

Hash Brown Potatoes

10份

- 主廚馬鈴薯1.81公斤
- 澄清奶油或植物油60毫升
- 鹽，視需求添加
- 黑胡椒粉，視需求添加
- 剁碎的歐芹6克（2大匙）

1. 將馬鈴薯搓洗乾淨、去皮，放入大型高湯鍋，以沸騰鹽水煮15-20分鐘至半熟，烹煮時間依馬鈴薯的尺寸而定。取出瀝乾後，以小火加熱，使水分蒸發，或放上淺烤盤，以149℃烤爐烘烤5-10分鐘。烤好後，切片、切小丁或中丁，或是刨絲。
2. 將奶油放入大型平底煎炒鍋，以中大火加熱。馬鈴薯下鍋，以鹽和胡椒調味。
3. 煎炒馬鈴薯至熟透且各面皆呈褐色。以歐芹裝飾後，立刻出餐。

煎炒馬鈴薯

馬鈴薯煎餅

馬鈴薯煎餅

Potato Pancakes

10份

- 赤褐馬鈴薯1.13公斤
- 洋蔥粗絲227克，擠乾多餘水分
- 拍碎的蒜頭9克（1大匙）
- 剁碎的歐芹6克（2大匙）
- 細香蔥末6克（2大匙）
- 雞蛋3顆，稍微打散
- 中筋麵粉7克（1大匙）
- 鹽，視需求添加
- 黑胡椒粉，視需求添加
- 植物油240毫升

1. 將馬鈴薯搓洗乾淨、去皮、刨粗絲，與洋蔥、蒜頭、歐芹、細香蔥、雞蛋和麵粉混合，並以鹽和胡椒調味。
2. 將油脂45毫升倒入大型平底鍋，以中火加熱。放入30毫升的馬鈴薯混合物，以湯匙壓扁成薄餅（直徑5-8公分）。
3. 受熱面煎至金黃，翻面繼續煎，每面約煎6分鐘。
4. 煎好後，放到紙巾上吸油，立刻出餐。

猶太薯餅

Potato Latkes

10份

- 赤褐馬鈴薯1.36公斤
- 洋蔥454克
- 雞蛋2顆，稍微打散
- 高筋麵粉28克
- 猶太逾越節無酵餅28克
- 鹽，視需求添加
- 黑胡椒粉，視需求添加
- 植物油480毫升，或視需求添加

1. 將馬鈴薯搓洗乾淨，和洋蔥一起放入食物調理機攪碎，或用手刨成絲。
2. 用濾布包裹、擰乾馬鈴薯和洋蔥，去除多餘水分後，以攪拌盆盛裝，並放入雞蛋、麵粉與猶太逾越節無酵餅。以鹽和胡椒調味。
3. 將油脂倒入厚重的鑄鐵平底鍋，油深約0.6公分，加熱至177℃。放入約30毫升的馬鈴薯混合物。煎約3分鐘後翻面再煎2-3分鐘至兩面焦黃。視需要用191℃的烤爐烘烤至上色且酥脆。
4. 用紙巾拍乾薯餅上的油脂，立刻出餐。

安娜馬鈴薯派
Potatoes Anna
10份

- 主廚馬鈴薯1.81公斤
- 融化的澄清奶油75毫升，或視需求添加
- 鹽，視需求添加
- 黑胡椒粉，視需求添加

1. 將馬鈴薯搓洗乾淨、去皮、修整成大小一致的圓柱。用蔬果切片器或電動切片機刨成薄片。
2. 在平底深煎鍋或鑄鐵平底鍋底刷上大量奶油，放入馬鈴薯片，排成同心圓。每鋪一層，就刷上薄薄的奶油，並以鹽和胡椒調味。
3. 鍋子加蓋，以中火烹煮約8分鐘至底層變褐色。翻面再煎6-8分鐘，直到兩面都呈褐色。
4. 鍋子放入烤爐以204℃烘烤30-35分鐘至馬鈴薯軟化。
5. 瀝掉多餘奶油，以大餐盤盛裝馬鈴薯派。切成出餐分量，立刻出餐。

法式薯餅
Macaire Potatoes
10份

- 赤褐馬鈴薯1.81公斤
- 鹽，視需求添加
- 奶油57克
- 黑胡椒粉，視需求添加
- 雞蛋1顆
- 澄清奶油或植物油30毫升（2大匙）

1. 將馬鈴薯搓洗乾淨並拍乾，以鹽調味，用削皮小刀或肉叉在表皮戳幾個洞。
2. 放到烤架上以218℃烘烤約1小時，直到馬鈴薯軟化且熟透。
3. 取出剖半，趁熱用湯匙挖出馬鈴薯肉，以熱的攪拌盆盛裝。用叉子或木匙搗勻馬鈴薯、奶油、鹽、胡椒和雞蛋，做成餅狀。
4. 將澄清奶油倒入大型平底煎炒鍋，以中大火加熱。分批煎炒薯餅，每面煎2-3分鐘至表面金黃且滾燙。煎好後，立刻出餐。

瑞士薯餅
Rösti Potatoes
10份

- 赤褐馬鈴薯1.81公斤
- 澄清奶油120毫升，或視需求添加
- 鹽，視需求添加
- 黑胡椒粉，視需求添加
- 全脂奶油57克，或視需求添加

1. 將馬鈴薯搓洗乾淨，放入大型高湯鍋。倒入清水，水應淹過馬鈴薯5公分。加熱至微滾，煮約20分鐘至馬鈴薯半熟。取出後瀝乾，以小火加熱，使水分蒸發，或放上淺烤盤，以149℃的烤爐烘烤5-10分鐘至不再有蒸氣逸出。
2. 馬鈴薯放涼到可以徒手處理後，馬上去皮，並用四面刨絲器孔徑最大的一面刨成粗絲。
3. 以大火加熱瑞士薯餅鍋或平底煎炒鍋，並舀入少許澄清奶油。將馬鈴薯絲平鋪在鍋底，厚度應均勻。淋上少許奶油，並以鹽和胡椒調味。重複相同步驟，層層堆疊馬鈴薯、奶油、鹽和胡椒。在薯餅外緣綴上全脂奶油丁。
4. 煎4-5分鐘，直到馬鈴薯表面呈金褐色且形成蛋糕狀。翻面，在外緣綴上更多全脂奶油丁，將馬鈴薯煎到熟透變軟，表層呈金褐色且口感酥脆。起鍋切成出餐分量後，立刻出餐。

瑞士薯餅

甘藷片

炸薯條
French-Fried Potatoes
10份

- 赤褐馬鈴薯1.81公斤
- 植物油960毫升，或視需求添加
- 鹽，視需求添加

1. 將馬鈴薯搓洗乾淨、去皮，並切想要的形狀，最常見的是長5-8公分、厚0.9公分的長條（切好的馬鈴薯用冷水浸泡，炸前再取出，避免變色）。洗淨瀝乾後徹底放乾。
2. 油脂倒入厚重深鍋或深炸機，加熱至135-149℃。分批放入馬鈴薯，低溫油炸到變軟但尚未變成褐色（油炸時間按切割大小而定）。
3. 取出馬鈴薯，瀝油，並移上鋪有紙巾的淺烤盤，視需求分成出餐分量。
4. 出餐前，將油加熱到191℃，再次油炸馬鈴薯，直到表層呈金褐色且熟透。取出瀝油，遠離油炸鍋後再以鹽調味，立刻出餐。

甘藷片
Sweet Potato Chips
10份

- 甘藷1.36公斤
- 植物油960毫升，或視需求添加
- 鹽，視需求添加

1. 將甘藷搓洗乾淨、去皮，用蔬果切片器或電動刨片機切成厚度0.15公分圓片。
2. 油脂倒入厚重深鍋，加熱至163℃，分批放入甘藷，油炸1-2分鐘至表層呈金褐色。起鍋後放到紙巾上吸油，並以鹽調味。立刻出餐，或不加蓋暫放溫暖處。

炸杏仁薯球
Berny Potatoes
10份

- 赤褐馬鈴薯1.81公斤
- 奶油71克，軟化
- 蛋黃2顆，打散
- 肉豆蔻刨屑，視需求添加
- 鹽，視需求添加
- 黑胡椒粉，視需求添加
- 剁碎的松露57克
- 杏仁片57克
- 乾燥麵包粉57克
- 蛋液（見1023頁），視需求添加
- 植物油，視需求添加

1. 將馬鈴薯搓洗乾淨、去皮、切大塊。沸煮或蒸煮至軟化，可以輕易搗成泥。取出後瀝乾，以小火加熱，使水分蒸發，或放上淺烤盤，以149℃的烤爐烘烤10-15分鐘至不再有蒸氣逸出。趁熱用食物碾磨器或馬鈴薯壓泥器將馬鈴薯壓成泥，放入熱的攪拌盆。
2. 奶油和蛋黃混入馬鈴薯，以肉豆蔻、鹽和胡椒調味，用手或電動攪拌機的螺旋攪拌頭混合均勻，然後輕輕拌入松露。
3. 在較淺的容器中均勻混合杏仁和麵包粉。
4. 每次取馬鈴薯混合物57克，依喜好做成球狀或梨形。沾取蛋液後裹上杏仁麵包粉。
5. 油脂倒入厚重深鍋或深炸機，加熱至191℃，放入馬鈴薯油炸4-5分鐘至表面呈均勻金褐色。取出後，放到紙巾上稍微吸油，立刻出餐。

泡泡薯片
Souffléed Potatoes
10份

- 赤褐馬鈴薯2.04公斤
- 植物油960毫升，或視需求添加
- 鹽，視需求添加

1. 將馬鈴薯搓洗乾淨、去皮、修整成大小一致的圓柱。用蔬果切片器或電動刨片機縱切成薄片（厚度0.15-0.3公分）。
2. 油脂倒入厚重深鍋，加熱至149℃。分批放入馬鈴薯，輕輕搖晃鍋身避免馬鈴薯沾黏。薯片起泡後，取出瀝油，平鋪在紙巾上，保留備用。
3. 出餐前，將油加熱至191℃，放入已低溫油炸過薯片，炸到馬鈴薯膨脹且呈金褐色。取出瀝油，以鹽調味，立刻出餐。

馬鈴薯可樂餅
Croquette Potatoes
10份

- 赤褐馬鈴薯907克
- 奶油57克，軟化
- 蛋黃2顆，打散
- 肉豆蔻刨屑，視需求添加
- 鹽，視需求添加
- 現磨黑胡椒，視需求添加
- 中筋麵粉85克
- 雞蛋2顆，與30毫升（2大匙）牛奶或水混和做成蛋液
- 麵包粉142克
- 植物油720毫升，或視需求添加

1. 將馬鈴薯搓洗乾淨、去皮、切大塊。沸煮或蒸煮20-25分鐘至軟化，可以輕易搗成泥。取出瀝乾，以小火加熱，使水分蒸發，或放上淺烤盤以149℃的烤爐烘烤10-15分鐘至不再有蒸氣逸出。趁熱用食物碾磨器或馬鈴薯壓泥器將馬鈴薯壓成泥，放入熱的攪拌盆。
2. 奶油和蛋黃混入馬鈴薯，以肉豆蔻、鹽和胡椒調味，並用手或電動攪拌機的螺旋攪拌頭混合均勻。
3. 混合物填入擠花袋，擠成直徑3公分的圓柱長條，然後切成8公分長段。按標準裹粉法（見365頁）將馬鈴薯裹上麵粉、蛋液與麵包粉，並加蓋冷藏。此步驟可以在出餐前進行，或提早至多4小時處理。
4. 油脂倒入厚重深鍋，加熱至191℃。放入油鍋油炸3-4分鐘至表層呈金褐色且熱透。取出後，放在紙巾上稍微吸油，立刻出餐。

炸薯球
Lorette Potatoes
10份

- 赤褐馬鈴薯1.81公斤
- 奶油71克，軟化
- 蛋黃2顆，打散
- 肉豆蔻刨屑，視需求添加
- 鹽，視需求添加
- 泡芙麵糊567克，室溫（見1160頁）
- 植物油960毫升，或視需求添加

1. 將馬鈴薯搓洗乾淨、去皮、切大塊。沸煮或蒸煮至軟化，且可以輕易搗成泥。取出瀝乾，以小火烤乾，或放上烤盤149℃的烤爐烘烤10-15分鐘至不再有蒸氣逸出。趁熱用食物碾磨器或馬鈴薯壓泥器將馬鈴薯壓成泥，放入熱的攪拌盆。

2. 奶油和蛋黃拌入馬鈴薯泥，以肉豆蔻、鹽和胡椒調味，並用手或電動攪拌機的螺旋攪拌頭混合均勻。再輕輕拌入泡芙麵糊。
3. 混合物填入擠花袋，在烘焙油紙上擠成彎月型。
4. 油脂倒入厚重深鍋，加熱至191℃。將馬鈴薯連同烘焙油紙小心放入油鍋，待馬鈴薯脫離烘焙油紙，浮上油面，便可取出烘焙油紙並丟棄。油炸至馬鈴薯表面呈褐色，視需要翻動以利均勻上色。起鍋後用紙巾拍乾，立刻出餐。

德式馬鈴薯沙拉

German Potato Salad

10份

- 紅皮馬鈴薯1.5公斤
- 培根284克，切末
- 洋蔥312克，切末
- 紅酒醋60毫升
- 植物油45毫升（3大匙）
- 第戎美式芥末醬45毫升（3大匙）
- 芥末籽醬15毫升（1大匙）
- 雞高湯480毫升，溫熱（見263頁）
- 鹽10克（1大匙）
- 黑胡椒粉2克（1小匙）
- 剁碎的細香蔥6克（2大匙）
- 剁碎的歐芹9克（3大匙）

1. 馬鈴薯放入大型鍋子，倒入冷鹽水，水應淹過馬鈴薯。以中火加熱至沸騰，煮18-20分鐘至馬鈴薯軟化。
2. 馬鈴薯取出後瀝乾，趁熱去皮，切成約1公分厚片，保溫備用。
3. 將培根放入中型平底煎炒鍋，以中火烹煮10-15分鐘至呈金褐色，撈出培根，用剩下的油脂翻炒洋蔥至軟化，5-7分鐘。
4. 洋蔥放入大碗，加入培根、醋、油、芥末和高湯。
5. 醬汁加入溫熱的馬鈴薯，輕輕拌勻。以鹽和胡椒調味，放入細香蔥和歐芹收尾。立刻出餐。

咖哩甘藷沙拉

Curried Sweet Potato Salad

10份

- 去皮甘藷大丁907克
- 去皮赤褐馬鈴薯大丁907克
- 紅洋蔥末340克
- 芒果中丁340克
- 青蔥85克，使用蔥綠和蔥白，切0.3公分小片
- 咖哩粉18克（2大匙）（按369頁食譜製作，或購得）
- 孜然粉2克（1小匙）
- 磨碎的小豆蔻2克（1小匙）
- 蛋黃醬360毫升（見903頁）
- 糖15克（1大匙）
- 米酒醋120毫升
- 萊姆汁30毫升（2大匙）
- 鹽，視需求添加
- 黑胡椒粉，視需求添加

1. 將甘藷和赤褐馬鈴薯放入大型鍋子，倒入冷鹽水，水位應淹過食材。以中火加熱至微滾，煮約20分鐘至甘藷和馬鈴薯軟化。
2. 取出瀝乾，平鋪在烤盤上放乾。
3. 在大型攪拌盆中拌勻甘藷、馬鈴薯、洋蔥、芒果和青蔥。
4. 在中型攪拌盆中混合咖哩粉、孜然、小豆蔻、蛋黃醬、糖、醋與萊姆汁。
5. 醬汁淋上甘藷與馬鈴薯，翻拌均勻。以鹽和胡椒調味。直接出餐，或冷藏至需要時取出。

西班牙蛋餅佐蔬菜沙拉

Tortilla de Papas

10份

西班牙蛋餅

- 主廚馬鈴薯454克，切中丁
- 紫色馬鈴薯454克，切中丁
- 澄清奶油227克，油炒用奶油外加
- 西班牙洋蔥454克，切薄片
- 雞蛋1.59公斤

朝鮮薊椒類沙拉

- 嫩朝鮮薊737克
- 水3.84公升
- 檸檬汁75毫升
- 月桂葉1片
- 百里香枝3枝
- 胡椒粒10粒
- 紅椒454克
- 黃椒454克
- 洋蔥227克，切片
- 特級初榨橄欖油30毫升（2大匙）
- 巴薩米克醋15毫升（1大匙）
- 剁碎的歐芹3克（1大匙）
- 剁碎的百里香1.5克（1½小匙）
- 鹽，視需求添加
- 黑胡椒粉，視需求添加

- 山羊乳酪227克，剝碎
- 細葉香芹枝21克

1. 馬鈴薯放入大型鍋子，倒入冷鹽水，水應淹過馬鈴薯。加熱至沸騰，並將馬鈴薯煮到半熟。取出瀝乾，放涼至室溫。
2. 將一半的澄清奶油倒入中型平底煎炒鍋，以中火加熱。馬鈴薯下鍋，煎炒8-10分鐘，表面呈褐色後取出備用。
3. 倒入剩餘的澄清奶油，以中火加熱。西班牙洋蔥下鍋，煎炒8-10分鐘至焦糖化。取出洋蔥，和馬鈴薯一起備用。
4. 雞蛋充分打散後備用。
5. 製作朝鮮薊椒類沙拉時，先修整朝鮮薊，切成4等份，然後和月桂葉、百里香與胡椒粒一起放進不起化學反應的大型鍋，倒入水和檸檬汁，加熱至微滾，烹煮15-20分鐘，直到朝鮮薊最厚實的部分軟化。
6. 讓朝鮮薊在烹調液體裡放涼至室溫。取出瀝乾，放入大型攪拌盆。
7. 按639頁說明，將紅椒、黃椒表面烤到焦黑，接著去皮、切長條。在盛裝朝鮮薊的大型攪拌盆內放入紅椒、黃椒、洋蔥、歐芹、百里香、鹽和胡椒，並倒入橄欖油和巴薩米克醋。靜置保溫。
8. 製作西班牙蛋餅時，準備數個不沾材質的中型平底煎炒鍋，每個鍋子都放入少量澄清奶油並加熱。接著舀入蛋液約170克，開始凝結後，放入炒好的馬鈴薯和洋蔥。煎到蛋餅底部定形且稍微呈褐色，然後將鍋子放入烤爐，以204℃烘烤至蛋液定形。
9. 蛋餅盛盤，放上朝鮮薊椒類沙拉，並以磨碎的山羊乳酪與細葉香芹裝飾。

第
24
章

cooking grains and legumes

烹煮穀物與豆類

烹飪界近年來最劇烈的變革，就是穀物和豆類的重新發現。小麥、玉米和米等日常食用穀物陸續以各種新型態出現，豆類也越來越受歡迎。此外，異國穀物如小米、卡姆小麥、莧籽、藜麥，以及過去很少見的豆類如笛豆、蔓越莓豆等，也更頻繁地出現在菜餚中。

穀物和豆類都是乾燥食材，必須用高湯或水烹煮、泡開後，才能享用。豆類與大部分穀物通常和冷水一起加熱至沸騰，不過有些穀物（例如藜麥）必須等液體沸騰後再加入。某些調味料會在烹煮的起始階段放入，有些則要留到最後（細節參考個別食譜）。人們經常以為穀物和豆類菜餚都是高溫水煮料理，但實際上卻是以蒸煮或用微滾水來烹煮。沸騰液體的高溫可能會讓這類食材變硬。

immering whole grains and legumes

烹煮全穀和豆類

若穀物在烹煮過程中吸乾烹調湯汁，稱為蒸煮。烹調湯汁的量也可大於穀物可吸收的量，只要在穀物煮熟後瀝乾多餘液體即可。

烹煮前應仔細揀選要使用的全穀和豆類。把穀物或豆子平鋪在淺烤盤上，從烤盤一端朝另一端有系統地檢查，移除石礫和發霉食材。將豆子放進大型鍋子或調理盆，倒入清水，水應淹過豆子。浮到表面的豆子太乾，不適合烹煮，也沒有營養價值，應撈除。用濾鍋或網篩瀝乾，並用冷活水洗淨，移除灰塵。

大部分豆子與部分穀物在烹煮前必須泡水。浸泡的好處是，全大麥、蘇格蘭大麥、小麥與全黑麥仁等全穀類食材可以透過浸泡來軟化外層麩皮。珍珠麥的麩皮已用機械去除，因此不需浸泡。進口印度香米和泰國香米需要預先浸泡，去除表面多餘的澱粉，避免結塊。美國本地的印度香米和泰國香米則無需浸泡。細磨或中研磨的布格麥應在沸騰液體中浸泡幾分鐘，直到軟化、容易咀嚼。即食的庫斯庫斯也一樣，應用滾燙的高湯或清水浸泡（庫斯庫斯其實是用杜蘭粗粒小麥粉製成的麵食，但由於質地和外觀與穀物類似，故常被當成穀物）。

豆類浸泡與否一直是廚師熱烈爭論的主題。有些人認為，浸泡豆子可軟化表皮，讓烹煮更迅速、均勻，因此除了少數特例（扁豆、去莢乾燥豌豆瓣與黑眼豆），大部分豆子浸泡後都比較容易處理，成品品質也比較好。

有些人則認為，浸泡除了縮短烹煮時間外，沒有其他好處。而且未經浸泡的豆子煮熟後質地會更加綿密。浸泡的方式一般分兩種：長泡與短泡，兩者除了浸泡時間，沒有重大差異。穀物或豆類製成的菜餚若放涼到室溫才享用，或冰鎮後做成沙拉，必須煮久一點，才能煮出更柔軟的質地。

浸泡豆類的水能否作為烹調湯汁則是另一個爭論的焦點。浸泡除了軟化表皮，也會讓豆類所含的多種寡糖（難以消化、可能引發脹氣的複合糖）溶到水裡。少量營養素、風味和顏色也會滲入水中。把泡豆水當成烹調湯汁，可保留營養素、風味和顏色，但也會留下寡糖。

水、高湯與清湯是常見的烹調湯汁。每種穀物或豆子能夠吸收的液體量都不一樣（見1162頁表格，或參考包裝及食譜說明）。烹煮穀物時，烹調湯汁的用量通常大於穀物能夠吸收的量，特別是烹煮後應粒粒分明、蓬鬆且乾燥的穀物。烹煮豆類所需的湯汁用量則按豆子品種、新鮮度及總烹煮時間而定。重要的是，豆子在烹煮期間必須完全浸在液體中，要是豆子吸乾液體，就可能會破裂或燒焦。

烹煮穀物時，應在起始階段放鹽。豆類則在快煮好的時候才用鹽調味，這樣才能提升穀物或豆類的天然風味。豆子與穀物的風味相對清淡，經常需要在烹煮期間或煮好以後，用辛香料與香料植物提味。

穀物煮到入口柔軟便算完成。煮好的穀物應蓬鬆且帶有清甜的堅果風味。豆類應煮到完全軟化，能用叉子或湯匙輕易壓成豆泥，內部則綿密但可維持形狀。豆子煮不夠熟是常見的錯誤。

烹煮穀物和豆子的工具很單純：大型鍋子，能夠容納食材，且讓穀物、豆類有空間膨脹。若需要瀝乾，則應準備濾鍋或網篩。此外也應備妥保存容器與出餐用具。

浸泡穀物與豆類

長泡法

將揀選出來的豆子洗淨並放入容器，倒入冷水，水應淹過豆子5公分，冷藏浸泡4小時至一整晚，時間按豆子種類而定。

短泡法

將揀選出來的豆子洗淨並放入鍋子，倒入冷水，水應淹過豆子5公分，加熱至微滾後加蓋離火，浸泡1小時。

基本配方

烹煮全穀或豆類

10份

- 穀物或豆子454克
- 高湯或水，烹煮時，穀物或豆類應浸沒於液體中
- 鹽與胡椒
- 標準香料包或香草束
- 調味蔬菜或其他芳香蔬菜

作法精要

1. 依喜好決定是否浸泡豆子。
2. 穀物或豆子下鍋，倒入冷液體。
3. 加熱至滾沸。
4. 調整火力，讓液體保持微滾，將穀物或豆子煮到正確熟度。
5. 取出瀝乾，出餐或置於溫暖處保存。

專業訣竅

▶ 使用充分調味、風味飽滿的烹調液體來烹煮穀物或豆子，替菜餚增添風味：

高湯／清湯／酒

▶ 添加額外食材也能增添菜餚風味。與穀物或豆子一起烹煮，使額外食材的風味滲入其中：

芳香蔬菜／新鮮香料植物／完整或磨碎的辛香料／蒜頭

▶ 更健康的作法：盡可能選用對健康有許多益處的全穀食材，例如糙米、藜麥、麥仁、烘製蕎麥、小米與大麥等。

1. **烹煮穀物或豆子**。倒入烹調液體，加熱至大滾。火關小，讓液體保持微滾，將穀物或豆子煮到理想熟度。烹煮期間適時攪拌，避免燒焦。檢查水量，視需要入更多烹調液體，讓豆子或穀物保持在液面之下。

   嘗一嘗以檢查熟度。烹煮豆子時，通常在豆子煮軟後才加鹽。鹽，及醋、柑橘類果汁等酸性食材，若在烹煮的起始階段就加入，會使豆子表皮變硬。

   瀝乾穀物或豆子，若非立刻使用，可泡在烹調液體中放涼，保持表皮柔軟。烹調液體是許多菜式的重要食材。收尾後，盛入熱的餐盤中出餐，或用於其他菜餚。

   烹煮完成後，若鍋內還有剩餘液體，可將濾鍋架在鍋子上，瀝乾穀物。接著加蓋，以小火蒸數分鐘，使水份蒸發。用叉子輕輕鬆開穀物，不要攪拌，避免澱粉顆粒破裂，形成膠狀質地。視需求調味，加入鹽、胡椒和其他食材。視需要將餐盤放在溫暖處保溫，待稍後出餐。

< 作法詳解

烹調用穀物在進入廚房之前，可能會先經過某種加工（碾磨），製成穀粉和穀粒。碾磨過的全穀會碎成更小的顆粒，而按穀物種類不同，碾磨的顆粒可能很粗（碎小麥或脫殼小麥），也可能很細（玉米粉或 farina 麥粉）。某些穀物在碾磨前會先經過其他處理，例如布格麥會先蒸煮、乾燥後才碾壓。

simmering and boiling cereals and meals

微滾煮、高溫水煮穀粒與穀粉

穀粒包括各種形式的燕麥、脫殼蕎麥、黑麥片，以及布格麥等碎小麥。穀粉包括美式粗玉米粉、義式粗玉米粉、farina 麥粉、杜蘭粗粒小麥粉與 Cream of Rice 牌米糊粉（麵粉則磨得更細）。穀粒或穀粉會隨加工方式而有很大的差異，可以研磨成粗粒或細粒，麩皮和胚芽可以留下或去除。較粗的穀粒能做出較濃稠的粥狀質地。較細的穀粒則可做出如絲綢或布丁般滑順的菜餚。

所有穀粒與穀物都應散發迷人的新鮮香氣。長時間靜置會使穀粒與穀物所含的天然油脂變質，可放入冷凍庫保存，避免腐壞。某些穀粒和穀物應先洗淨再烹煮，某些則應保持乾燥，逐次放入烹調液體中。

水、高湯或清湯都可當作烹調液體，按穀物種類、菜餚與菜單設計而定。每種穀粒、穀物可吸收的液體量不同。一般來說，穀粒、穀物能吸收多少水分，烹煮時就使用多少烹調液體（細節可參考包裝或食譜說明）。

烹煮用的清水通常會加鹽，有時也會添加辛香料或香料植物。菜餚快煮好時，嚐一嚐並調味。穀物通常需要加入不少鹽來調味，否則吃起來會很平淡乏味。

烹煮穀粒或穀粉的鍋具可大可小，按烹煮量而定，不過一般使用厚底的鍋子。

基本配方

烹煮穀粒或穀粉

10份

- 穀粒、碎穀或穀片454克，或穀粉454克
- 高湯、清湯、水、牛奶，或混用多種液體
- 鹽與胡椒
- 香草束或香料包
- 芳香蔬菜，如洋蔥或蒜頭，製作甜味菜餚時，選用糖、蜂蜜或其他甜化物

作法精要

1. 烹調液體加熱至沸騰，或先放入穀粒或穀粉，再加熱至沸騰，按穀物種類決定作法。
2. 像倒水一樣將穀粒或穀粉以穩定、少量的方式倒進沸騰液體（若穀物已於步驟1加入，則省略此步驟）。
3. 火關小，讓液體保持微滾，將穀粒或穀粉烹煮到正確熟度。
4. 直接出餐，或保存於溫暖處。

專業訣竅

▶ 使用充分調味、風味飽滿的烹調液體來烹煮穀粒或穀粉，替菜餚增添風味。可使用一種或混用多種液體，做出不同成果：

高湯／清湯／牛奶

▶ 添加額外食材也能增添菜餚風味。與穀粒或穀粉一起烹煮，使額外食材的風味滲入其中：

芳香蔬菜／香草束／香料包／蒜頭

▶ 添加甜化物可獲得不同風味，依想要的成果選用：

糖／蜂蜜／楓糖漿

< 作法詳解

1. **視穀物種類決定是否先將液體加熱至大滾**，接著，一邊攪拌，一邊像倒水一樣，穩定且少量地倒入穀粒或穀粉，或是讓穀粒跟烹調液體一起加熱至沸騰。穀粒（義式粗玉米粉）也可像煮漿液那樣，放入冷水，然後加熱至微滾，避免結塊。鹽、其他調味料及芳香食材可在液體沸騰時下鍋。

   火關小，保持微滾，適時攪拌並煮熟穀粒。大部分穀粒在烹煮時都需要攪拌，避免燒焦。攪拌時，湯匙應滑過鍋底的每個角落，避免穀粒或穀粉黏在鍋底。混合物會越煮越稠。某些穀粉或穀粒會凝聚在一起，不會黏在鍋壁上，而且質地相當厚重。某些則保有流動性，可輕易倒出。

2. **煮好的穀粉具有一定的流動性**，能趁熱倒出，質地滑順、濃稠。趁熱將煮好的義式粗玉米粉在鋪有烘焙油紙的淺烤盤上抹開，幫助快速降溫。

3. **檢視成品品質**。穀粉製成的義式粗玉米糊、稠粥與布丁會很厚實，質地按穀粒種類而定，可能粗糙，也可能細滑。義式粗玉米糊等穀粉料理放涼後可切成各種形狀，煎炒、燒烤、烘烤或煎炸後出餐。

主廚筆記：義式粗玉米糊

義式粗玉米糊在放涼等待烘烤或油炸時，可放入蔬菜、乳酪等食材。蔬菜切成小丁，適度煎炒、調味後，拌入剛煮好、尚未冷卻的玉米糊。接著，抹平玉米糊，加蓋冷藏至完全冷卻。依喜好切成想要的形狀，出餐前再以煎炸或烘烤的方式徹底加熱，使外層變得酥脆。

源自中東地區的香料飯是用穀物做成的菜餚。穀物（通常是米）先下鍋加熱，可以乾燒也可以添加油脂，然後倒入熱的液體混合，加蓋後直接加熱或以烤爐烹煮。

pilaf 香料飯

香料飯可單純由穀物和烹調液體煮成，也可加入肉類、蝦蟹貝類、蔬菜、堅果或果乾等額外食材，製成豐盛的菜餚。香料飯的穀物粒粒分明，起始階段的煎炒讓穀物帶有堅果風味，質地比高溫水煮穀物更緊實。

米是最常用來製作香料飯的穀物，不過也可使用布格麥、大麥等其他穀物。視需要洗淨穀物，平鋪在淺烤盤上風乾。

炒軟芳香食材及煎炒穀物時，經常使用風味中性的植物油，不過也可使用奶油或熬煉鴨油，賦予香料飯獨特的風味。

高湯或清湯是煮香料飯的首選。液體先加熱，再倒入穀物，以縮短烹煮時間。製作風味、顏色特殊的香料飯時，可用蔬菜汁、果汁或蔬果漿取代至多一半的液體。若果汁為酸性（例如番茄汁），烹煮時間可能要增加15-20分鐘。

香料飯通常會添加各種蔥蒜，例如切成細丁或末的洋蔥、紅蔥、青蔥、蒜頭或韭蔥。除此之外，月桂葉與百里香也是常見的風味食材。其他香料植物與辛香料也可放入香料飯中。這些額外加入的蔬菜可與洋蔥一起炒軟。其他常見的食材包括海鮮、肉類、蔬菜與堅果（細節可參考食譜）。

製作香料飯時，應使用大小適中、附蓋的厚重鍋具，以利蒸煮且避免燒焦。此外，也要準備保存容器與出餐用具。

基本配方

香料飯

10份

- 米、藜麥或類似的全穀480毫升（2杯）
- 或米型麵或類似的小型義式麵食454克
- 或大麥或扁豆397-454克
- 調味高湯、清湯或水840-960毫升，用於生米
- 或高湯、清湯或水840毫升，用於卡羅來納米
- 或高湯、清湯或水720毫升，用於印度香米、德州香米或泰國香米
- 或高湯、清湯或水1.92公升，用於野米
- 或高湯、清湯或水1.2公升，用於糙米、藜麥或類似的全穀
- 或高湯、清湯或水0.96-1.2公升，用於米型麵或類似的小型義式麵食
- 或高湯、清湯或水1.2-1.44公升，用於大麥
- 鹽與胡椒
- 月桂葉、百里香或其他香料植物
- 洋蔥或其他芳香蔬菜

作法精要

1. 加熱烹飪油脂。
2. 炒軟洋蔥，不上色。
3. 穀物下鍋煎炒。
4. 加入液體與芳香食材。
5. 加熱至微滾。
6. 鍋子加蓋放入烤爐。
7. 烹煮至所有穀物軟化。
8. 調味，出餐。

專業訣竅

▶ 使用充分調味、風味飽滿的烹調液體製作香料飯，替菜餚增添風味。

高湯／清湯

▶ 添加額外食材也能增添菜餚風味。與香料飯一起烹煮，使額外食材的風味滲入其中：

芳香蔬菜／新鮮香料植物／蒜頭

▶ 更健康的作法：盡可能選用對健康有許多益處的全穀食材，例如糙米、藜麥、麥仁、烘製蕎麥、小米與大麥等。

1. **芳香食材放入厚底鍋**，以油脂炒軟不上色。放入穀物，一邊煎炒，一邊翻動，直到穀物完全裹上油脂。

用高溫油脂加熱穀物，這個動作稱為 parching（稍微炒透明），作用是讓煮熟的穀物粒粒分明，並吸收芳香食材的風味。

2. **加熱烹調液體**，倒入煮熟的穀物中，加熱至微滾。液體先加熱再倒入穀物可縮短烹煮時間。加熱至接近微滾時，攪拌一、兩次，避免穀物沾黏鍋底。此時可添加額外風味食材。鍋子加蓋，放進烤爐，以中溫烘烤，或放上爐臺以小火加熱。

3. 待穀物完全吸收液體，（米飯需煮18-20分鐘，其他穀物所需時間各有不同，見1162頁表格），讓鍋子離開熱源，不開蓋靜置5分鐘。香料飯會在這期間吸收剩餘液體與蒸氣。接著，打開鍋蓋，用叉子翻鬆飯粒，釋出蒸氣。調味。

評估成品品質。嘗一嘗少許香料飯，口感應柔軟不爛，仍有顆粒感，飯粒容易分開。鍋底不該有液體殘存。煮過頭的香料飯吃起來像餡餅，口感黏糊，穀物軟爛或過濕，也可能結塊。沒有煮熟或是液體量太少時，吃起來則太脆。

主廚筆記：香料飯

在香料飯裡加入扁豆能讓菜餚更營養，可以自成一道菜，或作為蔬食菜餚的主要食材。褐色和綠色扁豆是唯二不需長時間烹煮，故可加入香料飯的豆類。這兩種豆類的烹煮時間與米或其他穀物相同，因此能做出蓬鬆乾燥、不軟糊的香料飯。可以加入傳統香料飯的食材，如蔬菜、肉或魚。

傳統燉飯風味濃郁，質地濃稠似粥，但米粒口感仍然明顯。製作義式燉飯時，米飯會先稍微炒透明，這種烹煮方法在製作香料飯時也會用到。稍微炒透明後，慢慢添加液體讓米飯吸收，期間應持續攪拌。澱粉會在烹煮過程中慢慢釋出，形成濃稠質地。

risotto
燉飯

製作燉飯時，通常會添加刨絲乳酪。此外，也可以添加蔬菜、肉或魚，做出能當作開胃菜或主菜的燉飯。雖然製作燉飯需要相對長的時間與持續不斷的注意力，但是某些過程可以簡化，使燉飯成為適合餐廳供應的菜餚。

傳統燉飯使用特殊的義大利中圓米，最著名的是 Arborio 米，不過也可使用其他品種，如 vialone nano 米與卡納羅利米。長粒米、糙米、大麥、麥仁或小型義式麵食也可用同樣方式烹煮，不過成品品質和用義大利中圓米製成的燉飯不同。糙米和全穀需要較長的烹煮時間，所需液體也比較多。

製作燉飯時，大多建議以高品質高湯或清湯作為烹調液體。量取適量高湯或清湯，視需要調味，在開始烹煮前先加熱至微滾。某些食譜會以紅酒取代部份高湯或清湯。預先將高湯加熱至微滾，可稍微縮短燉飯的烹煮時間，且能在高湯中放入額外食材，增添風味和色澤。至於紅酒該在烹調初期或最後加入，則尚有爭論。有些廚師偏好混合高湯和酒，一起加熱至微滾，藉此去除原酒強烈刺激的味道，提升菜餚風味。

切成細末的韭蔥、紅蔥或洋蔥也常加入燉飯。某些則會加入蒜頭、蘑菇、茴香、胡蘿蔔或芹菜等芳香蔬菜。這些蔬菜應切細或切薄片，風味才能完全釋放。此外也可放入番紅花等辛香料與新鮮香料植物。

奶油賦予燉飯香甜、濃郁的風味，但也可使用橄欖油等其他油脂。最常用於燉飯的乳酪是帕爾瑪乳酪及羅馬諾乳酪。乳酪應等到出餐前再加入，確保成品有最佳風味。肉、海鮮、魚、禽肉或蔬菜也可作為燉飯的食材。

厚重的寬口醬汁鍋或平底深煎鍋最適合用來烹煮燉飯。烹調時應用湯匙攪拌，最好是木匙或耐熱的矽膠材質。此外，若燉飯需先冷藏，之後才完成烹煮，可使用淺烤盤或類似的寬口淺鍋具讓燉飯快速降溫。

基本配方

燉飯

10份

- Arborio 米或其他中短粒白米或糙米480毫升（2杯）
- 或米型麵或類似的小型義式麵食454克
- 或西班牙短麵或類似的細麵454克
- 高湯或清湯，若使用白米則用水1.44-1.68公升
- 若使用糙米或小型義式麵食，用量可能增加
- （其他選擇：用干白酒取代至多20% 烹調液體）
- 鹽與胡椒
- 月桂葉、百里香或其他香料植物
- 洋蔥或其他芳香蔬菜
- 刨絲乳酪

作法精要

1. 加熱烹飪油脂。
2. 洋蔥與其他芳香食材下鍋。
3. 白米下鍋，煮到表面出現光澤。
4. 微滾液體分三次倒入，不時攪拌，讓米吸收液體。
5. 若有使用酒，可在此時倒入，作為最後添加的液體。
6. 調味並出餐。

專業訣竅

▶ 風味食材及調味料有三個適合添加的時機。

▶ 米飯下鍋之前，可將芳香蔬菜加入炒軟的洋蔥中，增進燉飯的最終風味。可添加的蔬菜包括：

胡蘿蔔／芹菜／蒜頭

▶ 香料植物與調味料可先放入烹調液體中浸泡。烹調液體對菜餚的最終風味影響甚鉅，應小心選擇，以襯托整道燉飯的風味。常用香料植物與調味料有：

月桂葉／番紅花／浸泡乾菇蕈的水

▶ 烹煮快結束時，可添加配料。這些食材的添加時機很重要，應按個別食材所需的烹煮時間而定：

切開或完整的蔬菜，如青花菜、青豆或蘆筍／新鮮香料植物，如羅勒、奧勒岡或鼠尾草／海鮮，如蝦、扇貝或魷魚

▶ 更健康的作法：盡可能選用對健康有許多益處的全穀食材，如以法老小麥取代 Arborio 米，做出類似的成品。

< 作法詳解

1. **在厚重醬汁鍋、平底深煎鍋或雙耳燉鍋內炒軟芳香食材**，但不上色。放入米飯，用油脂稍微炒透明。以熱奶油將洋蔥和其他芳香蔬菜炒到徹底軟化，讓風味完全發展。某些燉飯會以煮熟的洋蔥泥取代剁碎的洋蔥。完整或粉狀辛香料也可在此時下鍋（若使用番紅花，應放入烹調液體浸泡，以獲得最佳風味與色澤）。

用油脂烹煮米飯可讓燉飯發展出正確的質地。待米飯散發明顯的乾炒香氣，便可一邊攪拌，一邊倒入⅓的烹調液體。

2. **分次倒入微滾液體**。將¼-⅓的烹調液體倒入炒至稍微透明的米飯，開中火，持續攪拌直到米飯完全吸收液體，之後以同樣方式陸續倒入烹調液體。米粒吸收第一次加入的液體後，會變得緊實且粒粒分明，但還沒真正變濃稠。吸收第二次倒入的液體後，會變得更軟，且開始出現像醬汁般的濃稠感。

3. 持續攪拌，直到米粒熟透，並吸收所有液體，質地變得濃稠、厚重、不軟糊。用 Arborio 米來製作燉飯，平均需要20分鐘。

最好的燉飯應在出餐前從生米開始製作，但也可預先將燉飯製作到半熟。米粒吸收烹調液體總量的⅔-¾時，讓鍋子離火。將半熟燉飯抹在淺烤盤上，快速冷卻後冷藏保存。替冷藏燉飯收尾時，在醬汁鍋或平底深煎鍋內加熱剩餘的¼-⅓烹調液體。將所有預煮燉飯倒入溫熱的烹調液體中，以中火加熱，直到燉飯質地濃稠且米粒完全煮熟。或者也可用此方法加熱個別分量的燉飯。

4. 放入奶油、刨絲乳酪或其他收尾食材，開小火，充分攪拌至均勻混合。某些收尾食材可在烹煮初期下鍋，和燉飯一起煮熟。某些則可另外烹煮，最後再放入燉飯中（細節參考個別食譜）。依喜好加入新鮮香料植物，調整燉飯風味，盛入熱餐盤出餐。

評估成品品質。根據義大利人的說法，理想的燉飯「像波浪一樣」（all'onda），意指整體質地濃稠如粥，但米粒仍略微緊實，口感明顯。若烹煮時火力太強或時間太短，燉飯就不會有良好的稠度和熟度。煮好的燉飯應有濃稠的質地，米粒彈牙。

黑豆泥

Black Bean Mash

10份

- 乾燥黑豆907克
- 水或雞高湯5.76公升（見263頁），或視需求添加
- 月桂葉2片
- 乾奧勒岡4克（2小匙）
- 鹽，視需求添加
- 橄欖油120毫升
- 洋蔥中丁227克
- 蒜瓣4粒，切末
- 孜然粉6克（1大匙）
- 剁碎的奧勒岡6克（2大匙）
- 黑胡椒粉，視需求添加

1. 以冷水洗淨揀選出來的豆子，用長泡法或短泡法浸泡（見753頁）。
2. 瀝乾。
3. 取中型高湯鍋，放入豆子、水、月桂葉和乾奧勒岡，烹煮1小時。
4. 加鹽，繼續烹煮20-30分鐘至豆子軟化。
5. 取出月桂葉，濾掉鍋內多餘液體，收乾成糖漿狀。
6. 橄欖油倒入大型平底煎炒鍋，以中大火加熱。放入洋蔥與蒜頭，炒軟不上色。放入孜然與剁碎的奧勒岡，攪拌均勻。
7. 混合豆子與洋蔥混合物，用果汁機打成泥（視需要分批處理）。若混合物太濃稠，可倒入煮豆水稀釋。以鹽和胡椒調味。
8. 立刻出餐，或保溫待稍後出餐。

黑豆佐甜椒與墨西哥辣肉腸

Black Beans with Peppers and Chorizo

10份

- 乾燥黑豆340克
- 水或雞高湯2.88公升（見263頁）
- 鹽，視需求添加
- 植物油60毫升
- 培根末85克
- 洋蔥中丁170克
- 蒜末6克（2小匙）
- 西班牙辣肉腸片113克
- 紅椒中丁85克
- 青椒中丁85克
- 剁碎的青蔥57克，裝飾用蔥量外加
- 剁碎的奧勒岡3克（1大匙）
- 粗剁的芫荽3克（1大匙）
- 黑胡椒粉，視需求添加
- 酸奶油150毫升（非必要）

1. 以冷水洗淨揀選出來的豆子，用長泡法或短泡法浸泡（見753頁），瀝乾。
2. 取中型鍋具，放入豆子和水，烹煮1小時。
3. 加鹽，繼續烹煮20-30分鐘至豆子軟化。煮好的豆子泡在烹調液體中靜置。
4. 橄欖油倒入大型醬汁鍋，以中火加熱。培根下鍋，熬練出油脂，放入洋蔥煎炒約8分鐘至軟化且稍微呈褐色。蒜頭下鍋，再翻炒1分鐘。
5. 放入西班牙辣肉腸、紅椒和青椒，翻炒6-8分鐘至甜椒軟化。
6. 豆子瀝乾、下鍋，同時倒入足量烹調液體，讓豆子保持濕潤（稠度應為濃稠燉菜狀）。烹煮期間可能需要加入更多液體。將豆子烹煮到風味釋出，且所有食材都熱透。
7. 加入青蔥與香料植物，以鹽和胡椒調味。依喜好搭配酸奶油一起出餐。

黑豆佐甜椒與西班牙辣肉腸

素黑豆可麗餅

素黑豆可麗餅

Vegetarian Black Bean Crêpes

10份

可麗餅

- 黑豆煮豆液體300毫升
- 中筋麵粉106克
- 玉米澱粉106克
- 奶油37.5克（2½大匙），融化
- 鹽8.5克（2½小匙）
- 雞蛋5顆

餡料

- 橄欖油37毫升
- 洋蔥丁142克
- 蒜瓣5粒，切末
- 哈拉佩諾辣椒2條，去籽、切末
- 瀝乾的熟黑豆284克
- 剁碎的日曬番茄113克
- 孜然粉2.5克
- 芫荽粉2.5克
- 鹽與黑胡椒粉，視需求添加

- 油，視需求添加
- 剁碎的芫荽14克
- 墨西哥 Chihuahua 刨絲乳酪600毫升（2½杯）

盤飾

- 莎莎紅醬300毫升（見954頁）
- 酸奶油150毫升
- 蔥28克

1. 製作可麗餅時，以食物調理機或果汁機混合所有食材，攪拌30秒，刮下沾黏在內壁的混合物，繼續攪打1分鐘。攪出來的麵糊應非常滑順，稠度類似高脂鮮奶油。視需要添加牛奶或麵粉調整稠度。
2. 冷藏靜置30分鐘。
3. 製作餡料。橄欖油倒入大型平底煎炒鍋，以中火加熱。放入洋蔥、蒜頭與哈拉佩諾辣椒，煎炒6-8分鐘至洋蔥變透明。
4. 拌入豆子、日曬番茄、孜然與芫荽，充分加熱。以鹽和胡椒調味，加以保溫。
5. 用中火加熱可麗餅鍋或小型平底煎炒鍋，刷上植物油，倒入麵糊120毫升，搖晃傾斜鍋身，讓麵糊均勻覆在鍋底。烹煮約2分鐘直到受熱面定型且稍微上色，視需要把火關小。
6. 用金屬或矽膠薄鏟翻面，煮約1分鐘至受熱面定型且稍微呈褐色，起鍋。煮好的可麗餅用烘焙油紙或蠟紙隔開並疊起。
7. 每份可麗餅的餡料用量約為45毫升。撒上芫荽與乳酪。可麗餅對摺兩次成¼。盛入熱的餐中盤出餐，佐以莎莎醬和酸奶油，並以蔥裝飾。

NOTE：麵糊可預先製作並冷藏至多12小時。Chihuahua乳酪可用傑克乳酪取代。

墨西哥豆泥

Frijoles Refritos

10份

- 芥花油120毫升
- 中型白洋蔥1顆，切薄片
- 燉黑豆1.13公斤（見775頁）
- 蔬菜高湯（見265頁），視需求添加
- 墨西哥鮮乳酪刨絲57克
- 墨西哥玉米脆餅（見962頁），視需求添加

1. 油倒入中型平底煎炒鍋，以中火加熱。放入洋蔥，煎炒7-9分鐘至焦糖化。取出洋蔥，可留作他用。

2. 豆子放入調味油中，用壓豆泥器或馬鈴薯壓泥器製作豆泥，視需要把火關小，避免燒焦。
3. 豆子稍微煮乾，繼續烹煮，直到豆泥變成膏狀，期間不斷攪拌，避免沾黏。視需要用清湯調整稠度。
4. 搭配乳酪與墨西哥玉米脆餅立刻出餐。

燉 Corona 豆

Corona Beans (Fagioli all'Uccelletto)

10份

- 乾燥 corona 豆 907 克
- 橄欖油 240 毫升
- 蒜頭 14 克，拍碎
- 義式乾醃生火腿或義大利培根 113 克，粗剁
- 胡蘿蔔 2 根，粗剁
- 芹菜莖 4 枝，粗剁
- 百里香 1 枝
- 迷迭香 1 枝
- 月桂葉 1 片
- 水 3.84 公升，或視需求增減
- 鹽，視需求添加
- 剁碎的迷迭香 6 克（2 大匙）
- 剁碎的鼠尾草 14 克
- 剁碎的歐芹 14 克
- 黑胡椒粉，視需求添加

1. 以冷水洗淨揀選出來的豆子，用長泡法或短泡法浸泡（見 753 頁）。
2. 瀝乾。
3. 將一半的油倒入中型鍋，以中火加熱。放入蒜頭，烹煮約 2 分鐘至稍微呈褐色。放入義式乾醃生火腿煮 1 分鐘。放入胡蘿蔔、芹菜、百里香、迷迭香與月桂葉，再煮 2 分鐘。
4. 放入豆子和水，煮 1 小時。
5. 以鹽調味，繼續烹煮 20-30 分鐘至豆子變軟。
6. 取出蒜頭、火腿、胡蘿蔔、芹菜、百里香、迷迭香與月桂葉並丟棄。豆子可以瀝乾後馬上使用，並保留少許烹調液體，或是快速冷卻後浸泡在烹調液體中冷藏保存。
7. 收尾時，將剩餘油脂倒入醬汁鍋，以中火加熱。放入豆子及少量烹調液體，輕輕拌入剁碎的迷迭香、鼠尾草和歐芹，不要弄碎豆子。以鹽和胡椒調味。

奶香斑豆泥

Creamed Pinto Beans (Frijoles Maneados)

10份

- 乾燥斑豆 680 克
- 水 1.92 公升
- 洋蔥末 454 克
- ancho 辣椒 5 條，去籽、去薄膜
- 孜然粉 3 克（1½ 小匙）
- 番茄糊 15 克（1 大匙）
- 墨西哥奧勒岡 1.5 克（1½ 小匙）
- 牛奶 240 毫升
- 植物油 60 毫升
- 蒜瓣 3 粒，切末
- 鹽，視需求添加
- 黑胡椒粉，視需求添加
- 墨西哥 Chihuahua 乳酪絲 227 克

1. 以冷水洗淨揀選出來的豆子，用長泡法或短泡法浸泡（見 753 頁）。
2. 瀝乾。
3. 準備一個大型鍋子，放入豆子、洋蔥和水。加蓋，以中火加熱至微滾，烹煮約 20 分鐘至豆子變軟。

4. 用上明火烤爐短暫加熱辣椒，不要真的烤熟。辣椒切細絲，和孜然、番茄糊與奧勒岡一起混入豆子中。
5. 用湯匙舀起單份豆子（與少量烹調液體），放進果汁機或食物調理機，和約60毫升的牛奶一起打成泥。重複同樣動作，直到拌入所有牛奶，且所有豆子都打成泥。
6. 油倒入小型雙耳燉鍋，以中火加熱。蒜頭下鍋爆香，放入豆泥混合均勻，並以鹽和胡椒調味。
7. 鍋子加蓋，以177℃的烤爐烘烤45-60分鐘至豆泥滑順濃稠。
8. 撒上刨絲乳酪，立刻出餐或保溫待稍後出餐。

乾花豆燉湯

Frijoles a la Charra

10份

- 黑豆454克，揀選洗淨
- 孜然粉3克（1½小匙），乾炒
- 乾燥奧勒岡2克（1小匙）
- 紅椒粉3克（1½小匙）
- 乾燥百里香2克（1小匙）
- 番茄糊15克（1大匙）
- 刺芹葉3片
- 黑胡椒粉，視需求添加
- 植物油15毫升（1大匙）
- 洋蔥170克，切末
- 塞拉諾辣椒1條，切末
- 蒜瓣2粒，切末
- 番茄480毫升，切中丁
- 鹽30克（3大匙）

1. 豆子用3倍的水浸泡過夜。
2. 瀝乾豆子，放入大型醬汁鍋，倒入清水，水淹過豆子2.5公分。放入孜然、奧勒岡、紅椒粉、百里香、番茄糊、刺芹與胡椒，加蓋並加熱至微滾。
3. 油倒入雙耳燉鍋，以中火加熱。放入洋蔥、辣椒、蒜頭與番茄，炒軟不上色。繼續烹煮約10分鐘至蔬菜變軟但尚未變成褐色。接著將蔬菜混和物加進豆子，繼續烹煮至豆子變軟且裂開。視需要倒入更多水，讓水在烹煮全程都高於豆子2.5公分。以鹽和胡椒調味。
4. 保溫待稍後出餐。以小型陶器盛裝豆子，放在盤子上出餐。

西納洛亞式豬肉燉豆

Frijoles Puercos Estilo Sinaloa

10份

- 乾燥斑豆454克
- 白洋蔥57克，切4等份
- 蒜頭9克（1大匙），拍碎
- 豬油113克
- 培根113克，切小丁
- 西班牙辣肉腸113克，去腸衣
- 白洋蔥135克，切小丁
- 墨西哥Chihuahua乳酪絲113克
- 罐裝adobo醬味chipotle辣椒57克
- 去籽綠橄欖28克，切丁
- 鹽10克（1大匙）

1. 以冷水洗淨揀選出來的豆子，用清水浸泡過夜。
2. 瀝乾。
3. 豆子、蒜頭和洋蔥放入厚底鍋，倒入清水，淹過豆子。烹煮30-40分鐘至豆子變軟。
4. 瀝乾，保留煮豆水，丟棄洋蔥和蒜頭。放涼。

5. 放涼的豆子放進果汁機，打成滑順豆泥，並靜置備用。視需要分批處理。
6. 豬油放入雙耳燉鍋或厚底鍋，以中火加熱。放入培根和西班牙辣肉腸，煎炒到酥脆後取出備用。放入洋蔥丁，煎炒2-3分鐘至洋蔥開始軟化。
7. 放入豆泥，不時攪拌，避免沾黏。混合物微滾後，放入乳酪、chipotle 辣椒、橄欖、鹽，以及保留備用的培根和辣肉腸。趁熱出餐。

中東鷹嘴豆

Middle Eastern Chickpeas

10份

- 乾燥鷹嘴豆340克

香料包

- 薑片14克
- 孜然3克（1½小匙）
- 芫荽籽1.5克（1小匙）
- 壓碎的粉紅胡椒粒1克（½小匙）
- 壓碎的黑胡椒粒1克（½小匙）
- 芥末籽1克
- 小豆蔻莢5個
- 肉桂棒1支

- 植物油30毫升（2大匙）
- 剁碎的洋蔥170克
- 蒜末14克
- 雞高湯2.88公升（見263頁），或視需求增減
- 鹽，視需求添加
- 檸檬汁，視需求添加
- 黑胡椒粉，視需求添加

1. 以冷水洗淨揀選出來的豆子，用長泡法或短泡法浸泡（見753頁）。
2. 瀝乾。
3. 製作香料包。用濾布包裹所有香料食材，並用棉繩綁好。
4. 油倒入中型醬汁鍋，以中火加熱。放入洋蔥，炒軟至透明但不上色，約需5-6分鐘。放入蒜頭再炒1分鐘。
5. 放入鷹嘴豆、高湯及香料包，煮1小時。
6. 加鹽，繼續烹煮至鷹嘴豆變軟。
7. 香料包取出丟棄。以檸檬汁、鹽和胡椒調味。
8. 瀝乾後馬上使用，或快速冷卻後浸泡在烹調液體中冷藏。

羅馬式皇帝豆

Roman-Style Lima Beans

10份

- 乾燥皇帝豆340克

香草束

- 百里香2枝
- 奧勒岡2枝
- 迷迭香1枝
- 壓碎的黑胡椒粒1克（½小匙）
- 韭蔥葉2片，8-10公分長

- 橄欖油30毫升（2大匙）
- 義大利培根丁113克
- 剁碎的洋蔥170克
- 蒜末14克
- 雞高湯2.88公升（見263頁），或視需求增減
- 帕爾瑪乳酪皮1片（非必要）
- 鹽，視需求添加
- 紅酒醋30毫升（2大匙），或視需求增減
- 黑胡椒粉，視需求添加

1. 以冷水洗淨揀選出來的豆子，用長泡法或短泡法浸泡（見753頁）。
2. 瀝乾。
3. 製作香草束。用韭蔥葉包裹百里香、奧勒岡、迷迭香和胡椒粒，並用棉繩綁成一束。
4. 油倒入中型醬汁鍋，以中火加熱。放入義大利培根，熬練出油脂。放入洋蔥，炒至透明不上色，約需5-6分鐘。放入蒜頭再煮1分鐘，不要讓蒜頭變成褐色。
5. 放入皇帝豆、高湯與香草束。若有使用乳酪皮，也於此時放入。烹煮1小時。
6. 加鹽，繼續烹煮20-30分鐘至豆子變軟。
7. 取出香草束，以醋、鹽和胡椒調味。
8. 皇帝豆瀝乾後馬上使用，或快速冷卻後浸泡在烹調液體中冷藏。

西南風味燉白豆

Southwest White Bean Stew

10份

- 高溫水煮白豆907克（見777頁），瀝乾
- 植物油10毫升（2小匙）
- 剁碎的洋蔥170克
- 紅椒小丁113克
- 哈拉佩諾辣椒末57克
- 蒜末28克
- 雪利酒醋60毫升
- 番茄丁113克
- 粗剁的芫荽6克（2大匙）
- 鹽，視需求添加
- 黑胡椒粉，視需求添加

1. 將一半的豆子攪打成泥，再與剩餘豆子混合。
2. 油倒入中型醬汁鍋，以中大火加熱。放入洋蔥、甜椒、哈拉佩諾辣椒與蒜頭。煎炒5-6分鐘至洋蔥變透明。
3. 放入豆子，持續翻炒至熱透。
4. 放入醋與番茄丁，繼續煎炒至滾燙。
5. 拌入芫荽，以鹽和胡椒調味。立刻出餐，或保溫待稍後出餐。

燉黑豆

Stewed Black Beans

10份

- 乾燥黑豆907克
- 橄欖油30毫升（2大匙）
- 洋蔥小丁227克
- 蒜片28克
- 後腿蹄膀1隻
- 雞高湯（見263頁），視需求添加
- 鹽，視需求添加
- adobo醬味chipotle辣椒3條，剁細
- 日曬番茄小丁85克
- 黑胡椒粉，視需求添加

1. 以冷水洗淨揀選出來的豆子，用長泡法或短泡法浸泡（見753頁）。
2. 瀝乾。
3. 油倒入中型鍋，以中火加熱。放入洋蔥與蒜頭，炒軟至透明但不上色。
4. 放入豆子、後腿蹄膀與淹過豆子3公分的高湯。烹煮1小時。
5. 放入鹽、chipotle辣椒與番茄。繼續煮20-30分鐘至豆子變軟。
6. 取下後腿蹄膀肉，丟掉骨頭，肉切丁後放回鍋中。以鹽和胡椒調味。
7. 立刻出餐或保溫待稍後出餐。

油炸鷹嘴豆餅

Falafel

10份

- 乾燥鷹嘴豆312克，揀選洗淨後浸泡過夜
- 乾燥蠶豆312克，揀選洗淨後浸泡24小時
- 歐芹1束，剁碎
- 青蔥3根，剁細
- 卡宴辣椒2克（1小匙）
- 孜然粉6克（1大匙）
- 芫荽粉2.5克（1¼小匙）
- 蒜瓣6粒，加入鹽1小匙一起拍碎
- 泡打粉3.75克（1¼小匙）
- 鹽10克（1大匙）
- 植物油960毫升，或按油炸所需用量調整

1. 瀝乾泡好的豆子，洗淨後拍乾。
2. 豆子、歐芹、洋蔥、卡宴辣椒、孜然、芫荽、蒜頭、泡打粉與鹽分批放入食物調理機混合均勻。
3. 混合物做成直徑3-4公分的球狀，再稍微壓扁。
4. 油倒入大型雙耳燉鍋或油炸鍋，加熱到177℃，放入豆餅深炸約4分鐘至表面酥脆且呈褐色。
5. 炸好後取出，放在紙巾上稍微吸油，立刻出餐。

紅腎豆飯

Rice and Beans

10份

- 乾燥紅腎豆454克，揀選洗淨、浸泡
- 培根丁113克
- 蒜瓣2粒，切末
- 雞高湯1.44公升（見263頁）
- 長粒白米142克
- 無糖椰奶240毫升
- 剁碎的青蔥43克
- 剁碎的百里香3克（1大匙）
- 鹽，視需求添加
- 黑胡椒粉，視需求添加

1. 瀝乾豆子。
2. 培根放入中型醬汁鍋，以小火熬煉出培根油。放入蒜頭，炒軟不上色，直到散發香氣。放入高湯及豆子，煮至豆子變軟。
3. 白米放入網篩，以冷水沖洗，直到流下來的水變透明，瀝乾。
4. 把白米和椰奶加進豆子裡，加蓋烹煮約20分鐘至米變軟且吸收所有液體。
5. 輕輕拌入蔥和百里香。以鹽和胡椒調味。
6. 立刻出餐，或保溫待稍後出餐。

紅腎豆佐白飯
Red Beans and Boiled Rice
10份

- 乾燥紅腎豆454克，揀選清洗、浸泡
- andouille 內臟腸113克，切1公分厚片
- 後腿蹄膀1隻
- 洋蔥末113克
- 芹菜小丁57克
- 青椒小丁57克
- 蒜瓣4粒，切末
- 培根油28克
- 鹽，視需求添加
- 黑胡椒粉，視需求添加
- 辣醬，視需求添加
- 長粒白米680克
- 水5.76公升

1. 瀝乾泡好的豆子，放入中型高湯鍋。內臟腸與後腿蹄膀下鍋，倒入清水，水至少淹過食材3公分。豆子煮至完全軟化。視需要倒入更多水，以維持一開始的水量。鍋子離火，豆子、內臟腸與後腿蹄膀浸泡在烹調液體中備用。
2. 在大型雙耳燉鍋內以培根油煎炒洋蔥、芹菜、青椒與蒜，直到蔬菜變成金褐色。放入煮熟的豆子、香腸、後腿蹄膀和烹調液體，烹煮30分鐘。以鹽和胡椒調味。煮好的豆子應飽含水份。視需要倒入額外清水。
3. 取下後腿蹄膀肉，丟掉骨頭，肉切中丁後放回豆子裡。用湯匙背面把足夠多的豆子壓成豆泥，使質地變得濃稠。加入辣醬，以鹽和胡椒調味後加以保溫。
4. 白米放入網篩，以冷水沖洗，直到流下來的水變透明，瀝乾。
5. 用厚重鍋具燒一鍋滾水，添加71克鹽。放入洗淨的白米，以小火烹煮10-15分鐘至變軟。烹煮期間應偶爾攪拌，以避免燒焦。
6. 將豆子放在白米飯上，立刻出餐，或保溫待稍後出餐。

高溫水煮白豆
Boiled White Beans
10份

- 乾燥白豆454克
- 植物油30毫升
- 剁碎的洋蔥113克
- 後腿蹄膀1隻（非必要）
- 水或雞高湯1.92公升（見263頁）
- 標準香料包1包（見241頁）
- 鹽，視需求添加

1. 以冷水洗淨揀選出來的豆子，用長泡法或短泡法浸泡（見753頁）。
2. 瀝乾。
3. 油倒入中型鍋具，以中火加熱。放入洋蔥，炒至透明但不上色。
4. 放入豆子、水和香料包，若有使用後腿蹄膀也在此時下鍋。烹煮1小時。
5. 以鹽調味，繼續烹煮直到豆子變軟，需20-30分鐘。
6. 若使用後腿蹄膀，可於此時取下後腿蹄膀肉，丟掉骨頭，肉切中丁後放回豆子裡。
7. 取出香料包。
8. 瀝乾豆子，立刻出餐，或快速冷卻後浸泡在烹調液體中冷藏。

素食辣豆醬

Vegetarian Chili

10份

- 乾燥黑豆454克
- 鹽，視需求添加
- 橄欖油60毫升
- 洋蔥小丁227克
- 青椒小丁227克
- 紅椒小丁227克
- 黃椒小丁227克
- 蒜末14克
- adobo醬味chipotle辣椒½-1條，剁細
- adobo醬5毫升（1小匙）
- poblano椒2條，烘烤後去籽、去皮、切小丁
- 辣椒粉4克（2小匙）（按368頁食譜製作或購得）
- 孜然粉6克（1大匙）
- 芫荽粉1.5克（¾小匙）
- 肉桂粉1撮
- 番茄糊71克
- 白酒180毫升
- 蔬菜高湯840毫升（見265頁）
- 番茄小丁142克
- 墨西哥馬薩玉米麵粉14克，混入蔬菜高湯，製成馬薩澱粉漿
- 黑胡椒粉，視需求添加
- 糖，視需求添加
- 蒙特利傑克乾酪絲227克
- 酸奶油150毫升
- 粗剁的芫荽葉9克（3大匙）

1. 以冷水洗淨揀選出來的豆子，用長泡法或短泡法浸泡（見753頁）。
2. 瀝乾。
3. 豆子放入大型高湯鍋，倒入清水，水應淹過豆子。烹煮1小時。
4. 加鹽，烹煮20-30分鐘至豆子變軟。完全瀝乾，保留備用。
5. 油倒入大型醬汁鍋，以中大火加熱。放入洋蔥、椒類、蒜頭、chipotle辣椒、adobo醬與poblano椒，煎炒至散發香氣且變成金色。
6. 放入辣椒粉、孜然、芫荽與肉桂，烹煮至散發香氣。拌入番茄糊，繼續烹煮2分鐘。
7. 倒入紅酒，繼續烹煮直到液體收乾成原本的⅔。倒入高湯及番茄，加熱至微滾，慢煮8-10分鐘至蔬菜變軟。
8. 放入瀝乾的豆子，再煮5分鐘。
9. 倒入馬薩澱粉漿，混合均勻並重新加熱至微滾。以鹽、胡椒和糖調味。
10. 以乳酪、酸奶油和芫荽裝飾，立刻出餐，或保溫待稍後出餐。

白米香料飯

Rice Pilaf

10份

- 長粒白米480毫升（2杯）
- 澄清奶油或植物油30毫升（2大匙）
- 洋蔥末21克
- 雞高湯840-960毫升（見263頁），熱的
- 月桂葉1片
- 百里香2枝
- 鹽，視需求添加
- 黑胡椒粉，視需求添加

1. 視情況將白米放入網篩，以冷水沖洗，直到流下來的水變透明，瀝乾。
2. 奶油放入厚重中型鍋具，以中火加熱。放入洋蔥，翻炒5-6分鐘至軟化且呈透明。
3. 放入白米，以中大火翻炒2-3分鐘至表面完全沾裹奶油且充分加熱。
4. 倒入高湯，加熱至微滾，一邊煮一邊攪拌，避免結塊或沾黏鍋底。
5. 放入月桂葉、百里香、鹽與胡椒，加蓋，以小火烹煮或放入177℃的烤爐。烹煮至米粒變軟，需16-20分鐘。
6. 靜置5分鐘，用叉子翻鬆香料飯後立刻出餐，或保溫待稍後出餐。

短粒白米香料飯（瓦倫西亞米）：用等量短粒白米取代長粒米。高湯用量減少至480-720毫升。烹煮時間增長至20-30分鐘。

蒸穀白米香料飯：用等量蒸穀白米取代長粒米。雞高湯用量為840毫升。烹煮時間增長至20-25分鐘。

野米香料飯：用等量野米取代長粒米。高湯用量增加至1.92公升。烹煮時間增長至45-60分鐘。

麥仁香料飯：用等量麥仁取代長粒白米。用冷水浸泡麥仁，冷藏過夜，烹煮前瀝乾。高湯用量增加至1.2公升。烹煮時間增長至1-1½小時。

珍珠麥香料飯：用等量珍珠麥取代長粒白米。高湯用量增加至1.2-1.44公升。烹煮時間增長至40分鐘。

糙米香料飯 佐美洲山核桃與蔥

Brown Rice Pilaf with Pecans and Green Onions

10份

- 長粒糙米480毫升
- 奶油或液體油43克
- 洋蔥末57克
- 雞高湯1.44公升（見263頁），熱的
- 標準香草束1束（見241頁）
- 鹽，視需求添加
- 黑胡椒粉，視需求添加
- 乾炒美洲山核桃57克，剁碎
- 剁碎的青蔥57克

1. 視情況將糙米放入網篩，以冷水沖洗，直到流下來的水變透明，瀝乾。
2. 奶油放入厚重中型鍋具，以中火加熱。放入洋蔥，翻拌5-6分鐘至軟化且變透明。
3. 放入糙米，以中大火翻炒2-3分鐘至表面完全沾裹奶油且充分加熱。
4. 倒入高湯，加熱至微滾，一邊煮一邊攪拌，避免結塊或沾黏鍋底。
5. 放入香草束、鹽與胡椒，加蓋，以小火烹煮，或放入177℃的烤爐烘烤直到糙米變軟，需35-40分鐘。

6. 靜置5分鐘。開蓋，用叉子輕輕拌入美洲山核桃與蔥，並翻鬆飯粒，釋放蒸氣。立刻出餐，或保溫待稍後出餐。

短粒糙米香料飯：用等量短粒糙米取代長粒米。高湯用量減至1.2公升。烹煮時間縮短至30-35分鐘。

胭脂樹籽飯

Annatto Rice

10份

- 長粒白米480毫升（2杯）
- 奶油28克
- 胭脂樹籽醬22.5毫升
- 標準調味蔬菜小丁，或白色調味蔬菜小丁454克（見243頁）
- 蘇格蘭圓帽辣椒½顆，去籽、切末
- 蒜瓣3粒，切末
- 月桂葉1片
- 雞高湯840毫升（見263頁）
- 鹽，視需求添加
- 黑胡椒粉，視需求添加

1. 視情況將白米放入網篩，以冷水沖洗，直到流下來的水變透明，瀝乾。
2. 奶油放入厚重中型鍋具，以中火加熱。放入胭脂樹籽醬，攪拌至溶化。
3. 放入調味蔬菜、蘇格蘭圓帽辣椒、蒜頭與月桂葉，以中火烹煮約10分鐘至洋蔥變透明。
4. 放入米、高湯、鹽與胡椒，加熱至微滾。加蓋，放入烤爐以177℃烘烤12-15分鐘。
5. 靜置5分鐘，用叉子翻鬆飯粒，立刻出餐，或保溫待稍後出餐。

異國風味白飯

Arroz Blanco

10份

- 長粒白米480毫升（2杯）
- 熱水，視需求添加
- 洋蔥末170克
- 蒜瓣1粒，切末
- 鹽6克（2小匙），或視需求添加
- 芥花油60毫升
- 歐芹枝2枝

1. 熱水淹過白米，靜置5分鐘，並用網篩瀝乾。
2. 白米放入網篩，以冷水沖洗，直到流下來的水變透明後瀝乾。用力搖晃網篩，除去多餘水分。
3. 洋蔥、蒜頭、鹽和熱水120毫升放入果汁機，攪打成泥。
4. 芥花油倒入中型醬汁鍋，以中火加熱。煎炒白米至攪拌時發出爆裂聲，約需3分鐘。
5. 倒入蔬菜泥及熱水720毫升，加熱至大滾。沸煮3分鐘。
6. 以鹽調味，放入歐芹。火關小，讓鍋內保持微滾，並蓋上密合的鍋蓋。烹煮約20分鐘至米飯表面出現小孔。用叉子翻鬆米飯，取出歐芹，再次加蓋保溫待稍後出餐。

墨西哥風味飯
Arroz Mexicano
10份

- 長粒白米454克
- 羅馬番茄113克，切中丁
- 白洋蔥85克，切中丁
- 蒜末1.5克（½小匙），切末
- 鹽20克（2大匙），並視需求增加用量
- 芥花油60毫升
- 水780毫升
- 塞拉諾辣椒28克，切末
- 胡蘿蔔170克，切小丁
- 青豆仁85克
- 馬鈴薯85克，切小丁
- 歐芹枝數枝

1. 熱水淹過白米，靜置5分鐘，用網篩瀝乾。
2. 白米放入網篩，以冷水沖洗，直到流下來的水變透明瀝乾。用力搖晃網篩，除去多餘水分。
3. 番茄、洋蔥、蒜頭與鹽放入果汁機或食物調理機，攪打成滑順的泥。
4. 油倒入中型醬汁鍋，以中火加熱。煎炒白米至攪拌時發出爆裂聲，約需3分鐘。
5. 放入蔬菜泥，烹煮4-6分鐘至變色、變乾。
6. 倒入水並加熱至完全沸騰。放入辣椒、胡蘿蔔、青豆仁、馬鈴薯與歐芹。嘗一嘗，視情況用鹽調味。
7. 火關小，讓鍋內保持微滾，然後蓋上密合的鍋蓋。烹煮約20分鐘至米飯表面出現小孔。
8. 用叉子翻鬆米飯，取出歐芹枝，加蓋靜置10分鐘再出餐。

巴西風味飯
Arroz Brasileiro
10份

- 奶油43克
- 洋蔥末113克
- 蒜末4.5克（1½小匙）
- 長粒白米480毫升（2杯）
- 丁香1粒
- 熱水840-960毫升
- 鹽，視需求添加
- 黑胡椒粉，視需求添加

1. 奶油放入厚重中型鍋具，以中火加熱。放入洋蔥與蒜頭，翻炒約5分鐘至洋蔥變透明。
2. 放入白米，不時攪拌，直至白米完全吸收奶油且變透明。
3. 放入丁香與水，以大火加熱至沸騰。火關小，以鹽和胡椒調味，加蓋烹煮約20分鐘至米變軟。
4. 靜置5分鐘，用叉子翻鬆米飯。取出丁香，立刻出餐，或保溫待稍後出餐。

椰香飯
Coconut Rice
10份

- 長粒白米397克
- 植物油或融化的奶油45毫升（3大匙）
- 水480毫升
- 無糖椰奶360毫升
- 鹽，視需求添加
- 黑胡椒粉，視需求添加

1. 視情況將白米放入網篩，以冷水沖洗，直到流下來的水變透明，瀝乾。

2. 奶油放入厚重中型鍋具，以中火加熱。放入白米，翻炒至表面完全沾裹奶油且充分加熱。
3. 混合水、椰奶與白米，用鹽和胡椒調味。加熱至微滾，加蓋，放入烤爐以177℃烘烤12-15分鐘。
4. 靜置5分鐘，用叉子翻鬆米飯，立刻出餐，或保溫待稍後出餐。

燉飯

Risotto

10份

- 洋蔥末57克
- 奶油57克
- Arborio米480毫升（2杯）
- 雞高湯1.44公升（見263頁），熱的
- 鹽，視需求添加
- 黑胡椒粉，視需求添加

1. 洋蔥放入厚底醬汁鍋、平底深煎鍋或雙耳燉鍋，以奶油翻炒6-8分鐘，直至軟化、呈半透明但不上色。
2. 米飯下鍋，混合均勻。以中火烹煮，不時攪拌，直到散發乾炒香氣，約需1分鐘。
3. 倒入⅓的高湯，繼續烹煮、攪拌，直到米飯完全吸收高湯。
4. 重複以上動作，將剩餘高湯分兩次倒入。等米飯完全吸收前次倒入的高湯後，再倒入新的高湯。烹煮燉飯至米粒變軟且吸收大部分液體。（燉飯質地應濃稠）
5. 以鹽和胡椒調味，立刻出餐或保溫待稍後出餐。

帕爾瑪乳酪燉飯：製作時，用干白酒取代至多¼的高湯。高湯加熱至微滾的過程中，倒入白酒以獲得最佳風味。最後撒上帕爾瑪乳酪絲113克與奶油113克。

野菇燉飯：用240毫升清水浸泡85克乾燥野菇30-60分鐘。瀝乾後連同洋蔥一起放進奶油裡。泡菇水用濾紙過濾，移除泥沙。量取等量泡菇水取代高湯。

青豆燉飯：在烹煮的最後幾分鐘，將227克煮熟的青豆輕輕拌入煮好的燉飯。

蘆筍尖燉飯：在烹煮的最後幾分鐘，將71克燙過的蘆筍尖輕輕拌入煮好的燉飯。收尾時撒上帕爾瑪乳酪絲113克、奶油113克與剁碎的歐芹43克。

米蘭燉飯

Risotto alla Milanese

10份

- 雞高湯1.44公升（見263頁）
- 番紅花絲0.6克（¾小匙）
- 鹽，視需求添加
- 黑胡椒粉，視需求添加
- 洋蔥末85克
- 特級初榨橄欖油210毫升
- Arborio米480毫升（2杯）
- 干白酒60毫升
- 奶油142克
- 帕爾瑪乳酪絲170克

1. 高湯倒入中型醬汁鍋，以小火加熱。放入番紅花絲，以鹽和胡椒調味，並加以保溫。
2. 洋蔥放入中型平底深煎鍋，用橄欖油60毫升炒至透明不上色，約需6-8分鐘。
3. 放入米飯，拌勻。一邊烹煮，一邊攪拌，直到散發乾炒香氣，約需1分鐘。
4. 倒入白酒，煮至收乾。
5. 倒入⅓的高湯，繼續烹煮、攪拌，直到米飯完全吸收高湯。

6. 重複以上動作，將剩餘高湯分兩次倒入。等米飯完全吸收前次倒入的高湯後，再倒入新的高湯。烹煮燉飯至米粒變軟且吸收大部分液體。（燉飯質地應濃稠）
7. 拌入奶油、乳酪與剩餘橄欖油。以鹽和胡椒調味，立刻出餐，或保溫待稍後出餐。

素食燉飯

Vegetarian Risotto

10份

- 羽衣甘藍907克，切小丁
- 植物油，視需求添加
- 白胡桃瓜970克，切小丁
- 洋蔥末63克
- 奶油57克
- Arborio米480毫升（2杯）
- 蔬菜高湯1.68公升（見265頁）
- 標準香料包1包（見241頁）
- 鹽，視需求添加
- 白胡椒粉，視需求添加
- 刨成片的帕爾瑪乳酪85克
- 植物油90毫升
- 波特貝羅大香菇907克，切小丁
- 紅椒907克，烘烤後去皮、切小丁
- 剁碎的鼠尾草21克
- 剁碎的歐芹43克
- 乾炒南瓜籽142克

1. 用微滾鹽水快速汆燙羽衣甘藍，然後放入冰水冰鎮，瀝乾後備用。
2. 在小型烤肉盤內抹上薄薄一層油，放入白胡桃瓜，以204℃的烤爐烘烤15-20分鐘至軟化。保留備用。
3. 洋蔥放入中型鍋具，以奶油炒至透明不上色，約需6-8分鐘。放入米飯，混合均勻，一邊烹煮，一邊攪拌，直到散發乾炒香氣，約需1分鐘。
4. 倒入⅓的高湯，放入香料包，烹煮時持續攪拌，直到米飯完全吸收湯汁。重複以上動作，將剩餘高湯分兩次倒入。等米飯完全吸收前次倒入的高湯後，再倒入新的高湯。烹煮燉飯至米粒變軟且吸收大部分液體。
5. 取出香料包。以鹽和胡椒調味。放入乳酪並加以保溫。
6. 出餐前，用中型平底煎炒鍋加熱植物油。放入香菇，煎炒5-7分鐘至呈金黃色。羽衣甘藍、白胡桃瓜與紅椒下鍋煎炒，充分加熱。拋翻，讓蔬菜均勻混合。
7. 炒好的蔬菜、鼠尾草、歐芹與南瓜籽可放在燉飯上出餐，或輕輕拌入燉飯中。

貽貝燉飯

Risotto with Mussels

10份

- 貽貝2.27公斤，刷洗、去鬚
- 法式魚高湯1.2公升（見255頁），熱的
- 鹽，視需求添加
- 黑胡椒粉，視需求添加
- 洋蔥末57克
- 奶油170克
- Arborio米480毫升
- 剁碎的歐芹43克

1. 貽貝放入有蓋深鍋，以少量鹽水蒸煮至貝殼打開。取出貝肉保留備用。烹調液體過濾後備用。
2. 在中型醬汁鍋內加熱高湯及烹調液體至微滾，以鹽和胡椒調味。保溫備用。

3. 洋蔥放入中型平底深煎鍋或醬汁鍋，以57克奶油炒至透明不上色，需6-8分鐘。
4. 放入米飯，攪拌均勻。一邊烹煮，一邊攪拌，直到散發乾炒香氣，約需1分鐘。
5. 倒入⅓的高湯，繼續烹煮、攪拌，直到米飯完全吸收高湯。
6. 重複以上動作，將剩餘高湯分兩次倒入。等米飯完全吸收前次倒入的高湯後，再倒入新的高湯。
7. 放入貽貝肉，烹煮至米粒變軟且吸收大部分液體（燉飯應有濃稠質地）。
8. 鍋子離火，拌入歐芹與剩餘113克奶油。以鹽和胡椒調味，立刻出餐。

煮白飯

Basic Boiled Rice

10份

- 長粒白米480毫升（2杯）
- 水2.88公升
- 鹽，視需求添加

1. 白米放入網篩，以冷水沖洗，直到流下來的水變透明，瀝乾。
2. 用大型醬汁鍋加熱清水至大滾，加鹽。
3. 像倒水一樣，少量、穩定地放入白米，並用叉子攪拌，避免米粒在入水時結塊（水量應淹過白米）。待水重新沸騰，關小火，讓鍋內保持微滾，加蓋。
4. 烹煮約15分鐘至米粒變軟。立刻倒入濾鍋瀝乾，並將濾鍋放進醬汁鍋內蒸5分鐘左右，蒸出水分（此時的米應不再黏糊）。
5. 用叉子翻鬆米飯，立刻出餐或保溫待稍後出餐。

蒸長米

Steamed Long-Grain Rice (Lo Han)

10份

- 中國長粒米907克
- 水1.44公升，或視需求添加

1. 視情況將白米放入網篩，以冷水沖洗，直到流下來的水變透明，瀝乾。
2. 生米放入½方形調理盆，倒入清水，水應淹過米飯0.6公分。
3. 用保鮮膜封緊，放入蒸鍋或電鍋蒸約45分鐘至熟透。
4. 靜置10分鐘，用叉子翻鬆米飯，立刻出餐，或保溫待稍後出餐。

壽司醋飯

Sushi Rice

10條卷壽司或20條半份卷壽司

- 短粒米1.59公斤
- 冷至冰冷的水，視需求添加
- 昆布1塊，15公分見方（非必要）
- 無調味日本米醋180毫升
- 糖71克
- 海鹽35克

1. 白米放入網篩，以冷水沖洗，直到流下來的水變透明後放入攪拌盆，以冷水浸泡1小時後瀝乾。
2. 瀝乾的生米放入電鍋，倒入1.92公升的水。蒸煮約30分鐘至米差不多完全煮熟。
3. 在室溫下靜置10分鐘。
4. 若使用昆布，用刀子在表面劃幾刀，並以濕布擦掉沙子，注意不要擦去表面風味飽滿的白色粉末。在小型醬汁鍋裡混合醋、糖、鹽和昆布，

中式香腸炒飯

以小火加熱，攪拌至糖與鹽溶解，但不要煮到沸騰。煮好後，冷卻至室溫。

5. 米飯分別放入兩個方形調理盆（深度5公分），淋上調味過的醋，並用木製飯勺切拌至混合物變涼且表面出現光澤，切拌方向平行盆底。
6. 合併兩盆飯，立刻使用或冷藏備用。

中式香腸炒飯

Fried Rice with Chinese Sausage

10份

- 植物油75毫升
- 中式香腸中丁227克
- 洋蔥末170克
- 胡蘿蔔中丁227克，汆燙
- 香菇中丁227克
- 粗剁大白菜227克
- 長粒米飯2.04斤，冷藏
- 鹽，視需求添加
- 黑胡椒粉，視需求添加
- 荷蘭豆227克，切2公分見方
- 雞蛋5顆，打散
- 香菇醬油60毫升，或視需求增減（非必要）

1. 將60毫升的油倒入炒鍋，以中火加熱。放入香腸，熬煉出油脂。
2. 爐火轉大並放入洋蔥，翻炒至散發香氣且開始呈褐色。
3. 依序放入胡蘿蔔、香菇與大白菜。食材下鍋後，應翻炒至呈褐色，再放入下一種。
4. 放入白飯、鹽與胡椒，翻炒到米飯變熱且開始上色。
5. 放入荷蘭豆，烹煮到變成鮮綠色。
6. 剩餘油脂從鍋緣倒入炒鍋中，並把蛋液淋在米飯上。蛋液煮熟後，輕輕拌入米飯中。若欲使用醬油，可在此時淋上。
7. 以鹽、胡椒或醬油調味。炒好後立刻出餐，或保溫待稍後出餐。

泰式芒果糯米飯

Thai Sticky Rice with Mangos (Mamuang Kao Nieo)

10份

- 糯米397克，浸泡過夜
- 無糖椰奶660毫升
- 泰式棕櫚糖340克
- 鹽21克
- 白砂糖35克
- 米穀粉28克
- 水30毫升（2大匙）
- 芒果4顆，去皮、去籽、切片

1. 瀝乾泡好的糯米，放入電子蒸飯器加水蒸煮，或用鋪上濾布的竹製蒸籠，在炒鍋上以沸水蒸煮。蒸熟糯米需20-25分鐘。
2. 趁蒸糯米的時候，在小型醬汁鍋內均勻混合椰奶165毫升、棕櫚糖與鹽10克（1大匙）。以小火加熱至鹽和糖溶解，攪拌均勻後靜置備用。
3. 糯米蒸好後放入攪拌盆，趁熱倒入調味過的椰奶混合物。用刮刀迅速拌勻，用保鮮膜包好，靜置約15分鐘，讓米飯吸收液體。
4. 在醬汁鍋裡混合剩餘椰奶、鹽和砂糖，加熱至沸騰後把火關小。拌勻米穀粉和水，倒入微滾的醬汁裡，持續攪拌。待液體重新沸騰後，馬上離火，靜置備用。
5. 每份糯米飯澆淋15-30毫升椰子醬汁，搭配切片芒果出餐，或保溫待稍後出餐。

瓦倫西亞燉飯

Paella Valenciana

10份

- 蝦子20隻（每454克16-20隻）
- 特級初榨橄欖油90毫升
- 碾碎的番紅花1.8克（2¼小匙）
- 雞高湯2.16公升（見263頁），或視需求添加
- 完整的雞腿10隻，分開放
- 鹽，視需求添加
- 黑胡椒粉，視需求添加
- 洋蔥大丁170克
- 紅椒大丁170克
- 青椒大丁170克
- 蒜末43克
- 乾燥西班牙辣肉腸170克，切0.3公分薄片
- 西班牙米680克
- 去皮、去籽的番茄大丁170克
- 蛤蜊20粒，短頸，刷洗乾淨
- 貽貝1.36公斤，刷洗乾淨、去鬚
- 青豆仁170克，煮熟
- 切細的青蔥43克
- piquillo 紅椒4條，切細絲

1. 蝦子去殼、去腸泥，保留蝦殼。用30毫升的油脂煎炒蝦殼直到變成粉紅色。放入番紅花與高湯，煮30分鐘。煮好後過濾並保溫備用。
2. 以鹽和胡椒為雞肉調味。將30毫升的油脂倒入西班牙海鮮飯鍋，加熱至冒煙點。放入雞肉，煎到各面焦黃後取出備用。
3. 倒入剩餘油脂，放入洋蔥與甜椒，以中火煎炒2-3分鐘。放入蒜頭繼續煎炒1分鐘，然後放入西班牙辣肉腸和西班牙米，翻拌，讓米粒均勻沾裹油脂。
4. 放入番茄、預留的高湯、雞肉、肉汁與蛤蜊。加蓋，把火關小，烹煮約5分鐘至蛤蜊打開。這段期間不要攪動米飯。
5. 放入貽貝和蝦，加蓋繼續烹煮5-7分鐘。在最後1分鐘放入青豆。（視需要在烹煮期間加入更多高湯，避免米飯煮乾）
6. 以青蔥與 piquillo 紅椒裝飾，立刻出餐。

番紅花飯

Saffron Rice

10份

- 印度香米907克
- 水5.76公升
- 鹽10克（1大匙）
- 奶油57克
- 牛奶60毫升
- 番紅花絲1.2克（1½小匙），壓碎

1. 米放入網篩，以冷水沖洗，直到流下來的水變透明，瀝乾。
2. 清水加熱至沸騰後加鹽。
3. 在中型雙耳燉鍋內抹上薄薄一層奶油。備妥稍後要蓋在燉鍋上的烘焙油紙與鋁箔紙。
4. 在小型醬汁鍋內融化剩餘奶油，放入牛奶及番紅花絲。完成後放在一旁浸泡。
5. 米放入沸騰鹽水中，加蓋烹煮7分鐘。取出後用濾鍋瀝乾，然後移入抹了奶油的雙耳燉鍋。
6. 用滲入番紅花風味的牛奶澆淋米飯，用叉子輕輕拌勻，不要攪動。
7. 用烘焙油紙與鋁箔紙封好雙耳燉鍋。
8. 放入烤爐以204℃烘烤15分鐘。
9. 移除烘焙油紙與鋁箔紙，靜置5分鐘，然後用叉子翻鬆米飯。立刻出餐，或保溫待稍後出餐。

瓦倫西亞燉飯

烤蔬菜什錦飯
Grilled Vegetable Jambalaya
10份

- 橄欖油90毫升，燒烤用油外加
- 洋蔥680克，切末
- 青椒454克，去籽、切小丁
- 芹菜454克，切小丁
- 蒜辦3粒，切末
- 紅椒粉14克
- 黑胡椒粉1克（½小匙）
- 白胡椒粉1撮
- 卡宴辣椒1撮
- 燒烤用辛香抹料（食譜見右欄）
- 橢圓形番茄680克，去籽、切中丁
- 蔬菜高湯960毫升（見265頁）
- 乾奧勒岡6克（1大匙）
- 鹽，視需求添加
- 月桂葉2片
- 羅勒細絲120毫升（¼杯）
- 剁碎的百里香3克（1大匙）
- 伍斯特醬7.5毫升（1½小匙）
- 辣醬15毫升（1大匙）
- 櫛瓜340克，斜切1公分厚片（10片）
- 黃色長南瓜340克，斜切1公分厚片（10片）
- 紅椒2½顆，切4等份（10塊）
- 紅洋蔥2顆，切1公分圓片（10片）
- 茄子1條，去皮、切1公分圓片（10片）
- 短粒米3杯（壽司米）

盤飾

- 青蔥1把，切細碎

1. 橄欖油倒入燉鍋，以大火加熱。放入洋蔥、青椒、芹菜、蒜頭、紅椒粉、黑胡椒、白胡椒、卡宴辣椒與15毫升燒烤用辛香抹料，輕輕煎炒約3分鐘至稍微呈褐色。
2. 加蓋烹煮約10分鐘至蔬菜開始變軟。放入番茄、茄汁、高湯、奧勒岡、鹽與月桂葉，攪拌至均勻混合。放入羅勒、百里香、伍斯特醬與辣醬，加熱至微滾，製成什錦飯烹調液體。保溫備用。
3. 在櫛瓜、黃色長南瓜、紅椒、紅洋蔥與茄子各面刷上薄薄一層橄欖油，並用大量燒烤用辛香抹料調味。準備稍後燒烤。
4. 在醬汁鍋內混合米飯與烹調液體1.08公升。蓋緊鍋蓋，以中火加熱至微滾。收尾時，用177℃的烤爐烘烤10-12分鐘至米飯變軟但有嚼勁。保溫備用。
5. 燒烤櫛瓜、黃色長南瓜、紅椒、紅洋蔥和茄子至軟化，放進溫熱的烤爐備用。
6. 混合煮好的米飯和什錦飯基底，以中火加熱。用鹽、胡椒和燒烤用辛香抹料調味，放進溫熱的烤爐保溫。
7. 用平底大碗盛裝什錦飯，放上櫛瓜、黃色長南瓜、紅洋蔥、茄子各1片及¼顆紅椒。
8. 每份什錦飯用30毫升（2大匙）的蔥裝飾。

燒烤用辛香抹料
BBQ Spice Rub
¾杯

- 鹽80克（½杯）
- 紅椒粉或甜椒粉128克（¼杯）
- 洋蔥粉3克（1½匙）
- 蒜頭粉3克（1½杯）
- 卡宴辣椒2克（1小匙）
- 黑胡椒粉2克（1小匙）
- 白胡椒粉1克（½小匙）

均勻混合所有材料，用密封容器保存。

炸飯糰
Rice Croquettes
10份

- 基本水煮白飯680克（見785頁）或燉飯（見783頁）
- 濃稠白醬300毫升（見295頁）
- 帕爾瑪乳酪絲85克
- 蛋黃3顆
- 鹽，視需求添加
- 黑胡椒粉，視需求添加
- 麵包粉198克，或視需求增減
- 玉米粉85克，或視需求增減
- 中筋麵粉227克
- 蛋液120毫升（見1023頁），或視需求增減
- 植物油960毫升，或視需求增減

1. 均勻混合白飯、白醬、乳酪與蛋黃，以鹽和胡椒調味。平鋪在抹了奶油且鋪有烘焙油紙的淺烤盤上，用保鮮膜封好，冷藏數小時或過夜，讓飯徹底冷卻且變得緊實。
2. 混合麵包粉和玉米粉。將米飯切成適當形狀，沾裹麵粉，搖去餘粉，接著沾裹蛋液，裹上麵包粉混合物。
3. 油倒入厚重深鍋，加熱至177℃。放入飯糰油炸5-6分鐘至表面呈金褐色。炸好的飯糰放上紙巾稍微吸油，立刻出餐。

基本義式粗玉米糊
Basic Polenta
10份

- 水4.8公升
- 鹽，視需求添加
- 粗磨黃玉米粉960毫升
- 奶油57克
- 黑胡椒粉，視需求添加

1. 水倒入中型厚底高湯鍋，以中火加熱至沸騰，加鹽調味。
2. 像倒水一樣，少量、穩定地將所有玉米粉倒入鍋中，一邊倒，一邊攪拌。轉小火，烹煮約45分鐘至玉米糊脫離鍋壁，烹煮期間應頻繁攪拌。煮好的玉米糊不應有澱粉味或呈顆粒狀。
3. 鍋子離火，拌入奶油，以鹽和胡椒調味。
4. 立刻出餐，或保溫待稍後出餐。

NOTE：水量減至3.84公升，可製成較緊實的玉米糊。拌入奶油後，將混合物在塗了油或鋪上保鮮膜的½淺烤盤上抹平。冷藏降溫，使玉米糊凝固至可切形。最後以煎炒、煎炸、燒烤或烘烤的方式完成烹煮。

帕爾瑪乳酪玉米糊：用雞高湯（見263頁）取代清水。用28克奶油炒軟紅蔥14克與蒜末9克至散發香氣但不上色，約需3分鐘。倒入高湯，按上述方法烹煮玉米糊。鍋子離火後，拌入蛋黃3顆與帕爾瑪乳酪絲57克。

帕爾瑪乳酪玉米糊

美式粗玉米粉佐玉米和脫殼玉米粒

美式粗玉米粉佐玉米和脫殼玉米粒

Grits with Corn and Hominy

10份

- 白色美式粗玉米粉454克
- 雞高湯1.92公升（見263頁）
- 特級初榨橄欖油30毫升（2大匙）
- 洋蔥末276克
- 蒜末14克
- 去籽的 poblano 椒末298克
- 去籽的紅椒末142克
- 鹽10克（1大匙）
- 玉米粒709克，新鮮或冷凍
- 煮熟且瀝乾的脫殼玉米粒652克
- 黑胡椒粉2克（1小匙）

盤飾

- 番茄丁227克
- 蒙特利傑克乳酪71克，刨絲

1. 在厚重湯鍋內混合美式粗玉米粉和高湯，以中火加熱至沸騰。火關小，加蓋烹煮45-50分鐘至美式粗玉米粉變軟。
2. 煮軟玉米粉的同時，將橄欖油倒入大型平底煎炒鍋，以中火加熱。放入洋蔥，煎炒4-5分鐘至變透明。
3. 放入蒜頭、poblano 椒與紅椒，加蓋，以小火烹煮約10分鐘至甜椒軟化。以鹽調味。
4. 拌入美式粗玉米粉，煎炒1分鐘至均勻混合。用叉子翻鬆玉米粉，拌入玉米粒與脫殼玉米粒，以小火充分加熱。
5. 加蓋，離火靜置5分鐘。以胡椒調味，每份菜餚以番茄23克與乳酪7克裝飾，趁溫熱出餐。

鹹粥

Congee

10份

- 水3.84公升
- 薑塊5公分，碾碎
- 去皮、去骨的雞腿排454克
- 長粒白米794克
- 魚露15毫升（1大匙）
- 鹽，視需求添加

調味料

- 醬油60毫升
- 魚露30毫升（2大匙）
- 辣椒醬30毫升（2大匙）
- 蝦米2克（2大匙）
- 粗剁的芫荽9克（3大匙）
- 紅蔥1顆，切片
- 乾炒花生28克，拍碎

1. 薑塊放入大型鍋子，倒入清水，加熱至沸騰。雞肉下鍋烹煮約20分鐘至熟透，取出後降至室溫，撕成適口大小，冷藏備用。
2. 取出薑塊並丟棄，液體以中火加熱。接著像倒水一樣，少量、穩定地把米倒進鍋中，邊倒邊用叉子攪拌，避免結塊。液體沸騰後，把火關小，加蓋，讓鍋內保持微滾。
3. 米飯烹煮約25分鐘至軟化。放入魚露和鹽，視需要用清水調整稠度。成品稠度應類似湯品。
4. 雞肉放進粥裡。加入調味料，立刻出餐。

小米花椰菜泥

Millet and Cauliflower Purée

10份

- 特級初榨橄欖油45毫升
- 花椰菜397克
- 小米319克
- 鹽10克（1大匙）
- 黑胡椒粉0.5克（¼小匙）
- 雞高湯990毫升（見263頁）
- 高脂鮮奶油45毫升
- 烤蒜頭28克（見634頁）

1. 橄欖油倒入大型鍋具，以中火加熱。花椰菜下鍋煎炒4-5分鐘至呈金褐色。放入小米，持續攪拌約3分鐘至小米呈金色。
2. 以鹽和胡椒調味。倒入高湯，以中火加熱至沸騰。把火關小，以中小火烹煮約30分鐘至小米軟化且爆開，期間應適時攪拌。
3. 鍋子離火，放入鮮奶油與蒜頭。
4. 用食物調理機或果汁機將小米混合物打成泥，視需要分批處理。若混合物太濃稠，可視需求加入更多高湯。
5. 冷卻的菜泥倒回鍋中，邊攪拌邊以小火充分加熱。趁溫熱出餐。

雜糧香料飯

Mixed Grain Pilaf

10份

- 黑麥仁269克
- 麥仁184克
- 野米128克
- 珍珠麥156克
- 特級初榨橄欖油30毫升
- 紅洋蔥142克，切末
- 蒜末18克（2大匙）
- 雞高湯2.4公升（見263頁）
- 月桂葉1片
- 百里香1枝
- 黑胡椒8粒
- 歐芹1枝
- 鹽20克（2大匙）
- 黑胡椒粉1克（½小匙）

1. 黑麥仁、麥仁、野米和珍珠麥放入網篩洗淨、瀝乾。
2. 油倒入大型鍋子，以中火加熱。洋蔥下鍋散發ㄅ烹煮4-5分鐘至變透明。放入蒜頭，烹煮約1分鐘至香氣散發。
3. 放入穀物、高湯、月桂葉、百里香、胡椒粒、歐芹、鹽和胡椒，以中火加熱至沸騰，加蓋，以小火烹煮約1½小時至穀物軟化。煮好後若還有液體殘存，將爐火轉大，開蓋再烹煮5-10分鐘，期間應頻繁攪拌。
4. 靜置5分鐘。用叉子翻鬆米飯，立刻出餐，或保留待稍後出餐。

青蔥布格麥香料飯

Green Onion-Bulgur Pilaf

10份

- 粗粒布格麥510克
- 特級初榨橄欖油120毫升
- 青蔥284克，剁碎
- 番茄糊28克
- 水3.6公升
- 甜紅椒粉3克（1½小匙）

- 辣紅椒粉3克（1½小匙）
- 鹽，視需求添加
- 黑胡椒粉，視需求添加

1. 布格麥放入細網篩洗淨、瀝乾。
2. 將一半的橄欖油倒入中型醬汁鍋，以中大火加熱。青蔥下鍋煎炒30-60秒。
3. 拌入番茄糊，以中火烹煮30-60秒。
4. 放入布格麥，以中大火煎炒2-3分鐘至表面沾裹番茄糊且充分加熱，烹煮期間應頻繁攪拌。
5. 倒入清水，以大火加熱至沸騰。放入紅椒粉，以鹽和胡椒調味。
6. 加蓋烹煮約20分鐘，直到布格麥吸乾烹調湯汁。
7. 靜置10分鐘。輕輕拌入剩餘的油。
8. 立刻出餐，或保溫待稍後出餐。

青蔥布格麥香料飯

麥仁水果山核桃沙拉

烘製蕎麥佐辛辣楓糖山核桃
Kasha with Spicy Maple Pecans

10份

- 蛋白2顆，稍微打散
- 烘製蕎麥397克
- 雞高湯（見263頁）或蔬菜高湯720毫升（見265頁）
- 鹽，視需求添加
- 奶油43克
- 乾炒美洲山核桃85克，剁碎
- 楓糖漿60毫升
- 卡宴辣椒，視需求添加

1. 在中型醬汁鍋內混合蛋白與烘製蕎麥，以小火烹煮2分鐘，持續攪拌至混合物乾燥且呈淺褐色。
2. 高湯、鹽和奶油下鍋，以大火加熱至沸騰。火關小，加蓋，以小火烹煮約15分鐘，或煮到蕎麥軟化。
3. 鍋子離火，再燜約5分鐘。開蓋，用兩支叉子輕輕鏟起，打散結塊。
4. 燜蕎麥的同時，在小型平底煎炒鍋內混合美洲山核桃、楓糖漿與卡宴辣椒，以小火加熱至楓糖漿收乾，質地變得非常濃稠，且均勻沾裹核桃表面。
5. 在烘製蕎麥上撒辣味山核桃，立刻出餐，或保溫待稍後出餐。

麥仁水果山核桃沙拉
Wheat Berry Salad with Oranges, Cherries, and Pecans

10份

- 橙瓣496克（見891頁），保留橙汁
- 剁碎的百里香3克（1小匙）
- 剁碎的迷迭香1.5克（½小匙）
- 剁碎的鼠尾草1.5克（½小匙）
- 特級初榨橄欖油60毫升
- 香檳醋30毫升（2大匙）
- 鹽5克（1½小匙）
- 黑胡椒粉1克（½小匙）
- 麥仁340克，煮熟
- 櫻桃乾57克，視需求增加用量
- 乾炒美洲山核桃71克

1. 在大型攪拌盆內混勻橙汁、香檳醋、百里香、迷迭香及鼠尾草。以鹽和胡椒調味。
2. 放入麥仁、櫻桃乾、美洲山核桃與橙瓣，翻拌均勻。
3. 依喜好添加少許櫻桃乾和美洲山核桃裝飾。

黃瓜薄荷珍珠麥沙拉

Barley Salad with Cucumber and Mint

10份

- 珍珠麥269克
- 番茄227克，去皮、去籽、切小丁
- 黃瓜206克，去皮、去籽、切小丁
- 茄子198克，烘烤、去皮、切小丁
- 剁碎的歐芹85克
- 剁碎的薄荷21克
- 剁細的青蔥35克
- 特級初榨橄欖油300毫升
- 檸檬汁135毫升
- 檸檬皮刨絲9克（1大匙）
- 鹽3克（1小匙）
- 黑胡椒粉0.5克（¼小匙）

1. 用攪拌盆盛裝珍珠麥，倒入清水，淹過珍珠麥，浸泡30分鐘。
2. 瀝乾，放入中型鍋具，用鹽水淹過，並以大火加熱至沸騰。把火關小，以小火烹煮40-50分鐘至珍珠麥變軟。
3. 瀝乾，並以冷水洗淨。再次瀝乾，徹底冷卻。
4. 在大型攪拌盆內拌勻珍珠麥、番茄、黃瓜、茄子、歐芹、薄荷與青蔥。
5. 在小型攪拌盆內混合橄欖油、檸檬汁、檸檬皮刨絲、鹽和胡椒。
6. 用醬汁澆淋珍珠麥混合物，翻拌，使麥子均勻裹上醬汁。立刻出餐，或冷藏至出餐前取出。

甜辣布格麥沙拉

Sweet and Spicy Bulgur Salad

10份

- 橄欖油30毫升（2大匙）
- 櫻桃番茄454克
- 瀝乾的油漬日曬番茄43克，切末
- 鹽10克（1大匙）
- 蒜末9克（1大匙）
- 布格麥340克
- 水720毫升
- 芝麻菜709克
- 粗粒紅辣椒粉2克（1小匙）
- 萊姆汁45克（3大匙）
- 蜂蜜21克
- 黑胡椒粉1克（½小匙）

1. 橄欖油倒入大型平底煎炒鍋加熱。櫻桃番茄下鍋，以中大火烹煮2-3分鐘至軟化。
2. 放入日曬番茄，烹煮2-3分鐘至番茄軟化。以鹽調味。
3. 火關小，放入蒜頭與布格麥，以中小火煎炒1-2分鐘至散發香氣。
4. 加水，以中火加熱至沸騰。火關小，以小火烹煮10-15分鐘至布格麥變軟。
5. 用叉子翻鬆麥子。輕輕拌入芝麻菜。以粗粒紅辣椒粉、萊姆汁、蜂蜜和胡椒調味。翻拌均勻，趁溫熱出餐。

黃瓜薄荷珍珠麥沙拉

碎小麥番茄沙拉

碎小麥番茄沙拉

Cracked Wheat and Tomato Salad

10份

- 碎小麥340克
- 番茄907克，去皮、去籽、切中丁
- 紅洋蔥227克，切中丁
- 新鮮莫札瑞拉乳酪85克，切中丁
- 紅酒醋45毫升（3大匙）
- 特級初榨橄欖油210毫升
- 剁碎的奧勒岡6克（2大匙）
- 剁碎的羅勒14克
- 粗粒辣椒粉4克（2小匙）
- 鹽3克（1小匙）
- 黑胡椒粉0.5克（¼小匙）
- 帕爾瑪乳酪細屑43克（非必要）

1. 碎小麥放入中型鍋具，倒入鹽水，淹過食材，烹煮30-35分鐘至小麥變軟。鍋子離火，瀝乾碎小麥，壓出多餘液體，放涼至室溫。
2. 在大型攪拌盆內翻拌番茄、洋蔥與莫札瑞拉乳酪。
3. 在小型攪拌盆內混合奧勒岡、羅勒、辣椒粉、醋、橄欖油。以鹽和胡椒調味。倒入番茄混合物中，拋翻，使番茄均勻沾附。最後放入碎小麥，拋翻均勻。
4. 室溫出餐，或冷藏至出餐前取出。依喜好用帕爾瑪乳酪裝飾。

莧籽煎餅

Amaranth Pancakes

10份

- 莧籽284克
- 中筋麵粉595克
- 泡打粉3克（1小匙）
- 鹽3克（1小匙）
- 糖128克
- 雞蛋454克
- 白脫乳960毫升
- 融化的奶油60毫升
- 植物油或澄清奶油，視需求添加

1. 以中大火加熱乾燥的大型平底煎炒鍋，然後放入莧籽，搖晃鍋身，讓莧籽平鋪成一層。烹煮至莧籽發出爆裂聲，期間應視情況攪動，避免變成褐色。繼續烹煮至爆裂聲減緩，鍋子離火，靜置降溫。
2. 在大型攪拌盆內混合放涼的莧籽、麵粉、泡打粉、鹽與糖，並在中央挖一個洞。
3. 均勻混合雞蛋與白脫乳，倒入乾材料中央的洞。用打蛋器以畫圓的方式慢慢混勻。
4. 待¾的乾材料濕潤以後，倒入奶油，繼續混合，直到奶油也拌入混合物。注意不要過度攪拌。
5. 製作大量煎餅時，應用冰水浴槽保存麵糊，或冷藏尚未處理的部分，好讓麵糊保持低溫。
6. 以中火加熱大型平底煎炒鍋或煎烤盤，並添加少許植物油。
7. 將約75毫升的麵糊舀入鍋裡製成煎餅。1-2分鐘後，表面氣泡破裂且受熱面呈金褐色，便可翻面，把兩面都煎熟。以同樣方法處理剩餘麵糊，做好的煎餅趁溫熱出餐。

西貢可麗餅

Saigon Crêpes

10份

- 綠豆仁28克
- 無糖椰奶720毫升
- 水240毫升
- 米穀粉319克
- 糖14克
- 鹽3克（1小匙）
- 薑黃粉2克（1小匙）
- 青蔥末35克
- 剁碎的芫荽莖與根28克
- 植物油，視需求添加
- 豆芽234克
- 芫荽葉14克
- 芫荽萊姆醬油（見956頁）或是拉差辣椒醬，視需求添加

1. 綠豆仁下鍋，以中火乾炒，炒出堅果香。
2. 用水浸泡8小時或過夜，水應淹過食材。
3. 瀝乾綠豆仁，與米穀粉、糖、鹽和薑黃粉一起放入果汁機，倒入椰奶和水，攪打至滑順，並過濾到碗中。
4. 拌入青蔥與芫荽的根莖。
5. 少量油脂倒入15公分（6吋）的可麗餅鍋，以中大火加熱。倒入120毫升的麵糊，放上少許豆芽和芫荽葉，輕壓並澆淋少許油脂。
6. 以中大火烹煮約4分鐘，直到受熱面呈褐色。翻面，再煎3-4分鐘至受熱麵呈淺褐色。以同樣方式處理剩餘麵糊。
7. 煎好的可麗餅放上砧板，摺成新月形。切成3等分，盛盤，並淋上蔬菜蘸醬。

油炸豐提那乳酪飯糰

Fontina Risotto Fritters

10份

飯糰

- 冷卻的燉飯1.47公斤（見783頁）
- 帕爾瑪乳酪絲57克
- 雞蛋2顆
- 粗粒辣椒粉4克（2小匙）
- 鹽，視需求添加
- 黑胡椒粉，視需求添加
- 豐提那乳酪454克，切0.6公分小丁

- 麵包粉142克
- 帕爾瑪乳酪絲43克
- 中筋麵粉397克，或視需求添加
- 雞蛋4顆，打散
- 植物油，油炸用

1. 製作飯糰。在中型攪拌盆內混合燉飯、帕爾瑪乳酪、雞蛋與辣椒粉。視需要用鹽和胡椒調味（參見NOTE）。
2. 每塊豐提那乳酪用約43克燉飯包裹，揉成球。用同樣方式處理剩餘燉飯與乳酪。飯糰放烘烤盤上，加蓋冷藏，在使用時取出。
3. 混合麵包粉與帕爾瑪乳酪。飯糰用標準裹粉法（見365頁）裹上麵皮。用同樣方法處理剩餘飯糰。
4. 油脂倒入深炸機，加熱至177℃。放入飯糰，油炸5-7分鐘至表面呈金褐色且浮上液面。趁溫熱出餐。

NOTE：若燉飯已經調味，就未必需要添加鹽和胡椒。

玉米漿酪燉飯餅

Corn and Asiago Cheese Risotto Cakes

10份

- 特級初榨橄欖油30毫升（2大匙）
- 洋蔥末163克
- 芹菜小丁43克
- 蒜末3克（1小匙）
- Arborio米454克
- 白酒240毫升
- 蔬菜高湯1.08公升（見265頁）
- 玉米6支，取玉米粒
- 剁細的青蔥85克
- 剁碎的細香蔥6克（2大匙）
- 剁碎的歐芹6克（2大匙）
- 艾斯亞格乳酪113克，刨絲
- 高脂鮮奶油120毫升
- 鹽1大匙10克（1大匙）
- 黑胡椒粉1克（½小匙）
- 中筋麵粉227克
- 雞蛋2顆，稍微打散
- 麵包粉64克

醬汁

- 特級初榨橄欖油30毫升（2大匙）
- 洋蔥57克，切小丁
- 蒜末3克（1小匙）
- 茴香284克，切小丁
- 百里香1枝
- 歐芹3枝
- 月桂葉1片
- 蔬菜高湯540毫升（見265頁），或視需求增減
- 檸檬汁60毫升
- 鹽3克（1小匙）
- 黑胡椒粉，視需求添加
- 植物油，油炸用

1. 橄欖油倒入中型鍋具，以中大火加熱。洋蔥、芹菜與蒜頭下鍋，炒軟不上色，約需4-5分鐘。放入米飯，繼續烹煮2-3分鐘。
2. 倒入白酒，轉小火並加熱至微滾。烹煮到米飯吸乾白酒，期間應頻繁攪拌。
3. 用長柄勺逐次舀入高湯，攪拌至米飯完全吸收鍋內液體後，再舀入新高湯。繼續烹煮15-20分鐘至米粒大致軟化。
4. 拌入玉米粒、青蔥、細香蔥與歐芹，烹煮約2分鐘至熱透。
5. 乳酪以切拌方式加入，然後放入鮮奶油，攪拌均匀，以鹽和胡椒調味。
6. 在½淺烤盤內抹上薄薄一層油脂，抹上燉飯，在室溫中放涼10分鐘，然後加蓋冷藏至少1小時。
7. 用10-13公分（4-5吋）的圓形模具將燉飯切成小塊。燉飯用標準裹粉法（見365頁）裹上麵粉、蛋液與麵包粉，並放上鋪有烘焙油紙的淺烤盤，加蓋待稍後油炸。
8. 製作醬汁。橄欖油倒入中型鍋具，以中火加熱。洋蔥下鍋炒軟不上色，約需4-5分鐘。加入蒜頭煎炒約1分鐘至散發香氣。
9. 放入茴香、百里香、歐芹與月桂葉。倒入高湯，淹過所有食材，加熱至微滾。烹煮約10分鐘至蔬菜變得非常軟。
10. 取出百里香、歐芹莖與月桂葉。剩餘的蔬菜用果汁機或食物調理機攪打成滑順泥狀。視需要倒入更多高湯。醬汁用檸檬汁、鹽和胡椒調味。保留備用。
11. 植物油倒入小型平底煎炒鍋，油約2公分深，以中火加熱至油溫達到177℃。煎炸燉飯餅，兩面各煎約3分鐘至呈金褐色。

12. 做好的燉飯餅可搭配醬汁出餐。

NOTE：也可以用深炸方式烹調。

油煎野米餅

Wild Rice Cakes

10份

野米餅

- 奶油28克
- 芹菜末369克
- 紅椒末312克
- 剁細的青蔥43克
- 蒜末14克
- 薑末14克
- 辣醬30毫升
- 雞蛋2顆
- 蛋黃醬150毫升（按903頁食譜製作或購得）
- 酸奶油330毫升
- 剁碎的細香蔥14克
- 罐裝脫殼玉米粒227克，瀝乾、洗淨
- 野米飯822克
- 中筋麵粉425克
- 鹽28克
- 黑胡椒粉6克（1大匙）

- 中筋麵粉567克
- 雞蛋4顆，打散
- 日式麵包粉113克
- 植物油，油炸用

1. 奶油放入大型平底煎炒鍋，以中火加熱。芹菜與甜椒下鍋，煎炒4-5分鐘至軟化。鍋子離火，蔬菜放涼至室溫。
2. 在大型攪拌盆內拌勻青蔥、蒜頭、薑、辣醬、雞蛋、蛋黃醬、酸奶油、細香蔥與脫殼玉米粒。把⅓的混合物打成泥，作為黏合料。
3. 泥狀混合物放回攪拌盆，拌入野米、麵粉與放涼的芹菜中。以鹽和胡椒調味。
4. 將野米混合物製成厚度約1.25公分的餅狀，每塊重約57克。米餅按標準裹粉法（見365頁）裹上麵粉、蛋液與日式麵包粉。
5. 以中火加熱植物油，油約0.6公分高。米餅每面煎3-5分鐘至表面酥脆且呈金褐色。煎好後，立刻出餐。

第 25 章

cooking pasta and dumplings

烹調義式麵食與餃類

義式麵食與餃類廣受歡迎並不讓人意外，這類食物營養豐富，且可製成各種料理，是許多菜餚的重要元素。義式麵食與餃類料理以便宜且容易保存的麵粉或穀粉以及雞蛋為基礎，用途多元，無論是開胃菜、主菜、沙拉，甚至甜點，都可以看到這些食物。

新鮮義式麵食的製作配方可說是一切的基礎，做出來的硬麵糰可以變化出無窮盡的形狀、風味與顏色。義式麵食分成乾燥與新鮮兩種，烹煮時可使用現做的新鮮麵食，也可使用現成的乾燥或新鮮麵食。乾燥、新鮮麵食各有優點，前者讓廚師得以製作具有特殊風味、顏色、形狀或餡料的菜餚，不過保存期間較短。後者則幾乎沒有保存期限的問題。

making fresh pasta, noodles, and dumplings
製作新鮮義式麵食、麵條與餃類

改變麵粉與液體的比例，或是在基本義式麵食配方裡加入其他食材，都可以做出不同的麵糰與麵糊，其處理與烹調方式也有別於基本食譜。舉例來說，增加液體量可做成軟麵糊，用於德式麵疙瘩。這種麵糊會放在專用砧板上切條，或放在濾鍋、專用麵條製作器中，擠到微滾液體中。較緊實的麵糰則是擀開或擠壓成型。

在基本麵糰配方裡添加膨發劑做成的軟麵糊可用來製作西式餃子，這種餃子體積較大，質地似麵包，可以放入燉菜或其他液體中烹煮。雖然「餃子」一詞對某些人或某些族裔來說，指的是非常特定的食物，不過這個字其實包羅萬象。有些餃子以麵糰和麵糊為基底，有些則使用麵包、馬鈴薯泥等各種食材。蒸包子、炸春捲等備受歡迎的港式點心則屬於另一個類別。餃子有數種烹煮方式，一般按種類而定。可以放到液體中為滾煮、蒸煮、低溫水煮、烘烤、煎炸或深炸。製作餃子的食材也很多元，可參考本章收錄的食譜。

義式麵食的結構來自麵粉，必須選用具有特定特質的麵粉，才能做出最棒的麵糰。中筋麵粉可製成大部分新鮮麵食。全麥麵粉、杜蘭粗粒小麥粉、玉米粉、蕎麥粉、裸麥粉、各種豆粉（如鷹嘴豆粉）與其他特殊麵粉和穀物粉都可以用來取代部分中筋麵粉，賦予麵食獨特的風味、質地與顏色。動手實驗通常是了解如何使用特殊麵粉的最佳途徑。有關麵粉種類、比例與替代食材等資訊，可參考本章食譜。

製作新鮮麵食通常也會用到雞蛋。蛋能提供濕潤度、風味與結構。依配方指示使用全蛋、蛋黃或蛋白。此外，麵糰的濕潤度也是麵食製作的關鍵，因此許多食譜也會要求加水。太乾或太濕的麵糰都不容易擀開。

麵糰也經常添加中性油或風味油，以維持彈性，方便使用。

在麵糰中加鹽可幫助麵糰發展風味。香料植物、蔬菜泥或柑橘類皮刨絲等額外食材也可加入新鮮麵食的麵糰中，改變麵糰顏色、風味及質地。若添加的調味料或上色材料含有豐富水分，則應調整基本配方，增加麵粉用量，或減少水量。用來增味或上色的蔬菜泥通常都會放入無蓋容器中烹煮至稍微乾燥，藉此濃縮風味。

新鮮麵食可加蓋冷藏至多2天。若麵已切成長條，可以撒上玉米粉、杜蘭粗粒小麥粉或米穀粉，避免麵條黏在一起。做好的麵食用鋪有保鮮膜的托盤盛裝，再用保鮮膜覆蓋。麵餃應放在鋪有烘焙油紙的淺烤盤上，排列時散開，避免互相接觸。

麵食若要保存超過2天，可將無餡的長麵食捲成鬆散的鳥巢狀，以鋪有烘焙油紙的淺烤盤盛裝，並將烤盤放在溫暖、乾燥的地方靜置數日，直到麵食變得乾硬。麵食一乾燥，就可以按市售乾燥麵食的保存方法處理：確實包好後，存放在陰涼、乾燥的地方。新鮮麵食也可以冷凍保存，小型麵餃和方麵餃等義式麵餃尤其適合如此處理。

製作新鮮麵食的工具非常單純，不過某些特殊器具會讓工作更容易進行。最基本的工具包含手、擀麵棍與刀。但也可以用電動攪拌機的麵糰勾，或用食物調理機來混合麵糰。壓麵機可用於擀開麵糰，此外也有整齊切割麵糰的功能。

基本配方

新鮮義式麵食
10份

- 義大利00號麵粉或中筋麵粉454克
- 雞蛋4顆
- 水15-30毫升（1-2大匙）
- 鹽
- 油
- 其他偏好的風味食材或盤飾

作法精要

1. 將所有乾材料在工作檯上堆成小丘，並在中央挖一個洞。
2. 混合所有濕材料，倒入洞裡。
3. 快速將乾材料拌入濕材料，混合製成生麵糰。
4. 按揉麵糰直到平滑，擀開前應靜置。

專業訣竅

▶ 製作新鮮麵食之所以令人樂此不疲，不只因為其新鮮風味及柔軟質地，也因為麵食能讓各種風味融入菜餚。

▶ 混用使用以下不同麵粉與中筋麵粉，可創造出不同的風味：

蕎麥粉／玉米粉／米穀粉／裸麥粉／杜蘭粗粒小麥粉／全麥麵粉

▶ 在攪拌過程中添加以下香料植物、辛香料、蔬菜泥、風味液體或浸漬液體，增添麵糰風味：

風味液體或浸漬液體／烏賊墨汁

香料植物與辛香料

羅勒／歐芹／鼠尾草／番紅花／乾燥香料植物，如迷迭香

蔬菜泥

胡蘿蔔／菠菜／番茄

▶ 將完整的香料植物，甚至是可食用花朵放在兩塊麵皮之間擀開，效果更突出：

羅勒葉／細葉香芹葉／歐芹葉

▶ 更健康的作法是盡可能選用對健康有許多益處的全穀食材。精製度較低的全麥粉或其他麵粉可用來製作新鮮麵食。

1. 用手或機器混合麵糰。製作量不大時，用手混合也很有效率。反之，製作量大時，使用食物調理機或電動攪拌機可能比較輕鬆。

徒手混合麵糰時，可在攪拌盆內或工作檯上進行。混合麵粉和鹽，並在中央挖一個洞，放入雞蛋和風味食材，若有使用液體油，也在此時一併倒入。動作盡量快，一次一點，把麵粉混入液狀食材，直到麵糰大致成形。

使用食物調理機時，將所有食材放入食物調理機的攪拌盆，用金屬攪拌槳混合均勻。攪好的麵糰外觀類似粗穀粉，壓成球時不會散開。注意不要過度攪拌。

使用電動攪拌機時，將所有食材放入電動攪拌機的攪拌盆，用麵糰勾以中速混合至麵糰變成光滑球狀且不會黏在攪拌盆內壁。

麵糰混好以後，另外加入麵粉或水調整稠度，以平衡食材變化、廚房濕度或額外風味食材所帶來的影響。天氣乾燥時，可能需要多加一些水才能做出理想質地。

2. 按揉麵糰以達到完美質地。麵糰在擀開、切開前，應先靜置。無論是用手、食物調理機或攪拌機混合，混合完成後，都應在撒上麵粉的工作檯上按揉，直到質地變得平滑、有彈性。

< 作法詳解

3. 將麵糰製成球狀，加蓋於室溫靜置至少1小時。未充分靜置的麵糰很難擀成薄薄的麵皮。若要用手擀開麵糰，這個階段就特別重要。

檢視新鮮麵食的麵糰品質。一般而言，麵糰應平滑、有彈性，摸起來稍帶濕潤感。若會黏手（太濕）或碎裂（太乾），就很難完全擀開。經驗是判斷麵糰質地是否理想的最佳依據。

4. 將壓麵機刻度設定在最大，讓麵糰通過。隨著麵糰越來越薄，刻度也要慢慢調小。

切下部分麵糰（切下的分量按機器寬度決定），並壓扁。剩餘麵糰用東西覆蓋住。將壓麵機刻度設定在最大，放入麵糰開始壓製，直到麵糰變成又長又寬的麵皮，可撒少許麵粉避免沾黏。麵糰擀成薄麵皮後，切成適當的形狀。若不打算馬上烹煮，可用保鮮膜包裹後靜置。

義式麵食與雞蛋麵麵糰可用手或壓麵機擀平、切開。用手擀麵時，取柳橙大小的麵糰，放在撒了麵粉的工作檯上壓扁。接著用擀麵棍從麵糰中央往邊緣來回滾動，擀開並延展麵糰，適時翻面並撒上麵粉，直到麵糰擀成理想厚度。擀好後，可用刀子切成細長條狀，製成扁麵、細扁麵或緞帶麵。也可用模具切成方形或圓形，製成麵餃如方麵餃。

5. 重疊長麵皮的兩端，擀成頭尾相連的環狀。運用這種擀麵法時，以摺疊信紙的方式將長麵皮摺成⅓寬，然後再放回機器裡擀開。此動作應重複1-2次，每次都把麵皮摺成⅓寬。視需要撒上麵粉，避免麵皮因沾黏壓麵機而撕裂。

繼續用壓麵機壓製麵皮，每壓一次就把壓麵機刻度調小一格，直到獲得理想厚度。麵皮應有平滑觸感且完全不黏手。為了避免麵皮乾掉，尚未處理的麵皮應用東西覆蓋。

NOTE：不同的壓麵機有不同的操作方法。上述操作方法是針對一般雙滾筒手搖式壓麵機（通心麵、圓管麵等管狀麵食，則是用擠壓式製麵機讓麵糰通過特製模具製成）。

6. 用壓麵機配件、刀或模具切開麵皮，做好的麵可以趁新鮮下鍋烹煮，也可捲成鬆散的鳥巢狀，或放到網架上放乾後保存。

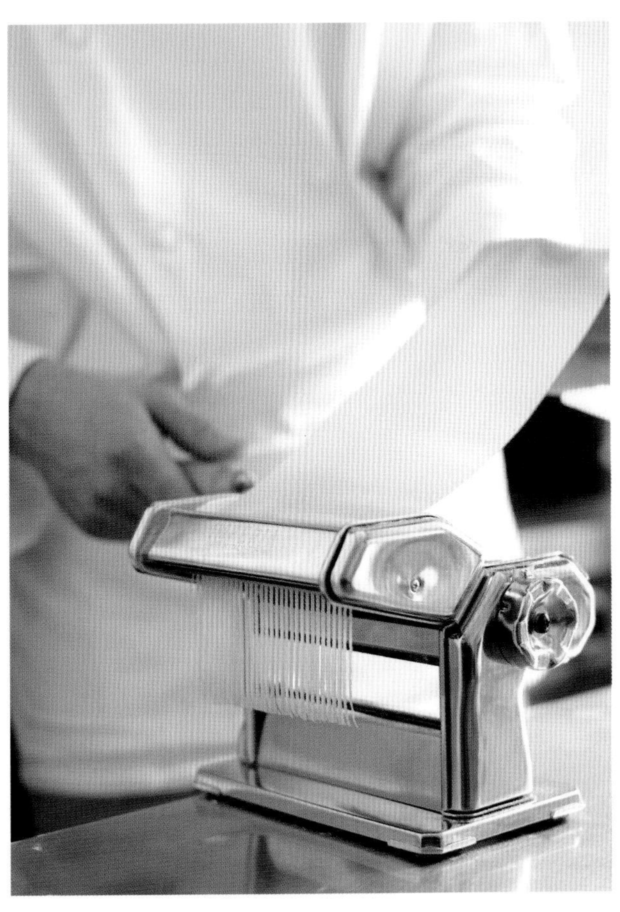

無論烹煮新鮮或乾燥麵食，都需要大量鹽水，才能做出風味佳、質地均勻、誘人的菜餚。有些麵食的烹煮時間短，有些則必須煮好幾分鐘。烹煮不熟悉的麵形或類型前，務必詳讀包裝上的指示。

cooking pasta and noodles
烹煮麵食與麵條

無論何種麵食，若能在煮好後立刻出餐，就能展現最佳的風味與質地，新鮮義式麵食尤其如此。然而，只要採用適當的技巧，就能保存預先煮好的乾燥麵食，藉此簡化供餐時段的烹調流程（見818頁出餐前的保存）。

按菜單或食譜要求選用乾燥或新鮮麵食。最常見的烹調湯汁是水，不過有時可能會用到高湯。鹽應等到水沸騰後再添加。

烹煮大部分麵食和麵條時，應選用高度大於寬度的鍋子。但麵餃可用寬度大於高度的鍋子來烹煮，避免取出時弄破。烹煮的量較大時，可使用特製的煮麵鍋，其外觀類似深炸機。用網籃或有把手的有孔籃盛裝麵食，放入沸水或微滾鹽水中煮熟。取出籃子，讓多餘水份滴回鍋內，並用濾鍋、網篩與撈油勺瀝乾。

基本配方

烹煮義式麵食
10份

- 乾燥義式麵食680克
- 足量水，至少5.76公升
- 鹽，每3.84公升水對43克鹽

收尾食材，包括：

- 鹽與胡椒
- 刨絲乳酪
- 醬汁
- 油脂

作法精要

1. 鹽水加熱至大滾。
2. 麵食下鍋，攪拌，讓麵食散開。
3. 麵食煮到軟化但不軟爛。
4. 取出麵食後立刻瀝乾、出餐，或放入冷水中返鮮，以停止餘溫加熱。

專業訣竅

▶ 彈牙是大部分義式麵食、麵條最理想的熟度。彈牙譯自義大利文「al dente」，指麵食稍脆，不軟爛或過熟。麵食、麵條應煮到可以輕易咬斷，但仍有嚼勁與口感。

< 作法詳解

1. **準備大量清水**，加熱至沸騰。每454克義式麵食至少會用到3.84公升清水，而每3.84公升水應加入21-28克鹽。麵食下鍋前先嘗一口煮麵水，應該要嘗到鹹味，但不至於太鹹。

   放入所有扁平或擠出成形的麵食、麵條。長形麵會一邊變軟，一邊慢慢浸入水中。麵食剛下鍋時，應稍微攪拌，避免沾黏。麵餃則應輕輕放入沸水，並調降火力，烹煮期間保持微滾，避免麵餃因碰撞而破裂。

   將麵食煮到適當的熟度與軟度，然後馬上倒入濾鍋裡瀝乾。

   有些麵食下水後很快就煮熟。新鮮義式麵食可能不到3分鐘就煮熟，乾燥麵食可能需要8分鐘以上，視大小與麵形而定。烹煮自己不熟悉的麵形或類型前，務必詳讀包裝上的指示。測試熟度最精確的作法，是取一塊或一條麵試吃，或切開觀察內部。麵食會在烹煮過程漸漸變成半透明，若中心不透明或顏色明顯較深，表示還沒有完全煮熟。

   煮好的麵食以濾鍋瀝乾，輕輕搖晃鍋身，幫助烹調湯汁瀝出。管狀麵食不易排出水分，可以戴上手套，用手輕輕攪拌，盡量去除聚積在麵裡的水。取出麵餃時，應使用笊籬或漏勺，小心撈出，避免麵餃破裂。取出後，可將麵餃放入濾鍋瀝乾，或用布巾稍微拍乾，吸除多餘水分。

   新鮮麵食煮好後最好馬上出餐。煮好的麵食可在添加醬汁或其他收尾食材後立刻出餐。乾燥麵食則可在確實冷卻後保存備用。

NOTE：保留部分煮麵水，視需要用煮麵水調整醬汁稠度。

2. **檢視成品品質**。理想的乾燥麵食柔軟但稍帶口感（上圖），過熟麵食則顯得軟爛（下圖）。煮得恰到好處的乾燥麵食柔軟，但口感明顯，這種熟度就是所謂的彈牙。新鮮麵食很快就能煮熟，因此容易煮過頭。新鮮麵食應煮到全熟，不帶生麵味。麵食和麵條不應黏在一起，烹煮期間應稍微攪拌。煮熟後冷卻保存的麵食，出餐前應確實加熱。選用的醬汁與其他收尾食材應能完美搭配麵形或麵的質地（麵形與醬汁的搭配見下文）。

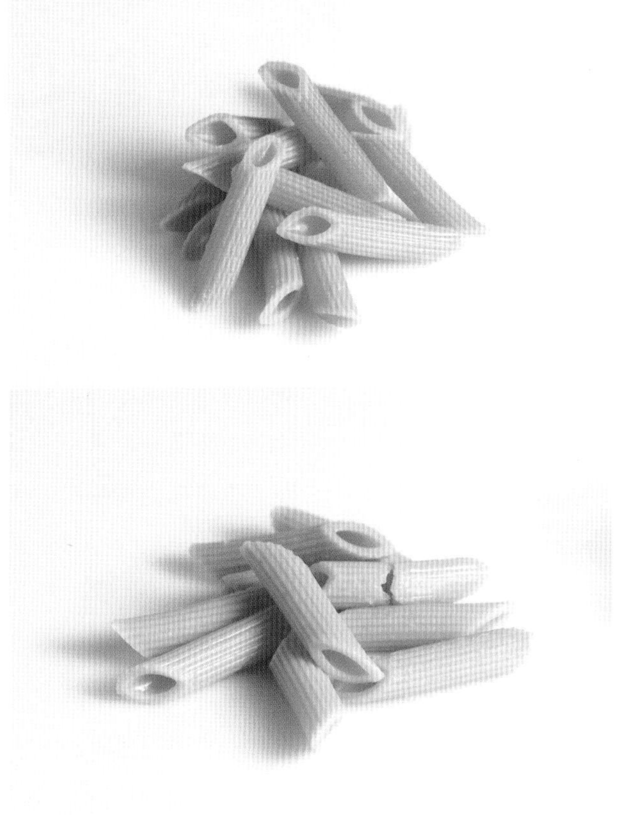

麵形與醬汁的搭配

我們通常會針對特定麵形選擇醬汁。緞帶麵、細扁麵等長型扁麵通常搭配滑順輕盈的醬汁，例如奶油白醬、蔬菜漿或奶油乳酪醬汁，這樣醬汁才能均勻沾裹麵食表面。通心麵、圓管麵等管狀麵食，以及螺旋麵等螺旋狀麵食，因為能讓醬汁附著，通常搭配較濃厚的醬汁，例如肉醬，或以新鮮蔬菜作為盤飾的醬汁。

選擇醬汁時，也必須考慮義式麵食本身的風味。新鮮麵食風味細緻，最適合清淡的奶油白醬或以奶油為基底的醬汁。較濃厚的醬汁，例如以肉煮成的，通常會搭配乾燥麵食。

麵餃餡料本身有一定的風味和濕潤度，應搭配非常清淡的醬汁，會蓋過餡料風味的醬汁並不適合。

新鮮與乾燥麵食的出餐通則
general guidelines for serving fresh and dried pasta

義式麵食適合多種出餐形式。由於義式麵食能快速烹煮，且製作容易，因此適合放在單點（非套餐）的菜單上。事實上，有些餐廳的廚房會在熱食生產線上獨立設置義式麵食工作站。義式麵食只要正確烹煮，且經過良好的保存、處理，也可用於宴會和自助餐服務。麵食和搭配的醬汁都可以預先準備。

義式麵食作為單點料理時，應盡量等到出餐前再烹煮，或重新加熱。義式麵食很快就會冷掉，盛盤前務必加熱餐碗或餐盤，並在煮好後立刻出餐。

若是自助餐吧，應選擇煮熟後適合保存、質地較緊實的義式麵食。供餐前，應確實預熱水蒸保溫檯或保溫燈。並盡量在供餐前再烹煮，或重新加熱、收尾。選用的方形調理盆深度要足夠，才能盛裝麵食，不過也不宜大到讓麵食平鋪在盆底，否則很快就會冷卻、乾掉。義式麵食即使放在水蒸保溫檯裡，熱度也會迅速流失，因此保存時間有限。用作自助餐菜餚時，每次提供少量，但經常補充。若保溫太久，醬汁可能會乾掉，麵也會逐漸失去該有的質地。

出餐前的保存

煮熟的新鮮麵食不如乾燥麵食容易保存，而且由於新鮮麵食熟得快，通常可在供餐期間現點現煮。乾燥麵食所需的烹煮時間較長，因此有時會預先烹煮，保存待出餐。若合適或必要，可將煮好的乾燥麵食快速冷卻後保存。出餐時，再按所需分量，單份或分批加熱。預煮義式麵食時，煮到略生即可，重新加熱時才不會煮過頭。快速冷卻麵食的方法是，用冷水徹底沖洗並瀝乾。或將煮好的麵平鋪在淺烤盤上，冷藏保存。若使用冷藏保存法，可以趁麵還溫熱時拌入少量油，避免沾黏。

重新加熱義式麵食前，先將少許鹽水加熱至沸騰。水應完全淹過麵食，但並不需要用到煮麵時的水量。將麵食放到籃子裡，浸入水中，或直接下鍋，並充分加熱，所需的時間按麵食厚度而定。取出麵食，確實瀝乾後再收尾。

新鮮雞蛋麵食

Fresh Egg Pasta

680克

- 中筋麵粉454克，或視需求添加
- 鹽1撮
- 雞蛋4顆
- 水15-30毫升，或視需求添加
- 植物油或橄欖30毫升（2大匙）（非必要）

1. 大型攪拌盆裡混勻麵粉和鹽，並在中央挖個洞。
2. 將雞蛋和水倒入洞裡。若使用油脂，也在此時倒入。用叉子慢慢把周圍的乾材料拌入中央的雞蛋混合物，攪拌至麵糰大致成形。混合時，可用額外的麵粉或水調整質地。麵糰應該稍帶黏性，但濕度非常低。
3. 麵糰置於撒了麵粉的工作檯，按揉4-5分鐘至表面光滑有彈性。將麵糰製成平滑的球形，然後覆蓋，讓麵糰在室溫下靜置至少1小時。
4. 用手或壓麵機將麵糰擀成薄薄的麵皮，然後切成想要的形狀。接下來就可以烹煮，或加蓋冷藏保存至多2天。

全麥義式麵食：用全麥麵粉取代一半的中筋麵粉。

義式蕎麥麵：用蕎麥粉92克取代等量的中筋麵粉。

義式菠菜麵：將菠菜葉170克攪成泥，用濾布擠乾，再與雞蛋混合。視需求用額外的麵粉調整麵糰質地。

義式番紅花麵：用熱水30毫升（2大匙）浸泡番紅花粉1.6-3.2克（2-4小匙），充分冷卻後與雞蛋混合。視需求用額外的麵粉調整麵糰質地。或可用番紅花鹽水烹煮新鮮義式麵食。

義式柑橘麵：將刨成細屑的檸檬皮或橙皮12克（4小匙）與雞蛋混合。用檸檬汁或柳橙汁30毫升（2大匙）取代清水。視需求用額外的麵粉調整麵糰質地。

義式咖哩麵：將咖哩粉／6-12克（2-4小匙）（按369頁食譜製作或購得）混入麵粉。

義式香料麵：將剁碎的香料植物57-85克與雞蛋混合。視需求用額外的麵粉調整麵糰質地。

義式黑胡椒麵：將壓碎的黑胡椒粒4克（2小匙）混入麵粉。

義式紅椒麵：將烤紅椒170克攪成泥，開蓋煎炒至完全收乾。放涼後混入雞蛋。視需求用額外的麵粉調整麵糰質地。

義式番茄麵：開蓋以小火煎炒番茄泥85克至完全收乾。放涼後混入雞蛋。視需求用額外的麵粉調整麵糰質地。

義式南瓜、胡蘿蔔或甜菜麵：開蓋煎炒煮熟的南瓜泥、胡蘿蔔泥或甜菜泥170克至完全收乾。放涼後混入雞蛋。視需求用額外的麵粉調整麵糰質地。

基本水煮義式麵食

Basic Boiled Pasta

10份

- 水5.76公升
- 鹽43克，或視需求添加
- 乾燥或新鮮的義式麵食680克
- 醬汁或盤飾，視需求添加（非必要）
- 油，視需求添加（非必要）

1. 將清水倒入大型高湯鍋，加熱至沸騰後加鹽。
2. 麵食下鍋並拌開。烹煮至柔軟但不軟爛（新鮮義式麵食可能只要3分鐘就煮熟，乾燥麵食可能需要8分鐘以上，按大小與形狀而定）。
3. 煮好後馬上瀝乾。可於此時添加醬汁或盤飾，然後出餐。

貓耳朵麵佐義大利香腸、球花甘藍與帕爾瑪乳酪

4. 若要保留備用，則將麵食浸入冰水，或用冷水確實沖洗，停止餘溫加熱。瀝乾後立刻拌入少量油脂，避免沾黏。另一作法是，麵食瀝乾後拌入少量油脂，平鋪在鋪有烘焙油紙的淺烤盤上冷藏。

貓耳朵麵佐義大利香腸、球花甘藍與帕爾瑪乳酪

Orecchiette with Italian Sausage, Broccoli Rabe, and Parmesan

10份

- 球花甘藍1.02公斤
- 橄欖油120毫升
- 義式香腸567克，去腸衣
- 洋蔥末340克
- 番茄醬汁240毫升（見295頁）
- 貓耳朵麵1.02公斤
- 蒜瓣2粒，切片
- 粗粒辣椒粉0.5克（¼小匙）
- 雞高湯（見263頁）或水30毫升（2大匙）
- 剁碎的歐芹57克
- 羅勒絲57克
- 剁碎的奧勒岡47克
- 細香蔥末57克
- 帕爾瑪乳酪絲142克

1. 修整球花甘藍，修去莖部末端3公分。放入大型高湯鍋，以沸騰鹽水汆燙約4分鐘至9分熟。取出後立刻放入冰水冰鎮。瀝乾後，保留備用。
2. 將60毫升橄欖油倒入大型平底煎炒鍋，以中火加熱。香腸下鍋，烹煮到幾乎全熟，用打蛋器弄散。放入洋蔥，炒約4分鐘至軟化。添加番茄醬汁。混合物烹煮約5分鐘至看起來像是波隆那肉醬。鍋子離火，醬汁保留備用。
3. 準備一大型鍋子鹽水，加熱至沸騰，麵食下鍋煮至彈牙，約需6分鐘。煮好後取出瀝乾。
4. 煮麵的同時，將剩餘橄欖油倒入大型平底煎炒鍋，以中火加熱。放入蒜頭、辣椒粉、高湯與炒好的香腸混合物，烹煮1分鐘，攪拌均勻。接著放入歐芹、羅勒、奧勒岡、細香蔥與球花甘藍、貓耳朵麵與帕爾瑪乳酪85克，拋翻混合。
5. 以剩餘的帕爾瑪乳酪57克作為盤飾，立刻出餐。

義式培根雞蛋麵

Pasta alla Carbonara

10份

- 義大利培根末680克
- 義式麵條907克
- 雞蛋6顆，打散
- 壓碎的黑胡椒粒12克（2大匙）
- 羅馬佩科利諾乳酪絲170克，或視需求添加
- 剁碎的歐芹，視需求添加

1. 將義大利培根放入大型平底煎炒鍋或雙耳燉鍋，以小火熬出油脂，烹煮7-10分鐘至呈金褐色，期間視情況翻動。培根和油脂放在鍋裡備用，並加以保溫。
2. 準備一大鍋鹽水，加熱至沸騰。麵條下鍋，攪拌數次分開麵條，煮到柔軟但仍保有些許口感。
3. 將麵條放入濾鍋瀝乾（見下頁NOTE）。
4. 以中火加熱放有培根的鍋子，放入麵條，與培根及油脂一起拋翻。麵條應煮至熱燙，且鍋底不應有焦渣。
5. 鍋子離火，倒入蛋液，拋翻至雞蛋恰好煮熟。放入胡椒與乳酪，拌勻。
6. 以剁碎的歐芹裝飾，或依喜好放入更多佩科利諾乳酪。立刻出餐。

NOTE：預先製作麵條時，用冷水沖洗，瀝乾後拌入少量油脂。冷藏至出餐前取出，以沸騰鹽水重新加熱，取出瀝乾，再繼續後續動作。

韓式雜菜

Stir-Fried Glass Noodles (Jap Chae)

10份

- 乾燥香菇20朵
- 乾燥黑木耳57克
- 韓國冬粉1.02公斤
- 青蔥6根，修整後切薄片
- 淡色醬油240毫升
- 芝麻油30毫升（2大匙）
- 糖28克
- 植物油240毫升
- 洋蔥340克，順紋切薄片
- 蒜末50克
- 紅椒227克，切絲
- 高麗菜567克，切絲
- 胡蘿蔔340克，切絲
- 鹽，視需求添加
- 黑胡椒粉，視需求添加
- 雞蛋10顆，稍微打散後，做成0.3公分厚的蛋皮，並切絲

1. 將香菇和黑木耳分別放入冷水中浸泡過夜。取出瀝乾，保留泡菇水。
2. 切掉菇柄，蕈蓋切成0.3公分寬的條狀。修掉黑木耳的硬蒂頭，並將木耳切成0.3公分寬的條狀。
3. 用沸水澆淋冬粉，水應淹過冬粉至少5公分。浸泡8-10分鐘至吸足水份、恢復彈性。瀝乾，以冷水沖洗後，保留備用。
4. 混合青蔥、醬油、芝麻油與糖。
5. 將油倒入炒鍋，爆香洋蔥與蒜頭。放入香菇、黑木耳、紅椒、高麗菜與胡蘿蔔，翻炒至大致熟透。
6. 冬粉下鍋，翻炒至熱透。
7. 拌入醬油混合物，以鹽和胡椒調味。若菜餚看起來太乾，可倒入泡菇水。
8. 以蛋絲裝飾，立刻出餐。

泰式炒河粉

Pad Thai

10份

- 河粉1.36公斤，0.6公分寬
- 蝦米14克（2大匙）
- 泰式辣椒醬60毫升，可視需求增加
- 魚露120毫升，可視需求增加
- 米醋60毫升
- 棕櫚糖50克，可視需求增加
- 植物油60毫升，或視需求增減
- 剁碎的蒜頭35克
- 帶蔥綠韭蔥1根，切絲
- 豆乾907克，切0.6公分厚的條狀
- 雞蛋6顆，稍微打散
- 青蔥4根，切3公分長條
- 豆芽454克
- 粗切芫荽78克
- 萊姆角10塊
- 花生142克，乾炒後粗切

1. 河粉用溫水浸泡30分鐘後取出瀝乾。蝦米用冷水浸泡30分鐘後取出瀝乾、剁細。
2. 混合辣椒醬、魚醬、米醋和糖。
3. 將油倒入炒鍋，以中大火加熱。蝦米、蒜頭、韭蔥與豆乾下鍋，翻炒至韭蔥顏色變亮且稍微軟化，蒜頭顏色開始轉金黃，不過尚未呈褐色。

泰式炒河粉

天貝腰果炒麵

4. 河粉下鍋翻炒30秒，均勻沾附油脂後，推到炒鍋一側。將少許油脂倒在騰出的空間，接著倒入蛋液，以煎鏟推開。加熱10秒後開始翻炒，混合河粉和雞蛋。
5. 拌入魚露混合物與青蔥，翻炒至河粉軟化。視需要添加清水，讓河粉吸收更多水分。
6. 拌入豆芽與芫荽，視需求以辣椒膏、魚露和糖調味。以萊姆和花生裝飾，立刻出餐。

天貝腰果炒麵

Tempeh Cashew Noodles

10份

- 乾炒腰果89克（¾杯）
- 蒜瓣6粒，切末
- 醬油60毫升
- 米酒醋45毫升（3大匙）
- 黃砂糖9克（2小匙）
- 芝麻油15毫升（1大匙）
- 辣椒醬16克（1大匙）
- 烏龍麵284克
- 植物油30毫升（2大匙）
- 天貝454克，切小丁
- 洋蔥1顆，切小丁
- 紅椒1顆，切小丁
- 大型櫛瓜1條，切薄片
- 四季豆227克，切成2段

盤飾

- 剁碎的芫荽，視需求添加
- 剁碎的乾炒腰果，視需求添加

1. 用食物調理機或果汁機攪打腰果、⅔的蒜末、醬油、醋、糖、芝麻油和辣椒醬至滑順。靜置備用。
2. 以沸騰鹽水烹煮烏龍麵7-9分鐘，直至軟化。取出瀝乾。
3. 將油倒入大型平底煎炒鍋或炒鍋，以中火加熱。翻炒天貝、洋蔥與甜椒4-5分鐘，直至洋蔥變半透明。
4. 櫛瓜、四季豆下鍋，翻炒3-5分鐘至軟化。放入剩餘的蒜頭，翻炒約1分鐘至香氣散出。
5. 放入煮好的烏龍麵，拋翻均勻。倒入腰果醬，拋翻使均勻沾裹。加熱約5分鐘至熱透。
6. 以芫荽和腰果裝飾，立刻出餐。

拿坡里式嘉年華千層麵

Lasagna di Carnevale Napolitana

10份

- 乾燥千層麵284克
- 義大利羅勒香腸284克
- 瑞可達乳酪397克
- 帕爾瑪乳酪絲340克
- 雞蛋3顆
- 剁碎的歐芹21克
- 鹽，視需求添加
- 黑胡椒粉，視需求添加
- 肉豆蔻刨屑，視需求添加（非必要）
- 波隆那肉醬960毫升（見296頁）
- 橄欖油15毫升（1大匙）
- 莫札瑞拉乳酪284克，切薄片或刨絲

1. 準備一大型鍋子鹽水，加熱至沸騰。麵皮下鍋並攪拌開來，煮約8分鐘至軟化但不軟爛。起鍋後立刻瀝乾，用冷水沖洗，再次瀝乾，靜置備用。
2. 將香腸放在淺烤盤上，以176℃的烤爐烘烤約15分鐘。若想要，可去除腸衣，並將香腸切薄片，保留備用。

3. 製作乳酪餡時，均勻混合瑞可達乳酪、帕爾瑪乳酪113克、雞蛋與歐芹。以鹽和胡椒調味，若有使用肉豆蔻，在此時加入。攪拌均勻。
4. 在塗了油的½方形調理盆底抹上少量肉醬。
5. 放入少許麵皮，交疊處不應超過0.6公分。麵皮不可包覆方形調理盆邊緣。
6. 撒上乳酪絲，厚度約0.6公分，然後依序放上香腸、醬汁、莫札瑞拉乳酪及帕爾瑪乳酪。繼續以此順序堆疊食材。保留部分醬汁與帕爾瑪乳酪作為頂飾。最後放上麵收尾。
7. 以事先保留的醬汁澆淋千層麵，並撒上剩餘的帕爾瑪乳酪。
8. 以191℃的烤爐烘烤15分鐘。調降爐溫至163℃，繼續烘烤45分鐘。若表面太快變成褐色，可用抹了油的鋁箔紙稍微覆蓋。
9. 烤好後，靜置30-45分鐘，再切成出餐分量。

NOTE：千層麵也可以用新鮮麵皮製作。

庫斯庫斯

Couscous

10份

- 冷水600-720毫升
- 鹽6.5克（2小匙）
- 庫斯庫斯454克
- 奶油85克，融化
- 薑黃粉1克（½小匙）
- 黑胡椒粉，視需求添加

1. 將一半的鹽溶於480毫升的水中。放入庫斯庫斯浸泡1小時。
2. 將庫斯庫斯放入鋪有濾布的濾鍋瀝乾，或放進專用蒸煮鍋的上層，加蓋，利用微滾水或燉菜的蒸氣蒸煮10分鐘。
3. 在方形調理盆裡攪拌庫斯庫斯，分開顆粒。倒入清水60毫升，用手均勻混合，靜置15分鐘。
4. 步驟2與步驟3再重複2次。
5. 拌入奶油與薑黃粉，接著以鹽和胡椒調味，立刻出餐。

經典波隆那千層麵佐義式肉醬與白醬

Classic Bolognese Lasagna with Ragu and Béchamel (Lasagna al Forno)

10份

- 義式菠菜麵907克（見819頁）
- 波隆那肉醬1.20公升（見296頁），冷的
- 白醬1.92公升（見295頁），冷的
- 磨成細屑的帕爾瑪乳酪113克
- 奶油57克
- 番茄醬汁900毫升（見295頁）

1. 用手或壓麵機將麵糰擀成厚度0.15公分的麵皮，然後切成長28公分、寬13公分的長方形。
2. 準備一大型鍋子鹽水，加熱至沸騰。麵皮下鍋，待水重新沸騰後，烹煮10秒，接著取出麵皮，立即放入冷水冷卻2分鐘，取出瀝乾後放在紙巾上放乾。
3. 在塗了奶油的½方形調理盆底抹上少量肉醬。
4. 放入方形麵皮，交疊處不應超過0.6公分。麵皮不可包覆方形調理盆邊緣。
5. 將少量白醬抹在麵皮上，並撒上少許乳酪。
6. 重複上述步驟，疊好5層麵皮，肉醬與白醬應交替放。最後在表層抹上白醬、撒上磨碎的乳酪，再綴以奶油丁。
7. 方形調理盆放進烤爐上層烤架，以232℃烘烤20-25分鐘至表面呈金褐色。

經典波隆那千層麵佐義式肉醬與白醬

8. 取出後靜置10分鐘，再切成長10公分、寬8公分的單份大小。每份千層麵應搭配番茄醬汁90毫升一起出餐。

蘆筍白豆千層麵

Asparagus and White Bean Lasagna

10份

- 新鮮義式雞蛋麵907克（見819頁）
- 白豆454克，煮熟、瀝乾
- 完整蒜瓣3粒
- 迷迭香3克（1大匙），剁碎
- 特級初榨橄欖油120毫升，可視需求增加
- 鹽，視需求添加
- 黑胡椒粉，視需求添加
- 紅蔥末85克
- 蒜瓣3粒，切末
- 嫩菠菜340克
- 馬德拉酒60毫升
- 蘆筍907克，汆燙、切3公分小段
- 青豆仁454克
- 剁碎的鼠尾草6克

盤飾

- 特級初榨橄欖油，視需求添加
- 帕爾瑪乳酪絲，視需求添加

1. 用手或壓麵機將麵糰擀成薄麵皮，再切成12塊大型正方形，以保鮮膜蓋好備用。
2. 用食物調理機或果汁機將白豆、完整蒜瓣、迷迭香與橄欖油攪打成滑順泥狀。以鹽和胡椒調味，靜置備用。
3. 將橄欖油30毫升倒入大型平底煎炒鍋，以中火加熱。紅蔥、蒜末與菠菜下鍋，翻炒2-3分鐘至紅蔥變半透明、菠菜出水。
4. 用馬德拉酒去除鍋底焦渣，並讓液體完全收乾。放入蘆筍與青豆仁，翻拌均勻，烹煮約1分鐘至熱透。拌入鼠尾草，並以小火保溫。
5. 麵皮以沸騰鹽水煮6-8分鐘至軟化，取出瀝乾。
6. 用熱的餐盤盛裝麵皮，放上少許白豆泥，然後疊上另一張麵皮與第二層豆泥，接著再放上第三張麵皮。在最上層麵皮表面放一湯匙蘆筍混合物。
7. 以少許橄欖油和帕爾瑪乳酪絲裝飾，立刻出餐。

義式方麵餃佐菇蕈貝西醬

Ravioli Bercy

10份

義式方麵餃

- 奶油43克
- 韭蔥1.05公斤，切薄片
- 瑞可達乳酪369克
- 剁碎的歐芹6克（2大匙）
- 剁碎的細香蔥6克（2大匙）
- 剁碎的細葉香芹6克（2大匙）
- 剁碎的龍蒿6克（2大匙）
- 鹽，視需求添加
- 新鮮義式雞蛋麵糰907克（見819頁）

菇蕈貝西醬

- 奶油43克
- 雞油菌113克
- 蠔菇113克
- 白洋菇680克
- 紅蔥128克，剁細
- 蒜頭醬14克
- 白酒240毫升
- 剁碎的歐芹6克（2大匙）

- 白醬720毫升（見295頁），熱的
- 嫩芝麻菜14克
- 鹽，視需求添加
- 黑胡椒粉，視需求添加

1. 以中火加熱奶油。韭蔥下鍋煎炒3-4分鐘至軟化，移入中型攪拌盆，靜置至完全冷卻。
2. 將瑞可達乳酪、歐芹、細香蔥、細葉香芹與龍蒿拌入韭蔥，靜置備用。
3. 用壓麵機將麵糰壓製成寬度10公分的麵皮，接著慢慢壓製，直到麵糰厚度與刻度2的厚度相仿。將刻度固定在2號，重複壓製2次。
4. 用直徑10公分（4吋）的圓形模具切出20份圓形麵皮。
5. 將30毫升（2大匙）的餡料分別放在10張圓形麵皮上。在麵皮邊緣刷上清水，然後疊上另一張麵皮，並將邊緣壓緊。
6. 用微滾鹽水汆燙麵餃1分鐘，然後放入冰水浴槽冰鎮。以淺烤盤盛裝，加蓋冷藏，待出餐前取出。
7. 製作醬汁時，將奶油放入大型平底煎炒鍋，以中火加熱。菇蕈下鍋煎炒4-5分鐘至軟化。放入紅蔥與蒜頭，煎炒至少2分鐘至香氣散出。
8. 倒入白酒，加熱至微滾，烹煮到醬汁收乾且稍微變稠，然後拌入歐芹。
9. 出餐前，煮熟方餃，以沸騰鹽水烹煮3-4分鐘至彈牙。取出瀝乾。
10. 將菇蕈貝西醬60毫升舀進餐盤，然後放上方餃。澆淋白醬，添加芝麻菜，以鹽和胡椒調味，即可出餐。

焗烤杜藍小麥麵疙瘩

Gnocchi di Semolina Gratinati

10份

- 牛奶1.5公升
- 鹽10克（1大匙）
- 中粒的杜蘭粗粒小麥粉227克
- 奶油113克
- 蛋黃2顆，打散
- 帕爾瑪乳酪絲113克

1. 將牛奶倒入大型厚底鍋，以中大火加熱至沸騰，然後以鹽調味。
2. 把爐火調成中小火。像倒水一樣，將小麥粉少量、穩定地倒入牛奶中，並以打蛋器持續攪拌至小麥粉完全倒入。烹煮20-30分鐘至小麥粉熟透，期間不時攪拌。煮好的小麥粉不應有明顯的顆粒感。
3. 鍋子離火，拌入奶油85克、蛋黃與乳酪85克。
4. 將混合物做成法式魚餃狀，或用擠花袋擠成長條，也可放入淺烤盤抹平，厚度約1公分。待完全冷卻後依喜好切開。
5. 將麵疙瘩放入大量滾沸的鹽水中，烹煮至浮上水面，然後繼續烹煮2-3分鐘。取出瀝乾。
6. 出餐時，將麵疙瘩放上抹了大量奶油的烤盤。剩餘奶油刷或淋在麵疙瘩表面，並放上剩餘的乳酪。以204℃的烤爐烘烤5-6分鐘，或以炙烤爐、上明火烤爐烘烤，直至呈褐色。盛入熱餐盤，立刻出餐。

瑞可達乳酪麵疙瘩

Gnocchi di Ricotta

10份

- 瑞可達乳酪624克
- 中筋麵粉227克，過篩
- 雞蛋3顆
- 橄欖油90毫升
- 鹽4克（1¼小匙）
- 雞高湯680毫升（見263頁），熱的
- 奶油43克
- 帕爾瑪乳酪絲227克
- 黑胡椒粉1克（½小匙）

1. 用食物調理機將瑞可達乳酪、麵粉、雞蛋、橄欖油與鹽攪打成滑順的麵糰，約需1分鐘，完成後放入攪拌盆。
2. 準備一大型鍋子鹽水，以大火加熱至沸騰。用兩支湯匙將麵糰塑形成法式魚餃狀，一個一個放入沸水中烹煮，直到麵糰全部下鍋。待水恢復沸騰後，繼續烹煮1分鐘。用漏勺小心取出麵疙瘩，放進攪拌盆。
3. 加熱高湯。將奶油放入中型平底煎炒鍋，以中火加熱。放入麵疙瘩與熱高湯，烹煮1-2分鐘至麵疙瘩熱透。
4. 用漏勺將麵疙瘩移入熱的餐碗，以乳酪和胡椒裝飾，立刻出餐。

NOTE：瑞可達乳酪麵疙瘩非常脆弱，容易破裂，從水中取出和移入餐碗時都要小心。

Piedmontese 麵疙瘩

Gnocchi Piedmontese

10份

- 赤褐馬鈴薯1.36公斤
- 奶油85克
- 雞蛋3顆
- 鹽，視需求添加
- 黑胡椒粉，視需求添加
- 肉豆蔻粉，視需求添加（非必要）
- 中筋麵粉454克，或視需求添加
- 帕爾瑪乳酪絲85克
- 剁碎的歐芹28克

1. 馬鈴薯搓洗乾淨、去皮、切大塊。沸煮或蒸煮至軟化，可以輕易搗成泥。取出瀝乾，以小火加熱，或放上淺烤盤以149℃的烤爐烘烤10-15分鐘至不再有蒸氣逸出。趁熱用食物碾磨器或馬鈴薯壓泥器壓成泥，並放入熱的攪拌盆內。
2. 放入奶油28克、雞蛋、鹽與胡椒，若有使用肉豆蔻，也於此時加入。混合均勻後，加入足量麵粉，製成硬麵糰。
3. 將麵糰擀成直徑約3公分的圓柱，再切成長2.5公分的小塊。用大拇指按壓、滾動麵糰，並用麵疙瘩專用板或叉子塑形。
4. 把麵疙瘩放入微滾沸水中，烹煮2-3分鐘至浮上水面。用漏勺取出麵疙瘩，或放入濾鍋內瀝乾。
5. 將剩餘奶油放入大型平底煎炒鍋，以中大火加熱。麵疙瘩下鍋，拋翻至滾燙且均勻沾裹奶油。放入乳酪與歐芹，以鹽和胡椒調味，便可盛入熱的餐盤內，立刻出餐。

用叉子塑形義式麵疙瘩

用專用板塑形義式麵疙瘩

德式麵疙瘩

Spätzle

10份

- 雞蛋6顆
- 牛奶150毫升
- 水240毫升
- 鹽，視需求添加
- 黑胡椒粉，視需求添加
- 肉豆蔻刨屑，視需求添加
- 精製香料植物28克（見369頁），或視需求添加（非必要）
- 中筋麵粉454克
- 奶油113克

1. 混合雞蛋、牛奶與水。以鹽、胡椒和肉豆蔻調味，若有使用精製香料植物，也在此時加入。用手或木匙拌入麵粉，攪打至滑順。完成後靜置1小時。
2. 準備一大型鍋子鹽水，加熱至滾沸。將麵糰放入德式麵疙瘩製作器，讓麵疙瘩直接落入微滾熱水中。烹煮2-3分鐘，待麵疙瘩浮上水面，便可用笊篱撈出來。現在可以進行收尾，或將麵疙瘩放入冰水浴槽中冷卻，取出瀝乾後，等待出餐。
3. 將奶油放入大型平底煎炒鍋，以中大火加熱。麵疙瘩下鍋翻炒至滾燙。以鹽和胡椒調味，或添加更多精製香料植物裝飾。完成後，立刻出餐。

NOTE：雖然傳統德式麵疙瘩不會煎炒至呈褐色，不過有些廚師喜歡讓麵疙瘩在鍋裡多炒一下，待表面呈褐色且稍帶酥脆口感再起鍋。

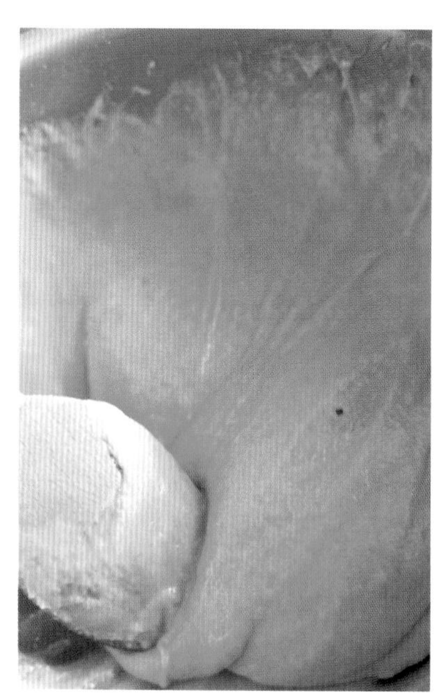

用叉子塑形義式麵疙瘩

來回慢慢移動小杯，讓麵糰通過孔洞，製成德式麵疙瘩。麵疙瘩務必以滾水烹煮。

充分加熱麵疙瘩。

麵包團

Bread Dumplings

10份

- 白麵包或帶麵包皮的圓麵包454克，切小丁
- 奶油57克
- 洋蔥末113克
- 中筋麵粉113克
- 牛奶240毫升，或視需求添加
- 雞蛋5顆
- 剁碎的歐芹14克
- 鹽，視需求添加
- 白胡椒粉，視需求添加
- 肉豆蔻刨屑，視需求添加（非必要）

1. 將麵包放進烤爐，以121℃烘烤20-30分鐘至完全乾燥且酥脆。
2. 把奶油放入中型平底煎炒鍋，以中火加熱。洋蔥下鍋，煎炒8-10分鐘至稍微呈褐色。取出冷卻備用。
3. 在大型攪拌盆內混合麵包、麵粉和炒好的洋蔥。在另一個攪拌盆內混合牛奶、雞蛋、歐芹、鹽與胡椒，若有使用肉豆蔻，也於此時加入。將液體混合物倒入乾材料混合物，稍微拌勻。加蓋靜置30分鐘。若混合物太乾，可添加更多牛奶。
4. 用手將混合物製成直徑5公分的球狀或橢圓球形麵包團。
5. 在幾乎微滾的鹽水中低溫烹煮麵包團約15分鐘。完成後即可出餐，或稍微加濕後，以方形調理盆盛裝，加蓋保存，等待出餐。
6. 出餐時，用漏勺或撈油勺取出瀝乾，盛入熱餐盤出餐。

餅餃

Biscuit Dumplings

10份

- 中筋麵粉227克
- 泡打粉6克（2小匙）
- 鹽3克（1小匙）
- 牛奶240毫升
- 剁碎的歐芹3克（1大匙）（非必要）
- 高湯、清湯或湯品約2.4公升

1. 同時過篩麵粉、泡打粉和鹽。把牛奶倒入麵粉輕輕拌勻，若有使用歐芹，也於此時加入。不要過度混合，混合物的質地應稍軟於餅乾麵糰。
2. 把高湯倒入大型湯鍋，加熱至微滾。麵糰下鍋，每次放入28克，兩兩相距約3公分。視需要分批烹煮。加蓋烹煮至餅餃體積膨脹且熟透，每批約需煮15分鐘。在新一批麵糰下鍋前，應先將烹調湯汁加熱至微滾。
3. 煮好的餅餃可直接出餐，或暫放在烹調湯汁裡保溫，待稍後出餐。餅餃也可搭配燉菜一起出餐。

炸玉米球

炸玉米球

Hush Puppies

10份

- 雞蛋2顆，打散
- 牛奶240毫升
- 熬煉培根油60毫升
- 洋蔥末43克
- 白玉米粉340克
- 低筋麵粉170克
- 泡打粉6克（2小匙）
- 鹽5克（1½小匙）
- 黑胡椒粉1克（½小匙）
- 卡宴辣椒0.5克（¼小匙）
- 植物油或豬油960毫升，或視需求增減

1. 在小型攪拌盆內混合雞蛋、牛奶、油脂和洋蔥。
2. 在另一個攪拌盆內拌勻玉米粉、麵粉、泡打粉、鹽、胡椒與卡宴辣椒，並在中央挖一個洞，倒進濕料。輕輕攪至均勻即可。
3. 將麵糰做成數個直徑約3公分的小球。
4. 將油脂倒入厚重鍋具或深炸機，加熱至177℃。深炸玉米球2-3分鐘至表層酥脆呈褐色。視需要分批油炸。用笊籬取出炸好的玉米球，用紙巾稍微吸油，立刻出餐。

水餃

Dim Sum

20份

餃子皮

- 麵粉454克
- 熱水240毫升

餃子餡

- 豬絞肉340克
- 大白菜絲227克
- 剁碎的青蔥57克
- 薑末3克（1小匙）
- 醬油15毫升（1大匙）
- 芝麻油15毫升（1大匙）
- 蛋白1顆
- 鹽，視需求添加
- 白胡椒粉，視需求添加

1. 製作餃子皮時，在中型攪拌盆內混合麵粉和水，製成滑順的麵糰。靜置30分鐘後，分成數個14克的小麵糰，並將小麵糰擀成薄薄的圓形麵皮。
2. 製作餃子餡時，在另一個中型攪拌盆內混合所有餡料食材。取少許炒熟試吃，檢查質地與調味。
3. 每張餃子皮上放15毫升（1大匙）餡料。對摺餃子皮，壓緊邊緣，做出皺摺。
4. 以竹製蒸籠或加蓋的有孔方形調理盆盛裝餃子，並將蒸煮器放到沸水上蒸煮約8分鐘。餃子全熟後立刻出餐。

煎餃：依喜好以現成餛飩皮取代麵糰。按上述方法包餃子。將油脂倒入大型平底煎炒鍋加熱，油深約0.6公分。餃子下鍋，平鋪在鍋底，以中大火煎炸到底部酥脆且呈褐色。倒入高湯、清湯或水，深約1公分，加蓋蒸煮6-8分鐘，或煮到餛飩皮軟化且呈半透明。立刻出餐。

燒賣

Steamed Dumplings (Shao-Mai)

10份

- 豬絞肉227克，極低溫
- 薑末6克（2小匙）
- 青蔥2根，切細碎
- 蠔油10毫升（2小匙）
- 淡色醬油5毫升（1小匙）
- 芝麻油5毫升（1小匙）
- 玉米澱粉18克（2大匙）
- 雞蛋1顆
- 紹興酒15毫升（1大匙）
- 鹽3克（1小匙）
- 黑胡椒粉1撮
- 蝦子113克（每454克16-20隻），去殼，去腸泥，切0.6公分小塊
- 荸薺14克，切細丁
- 胡蘿蔔28克，切細丁
- 粗切芫荽3克（1大匙）
- 燒賣皮20張
- 薑味醬油蘸醬300毫升（見841頁）

1. 將豬肉、薑、青蔥、蠔油醬油、油脂、玉米澱粉、蛋、酒、鹽與胡椒放入冷食調理機，用金屬攪拌槳混合均勻。上述食材會結成一團。將攪好的混合物放入冷的攪拌盆。
2. 在攪拌盆拌勻蝦肉、荸薺、胡蘿蔔與芫荽。混合物冷卻至極低溫。
3. 用大湯匙挖取餡料，置於燒賣皮中央。皮向內摺起，做成頂部不封口的圓柱狀，餡料露在外頭。用一手食指和大拇指固定圓柱體「腰部」，另一手大拇指沾水（避免沾黏），壓實餡料。拿起燒賣輕拍桌面，確保燒賣可在蒸籠內維持直立。

擺好燒賣皮，在每張皮的中央放上餡料。將燒賣皮向內摺起，做成圓柱型，捏緊多餘的燒賣皮。

此圖燒賣置於高麗菜葉上，這是為了避免燒賣沾黏蒸籠。

4. 加熱蒸籠底層的水直到大滾。蒸籠內部層架則用芝麻油塗抹，或鋪上高麗菜、萵苣葉或烘焙油紙，避免燒賣沾黏。
5. 將燒賣放進蒸籠，加蓋蒸煮約5分鐘至熟透。
6. 關火，靜置數分鐘後再取出燒賣。搭配醬汁立刻出餐。

NOTE：製作分量較小的開胃點心時，每個燒賣填入5毫升（1小匙）餡料即可。

鍋貼

Pan-Fried Dumplings (Guo Tie)

10個

- 中筋麵粉113克
- 無筋麵粉113克
- 奶油5克（1½小匙），極低溫，切小丁
- 滾水165毫升
- 豬絞肉170克
- 大白菜細絲170克
- 切成薄片的青蔥1根
- 薑末3克（1小匙）
- 醬油15毫升（1大匙）
- 芝麻油15毫升（1大匙）
- 雞蛋1顆
- 玉米澱粉4.5克（1½小匙）
- 鹽3克（1小匙）
- 白胡椒粉1克（½小匙）
- 干雪利酒7.5毫升（1½小匙）
- 糖2.5克（½小匙）
- 植物油60毫升，或視需求增減
- 雞高湯360毫升（見263頁）
- 薑味醬油蘸醬300毫升（食譜見右欄）

1. 將中筋與無筋麵粉放入食物調理機的方形調理盆，以攪拌槳混合均匀。攪拌期間陸續加入冰冷的奶油。慢慢倒入清水，混合物應會逐漸結成一團。
2. 成團後再攪打10秒，揉匀麵糰。取出後放在撒了麵粉的工作檯上，按揉至表面平滑。用保鮮膜包裹，並於室溫靜置1小時。
3. 在大型攪拌盆裡混合豬肉、大白菜、青蔥、薑、醬油、芝麻油、雞蛋、玉米澱粉、鹽、胡椒、雪利酒與糖。拌匀後，調整風味。
4. 將麵糰分成2塊，分別擀成0.15公分厚的麵皮。用沾上麵粉的9公分（3½吋）圓形模具切出10塊圓形麵皮。麵皮應加以覆蓋，避免乾掉。
5. 在每塊圓形麵皮上放餡料15毫升，摺成想要的形狀，並輕輕捏合麵皮。包好的鍋貼放上撒了薄薄一層麵粉且鋪有烘焙油紙的淺烤盤。
6. 以中大火加熱大型鑄鐵平底鍋，倒入植物油30毫升，搖晃鍋身讓鍋底均匀覆上油脂。
7. 油熱了以後，放入生鍋貼，由外而內排成同心圓。
8. 烹煮至鍋貼底部完全呈褐色。進行下一步驟前，用煎鏟分離鍋貼和鍋底。
9. 緩慢、小心地倒入高湯，淹過鍋貼的一半。加熱至微滾，加蓋烹煮1-2分鐘至鍋貼皮熟透且內餡充分加熱。
10. 開蓋烹煮至高湯完全蒸發或被吸收。倒入剩餘植物油，繼續烹煮，直到鍋貼底部酥脆。搭配醬汁，立刻出餐。

薑味醬油蘸醬

Ginger-Soy Dipping Sauce

1.02公升

- 米酒醋480毫升
- 淡色醬油240毫升
- 水240毫升
- 薑末142克
- 糖113克
- 芝麻油60毫升

在攪拌盆內混合所有食材，直到糖完全溶解。攪打後可直接使用，或冷藏備用。

波蘭式馬鈴薯乳酪餃佐焦糖化洋蔥、褐化奶油與鼠尾草

Potato and Cheddar-Filled Pierogi with Caramelized Onions, Beurre Noisette, and Sage

10份

餡料

- 主廚馬鈴薯2.72公斤
- 蛋黃7顆
- 切達乳酪絲255克
- 青蔥50克，剖半後切成薄片
- 鹽，視需求添加
- 黑胡椒粉，視需求添加
- 肉豆蔻刨屑，視需求添加

麵糰

- 杜蘭粗粒小麥粉595克
- 中筋麵粉595克
- 雞蛋9個
- 鹽28克
- 蛋液60毫升（見1023頁）

- 澄清奶油170克
- 全脂奶油340克
- 鹽1克（¼小匙）
- 白胡椒粉1撮
- 洋蔥794克，做成焦糖化洋蔥
- 鼠尾草絲6克（2大匙）
- 酸奶油480毫升

1. 馬鈴薯搓洗乾淨、去皮、切大塊。以鹽水沸煮至軟化，可以輕易攪成泥。取出瀝乾，保留烹調湯汁240毫升，冷卻備用。煮好的馬鈴薯以小火加熱，或放上淺烤盤，以149℃的烤爐烘烤至不再有蒸氣逸出。趁熱用食物碾磨器或馬鈴薯壓泥器將馬鈴薯壓成泥，放入熱攪拌盆。
2. 拌入蛋黃、乳酪與青蔥。以鹽、胡椒和肉豆蔻調味。完成後加蓋備用。
3. 製作麵糰時，將預留的馬鈴薯烹調湯汁、雞蛋、麵粉和鹽倒入電動攪拌機。用麵糰勾中速攪打3-4分鐘至食材變成平滑球狀。將麵糰分成四塊，放在撒了麵粉的工作檯上按揉至稍微黏手，再用保鮮膜包好，靜置20分鐘。
4. 用壓麵機將麵糰壓製成0.15公分厚的麵皮，並用直徑6公分（2½吋）的餅乾模切成圓形。在麵皮邊緣刷上少許蛋液。
5. 在每張圓形麵皮的中央放上餡料約15毫升（1大匙），然後對摺麵皮成半月形，捏合邊緣。
6. 將波蘭餃子放入內有鍋子沸騰鹽水的大型鍋中，微滾煮4-5分鐘至麵皮邊緣熟透。煮好後，可進行收尾，或放入冰水浴槽冷卻，瀝乾後冷藏備用。
7. 把澄清奶油放入大型平底煎炒鍋，以中火加熱。波蘭餃子下鍋，每面煎炒約2分鐘至呈金褐色且熱透，起鍋後保溫。
8. 倒出澄清奶油，將爐火調成中大火，放入全脂奶油，加熱約2分鐘至呈金褐色。放入1撮鹽和白胡椒，用烹調液體澆淋餃子。
9. 以焦糖化洋蔥、鼠尾草和酸奶油作為盤飾，立刻出餐。

breakfast

and

garde manger

早餐與冷盤

第 六 部

第 26 章

cooking eggs

烹調雞蛋

雞蛋能帶殼水煮，烹調成水波蛋、煎蛋、炒蛋，也可做成煎蛋捲或舒芙蕾。蛋的新鮮度對成品的風味和品質影響甚鉅。最高等級的 AA 雞蛋很新鮮，敲開時，蛋白不會過度散溢開來，蛋黃於蛋白表面高高隆起。無論用何種烹調方式，蛋一旦煮過頭，蛋白質過度凝結會導致水分散失、變得乾硬。

水煮蛋的英文（boiled egg）中雖然有沸煮（boiled）這個字，但最好以接近沸點的溫度慢煮。蛋帶殼水煮可煮成微熟、半生熟或全熟。要用的時候，可以直接出餐，或剝殼做成惡魔蛋，也可以用作沙拉或蔬食料理的盤飾。

cooking eggs in the shell
烹煮帶殼蛋

仔細檢查每顆蛋，只要有裂痕就應丟棄。所有蛋都應妥善冷藏，烹調前再取出。

選用深度足以讓雞蛋完全浸入水中的鍋具。漏勺、撈油勺或笊籬放在手邊，以便完成時取出雞蛋。

放入雞蛋，讓蛋完全浸入水中（水位應高於雞蛋約5公分），加鹽。製作微熟或半生熟蛋時，通常會先將水煮至微滾，才放入蛋。製作全熟蛋時，則可將蛋放入冷水或微滾水中。無論如何，下鍋時動作要輕，避免撞破蛋殼，接著再將水加熱至微滾。別讓水快速煮滾，微滾或接近微滾的水溫才能煮出熟度均勻、蛋白軟嫩的雞蛋。

想煮出特定熟度的雞蛋，應從水開始微滾那一刻開始計時。舉例來說，所謂的3分鐘蛋，指的是從水開始微滾起煮3分鐘。若從冷水開始計時，煮出來的熟度就不正確。全熟蛋需煮10-12分鐘。

全熟蛋微溫時最容易剝殼。將煮好的蛋置於冷水下降溫，等到能觸碰時，把蛋放上流理檯，一邊滾動一邊輕輕壓裂蛋殼，再用手指剝除外殼和薄膜。

正確烹煮的半生熟蛋，蛋黃溫熱但仍可流動。半熟蛋的蛋黃略為凝結，全熟蛋則完全且均勻凝固，蛋白緊實、柔軟不硬，蛋黃外圍沒有不美觀的綠環。

此綠環是硫化鐵，即蛋中的鐵、硫經化學變化所產生的自然反應物，熱會加速此反應進行。若想避免綠環生成，應密切注意烹調時間，或快速冷卻煮好的雞蛋。

基本配方

帶殼水煮蛋

10份

- 雞蛋20顆（每份2顆）
- 足量微滾水，用以製作微熟、半生熟、半熟或全熟蛋；足量冷水，用以製作全熟蛋
- 鹽10克（1大匙）

全熟蛋的理想狀態

作法精要

1. 雞蛋完全浸入微滾水中。
2. 水持續加熱至微滾。
3. 烹煮至想要的熟度。

製作水波蛋的方法是將打好的蛋放入約略微滾的水中，緩緩煮至蛋凝固成形。蛋越新鮮，蛋黃越能保持在中央，蛋白也越完整，不會散開。柔軟嬌嫩的水波蛋是不少菜餚的基本元素，例如廣為人知的班尼迪克蛋或佛羅倫斯蛋，牛肉馬鈴薯餅最後也會放上水波蛋。

poaching eggs 水波蛋

在一般供餐時段，水波蛋可預先製作，安全保存，以減少出餐時的工作量。在蛋達到理想熟度前取出冰鎮，修整蛋型，並保存於冰水中。要供餐時，再將蛋放入微滾的水中加熱。

水波蛋通常用水煮，但也可用紅酒、高湯或鮮奶油等液體烹調。醋和鹽可加速蛋白凝固，避免過度溢開。

選用不起化學反應的鍋具，深度應足以讓雞蛋完全浸入水中，尺寸則依蛋量決定。用小碗盛裝生蛋，備妥濾勺、撈油勺或笊籬，以便撈蛋。同時準備廚房紙巾吸乾水波蛋表面水分，以及用來移動、擺盤及修整蛋型的削皮小刀。速讀式溫度計有助於監控水溫。

基本配方

水波蛋
10份

- 非常新鮮的蛋20顆（每份2顆），單獨置於小碗中冷藏，烹調前再取出
- 微滾水13-15公分深（74-82℃）
- 醋240毫升（對3.84公升水）
- 鹽14克（對3.84公升水）

作法精要

1. 蛋打入小碗，再放進微滾水中。
2. 煮至想要的熟度。
3. 用漏勺取出水波蛋。
4. 去除多餘水分，並修整邊緣。
5. 備用的水波蛋以冰水冰鎮，再瀝水。

專業訣竅

▶ 無論在準備階段或烹煮過程中，處理蛋的方式皆可能影響水波蛋的成品外觀。去殼、入水、撈取時都要小心，才能做出理想的水波蛋。這麼做可降低蛋黃於烹調前破掉的可能性，同時避免做出不合格或「亂七八糟」的成品。

作法詳解

1. **雞蛋逐一輕放入82°C的微滾水中**，水深至少13-15公分，這樣才能做出最理想的水滴狀水波蛋。少量的醋和鹽能防止蛋白溢開，但應避免讓水波蛋嘗起來有強烈的酸味或鹹味。3.84公升的水通常僅需240毫升的醋和10克（1大匙）的鹽。

   蛋先打入小碗，再輕放進熱水，減低蛋破損的可能性。丟棄帶血斑的蛋。

   蛋下鍋後，會先沉到鍋底再浮上水面，蛋白環繞蛋黃呈水滴狀。倒入的蛋越多，水溫下降幅度越大，烹煮時間越長。分批少量烹煮其實更有效率。一般市售的蛋通常只需煮3-4分鐘。

2. **用漏勺、撈油勺或笊籬輕輕撈起水波蛋**，放上廚房紙巾，盡可能拍乾表面水分。理想的水波蛋，蛋白應已完全凝固，中心蛋黃溫熱、稍微凝結（略稠但還是會流動）、軟嫩，呈小巧的橢圓形。如果蛋白邊緣不平整，可用削皮小刀修飾後再出餐。

3. **煮$2^1/_2$-3分鐘**，在達到理想熟度前取出冰鎮保存，待供餐時使用。從煮蛋水中撈起水波蛋，浸入冰塊水直到完全冷卻。修整蛋白邊緣不平整的地方，並保存於冰水中。要使用時，瀝乾水波蛋，置於有孔方形調理盆上，準備重新加熱。將蛋放入微滾水中30-60秒，以收尾並適當加熱。趁水波蛋還非常燙的時候，盡快出餐。

煎蛋的必要元素包括新鮮蛋、合宜的烹調溫度、適量的油和靈巧的手。美式煎蛋分成太陽蛋（單面煎）和荷包蛋（兩面煎）兩種。煎蛋時可在蛋上澆淋熱油。以煎蛋為特色的料理有墨西哥鄉村蛋餅，這道豐盛菜餚由雞蛋、墨西哥薄餅和豆子組成。法國人則喜歡將蛋和各種盤飾放入烤爐烘烤，做成焙烤蛋。

frying eggs 煎蛋

唯有使用非常新鮮的蛋，才能確保成品風味濃郁、外觀漂亮。這種蛋打入盤中時，高高隆起的蛋黃固定在緊實、濃稠的蛋白中央。煎蛋時，蛋白會完好地凝固，蛋黃也較能保持完整，不容易破。蛋放得越久，蛋白和蛋黃越不緊實，質地也越稀。

煎蛋前，先將蛋打入乾淨的小碗。蛋黃破掉的蛋可留作他用。帶殼雞蛋需冷藏保存（可於1小時前預先製作）。

就算使用不沾鍋，也應用液態油、培根油、全脂或澄清奶油來煎蛋。這些烹飪油脂不僅可以潤滑鍋子，還可替煎蛋添加獨特的風味。烹調時加入鹽和胡椒，以煎出最佳風味。

可用平底煎炒鍋或煎烤盤，但最合適的是保養良好的黑鋼鍋或不沾鍋。同時應準備耐熱或金屬煎鏟，以及用來翻面或移動煎蛋的金屬抹刀。

以中火加熱煎鍋，倒入油脂，繼續加熱至油熱了為止。煎蛋的理想溫度是124-138℃，也就是奶油滋滋作響但尚未變成褐色的溫度。若使用煎烤盤，調整烤盤溫度，並在表面刷上液態油或其他烹飪油脂。溫度過低，蛋會黏鍋；溫度過高，蛋白邊緣會在蛋熟之前起泡、燒焦。

將蛋分別打進小碗。除非賓客特別要求，否則蛋黃應保持完整、不破裂。接著，將小碗中的蛋輕輕滑入或放入鍋中。煎至想要的熟度。蛋黃面朝上。蛋白凝固後，太陽蛋就完成了。蛋黃可能柔軟、具流動性，也可能已經凝固。若要製作半熟或全熟荷包蛋，用煎鏟翻面，或在蛋上澆淋熱油，讓表層凝固。亦可在蛋上灑水，蓋上鍋蓋，讓水氣蒸熟煎蛋。

完美煎蛋的蛋白應具有光澤、柔軟且完全凝固，形狀相當完整，表面沒有起泡或焦褐，蛋黃則根據用途或賓客要求去煎。

基本配方

煎蛋

10份

- 非常新鮮的雞蛋20顆（每份2顆），烹煮前應冷藏保存

使用以下任一種油脂：

- 全脂奶油
- 澄清奶油
- 液態油
- 熬煉培根油

作法精要

1. 油脂加熱至124-138℃。
2. 打好的雞蛋輕放入鍋。
3. 煎至想要的熟度。

專業訣竅

▶ 油脂能替煎蛋增添額外風味。根據喜好選用以下任一種油脂：

全脂或澄清奶油／橄欖油／浸漬油／熬煉培根油

炒蛋有兩種製作方式：持續攪拌蛋液，以小火烹煮，做出柔軟細嫩、質地綿密的炒蛋，或間歇性地攪拌，讓蛋液凝固成緊實的塊狀炒蛋。無論現點現做或自助式供餐，炒蛋都應新鮮、濕潤、燙口。

scrambling eggs
炒蛋

選擇蛋殼完好的新鮮雞蛋，在碗中打散，加入少量水或高湯（每顆蛋對10毫升〔2小匙〕左右的水），水分蒸發可使炒蛋更蓬鬆。若加入牛奶或鮮奶油，炒蛋風味會更豐富。炒蛋可用鹽和胡椒調味，也可放入新鮮香料植物、乳酪、煎炒蔬菜、煙燻魚肉、松露添加風味或當作盤飾。

平底煎炒鍋和煎烤盤都可用來炒蛋。若選用不沾鍋，可使油量降到最低。黑鋼鍋只要養鍋得宜，也很適合用來炒蛋。烹煮雞蛋的鍋子盡量避免用於其他用途。烹煮時可用煎鏟、耐熱橡膠鏟或木製湯匙攪拌。

均勻混合蛋白和蛋黃，依喜好加入液體和調味料。用叉子或打蛋器混合所有食材，直到蛋液滑順均勻。

以中火加熱鍋子和油脂，蛋液下鍋時應立刻凝固。轉小火，用叉子或木製湯匙背面翻攪炒蛋，同時轉動鍋子，讓蛋液凝固成柔軟的小塊。火越小、攪動越頻繁，成品越綿密。若想徹底避免焦黃，可在熱水浴槽內不停攪拌炒蛋。

蛋液大致凝固時，加入盤飾、乳酪或風味食材，以小火烹煮，輕輕攪拌至均勻混合。快煮熟時即可離火，餘溫會催熟炒蛋。

理想的炒蛋質地濕潤、濃稠綿密、風味細緻。滲水的煎蛋表示過熟。

基本配方

炒蛋

10份

- 雞蛋20-30顆（每份2-3顆）
- 水、牛奶或鮮奶油至多15毫升（1大匙）（非必要）
- 鹽和胡椒，視需求添加
- 油、澄清奶油、或熬練油脂15-30毫升（1-2大匙）

作法精要

1. 打散雞蛋、調味。
2. 以中火熱油。
3. 倒入蛋液，轉小火。
4. 不停翻攪蛋液，烹煮至想要的熟度。

專業訣竅

▶ 依喜好選擇能夠增添炒蛋風味和質地的液體：

水／牛奶／高脂鮮奶油

▶ 盤飾也能增添菜餚風味和質地，依喜好添加以下盤飾：

辛香料／新鮮香料植物／刨絲乳酪／熟培根、火腿或香腸／蔬菜

製作捲式煎蛋捲（法式煎蛋捲）的前幾個步驟和炒蛋一樣，不過，蛋液一旦開始凝固，就得捲起。摺式煎蛋捲（美式煎蛋捲）的製作方法大同小異，差別在於摺式煎蛋捲無需捲起，而是對摺，且通常使用煎烤盤而不是平底鍋。

making omelets
煎蛋捲

除了捲式與摺式煎蛋捲，另外還有兩種用打發蛋液製成的煎蛋捲。其一為扁煎蛋捲，如鄉村煎蛋捲、義式蛋餅或西班牙蛋餅。這種煎蛋捲先煎後烤，口感緊實，容易切片分食，冷了也可以吃。另一種則是舒芙蕾煎蛋捲，或稱蓬鬆型煎蛋捲，烹煮前需分離蛋白和蛋黃，蛋白打發後拌入打散的蛋黃，放入預熱的烤爐烘烤。

煎蛋捲和炒蛋一樣，蛋白與蛋黃能否保持形狀不太重要，但還是要選用新鮮且蛋殼完整的雞蛋。以鹽、胡椒和香料植物調味。此外，雖然植物油也是很好的選擇，不過澄清奶油才是最常見的烹飪油脂。

乳酪、煎炒蔬菜、馬鈴薯、肉類和煙燻魚肉等都可作為煎蛋捲的餡料或盤飾。這些材料應在適當的時間放入，確保煎蛋捲起鍋時，所有食材都已熟透且燙口。刨絲乳酪或碎乳酪在煎蛋捲捲起或對摺前再放入即可，煎蛋捲的溫度會將之融化。

製作尺寸較大的義式蛋餅與舒芙蕾煎蛋捲時，先放入烹飪油脂，烤爐預熱後再倒入蛋液。扁煎蛋捲和舒芙蕾煎蛋捲的盤飾應於烹調一開始便放入。捲式或摺式煎蛋捲的盤飾則在蛋液凝固前才放入。

捲式煎蛋捲和舒芙蕾煎蛋捲有專屬鍋具，基本上就是小型平底煎炒鍋。蛋捲煎鍋需好好保養或具有不沾塗層。使用時應謹慎，避免刮傷不沾塗層。可用木製湯匙或耐熱橡膠鏟取代金屬煎鏟去翻攪蛋液。

主廚筆記：煎蛋捲

製作煎蛋捲的蛋液只要均勻混合蛋白和蛋黃即可，不要混入空氣或打至起泡。

鍋子尺寸依煎蛋捲大小（雞蛋數量）而定，太大或太小都做不出好蛋捲。

雞蛋的風味細緻，蛋捲餡料應選擇風味互補且不喧賓奪主的食材。

烹煮前應確定所有食材和餐盤都已備齊，且放在手邊，好讓你能夠專心料理。

基本配方

煎蛋捲

1份

- 雞蛋2-3顆
- 水、高湯、牛奶或鮮奶油至多10毫升（2小匙）（非必要）
- 鹽
- 胡椒
- 烹飪油脂15-30毫升（1-2大匙）

作法精要

1. 打散雞蛋，依喜好加入液體及調味料。
2. 熱鍋、熱油，倒入蛋液或用勺子將蛋液舀入鍋中。
3. 烹煮時應轉動鍋子，同時攪動並刮除鍋壁上的蛋液，直到蛋液開始凝結。
4. 視喜好放入餡料。
5. 煎至蛋捲成型即可。

專業訣竅

▶ 依喜好選擇以下液體，增添煎蛋捲的風味和質地：

水／高湯／牛奶／高脂鮮奶油

▶ 盤飾也有同樣的功效，依喜好添加以下盤飾：

辛香料／新鮮香料植物／刨絲乳酪／培根、火腿或香腸／蔬菜

1. **打散雞蛋**，準備下鍋時，再加入鹽、胡椒和調味料，若欲使用液體，也一併加入。

   製作舒芙蕾煎蛋捲時，分離蛋白和蛋黃。調味料和所選液體加入蛋黃液，蛋白打發至中性發泡，並切拌進蛋黃混合物。

   以大火加熱一人份大小的蛋捲煎鍋。放入奶油或液態油，加熱至油脂微微朦朧，但尚未冒煙。某些盤飾應於蛋液入鍋前先下鍋，某些則應等到蛋液差不多凝固時再放入，這依喜好或食譜說明而定。

   蛋液下鍋後，用鏟子持續攪拌，確保受熱均勻。製作單份捲式或摺式煎蛋捲時，以穩定的速度攪動，爐火溫度要高，確保蛋液一下鍋就凝固，但不黏鍋。若使用蛋捲煎鍋，一手轉動爐火上的鍋子，另一手用叉子的背面或耐熱橡膠鏟攪動鍋底和鍋邊蛋液。若使用煎烤盤，可使用彈性煎鏟。

2. **輕晃鍋子**，讓蛋液均勻溢開，或用鏟子鋪平，這樣才有最完美的擺盤。依喜好放入盤飾，確認蛋捲的厚度一致，避免熟度不均。

3. 製作捲式煎蛋捲時，用鏟子摺起⅓的蛋皮。

用橡膠鏟或叉子從鍋柄方向朝中心捲起蛋捲。輕晃鍋子，使蛋捲脫離鍋底，以利盛盤。

4. 將盤子置於鍋邊，讓煎蛋捲滾至盤上。

煎好的煎蛋捲直接滾上熱餐盤，外皮完全包裹餡料，邊緣整齊收入底部。可用乾淨的廚房紙巾調整煎蛋捲形狀。

檢視成品。捲式煎蛋捲應為金黃色的橢圓形，口感綿密濕潤。半圓形的摺式煎蛋捲有時帶有淺金色。扁煎蛋捲應該緊實濕潤，可以分切成小份而不破壞原有形狀。舒芙蕾煎蛋捲的外觀應該輕盈蓬鬆，表層為淡金色。出爐後會迅速塌陷，應立刻出餐。

舒芙蕾的製作、食材組合和烘烤都不難，最棘手的是時間控制。舒芙蕾、煎蛋捲和法式鹹派都不限於早餐。舒芙蕾反倒較常出現在早午餐、午餐甚至是晚餐菜單。小的舒芙蕾常作為熱的開胃菜、鹹食料理或甜點。

savory soufflés
鹹舒芙蕾

無論甜鹹，舒芙蕾主要由基底材料和打發的蛋白製成。鹹舒芙蕾多以混入蛋黃的濃郁白醬為基底。甜舒芙蕾的基底則是卡士達奶油。蔬菜泥等混合好或準備好的食材，可作為基底或為基底添加風味。重點是，基底混合物必須提供足夠的支撐力，避免舒芙蕾一出烤爐就塌陷。刨絲乳酪、剁碎的菠菜或蝦蟹貝類等，都可以用來裝飾基底，或替基底增添風味。

製作舒芙蕾時，務必確實分離蛋白和蛋黃。蛋白讓舒芙蕾膨脹、定型，切拌入基底前，應先打發至濕性發泡。打發蛋白時，應使用完全乾淨的碗和打蛋器，才能做出蓬鬆的舒芙蕾。蛋黃可加入基底材料，或留作其他用途。為了食安和風味，雞蛋應保持冷藏。

舒芙蕾可搭配多種醬汁。鹹舒芙蕾適合以下醬料：切達乳酪醬（見295頁）、莫奈醬（見295頁）、蔬菜醬或各式番茄醬汁。

舒芙蕾通常放在陶瓷或玻璃製的專用烤碗或烤皿中烘烤。為使舒芙蕾膨脹到最高，應使用側邊筆直的容器。烹煮時，在烤模內塗上薄薄一層奶油，也可依喜好在容器側邊和底部撒上帕爾瑪乳酪絲、麵粉或麵包粉。

烘烤一人份舒芙蕾時，烤爐溫度通常設為204-218℃，較大的舒芙蕾則用稍低的溫度烘烤。其他必要設備包括淺烤盤、打發蛋白所需的攪拌盆和手持或電動打蛋器，以及抹刀，用來混合食材。

基本配方

舒芙蕾

1份

基底材料，如：

- 濃郁白醬60毫升，用於鹹口味舒芙蕾
- 卡士達奶油60毫升，用於甜舒芙蕾
- 蔬菜泥60毫升（稠度類似白醬）

蓬鬆劑：

- 蛋白60毫升，打發至濕性發泡

盤飾、調味料或風味食材，如：

- 鹽和胡椒
- 蔬菜
- 刨絲乳酪

作法精要

1. 製作基底。
2. 放入風味食材。
3. 打發蛋白。
4. 蛋白拌入基底。
5. 蛋糊倒入烤模。
6. 烤模放入已預熱的烤爐。
7. 靜置烘烤。
8. 出爐後立刻出餐。

專業訣竅

▶ 基底是舒芙蕾風味的來源。打發的蛋白會稀釋風味，所以基底風味應該要非常飽滿，以免成風品味過淡。

▶ 可用來調味或添加基底風味的食材如下：

用來製作基底的風味液體：

清湯／高湯／蔬菜汁或蔬菜泥

基底製作完成後才放入的食材：

剁碎的海鮮或肉類／刨絲乳酪／蔬菜絲／蔬菜泥

作法詳解

1. 製作基底，並拌入風味食材。本食譜使用菠菜和帕爾瑪乳酪。

很多鹹口味舒芙蕾都以濃郁白醬為基底。慢慢將蛋黃混入熱的基底，蛋黃能讓基底變得濃郁，並賦予風味、色澤與結構。基底可預先製作後冷藏保存，要繼續料理時，必須先讓基底回復到室溫，或用木匙攪拌至軟化。將菠菜泥等風味食材均勻切拌進去。

在烤模內側塗上薄薄一層奶油，撒上麵粉、麵包粉或帕爾瑪乳酪絲。

2. 蛋白打至濕性發泡，用切拌方式輕輕混入基底。濕性發泡的蛋白讓舒芙蕾膨脹到理想的高度，並擁有良好的質地和結構。打發的蛋白分2-3次加入，第一次加入的蛋白將使基底質地變輕，好讓後續加入的蛋白達到最大膨度。

3. 將麵糊填入準備好的烤模。蛋白拌入基底後，盡快用湯匙或長柄勺舀起麵糊，填入烤模，每個烤模盛裝六、七分滿。

裝填的動作要輕柔，避免麵糊中的空氣在裝填中流失。為了使舒芙蕾能夠順利且均勻地膨發，應確實拭淨烤模的邊緣和外壁。

4. 烤模立刻放入已預熱的烤爐，以218℃烘烤至熟透並膨起，表層呈褐色。為了使舒芙蕾均勻受熱，並順利膨發，將烤模置於烤盤上，並於烤爐的中層烤架烘烤。蛋白切拌進基底後，立刻送進烤爐。烘烤時不可打開烤爐門，溫度降低會使舒芙蕾塌陷。

烘烤16-18分鐘，完成後逐一取出。輕晃烤模，檢查熟度，中心應緊實且完全凝固。拿牙籤小心插入邊緣再取出，牙籤上不應沾附麵糊。

立刻出餐。搭配的醬汁應溫熱且已盛盤。服務生於一旁待命，舒芙蕾一出爐便出餐。

理想的舒芙蕾有主要風味食材的味道，質地蓬鬆，高高膨起，表面呈褐色。

全熟蛋

Hard-Cooked Eggs

10份

- 蛋20顆

1. 蛋下鍋，倒入冷水，水應淹過雞蛋5公分。
2. 水沸騰後立刻降溫，保持微滾。從微滾狀態開始計時。
3. 小型蛋煮10分鐘，中型蛋11分鐘，大型蛋12-13分鐘，超大型蛋則煮14分鐘。
4. 煮好後，將蛋放入冷水，迅速降溫，並盡快剝殼。可直接出餐或冷藏備用。

NOTES：蛋煮好後立刻敲開蛋殼，釋出裡頭的氣體，減少蛋黃周圍的綠環。蛋放涼至不燙手後，盡快剝殼，否則一旦放涼，蛋殼內膜會黏在蛋白上，剝起來就很困難。

另一種烹煮全熟蛋的方法是將雞蛋放入滾水，接著整鍋離火，加蓋，讓蛋在熱水中浸泡15分鐘。烹煮2打以上的大量雞蛋時最適合使用此方法。

微熟蛋：冷蛋放入微滾水中烹煮30秒。

半生熟蛋：冷蛋放入微滾水中烹煮3-4分鐘。

半熟蛋：冷蛋放入微滾水中烹煮5-7分鐘。

惡魔蛋

Deviled Eggs

10份

- 全熟蛋10顆（食譜見前），放涼
- 蛋黃醬180毫升（見903頁）
- 美式芥末醬14克
- 伍斯特醬，視需求添加
- 辣醬，視需求添加
- 鹽，視需求添加
- 黑胡椒粉，視需求添加

1. 雞蛋縱切剖半，取出蛋黃，蛋白保存備用。
2. 蛋黃放入網篩，壓到攪拌盆中，或放入食物調理機打成泥。
3. 放入蛋黃醬、芥末、伍斯特醬、辣醬、鹽和胡椒。混合或用調理機攪打至蛋黃糊變得滑順。
4. 將調味蛋黃糊填進蛋白。依喜好裝飾後立即出餐。

NOTES：可預先分離蛋黃和蛋白，並混合好填料。若非立刻出餐，蛋白和蛋黃應分開保存。

裝飾料可選擇剁碎的歐芹、細香蔥末、剁碎的青蔥（只用蔥綠）、蒔蘿枝、甜椒條、剁碎的橄欖、魚子醬、胡蘿蔔絲、孜然粉、乾燥奧勒岡、卡宴辣椒或粗粒辣椒粉。

以下食材可取代蛋黃醬，或與蛋黃醬合併使用：軟奶油、調和奶油、酸奶油、卡達乾酪泥、軟化的奶油乳酪、優格或法式酸奶油。

番茄惡魔蛋：在蛋黃混和物中加入煎炒番茄丁57克、乾燥香料植物（羅勒、奧勒岡、鼠尾草或百里香）1克（½小匙）、煎炒蒜末或紅蔥1.5克（½小匙）。

青蔬惡魔蛋：在蛋黃混和物中加入50克打成泥的汆燙菠菜、水田芥、酢漿草、萵苣或其他青蔬。

乳酪惡魔蛋：在蛋黃混和物中加入硬質乳酪絲21克或軟質乳酪57克。

惡魔蛋

酸漬蛋
Pickled Eggs
10份

- 全熟蛋10顆（見866頁）
- 芥末粉4克（2小匙）
- 玉米澱粉6克（2小匙）
- 白酒醋720毫升
- 糖10克（2小匙）
- 薑黃粉或咖哩粉2克（1小匙）（按369頁食譜製作或購得）

1. 將雞蛋放入不鏽鋼調理盆或塑膠容器。
2. 在小型醬汁鍋內用15毫升（1大匙）冷水稀釋芥末和玉米澱粉。加入醋、糖和薑黃。以中火加熱至沸騰，並微滾煮10分鐘。
3. 以煮好的混合物澆淋雞蛋，待蛋和酸漬液體冷卻至室溫後，加蓋冷藏過夜，然後便可出餐。

緋紅酸漬蛋：以甜菜汁240毫升取代醋。

水波蛋
Poached Eggs
10份

- 水3.84公升
- 鹽10克（1大匙）
- 蒸餾白醋60毫升
- 蛋20顆

1. 在平底深煎鍋或雙耳燉鍋內混合水、鹽和醋，加熱至接近微滾（71-82℃）。
2. 將蛋分別打入乾淨的小碗，再小心滑入熱水，煮3-5分鐘至蛋白凝固，變成白色。
3. 用漏勺撈起水波蛋，用廚房紙巾拍乾，依喜好修整水波蛋外型。煮好的水波蛋可放在熱餐盤上出餐，也可快速冷卻後冷藏備用。

水波蛋佐莫奈醬

Poached Eggs Mornay

10份

- 圓形或橢圓形烤麵包20片
- 奶油113克，融化
- 水波蛋20顆（食譜見前）
- 莫奈醬480毫升（見295頁），溫熱
- 格呂耶爾乳酪絲85克

1. 麵包刷上奶油，放上水波蛋，淋上醬汁，並撒上刨絲乳酪。
2. 用炙烤爐或上明火烤爐烤成淺褐色，立即出餐。

鄉村水波蛋：在每份烤麵包放1片去皮番茄片、1片水煮火腿、奶油蘑菇和1顆水波蛋。省略莫奈醬和格呂耶爾乳酪。

蘑菇水波蛋：以塔殼取代麵包，填入奶油蘑菇，放上水波蛋。省略莫奈醬和格呂耶爾乳酪，最後淋上荷蘭醬（見298頁）。

馬塞納水波蛋：煮熟新鮮朝鮮薊，用肉質底部取代麵包，省略莫奈醬和格呂耶爾乳酪。將貝亞恩蛋黃醬（見297頁）填入朝鮮薊，放上水波蛋，淋上番茄醬汁（見295頁），並撒上剁碎的歐芹。

牛肉馬鈴薯餅佐水波蛋

Poached Eggs with Corned Beef Hash

10份

- 植物油或培根油60毫升
- 洋蔥大丁227克
- 歐洲防風草大丁142克
- 胡蘿蔔大丁85克
- 紅皮馬鈴薯680克，視喜好去皮
- 鹽漬熟牛肉907克，切成3公分立方
- 番茄泥45毫升（3大匙）
- 鹽，視需求添加
- 黑胡椒粉，視需求添加
- 水波蛋10顆（食譜見前）
- 荷蘭醬（見298頁），視需求添加

1. 以中火加熱烤肉盤。倒入30毫升（2大匙）的油，放入洋蔥，炒軟不上色，約需5-6分鐘。接著放入歐洲防風草、胡蘿蔔、馬鈴薯和鹽漬牛肉，用鋁箔紙包住烤肉盤。
2. 以191℃的烤爐烘烤約1小時。取出後，拿掉鋁箔紙，拌入番茄泥，不加蓋直接放回烤爐，烘烤約15分鐘，直到番茄泥變成褐色。以鹽和胡椒調味，並稍微放涼。
3. 絞肉機裝上中孔徑的刀網，絞碎牛肉混合物。用手或圓型模具將絞肉分成10塊（每塊57-85克）。冷藏備用。
4. 用厚重的平底煎炒鍋或煎烤盤加熱剩下的油30毫升（2大匙）。將肉排煎至兩面酥脆、中心熱透，視需要分批煎。
5. 在每份肉排上放一顆水波蛋，淋上荷蘭醬後立即出餐。

班尼迪克蛋

班尼迪克蛋

Eggs Benedict

10份

- 水波蛋20顆（見868頁）
- 英式馬芬10個，剖半、烤過之後塗上奶油
- 加拿大培根20片，加熱
- 荷蘭醬600毫升（見298頁），溫熱

1. 水波蛋若已預先煮好，須放入微滾的水中重新加熱至熱透。取出後用廚房紙巾拍乾，視需求修整外型。
2. 在剖半的英式馬芬上放1片加拿大培根和1顆水波蛋。
3. 每顆蛋上淋1-2大匙／15-30毫升的荷蘭醬。
4. 立即出餐。

佛羅倫斯蛋：以57克煎炒菠菜取代加拿大培根。

美式水波蛋：以1片煎炒去皮番茄片取代加拿大培根，並以切達乳酪醬（見295頁）取代荷蘭醬。最後用剁碎的熟培根和歐芹裝飾。

水波蛋佐雞肝獵人醬：以煎炒雞肝取代加拿大培根，並以獵人醬（見272頁）取代荷蘭醬。

煙燻鮭魚水波蛋：以烤過的貝果取代英式馬芬，並以煙燻鮭魚片取代加拿大培根。最後使用剁碎的細香蔥裝飾。

煎蛋

Fried Eggs

10份

- 蛋20顆
- 澄清或全脂奶油70克，用於油炸
- 鹽，視需求添加
- 黑胡椒粉，視需求添加

1. 將蛋分別打入乾淨的小碗。
2. 每份煎蛋所需的奶油量為4克（1½小匙）。將奶油放入小型平底煎炒不沾鍋，以中火加熱。接著輕放入2顆雞蛋，煎到蛋白凝固。
3. 傾斜鍋子，讓奶油聚集至一側，一邊煎，一邊在蛋上澆淋奶油。
4. 以鹽和胡椒調味，完成後放上熱餐盤，直接出餐。

微熟、半熟或全熟荷包蛋：煎蛋烹煮完成前，用鏟子翻面，煎至理想熟度後即完成。微熟煎20-30秒，半熟煎1分鐘，全熟煎2分鐘。

炒蛋

Scrambled Eggs

10份

- 蛋30顆
- 鹽10克（1大匙）
- 白胡椒粉2克（1小匙）
- 水或牛奶150毫升（非必要）
- 澄清奶油或液態油75毫升

1. 每份炒蛋需要3顆雞蛋，打散後以鹽和胡椒調味。可視喜好加入約1大匙的牛奶或水。
2. 將奶油放進小型平底煎炒不沾鍋，以中火加熱。來回傾斜鍋子，讓奶油覆滿鍋面。鍋子的溫度要高，但不冒煙。
3. 倒入混合好的蛋液，以小火烹煮。用木匙或叉子的背面不停攪拌，直到雞蛋軟嫩滑順。炒蛋熟透但仍濕潤時，便可離火。
4. 以熱餐盤盛裝，直接出餐。

炒蛋白：以1.8公升的蛋白取代全蛋，不加水或牛奶。每份炒蛋白需要180毫升的蛋白，打散後以鹽和胡椒調味。將奶油放入小型平底煎炒不沾鍋，以中火加熱（因應時下推崇少油或無油料理的高蛋白飲食，你也可以選擇在鍋內噴上薄薄一層噴霧油，用以取代奶油）。倒入蛋白混合液，用橡膠鏟或木匙輕輕將蛋白從鍋子的邊緣推向中心，小心別破壞已經凝固的部分。炒至蛋白滑嫩鬆軟即可，最後再將蛋白弄碎成小塊。

乳酪炒蛋：在每份蛋液中加入14克格呂耶爾刨絲乳酪或切達乳酪絲。炒蛋離火前，可依喜好拌入7.5毫升（1½小匙）鮮奶油。

瑞典式炒蛋：在每份蛋液中加入28克剁碎的煙燻鮭魚，並以1克（1小匙）細香蔥末裝飾。

獵人炒蛋：在每份蛋液中放入21克熟培根丁和0.5克（½小匙）細香蔥末。出餐前，再放上85克煎炒蘑菇片。

炒蛋佐德式肉腸：在每份炒蛋放2片煎炒去皮番茄片和28克煮熟的德式肉腸切片。

焗烤炒蛋：在炒蛋上淋莫奈醬（見295頁），並撒上格呂耶爾乳酪絲，然後在炙烤爐或上明火烤爐內烤成淺褐色。

希臘式炒蛋：將日本茄子縱切成1公分厚片狀，以鹽調味，放入油中煎炒。取28克番茄丁，加入提味用蒜頭、鹽和胡椒一起煎炒。將炒蛋放在茄子切片上，最後再撒上番茄丁。

原味煎蛋捲

Plain Rolled Omelet

10份

- 蛋30顆
- 鹽10克（1大匙）
- 白胡椒粉2克（1小匙）
- 水、高湯、牛奶或鮮奶油150毫升（非必要）
- 澄清奶油或液態油75毫升，或視需求增減

1. 製作1份煎蛋捲需要3顆蛋，打散後以鹽和胡椒調味。可視喜好加入1大匙牛奶或水。
2. 以大火加熱不沾材質的蛋捲煎鍋。放入奶油，來回傾斜鍋子，讓鍋面完全沾覆奶油。
3. 倒入蛋液混合物。一邊搖晃鍋子，一邊用叉子的背面、耐熱橡膠鏟或木製湯匙炒蛋。蛋液稍微凝固時，抹平蛋液，讓厚度保持均勻。
4. 停止攪拌，等蛋煎好。
5. 傾斜鍋子，將叉子或湯匙沿鍋緣滑入蛋皮和鍋壁之間，確保蛋捲沒有黏鍋。蛋捲滑至鍋子前端，用叉子或木匙將蛋皮朝中心方向摺起。

6. 倒扣鍋子，讓蛋捲滾到盤子上。成品應是橢圓形。

NOTES：煎蛋捲餡料的填入方式：預先煮好的蛋捲餡料可於蛋液平鋪但尚未捲起時加入。也可以在已捲起的蛋捲表層割一條縫，填入預先煮好且已加熱的餡料或醬汁。

為了讓蛋捲更有光澤，可在表層刷上薄薄一層奶油。

原味蛋白煎蛋捲：以1.8公升蛋白取代全蛋，蛋液中不添加其他液體。製作1份蛋白煎蛋捲需要180毫升的蛋白，打散後以鹽和胡椒調味。將奶油放入蛋捲煎鍋，以中火加熱（因應時下推崇少油或無油料理的高蛋白飲食，你也可以在鍋內噴上薄薄一層噴霧油，用以取代奶油）。倒入蛋液混合物，用橡膠鏟或木匙輕輕將蛋白液從鍋子的邊緣推向中心，小心別破壞已經凝固的部分。抹平蛋液，讓厚度保持均勻，然後停止攪拌，等蛋煎好。接下來的步驟與製作原味煎蛋捲相同。

乳酪煎蛋捲：每份蛋捲填入14克乳酪絲或乳酪丁，可使用格呂耶爾乳酪或切達乳酪。

蔬菜乳酪煎蛋捲：在煎蛋捲中填入任一種風味類似的乳酪和蔬菜，例如：山羊乳酪搭配日曬番茄、戈根索拉乳酪搭配煎炒菠菜或蘑菇、奶油乳酪搭配橄欖、格呂耶爾乳酪搭配煎炒韭蔥。

肉類乳酪煎蛋捲：每份蛋捲填入28克熟肉丁（火雞肉、火腿或香腸）和28克刨絲乳酪。

香料植物煎蛋捲：每份蛋捲先撒上2克（2小匙）剁細的香料植物，如歐芹、百里香、細葉香芹、龍蒿、羅勒、奧勒岡，然後再捲起。或在煎之前將香料植物加入蛋液。

番茄煎蛋捲：每份蛋捲填入60毫升濃稠的番茄漿（見296頁）。

佛羅倫斯煎蛋捲：每份蛋捲填入43克煎炒菠菜。

馬榭爾煎蛋捲：每份蛋捲填入85克煎炒蘑菇切片和28克煎炒火腿片，並以細香蔥末裝飾。

歌劇煎蛋捲：每份蛋捲填入57克稍微炒過的雞肝。煎炒雞肝時，以馬德拉醬（見463頁）溶解鍋底焦渣。以3根蘆筍尖裝飾蛋捲，最後再淋上30-60毫升荷蘭醬（見298頁）。

海鮮煎蛋捲：每份蛋捲填入10-15毫升（2-3小匙）酸奶油、法式酸奶油或優格，以及57克熟蝦、煙燻鮭魚、龍蝦、熟魚肉、煙燻或水煮魚肉、魚子醬或其他海鮮。

蝦蟹貝類煎蛋捲：用奶油、紅酒和紅蔥稍微蒸煮牡蠣、蛤蜊或貽貝，每份蛋捲填入3-4顆。

西部煎蛋捲：每份蛋捲填入煎炒火腿丁、紅椒、青椒和洋蔥各28克，也可放入蒙特利傑克乳酪或切達乳酪。

西班牙煎蛋捲：每份蛋捲填入57克番茄丁或番茄醬汁，以及28克煎炒洋蔥丁和青椒丁。

果醬煎蛋捲：每份蛋捲填入30-45毫升（2-3大匙）果醬、印度甜酸醬或其他醃水果。

農夫煎蛋捲

Farmer-Style Omelet

10份

- 培根丁284克或植物油150毫升
- 洋蔥末284克
- 煮熟的馬鈴薯丁284克
- 蛋30顆
- 鹽10克（1大匙）
- 白胡椒粉2克（1小匙）

1. 製作1人份農夫煎蛋捲時，在鑄鐵鍋或不沾平底深煎鍋內熬煉28克培根至酥脆，或加熱15毫升（1大匙）的油。
2. 以中火煎炒28克洋蔥10-12分鐘至呈金褐色。
3. 放入28克馬鈴薯，再煎炒5分鐘至馬鈴薯呈淺褐色。
4. 煎炒馬鈴薯時，打散3顆蛋，以鹽和胡椒調味後下鍋，輕輕攪拌。
5. 轉小火，加蓋，煮至蛋液幾乎凝固。
6. 開蓋，將鍋子移入炙烤爐或上明火烤爐，烘烤至蛋捲呈淡褐色。再將煮好的蛋捲放上熱餐盤，直接出餐。

切達乳酪舒芙蕾煎蛋捲

Souffléed Cheddar Omelet

10份

- 蛋30顆
- 鹽8克（2½小匙）
- 白胡椒粉2.5克（1¼小匙）
- 長期熟成切達乳酪絲142克
- 細香蔥末6克（2大匙）
- 澄清奶油或液態油300毫升

1. 製作1份舒芙蕾煎蛋捲需要3顆雞蛋。分離蛋白和蛋黃，蛋黃打散，以1克（¼小匙）鹽和1撮白胡椒調味。刨絲乳酪和細香蔥末放入打散的蛋黃。
2. 蛋白打發至中性發泡，並切拌進蛋黃液。
3. 蛋液倒入已經預熱且上好油的小型鑄鐵鍋或不沾煎鍋。蛋捲邊緣和底部凝固後，移入204℃的烤爐，烤至完全凝固，表面呈淺金色，立刻出餐。

菠菜舒芙蕾

Spinach Soufflé

10份

基底

- 奶油57克
- 中筋麵粉71克
- 牛奶720毫升
- 鹽，視需求添加
- 黑胡椒粉，視需求添加
- 蛋黃15顆

- 奶油，軟化，視需求添加
- 帕爾瑪乳酪絲85克，外加撒在烤模內壁的量
- 剁碎的汆燙菠菜284克
- 鹽，視需求添加
- 現磨黑胡椒，視需求添加
- 蛋白10顆

1. 製作舒芙蕾基底時，將奶油放入中型醬汁鍋，以中火加熱，並拌入麵粉，製成奶油炒麵糊。麵糊以中小火烹煮6-8分鐘，期間不時攪拌，讓麵糊顏色轉金。
2. 倒入牛奶，充分攪打直到麵糊變得滑順。以鹽和胡椒調味，並用小火烹煮15-20分鐘，期間不時攪拌，直到麵糊變得非常濃稠、滑順。
3. 在蛋黃液中混入少許熱的基底麵糊，邊倒邊攪拌，避免蛋黃受熱凝固。接著將蛋黃糊混合物倒回基底麵糊，以非常小的火繼續煮3-4分鐘。期間不時攪拌，避免麵糊煮滾。
4. 以鹽和胡椒調味，視需要過篩。舒芙蕾基底完成後可立即使用，也可快速冷卻後冷藏備用。
5. 準備10個180毫升的小烤皿，在烤皿內部均勻刷上軟化奶油，並撒上帕爾瑪乳酪絲。

6. 製作1份舒芙蕾需要基底60毫升、菠菜28克、帕爾瑪乳酪絲30克（1大匙）、鹽和胡椒，混合攪拌以上材料，直到菠菜均勻分散。
7. 1份舒芙蕾搭配1顆蛋白在乾淨的攪拌盆中打發至濕性發泡。以切拌方式將⅓左右的打發蛋白混入基底。剩餘蛋白則分1-2次拌入。
8. 將麵糊填入準備好的烤皿，麵糊高度應比烤皿矮1公分以內。小心擦掉烤皿邊緣的麵糊。手持烤皿，輕敲桌面，使麵糊沉澱。在表面撒上剩下的帕爾瑪乳酪絲。
9. 將烤皿放上烤盤，以218℃的烤爐靜置烘烤16-18分鐘，直到麵糊膨發。竹籤插入舒芙蕾中心再取出時，不應沾附麵糊。出爐後立刻出餐。

鹹乳酪舒芙蕾：以85克格呂耶爾刨絲乳酪或艾曼塔乳酪絲取代284克剁碎的汆燙菠菜。

朝鮮薊舒芙蕾

Artichoke Soufflé

10份

- 球型朝鮮薊10顆
- 檸檬汁，視需求添加
- 鹽，視需求添加
- 蛋13顆，分離蛋黃和蛋白
- 格呂耶爾乳酪絲284克
- 牛奶720毫升
- 玉米澱粉18克（2大匙）
- 黑胡椒粉，視需求添加

1. 取一中型高湯鍋，將水煮至微滾，並以檸檬汁和鹽調味。放入修整過的朝鮮薊，煮軟後，取出瀝乾，刮下葉片上的朝鮮薊肉，丟掉毛鬚部位，保留底部。
2. 將朝鮮薊肉、朝鮮薊底部、蛋黃、格呂耶爾乳酪、牛奶和玉米澱粉放入食物調理機攪打成泥。以鹽和胡椒調味。
3. 在乾淨的攪拌盆中打發蛋白至濕性發泡。將蛋白分三次切拌進朝鮮薊混合物中。完成後，將混合物，倒入10個抹了油的180毫升小烤皿。
4. 將烤皿放入204℃的烤爐烤好，約需20分鐘，出爐後立刻出餐。

山羊乳酪蒸烤蛋

Warm Goat Cheese Custard

10份

- 奶油乳酪170克，室溫
- 軟化的山羊乳酪255克，室溫
- 黑胡椒粉1克（½小匙），或視需求增加用量
- 蛋9顆
- 高脂鮮奶油720毫升
- 細香蔥末28克
- 鹽10克（1大匙），或視需求增加用量
- 無籽綠葡萄40顆

1. 用食物調理機混合奶油乳酪和170克山羊乳酪（剩下的85克留作裝飾用），以鹽和胡椒調味，攪打至滑順。
2. 在食物調理機中放入蛋、240毫升鮮奶油、鹽和½的細香蔥，間歇攪打以上食材，混合均勻後立刻停止。準備10個塗好奶油的60毫升布丁模，填入乳酪糊，並以塗了奶油的烘焙油紙覆蓋。
3. 烤模放入水浴，以163℃的烤爐隔水烘烤。將刀子插入烤蛋中心再拿出來，若刀上沒有沾附乳酪，表示烘烤完成。
4. 加熱剩下的鮮奶油至收乾一半，以鹽和胡椒調味。出餐前，再加入剩下的細香蔥和葡萄。

5. 從烤模中取出蒸烤蛋，裹上鮮奶油。用預留的山羊乳酪裝飾後立刻出餐。

NOTE：山羊乳酪可用其他軟質乳酪取代，例如：法國伯森乳酪、布利亞薩瓦蘭乳酪、卡門貝爾乳酪或布里乳酪。

洛林鹹派

Quiche Lorraine

10份

- 切成丁的培根塊227克
- 奶油或油28克
- 高脂鮮奶油180毫升
- 牛奶180毫升
- 蛋4顆
- 鹽3克（1小匙）
- 黑胡椒粉0.5克（¼小匙）
- 磨碎的肉豆蔻1撮
- 艾曼塔乳酪絲113克
- 基本派皮麵糰（3-2-1）255克（見1070頁），擀平，放入23公分的派盤盲烤

1. 將奶油放入中型平底煎炒鍋，熬煉培根至呈褐色。用漏勺取出培根，瀝乾。鍋裡剩下的培根油可以倒掉，或留作其他用途。
2. 混合鮮奶油、牛奶和蛋，並以鹽、胡椒和肉豆蔻調味。
3. 將培根和乳酪均勻撒上派皮。慢慢倒入卡士達混合液後，用叉子背面輕輕攪拌，使所有食材均勻分布。
4. 將派盤放上烤盤，以177℃的烤爐烘烤40-45分鐘。將刀子插入鹹派中心再拿出來，刀子若沒有沾附餡料，表示烘烤完成。鹹派可一出爐就出餐，或放涼至室溫再出餐。

NOTES：鹹派也可以不使用派皮。在淺砂鍋或烤盤內塗上奶油，視喜好撒上帕爾瑪乳酪絲。在砂鍋底部鋪上填料，再倒入卡士達，放入水浴，送進烤爐隔水烘烤約1小時。將刀子插入鹹派中央，取出時若無沾附餡料，則表示烘烤完成。

鹹派也可放在塔殼、布丁模或布丁杯內烘烤。

菠菜鹹派：汆燙454克菠菜，擠乾水分後粗切，取代全部或部分培根。

番茄韭蔥鹹派：以284克番茄丁和227克煎炒碎韭蔥取代培根。韭蔥只使用白色和淺綠色的部分，加入奶油炒至透明後，放入番茄丁炒至水分蒸發。另外加入6克（2大匙）剁碎的龍蒿或羅勒。

焦糖洋蔥鹹派：以焦糖化洋蔥取代全部或部分培根。欲製作170克的焦糖化洋蔥，在鍋內倒入30毫升（2大匙）橄欖油，以中小火烹煮284克洋蔥絲，直到顏色轉為金褐即可，約需15分鐘。艾曼塔乳酪則以義大利 provolone 乳酪取代。

煙燻鮭魚蒔蘿鹹派：以113克煙燻鮭魚丁取代培根，並省略步驟1。將57克奶油乳酪切或剝成小塊，用以取代艾曼塔乳酪。另外加入6克（2大匙）剁碎的蒔蘿和3克（1大匙）細香蔥末。

青花菜切達乳酪鹹派：將142克青花菜用橄欖油炒軟，用來取代全部或部分培根。艾曼塔乳酪則以切達乳酪取代。

法式吐司

French Toast

10份

- 猶太辮子麵包30片（見1044頁），每片0.6-1公分厚
- 牛奶960毫升
- 蛋8顆
- 糖57克
- 鹽1撮
- 肉桂粉1撮（非必要）
- 磨碎的肉豆蔻1撮（非必要）
- 奶油142-284克（非必要）

1. 將猶太辮子麵包放在淺烤盤中乾燥過夜，或以93℃的烤爐烘烤1小時。
2. 混合牛奶、蛋、糖、鹽，也可以加入肉桂粉和肉豆蔻粉。攪拌成滑順的麵糊，冷藏備用。
3. 以中火加熱大型平底煎炒鍋，若要使用奶油，於此時放入14-28克奶油，或改用不沾鍋。
4. 取6片麵包浸入麵糊，兩面均勻沾取。麵包煎至均勻變色後翻面，將另一面也煎成褐色。以相同步驟煎剩餘麵包。分批煎時，成品可放入非常低溫的烤爐保溫。
5. 以熱餐盤盛裝煮好的法式吐司，立刻出餐。

NOTE：法式吐司應搭配奶油、楓糖漿或蜂蜜一起出餐，並可任意搭配以下盤飾：糖粉、肉桂糖粉、烤堅果、新鮮水果或果乾。

第 27 章

salad dressings and salads

沙拉醬與沙拉

今日菜單上的沙拉樣貌多元，導致大家以為沙拉是現代主廚的發明。然而，自烹飪史的一開始，混合調味過的香料植物和萵苣在世界各地皆大受歡迎。

大家常認為油醋醬主要用於青蔬沙拉，但油醋醬也有其他用途。油醋醬可當作蘸醬、燒烤或炙烤用醃醬、義式麵食沙拉、穀物沙拉、蔬菜沙拉和豆類沙拉淋醬，也可當作冷、熱主菜和開胃菜的搭配醬汁，或刷在三明治上。

vinaigrette 油醋醬

油醋醬是暫時性乳化液，由液態油、酸和其他食材混合而成。油醋醬可短暫維持乳化液的形態，但很快就會分離成油和醋。油和醋都可添加風味。為了增加油醋醬的風味及穩定性，有時會添加乳化料。

油醋醬的標準油醋比例為3份油對上1份酸。若更換其他種類的油、醋或風味食材，便需要重試、評斷味道。

選用油時，需同時考慮風味和成本。沙拉醬的用油可以清淡，也可以帶有強烈風味。有些油的作用是引出其他食材的風味，有些油本身風味就很突出，這種油通常會和口味較溫和的油混合，以平衡味道。

酸的選擇也非常多，包含醋、果汁、大麥麥芽及類似的酸性液體。每種醋的酸味和酸度都不同。

油醋醬的其他食材包括乳化料（蛋黃、芥末、烤蒜頭、蔬果泥或肉湯釉汁）、鹽、胡椒、香料植物、辛香料等調味料。製作油醋醬最困難的是取得風味的平衡。理想的油醋醬，油濃郁的風味恰好平衡了醋或果汁的酸味，但本身風味又不至於過度強烈。

製作油醋醬所需的器具很少：量匙或量杯、攪拌盆、打蛋器或果汁機、手持式攪拌棒、食物調理機或電動攪拌機。

基本配方

油醋醬
1.92公升

- 油1.44公升
- 醋480毫升
- 鹽、胡椒和其他調味料

作法精要

1. 混合醋和調味料。
2. 一邊慢慢倒入油，一邊攪打至質地均勻。
3. 完成後，立刻使用或保存備用。
4. 淋上沙拉前，重新混合油醋醬的所有食材。

專業訣竅

▶品質好的油和醋可當作辛香料、芳香食材、香料植物和蔬果的浸漬液，並用於油醋醬或其他淋醬，創造特殊效果。想了解浸漬液的使用方法，見883頁風味油與風味醋。

主廚筆記：油醋醬

製作油醋醬的挑戰在於取得酸和油之間的平衡。理想的油醋醬應嘗得到酸味，且油味不過重。

油醋醬標準的油醋比例是3份油對1份酸，可從這個比例著手，視情況微調。柑橘和醋的酸度會因季節或製造商不同而有很大的差異，必須調整油量。

作法詳解

1. **混合醋、乳化料與調味食材。**在油倒入之前，將芥末、鹽、胡椒、香料植物或其他食材加入醋中，確保食材平均散布，醬汁風味均勻。

2. **一邊慢慢倒入油，一邊攪打，**製作出濃稠、乳化完全的油醋醬。

攪打時，可使用手動打蛋器，也可用果汁機、手持式攪拌棒、食物調理機，或電動攪拌機的螺旋攪拌頭，做出更穩定的油醋醬。比起用手攪打混合，機器製作的油醋醬能維持較久的乳化型態。

小塊乳酪、新鮮或乾燥蔬果，及其他裝飾物都可加入油醋醬中。油醋醬一旦靜置，油、醋便會開始分離，每次使用前需再次攪打或攪拌，重新混合油和醋。油醋醬不使用時需加蓋冷藏。為了保持最佳風味，應於三天內使用完畢，可依此標準來衡量製作分量。

理想的油醋醬不過酸、油味適中，蔬菜能確實沾附醬汁，視覺上、口感上都不油膩。最好的評估方式是取少許醬汁和沙拉，拌勻試吃。

主廚筆記：風味油與風味醋

品質好的油和醋可當做辛香料、芳香食材、香料植物和蔬果的浸漬液。風味油醋適合當作配料，也可澆淋或滴灑於餐盤，當作裝飾，增添些許濃烈的風味和顏色。風味油醋也非常適合作為蔬菜、義式麵食、穀物或水果沙拉的淋醬。當然也可用於油醋醬和其他沙拉醬，創造特殊效果。

擇一使用以下方法製作風味油或風味醋：

- 以小火慢慢加熱油或醋。趁熱加入柑橘皮刨絲、蒜頭等風味食材。將食材浸泡於熱油或熱醋中直到冷卻。完成後倒入罐子或容器保存。
- 加熱油或醋的過程中，不加入任何食材。待加熱完成，再加入風味食材，放涼。最後將浸漬油、醋倒入容器保存。
- 將未烹煮、汆燙或煮熟的蔬菜、香料植物或水果打成泥，加熱至微滾。視需要收乾以濃縮風味，接著加入油或醋，一併倒入容器保存。蔬果泥不需取出，可直接使用，或濾除纖維和果菜渣後再使用。
- 混合磨碎的辛香料及保存於室溫的油或醋，倒入容器保存。靜置至辛香料沉到容器底部，油、醋恢復清澈。

風味油或風味醋應冷藏靜置至少3小時，至多36小時，確切時間依風味食材風味的濃烈程度和油醋使用目的而定。視情況試吃，視需要加以過濾，或倒入乾淨的瓶子保存。

若想讓成品更清澈，可濾出芳香食材。若想讓成品風味更濃郁，則保留芳香食材。視情況在已浸泡數天的油或醋中加入新鮮芳香食材，使風味更加濃郁。

NOTE：浸漬在油或醋中的生食或新鮮食材會增加感染食物感染病的風險。全自製風味油醋務必冷藏，並儘快用完，確保食材有最佳風味和色澤。

蛋黃醬用途多變，經常列為專業廚房的基本或主要醬料。蛋黃醬屬於冷醬，由蛋黃和油混合而成，是相當穩定的乳化物。

mayonnaise
蛋黃醬

蛋黃醬和油醋醬不同，靜置時不會油水分離。蛋黃醬和以蛋黃醬為基底製成的醬汁可用來當作沙拉醬、蘸醬或抹醬。一些以蛋黃醬為基底的常見醬汁包括 Rémoulade 醬（見520頁）、綠蛋黃醬（見903頁）、蒜泥蛋黃醬（見904頁）和塔塔醬（見903頁）。

蛋黃醬的標準配方是每顆蛋黃對180-240毫升的油。蛋黃內含水分和卵磷脂，水分能凝聚懸浮油滴，卵磷脂則有乳化料的作用。為了杜絕食物感染病（像是沙門桿菌或大腸桿菌引起的疾病），專業大廚應使用殺菌過的蛋黃。

蛋黃醬經常作為其他醬料的基底，用途廣泛，故最好選用風味平淡的油。不過也有少數例外，像是以特級初榨橄欖油或堅果油製成的蛋黃醬就很適合作為燒烤蔬菜或蔬菜棒的蘸醬。

蛋黃醬通常會加入少量芥末。美式芥末醬經常作為某些冷醬或油醋醬的乳化料，但用於蛋黃醬時，主要功能是提味。蛋黃醬有時也會添加檸檬汁、酒或蘋果醋等酸味食材。這些液態的酸味食材不但可增添風味，也可帶來額外水分，以利乳化作用。蒸餾白醋則能幫助蛋黃醬維持潔白色澤。此外，也可按食譜指示或依喜好放入其他風味食材，像是蒜頭或香料植物。

製作蛋黃醬所需的器材很少：量匙或量杯、攪拌盆，量少時可使用手動打蛋器，量大時可使用果汁機、食物調理機或電動攪拌機。蛋黃醬應保存於非常乾淨的容器中。

基本配方

蛋黃醬

780毫升（3¼杯）

- 殺菌蛋黃90毫升（3大顆）
- 檸檬汁、醋或兩者混合30-60毫升（2大匙）
- 芥末粉4克（2小匙）（非必要）
- 油720毫升
- 水30毫升（2大匙）
- 鹽、胡椒和其他調味料

作法精要

1. 混合蛋黃、少量醋、檸檬汁（若使用）及芥末粉，攪打至起泡。
2. 慢慢拌入油，持續攪打。
3. 蛋黃醬變稠時，加入少量水。
4. 加入額外調味料及風味食材，例如檸檬汁、伍斯特醬或辣醬。
5. 立刻使用或冷藏保存。

專業訣竅

- 添加額外食材可創造更多風味。
- 某些食材應於製作過程中加入，使風味融合，並幫助乳化。某些則應最後再放入：

  浸漬油／美式芥末醬／新鮮香料植物／辛香料

作法詳解

1. 攪打蛋黃、芥末粉及少許檸檬汁或醋。

醋或檸檬汁這類酸性食材可鬆動蛋黃結構，以利稍後與油混合，製成稠度良好的蛋黃醬。

2. 一邊倒油，一邊不停攪打。

油分少量多次倒入，每次都要徹底打勻。注意油必須以攪打方式拌入蛋黃，才能順利分解成細小的油滴。慢慢倒入則可幫助乳化，若倒得太快，導致油滴太大，乳化失敗，蛋黃醬便會油水分離。成功拌入¼-⅓的油後，便可加快倒油的速度。

用機器製作蛋黃醬時，一邊攪拌，一邊像倒水一樣，少量、穩定地倒入油。一開始速度要慢，之後再逐漸加快。

液態酸性食材或水可調整蛋黃醬的稠度和風味。油越多，蛋黃醬越稠。過稠時，可添加檸檬汁、醋或水。若此步驟做得不夠到位，蛋黃醬會變得太稠，無法吸收更多油，導致油水分離。最後可按食譜說明添加其他風味食材或裝飾。

3. 加入風味食材和裝飾食材的蛋黃醬，可製成不同醬料。製作帶蒜味的蒜泥蛋黃醬時，應於食材混合初期加入大量蒜頭。但製作Rémoulade醬（見520頁）或綠女神醬（見901頁）時，風味食材應在油均勻拌入蛋黃後再放入。

理想的蛋黃醬風味溫和，酸味和油味達到平衡。質地厚重、濃稠且非常滑順。外觀呈白色或淺米白色，不會偏綠或呈黃色。

做好的蛋黃醬應保持冷藏。以保存容器盛裝，確實蓋好蓋子，貼上標籤註明日期。使用預先製作的蛋黃醬時，應輕輕攪拌，並仔細評估風味。若蛋黃醬過稠，可加水稀釋。

還原油水分離的蛋黃醬

造成蛋黃醬及其他製作過程類似的沙拉醬油水分離的原因有下列幾項：

- 倒油的速度太快，蛋黃無法吸收。
- 醬汁過稠。
- 製作時的溫度不正確。

欲還原油水分離的蛋黃醬，可混合殺菌過的蛋黃30毫升（2大匙）及水5毫升（1小匙），攪打至起泡。將油水分離的蛋黃醬緩慢倒入稀釋過的蛋液，一邊倒，一邊攪打，直到蛋黃醬質地恢復滑順濃稠。

青蔬沙拉（有時稱為生菜沙拉、綜合沙拉或田園沙拉）基本上由醬汁澆淋一種或多種軟嫩的綠色蔬菜而成，且通常會以其他蔬菜、酥脆麵包和乳酪裝飾。選用的蔬菜決定了沙拉的特色，而蔬菜多以風味、質地來分類。

green salads 青蔬沙拉

雖然市面上可購得現成的綜合沙拉，但主廚也可任意選用不同品種的萵苣，製成獨家沙拉。想更了解青蔬沙拉的種類，請見154頁萵苣和156頁苦味青蔬沙拉。

摘下萵苣或其他球狀蔬菜的葉子。這類蔬菜的結球鬆散、葉片成束，可輕易摘取。視需求修整粗糙的主脈或莖的末端。用削皮小刀取出結球萵苣中心的硬梗。

沙拉所使用的青蔬和香料植物經常沾有沙土和石礫，而帶著沙礫的沙拉是最糟糕的菜餚。所有綠色蔬菜，包括市售綜合沙拉，都應洗淨才能出餐。無論在冷盤或熱食部門，去除蔬菜沙土都是非常重要的準備工作。用大量清水徹底洗淨蔬菜，沖去所有髒污。

製成綜合生菜的水耕栽培青蔬，或標示為「已清洗」「三次清洗」的袋裝菠菜，只需用冷水快速沖洗或浸泡返鮮即可。其他葉菜類則必須在水槽中浸泡冷水，取出後，放掉水槽的水，重複清洗至水中沒有殘沙。視情況換水，直到水質澄清。

徹底瀝乾蔬菜，沙拉醬才能確實附著在葉片上，保鮮期也較長。脫水器是製作沙拉的重要器具，有手動脫水器，也有大型電動脫水機，運用離心力甩乾蔬菜，改善風味，並讓沙拉醬能均勻附著。無論使用大型電動脫水機製作大量沙拉，或用手動脫水器製作少量沙拉，每次使用完畢都要仔細清潔機器並且消毒。無可用脫水器時，瀝乾蔬菜，平鋪在淺烤盤上，放入冰箱風乾。

用乾淨的盆子或其他容器保存蔬菜。洗好瀝乾的蔬菜應冷藏保存，並於1-2天內使用完畢。保存時不可過度堆疊，否則蔬菜本身的重量會壓壞葉片。

將萵苣切開或撕成適口大小，不應讓賓客自己動刀。傳統上認為，徒手處理才能避免葉片變色、壓傷或碎裂，因此通常不使用刀具。選擇手撕或刀切主要與主廚的個人風格和偏好有關。現代高碳不鏽鋼刀具能避免葉片變色。只要刀刃鋒利且刀法精湛，就能俐落地切下葉片，不致壓傷或損壞。

放入盤飾並淋上醬汁。沙拉醬的主要功用在於融合所有風味，因此醬汁與食材應互相搭配。風味細緻的沙拉醬應搭配風味細緻的葉菜，風味強烈的蔬菜則應佐以風味濃郁的沙拉醬。挑選醬汁時，應同時考量醬汁的濃稠度和沾附力。油醋醬會均勻、薄薄地沾附在葉片上。較濃稠的乳化油醋醬和低脂蛋黃醬則容易裹上較厚的一層。

依據季節和想要的擺盤效果選擇盤飾。盤飾可先以少量油醋醬浸泡，再撒上沙拉，或置於盤邊，也可在澆淋醬汁時直接拌進蔬菜。

澆淋沙拉醬的方法：

- 青蔬放入攪拌盆（每份約85克或180毫升）。
- 舀1份沙拉醬淋在菜葉上（每份30-60毫升）。
- 用食物夾、湯匙或手翻拌，用手處理時需戴上手套。
- 確認每片萵苣葉都沾附沙拉醬。醬汁分量不宜過多，薄薄沾上所有菜葉即可，若醬汁積在盤底，表示用量過多。

酥脆麵包

酥脆麵包常用來裝飾或搭配沙拉、湯品和燉煮菜餚，且有許多不同種類，包括脆皮酥塔、脆烤麵包片、麵包脆餅和炭烤麵包片。有些切成片狀，有些則切成丁或圓盤。酥脆麵包可以烘烤、深炸、燒烤或炙烤（較大的酥脆麵包可墊在法式小點、開胃點心、烘烤或燒烤肉類之下。這是受中世紀歐洲影響的飲食習慣，當時經常以大塊麵包片盛裝菜餚，而吸飽餐點的湯汁和醬汁的麵包，可直接食用）。

酥脆麵包的製作方法：

- 麵包(麵包邊可保留或去除)切成適當大小。依喜好抹上、噴上、拌入油或澄清奶油。撒上鹽和胡椒。
- 平鋪在淺烤盤上，放入烤爐、炙烤爐或上明火烤爐烘烤。期間應隨時查看，視情況翻動，確保受熱均勻，避免燒焦。
- 若以煎炸方式烹煮，則在平底煎炒鍋內加熱澄清奶油或油，煎炸麵包至呈均勻褐色，取出後置於廚房紙巾上瀝乾。
- 趁熱加入香料植物或刨絲乳酪。

理想的酥脆麵包從內到外都酥脆不油膩色淺，風味飽滿。

每種水果的特質不同，使得某些水果沙拉品質穩定，某些則很快就會變質。只要柑橘汁的風味不會太突兀，可在沙拉內加入少許柑橘汁，以避免蘋果、西洋梨和香蕉等水果氧化變色。另外，也不要過早處理這些水果。

fruit salads
水果沙拉

製作大量綜合水果沙拉時，若內含容易腐壞的水果，應從可久放的水果開始處理。覆盆子、草莓或香蕉都是容易腐壞的水果，可當作盤飾、拌入較小量沙拉，或上菜前再放入分配好的單人份沙拉。容易腐壞的水果（例如香蕉）不可預先切好冷藏，而應在上菜前再處理。

新鮮香料植物，像是薄荷、羅勒或檸檬百里香，可當作水果沙拉的盤飾或風味食材。多加嘗試，找出最適合的香料植物。

製作前，必須了解如何正確去皮、切片或切塊。水果應確實洗淨，切好後冷藏保存。為避免交叉污染，砧板及其他器具都要徹底清洗消毒。

蘋果

蘋果、西洋梨、桃子和香蕉一旦切開，切面就會氧化變色，應等到使用前再著手處理。若有必要，可放入以少量柑橘汁酸化的水中浸泡。選用可搭配水果風味的果汁，但果汁酸味不可蓋過水果本身的風味。

修整時，用削皮小刀的刀尖切除蒂頭和底部，用削皮小刀或旋轉削皮器去皮，削越薄越好，以免浪費果肉。去皮後對半縱切兩次，切成4等份。去核時，從蒂頭端斜切至核的中心（最深處），再從另一頭下刀。可用蘋果切片器切出厚度一致的蘋果片。蘋果去皮後，從任一面開始刨，接近果核時，翻面繼續。處理好後，再刨剩下的兩個窄面。

柑橘類水果

柳橙、檸檬、萊姆和葡萄柚都可用來增添菜餚風味、水分和色澤，也可作為功能性盤飾，如炙烤魚的檸檬角。柑橘類水果榨汁前要先回復到室溫，並在砧板或工作檯上來回滾動，破壞部分薄膜，以擠出更多果汁。擠出的柑橘汁裡不應有種籽和果肉，可在擠汁前用濾布包裹水果，或過濾擠好的果汁。工具包括錐形榨汁器、壓汁機、手動和電動壓汁機等。

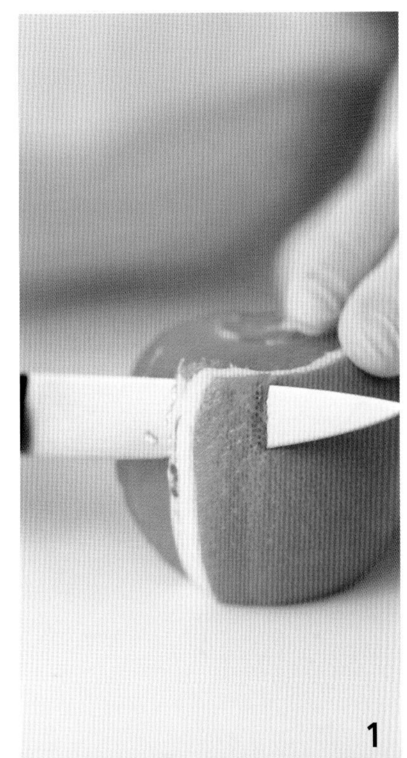

1

2

柑橘皮

柑橘皮指果實的最外層，可用來增添菜餚的顏色、質地和風味。入菜時，僅使用富含揮發油、香氣濃郁、風味強烈的鮮豔表層，不使用下層帶苦味的白色襯皮。可用刨絲棒，或四面刨絲器孔徑最細的一面刨出碎皮，或用削皮小刀、削皮器或刨絲器製作其他形狀。

柑橘皮刨絲在入菜前通常會先汆燙，去除苦味。以微滾水快速燙過，取出冰鎮，然後瀝乾。視需要重複此步驟，通常汆燙2-3次效果最好。亦可在汆燙水中加糖，讓柑橘皮刨絲更加甘甜。

切分柑橘瓣

柑橘瓣是從柑橘薄膜中切出的果肉，也稱為柑橘片。

1. 切除頭尾兩端，用削皮小刀去皮，盡量不要切掉果肉。
2. 削皮小刀沿著分隔橘瓣的薄膜切開。用碗盛裝切下來的柑橘瓣。

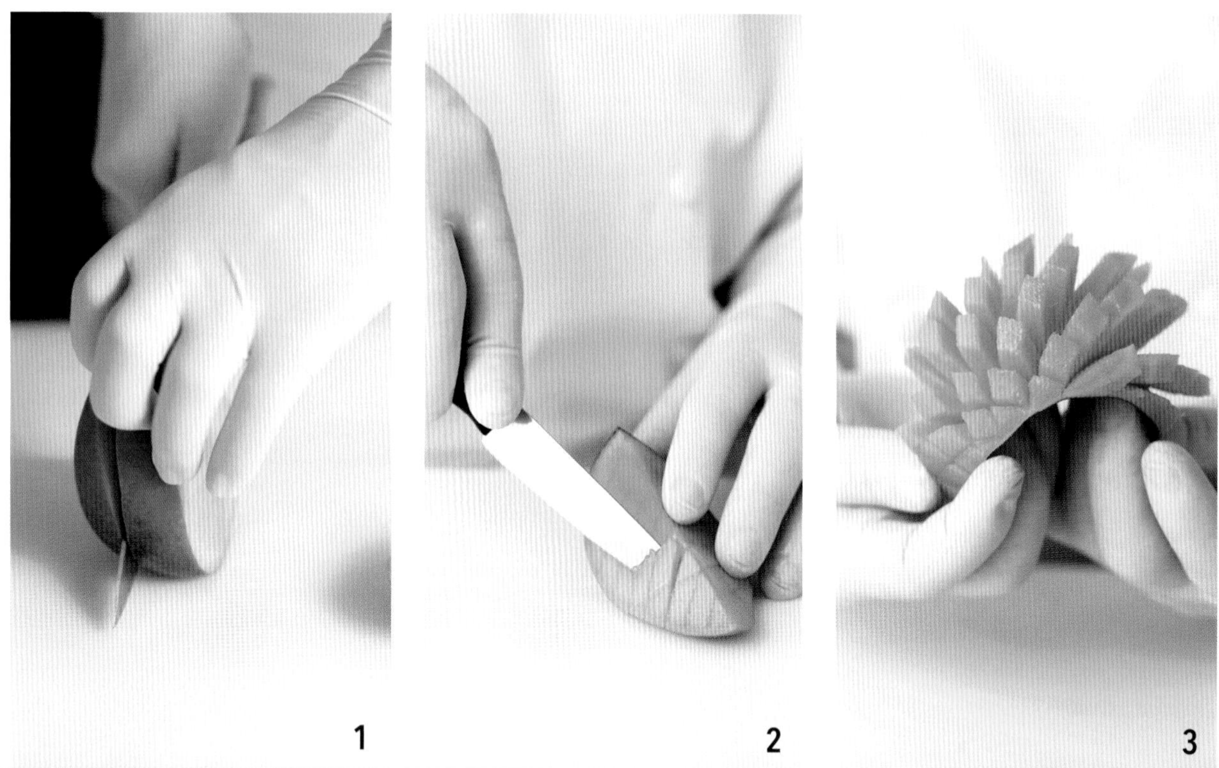

芒果

芒果扁平的核位於果肉中央。從蒂頭往較尖的一端切，較容易分離果肉和果核。芒果在切開前可先去皮，但若想呈現獨特的刺蝟切法，則需留下果皮。製作芒果泥，或其他不講究擺盤的菜餚時，小心切下果皮，盡量不要切掉果肉，然後切成丁。從果核兩側各切下一片芒果，下刀時盡量靠近果核，避免浪費。接著沿果核邊緣，從兩個窄面切下剩餘果肉，並依需求切丁或切片。

若要切成刺蝟狀，不要去皮。以此切法取下的芒果肉可用在沙拉或其他用途，也可帶皮作為水果盤上的裝飾。

1. 主廚刀盡量靠近果核，切下芒果片，以取下最多果肉。若想切下更多果肉，可將剩餘芒果去皮，並從果核上切下果肉。
2. 用削皮小刀或多用途刀的刀尖，在果肉上交叉劃切，劃出網格。可以斜切，如圖所示，或垂直劃切，切成立方體。注意不要切穿果皮。
3. 果肉向外翻，看起來就像一隻刺蝟。從皮上切下芒果丁，或整片放上水果盤。

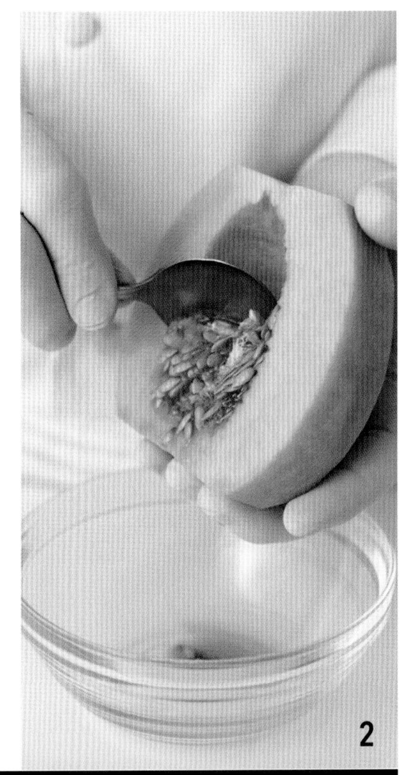

鳳梨

鳳梨皮厚且帶刺。靠近外皮的果肉有「眼睛」（褐斑），應徹底切除才能用於沙拉或其他菜餚。用主廚刀切除鳳梨頭，再從鳳梨底部削去一小片。

用主廚刀去皮，下刀要夠深，切除鳳梨眼，但不能切掉太多果肉。為了切出厚度一致的鳳梨片或整齊的小丁及立方，垂直切出想要的厚度，切到鳳梨心時，從另一側繼續切，其餘兩面也如法炮製。視需求將鳳梨片切成細條、長條或丁狀。

甜瓜

從甜瓜頂部和底部各切下一小片，以避免滑動，方便切分。切分前或切分後去皮都可以。若要簡化水果盤和沙拉的製作，可先去皮、剖半，接著去籽，也可只去籽不去皮。

1. 切掉甜瓜的頂部和底部，用多用途刀或主廚刀沿著甜瓜的曲線去皮。
2. 剖半，用湯匙去籽，小心別刮掉果肉。去籽後的果肉可製成甜瓜球，或切片、切塊、切丁。
3. 用蔬果挖球器製作甜瓜球。

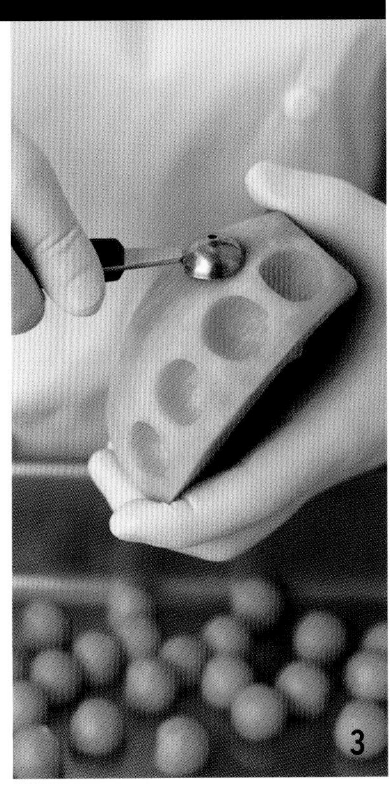

這一類的沙拉含有蛋白質、穀物和其他營養豐富的食材，比青蔬沙拉更健康，可作為午晚餐的主食。除了主菜式沙拉，溫沙拉及蔬菜沙拉最好預先製作，好讓風味有時間融合。

warm, vegetable, and composed salads
溫沙拉、蔬菜沙拉和主菜式沙拉

溫沙拉

溫沙拉的法文為 salade tiède，作法是將溫熱的沙拉醬拌入食材，並以中小火加熱至沙拉微熱不燙口，或把涼爽脆口的沙拉當作基底，再放上烤肉或烤魚等熱主食。

蔬菜沙拉

遵照食譜說明製作蔬菜沙拉。有些蔬菜只需簡單清洗及修整，有些則需要去皮、去籽或切成特定形狀。有些需要預先汆燙以保持顏色和質地，有些則要完全煮熟。

生食沙拉在拌入油醋醬或其他醬汁後，應留足夠的時間靜置，讓兩者風味融合。但若蔬菜已煮至半熟或全熟，可用兩種方式淋上醬汁，其一是瀝乾蔬菜，趁熱拌入醬汁，讓蔬菜更快吸收醬汁風味。這非常適合胡蘿蔔、甜菜和歐洲防風草塊根等，也可用於韭蔥、洋蔥和馬鈴薯。

至於青花菜、四季豆等綠色蔬菜，若過早與酸混合，可能導致變色。在這種情況下，準備出餐時，蔬菜先返鮮，再倒入醬汁。無論使用何種方式，務必徹底瀝乾水分並拍乾，避免水沖淡醬汁。

馬鈴薯沙拉

沙拉用馬鈴薯應煮到熟透，但不能過熟。比起含水量低的馬鈴薯，含水量高的馬鈴薯在烹煮後更能維持原本形狀。

美式經典馬鈴薯沙拉大多搭配質地濃稠的蛋黃醬，其他地區則經常佐以油醋醬。某些傳統歐式醬汁則以培根脂肪、橄欖油或高湯為基底，也可能混合三者製成。醬汁加熱至微滾後再放入馬鈴薯，成品的風味最佳。趁熱拌入醬汁，馬鈴薯才能吸收更多風味。

義式麵食和穀物沙拉

沙拉用穀物和義式麵食應煮到全熟，但小心別過度烹煮。這類食材煮熟後會繼續吸收醬汁的水分，最終導致質地濕黏。

義式麵食沙拉和穀物沙拉做好後風味容易消失，因此，使用預先做好的沙拉時，務必在出餐前重新確認風味。鹽和胡椒是必要的調味料，而醋、香料植物和柑橘汁則能帶來更清新的風味。

豆類沙拉

室溫供應的豆類沙拉，豆子應煮至軟化。冷藏供應的豆類沙拉，豆子則應略微過熟，成品質地才會綿密。豆子口感應柔軟順口，外皮甚至可能稍微裂開。若使用多種乾燥豆，則依各類豆子所需的烹煮時間分開烹煮，再拌入沙拉。

穀物和義式麵食泡在醬汁中會變得軟爛，豆子卻正好相反，沙拉醬中的酸會使煮熟的豆子變硬。因此，豆子沙拉淋上醬汁後，應於四小時內吃完。

主菜式沙拉

主菜式沙拉盤上的食材應精心擺放，不可隨意翻拌。這種沙拉通常當作主菜或開胃菜，而不是配菜。

製作主菜式沙拉沒有應遵循的特定規則，但以下原則請銘記在心：

- ▷ 考慮食材的契合度。對比的風味很迷人，但相互衝突的風味很糟糕。
- ▷ 只要有助於提升整體菜餚的品質，顏色或風味重複也沒關係，但要適可而止，避免過度重複。
- ▷ 所有食材都應處理到最完美的狀態，單獨吃很出色，但組合起來又有加承效果。
- ▷ 擺盤時應考慮食材的質地與顏色，以達到最大程度賞心悅目。

紅酒油醋醬

Red Wine Vinaigrette

960毫升

- 紅酒醋240毫升
- 美式芥末醬10毫升（2小匙）（乳化用，非必要）
- 紅蔥末14克
- 鹽，視需求添加
- 黑胡椒粉，視需求添加
- 糖10克（2小匙）
- 橄欖油或芥花油720毫升
- 香料植物末9克（3大匙），如細香蔥、歐芹、奧勒岡、羅勒或龍蒿（非必要）

1. 混合醋、紅蔥、鹽、胡椒和糖，若使用芥末，也一起拌入。慢慢倒入油，同時一邊攪打。
2. 若使用香料植物，一起拌入。視需要以鹽、胡椒和糖調味。
3. 立刻出餐或冷藏備用。

白酒油醋醬：以白酒醋取代紅酒醋。

芥末香料油醋醬：以白酒醋取代紅酒醋。美式芥末醬不可省，另外添加芥末5毫升（1小匙），洋蔥粉1克（½小匙）和蒜粉1撮。混合香料用量為6克（2大匙），另外加入剁碎的歐芹6克（2大匙）。

烤蒜頭和芥末油醋醬：添加113克打成泥的烤蒜頭。

檸檬蒜頭油醋醬：以180毫升檸檬汁取代醋。加入6克（2小匙）蒜醬和1克（1小匙）剁碎的迷迭香。

檸檬歐芹油醋醬：以180毫升檸檬汁取代醋。加入14-21克剁碎的歐芹。

Chipotle 辣椒雪利油醋醬

Chipotle-Sherry Vinaigrette

1.08公升

- 雪利酒醋240毫升
- 萊姆汁60毫升
- 浸在 adobo 醬中的 Chipotle 辣椒5條，切末
- 紅蔥2顆，切末
- 蒜瓣2粒，切末
- 鹽，視需求添加
- 黑胡椒粉，視需求添加
- piloncillo 黑糖或黃砂糖28克（2大匙）
- 特級初榨橄欖油720毫升
- 法式綜合香料植物碎末（參考 p369 譯名）28克（見369頁）

1. 混合醋、檸檬汁、Chipotle 辣椒、紅蔥、蒜、鹽、胡椒和糖。慢慢倒入油，同時一邊攪打。
2. 拌入香料。視需要以鹽、胡椒和糖調味。
3. 立刻出餐或冷藏備用。

杏仁無花果油醋醬

Almond-Fig Vinaigrette

1.32公升

- 巴薩米克醋120毫升
- 紅酒（金粉黛或梅洛紅酒）120毫升
- 紅蔥4顆，切末
- 剁碎的烤杏仁113克
- 鹽，視需求添加
- 黑胡椒粉，視需求添加
- 杏仁油360毫升
- 橄欖油480毫升
- 剁碎的無花果乾149克
- 檸檬2顆，擠汁

1. 在碗中混合醋、酒、紅蔥、杏仁、鹽和胡椒。慢慢倒入油，同時一邊攪打。
2. 拌入無花果乾和檸檬汁。以鹽和胡椒調味。
3. 立刻出餐或冷藏備用。

蘋果酒油醋醬

Apple Cider Vinaigrette

1.62公升

- 蘋果酒480毫升
- 蘋果醋180毫升
- 澳洲青蘋1顆，去皮，切細丁
- 鹽6克（2小匙）
- 白胡椒粉0.5克（¼小匙）
- 植物油720毫升
- 龍蒿末6克（2大匙）
- 楓糖漿15毫升（1大匙）

1. 在小型醬汁鍋內烹煮蘋果酒至微滾，收乾至180毫升，放涼。
2. 在攪拌盆中混合收乾的蘋果酒、醋、蘋果丁、鹽和胡椒。慢慢倒入油，同時一邊攪打。
3. 拌入龍蒿和楓糖漿。以鹽和胡椒調味。
4. 立刻出餐或冷藏備用。

巴薩米克油醋醬

Balsamic Vinaigrette

960毫升

- 紅酒醋120毫升
- 巴薩米克醋120毫升
- 美式芥末醬10毫升（2小匙）（非必要）
- 鹽，視需求添加
- 黑胡椒粉，視需求添加
- 糖2.5克（½小匙）（非必要）
- 橄欖油720毫升
- 香料植物末9克（3大匙），如細香蔥、歐芹、奧勒岡、羅勒或龍蒿（非必要）

1. 在攪拌盆中混合醋、鹽和胡椒，若有使用芥末和糖，也一併混勻。慢慢倒入油，同時一邊攪打。
2. 視需要以鹽、胡椒和糖調味。若使用香料植物，也一併放入混勻。
3. 立刻出餐或冷藏備用。

NOTE：油醋醬中的糖含量依醋的品質而有所不同。

咖哩油醋醬

Curry Vinaigrette

960毫升

- 橄欖油720毫升
- 咖哩粉19克（3大匙）（按369頁食譜製作或購得）
- 紅蔥末28克
- 蒜末14克
- 薑末14克
- 檸檬香茅末14克（只使用中間軟嫩的部分）
- 蘋果醋240毫升
- 檸檬汁，視需求添加
- 蜂蜜，視需求添加
- 鹽，視需求添加
- 黑胡椒粉，視需求添加

1. 在中型醬汁鍋內以小火加熱90毫升橄欖油。加入咖哩粉、紅蔥、蒜、薑和檸檬香茅，煮至紅蔥呈透明但尚未變成褐色。鍋子離火，放涼，加入剩下的油，攪拌均勻。
2. 在攪拌盆中混合醋、檸檬汁、蜂蜜、鹽和胡椒。慢慢倒入油，同時一邊攪打。
3. 視需要以檸檬汁、蜂蜜、鹽和胡椒調味。
4. 立刻出餐或冷藏備用。

罌粟籽蜂蜜柑橘沙拉醬

Honey-Poppy Seed-Citrus Dressing

1.08公升

- 橄欖油730毫升
- 紅蔥末14克
- 番茄醬90毫升
- 紅酒醋120毫升
- 柳橙汁60毫升
- 葡萄柚汁60毫升
- 蜂蜜28克（4小匙）
- 芥末粉1克（½小匙）
- 罌粟籽4克（1½小匙）
- 鹽，視需求添加
- 黑胡椒粉，視需求添加

1. 在中型醬汁鍋內以中火加熱10毫升（2小匙）橄欖油。炒軟紅蔥至呈半透明，但不上色。放入番茄醬、醋、果汁、蜂蜜、芥末和罌粟籽。加熱至微滾，以小火烹煮至冒泡、質地滑順，約需1分鐘。鍋子離火，放涼。
2. 煮好的醬汁倒入中型攪拌盆。慢慢倒入剩下的油，同時一邊攪打。以鹽和胡椒調味。
3. 立刻出餐或冷藏備用。

火烤番茄油醋醬
Fire-Roasted Tomato Vinaigrette
960毫升

- 中型橢圓形番茄10顆
- 橄欖油480毫升
- 紅酒醋180毫升
- 鹽，視需求添加
- 黑胡椒粉，視需求添加
- 百里香3克（1大匙）
- 羅勒細絲6克（2大匙）
- 辣醬，視需求添加

1. 番茄洗淨、去蒂，裹上薄薄一層油，以火烤至炭化。去皮、打成泥並過濾。
2. 在小型攪拌盆中混合醋、番茄泥、鹽和胡椒。慢慢倒入剩下的油，同時一邊攪打。
3. 拌入香料植物和辣醬，以鹽和胡椒調味。
4. 立刻出餐或冷藏備用。

番石榴咖哩油醋醬
Guava-Curry Vinaigrette
1.08公升

- 番石榴醬113克
- 紅酒醋240毫升
- 咖哩粉13克（2大匙）（按369頁食譜製作或購得）
- 萊姆4顆，擠汁
- 蘇格蘭圓帽辣椒1顆，去籽、切末
- 鹽，視需求添加
- 黑胡椒粉，視需求添加
- 橄欖油720毫升
- 粗切芫荽9克（3大匙）

1. 在小型醬汁鍋內混合番石榴醬、醋和咖哩粉。稍微加熱至番石榴醬融化。放涼。
2. 在攪拌盆內混合萊姆汁、蘇格蘭圓帽辣椒、鹽、胡椒和調味過的番石榴醬。慢慢倒入剩下的油，同時一邊攪打。
3. 拌入芫荽。視需要以鹽和胡椒調味。
4. 立刻出餐或冷藏備用。

松露油醋醬

Truffle Vinaigrette

960毫升

- 紅酒醋360毫升
- 巴薩米克醋120毫升
- 水60毫升
- 第戎芥末10毫升（2小匙）
- 紅蔥2顆，切末
- 淡味橄欖油270毫升
- 特級初榨橄欖油150毫升
- 松露油45毫升（3大匙）
- 糖10克（2小匙）
- 鹽6克（2小匙）
- 黑胡椒粉1克（½小匙）

- 黑松露或白松露1顆，剁碎（非必要）

1. 混合醋、水、芥末和紅蔥。
2. 慢慢倒入油，同時一邊攪打。
3. 以糖、鹽和胡椒調味。可於出餐前加入松露。

香料松露油醋醬：省略芥末，放入剁碎的歐芹、墨角蘭和薄荷以增添風味。

花生油和麥芽醋沙拉醬

Peanut Oil and Malt Vinegar Salad Dressing

960毫升

- 花生油720毫升
- 麥芽醋240毫升
- 深色紅糖57克
- 剁碎的龍蒿6克（2大匙）
- 細香蔥末6克（2大匙）
- 剁碎的歐芹6克（2大匙）
- 蒜末6克（2小匙）
- 鹽，視需求添加
- 黑胡椒粉，視需求添加

1. 混合油、醋、糖、龍蒿、細香蔥、歐芹和蒜，攪拌均勻。
2. 沙拉醬使用前需冷藏熟成24小時，好讓香料植物的香氣均勻滲入醬汁，賦予額外風味。
3. 再次混合攪拌醬汁，以鹽和胡椒調味。立刻出餐或冷藏備用。

青醬油醋醬

Pesto Vinaigrette

960毫升

- 紅酒醋240毫升
- 青醬113克（見299頁）
- 鹽，視需求添加
- 黑胡椒粉，視需求添加
- 橄欖油或植物油600毫升

1. 在攪拌盆內混合醋、青醬、鹽和胡椒。慢慢倒入油，同時一邊攪打。
2. 視需要以鹽和胡椒調味。
3. 立刻出餐或冷藏備用。

饕客油醋醬

Vinaigrette Gourmande

960毫升

- 雪利酒醋150毫升
- 檸檬汁90毫升
- 鹽，視需求添加
- 黑胡椒粉，視需求添加
- 橄欖油360毫升
- 植物油360毫升
- 細葉香芹末14克
- 龍蒿末14克

1. 在攪拌盆內混合醋、檸檬汁、鹽和胡椒。慢慢倒入油，同時一邊攪打。
2. 拌入細葉香芹和龍蒿。視需要以鹽和胡椒調味。
3. 立刻出餐或冷藏備用。

核桃油和紅酒油醋醬：以紅酒醋取代雪利酒醋，核桃油取代植物油，歐芹和細香蔥取代細葉香芹和龍蒿。

綠女神沙拉醬

Green Goddess Dressing

960毫升

- 菠菜57克
- 水田芥57克
- 歐芹3克（1大匙）
- 龍蒿3克（1大匙）
- 蒜瓣1粒，壓成泥
- 植物油60毫升
- 蛋黃醬360毫升（見903頁）
- 第戎芥末15毫升（1大匙）
- 鹽，視需求添加
- 黑胡椒粉，視需求添加
- 檸檬汁，視需求添加

1. 菠菜、水田芥、歐芹、龍蒿、蒜和油放入果汁機或食物調理機，攪打至質地滑順。將蛋黃醬和芥末混入打好的泥。
2. 以鹽、胡椒和檸檬汁調味。
3. 立刻出餐或冷藏備用。

卡特琳娜法式沙拉醬
Catalina French Dressing
720毫升

- 殺菌雞蛋105毫升
- 深色紅糖113克
- 蘋果醋120毫升
- 第戎芥末10毫升（2小匙）
- 蒜粉0.5克（¼小匙）
- 洋蔥粉0.5克（¼小匙）
- 磨碎的多香果1撮
- 鹽，視需求添加
- 白胡椒粉，視需求添加
- 紅椒油360毫升（見907頁）

1. 在中型攪拌盆內混合蛋、糖、醋、芥末、蒜粉、洋蔥粉、多香果、鹽和胡椒。慢慢倒入油，同時一邊攪打。
2. 視需要以鹽和胡椒調味。
3. 立刻出餐或冷藏備用。

花生沙拉醬
Peanut Dressing
1.56公升

- 蒜末14克
- 剁碎的龍蒿6克（2大匙）
- 細香蔥末9克（3大匙）
- 剁碎的歐芹9克（3大匙）
- 黃砂糖113克
- 麥芽醋360毫升
- 花生醬113克
- 花生油720毫升
- 風味清淡的植物油240毫升
- 鹽，視需求添加
- 黑胡椒粉，視需求添加
- 辣醬，視需求添加

1. 在攪拌盆內混合蒜、龍蒿、細香蔥、歐芹、糖、醋和花生醬。慢慢倒入油，同時一邊攪打。
2. 以鹽、胡椒和辣醬調味。
3. 立刻出餐或冷藏備用。使用前，先讓沙拉醬恢復室溫。

凱薩沙拉醬
Caesar-Style Dressing
720毫升

- 白鯷魚片85克
- 芥末粉14克或第戎芥末15毫升（1大匙）
- 蒜醬6克（2小匙）
- 檸檬汁30-45毫升（2-3大匙），或視需求增減
- 殺菌蛋黃30毫升（2大匙）
- 帕爾瑪乳酪絲57克
- 鹽，視需求添加
- 黑胡椒粉，視需求添加
- 橄欖油540毫升
- 辣醬，視需求添加

1. 混合鯷魚、芥末和蒜頭，攪打成醬。加入部分檸檬汁、蛋黃、乳酪、鹽和胡椒。一邊慢慢倒入油，一邊攪打。
2. 倒入剩下的檸檬汁和辣醬。以鹽和胡椒調味。
3. 立刻出餐或冷藏備用。

黃瓜沙拉醬

Cucumber Dressing

720毫升

- 去皮、去籽的黃瓜薄片340克
- 檸檬汁60毫升
- 酸奶油240毫升
- 蒔蘿末9克（3大匙）
- 糖15克（1大匙），或視需求增減
- 鹽，視需求添加
- 白胡椒粉，視需求添加
- 辣醬，視需求添加

1. 黃瓜放入食物調理機，攪打成泥。
2. 以攪拌盆盛裝黃瓜泥，倒入檸檬汁、酸奶油、蒔蘿和糖，混合均勻，不要過度攪拌。
3. 加入鹽、胡椒和辣醬。視需要以糖調味。
4. 立刻出餐或冷藏備用。

蛋黃醬

Mayonnaise

960毫升

- 殺菌蛋黃75毫升
- 水30毫升（2大匙）
- 白酒醋30毫升（2大匙）
- 芥末粉4克（2小匙）或美式芥末醬10毫升（2小匙）
- 糖2.5克（½小匙）
- 植物油720毫升
- 鹽，視需求添加
- 白胡椒粉，視需求添加
- 檸檬汁30毫升（2大匙）

1. 在攪拌盆內混合蛋黃、水、醋、芥末和糖，用球狀打蛋器攪打至稍微起泡。
2. 像倒水一樣，穩定、少量地倒入植物油，同時用球狀打蛋器攪打至完全融合，且醬汁質地滑順濃稠。
3. 以鹽、胡椒和檸檬汁調味。
4. 立刻使用或以乾淨容器盛裝，冷藏備用。

NOTE：以橄欖油或淡味花生油取代全部或部分植物油。

白鯷魚酸豆蛋黃醬：在製作好的蛋黃醬中，倒入90毫升檸檬汁、15毫升（1大匙）第戎芥末、21克紅蔥末、28克剁碎的歐芹、28克瀝乾並切末的小酸豆及28克切成末的白鯷魚片。以鹽、胡椒調味。

塔塔醬：每720毫升製作好的蛋黃醬，加入340克瀝乾的甜味醃漬小菜、57克瀝乾的酸豆末和85克切小丁的全熟水煮蛋（見866頁）。以伍斯特醬、塔巴斯克辣椒醬、鹽和胡椒調味。

綠蛋黃醬：菠菜葉142克、剁碎的歐芹、龍蒿、細香蔥和蒔蘿各12克（4大匙）放進果汁機，攪打均勻。將打好的蔬菜泥和60毫升檸檬汁混入製作好的蛋黃醬中。視需要加水調整稠度。以鹽和胡椒調味

蒜泥蛋黃醬

Aïoli

720毫升

- 殺菌蛋黃75毫升
- 水15毫升（1大匙）
- 蒜醬7.5克（2½小匙）
- 特級初榨橄欖油300毫升
- 鹽，視需求添加
- 卡宴辣椒，視需求添加
- 檸檬汁，視需求添加

1. 在攪拌盆內混合蛋黃、水和蒜頭，用球狀打蛋器攪打至稍微起泡。
2. 像倒水一樣，穩定、少量地倒入植物油，同時用球狀打蛋器攪打至完全融合，且醬汁質地滑順濃稠。
3. 以鹽、卡宴辣椒和檸檬汁調味。
4. 立刻使用或冷藏備用。

藍紋乳酪沙拉醬

Blue Cheese Dressing

1.08公升

- 剁碎的藍紋乳酪113克
- 蛋黃醬480毫升（見903頁）
- 酸奶油240毫升
- 白脫乳180毫升
- 牛奶90毫升
- 檸檬汁15毫升（1大匙），或視需求增減
- 洋蔥泥28克
- 蒜醬6克（2小匙）
- 伍斯特醬，視需求添加
- 鹽，視需求添加
- 黑胡椒粉，視需求添加

1. 在中型攪拌盆混合乳酪、蛋黃醬、酸奶油、白脫乳、牛奶、檸檬汁、洋蔥和蒜，攪打至質地滑順。
2. 倒入伍斯特醬、鹽和胡椒。視需要以檸檬汁調整風味。
3. 立刻出餐或冷藏備用。

黑胡椒奶香沙拉醬

Creamy Black Peppercorn Dressing

960毫升

- 蛋黃醬840毫升（見903頁）
- 牛奶或白脫乳120毫升
- 帕爾瑪乳酪絲85-113克，或視需求添加
- 白鯷魚醬57克
- 蒜醬28克
- 磨成粗粒的黑胡椒粒12克（2大匙）
- 鹽，視需求添加
- 黑胡椒粉，視需求添加

1. 混合所有食材並攪拌均勻。
2. 視需要以帕爾瑪乳酪絲、鹽和胡椒調味。
3. 立刻出餐或冷藏備用。

和風沙拉醬

Japanese Salad Dressing

960毫升

- 剁碎的胡蘿蔔227克
- 剁碎的洋蔥113克
- 剁碎的芹菜113克
- 柳橙1顆，去皮、去籽
- 薑末12克（4小匙）
- 淡色醬油45毫升（3大匙）
- 番茄醬37.5毫升（2½大匙）
- 米醋60毫升
- 糖10克（2小匙）
- 蛋黃醬30毫升（2大匙）（見903頁）
- 植物油240毫升
- 鹽，視需求添加

1. 胡蘿蔔、洋蔥、芹菜、柳橙和薑放入果汁機或食物調理機，攪打成泥，倒入中型攪拌盆。
2. 加入剩下的食材，攪打均勻，視需要以鹽調味。
3. 立刻出餐或冷藏備用。

田園沙拉醬

Ranch-Style Dressing

1.08公升

- 酸奶油360毫升
- 蛋黃醬360毫升（見903頁）
- 白脫乳240毫升
- 紅酒醋60毫升
- 伍斯特醬45毫升（3大匙）
- 檸檬汁30毫升（2大匙）
- 第戎芥末15毫升（1大匙）
- 紅蔥末9克（1大匙）
- 剁碎的歐芹3克（1大匙）
- 細香蔥末3克（1大匙）
- 蒜醬6克（2小匙）
- 香芹籽2克（1小匙）
- 鹽，視需求添加
- 黑胡椒粉，視需求添加

1. 在中型攪拌盆內混合所有食材，徹底攪拌均勻。
2. 以鹽和胡椒調味。
3. 立刻出餐或冷藏備用。

千島醬

Thousand Island Dressing

1.08公升

- 蛋黃醬720毫升（見903頁）
- 辣椒醬180毫升
- 番茄醬60毫升
- 伍斯特醬7.5毫升（1½小匙）
- 辣醬7.5毫升（1½小匙）
- 洋蔥末113克
- 蒜末6.75克（2¼小匙）
- 瀝乾的甜味醃漬小菜85克
- 全熟蛋2顆（見866頁），剁細
- 鹽，視需求添加
- 黑胡椒粉，視需求增減
- 檸檬汁15毫升（1大匙），或視需求增減

1. 在中型攪拌盆內混合蛋黃醬、辣椒醬、番茄醬、伍斯特醬、辣醬、洋蔥、蒜、醃漬小菜和蛋，攪拌均勻。
2. 以鹽、胡椒和檸檬汁調味。
3. 立刻出餐或冷藏備用。

羅勒油

Basil Oil

480毫升

- 羅勒葉85克
- 歐芹葉28克
- 橄欖油480毫升

1. 在小型醬汁鍋內加熱鹽水至滾沸，羅勒和歐芹下鍋汆燙20秒。撈起，浸入冰水冰鎮，瀝乾。放在廚房紙巾上吸乾水分。
2. 汆燙過的香料植物及油240毫升倒入果汁機，攪打至滑順。一邊攪打，一邊倒入剩下的油。完成後靜置15-30分鐘。
3. 可用濾布或咖啡濾紙過濾，讓油滴進乾淨的玻璃罐或其他容器中（以咖啡濾紙濾油速度很慢，需要至少15分鐘，不過可濾出清澈的油）。
4. 蓋上瓶蓋後冷藏，視需求使用。

NOTE：可用其他香料植物取代羅勒，如細香蔥、龍蒿或細葉香芹 。不過，無論如何，請保留歐芹，好讓油呈淺綠色。

柳橙油
Orange Oil
540毫升

- 橄欖油360毫升
- 特級初榨橄欖油180毫升
- 柳橙3顆，只使用橙皮，切成條狀

1. 在醬汁鍋中混合所有油，加熱至60℃，務必小心不可過度加熱。鍋子離火，放入橙皮。
2. 放涼後冷藏，浸泡過夜。
3. 過濾柳橙油，以乾淨玻璃罐或其他容器盛裝。
4. 蓋上瓶蓋後冷藏，視需求使用。

蔥油
Green Onion Oil
480毫升

- 植物油480毫升
- 切薄片的青蔥113克

1. 在小型醬汁鍋內加熱油和蔥至發出滋滋聲。離火，放涼。
2. 以果汁機攪打油和蔥。完成後靜置15-30分鐘。用濾布或咖啡濾紙過濾蔥油，用乾淨玻璃罐或其他容器盛裝。
3. 蓋上瓶蓋後冷藏，視需求使用。

紅椒油
Paprika Oil
480毫升

- 植物油480毫升
- 甜味紅椒粉170克

1. 油和紅椒粉倒入小型醬汁鍋，加熱至49℃。鍋子離火，浸泡15-30分鐘。
2. 用濾布或咖啡濾紙過濾紅椒油，以乾淨玻璃罐或其他容器盛裝。
3. 蓋上瓶蓋後冷藏，視需求使用。

綜合青蔬沙拉
Mixed Green Salad
10份

- 綜合青蔬709克，如蘿蔓、bibb 萵苣、波士頓萵苣、紅葉萵苣和綠葉萵苣
- 白酒油醋醬90-150毫升（見896頁）
- 鹽，視需求添加
- 黑胡椒粉，視需求添加

1. 洗淨、修整並瀝乾蔬菜，撕或切成適口大小。均勻混合各種蔬菜，冷藏備用。
2. 每份沙拉的蔬菜分量為71克，以攪拌盆盛裝。
3. 淋上7.5-15毫升（1½小匙-1大匙）白酒油醋醬。以鹽和胡椒調味。輕輕拋翻，讓菜葉均勻裹上薄薄一層油醋醬。
4. 將菜葉疊放在冰過的盤子上，依喜好裝飾，立刻出餐。

NOTE：搭配含有乳化料的油醋醬或奶香沙拉醬時，每份用量增加至22.5毫升（1½大匙），10人份用量約為240毫升。

泰式沙拉

Thai Table Salad

10份

- 紅葉萵苣葉10片
- 英國黃瓜1根，不去皮，切絲
- 豆芽170克
- 薄荷枝20枝
- 泰國羅勒枝30枝
- 芫荽枝30枝
- 越南香菜葉30片
- 刺芹葉10片

以淺盤盛裝萵苣，放上黃瓜和豆芽。以香料植物裝飾後立刻出餐。

煙燻板豆腐芹菜沙拉

Smoked Bean Curd and Celery Salad

10份

- 芹菜361克，切絲
- 鹽1克（¼小匙）
- turbinado紅砂糖14克
- 淡色醬油7克
- 黑芝麻油10毫升（2小匙）
- 薑末3克（1小匙）
- 蒜末3克（1小匙）
- 青蔥末21克
- 煙燻板豆腐227克，切絲

1. 芹菜平鋪在有孔的方形調理盆上。蒸煮1分鐘後放涼至室溫。
2. 混合鹽、糖、醬油、芝麻油、薑、蒜和青蔥。放入芹菜和板豆腐，拋翻以沾裹醬汁。
3. 立刻出餐。

NOTE：芹菜和板豆腐務必切成相等大小。

凱薩沙拉

Caesar Salad

10份

- 蘿蔓萵苣851克

沙拉醬

- 蒜醬6克（2小匙）
- 鯷魚片5片
- 鹽，視需求添加
- 黑胡椒粉，視需求添加
- 殺菌蛋（全蛋或蛋黃）105毫升
- 檸檬汁60毫升，或視需求添加
- 橄欖油150毫升
- 特級初榨橄欖油150毫升

- 帕爾瑪刨絲乳酪142克，或視需求添加
- 蒜味酥脆麵包425克（見563頁）

1. 摘下萵苣葉，洗淨後徹底瀝乾。視情況手撕或切成小片，冷藏備用。
2. 製作單份沙拉時，在木製沙拉碗中混合、搗碎蒜醬約0.6克（⅛小匙）、半片鯷魚、鹽和胡椒。倒入蛋10毫升（2小匙）和檸檬汁5毫升（1小匙），攪拌均勻。油各倒入15毫升（1大匙），攪打成濃稠的沙拉醬。放入帕爾瑪刨絲乳酪10克（1-2大匙）和蘿蔓萵苣85克，拋翻以沾裹醬汁。
3. 用冰過的盤子盛裝沙拉，以酥脆麵包43克裝飾，立刻出餐。

NOTES：傳統上，凱薩沙拉會在桌邊現做。

木製沙拉碗每次用完務必徹底清潔並消毒。

此外，傳統上會使用生蛋或微熟蛋，本食譜以殺菌雞蛋取代，確保顧客的安全。

凱薩沙拉也可搭配凱薩沙拉醬（見902頁）。

捲心萵苣佐千島醬

Wedge of Iceberg with Thousand Island Dressing

8份

- 捲心萵苣1顆
- 千島醬480毫升（見906頁）
- 櫻桃番茄170克，剖半
- 培根170克，煎至酥脆、碎裂

1. 切開萵苣球，並將萵苣切成8等份。
2. 以冰過的盤子盛裝萵苣，淋上60毫升沙拉醬。每份沙拉以21克番茄和21克培根裝飾。
3. 立刻出餐。

主廚沙拉

Chef's Salad

10份

- 修整、洗淨、瀝乾的綜合青蔬907克
- 烤火雞肉片20片，緊緊捲起
- 薩拉米肉腸20片，緊緊捲起
- 火腿肉片20片，緊緊捲起
- 全熟蛋5顆（見866頁），切角
- 切達乳酪284克，切絲
- 格呂耶爾乳酪284克，切絲
- 番茄角10塊
- 黃瓜薄片85克
- 胡蘿蔔薄片85克
- 紅酒或白酒油醋醬300毫升（見896頁）
- 細香蔥末6克（2大匙）

1. 以碗或沙拉盤盛裝青蔬。
2. 放上肉類、蛋、乳酪和其他蔬菜。
3. 淋上油醋醬，撒上細香蔥後立刻出餐。

希臘沙拉
Greek Salad

10份

- 萵苣454克，可用蘿蔓或綠葉萵苣，橫切
- 番茄角30個
- 黃瓜284克，切片或切丁
- 黃椒284克，切絲
- 紅洋蔥113克，切成環狀
- 希臘菲達乳酪142克，剝碎
- 去核黑橄欖20-30顆（約85克）
- 去核綠橄欖20-30顆（約85克）
- 檸檬歐芹油醋醬300毫升（見896頁）

1. 每份沙拉的萵苣用量為43克。以碗或沙拉盤盛裝。
2. 放上番茄角3個、黃瓜28克、黃椒28克、洋蔥7克、希臘菲達乳酪14克和橄欖4-6顆。
3. 淋上油醋醬30毫升（2大匙），立刻出餐。

NOTE：可先拌勻油醋醬及食材，再以碗或沙拉盤盛裝。可搭配葡萄葉捲飯一起出餐。

苣菜沙拉
佐洛克福乳酪和核桃
Endive Salad with Roquefort and Walnuts (Salade de Roquefort, Noix, et Endives)

10份

- 檸檬汁60毫升
- 榛果油60毫升
- 剁碎的龍蒿1.5克（1½小匙）
- 鹽，視需求添加
- 黑胡椒粉，視需求添加
- 比利時苦苣907克
- 乾炒核桃71克，粗剁
- 剝碎的洛克福乳酪113克

1. 在小型攪拌盆中混合攪打檸檬汁、油和龍蒿。以鹽和胡椒調味。靜置30分鐘。
2. 摘下苦苣葉，徹底洗淨後，拍乾。移至大型沙拉碗中。
3. 加入核桃、乳酪，倒入沙拉醬。拋翻苦苣以均勻沾裹醬汁。立刻出餐。

希臘沙拉

柯布沙拉

科布沙拉
Cobb Salad
10份

- 植物油180毫升
- 蘋果醋60毫升
- 檸檬汁30毫升（2大匙）
- 第戎芥末30毫升（2大匙）
- 剁碎的歐芹14克
- 鹽，視需求添加
- 黑胡椒粉，視需求添加
- 蘿蔓萵苣絲907克
- 煙燻或烤火雞肉丁454克
- 酪梨丁170克
- 芹菜85克，斜切
- 青蔥57克，斜切
- 剁碎的藍紋乳酪284克
- 培根10片，煎至酥脆、碎裂

1. 在大型攪拌盆中均勻混合油、醋、檸檬汁、芥末和歐芹。以鹽和胡椒調味。
2. 放入萵苣，拋翻至均勻混合。平均分配至碗中或盤上。
3. 放上火雞、酪梨、芹菜和青蔥，淋上剩餘醬汁，撒上乳酪和培根，立刻出餐。

塔可沙拉
Taco Salad
10份

- 牛絞肉1.13公斤
- 塔可醬360毫升（見914頁），或視需求增減
- 捲心萵苣細絲907克
- 玉米或麵粉薄餅10份（直徑30.5公分／12吋），塑形成碗狀後油炸
- 煮熟後瀝乾的斑豆（墨西哥花豆）340克
- 煮熟後瀝乾的黑豆340克
- 番茄丁284克
- 紅洋蔥丁57克
- 酸奶油150毫升
- 切達刨絲乳酪或蒙特利傑克乳酪絲284克
- 去核黑橄欖20顆
- 公雞嘴莎莎醬480毫升（見953頁）

1. 牛絞肉放入大型平底深煎鍋或小型雙耳燉鍋，開中火，炒成褐色，繼續翻拌至熟透、不帶血色，需12-15分鐘。用漏勺撈出牛肉，瀝乾，混入塔可醬，攪拌均勻。混合好的牛絞肉應濕潤、凝聚成團。
2. 每個薄餅鋪上一層萵苣，再疊上豆子、混合好的牛絞肉、醬汁、番茄、洋蔥、酸奶油、乳酪、橄欖和莎莎醬。立刻出餐。

塔可醬
Taco Sauce
960毫升

- 植物油60毫升
- 洋蔥小丁71克
- 蒜末7.5克（2½小匙）
- 乾燥奧勒岡8克（4小匙）
- 磨碎的孜然35克
- 辣椒粉21克（按368頁食譜製作或購得）
- 番茄泥480毫升
- 雞高湯630毫升（見263頁）
- 鹽，視需求添加
- 黑胡椒粉，視需求添加
- 玉米澱粉漿（見247頁），視需求添加

1. 在醬汁鍋內以中火熱油，放入洋蔥，翻炒10-12分鐘至呈褐色。
2. 蒜頭下鍋，繼續炒1-2分鐘。放入奧勒岡、孜然和辣椒粉，炒至散發香氣。
3. 番茄糊下鍋，煮至微滾，期間應頻繁攪拌。收乾至醬汁可裹上食物不滴落，需10-12分鐘。
4. 倒入高湯，烹煮至醬汁入味，需15-20分鐘。
5. 以鹽和胡椒調味。將醬汁打成泥，可依喜好過濾。視需要添加玉米澱粉漿稠化。立即使用或快速冷卻後冷藏備用。

溫菠菜沙拉佐培根油醋醬
Wilted Spinach Salad with Warm Bacon Vinaigrette
10份

- 培根丁227克
- 紅蔥末43克
- 蒜末6克（2小匙）
- 黃砂糖113克
- 蘋果醋90毫升
- 植物油150-180毫升
- 鹽，視需求添加
- 拍碎的黑胡椒粒，視需求添加
- 菠菜680克，洗淨，瀝乾
- 全熟蛋5顆（見866頁），切小丁
- 蘑菇片170克
- 紅洋蔥薄片85克
- 酥脆麵包113克（見965頁）

1. 在中型平底深煎鍋內以中小火熬煉培根油。培根煎至酥脆後，取出瀝乾備用。
2. 以培根油炒軟紅蔥和蒜，但不上色，加糖，攪拌均勻。鍋子離火，拌入醋和油。以鹽和胡椒調味。
3. 拌勻菠菜、蛋、蘑菇、洋蔥、酥脆麵包和培根，倒入溫熱的油醋醬後拋翻，立刻出餐。

溫菠菜沙拉佐培根油醋醬

蘑菇、甜菜和嫩葉沙拉佐羅比歐拉乳酪核桃

蘑菇、甜菜和嫩葉沙拉佐羅比歐拉乳酪核桃

Mushrooms, Beets, and Baby Greens with Robiola Cheese and Walnuts

10份

- 中型甜菜340克
- 中型黃金甜菜340克
- 鹽，視需求添加
- 特級初榨橄欖油120毫升
- 黑胡椒粉，視需求添加
- 橄欖油60毫升
- 棕蘑菇142克，切片
- 白蘑菇142克，切片
- 綜合野菇312克，切片
- 香料松露油醋醬300毫升（見900頁）
- 綠捲鬚苦苣心113克，切小塊
- 嫩芝麻葉57克
- 綜合生菜113克
- 斜切法國棍子麵包15片，每片0.6公分厚
- 羅比歐拉乳酪851克，軟化
- 烤核桃142克，粗剁
- 松露油，視需求添加

1. 甜菜刷洗乾淨，去除頂部莖葉。放入鍋中，倒入冷水，水應超過甜菜5公分。加鹽煮至軟化，需30-40分鐘。瀝乾後放涼。
2. 用削皮小刀的刀背替甜菜去皮，切中丁。浸泡在特級初榨橄欖油中，以鹽和胡椒調味，保存備用。
3. 橄欖油30毫升（2大匙）倒入大型平底煎炒鍋，以中火加熱。放入適量棕蘑菇和白蘑菇，煎炒至軟化且呈金褐色，需4-5分鐘。炒好的蘑菇移至½方形調理盆放涼。重複以上步驟，炒完所有野菇。倒入油醋醬225毫升，拌勻，保留備用。
4. 均勻混合綠捲鬚苦苣心、芝麻葉和綜合生菜，保留備用。
5. 法國棍子麵包片縱切剖半。刷上橄欖油，放上淺烤盤，以204℃的烤爐烘烤至呈金褐色，約2½分鐘。翻面後再烤2½分鐘至兩面皆呈金褐色。
6. 每片麵包撒上乳酪28克，以鹽和胡椒調味。
7. 在沙拉盤中央放置蘑菇沙拉71克。拋翻混合青蔬沙拉28克與油醋醬5毫升（1小匙），放在蘑菇上。青蔬沙拉周圍擺上甜菜57克，撒上核桃14克，再覆上酥脆麵包3片。綴以松露油，立刻出餐。

雪利酒醋水田芥蘋果沙拉

Sherried Watercress and Apple Salad

10份

- 植物油180毫升
- 雪利酒醋90毫升
- 紅蔥末28克
- 黃砂糖5克（1小匙）
- 鹽，視需求添加
- 黑胡椒粉，視需求添加
- 水田芥567克，洗淨後切除莖部
- 金冠蘋果284克，去皮，切絲
- 芹菜末85克
- 烤核桃57克，剁碎

1. 在大型攪拌盆內混合油、醋、紅蔥、糖、鹽和胡椒，攪打均勻。
2. 放入水田芥、蘋果和芹菜，拋翻至食材均勻沾裹醬汁。
3. 以核桃裝飾，立刻出餐。

嫩菠菜、酪梨葡萄柚沙拉

Baby Spinach, Avocado, and Grapefruit Salad

10份

- 中型酪梨1½顆，切片
- 葡萄柚3顆，切瓣
- 嫩菠菜454克
- 巴薩米克油醋醬150毫升（見897頁）
- 鹽，視需求添加
- 黑胡椒粉，視需求添加

1. 製作單人份沙拉時，混合酪梨35克和葡萄柚角43克（約3個）。
2. 拋翻菠菜43克及油醋醬15毫升（1大匙）。以鹽和胡椒調味。
3. 以冰過的沙拉盤盛裝菠菜，放上酪梨和葡萄柚，立刻出餐。

華爾道夫沙拉

Waldorf Salad

10份

- 去皮蘋果中丁567克
- 未烹煮的去皮芹菜小丁，或汆燙芹菜小丁170克
- 蛋黃醬90毫升（見903頁）
- 鹽，視需求添加
- 黑胡椒粉，視需求添加
- 萵苣葉284克
- 粗剁核桃57克，稍微烤過

1. 在攪拌盆內混合蘋果、芹菜和蛋黃醬。以鹽和胡椒調味，冷藏備用。
2. 以萵苣作為基底，放上混合好的蘋果和芹菜，並用核桃裝飾。

根芹菜青蘋果沙拉

Celeriac and Tart Apple Salad

10份

沙拉醬

- 蛋黃醬90毫升（見903頁）
- 法式酸奶油或酸奶油60毫升
- 第戎芥末60毫升
- 檸檬汁30毫升（2大匙），視需求增加用量
- 鹽，視需求添加
- 黑胡椒粉，視需求添加

- 檸檬汁60毫升
- 根芹菜680克
- 中型澳洲青蘋340克，去皮，切丁

1. 均勻混合蛋黃醬、法式酸奶油、芥末和檸檬汁，製成醬汁。以鹽和胡椒調味。
2. 準備一大型鍋子鹽水，煮滾，倒入60毫升檸檬汁。根芹菜去皮、切絲。
3. 烹煮根芹菜約2分鐘至半熟，瀝乾後放入冰水浴槽冰鎮，再次瀝乾。（務必徹底瀝乾）
4. 混合蘋果和根芹菜，倒入醬汁拋翻。以鹽、胡椒和檸檬汁調味。
5. 立刻出餐或冷藏備用。

柳橙佛手瓜沙拉

Chayote Salad with Oranges (Salada de Xuxu)

10份

- 佛手瓜2-3顆，去皮、去籽，切絲
- 豆薯227克，切絲
- 胡蘿蔔227克，切絲
- 柳橙5顆，切角，保留橙汁
- 青蔥1½束，斜切成薄片
- 萊姆汁90毫升
- 糖7.5克（1½小匙）
- 鹽，視需求添加
- 黑胡椒粉，視需求添加
- 特級初榨橄欖油90毫升
- 芫荽43克，粗剁
- 薄荷葉絲21克

1. 在中型攪拌盆內輕輕混合佛手瓜、豆薯、胡蘿蔔、柳橙和青蔥。
2. 在中型攪拌盆內混合萊姆汁、糖、鹽、胡椒和橙汁。慢慢倒入油，同時一邊攪打。以沙拉醬澆淋混合好的佛手瓜，攪拌均勻。冷藏30分鐘。
3. 再次拋翻沙拉，以芫荽和薄荷裝飾，立刻出餐。

夏日甜瓜沙拉佐義大利乾醃生火腿

Summer Melon Salad with Prosciutto

10份

- 羅馬甜瓜球或片454克
- 蜜瓜球或片454克
- 義大利乾醃生火腿薄片567克
- 陳年巴薩米克醋30毫升（2大匙）
- 拍碎的黑胡椒粒，視需求添加

1. 以冰過的盤子盛裝甜瓜、義大利乾醃生火腿薄片。
2. 淋上醋，用胡椒裝飾。
3. 立刻出餐。

洋蔥黃瓜沙拉

Onion and Cucumber Salad (Kachumber)

10份

- 洋蔥907克，切中丁
- 英國黃瓜2根，切中丁
- 橢圓形番茄454克，去籽，切中丁
- 泰國辣椒10根，剁碎
- 粗剁的芫荽葉和莖50克
- 檸檬5顆，榨汁
- 鹽，視需求添加

1. 混合洋蔥、黃瓜、番茄、辣椒和芫荽，冷藏備用。
2. 供餐前10分鐘，倒入檸檬汁，以鹽調味。
3. 立刻出餐。

經典波蘭黃瓜沙拉
Classic Polish Cucumber Salad (Mizeria Klasyczna)
10份

- 英國黃瓜1.36公斤
- 鹽1.5克（½小匙）
- 酸奶油227克
- 剁碎的蒔蘿35克
- 香檳酒醋或白酒醋15毫升（1大匙）
- 檸檬汁30毫升（2大匙）
- 鹽，視需求添加
- 黑胡椒粉，視需求添加

1. 黃瓜去皮，縱切剖半，去籽，切成半月形薄片。在攪拌盆中均勻混合黃瓜片與鹽，靜置1小時，瀝乾，擠除水分。
2. 加入酸奶油、蒔蘿和醋，混合均勻。以檸檬汁、鹽和胡椒調味。
3. 立刻出餐或冷藏備用。

甘藍菜沙拉
Coleslaw
10份

- 酸奶油180毫升
- 蛋黃醬180毫升（見903頁）
- 蘋果醋60毫升
- 芥末粉60毫升
- 糖43克
- 香芹籽0.5克（1½小匙）
- 辣醬7.5毫升（1½小匙）
- 鹽，視需求添加
- 黑胡椒粉，視需求添加
- 高麗菜680克，切絲
- 胡蘿蔔170克，切絲

1. 在大型攪拌盆中混合酸奶油、蛋黃醬、醋、芥末、糖、香芹籽和辣醬，攪拌至滑順，以鹽和胡椒調味。
2. 加入高麗菜絲及胡蘿蔔絲，拋翻直到蔬菜絲均勻裹上沙拉醬。
3. 立刻出餐或冷藏備用。

摩洛哥胡蘿蔔沙拉
Moroccan Carrot Salad
10份

- 檸檬汁120毫升
- 粗切芫荽14克
- 糖14克
- 特級初榨橄欖油120毫升
- 胡蘿蔔細絲907克
- 葡萄乾113克，泡水膨脹後瀝乾
- 鹽，視需求添加
- 黑胡椒粉，視需求添加

1. 混合檸檬汁、芫荽和糖。慢慢倒入油，同時一邊攪打。
2. 醬汁澆淋胡蘿蔔與葡萄乾，拋翻均勻，以鹽和胡椒調味。
3. 立刻出餐或冷藏備用。

玉米豆薯沙拉

Corn and Jícama Salad

10份

- 玉米粒680克，新鮮或冷凍皆可，煮熟
- 豆薯454克，去皮，切小丁
- 萊姆汁30毫升（2大匙）
- 粗剁的芫荽1克（1小匙）
- 卡宴辣椒1撮
- 鹽，視需求添加
- 白胡椒粉，視需求添加

1. 在攪拌盆內均勻混合玉米、豆薯、萊姆汁、芫荽和卡宴辣椒，以鹽和胡椒調味。
2. 立刻出餐或冷藏備用。

NOTE：這款沙拉於供餐前30分鐘製作風味最佳，完成後若放置超過2小時，豆薯會變軟爛。

豆薯沙拉

Jícama Salad

10份

- 豆薯680克，去皮，切絲
- 澳洲青蘋57克，去皮，切絲
- 紅椒57克，切絲
- 優格180毫升，用濾布徹底過濾
- 檸檬汁30毫升（2大匙）
- 磨碎的孜然1.5克（¾小匙）
- 鹽，視需求添加
- 黑胡椒粉，視需求添加

1. 在中型攪拌盆內混合豆薯、蘋果和紅椒。
2. 在小型攪拌盆內均勻混合優格、檸檬汁和孜然，以鹽和胡椒調味，澆淋豆薯並拋翻。
3. 立刻出餐或冷藏備用。

青木瓜沙拉

Green Papaya Salad

10份

- 大型青木瓜2顆（見下方NOTE）
- 中型胡蘿蔔2根
- 高麗菜絲227克

沙拉醬

- 芫荽½束，粗切
- 蒜瓣4粒，切末
- 泰國辣椒1根，去蒂
- 小型蝦米22.5毫升
- 萊姆汁30毫升（2大匙）
- 棕櫚糖21克（1½大匙）
- 鹽，視需求添加
- 魚露45毫升（3大匙）

1. 青木瓜去皮、剖半後去籽。使用四面刨絲器最粗的孔徑，或蔬果切片器的細網刀片刨絲。胡蘿蔔以相同方式處理。在中型攪拌盆內混合青木瓜絲、胡蘿蔔絲和高麗菜絲。
2. 芫荽、蒜頭、泰國辣椒、蝦米、萊姆汁、糖和鹽放入果汁機攪打成泥。
3. 混合沙拉醬與蔬菜，一邊拋翻，一邊搗捶。倒入魚露，以鹽調味。立刻出餐或冷藏備用。

NOTE：務必使用較硬的青木瓜。可視喜好以烤花生碎粒裝飾。

黃瓜裙帶菜沙拉

Cucumber and Wakame Salad (Sunonomo)

10份

- 黃瓜454克，去皮、去籽，切絲
- 胡蘿蔔細絲113克
- 鹽6.5克（2小匙）
- 乾燥裙帶菜3.5克（1大匙）
- 味醂15毫升（1大匙）
- 米醋60毫升
- 淡色醬油15毫升（1大匙）

1. 混和黃瓜、胡蘿蔔和鹽，拋翻均勻。以有孔調理盆盛裝，放入烤盤，冷藏瀝乾1小時。
2. 裙帶菜浸泡溫水30分鐘，取出用濾鍋濾乾。澆淋滾水，再浸入冷水，然後再次取出瀝乾。修除堅硬的部位。用濾布包裹，擰出水分。接著切絲備用。
3. 混和攪打味醂、醋和醬油，一半用來澆淋黃瓜和胡蘿蔔。輕輕拋翻，擠除多餘鹽分，瀝乾。
4. 剩下的沙拉醬再澆淋黃瓜和胡蘿蔔。
5. 出餐前再加入裙帶菜，翻拌均勻。立刻出餐。

白蘿蔔沙拉

Sliced Daikon Salad (Mu Chae)

10份

- 去皮白蘿蔔454克
- 英國黃瓜454克，切成半月型薄片，每片0.3公分厚
- 鹽3克（1小匙）
- 胡蘿蔔227克，切絲
- 米酒醋60毫升
- 糖21克
- 韓國辣椒粉2克（1小匙）
- 芝麻油2.5毫升（½小匙）

1. 白蘿蔔縱切剖半，再切成0.3公分厚的半月型薄片。
2. 混合拌勻白蘿蔔、黃瓜和鹽，加蓋靜置至白蘿蔔出水軟化，約需30分鐘。輕輕擠出多餘水分，移至另一個攪拌盆中。
3. 放入胡蘿蔔、醋、糖、辣椒粉和油。混合均勻後加蓋，冷藏至冰涼。

黃瓜沙拉

Cucumber Salad

10份

- 米酒醋120毫升
- 糖99克
- 鹽6.5克（2小匙）
- 英國黃瓜3根，縱切剖半，再切成0.3公分厚薄片
- 中型紅洋蔥1顆，縱切成4等份，再切成0.3公分厚薄片

- 紅色哈拉佩諾辣椒9克（1大匙），縱切剖半，再切成0.3公分厚薄片
- 粗剁或撕碎的薄荷葉12克（4大匙）
- 芫荽葉21克

1. 在醬汁鍋內混合醋、糖和鹽，以小火加熱，攪打至糖和鹽融化。別煮滾，煮好後冷卻至室溫。
2. 在不起化學反應的攪拌盆內混合黃瓜、洋蔥和哈拉佩諾辣椒。倒入混合好的醋，醃漬30分鐘。
3. 沙拉瀝乾後立刻出餐。可用芫荽和薄荷裝飾。

黃瓜優格沙拉

Cucumber Yogurt Salad

10份

- 英國黃瓜737克，去皮、去籽，切丁
- 鹽6.5克（2小匙）
- 希臘優格480毫升
- 蒜末6克（2小匙）
- 剁碎的薄荷6克（2大匙）
- 青蔥28克，切末
- 磨碎的孜然1克（½小匙）
- 黑胡椒粉，視需求添加

1. 黃瓜、鹽放入濾鍋，拋翻使黃瓜均勻裹上鹽巴。靜置至少30分鐘，使黃瓜充分出水。輕壓黃瓜，去除多餘水分。
2. 在中型攪拌盆內混合黃瓜、優格、蒜、薄荷、蔥、孜然和胡椒。冷藏備用。

雞肉沙拉

Chicken Salad

8份

- 雞高湯1.92公升（見263頁）
- 鹽，視需求添加
- 拍碎的蒜瓣28克（非必要）
- 無骨去皮雞胸肉709克
- 蛋黃醬180毫升（見903頁）
- 粗剁的美洲山核桃57克
- 葡萄113克，剖半
- 剁細的墨角蘭6克（2大匙）
- 剁細的細葉香芹9克（3大匙）
- 剁細的龍蒿9克（3大匙）
- 剁細的奧勒岡6克（2大匙）
- 黑胡椒粉，視需求添加

1. 雞高湯倒入醬汁鍋，以鹽調味，視喜好加入蒜頭。雞胸肉下鍋，以中火烹煮30-35分鐘，叉子可插入表示雞胸肉已煮熟。
2. 取出雞肉（高湯可過濾保存，留作其他用途，或直接倒掉）雞肉放涼，切中丁。
3. 混合雞肉、蛋黃醬、美洲山核桃、葡萄、墨角蘭、細葉香芹、龍蒿和奧勒岡。以鹽和胡椒調味。
4. 立刻出餐或冷藏備用。

越式雞肉沙拉
Hue-Style Chicken Salad
10份

- 雞3隻（每隻1.7公斤）
- 鹽28克
- 粗磨的黑胡椒6克（1大匙）
- 糖50克
- 萊姆汁240毫升
- 洋蔥85克，切成極薄的洋蔥圈
- 泰國辣椒10根，切細
- 撕碎的越南香菜99克
- 撕碎的薄荷葉99克
- 撕碎的芫荽葉99克
- 花生油60毫升
- 魚露60毫升
- 越式參巴醬60毫升
- 波士頓萵苣葉10片
- 長粒米飯340克（見785頁）
- 弗雷斯諾紅辣椒6根，切成極薄片狀
- 酥脆紅蔥43克（食譜見右欄）

1. 水倒入高湯鍋，加鹽煮至滾沸。雞肉下鍋，再次煮滾，以微滾水烹煮15分鐘。關火，加蓋，靜置雞肉約45分鐘，直到雞肉內部溫度降至74℃。
2. 取出雞肉，在冷水中浸泡10分鐘。去除雞皮和骨頭。雞肉撕成細絲。冷藏至冰涼。
3. 雞肉以鹽、胡椒和糖調味。加入萊姆汁、洋蔥、泰國辣椒、越南香菜、薄荷、芫荽、油、魚露和參巴醬，拋翻均勻。
4. 以萵苣葉盛裝沙拉，佐以米飯，並用酥脆紅蔥及三片弗雷斯諾紅辣椒裝飾，立刻出餐。

酥脆紅蔥
Crispy Shallots
113克

- 去皮紅蔥284克
- 植物油720毫升

1. 紅蔥均勻切成0.3公分厚薄片，分開成紅蔥圈，放上鋪有廚房紙巾的淺烤盤，風乾30分鐘（此方法可使紅蔥變得酥脆）。
2. 油倒入厚鍋，加熱至138℃，放入紅蔥，用笊籬頻繁翻攪，直到紅蔥呈金黃色且酥脆。撈起紅蔥，瀝乾，放入淺烤盤，放涼。
3. 立刻出餐或用有蓋容器保存備用。

鮪魚沙拉
Tuna Salad
10份

- 水煮鮪魚907克
- 芹菜小丁128克
- 紅洋蔥小丁43克
- 剁碎的蒔蘿21克
- 蛋黃醬480毫升（見903頁）
- 檸檬汁15毫升（1大匙）
- 鹽，視需求添加
- 黑胡椒粉，視需求添加

1. 鮪魚用濾鍋濾乾，少量多次拿起鮪魚，擠出多餘的水分，放入大型調理盆，弄散。
2. 放入芹菜、洋蔥、蒔蘿、蛋黃醬和檸檬汁，徹底混合均勻。以鹽和胡椒調味。
3. 立刻出餐或冷藏備用。

NOTE：可加入切成丁的醃漬食材113克或瀝乾的醃漬小菜，添加額外風味。

蛋沙拉

Egg Salad

10份

- 全熟蛋小丁907克（見866頁）
- 蛋黃醬120毫升（見903頁）
- 芹菜末170克
- 洋蔥末85克
- 鹽，視需求添加
- 黑胡椒粉，視需求添加
- 蒜粉1克（½小匙），或視需求添加
- 第戎芥末15毫升（1大匙），或視需求添加

1. 均勻混合蛋、蛋黃醬、芹菜和洋蔥。以鹽、胡椒、蒜粉和芥末調味。
2. 立刻出餐或冷藏備用。

火腿沙拉

Ham Salad

10份

- 切丁或絞成碎肉的煙燻火腿907克
- 蛋黃醬240毫升（見903頁）
- 瀝乾的甜味醃漬小菜28-43克
- 美式芥末醬15-30毫升（1-2大匙）
- 鹽，視需求添加
- 黑胡椒粉，視需求添加

1. 均勻混合火腿、蛋黃醬、醃漬小菜和美式芥末醬。以鹽和胡椒調味。
2. 立刻出餐或冷藏備用。

鮮蝦沙拉

Shrimp Salad

10份

- 全熟蝦907克，去殼、去腸腺
- 蛋黃醬240毫升（見903頁）
- 芹菜末227克
- 洋蔥末85克
- 鹽，視需求添加
- 白胡椒粉，視需求添加

1. 粗剁蝦子（較小的蝦則保留完整）。
2. 均勻混合蝦子、蛋黃醬、芹菜和洋蔥。以鹽和胡椒調味。
3. 立刻出餐或冷藏備用。

義式麵食沙拉佐青醬油醋醬

Pasta Salad with Pesto Vinaigrette

10份

- 煮熟的義大利筆管麵907克，放涼
- 番茄284克，切丁或切角
- 火腿113克，切丁或切絲（非必要）
- 紅洋蔥丁或甜洋蔥丁85克
- 去核橄欖57克，剁碎
- 烤松子28克
- 青醬油醋醬300毫升（見901頁）
- 鹽，視需求添加
- 黑胡椒粉，視需求添加

混合所有食材，使用前放入冰箱中醃漬數小時。

歐式馬鈴薯沙拉

European-Style Potato Salad

10份

- 洋蔥小丁142克
- 紅酒醋90毫升
- 牛白高湯240毫升（見263頁）
- 美式芥末醬45毫升（3大匙），或視需求增減
- 鹽，視需求添加
- 黑胡椒粉，視需求添加
- 糖5克（1小匙），或視需求增減
- 植物油90毫升
- 煮熟的蠟質馬鈴薯1.36公斤，去皮、切片，溫熱
- 剁碎的歐芹或細香蔥3克（1大匙）

1. 洋蔥、醋、高湯下鍋，煮滾。放入芥末、鹽、胡椒和糖，拌入油。以熱醬汁澆淋溫熱的馬鈴薯片，輕輕拋翻混合。
2. 撒上歐芹或細香蔥。靜置至少1小時，溫度降至室溫後出餐，或放涼後冷藏備用。

馬鈴薯沙拉

Potato Salad

10份

- 煮熟的紅皮馬鈴薯1.13公斤，去皮、切片
- 全熟蛋小丁170克（見866頁）
- 洋蔥丁142克
- 芹菜丁142克
- 第戎芥末30毫升（2大匙），或視需要添加
- 蛋黃醬480毫升（見903頁）
- 伍斯特醬，視需求添加
- 鹽，視需求添加
- 黑胡椒粉，視需求添加

1. 在大型攪拌盆中混合馬鈴薯、蛋、洋蔥和芹菜。攪勻芥末、蛋黃醬和伍斯特醬，倒入混合好的馬鈴薯中輕輕拋翻。以鹽和胡椒調味。
2. 立刻出餐或冷藏備用。

東地中海麵包沙拉

Eastern Mediterranean Bread Salad (Fattoush)

10份

- 希臘袋餅1.13公斤（見1037頁）
- 特級初榨橄欖油540毫升
- 鹽，視需求添加
- 黑胡椒粉，視需求添加
- 檸檬汁150毫升
- 紅酒醋150毫升
- 蒜末9克（1大匙）
- 剁碎的百里香14克
- 卡宴辣椒2克（1小匙）
- 糖21克
- 剁碎的青蔥170克
- 剁碎的歐芹71克
- 橢圓形番茄907克，去籽，切中丁
- 英國黃瓜907克，去皮、去籽，切中丁
- 紅皮蘿蔔片284克
- 黃椒小丁170克

1. 希臘袋餅切成小楔形，加入橄欖油90毫升、鹽和胡椒拋翻。以淺烤盤盛裝調味袋餅，放入149℃烤爐烘烤15分鐘。烘烤時間過半時，翻面，烤至袋餅酥脆但不裂開。
2. 混合檸檬汁、醋、蒜、百里香、卡宴辣椒、糖、鹽和胡椒。逐次攪入剩下的油。

3. 混合沙拉醬、青蔥、歐芹、番茄、黃瓜、紅皮蘿蔔和黃椒。烤過的袋餅放入醬汁輕輕拋翻。以鹽和胡椒調味。
4. 立刻出餐或冷藏備用。

麵包沙拉

Panzanella

10份

- 久放或烤過的義式麵包227克，撕成適中大小
- 番茄大丁680克
- 蒜末6克（2小匙）
- 芹菜心85克，斜切成薄片
- 去皮、去籽的黃瓜中丁227克
- 紅椒中丁170克
- 黃椒中丁170克
- 鯷魚20片，切成薄片（非必要）
- 瀝乾、洗淨的酸豆10克（2大匙）
- 羅勒細絲9克（3大匙）
- 紅酒油醋醬300毫升（見896頁），或視需求增減

1. 混合麵包、番茄、蒜頭、芹菜、黃瓜、甜椒、酸豆和羅勒，若使用鯷魚，也一併放入。倒入油醋醬，拋翻均勻。
2. 立刻出餐或冷藏備用。

莫札瑞拉番茄沙拉
Tomato and Mozzarella Salad
10份

- 番茄片 1.36 公斤
- 新鮮莫札瑞拉乳酪片 567 克
- 紅酒油醋醬 284 克（見896頁）
- 鹽，視需求添加
- 羅勒 14 克，切絲
- 拍碎的黑胡椒，視需求添加

番茄和乳酪交錯擺放，淋上油醋醬，以鹽調味，用羅勒和胡椒裝飾後，立刻出餐。

烤甜椒沙拉
Roasted Peppers (Peperoni Arrostiti)
10份

- 烘烤過的紅椒及黃椒 1.93 公斤（見639頁）
- 橄欖油 120 毫升
- 黃金葡萄乾 57 克
- 烤松子 57 克
- 剁碎的歐芹 28 克
- 蒜末 14 克
- 鹽，視需求添加
- 黑胡椒粉，視需求添加

1. 甜椒切成0.6公分厚薄片，放入網篩或濾鍋靜置2小時，充分出水後瀝乾。
2. 混合甜椒、油、葡萄乾、松子、歐芹、蒜頭、鹽和胡椒。
3. 立刻出餐或冷藏備用。

綠扁豆沙拉
Green Lentil Salad (Salade des Lentilles du Puy)
10份

- 月桂丁香洋蔥 1 顆
- 法國綠扁豆 680 克，揀選後洗淨
- 蒜瓣 2 粒
- 紅蔥細末 28 克
- 第戎芥末 15 毫升（1大匙）
- 紅酒醋 45 毫升（3大匙）
- 鹽，視需求添加
- 黑胡椒粉，視需求添加
- 特級初榨橄欖油 45 毫升（3大匙）
- 剁碎的歐芹 57 克

1. 洋蔥、扁豆、蒜頭放入中型鍋具，倒入冷水，水應超過食材約3公分。蓋上鍋蓋，以中火煮滾，轉成小火，烹煮25-35分鐘至扁豆軟化但外形仍維持完整。烹煮完成時，扁豆應吸乾所有湯汁。
2. 丟掉洋蔥和蒜。拋翻溫熱的扁豆和紅蔥。
3. 混合芥末、醋、鹽和胡椒。逐次攪入油，視需要以鹽和胡椒調味。
4. 醬汁澆淋溫熱的扁豆和紅蔥，混合均勻，以歐芹裝飾。
5. 立刻出餐或冷藏備用。

變化作法：在製作完成的沙拉中加入青蔥末及剁碎的核桃各170克。

綜合豆沙拉

Mixed Bean Salad

10份

- 瀝乾的熟黑豆284克
- 瀝乾的熟斑豆或小型紅腎豆284克
- 瀝乾的熟鷹嘴豆284克
- 瀝乾的熟紅扁豆142克
- 紅洋蔥小丁170克
- 芹菜末113克
- 剁碎的歐芹6克（2大匙）
- 饕客油醋醬300毫升（見901頁）
- 鹽，視需求添加
- 黑胡椒粉，視需求添加

1. 混合黑豆、斑豆、鷹嘴豆、扁豆、洋蔥、芹菜和歐芹，加入油醋醬，輕輕拌勻。
2. 放入冰箱醃漬24小時。
3. 以鹽和胡椒調味，立刻出餐或冷藏備用。

黑眼豆溫沙拉

Warm Black-Eyed Pea Salad

10份

- 迷迭香2枝
- 百里香2枝
- 月桂葉2片
- 橄欖油150毫升
- 洋蔥末113克
- 蒜末6克（2小匙）
- 1顆檸檬的檸檬皮刨絲
- 乾燥黑眼豆340克，揀選後洗淨
- 雞高湯1.44公升（見263頁），或視需求增減
- 檸檬汁90毫升
- 羅勒細絲9克（3大匙）
- 鹽，視需求添加
- 黑胡椒粉，視需求添加

1. 迷迭香、百里香和月桂葉用棉線綁成一束。
2. 30毫升（2大匙）的油倒入大型醬汁鍋，以大火加熱。放入洋蔥、檸檬皮及一半的蒜，炒至洋蔥軟化。
3. 倒入高湯，放入黑眼豆和香草束。高湯煮滾後，火轉小，烹煮至豆子軟化，約需1小時。豆子應全程浸泡在高湯中，視需要加入更多高湯。
4. 烹煮黑眼豆的同時，混合剩下的油、蒜、檸檬汁和羅勒。
5. 瀝乾黑眼豆，香草束撈起丟掉。將黑眼豆放入混合好的橄欖油中輕輕拌勻，每顆豆子都要均勻裹上橄欖油。以鹽和胡椒調味。
6. 立刻出餐。

咖哩飯沙拉
Curried Rice Salad
10份

- 長粒米飯907克
- 煮熟的青豆仁227克
- 洋蔥丁113克
- 澳洲青蘋丁113克，依喜好決定是否去皮
- 烤南瓜籽57克
- 泡過水的黃金葡萄乾57克
- 咖哩油醋醬180毫升（見898頁），或視需求增減
- 鹽，視需求添加
- 黑胡椒粉，視需求添加
- 咖哩粉（按369頁食譜製作或購得），視需求添加（非必要）

1. 混合飯、青豆仁、洋蔥、蘋果、南瓜籽和葡萄乾。
2. 倒入油醋醬，稍微拌勻，醬汁的量恰好浸濕米飯即可。以鹽和胡椒調味，依喜好加入咖哩粉。
3. 立刻出餐或冷藏備用。

法式酸辣海鮮沙拉
Seafood Ravigote
10份

- 紅蔥末14克
- 蝦20隻（每450克約16-20隻），去殼、去腸腺
- 青蛙腿10對，剖半
- 海灣扇貝284克，去除裙邊
- 白酒300毫升
- 法式魚高湯420毫升（見264頁）
- 蛋黃4顆
- 美式芥末醬15毫升（1大匙）
- 檸檬汁15毫升（1大匙）
- 植物油240毫升
- 法式綜合香料植物碎末2克（1小匙）（見369頁）
- 鹽，視需求添加
- 黑胡椒粉，視需求添加
- 煮熟的貽貝20個
- 黃瓜113克，切絲
- 波士頓萵苣葉20片
- 番茄角20個
- 檸檬角10個

1. 混合紅蔥、蝦、蛙腿、扇貝、酒和高湯，加熱至微滾。以低溫水煮海鮮至熟透。
2. 取出海鮮，加蓋冷藏。
3. 過濾湯汁，收乾至剩下45毫升（3大匙），倒入不鏽鋼攪拌盆中放涼。
4. 加入蛋黃、芥末，倒入檸檬汁，攪拌均勻。慢慢攪入油，一開始的速度要慢，待油吸收，油醋醬變稠時，才可加快倒油的速度。放入香料植物，以鹽和胡椒調味。
5. 取下青蛙腿上的肉，貽貝去殼。混合醬汁與所有海鮮。
6. 加入黃瓜，混合均勻。
7. 以萵苣葉盛裝沙拉，用番茄、檸檬和黃瓜裝飾後出餐。

第28章

sandwiches

三明治

由麵包、抹醬、填料和裝飾四樣簡單元素組合而成的三明治，在優雅的接待茶會和重要但家常的餐會都見得到，展現出其烹飪方法的無窮變化。

三明治的組成元素 elements in a sandwich

三明治可以是開放式或封閉式，可以是冷的或熱的，分量可小到當作開胃菜，也可大到作為主餐。

冷的三明治包括熟食店常見的蛋黃醬沙拉三明治、肉片三明治及總匯三明治（也稱為三層式三明治）。

熱的三明治包有現煮或加熱過的內餡，如漢堡或煙燻牛肉三明治。有些包鹹牛肉或乳酪，出餐前會先燒烤。有些則將熱餡料疊在麵包上，再澆淋辣醬。

麵包

三明治可用的麵包種類繁多，帶蓋白吐司或全麥吐司切片常用來製作冷的三明治。帶蓋吐司結構緊實，可切成不會掉屑的薄片，特別適合製成精緻的下午茶迷你三明治或長條三明治。迷你三明治及長條三明治約為兩口分量，大小與形狀都有明確要求，切邊必須乾淨俐落，而全穀和鄉村麵包不易切成薄片，因此吐司是最好的選擇。

其他種類的麵包、小圓麵包、麵包卷和包裹材料，則可製成特殊三明治。無論製作何種三明治，都應考慮麵包的特性。三明治用麵包應緊實，厚度能支撐餡料，但不可厚到難以入口。

大部分麵包只要確實覆蓋，避免乾掉，就可以預先切片。但應等到要組裝時再烤。以下麵包皆可用來製作三明治：

- 帶蓋吐司（白吐司、全麥或裸麥）
- 鄉村麵包（粗裸麥酸麵包、酸麵糰麵包、法式鄉村麵包和法式圓麵包）
- 圓麵包（硬皮、軟皮和凱薩圓麵包）
- 無酵餅（佛卡夏、希臘袋餅、義大利拖鞋麵包，以及中東鹹脆餅）
- 包裹材料（米紙和蛋捲）
- 麵粉薄餅和玉米薄餅

抹醬

許多三明治麵包會塗上抹醬，以油脂為基底的抹醬（如蛋黃醬或奶油）能分隔麵包與內餡，避免麵包變得濕軟。抹醬也可增加三明治的濕潤口感，拿起食用時，也能避免麵包和內餡移位。有些三明治的內餡已含有醬料（例如蛋黃醬鮪魚沙拉），組合時不需再使用抹醬。

三明治抹醬可以非常簡單，風味清淡，也可以帶有特殊風味和質地。以下清單包含經典及特殊的抹醬選擇：

- 蛋黃醬（原味或調味蛋黃醬，如蒜泥蛋黃醬和紅椒醬）或奶香沙拉醬
- 原味或調味奶油
- 美式芥末醬或番茄醬
- 可塗抹的乳酪（瑞可達乳酪、奶油乳酪、馬士卡彭乳酪或法式酸奶油）
- 蔬菜或香料植物塗醬（鷹嘴豆泥醬、橄欖酸豆鯷魚醬或青醬）
- 塔希尼芝麻醬及堅果奶油醬
- 果醬漿、果醬、糖煮水果、印度甜酸醬和其他醃漬水果
- 酪梨泥或酪梨醬
- 油及和油醋醬

餡料

無論冷熱或分量多寡，餡料都是三明治的主角。製作總匯三明治時，火雞肉的烘烤和切片相當重要。製作迷你三明治則必須使用非常新鮮的水田芥，並且徹底洗淨、瀝乾。三明治其他元素的選用都應配合餡料。餡料的選擇如下：

- 烘烤或水煮肉片（烤牛肉、鹽漬牛肉、煙燻牛肉、火雞肉、火腿、法式肉派或香腸）
- 乳酪切片
- 燒烤、烘烤或新鮮蔬菜
- 燒烤、煎炸或炙烤的漢堡排、香腸、魚或禽肉
- 肉類沙拉、禽肉沙拉、蛋沙拉、魚肉沙拉或蔬菜沙拉

配菜

許多食材都可當作三明治的配菜，如萵苣葉、番茄切片、洋蔥切片、豆芽、橄欖及醃漬或鹽鹵甜椒。配菜是三明治的一部分，選擇時需考慮配菜與主要餡料的風味要互補還是對比。某些三明治在擺盤時會放上額外的配菜。可使用的配菜如下：

- 青蔬沙拉或配菜沙拉（馬鈴薯沙拉、義式麵食沙拉或甘藍菜沙拉）
- 萵苣及豆芽
- 新鮮蔬菜切片
- 醃黃瓜或醃橄欖
- 蘸醬、抹醬或酸甜醃菜
- 水果切片

擺盤方式 presentation styles

由上下兩片麵包組成的三明治稱為封閉式三明治，總匯三明治則有三層麵包。某些只以一片麵包為底的三明治，則稱為開放式三明治。

將三明治切成正方形、長方形、菱形或三角形，製成邊角俐落平整的三明治。不過，切形會減少總生產量，增加製作成本。三明治應切成一致的形狀，擺盤時才美觀。盡可能到要出餐時再切三明治，若必須預先製作，則用保鮮膜包裹，或放入密封容器保存至多數小時。

三明治的製作通則 sandwich production guidelines

無論在準備或組裝階段，都必須謹慎規劃工作站。每樣東西都應放在伸手便可取得的地方，減少不必要的移動，提高工作效率：

- 把工作動線規劃成一條直線。
- 預先製作抹醬，並讓稠度維持在可塗抹的狀態。以抹刀沾取抹醬，塗抹整片麵包。
- 大量供餐前可預先切好麵包或圓麵包，供餐時盡量一邊組裝，一邊烘烤、燒烤或炙烤麵包。若麵包需預先烘烤，烤好後應稍微蓋住，靜置於溫暖處備用。
- 預先製作並分配好餡料和配菜的分量，並以正確的溫度保存。預先洗淨並瀝乾萵苣及其他蔬菜。
- 魯本三明治、法式火腿乳酪三明治這類燒烤三明治可預先組裝，客人點餐時再燒烤或加熱。

CIA 總匯三明治

CIA Club

10份

- 蛋黃醬180毫升（見903頁），或視需求添加
- 帶蓋白吐司30片，每片0.6公分厚，烤過
- 紅葉萵苣葉20片
- 火雞肉薄片567克
- 火腿薄片567克
- 番茄20片
- 培根20片，煮熟後切半

1. 在1片吐司上塗抹蛋黃醬5毫升（1小匙）。疊放萵苣葉1片及火雞肉和火腿各57克。
2. 再取1片吐司，兩面都塗上蛋黃醬2.5毫升（½小匙），疊在火腿上。放上萵苣葉1片、番茄2片和培根2片（4個半片）。
3. 取另1片吐司，塗上蛋黃醬5毫升（1小匙），放在最上層，塗有蛋黃醬的面朝下。
4. 用牙籤固定三明治，切成4等份後立刻出餐。

費城牛肉三明治

Philly Hoagie

10份

- 橄欖油210毫升
- 紅酒醋90毫升
- 剁碎的奧勒岡3克（1大匙）
- 鹽，視需求添加
- 黑胡椒粉，視需求添加
- 25公分的hoagiel麵包10個
- 義大利乾醃生火腿薄片680克
- 甜味cappicola火腿薄片284克
- 熱納亞薩拉米肉腸薄片284克
- provolone乳酪薄片567克
- 捲心萵苣絲142克
- 番茄30片，每片0.3公分厚
- 洋蔥30片，每片1.5公釐厚

1. 混合橄欖油、醋和奧勒岡，製成醬汁。以鹽和胡椒調味。
2. 麵包切出一道開口但不要切斷，在麵包內側刷上醬汁。
3. 夾入義大利乾醃生火腿薄片、甜味cappicola火腿薄片和熱納亞薩拉米肉腸薄片各28克，疊上provolone乳酪薄片57克和萵苣14克，最後放上番茄片和洋蔥片各3片。再度澆淋醬汁，夾上三明治。
4. 立刻出餐。

CIA 總匯三明治

雞肉漢堡

Chicken Burger

10份

- 雞絞肉1.13公斤
- 麵包粉170克
- 法式蘑菇泥（填料454克（見482頁），放涼
- 剁碎的香料植物6克（2大匙），如細香蔥、奧勒岡、羅勒或歐芹
- 鹽3克（1小匙）
- 白胡椒粉1克（½小匙）
- provolone乳酪薄片284克
- 凱薩圓麵包10個
- 奶油113克，或視需求添加，融化
- 綠葉或紅葉萵苣葉10片
- 番茄20片

1. 輕輕混合雞肉、麵包粉、法式蘑菇泥、香料植物、鹽和胡椒。製成10片170克的肉排。
2. 在大型平底煎炒鍋或煎烤盤底部塗上薄薄一層油，肉排煎至兩面都呈褐色後，移入177℃的烤爐，烤至內部溫度達74℃即完成。
3. 供餐前將provolone乳酪放在肉排上，再次以烤爐加熱，融化乳酪。
4. 圓麵包切出一道開口但不要切斷，於內側塗上融化的奶油，烤成金黃色。在圓麵包上疊放1片肉排、1片萵苣葉和2片番茄，圓麵包不用合起，當作開放式三明治直接出餐。

炭烤牛肉三明治

Barbecued Beef Sandwich

10份

- 牛前胸肉1.81公斤
- 鹽10克（1大匙）
- 黑胡椒粉2克（1小匙）
- 烤肉醬600毫升（見475頁）
- hoagie麵包或凱薩圓麵包10個
- 奶油113克，或視需求添加，融化

1. 前胸肉以鹽和胡椒調味，置於烤肉盤的網架上，放入163℃的烤爐烤2小時。用鋁箔紙覆蓋，繼續烘烤至肉質軟嫩，可用叉子插入，約需3小時。在烘烤的最後2小時，可塗抹少許烤肉醬。
2. 前胸肉放涼，修除多餘脂肪，切片或撕成肉絲。混合前胸肉和剩下的烤肉醬，以177℃的烤爐烘烤，或以中火加熱至內部溫度達71℃。視需要以鹽和胡椒調味。
3. 麵包切出一道開口但不要切斷，在內側塗上融化的奶油，烤成金黃色。夾入炭烤牛肉，麵包不用合起，當作開放式三明治直接出餐。

開放式火雞三明治佐糖醋洋蔥

Open-Faced Turkey Sandwich with Sweet and Sour Onions

10份

- 洋蔥567克，切絲
- 澄清奶油120毫升
- 醬油120毫升
- 鴨醬240毫升
- 水120毫升
- 蒜粉1克（½小匙），或視需求增減
- 薑粉1克（½小匙），或視需求增減
- 鹽，視需求添加
- 黑胡椒粉，視需求添加
- 帶蓋白吐司10片，每片0.6公分厚，烤過
- 烤火雞肉薄片1.13公斤
- 番茄20片
- 瑞士乳酪薄片567克

1. 以奶油煎炒洋蔥至呈透明，倒入醬油、鴨醬和水。煮至洋蔥熟透，湯汁收乾。以蒜、薑、鹽和胡椒調味。
2. 在1片麵包上塗抹洋蔥混合物，疊上火雞肉約128克，再次塗抹洋蔥。接著放上番茄片2片，最後疊上乳酪57克。
3. 以177℃的烤爐加熱三明治，乳酪融化後，立刻出餐。

法式火腿乳酪三明治

Croque Monsieur

10份

- 格呂耶爾乳酪284克（20片）
- 火腿薄片425克
- 帶蓋白吐司20片，每片0.6公分厚
- 第戎芥末30毫升（2大匙）
- 奶油113克，軟化

1. 在吐司上疊放1片格呂耶爾乳酪和43克火腿。塗上薄薄一層芥末，放上第二片格呂耶爾乳酪及吐司。組裝好的三明治兩面都塗上奶油。
2. 在平底鍋底塗上薄薄一層奶油，三明治煎至兩面都呈金褐色，視需要用烤爐烘烤至乳酪融化。立刻出餐。

乾醃生火腿茄子帕尼尼

Eggplant and Prosciutto Panini

10份

- 瑞可達乳酪248克
- 羅勒細絲2克（2小匙）
- 粗磨黑胡椒2克（1小匙）
- 剁碎的奧勒岡1克（1小匙）
- 剁碎的歐芹1克（1小匙）
- 鹽，視需求添加
- 義大利硬式圓麵包10個
- 茄子的醃漬油150毫升
- 醃漬茄子餡料567克（食譜見右欄）
- 義大利乾醃生火腿薄片567克

1. 在攪拌盆中均勻混合瑞可達乳酪、羅勒、黑胡椒、奧勒岡、歐芹和鹽。加蓋冷藏過夜。
2. 麵包縱切剖半，內側刷上茄子的醃漬油。在半片麵包上塗抹調味瑞可達乳酪28克，放上茄子和火腿各57克，最後蓋上另外半片麵包。
3. 三明治以帕尼尼機烤至呈金黃色，立刻出餐。

醃漬茄子餡料

Marinated Eggplant Filling

454克

- 義大利茄子454克
- 鹽10克（1大匙）
- 特級初榨橄欖油480毫升
- 蒜瓣3粒，拍碎
- 紅酒醋45毫升（3大匙）
- 乾燥奧勒岡12克（2大匙）
- 乾燥羅勒6克（1大匙）
- 粗磨黑胡椒6克（1大匙）
- 粗粒辣椒粉1撮

1. 茄子切成0.3公分厚薄片。以一層茄子一層鹽的順序放入濾鍋，使茄子充分出水。
2. 洗去茄子帶苦味的湯汁，用廚房紙巾拍乾。
3. 混合橄欖油、蒜、醋、奧勒岡、羅勒、黑胡椒和辣椒粉。
4. 茄子及醃醬混合拋翻，加蓋冷藏3-4天，須每天攪拌。

NOTE：待茄子變得略微透明，嚐起來不帶生味即完成。

烤蔬菜三明治佐蒙契格乳酪
Grilled Vegetable Sandwich with Manchego Cheese
10份

- 佛手瓜680克
- 鹽，視需求添加
- 茄子794克，切成0.6公分厚
- 橄欖油439克
- 第戎芥末21克（1½大匙）
- 蒜末21克
- 去籽、切末的塞拉諾辣椒19克
- 剁碎的百里香14克
- 剁碎的奧勒岡6克（2大匙）
- 黑胡椒粉，視需求添加
- 紅洋蔥907克，切片
- 紅燈籠椒680克，烤過、去皮、去籽、剖半
- poblano椒567克，烤過、去皮、去籽、剖半
- 波特貝羅大香菇567克，去柄
- 蘿蔓萵苣1顆
- hoagie麵包10個
- 橄欖酸豆鯷魚醬480毫升（見959頁）
- 牛番茄312克，切成0.3公分厚薄片（20片）
- 蒙契格乳酪薄片284克（30片）

1. 以鹽水烹煮佛手瓜至軟化，約需45分鐘。放涼，去核，切成0.6公分厚薄片，保留備用。
2. 在茄片上撒少許鹽，於濾鍋中靜置30分鐘，使茄片充分出水。取出後以廚房紙巾拍乾。
3. 混合橄欖油、芥末、蒜、塞拉諾辣椒、百里香、奧勒岡、鹽和胡椒，製成醃醬。
4. 佛手瓜、茄子、洋蔥、紅燈籠椒、poblano椒和波特貝羅大香菇平分放入兩個½方形調理盆。倒入醃醬，翻動食材，讓食材沾裹醃醬。
5. 燒烤前甩去蔬菜上多餘的醃醬，以避免驟燃。用大火燒烤蔬菜至兩面皆軟化但不軟爛。
6. 蔬菜及辣椒移至淺烤盤中，以177℃的烤爐烘烤至軟化，約需10分鐘。
7. 波特貝羅大香菇斜切成0.6公分厚薄片。所有蔬菜皆室溫保存。
8. 輕輕摘下蘿蔓葉，洗淨，用廚房紙巾上吸乾水分，保存備用。
9. 製作單份三明治時，切開麵包，在內側塗上薄薄一層橄欖酸豆鯷魚醬，放上香菇、洋蔥、poblano椒、紅燈籠椒、茄子和佛手瓜。接著放上番茄2片和蒙契格乳酪3片。最後，蓋上另外半邊的麵包。
10. 出餐前以121℃的烤爐烘烤10-15分鐘。

三重乳酪三明治
Three-Cheese Melt
10份

- 帶蓋白吐司20片，每片0.6公分厚
- 切達乳酪薄片567克
- 藍紋乳酪碎塊142克
- 辣椒傑克乳酪薄片284克
- 奶油113克，或視需求添加，軟化

1. 製作單份三明治時，在1片麵包上疊放28克切達乳酪、14克藍紋乳酪小塊、28克辣椒傑克乳酪及28克切達乳酪，最後蓋上另一片麵包。組裝好的三明治兩面皆塗上奶油。
2. 在平底鍋或平底煎炒鍋內塗上薄薄一層奶油。三明治煎至兩面皆呈金褐色，視需要以烤爐烤至乳酪融化。立刻出餐。

烤蔬菜三明治佐蒙契格乳酪及
咖哩馬鈴薯沙拉（見 749 頁）

魯本三明治
Reuben Sandwich
10份

俄式沙拉醬
- 蛋黃醬300毫升（見903頁）
- 辣椒醬90毫升
- 辣根醬21克
- 洋蔥末28克，汆燙
- 伍斯特醬3.75毫升（¾小匙）
- 鹽，視需求添加
- 黑胡椒粉，視需求添加

- 艾曼塔乳酪片20片
- 鹽漬牛肉薄片907克
- 德國酸菜567克（按593頁食譜製作或購得）
- 裸麥麵包20片，每片0.6公分厚
- 奶油113克，軟化

1. 混合蛋黃醬、辣椒醬、辣根醬、洋蔥和伍斯特醬。以鹽和胡椒調味。
2. 製作單份三明治時，在1片麵包上疊放乳酪1片、俄式沙拉醬15毫升（1大匙）、鹽漬牛肉薄片43克和德國酸菜57克，接著再次放上鹽漬牛肉43克、沙拉醬15毫升（1大匙）和乳酪，最後蓋上麵包。
3. 組裝好的三明治兩面都塗上奶油。在平底鍋底塗上薄薄一層奶油，三明治煎至兩面皆呈金褐色，視需要以烤爐烤至乳酪融化。立刻出餐。

天貝魯本三明治
Tempeh Reuben
10份

- 天貝567克
- 醬油90毫升
- 紅酒醋150毫升
- 蔬菜高湯180毫升（見265頁）
- 洋蔥末78克
- 蒜末6克（2小匙）
- 黑胡椒粉1克（½小匙）
- 紅椒粉2克（1小匙）
- 裸麥麵包20片，烤過
- 千島醬150毫升（見906頁）
- 德國酸菜340克（按593頁食譜製作或購得），瀝乾

1. 用鋒利刀具將天貝小心切成40片薄片。
2. 在淺烘烤盤中混合醬油、醋、高湯、洋蔥、蒜、胡椒和紅椒粉。放入天貝片，加蓋冷藏浸漬至少2小時，至多一晚，期間需不時翻動。
3. 以177℃的烤爐烘烤天貝片及醃醬至呈淺褐色，需15-20分鐘。
4. 在1片麵包上疊放天貝4片並淋上千島醬15毫升（1大匙），接著放上德國酸菜36克，再蓋上第二片麵包，趁溫熱出餐。

黃瓜三明治佐香料奶油乳酪
Cucumber Sandwich with Herbed Cream Cheese
10份

- 奶油乳酪170克，軟化
- 剁碎的蒔蘿3克（1大匙）
- 細香蔥末3克（1大匙）
- 高脂鮮奶油60毫升，或視需求添加
- 鹽，視需求添加
- 黑胡椒粉，視需求添加
- 帶蓋白吐司20片，每片0.6公分厚
- 英國黃瓜薄片340克

1. 混合奶油乳酪、蒔蘿、細香蔥末和足量鮮奶油，調合至質地滑順可塗抹。以鹽和胡椒調味。
2. 製作單份三明治時，取2片麵包，塗上香料奶油乳酪7.5毫升（1½小匙）。在其中一片吐司上放黃瓜片，並蓋上另一片。
3. 三明治切邊，再切成4個長條或其他形狀。
4. 立刻出餐，或放入有蓋容器中冷藏，保存至多2小時。

水田芥三明治佐香料蛋黃醬
Watercress Sandwich with Herb Mayonnaise
10份

香料蛋黃醬

- 蛋黃醬150毫升（見903頁）
- 香料植物末14克，如細香蔥、歐芹或蒔蘿
- 鹽，視需求添加
- 黑胡椒粉，視需求添加

- 帶蓋白吐司20片，每片0.6公分厚
- 洗淨並修整好的水田芥85克

1. 混合蛋黃醬和香料植物末，製成香料蛋黃醬。以鹽和胡椒調味。
2. 製作單份三明治時，取2片麵包，塗上香料蛋黃醬7.5毫升（1½小匙）。在其中1片吐司上放水田芥，蓋上另一片。
3. 三明治切邊，再切成4個三角形或其他形狀。
4. 立刻出餐，或放入有蓋容器中冷藏，保存至多2小時。

蘋果三明治佐咖哩蛋黃醬
Apple Sandwich with Curry Mayonnaise
10份

- 咖哩粉9克（1大匙）（按369頁食譜製作或購得）
- 蛋黃醬150毫升（見903頁）
- 鹽，視需求添加
- 黑胡椒粉，視需求添加
- 帶蓋白吐司20片，每片0.6公分厚
- 澳洲青蘋454克，去皮，切薄片

1. 在小型平底煎炒鍋內以中火加熱咖哩粉，不加油。咖哩粉放涼後，拌入蛋黃醬，再以鹽和胡椒調味。
2. 取2片麵包，塗上咖哩蛋黃醬7.5毫升（1½小匙）。青蘋果片35克，再蓋上另一片。
3. 以直徑4公分（1½吋）的圓形模具將三明治切成4個圓形，或其他形狀
4. 立刻出餐，或放入有蓋容器中冷藏，保存至多2小時。

Gorgonzola 乳酪西洋梨三明治

Gorgonzola and Pear Sandwich

10份

- 奶油乳酪57克，軟化
- Gorgonzola 乳酪142克，軟化
- 高脂鮮奶油60毫升，或視需求添加
- 鹽，視需求添加
- 黑胡椒粉，視需求添加
- 蜂蜜60毫升
- 白酒醋30毫升（2大匙）
- 西洋梨454克
- 帶蓋葡萄乾粗裸麥酸麵包20片，每片0.6公分厚

1. 混合奶油乳酪、Gorgonzola 乳酪及足量鮮奶油，調合至質地滑順可塗抹。以鹽和胡椒調味。
2. 混合蜂蜜和醋。梨子去皮、切薄片，刷上調配好的蜂蜜醋，避免氧化。
3. 取2片麵包，塗上 Gorgonzola 乳酪混合物。在其中一片吐司上放西洋梨片35克，再蓋上另一片。
4. 將三明治切成想要的形狀。立刻出餐或放入有蓋容器中冷藏保存，保存至多2小時。

番茄三明治佐奧勒岡酸奶油

Tomato Sandwich with Oregano Sour Cream

10份

- 酸奶油240毫升
- 剁碎的奧勒岡6克（2大匙）
- 鹽，視需求添加
- 黑胡椒粉，視需求添加
- 帶蓋白吐司20片，每片0.6公分厚
- 番茄907克，去核，切薄片

1. 混合酸奶油和奧勒岡，以鹽和胡椒調味。
2. 取2片麵包，塗上調配好的奧勒岡酸奶油7.5毫升（1½小匙）。在其中一片吐司上放番茄約85克，再蓋上另一片。
3. 將三明治切成想要的形狀。立刻出餐或放入有蓋容器中冷藏保存，保存至多2小時。

開胃點心 hors d'oeuvre

開胃點心（hors d'oeuvre）源於法文，意思是「餐點之外」，作用在於刺激味蕾，促進胃口。開胃點心應有以下特徵：

- 分量約為一、兩口。有些可用手直接拿食用，有些需要用到盤子和叉子，少數情況會用到刀子。
- 外觀誘人。開胃點心一般在餐前提供，作用是提振胃口，而有部分是透過誘人的視覺去達成。
- 襯托後續餐點。避免選用味道或質地相似的食材，舉例來說，若套餐內含法式龍蝦濃湯，開胃點心就不適合再使用龍蝦。

開胃點心的上菜方式

開胃點心的上菜方式包括優雅的管家式服務、相對輕鬆的自助餐，也可依據開胃點心的種類及某些特定功能，混和多種方式。主廚可參考以下通則作決定：

- 選擇開胃點心時，一併考慮當天活動的性質及後續餐點。
- 冰雕和冰塊襯底通常會用來替海鮮和魚子醬保冷，同時突顯菜餚迷人的外觀。確認冰塊融化後水分能順利排出，大型冰雕則應確實固定。
- 開胃點心無論是以淺盤盛裝，或由服務生拿著托盤供應，擺盤都應精美，就算盤中只剩下一份，也要保持迷人的外觀。
- 供應搭配醬汁的開胃點心時，需一併提供餐具。這類菜餚通常只在自助式場合提供，或作為套餐的前奏，以避免客人一邊站著，一邊手忙腳亂地拿著盤子、叉子和餐巾紙。
- 為了確保熱的開胃點心能保持熱度，應避免在同一個淺盤上同時擺放冷食及熱食。供應熱的開胃點心時，盡量減少每次端出的數量，增加端出的次數。

開胃菜 appetizers

開胃點心不會跟主要餐點一起端出，但開胃菜則通常是第一道菜。開胃菜在當今菜單中的角色越來越重要。雖然傳統開胃菜，如法式肉派、煙燻鱒魚或蒜香奶油蝸牛依舊可見，但越來越多主廚選擇將義式麵食、燒烤蔬菜和穀類製成開胃菜。

「打造」菜單時最常見的忠告是用邏輯串聯所有菜餚。然而，雖然人們總說某些食材適宜或不宜做成開胃菜，但事情總有例外。

多數開胃菜的分量都經過精密計算，且展現主廚完美的手藝和擺盤。一般來說，開胃菜的分量都不大，但風味絕佳，能夠緩和賓客的飢餓感，稍後才能盡情享受主菜。

經典開胃點心只要稍微增加分量，就可作為開胃菜。新鮮蛤蜊和生蠔都是廣受歡迎的選擇，盡可能在供餐前再撬開，同時搭配能凸顯天然海味的醬汁。另一道受人喜愛的開胃菜是經典雞尾酒蝦，搭配雞尾酒醬汁、莎莎醬或其他風味強烈的醬汁出餐。以下食材皆可用來製作開胃菜，可搭配盤飾或配料出餐，或做成拼盤：香腸、法式肉派、法式肉凍、肉凍卷、煙燻魚、肉、禽及風乾火腿薄片、牛肉薄片。

沙拉也可作為開胃菜，分量、醬汁和盤飾都可能改變，以呈現當季特色，或展示有別於其他料理的風味和質地。可混合沙拉及少量肉或海鮮，製成獨特的開胃菜。

熱的開胃菜包括小分量的義式麵食，如小型麵餃及方麵餃，可單獨出餐或放入醬汁、高湯中。起酥塔皮中央可挖空，或做成雙面煎餡餅，填入美味的蔬菜燉肉、鴨肝或鵝肝。此外也會使用炙烤或燒烤魚類、蝦蟹貝類或禽肉。可麗餅、俄羅斯布林薄煎餅和其他類似菜餚也很受歡迎。肉丸和其他調味絞肉也經常當作開胃菜。

蔬菜作為開胃菜的價值比以往更重要。蔬食開胃菜通常非常單純，如蒸朝鮮薊佐蘸醬、冷蘆筍佐風味油，或燒烤綜合蔬菜佐蒜泥蛋黃醬。

開胃菜的製作及擺盤

製作開胃菜和擺盤時，請銘記以下通則：

- 分量適中。開胃菜的分量通常很小。
- 謹慎調味。開胃菜的作用在於打開胃口，調味是其中的關鍵。切記在開胃菜之後還有其他佳餚，別過度使用新鮮香料或其他調味料。若一開始就使用過多蒜頭或羅勒，味覺容易麻木。
- 減少裝飾。盤飾不只要讓菜餚的顏色更吸引人，也應顧及風味和質地。
- 預先冷藏或預熱盤子，好讓開胃菜出餐時有正確的溫度。
- 切片、塑形和分配分量時都要用心，每一份開胃菜從第一口到最後一口都應引人勝且誘人，分量不宜過多使賓客過飽。
- 菜餚做得精巧俐落永遠很重要，作為餐點序曲的開胃菜則格外重要。
- 供應需一起享用的開胃菜時，應預先想好菜餚出餐時的樣貌。在廚房先切好會比留給賓客自己分更有效率。
- 擺盤時，顏色、形狀和留白都很重要。
- 選用大小、形狀合適的餐具。提供賓客用餐時會用到的所有器具，包括特殊餐具、裝空殼或骨頭的盤子，並視情況提供洗指碗。

鹹味冰慕斯的用途廣泛，可連同模具一起出餐、做成吐司狀或法式肉凍後切片、擠進塔皮，或當作頂飾。也可製成開胃點心、開胃菜或其他菜餚。慕斯在法文中的意思是「泡沫」或「液體表面的白沫」。

cold savory mousse
鹹味冰慕斯

慕斯由打發鮮奶油或打發蛋白輕輕切拌加入風味濃郁的基底（通常含有明膠）中製成。質地輕盈的泡沫狀慕斯必須冷藏至冰冷、定型後才能出餐。加熱會使慕斯的泡沫消失，因此冰慕斯盛盤後就不會再烹煮。熱慕斯則是以模具盛裝少量肉餡料，烹煮後趁熱出餐，熱慕斯的入模方法與冰慕斯相同。

每種基底食材所需的黏結料和膨鬆料分量稍有不同，可以下頁的基本配方作為基準，並根據慕斯的種類和用途進行調整。選用以下任一種或多種食材，作為慕斯的主要（基底）材料：攪打到很細或攪成泥的煙燻熟肉、魚肉或禽肉、乳酪或綜合乳酪（可塗抹的乳酪，如新鮮山羊乳酪或奶油乳酪）以及蔬菜泥（可能需要煎炒以增強風味、去除多餘水分）。基底食材在其他食材加入前應充分調味，製作完成後再次確認調味。務必在菜餚達到出餐溫度時嘗味，以視情況調味。

有些基底食材本身就很穩定，足以支撐慕斯（例如乳酪）。然而，基底材料若不夠緊實，通常會添加明膠（見950頁明膠的使用）。明膠的用量要能維持慕斯形狀，用量越多，成品越緊實。確切用量根據慕斯用途而定（緊實的慕斯用來切片，柔軟的慕斯用湯匙挖取或擠花）。

打發的蛋白，或打至軟性或中性發泡的高脂鮮奶油皆可當作慕斯的膨鬆料。不過，要是打過頭，慕斯靜置時可能會因為本身重量而「消泡」。可用的調味料、風味食材和盤飾種類繁多，選擇風味合適的來使用。

製作慕斯所需的器具包括將主要食材打成泥或糊的食物調理機，還有手持打蛋器或電動攪拌機的螺旋攪拌槳，用來攪打蛋白、鮮奶油。同時備妥鼓狀篩，視需要過濾基底食材。冰水浴槽可用來冷卻混合物，也別忘了量取、處理明膠所需的器具，以及塑形用的模具、餐盤或擠花袋。

基本配方

鹹味冰慕斯
1.13公斤

- 基底907克
- 黏結料（依食譜指示選用）明膠28克
- 液體（用來浸泡明膠）240毫升
- 膨鬆料480毫升

作法精要

1. 碾磨基底食材或打成泥。
2. 若使用黏結料，切拌加入基底食材。混合好的食材冷卻至正確溫度。
3. 膨鬆料輕輕切拌入基底食材。
4. 立刻將慕斯擠或舀至選定的容器中。

專業訣竅

▶ 確認基底食材稠度正確。為獲得正確稠度，可根據想要的成品，添加額外液體：

絲絨濃醬／白醬／蛋黃醬

▶ 打發鮮奶油或蛋白輕輕切拌加入混合物，不可過度攪拌，才能確保成品的蓬鬆度和質地都很完美。

明膠的使用

明膠可用來製作肉凍、穩定泡沫，或稠化以液體為基底的混合物，使食材能以冷盤形式出餐。溶液中的明膠濃度會左右成品樣貌。描述明膠濃度或強度最好的方法是「每品脫幾盎司」(中文版調整為每毫升幾公克)。明膠強度的製作配方請見952頁表格。

1. 明膠粉均勻撒入冷的溶液中。溶液若溫熱，明膠粉就無法確實軟化。均勻撒在溶液表面則可避免結塊。
2. 明膠應浸潤、軟化後再使用。根據食譜說明，將每28克明膠粉浸泡於240毫升的水溶液中。軟化明膠片的方法是將明膠片完全浸入冷水，軟化後，取出並輕輕壓擰，避免水分過度殘留，影響成品的稠度和風味。
3. 明膠軟化後，加熱融化。放入鍋子或攪拌盆，以小火加熱或隔水加熱，直到明膠液化。明膠加熱後會變得清澈、具流動性，能輕易倒出。將融化的明膠拌入溫熱或室溫的基底混合物中。

基底若冰冷，明膠可能無法均勻凝固。反之，基底若相當溫熱(至少41℃)，軟化的明膠便可直接倒入基底，利用基底食材的熱度融化，不需預先加熱融化。倒入後須持續攪拌，直到明膠與基底食材完全混合。

只要加入明膠，且混合物的溫度低於43℃，成品就會立刻凝固，所以要先準備好會用到的模具和出餐容器。成品可放在模具中出餐，也可脫模後出餐。脫模的方法是，用非常燙的熱水快速浸泡模具，擦乾後，倒扣在盤子上，輕敲模具，讓食物脫落。

1. 用食物調理機或絞肉機，將主要食材攪打成泥。為了獲得最佳質地，用網篩過濾打成泥的基底，去除殘留的筋肌或纖維，使成品更細緻。基底的稠度應類似卡士達奶油，可視需要加其他液體或含水食材調整稠度，如絲絨濃醬、白醬、未打發的鮮奶油或蛋黃醬。混合物的溫度若高於32℃，則應放入冰水浴槽冷卻。

製作鹹味冰慕斯時，通常需要添加黏結料，成品才夠稠。不過，乳酪、鵝肝醬等食材本身的黏結性就很高，不需另外添加黏結料。視情況加入明膠，用冷液體泡軟，接著加熱至32-43℃，融解明膠顆粒。融化的明膠拌入基底。

作法詳解

2. 以切拌方式將打發的鮮奶油或蛋白混入基底，混合均勻。為了達到最好的效果，鮮奶油或蛋白應打至濕性發泡，小心切拌進基底。首先加入約⅓，使剩餘鮮奶油更容易混合，也讓慕斯能順利膨發。切拌的動作太激烈或時間過久皆會降低慕斯的蓬鬆度，或使鮮奶油過度打發。

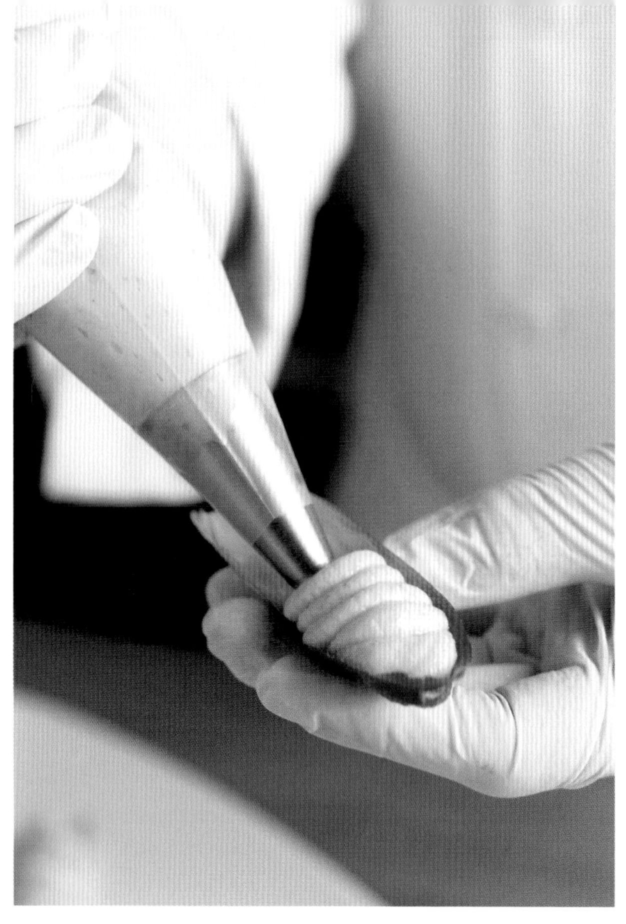

3. **慕斯填入船形塔或其他容器**，如圓形塔皮、泡芙或苦苣葉。慕斯也可當作法式小點的抹醬。將慕斯舀入或擠入個別分量的模具，視需求決定脫模或帶模出餐。或將慕斯堆疊數層，做成法式肉凍，脫模切片後出餐。

慕斯脫模前應冷藏至少2小時。高品質的冰慕斯風味飽滿、細緻、輕盈。食材應確實混合，看不到鮮奶油或基底的紋路，色澤均勻迷人。

明膠強度比例

明膠強度	每483毫升的使用克數	用途
細緻	7克	成品不需切片時
沾裹	14克	冷熱凍
可切片	28克	成品需切片時（如法式酥皮派或豬頭肉凍）
緊實	43克	食物的襯底或襯墊，以避免食材接觸金屬起化學反應
慕斯	57克	製成慕斯

煙燻鮭魚慕斯
Smoked Salmon Mousse
1.62公斤

- 煙燻鮭魚丁680克
- 絲絨濃魚醬240毫升（見294頁），冰冷
- 明膠粉28克
- 法式魚高湯240毫升（見264頁）或水，冰冷
- 鹽，視需求添加
- 黑胡椒粉，視需求添加
- 高脂鮮奶油480毫升，打發至濕性發泡

1. 鮭魚和絲絨濃醬放入食物調理機，攪打至滑順。用網篩過濾至中型攪拌盆內。
2. 用高湯浸泡明膠至明膠吸飽湯汁。
3. 取大小合適的鍋具，以微滾水隔水加熱至明膠融化，溫度達32-43℃。
4. 融化的明膠倒入鮭魚混合物。以鹽和胡椒調味。
5. 以切拌方式混合打發鮮奶油及鮭魚混合物，依喜好塑形或分成一份份。冷藏至少2小時，讓慕斯定型。

藍紋乳酪慕斯
Blue Cheese Mousse
1.13公斤

- 藍紋乳酪567克，剝成碎塊
- 奶油乳酪340克，軟化
- 鹽10克（1大匙）
- 粗磨黑胡椒1克（½小匙）
- 高脂鮮奶油360毫升，打至濕性發泡

1. 乳酪放入食物調理機，攪打至非常滑順，以鹽和胡椒調味。
2. 以切拌方式均勻混合打發的鮮奶油及乳酪，不可有結塊。
3. 做好的慕斯可以做成法式小點，也可以當作填料或蘸醬。

山羊乳酪慕斯：用新鮮山羊乳酪取代藍紋乳酪。

公雞嘴莎莎醬
Pico de Gallo
960毫升

- 粗剁的芫荽120毫升（½杯）
- 中型橢圓形番茄15顆，切小丁
- 塞拉諾辣椒或哈拉佩諾辣椒4根，去籽、切末
- 萊姆2顆，擠汁
- 中型洋蔥1顆，切小丁
- 鹽，視需求添加

在中型攪拌盆內混合所有食材，以鹽調味。立刻使用，或冷藏保存1-2小時。出餐前需回復到室溫。

燒烤風味莎莎青醬

Salsa Verde Asada

960毫升

- 黏果酸漿822克
- 白洋蔥269克
- 哈拉佩諾辣椒99克
- 蒜瓣4粒，帶皮
- 鹽3克（1小匙），視需求增添用量
- 芫荽85克，粗剁

1. 開中火，在墨西哥煎烤盤或鑄鐵平底深煎鍋內乾烤黏果酸漿、洋蔥、哈拉佩諾辣椒和蒜，直到黏果酸漿和哈拉佩諾辣椒的表皮起泡且熟透。黏果酸漿放涼後去皮。蒜皮一旦變成褐色便可起鍋，去皮，放涼至室溫。
2. 蒜放入研缽，加鹽搗成糊。
3. 哈拉佩諾辣椒去蒂、去皮，剖半，放入研缽，混入蒜糊，搗至質地細緻。
4. 洋蔥放入研缽，繼續搗磨。
5. 放入黏果酸漿，一次一顆，用研杵畫圈搗磨至黏果酸漿與莎莎醬完全混合。
6. 混入芫荽，以鹽調味。立刻使用或冷藏備用。

莎莎粗青醬

Salsa Verde Cruda

600毫升

- 塞拉諾辣椒末35克
- 黏果酸漿411克，粗剁
- 蒜末3克（1小匙）
- 白洋蔥135克，粗剁
- 鹽2.5克（¾小匙）
- 芫荽71克

1. 塞拉諾辣椒、黏果酸漿、蒜和洋蔥放入果汁機，攪打至滑順。
2. 以鹽調味，加入芫荽，快速打勻，注意應避免刀片變熱，導致芫荽受熱或燒焦。立刻使用或冷藏備用。

莎莎紅醬

Salsa Roja

960毫升

- 橢圓形番茄12顆
- 蒜瓣4粒
- chipotle 辣椒6根，去籽、切末
- 芫荽43克
- 鹽，視需求添加

1. 開中火，在墨西哥煎烤盤上乾烤番茄，直到番茄外皮起泡且熟透。番茄起鍋，放涼，去皮。
2. 用同一個煎烤盤乾烤蒜瓣至蒜皮變成褐色，需12-15分鐘。剝除蒜皮。
3. 烤番茄、蒜、chipotle 辣椒和芫荽放入果汁機，攪打至滑順。
4. 以鹽調味。若莎莎醬過稠，可加水稀釋。立刻使用或冷藏備用。

木瓜黑豆莎莎醬

Papaya-Black Bean Salsa

960毫升

- 瀝乾的熟黑豆198克
- 成熟的木瓜小丁198克
- 紅椒小丁57克
- 紅洋蔥小丁57克
- 哈拉佩諾辣椒末14克
- 粗剁的芫荽6克（2大匙）
- 薑末28克
- 橄欖油60毫升
- 萊姆汁30毫升（2大匙）
- 鹽，視需求添加
- 黑胡椒粉，視需求添加

在中型攪拌盆內混合所有食材，以鹽和胡椒調味。立刻使用或冷藏備用。

葡萄柚莎莎醬

Grapefruit Salsa

960毫升

- 橄欖油60毫升
- 粗剁的芫荽6克（2大匙）
- 紅洋蔥細丁57克，以清水沖過
- 去籽蘇格蘭圓帽辣椒末3克（1小匙）
- 剁碎的歐芹2克（2小匙）
- 紅寶石葡萄柚4顆（約567克），切成角
- 柳橙2顆（約170克），切成角
- 鹽1.5克（½小匙），或視需求增減

1. 在小型攪拌盆內混合橄欖油、芫荽、洋蔥、蘇格蘭圓帽辣椒和歐芹。
2. 出餐前再放入葡萄柚和柳橙。以鹽調味。
3. 立刻使用或冷藏備用。

昆布蘭醬

Cumberland Sauce

960毫升

- 柳橙2顆
- 檸檬2顆
- 紅蔥末14克
- 醋栗果漿醬567克
- 芥末粉6克（1大匙）
- 寶石紅波特酒360毫升
- 鹽，視需求添加
- 黑胡椒粉，視需求添加
- 卡宴辣椒1撮
- 薑粉1撮

1. 用刨絲刀或削皮器將柳橙及檸檬皮刨成細絲。果肉榨汁備用。
2. 在小型醬汁鍋內以滾水汆燙柳橙皮和檸檬皮30秒，取出立刻瀝乾。
3. 在不起化學反應的醬汁鍋內混合兩種果汁、果皮、紅蔥、果漿醬、芥末、波特酒、鹽、胡椒、卡宴辣椒和薑。加熱至微滾，煮成糖漿，需5-10分鐘。
4. 在冰水浴槽中冷卻醬汁。立刻使用或冷藏備用。

亞洲風蘸醬

Asian Dipping Sauce

960毫升

- 薑末28克
- 蒜末14克
- 青蔥末57克，使用蔥白及蔥綠
- 植物油10毫升（2小匙）
- 醬油480毫升
- 米酒醋240毫升
- 水240毫升
- 芥末粉4克（2小匙）
- 辣豆瓣醬5毫升（1小匙）
- 蜂蜜60毫升

1. 油、蒜、薑和青蔥放入小型醬汁鍋，炒軟不上色，直到散發香氣。放涼。
2. 在中型攪拌盆內均勻混合炒過的食材、醬油、醋、水、芥末、豆瓣醬和蜂蜜。
3. 立刻使用或放涼後冷藏備用。

芫荽萊姆醬油

Cilantro-Lime Soy Sauce

20份

- 蒜瓣4粒，切末
- 薑末90毫升（6大匙）
- 越式辣椒醬45毫升（3大匙）
- 剁碎的芫荽240毫升
- 醬油240毫升
- 萊姆汁及果渣120毫升
- 水120毫升
- 糖50克

1. 蒜和薑放入研砵，搗成質地細緻的糊。搗好後，放入攪拌盆，加入剩餘食材，攪打至糖溶解。
2. 靜置10分鐘，嚐一嚐並調味。

越式蘸醬

Vietnamese Dipping Sauce

960毫升

- 泰國辣椒20根，紅、綠皆可
- 蒜瓣4粒，切末
- 糖113克
- 溫水480毫升
- 萊姆汁120毫升
- 魚露240毫升
- 胡蘿蔔細絲43克

1. 取10根辣椒，切成細環，置於一旁做裝飾。剩下的辣椒切末，放入中型攪拌盆。
2. 加入蒜、糖、水、萊姆汁和魚露，攪打至糖溶解。放入預留的辣椒和胡蘿蔔。靜置10分鐘。
3. 立刻使用或冷藏備用。

春卷蘸醬

Spring Roll Dipping Sauce

960毫升

- 胡蘿蔔細絲28克
- 白蘿蔔細絲57克
- 糖99克
- 蒜末14克
- 紅辣椒末14克
- 萊姆或檸檬汁120毫升
- 米酒醋240毫升
- 越式魚露（nuoc mam）120毫升
- 水240毫升

1. 在中型攪拌盆內均勻混合糖28克、胡蘿蔔和白蘿蔔，靜置15分鐘。
2. 蒜、紅辣椒和剩餘的糖放入食物調理機，打至滑順。放入萊姆汁、醋、魚露和水，攪打均勻，並確認糖已溶解。倒入紅、白蘿蔔混和物。
3. 立刻使用或冷藏備用。

黃瓜優格醬

Yogurt Cucumber Sauce

960毫升

- 原味優格480毫升
- 黃瓜454克，去皮、去籽、切小丁
- 蒜末9克（1大匙）
- 孜然粉4克（2小匙）
- 薑黃粉2克（1小匙）
- 鹽，視需求添加
- 黑胡椒粉，視需求添加

1. 在網篩中鋪上濾布，架在攪拌盆上，倒入優格，放入冰箱冷藏過濾至少8小時。
2. 混合優格和黃瓜，接著加入蒜、孜然、薑黃、鹽和胡椒。
3. 醬汁可帶顆粒，也可攪打至滑順。立刻使用或冷藏備用。出餐前先攪拌醬汁，視需要調味。

墨西哥酪梨醬

Guacamole

960毫升

- 哈斯酪梨5顆
- 橢圓形番茄2顆，切小丁
- 紅洋蔥末113克
- 塞拉諾辣椒3根，去籽，切細末
- 粗剁的芫荽6克（2大匙）
- 萊姆2顆，榨汁
- 鹽，視需求添加

1. 酪梨去核、去皮，粗切成中丁。均勻混合酪梨、番茄、洋蔥、塞拉諾辣椒、芫荽和萊姆汁。稍微搗碎酪梨，製成帶有碎塊的酪梨糊。
2. 以鹽調味。立刻使用或冷藏備用。

NOTE：墨西哥酪梨醬最好於供餐當天製作。

鷹嘴豆泥芝麻醬

Hummus bi Tahini

960毫升

- 乾燥鷹嘴豆340克，浸泡過夜
- 檸檬汁150毫升
- 蒜瓣3粒，加鹽後壓碎
- 特級初榨橄欖油90毫升
- 塔希尼芝麻醬128克
- 鹽，視需求添加
- 紅椒粉，視需求添加
- 剁碎的歐芹28克

1. 在中型鍋內以滾水烹煮鷹嘴豆至軟化，需1-2小時。取出瀝乾，煮豆水保留備用。
2. 煮豆水約120毫升和鷹嘴豆放入食物調理機，攪打成滑順的糊。
3. 倒入檸檬汁，加入蒜、油、芝麻醬和鹽，混合均勻。
4. 視需要調整稠度和調味。以紅椒和歐芹裝飾。立刻使用或冷藏備用。

中東茄泥蘸醬

Baba Ghanoush

960毫升

- 茄子1.81公斤（約4根）
- 塔希尼芝麻醬170克
- 蒜瓣3粒，切末
- 檸檬汁180毫升
- 鹽，視需求添加
- 黑胡椒粉，視需求添加
- 剁碎的歐芹43克（非必要）

1. 茄子剖半，切面朝下，放入塗了薄薄一層油的淺烤盤，以232℃的烤爐烘烤45-60分鐘至茄子表皮烤焦，內部熟透。靜置放涼至不燙手。
2. 刮下茄肉，放入食物調理機，一併放入芝麻醬、蒜、檸檬汁、鹽和胡椒，攪打至質地均勻。若混合物過稠，可加入30毫升（2大匙）的水稀釋。
3. 醬汁打至滑順後，依喜好加入歐芹，間歇攪打混合。理想的成品應可稍微抹開，但不過稀。以鹽和胡椒調味。
4. 立刻使用或冷藏備用。

哈里薩辣醬

Harissa

720毫升

- 乾燥哈瓦那辣椒2-3根
- 紅辣椒454克，去蒂、去籽
- 日曬番茄113克
- 蒜瓣3粒，加鹽後壓碎
- 薑黃粉6克（1大匙）
- 芫荽粉1克（½小匙）
- 孜然粉1克（½小匙）
- 葛縷子籽1克（½小匙），乾炒後磨碎
- 檸檬汁2.5毫升（½小匙），或視需求增減
- 橄欖油120毫升，或視需求增減
- 水120毫升，或視需求增減
- 鹽1.5克（½小匙），或視需求增減

1. 在平底煎炒鍋內乾炒哈瓦那辣椒至皮色變深，冒少量煙，每面炒約15秒。
2. 以溫水浸泡哈瓦那辣椒至充水軟化，取出後去蒂、去籽。
3. 哈瓦那辣椒、紅辣椒、番茄、蒜、薑黃、芫荽、孜然、葛縷子籽、檸檬汁和橄欖油放入果汁機，攪打至質地滑順、均勻
4. 以水、檸檬汁和油調整稠度。以鹽調味。
5. 立刻使用或冷藏備用。

橄欖酸豆醬

Tapenade

960毫升

- 去核綠橄欖284克，以清水沖過
- 去核尼斯黑橄欖284克，以清水沖過
- 酸豆170克，以清水沖過
- 蒜瓣4粒，切末
- 檸檬汁45毫升（3大匙）
- 特級初榨橄欖油120毫升
- 黑胡椒粉，視需求添加
- 剁碎的奧勒岡6克（2大匙）
- 羅勒細絲6克（2大匙）

1. 橄欖、酸豆和蒜放入食物調理機。一邊攪打，一邊慢慢倒入檸檬汁和油，直到醬汁變得厚重，可輕易抹開即可。別過度攪打。
2. 以胡椒調味，放入奧勒岡和羅勒。
3. 立刻使用或冷藏備用。

葉門辣椒醬

Z'hug

960毫升

- 哈拉佩諾辣椒1.47公斤
- 蒜頭50克，剁碎
- 芫荽葉198克
- 歐芹葉99克
- 薄荷葉99克
- 孜然8克（4小匙），乾炒後磨碎
- 小豆蔻莢10克（4小匙），脫莢、取籽並乾炒
- 特級初榨橄欖油480毫升
- 檸檬汁180毫升，或視需求添加
- 鹽，視需求添加
- 黑胡椒粉，視需求添加

1. 用上明火烤爐或直接加熱烘烤哈拉佩諾辣椒，烤好後加蓋靜置，放涼，待可以用手處理時，剝掉外皮。
2. 哈拉佩諾辣椒、蒜、芫荽、歐芹、薄荷、孜然和小豆蔻放入食物調理機，間歇攪到非常碎。
3. 一邊倒油，一邊將混合物攪打成泥。以檸檬汁、鹽和胡椒調味。
4. 立刻使用或冷藏備用。

辛辣美式芥末醬

Spicy Mustard

240毫升

- 芥末粉85克
- 鹽1撮
- 糖1撮
- 冷水60毫升，或視需求添加

1. 芥末粉、鹽和糖放入小型攪拌盆。
2. 一邊慢慢倒入水，一邊攪拌，直到醬汁稠度如鮮奶油般滑順、濃郁。
3. 用保鮮膜封住攪拌盆，靜置15分鐘再使用。

山葵醬

Wasabi

240升

- 山葵粉156克
- 溫水，視需求添加

1. 山葵粉放入小型攪拌盆，倒入足量水，製成質地滑順的山葵醬。攪拌盆用保鮮膜封緊。
2. 山葵醬靜置10分鐘，或直到風味完全發展。
3. 立刻使用或冷藏備用。

NOTES：混合山葵粉和水時，人稍微遠離攪拌盆，避免粉末飛起刺痛眼睛。

如果不喜歡太嗆的味道，可用冰水取代溫水。

烤紅椒醬

Roasted Red Pepper Marmalade

960毫升

- 紅洋蔥末227克
- 橄欖油30毫升
- 烤過的紅椒4顆，去皮、去籽、切細丁
- 剁細的酸豆57克
- 細香蔥末14克
- 鹽，視需求添加
- 黑胡椒粉，視需求添加

1. 洋蔥用油炒軟至透明，放涼至室溫。
2. 混合洋蔥、甜椒、酸豆和細香蔥。以鹽和胡椒調味，醃漬至少30分鐘。
3. 立刻使用或冷藏備用。

甜醃蔓越莓

Cranberry Relish

960毫升

- 蔓越莓340克
- 柳橙汁90毫升
- 白橙皮香甜酒90毫升
- 糖85克，或視需求增減
- 橙皮刨絲28克
- 橙瓣284克
- 鹽，視需求添加
- 黑胡椒粉，視需求添加

1. 在小型醬汁鍋內均勻混合蔓越莓、柳橙汁、白橙皮香甜酒、糖和橙皮。
2. 加蓋以小火烹煮，適時攪拌。烹煮15-20分鐘，蔓越莓裂開、醬汁開始變稠時離火，放入橙瓣。以鹽和胡椒調味，用糖調整甜度。
3. 立刻使用或快速冷卻後冷藏備用。

辛辣芒果甜酸醬

Spicy Mango Chutney

480毫升

- 去皮芒果丁454克
- 葡萄乾85克
- 哈拉佩諾辣椒末6克（2小匙）
- 蒜末14克
- 薑末14克
- 深色紅糖142克
- 白酒醋30毫升（2大匙）
- 鹽，視需求添加
- 黑胡椒粉，視需求添加
- 薑黃粉2克（1小匙）

1. 在不起化學反應的容器內混合芒果、葡萄乾、哈拉佩諾辣椒、蒜、薑和糖，加蓋冷藏24小時。
2. 混合好的食材倒入中型醬汁鍋，加醋，煮滾後以小火繼續烹煮15分鐘。
3. 以鹽和胡椒調味，再煮10分鐘。拌入薑黃粉後，再煮5分鐘，或煮至甜酸醬達到理想稠度。
4. 立刻使用或快速冷卻後冷藏備用。

咖哩甜醃洋蔥

Curried Onion Relish

960毫升

- 洋蔥小丁454克
- 蒸餾白醋240毫升
- 糖170克
- 醃漬辛香料14克，放入香料包中綁好
- 咖哩粉9克（1大匙）（按369頁食譜製作或購得）
- 蒜末0.75克（¼小匙）
- 鹽，視需求添加

1. 在不起化學反應的中型醬汁鍋內放入所有食材，混合均勻。
2. 加蓋，以小火烹煮30分鐘，期間應頻繁攪拌，避免燒焦，直到醬汁呈現理想稠度，約需30分鐘。取出香料包。
3. 立刻使用或快速冷卻後冷藏備用。

醃漬薑片

Pickled Ginger

454克

- 薑454克，去皮
- 海鹽8克（2大匙）
- 米酒醋480毫升
- 糖156克
- 紫蘇葉8片，切細絲

1. 用日式蔬果切片器將去皮的薑刨成極薄的薑片。
2. 在不起化學反應的中型攪拌盆內放入薑片和鹽5克（1小匙），靜置10分鐘。用熱水洗淨薑片，取出瀝乾。
3. 在小型鍋子內放入醋、糖、紫蘇葉和剩餘的鹽，煮滾。以混合醋液澆淋薑片，冷卻至室溫，醃漬1夜。
4. 立刻使用或冷藏備用。

醃漬紅洋蔥

Pickled Red Onions

960毫升

- 哈瓦那辣椒1根
- 紅洋蔥薄片454克
- 柳橙汁或萊姆汁180毫升
- 鹽，視需求添加

1. 以上明火烤爐或直接加熱烘烤哈瓦那辣椒，直到外皮起泡且稍微燒焦。加蓋靜置，放涼至不燙手後，去皮、去籽並剁細碎。
2. 在中型攪拌盆內混合洋蔥、果汁和一半切好的辣椒，拋翻使辣椒沾附汁液。放入冰箱醃漬至少2小時。
3. 再次拌勻，以鹽調味，視需要加入更多辣椒。
4. 立刻使用或冷藏備用。

墨西哥玉米脆片

Tortilla Chips

10份

- 植物油960毫升，或視油炸所需用量調整
- 卡宴辣椒，視需求添加
- 鹽35克
- 玉米薄餅20片，切成楔形

1. 油倒入深鍋，以中火加熱至177℃。
2. 在小碗中均勻混合卡宴辣椒和鹽，保留備用。
3. 油炸楔形玉米薄餅至酥脆，期間應適時攪拌，才能炸得均勻，視需要分批進行。
4. 用笊籬或漏勺撈起玉米脆片，放在廚房紙巾上瀝油。以少許卡宴辣椒鹽調味後出餐。

檸檬汁醃生扇貝

Seviche of Scallops

10份

- 海扇貝567克，去除閉殼肌，切薄片
- 去皮、去籽的番茄284克，切小丁
- 檸檬汁或萊姆汁180毫升
- 紅洋蔥85克，切薄環
- 橄欖油60毫升
- 青蔥57克，使用蔥綠和蔥白，斜切
- 哈拉佩諾辣椒末14克
- 粗剁的芫荽12克（4大匙）
- 鹽5克（1½小匙）
- 壓成泥的蒜3克（1小匙）

1. 在大型攪拌盆內輕輕混合所有食材，以避免扇貝破裂。
2. 以不起化學反應的容器盛裝扇貝混合物，放入冰箱醃漬至少4小時，至多12小時。
3. 從冰箱取出後立刻出餐。

阿卡普爾式檸檬汁醃生魚

Ceviche Estilo Acapulco

10份

- 野生銀花鱸魚片1.13公斤，帶皮
- 萊姆汁240克
- 鹽6.5克（2小匙），或視需求添加
- 番茄汁240克
- 特級初榨橄欖油45毫升（3大匙）
- 乾燥奧勒岡2克（1小匙）
- 糖，視需求添加（非必要）
- 白洋蔥小丁85克
- 羅馬番茄小丁170克
- 剁碎的塞拉諾辣椒28克
- 剁碎的去核 manzanilla 綠橄欖92克
- 剁碎的芫荽6克（2大匙）
- 酪梨丁198克
- 墨西哥玉米脆片（見962頁）

1. 魚肉逆紋切成小丁，以不起化學反應的攪拌盆盛裝。
2. 倒入萊姆汁，加鹽，拋翻均勻。用保鮮膜封住攪拌盆，放入冰箱冷藏至魚片「煮熟」，約需2小時。
3. 倒入番茄汁、橄欖油、奧勒岡和鹽，混合均勻後嘗一嘗（某些品牌的番茄汁較酸，可能需要加入少量糖以中和酸味）。
4. 出餐前，瀝乾魚，保留醃漬液。洋蔥、番茄、塞拉諾辣椒、橄欖、芫荽、調味番茄汁都混入醃漬液中，淋上魚肉，嘗一嘗，以鹽調味。
5. 出餐前放入酪梨丁，混合均勻。
6. 成品以廣口玻璃容器盛裝，佐以墨西哥玉米脆片出餐。

NOTE：可任意選用中度活動的鹹水魚取代銀花鱸，不過應盡量選擇最新鮮的魚。

煙燻鮭魚冷盤

Smoked Salmon Platter

20份

- 煙燻鮭魚片1片（約1.36公斤）
- 全熟蛋3顆（見866頁），蛋白、蛋黃分離，剁細
- 以清水沖過、瀝乾的酸豆45毫升（3大匙）
- 紅洋蔥末142克
- 法式酸奶油240毫升
- 剁碎的蒔蘿3克（1大匙）
- 法國棍子麵包1根，烤過後切片

1. 從魚尾開始，將鮭魚斜切成極薄片。
2. 以淺盤盛裝鮭魚，並以碎蛋白、碎蛋黃、酸豆和洋蔥裝飾。
3. 混合法式酸奶油和蒔蘿。煙燻鮭魚搭配蒔蘿酸奶油及烤法國麵包出餐。

生醃鮪魚

Tuna Carpaccio (Crudo di Tonno alla Battuta)

10份

莎莎粗醬

- 特級初榨橄欖油330毫升
- 鹽漬酸豆113克，以清水沖過
- 芹菜心薄片71克
- 紅洋蔥64克，切細丁
- picholine橄欖57克，去核，粗剁
- 剁碎的歐芹57克
- 檸檬皮6克（2小匙），切絲，汆燙
- 蒜瓣2粒，切末
- 哈拉佩諾辣椒1根，去籽，切細丁
- 鹽，視需求添加
- 黑胡椒粉，視需求添加

- 修整過的大目鮪或黃鰭鮪條塊肉709克

酥脆麵包丁

- 植物油480毫升，或視油炸所需用量使用
- 白麵包340克，切邊、切細丁
- 鹽，視需求添加
- 黑胡椒粉，視需求添加

沙拉

- 綠捲鬚苦苣心113克
- 嫩芝麻葉113克
- 苦苣葉113克，切細絲
- 芹菜葉14克
- 蘿蔔6顆，切絲
- 茴香葉113克
- 檸檬汁30毫升（2大匙）
- 特級初榨橄欖油60毫升
- 鹽，視需求添加
- 黑胡椒粉，視需求添加

盤飾

- 橄欖30粒

1. 均勻混合所有莎莎粗醬食材，保留備用。
2. 用鋒利刀具將鮪魚切片，每片71克。在鮪魚片上下各放1張保鮮膜，捶敲至薄如紙，但不可使魚肉破裂。冷藏備用。
3. 製作麵包丁。在中型平底煎炒鍋內以中大火熱油。麵包煎炸至呈金褐色後起鍋，放在廚房紙巾上吸油。以鹽和胡椒調味。
4. 製作沙拉。混合綠捲鬚苦苣心、芝麻葉、苦苣葉、芹菜葉、蘿蔔和茴香葉，淋上檸檬汁15毫升（1大匙）和油30毫升（2大匙）。以鹽和胡椒調味。
5. 擺盤。捶敲過的鮪魚片放在盤子正中央，放上莎莎醬45毫升（3大匙），均勻抹開，撒上酥脆麵包，再放上非常少量的沙拉。鮪魚周圍放上3粒橄欖。以鹽、胡椒和幾滴檸檬汁及橄欖油裝飾，立刻出餐。

夏威夷堅果椰香蝦

Coconut Macadamia Shrimp

10份

醃醬

- 中式海鮮醬30毫升（2大匙）
- 干雪利酒30毫升（2大匙）
- 米酒醋15毫升（1大匙）
- 醬油15毫升（1大匙）
- 鹽5克（1½小匙）
- 蒜末3克（1小匙）
- 黑胡椒粉0.5克（¼小匙）

- 蝦794克（每453克16-20隻），去殼（尾部的殼不去），切開攤平

麵糊

- 中筋麵粉85克
- 磨碎的夏威夷堅果57克
- 小蘇打粉8克（1¼小匙）
- 無糖椰奶150毫升
- 蛋1顆，打散

- 中筋麵粉128克，裹粉用
- 現刨椰肉絲85克
- 植物油960毫升，或視需求增減
- 亞洲風蘸醬300毫升（見956頁）

1. 製作醃醬，在中型攪拌盆內混合所有蘸醬食材。加入蝦子，拋翻使蝦子均勻沾裹醃醬，醃漬1小時。
2. 製作麵糊。在攪拌盆中用手持打蛋器混合麵粉、磨碎的堅果、小蘇打粉、椰奶和蛋。
3. 瀝掉蝦身上多的餘醃醬，除了蝦尾外，整隻蝦都應沾附麵粉。接著裹上椰絲，輕壓蝦子，使其攤平，以利沾取椰絲。準備一只淺烤盤，烤盤上放上網架，將蝦子放在網架上，冷藏1小時讓裹粉層凝固。
4. 油倒入厚底深鍋，加熱至177℃。深炸蝦子1-2分鐘至呈金褐色且熟透。起鍋後放在廚房紙巾上瀝油，搭配蘸醬立刻出餐。

烤培根蛤蜊

Clams Casino

10份

- 培根丁113克
- 洋蔥末113克
- 青椒末85克
- 紅椒末85克
- 奶油227克
- 鹽，視需求添加
- 黑胡椒粉，視需求增減
- 伍斯特醬5毫升（1小匙），或視需求添加
- 小圓蛤或櫻桃寶石蛤40顆
- 培根片10片，汆燙後切絲

1. 在小型平底煎炒鍋內以中小火煎培根丁至酥脆，放入洋蔥、青椒和紅椒，炒軟，約需5分鐘。食材起鍋，放涼。
2. 奶油放入中型攪拌盆，稍微軟化，以鹽、胡椒和伍斯特醬調味。倒入培根混合物，攪拌均勻。
3. 蛤蜊刷洗乾淨，丟棄殼已經打開的蛤蜊。去除上蓋，挖鬆下蓋上的蛤蜊肉。在每顆蛤蜊上放奶油培根丁14克和培根絲5克（1½小匙）。炙烤蛤蜊至培根變得酥脆，立刻出餐。

烤培根蛤蜊

乞沙比克式蟹肉餅佐烤紅椒醬（見 960 頁）

乞沙比克式蟹肉餅

Chesapeake-Style Crab Cakes

10份

- 紅蔥1顆，切末
- 植物油30毫升（2大匙）
- 蛋黃醬390毫升（見903頁）
- 蛋2顆，打散
- 芥茉籽醬150毫升
- 剁碎的歐芹9克（3大匙）
- 細香蔥2束，切末
- 辣醬6.25毫升（1¼小匙）
- 美式海鮮調味粉57克
- 藍蟹肉1.13公斤，挑揀乾淨
- 鹹蘇打餅碎塊106克
- 鹽，視需求添加
- 黑胡椒粉，視需求添加
- 花生油，視需求添加
- 烤紅椒醬480毫升（見960頁）

1. 在小型平底煎炒鍋內用植物油炒軟紅蔥至透明，放涼。
2. 混合紅蔥、蛋黃醬、蛋、芥末、歐芹、細香蔥、辣醬及美式海鮮調味粉。以切拌方式混合蛋黃醬及蘇打餅碎塊，注意不要弄碎蟹肉。以鹽和胡椒調味。
3. 混合好的蟹肉分成一份份，每份57克，製成直徑4公分，厚2公分的小圓餅。
4. 花生油倒入鑄鐵平底鍋，以中大火加熱，蟹肉餅煎至呈金褐色且熟透，每面約需2分鐘。起鍋後放在廚房紙巾上吸油。
5. 立刻出餐。

炙烤蒜蝦

Broiled Shrimp with Garlic

10份

- 乾燥麵包粉113克
- 蒜末14克
- 剁碎的歐芹3克（1大匙）
- 剁碎的奧勒岡3克（1大匙）
- 奶油170克，融化
- 鹽5克（1½小匙）
- 黑胡椒粉0.5克（¼小匙）
- 蝦794克（每453克16-20隻），去殼，切開攤平

1. 在中型攪拌盆內混合麵包粉、蒜、歐芹、奧勒岡和奶油113克，以鹽和胡椒調味。
2. 以焗烤盤盛裝烤蝦，刷上剩餘奶油，每份2-4隻。
3. 每份烤蝦撒上4-8克（1-2小匙）混合好的麵包粉，以232℃的烤爐烤2-3分鐘，直到蝦子燙口且熟透。立刻出餐。

蝦子鑲蟹肉
Stuffed Shrimp
10份

- 奶油28克，融化
- 乾燥麵包粉57克

蟹肉填料

- 洋蔥末28克
- 青蔥末43克，蔥綠及蔥白
- 奶油43克
- 中筋麵粉43克
- 白酒75毫升
- 高脂鮮奶油90毫升
- 蟹肉198克，去軟骨
- 鹽，視需求添加
- 黑胡椒粉，視需求添加
- 檸檬汁30毫升（2大匙），或視需求增減

- 蝦794克（每453克16-20隻蝦），去殼，切開攤平

1. 小型碗中混合融化的奶油和麵包粉，保留備用。
2. 開中火，在小型平底深煎鍋內用奶油炒軟洋蔥和青蔥。加入麵粉，煮至滑順且帶有光澤，需2-3分鐘。一邊攪拌一邊加入酒，煮1分鐘。加入鮮奶油，煮滾，期間應不時攪拌，煮5分鐘至填料變稠。蟹肉輕輕切拌混入濃稠的填料，若稠度不足，可繼續烹煮。以鹽、胡椒和檸檬汁調味，冷藏備用。
3. 冷藏蟹肉填入蝦子，撒上奶油麵包粉。
4. 蝦子以216℃的烤爐烘烤4-5分鐘，直到蝦子燙口且呈褐色。立刻出餐。

印度咖哩餃
Samosas
10份

麵糰

- 中筋麵粉340克
- 水180毫升，溫熱
- 植物油45毫升（3大匙）
- 鹽1.5克（½小匙）

填料

- 洋蔥小丁227克
- 奶油43克
- 薑末9克（1大匙）
- 蒜末6克（2小匙）
- 塞拉諾辣椒末6克（2小匙）
- 壓碎的芫荽1.5克（¾小匙）
- 咖哩粉6克（2小匙）（按369頁食譜製作或購得）
- 番茄糊15毫升（1大匙）
- 檸檬汁15毫升（1大匙）
- 蝦子細丁454克
- 法式魚高湯240毫升（見264頁）

- 蛋液（見1023頁），視需求使用
- 植物油960毫升，或視需求增減

1. 在中型攪拌盆內混合所有製作麵糰的食材，攪拌至滑順。用保鮮膜封住攪拌盆，放入冰箱靜置1小時。
2. 在中型平底深煎鍋內以奶油煎炒洋蔥至透明。放入薑、蒜、塞拉諾辣椒、芫荽和咖哩粉，炒1-2分鐘至香氣濃郁。倒入番茄糊、檸檬汁和蝦子，煎2分鐘，蝦子不可煎出褐色。倒入高湯，煮至湯汁幾乎蒸發。將所有食材倒入攪拌盆後，冷藏備用。

3. 用壓麵機將麵糰壓成極薄的麵皮。切成寬5公分、長20公分的長條。
4. 在麵皮的一端放上少量填料15-30毫升（1-2大匙），以摺國旗的方式摺成三角形，接合處用蛋液封口。
5. 植物油加熱至191℃，深炸印度咖哩餃至呈金褐色，4-5分鐘。置於廚房紙巾上吸油，趁熱出餐。

豆腐餅搭配波特貝羅大香菇佐芒果番茄醬

Tofu Cakes with Portobello Mushrooms and Mango Ketchup

10份

芒果番茄醬

- 番茄680克，粗剁
- 芒果2.35公斤，粗剁
- 黃砂糖284克
- 蘋果醋240毫升
- 薑21克，切末
- 肉桂粉14克
- 丁香粉1克（½小匙）

波特貝羅大香菇

- 波特貝羅大香菇10朵
- 花生油195毫升
- 米酒醋75毫升
- 青蔥13克（2大匙），蔥白及蔥綠，切末
- 鹽3克（1小匙）
- 黑胡椒粉0.5克（¼小匙）

豆腐餅

- 胡蘿蔔907克，刨絲
- 芹菜113克，刨絲
- 洋蔥113克，刨絲
- 紅椒57克，切末
- 黃椒57克，切末
- 鹽15克（1½大匙）
- 板豆腐709克
- 青蔥227克，切末
- 蒜末6克（2小匙）
- 核桃198克，磨碎
- 剁碎的歐芹12克（2大匙）
- 剁碎的百里香3克（1大匙）
- 黑胡椒粉2克（1小匙）
- 辣醬5毫升（1小匙）
- 芝麻油5毫升（1小匙），或視需求增減
- 蛋6顆，稍微打散
- 日式麵包粉198克
- 猶太教逾越節無酵餅57克
- 花生油240毫升

1. 製作芒果番茄醬。開小火，在醬汁鍋內烹煮番茄和芒果至稠化，約需25分鐘。
2. 煮好的番茄和芒果倒入果汁機或食物調理機，攪打至質地滑順，過濾至乾淨的醬汁鍋中。
3. 黃砂糖、醋、薑、肉桂和丁香下鍋，加熱至微滾，烹煮約2小時，期間適時攪拌，直到稠度類似番茄醬。醬汁完全放涼後，再次過濾，冷藏備用。
4. 烹煮波特貝羅大香菇。香菇去蒂、去菌褶、洗淨，放入方形淺調理盆。
5. 混合油、醋、蔥、鹽和胡椒，製成醃醬，淋上香菇，醃漬1小時，期間翻面一次。完成後取出香菇。
6. 香菇放入烤爐，以177℃烘烤20分鐘，直到香菇軟化。
7. 製作豆腐餅。網篩中混合胡蘿蔔絲、芹菜絲、洋蔥、紅椒和黃椒。放入鹽10克（1大匙），使食材出水、瀝乾1小時。輕壓蔬菜，擠出多餘水分。

8. 在有孔的方形調理盆內輕壓豆腐，擠出多餘水分。豆腐剝成碎塊，放入大型攪拌盆，再加入蔬菜。放入蔥、蒜、核桃、歐芹、百里香、剩餘的鹽、胡椒、辣醬及芝麻油。拋翻均勻。
9. 放入蛋、日式麵包粉和無酵餅。混合好的食材應乾到可壓成餅。視需要加入更多日式麵包粉。完成後將混合物製成198克的豆腐餅。
10. 在大型雙耳燉鍋內用中火熱油。豆腐餅煎至兩面皆呈淺褐色，每面需煎2-3分鐘。最後將豆腐餅放入177℃的烤爐烘烤約10分鐘至熟透。搭配香菇和芒果番茄醬趁熱出餐。

西班牙炸魚拼盤

Pescado Frito

10份

鯷魚

- 蒜瓣3粒，加鹽後壓碎
- 甜味紅椒粉或紅椒粉6克（1大匙）
- 白酒醋120毫升
- 孜然粉12克（2大匙）
- 乾燥奧勒岡6克（1大匙）
- 月桂葉3片
- 冷水480毫升
- 新鮮鯷魚或香魚454克，去除內臟
- 中筋麵粉340克

炸魷魚

- 中筋麵粉255克
- 帕爾瑪刨絲乳酪85克
- 剁碎的歐芹6克（2大匙）
- 魷魚454克，洗淨，切成環狀
- 鹽，視需求添加
- 黑胡椒粉，視需求添加

比目魚片

- 比目魚片454克，斜切成1公分寬的魚塊
- 鹽，視需求添加
- 黑胡椒粉，視需求添加
- 剁碎的歐芹12克（4大匙）
- 新鮮麵包粉227克
- 中筋麵粉255克
- 蛋8顆，稍微打散

- 橄欖油960毫升
- 粗粒辣椒粉2克（1小匙）
- 番茄醬汁600毫升（見295頁）
- 鹽，視需求添加

1. 在中型攪拌盆內混合蒜、甜味紅椒粉、醋、孜然、奧勒岡和月桂葉。倒入冷水，混合均勻。均勻混合鯷魚和醃醬，冷藏醃漬至少3小時。
2. 取出醃漬鯷魚，瀝乾。剖開，攤平，放在麵粉上，兩面都輕壓沾取麵粉。
3. 製作炸魷魚。在中型攪拌盆內混合麵粉、帕爾瑪乳酪和歐芹。魷魚以鹽和胡椒調味，裹上調配好的麵粉。完成後冷藏靜置10分鐘。
4. 混合歐芹和麵包粉。比目魚以鹽和胡椒調味，按標準裹粉法（見365頁）裹上麵粉混合物、蛋和麵包粉。完成後冷藏靜置10分鐘。
5. 在厚重深鍋內加熱橄欖油至191℃。混合粗粒辣椒粉和番茄醬汁，保留備用。
6. 鯷魚、魷魚和比目魚分批深炸2-3分鐘至呈金褐色。起鍋後放在廚房紙巾上吸除多餘的油。以鹽調味，搭配番茄醬汁立刻出餐。

白酒貽貝佐紅蔥

白酒貽貝佐紅蔥

Mussels with White Wine and Shallots (Moules à la Marinière)

10份

- 貽貝1.81公斤
- 奶油113克
- 中型紅蔥3顆，切末
- 干白酒120毫升
- 剁碎的百里香1克（1小匙）
- 鹽，視需求添加
- 黑胡椒粉，視需求添加
- 剁細的歐芹3克（1大匙）

1. 貽貝洗淨、去鬚。丟棄殼已打開的貽貝。
2. 在大型煎炒鍋或醬汁鍋內以中大火融化奶油28克。放入紅蔥，烹煮至透明，約需1-2分鐘。
3. 倒入白酒及百里香，以鹽和胡椒調味，烹煮2-3分鐘。放入貽貝，加蓋，以大火烹煮2-3分鐘，適時搖動鍋子，好讓貽貝殼同時打開。開蓋，貽貝殼一打開就取出，放上預熱好的餐盤。所有貽貝取出後，用細網篩過濾清湯。
4. 拭淨鍋子，過濾好的清湯重新倒回鍋中，加熱至滾沸，快速煮一下，直到質地稠如糖漿，約需1分鐘。鍋子離火，少量多次攪打入剩下的奶油。
5. 視需要以鹽和胡椒調味。貽貝澆淋清湯，以歐芹裝飾後立刻出餐。

義式鮪魚白豆沙拉

Tuna and Bean Salad (Insalata di Tonno e Fagioli)

10份

- 乾燥白豆680克，浸泡過夜，瀝乾
- 紅洋蔥薄片567克，浸泡冷水1小時
- 瀝乾的進口橄欖油漬鮪魚624克
- 紅酒醋30毫升（2大匙），或視需求增減
- 特級初榨橄欖油135毫升
- 鹽，視需求添加
- 黑胡椒粉，視需求添加

1. 在大型醬汁鍋內以中小火烹煮白豆至軟化，約需45分鐘。取出瀝乾，以冷水沖洗。
2. 在大型攪拌盆內混合白豆、洋蔥、鮪魚、醋和橄欖油。以鹽和胡椒調味，輕輕拋翻以均勻混勻。
3. 視需要以紅酒醋、鹽和胡椒調味。
4. 立刻出餐或冷藏備用。

迷你魷魚佐墨汁醬

Baby Squid in Black Ink Sauce (Txipirones Saltsa Beltzean)

10份

- 迷你魷魚20隻
- 橄欖油150毫升
- 洋蔥末113克
- 青椒末113克
- 塞拉諾火腿末113克
- 乾燥麵包粉57克
- 鹽，視需求添加
- 黑胡椒粉，視需求添加

墨汁醬

- 洋蔥末227克
- 青椒末227克
- 蒜瓣3粒，切末
- 番茄泥120毫升
- 白酒240毫升
- 魷魚墨汁120毫升

1. 洗淨魷魚，觸手切成約0.6公分大的塊狀。
2. 在中型平底煎炒鍋內以大火加熱橄欖油60毫升。放入觸手，短暫煎炒。保留湯汁，與觸手分開存放。
3. 開中火，用同一個鍋子加熱橄欖油30毫升（2大匙），放入洋蔥和青椒，慢炒至焦糖化，約需5分鐘。放入火腿，再煮2分鐘。混入麵包粉及預留的觸手。以鹽和胡椒調味。餡料起鍋，靜置放涼至不燙手。
4. 餡料填入魷魚，用牙籤封口。
5. 在大型平底煎炒鍋內以中大火加熱剩餘的橄欖油60毫升。填料魷魚煎約2分鐘至呈淺褐色，肉稍微變得緊實。起鍋備用。
6. 製作墨汁醬。洋蔥、青椒、蒜，下鍋炒至焦糖化，約需5分鐘。倒入番茄泥，煮至變成鐵鏽色。
7. 倒入白酒溶解鍋底焦渣，收乾一半成醬汁。墨汁及預留的觸手湯汁倒入醬汁中。醬汁倒入果汁機，攪打至滑順，視需要以鹽和胡椒調味。
8. 混合魷魚及醬汁，以極小火烹煮約20分鐘，直到魷魚軟化，醬汁稍微收乾。立刻出餐。

加里西亞式煮章魚

Octopus "Fairground Style" (Pulpo a Feira)

10份

- 洋蔥2顆，粗剁
- 月桂葉1片
- 鹽6.5克（2小匙）
- 章魚1.81公斤
- 甜味紅椒粉或煙燻紅椒粉28克
- 特級初榨橄欖油240毫升

1. 洋蔥、月桂葉和鹽5克（1½小匙）放入大湯鍋，加水煮滾。
2. 手拿著章魚身體，讓觸手浸泡滾水，取出，浸泡時間每次增加5秒，重複3次。
3. 整隻章魚入水，煮至軟化，約需1½小時。
4. 取出章魚，保留烹調湯汁。章魚靜置放涼至不燙手，去皮，切成3公分小塊。
5. 出餐前，加熱烹調湯汁至微滾。每次放入一份章魚，加熱30秒。取出瀝乾、盛盤，撒上甜味紅椒粉和鹽。淋上橄欖油15-30毫升（1-2大匙），立刻出餐。

越式烤蔗蝦

Grilled Shrimp Paste on Sugarcane (Chao Tom)

10份

- 豬背脂肪57克
- 花生油15毫升（1大匙），塑形用花生油分量外加
- 中型紅蔥2顆，切末
- 蝦340克（每453克31-35隻），去殼、去腸腺，粗剁
- 魚露10毫升（2小匙）
- 糖14克
- 蒜末3克（1小匙）
- 蛋1顆
- 白胡椒粉0.5克（¼小匙）
- 玉米澱粉14克
- 泡打粉4.5克（1½小匙）
- 青蔥2根，蔥白及蔥綠，切薄片
- 甘蔗10根，新鮮或罐裝皆可，每根長10公分，寬度不超過1公分
- 青蔥油150毫升（見907頁）

1. 用滾水汆燙豬背脂肪，約10分鐘。取出瀝乾，剁細。
2. 開中大火，在中型平底煎炒鍋內加熱花生油，紅蔥炒至透明，需1-2分鐘。在中型攪拌盆內混合紅蔥和脂肪，放涼至室溫。
3. 加入蝦、魚露、糖、蒜、蛋、白胡椒、玉米澱粉和泡打粉，混和均勻，使蝦子沾附裹料。
4. 混合物放入食物調理機，以金屬攪拌槳間歇攪打至呈滑順糊狀。不可過度攪打，以免過硬。
5. 蝦糊刮入中型攪拌盆，拌入蔥，嘗一嘗，視情況調味。
6. 手沾濕，將28克蝦糊製成球狀，用手掌壓扁，將甘蔗籤插入蝦糊球中，頭尾各留1公分在外。以手掌捏合，使蝦糊緊緊包覆甘蔗籤（蝦糊厚度應達1公分）。
7. 雙手抹油，抹平蝦糊，以塗了油的餐盤盛裝。用相同步驟處理剩下的蝦糊和甘蔗籤。
8. 蝦糊蒸煮至不透明且緊實，2-5分鐘。保留備用。
9. 蝦糊燒烤至呈淺褐色，每面烤2-3分鐘。刷上青蔥油，立刻出餐。

山羊乳酪蘑菇卷

Mushroom Strudel with Goat Cheese

12份

- 橄欖油60毫升
- 蘑菇1.81公斤，切成0.6公分厚薄片
- 剁細的紅蔥43克
- 剁細的蒜14克
- 干雪利酒120毫升
- 山羊乳酪340克，室溫
- 細香蔥末14克
- 剁碎的百里香3克（1大匙）
- 鹽10克（1大匙）
- 黑胡椒粉2克（1小匙）
- 費洛皮12張，長41公分，寬28公分
- 奶油113克，融化
- 馬德拉醬420毫升（見463頁），溫熱
- 酸奶油60毫升

1. 在大型平底煎炒鍋內以中大火加熱橄欖油15毫升（1大匙）。蘑菇分批炒至呈金褐色，取出瀝乾，保留湯汁。蘑菇起鍋，靜置於一旁。
2. 用同個鍋子煎炒紅蔥和蒜至紅蔥呈淺褐色，約需5分鐘。炒過的蘑菇放回鍋中。
3. 轉中小火，倒入雪利酒溶解鍋底焦渣。倒入預留的蘑菇湯汁，煮至收乾，質地似糖漿，需5-7分鐘。煮好的蘑菇放入中型攪拌盆，放涼至室溫。
4. 拌入山羊乳酪、細香蔥及百里香。再以鹽和胡椒調味。
5. 尚未使用的費洛皮以保鮮膜和濕布覆蓋，避免乾掉。製作單份蘑菇卷時，在費洛皮上刷奶油，動作重複5次，疊上5張酥皮。
6. 將¼的餡料均勻塗抹在最上層的油酥皮，邊緣預留3公分。從長邊開始捲緊酥皮，邊緣也向內捲起，製成長圓柱體。接合處朝下，放入½方形調理盆。刷上融化奶油。重複此步驟，製成4個蘑菇卷。
7. 以191℃的烤爐烘烤30-35分鐘，直到乳酪卷呈金褐色、外皮酥脆。蘑菇卷切成6片，每份2片，搭配醬汁和酸奶油出餐。

黑豆餅

Black Bean Cakes

10份

- 乾燥黑豆397克，浸泡後瀝乾
- 蔬菜高湯（見265頁）或水2.88公升
- 植物油30毫升（2大匙）
- 洋蔥末85克
- 哈拉佩諾辣椒末14克
- 蒜末9克（1大匙）
- 辣椒粉1.5克（¾小匙）（按368頁食譜製作或購得）
- 孜然粉1.5克（¾小匙）
- 小豆蔻粉1.5克（¾小匙）
- 粗剁的芫荽1克（1小匙）
- 萊姆汁5毫升（1小匙）
- 蛋白1顆
- 鹽10克（1大匙）
- 黑胡椒粉1克（½小匙）
- 玉米粉113克
- 奶油43克

盤飾

- 酸奶油120毫升
- 公雞嘴莎莎醬150毫升（見953頁）

1. 黑豆和高湯倒入大型湯鍋，煮滾，火轉小，保持微滾，加蓋煮至黑豆軟化，開蓋，繼續煮至高湯收乾一半。

2. 瀝乾豆子，保留煮豆水。用果汁機或食物調理機將少許煮豆水及⅔的黑豆攪打成滑順糊狀，視需要分批放入黑豆。混合黑豆糊及剩餘黑豆。
3. 取中型平底煎炒鍋，以中火炒軟洋蔥及哈拉佩諾辣椒至呈淺金色，需8-10分鐘。放入蒜、辣椒粉、孜然、小豆蔻和芫荽，炒至散發香氣，約需3分鐘。倒入黑豆混合物中。
4. 倒入萊姆汁及蛋白，攪拌均勻，以鹽和胡椒調味。製作黑豆餅，每個57克，冷藏至完全冰冷。
5. 玉米粉撒在黑豆餅上。在大型平底煎炒鍋內，以中大火加熱奶油。黑豆餅下鍋，煎至外皮酥脆，內部燙口，每面約需煎3分鐘。
6. 黑豆餅起鍋，用廚房紙巾拍乾，放上熱的餐盤。搭配酸奶油和公雞嘴莎莎醬立刻出餐。

西班牙蛋餅

Potato Omelet (Tortilla Española)

10份

- 橄欖油210毫升
- 洋蔥小丁255克
- 青椒小丁113克
- 赤褐馬鈴薯中丁765克
- 鹽，視需求添加
- 黑胡椒粉，視需求添加
- 蛋14顆

1. 取大型平底煎炒鍋或雙耳燉鍋，以中火加熱橄欖油90毫升。洋蔥及青椒下鍋，煮至軟化且洋蔥呈透明，約需5分鐘，期間應不時攪拌。
2. 放入馬鈴薯，以鹽和胡椒調味。加蓋，以中小火或小火煮至馬鈴薯軟化，約需15分鐘。
3. 在大型攪拌盆內攪打雞蛋至滑順。放入煮好的馬鈴薯。
4. 取極大型平底煎炒鍋，以中大火加熱橄欖油60毫升至即將冒煙。倒入一半馬鈴薯蛋液，轉中小火，煎3分鐘直到蛋液凝固，底部轉金黃色。翻面，煎至受熱面也變成金褐色，且質地變得緊實即可，約需2-3分鐘。以淺托盤盛裝蛋餅並保溫。重複相同步驟，處理剩下的油和馬鈴薯蛋液。
5. 蛋餅切成楔形，趁熱出餐，或放涼至溫熱或室溫出餐。

春捲

Spring Rolls

10份

- 植物油975毫升，或視需求添加
- 薑末3克（1小匙）
- 青蔥薄片14克，蔥白及蔥綠
- 豬肩背肉（梅花肉）絞肉227克
- 黑蘑菇7克，以溫水浸泡，切末
- 大白菜細絲227克
- 豆芽227克
- 香菇薄片57克
- 青蔥14克，只使用蔥綠，切絲
- 黑醬油7.5毫升（1½小匙）
- 米酒7.5毫升（1½小匙）
- 芝麻油7.5毫升（1½小匙）
- 糖7.5克（1½小匙）
- 鹽3克（1小匙）
- 白胡椒粉1克（½小匙）
- 玉米澱粉9克（1大匙），加入水15毫升（1大匙），製成玉米澱粉漿，視需求增加用量
- 春捲皮10張
- 蛋液（見1023頁），視需求使用
- 春捲蘸醬600毫升（見957頁）
- 辛辣美式芥末醬150毫升（見960頁）

1. 在炒鍋內以中大火加熱植物油15毫升（1大匙）。放入薑和青蔥薄片，翻炒至散發香氣，需30-60秒。
2. 放入豬肉，翻炒至熟透，約需6-8分鐘。
3. 放入黑蘑菇，再翻炒約2分鐘。
4. 放入大白菜、豆芽、香菇和青蔥細絲，翻炒至所有蔬菜都變軟，5-6分鐘。
5. 倒入醬油、米酒、芝麻油、糖、鹽和胡椒。混合均勻，固體食材推至鍋邊，倒入澱粉漿，在鍋底稠化湯汁。
6. 攪拌鍋中所有食材，確保固體食材皆裹上芡汁。鍋子離火，徹底放涼。
7. 用漏勺舀出餡料，瀝除多餘湯汁。每張春捲皮放上餡料55-75克（3-4大匙），邊緣預留5公分，刷上蛋液。春捲皮的四個角往內摺，蓋過餡料，視需要用蛋液封口。
8. 以鋪了烘焙油紙的淺烤盤盛裝包好的春捲，撒上玉米澱粉，保留備用。
9. 取厚重深鍋，加熱剩餘植物油至177℃，深炸春捲至呈金褐色，約需2分鐘（視需要分批油炸）。取出後，放在廚房紙巾上吸油，搭配蘸醬和辛辣美式芥末醬，立刻出餐。

加州卷

California Rolls

10份

- 海苔5張（長23公分，寬18公分）
- 米酒醋30毫升（2大匙）
- 水480毫升
- 壽司飯1.84公斤（見785頁）
- 芝麻35克，乾炒
- 英國黃瓜1根（約425克），去皮，去心，切成長13公分、寬0.3公分的長條
- 酪梨1顆（約198克），去籽，去皮，切成0.3公分厚薄片
- 蟹肉棒198-227克，縱切剖半
- 醃漬薑片（按962頁食譜製作或購得），視需求添加
- 山葵醬（按960頁食譜製作或購得），視需求添加

1. 用乾淨的保鮮膜包緊竹簾。
2. 海苔沿長邊對摺並切開，務必確認摺痕與邊緣平行。海苔置於竹簾上靠自己的這一側。
3. 混合醋和水，沾濕雙手。挖取壽司飯184克（600毫升或2½杯），平鋪在海苔上，雙手視需要再次浸泡醋水，避免米飯沾黏。
4. 在飯上撒芝麻2克（1小匙），接著將海苔翻面，長邊面向自己。在靠近自己這端的⅓處放上黃瓜6小條、酪梨2片和半根蟹肉棒2條。某些配菜可能會超出海苔兩端。
5. 從靠近自己這端的竹簾開始捲起，包住配菜，一邊捲一邊壓緊食材。捲好後放在工作檯上，用手掌輕壓，切成6等份，以醃漬薑片及少許山葵裝飾，立刻出餐。
6. 以上述步驟處理剩下的食材。

越式沙拉卷

Vietnamese Salad Rolls

10份

- 胡蘿蔔142克，切細絲
- 鹽6.5克（2小匙）
- 越式米粉142克，煮熟，冰鎮，瀝乾
- 萊姆汁45毫升（3大匙）
- 芫荽葉9克（3大匙）
- 薄荷葉9克（3大匙）
- 泰國羅勒葉9克（3大匙）
- 糖28克
- 水960毫升，溫熱
- 圓形米紙10張（直徑17公分）
- 綠葉萵苣葉10片
- 低溫水煮蝦10隻（每453克30-35隻），去殼，縱切剖半
- 越式蘸醬300毫升（見956頁）

1. 混合胡蘿蔔和鹽，靜置10分鐘，擠出水分。混合胡蘿蔔、米粉、萊姆汁、芫荽葉、薄荷葉和羅勒葉。
2. 混合糖和水。取一張米紙，泡水軟化，取出後拍乾。以相同步驟處理其餘米紙，一次一張。
3. 在軟化的米紙上放一片萵苣葉、米粉混合物28克和蝦1隻（2片剖開的蝦片）。米紙包裹餡料往內摺成圓柱體。
4. 對半切開沙拉卷，搭配蘸醬，立刻出餐。

薄切生牛肉

Beef Carpaccio

10份

- 植物油45毫升（3大匙）
- 牛後腰脊肉1.13公斤，修整並綁緊

香料植物抹料

- 鹽397克
- 巴薩米克醋15毫升（1大匙）
- 白胡椒粉6克（1大匙）
- 剁碎的迷迭香3克（1大匙）
- 橄欖油30毫升（2大匙）
- 剁碎的鼠尾草3克（1大匙）
- 剁碎的百里香3克（1大匙）

盤飾

- 特級初榨橄欖油，視需求添加
- 帕爾瑪乳酪絲或薄片，視需求添加
- 醃漬黑橄欖20-30顆，去核，剁碎
- 酸豆30毫升（2大匙），以清水沖過
- 黑胡椒粉1克（½小匙）

1. 取中型平底煎炒鍋，以中大火加熱植物油30毫升（2大匙）。放入牛肉，煎至上色，每面需煎約1分鐘。牛肉起鍋，置於大張保鮮膜上。
2. 在小型攪拌盆內混合所有抹料食材。一邊抹上醃料，一邊按壓牛肉使其入味。接著用保鮮膜緊緊包裹牛肉，冷藏約1小時再切片、擺盤。
3. 包好的牛肉可冷凍1小時，以利切片。
4. 用電動切片機將牛肉切成極薄片。製作單份薄切生牛肉時，以冰過的盤子盛裝牛肉薄片約113克，滴上少許植物油，抹開，覆蓋保鮮膜。用湯匙從中央均勻推平肉片。
5. 出餐前拿掉保鮮膜，淋上少許特級初榨橄欖油，用帕爾瑪刨絲乳酪、橄欖、酸豆和胡椒裝飾，立刻出餐。

牛肉沙嗲佐花生醬汁

Beef Satay with Peanut Sauce

10份

醃醬

- 魚露30毫升（2大匙）
- 棕櫚糖15克（1大匙）
- 檸檬香茅末4.5克（1½小匙）（只使用中央柔軟的部分）
- 薑末3克（1小匙）
- 蒜末3克（1小匙）
- 咖哩粉3克（1小匙）（按369頁食譜製作或購得）
- 泰國辣椒醬2.5毫升（½小匙）

- 腹脇肉排454克，切成長10公分、寬3公分，厚0.3公分條狀

花生醬汁

- 花生油15毫升（1大匙）
- 蒜末3克（1小匙）
- 紅蔥末9克（1大匙）
- 泰國辣椒醬5毫升（1小匙）
- 萊姆皮刨絲1.5克（½小匙）
- 咖哩粉0.75克（¼小匙）（按369頁食譜製作或購得）
- 檸檬香茅末4.5克（1½小匙）（只使用中央柔軟的部分）
- 無糖椰奶90毫升
- 羅望子醬2.5毫升（½小匙）
- 魚露15毫升（1大匙）
- 棕櫚糖15克（1大匙）
- 萊姆汁7.5毫升（1½小匙）
- 花生85克，烘烤，放涼後磨成糊
- 鹽，視需求添加
- 黑胡椒粉，視需求添加

1. 在方形調理盆內混合所有醃醬食材，放入牛肉，冷藏醃漬1小時。

2. 製作花生醬汁。取中型平底煎炒鍋，以中大火加熱花生油。放入蒜、紅蔥、辣椒醬、萊姆皮、咖哩粉和檸檬香茅，翻炒至散發香氣。
3. 倒入椰奶、羅望子醬、魚露、糖、萊姆汁和花生糊，烹煮15-20分鐘，直到醬汁變稠。以鹽和胡椒調味，放涼至室溫。
4. 15公分長的竹籤浸泡熱水1小時，串起牛肉，瀝掉多餘醃醬，視需要用廚房紙巾拍乾。牛肉燒烤至五分熟，外部呈漂亮的褐色，每面烤30-60秒。
5. 搭配花生醬汁，立刻出餐。

鮪魚醬小牛肉

Vitello Tonnato

10份

- 無骨小牛腿肉680克，綁緊，調味，烘烤後冷卻
- 瀝乾的罐裝長鰭鮪魚170克
- 鯷魚片4片
- 洋蔥細丁43克
- 胡蘿蔔細丁43克
- 干白酒120毫升
- 白酒醋60毫升
- 水60毫升
- 橄欖油30毫升（2大匙）
- 全熟蛋2顆（見866頁），只使用蛋黃，過篩
- 酸豆15毫升（1大匙），用清水沖過，剁碎

1. 小牛肉以電動切片機切成0.3公分厚薄片。每份使用約57克。
2. 在食物調理機中混合鮪魚、鯷魚、洋蔥、胡蘿蔔、白酒、醋和水，攪打成還算滑順的糊。
3. 以冰過的餐盤盛裝小牛薄片，淋上鮪魚醬汁，綴以橄欖油。
4. 以蛋黃和酸豆裝飾，立刻出餐。

龍蝦沙拉佐甜菜、芒果、酪梨和柳橙油

Lobster Salad with Beets, Mangos, Avocados, and Orange Oil

10份

- 活龍蝦5隻（每隻680克）
- 中型甜菜3-4顆，煮熟，去皮
- 熟芒果3-4顆
- 熟酪梨3-4顆
- 鹽，視需求添加
- 黑胡椒粉，視需求添加
- 柳橙油300毫升（見983頁）
- 去皮、去籽的番茄142克，切小丁

1. 沸煮或蒸煮龍蝦至熟透，需10-12分鐘。起鍋後放涼。
2. 取出龍蝦尾和螯中的肉（想更了解處理龍蝦的方法，見414-415頁）。龍蝦尾肉切成兩半，去除腸腺，與螯肉一起保留備用。
3. 甜菜切成1公分厚片狀，或用圓形模具切成圓形。
4. 芒果和酪梨等到出餐前再去皮，並切成1公分厚片狀。
5. 以冰過的盤子盛裝甜菜、酪梨和芒果，以鹽和胡椒調味。放上龍蝦肉（每份沙拉使用尾肉½塊和一隻螯的肉），綴以少許柳橙油。
6. 以番茄丁裝飾。龍蝦刷上更多柳橙油，以鹽和胡椒調味，立刻出餐。

豬肉青椒派

Pork and Pepper Pie（Empanada Gallega de Cerdo）

10份

麵糰

- 中筋麵粉680克
- 白酒30毫升（2大匙）
- 橄欖油30毫升（2大匙）
- 澄清奶油30毫升（2大匙）
- 鹽1克（¼小匙）
- 糖21克
- 水300毫升，微溫

餡料

- 橄欖油45毫升（3大匙）
- 無骨豬腰脊肉454克，切中丁
- 洋蔥小丁284克
- 青椒小丁255克
- 蒜瓣2粒，切末
- 番茄糊25克（1½小匙）
- 塞拉諾火腿92克，切薄片
- 甜味西班牙紅椒粉1.5克（1小匙），或視需求添加
- 鹽1克（¼小匙）

- 蛋黃1顆加入水15毫升（1大匙）

1. 麵粉過篩，以中型攪拌盆盛裝。在麵粉中央挖一個洞，倒入酒、橄欖油、奶油、鹽、糖和水。用叉子將麵粉拌入濕料，麵糰成形後用手揉捏約2分鐘，製成有彈性的麵糰。麵糰加蓋，冷藏約30分鐘。
2. 麵糰靜置期間，製作餡料。在平底煎炒鍋內以中火熱油。放入豬肉，炒至呈褐色，約需4分鐘。豬肉起鍋，保存備用。
3. 放入洋蔥和青椒，煮至焦糖化，約需4分鐘。放入蒜，再煮2分鐘至散發香氣。
4. 放入番茄糊，攪拌均勻。放入火腿和預留的豬肉，以紅椒粉和鹽調味。鍋子離火，保存備用。
5. 將麵糰平分成2球，擀成0.6公分厚的派皮。在23公分（9吋）的派盤內塗油，放上一張派皮。放入餡料，再蓋上另一張派皮，接合處用手指捏緊。
6. 在派皮表面刷上蛋黃水。用剪刀在中央剪出一個小洞排氣。完成後，放入177℃的烤爐烘烤約30分鐘至呈褐色。若太快變成褐色，可用鋁箔紙稍微覆蓋。出爐後立刻出餐。

重組肉指將瘦肉、油脂及調味料攪打成乳化物，是法式肉派和法式肉凍等熟肉及冷盤料理的基本食材。

forcemeats
重組肉

重組肉共有五類。慕斯林式（mousseline-style forcemeats）以鮭魚或雞肉等較瘦嫩的肉類，混入鮮奶油和蛋製成。純重組肉（straight forcemeat forcemeats）則混合豬背脂肪和瘦肉一起攪打。鄉村式（country-style forcemeats）的質地較粗，通常含有肝臟。焗烤式（gratin forcemeats）類似純重組肉，不過會先將部分的肉煎上色，冷卻後再加入其他食材一起攪碎。乳化式重組肉（emulsion forcemeats）又稱「5-4-3式」重組肉，數字代表肉、油脂和水的比例，用來製作法蘭克福香腸、波隆那肉腸或摩塔戴拉大肉腸。

食材攪碎或打成泥後，重組肉因長時間攪打，質地均勻、可切片，且徹底乳化。在專業廚房內，每種重組肉皆有多種用途，可製成開胃菜、填料或冷盤特色料理，如法式肉派、法式肉凍和肉凍卷。

製作重組肉所需的食材和器具務必保持乾淨，並冷藏保存，瘦肉和油脂才能確實混合。以冷藏保存的食材和絞肉器具等使用時再取出。製作期間可將食材和器具放在裝滿冰塊的容器上，維持低溫。器具視需要可浸泡冰水，保持溫度。

重組肉的組成元素

重組肉包含三個基本元素：主要（分量最多）肉類帶來風味及稠度。油脂帶來濃郁滑順的口感，可使用肉塊本身的脂肪，也可添加豬背脂肪或鮮奶油。調味料也很重要，特別是鹽，鹽不只能強化風味，也是重組肉質地和黏結度的品質關鍵。其他調味料則依喜好添加。

另外也可視情況添加次要黏結料。當主要食材太軟嫩，或攪打得不夠細時，可加入蛋、蛋白、混合均勻的鮮奶油和蛋、泡芙麵糊、米飯、煮熟的馬鈴薯或脫脂奶粉，幫助重組肉黏結。

醬麵糊也可當作黏結料，作法是用牛奶浸泡等量麵包丁（以容積計算），直到麵包吸飽牛奶即可。麵粉醬麵糊基本上是非常濃厚的白醬，每480毫升湯汁加入3-4顆蛋黃稠化。醬麵糊有時也會添加雞蛋。

配料通常會以切拌方式混入重組肉，或在法式肉派或肉凍入模時一併放入。可選擇的配料包括堅果、肉丁、蔬菜丁、果乾和松露。

製作法式肉凍及法式肉派時，用來襯底或包裹重組肉的食材有許多選擇，如火腿薄片、義式乾醃生火腿薄片或蔬菜就經常用來包裹法式肉凍。在模具中鋪一層派皮，再放進烤爐烘烤，即可製作法式酥皮派。法式酥皮派所使用的麵糰與一般派皮麵糰的製作方法相同，但筋度更強（法式酥皮派麵糰也可用於船形模具）。可在麵糰中添加香料植物、辛香料、檸檬皮刨絲或高筋麵粉外的其他麵粉，改變麵糰風味。以麵糰替法式肉派襯底的方法見991頁。

清湯凍是充分調味、高膠質、徹底澄清的高湯，可保持食材新鮮，避免乾掉。通常會加入明膠（見995頁）以強化結構。理想的清湯凍外型完整，入口即化。以法式清湯製成的清湯凍呈透明或淺褐色。若基底高湯是褐色，清湯凍就會是琥珀色或褐色。在高湯中加入某些辛香料、香料植物或蔬菜泥，可製成顏色特殊的清湯凍。

重組肉備料

大多數肉類以絞肉機處理即可，但肉質軟嫩的肉類和魚則應用食物調理機處理。絞肉機或食物調理機的葉片應保持鋒利，才能乾淨俐落地切割，避免在絞碎過程中壓爛或拉扯肉類。重組肉應在冰水浴槽內混合、保存。混合時，可將肉放在冰上，以湯匙混合，或放入電動攪拌機或食物調理機中混勻。

某些重組肉需以鼓狀篩壓篩，去除纖維或筋。製作完成的重組肉可以用各式模具塑形，如陶製長條形法式派模、兩翻模具，或其他造型特殊的模具。

製作重組肉時，應確實遵守衛生規範，隨時保持低溫。此舉不只為了使食材確實乳化，還攸關食品安全。重組肉長時間接觸烹煮器具，且曝露在空氣中，非常容易在烹煮過程受到污染。豬肉、禽肉、海鮮和乳製品的溫度只要高於4℃，便會迅速變質腐敗。製作過程中若發現重組肉的溫度已接近室溫，表示溫度過高，須停下動作，冷卻所有食材和器具至4℃以下，才能繼續製作。唯一的例外是乳化式（或稱「5-4-3式」）重組肉。將肉類和水加熱至4℃，混入油脂。繼續加熱至7℃，放入脫脂奶粉。均勻混合至14℃，接著快速冷卻，避免病原體孳生。

確實攪碎食材。主要肉類及豬背脂肪（若使用）都需攪打到極碎細，才能製作重組肉。某些配料也會加入肉和脂肪一起攪碎。

以絞肉機處理時，將肉塊切成小塊或條狀，才容易通過進料口。混入適量鹽和調味料，冷藏醃漬至多4小時。鹽會引出蛋白質，使風味和質地能順利發展。

選擇孔徑適中的刀網。大多數肉類（除肉質軟嫩的魚肉及某些內臟）應從中或粗孔徑開始，再逐次換用較細孔徑的刀網，直到絞肉達到理想稠度。一開始就使用細孔徑的刀網會使器具摩擦過熱，影響乳化品質。長時間使用絞肉機時，中途應暫停，冷卻食材和器具。

使用絞肉機時，將肉條和豬背脂肪放入進料口。只要肉塊的大小正確，螺旋桿就能輕易拉入肉塊。若肉塊黏在進料盤或進料口的孔壁上，可用推桿幫助肉類通過，但不可強行塞入。

使用食物調理機時，將肉切成小丁，調味。冷藏保存食物調理機的葉片和攪拌盆。間歇絞碎肉丁，重複數次，直到肉糊質地滑順。刮下沾黏在攪拌盆壁上的肉糊，製成質地均勻的重組肉。

基本配方

純重組肉
907克

- 豬瘦肉255克
- 主要肉類（瘦肉）255克
- 豬肉脂肪255克
- 紅蔥128克，炒軟不上色，放涼
- 調味料和香料植物，視需求添加
- Insta cure No. 1 1.25毫升（¼小匙）（非必要）
- 次要黏結料，如醬麵糊或中型蛋1顆
- 高脂鮮奶油60-120毫升（非必要）
- 盤飾，視需求添加

作法精要

1. 備好肉類、脂肪和配料，確實冷藏。
2. 肉類和油脂切成條狀或2.5公分小丁。放入紅蔥、調味料和Insta cure（若使用）。食材保持冷藏，視需求醃漬。
3. 絞碎肉類和脂肪。若食譜要求漸進式處理，則分兩次絞碎主要肉類。第一次用較粗孔徑的刀網，第二次則用中孔徑。絞肉須冷藏，或放在冰塊上保存。
4. 混合肉類、蛋和鮮奶油（若使用），以食物調理機攪打成泥。
5. 在冰塊上用手將配料切拌混入重組肉中，嚐一嚐味道並檢查稠度。

專業訣竅

▶選擇經常運動的部位製作重組肉，其風味較軟嫩肉塊更加濃郁。不過，重組肉作為配料時，則應選用較軟嫩的部位。

1. **冷藏烹飪器具和食材**，使重組肉溫度維持在4°C以下，遠離危險溫度帶。溫度控制也是獲得最佳成果的關鍵，若重組肉在絞碎、混合及烹煮過程中皆能確實維持低溫，便可減少脂肪用量，但不失口感，依舊滑順誘人，重組肉本身的風味也會更好。處理肉類和豬背脂肪的方法是，修除軟骨、筋或皮，切丁，以便順利通過絞肉機的進料口，若是用食物調理機，也能快速攪打成糊。

2. **某些食譜**可能要求以漸進式絞肉法絞碎部分或全部的肉類和脂肪。依食譜決定使用一個或多個切割頭。絞好的肉直接放上冰塊，或以冰冷的攪拌盆盛裝。

3. **肉絞好後**立刻混入調味料、醬麵糊或其他食材。充分混合攪拌是製作出正確質地的關鍵。可在冰水浴槽內用橡膠抹刀或木匙拌攪，也可使用攪拌機或食物調理機。切勿過度攪拌，使用機器時應特別注意。攪拌時間依分量而定，通常以最低速攪拌1-3分鐘即可。正確混合的重組肉其顏色和質地會稍微改變。

4. **攪拌盆置於冰水浴槽**，以切拌方式將配料混入重組肉。想更了解重組肉的試吃方法及用途，見990-992頁慕斯林式重組肉的作法詳解。

基本配方

慕斯林式重組肉
454克

- 肉類、魚肉或其他主要食材454克
- 大型蛋或蛋白1顆
- 鹽3克（1小匙）
- 高脂鮮奶油240毫升

作法精要

1. 肉或其他主要食材切成丁，以極低溫保存。
2. 用食物調理機攪成糊。
3. 若欲使用雞蛋，也一併放入調理機，間歇攪打數次，直到均勻混合。
4. 調理機繼續運轉，並像倒水一樣，少量、穩定地倒入冰的高脂鮮奶油，均勻混合後停止攪打。
5. 視需求或喜好，以相同方式放入軟化明膠或清湯凍。
6. 以鼓狀篩壓篩。

< 作法詳解

1. 食材確實攪碎後，視喜好拌勻絞肉和次要黏結料。重組肉不僅是絞肉，為了製出理想質地，食材必須充分混合攪拌，才能產生黏性。可用攪拌盆盛裝食材，放在冰水浴槽內混合攪拌，也可使用電動攪拌機，或以食物調理機攪打。

2. 重組肉攪打至滑順，切片時才不會散開。趁食物調理機運轉時，慢慢放入冰的鮮奶油等食材，使重組肉質地滑順，烹煮後可維持形狀，不會散開。

3. 重組肉達到理想質地後，以鼓狀篩壓篩，嘗一嘗味道並檢查稠度。純重組肉、鄉村式和焗烤式重組肉通常不用過篩，但慕斯林式重組肉則必須過篩，使質地細緻、軟嫩。製作時，務必讓重組肉保持低溫，且動作要快，避免溫度升高。

取一口的分量，以低溫水煮，嘗一嘗，確認重組肉的風味和稠度（見992頁法式肉丸）。注意試吃溫度應與出餐溫度相同。若重組肉製成冷食，試吃前應將樣品徹底放涼。試吃後進行必要調整，若太硬或太韌，則加入高脂鮮奶油。若重組肉無法確實黏結，則可添加醬麵糊或蛋白。視需求調整調味料或風味食材的用量。每調整一次，就要再次試吃，直到滿意為止。

4. 重組肉可當作填料或餡料，也可以放入模具烹煮。依喜好添加配料，在冰水浴槽內以切拌方式混入開心果、松露或火腿丁，塑形前需以極低溫保存。成品可塗抹、用擠花袋擠上或舀入其他食材，也可填入準備好的模具中。

製作法式肉派或肉凍的模具應鋪上襯底，以利取出分切。襯底尺寸須大於模具，四邊垂掛在外，稍後再往內摺，覆蓋法式肉派或肉凍。保鮮膜是最常使用的襯底，不過也可額外加上一層包裹材料（無論傳統常用材料或現代材料皆可），或直接以包裹材料取代保鮮膜。另一種較精緻的冷餚是法式酥皮派。以派皮作為襯底的方法，請見1009頁。

5. **用曲柄金屬抹刀抹平重組肉表面**。將重組肉填入法式肉凍模具，抹平表面，垂掛於模具外的襯底往內摺，蓋住重組肉，封住肉凍。依食譜指示烹煮。

理想的重組肉有良好的調味，可以嘗到主要肉類濃郁的風味及絕佳口感。重組肉質地滑順，稠度均勻，但依種類有所不同。切片時，食材不應散開。配料襯托出重組肉的風味，而不喧賓奪主。

每種重組肉的用途及攪碎、乳化方法都不同，因此有些質地滑順，有些則較為粗糙。慕斯林式重組肉的質地滑順輕盈，入口即化。鄉村式重組肉較其他類型更粗糙、風味更強烈。焗烤式重組肉則與鄉村式十分類似。

法式肉丸(quenelle)

重組肉的製作方法和用途多元。法式肉丸是很好的範例，可依想要的成果製成單人份重組肉。法式肉丸是用慕斯林式重組肉製成的低溫水煮餃類，可作為開胃菜或湯品配料。法式肉丸的分量恰好也適合用來確認重組肉的風味、質地、色澤和稠度，替法式肉凍和法式肉派的品質把關。

1. 烹煮液體加熱至微滾，不可滾沸，否則法式肉丸會在烹煮時裂開。
2. 替法式肉丸塑形。塑形的方法有很多，其中一種會用到兩根湯匙(見圖)：用一根湯匙舀取適量重組肉，用另一根抹平、塑形、推入鍋中。其他方法包括使用長柄勺，或填入裝上平口花嘴的擠花袋。
3. 用接近微滾的(77℃)液體烹煮法式肉丸。烹煮時間依肉丸大小而定。切開肉丸時，內部應熟透。

海鮮鮭魚法式肉凍

Seafood and Salmon Terrine

1.36公斤，18-20份

鮭魚慕斯林

- 去皮鮭魚片907克
- 鹽6.5克（2小匙）
- 黑胡椒粉0.5克（¼小匙）
- 蛋白2顆
- 高脂鮮奶油480毫升

- 去殼的螯蝦尾113克
- 鮭魚丁113克
- 扇貝丁113克
- 龍蒿末6克（2大匙）
- 汆燙韭蔥葉，視需求添加

1. 鮭魚片切成條狀或切丁，以鹽和胡椒調味。冷藏保存於4℃以下。用食物調理機或絞肉機的細孔徑刀網絞碎鮭魚，盛裝於攪拌盆中，置於冰水浴槽內。
2. 鮭魚用食物調理機攪打成大致滑順的糊。加入蛋白，間歇攪打，混合均勻。
3. 加入鮮奶油，每次放入30-60毫升，直到鮭魚糊達到理想稠度（食物調理機攪打至鮮奶油恰好混勻便可停止，刮下內壁殘留的食材，拌勻即可）。也可將攪拌盆放在冰水浴槽內，慢慢加入鮮奶油，手動攪拌。注意勿過度攪拌。
4. 以鼓狀篩壓篩。
5. 在微滾鹽水中煮少量慕斯林試吃，視情況調整風味（慕斯林現已完成，可作其他用途使用）。螯蝦、鮭魚、扇貝和龍蒿切拌混入慕斯林。
6. 在肉凍模具內鋪上保鮮膜和韭蔥葉作為襯底。倒入慕斯林混合物。襯底往內摺，完全封住肉凍。模具加蓋，放入149℃的烤爐，以77℃的水浴隔水加熱，直到肉凍內部溫度達74℃，60-70分鐘。
7. 取出肉凍，稍微放涼。視情況放上蓋板，以907克的重量加壓。肉凍冷藏至少1夜，最多2-3天。
8. 切片後出餐，或包裹冷藏，保存最多4天。

NOTE：此配方可製作出質地良好的肉凍，及其他需要切片的菜餚。製作烤杯（timbale）或其他質地柔軟的料理時，鮮奶油用量需加倍。

比目魚慕斯林：以相同分量的比目魚絞肉或比目魚丁取代鮭魚。

老奶奶法式肉凍

Pâté Grand-Mère

1.36公斤，18-20份

- 雞肝567克，去筋
- 植物油15毫升（1大匙），或視需求增減
- 紅蔥28克，切末
- 白蘭地30毫升（2大匙）
- 鹽15克（1½大匙）
- 粗磨黑胡椒粒2克（1小匙），視需求增加用量
- 月桂葉粉0.5克（¼小匙）
- 百里香粉1克（½小匙）
- 著色混合醃劑（TCM）2.75克（1小匙）
- 豬肩背肉（梅花肉）482克，切丁
- 剁碎的歐芹3克（1大匙）
- 切邊白麵包71克，切小丁
- 牛奶150毫升
- 蛋2顆
- 高脂鮮奶油90毫升
- 白胡椒粉0.5克（¼小匙）
- 肉豆蔻刨屑1撮
- 火腿薄片8片（厚1.5公釐），或視需求增減
- 清湯凍180-240毫升（見995頁），融化（非必要）

1. 在大型平底煎炒鍋內，以熱油將雞肝快速煎上色。雞肝起鍋後，冷藏保存。
2. 轉小火，煎炒紅蔥末。倒入白蘭地溶解鍋底焦渣。炒好的紅蔥混入雞肝，加鹽、黑胡椒、月桂葉、百里香、TCM和油15毫升（1大匙），混合均勻，冷藏冰透。
3. 絞肉機裝上細孔徑（0.3公分）刀網，絞碎豬肩背肉、雞肝混合物及歐芹。絞肉以攪拌盆盛裝，放在冰水浴槽中。完成後再次冷藏。
4. 麵包浸泡牛奶，製成醬麵糊。加入蛋、鮮奶油、白胡椒和肉豆蔻。用電動攪拌機的攪拌槳以中速拌勻絞肉和醬麵糊，約1分鐘。
5. 用微滾鹽水烹煮少量重組肉試吃。視情況調味。
6. 在肉凍模具內鋪上一層保鮮膜，再放上火腿片當作襯底。火腿往外垂掛。撒上黑胡椒。填入重組肉。襯底往內摺起，蓋住重組肉。放入冰箱醃漬過夜。
7. 模具加蓋，放入149℃的烤爐，以77℃的水浴隔水加熱，直到肉凍內部溫度達74℃，60-75分鐘。
8. 取出肉凍，放涼至內部溫度降至32-38℃。放上蓋板，以907克的重量加壓過夜。或可選擇倒出肉汁，打開上層保鮮膜，倒入足量清湯凍，蓋過肉凍，冷藏2天。
9. 切片後出餐，或包裹冷藏，保存最多10天。

清湯凍

Aspic

960毫升

澄清

- 牛絞肉340克
- 番茄丁85克（見636頁）
- 調味蔬菜113克（見243頁）

- 蛋白3顆，打散
- 高湯960毫升（見NOTE）
- 標準香料包¼份（見241頁）
- 鹽1克（¼小匙）
- 白胡椒粉，視需求添加
- 明膠粉（見下表），視需求添加

1. 混合所有澄清食材，倒入高湯，攪拌均勻。
2. 混合好的高湯加熱至微滾，頻繁攪拌，直到黏附筏成形。
3. 放入香料包烹煮至入味，且湯汁澄清，約需45分鐘。不時用高湯澆淋黏附筏。
4. 過濾法式清湯。以鹽和胡椒調味。
5. 明膠浸泡冷水軟化，放在微滾水中隔水加熱至融化，倒入澄清高湯。加蓋冷藏備用，使用前視情況加熱。

NOTE：根據清湯凍用途選擇適當高湯。例如，用來包覆海鮮的清湯凍，應以龍蝦高湯製作，並用魚絞肉來澄清。

清湯凍比例

每3.8公升	每480毫升	明膠強度	用途
57克	7克	細緻	不需切片的菜餚。用於凝結單份肉類、蔬菜或魚。法式清湯凍。
113克	14克	沾裹	冷熱凍。沾裹單一食材。
170-227克	28克	可切片	需切片的菜餚。法式酥皮派餡料。豬頭肉凍。
284-340克	35-43克	緊實	食品展或競賽時，作為淺盤的襯底。
454克	57克	慕斯	脫模後需維持形狀的料理。慕斯製品。

雞肉螯蝦肉凍
Chicken and Crayfish Terrine
907克，10-12份

慕斯林

- 雞胸絞肉454克
- 鹽6.5克（2小匙）
- 黑胡椒粉1克（½小匙）
- 蛋白2顆
- 蝦蟹貝類精淬液180毫升（食譜見右欄）
- 高脂鮮奶油60毫升，冰冷

配料

- 煮熟、去殼、去腸線的螯蝦尾227克
- adobo醬味chipotle辣椒2根，去籽、切末
- 去蒂香菇113克，切片，煎炒後冷藏
- 粗剁的芫荽6克（2大匙）
- 粗剁的蒔蘿3克（1大匙）

1. 雞肉、鹽和胡椒放入食物調理機，攪打至滑順。放入蛋白，間歇攪打，混合均勻。調理機維持運轉，一邊加入蝦蟹貝類精淬液和鮮奶油，間歇攪打至鮮奶油融入雞肉糊即停止。以鼓狀篩壓篩。
2. 用微滾鹽水烹煮重組肉試吃，視情況調味。
3. 在冰水浴槽內以切拌方式混入螯蝦尾、chipotle辣椒、香菇、芫荽和蒔蘿。
4. 在肉凍模內塗油，鋪上保鮮膜，保鮮膜向四邊垂掛至少10公分。重組肉填入模具，內部不可以有任何氣泡。保鮮膜往內摺，包覆重組肉。模具加蓋。
5. 模具放入149℃的烤爐，以77℃的水浴隔水加熱，直到肉凍內部溫度達74℃，需60-75分鐘。
6. 取出肉凍，稍微放涼。
7. 肉凍冷藏靜置至少1夜，至多3天。視情況放上蓋板，以907克的重量加壓。
8. 切片後出餐，或包裹冷藏，保存最多7天。

Note：也可以先在肉凍模內鋪上一層保鮮膜，放上火腿薄片，再填入重組肉。

蝦蟹貝類精淬液
Shellfish Essence
180毫升

- 植物油15毫升（1大匙）
- 螯蝦殼、蝦殼或龍蝦殼454克
- 中型紅蔥2顆，切末
- 蒜瓣2粒，切末
- 高脂鮮奶油360毫升
- 月桂葉3片
- 禽肉調味粉4克（2小匙）
- 辣椒粉9克（1大匙）（按368頁食譜製作或購得）
- 雞湯釉汁或肉湯釉汁30毫升（2大匙）

1. 取中型平底深煎鍋，以大火熱油。放入蝦殼炒至亮紅色。轉中小火，放入紅蔥和蒜，再炒至香氣散發。
2. 加入鮮奶油、月桂葉、禽肉調味粉和辣椒粉，煮至湯汁收乾一半。倒入釉汁。
3. 用濾布過濾，擠壓食材，萃取所有湯汁。冷藏於4℃以下。
4. 可立即使用或冷藏備用。

鄉村肉凍

Country-Style Terrine (Pâté de Campagne)

1.36公斤，18-20份

- 小牛上肩胛肉454克，切丁
- 豬肩背肉（梅花肉）284克，切丁
- 豬背脂肪284克，切丁

調味料

- 紅蔥113克，剁細
- 鹽20克（2大匙）
- 剁碎的歐芹6克（2大匙）
- 香料肉醬6克（1大匙）（見1011頁）
- 白胡椒粉1克（½小匙），視需求增加用量
- 著色混合醃劑（TCM） 0.3克（⅛小匙）
- 蒜瓣2粒，切末，煎炒後放涼

醬麵糊

- 高脂鮮奶油270毫升
- 蛋2顆
- 帶蓋吐司60毫升（¼杯）
- 白蘭地30毫升（2大匙）
- 鹽10克（1大匙）
- 黑胡椒粉2克（1小匙）

配料

- 煙燻火腿丁170克
- 豬背脂肪170克，切丁
- 剁碎的乾炒杏仁113克
- 葡萄乾85克，切成4等份，浸泡白酒
- 剁碎的歐芹18克（3大匙）
- 細香蔥6克（2大匙），切成1公分長小段

- 火腿薄片8片（1.5公釐厚），或視需求增減
- 清湯凍180-240毫升（見995頁），融化（非必要）

1. 拋翻小牛上肩胛肉、豬肩背肉、豬背脂肪及調味料，混合均勻，用絞肉機的粗孔徑（0.9公分）刀網絞碎。絞肉保留一半，其餘用細孔徑（0.3公分）刀網再次絞碎，以冰水浴槽內的攪拌盆盛裝。
2. 製作醬麵糊。在小型攪拌盆內混合鮮奶油、蛋、麵包、白蘭地、鹽和胡椒，攪打至滑順，加入絞肉中。用電動攪拌機的攪拌槳慢速攪拌1分鐘至均勻混合，接著以中速攪拌至重組肉產生黏性。
3. 試吃並視情況調味。
4. 混合所有配料食材，切拌混入重組肉。
5. 在肉凍模內鋪一層保鮮膜，放上火腿片，火腿垂掛模具四邊。撒上白胡椒，填入重組肉。襯底往內摺蓋住重組肉，放入冰箱醃製過夜。
6. 模具加蓋，放入149℃的烤爐，以77℃的水浴隔水加熱，直到肉凍內部溫度達66℃，60-75分鐘。
7. 取出肉凍，放涼至內部溫度降為32-38℃。放上蓋板，以907克的重量加壓過夜。或可選擇倒出肉汁，打開上層保鮮膜，倒入足量清湯凍，蓋過肉凍，冷藏2天。
8. 切片後出餐，或裹住冷藏最多10天。

豬肉卷

Pork Tenderloin Roulade

1.13公斤，16-18份

- 滷肉水600毫升（食譜見右欄）
- 八角3粒，壓碎
- 粗剁的薑57克
- 花椒4克（2小匙），壓碎
- 豬腰里肌肉680克，修整

慕斯林

- 修整過的豬瘦肉539克，或去骨雞胸肉
- 鹽10克（1大匙）
- 蛋白72克，冰冷
- 蒜末6克（2小匙）
- 薑末6克（2小匙）
- 黑醬油6.25毫升（1¼小匙）
- 雪利酒30毫升（2大匙）
- 高脂鮮奶油300毫升，冰冷
- 蘑菇薄片170克

- 雞湯釉汁或肉湯釉汁30毫升（2大匙），溫熱
- 乾炒芝麻28克
- 剁碎的歐芹57克

1. 在小型醬汁鍋內均勻混合滷肉水、八角、薑和花椒。以小火滲入風味，約需5分鐘。調味滷水放進冰水浴槽冷卻。
2. 豬肉浸入調味滷水，以小盤加壓，讓豬肉完全浸在滷水中。冷藏12小時。
3. 豬腰里肌肉洗淨，放乾，冷藏備用。
4. 製作慕斯林。修整過的豬肉切成條狀或切丁，以鹽調味。冷藏保存於4℃以下。
5. 用食物調理機攪碎豬肉，或用絞肉機的細孔徑（0.3公分）刀網絞碎。絞肉以攪拌盆盛裝，放入冰水浴槽。
6. 豬絞肉放入食物調理機，攪打至質地大致滑順。放入蛋白、蒜、薑、醬油和雪利酒，間歇攪打至食材均勻混合。
7. 加入鮮奶油，間歇攪打至恰好融入絞肉（刮下內壁殘留食材，攪拌均勻），或將攪拌盆放入冰水浴槽，用手慢慢拌開。以鼓狀篩壓篩。
8. 攪拌盆置於冰水浴槽，以切拌方式將蘑菇混入重組肉。
9. 用微滾鹽水烹煮少量重組肉試吃，視情況調味。
10. 裁切一大片長方形保鮮膜，抹上一半的重組肉。豬腰里肌肉置於中央，再將另一半重組肉均勻抹在豬腰里肌上。保鮮膜緊緊捲起成圓柱，兩端用棉線綁緊。
11. 以77℃的微滾水烹煮，水需淹過豬肉卷，煮至內部溫度達71℃即可。
12. 取出豬肉卷，冷藏於4℃以下。
13. 取下包裹豬肉卷的保鮮膜。在新裁的保鮮膜上刷釉汁，撒上芝麻和歐芹，包緊冷藏豬肉卷。切片出餐前，冷藏至少24小時，至多2天。

滷肉水

Meat Brine

3.84公升

- 鹽340克
- 右旋糖170克
- 著色混合醃劑（TCM）71克
- 水3.84公升

用水溶解鹽、右旋糖和著色混合醃劑，視需求使用。

雞肉凍卷
Chicken Galantine

1.81公斤，28-30份

- 1.36公斤的雞1隻
- 鹽和黑胡椒粉，視需求添加
- 馬德拉酒180毫升

醬麵糊

- 蛋2顆
- 白蘭地45毫升（3大匙）
- 香料肉醬2克（1小匙）（見1011頁）
- 中筋麵粉85克
- 鹽10克（1大匙）
- 白胡椒粉0.5克（¼小匙）
- 高脂鮮奶油240毫升，熱的

- 豬肩背肉（梅花肉）454克，切成3公分丁狀，冰冷
- 新鮮火腿或煮熟的舌113克，切成0.6公分小丁
- 剁碎的黑松露25克（3大匙）
- 開心果113克，汆燙
- 鹽1.5克（½小匙）
- 粗磨黑胡椒1克（½小匙）
- 雞清湯（見263頁）或濃縮過的高湯，視需求添加

1. 維持雞皮完好，整塊去除。去除翅尖和骨頭。雞胸保持完整，取下雞腰里肌，胸肉保留備用。
2. 雞腰里肌切丁（1-2公分），以鹽、黑胡椒及馬德拉酒調味。冷藏醃漬至少3小時。
3. 雞胸切開攤平，捶打成0.3公分厚薄片。放入鋪了保鮮膜的淺烤盤。用保鮮膜包覆後，冷藏保存。
4. 製作醬麵糊。混合雞蛋、白蘭地、香料肉醬、麵粉、鹽和白胡椒，以少許熱鮮奶油調溫。混合蛋糊及剩餘鮮奶油，以小火烹煮至稠化，冷藏備用。
5. 量秤雞腿肉和雞大腿肉，混入等量或約907克的豬肩背肉，用絞肉機的細孔徑（0.3公分）刀網絞

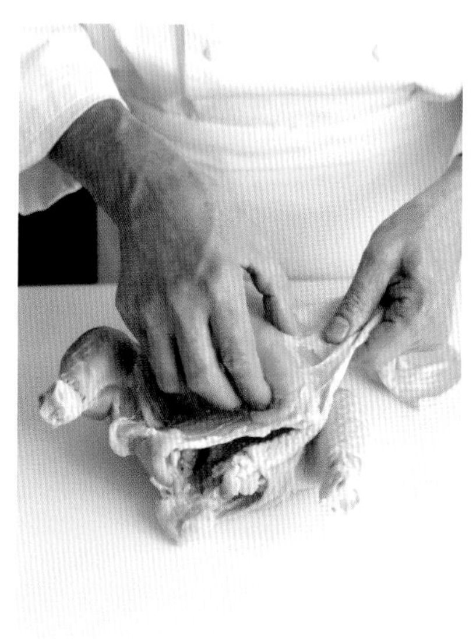

從靠近雞腿關節處切下雞皮，用手輕輕剝下，小心別扯破。

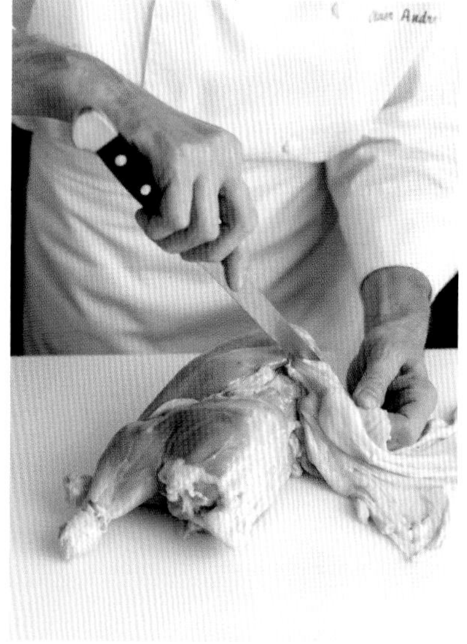

視需要以刀去除黏在翅尖上的雞皮。

用雞胸肉和雞皮包裹重組肉。

碎。絞肉以攪拌盆盛裝，放入冰水浴槽。動作重複2次。

6. 在絞肉中加入醬麵糊，混合均勻。以切拌方式混勻醃漬雞肉、馬德拉酒、火腿、松露、開心果及絞肉。
7. 攤開雞皮，置於浸濕的濾布上。放上捶敲過的雞胸肉。以鹽和黑胡椒調味。放上重組肉，捲緊。
8. 雞肉卷放入狹長型深容器，倒入77℃清湯，淹過肉卷，煮至雞肉卷內部溫度達74℃，需60-70分鐘。
9. 雞肉卷和水煮湯汁移至保存容器，放涼至室溫。取出雞肉卷，用保鮮膜裹緊，製成更緊實、形狀更俐落的圓柱。冷藏至少12小時。
10. 取下保鮮膜及濾布，切片出餐。

NOTE：傳統的作法是用濾布包裹，放入濃縮雞高湯中低溫水煮。可在步驟6切拌入配料時加入煎炒香菇片。

鵝肝凍

Foie Gras Terrine

907克，10-12份

- A級鵝肝1.25公斤
- 鹽35克
- 白胡椒粉4克（2小匙）
- 糖15克（1大匙）
- 薑粉1克（½小匙）
- 著色混合醃劑（TCM）0.75克（¼小匙）
- 白酒或Sauterne白酒、雅馬邑白蘭地或干邑白蘭地480毫升

1. 清洗鵝肝，去除血管，徹底乾燥。在中型攪拌盆內混合鹽28克、白胡椒2克（1小匙）、糖、薑、TCM和酒。放入鵝肝，冷藏過夜。
2. 在容積為907克的肉凍模具中鋪上保鮮膜。
3. 鵝肝放上砧板，切開大葉，選擇較大的幾塊，以利稍後填滿模具。視需要切片。鵝肝片放入模具，以滑順面作為肉凍外皮。視需求以鹽和胡椒調味。填滿模具至容器邊緣的凹槽，用力壓緊，去除氣泡。加蓋。
4. 鵝肝放入熱水浴槽，烹煮45-50分鐘，水溫維持在71℃。適時調整烤爐溫度，以保持水溫穩定。若水溫太高，立刻倒入冷水降溫。鵝肝內部溫度為37℃時，風味和質地最佳（務必向當地衛生機關確認法規限制）。
5. 取出鵝肝，於室溫中靜置2小時。倒出油脂，放上蓋板，以454-907克的重量加壓。冷藏鵝肝至少24小時，至多48小時，讓鵝肝充分入味熟成。
6. 取下保鮮膜，小心去除凝固的脂肪。用新的保鮮膜包緊鵝肝凍，冷藏備用。切片後出餐，可冷藏保存最多3天。

NOTE：若要知道模具內應填入多少鵝肝，只要測量模具能裝多少水即可。模具可盛裝多少毫升的水，就能盛裝多少克的鵝肝。

為了方便供餐，可連同保鮮膜一起切片，擺盤後再剝除。溫熱的斜角刀是最理想的切片工具。

可保留步驟5倒出的油脂，用來煎炒蔬菜或馬鈴薯。

鵝肝卷：按上述步驟處理鵝肝。將醃漬鵝肝放在一大片保鮮膜上捲緊，視喜好將松露塞入鵝肝大葉（松露須先洗淨、水煮，才能當作包裹配料。若使用罐頭松露，則可不清洗）。鵝肝卷放入71℃的水浴隔水加熱，煮至內部溫度達43℃。取出鵝肝卷，放涼，重新裹上保鮮膜。切片前，鵝肝卷應冷藏至少24小時。

法式鹿肉凍

Venison Terrine

1.36公斤，18-20份

- 鹿上肩胛肉或腿肉907克
- 豬背脂肪454克
- 紅酒60毫升
- 磨碎的丁香1克（½小匙）
- 拍碎的黑胡椒6克（1大匙）
- 著色混合醃劑（TCM）2.75克（1小匙）
- 洋蔥末28克，炒過後放涼
- 鹽28克
- 黑胡椒粉4克（2小匙）
- 乾燥牛肝菌或羊肚菌28克，磨成粉
- 蛋3顆
- 高脂鮮奶油180毫升
- 剁碎的龍蒿3克（1大匙）
- 剁碎的歐芹3克（1大匙）

配料

- 黃金葡萄乾57克，浸泡120毫升白蘭地
- 蘑菇113克，切丁，煎炒後放涼
- 火腿薄片8片（1.5公釐厚），或視需求添加

1. 鹿肉和豬背脂肪切成3公分方丁。混入酒、丁香、黑胡椒、TCM、洋蔥、鹽、胡椒粉和乾燥牛肝菌。冷藏醃漬過夜。
2. 製作純重組肉。醃漬鹿肉和豬背脂肪用絞肉機的粗孔徑（0.9公分）刀網絞碎。冷藏降溫後再用細孔徑（0.3公分）刀網絞碎。絞肉以冰過的攪拌盆盛裝，加入蛋、鮮奶油、龍蒿和歐芹，用電動攪拌機的攪拌槳以中速攪拌1分鐘至混合均勻。以切拌方式混入葡萄乾和蘑菇。
3. 在肉凍模具內鋪一層保鮮膜，放上火腿片，兩者皆往外垂掛。填入重組肉。火腿和保鮮膜往內摺，蓋住肉凍。加蓋。
4. 模具放入149℃的烤爐，以77℃的水浴隔水加熱，直到肉凍內部溫度達66℃，約60-70分鐘。
5. 取出肉凍，放涼直到內部溫度降為32-38℃。視需求放上蓋板，以907克的重量加壓。冷藏靜置過夜。
6. 切片後出餐，或裹住冷藏最多5天。

櫻桃開心果法式鴨肉凍

Duck Terrine with Pistachios and Dried Cherries

1.36公斤，18-20份

- 鴨肉794克（鴨子重量介於1.81-2.27公斤），修整，切丁，保留胸肉
- 豬背脂肪227克
- 鹽10克（1大匙）
- 剁碎的鼠尾草6克（2大匙）
- 白胡椒粉2克（1小匙）
- 剁碎的歐芹3克（1大匙）
- 著色混合醃劑（TCM）0.75克（¼小匙）
- 火腿113克，切小丁
- 植物油60毫升
- 去皮的乾炒開心果85克
- 櫻桃乾71克
- 火腿薄片8片（1.5公釐厚），或視需求增減

1. 在冰過的中型攪拌盆內混合鴨肉454克（保留鴨胸作為配料）、豬背脂肪、鹽、鼠尾草、白胡椒、歐芹和TCM。先以絞肉機的中孔徑（0.6公分）刀網絞碎，接著用細孔徑（0.3公分）再次絞碎。
2. 用植物油將鴨胸肉丁和火腿丁煎上色。放涼。
3. 取小型平底煎炒鍋，加熱鹽水至微滾，煮少量重組肉試吃，視情況調味。
4. 重組肉置於冰水浴槽內，以切拌方式混入鴨胸、火腿、開心果和櫻桃乾。

5. 在肉凍模具內鋪一層保鮮膜，放上火腿片，兩者皆往外垂掛。填入重組肉。火腿和保鮮膜往內摺，蓋住肉凍。加蓋。放入149℃的烤爐，以77℃的水浴隔水加熱，直到法式肉派內部溫度達74℃，50-60分鐘。

6. 肉凍冷藏靜置1小時。放上蓋板，以907克的重量加壓，冷藏過夜，至多3天。
7. 切片後出餐，或裹住冷藏最多5天。

櫻桃開心果法式鴨肉凍

法式雞肝派

Chicken Liver Pâté

907克，10-12份

- 雞肝680克，洗淨，去筋
- 牛奶480毫升，或視浸泡所需用量使用
- 鹽28克
- 著色混合醃劑（TCM）0.75克（¼小匙）
- 紅蔥末57克
- 蒜瓣2粒，切末
- 豬背脂肪227克，切中丁
- 白胡椒粉2克（1小匙）
- 磨碎的多香果1克（½小匙）
- 芥末粉1克（½小匙）
- 新鮮白麵包粉43克
- 雪利酒30毫升（2大匙）
- 高筋麵粉85克
- 明膠粉9.5克（2小匙）
- 蛋3顆
- 高脂鮮奶油180毫升

1. 牛奶倒入中型攪拌盆，加入鹽5克（1½小匙）和TCM，放入雞肝，加蓋浸泡12-24小時。
2. 取出雞肝，徹底瀝乾，用廚房紙巾拍乾。
3. 雞肝、紅蔥、蒜、豬背脂肪、白胡椒、多香果、芥末、白麵包粉、雪利酒、高筋麵粉、明膠粉和蛋放入果汁機，攪打成滑順、不黏稠的糊。
4. 混合物用細網篩過濾，以不鏽鋼攪拌盆盛裝。加入鮮奶油，攪拌均勻。冷藏2小時。
5. 在肉凍模具內鋪一層保鮮膜，倒入混合物。加蓋。放入149℃的烤爐，以77℃的水浴隔水加熱，直到肉派內部溫度達74℃，需45-60分鐘。取出肉凍，於室溫靜置冷卻30分鐘。
6. 脫模切片前，放上蓋板，以454克的重量加壓，冷藏過夜。

NOTE：若想製作法式酥皮雞肝派，請見1008頁法式酥皮海鮮派NOTE。

法式鴨肉煙燻火腿凍

Duck and Smoked Ham Terrine

1.36公斤，18-20份

- 去骨、去皮的鴨腿和大腿肉539克
- 豬背脂肪276克
- 奶油35克
- 去皮鴨胸肉1¼份，切成1公分方丁
- 煙燻火腿425克，切成1公分方丁
- 紅蔥末28克
- 蒜末3.75克（1¼小匙）
- 波特酒75毫升
- 中筋麵粉8克（1¼大匙）
- 著色混合醃劑（TCM）0.75克（¼小匙）
- 鹽14克
- 蛋1顆
- 高脂鮮奶油150毫升
- 粗磨黑胡椒2.5克（1¼小匙）
- 禽肉調味粉1.5克（¾小匙）
- 清湯凍180-240毫升（見995頁），融化（非必要）

1. 鴨腿、大腿肉、豬背脂肪切成1公分方丁，冷藏備用。
2. 製作配料。在平底煎炒鍋內融化奶油。鴨胸和火腿炒成褐色後起鍋，冷藏備用。用同一個鍋子炒軟紅蔥和蒜。倒入波特酒，收乾成濃稠的糖漿狀。混合配料及煎成褐色的肉，冷藏保存。
3. 混合腿肉混合物、麵粉、TCM和鹽，拋翻使均勻沾裹。用絞肉機的粗孔徑（0.9公分）刀網絞碎，接著用細孔徑（0.3公分）再次絞碎。絞肉以攪拌盆盛裝，放入冰水浴槽。

4. 在絞肉中加入蛋及高脂鮮奶油。用電動攪拌機的攪拌槳以中速攪拌1分鐘至均勻。加入黑胡椒和禽肉調味粉，混合均勻。
5. 試吃，視情況調味。
6. 攪拌盆置於冰水浴槽內，以切拌方式將配料混入重組肉。
7. 在肉凍模具內鋪一層保鮮膜，預留多餘部分垂掛於模具外。填入重組肉。保鮮膜往內摺，蓋住肉凍。加蓋。放入149℃的烤爐，以77℃的水浴隔水加熱，直到肉凍內部溫度達74℃，約需60-75分鐘。
8. 取出肉凍，放涼至內部溫度降為32-38℃。放上蓋板，以907克的重量加壓過夜。或可選擇倒出肉汁，打開上層保鮮膜，倒入足量清湯凍，蓋過肉凍，冷藏2天。
9. 切片後出餐，或裹住冷藏最多5天。

左至右：法式鴨肉煙燻火腿凍、雞肉凍卷（見1000頁）、法式酥皮雞肝派、雞肉螯蝦肉凍（見996頁）

法式肉派麵糰

Pâté Dough

1.25公斤

- 高筋麵粉567克，過篩
- 脫脂奶粉43克
- 泡打粉6.75克（2¼小匙）
- 鹽14克
- 起酥油99克
- 無鹽奶油71克
- 中型蛋2顆
- 白醋15毫升（1大匙）
- 牛奶240-300毫升，或視需求增減

1. 麵粉、奶粉、泡打粉、鹽、起酥油和奶油放入食物調理機，間歇攪打成尚帶顆粒的麵糰。
2. 麵糰放入18.93公升（20夸脫）的電動攪拌機，裝上攪拌槳。
3. 加入蛋、醋和牛奶120-150毫升。用最低轉速攪拌至成團。麵糰應濕潤但不黏手。若無法成團，表示水不夠，可倒入更多牛奶。成團後，提高轉速至第二段，攪拌3-4分鐘，拌出麵筋。
4. 取出麵糰，揉捏至滑順。仿照麵包麵糰的塑形方法，將邊緣往下塞入底部。製成方形。
5. 麵糰擀開、分切放入肉凍模具當作襯底前，用保鮮膜包裹，冷藏靜置至少30分鐘（想獲得最佳效果，可靜置過夜）。

NOTE：法式肉派麵糰通常鋪在長方形的法式肉派模具中，因此麵糰需於冷藏前塑形成大小適中的長方形。

法式番紅花肉派麵糰：用溫水150毫升浸泡番紅花1.6克（2小匙），並以此取代牛奶150毫升。可依喜好在步驟2加入剁碎的蒔蘿和細香蔥各6克（2大匙）。

以法式酥皮派模具為模版，裁切擀平的麵糰，使麵皮能緊密貼合模具內側。裁出一片長方形麵皮，大小需能覆蓋模具底部和兩長側邊，並預留足夠麵皮，垂掛於模具外側，用以包覆肉派。切下 2 片小長方形，覆蓋模具的兩道短邊。放入麵皮前，務必先在模具內抹油。

在模具內鋪上麵皮，多餘部分垂掛於模具兩邊。

2 片小長方形麵皮貼合模具兩端，接合處壓緊，使其密合。

法式海鮮酥皮派

Seafood Pâté en Croûte

1.13公斤，18-20份

- 蝦170克
- 去殼螯蝦尾170克
- 細香蔥末6克（2大匙）
- 羅勒細絲9克（3大匙）
- 松露小丁28克（非必要）
- 鮭魚慕斯林340克（見993頁）
- 法式番紅花肉派麵糰680克（見1006頁）
- 蛋液（見1023頁），視需求添加
- 乾燥海苔片，視需求添加（非必要）
- 清湯凍180-240毫升（見995頁），融化（非必要）

1. 蝦子去殼、去腸線。拍乾螯蝦尾。依喜好切丁或切絲，冷藏保存於4℃以下。
2. 將慕斯林置於冰水浴槽內，接著以切拌方式混入蝦、螯蝦尾、細香蔥和羅勒，若使用松露，也一併放入。
3. 麵糰擀成約0.3公分厚的長方形麵皮。裁出數片能覆蓋模具底部和內壁的長方形（見上頁下方兩圖）。各邊皆應留有多餘麵皮，向外垂掛。在襯底派皮內部刷上蛋液，可視喜好鋪上海苔片當作第二層襯底。
4. 重組肉填入鋪好襯底的模具。垂掛在外的襯底麵皮往內摺，蓋住重組肉，修整，讓襯底完全包覆肉派。
5. 剪一塊麵皮當作上蓋，平鋪在法式肉派上，每道邊都塞入模具內。接著製作、強化上蓋的通風口，並於表面刷上蛋液。捲一小段鋁箔紙（稱為煙囪），插入通風口，避免通風口附近的麵皮因烘烤膨脹而封住通風口。
6. 剪一片鋁箔紙，像帳篷一樣遮蓋法式肉派，以避免鋁箔紙直接接觸麵皮。以232℃的烤爐烘烤15-20分鐘。拿掉鋁箔紙帳篷，烤爐溫度降至177℃，烘烤直到肉派內部溫度達到68℃，約需50分鐘。
7. 取出法式肉派，放涼至32-38℃。清湯凍加熱至43℃，運用漏斗，將融化的清湯凍從煙囪灌入肉派中。完成後，丟掉煙囪。
8. 切片出餐前，冷藏至少24小時。

NOTES：製作993頁鮭魚慕斯林時，可視喜好用蝦丁取代340克的鮭魚。

製作法式雞肝酥皮派時，在麵皮上鋪火腿，填入法式雞肝派（見1004頁）。視需求切拌混入配料，如煮熟的雞丁、剁碎的香料植物，或泡水的果乾。

用圓形模具在法式酥皮派上方製作通風口，避免表層爆開。強化通風口結構，並用鋁箔紙製作煙囪，避免通風口周圍的派皮受熱膨脹，封住通風口。

烤好的派皮邊緣應呈金褐色，表層派皮不應有裂痕。

法式蔬菜凍佐山羊乳酪

Vegetable Terrine with Goat Cheese

1.36公斤，18-20份

蔬菜

- 櫛瓜907克
- 黃色長南瓜907克
- 茄子567克
- 番茄907克
- 中型波特貝羅大香菇2顆

醃醬

- 橄欖油30毫升（2大匙）
- 第戎芥末15毫升（1大匙）
- 剁碎的歐芹3克（1大匙）
- 細香蔥末3克（1大匙）
- 剁碎的迷迭香6克（2小匙）
- 鯷魚醬或橄欖醬6克（2小匙）（非必要）
- 蜂蜜6克（2小匙）
- 鹽6克（2小匙）
- 白胡椒粉1克（½小匙）
- 蒜瓣2粒，切末，煎炒後放涼

- 新鮮山羊乳酪227克
- 蛋2顆

1. 所有蔬菜縱切成0.3公分厚的薄片。
2. 在大型方形調理盆內混合所有醃醬食材，放入蔬菜醃漬1小時。
3. 取出蔬菜，平鋪在淺烤盤內塗了油的烘焙油紙上。
4. 以93℃的烤爐烘烤蔬菜1小時，直到蔬菜乾燥但不焦脆。取出後放涼。
5. 混合山羊乳酪和蛋。
6. 在肉凍模具內鋪一層保鮮膜，多餘部分垂掛在模具外。組裝法式肉派，一層層疊放各種蔬菜和乳酪混合物。填滿模具後，保鮮膜往內摺。
7. 加蓋。放入149℃的烤爐，以77℃的水浴隔水加熱，直到蔬菜凍內部溫度達63℃即可，約需60分鐘。
8. 取出蔬菜凍，稍微放涼。
9. 蔬菜凍冷藏至少1夜，至多3天。視喜好放上蓋板，以907克的重量加壓。
10. 切片出餐，或裹住冷藏最多3天。

香料肉醬

Pâté Spice

約397克

- 芫荽籽85克
- 丁香85克
- 乾燥百里香50克
- 乾燥羅勒50克
- 白胡椒粒43克
- 刨成削的肉豆蔻43克
- 乾燥牛肝菌28克（非必要）
- 磨碎的肉豆蔻乾皮21克
- 月桂葉14克

混合所有食材，若有使用乾燥牛肝菌，也一併加入。用研杵或香料研磨器研磨。未使用的香料保存於密封容器，置於乾燥、陰涼處。

醃漬鮭魚

Gravlax

20份

- 鹽120克
- 深色紅糖198克
- 拍碎的黑胡椒6克（1大匙）
- 剁碎的蒔蘿85克
- 檸檬汁60毫升
- 白蘭地22.5毫升（1½大匙）
- 鮭魚片1.36公斤

1. 在小型攪拌盆內混合鹽、糖、黑胡椒及蒔蘿，製成乾醃料。
2. 在另一個小型攪拌盆中混合檸檬汁和白蘭地。鮭魚片放在濾布上，帶皮面朝下，刷上檸檬汁混合物，並均勻抹上乾醃料。
3. 用濾布包緊鮭魚，帶皮面朝下，放入方形調理盆，接著壓上另一個裝有重物的平底鍋。
4. 冷藏醃漬2-3天。完成後，鮭魚最厚的部位應相當緊實。
5. 打開濾布，刮除乾醃料。用冷水快速沖洗，立刻拍乾。
6. 斜切成薄片後出餐。

baking
and
pastry

烘焙與糕點

第 七 部

第 31 章

baking mise en place

烘焙前的準備工作

了解材料本身的作用，以及不同材料的交互反應等等的基礎知識，對於成功掌握烘焙與糕餅藝術格外重要。理解這些原則和步驟，不但有助於處理各種配方、製作出品質更佳的產品，還能進一步改良自己創新的配方。

烘焙材料的作用 the functions of baking ingredients

烘焙的基本材料通常對成品有多種作用。舉例來說，雞蛋就扮演了穩定劑、膨發劑與／或稠化物的角色。熟悉各種材料的作用，使廚師不但有能力創作出穩定的烘焙配方，也可以發現哪個材料在過程出了狀況。

穩定劑

有助於成品發展出堅固結構或「架構」的材料，稱為穩定劑。穩定劑發揮作用的方法有二，其一是讓麵糰變硬或變緊，其二是增加混合物的稠度。麵粉與雞蛋都是能夠強化成品結構（與營養價值）的材料。

麵粉是黏合劑，也是吸收劑。麵筋（麩質）是麵粉的蛋白質成分，為烘焙食品提供結構與筋度（strength），麵粉裡的澱粉則是很有用的稠化物。懸浮在水中的澱粉顆粒一旦受熱，就會開始吸收液體並膨脹，增加混合物的黏度。這個反應稱為凝膠化作用，讓我們能將澱粉當成稠化物使用。不同類型的麵粉有不同的麵筋與澱粉比例，即使用在同一個配方，成品的質地、外觀和風味也會出現極大的差異。

雞蛋能在烘烤期間提供額外的穩定性。雞蛋會影響成品的質地與紋理，並藉由帶入、分散空氣，使成品的紋理均勻、質地細緻。雞蛋利用蛋白質凝固來稠化。蛋白質凝固所形成的網絡會留住液體，形成滑順且頗為濃稠的質地。這就是所謂的「部分凝固」，利用蛋白質來保持濕潤。若進一步烹煮或烘烤，蛋白質就會完全凝固，排出水分，使成品凝結起來。

雞蛋也具有膨發的作用。雞蛋（全蛋、蛋黃或蛋白）打發後會留住空氣，而空氣一加熱就膨脹，使成品體積變大、質地變輕盈。其他典型的穩定劑／稠化物還有下列幾種。

葛粉與玉米澱粉

這類稠化物通常較適用於需要半透明效果的醬汁、布丁與餡料。把稠化物拌入其他材料之前，應該先與少量冷液體混合稀釋。樹薯澱粉也常用來稠化派的餡料。

吉利丁（明膠）

吉利丁製作出輕盈細緻且凝固定型的泡沫，例如巴伐利亞餡、慕斯，以及穩定性較高的發泡鮮奶油。這種泡沫在裝模、脫模後，仍能維持形狀，還可切片。吉利丁分為粉狀與片狀兩種，使用前需放入冷液體中泡軟。吉利丁吸收液體後，要慢慢加熱至結晶溶解，或將軟化的吉利丁加入熱的混合料，如熱卡士達醬，或以隔水加熱的方式慢慢融化。

果膠

果膠是一種碳水化合物，來自特定水果的細胞壁。蘋果、蔓越莓與黑醋栗都是常見的果膠來源。使用果膠時，糖和酸的比例須正確，果膠才能凝固。

液化物

水、鮮奶和其他液體、油脂與糖等等，都可以作為液化物，使麵糰或麵糊鬆開或軟化。

糖雖然在剛加入時會讓混合物收緊，不過與其他材料、烘烤的熱能起了相互作用後就會鬆開、液化麵糊或麵糰。

水有稀釋作用，還能溶解糖和鹽這類可溶於水的材料。水若先和糖、鹽與酵母充分混合，再加入配方裡的其餘材料，也有助於糖、鹽和麵粉在麵糰裡均勻分布。水變成蒸氣時也會膨脹，所以也有膨發作用。

鮮奶和水有許多相同功能，不過因為鮮奶含有額外成分（油脂、糖、礦物質與蛋白質），因此還多了其他功用，並增添更多風味。鮮奶中的糖（乳糖）焦糖化時，可以為成品表面增添色彩，並有助於形成緊實的外皮。鮮奶裡的乳酸可以收緊麵粉裡的蛋白質，提供穩定性，使成品具有細緻的紋理與質地。

鮮奶可以增加麵粉裡蛋白質的彈性，有助於成品在烘烤期間膨脹，但有個前提，加入麵糰或麵糊的油脂總量不超過主麵糰或成品總重的3%。固態與液態的油脂則是油脂類原物料，能阻斷麵筋網狀結構的成形，使麵糰或麵糊不至於變韌。這個軟化作用讓網狀結構變得脆弱，易於斷裂（起酥），可以使麵包心更加鬆軟。

微生物膨脹劑、化學膨大劑和機械膨發

所謂膨發，指的是使成品膨脹或變得更輕盈。在烘焙裡，可透過以下方式膨發：用酵母（微生物膨脹）、用泡打粉或小蘇打粉（化學膨大），以及透過蒸氣（機械膨發）。每種方法各自適用於不同用途，所產生的成品也截然不同。不同的膨發方式可以單獨運用或結合運用，以達到特定的效果。

微生物膨脹劑

有機膨脹劑以酵母為基礎，酵母是一種活性生物，以糖為食物，能夠製造酒精和二氧化碳。二氧化碳能使麵糰變輕盈，賦予麵糰獨特的質地。有機膨脹劑不同於化學膨大劑，需要相當長的時間才能發揮作用。酵母需充分成長繁殖，才能使麵糰布滿氣室。要使酵母發揮作用，就需要仔細控制溫度。酵母在10-16℃之間無法充分作用，而超過60℃則會被徹底破壞。

新鮮或新鮮酵母需冷藏保存（理想溫度為4℃）才能維持活性。新鮮酵母一般以塊狀包裝，以重量而非體積計量，冷藏可以保存7-10日，冷凍可以保存更久。

乾酵母與速發酵母都是顆粒狀酵母，開封後應冷藏保存，並保持乾燥。尚未開封的乾酵母或速發酵母處於完全休眠，置於室溫最多可保存1年。

用乾酵母和速發酵母取代新鮮酵母時，乾酵母的用量為新鮮酵母重量的40%，速發酵母則為33%。酸麵種是以酵母為基底的膨發劑，天然（野生）酵母可在麵粉與水的混合物裡發酵數天至數週的，只要定時餵養額外的麵粉和水，滋生的麵種就會不斷地茁壯，維持一般製作麵包與其他烘焙產品所需。

化學膨大劑

使用小蘇打粉與泡打粉時，其他鹼性食材（通常是碳酸氫鈉）會和存在於泡打粉（由一種鹼、一種酸和一種澱粉構成）或白脫乳、酸奶油、優格、巧克力等材料裡的酸性物質起相互作用，讓製品膨大。鹼和酸一起接觸到液體會產生二氧化碳，而二氧化碳在烘烤中一遇熱就會膨脹，賦予烘焙成品獨特的質地，也就是「麵包心」（crumb）。這個膨脹的過程會很快發生，因此許多以化學膨大劑製作的烘焙產品也稱為「快速法麵包」。

雙重反應泡打粉會起二次反應，因此得名。第一次反應發生在泡打粉接觸到麵糊裡的水分時，第二次則發生在加熱時。換句話說，雙重反應泡打粉與麵糊裡的液體相混時會產生第一次作用，而後當麵糊入爐烘烤時則會產生第二次作用。

機械膨發（物理膨脹）

蒸氣是一種機械膨發，有時也稱為物理膨脹。麵糊或麵糰裡的液體一受熱就會產生蒸氣。海綿蛋糕與舒芙蕾就是以蒸氣膨發。蒸氣也是起酥皮、可頌與丹麥酥的要角。蒸氣被留在一層層麵糰之間，促使麵糰分離並膨脹。藉由攪打，或是先將一種材料打成奶油狀再加入主麵糊中，都能把空氣打入麵糊，隨後加熱就會使麵糊或麵糰裡的氣室膨脹。

準備烘焙材料 preparation of baking ingredients

測量

測量材料最精準的方式就是秤重，即便是液體材料，也經常以秤重方式測量。西點麵包店使用的磅秤種類眾多，包括天平秤、彈簧秤與電子磅秤。其他計量工具則有以品脫、夸脫為單位的量杯，以及量匙等等，都是必要且常用的工具。

精準測量每種材料的用量是製作烘焙產品極為重要的一環。同樣地，分割好的麵糰或麵糊也都要秤重，以確保每盤、每模或個別分量的用量適當且一致。如此不但能確保成品大小相同，也能盡量避免大小不一所導致的膨發或褐變品質不均。

乾性材料過篩

大部分烘焙製品的乾性材料在加入麵糰或麵糊前都要過篩，主要原因有三：

- ▷ 為了混合均勻。
- ▷ 為了去除結塊或雜質。
- ▷ 為了膨鬆。

過篩可以讓麵粉和糖粉充分膨鬆、去除結塊，並篩出雜質。過篩後的化學膨大劑如泡打粉與某些風味食材（如可可粉）也能分布得更均勻。過篩要在材料確實秤重後進行。

煮糖 cooking sugar

煮糖的器具都必須乾淨、無油，使用的糖也必須完全不含麵粉或其他雜質。原因是煮糖的溫度通常很高，其他雜質可能會燒焦，或使糖在到達理想溫度之前發生再結晶。煮糖時應使用銅鍋或其他厚底鍋，確保加熱穩定且均勻。

煮糖分乾煮法與濕煮法。乾煮法專門用來製作焦糖，而濕煮法則通常用來把糖煮到特定階段或溫度。濕煮法也可以用來製作焦糖，不過用乾煮法較能煮出好焦糖那種類似堅果的、烘烤般的風味特性。

無論使用何種方式煮糖或製作焦糖，烹煮時加入少量酸可避免產生結晶，通常用檸檬汁，每227克糖對上1.25毫升（¼小匙）。

煮糖應注意下列基本規則：

- ▷ 使用厚實的金屬鍋，以免糖燒焦，同時以煮糖用溫度計測量精確溫度。
- ▷ 加入酸或轉化糖漿（如玉米糖漿），以避免結晶。
- ▷ 黏在鍋壁的糖用沾濕的醬料刷往下刷，也可以減少結晶。
- ▷ 鮮奶或其他液體應先加熱再加入焦糖。
- ▷ 高溫焦糖遇到液體會起泡、噴濺，所以加入的液體須是熱的，且加入時都要很小心。

乾煮法製作焦糖

鍋子預先以中火加熱，接著放少量糖到鍋中，煮至糖溶解，再分多次將剩餘的糖加進去。加入前，要先等到鍋內上一批的糖完全溶解，最後再將糖煮成理想的顏色。

無論用何種方法煮焦糖，都要在焦糖達到理想顏色的前一刻離火，並立即將鍋子浸入冰水浴中迅速降溫。糖會蓄熱，不迅速降溫，焦糖的顏色會變得太深，甚至焦掉。

剛煮好的焦糖極燙，碰到較冷的材料會噴濺，所以任何要加入焦糖的液體都要先熱好，再小心加入。

煮糖的各個階段

若是用濕煮法煮糖，先將糖放入厚底鍋，再加入水，水的重量是糖的30%。將鍋子放在大火上加熱，持續攪拌到沸騰，確保糖完全溶解。糖水一沸騰，立即停止攪拌，並撈除雜質。用沾了冷水的醬料刷從鍋壁往下刷，避免結晶形成。煮糖時形成的結晶是蒸發液體的結晶沉積而來，常會積在鍋壁上，並反過來成為鍋內糖的「晶種」，導致鍋內的糖開始結塊並出現顆粒。刷鍋壁的動作要盡可能持續做，以保持鍋壁乾淨，直到糖煮到理想的溫度、稠度與／或顏色。

糖一煮到特定溫度，質地就會產生變化。下列階段在烘焙、糕餅與糖果的製作中各有不同的用途：

112℃	稀糖漿階段（thread）
114℃	軟球糖漿階段（soft ball）
120℃	硬質軟球糖漿階段（firm ball）
127℃	硬球糖漿階段（hard ball）
135℃	軟性脆糖階段（soft crack）
154℃	脆糖階段（hard crack）

簡易糖漿

簡易糖漿是每個點心房都不可或缺的備品，製作方式是將水與糖混合，並加熱到剛好使糖完全溶解。簡易糖漿冷卻後，可以加入增添風味的香甜酒，如柑橘香甜酒、白蘭地、蘭姆酒或咖啡風味香甜酒等等，也可以視需求添加風味食材，像是肉桂及丁香香料包、一撮番紅花，或剖開的香莢蘭豆莢（香草豆莢）所沖泡的液體等等。趁熱將風味食材加入糖漿中，蓋上鍋蓋靜置15-20分鐘，視需要過濾。這類糖漿可以在蛋糕包餡並收尾之前用來增添風味、濕潤度或甜度，也可在烘烤時刷上起酥皮表面，或用來低溫水煮水果。

發泡鮮奶油 whipped cream

高脂鮮奶油可以打發成濕性（軟性）發泡、中性發泡或乾性（硬性）發泡，應用於各種甜鹹料理。冰冷的鮮奶油與工具有助於打出更穩定的泡沫，較容易拌入其他製品中，因此用來打發的鮮奶油、攪拌缽與打蛋器，都要先低溫冷藏。發泡鮮奶油可以用糖粉來增加甜度，並加入香莢蘭做成香緹鮮奶油（見1023頁）。

無論採手打或是攪拌機打，一開始先以穩定的中速攪打，一旦鮮奶油開始變稠，便加快速度，繼續打到適當的濃稠度與硬挺度。發泡鮮奶油的各種打發階段如下。

濕性發泡

拌打器提起時，鮮奶油泡沫的尖端會彎曲下垂。濕性發泡的鮮奶油通常做成甜點下方或上方的醬料，或作為慕斯類的膨鬆料，以做出平滑綿密的稠度。

中性發泡

濕性發泡之後繼續攪打，直到鮮奶油變得更硬挺，拌打器提起時，鮮奶油尖端可以維持比較久，彎曲的程度也比較低，不過還無法完全挺立，這時是加入糖的最好時機。中性發泡的鮮奶油通常用來抹在蛋糕上，或用作裝飾（用湯匙舀起放上或填進擠花袋擠上）。

硬性發泡

鮮奶油打到尖端挺立時，泡沫會失去些許彈性，並喪失一些光澤與絲絨般的質地。硬性發泡的鮮奶油可以放在塔派上做裝飾，也可以用來製作奶油霜。

打發蛋白和製作蛋白霜 whipping egg whites and making meringues

在一般廚房和烘焙坊裡，打發蛋白有不少用途，可作為舒芙蕾和海綿蛋糕的膨發劑，也可為某些慕斯或巴伐利亞餡創造出輕盈的質地。在打發蛋白中加入足量的糖，可為泡沫增加穩定度和甜度。

蛋白一定要乾淨，完全沒有沾到蛋黃，才能順利打發。室溫蛋白打發的程度最大；從冰箱取出的蛋白，可用隔水加熱的方式調溫。

攪拌缽與打蛋器也要乾淨無油。有些廚師會先用醋擦拭過，再用熱水洗淨，徹底除去油脂。打發蛋白的體積會膨脹到原本的8-10倍，攪拌缽需夠大。如果製作蛋白霜時會使用酸，打發之前就要加入。

起初先以低、中速攪打，直到蛋白開始蓬鬆起泡，接著加快速度，繼續打到蛋白變成濕性發泡或中性發泡（見1019頁「發泡鮮奶油」）。過度打發的蛋白外觀暗淡、出現顆粒狀且看來乾澀，拌入基底或麵糊時會迅速消泡、分離，對成品質地產生不良影響。

要使用的前一刻才打發蛋白。舉例來說，舒芙蕾的蛋白打發後，要馬上拌入基底，然後立刻進烤爐烘烤，才能烤出最佳的膨脹狀態。

在打發蛋白裡加入糖，能讓泡沫更穩定。打發出來的蛋白泡沫就是所謂的蛋白霜。糖加入蛋白的方式不同，做出的蛋白霜也不一樣。

製作前，小心將蛋白蛋黃分開，並確保蛋白、攪拌缽與打蛋器都非常乾淨。不同種類的蛋白霜製作方式如下所述。

一般蛋白霜

一般蛋白霜是所有蛋白霜裡最不穩定的一種。製作時應先將蛋白打到起泡，然後一邊攪打一邊穩定地少量加糖。若糖的用量跟蛋白一樣多或比較少，可以一次加完。所有糖都加完後，按食譜要求將蛋白霜打成濕性發泡、中性發泡或硬性發泡。這種蛋白霜可以作為天使蛋糕、海綿蛋糕與舒芙蕾的膨發劑，作為派的頂飾，以擠花袋擠出造形再烘烤成外殼，也可做成邊飾或其他裝飾。由於這種蛋白霜的蛋白沒有加熱到安全溫度，因此只能用於會再烹煮或烘烤的產品上。

瑞士蛋白霜

製作瑞士蛋白霜時，先將蛋白和糖放入攪拌缽內，採隔水加熱方式，以微滾熱水將缽內的蛋白和糖加溫至60℃（依用途而定），過程中不時攪拌，以確保蛋白裡的糖完全溶解。糖的用量比蛋白稍微多一點。

待蛋白溫熱好，便將攪拌缽裝到攪拌機上，視需求以中速將蛋白霜打到濕性、中性或硬性發泡。

瑞士蛋白霜除了可取代一般蛋白霜，也可使慕斯與奶油霜的質地更加輕盈，或作為蛋糕內餡，還可裝入擠花袋來裝飾蛋糕或其他製品，和用於製作奶油霜。

分蛋的方法

剛從冷凍庫拿出來的雞蛋最容易分。除了冰冷的雞蛋，分蛋時應該要準備好四個乾淨的容器，一個用來裝開始分蛋時流出的蛋白，另外三個分別用來裝乾淨的蛋白、沾到蛋黃的蛋白，以及所有蛋黃。

敲開蛋殼，把蛋殼分成兩半，兩邊互倒數次，使蛋白流入容器裡。蛋白和蛋黃都分開以後，將蛋黃放入另一只容器中。檢查蛋白，確保裡面沒有殘留的蛋黃。如果蛋白很乾淨，就放到專門放置乾淨蛋白的容器裡。如果帶有蛋黃，則放入另一只容器，留作他用。

濕性發泡的蛋白霜勉強能維持形狀。拌打器提起時，尖端下垂。

中性發泡的蛋白霜比較硬挺，拌打器提起時，形狀維持得比較久。

硬性發泡的蛋白霜，拉出來的尖端硬挺不下垂。

義大利蛋白霜

義大利蛋白霜的作法是在打蛋白時加入熱糖漿，這種方法比一般蛋白霜或瑞士蛋白霜更講求精準的時間控制，成品的紋理較細緻也較穩定。先製作糖漿，將¾的糖以濕煮法製成糖漿，並加熱到116℃。當糖漿溫度達到110℃左右，一邊將剩餘的糖加入蛋白，並開啟攪拌機打到濕性發泡。糖漿煮到116℃時，逐次將糖漿倒進持續攪拌中的蛋白裡，視需求打到濕性發泡、中性發泡或硬性發泡。

義大利蛋白霜可以用來製作烘烤過的外殼和餅乾。由於蛋白霜加熱的溫度夠高，所以不必煮過，可直接作為餡料或義大利奶油霜（見1125頁）的基底。

烤盤的選擇與準備 choosing and preparing pans

選擇形狀與大小正確的烤盤，才能做出正確的質地與外觀。烘烤時，蛋糕或麵包在過大的模具中可能無法適度膨脹，導致邊緣烤過頭；在過小的烤盤中可能會烤不透，進而影響外觀。

烤盤的準備工作

烤盤內部先鋪上烘焙油紙，以方便取出成品。如果是得抹平去烤的麵糊，就要先在烤盤底部塗上一層薄薄的奶油或其他油脂，再鋪上烘焙油紙，這是要利用油脂來固定烘焙油紙，塗抹麵糊時，烘焙油紙才不會滑動。烤盤側面也要抹上油脂並稍微撒點麵粉。用來製作海綿蛋糕的烤模，底部要鋪上烘焙油紙，不過側面不必抹油撒粉。天使蛋糕是否能完全膨發，某些程度有賴於麵糊在烘烤膨脹時攀附在烤模壁面的能力，因此用來製作天使蛋糕的烤模，不需要鋪烘焙油紙，也不需要抹油撒粉。

擠花袋的運用與訣竅 using pastry bags and tips

除了裝飾蛋糕以外，擠花袋與各種花嘴還有其他用途，例如烹飪時用來添加餡料、烘烤前把泡芙麵糊或公爵夫人馬鈴薯分成單份的分量、為閃電泡芙與鮮奶油泡芙等糕點外殼裝餡，以及為開胃點心和法式小點上些少許裝飾或收尾材料。

將糖霜、麵糊、麵糰或其他軟質材料透過擠花袋擠出來的動作，稱為「擠花」。擠花的動作需要練習，才能擠得穩定確實，創作出裝飾效果。

裝填擠花袋前，先挑選適合的花嘴，將花嘴牢牢裝在擠花袋的開口或接頭上。將擠花袋的上方像袖口般往下摺，然後用刮刀或湯匙將備好的材料裝進擠花袋裡。扭緊擠花袋口，把袋裡的材料集中，先擠出空氣。用慣用手拿著擠花袋擠出袋裡的材料，另一隻手引導並穩住花嘴。擠花袋拿開時，慣用手要放鬆，避免拖尾。

可重複使用的擠花袋和花嘴一用完就馬上以溫熱的肥皂水徹底沖洗乾淨。擠花袋記得要翻面清洗乾淨，再收起來。許多廚房與烘焙坊為了衛生，則會使用拋棄式擠花袋。

用星形花嘴擠出裝飾邊緣。

用圓形花嘴擠出裝飾邊緣。

刷蛋液

Egg Wash
480毫升

- 蛋5顆
- 鮮奶142克
- 鹽1撮

將蛋、鮮奶與鹽混合，用金屬打蛋器拌勻，備用。

NOTE：刷蛋液的配方有無窮盡的變化，各自適用於不同的用途與口味。例如些許或全部的鮮奶可以換成水或鮮奶油，其中幾顆或全部的蛋可以換成蛋黃，也可以加糖。

刷蛋液

刷蛋液是許多烘焙製品的重要元素，對成品外觀有極大影響，也可能左右成品的風味、口感與質地。

刷蛋液可用全蛋製作，也可只使用蛋白或蛋黃，加入水、鮮奶或鮮奶油拌勻。

建議的比例是水或鮮奶30毫升（2大匙）搭配全蛋1顆。製作時務必將蛋白打散，徹底混合蛋液。

簡易糖漿

Simple Syrup
960毫升

- 糖454克
- 水454克

將糖和水放入厚底鍋內，拌勻。加熱至沸騰，不時攪拌，直到糖完全溶解。糖漿放涼後，可直接使用，或冷藏備用。

NOTE：簡易糖漿的水、糖比例有多種變化，可依據需求和糕點的甜度、風味來調整。

咖啡簡易糖漿：糖漿沸騰後加入咖啡粉28克。鍋子離火，蓋上鍋蓋浸泡20分鐘。濾除糖漿裡的咖啡粉。

以香甜酒調味的簡易糖漿：糖漿完全冷卻後，倒入香甜酒120毫升，攪拌均勻即可。可選擇各種風味香甜酒來調味，如覆盆子香甜酒、櫻桃白蘭地或卡魯哇咖啡酒。

香緹鮮奶油／裝飾用發泡鮮奶油

Chantilly Cream/Whipped Cream for Garnish
510克

- 高脂鮮奶油454毫升
- 糖粉57克
- 香莢蘭精15毫升（1大匙）

1. 將鮮奶油打到濕性發泡。
2. 接著加入糖粉和香莢蘭精，繼續打到想要的發泡程度。

一般蛋白霜

Common Meringue

680克

- 蛋白8顆（約227毫升）
- 鹽1撮
- 香莢蘭精5毫升（1小匙）
- 糖454克

1. 將蛋白、鹽和香莢蘭精放入攪拌機的攪拌缽裡，裝上打蛋攪拌頭，用中速將蛋白打到起泡。
2. 調成高速，一邊打蛋白一邊慢慢加糖，打到想要的程度。

NOTE：也可以用手持打蛋器手打。

瑞士蛋白霜

Swiss Meringue

595克

- 蛋白8顆（約227克）
- 香莢蘭精5毫升（1小匙）
- 鹽1撮
- 糖454克

1. 將蛋白、香莢蘭精、鹽與糖放入攪拌機的攪拌缽裡，裝上打蛋攪拌頭，接著攪拌到所有材料混合均勻。
2. 以隔水加熱方式，將攪拌缽放在接近微滾的熱水裡慢慢攪拌，直到混合物溫度達到46-74℃，溫度依用途而定。
3. 將攪拌缽裝回攪拌機上，高速攪打蛋白霜，打到想要的程度。

義大利蛋白霜

Italian Meringue

680克

- 糖454克
- 水113克
- 蛋白8顆（約227克）
- 鹽1撮
- 香莢蘭精5毫升（1小匙）

1. 將水和340克糖一起放入厚底鍋內，以中大火加熱至沸騰，期間不時攪拌，促進糖溶解。沸騰後停止攪拌，並繼續烹煮到軟球糖漿階段（116℃）。
2. 煮糖漿的同時，將蛋白、鹽與香莢蘭精放入攪拌機的攪拌缽內，裝上打蛋攪拌頭。
3. 待糖漿達到110℃，另外以中速將蛋白打到起泡，接著逐次將剩餘的113克糖加入蛋白，打到中性發泡。
4. 待糖漿達到116℃，一邊繼續以中速攪打，一邊將糖漿少量而穩定地倒入蛋白霜裡。轉高速，打到硬性發泡後，改用中速攪打，直到蛋白霜完全冷卻。

第32章

yeast breads

酵母麵包

使用酵母麵糰與麵糊製作的麵包與餐包，有著獨特的香氣與風味，這是由酵母發酵的生物過程所產生。產生的效果千變萬化，從簡樸如烘烤披薩，到風味細緻且富含蛋和奶油的布里歐喜麵包都有。

酵母麵糰分成兩大類：無油麵糰與高油量麵糰。前者只使用麵粉、酵母、鹽與水，也就是製作傳統法國棍子麵包的材料。辛香料、香料植物、特殊麵粉與／或堅果和果乾，都可以加入麵糰，做出各種變化，不過這些材料並不會大幅改變麵糰的基本質地。

lean and enriched doughs
無油麵糰與高油量麵糰

無油麵糰即便含有糖和油脂，量也相當少。以無油麵糰製作的麵包有著比較耐嚼的質地，口感較韌，外皮酥脆。硬式圓麵包、法式和義式麵包，以及全麥麵包、裸麥麵包與粗裸麥酸麵包等，都屬於無油麵包。

高油量麵糰還會添加糖或糖漿、奶油或油脂、全蛋或蛋黃，以及鮮奶或鮮奶油等材料。這類麵包有軟式圓麵包、布里歐喜麵包與猶太辮子麵包。添加油脂會改變麵糰的質地，以及麵糰在攪拌、揉捏、整形與烘烤時的表現。高油量麵糰通常比較軟，烘烤出來的成品口感也比無油麵糰的麵包來得軟。這類麵包因為含有蛋和奶油，可能會帶點金黃色，而且外皮柔軟不酥脆。

作法精要 >

1. 將溫熱的液體放入攪拌缽裡。
2. 加入其餘的材料。
3. 混合材料，直到黏結成團。
4. 將麵糰揉到滑順有彈性。
5. 將麵糰移入抹了油的攪拌缽裡。
6. 讓麵糰膨發。
7. 翻麵，並按壓排氣。
8. 將麵糰移到撒了麵粉的工作檯上。
9. 麵糰整形後，放入模具裡。
10. 讓麵糰膨發。
11. 烘烤。

小麥麵粉（如中筋麵粉或高筋麵粉）是酵母麵糰的基本材料。小麥麵粉的蛋白質含量高，能賦予無油麵糰良好的質地，也可以用普通裸麥、全穀裸麥粗磨或燕麥磨的麵粉取代部分小麥麵粉。製作時應參考個別配方，並小心測量麵粉。用來製作麵包的麵粉通常不用過篩。

酵母是微生物膨脹劑，必須具有活性才能作用，視需要在製作麵糰之前先讓酵母恢復室溫。使用新鮮（壓縮）酵母時，麵包配方裡用到的水、鮮奶或其他液體的溫度，應該在20-24℃；使用速發乾酵母時，理想水溫則是41-43℃。

可利用發酵來測試酵母活性。測試時，將酵母、溫熱的液體和少量麵粉或糖混合均勻，靜置於室溫下，直到表面形成一層厚厚的泡沫。出現泡沫表示酵母仍有活性，可以使用；若沒有泡沫，表示酵母已失去活性，應該丟掉。

鹽可以使麵包的風味發展出來，也有助於控制酵母的活動。若省略鹽，麵包的風味或質地可能不盡理想。

依照要烘烤的麵糰種類來準備模具。無油麵糰的褐變溫度較高，應該直接放在爐裡烘烤。如果無法這麼做，可在模具上鋪烘焙油紙，或撒上玉米粒粉*或杜蘭粗粒小麥粉，玉米粒粉尤其適合法國棍子麵包或圓形麵包這類以手略整形（free-foam）的麵包。至於鮮奶、糖與油脂含量較高的麵糰，則放在抹了油脂或鋪了烘焙油紙的模具裡烘烤。

直接發酵是製作無油麵糰最簡單也最快速的方法：將商用酵母、麵粉、水與鹽混合，攪拌到麵糰柔軟有彈性且麵筋擴展良好。

只靠直接發酵的配方最常搭配的是直接法攪拌。採用這種方法，材料的加入順序會依所使用的酵母種類而異。使用速發乾酵母，要先混合酵母和麵粉，再把其餘材料全加入混合物裡。使用乾酵母或新鮮酵母，要先混合酵母和水，等酵母完全溶解，再加入麵粉，然後把其餘材料放在麵粉上面。

*審訂注：玉米粒粉（cornmeal）為乾燥玉米粒所磨成，切勿與玉米澱粉（cornstarch）混淆。

作法詳解

1. **混合攪拌時**，在拾起階段（pick-up period）先以低速攪拌材料至剛好均勻，此時麵糰只是粗略混合的狀態。接下來，在捲起階段（clean-up period，初步擴展）以中等速度混拌麵糰，此時麵糰看起來仍頗為粗糙。

2. **擴展階段初期**（early stages of the development period），麵筋的彈性開始擴展，麵糰會開始脫離缸壁。此時攪拌機應以中速運轉。

到了擴展完成階段（final stages of the development period），麵筋結構已充分擴展。麵糰變得滑順有彈性，攪拌機運轉時，麵糰完全不黏缸壁。

想檢查麵筋的擴展狀況，需要先了解麵糰在混拌過程中的變化。無論使用哪一種混拌方式，都可以將攪拌程度分成4個階段，每個階段的麵筋結構都有明顯差異。每份食譜都會標明麵糰應該混拌到什麼程度。

達到擴展階段初期的短糰筋形成階段時，麵糰會變成質地均勻的團塊，用手剝會散開。等達到進一步麵筋完成階段（improved gluten development）時，麵糰已經充分黏結，但用手將麵糰拉成薄膜檢查時，麵糰會裂開。達到緊緻麵筋擴展階段（intense gluten development）時，麵糰拉開只會形成輕透的薄膜，不會裂開。

若是過度攪拌的階段，麵糰裡的麵筋會斷裂。麵糰會從滑順有彈性變得又濕又黏手，發不起來也烤不好，做不出成功的麵包。換言之，麵糰不管是攪打不夠或是攪拌不好，都會造成膨脹不良，內部結構也差。麵糰打不好，會使麵粉無法好好吸收液體，導致麵糰不均勻，無法形成良好有彈性的麵筋結構，使麵糰又濕又黏手。

3. 基本發酵指的是初次發酵階段。使用直接發酵法時，基本發酵尤其重要。直接發酵法由於沒有使用預先發酵的麵種或麵糰，因此這是唯一能經由發酵發展風味的機會。

將打好的麵糰移到抹了薄油的攪拌缽或木盆裡(質地硬挺或緊實的麵糰可以放在撒了薄麵粉的工作檯上)。

在基本發酵階段，可以延遲麵糰的發酵。特別用4℃左右的低溫冷卻麵糰，以延緩發酵過程。延遲發酵能讓烘焙師兼顧製作與上下班的時間安排。一旦延長發酵時間，麵筋就能進一步鬆弛，所以將麵糰放在低溫環境下，既可獲得更長的發酵時間也能有更好的風味發展。

4. 在室溫環境中靜置麵糰，待麵糰體積膨脹到2倍大。麵糰放在抹上薄油的攪拌缽，再用濕布或保鮮膜蓋起來，避免表面變硬，然後靜置於適當溫度下，直到膨脹到2倍大。本書所有配方的發酵時間，均以室溫環境(24℃)為準。

發酵時產生的酒精能軟化麵筋網狀結構，增加麵筋的彈性，麵筋才能伸展，使麵包適度膨發。越柔軟的麵筋，能做出柔軟且耐嚼的內層組織。麵筋也可以在這次的翻麵過程中，進一步擴展。

5. 在基本發酵階段之中或之後翻麵，可以重新調整分布給酵母的食物、平衡麵糰的溫度、排出密布的發酵氣體，以及進一步擴展麵筋。翻麵的同時，小心按壓排氣，以保存已經擴展好的麵筋結構。

6. 準確秤重可以使每塊小麵糰大小一致，如此一來，每一小塊麵糰最後發酵（proofing）和烘烤的時間才會相同。秤重後，稍微將麵糰預先整成圓形或橄欖形。預先整形能讓麵糰的外皮滑順緊實，這有助於留住基本發酵階段形成的氣體。

預先整形後，將麵糰用亞麻布或保鮮膜蓋好，靜置10-20分鐘，鬆弛麵筋，以利最後整形。

靜置完畢，便可進行最後整形。若要使用刷蛋液和加上裝飾，可以在最後整形完成後再進行，這樣可使麵糰均勻地裹上材料，而不用在最後膨發時冒險加料，從而導致麵糰消氣。

7. **最後整形完畢後**，麵糰會再次發酵。有些麵糰可以直接放在撒了麵粉或玉米粒粉的工作檯或木板上發酵，例如用來製作法式圓麵包的無油麵糰。其他種類或形狀特殊的麵糰，也許要放在亞麻布（烘培帆布）或烤盤、吐司模具、發酵籃、木製或其他模具裡。在這個最後膨發階段，必須再次確保麵糰表面不變硬。如果這次最後發酵不使用發酵箱，請務必把麵糰蓋好。使用可控制溫度和濕度的發酵箱，便不需要覆蓋麵糰就能防止表面變硬。

烘烤麵包

無油麵糰應該放入有蒸氣的高溫烤爐（204-232℃）烘烤。高油量麵糰的烘烤溫度較低一點（約191℃）。此外，其他可能影響特定烘烤溫度的因素包括：烤爐類型、麵包的尺寸與形狀、想要的外皮和成色（或其他特性），以及麵糰在烤模中最後發酵到多長。

一旦麵包烤好就要完全冷卻尤其重要。如此才能維持麵包的外皮和結構，同時進行風味的最後發展。所有麵包（尤其是以無油麵糰所製作）都要放在冷卻架上降溫，以維持麵包周圍的空氣流通，如此可以避免濕氣在麵包冷卻過程中聚集於麵包上。

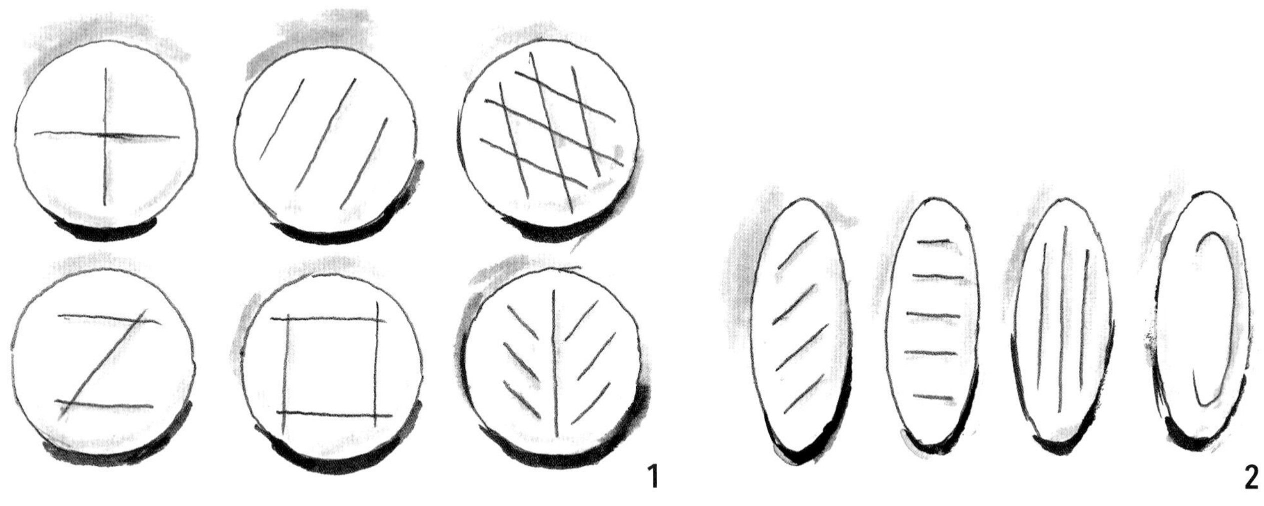

收尾技巧

決定如何為麵包作收尾十分重要。如果把各種麵包和餐包做成不同的形狀，加上不同的割劃及裝飾，不但能強化成品的美感，還能添加風味，你和顧客也能利用這些來辨識麵包的種類。

割劃

1. 許多麵包入爐前會先以刀片、鋒利的刀子、剪刀或麵糰割紋刀割劃出紋路。割劃有助於烤出外觀及麵包心都很一致的高品質麵包。割劃圓形麵包時，紋路應該均勻分布於麵糰表面。
2. 像國棍子麵包這一類麵包會劃上代表性的傳統紋路，以利顧客和員工辨識。橄欖形麵包的紋路通常會割劃在麵糰最高的部位。

刷上液體

刷上打散的蛋液可以烤出閃閃發亮的外皮，並將水分留在麵包裡。刷上鮮奶或鮮奶油的麵包通常以較低溫度烘烤。

裝飾

在整條或整塊麵包上加裝飾，可以同時增添風味、美化外觀。麵糰整形後，可在表面加上香料植物、鹽、橄欖、種籽或麵粉（如杜蘭粗粒小麥粉或裸麥粉），再進行最後發酵。若麵糰本身不夠濕潤，無法黏附裝飾配料，可在麵糰表面上點水，以利沾附。

基本無油麵糰

Basic Lean Dough

3.85公斤麵糰

- 高筋麵粉2.27公斤
- 速發乾酵母21克
- 溫水1.53公斤
- 鹽50克

1. 把勾狀攪拌器裝到攪拌機上，在攪拌缸裡放入麵粉和酵母，混合好。倒入水並加入鹽，以低速混拌2分鐘，再轉中速混拌約3分鐘。打好的麵糰應滑順有彈性。
2. 進行基本發酵，讓麵糰膨脹到近2倍大，約30分鐘。輕輕翻麵後，再發酵30分鐘，再翻麵。麵糰再發酵15分鐘，然後分割。
3. 有關整形、最後發酵與烘烤方式，見1033、1034和1036頁各個使用基本無油麵糰的食譜。

法國棍子麵包

Baguettes

8條

- 基本無油麵糰3.63公斤（見1033頁）

1. 將麵糰分割成每塊重454克，整成橄欖形（注意麵糰順序，每塊麵糰之後都要按這時切下的先後順序製作）。麵糰蓋好，靜置，直到鬆弛，15-20分鐘。
2. 將麵糰橫向擺好，與工作檯邊緣平行，接合處朝上。用手指輕壓麵糰，延展成長邊25公分的長方形，麵粉的量越少越好。麵糰上緣對齊中央橫線折疊，用指尖輕壓，讓麵糰密合。再從長邊將麵糰對折，用掌根封好對折邊，接合處要直。接著用手掌將麵糰滾成51公分長的圓柱。施力要均勻，雙手攤平並與工作檯平行，由圓柱中央朝兩端移動，移動時稍微施力，直到兩端均勻一致。接下來，在兩末端加壓施力，封住麵糰。
3. 將麵糰接合處朝下，放進模具或鋪了烘焙油紙的烤盤，進行最後發酵，並蓋好，直到麵糰在手觸碰時會慢慢回彈，30-45分鐘（法國棍子麵包要在最後發酵快完成之前入爐）。
4. 在麵糰表面劃上5-7道斜線，下刀要深及麵糰中心，上一條割痕末端與下一條割痕起端各有1公分是相互平行的。
5. 放入246℃的烤爐，開蒸氣模式（如果有），烘烤至外皮呈金褐色、輕敲底部時發出空洞聲、拿到耳邊可以聽到劈啪聲，20-25分鐘。
6. 移到冷卻架，徹底冷卻。

法式圓麵包

Boules

8個

- 基本無油麵糰3.63公斤（見1033頁）

1. 將麵糰分割成每塊重454克，整成圓形（注意麵糰順序，每塊麵糰之後都要按這時切下的先後順序製作）麵糰蓋好，靜置，直到鬆弛，15-20分鐘。
2. 手呈杯狀，放在麵糰兩側。用大拇指往外推開麵糰，同時順時針向右推轉，檯面與掌緣之間壓住一點點麵糰。再用掌緣引導，將麵糰往內拉，同時順時針向左拉轉，掌緣與檯面之間一樣壓住一點點麵糰。重複這個打圓動作2-3次，將麵糰整成圓形時稍微施力，以拉出緊緻、滑順的表皮。將麵糰接合處朝上放入圓形發酵籃裡，或是接合處朝下放在撒了玉米粒粉的木板上。
3. 進行最後發酵，直到麵糰用手觸碰時會緩緩回彈的程度，約1-1½小時。
4. 將麵糰接合處朝下放到麵包鏟上，並在表面劃上一道圓弧。
5. 放入232℃烤爐，使用蒸氣模式（如果有），烘烤至外皮呈金褐色、輕敲底部時發出空洞聲，約25-30分鐘。
6. 移到冷卻架，徹底冷卻。

義式佛卡夏麵包

Focaccia

8塊

- 基本無油麵糰3.63公斤（見1033頁）
- 橄欖油，視需求添加
- 配料如切末的香料植物、炒洋蔥、番茄切片或粗海鹽等，視需求添加

1. 將麵糰分割成每塊重454克，整成圓形後，麵糰蓋好，靜置，直到鬆弛，15-20分鐘（注意麵糰順序，每塊麵糰之後都要按這時切下的先後順序製作）。幫佛卡夏整形時，先將圓形麵糰拍扁，整成長方形或圓盤狀，放到撒了玉米粒粉或刷了橄欖油的烤盤裡。讓麵糰膨發到2倍大，30-40分鐘。
2. 烘烤前，用指尖在麵糰表面壓出一道道凹陷，刷上大量橄欖油，並依需求撒上配料。
3. 放入232℃烤爐，烘烤至顏色變深，約30分鐘。
4. 移到冷卻架，徹底冷卻。

義式佛卡夏麵包

硬式圓麵包

Hard Rolls

3打

- 基本無油麵糰1.36公斤（見1033頁）

1. 將麵糰分割成36塊，每塊重37克，整成圓形。麵糰蓋好，靜置，直到鬆弛，15-20分鐘。
2. 用指尖輕輕地將麵糰稍微壓扁。將麵糰上緣對齊中間折疊，以指尖輕壓密合。將麵糰旋轉90度，從上往下對折，用掌根封好對折邊。手呈杯狀，將麵糰重新滾圓，整形時稍微施力，表面才會緊緻滑順。
3. 進行最後發酵，並蓋好，直到麵糰用手觸碰會慢慢回彈但不會塌掉，約30分鐘。
4. 在每塊麵糰中央劃一道直線，下刀應深及中心。
5. 放入232℃烤爐，使用蒸氣模式（如果有），烘烤至表面呈金褐色、輕敲底部時發出空洞聲，約15分鐘。
6. 移到冷卻架，徹底冷卻。

義大利拖鞋麵包

Ciabatta

1.81公斤麵糰，4塊

預發酵麵種

- 高筋麵粉326克
- 溫水227克
- 速發乾酵母0.5克（⅛小匙）

麵糰

- 高筋麵粉680克
- 速發乾酵母8克（2小匙）
- 溫水567克
- 預發酵麵種496克
- 鹽20克（2大匙）

1. 製作預發酵麵種時，將麵粉、溫水和酵母放入攪拌機的攪拌缸內，裝上勾狀攪拌器。以低速混合3分鐘或攪拌到混合均勻。將混合物移入容器裡，蓋好，置於24℃的環境中發酵18-24小時，直到預發酵麵種膨脹過後開始消退，但仍應充滿氣泡且輕盈。
2. 製作麵糰時，將麵粉和酵母放入攪拌機的攪拌缸內，裝上勾狀攪拌器。倒入水，並加入預發酵麵種和鹽。
3. 以低速攪拌4分鐘，再轉中速攪拌1分鐘。麵糰應該混合均勻但不太有彈性（拖鞋麵包的麵糰既濕潤且鬆弛）。
4. 將麵糰放入木盆或調理盆內進行基本發酵，直到膨發至近2倍大，約30分鐘。輕輕翻麵對折4次，這時麵糰的觸感會像果凍。繼續發酵30分鐘，然後再次輕輕翻麵對折2次。讓麵糰繼續發酵15分鐘，再進行分割。
5. 將麵糰放在工作檯上，表面撒上麵粉。處理拖鞋麵包麵糰時，工作檯應撒上足量麵粉。用手掌輕壓，整成長81公分厚4公分的長方形，小心不要撕破或戳破麵糰。用沾了麵粉的刮板將麵糰分成4個長方形。
6. 麵糰翻面，放到撒了麵粉的烤盤裡。輕輕延展每一塊麵糰，略整成長方形，再放入另一個烤盤。
7. 進行最後發酵，並蓋好，直到用手觸碰會慢慢回彈但不會塌掉，30-45分鐘。
8. 麵糰表面撒上少許麵粉。
9. 放入238℃分層烤爐，使用蒸氣模式（如果有），烘烤至外皮呈金褐色、輕敲底部時發出空洞聲，約25-30分鐘。若使用蒸氣模式，最後10分鐘開啟風扇。移到冷卻架，徹底冷卻。

希臘袋餅（口袋麵包）

Pita Bread

1.53公斤，11個

- 高筋麵粉454克
- 全麥麵粉454克
- 速發乾酵母7克（1¾小匙）
- 溫水567克
- 橄欖油30毫升（2大匙）
- 鹽21克
- 糖3.75克（¾小匙）

1. 將麵粉和酵母放入攪拌機的攪拌缸內，裝上勾狀攪拌器。倒入水和橄欖油，加入鹽和糖，以低速混拌4分鐘後，轉成中速繼續混拌3分鐘。麵糰會稍微濕潤，但發展出強大的筋性。
2. 進行基本發酵，要膨發到近2倍大，約30分鐘。
3. 輕輕翻麵。
4. 將麵糰分割成每塊重128克，整成圓形後靜置，並蓋好，直到麵糰鬆弛，15-20分鐘（注意麵糰順序，每塊麵糰之後都要按這時切下的先後順序製作）。
5. 用擀麵棍將每塊麵糰擀成直徑18公分（7吋）的圓形，移到鋪了烘焙油紙的烤盤上，蓋好，鬆弛10分鐘。
6. 放入260℃烤爐，烘烤至膨脹但尚未變成褐色，3-4分鐘。
7. 將5塊袋餅疊起來，用布巾包好，放涼後出餐。

披薩餅皮

Semolina Pizza Crust

3.63公斤麵糰

- 高筋麵粉1.7公斤
- 杜蘭粗粒小麥粉907克
- 速發乾酵母14克
- 溫水1.36公斤
- 橄欖油57克
- 鹽57克

1. 將麵粉與酵母放入攪拌機的攪拌缸裡，裝上勾狀攪拌器。倒入溫水和橄欖油，加入鹽。以低速攪拌2分鐘後，轉中速攪拌4分鐘。麵糰會發展出良好的筋性，但稍微黏手。
2. 進行基本發酵，讓麵糰膨發到近2倍大，約50分鐘。
3. 輕輕翻麵。
4. 繼續讓麵糰再發酵15分鐘。
5. 冷藏1夜，延緩發酵。
6. 使用前1小時，將麵糰從冰箱取出。
7. 將麵糰分割成每塊重227克，整成圓形（注意麵糰順序，每一塊麵糰之後都要按這時切下的先後順序製作）。麵糰蓋好，放冷藏，鬆弛1小時。
8. 用擀麵棍將每塊麵糰擀成直徑23公分（9吋）的圓形後，移到鋪了烘焙油紙並撒上杜蘭粗粒小麥粉的烤盤裡，或放在麵包鏟上，撒上裝飾。
9. 依喜好放上配料（配料的變化見下列說明），邊緣保留3公分空白。
10. 放入260℃烤爐，烘烤至邊緣呈金褐色，約3-4分鐘。烤好後立即出餐。

瑪格麗特披薩：在每塊麵糰抹上番茄醬汁90毫升（見295頁），放上莫札瑞拉乳酪絲57克與帕爾瑪乳酪絲14克。

菠菜披薩：在每塊麵糰抹上青醬43克（見299頁），放上炒菠菜43克、瑞可達乳酪43克與鹽漬瑞可達乳酪28克。

印度烤餅（饢）

印度烤餅（饢）

Naan Bread

8塊

- 中筋麵粉397克
- 速發乾酵母9克
- 溫水170克
- 澄清奶油57克，視需求增加
- 原味優格57克
- 蛋1顆
- 糖28克
- 鹽5克（1½小匙）
- 罌粟籽或黑種草籽12克（2大匙）

1. 將麵粉與酵母放入攪拌機的攪拌缸裡，裝上勾狀攪拌器。倒入水，加入奶油、優格、蛋、糖與鹽，以低速攪拌4分鐘。麵糰會非常有彈性但仍潮濕。
2. 進行基本發酵，讓麵糰膨發近2倍大，約1小時。
3. 輕輕翻麵。
4. 將麵糰分割成每塊重85克，整成圓形（注意麵糰順序，每塊麵糰之後都要按這時切下的先後順序製作）。麵糰蓋好，靜置，直到鬆弛，15-20分鐘。
5. 輕輕拍壓麵糰，整成直徑18公分（7吋）、中央厚約0.6公分的圓形麵皮，周圍拉出寬1公分的邊框。將其中一邊稍微往外拉長，做成水滴狀。
6. 將麵包放入鋪了烘焙油紙的烤盤裡，刷上奶油，撒上種籽。
7. 放入218℃的分層烤爐，烘烤至表面呈金褐色且膨脹，約10分鐘。
8. 移到冷卻架，徹底冷卻。

卡達乾酪蒔蘿餐包

Cottage Dill Rolls

6打

- 水340克（20-24℃）
- 新鮮酵母140克
- 高筋麵粉2.38公斤
- 卡達乾酪1.36公斤
- 糖128克
- 洋蔥末43克
- 奶油85克，軟化
- 鹽28克
- 蒔蘿28克，剁碎
- 小蘇打粉28克
- 蛋170克
- 辣根粉1撮
- 融化奶油，視需求添加
- 鹽，視需求添加

1. 將水與酵母放入攪拌機的攪拌缸裡，裝上勾狀攪拌器，攪拌到酵母完全溶解。
2. 加入麵粉、卡達乾酪、糖、洋蔥、奶油、鹽、蒔蘿、小蘇打粉、蛋與辣根，低速攪拌到均勻。接著轉中速，攪拌到麵糰滑順有彈性，10-12分鐘。
3. 將麵糰放在稍微抹油的容器裡，蓋好，並膨發到2倍大，約75分鐘。
4. 將麵糰移到薄撒麵粉的工作檯上，進行翻麵。
5. 將麵糰分割成72塊，每塊重43克，滾圓，並靜置15-20分鐘。
6. 重新將麵糰整形，放入鋪了烘焙油紙的烤盤裡。
7. 放在發酵箱或溫暖處進行最後發酵，直到麵糰發到2倍大，25-30分鐘。
8. 放入193℃烤爐，烤至表面呈淺金色，約20分鐘。
9. 出爐後，馬上在表面刷上融化奶油，並撒上少許鹽。麵包留在烤盤中降溫。

布里歐喜吐司

Brioche Loaf

8條

- 高筋麵粉2.27公斤
- 速發乾酵母28克
- 蛋16顆
- 全脂鮮奶454克（20-24℃）
- 鹽57克
- 奶油1.36公斤，軟化但仍帶硬度
- 刷蛋液480毫升（見1023頁）

1. 將麵粉與酵母放在攪拌機的攪拌缸裡，裝上勾狀攪拌器。加入蛋、奶油與鹽，以低速攪拌4分鐘。
2. 攪拌機轉成中速，慢慢加入奶油，視需要刮缸。奶油完全拌入麵糰後，以中速攪拌15分鐘，或是攪拌到麵糰不黏缸。
3. 將麵糰放入鋪了烘焙油紙並抹了油的烤盤裡。用保鮮膜緊緊包好，冷藏1夜。
4. 在8只容量為907克的吐司模（24兩，尺寸為11×20×8公分）裡稍微抹油。
5. 用手將麵糰分成均等的64塊，每塊重約78克，整成球狀，放入吐司模裡，排成2排，每排4個，共8個。
6. 麵糰表面薄薄刷上一層蛋液，用保鮮膜包好，進行最後發酵，直到麵糰膨發到2倍大，約2小時。
7. 再次刷上蛋液。放入204℃烤爐，烘烤至外皮變深金褐色，且按壓麵包側面會回彈，30-35分鐘。
8. 麵包脫模後，移到冷卻架，徹底冷卻。

和尚頭布里歐喜麵包：將麵糰分成104塊，每塊重50克。將小麵糰整成球形並放到烤盤上，冷藏15分鐘。製作和尚頭：把手刀壓在小麵球¼處，一邊壓，小麵球一邊在工作檯上滾動，使小麵球變成一端小一端大的葫蘆形，小心不要壓斷。較大那一端直徑約7公分，較小那一端（和尚頭）直徑約2公分。在大的那一端的中央輕輕壓出一個洞，將小的一端塞入洞中。製好的和尚頭朝上，放入抹油的專用模具裡。薄薄刷上一層蛋液，用保鮮膜包好，進行最後發酵，直到麵糰膨發到2倍大，約2小時。再次刷上蛋液，放入204℃烤爐，烘烤20分鐘，或烤到表面呈金褐色。

肉桂葡萄乾麵包

Raisin Bread with Cinnamon Swirl

6條

- 高筋麵粉1.81公斤
- 速發乾酵母14克
- 鮮奶510克（20-24℃）
- 奶油163克，軟化
- 糖163克
- 蛋4顆
- 鹽43克
- 葡萄乾340克
- 肉桂粉21克
- 刷蛋液（見1023頁），視需求添加

肉桂糖粉

- 赤砂糖227克
- 肉桂粉28克

1. 將麵粉與酵母放在攪拌機的攪拌缸裡，裝上勾狀攪拌器。倒入鮮奶並加入奶油、糖、蛋與鹽，低速攪拌4分鐘後，轉中速攪拌4分鐘。在攪拌的最後1分鐘加入葡萄乾，最後30秒加入肉桂粉，混合至呈現漩渦紋即可。麵糰會有點軟。
2. 進行基本發酵，讓麵糰膨發近2倍大，約1小時。
3. 輕輕翻麵。
4. 分割麵糰，每塊重567克，整成橄欖形。
5. 麵糰蓋好，靜置，直到鬆弛，15-20分鐘。在6只容量907克的麵包模內稍微抹上油脂。混合赤砂糖與肉桂粉。
6. 將麵糰擀成長30公分寬20公分、厚度一致的長方形，薄薄刷上一層蛋液後，均勻撒上肉桂糖粉28克。雙手攤開與工作檯平行，將麵糰從長邊捲起，捲的時候施力要均勻，才能整出粗細一致且表面滑順的圓柱。
7. 將麵糰放在抹油的模具裡，接合處朝下。麵糰會稍微回彈並貼合模具。在麵糰表面刷上蛋液。
8. 進行最後發酵，蓋好，讓麵糰發滿整個模具，且用手觸碰會慢慢回彈但不會塌掉，約1½-2小時。
9. 麵糰表面再次刷上蛋液。放入191℃烤爐，烘烤到表面呈褐色，且按壓麵包側面會回彈，25-30分鐘。
10. 麵包脫模後，移到冷卻架，徹底冷卻。

猶太辮子麵包（三辮）

Challah (3-Braid)

8個

- 高筋麵粉1.81公斤
- 速發乾酵母14克
- 溫水907克
- 蛋黃12顆
- 植物油213克
- 糖57克
- 鹽14克
- 刷蛋液600毫升（見1023頁，只用蛋黃）

1. 將麵粉與酵母放在攪拌機的攪拌缸裡，裝上勾狀攪拌器。倒入溫水，加入蛋黃、油、糖與鹽。以低速攪拌4分鐘後，轉中速繼續攪拌4分鐘。麵糰應該稍微緊實，且滑順不黏手。
2. 進行基本發酵，讓麵糰膨發近2倍大，約1小時。
3. 輕輕翻麵。
4. 將麵糰分成24塊，每塊重128克，整成橄欖形。麵糰靜置，並蓋好，15-20分鐘。
5. 從整形的第一個麵糰開始，按順序在薄撒麵粉的工作檯上操作。將麵糰由中心朝外搓，操作時手掌稍微施力，越往外側力道越大，將每塊麵糰搓成兩端尖細、約30公分的長條狀。每一條麵糰的長度務必相等，以免編出不均勻的辮子麵包。
6. 搓好後，在麵糰表面撒上薄薄一層白裸麥粉。撒粉能在編辮子的過程中保持麵糰乾燥，並有助於維持辮子麵包的整體外形。
7. 將三條長麵糰平行直放。從中間開始往下編，將左側麵糰放在中央麵糰的上方，然後把右側麵糰放到中央麵糰的上方。重複動作，直到編完辮子。將末端捏緊。把上方未還沒編織的麵糰轉過來編完。
8. 在麵糰表面刷上薄薄一層蛋液。進行最後發酵，並蓋好，直到用手指輕壓會稍微回彈但不會塌掉，約1小時。麵糰上應該稍留有按壓痕跡。
9. 輕輕地刷上第二層蛋液。刷上第二層蛋液前，務必確保第一層蛋液已乾透。
10. 放入177℃的熱風式烤爐中，烘烤到表面呈帶有光澤的深金褐色，20-25分鐘。
11. 移到冷卻架，徹底冷卻。

小餐包

Soft Dinner Rolls

每個28克，共12打

- 鮮奶1.13公斤（20-24℃）
- 新鮮酵母170克
- 蛋227克
- 高筋麵粉2.49公斤
- 鹽57克
- 糖227克
- 奶油227克（20-24℃）
- 刷蛋液（見1023頁），視需求添加

1. 將鮮奶和酵母放入攪拌機的攪拌缸內，裝上勾狀攪拌器，攪拌到酵母完全溶解。
2. 加入蛋、麵粉、鹽、糖與奶油，以低速拌勻後，調成中速，攪拌到麵糰滑順有彈性，10-12分鐘。
3. 將麵糰放入稍微抹油的容器裡，蓋好，膨發到2倍大，約1¼小時。
4. 將麵糰倒在薄撒麵粉的工作檯上，進行翻麵。
5. 分割麵糰，每個重28克，共12打。滾圓，蓋好，靜置10分鐘。
6. 將每個麵糰整成小圓麵包的形狀（見下方NOTE），放到鋪了烘焙油紙的烤盤裡，表面均勻刷上一層蛋液。
7. 將麵糰蓋好，進行最後發酵，讓麵糰膨發到近2倍大，25-30分鐘。烘烤前，可依喜好刷上第二層蛋液。
8. 放入191℃烤爐，烤至呈深金褐色，約20分鐘。
9. 麵包留在烤盤裡冷卻。

NOTE：整形時可將麵糰整成繩結小麵包、派克屋麵包或三葉草麵包。做繩結小麵包時，將麵糰搓成繩狀後打結，或是做成「8」的形狀。做派克屋麵包時，將麵糰稍微壓扁，刷上奶油後對折。做三葉草麵包時，將3個小麵糰排成三角形，烘烤前，依喜好決定是否放入馬芬模裡。

甜麵糰

Sweet Dough

5.22公斤麵糰

- 鮮奶1.81公斤（20-24℃）
- 新鮮酵母170克
- 蛋454克
- 麥芽糖漿43克
- 低筋麵粉454克
- 高筋麵粉2.04公斤
- 鹽21克
- 糖227克
- 小豆蔻粉14克
- 奶油454克，軟化

1. 將鮮奶和酵母放入攪拌機的攪拌缸內，裝上勾狀攪拌器，攪拌到酵母完全溶解。
2. 加入蛋與麥芽糖漿攪拌均勻後，放入其餘材料，以低速拌勻。調成中速，攪拌到麵糰變得滑順有彈性，10-12分鐘。
3. 麵糰取出整形，或冷藏備用。

甜麵包卷

Sticky Buns

32個

肉桂抹醬(cinnamon smear)

- 高筋麵粉284克
- 糖170克
- 肉桂粉12克(2大匙)
- 奶油142克
- 蛋白6顆
- 胡桃227克，乾炒後切碎

底部糖漿(pan smear)

- 赤砂糖907克
- 深色玉米糖漿1.19公斤
- 高脂鮮奶油907克

- 甜麵糰2.72公斤(見1045頁)
- 刷蛋液240毫升(見1023頁)

1. 製作肉桂餡時，攪拌機裝上槳狀攪拌器，將麵粉、糖與肉桂粉放入攪拌缸裡混合。加入奶油，以中速攪拌到混合物狀似粗磨穀粉且沒有明顯奶油丁，約1分鐘。
2. 分2次加入蛋白，攪拌到完全混合，視需要刮缸。
3. 加入胡桃拌勻，保留備用。
4. 製作底部糖漿時，將糖、玉米糖漿和鮮奶油放入厚底鍋內，加熱至104℃。
5. 底部糖漿使用前應完全冷卻，視需要用打蛋器重新攪打均勻。
6. 將麵糰分割成4塊，每塊重680克(注意麵糰順序，每塊麵糰之後都要按這時切下的先後順序製作)。將麵糰放在薄撒麵粉的工作檯上，擀成長36公分寬20公分、厚1公分的長方形。
7. 在麵糰的其中一道長邊薄薄刷上一層3公分寬的蛋液。
8. 將240毫升肉桂抹醬塗抹在麵糰表面未刷上蛋液的部分。把麵糰捲成長36公分的圓柱，從刷上蛋液的長邊捏緊封住，接著切成9塊厚度相同的小麵糰。
9. 將240毫升底部糖漿分別倒入4只邊長23公分的方形烤盤。每只烤盤內放入9塊小麵糰。進行最後發酵，讓麵糰膨發到2倍大。
10. 放入204℃烤爐，烘烤至表面呈金褐色，25-30分鐘。出爐後，馬上將烤盤倒扣在盤子上，溫熱或放涼出餐。

第33章

pastry doughs and batters

西點類麵糰與麵糊

大部分西點類麵糰與麵糊的主原料都是麵粉、油脂、液體與蛋，之所以能做出不一樣的成品，在於每種材料的相對比例、加入的風味食材，以及攪拌或混合材料的方式不同。

比司吉、司康、蘇打麵包與派皮麵糰，都可以用油脂搓揉法和油脂切入法製作。製作時，不要把麵糰材料攪拌成滑順的麵糊，而是將冷藏過的油脂以搓揉方式與麵粉混合，製造出許多小薄片，才能做出酥軟的成品。

rubbed-dough method (cutting-in)

油脂搓揉法（油脂切入法）

以油脂搓揉法製作麵糰的基本材料包括：麵粉、冰冷的固體油脂和冰冷的液體。使用的中筋麵粉需要正確秤重並過篩，若是用小麥麵粉及其他穀類粉末混合物也是。任何膨發劑也應該要秤重或測量過，藉由和麵粉一起過篩或用打蛋器攪拌的方式，與麵粉混合均勻。其他乾性材料（鹽、辛香料等）秤重後，通常也會以同樣方式和麵粉混合。

奶油、酥油或豬油（或是混合上述油脂）是油脂搓揉法最常用的油脂。油脂應該弄碎或切成小塊，並維持冰涼。

油脂搓揉法食譜中，使用的液體量相對較少，而且要夠冰，才能有效抑制油脂與麵粉完全混合。水、鮮奶與白脫乳都是常見的液體材料。將液體和其他材料混合時，只要拌到麵粉吸收液體，所有材料剛好成團，即可將麵糰放冷藏靜置。

以油脂搓揉法製作的麵糰有兩種：酥質和粉質。加入液體的固體油脂越大片，烤出來的皮就越酥脆。若搓入麵糰裡的奶油粒或酥油粒清晰可見，就會做出所謂的「酥質」派皮麵糰；若奶油或酥油與麵糰的融合程度較高，混合物看來呈粗磨穀物粉狀，就會做出所謂的「粉質」麵糰。派塔皮麵糰應放在薄撒麵粉的工作檯上，擀成約0.3公分厚。

作法精要 >

1. 將乾性材料過篩。
2. 將油脂切拌到乾性材料裡，直到混合物呈粗磨穀物粉狀。
3. 加入冰的液體材料，混合至略微成團。
4. 視需要稍微按揉麵糰。
5. 視需求將麵糰整形秤重，並依食譜的指示烘烤。

酥質派皮麵糰適合用來製作填入水果餡後進烤爐烘烤的派與塔。而需要先將派皮或塔皮預烤至全熟，放涼後填入餡料並冷藏定型的糕點，以及填入卡士達或其他液態餡料後放入烤爐烘烤至定型的派，則適合使用粉質派皮。

派皮麵糰的油脂含量高，因此烤模不需要事先處理。確實預熱烤爐，把網架移到熱風式烤爐的中間位置。準備好冷卻架。司康、比司吉與麵包烤好後應立刻移出模具，放在冷卻架上降溫；派和塔則是隨著模具一起在冷卻架上降溫。徹底冷卻以後，可以將塔皮脫模。

製作搓揉式麵糰的基本注意事項如下：

- 加入油脂之前，應將乾性材料混合過篩，才能確保所有材料均勻分布。將油脂搓揉進去的過程並無法有效拌勻乾性材料。
- 油脂要保持極低溫。無論是製作比司吉或派皮麵糰，油脂在攪拌與整形的過程中，務必要保持冰冷。以油脂搓揉法製造的片狀質地，烘烤後會形成明顯層次。一旦油脂溫度過高，就會開始與麵粉和其他材料融合，變成較均質的麵糰，破壞成品質地。
- 麵糰不要搓揉過度，才能做出理想的成品。所有搓揉式麵糰的最後階段都是加入液體，在這個關頭千萬不要把麵糰做過頭。製作過度會增加麵筋（麵粉裡的蛋白質）擴展，導致麵糰變硬，除了更難處理，烘烤後的堅硬質地也不令人喜歡。

1. **先將乾性材料過篩並混合**，再加入油脂。要做出好麵糰，製作過程中盡量不要過度搓揉，並且一開始就先將乾性材料拌勻，以縮減後續混拌的時間。保持油脂冰冷，混入麵粉時，才不會融合成滑順的麵糰。油脂應一口氣全部加入乾性材料裡，以搓揉方式混入，不要混合得太均勻，否則會無法產生理想的酥脆度。

   上圖為酥質派皮麵糰，油粉混合物的大小如去殼核桃。下圖為粉質派皮麵糰，油粉混合物的大小如豌豆。兩者的顏色與油脂搓揉到麵粉裡的程度有關。

2. **在油粉混合物的中間做道粉牆**，倒入液體。由內朝外，慢慢混合液體與油粉。

3. **加入液體後**，不要過度搓揉麵糰，太用力或長時間的搓揉會導致成品過硬。揉到麵糰快要變滑順之前停手。

麵糰保存時，先分成適當的分量。派皮麵糰混合後應冷藏，再擀成需要的厚度。擀麵糰時施力要輕且均勻。

餅乾酥底

搓揉式派皮麵糰最常用在水果派與放入派皮內烘烤至定型的卡士達。餅乾酥底作法簡單快速，風味飽滿，通常用於兩種用途：布丁，以及奶油派與乳酪蛋糕。消化餅是最常用的材料，也可以用其他餅乾做出不同風味的派皮。

基本餅乾酥底的製作方式如下：

- 消化餅或其他麵包餅乾屑680克
- 糖113克
- 融化奶油170克

1. 將材料混合均勻，倒入準備好的模具裡，壓成厚度一致為0.6公分的派皮。
2. 以177℃烘烤，直到定型且呈淺金褐色，約7分鐘。填餡之前要讓派皮徹底冷卻。
3. 製作布丁與奶油派時，餡料會先煮好，再倒入冷卻的派皮裡，冷藏至定型。製作乳酪蛋糕時，則是將乳酪糊倒入冷卻的派皮裡，接著放入烤爐烘烤至定型。

粉油拌合法的作法是先分別混合濕性材料與乾性材料，再將兩者拌在一起。乾性材料通常包括麵粉、糖、鹽、化學膨大劑，以及辛香料與可可粉等等風味食材。

the blending mixing method

粉油拌合法

所有材料先過篩並／或拌在一起。加入的油脂為液態：油或融化奶油。先將油脂加入其他液態材料裡（鮮奶、水、果汁、蛋等）拌勻，再加入乾性材料裡。

首先，將麵粉和其他乾性材料一起過篩。玉米粒粉或全麥麵粉等特殊粉類可以用來取代特定配方中部分或全部麵粉，以添加風味，並發展出不同的質地。乾性材料過篩時，務必去除結塊，混合均勻。徹底將乾性材料拌勻也能確保膨發劑均勻分布在混合物裡。最後，過篩也有助於以最少的時間製作出完全拌勻的麵糊。

接下來，將濕性材料拌勻。鮮奶油、鮮奶、白脫乳、水，甚至含水量高的蔬菜如櫛瓜等，都屬於濕性材料。使用粉油拌合法製作麵糰時，通常會先融化奶油或酥油等固體油脂，以利與其他液態材料混合。確保所有材料的溫度都是室溫。若加入時的溫度太低，麵糊可能會出現油水分離。

最後，一口氣將所有濕性材料加入乾性材料裡，攪拌到所有乾性材料都均勻濕潤即可。盡量縮短攪拌時間，才能確保做出輕盈細緻的質地。過度攪拌的麵糊會出筋，成品質地就不如預期中細緻。

作法精要 >

1. 將乾性材料混合過篩。
2. 混合所有濕性材料。
3. 將濕性材料倒入乾性材料。
4. 混合至麵糊均勻濕潤。
5. 加入裝飾。
6. 放到準備好的模具裡烘烤。
7. 烤好以後脫模，放涼後出餐或以適當方法保存。

以糖油拌合法製作的馬芬、蛋糕、快速法麵包、餅乾與其他烘焙產品，由於加了化學膨大劑，並將空氣打入麵糊或麵糰，因此能發展出輕盈蓬鬆的結構。

the creaming method
糖油拌合法

採用此法時，先將油脂和糖攪打到輕盈滑順。接著慢慢加入蛋，最後依麵粉用量決定一次或分兩次加入過篩的乾性材料。若使用液態材料，應與粉狀材料交替加入，且最先與最後加入的都是粉狀材料。以本法製作麵糊或麵糰時，所有材料在開始攪拌前都必須是正確的溫度。油脂置於18-21℃的環境中軟化，蛋和液體（若要使用）要加熱到21℃。

油脂需軟化至可塗抹的程度，才能打入空氣。奶油或其他油脂應先恢復到室溫，或是放入裝設槳狀攪拌器的攪拌機裡，打到稍微變軟。糖油拌合法通常用白砂糖，有時也用赤砂糖或糖粉。砂糖打進油脂的動作決定成品最後的質地。食譜裡用到的蛋要先恢復室溫，避免破壞打好的糖油混合物。風味食材如香莢蘭精或巧克力也應該是室溫。巧克力通常會先加熱融化並稍微放涼，再加入麵糊裡拌勻。液體風味食材應該和蛋一起加入，乾性材料應該和麵粉一起加入。

一般而言，烤盤會抹上油脂並撒點麵粉，或是抹油後鋪上剪成適當大小的烘焙油紙，紙上再抹油。

作法精要 >

1. 讓酥油或奶油恢復室溫。
2. 必要時過篩麵粉、膨發劑與其他乾性材料。
3. 混合奶油和糖，打到質地均勻滑順。
4. 慢慢加入蛋，攪拌到麵糊滑順。每次加入蛋前都要刮缸。
5. 分次交替加入過篩的乾性材料與液態材料。若不使用液態材料，一口氣加入所有乾性材料。
6. 將麵糊均分到準備好的烤盤裡，放入烤爐烘烤。
7. 烤好後脫模、放涼，立即出餐或以適當方法保存。

1. 把槳狀攪拌器裝到攪拌機上，將油脂和糖放進去，以中速攪打。攪打期間偶爾刮缸，確保所有油脂都已拌勻。打到混合物泛白，且質地輕盈滑順時，表示已打入足量空氣。

若攪打程度不足，成品的質地會太緻密，缺乏糖油拌合法成品應有的輕盈柔軟特質

< 作法詳解

2. 分次慢慢加入室溫的蛋，每次加入後都要攪拌均勻，刮缸後再繼續加入。一定要刮缸，麵糊才會滑順。分批加入蛋有助於防止油水分離。

3. **一次加入所有過篩的乾性材料**，或是與液態材料交替加入。交替加入時，先加入⅓的乾性材料，再加入約½的液體材料，混合至滑順，每次加入材料後都要刮缸。按順序重複步驟，直到加入所有乾性材料與液態材料。

攪拌機轉速調高，將麵糊打到均勻混合且質地滑順。無論是一次或交替分次加入，加入乾性材料後，應盡量縮短混合時間，拌勻即可。

最後，加入其餘的風味或裝飾食材，例如堅果、巧克力脆片或果乾，輕輕拌勻即可。

混合通則

無論採用何種方法混合麵糊，都要把握下列幾個重點，才能做出好成品。

- 將乾性材料(麵粉、辛香料、膨發劑)混合並過篩。過篩不只可以去除結塊，還能讓材料均勻分布。辛香料與化學膨大劑是麵糊的重要組成，一般用量不大。讓辛香料與膨發劑於麵糊中均勻分布，才能適度發展風味，成品的麵包心才會均勻。
- 混合之前，所有材料的溫度都應是室溫。材料的溫度不對，可能會導致麵糊油水分離或結塊。
- 攪打的時間要足，打入麵糊的空氣有助於發展氣室，而氣室是烘焙成品結構的關鍵。然而，麵糊一加入麵粉，就應該盡量縮短攪拌時間，避免出筋，使成品口感堅硬難嚼。

千層麵糰可作成起酥皮、可頌麵包與丹麥酥，製作方式是將預先做好的基本麵糰和一塊稱為裹入油（roll-in）的油脂一起折疊擀開。透過一連串的擀折動作（turns），製造出層層交疊的麵皮與油脂，膨脹後帶來酥脆、柔軟、輕盈的口感。

laminated doughs
千層麵糰

隔開層層麵糰的油脂在烘烤時會融化、產生空間，使麵糰和油脂釋出的蒸氣得以聚集，也使一層層酥皮之間的空間進一步擴大。要做出層層分明且細緻的千層麵糰，正確的混合方式、擀折技巧與溫度控制，都是不可或缺的。

擀折是製作千層麵糰的關鍵，整個操作過程中都要保持油脂和麵糰的層次分明，不相互融合。麵糰必須均勻擀開，進行裹入油脂與擀折動作時，必須保持四個角的方正，層次才會明顯。

第一次折疊和將油脂包入麵糰裡的動作稱為裹入（lock-in）。油脂和麵糰的軟硬度需一致。如果油脂太硬，可先在室溫環境中靜置幾分鐘，太軟則放入冰箱冷藏。

裹入時，將油脂擀成約麵糰一半尺寸的長方形，把麵糰分成兩區，油脂放在其中一區，折起另一半麵糰蓋住油脂，將油脂整個包起來，四邊捏緊封住，使糕餅皮的層數加倍。除了上述的單折法，也可以利用信封法或三折法，將油脂裹入麵糰。

裹入油脂後，接下來要進行三折法。每次擀折前都要刷掉麵糰表面多餘的麵粉。折疊時，四個角要恰好對齊，邊緣平整且完全對齊。每折疊一次，就將麵糰冷藏，讓麵筋鬆弛，也讓奶油降溫。麵糰需要靜置的時間，依廚房溫度而異。

每折疊一次，就把麵糰旋轉90度，確保麵筋能朝四邊平均伸展。

作法精要 >

1. 準備基本麵糰與裹入油。
2. 將奶油裹入麵糰，並靜置。
3. 折起⅓的麵糰。
4. 折起另外⅓的麵糰。
5. 麵糰靜置15-30分鐘，鬆弛麵筋。
6. 將麵糰擀成原本的厚度，並視需求重複三折步驟，每折一次就要靜置一次。

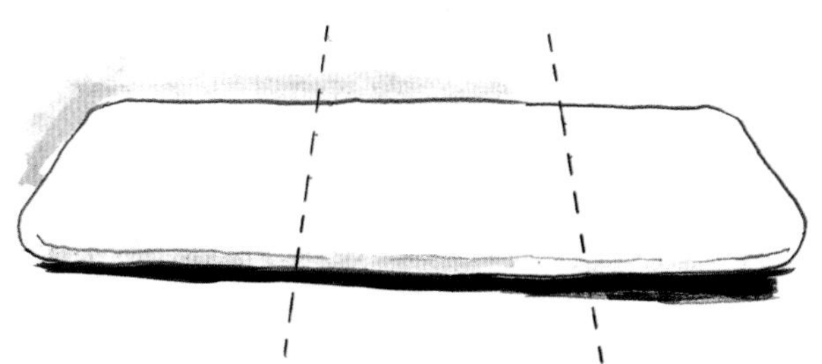

1. 麵糰分區。將麵糰分成三個區塊。

2. 外側的 $^1/_3$往中間折。

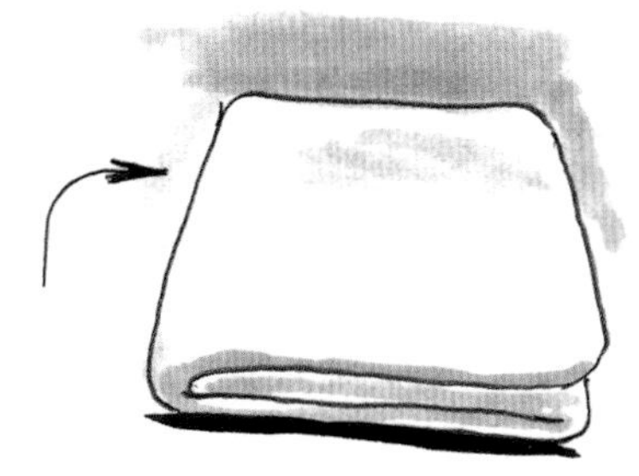

3. 另一側的 $^1/_3$往中間折。每進行一次三折法，麵糰的層數就會成長三倍。

作法詳解

費洛皮(phyllo)

費洛皮是用麵粉和水製作的無油麵糰，偶爾會加入少量油脂，可用來製作餡餅卷（strudel）和果餡卷（baklava）。麵糰需擀拉到極薄，麵糰裡的奶油並不是擀入的，而是融化後刷在麵皮上，烘烤後會產生類似酥皮的效果。

大部分廚房都使用市售冷凍費洛皮。這種麵糰需要充分解凍至室溫，才能順利操作。麵糰自包裝取出後需蓋上濕布與保鮮膜，否則很快就會風乾碎裂。

要做出最好的質地，應將麵包粉、奶油或植物油（或混合這兩種油）平均抹在麵皮上，避免層層麵皮於烘烤時相黏。使用噴霧罐或刷子均勻上油。烘烤前將麵皮冷藏，有助於保有麵皮的層次，烘烤時能膨發得更好。

所謂的乳沫法，是指先將空氣打入蛋裡，再將蛋拌入麵糊。使用乳沫法時，務必先備齊所有材料與設備，並做好所有事前準備，再開始攪拌麵糊。

the foaming method
乳沫法

依照食譜要求備好模具：抹油後鋪上烘焙油紙，或撒上麵粉。若材料中有奶油，應加熱融化後稍微放涼。乾性材料如麵粉、額外的膨發劑與辛香料都需混合過篩。

乳沫法分為三種：冷乳沫法（cold foaming method）、溫乳沫法（warm foaming method）與分離法（separated method）。採用冷乳沫法時，先將全蛋加糖打發，再拌入麵糊裡。若採用溫乳沫法，蛋糖混合物在打發前要先以水浴加熱，打出來的泡沫才比較穩定。至於分離法，則是將蛋黃和蛋白分開，各別加糖打發。

作法精要 >

1. 若有必要，將麵粉和其他乾性材料混合過篩。
2. 以熱水浴將蛋和糖加熱到約43℃，過程中不時攪拌，讓糖完全溶解。
3. 蛋糖混合物加熱完成後打發到最大膨脹。攪拌機轉中速，攪打15分鐘，讓泡沫穩定。
4. 用手輕輕拌入過篩的乾性材料。
5. 以調溫方式拌入風味食材、融化奶油與其他自選材料。
6. 將麵糊均分到準備好的模具裡，並放入烤爐烘烤。
7. 蛋糕出爐後，留在模具裡稍微降溫。

然而，基本乳沫法也有一些變化作法，其中兩種就是製作天使蛋糕和戚風蛋糕的方法。天使蛋糕是以打發蛋白做成，也就是將過篩的麵粉輕輕拌入蛋白霜。戚風蛋糕同樣以打發蛋白製作，將糖、油脂、麵粉與蛋黃拌勻後，輕輕拌入蛋白霜。

分離法的蛋白絕對不能沾到蛋黃，蛋黃裡的油脂會造成蛋白無法打發。許多人在打蛋白霜前會用醋擦拭攪拌缽，好去除殘留油脂。

將打發蛋白拌入麵糊時，為了避免蛋白霜消泡，應使用扁平的大型刮刀。操作時，先將少量蛋白霜拌入麵糊，讓麵糊質地變得輕盈一點，再輕拌入其餘蛋白霜。拌入的動作必須輕巧快速，蛋白霜才不會消泡。

快速法麵包與蛋糕的冷卻與保存

快速法麵包與蛋糕應該要稍微冷卻至可以徒手處理的程度再脫模。最好將模具放在冷卻架上，好讓空氣在蓄熱度較高的模具下方流通。

首先，小心將蛋糕或麵包和模具分開。用小型金屬抹刀或刀子沿著模具內側刮一圈，操作時將工具緊貼模具，才不會切到蛋糕或麵包。將模具倒扣在圓形紙板或冷卻架上，輕輕搖晃並拍打底部。拿起模具，倒出成品。撕除蛋糕或麵包底部的烘焙油紙，讓蒸氣散逸。

蛋糕在切割、填餡與上糖霜（icing）或淋面（frosting）之前，應已完全冷卻。只有在少數情況下，可在蛋糕還溫熱時淋上糖霜。

快速法麵包與夾層蛋糕若暴露在空氣中，只能保存相當短的時間。若是用保鮮膜包好冷凍，可以保存最多3週。在出餐或使用之前，應該放在室溫環境中解凍。

1. 先將材料秤重、過篩，備好模具並預熱烤爐，再開始打蛋。由於蛋打發後會慢慢消泡，打發後需馬上拌入乾性材料。

照片中的溫乳沫法，是將蛋（全蛋、蛋黃或蛋白）和糖放入攪拌缸內，加熱至約43°C，攪打至糖完全溶解、起泡且質地細緻。開始攪拌時，加了糖的蛋仍然呈深黃色，質地也相當稀薄。

採用冷乳沫法時，直接將蛋和糖放在攪拌機的攪拌缸裡。

作法詳解

2. 蛋和糖一混合，便以中至高速將糖蛋液打到全發且開始不黏缸壁（此步驟是在攪拌機上進行，並非以熱水浴方式）。當泡沫的體積不但停止增加，甚至開始消泡，且提起攪拌器時，滑落的蛋糊變成緞帶狀，就代表打好了。將攪拌機調成中速，繼續攪打15分鐘，以穩定泡沫。

拌入過篩的乾性材料。這個動作通常用手操作，不過有些廚師會將攪拌機調到最低速，並視需求間歇開關機器，完成拌入。拌入時，不要過度攪打麵糊，否則會消泡，使做出來的蛋糕又扁又密。

若使用奶油或其他酥油，應在拌勻乾性材料後以調溫方式加入。油脂應該是溫熱的，才能均勻分布在麵糊裡。調溫時，先將酥油材料和少許麵糊混合後再拌入其餘麵糊，才不會消泡。

將麵糊均分到準備好的模具裡，放入烤爐完成烘烤。

3. **蛋糕在烘烤過程中**會均勻膨脹。烤好的蛋糕邊緣會稍微回縮，輕壓表面會回彈。

將蛋糕從烤爐中取出，留在模具內稍微降溫後，幫蛋糕脫模，移到冷卻架，徹底冷卻。天使蛋糕與戚風蛋糕出爐後，應連同模具一起倒扣，徹底冷卻後再脫模，蛋糕才不會塌陷。

以乳沫法製作的蛋糕，海綿狀組織通常比其他蛋糕明顯，不過也有著清晰可辨的麵包心。天使蛋糕與戚風蛋糕的海綿狀組織最明顯。這些蛋糕使用的酥油不多，質地偏乾，通常會用簡易糖漿增加濕潤度。以乳沫法製作的蛋糕含有高比例的蛋，可是不應有蛋腥味。

泡芙麵糊是經過預煮的麵糊，烘烤時，麵糊釋出蒸氣，膨脹成中空的外殼。烤好以後可以填入餡料，如鮮奶油泡芙；也可以不填餡，如法式乳酪泡芙。

Pâte à Choux
泡芙麵糊

泡芙麵糊的製作，是將水、奶油、麵粉與蛋拌勻後煮成滑順的麵糊，再加以整形烘烤，烘烤時會膨脹成質地細緻的殼。泡芙麵糊的質地柔軟，可以裝入擠花袋裡擠成不同的形狀，其中最常見的就是鮮奶油泡芙與閃電泡芙。

可以使用中筋麵粉製作麵糊，不過最好使用高筋麵粉，因為高筋麵粉的蛋白質含量較高，可以吸收更多蛋液，做出質地輕盈的麵糊。麵筋含量也較高，能做出較有彈性的麵糊，烘烤時能膨脹得更好。

製作泡芙麵糊前，麵粉先過篩，烤盤鋪上烘焙油紙，並將攪拌缸與槳狀攪拌器裝到攪拌機上。用來煮麵糊的鍋具要大到足以容納液體、油脂與麵粉，並預留攪拌空間，大力攪拌時才不會飛濺。

基本配方

泡芙麵糊

液體2份（按重量計）

- 油脂1份
- 麵粉1份
- 蛋2份

作法精要

1. 將液體和油脂加熱到沸騰，確定油脂已完全融化。
2. 一口氣倒入所有麵粉，烹煮混合物。
3. 攪拌到完全冷卻。
4. 慢慢加入蛋，並確實拌入。
5. 用擠花袋擠出麵糊。
6. 烘烤。

專業訣竅

- 水與鮮奶是製作泡芙麵糊時最常用的液體，兩者製作出的成品差異極大，適合的用途也不同，請視需求使用。
- 水：用水製作的泡芙麵糊，烘烤過程中途需調降烤爐溫度。麵糊剛入爐時，應以高溫烘烤，才能釋出更多蒸氣，促使麵糊膨脹。麵糊完全膨脹後，調低烤溫烘烤至完全乾燥，做出非常輕盈酥脆的成果。
- 鮮奶：鮮奶能讓糕點在還沒有完全乾燥之前更快產生褐變。用鮮奶製作的泡芙較濕潤柔軟，鮮奶固形物還能添加風味。
- 水與鮮奶各半：視需求用各占一半的水與鮮奶製作泡芙麵糊，成品的質地會介於全用鮮奶或全用水的麵糊之間。
- 可加入以下材料來改變泡芙的風味與外觀：

  乳酪／新鮮香料植物／乾燥辛香料／可可粉（以可可粉取代麵粉57克，並增加糖43克）
- 可將生麵糊用擠花袋擠出，或是冷凍備用。烤好的泡芙可以冷凍保存，食用前再次放入烤爐烘烤。

1. **液體與奶油**加熱至完全沸騰後，一口氣倒入所有麵粉並持續攪拌烹煮，鍋子底部會慢慢出現薄膜。煮到混合物逐漸不沾鍋並成團後，將麵糊移入攪拌機的攪拌缸，用槳狀攪拌器攪拌幾分鐘，讓麵糊稍微降溫，避免麵糊的高溫把稍後加入的蛋給煮熟。

   分3-4次慢慢加入蛋，每次加入前需確認麵糊已完全吸收蛋液，並呈滑順狀態，視需要刮缸。一邊慢慢加蛋一邊檢查麵糊稠度，當麵糊能從槳狀攪拌器上自然垂下時，便停止加蛋。

2. **將麵糊擠到**準備好的烤盤上，形狀依需求而異。若想要，可刷上蛋液。擠好的麵糊在空氣中靜置20分鐘，使表面形成薄膜，有助於在烘烤過程中維持形狀。放入烤爐烘烤，直到麵糊膨脹、表面呈金褐色，且側面沒有水珠。

   剛入爐時，烤爐溫度設定在高溫（191-204℃），麵糊表面變色後，將溫度調降到163℃。繼續烘烤到完全乾燥再取出。

3. **鑑定成品品質**。正確製作與烘烤的泡芙麵糊由於蛋的含量高，因此會呈金黃色，烘烤前後的顏色變化也不大。烤好的泡芙體積是麵糊狀態的好幾倍，看起來完全乾燥，側面或表面不會出現潮濕的水泡。正確烘烤會產生乾燥且細緻的質地。雞蛋應是泡芙最突出的主要風味。

為閃電泡芙或其他泡芙裝餡之前，需先釋出內部的水氣。

整形與烘烤餅乾的通則
guidelines for shaping and baking cookies

餅乾的製作方式眾多，如擠出成形、湯匙挖舀、切片與模塑等。餅乾通常放在甜點自助餐的前檯上，不只能單吃，還能搭配冰淇淋或雪碧冰。餅乾也可以當成額外的小點心，為大餐收尾。

餅乾的糖含量高，烘烤時需小心調節烤爐溫度。熱風式烤爐可使受熱均勻，尤其適合用來烘烤餅乾。

餅乾麵糰與麵糊可以用不同的攪拌法製作。有些餅乾在麵糊或麵糰做好後就能馬上整形烘烤，有些則需要經過冷藏才能整形。依食譜說明製作麵糰或麵糊，並準備好整形與烘烤所需的工具。

擴散形餅乾

這類餅乾在烘烤時通常會擴散開來，需預留充分空間，才不會相黏。將餅乾排列整齊，受熱才會均勻。這種餅乾應以163-177℃烘烤，直到底部呈金褐色、熟透但仍帶濕潤感。烤好的餅乾應放在冷卻架上靜置冷卻，然後放入密封罐以室溫儲藏，或是冷凍保存更久。

擀壓切割的餅乾

這類餅乾以堅硬的麵糰製成，麵糰擀開前需冷藏至涼透。將麵糰放入冰箱冷藏時，淺烤盤內鋪上烘焙油紙。將麵糰放在薄撒麵粉的工作檯上擀開，擀麵技巧可參考擀派皮麵糰的說明（見1122頁「派皮或塔皮入模」）。

擀壓時，擀麵棍上撒點麵粉。製作某些餅乾時，可在工作檯與擀麵棍上撒上糖粉。高油脂且非常脆弱的麵糰，擀開前先用兩張烘焙油紙夾起來。擀好的麵糰應該厚薄一致，厚度一般不超過0.3-0.4公分。擀麵時務必確保麵糰不會黏在工作檯上。

可以使用不同形狀與大小的餅乾模切割，也可以用刀子。製作過程中餅乾模或刀子要不時沾上少量麵粉或糖粉，避免沾黏。

將餅乾移入淺烤盤裡，再放入177℃烤爐，烘烤至邊緣呈金黃色。馬上將餅乾移到冷卻架上，避免過度烘烤。將餅乾包起來或放入密封容器裡，以室溫保存。

形狀特殊的餅乾常常會上糖衣或糖霜，應先等餅乾完全冷卻，再裹上。若餅乾要冷凍保存更久，可以先不要上裝飾，待日後解凍完再處理。

兩次烘烤的餅乾

義式堅果餅乾（biscotti）或兩次烘烤的餅乾是先塑形再切片的餅乾。麵糰會先直接放在鋪了烘焙油紙的淺烤盤裡，整成半圓的長條（log），第一次烘烤後，將義式堅果餅乾切片，再次放回鋪了烘焙油紙的烤盤裡稍微烘烤乾。

擠出成形的餅乾

製作這類餅乾時，麵糊完成後應儘快塑形，因此必須在攪拌麵糊前準備好所有工具，包括：組裝擠花袋與花嘴，烤盤抹油或鋪上烘焙油紙。麵糊一攪拌好，馬上用橡膠刮刀填入擠花袋，擠出多餘空氣後，扭緊擠花袋口。將麵糊擠成餅乾的形狀，擠好後立即鬆手。麵糊排列整齊，彼此之間預留少許擴散空間。

1

2

擴散形餅乾

1. 擴散形餅乾在麵糰拌好後通常需要盡快整形烘烤，因此攪拌前要先在淺烤盤內鋪上烘焙油紙。大部分擴散形餅乾都是由糖油拌合法或乳沫法製作，並使用各種尺寸的湯匙分配麵糰。取適當大小的湯匙將麵糰舀出，表面刮平後，放到鋪有烘焙油紙的淺烤盤裡。有些食譜會特別要求將凸起的麵糰稍微壓平，讓麵糰可擴展得更平均。
2. 除了舀取之外，也可以用切割的方式來分割擴散形餅乾麵糰。大量製作時，切割法的效率極高。利用切割法分割麵糰時，先將麵糰分成適當大小，稍微整成長條狀，再用烘焙油紙或保鮮膜包起，壓緊塑形成緊實圓柱，冷藏或冷凍至質地變硬後，切成厚度一致的片狀。

1

2

3

利用模板製作的餅乾

1. 這類餅乾以質地稀軟的麵糊製成。可以先把麵糊做好，再拿齊整形和烘烤用工具。可以購買具彈性的厚塑膠模板，也可以自製厚紙板模板。在淺烤盤裡鋪上矽膠墊，或是將淺烤盤倒過來抹上奶油、撒上麵粉然後冷凍。冷凍烤盤有助於油脂和麵粉黏著在烤盤上，而不會沾附在麵糰上。

   將模板放在準備好的烤盤上，舀起一大匙麵糊倒到模板上，用小型曲柄抹刀或湯匙背面抹成厚度均勻的一層。
2. 移除模板，重複同樣的動作，直到烤盤填滿。這些餅乾不會擴散，不過還是要在每塊餅乾之間預留充分空間，才不會碰壞已經整形好的餅乾。烘烤時要守在烤爐前隨時觀察。
3. 迅速將烤好的餅乾趁熱壓在凹陷的模具中或擀麵棍上，做成瓦片狀。也可以利用玻璃杯或塑膠管，將餅乾塑形成杯狀。做好的餅乾可以用來盛裝冰淇淋或慕斯，也可以當作裝飾。

基本派皮麵糰（3-2-1）

Basic Pie Dough (3-2-1)

2.89公斤

- 中筋麵粉1.36公斤
- 鹽28克
- 冰奶油907克，切丁
- 水454克

1. 麵粉與鹽混合均勻，用指尖將奶油輕搓進麵粉裡。若要做酥脆派皮，將油粉粒揉成大塊片狀或核桃大小；若要做出較細緻的質地，應揉成粗磨穀物粉狀。
2. 水全部倒入，攪拌到成團即可。麵糰應該濕潤到可以塑成球狀。
3. 將麵糰移到撒了麵粉的工作檯上，整成均勻的長方形。用保鮮膜包好麵糰，冷藏20-30分鐘。
4. 麵糰可取出擀開，也可以繼續冷藏保存備用。冷藏最多3天，冷凍最多6週（擀開前將冷凍麵糰改放冷藏解凍）。
5. 視需求秤取需要的麵糰量，直徑3公分（1吋）的模具需麵糰28克。
6. 將麵糰放在撒了麵粉的工作檯上，以平穩且施力均勻的動作擀成需要的形狀與厚度。
7. 將麵皮移入準備好的派模或塔模裡，或是切割後放到小塔模內。接著填餡或盲烤（見1124頁）。

白脫乳比司吉

Buttermilk Biscuits

40個

- 中筋麵粉1.59公斤
- 糖113克
- 泡打粉85克
- 鹽21克
- 冰奶油454克，切丁
- 蛋227克
- 白脫乳737克
- 刷蛋液（見1023頁），視需求添加

1. 淺烤盤內鋪上烘焙油紙。
2. 混合麵粉、糖、泡打粉與鹽。
3. 用指尖將奶油輕搓進乾性材料裡，直到混合物呈粗磨穀物粉狀。
4. 混合蛋與白脫乳，加入油粉粒中，翻拌均勻。
5. 將麵糰放到撒了麵粉的工作檯上，擀成3公分厚。以直徑5公分的餅乾模切塊。
6. 切好後放到準備好的烤盤裡，薄薄刷上蛋液。
7. 放入218℃烤爐，烘烤至呈金褐色，約15分鐘。
8. 將比司吉移到冷卻架，徹底冷卻。

白脫乳比司吉

鮮奶油司康

Cream Scones

5打

- 高筋麵粉2.55公斤
- 糖595克
- 泡打粉149克
- 鹽64克
- 冰的高脂鮮奶油2.1公斤
- 鮮奶170克
- 粗糖粒170克

1. 將麵粉、糖、泡打粉與鹽放入攪拌機的攪拌缸內，裝上槳狀攪拌器，以中速混合均勻，約5分鐘。加入鮮奶油後拌勻即可。
2. 將麵糰分成數份，每份重1.05公斤，放到直徑25公分（10吋）的蛋糕模或派環裡，用手拍勻後取出，並移到鋪了烘焙油紙的淺烤盤裡，冷凍至冰透。
3. 將每塊圓形麵糰切成10塊等分的楔形，放到鋪了烘焙油紙的淺烤盤裡。刷上鮮奶，並撒上粗糖粒。
4. 放入177℃烤爐，烘烤至呈金褐色，20-25分鐘。
5. 讓司康在烤盤裡降溫幾分鐘，然後移到冷卻架徹底冷卻。

葡萄乾司康：麵糰拌入濕性材料前，加入葡萄乾1.36公斤。

火腿切達乳酪司康：省略鮮奶與粗糖粒。將火腿丁1.36公斤、蔥3把（剁碎）與切達乳酪丁680克加入麵粉混合物裡，再拌入鮮奶油。

愛爾蘭蘇打麵包

Irish Soda Bread

4個

- 中筋麵粉1.13公斤
- 泡打粉71克
- 糖170克
- 鹽4克
- 冰奶油156克，切丁
- 醋栗170克
- 葛縷子籽14克
- 鮮奶737克

1. 將麵粉、泡打粉、糖與鹽混合過篩。
2. 用指尖將奶油輕搓進乾性材料裡，搓成粗磨穀物粉的質地。
3. 加入醋栗與葛縷子籽，翻拌均勻。加入鮮奶，攪拌成團。
4. 將麵糰倒在薄撒麵粉的工作檯上，按揉20秒。
5. 將麵糰分成每塊重454克，整成球狀，放到鋪了烘焙油紙的淺烤盤裡。在麵糰表面撒上薄薄一層麵粉，用削皮小刀輕輕劃個 ×。
6. 放入218℃的烤爐，烘烤至呈褐色且熟透，45-60分鐘。檢查熟度時，可以將木籤插入最厚的部分，烤透時，拔出來的木籤表面應該不會沾黏任何東西。
7. 麵包移到冷卻架徹底冷卻後，切片並出餐。

白脫乳煎餅
Buttermilk Pancakes
10份

- 中筋麵粉595克
- 泡打粉28克
- 小蘇打粉6克（1小匙）
- 鹽3克（1小匙）
- 糖128克
- 蛋8顆
- 白脫乳907克
- 融化奶油113克
- 植物油，視需求添加

1. 將麵粉、泡打粉、小蘇打粉、鹽和糖混合過篩到大攪拌缽裡，並在中間挖一個洞。
2. 蛋和白脫乳混合均勻後，全部倒入乾性材料中間的洞裡，用打蛋器慢慢以穩定畫圓的動作攪拌。
3. 等¾的乾性材料濕潤後，加入奶油，攪拌到奶油拌進去即可，不要過度攪拌。
4. 若製作量大，可用冰水浴的方式維持低溫，或是分批操作，將多餘麵糊冷藏備用。
5. 取一只大型平底鍋或煎烤盤，以中火加熱，並倒入些許植物油或澄清奶油。
6. 將約75毫升的麵糊舀入鍋裡，當表面氣泡破裂且底部呈金褐色時便可翻面，1-2分鐘。第二面再煎約1分鐘即可。煎好後立即出餐。

格子鬆餅（basic waffles）：蛋黃蛋白分開後，混合蛋黃與白脫乳，繼續進行步驟2與3。蛋白打到中性發泡，輕輕拌入麵糊裡。格子鬆餅鍋稍微上油後，加熱到177℃。將麵糊舀入鍋裡，加蓋，煎到表面呈金褐色且完全熟透，3-4分鐘（每次加入的麵糊量依鍋具尺寸而異）。

香蕉煎餅：省略白脫乳142克。加切碎的香蕉227克。

巧克力脆片鬆餅：將巧克力脆片227克和乾炒過的胡桃或核桃71克加入完成的麵糊裡。

藍莓煎餅：下鍋前，將藍莓227克拌入麵糊裡。

燕麥煎餅：用燕麥113克、肉桂粉2克（1小匙）、肉豆蔻粉0.5克（¼小匙）與丁香粉1撮取代麵粉71克。

普里空心餅

Fried Bread (Puri)

10份

- 中筋麵粉680克
- 鹽10克（1大匙）
- 植物油45毫升（3大匙），視需求增加煎炸所需的量
- 溫水227克

1. 將麵粉放入攪拌缽裡，撒上鹽並倒入植物油45毫升（3大匙）。慢慢倒入水，按揉麵糰至緊實，約5分鐘。蓋上濕布，靜置15分鐘。
2. 將麵糰搓成長30公分的圓柱，再分成12個大小相同的球狀。麵糰撒上少許麵粉，擀成直徑13公分（5吋）的圓盤狀。
3. 每次一塊，將麵糰放入鍋中以177℃熱油炸至膨脹且呈淺褐色，約40秒。
4. 立即出餐。

強尼蛋糕

Johnny Cakes

10份

- 中筋麵粉177克
- 玉米粒粉177克
- 鹽3克（1小匙）
- 糖85克
- 小蘇打粉21克
- 泡打粉14克
- 白脫乳737克
- 蛋6顆，稍微打散
- 融化奶油50克
- 熟玉米粒57克（非必要）
- 植物油45毫升（3大匙）

1. 將麵粉、玉米粒粉、鹽、糖、泡打粉與小蘇打粉混合過篩到大型攪拌缽裡。
2. 取另一只攪拌缽，將白脫乳、蛋和一半的融化奶油倒進去打散。
3. 將濕性材料倒入乾性材料裡。加入其餘的奶油，用木匙攪拌混合，麵糊會稍微結塊。
4. 若要加玉米粒，可在此時放入，混合均勻。
5. 將煎烤盤或大型鑄鐵煎鍋加熱到適當溫度，並稍微上油。
6. 將60毫升麵糊舀到煎烤盤上，每塊蛋糕相隔約3公分。
7. 煎到底部呈褐色、邊緣變乾且麵糊表面氣泡開始破裂，3-5分鐘。蛋糕翻面，繼續煎到第二面也變成褐色，約2分鐘。
8. 立即出餐，或放入低溫烤爐保溫，不要加蓋。做好的蛋糕於30分鐘內享用，否則會開始變硬。

法式火焰薄餅

Crêpes Suzette

10份

- 糖85克
- 奶油340克，切丁
- 橙皮刨絲85克
- 橙汁170克
- 甜點可麗餅30張（食譜見1076頁）
- 柑曼怡橘酒170克
- 白蘭地或干邑白蘭地170克

1. 分批處理，每次製作1-2份。可麗餅鍋放在汽化爐上，以中火預熱並在鍋底均勻撒糖，小心不要讓湯匙碰到鍋底，不然可能會導致糖結晶。
2. 糖開始焦糖化後，將奶油放到鍋子邊緣，輕輕搖晃鍋身，讓奶油均勻調溫，並和焦糖混合。
3. 加入橙皮並輕輕搖晃鍋身，混合所有材料，此時內容物應該會變成帶橙色的淺焦糖色。
4. 沿著鍋緣慢慢倒入果汁，讓果汁慢慢調溫，並和糖液混合。
5. 輕輕搖晃鍋身，混合所有材料，並將醬汁煮稠。
6. 用一支叉子和一根湯匙夾起可麗餅放入醬汁，翻面，讓兩面都沾上醬汁。將處理好的可麗餅放到鋪了烘焙油紙的淺烤盤裡。
7. 以同樣方式處理其餘的可麗餅，動作迅速，以免醬汁變得太稠。
8. 將鍋子從汽化爐上移開，倒入柑曼怡橘酒。先不要點燃，而是放回汽化爐上輕輕搖晃。
9. 讓鍋子在汽化爐前緣前後移動，燒熱鍋身。
10. 移開鍋子，倒入白蘭地，稍微傾斜鍋身，點燃鍋內液體。搖晃鍋身，直到火焰自然消失。
11. 每份3塊，將可麗餅交疊放在盤子上，然後淋上醬汁。

上圖：將可麗餅麵糊舀入鍋內後，轉動鍋身，讓麵糊均勻覆蓋整個鍋底。確保可麗餅厚度一致，否則無法均勻烹煮。

下圖：邊緣呈金褐色時即可翻面。

甜點可麗餅

Dessert Crêpes

20-30張

- 蛋4顆
- 高脂鮮奶油454克
- 鮮奶227克
- 植物油14克
- 中筋麵粉227克
- 糖粉57克
- 鹽3克（1小匙）
- 香莢蘭精7.5毫升（1½小匙）

1. 將蛋、鮮奶油、鮮奶與蔬菜油混合攪打均勻。
2. 將麵粉、糖和鹽混合過篩至攪拌缽裡。
3. 將濕性材料倒入攪拌缽攪拌到滑順，視需要刮缸。加入香莢蘭精，攪拌均勻即可（可冷藏備用最多12小時。烹煮前視需要過濾）。
4. 可麗餅鍋抹上奶油並以中火預熱，舀入少量麵糊，轉動鍋身，讓鍋底完全覆上麵糊。
5. 可麗餅一定型就翻面，將另一面煎熟。
6. 依喜好放上餡料，捲起或折疊，或用於製作其他甜點（見1075頁〈法式火焰薄餅〉）。

NOTE：做好的可麗餅放涼後可以夾入烘焙油紙，包起來冷藏或冷凍。使用前，先將冷凍可麗餅解凍，再抹上餡料折疊。

起酥皮麵糰

Puff Pastry Dough

3.97公斤

- 高筋麵粉907克
- 低筋麵粉227克
- 奶油227克，軟化
- 水595克
- 鹽28克

裹入油

- 奶油1.02公斤，回溫至變軟（16℃）
- 高筋麵粉113克

1. 將麵粉、奶油、水與鹽放入攪拌機的攪拌缸裡，裝上勾狀攪拌器。
2. 低速攪拌成滑順麵糰，約3分鐘。
3. 將麵糰大致整成長方形，移到鋪了烘焙油紙的淺烤盤裡，用保鮮膜包好，冷藏鬆弛30-60分鐘。
4. 準備裹入油時，將奶油與麵粉放入攪拌機，以槳狀攪拌器低速混合至滑順，約2分鐘。將混合物移到一張烘焙油紙上，蓋上另一張烘焙油紙，擀成長30公分寬20公分的長方形。四邊整平，用保鮮膜包好，冷藏至雖緊實但可塗抹的程度，不要冰太久，以免變硬。
5. 要將奶油裹入麵糰前，先將麵糰移到薄撒麵粉的工作檯上，擀成長61公分寬41公分的長方形，擀開時保持邊緣筆直角度方正。將裹入油放在麵皮一側，另一半麵皮折起蓋上，四邊捏緊封好。將麵糰旋轉90度，再擀成長61公分寬41公分的長方形，操作時確保邊緣筆直、角度方正。
6. 將麵糰摺成四折，用保鮮膜包好，進冷藏靜置30-45分鐘。

7. 記住冷藏之前的位置，再將麵糰旋轉90度，擀成長61公分寬41公分的長方形，操作時確保邊緣筆直角度方正。將麵糰摺成三折，用保鮮膜包好，進冷藏靜置鬆弛30-45分鐘。
8. 重複上述步驟。總共做兩次四折與兩次三折，每次擀開前都要將麵糰旋轉90度，每次折疊後將麵糰用保鮮膜包好，進冷藏靜置30-45分鐘。
9. 完成最後一次擀折後，用保鮮膜包好，進冷藏靜置至少1小時再使用。

酥鬆麵糰

Blitz Puff Pastry Dough

2.27公斤

- 低筋麵粉454克
- 高筋麵粉454克
- 冰奶油907克，切丁
- 鹽21克
- 冰水510克

1. 將麵粉放入攪拌機的攪拌缸裡。加入奶油丁，用指尖輕拌，讓奶油表面覆上麵粉。將鹽加入冰水中攪拌到溶解，一口氣將鹽水倒入麵粉中。攪拌機裝上勾狀攪拌器，以低速攪拌成團。
2. 將麵糰移到鋪了烘焙油紙的淺烤盤裡，用保鮮膜緊緊包好，進冷藏靜置至奶油變緊實但不硬，約20分鐘。
3. 將麵糰放在薄撒麵粉的工作檯上，擀成厚1公分、長約76公分、寬約30公分的長方形。
4. 麵糰摺四折後，再次擀成同樣大小，然後摺三折。用保鮮膜將麵糰緊緊包好，冷藏靜置鬆弛30-45分鐘。
5. 重複上述步驟。總共做兩次四折與兩次三折，每次擀開前都要將麵糰冷藏靜置並旋轉90度。做完最後一次擀折後，將麵糰用保鮮膜包好，進冷藏靜置至少1小時，直到變得緊實（麵糰可以冷藏或冷凍保存）。

基本馬芬食譜

Basic Muffin Recipe

12個

- 中筋麵粉369克
- 泡打粉9克（1大匙）
- 糖298克
- 奶油78克，軟化
- 鹽5克（1½小匙）
- 蛋142克
- 白脫乳142克
- 香莢蘭精15毫升（1大匙）
- 植物油71克
- 粗糖粒57克

1. 馬芬模抹上薄薄一層油脂，或使用適當的紙模。
2. 麵粉和泡打粉混合過篩。
3. 將糖、奶油與鹽放入攪拌機裡，裝上槳狀攪拌器，以中速攪打至滑順且顏色變淺，約5分鐘，攪拌過程中不時刮缸。
4. 用打蛋器將蛋、白脫乳、香莢蘭精與植物油打勻。分2-3次將液體加入油糖混合物裡，每次倒入後應攪拌到完全混合，再繼續倒入。攪拌期間視需要刮缸。
5. 加入過篩的乾性材料，以低速攪拌到乾性材料均勻濕潤。
6. 每個馬芬模中倒入麵糊約85克，約¾滿。輕敲模具底部以震出氣泡，撒上粗糖粒。
7. 放入191℃烤爐，烘烤至竹籤插入中央拔出時完全不沾黏，約30分鐘。
8. 讓馬芬留在模子裡降溫幾分鐘再脫模，移到冷卻架徹底冷卻。

蔓越莓橙香馬芬：加入乾性材料後，輕輕拌入新鮮或冷凍的蔓越莓312克與刨成絲的橙皮43克。

藍莓馬芬：加入乾性材料後，輕輕拌入新鮮或冷凍的藍莓340克。

麥麩馬芬

Bran Muffins

12個

- 高筋麵粉340克
- 泡打粉28克
- 糖227克
- 奶油113克，軟化
- 鹽5克（1½小匙）
- 蛋4顆
- 鮮奶227克
- 蜂蜜57克
- 糖蜜57克
- 小麥麩皮113克

1. 馬芬模抹上薄薄一層油脂，或使用適當的紙模。
2. 麵粉和泡打粉混合過篩。
3. 將糖、奶油與鹽放入攪拌機裡，裝上槳狀攪拌器，以中速攪打至滑順且顏色變淺，約5分鐘，攪拌過程中不時刮缸。
4. 將蛋與奶油混合，分3次加入油糖混合物裡，每次倒入後應攪拌到完全混合，再繼續倒入。攪拌期間視需要刮缸。加入蜂蜜與糖蜜，拌勻即可。
5. 加入過篩的乾性材料與小麥麩皮，低速攪拌到均勻濕潤。
6. 每個馬芬模中倒入麵糊約99克，約¾滿。輕敲模具底部以震出氣泡。
7. 放入191℃烤爐，烘烤至竹籤插入中央拔出時完全不沾黏，約20分鐘。
8. 讓馬芬留在模子裡降溫幾分鐘再脫模，移到冷卻架徹底冷卻。

玉米馬芬

Corn Muffins

12個

- 中筋麵粉312克
- 玉米粒粉142克
- 鹽6.5克（2小匙）
- 泡打粉9克（1大匙）
- 蛋4顆
- 鮮奶227克
- 植物油170克
- 濃縮橙汁30毫升（2大匙）
- 糖227克

1. 馬芬模抹上薄薄一層奶油並撒上少許玉米粒粉，或是使用適當的紙模。
2. 將麵粉、玉米粒粉、鹽和泡打粉放入攪拌缽裡，用打蛋器混合均勻。
3. 將蛋、鮮奶、蔬菜油、濃縮橙汁與糖放入攪拌機裡，裝上槳狀攪拌器，以中速攪打至滑順且顏色變淺，約2分鐘。
4. 將乾性材料加入蛋奶混合物裡，以中速拌勻即可，攪拌過程中不時刮缸。
5. 每個馬芬模中倒入麵糊約85克，約¾滿。輕敲模具底部以震出氣泡。
6. 以204℃烘烤，直到竹籤插入中央拔出時完全不沾黏，約20分鐘。
7. 讓馬芬留在模子裡降溫幾分鐘再脫模，移到冷卻架徹底冷卻。

玉米麵包：在直徑23公分（9吋）的模具薄薄抹上一層奶油，撒上少許玉米粒粉。將麵糊倒入模具裡，以204℃烘烤，直到竹籤插入中央拔出時完全不沾黏，約50分鐘。烤好後，讓麵包完全冷卻，再切成適當形狀。

香蕉堅果麵包

Banana-Nut Bread

6個

- 熟透的帶皮香蕉1.93公斤
- 檸檬汁15毫升（1大匙）
- 中筋麵粉1.28公斤
- 泡打粉6克（2小匙）
- 小蘇打粉21克
- 鹽4克（1¼小匙）
- 糖1.28公斤
- 蛋6顆
- 植物油369克
- 胡桃227克

1. 在6只容量907克的麵包模抹上一層薄油。
2. 香蕉和檸檬汁加在一起打成泥。
3. 麵粉、泡打粉、小蘇打粉與鹽混合過篩。
4. 將糖、香蕉泥、蛋與植物油放入攪拌機的攪拌缸裡，裝上槳狀攪拌器，以中速拌勻。攪拌過程中視需要刮缸。
5. 加入過篩的乾性材料稍微攪拌，再拌入胡桃。
6. 在每只麵包模裡倒入麵糊851克，輕敲模具底部以震出氣泡。
7. 以177℃烘烤，直到輕壓時會回彈，且竹籤插入中央拔出時完全不沾黏，約55分鐘。
8. 讓麵包留在模具裡降溫幾分鐘再脫模，移到冷卻架徹底冷卻。

南瓜麵包（見1081頁）、藍莓馬芬（見1078頁）與香蕉堅果麵包（見1079頁）

南瓜麵包

Pumpkin Bread

4個

- 中筋麵粉907克
- 泡打粉6克（2小匙）
- 小蘇打粉21克
- 鹽10克（1大匙）
- 肉桂粉4克（2小匙）
- 植物油369克
- 糖1.25公斤
- 南瓜泥907克
- 蛋8顆
- 水369克
- 胡桃198克，乾炒後剁碎

1. 在4只容量907克的麵包模抹上一層薄薄的油脂，或使用適當的紙模。
2. 麵粉、泡打粉、小蘇打粉、鹽與肉桂粉混合過篩。
3. 將植物油、糖、南瓜泥、蛋與水放到攪拌機裡，裝上槳狀攪拌器，以低速混合均勻。
4. 加入過篩的乾性材料拌勻，攪拌過程中不時刮缸。拌入堅果。
5. 在每只模具裡倒入麵糊851克。輕敲模具底部以震出氣泡。
6. 放入177℃烤爐，烘烤到竹籤插入中央拔出時完全不沾黏、輕壓中心會回彈，1-1½小時。
7. 讓麵包留在模具裡降溫幾分鐘再脫模，移到冷卻架徹底冷卻，切片後出餐或包好存放。

磅蛋糕

Pound Cake

4條

- 奶油567克
- 糖680克
- 檸檬皮刨絲28克
- 鹽5克（1½小匙）
- 低筋麵粉680克
- 玉米澱粉142克
- 泡打粉21克
- 蛋907克

1. 在4只容量907克的麵包模抹上油後，鋪上烘焙油紙。
2. 將奶油、糖、檸檬皮與鹽放入攪拌機裡，裝上槳狀攪拌器，以中速攪打至滑順且顏色變淺，攪拌過程中視需要刮缸。
3. 將麵粉、玉米澱粉與泡打粉混合過篩。
4. 攪拌機開低速，分3次交替加入蛋與乾性材料。
5. 每只模具裡倒入麵糊737克。
6. 放入191℃烤爐，烘烤至竹籤插入中央拔出時完全不沾黏，約45分鐘。
7. 讓蛋糕留在模具裡降溫幾分鐘再脫模，移到冷卻架徹底冷卻。

惡魔蛋糕

Devil's Food Cake

6個直徑20公分（8吋）的蛋糕

- 糖1.73公斤
- 低筋麵粉1.05公斤
- 小蘇打粉35克
- 泡打粉7.5克（2½小匙）
- 蛋12顆
- 奶油709克，融化，並保持溫熱
- 溫水1.42公斤
- 香莢蘭精30毫升（2大匙）
- 可可粉425克，過篩

1. 在6只直徑20公分（8吋）的蛋糕模抹上一層薄薄的油脂，鋪上圓形烘焙油紙。
2. 將糖、麵粉、小蘇打粉與泡打粉直接篩入攪拌機的攪拌缸裡。
3. 將蛋放入另一只攪拌缽裡打散。攪拌機裝上槳狀攪拌器，開中速，分3次將蛋液倒入乾性材料裡。每次倒入蛋液後應攪拌到完全混合，再繼續倒入，攪拌期間視需要刮缸。
4. 倒入奶油，攪拌到完全混合。倒入水與香莢蘭精，攪拌到非常滑順，期間視需要刮缸。加入可可粉，繼續攪拌均勻。
5. 在每只模具裡倒入麵糊992克。
6. 放入177℃烤爐，烘烤至竹籤插入中央拔出時完全不沾黏，約45分鐘。
7. 讓蛋糕留在模具裡降溫幾分鐘再脫模，移到冷卻架徹底冷卻。

天使蛋糕

Angel Food Cake

5個直徑20公分（8吋）的環狀蛋糕

- 糖1.13公斤
- 塔塔粉14克
- 低筋麵粉439克
- 鹽5克（1½小匙）
- 蛋白1.13公斤
- 香莢蘭精15毫升（1大匙）

1. 在5只直徑20公分（8吋）的環狀蛋糕模內側撒點水。
2. 混合糖567克與塔塔粉。其餘的糖567克與麵粉和鹽混合過篩。
3. 將蛋白和香莢蘭精倒入攪拌機的攪拌缸裡，裝上球狀攪拌器，以中速打到濕性發泡。
4. 慢慢將糖與塔塔粉的混合物加入蛋白裡，繼續以中速攪打至中性發泡。
5. 將糖粉混合物輕輕拌入蛋白霜裡，拌勻即可。
6. 在每只模具裡倒入麵糊425克麵糊。
7. 以177℃烘烤，直到輕壓時會回彈，約35分鐘。
8. 將蛋糕連模倒扣在漏斗或長頸瓶上，放在冷卻架上降溫。也可以將一只小烤皿倒扣在冷卻架上，然後把蛋糕連模倒過來，以一定角度放在烤皿上。蛋糕倒扣，並徹底冷卻。
9. 用抹刀小心地沿著模具邊緣和中央圓柱周圍刮一圈，讓蛋糕和模具分開。輕輕搖晃模具，在冷卻架上倒出蛋糕。

香莢蘭海綿蛋糕

Vanilla Sponge Cake
4個直徑20公分（8吋）的蛋糕

- 植物油170克
- 香莢蘭精15毫升（1大匙）
- 蛋18顆
- 糖510克
- 低筋麵粉510克，過篩

1. 在4只直徑20公分（8吋）的蛋糕模抹上一層薄薄的油脂，鋪上圓形烘焙油紙。
2. 將植物油與香莢蘭精混合均勻。
3. 將蛋與糖放入攪拌機的攪拌缸裡，移到接近微滾的熱水上，持續攪打至混合物達43℃。
4. 將攪拌缸裝在攪拌機上，以球狀攪拌器高速打到全發後，調成中速繼續攪打15分鐘，讓泡沫穩定。
5. 輕輕拌入麵粉。以調溫方式加入植物油混合物。
6. 在每只模具裡倒入麵糊454克，約⅔滿。
7. 以177℃烘烤，直到輕壓表面會回彈，約30分鐘。
8. 讓蛋糕留在模子裡稍微降溫幾分鐘再脫模，移到冷卻架徹底冷卻。

巧克力海綿蛋糕：以鹼化可可粉113克取代等量麵粉。將可可粉和麵粉混合過篩。

重巧克力蛋糕

Chocolate XS Cake
6個直徑20公分（8吋）的蛋糕

- 水680克
- 糖1.23公斤
- 半甜巧克力822克，剁碎
- 苦甜巧克力964克，剁碎
- 融化奶油1.22公斤
- 蛋1.64公斤
- 香莢蘭精30毫升（2大匙）

1. 在6只直徑20公分（8吋）的蛋糕模內刷上軟化的奶油，鋪上圓形烘焙油紙。
2. 將水與糖822克放入厚底鍋內加熱至沸騰。鍋子離火，加入兩種巧克力，攪拌到巧克力融化，拌入奶油後放涼。
3. 將蛋、其餘的糖411克與香莢蘭精放入攪拌機的攪拌缸內，以球形攪拌器高速攪打至質地輕盈蓬鬆，約4½分鐘。
4. 將巧克力輕輕拌入蛋混合物裡。
5. 在每只模具裡倒入麵糊1.05公斤。
6. 以177℃水浴烘烤，一直到蛋糕表面變硬，約1小時。
7. 讓蛋糕連同模具一起放在冷卻架徹底冷卻，用保鮮膜包起來冷藏1夜後再脫模。

乳酪蛋糕
Cheesecake
6個直徑20公分（8吋）的乳酪蛋糕

- 消化餅乾底851克（食譜見右欄）
- 奶油乳酪3.4公斤
- 糖1.02公斤
- 鹽14克
- 蛋16顆
- 蛋黃5顆
- 高脂鮮奶油425克
- 香莢蘭精45毫升（3大匙）

1. 在6只直徑20公分（8吋）的蛋糕模抹上一層薄薄的油脂，鋪上圓形烘焙油紙。
2. 每只模具底部放上餅乾底混合物142克，壓緊。
3. 將奶油乳酪、糖與鹽放到攪拌機的攪拌缸裡，以槳狀攪拌器中速攪打至完全滑順，約3分鐘，過程中不時刮缸。
4. 全蛋與蛋黃混合打散。分4次將蛋液加入奶油乳酪混合物，加入後應攪拌到完全混合，再繼續加入，攪拌期間視需要刮缸。
5. 倒入鮮奶油與香莢蘭精，徹底攪拌均匀。
6. 在每只模具裡倒入麵糊1.13公斤，輕敲模具底部以震出氣泡。
7. 用163℃熱水浴，烘烤到中央凝固，約1¼小時。
8. 將蛋糕連同模具放在冷卻架上降溫。將蛋糕和模具用保鮮膜包好，冷藏1夜，讓蛋糕定型。
9. 脫模時，以明火稍微烤過模具底部和側面，再用刀子沿著模具內壁刮一圈。用保鮮膜包住圓形蛋糕紙板，將紙板放在模具上方，倒扣，視需要輕敲模具底部協助脫模。倒出蛋糕，撕掉底部烘焙油紙，再把蛋糕倒過來放在紙板或餐盤上。

消化餅乾底
Graham Cracker Crust
567克

- 消化餅397克
- 淺色紅糖71克
- 融化奶油99克

餅乾、糖與奶油放入食物調理機攪碎，約5分鐘。混合物放到準備好的模具裡，壓緊後烘烤。

泡芙麵糊
Pâte à Choux
2.72公斤

- 鮮奶454克
- 水454克
- 奶油454克
- 糖7.5克（1½小匙）
- 鹽1.5克（½小匙）
- 高筋麵粉454克
- 蛋907克

1. 混合鮮奶、水、奶油、糖與鹽，以中火加熱至沸騰，烹煮期間持續攪拌。
2. 鍋子離火，麵粉全部倒入，大力攪拌。將鍋子放回爐上，以中火持續攪拌烹煮，直到混合物成團不沾鍋，約3分鐘。
3. 將混合物移到攪拌機的攪拌缸裡，以槳狀攪拌器中速稍微攪打。每次加入2顆蛋，攪打至滑順再繼續加入。
4. 用擠花袋將泡芙麵糊擠成適當形狀，放入烤爐烘烤（見1064頁）。

NOTE：若要製作質地更乾顏色更深的泡芙，可用等量水取代鮮奶。

格呂耶爾乳酪泡芙：把所有蛋加入泡芙麵糰後，加入卡宴辣椒0.5克（¼小匙）與格呂耶爾乳酪絲454克，繼續攪拌1分鐘。將麵糊填入裝了圓形花嘴的擠花袋，擠成直徑2公分的圓頂狀。放入177℃烤爐，烘烤約35分鐘。趁熱享用或放入密封罐保存。

閃電泡芙

Éclairs

12個

- 泡芙麵糊454克（食譜見前頁）
- 刷蛋液（見1023頁），視需求添加
- 卡士達餡454克（見1098頁）
- 翻糖454克（見1120頁）
- 黑巧克力113克，融化
- 透明玉米糖漿，視需求添加

1. 使用8號圓形花嘴，在鋪了烘焙油紙的淺烤盤上，將泡芙麵糊擠出長10公分的圓柱。表面薄刷一層蛋液。
2. 以182℃烘烤，直到表面裂縫不再是黃色，約50分鐘。
3. 烤好後留在烤盤內靜置放涼。
4. 用竹籤或尖刺物在每個泡芙的末端戳洞。
5. 用1號圓形花嘴將卡士達餡擠進洞裡。
6. 用熱水浴加熱翻糖，加入巧克力，倒入玉米糖漿，稀釋到適當黏度。
7. 將填餡泡芙表面沾上巧克力翻糖，或是用湯匙背面把巧克力翻糖塗上去。

巧克力閃電泡芙：用巧克力卡士達餡（見1098頁）取代卡士達餡。

鮮奶油泡芙

Profiteroles

12個泡芙

- 泡芙麵糊454克（見1084頁）
- 刷蛋液（見1023頁），視需求添加
- 杏仁片57克
- 糖28克
- 卡士達餡340克（見1098頁）
- 香緹鮮奶油255克（見1023頁）
- 糖粉，視需求添加

1. 使用5號圓形花嘴，在鋪了烘焙油紙的淺烤盤上將泡芙麵糊擠成直徑4公分的燈泡狀，表面刷上少許蛋液。
2. 在泡芙表面插入幾片杏仁片，杏仁片需突出於表面，撒上少許糖。
3. 以182℃烘烤，直到表面裂縫不再是黃色，約50分鐘。
4. 烤好後留在烤盤內靜置放涼。
5. 從泡芙上面削下一塊，用5號圓形花嘴將卡士達餡擠入泡芙中，小心不要溢出。
6. 用5號星形花嘴，在卡士達餡上面擠兩圈香緹鮮奶油。
7. 將削下的蓋子放在香緹鮮奶油上，輕撒上糖粉。

冰淇淋泡芙：用香莢蘭冰淇淋（見1157頁）取代卡士達餡。省略杏仁片、糖、香緹鮮奶油與糖粉。從每個泡芙上面切下一塊蓋子。用50號湯匙將冰淇淋舀入泡芙中。放回蓋子，出餐時可依需求搭配巧克力醬（見1129頁）。

1-2-3 餅乾麵糰

1-2-3 Cookie Dough

2.72公斤

- 奶油907克，軟化
- 糖454克
- 香莢蘭精15毫升（1大匙）
- 蛋227克
- 低筋麵粉1.36公斤，過篩

1. 將奶油、糖與香莢蘭精放入攪拌機的攪拌缸內，以槳狀攪拌器中速攪打至滑順且顏色變淡，攪打期間不時刮缸。分次加入蛋，刮缸並攪拌到滑順後再繼續加入。麵粉全部倒入，以低速攪拌均勻即可。
2. 依喜好秤重分割。擀開前用保鮮膜包好，冷藏至少1小時（麵糰可以冷藏或冷凍保存）。

杏仁茴芹義式堅果餅乾

Almond-Anise Biscotti

32塊

- 高筋麵粉284克
- 小蘇打粉6克（1小匙）
- 蛋3顆
- 糖184克
- 鹽4克（1¼小匙）
- 茴芹精5毫升（1小匙）
- 整粒杏仁198克
- 茴芹籽12克（2大匙）

1. 淺烤盤內鋪上烘焙油紙。
2. 將麵粉和小蘇打粉混合過篩。
3. 將蛋、糖、鹽與茴芹精放入攪拌機的攪拌缸裡，以球形攪拌器高速攪打至質地變濃稠且顏色變淡，約5分鐘。轉低速，加入乾性材料拌勻即可。
4. 加入杏仁和茴芹籽，用手拌勻。
5. 將麵糰整成長41公分、寬10公分的半圓長條，放到準備好的烤盤上。
6. 以149℃烘烤，直到表面呈金褐色且質地變硬，約1小時。將烤爐溫度調降到135℃。取出烤盤，靜置降溫10分鐘。
7. 用鋸齒刀將半圓長條橫切成厚1公分的切片，平放在烤盤上，重新放回烤爐烘烤，中途翻面一次，烤至呈金褐色且質地酥脆，全程20-25分鐘。
8. 將餅乾移到冷卻架上，徹底冷卻。

杏仁茴芹義式堅果餅乾

胡桃鑽石餅乾

Pecan Diamonds

3公分的餅乾100片

- 1-2-3餅乾麵糰907克（見1086頁）

胡桃餡

- 奶油454克，切丁
- 淺色紅糖454克
- 糖113克
- 蜂蜜340克
- 高脂鮮奶油113克
- 胡桃907克，粗切

1. 將麵糰擀成長46公分、寬36公分、厚0.3公分的長方形，放在½尺寸淺烤盤裡，讓麵糰與烤盤完全密合。用滾輪針或叉子在麵糰上面戳洞。
2. 以177℃烘烤，直到呈淺金褐色，約10分鐘。
3. 製作餡料時，將奶油、糖、蜂蜜與鮮奶油放入厚底鍋，以中大火烹煮，直到混合物達116℃，期間持續攪拌。加入堅果拌勻後，馬上倒入預先烘烤過的餅乾上，抹平。
4. 以177℃烘烤，直到表面餡料起泡且餅乾呈金褐色，25-30分鐘。讓餅乾在烤盤裡徹底冷卻。
5. 用金屬抹刀沿著烤盤壁刮一圈，讓餅乾和烤盤分開，倒扣在另一只淺烤盤的背面。將脫模的餅乾移到砧板上，小心翻正。修整邊緣，切成3公分大小的菱形。

巧克力餅乾

Chocolate Chunk Cookies

12打

- 中筋麵粉1.96公斤
- 鹽43克
- 小蘇打粉28克
- 奶油1.3公斤，軟化
- 糖851克
- 淺色紅糖624克
- 蛋9顆
- 香莢蘭精38毫升（2大匙加1½小匙）
- 半甜巧克力塊1.96公斤

1. 烤盤內鋪上烘焙油紙。
2. 將麵粉、鹽與小蘇打粉混合過篩。
3. 將奶油和糖放入攪拌機的攪拌缸內，以槳狀攪拌器中速攪打至滑順且顏色變淡，約5分鐘，攪拌期間不時刮缸。
4. 將蛋和香莢蘭精拌勻，分3次倒入油糖混合物中，每次都要拌勻後再繼續加入，視需要刮缸。攪拌機轉低速，加入篩過的乾性材料與巧克力碎片，拌勻即可。
5. 將麵糰分成43克一份，放到準備好的烤盤上。也可以將907克重的麵糰整成41公分的半圓長條，用烘焙油紙包好後冷藏至可以切片的硬度。將每條麵糰切成16塊，放到準備好的烤盤裡排放整齊。
6. 以191℃烘烤，直到邊緣呈金褐色，12-14分鐘。
7. 放在烤盤內徹底冷卻。

櫻桃巧克力餅乾：將907克剁碎的櫻桃乾和巧克力一起加進去。

巧克力軟心餅乾

Mudslide Cookies

12打半

- 低筋麵粉298克
- 泡打粉28克
- 鹽14克
- 義式濃縮咖啡113克
- 香莢蘭精15毫升（1大匙）
- 無糖巧克力567克，剁碎
- 苦甜巧克力1.81公斤，剁碎
- 奶油298克，軟化
- 蛋22顆
- 糖1.81公斤
- 核桃595克，剁碎
- 半甜巧克力碎片2.04公斤

1. 烤盤內鋪上烘焙油紙。
2. 麵粉、鹽與泡打粉混合過篩。
3. 咖啡與香莢蘭精拌勻。
4. 以雙層鍋融化巧克力與奶油，攪拌均勻。
5. 將蛋、糖與咖啡混合物放入攪拌機的攪拌缸內，以球狀攪拌器高速攪打到又厚又鬆，約6-8分鐘。以中速拌入巧克力混合物後，轉低速，加入乾性材料攪拌均勻即可。加入核桃與巧克力碎片拌勻。
6. 將麵糰分成每份57克，放在準備好的烤盤上整齊排放。也可以將907克重的麵糰整成長41公分的半圓長條，用烘焙油紙包好後冷藏至可以切片的硬度。將每條麵糰切成16片，放到烤盤上排放整齊。
7. 以177℃烘烤，直到餅乾表面出現裂縫仍帶濕潤感，約12分鐘。
8. 讓餅乾留在烤盤內稍微降溫後，移到冷卻架徹底冷卻。

燕麥葡萄乾餅乾

Oatmeal-Raisin Cookies

12打

- 中筋麵粉1.02公斤
- 小蘇打粉28克
- 肉桂粉14克
- 鹽14克
- 奶油1.36公斤，軟化
- 糖539克
- 淺色紅糖1.59公斤
- 蛋10顆
- 香莢蘭精30毫升（2大匙）
- 燕麥片1.45公斤
- 葡萄乾680克

1. 烤盤內鋪上烘焙油紙。
2. 麵粉、小蘇打粉、肉桂粉與鹽混合過篩。
3. 將奶油和糖放入攪拌機的攪拌缸內，以槳狀攪拌器中速攪打至滑順且顏色變淺，約10分鐘，攪拌期間不時刮缸。將蛋和香莢蘭精拌勻，分3次加入油糖混合物，徹底攪拌均勻後再加入新的蛋液，視需要刮缸。以低速攪拌過篩的乾性材料、燕麥與葡萄乾，拌勻即可。
4. 將麵糰分成57克一份，放到準備好的烤盤上排列整齊。也可以將907克的麵糰整成41公分的半圓長條，用烘焙油紙包好後，冷藏至可以切片的硬度。將每條麵糰切成16片，放到烤盤上排列整齊。
5. 以191℃烘烤到表面呈淺金褐色，約12分鐘。
6. 讓餅乾留在烤盤內稍微降溫後，移到冷卻架徹底冷卻。

堅果瓦片

Nut Tuile Cookies

25塊

- 去皮杏仁57克
- 去皮榛果85克
- 糖170克
- 中筋麵粉71克
- 鹽1撮
- 蛋白4顆

1. 烤盤內鋪上烘焙油紙或矽膠墊。將模板和曲柄抹刀準備好，並依預計製作的形狀準備塑形工具，如杯子、木棒或擀麵棍。
2. 將杏仁、榛果與糖放入食物調理機，用瞬轉功能（pulse）打成細粉。加入麵粉與鹽，再用瞬轉功能打幾次，混合均勻。然後將乾性材料移入大攪拌缽內。
3. 將蛋白放入攪拌機的攪拌缸裡，以球形攪拌器高速攪打至中性發泡。用橡皮刮刀輕輕將蛋白霜分3次拌入堅果混合物。
4. 用金屬曲柄抹刀與模板，將麵糊抹在準備好的烤盤上。
5. 以191℃烘烤成均勻的淺褐色，約10分鐘。
6. 烤好取出後馬上塑形。若開始變硬，可回烤幾秒鐘，餅乾軟化後再繼續塑形。

軟心布朗尼

Fudge Brownies

1個全尺寸烤盤大小或60塊長8公分寬5公分的布朗尼

- 無糖巧克力680克，剁碎
- 奶油1.02公斤
- 蛋851克
- 糖2.04公斤
- 香莢蘭精30毫升（2大匙）
- 低筋麵粉680克，過篩
- 胡桃或核桃510克，剁碎

1. 烤盤內鋪上烘焙油紙。
2. 將奶油和巧克力一起放入鍋內，以隔水加熱方式置於微滾水上加熱融化。溫度不要超過43℃。鍋子離火後靜置放涼。
3. 將蛋、糖與香莢蘭精放入攪拌機的攪拌缸內，用球形攪拌器高速攪打，直到質地變得濃稠且顏色變淺。
4. 運用稠化液（蛋奶液，見249頁）將巧克力與奶油加入蛋糖混合物裡。
5. 將⅓的蛋糖混合物拌入巧克力混合物裡，巧克力質地變輕盈後，再拌入其餘的蛋糖混合物。輕輕拌入麵粉。
6. 拌入454克堅果。將麵糊倒入準備好的烤盤裡，撒上其餘堅果。
7. 以177℃烘烤30分鐘，或烤到變硬。
8. 讓布朗尼留在烤盤裡降溫幾分鐘後再脫模。放到冷卻架上，撕除底部烘焙油紙，等到徹底冷卻後再分切。

第34章

custards, creams, and mousses

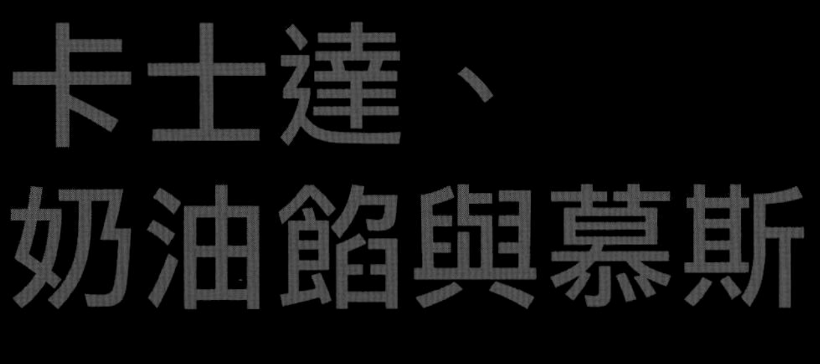

卡士達、奶油餡與慕斯

雞蛋、鮮奶與糖混合攪拌經過烘烤後，就是滑順柔潤的烤卡士達；若放在文火上加熱，則變成卡士達醬。加入澱粉的奶油餡質地濃稠但可以用湯匙舀取，加入吉利丁則可切片。將蛋白霜或發泡鮮奶油拌入卡士達或奶油餡裡，可以做出冰慕斯、巴伐利亞餡或外交官卡士達餡；將蛋白霜拌入基底材料後送進烤爐烘烤，可以做出舒芙蕾。

簡易烤卡士達，只要將雞蛋、液體如鮮奶或鮮奶油，以及糖一起攪拌均勻，烘烤至定型即可。可用馬士卡彭乳酪、奶油乳酪或其他軟質新鮮乳酪取代部分鮮奶油，做出更濃更緊實的成品，此法也可以應用於乳酪蛋糕。除了可以更動雞蛋的比例，也可選擇使用全蛋、只用蛋黃或是結合兩者加以變化。使用全蛋製作的卡士達結構較緊實，一般會先脫模再出餐。

baked custards
烤卡士達

烤卡士達的製法有兩種：溫混合法與冷混合法。用冷混合法製作卡士達基底時，只要將材料混合攪拌，倒入模具烘烤即可。製作量不大時可以採用此法。採用溫混合法混合卡士達基底時，先將鮮奶或鮮奶油與一部分的糖混合加熱，用木匙攪拌到糖完全溶解。加入風味食材，視需要離火加蓋，讓風味食材浸泡一下，好發展出更豐富完整的風味。將雞蛋和其餘的糖加在一起打散，做成稠化液，並將鮮奶或鮮奶油加熱至沸騰。邊攪拌邊慢慢將⅓的熱鮮奶以少量多次的方式倒入蛋液，為蛋液調溫。完成調溫後便可加快倒鮮奶的速度，不必擔心造成蛋奶液遇熱凝結。

將卡士達基底舀入模具裡，採用熱水浴烘烤（若打算脫模出餐，模具內須抹上一層薄薄的軟化奶油）。水浴可以穩定烘烤溫度並避免受熱過快，做出質地滑順的烤卡士達。檢查熟度時，輕輕搖晃模具，若表面漣漪是以前後而非同心圓的方式出現，表示已經完成。

將模子小心從水浴取出，擦乾，放到冷的淺烤盤裡，降溫後冷藏。製作焦糖布丁時，烤好的布丁必須靜置1夜（最好可以靜置24小時）。冷藏靜置不但可以讓卡士達完全定型好脫模，也能讓焦糖液化成醬汁狀。

熱水浴

熱水浴能確保溫度上升穩定且緩和，有利均勻烘烤或烹煮。用熱水浴烘烤卡士達，能避免表面結皮龜裂。

選擇深度至少等同模具的烤盤。卡士達入模後放入烤盤，每個模具間隔約3公分，讓模具完全浸泡在熱水裡。將烤盤穩穩放入烤爐，倒入足量高溫或沸騰熱水至模具約⅔的高度。小心不要濺起水花或倒入卡士達裡。

出爐後，將烤好的卡士達由熱水浴中取出降溫，終止烹煮。若出爐後仍留在水浴中，高溫會繼續烹煮卡士達，可能會煮過頭。

香莢蘭醬這類在爐火上製作的卡士達，烹煮過程中必須持續攪拌，直到醬汁達到能沾裹木匙的稠度。用澱粉稠化並在爐火上烹煮的奶油餡與布丁，必須持續攪拌到沸騰，才能充分加熱澱粉，讓澱粉完全發揮稠化的效果，並去除生澱粉不宜人的風味與口感。

stirred custards, creams, and puddings
以攪拌法製作卡士達、奶油餡與布丁

作法精要 >

1. 仔細秤重、量好所有材料。
2. 將鮮奶或鮮奶混鮮奶油與½的糖放入厚底鍋，加熱至接近沸騰。
3. 將蛋和其餘的糖加進攪拌缽，打勻。
4. 以熱鮮奶為蛋液調溫，過程中持續攪拌。將調溫過的蛋奶混合物倒回鍋中。
5. 持續攪拌，以小火烹煮到醬汁能沾裹木匙的稠度（85°C）。

有些食譜使用全脂鮮奶，有些則使用高脂鮮奶油、低脂鮮奶油或混合鮮奶油與鮮奶。有些食譜只用蛋黃，有些則使用全蛋或混合全蛋與蛋黃。

首先務必準備好所有工具，包括厚底鍋或雙層鍋、細網篩或錐形篩，以及冷卻與保存時用來盛裝成品的容器。要快速且安全地讓卡士達、奶油餡或布丁降溫，就備好冰水浴的器具。

1. 將鮮奶和½的糖拌勻（若使用香莢蘭，應於此時加入），加熱至微滾。將蛋黃或全蛋與其餘的糖一起放入不鏽鋼攪拌缽內打勻。

將鮮奶或鮮奶油與糖一起加熱，以這種方式溶解糖，成品的質地會更滑順、有如絲絨。若要使用香莢蘭豆莢調味，可以將籽和空豆莢放入加糖的鮮奶（或鮮奶油）一起加熱至沸騰（可用香莢蘭精取代香莢蘭豆莢，過濾前加入即可）。鮮奶在接近沸騰時很容易溢出，加熱過程中須隨時注意。

一邊混合攪打蛋和糖，倒入熱鮮奶時才不至於把蛋燙熟。以打蛋器持續攪打蛋糖奶混合物，直到糖完全溶解。

2. 以調溫的方式將熱鮮奶加入蛋糖混合物，做出滑順的醬。將熱鮮奶少量多次舀入蛋糖混合物，持續攪拌，直到拌入約⅓的鮮奶或鮮奶油。將調溫過的蛋奶混合物倒回⅔的熱鮮奶裡，繼續以小火烹煮至變稠，過程中持續攪拌，避免過度烹煮。蛋黃的凝固溫度遠比沸騰溫度來得低，切勿讓醬沸騰。醬的溫度不應超過82°C，否則就會開始凝固。

烹煮到能沾裹木匙的稠度即可。

3. 香莢蘭醬汁可以沾裹木匙，且在木匙背面刮線可留下清楚痕跡時，表示已完成。這時馬上以細網篩過濾到容器裡。若要保存備用或打算放涼後再出餐，應置於冰水浴中持續攪拌到冷卻。冷卻後馬上冷藏，覆上保鮮膜時盡量靠近表面，避免結皮。

好的香莢蘭醬帶有光澤、質地濃稠到能沾裹木匙，而且不會結塊。做好的醬應該有滑順豐富的口感與平衡的風味。

以香莢蘭醬製作冰淇淋

將醬底放入冰箱，先置於4℃環境中熟成幾小時，再加以冷凍，做出質地更滑順的冰淇淋。

製作冰淇淋時，將冷透的醬底放入冰淇淋機，攪拌到霜淇淋的稠度。將冰淇淋取出，倒入容器裡，再放到冷凍庫冷凍數小時，達到適合出餐的溫度與硬度。

所有材料都能為冰淇淋添加風味，也都會影響冰淇淋的質地與口感。蛋是冰淇淋滑順濃郁的主因。要做出最好的成果，可混用鮮奶與鮮奶油，以免成品的乳脂含量過高。鮮奶與鮮奶油可以在冷凍過程中為冰淇淋帶入空氣，賦予成品更滑順的口感與更輕盈的質地。然而，太多空氣會削減風味，還會導致冰淇淋太軟、更容易融化。糖可以為冰淇淋帶來甜味，也可以降低醬底的凝固點，冰淇淋冷凍後才不至於太硬。

為冰淇淋添加風味食材的方式眾多。可於製作醬底的同時，單純以浸漬的方式來增添風味。蔬果泥可以在卡士達冷卻後拌入，也可以在剛從冰淇淋機取出、質地尚軟時拌入，製造漩渦效果。融化的巧克力可以加入剛煮好的溫醬底，或把花生醬和杏仁果仁醬等的膏狀堅果加入鮮奶和鮮奶油，再和醬底一起烹煮。

檸檬、柳橙或百香果等果汁或冷凍濃縮果汁的風味非常濃烈。若使用這類果汁或冷凍濃縮果汁，在等量的醬底裡至多加入240毫升，如同加果泥，只要足以表現風味即可。不需要因為加了果汁或冷凍濃縮果汁而減少醬底的液體量。在1.44公升醬底加入這樣的額外液體，對冰淇淋的質地或體積沒有太大影響。

慕斯這種細緻甜點的名稱來自法文 mousse，意思是「多泡沫的；輕盈的」。製作慕斯時，將充氣材料如發泡鮮奶油與／或蛋白霜拌入水果泥、香莢蘭醬、奶油餡、布丁、凝乳、沙巴雍或炸彈麵糊（煮熟的打發蛋黃）等基底。基底的質地應輕盈滑順，充氣材料才容易拌入。

mousse
慕斯

用雞蛋製作慕斯時，為了食品安全，應使用經過巴氏殺菌處理的蛋白，或是瑞士或義大利蛋白霜。吉利丁這類穩定劑的使用劑量各有不同，端看想要的成果為何。使用吉利丁當作穩定劑，慕斯會馬上定型，因此製作前必須備妥所有模具和出餐容器。

所有基底食材的溫度都應是室溫，並具有充分的流動性，才能在不造成消泡的情況下拌入發泡鮮奶油與／或蛋白霜。準備巧克力的時候，將巧克力剁成小塊，放在微滾熱水上隔水加熱或放入微波爐加熱融化，再放涼。室溫下的巧克力應該仍然帶有流動性。

有些慕斯食譜會用到蛋，蛋黃與蛋白都有。遵照食譜來處理雞蛋。小心將蛋黃和蛋白分開，蛋白裡不能混入任何蛋黃。室溫下，蛋白的打發程度通常較高。打蛋白時的攪拌缽、球形攪拌器或打蛋器都必須十分乾淨。

鮮奶油要很冰，再打到濕性發泡即可。預先製作好的發泡鮮奶油要以極低溫保存。要打鮮奶油之前，先將攪拌缽和球形攪拌器或打蛋器置於低溫處冰透，鮮奶油的打發程度才會最好。

準備好微滾熱水浴，稍後用來烹煮蛋糖混合物。用橡膠刮刀將慕斯拌在一起。裝慕斯的模具也整理好。

基底是慕斯所有風味的來源，調味得當對慕斯極其重要。充氣材料一旦加入，會稀釋基底的風味，因此基底的風味要十分濃厚，成品才能有理想的風味。

要維持鮮奶油在打發期間與之後的結構，鮮奶油溫度要低。將鮮奶油打到剛好濕性發泡，再切拌進其餘的材料。若將鮮奶油打到超過濕性發泡的程度，後續的切拌動作會使鮮奶油過度打發。

使用橡膠刮刀或類似的寬面積工具做切拌，有助減少消泡。先用少部分充氣材料稀釋基底，再全部一口氣以又快又輕的方式切拌，也有助於減少消泡。

為了做出質地最輕盈的慕斯，製作前備妥容器或糕餅外殼同樣至關重要。所有材料一拌好，就立刻將慕斯用擠花袋擠出、塗抹或倒入準備好的容器裡。

作法精要 >

1. 仔細量秤所有材料。
2. 將蛋黃與少許糖混合，一邊攪打一邊加熱，直到混合物變濃稠，並達到適當溫度。
3. 將蛋白和其餘的糖混合，用打蛋器或攪拌機打發。
4. 將一些打發蛋白輕輕拌入蛋黃混合物，使混合物輕盈一些。
5. 再將其餘的打發蛋白小心拌入蛋黃混合物。

1. 準備好慕斯的風味食材，並視需要冷卻。有些慕斯以水果泥為風味食材，使用前需濾掉纖維或種籽，並視需要加糖。巧克力是極受歡迎的慕斯口味，製作時應先將巧克力剁碎，加入奶油，再放到微滾熱水上隔水加熱融化。巧克力加上奶油更容易融化，融化過程中小心不要滴入水。

風味基底的質地要夠柔軟，可以輕易用木匙攪拌，並且極為滑順。使用木匙將材料拌在一起。材料使用前要先冷卻至室溫。

將蛋黃和糖混合，以63℃加熱15秒，邊加熱邊攪打。將蛋黃與糖放入厚底鍋內，置於熱水浴上，攪打到變稠且顏色變淡。提起攪拌器時，滑落的蛋糊若呈緞帶狀，表示已打到正確稠度。在此時拌入風味食材。風味食材需具有充分的流動性才能輕易拌勻。切拌至看不出風味食材。

將蛋白和其餘的糖一起放入絕對乾淨且不帶水分的攪拌缽內，打到硬性發泡。一開始以中速攪打，將蛋白質鏈打散後，轉為高速，一點一點慢慢加糖，打到硬性發泡，打蛋器尖端蛋白霜挺立不滴落，外表有光澤不乾澀為止。將打發蛋白輕輕切拌到蛋黃混合物裡，避免消泡。有些廚師喜歡將蛋白分兩次以上加入，因為第一次加入的蛋白能讓蛋黃混合物變得輕盈，之後加入其餘蛋白霜時，消泡的程度會比較低。

採用拉起和切拌的動作，以防止慕斯消泡。完成的慕斯應混合均勻但仍盡可能保持最大體積。這時的慕斯已準備好，可以立即出餐，或是加蓋冷藏一小段時間再出餐。盛盤時，可以用湯匙舀入或用擠花方式擠入模具或容器中。

2. 鑑定完成的慕斯。製作完美的慕斯要有強烈且鮮明的風味，並帶有鮮奶油的滑順與豐厚。每份慕斯的顏色要一致。打發蛋白與發泡鮮奶油賦予慕斯輕盈的泡沫質地。若蛋白與鮮奶油經過正確打發，慕斯的質地就會非常滑順和細緻。

香莢蘭醬

Vanilla Sauce

960毫升

- 鮮奶454克
- 高脂鮮奶油454克
- 香莢蘭豆莢1根，剖開，刮籽
- 糖227克
- 蛋黃14顆

1. 將鮮奶、鮮奶油、香莢蘭豆莢與籽，以及½的糖混合加熱，直到接近沸點。
2. 將蛋黃和其餘的糖拌勻，以調溫的方式將混合物加入熱鮮奶。
3. 持續攪拌，慢慢加熱到82℃。
4. 一達到82℃隨即離火，並以細網篩直接過濾到放在冰水浴上的容器裡。
5. 溫度降到4℃後，放入冰箱冷藏。

NOTES：可以用熱水浴烹煮香莢蘭醬，熱源比較好控制。

以15毫升（1大匙）香莢蘭精取代香莢蘭豆莢，過濾前拌入即可。

製作時可以全部使用鮮奶，也可以用低脂鮮奶油取代高脂鮮奶油。

卡士達餡

Pastry Cream

960毫升

- 鮮奶907克
- 糖227克
- 玉米澱粉85克
- 雞蛋6顆
- 香莢蘭精15毫升（1大匙）
- 奶油85克

1. 將鮮奶和½的糖放入厚底鍋內拌勻，煮沸。
2. 將其餘的糖和玉米澱粉拌勻，再加入蛋，攪拌到滑順。
3. 以調溫方式將蛋糖混合物加入熱鮮奶，加熱至完全沸騰，期間持續攪拌。
4. 鍋子離火，拌入香莢蘭精與奶油。將卡士達餡移入乾淨的容器裡，保鮮膜緊貼著表面覆上，以冰水浴降溫。
5. 直接使用，或是徹底冷卻後，冷藏備用。

巧克力卡士達餡：將硬甘納許227克（見1128頁）加入剛完成仍溫熱的卡士達餡裡。

舒芙蕾醬底（舒芙蕾用卡士達餡）

Pastry Cream for Soufflés

964克

- 鮮奶595克
- 糖184克
- 中筋麵粉113克
- 全蛋2顆
- 蛋黃3顆

1. 將鮮奶180毫升與½的糖放入厚底鍋內拌勻，加熱至沸騰，以木匙緩緩攪拌。
2. 烹煮奶糖混合物的同時，混合麵粉與其餘的糖。一邊用打蛋器攪拌，一邊慢慢倒入其餘的450毫升鮮奶。加入全蛋與蛋黃，接著用打蛋器攪拌到滑順。
3. 將約⅓的鮮奶以調溫方式加入蛋奶混合物，期間持續用打蛋器攪拌。將調溫過的蛋奶混合物倒回厚底鍋內其餘的熱鮮奶裡，一邊烹煮一邊以打蛋器用力攪打，煮到舒芙蕾醬底沸騰且可以用打蛋器劃線。
4. 將舒芙蕾醬底倒入一只大型的淺容器或攪拌缽裡。保鮮膜緊貼著表面覆上，接著放到冰水浴裡降溫。
5. 舒芙蕾醬底加蓋冷藏。

法式烤布蕾

Crème Brûlée

10份

- 高脂鮮奶油907克
- 糖170克
- 鹽1撮
- 香莢蘭豆莢1根
- 蛋黃156克，打散

收尾材料

- 糖142克
- 糖粉128克

1. 將鮮奶油、糖113克與鹽拌勻，以中火加熱至微滾，期間以木匙慢慢攪拌。鍋子離火。將香莢蘭豆莢剖開，刮出籽，將籽和豆莢放入鮮奶油，加蓋浸泡15分鐘。
2. 將鍋子放回熱源上加熱至沸騰。
3. 將蛋黃與其餘的糖拌勻，以調溫方式加到熱的鮮奶油裡。用細網篩過濾蛋液，舀入10只容量180毫升的烤皿裡，約¾滿。
4. 以163℃水浴烘烤，直到定型，20-25分鐘。
5. 將布蕾從水浴取出，擦乾烤皿外部。冷藏至完全冰透。
6. 收尾時，在布蕾表面均勻撒上一層薄薄的糖（厚0.15公分）。用瓦斯噴槍燒烤，使糖焦糖化，再撒上糖粉，即可出餐。

焦糖布丁

Crème Caramel

10份

焦糖

- 水57克
- 糖163克

布丁液

- 鮮奶652克
- 糖170克
- 香莢蘭精10毫升（2小匙）
- 全蛋4顆，稍微打散
- 蛋黃3顆

1. 製作焦糖時，將水和少量糖放入鍋內拌勻，以中火加熱至糖融化。
2. 一點一點慢慢加入其餘的糖，每次都完全融化後再加新的糖。將焦糖煮成理想的顏色。
3. 將焦糖均分到10只容量120毫升的烤皿裡，轉動烤皿，使焦糖均勻覆蓋底部。將烤皿放到深烤盤內備用。
4. 製作布丁液時，混合鮮奶與½的糖，以中火加熱至微滾，期間用木匙緩緩攪拌。鍋子離火，加入香莢蘭精，再放回爐上，繼續加熱至沸騰。
5. 將全蛋與蛋黃打散，加入其餘的糖拌勻，並以調溫方式加到熱鮮奶裡。
6. 用細網篩過濾後，把布丁液舀入底部覆上焦糖的烤皿內，約¾滿。
7. 以163℃水浴烘烤，直到定型，約1小時。
8. 將布丁從水浴中取出，擦乾烤皿外部，等到徹底冷卻。
9. 將布丁一個個包好後，冷藏至少24小時再脫模出餐。
10. 脫模時，先用鋒利的小刀沿著烤皿內側刮一圈，將烤皿倒扣在餐盤上，輕敲底部，以幫助脫模。

焦糖布丁

巧克力冰淇淋、咖啡冰淇淋與香莢蘭冰淇淋

香莢蘭冰淇淋

Vanilla Ice Cream

1.44公升

- 鮮奶454克
- 高脂鮮奶油454克
- 香莢蘭豆莢1根，剖開，刮籽
- 糖198克
- 葡萄糖漿28克
- 鹽1克（¼小匙）
- 蛋黃15顆

1. 將鮮奶、鮮奶油、香莢蘭豆莢與籽、½的糖、糖漿和鹽放入厚底鍋，拌勻。以中火加熱至微滾，持續攪拌烹煮7-10分鐘。
2. 厚底鍋離火，加蓋浸泡5分鐘。
3. 浸泡同時，將蛋黃與其餘的糖拌勻。
4. 移除香莢蘭豆莢，將鮮奶混合物放回爐火上，重新加熱至微滾。
5. 將⅓的熱鮮奶混合物以調溫方式加入蛋黃裡，過程中持續攪打。
6. 將調溫過的蛋奶糖混合物倒回厚底鍋內其餘的鮮奶裡，放在中火上持續攪拌到可以沾裹木匙的稠度，約3-5分鐘。
7. 將冰淇淋基底過濾到冰水浴中的金屬容器裡。冷卻過程中偶爾攪拌，直到溫度降到4℃以下，約1小時。
8. 加蓋冷藏至少12小時。
9. 將基底放入冰淇淋機，依使用說明操作。
10. 依需求將冰淇淋放入容器或模具裡，出餐前應冷凍數小時或整夜。

巧克力冰淇淋：過濾冰淇淋基底前，將融化的苦甜巧克力170克拌入混合物裡。

咖啡冰淇淋：以57克粗磨咖啡粉取代香莢蘭豆莢。

覆盆子冰淇淋：省略鮮奶。冰淇淋基底冷藏過後，再拌入覆盆子果泥480毫升。

外交官卡士達餡

Diplomat Cream

960毫升

- 高脂鮮奶油454克，冰的
- 吉利丁粉7克
- 水57克
- 卡士達餡（見1098頁）454克，溫的

1. 製作前先備妥後續要用來裝盛的糕餅外殼、容器或模具。
2. 將鮮奶油打到濕性發泡，加蓋冷藏。
3. 吉利丁泡水軟化後，隔水加熱融化。
4. 以調溫方式將融化的吉利丁加入卡士達餡，用細網篩過濾，再放入冰水浴降溫到24℃。
5. 先將發泡鮮奶油約⅓輕輕地拌入卡士達餡，混合均勻，再拌入其餘的鮮奶油，充分拌勻。
6. 馬上將做好的外交官卡士達餡填進擠花袋，再擠入準備好的糕點或容器裡。接著加蓋冷藏至徹底定型。

巧克力慕斯

Chocolate Mousse

10份

- 苦甜巧克力284克，剁碎
- 奶油43克
- 雞蛋5顆，蛋黃蛋白分開
- 水30毫升（2大匙）
- 糖57克
- 高脂鮮奶油227克，打發
- 蘭姆酒，視需求添加（非必要）

1. 製作前先備妥後續要用來盛裝慕斯的糕餅外殼、容器或模具。
2. 將巧克力與奶油混合，以熱水浴加熱至融化。
3. 將蛋黃、一半量的水與一半量的糖混合，放在熱水浴上攪打。加熱至63℃並維持此溫度15秒。將混合物從熱源上移開，並持續攪打至降溫。
4. 將蛋白和其餘的糖放入攪拌機的攪拌缸裡，在熱水浴上攪打至63℃。將攪拌缸從熱水浴移開，將蛋白打到全發後，繼續攪打至冷卻。
5. 用大型橡膠刮刀將巧克力混合物拌入蛋黃。
6. 將蛋白拌入蛋黃巧克力混合物。
7. 拌入發泡鮮奶油，若使用蘭姆酒亦於此時加入。
8. 馬上用擠花袋或湯匙將慕斯填入模具裡。

覆盆子慕斯

Raspberry Mousse

2.64公升

- 粉狀吉利丁28克
- 水284克
- 高脂鮮奶油397克
- 覆盆子果泥737克
- 蛋白5顆
- 糖255克

1. 製作前先備妥後續要用來盛裝慕斯的糕餅外殼、容器或模具。
2. 吉利丁加水泡開。
3. 將鮮奶油攪打至中性發泡，加蓋冷藏。
4. 將一半的果泥放入厚底鍋內加溫，再離火靜置。
5. 以隔水加熱方式溶解吉利丁，將溶解的吉利丁加入溫熱的果泥裡攪拌均勻。拌入其餘的果泥後，讓覆盆子混合物降溫至21℃。
6. 等待降溫的同時，將蛋白與糖放入攪拌機的攪拌缸裡，放到微滾熱水上，一邊加熱一邊用打蛋器手打到混合物達63℃。將攪拌缸移到攪拌機上裝好，用球形攪拌器高速攪打至硬性發泡後，繼續攪打至完全冷卻。
7. 將約⅓的蛋白霜輕輕拌入覆盆子混合物裡，讓混合物的質地變輕盈。輕輕拌入其餘的蛋白霜，徹底混合均勻。最後拌入發泡鮮奶油。
8. 馬上用擠花袋或湯匙將慕斯填入糕餅外殼、容器或模具裡。

覆盆子慕斯

巧克力舒芙蕾

Chocolate Soufflé

10份

- 糖142克，視烤皿大小斟酌用量
- 奶油85克
- 苦甜巧克力284克，剁碎
- 舒芙蕾醬底964克（見1099頁），放涼
- 蛋黃3顆
- 蛋白12顆

1. 將10只容量120毫升的耐熱烤皿抹上一層薄薄的奶油，邊緣與內側務必完全覆上奶油，撒糖。
2. 製作舒芙蕾醬底時，將奶油與巧克力放入攪拌缽內，放到接近微滾的熱水上加熱融化並攪拌均勻。接著將巧克力混合物與蛋黃先後拌入舒芙蕾醬底。
3. 將蛋白放到攪拌機的攪拌缸裡，以球形攪拌器器中速攪打至濕性發泡。一邊持續攪打一邊少量多次加糖，打到中性發泡。
4. 先將約⅓的蛋白霜輕輕拌入巧克力舒芙蕾醬底，再拌入其餘蛋白霜，徹底混合均勻。
5. 將舒芙蕾混合物均分到準備好的烤皿裡。
6. 以177℃烘烤，直到完全膨脹，約20分鐘。烤好後立即出餐。

麵包布丁

Bread and Butter Pudding

10份

- 葡萄乾85克
- 蘭姆酒120毫升
- 布里歐喜麵包（見1040頁）或猶太辮子麵包（見1044頁）255克
- 融化奶油85克
- 鮮奶907克
- 糖170克
- 全蛋6顆，打散
- 蛋黃4顆，打散
- 香莢蘭精2.5毫升（½小匙）
- 肉桂粉1克（½小匙）
- 鹽1.5克（½小匙）

1. 將葡萄乾放入碗中，倒入蘭姆酒，靜置讓葡萄乾泡軟，20分鐘，然後瀝乾備用。
2. 將麵包切成1公分小丁，放入烤盤，淋上奶油。接著放入177℃烤爐，烘烤至呈金褐色，期間翻拌1-2次。
3. 將鮮奶與糖85克放入厚底鍋內，加熱至沸騰。
4. 加熱鮮奶的同時，將全蛋、蛋黃、香莢蘭精與其餘的85克糖拌勻，做成稠化液。將約⅓的熱鮮奶以調溫方式慢慢倒入雞蛋混合物裡，期間持續攪拌。加入其餘的熱鮮奶拌勻，將布丁液過濾到大攪拌缽裡。
5. 將麵包、肉桂粉、鹽與瀝乾的葡萄乾加到布丁液裡，放到冰水浴上浸泡至少1小時，讓麵包吸收布丁液。
6. 在10只容量180毫升的烤皿內刷上軟化奶油。
7. 將混合物舀入準備好的烤皿裡，約¾滿。接著放入烤爐，以177℃水浴烘烤，直到定型，約45-50分鐘。
8. 將布丁從水浴中取出，擦乾烤皿外部，接著冷藏至涼透。

第
35
章

餡、淋面與甜點醬汁

蛋糕的組合和收尾或是為盤飾甜點收尾加工的方式極為多樣。加入這些材料時，主廚永遠要留心各種風味與質地的搭配，所有材料才能融合、相輔相成。除了作為甜點裝飾，這些材料也可以是其他甜點的基本材料。餡料、淋面與甜點醬汁的稠度可依甜點品項調整，或鋪滿盤子，或以淋灑、舀取或塗抹的方式加在甜點主體、蛋糕或糕點上。

奶油霜是將軟化奶油拌入蛋糖基底中製成。奶油霜可以讓蛋糕看起來更高雅。蛋與糖的混合方式，以及製作時用全蛋、蛋黃或蛋白，都會改變奶油霜。

buttercream
奶油霜

無論製作哪一種奶油霜，奶油都必須先在室溫環境中放到軟化。堅硬的奶油塊無法混合成質地滑膩滑順的淋面。製作瑞士奶油霜時，應將糖和蛋白混合，放在微滾熱水浴上輕輕攪打至糖溶解，此時的混合物有點溫熱，蛋白已經起泡。接下來，將混合物打成硬性發泡的蛋白霜，再加入奶油，繼續打成奶油霜。瑞士奶油霜十分穩定，適合用來塗抹蛋糕表面，也可擠成花邊與裝飾。而最穩定的，莫過於義大利奶油霜。

製作義大利奶油霜時，要先準備好放軟的室溫奶油、蛋白和糖。一開始先混合糖和水，煮成糖漿。接著將蛋白打到濕性發泡後，慢慢倒入熱糖漿。等到蛋白霜完全打發，再繼續攪打使其降溫，最後才加入奶油。

風味食材的溫度也應該是室溫，奶油霜一做好就加進去。下列風味食材的分量適用於454克的奶油霜成品：

- 苦甜巧克力85克，融化後降溫
- 白巧克力或鮮奶巧克力57克，融化後降溫
- 杏仁果仁醬57克、白蘭地15毫升（1大匙）和香莢蘭精5毫升（1小匙）

作法精要 >

1. 將糖煮到軟球糖漿階段。
2. 一邊打蛋白，一邊緩慢地加入糖漿。
3. 慢慢加入軟化奶油，繼續攪打至滑順。

1. **製作蛋白霜**。先將糖與水放入厚底鍋內，加熱至沸騰。繼續沸煮糖漿，過程中不要攪拌，直到溫度達到116℃。用沾濕的醬料刷從鍋壁往下刷，讓噴濺到鍋壁的糖晶溶解。鍋壁的糖晶若不處理，會變成「晶種」，造成糖漿結晶化。以煮糖用溫度計測量糖漿溫度，此時應是軟球糖漿階段。糖漿一達到正確溫度，馬上倒入蛋白裡。

2. **煮糖漿的同時**以中速攪打蛋白。理想狀況是糖漿一達到116℃，蛋白就打到濕性發泡。讓攪拌機繼續運轉，慢慢穩定少量地將熱糖漿倒入蛋白。為了避免噴濺，應將糖漿沿著攪拌缸壁倒入，而不是倒在球形攪拌器上。攪打至硬性發泡後，持續攪打至冷卻到室溫，如此可以避免後續加入的奶油融化。摸摸攪拌缸外側，檢查溫度，攪拌缸摸起來應該是涼的。

< 作法詳解

3. **逐步將軟化奶油**加入蛋白霜基底，攪打成滑順輕盈的奶油霜。剛加入奶油時，蛋白霜會下沉，呈現消泡狀態。讓攪拌機繼續運轉，少量多次加入奶油，奶油霜會逐漸變得滑順輕盈。

這時，奶油霜已經可以抹在準備好的蛋糕上，或是冷藏備用。奶油霜很容易吸收周圍的風味與氣味，必須密封保存。做好的奶油霜最久可以冷藏保存7天，或是冷凍保存3個月。使用時，應先讓冰奶油霜恢復室溫，再用槳狀攪拌器打到輕盈滑順，才能作為蛋糕夾層或淋面。

奶油霜要非常滑順柔軟，甜度適當，沒有糖粒、糖塊或是奶油塊。

多層蛋糕的夾層與糖霜

	20 公分（8 吋）蛋糕所需的量	25 公分（10 吋）蛋糕所需的量
夾層		
奶油霜	340克	454克
檸檬凝乳	340克	454克
糖霜		
甘納許（鏡面淋醬）	340克	454克
奶油霜	340克	454克

製作多夾層蛋糕，要等蛋糕體徹底冷卻後再分層。分層多且薄的蛋糕風味與質地更為均衡，所以比分層少而厚的蛋糕，更受歡迎。層與層之間的夾餡，厚度一般不超過1公分。

cake layering and icing basics

蛋糕的分層與糖霜

作法精要 >

1. 將蛋糕放在蛋糕轉臺中央。
2. 在蛋糕側面塗上大量的糖霜，抹平。
3. 繼續塗上糖霜，從蛋糕邊緣往中央塗抹。
4. 收尾時，將糖霜邊緣與正面抹平，使表面平滑均勻。

將蛋糕分層之前，應先修整表面與側面所有不平整之處。使用蛋糕裝飾蛋糕轉臺及刀片薄且利的長鋸齒刀，分層才會乾淨俐落。先把蛋糕放到底盤上，再放到蛋糕轉臺上。首先，以目測方式大略抓出分層高度。將刀子從蛋糕側面的適當位置水平切入，手穩穩握著刀子，一隻手慢慢轉動蛋糕轉臺，另一隻手移動刀子，切出蛋糕層。將切下來的蛋糕層移到一旁靜置，再依需求重複上述步驟。組裝前，將每層蛋糕表面的碎屑刷乾淨。

潤濕蛋糕層可以使用的糖漿眾多，如簡易糖漿、浸泡過辛香料或加入香甜酒的調味糖漿皆可。糖漿可以為比較乾的蛋糕如海綿蛋糕帶來濕潤度，同時增添風味。每層蛋糕的切面都均勻刷上糖漿，再組合起來。上過糖漿的蛋糕層是濕潤，不是濕透。

作法詳解

1. **使用蛋糕轉臺來上糖霜**，蛋糕轉臺讓你能輕鬆旋轉蛋糕，有助於抹出平滑均勻的糖霜。依蛋糕尺寸和個人偏好選擇適當長度的金屬直抹刀或曲柄抹刀。先上夾層內餡，再上表面糖霜。抹面時，將大量奶油霜放在蛋糕表面，一隻手轉動蛋糕轉臺，另一隻手穩穩握住略帶角度的抹刀，抹出平滑均勻的表面糖霜。讓多餘的奶油霜從蛋糕側面滑下。

2. **為蛋糕側面上糖霜時**，將大量糖霜塗在蛋糕側面，可使抹平動作更容易進行，也能確保收尾乾淨俐落。要抹平側面糖霜，應垂直握住抹刀，讓抹刀刀面和蛋糕側面之間的夾角呈45度。抹刀邊緣需恰好碰到糖霜，讓蛋糕抵著抹刀旋轉。抹刀向下應恰好抵住蛋糕轉臺的表面，這樣不僅能抹平糖霜，側面的多餘糖霜也會往上突出，產生邊脊。

3. **從邊緣往中央塗抹**，讓抹刀刀面與蛋糕表面的夾角呈45度，抹平糖霜突出的邊脊，使表面平整，邊緣呈現乾淨俐落的角度。

4. **在蛋糕表面做切割份數的記號**，可以視需求用直刃刀或金屬長直抹刀來做記號。若是小型蛋糕或為了特殊場合準備的蛋糕，可將蛋糕頂當成一個整體來裝飾。有很多簡單裝飾可以運用（如貝殼狀鑲邊或玫瑰形擠花），也可決定是否加上額外裝飾，例如不同形狀的巧克力薄片、新鮮莓果、果醬等等。

甘納許的成分包含鮮奶油與巧克力，用途很多，可以當成醬汁、蛋糕淋醬、或是攪打後當成夾餡與／或糖霜使用。甘納許也可以做成較硬的質地，冰透後做成松露巧克力。質地輕盈的甘納許有時可當巧克力醬用。

ganche 甘納許

這款經典不敗的甜點醬汁有非常多配方。藉由調整材料比例，使巧克力用量高於鮮奶油用量，可做出質地較硬的甘納許。這種硬甘納許用槳狀攪拌器攪打後，可當成糖霜或夾餡使用。若增加巧克力的用量，能做出較重的甘納許，用於製作松露巧克力。

製作甘納許前，要先將巧克力切成小碎片。最好使用鋸齒刀，鋸齒在切割時會把巧克力切成碎屑，加熱時融化得更均勻。使用市面上品質最佳的巧克力，才能做出滑順且風味濃郁的巧克力醬。將巧克力碎屑放入耐熱攪拌缽中，鮮奶油與奶油（若要使用）放入厚底鍋內，加熱至沸騰。

浸漬是增添甘納許風味的好方法。鮮奶油加熱至沸騰，加入茶葉、香料植物或辛香料等風味食材，然後離火。加蓋靜置，直到風味融入鮮奶油（5-10分鐘），視需要過濾。接下來，依需求加入水或鮮奶，使液體恢復原本的重量，才能做出稠度正確的甘納許。

依想要的成果加入香甜酒、烈酒來增添風味。膏狀物和調合物也可以，但由於這些材料風味強烈，加入甘納許後通常要再試嘗味道。

作法精要 >

1. 混合熱鮮奶油與巧克力。
2. 混合物靜置幾分鐘。
3. 接著攪拌甘納許，讓鮮奶油與巧克力完全融合，且滑順濃稠有光澤。

1. 混合鮮奶油與巧克力。加熱鮮奶油，並將熱鮮奶油倒在剁碎的巧克力上，靜置幾分鐘，不要攪動。

2. 攪拌甘納許，直到混合物完全融合且非常滑順為止。依需求加入風味食材，如調味香甜酒、萃取精或果泥。甘納許已完成，可直接使用，或是冷藏備用。

甘納許的風味強烈，由於加入了鮮奶油，巧克力的風味變得更濃郁滑順。甘納許的質地應十分滑順濃稠。巧克力的用量越高，質地就越濃稠。甘納許加熱後變得非常有光澤，可當作淋醬使用；冷卻並經過攪打後會變成霧面，有如磨砂，顏色也稍微變淺。加入甘納許中的風味或裝飾食材不應掩蓋或壓過巧克力的風味。

製作松露巧克力

用湯匙舀取硬甘納許，放在掌心揉成圓球。松露巧克力一定型，就可以滾上堅果、可可粉、糖粉或其他食材收尾。為了讓松露巧克力更有光澤，並延長保存期限，可以在松露巧克力的表面裹上調溫過的巧克力。

下方圖片是以調溫巧克力包覆松露巧克力的工作站。未完成的松露巧克力位於廚師左方，中間大碗內為調溫巧克力，裹好的松露巧克力位於右方。要把松露巧克力裹上調溫巧克力，先在掌心抹上少許調溫巧克力，將松露巧克力置於掌心滾動，均勻地裹上薄薄一層調溫巧克力。將裹好的松露巧克力放在鋪了烘焙油紙的烤盤上，放在最遠處，避免後續操作時手越過去，不小心把手上的巧克力滴到做好的松露巧克力上。等巧克力完全變硬，再重複操作一次，讓每顆松露巧克力都覆上兩層調溫巧克力。

定型後的松露巧克力，表面應該帶有光澤且沒有任何裂縫。放在陰涼乾燥的環境中保存，不要放入冰箱。避免用手觸摸，也不要讓巧克力相互接觸，否則光亮的表面上會留下指紋或刮痕。若不得已要用手拿，應戴上手套小心處理。

巧克力的融化與調溫

融化巧克力

我們在市面上買到的巧克力已經調溫過，不過為了使用之便，還是必須再次調溫。等巧克力降溫、定型後，就會恢復到購買時的狀態。

要為巧克力正確調溫，必須以正確方式融化巧克力，才能確保不會加熱過度，破壞巧克力的品質。融化巧克力之前，先將巧克力切成小碎片，碎片越小，暴露的表面積越大，融化的速度也越快，有助於避免加熱過度。熱水浴及微波爐都是融化巧克力的最佳方式。

使用熱水浴時務必謹記，巧克力絕對不能與濕氣（蒸氣、水或冷凝水汽）直接接觸，濕氣會讓巧克力「結塊」，質地變得厚稠、粗糙，不但無法繼續調溫，也很難再用於其他用途。因此，使用雙層鍋時，務必確保調理盆或上鍋完全乾燥，且邊緣與下層裝水的鍋子緊貼密合，封住蒸氣。水應該冒出蒸氣，但不到微滾的程度。加熱過程中偶爾輕輕攪拌，使巧克力融化均勻。完全融化後，馬上把巧克力移開。

用微波爐融化巧克力時，應以中火而非強火加熱數次，每次30秒，每次加熱後都要取出攪拌，確保均勻加熱與融化。

為巧克力調溫

為巧克力調溫的常見方法有二種：種子法（seed method）以及塊狀冷卻調溫法（block method）。使用種子法時，將調溫巧克力剁碎，取約25%重量的巧克力當作種子，拌入已加熱過（43℃）、溫熱的融化巧克力裡，輕輕攪拌到融化且完全融合後，再加熱到正確的工作溫度。

使用塊狀冷卻調溫法時，將一塊調溫巧克力加入溫熱的融化巧克力中，慢慢攪拌，達到理想溫度後，將當成種子的巧克力塊移出。這塊巧克力可以重複使用。塊狀法簡單有效，不過耗費的時間較多。

完成調溫的巧克力應該要能均勻沾裹在小金屬匙的背面，並快速定型，具有明顯光澤，且沒有斑紋。

為蛋糕、餅乾或糕點上淋醬

把要上淋醬的蛋糕放在圓紙板上，可視需要先抹上一層奶油霜或果醬來密封住表面，冷藏到上釉前才取出。若蛋糕經過修整或切割分層，為了避免蛋糕屑混入淋醬裡，務必先抹上密封層。

將蛋糕放在網架上，下面放乾淨的淺烤盤。淋醬的溫度不能過高，才不會造成密封層融化（若有密封層）。稠度不能過於稀薄，才能包覆蛋糕，不至於流散。將淋醬以傾倒或舀取的方式淋在蛋糕上，使用曲柄抹刀迅速塗抹，使蛋糕側面完全覆上淋醬。塗抹的動作要夠快，在淋醬開始定型前處理完畢，以免在蛋糕表面留下塗抹的痕跡。輕敲網架，讓多餘的淋醬滴入下方淺烤盤。

翻糖是一種傳統淋醬，主要用在酒會小點、閃電泡芙、甜甜圈等糕點。大部分廚房與烘焙坊都會買現成的翻糖來用。若想讓成品具有翻糖的獨特光澤，必須將翻糖加熱到容易流動的程度（41°C）。

working with fondant
運用翻糖

要為小甜點上翻糖，通常會用專用的叉子或類似工具插起沾取。較大的甜點則放在網架上，下面墊著烤盤，然後倒上、舀上或淋上翻糖。

視需要加入果泥、濃縮液、巧克力或食用色膠、色漿或色膏等等，為翻糖增加風味和顏色。

作法精要 >

1. 翻糖加熱並稀釋，直至達到適合使用的溫度。
2. 依想要的成果為翻糖增添風味與／或上色，並且視需要調整質地。
3. 翻糖使用時要保持溫熱，動作要迅速，才能獲得最佳成果。

作法詳解

1. **翻糖是一種傳統淋醬**，主要用在酒會小點、閃電泡芙和甜甜圈等糕點上。要讓翻糖散發獨有的光澤，必須適當加熱到容易流動的程度。經過適度稀釋的翻糖應帶有光澤且稍呈透明。加熱與稀釋的步驟就是所謂的調溫。

   大部分廚房與烘焙坊大多買現成翻糖來用。要製作用於澆淋的翻糖，先將翻糖放入不鏽鋼調理盆內，以熱水浴加熱融化，溫度應控制在41℃以下。可用溫水、玉米糖漿或香甜酒來稀釋翻糖，達到理想的稠度。

2. **純翻糖一融化**，便可依想要的成果以食用色膏、果泥、濃縮液或巧克力來增添風味與／或上色。舉例來說，如果使用巧克力，就將融化的巧克力拌入翻糖中。加入巧克力的翻糖可能需要再稀釋。

3. 翻糖使用時要保持溫熱，因此應先備妥澆淋的工具。閃電泡芙之類的小甜點通常會以浸入的方式裹上翻糖，較大的甜點則放在網架上，下面墊著烤盤，再倒上、舀上或淋上翻糖。

將閃電泡芙的正面放到翻糖裡沾一下，再轉直，使多餘翻糖滴回碗裡。泡芙放到烤盤上之前，用手指輕輕抹掉泡芙末端的多餘翻糖。

許多塔和派都以水果入餡。水果餡通常以去皮、去核或切片的新鮮水果製成，此外還會拌入糖與澱粉（麵粉、葛粉、玉米澱粉或樹薯粉），好做出風味飽滿且質地厚實，能俐落分切的餡料。

making a pie or tart
製作派或塔

製作派或塔時，應先將派皮或塔皮烤好、冷卻，再著手處理內餡，如此一來，奶油餡或布丁餡一煮好，便可馬上倒入派皮或塔皮裡。餡料的溫度極為重要，溫度正確，才能做出風味與稠度都出色的成品。

塔及派的頂飾變化多端，酥粒（crumbs or streusel）、糕餅脆皮、蛋白霜，以及融化巧克力、甘納許、杏桃果醬等淋醬，都是頂飾的常見選擇。製作雙皮派或格紋派的派皮時，要預先備好蛋液，在派皮上刷上薄薄均勻的一層。塔派應放在烤盤上烘烤，以免油脂溢出。烤好的塔派應放在冷卻架上降溫。

派皮或塔皮入模

先將麵糰冷藏至完全變冷。冷藏能使麵糰鬆弛、油脂凝固，麵粉裡的澱粉也能完全吸收液體。

擀麵糰時，將麵糰放在撒了麵粉的工作檯上，並撒上少許麵粉，然後以平均的力量，將麵糰從中央往邊緣朝不同方向擀成適當的厚度與形狀。過程中偶爾將麵糰轉向，這樣不但能擀出均勻的形狀，也能避免麵糰沾黏在工作檯上。

作法精要 >

1. 小心將準備好的麵皮放入派模或塔模中。麵皮入模前或入模後都應先冷藏。
2. 視需要預烤麵皮。
3. 填入喜歡的餡料，視需要收尾。
4. 視需要烘烤成品。

1. **將西點類麵糰**製成的派皮或塔皮入模。小心將擀開的麵皮移到模具裡，調整位置，使麵皮完全覆蓋模具。麵皮位置確定後，輕輕壓進模具。若有需要，將多餘麵糰捏成小球，用來輕壓麵皮，使麵皮貼合模具。修除上緣多餘的麵皮。若是製作雙皮派，需預留足夠麵皮，以往上翻摺，封住上層派皮；若只用單層派皮，可在邊緣壓出溝槽或花紋。

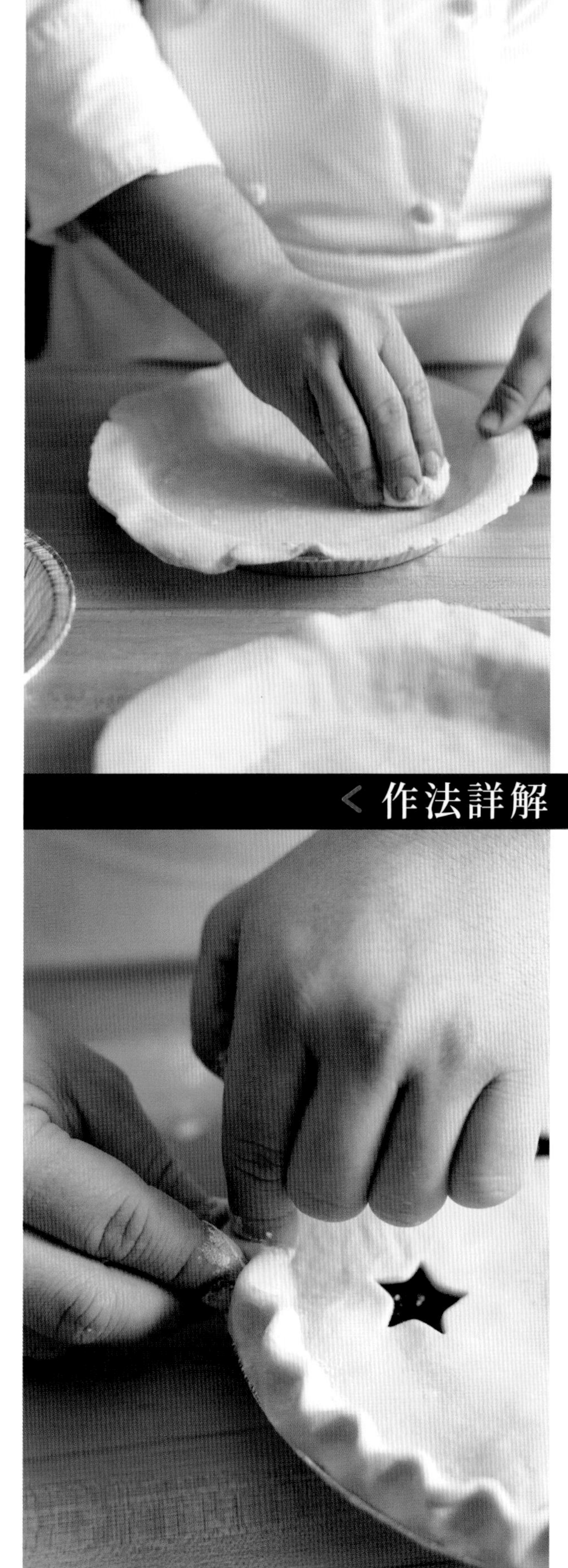

< 作法詳解

2. **依喜好填餡並收尾**。有些塔派是先填餡後烘烤，有些則是先將派皮盲烤到半熟或全熟（見1124頁〈盲烤派皮與塔皮〉），再填餡。

   製作水果餡時，將餡料混合拌勻，填入生派皮中。卡士達類的餡料要小心倒，不要太過深，應稍低於模具的邊。

   有些派的派底及派頂都有派皮，水果派尤其常見。擀開派頂派皮的方式與派底相同。小心蓋上派頂派皮，做幾道切口，使內部蒸氣得以散出。將派皮沿著邊緣壓緊，密合兩層派皮。修掉多餘派皮，並把邊緣捏緊或捏出波紋。

   可將切成長條的派皮編成網格，裝飾派的表面，這種作法比較少用在塔上。格紋派皮封住邊緣與捏出波紋的方法跟雙皮派一樣。

   在餡料表面均勻撒上一層酥粒頂飾。另一種常見的頂飾是蛋白霜，用擠花袋把裝飾花樣擠到表面上，或是單純堆疊成小丘，然後馬上放入烤爐以高溫烘烤，或是用噴槍燒出褐色表面。

3. **烘烤派**。派放在淺烤盤裡，以高溫（218°C）烘烤到熟。若是雙皮派，烘烤前應在表面刷上一層薄薄的蛋液。一般而言，烤好的塔派皮呈金褐色，表面看起來很乾燥。若麵皮厚度不均，較厚的地方顯得潮濕，表示沒有完全烤熟。烘烤完成時，水果餡應該沸騰冒泡，卡士達餡應該恰好定型。若卡士達餡表面龜裂或是內縮，表示烘烤過度。

盲烤派皮與塔皮

所謂的盲烤，指將未填餡的派皮或塔皮烤到半熟或全熟。若烘烤餡料的時間不足以把派皮烤到全熟，就需要先把麵皮烤到半熟。使用預先烹煮過或不需要烹煮及烘烤的餡料時，就要將麵皮烤到全熟。

盲烤時，在麵皮上蓋一張烘焙油紙，填入壓派石、乾燥的豆子或米。壓派石可以避免派皮底部凸起，也可以防止麵皮側面在烘烤中塌掉或下滑。

將麵皮放入預熱好的烤爐裡。烘焙油紙和壓派石只要在模具裡停留到麵皮烤到定型即可，麵皮一定型（直徑23公分／9吋的派殼通常要烤10-12分鐘），就移除烘焙油紙與壓派石，這樣麵皮才能烤出均勻的褐色。將麵皮放回烤爐，繼續烘烤，直到烤出理想的顏色。若麵皮填餡後需再次烘烤，預烤時只要烤成淺金色即可；若要將麵皮完全烤熟，則烤成深金褐色，約需20分鐘。

在全熟的派皮上刷上一層薄薄的軟化奶油或融化巧克力，再填入餡料。軟化奶油或融化巧克力可以避免餡料的水分滲入派皮，使派皮受潮，失去酥脆質地。用醬料刷刷上奶油或巧克力，刷好後放入冰箱冷藏，讓奶油或巧克力徹底變硬，再填入餡料。

義大利奶油霜

Italian Buttercream

1.47公斤

- 糖454克
- 水113克
- 蛋白8顆
- 奶油907克，切成中等大小，放軟
- 香莢蘭精15毫升（1大匙）

1. 將糖340克與水放入厚底鍋內，攪拌使糖溶解，以中大火加熱至沸騰。一旦沸騰，便停止攪拌，繼續將糖漿煮到軟球糖漿階段（114℃）。
2. 煮糖漿的同時，將攪拌機裝上球形攪拌器，蛋白放入攪拌缸內。
3. 糖漿溫度達到約110℃時，以中速將蛋白打到起泡。將其餘的113克糖慢慢加入蛋白，打到中性發泡。
4. 待糖漿溫度達到114℃，讓攪拌機繼續以中速攪打，糖漿穩定少量地沿著攪拌缸壁倒入蛋白霜。繼續以高速攪打，直到蛋白霜溫度降到室溫。
5. 一點一點慢慢加入奶油，每次加入後應攪拌到完全混合再繼續加，視需要刮缸。加入香莢蘭精拌勻。直接使用，或是密封冷藏備用。

NOTE：其他增加風味的方式，見1108頁。

蘋果派

Apple Pie

一個直徑23公分（9吋）的雙皮派

- 基本派皮麵糰567克（見1070頁）
- 金冠蘋果680克，去皮，去核，切片
- 糖142克
- 樹薯粉14克
- 玉米澱粉21克
- 鹽1.5克（½小匙）
- 肉豆蔻粉1克（½小匙）
- 肉桂粉1克（½小匙）
- 檸檬汁15毫升（1大匙）
- 融化奶油28克

1. 依食譜指示製作派皮麵糰，將麵糰分成大小相同的2塊，將其中一塊擀成0.3公分厚，鋪到派模裡；另一塊緊密包好，冷藏備用。
2. 將蘋果、糖、樹薯粉、玉米澱粉、鹽、肉豆蔻粉、肉桂粉、檸檬汁與奶油混合拌勻，填入派皮裡。
3. 將另一塊麵糰擀成0.3公分厚，蓋在餡料上。
4. 將邊緣捏成波浪狀，封好上下層派皮，於上層派皮切出幾個開口。
5. 放在淺烤盤上，進191℃烤爐，烘烤至餡料沸騰，45-60分鐘。
6. 趁熱或放涼出餐皆可。

櫻桃派

Cherry Pie

5個直徑23公分（9吋）的派

- 冷凍去核櫻桃5.1公斤
- 櫻桃汁3.97公斤
- 基本派皮2.83公斤（見1070頁）
- 玉米澱粉284克
- 糖567克
- 鹽28克
- 檸檬汁284克
- 刷蛋液300毫升（見1023頁）

1. 將櫻桃放入篩子裡解凍1夜，瀝乾櫻桃汁，瀝出的櫻桃汁以適當容器盛接保存。若櫻桃汁量不足，可加入瀝出保留的櫻桃汁。
2. 依食譜指示製作派皮麵糰。每個派需麵糰567克，將每塊麵糰分成2塊，其中一塊麵糰擀成0.3公分厚，鋪到派模上，冷藏備用。以同樣方式將其餘麵糰擀開，包好後冷藏。
3. 將玉米澱粉加入櫻桃汁600毫升，攪拌到溶解，做成澱粉漿。
4. 將其餘的3.6公升櫻桃汁倒入厚底鍋，加入鹽和糖後加熱至沸騰，讓糖鹽溶解。
5. 慢慢將澱粉漿倒入熱櫻桃汁裡，持續用打蛋器攪拌。將混合物重新加熱至沸騰，持續攪拌，烹煮到混合物變澄清，約1分鐘。
6. 拌入櫻桃與檸檬汁，並讓餡料徹底冷卻。
7. 將餡料1.25公斤倒入派皮裡，覆上第二塊派皮，封住邊緣。在上層派皮戳幾個洞，刷上蛋液。
8. 放在淺烤盤上，進232℃烤爐，烘烤至表面派皮呈金褐色且餡料沸騰，約40分鐘。
9. 趁熱出餐或放涼後出餐。

胡桃派

Pecan Pie

5個直徑23公分（9吋）的派

- 基本派皮麵糰1.42公斤（見1070頁）
- 胡桃567克
- 糖99克
- 高筋麵粉99克
- 玉米糖漿2.27公斤
- 蛋14顆
- 鹽28克
- 香莢蘭精30毫升（2大匙）
- 融化奶油170克

1. 依食譜說明製作派皮麵糰。每個派需麵糰284克，將麵糰擀成0.3公分厚，鋪到派模上，冷藏備用。
2. 每個派需使用胡桃113克，將胡桃平均撒在生派皮上。
3. 將糖和麵粉放入大型不鏽鋼攪拌缽內，以打蛋器攪打混合。倒入玉米糖漿混合均勻。
4. 加入蛋、鹽與香莢蘭精，攪拌到完全混合後，拌入奶油。
5. 將794克的餡料倒入準備好的派皮裡。
6. 放在淺烤盤上，進204℃烤爐，烘烤至餡料定型且派皮呈金褐色，約40分鐘。
7. 徹底冷卻後再出餐。

蔓越莓胡桃派：將57克蔓越莓平鋪在生派皮的底部，再依上述步驟放上胡桃，並填入餡料。

檸檬蛋白霜派（檸檬馬林派）

Lemon Meringue Pie

5個直徑23公分（9吋）的派

- 基本派皮麵糰1.42公斤（見1070頁）
- 水907克
- 糖907克
- 鹽14克
- 檸檬汁284克
- 檸檬皮刨絲28克
- 玉米澱粉170克
- 蛋黃227克
- 奶油113克
- 義大利或瑞士蛋白霜（見1024頁），視需求添加

1. 依食譜指示製作派皮麵糰。每個派需麵糰284克，將麵糰擀成0.3公分厚，鋪到派模上，冷藏備用。
2. 將派皮盲烤至全熟（見1124頁），出爐後靜置，直到完全冷卻。
3. 將水1.44公升、糖454克、鹽、檸檬汁與檸檬皮混合，放入厚底鍋內加熱至沸騰。
4. 混合其餘的糖與玉米澱粉。混合蛋黃與其餘的水。將上述兩種混合物加在一起，徹底拌勻。
5. 檸檬混合物煮至沸騰後，以調溫的方式加入蛋黃混合物。
6. 混合物重新加熱至沸騰後，沸煮1分鐘並持續攪拌，最後拌入奶油。
7. 將混合物680克倒入預烤過的派皮裡。冷藏1夜，抹上蛋白霜，以炙烤爐或噴槍烤出褐色。

南瓜派

Pumpkin Pie

5個直徑23公分（9吋）的派

- 基本派皮麵糰1.42公斤（見1070頁）
- 南瓜泥2.27公斤
- 糖510克
- 深紅糖142克
- 鹽14克
- 肉桂粉5克（2½小匙）
- 薑粉5克（2½小匙）
- 肉豆蔻粉5克（2½小匙）
- 丁香粉2.5克（1¼小匙）
- 鮮奶595克
- 奶水595克
- 蛋15顆

1. 依食譜指示製作派皮麵糰。每個派需麵糰284克，將麵糰擀成0.3公分厚，鋪到派模上，冷藏備用。
2. 混合南瓜泥、糖、鹽、肉桂粉、薑粉、肉豆蔻粉與丁香粉，攪拌到滑順。將鮮奶、奶水與蛋混合均勻後，再和南瓜混合物拌勻。
3. 將派皮盲烤至半熟（見1124頁）。
4. 將南瓜混合物851克倒入直徑23公分（9吋）的半熟派皮裡。
5. 放在淺烤盤上，進191℃烤爐，烘烤至餡料定型且餡料表面與派皮都呈金褐色，約50分鐘。

杏仁奶油餡
Frangipane Filling
3打直徑8公分（3吋）的小塔

- 生杏仁膏227克
- 糖35克
- 蛋2顆
- 奶油113克
- 低筋麵粉43克

1. 將生杏仁膏與糖放入攪拌機的攪拌缽內，以槳狀攪拌器低速將杏仁膏打散。加入1顆蛋，以中速打到沒有結塊後，拌入奶油打勻。
2. 加入另1顆蛋，攪打均勻。
3. 加入麵粉，混合均勻即可。
4. 作為塔的餡料使用。

西洋梨杏仁奶油餡小塔
Pear Frangipane Tartlets
1打小塔

- 1-2-3餅乾麵糰567克（見1086頁）
- 杏仁奶油餡255克（食譜見上方）
- 酒煮西洋梨12顆（食譜見右欄），切成兩半
- 杏桃果膠（見1129頁），溫的，視需求添加
- 杏仁片85克，乾炒後剁碎

1. 將麵糰擀成0.3公分厚。使用直徑11公分（4½吋）的圓形餅乾模，切下12個圓形麵皮。將塔環放在淺烤盤上，中間放入直徑8公分（3吋）的麵皮。用叉子或滾輪針在塔皮底部戳洞。
2. 將擠花袋裝上5號圓形花嘴，每個塔殼裡擠入杏仁奶油餡21克，約½滿。
3. 將切片梨子在杏仁奶油餡上排成扇形。
4. 以191℃烘烤，直到塔皮與餡料呈金褐色，約45分鐘。
5. 出爐後靜置放涼。
6. 刷上果膠，邊緣排上一圈杏仁片後即可出餐。

酒煮西洋梨
Poached Pears
12個

- 小型西洋梨12顆

低溫烹煮液體

- 紅酒或白酒454克
- 水227克
- 糖227克
- 丁香6粒（非必要）
- 肉桂棒1根（非必要）

1. 西洋梨去皮後，保留完整帶莖，或是切半去核。
2. 將低溫烹煮液體的材料放入厚底鍋內，攪拌讓糖溶解，加熱至微滾。
3. 將西洋梨放入烹煮液體中，以微滾狀態煮軟。讓西洋梨留在液體中放涼，瀝乾後視需求使用。

硬甘納許
Hard Ganache
2.72公斤

- 黑巧克力2.72公斤，剁細
- 高脂鮮奶油907克

1. 將巧克力放入不鏽鋼攪拌缽裡。
2. 接著將鮮奶油加熱至微滾，倒在巧克力上，靜置1分鐘。
3. 攪拌到巧克力完全融化。
4. 可立刻使用或是加蓋冷藏備用，使用前需回溫。

巧克力醬

Chocolate Sauce

960毫升

- 糖284克
- 水454克
- 透明玉米糖漿128克
- 可可粉113克，過篩
- 苦甜巧克力454克，融化

1. 將糖、水與糖漿放入厚底鍋內，以中大火加熱至沸騰後，離火備用。
2. 可可粉放入碗中，加入足量熱糖漿拌成糊狀，攪拌到滑順。慢慢加入其餘糖漿，混合拌勻。
3. 加入巧克力，攪拌到完全混合均勻。
4. 以細網篩過濾巧克力醬。
5. 溫熱出餐或冷藏後出餐。

沙巴雍

Sabayon

960毫升

- 蛋黃18顆
- 糖340克
- 白酒340克

1. 將蛋黃、糖與白酒放入攪拌缸裡，以打蛋器打到完全混合。將攪拌缸放在微滾熱水上加熱，持續攪打至混合物變稠且呈泡沫狀，並達到82℃。
2. 將攪拌缸移回裝了球形攪拌器的攪拌機上，以中速攪打至冷卻。
3. 將沙巴雍倒入容器裡，保鮮膜緊貼著表面覆上，避免表面結皮。趁熱出餐或放涼後出餐。

NOTE：可依需求將高脂鮮奶油720毫升打到中性發泡後，拌入冷卻的沙巴雍。

義式沙巴雍：以馬沙拉酒代替白酒。

經典焦糖醬

Classic Caramel Sauce

960毫升

- 高脂鮮奶油680克
- 糖369克
- 葡萄糖漿284克
- 奶油64克，切小丁，放軟

1. 鮮奶油放入厚底鍋內，以中火加熱至沸騰。將鍋子放在文火上保溫。
2. 準備冰水浴。
3. 將糖與葡萄糖漿放入厚底鍋混合，以中火慢慢烹煮，持續攪拌到糖完全溶解。糖溶解後，停止攪拌，繼續煮成金色焦糖。鍋子離火，馬上放入冰水浴中迅速降溫，終止加熱。
4. 將厚底鍋從冰水浴取出，拌入奶油。小心倒入熱的鮮奶油，攪拌均勻。
5. 溫熱出餐或冷藏後出餐。

覆盆子庫利

Raspberry Coulis

960毫升

- 新鮮或冷凍覆盆子907克
- 糖227克，或視需求增減
- 檸檬汁30毫升（2大匙），或視需求增減

1. 將覆盆子、糖227克與檸檬汁30毫升（2大匙）放入厚底鍋內以中火加熱，攪拌煮至糖溶解，約10分鐘。
2. 用細網篩過濾庫利。
3. 視需要加入額外的糖與／或檸檬汁。

NOTE：可用草莓、芒果丁等相同分量的水果取代覆盆子。

杏桃果膠
Apricot Glaze
723克

- 杏桃果醬255克
- 玉米糖漿255克
- 水170克
- 香甜酒45毫升（3大匙），如蘭姆酒或白蘭地

1. 將所有食材放入厚底鍋內混合，加熱至沸騰，並攪拌到滑順。
2. 趁熱使用，用醬料刷塗抹到糕點上。

櫻桃果乾醬
Dried Cherry Sauce
737克

- 糖85克
- 紅酒369克
- 水170克
- 柳橙汁30毫升（2大匙）
- 檸檬汁30毫升（2大匙）
- 香莢蘭豆莢1根
- 櫻桃乾113克
- 玉米澱粉14克

1. 將糖、酒360毫升、水、柳橙汁與檸檬汁放入厚底鍋內混合。剖開香莢蘭豆莢，刮籽，籽與豆莢一起放入鍋中，加熱至沸騰，離火，放入櫻桃乾。
2. 加蓋冷藏1夜。
3. 過濾醬汁並保留櫻桃。用厚底鍋將醬汁煮沸。
4. 加熱醬汁的同時，將玉米澱粉與其餘的酒30毫升（2大匙）做成澱粉漿。慢慢將澱粉漿倒入醬汁，一邊倒一邊攪拌。將醬汁重新加熱至沸騰，持續攪打，直到醬汁可以沾裹木匙的稠度。
5. 讓醬汁冷卻至室溫。
6. 加入保留的櫻桃，立即出餐。

蘋果奶油
Apple Butter
960毫升

- 蘋果3.18公斤
- 蘋果酒（apple cider）680克
- 糖454克
- 小豆蔻粉6克（1大匙）
- 肉桂粉4克（2小匙）
- 檸檬皮刨絲3克（1小匙）
- 鹽1克（¼小匙）

1. 蘋果去皮去核後切片，與蘋果酒一起放入大型厚底鍋，蓋好，微滾煮至蘋果變軟，約30分鐘。
2. 用食物碾磨器將軟化的蘋果碾進乾淨的厚底鍋。
3. 加入糖、小豆蔻粉、肉桂粉、檸檬皮與鹽，微滾煮到非常濃稠，烹煮期間頻繁攪拌，約2小時。
4. 徹底冷卻，加蓋，冷藏。

水果沙拉
Fruit Salsa
964克

- 木瓜142克，切小丁
- 芒果142克，切小丁
- 蜜瓜142克，切小丁
- 草莓142克，切小丁
- 百香果汁30毫升（2大匙）
- 薄荷3克（1大匙），剁細
- 杏仁香甜酒90毫升
- 柳橙汁227克
- 糖85克

1. 混合木瓜、芒果、蜜瓜、草莓、百香果汁與薄荷，靜置醃漬。
2. 混合杏仁香甜酒、柳橙汁與糖，煮沸至收乾一半。將收乾的香甜酒輕輕倒入水果裡，拌勻。
3. 冷藏備用。

第
36
章

plated desserts

盤飾甜點

設計盤飾甜點時，廚師必須考慮到風味與質地的對比與互補、色彩與風格、客層、特定活動或菜單需求，以及製作與出餐的環境。即使經過全盤思考，仍需明白，甜點不一定要繁複到風味萬千、令人難忘。有很多單純且簡易的方式可以用來裝飾基本甜點，例如加上溫熱的醬汁、放上冰淇淋等，或是用瓦片餅、糖漬堅果和水果切片等簡單裝飾，都是很好的方法。

盤飾甜點的趨勢 trends in plated desserts

設計甜點菜單時，廚師必須考慮到當今趨勢，菜單才會有新鮮感，也才引人入勝。就目前趨勢看來，法式酥餅等鄉村風格甜點，以及派和酥頂派等「療癒食物」已捲土重來。這些甜點之所以吸引人，在於單純的風味、風格與外觀。這些甜點不僅基本，也很好準備，十分適合在餐廳、宴會或外燴中製作。

廚師同樣要考慮如何把趨勢引入菜單中，並在甜點中詮釋、呈現趨勢的概念。主餐菜單應隨著季節或趨勢而變，甜點菜單也同樣如此。

對比：風味、味道、質地、溫度和視覺效果 contrast: flavor, taste, texture, temperature, and eye appeal

下列糕餅對比表可讓主廚了解盤飾甜點的基本特質，作為設計的指引。構思甜點時，試著運用不同的組成元素來融入多種對比特質。元素的數量必須合理，千萬不要為了多一層對比而增加組成元素。

將新甜點加入現有菜單或設計新菜單時，心中務必有對比的概念。平衡的菜單應該同時包含溫與冷、甜與酸、濃郁與清爽的甜點。

在一道甜點裡結合對比元素，能夠讓味蕾保持活躍、新鮮。經典冰淇淋蘋果派就是完美典範，從下列的對比表可以得知，冰淇淋蘋果派有酥脆的派皮，帶蘋果酸味的內餡，以及質地滑潤柔軟的冰淇淋。蘋果派應趁熱出餐，熱度不但能帶出蘋果派的風味與香氣，還能與冰冷的冰淇淋形成對比。

盤飾甜點的對比元素分成風味及香氣、味道、質地、溫度、視覺效果等五區。使用下表時，應配合對文化與在地食材的基本了解，以設計出最成功的組合。風味及味道是最能互相影響的組成元素，兩者會依據你所選擇的食材相伴相生。另外，甜味只有強度的差別，且某種程度上可說是甜點的必要組成。

之所以要有質地的對比，目的在於達到口感的平衡，硬脆質地太多不必然是好事。溫度無論對餐點本身或是菜單都很重要，單一餐點並不一定要表現出溫度對比，但整體菜單應呈現溫度的完整幅度。

所謂的擺盤，並不意味著呈現方式要很繁複。當今最重要的趨勢之一是極簡主義，訴求以清新簡單的方式，來表現出真實，自然的風味。

對比表

季節	風味及香氣	味道	質地	溫度	呈現
秋季	巧克力	甜味	硬脆	冷凍	形狀
春季	香莢蘭	鹹味	酥脆	冰鎮	體積
夏季	水果	苦味	易碎	冰涼	顏色
冬季	辛香料 堅果	酸味 鮮味	有嚼勁 綿密 液狀 冰涼 柔軟 蛋糕般	室溫 溫熱 燙口	視覺質感

餐廳甜點 restaurant desserts

運用對比表設計餐廳菜單，有助於保持每道菜餚的新鮮感、差異性與原創性。請記住，不同廚房有不同配置，不要將不切實際的甜點列入菜單。

餐廳菜單應該逐季更換。儘管如此，菜單上應有幾道固定餐點，只要依季節調整裝飾即可。維持菜單的季節性，不但可以更有效控制成本，也能提升菜餚風味。由於新鮮食材有最好的風味，對顧客更有吸引力，因此季節性菜單也有利於行銷，可運用「特別推薦」來強調當季食材。要判斷甜點成功與否，除了觀察銷售量，一道甜點之所以不受歡迎，可能是因為在菜單上的版面位置不佳，或名字及描述不夠吸引人，若能修正，可能會搖身一變，成為最受歡迎的品項。

餐前會議是所有甜點菜單成功推出的關鍵。主廚應讓服務生徹底了解餐點，服務生必須聽懂，甚至品嘗過，才能對餐點有感情。最多人點餐點往往是服務生最喜歡的餐點。

甜點工作站的準備工作

設置甜點工作站時，無論是針對大型宴會廚房還是小型餐廳，都必須考量幾個要素。工作區的大小與配置，以及烤爐、冰箱和冷凍櫃的相對位置，都會影響特定工作的完成方式。將經常用到的品項放在容易看到且容易取得的地方。還要設計有效率的工作流程：所有工作都位於廚房的同一條動線上，餐盤要朝同一個方向移動。

將醬汁放在擠壓式塑膠瓶或專用漏斗裡，這些工具有助於控制醬汁淋到餐盤或甜點上的量與位置，也更方便保存醬汁。

要維持工作站的整潔與衛生，應準備好消毒液、乾淨的抹布或廚房紙巾，以及熱水，出餐之前把盤子擦乾淨。

冷凍甜點的擺盤

冷凍甜點在所有甜點菜單上都占有一席之地，雖然經常作為許多盤飾甜點的搭配素材，但其實也可以是主角。冷凍甜點可以做出既多變又多樣的風味；可以用各種容器盛裝，如餅乾杯或巧克力杯；可以塑成各種形狀；組成元素更是無窮無盡。當然，盤飾冷凍甜點的成功有賴冷凍設施，這些用於儲存與製作的冷凍空間需要位在便利的位置上。

宴席上的盤飾甜點 plated desserts at banquets

大多數狀況下，如果可以同時製作並端出十份甜點，應該就能供應一百份。然而，在面對大量擺盤工作時，廚師必須考慮到設備、保存、出餐時機與人力配置。

為宴會菜單規劃甜點時，要考量甜點的整體概念。特定條件可能會造成某些限制。欠缺設備（如沒有足夠的特定模具）可能會迫使你改變甜點的形狀或外觀。時間有時會是製作上最大的限制，在某些情況下甚至得重新調整配方，以延長甜點的保存期限。

溫椰棗香料蛋糕 佐奶油糖醬與肉桂冰淇淋

Warm Date Spice Cake with Butterscotch Sauce, and Cinnamon Ice Cream

12份

組成

- 椰棗香料蛋糕（見1137頁）
- 焦糖蘋果（見1138頁）
- 奶油糖醬（見1137頁）
- 橙香香緹鮮奶油（見1138頁）
- 費洛捲餅（見1137頁）
- 肉桂冰淇淋（食譜見右欄）
- 蘋果乾（見1136頁）
- 鮮奶巧克力肉桂棒（見1136頁）

組合步驟

1. 準備12只餐盤。
2. 將蛋糕放入177℃烤爐，烘烤至中心溫熱，約2分鐘。
3. 重新加熱或製作焦糖蘋果。
4. 將奶油糖醬57克舀到餐盤的正中央，於奶油糖醬中擺上1塊蛋糕。
5. 將5塊焦糖蘋果沿著餐盤邊緣排放整齊。
6. 將香緹鮮奶油擠入準備好的費洛捲餅內，在每塊蛋糕上放2塊。
7. 挖1球冰淇淋放在捲餅中央，冰淇淋上插1塊蘋果乾。將1支巧克力肉桂棒靠著甜點擺好。

肉桂冰淇淋

Cinnamon Ice Cream

12份

- 鮮奶227克
- 高脂鮮奶油227克
- 葡萄糖漿14克
- 鹽1克（¼小匙）
- 肉桂棒1根
- 肉桂粉0.5克（¼小匙）
- 糖99克
- 蛋黃8顆

1. 取一只中型厚底鍋，放入鮮奶、鮮奶油、葡萄糖漿、鹽、肉桂棒、肉桂粉與糖約43克混合均勻，以中火加熱至沸騰。鍋子離火，接著加蓋浸泡5分鐘。
2. 取一只中型攪拌缽，接著將其餘的糖和蛋黃混合均勻。
3. 慢慢將½的鮮奶混合物倒入蛋糖混合物，期間不停攪打。
4. 將所有材料倒回厚底鍋內，繼續以中火烹煮並持續攪拌，直到混合物煮到可以沾裹木匙的稠度。
5. 將混合物以細網篩過濾至雙層鍋中。以冰水浴降溫，直到冰淇淋基底溫度低於4℃。
6. 將冰淇淋基底冷藏靜置1夜。
7. 將冰淇淋基底放入冰淇淋機裡，接著依使用說明操作。
8. 將冰淇淋放入密封容器內，冷凍至質地硬到可以用湯匙挖取，約8小時或整夜。

做好的蘋果乾完全脫水後，質地酥脆，可以輕易從烘焙墊上取下。

蘋果乾
Apple Chips
12份

- 蘋果2顆，去皮後切片，每片厚0.15公分
- 檸檬汁，視需求添加
- 糖227克
- 水150毫升

1. 將蘋果切片平鋪在淺烤盤上，刷上檸檬汁。
2. 取一只中型鍋，倒入水加入砂糖，以中火加熱至微滾，煮到糖溶解。
3. 將糖漿加熱至82℃。加入蘋果片，煮到軟，約30秒。
4. 用笊籬撈出蘋果片，移到鋪上烘焙墊的淺烤盤裡，蘋果片不要相疊。
5. 將蘋果片放入烤爐，以82℃烘乾1夜。完成後放入密封容器中保存備用。

NOTE：若要加快烘乾速度，可將蘋果片以93℃烘乾1-2小時。

將調溫巧克力做成肉桂棒的形狀。

鮮奶巧克力肉桂棒
Milk Chocolate Cinnamon Sticks
12份

- 植物油2.5毫升（½小匙）
- 融化的鮮奶巧克力227克
- 肉桂粉，視需求沾附

1. 將植物油倒入融化的巧克力裡拌勻。
2. 將一只淺烤盤放入烤爐，以93℃加熱至微溫，約30秒。
3. 將巧克力舀到烤盤背面，抹成均勻薄層。
4. 將烤盤冷凍30分鐘，然後再冷藏15分鐘。
5. 將烤盤從冰箱取出，靜置在室溫中，直到巧克力變軟。
6. 用麵糰刀將巧克力做成肉桂棒的形狀：手持麵糰刀，麵糰刀刀面與烤盤的夾角呈45度，刮起巧克力，往烤盤中央捲。重複動作，處理完同側的巧克力後，旋轉烤盤，以同樣的動作處理另一半，讓巧克力在烤盤中央形成兩捲，做成肉桂棒的形狀。

7. 將做好的巧克力棒放在肉桂粉裡滾一滾，放入密封容器中保存備用。

椰棗香料蛋糕
Date Spice Cake
12份

- 去籽椰棗567克，切細
- 白蘭地30毫升（2大匙）
- 奶油319克
- 深色紅糖496克
- 鹽2.5克（¾小匙）
- 蛋7顆
- 香莢蘭精14克
- 酸奶油177克
- 中筋麵粉496克
- 泡打粉5.25克（1¾小匙）
- 肉桂粉1克（½小匙）
- 多香果粉0.5克（¼小匙）

1. 取一只小碗，接著放入椰棗與白蘭地拌勻，靜置備用。
2. 攪拌機裝上槳狀攪拌器，將奶油、深色紅糖與鹽放入攪拌缸，攪拌到輕盈蓬鬆，約4-5分鐘。
3. 慢慢加入蛋，每次加入都要刮缸，以確保麵糊混合均勻，然後繼續加。加入香莢蘭精與酸奶油，徹底攪拌均勻。
4. 慢慢加入麵粉、泡打粉、肉桂粉與多香果粉，拌勻即可。
5. 取下攪拌缸，用橡膠刮刀輕輕拌入椰棗。
6. 在½尺寸的淺烤盤內鋪上烘焙油紙。將麵糊倒入準備好的烤盤裡抹平，放入162℃烤爐，烘烤至表面稍微呈褐色，約25-30分鐘。烤好後，徹底冷卻。
7. 用直徑8公分（3吋）的環狀模具來切蛋糕，切好後靜置備用。可以將蛋糕放入密封容器內以室溫保存，也可以包好後冷凍備用。

費洛捲餅
Phyllo Tubes
12份

- 費洛麵皮2張
- 融化奶油，視需求添加

1. 將融化奶油刷在一張麵皮上，輕輕疊上另一張麵皮，再在上層的麵皮表面刷上奶油。
2. 將費洛皮切成長17公分、寬6公分的長條形。將每片長條麵皮包在小鋼管上。
3. 將麵皮放入191℃烤爐，烘烤至呈金褐色，4-6分鐘。烤好後徹底冷卻，再放入密封容器中保存備用。

奶油糖醬
Butterscotch Sauce
12份

- 深色紅糖340克
- 奶油227克
- 高脂鮮奶油170克
- 玉米糖漿71克
- 鹽3克（1小匙）
- 香莢蘭精7克

1. 取一只中型湯鍋，放入深色紅糖、奶油、鮮奶油、玉米糖漿與鹽，以中火加熱至微滾。
2. 偶爾攪拌，煮至醬汁稍微變稠，2-4分鐘。
3. 鍋子離火，拌入香莢蘭精，冷卻後冷藏備用。

橙香香緹鮮奶油
Orange-Scented Crème Chantilly
12份

- 高脂鮮奶油454克
- 橙皮14克（2大匙）
- 糖粉28克

1. 將鮮奶油與橙皮放入攪拌機的攪拌缸內，裝上球形攪拌器，以中高速攪打至變稠。
2. 慢慢加入糖粉，繼續將鮮奶油攪打到濕性發泡。
3. 將鮮奶油裝入密封容器或擠花袋後，放冷藏保存備用。

焦糖蘋果
Caramelized Apples
12份

- 奶油28克
- 蘋果14顆，去皮後切成橄欖狀
- 糖85克
- 鹽1撮
- 蘋果白蘭地30毫升（2大匙）

1. 將奶油放入大型平底煎炒鍋內，以中火加熱融化。放入蘋果，煎軟，3-4分鐘。
2. 加糖和鹽，並將火力調成大火。繼續煮到糖焦糖化，5-6分鐘。
3. 以蘋果白蘭地溶解鍋底褐渣。鍋子離火，焦糖蘋果徹底冷卻後，放入密封容器冷藏保存。

NOTE：這道焦糖蘋果出餐前一定要再次加熱，不然就現點現做。

黑莓與波特酒煮西洋梨佐瑞可達奶油餡與沙布列酥餅

Blackberry and Port-Poached Pears with Ricotta Cream and Sablé Cookies

12份

組成

- 瑞可達奶油餡（見1140頁）
- 沙布列酥餅（見1140頁）
- 藍莓與波特酒煮西洋梨（食譜見右欄）

組合步驟

1. 準備12只餐盤。
2. 沿對角線舀起1球橢圓狀的瑞可達奶油餡，斜放在每只餐盤的邊緣。
3. 在每只餐盤的另一端斜放上1塊餅乾。
4. 用削皮小刀將帶莖的梨子切成薄片，上端不要切斷，切好後攤成扇形。
5. 將少許烹煮醬汁淋在餐盤上，放上½顆西洋梨。

黑莓與波特酒煮西洋梨

Blackberry and Port-Poached Pears

12份

- 佛瑞梨6顆
- 水284克
- 紅寶石波特酒284克
- 黑莓果泥284克
- 檸檬汁28克
- 檸檬皮9克（1大匙）
- 糖227克
- 香莢蘭豆莢1根，剖開，刮籽
- 肉桂棒½根
- 玉米澱粉18克（2大匙）

1. 西洋梨去皮並縱切成兩半，以挖球器去核。
2. 將水、波特酒、黑莓泥、檸檬汁、檸檬皮、糖、香莢蘭豆莢與籽和肉桂棒放入大型厚底鍋內混合，以中火加熱，放入西洋梨。
3. 蓋上烘焙油紙。若西洋梨浮在表面，用重物將西洋梨往下壓。液體溫度維持在接近微滾，煮到西洋梨變軟，30-40分鐘。
4. 西洋梨浸在烹煮湯汁中冷卻，連同烹煮湯汁一起冷藏，最多保存3天。
5. 將湯汁過濾至厚底鍋內，以中火加熱至微滾。將玉米澱粉放入小碗中，加入足夠的水，調成稀薄且流動性高的澱粉漿。持續攪拌，以調溫方式將少量熱湯汁加入澱粉混合物裡。
6. 一邊攪拌鍋內湯汁，一邊加入調溫過的澱粉漿。慢慢攪拌，並煮到稍微可以沾裹木匙。

沙布列酥餅

Sablé Cookies

12份

- 奶油567克
- 糖粉269克
- 鹽6.5克（2小匙）
- 香莢蘭精14克
- 蛋黃78克
- 中筋麵粉765克
- 刷蛋液（見1023頁），視需求添加
- 碎粒冰糖（Sanding sugar；一種裝飾用糖），視需求添加

1. 將奶油、糖、鹽與香莢蘭精放入攪拌機的攪拌缸內，裝上槳狀攪拌器，以中速攪打5分鐘。
2. 慢慢加入蛋黃，每次加入時都要刮缸。
3. 加入麵粉，以低速混合均勻。
4. 將麵糰放在薄撒麵粉的工作檯上，擀成1公分厚，移到鋪了烘焙油紙的淺烤盤裡，冷藏至質地變硬。
5. 在麵糰表面刷上蛋液，撒上碎粒冰糖。
6. 放入191℃烤爐，烘烤至定型，20-25分鐘。
7. 餅乾稍微冷卻後，用鋸齒刀切成長8公分、寬3公分的長條狀。
8. 將切好的餅乾放回烤盤，重新烘烤至表面稍呈金色，5-10分鐘。出爐後徹底冷卻，放入密封容器，以室溫保存備用。

瑞可達奶油餡

Ricotta Cream

12份

- 瑞可達乳酪227克
- 卡士達餡227克（見1098頁）
- 奶油乳酪113克
- 香莢蘭精5毫升（1小匙）
- 糖57克
- 檸檬皮3克（1小匙）
- 鹽1撮
- 高脂鮮奶油227毫升
- 吉利丁1½片

1. 將瑞可達乳酪、卡士達餡、奶油乳酪、香莢蘭精、糖、檸檬皮與鹽混合攪打至滑順。
2. 將鮮奶油倒入攪拌機的攪拌缸內，裝上球形攪拌器，打到濕性發泡後保留備用。
3. 將吉利丁放入微溫水中浸泡3-5分鐘，軟化後取出，擰乾多餘水分，再把吉利丁與乳酪混合物113克拌勻。
4. 將吉利丁乳酪混合物放入雙層鍋的內鍋，放在微滾水上加熱至54℃。鍋子離火，加入其餘的乳酪混合物，稍微冷卻。
5. 輕輕拌入鮮奶油。放入密封容器冷藏備用。

黑莓與波特酒煮西洋梨
佐瑞可達奶油餡與沙布列酥餅

檸檬舒芙蕾塔
佐羅勒冰淇淋與藍莓醬

Lemon Soufflé Tart with Basil Ice Cream and Blueberry Compote

12份

組成

- 檸檬凝乳（見1145頁）
- 塔殼（見1144頁）
- 新鮮藍莓
- 蛋白霜（見1024頁）
- 糖粉，視需求使用
- 羅勒醬（見1145頁）
- 糖漬藍莓醬（見1145頁）
- 羅勒冰淇淋（食譜見右欄）
- 瓦片餅（見1144頁）

組合步驟

1. 準備12只餐盤。
2. 在每個塔殼的底部抹上檸檬凝乳7克，放上幾粒藍莓。
3. 用蛋白14克與糖14克為每個塔製作蛋白霜。輕輕將蛋白霜拌入其餘的檸檬凝乳後，接著放到塔殼裡。
4. 每個塔都撒上糖粉，放入204℃的烤爐，烘烤至表面稍呈金黃色且體積膨脹，約8分鐘。
5. 塔冷卻1分鐘再脫模。
6. 羅勒醬沿著每只餐盤邊緣淋1圈。塔放在餐盤正中央，旁邊舀上少許糖漬藍莓醬，再放上1球羅勒冰淇淋。最後在每只餐盤裡放1塊瓦片餅。

羅勒冰淇淋

Basil Ice Cream

2.4公升

羅勒泥

- 羅勒葉142克
- 簡易糖漿（見1023頁），視需求添加

冰淇淋

- 鮮奶680克
- 高脂鮮奶油680克
- 葡萄糖漿43克
- 鹽1撮
- 糖298克
- 蛋黃22顆
- 羅勒泥170克（配方如前述）

1. 製作羅勒泥時，先以中火燒開一小鍋水，並準備冰水浴。
2. 將羅勒葉放入沸水中汆燙20秒，接著放入冰水浴中迅速降溫。降溫後取出瀝乾，接著擠掉多餘水分。
3. 將羅勒葉放入果汁機或食物調理機，加入足量簡易糖漿，攪打至滑順。
4. 將羅勒泥加蓋保存備用，待準備製作冰淇淋時再取出。
5. 製作冰淇淋時，將鮮奶、鮮奶油、葡萄糖漿、鹽與糖155克放入中型厚底鍋，接著以中火加熱至微滾。
6. 取一只中型攪拌缽，將其餘的糖和蛋黃混合，徹底攪拌均勻。
7. 待鮮奶混合物達到微滾，以調溫方式慢慢倒入蛋黃裡，過程中持續攪打。
8. 將所有材料放回厚底鍋內，繼續以中火烹煮並持續攪拌，將混合物煮到可以沾裹木匙的稠度。

9. 用細網篩過濾後馬上放入冰水浴，冰鎮至冰淇淋基底的溫度低於4℃。
10. 將羅勒泥拌入冰淇淋基底，放入冰淇淋機內，依使用說明操作。
11. 將冰淇淋放入密封容器內，冷凍到可以舀挖成球的程度，需8小時至1夜。

NOTE：羅勒泥和冰淇淋必須在同一天製作，才能維持羅勒泥的風味與色澤。

塔殼
Tartlet Shells
12個

- 1-2-3餅乾麵糰567克（見1086頁）
- 刷蛋液（見1023頁），視需求添加

1. 將餅乾麵糰放在撒了麵粉的工作檯上擀成0.3公分厚，再切成直徑10公分（4吋）的圓形。
2. 將12個直徑8公分（3吋）的塔模放在淺烤盤裡。輕輕將麵皮壓入模具裡，冷藏至麵皮變硬。
3. 為每個塔殼鋪上圓形烘焙油紙，放上壓派石。
4. 將塔殼放入191℃的烤爐，烘烤至定型，10-15分鐘。
5. 移除壓派石和烘焙油紙，在塔殼表面刷上少許蛋液，重新烘烤至呈金色，至少10分鐘。
6. 放入密封容器以室溫保存備用。

瓦片餅
Tuiles
1.02公斤麵糊

- 糖粉276克
- 中筋麵粉255克
- 鹽1撮
- 奶油227克，軟化
- 室溫蛋白120克
- 蜂蜜163克
- 香莢蘭精14克

1. 將糖、麵粉與鹽放入攪拌機的攪拌缸內，以槳狀攪拌器混合均勻。
2. 加入奶油與蛋白約¼，以低速攪拌，直到形成濃稠的膏狀混合物。
3. 加入蜂蜜混合均勻。慢慢加入其餘的蛋白與香莢蘭精，拌勻。
4. 將麵糊放入密封容器內蓋好，冷藏備用。
5. 將麵糊放在淺烤盤裡抹成長10公分、寬1公分的長方形，放入191℃的烤爐，烘烤成金色，約15分鐘。餅乾稍微在烤盤裡降溫，然後移到冷卻架徹底冷卻。
6. 放入密封容器內，以室溫保存。

NOTES：務必使用室溫的奶油和蛋白。若奶油和蛋白的溫度太低，麵糊會油水分離。

瓦片麵糊可於前一週預先製作。視需要用微波爐加熱，讓麵糊恢復到可塗抹的質地。

羅勒醬
Basil Sauce
12份

- 羅勒2束，只使用葉子
- 玉米糖漿，視需求添加

1. 以中火將一小鍋水加熱至沸騰，並準備冰水浴。
2. 將羅勒放入沸水中汆燙20秒，然後放入冰水浴中迅速降溫，取出瀝乾，擰乾多餘水分。
3. 將羅勒葉放入果汁機或食物調理機，接著倒入足量玉米糖漿打成滑順的醬。視需求以玉米糖漿調整稠度。
4. 加蓋保存備用。

檸檬凝乳
Lemon Curd
12份

- 蛋227克
- 糖255克
- 奶油340克，切小丁
- 檸檬汁184克
- 檸檬皮9克（1大匙）
- 玉米澱粉7克
- 鹽1撮

1. 取一只中型耐熱碗，放入蛋與糖，接著攪打混合均勻。
2. 加入其餘的材料，將碗放到一鍋微滾熱水上。
3. 繼續烹煮，頻繁攪打至質地濃稠且達85℃。
4. 以細網篩過濾到方形調理盆中，保鮮膜緊貼著表面覆上，冷藏至涼透。

糖漬藍莓醬
Blueberry Compote
12份

- 藍莓454克
- 檸檬皮9克（1大匙）
- 檸檬汁30毫升（2大匙）
- 糖，視需求添加

1. 取一只小型厚底鍋，放入藍莓340克、檸檬皮、檸檬汁，加水，要恰好淹過藍莓。
2. 以中火加熱至微滾，偶爾攪拌，煮到藍莓變軟，4-5分鐘。
3. 鍋子離火，加糖後嘗味。徹底冷卻。
4. 將混合物放入食物調理機或果汁機，打成滑順的泥狀。用細網篩過濾，視需要用水調整濃稠度。
5. 加蓋保存備用。出餐前拌入其餘的藍莓113克。

墨西哥萊姆塔
Key Lime Tart
12份

組成
- 香緹鮮奶油（食譜見下方）
- 墨西哥萊姆塔（食譜見下方）
- 草莓庫利（食譜見右欄）
- 萊姆

組合步驟
1. 準備12只餐盤。
2. 在萊姆塔表面均勻塗抹一層香緹鮮奶油，再把萊姆塔切成12份。
3. 將1片萊姆塔放到餐盤裡，舀起少許草莓庫利，放到餐盤上。
4. 舀起1球橢圓狀的香緹鮮奶油，放在萊姆塔上，將1片新鮮萊姆切片扭個角度，放上去裝飾。

香緹鮮奶油
Crème Chantilly
480毫升

- 高脂鮮奶油454克
- 糖粉57克
- 香莢蘭精14克

1. 攪拌機裝上球形攪拌器，鮮奶油打到濕性發泡。
2. 加入糖粉與香莢蘭精，繼續攪打至中性發泡。冷藏備用。

墨西哥萊姆塔
Key Lime Tart
12份

- 加糖煉乳680克
- 蛋149克
- 蛋黃66克
- 墨西哥萊姆汁170克
- 消化餅塔殼（食譜見下方）

1. 將煉乳、全蛋與蛋黃放入一只大碗，攪拌均勻。
2. 拌入萊姆汁。混合均勻即可，不要過度攪拌。
3. 將餡料倒入準備好的塔殼裡，放入149℃的烤爐，烘烤至餡料定型，約10分鐘。
4. 塔靜置冷卻至室溫，包起來冷凍1夜。餡料的質地應類似乳酪蛋糕。

消化餅塔殼
Graham Cracker Crust
276克

- 消化餅屑170克
- 融化奶油85克
- 糖21克
- 鹽1撮

1. 將所有材料放入中型攪拌缽內混合後，倒入直徑25公分（10吋）的塔模，均勻壓緊。
2. 放入163℃的烤爐，烘烤至定型且稍微呈褐色，約12分鐘。徹底冷卻後，填入餡料。

草莓庫利
Strawberry Coulis
454克

- 草莓454克
- 糖227克
- 檸檬汁30毫升（2大匙）

1. 將草莓、糖113克、與檸檬汁15毫升（1大匙）放入不起化學反應的中型厚底鍋內混合，讓水果醃漬20-30分鐘。
2. 以中火將混合物加熱至微滾，攪拌到糖溶解，約10分鐘。將混合物打成泥狀。

墨西哥萊姆塔

3. 以細網篩過濾，用其餘的糖和檸檬汁調整風味。放入密封容器中保存備用。

NOTE：依喜好加入澱粉漿為醬汁增稠。每480毫升果泥搭配由水30毫升（2大匙）對玉米澱粉14克混合而成的澱粉漿。將果泥加熱至沸騰，慢慢拌入澱粉漿，重新加熱至沸騰。徹底冷卻再使用。

芒果百香果溫煮鳳梨佐椰子布丁與芫荽雪碧冰

Mango and Passion-Poached Pineapple with Coconut Flan and Cilantro Sorbet

12份

組成

- 芒果百香果溫煮鳳梨（食譜見下方）
- 椰子芙蘭（食譜見1150頁）
- 芫荽雪碧冰（食譜見右欄）
- 椰子脆片（食譜見1150頁）

組合步驟

1. 準備12只餐碗。
2. 將鳳梨從湯汁中取出，保留備用。過濾湯汁，視需要用水調整濃稠度。
3. 芙蘭慢慢脫模，然後放在碗內中央偏後的位置。
4. 在每只碗內倒入溫煮湯汁約113克，在芙蘭前方放1塊切成角的鳳梨。
5. 在芙蘭上放1球舀成橢圓狀的雪碧冰，最後插上1塊椰子脆片。

芒果百香果溫煮鳳梨

Mango and Passion-Poached Pineapple

12份

- 鳳梨1顆
- 芒果泥340克
- 百香果泥113克
- 水170克
- 萊姆汁21克
- 糖170克
- 香蕉1根，切片

1. 修整鳳梨，切成12塊角形。
2. 將鳳梨、糖、果泥、水與萊姆汁放入大型耐熱碗。
3. 將混合物連同耐熱碗一起放在一大鍋微滾水上，煮至鳳梨變軟，1½-2小時。
4. 碗從鍋子中移開，加入香蕉片，加蓋冷藏1夜。

芫荽雪碧冰

Cilantro Sorbet

12份

雪碧冰糖漿

- 糖340克
- 水227克
- 葡萄糖漿57克

雪碧冰

- 芫荽567克，只使用葉子
- 水638克
- 冰品穩定劑177克
- 糖7.5克（1½小匙）
- 萊姆汁106克

1. 取一只中型厚底鍋，將雪碧冰糖漿的所有材料放入鍋中，加熱至沸騰。
2. 糖漿做好後加蓋冷藏備用。
3. 製作雪碧冰時，將水放入中型鍋，以中火加熱至沸騰。另外準備冰水浴。
4. 芫荽葉放入沸水中汆燙20秒，然後放入冰水浴中迅速降溫，取出瀝乾，擠乾多餘水分。
5. 芫荽葉秤重，加水，直到總重量達638克。

6. 將水和芫荽葉打成滑順泥狀，移入大碗中。加入其餘的水與雪碧冰糖漿517克，攪拌混合均勻。
7. 取一只小碗，放入冰品穩定劑、糖與萊姆汁。用手持式攪拌棒慢慢拌入芫荽混合物。
8. 將混合物放入冰淇淋機，依使用說明操作，製作雪碧冰。
9. 將雪碧冰放入密封容器裡，冷凍至能夠用湯匙挖取的硬度，需8小時或整夜。

椰子脆片
Coconut Chips
12份

- 新鮮椰子1顆
- 簡易糖漿（見1023頁），視需求添加

1. 沿著椰子最寬處敲一圈，將椰子分成兩半。
2. 將切開的椰子放在淺烤盤上，進177℃的烤爐，烘烤至軟，30-40分鐘。
3. 椰子徹底冷卻後，撬下椰肉。用削皮小刀削出12片半圓形的椰子薄片。
4. 以中火將少許簡易糖漿加熱至微滾。加入椰子切片，繼續煮5分鐘。鍋子離火，讓椰子在糖漿裡冷卻浸泡1夜。
5. 在淺烤盤內鋪上烘焙墊，放上椰子切片，以149℃烘烤，直到呈金褐色。
6. 將椰子脆片放入密封容器，以室溫保存備用。

椰子芙蘭
Coconut Flans
12份

- 糖454克
- 水113克
- 玉米糖漿113克
- 加糖煉乳595克
- 無糖椰奶510克
- 蛋4顆
- 香莢蘭精15毫升（1大匙）
- 鹽1撮

1. 取一只中型鍋，倒入糖與水，持續攪拌並加熱至沸騰。
2. 倒入玉米糖漿，繼續烹煮，不要攪拌。偶爾用沾了水的醬料刷將鍋子側面的糖漿往下刷，避免產生結晶。
3. 繼續烹煮至糖變褐色。鍋子離火，接著將焦糖倒入12只小烤皿，倒入的量要能覆蓋底部。保留備用。
4. 取一只大攪拌缽，將煉乳、椰奶、蛋、香莢蘭精與鹽放進去攪打均勻。
5. 將混合物均分到底部已覆上焦糖的小烤皿內。將小烤皿放入方形調理盆，盆中倒入足量溫水，至少要有小烤皿的一半高度。
6. 放入163℃的烤爐，烘烤至定型，30-35分鐘。
7. 烤好的芙蘭冷藏至少4小時再脫模。

NOTE：未脫模的芙蘭可以在烤皿內保存至多3天。

巧克力棉花糖餅乾

S'mores

12份

組成

- 消化餅（見1152頁）
- 消化餅冰淇淋（食譜見右欄）
- 棉花糖（見1152頁）
- 經典焦糖醬（見1153頁）
- 白奶油醬（見1154頁）
- 松露巧克力餡貝奈特餅（見1153頁）
- 巧克力貝奈特麵糊（見1154頁）
- 深炸用油，視需求添加
- 巧克力消化餅裝飾（見1152頁）
- 糖粉，視需求使用

組合步驟

1. 在淺烤盤內鋪上烘焙油紙，放上12只圓圈模。
2. 每只圓圈模底部放入消化餅材料7克，壓緊。
3. 將做好的冰淇淋放入圓圈模，冷凍1夜。
4. 讓冰淇淋脫模，包上棉花糖。冷凍備用。
5. 準備12只餐盤。用焦糖醬與白奶油醬裝飾餐盤中央。
6. 用瓦斯噴槍烤一下棉花糖外側。
7. 冷凍松露巧克力裹上貝奈特麵糊，放入177℃熱油中炸熟，3-4分鐘。用笊籬取出，放在廚房紙巾上瀝乾。
8. 將1份包覆棉花糖的冰淇淋放到盤內醬汁上，餅殼在下。放上1塊巧克力裝飾。
9. 在貝奈特餅撒上糖粉，放到巧克力上。
10. 出餐前，用削皮小刀將貝奈特餅切開。

消化餅冰淇淋

Graham Cracker Ice Cream

1.44公升

- 鮮奶851克
- 鮮奶油851克
- 葡萄糖漿43克
- 消化餅屑142克
- 深色紅糖156克
- 香莢蘭豆莢1根，剖半刮籽
- 蛋黃22顆
- 糖142克
- 鹽1克（¼小匙）

1. 取一只中型鍋，倒入鮮奶、高脂鮮奶油與葡萄糖漿，加入餅乾屑、深色紅糖與香莢蘭豆莢，以中火加熱至微滾。
2. 取一只中型攪拌缽，接著放入蛋黃、糖與鹽，攪打均勻。
3. 鮮奶混合物煮到微滾後，一邊少量穩定地倒入蛋黃混合物，一邊攪打。
4. 將混合物放回鍋內烹煮，持續攪拌，煮到可以沾裹木匙的稠度。
5. 混合物以細網篩過濾到雙層鍋的內鍋中，以冰水浴冰鎮至溫度低於4℃。
6. 將混合物放入冰淇淋機，依使用說明操作。
7. 將冰淇淋放入密封容器內，冷凍至可以舀取成球的硬度，8小時或整夜。

巧克力消化餅裝飾
Chocolate Graham Décor
12份

- 融化巧克力227克，調溫過
- 消化餅屑，視需求添加

1. 用曲柄抹刀將融化巧克力在烘焙油紙上抹成0.3公分厚。
2. 在巧克力完全定型之前，撒上大量消化餅屑。
3. 用削皮小刀將巧克力切成邊長6公分的正方形。蓋上另一張烘焙油紙，放上一塊淺烤盤，在巧克力逐漸定型期間將巧克力塊壓平。

巧克力棉花糖餅乾的消化餅
Graham Cracker Crust for S'mores
12份

- 消化餅屑284克
- 融化奶油170克
- 赤砂糖113克

將所有材料放入中型攪拌缽內混合。放入密封容器內保存備用。

棉花糖
Marshmallow
12份

- 吉利丁粉21克
- 冷水113克
- 糖340克
- 葡萄糖漿170克
- 蜂蜜57克
- 白色轉化糖漿57克
- 水85克
- 香莢蘭精7克
- 糖粉，視需求使用

1. 在淺烤盤裡鋪上抹油的烘焙油紙。
2. 取一只小碗，將吉利丁粉攪入水中泡軟。
3. 取一只中型厚底鍋，放入糖、葡萄糖漿、蜂蜜、白色轉化糖漿與水85克，煮到121℃。
4. 將糖液倒入攪拌機的攪拌缸內，裝上球形攪拌器，靜置，直到糖液溫度降至100℃。
5. 將吉利丁放入雙層鍋的內鍋，加熱融化。等糖液達到指定溫度，加入吉利丁，以高速攪打至厚稠，約8分鐘。
6. 加入香莢蘭精，徹底攪拌均勻。
7. 將棉花糖倒入準備好的烤盤上，用稍微抹油的刮刀抹平。
8. 將另一張抹了油的烘焙油紙放在棉花糖上，壓平表面，使表面平滑均勻。
9. 將棉花糖冷凍1夜。
10. 在棉花糖表面撒上糖粉，用滾輪刀切成長15公分、寬4公分的長條。
11. 放入密封容器中，以室溫保存。

松露巧克力餡貝奈特餅

Beignet Truffle Centers

40個

- 高脂鮮奶油248克
- 葡萄糖漿78克
- 苦甜巧克力276克，剁細
- 松露巧克力殼40個
- 融化的苦甜巧克力，視需求添加

1. 取一只小鍋，以中火將高脂鮮奶油與葡萄糖漿加熱至微滾。
2. 將剁碎的巧克力放入中型不鏽鋼攪拌缽，淋上熱騰騰的鮮奶油混合物。
3. 混合物靜置1分鐘後，從中間往外攪拌，形成滑順的甘納許。
4. 將混合物移入方形調理盆，室溫下靜置1小時。
5. 將混合物裝入裝設中型圓形擠花嘴的擠花袋內，擠到松露巧克力殼裡，上面只要保留足夠空間，讓融化巧克力能將松露巧克力封起來即可。將填好餡的松露巧克力放入冰箱冷藏定型1小時。
6. 將少許融化巧克力裝入擠花袋，在擠花袋尖端剪一個小洞，擠出融化巧克力，接著將松露巧克力封起來。
7. 將做好的松露巧克力餡料球冷凍至徹底變硬，約2小時。

經典焦糖醬

Classic Caramel Sauce

12份

- 高脂鮮奶油680克
- 糖369克
- 葡萄糖漿284克
- 奶油64克，切丁後放軟

1. 將鮮奶油放入厚底鍋內，以中火加熱至沸騰，調成文火，使鮮奶油保持溫熱。
2. 準備冰水浴。將糖與葡萄糖漿放入厚底鍋內混合均勻，放在中火上慢慢烹煮，持續攪拌到糖溶解後，停止攪拌，繼續將糖漿煮成金色焦糖。鍋子離火，以冰水浴迅速降溫，終止加熱。
3. 將鍋子從冰水浴取出，拌入奶油。小心拌入熱鮮奶油，徹底攪拌均勻。
4. 以室溫保存備用。若要長時間保存，需放入密封容器內冷藏，使用前加熱即可。

白奶油醬
White Sauce
12份

- 酸奶油227克
- 糖粉21克
- 香莢蘭精7克
- 高脂鮮奶油，視需求添加

1. 取一只小碗，放入酸奶油、糖與香莢蘭精拌勻。接著拌入高脂鮮奶油，直到混合物呈現如蜂蜜般的稠度。
2. 將做好的醬汁放入密封容器內冷藏保存備用。

NOTE：冷藏過的醬汁會稍微變稠，可視需要用高脂鮮奶油調整濃稠度。

巧克力貝奈特麵糊
Chocolate Beignet Batter
40塊貝奈特餅

- 高筋麵粉269克
- 糖184克
- 可可粉85克
- 泡打粉7克
- 鹽3克（1小匙）
- 全脂鮮奶240克
- 蛋198克
- 芥花油43克
- 香莢蘭精15毫升（1大匙）
- 松露巧克力餡貝奈特餅40個（見1153頁）
- 麵粉，視需求使用

1. 將槳狀攪拌器裝到攪拌機上，在攪拌缸內放入高筋麵粉、糖、可可粉、泡打粉與鹽，拌勻。
2. 加入鮮奶、蛋、油與香莢蘭精，繼續攪拌成滑順麵糊。
3. 將混合物移入密封容器內，冷藏靜置1夜。
4. 先將巧克力餡球放在麵粉中滾一滾，再裹上麵糊（見1151頁組合步驟）。

巧克力棉花糖餅乾（見 1151 頁）

泡芙塔
Profiteroles
12份

組成

- 巧克力醬（見1159頁）
- 香莢蘭焦糖醬（見1159頁）
- 白奶油醬（見1154頁）
- 巧克力泡芙（見1160頁）
- 巧克力玉米脆片（見1159頁）
- 糖粉，視需求使用
- 香莢蘭冰淇淋（食譜見右欄）
- 咖啡冰淇淋（見1158頁）
- 焦糖牛奶冰淇淋（見1158頁）
- 巧克力管（見1160頁）

組合步驟

1. 準備12只碗。
2. 將巧克力醬、香莢蘭焦糖醬和白奶油醬放入擠花袋內，沿著每個碗的周圍一點一點交替擠上去。
3. 用牙籤畫圈，畫出漩渦狀的醬汁。
4. 泡芙切開，在泡芙內填入巧克力玉米脆片約15毫升（1大匙）。
5. 在保留的泡芙上蓋上撒糖粉。
6. 每只碗內放入3個泡芙，泡芙內分別填入香莢蘭冰淇淋、咖啡冰淇淋，以及焦糖牛奶冰淇淋各22毫升。
7. 在冰淇淋表面用巧克力醬淋出三角形。
8. 在冰淇淋上放兩條巧克力棒，將撒了糖粉的泡芙上蓋蓋回。

香莢蘭冰淇淋
Vanilla Ice Cream
1.44公升

- 鮮奶454克
- 高脂鮮奶油454克
- 玉米糖漿28克
- 糖198克
- 鹽1克（¼小匙）
- 香莢蘭豆莢1根，剖開刮籽
- 蛋黃305克

1. 將鮮奶、鮮奶油、玉米糖漿、糖½的量、鹽、香莢蘭豆莢和籽放入厚底鍋內混合。
2. 以中火將混合物加熱至微滾，持續攪拌並煮7-10分鐘。
3. 鍋子離火，加蓋浸泡5分鐘。
4. 浸泡的同時，將蛋黃和其餘的糖攪拌均勻。
5. 將香莢蘭豆莢從鮮奶混合物中取出，並將混合物重新加熱至微滾。
6. 用打蛋器將⅓的熱鮮奶混合物以調溫方式打入蛋黃裡。
7. 將蛋黃混合物放回厚底鍋內和其餘鮮奶液混合，以中火烹煮並持續攪拌，煮到混合物可以沾裹木匙的稠度，約3-5分鐘。
8. 將冰淇淋基底過濾到放在冰水浴上的金屬容器裡，偶爾攪拌，直到溫度降至4℃，約1小時。
9. 容器加蓋冷藏至少12小時。
10. 將混合物放入冰淇淋機，依使用說明操作。
11. 將冰淇淋放入保存容器中，使用前冷凍數小時或整夜。

咖啡冰淇淋

Coffee Ice Cream

1.44公升

- 鮮奶454克
- 高脂鮮奶油454克
- 玉米糖漿28克
- 糖198克
- 粗磨咖啡57克
- 鹽1克（¼小匙）
- 蛋黃305克

1. 將鮮奶、鮮奶油、玉米糖漿、糖½的量、咖啡粉與鹽放入厚底鍋內混合。
2. 以中火將混合物加熱至微滾，持續攪拌煮7-10分鐘。不要讓混合物沸騰。
3. 鍋子離火，加蓋浸泡5分鐘。
4. 浸泡的同時，將蛋黃與其餘的糖拌勻。
5. 將咖啡粉從鮮奶液過濾出來，將鮮奶液重新加熱至微滾。
6. 以打蛋器將⅓的熱鮮奶混合物拌入蛋黃，持續攪打調溫。
7. 將蛋奶混合物放回厚底鍋內與其餘熱鮮奶混合，持續攪拌，以中火煮到混合物可以沾裹木匙的稠度，3-5分鐘。
8. 將冰淇淋基底過濾到放在冰水浴上的金屬容器裡，偶爾攪拌，直到溫度降至4℃，約1小時。
9. 加蓋冷藏至少12小時。
10. 將混合物放入冰淇淋機內，依使用說明操作。
11. 將冰淇淋放入保存容器內，使用前冷凍數小時或整夜。

焦糖牛奶冰淇淋

Dulce de Leche Ice Cream

1.44公升

- 加糖煉乳1罐（396克）
- 鮮奶454克
- 高脂鮮奶油454克
- 玉米糖漿28克
- 糖198克
- 鹽1克（¼小匙）
- 香莢蘭豆莢1根，剖開，刮籽
- 蛋黃305克

1. 將煉乳罐放入鍋中，並在鍋內注入至少比罐子高3公分的水。
2. 煮4小時，期間確保罐子被水淹沒。煉乳罐不打開，置於室溫下備用。
3. 將鮮奶、鮮奶油、玉米糖漿、糖½的量、鹽、香莢蘭豆莢與籽放入厚底鍋內混合。
4. 以中火將混合物加熱至微滾，過程中不停攪拌，7-10分鐘。
5. 鍋子離火，加蓋浸泡5分鐘。
6. 浸泡的同時，將蛋黃與其餘的糖攪拌均勻。
7. 將香莢蘭豆莢從鮮奶混合物裡取出，重新將鮮奶混合物加熱至微滾。
8. 以打蛋器將⅓的熱鮮奶液拌入蛋黃裡，持續攪打調溫。
9. 將蛋奶混合物放回厚底鍋內與其餘熱鮮奶拌勻，在中火上持續攪拌到混合物可以沾裹木匙的稠度，約3-5分鐘。
10. 將冰淇淋基底過濾到放在冰水浴上的金屬容器裡，偶爾攪拌，讓基底的溫度冷卻到4℃，約1小時。
11. 基底等待冷卻的同時，打開煉乳罐，將煉乳加到溫熱基底中徹底拌勻。基底冷卻後，加蓋冷藏至少12小時。

12. 將混合物放入冰淇淋機，依使用說明操作。
13. 將冰淇淋放入保存容器裡，使用前冷凍數小時或整夜。

巧克力玉米脆片

Corn Flake Crunch

709克

- 榛果64克
- 糖64克
- 鮮奶巧克力340克，剁細
- 玉米脆片241克

1. 將榛果與糖放入食物調理機內，研磨至混合物附著在調理杯壁上。將混合物往下刮，繼續研磨。接著持續重複這個步驟至少3次，直到形成滑順膏狀。
2. 巧克力放入金屬碗內，放在微滾水上加熱融化。巧克力完全融化後，輕輕拌入玉米脆片與榛果糖混合物。
3. 將混合物倒入鋪了烘焙油紙的淺烤盤裡，抹成薄薄的一層。放入有蓋容器中，於室溫環境中保存。使用前視需要重新加熱。

巧克力醬

Chocolate Sauce

12份

- 糖142克
- 水227克
- 玉米糖漿64克
- 可可粉57克
- 苦甜巧克力227克，剁碎

1. 將糖、水與糖漿放入厚底鍋內，以中大火加熱至沸騰後離火。
2. 將可可粉放入耐熱碗，加入足量糖漿調成糊狀，攪拌到滑順。接著慢慢加入其餘糖漿，徹底攪拌均勻。
3. 加入巧克力，徹底攪拌均勻。
4. 以細網篩過濾醬汁。將醬汁放入密封容器中保存備用。

香莢蘭焦糖醬

Vanilla Caramel Sauce

12份

- 高脂鮮奶油369克
- 香莢蘭豆莢1根，剖開刮籽
- 鹽1撮
- 糖198克
- 水57克
- 玉米糖漿142克
- 奶油28克，切丁

1. 將鮮奶油、香莢蘭豆莢與籽和鹽混合均勻。以中火加熱至微滾，加蓋浸泡10分鐘後，取出香莢蘭豆莢，混合物保留備用。
2. 將糖和水放入鍋中，以中大火加熱至微滾。
3. 加入玉米糖漿，繼續烹煮但不要攪拌，直到混合物轉為中等焦糖色，約7分鐘。
4. 鍋子離火，拌入奶油。慢慢打入鮮奶油混合物。
5. 醬汁稍微放涼後，移到出餐用的容器內。
6. 若要長時間保存，需放入密封容器中冷藏。使用前加熱。

巧克力泡芙

Chocolate Pâte à Choux

12份

- 鮮奶227克
- 水227克
- 奶油227克
- 鹽3克（1小匙）
- 高筋麵粉184克
- 可可粉43克
- 蛋354克（6顆）

1. 將鮮奶、水、奶油與鹽放入厚底鍋內，以中火加熱至沸騰。鍋子離火，麵粉與可可粉全部倒入，接著持續攪拌到混合物變成一團、不沾鍋，約3分鐘。
2. 將混合物移入攪拌機的攪拌缸內，裝上槳狀攪拌器，以中速大致攪打一下。加入蛋，每次2顆，每次加完都要攪打至滑順再繼續加。
3. 將麵糊填入裝了5號圓形花嘴的擠花袋裡，在鋪了烘焙油紙的烤盤上擠成直徑4公分的燈泡狀。
4. 以182℃烘烤，直到表面出現裂痕，約50分鐘。
5. 讓烤好的泡芙降到室溫。
6. 從距離表面約⅓處切開，保留泡芙蓋與底部，待稍後填餡。如果沒有要馬上使用，不要切開，直接放入密封容器中以室溫保存，或冷凍長時間保存。

巧克力管

Chocolate Straws

12根

- 巧克力340克，融化後調溫

1. 將調溫過的巧克力倒在大理石板上抹平，巧克力抹開的寬度不應超過用來製作巧克力管的工具，若是太寬，等到巧克力稍微定型，接著用削皮小刀的刀尖將巧克力劃成細長條狀。待巧克力略微定型。
2. 將巧克力刮成吸管狀。刮巧克力的方向務必與長條狀的長邊平行，否則巧克力管會相互捲曲，難以分開。

附錄

APPENDIX

常用乾燥豆類的浸泡與烹煮時間

種類	浸泡時間	烹煮時間
紅豆	4小時	1小時
黑豆	4小時	1½小時
黑眼豆*	—	1小時
鷹嘴豆	4小時	2-2½小時
蠶豆	12小時	3小時
大北豆	4小時	1小時
紅腎豆或白腎豆	4小時	1小時
扁豆 *	—	30-40分鐘
皇帝豆	4小時	1-1½小時
綠豆	4小時	1小時
海軍豆	4小時	2小時
去莢乾燥豌豆瓣	—	30分鐘
完整豌豆	4小時	40分鐘
樹豆	—	30分鐘
粉紅芸豆	4小時	1小時
黑白斑豆	4小時	1-1½小時
黃豆	12小時	3-3½小時

*浸泡並非必要。

溫度換算表

華氏	攝氏 *
32℃	0 °F
40℃	4 °F
140℃	60 °F
150℃	66 °F
160℃	71 °F
170℃	77 °F
212℃	100 °F
275℃	135 °F
300℃	149 °F
325℃	163 °F
350℃	177 °F
375℃	191 °F
400℃	204 °F
425℃	218 °F
450℃	232 °F
475℃	246 °F
500℃	260 °F

*攝氏溫度已四捨五入。

常見義大利麵食與穀物的烹煮比例與時間

種類	穀物與液體(杯)比例	完成烹煮時的分量	烹煮時間
珍珠麥	1:2	4	35-45分鐘
脫殼大麥粒	1:2½	4	50-60分鐘
脫殼蕎麥粒(烘製)	1:1½-2	2	12-20分鐘
庫斯庫斯	1:1¼-1½	1½-2	5-10分鐘
脫殼玉米粒(完整) †	1:2½	3	2½-3小時
粗玉米粉	1:4	3	25分鐘
小米	1:2	3	30-35分鐘
脫殼燕麥粒	1:2	2	45-60分鐘
扎實的義式粗玉米粉	1:4	5	35-45分鐘
軟嫩的義式粗玉米粉	1:5	6	35-45分鐘
Arborio米(煮燉飯用)	1:3	3	18-22分鐘
印度香米	1:1½	3	25分鐘
卡羅來納米	1:1¾	3	25-30分鐘
改造米	1:2	4	18-20分鐘
泰國香米	1:1½	3	25分鐘
長粒糙米	1:3	4	40分鐘
長粒白米	1:1½	3	12-15分鐘
短粒糙米	1:2½	4	30-35分鐘
短粒白米	1:1-1½	3	20-30分鐘
野米	1:4	5	40-45分鐘
美洲山核桃(胡桃)	1:1¾	4	20分鐘
麥仁	1:3	2	1小時
浸泡過的布格麥 ‡	1:4	2	2小時
抓飯用的布格麥 ‡	1:2½	2	15-20分鐘
小麥碎粒 §	1:2	3	20分鐘

† 應以微溫水浸泡，濾乾後蒸煮。 ‡ 應以冷水浸泡整晚，瀝乾後烹煮。
§ 可以淹過的沸水烹煮並浸泡2小時，或是運用烹煮抓飯的方法。

重量換算表*

美制	公制
¼盎司	7克
½盎司	14克
1盎司	28.35克
4盎司	113克
8盎司(½磅)	227克
16盎司(1磅)	454克
32盎司(2磅)	907克
40盎司(2½磅)	1.134公斤

容積換算表*

美制	公制
1小匙	5毫升
1大匙	15毫升
1液盎司(2大匙)	30毫升
2液盎司(¼杯)	60毫升
8液盎司(1杯)	240毫升
16液盎司(1品脫)	480毫升
32液盎司(1夸脫)	960毫升
128液盎司(1加侖)	3.84公升

* 這些都是準確的度量。為了方便在廚房裡使用，食譜內的分量都經過四捨五入。

重量與容積換算表

體積	
少許／一撮	少於⅛小匙
3小匙	1大匙（½液盎司）
2大匙	⅛杯（1液盎司）
4大匙	¼杯（2液盎司）
5⅓大匙	⅓杯（2⅔液盎司）
8大匙	½杯（4液盎司）
10⅔大匙	⅔杯（5⅓液盎司）
12大匙	¾杯（6液盎司）
14大匙	⅞杯（7液盎司）
16大匙	1杯
1及耳	5液盎司

體積	
1杯	8液盎司（240毫升）
2杯	1品脫（480毫升）
2品脫	1夸脫（960毫升）
4夸脫	1加侖（3.84公升）
8夸脫	1配克（7.68公升）
4配克	1蒲式耳（31公升）

重量	
1盎司	28.35克
16盎司	1磅（453.59克）
1公斤	2.2磅

常用單位換算表

美制	公制	容積	容積（液盎司）
1磅	454克	16盎司（重量）	按產品而定
1加侖	3.84公升	4夸脫	128液盎司
1夸脫	960毫升	2品脫	32液盎司
1品脫	480毫升	2杯	16液盎司
1杯	240毫升	16大匙	8液盎司
1大匙	15毫升	3小匙	½液盎司

計算資訊、提示與訣竅

1加侖＝4夸脫＝8品脫＝16杯（每杯8液盎司）＝128液盎司

1第五瓶型*＝約1½品脫或25.6液盎司＝約750毫升

1量杯為8液盎司（咖啡杯容量通常為6液盎司）

1個蛋白＝2液盎司（平均）

1個檸檬＝1-1¼液盎司果汁

1個橙子＝3-3½液盎司果汁

「盎司與磅」換算成「克」：盎司 ×28.35；磅 ×453.59

「華氏」換算成「攝氏」：（華氏溫度－32）÷1.8＝攝氏溫度

「盎司與磅」換算成「克」：盎司 ×28.35為克；磅 ÷2.2為公斤

「克」換算成「盎司或磅」：克數 ÷28.35為盎司；克數 ÷453.59為磅

「液盎司」換算成「毫升」：液盎司 ×30為毫升

「毫升」換算成「液盎司」：毫升數 ÷30為液盎司

公制詞綴：	kilo＝與千有關之字首	deci＝十分之一
	hecto＝百	centi＝百分之一
	deka＝十（字首）	milli＝千分之一

換算為常用單位：要換算成常用單位（重量或體積），可使用上頁表格。此資訊是為了方便將測量單位換算成實用且易於使用的食譜單位，並用以確定成本。

*編注：此為美國舊制的蒸餾酒裝瓶容量。

重要詞彙釋義

GLOSSARY

A

Abalone（鮑魚）：外殼長度約15公分的單殼軟體動物，具有一塊可食用的大型閉殼肌。鮑魚通常會先切大塊並搥打成肉排，再煎炒或燒烤，味道溫和，質地耐嚼。

Aboyeur（控菜員）：負責催菜或叫菜，屬於廚房團隊分工系統的工作站之一。控菜員從餐廳收到點菜單，將餐點項目傳達至廚房的適當工作站，並在出餐前檢查每一份餐點。

Acid（酸）：酸鹼值低於7的物質。通常帶有酸味或刺激的味道。許多食物天生就有酸性，例如柑橘汁、醋、葡萄酒和酸奶產品。在醃醬裡，酸的作用是嫩化，能幫助分解結締組織與細胞壁。

Adulterated food（不潔食品）：受到污染以至於被認定為不適合人類食用的食品。

Aerobic bacteria（好氧細菌）：需要氧氣才能作用的細菌。

Aioli（蒜泥蛋黃醬）：通常當成魚類與肉類的配料。義大利文為「allioli」，西班牙文為「aliolio」。

À la carte（單點）：顧客從菜單內的各個菜餚類別分別點菜。每道菜都個別定價。

À l'anglaise（英式作法）：為法文名詞，意思是「以英國人的方式」調製的菜餚，指裹上麵包粉後，經煎炸、或沸煮，或低溫水煮的菜餚。

Albumen（蛋白）：占全蛋的70%，且含有全蛋大部分的蛋白質。

Al dente（彈牙）：字面上為「保留嚼勁彈牙的程度」，指將食材如義式麵食或蔬菜煮到柔軟，但仍緊實不軟爛。

Alkali（鹼）：酸鹼值高於7的物質。可以用來平衡酸，有時被描述為稍微帶有皂味。橄欖油和小蘇打都屬於鹼性食品。

Allumette（火柴棒狀）：蔬菜切工的法文名稱，通常指將馬鈴薯切成火柴棒大小與形狀，也就是寬度與厚度皆為0.3公分，長度3-5公分的大小。意義與切細條（julienne）相同。

Amandine（撒上杏仁配料）：法文，指用杏仁來裝飾。

Amino acids（胺基酸）：蛋白質的基本構成單位。在人類飲食的20種胺基酸之中，有9種是「必需胺基酸」，因為人體無法生產這些胺基酸，必須透過飲食的方式取得。

Amuse-gueule（餐前點心）：即法文的「開胃菜」。主廚品味菜（chef's tasting）：一小份（一或兩口）帶有異國情調、罕見或特殊的菜餚，通常在客人於餐廳入座時出餐。這種餐前點心通常不在菜單裡，包含在開胃菜的價格內，不另外計價。

Anaerobic bacteria（厭氧細菌）：不需要氧氣就能作用的細菌。

Angel food cake（天使蛋糕）：海綿蛋糕的一種，製作時不使用蛋黃或其他油脂。打發蛋白讓這種蛋糕具有輕盈蓬鬆的結構。一般以戚風蛋糕模烘烤。

Antioxidants（抗氧化劑）：在有氧環境中能延遲組織分解的天然物質，可以在加工過程中添加到食品裡，也可能自然生成。抗氧化劑有助於避免食品因為氧化而腐敗或褪色。

Antipasto（義式開胃菜）：字面意思是「餐前」，一般是熱的或冷的開胃點心綜合拼盤，可以包括肉、橄欖、乳酪與蔬菜。

Apéritif（餐前酒）：低酒精飲料，於餐前飲用，可刺激食慾。

Appareil（混合材料）：以許多材料調製而成的混合物，可單獨使用或供其他烹調用。

Appetizer（開胃菜）：在正餐前出餐或是當成第一道菜餚的輕食，有冷有熱，可盛盤出餐，或是以手指食物（finger food）的方式出餐。

Aquaculture（水產業）：在自然環境或經過控制的海水缸或海水池內養殖魚類或蝦蟹貝。

Arborio 米：富含澱粉的短粒米，常用來烹煮義式燉飯。

Aromatics（芳香食材）：包括香料植物、辛香料、蔬菜、柑橘類水果、酒與醋等食材，用於增進菜餚的味道與香氣。

Aromatized wine（加味葡萄酒）：指浸入任何芳香植物或苦味香料植物、根、樹皮或其他植物部分的加烈葡萄酒（如苦艾酒）。

Arrowroot（葛粉）：粉末狀澱粉，以名為葛鬱金的熱帶植物的根製成。主要用作稠化物，烹煮以後仍能保持透明。

Aspic（清湯凍）：用高湯（偶爾也會用果汁或蔬菜汁）加入明膠做成的透明果凍。用來鋪在食物上，或是切塊後當成裝飾配料。

As-purchased（AP）weight（進貨重量）：指食材在從供應商手中收到、尚未經過修整或其他製作手法處理前的重量（相對於可食部分重量）。

B

Bacteria（細菌）：微生物的一種。有些細菌是益菌，有些則會造成食物感染，吃下受感染食物可能會導致食物感染病。

Baguette（法國棍子麵包）：源自法國的長條狀麵包，以340-454克麵糰製作，麵糰會被整形成直徑5-8公分、長度46-61公分的長條狀。麵糰以麵粉、水、鹽和酵母製作，可以形成薄紙般的酥脆表皮，以及輕盈蓬鬆的麵包心。

Bain-marie（水浴）：法文，指將烹煮容器放入微滾清水中，以水的熱度慢慢烹煮食物。同時也指以水浴法烹煮食物的圓筒狀嵌套式鍋具組，或是具有長鍋柄、可用作雙層蒸鍋的圓筒狀嵌套式鍋具組（即隔水燉煮鍋）。也可指水蒸保溫檯的內鍋。

Bake（烘烤）：將食物放在封閉環境中利用乾熱烹煮，例如置於烤爐中。

Bake blind（盲烤）：將未填餡的糕餅皮烘烤到半熟或全熟，烘烤時應在派皮內鋪上烘焙油紙，然後放上壓派石，壓派石可在烘烤期間或完成烘烤以後移除。

Baking powder（泡打粉）：化學膨大劑，以一種鹼性成分和一種酸性成分製成，最常見的組合是碳酸氫鈉（小蘇打）與塔塔粉。泡打粉接觸液體時會產生二氧化碳氣體，讓麵糰與麵糊膨脹。雙重反應泡打粉含有能夠製造出兩次膨發反應的成分：第一次作用發生在泡打粉與液體接觸之際，第二次作用發生在加熱的時候。

Baking soda（小蘇打）：碳酸氫鈉，是膨發劑的一種，和酸性成分與水分結合以後，能夠釋出二氧化碳氣體，讓烘焙食品膨脹。

Barbecue（炭烤）：指以在柴火或炭火上燒烤的方式烹煮食物。烹煮時通常會在食物上面刷醃醬或醬汁。同時也指以這種方式烹煮的肉類。

Bard（包油）：指用一片片或一條條脂肪如培根或豬背脂肪將瘦肉蓋起來，藉此在烘烤或燜煮期間以油脂澆淋肉塊。一般會以棉線將脂肪綁在肉塊上。

Barquette（船形塔）：做成船形的塔或小塔，餡料可甜可鹹。

Baste（澆淋）：在烹煮期間以烤盤內的肉汁、醬汁或其他液體濕潤食物，可以避免食物乾掉。

Batch cooking（大批烹煮）：烹煮技巧的一種，指供餐期間分幾次準備相當大量的食物，如此一來，廚房就隨時都能供應剛做好的菜色。

Baton / batonnet（切長條）：切成比火柴棒或細條還要粗的長條狀，法文意指「棒子」或「小棒子」，通常寬度與厚度為0.6公分，長度3-5公分。

Batter（麵糊）：麵粉與液體的混合物，有時會加入其他食材。麵糊有不同的濃稠度，不過一般來說為半流質，比麵糰來的稀薄，通常用來製作蛋糕、快速麵包、美式煎餅與可麗餅等，也可以是深炸前用來裹在食材上的液狀混合物。

Bavarian cream, bavarois（巴伐利亞餡）：慕斯狀的甜點，製作時用了以水果泥或果汁調味的香莢蘭醬，加入打發鮮奶油讓質地變輕盈，並以明膠幫助定形。

Béarnaise（貝亞恩蛋黃醬）：經典的奶油乳化液，類似荷蘭醬，使用蛋黃、白酒醬、紅蔥與龍蒿製成。以奶油和龍蒿與細葉香芹製作的醬汁也稱為貝亞恩醬。

Béchamel（白醬）：白色醬汁，製作時以奶油炒麵糊讓牛奶濃縮，並以白色調味蔬菜來調味。白醬是最重要的基本醬汁之一。

Bench-proof（中間發酵）：製作酵母麵糰時，讓麵糰在入模後、烘烤前所進行的發酵。

Beurre blanc（奶油白醬）：字面意思是「白色的奶油」。奶油白醬是一種傳統的乳化醬汁，製作時使用了白酒醬與紅蔥，同時用奶油增稠，最後也可能加入新鮮香料植物或其他調味料。

Beurre fondu（融化奶油）：融化後的奶油。

Beurre manié（奶油麵糊）：字面意思是「揉過的奶油」。這是一種以同樣重量的奶油與麵粉做成的混合物，用作肉汁和醬汁的稠化物。

Beurre noir（黑奶油醬）：字面意思是「黑色的奶油」。可以指被煮到顏色變成深褐色或接近黑色的奶油。同時也指用褐化的奶油、醋、歐芹末與酸豆做成的醬汁，通常搭配魚類。

Beurre noisette（褐化奶油）：字面意思是「榛果奶油」，意指褐化的奶油。作法是將奶油加熱到呈榛果色。

Binder（黏結料）：材料或混合材料的一種，用來讓醬汁變稠，或是讓其他食材混合物結合在一起。

Bisque（法式濃湯）：以甲殼類或蔬菜泥為基底的湯，傳統作法以米飯為稠化物，最後通常會加入鮮奶油。

Bivalve（雙殼類）：有兩片相連貝殼的軟體動物，例如蛤蜊、扇貝、牡蠣與貽貝。

Blanc（白水）：由水、麵粉、洋蔥、丁香、香料包、食鹽與檸檬汁製成。用來烹煮蘑菇、根芹菜、黑皮婆羅門參或花椰菜等蔬菜，讓蔬菜保持白色。

Blanch（汆燙）：將食材放入沸水或高溫油脂中短暫烹煮後取出，再完成烹煮或拿去存放。汆燙能保持食材的顏色，緩和強烈的味道，並有助於去除某些水果或蔬菜的表皮。

Blanquette（法式白醬燉肉）：白醬燉肉的一種，通常以小牛肉為主要食材，不過有時候也會使用雞肉或羊肉來搭配白洋蔥與蘑菇。上菜時搭配以黏結料稠化的醬汁。

Blend（調配）：由兩種以上的風味結合在一起，以做出特定風味或品質的混合物。同時也指將兩種以上的食材混合均勻。

Blini（俄羅斯布林薄煎餅）：以酵母發酵的蕎麥薄餅，與銀幣鬆餅（silver dollar-size pancake）差不多大小，源自俄羅斯。

Bloom（軟化明膠、布倫、果粉、霜斑、凝膠力）：將明膠放入液體中吸水的動作。

這個字也指蘋果、藍莓、葡萄與李子表皮上的淺灰色薄粉。同時也指出現在未調溫固體巧克力表面的一條條白色／灰色油脂或糖。（編注：布倫為明膠強度的單位）

Boil（沸煮、高溫水煮）：讓食物完全沉浸在達到沸點（100℃）的液體裡烹煮。

Borscht（羅宋湯）：一道源自俄羅斯與波蘭的湯品，以新鮮甜菜製作，並以酸奶油裝飾。這道湯可以包括各式各樣的蔬菜與／或肉，可當熱湯，也可當作冷湯。

Botulism（肉毒桿菌中毒）：由肉毒桿菌這種厭氧細菌產生的毒素所引起的食物感染病。

Boucher（砧樸廚師）：法文字。

Bouillabaisse（馬賽魚湯）：以魚類和蝦蟹貝烹煮而成的豐盛燉煮菜，以番茄、洋蔥、蒜頭、白酒和番紅花調味，為法國馬賽的傳統菜餚。

Bouillon（清湯）：清湯（broth）的法文。

Boulanger（麵包師傅）：烘焙師，尤其指專做麵包及其他不加糖麵糰類的烘焙師。

Bouquet garni（香草束）：一小束用棉線綁起來的香料植物。用來為高湯、燜煮煮液與其他製劑調味。通常包含月桂葉、歐芹、百里香，也有可能包括其他用韭蔥葉包起來的芳香食材。

Braise（燜煮）：烹煮肉類等食物時，先以油脂煎上色，再放入有蓋容器內，用少量高湯或其他液體（通常高度達到肉塊的一半）低溫微滾煮。接下來，煮液會被收稠並用作醬汁的基底。

Bran（麩皮）：穀粒的外層；纖維含量最高的部分。

Brandy（白蘭地）：以蒸餾酒或發效果醪製成的烈酒，可以放入橡木桶陳釀。

Brasier / Brazier（燜鍋）：特別為燜煮設計的鍋子，通常有兩個把手與密合的鍋蓋。一般為圓形，不過也有方形或長方形。又稱為雙耳燉鍋。

Bread（麵包）：以麵粉、糖、起酥油、食鹽和液體做成的產品，由於酵母的作用而發酵膨脹。也指在煎炸或烘烤前先將食物裹上麵粉、雞蛋與麵包粉的動作。

Brigade system（廚房團隊分工系統）：由名廚 Georges-Auguste Escoffier 構想出來的廚房組織系統。每個職位都設有一個站點，而且每個站點都有定義明確的職責。

Brine（鹵水）：由食鹽、清水和調味料構成的溶液，用來保存或濕潤食物。

Brioche（布里歐喜麵包）：以高油酵母麵糰製作，按傳統應放入花環蛋糕模烘烤，並在上面用麵糰做出獨特的結。

Brisket（牛前胸肉）：取自牛屠體前軀下半部的部位，適合長時間烹煮，例如燜煮。鹽漬牛肉是醃漬過的牛前胸肉。

Broil（炙烤）：利用位於上方的輻射熱源烹煮食物的方法。

Broiler（炙烤爐）：用於炙烤食物的設備。

Broth（清湯）：美味芳香的液體，以清水或高湯和肉類、蔬菜與／或辛香料與香料植物一起微滾煮而成。

Brown sauce（褐醬）：用褐高湯與芳香材料製成的醬汁，以奶油炒麵糊、澱粉漿與／或濃縮高湯為稠化物；西班牙醬汁、半釉汁、速成小牛褐醬、鍋底醬等都屬於褐醬。

Brown stock（褐高湯）：琥珀色的液體，作法是將煎烤過的骨頭與肉（通常取自小牛或成牛），和蔬菜與芳香材料（包括焦糖化的調味蔬菜與番茄糊）一起微滾煮而成。

Bruise（壓扁）：稍微將食材壓碎以釋出食材的味道。

Brunoise（切細丁）：切成0.3公分小方塊的切法。要切小丁的時候，食材應切細絲後再橫切。若要切成更小的0.15公分細丁，則在切絲時切得更細。

Butcher（砧樸廚師）：指負責將肉類、雞禽切塊的廚師或供應商，有時也會處理魚類。在廚房團隊分工系統中，砧樸廚師可能也得負責為肉、魚類裹麵包粉，以及其他涉及肉類的烹飪前操作。

Butter（奶油）：半固體的油脂，以攪拌鮮奶油的方式製成；奶油必須含有至少80% 的乳脂。

Buttercream（奶油霜）：用奶油、糖、雞蛋或卡士達做成的糖霜，用於裝飾蛋糕和糕點。奶油霜有義式、瑞士式、法式和德式四種類型。

Butterfly（切開攤平）：將食材（通常是肉或海鮮）切開，並像一本書或蝴蝶翅膀一樣地攤開。

Buttermilk（白脫乳）：乳製飲品，稍帶類似優格的酸味。按傳統製作方式，白脫乳是製作奶油的液狀副產品，現在通常以培養脫脂牛奶的方式製作。

C

Cajun（卡津料理）：融合法式料理與美國南方料理風味的豐盛料理，代表性食材包括辛香料、深色奶油炒麵糊、豬油、北美檫樹葉粉、青椒、洋蔥與西洋芹。什錦飯（Jambalaya）是一道傳統卡津料理。

Calorie（卡路里）：食物能量的測量單位。1000卡路里（即大卡）是讓1克清水上升1℃所需的能量。

Canadian bacon（加拿大培根）：煙燻豬腰脊肉心。在加拿大俗稱「peameal」或「back bacon」。加拿大培根比培根塊來得瘦，而且購買時已預煮。

Canapé（法式小點）：由一小塊麵包或吐司加上香鹹抹醬或餡料做成的開胃菜，麵包片通常會切成裝飾性形狀。

Caramelization（焦糖化反應）：利用熱能來讓糖焦化的過程。糖的焦糖化反應發生在160-182℃之間。

Carbohydrate（碳水化合物）：人體當成能量來源的基本營養物質之一，有單一碳水化合物（各種醣類）與複合碳水化合物（澱粉與纖維）兩大類。

Carbon dioxide（二氧化碳）：無色無味的可食用氣體，透過發酵或是蘇打與酸的結合而產生，能夠讓烘焙食品發酵膨脹。

Carryover cooking（餘溫加熱）：指利用煮熟的食物所保有的熱度，讓食物在離開烹飪介質以後還能繼續烹煮。對於烘烤菜餚尤其重要。

Casing（腸衣）：合成或天然的薄膜（天然腸衣通常取自豬腸或羊腸），用來包覆香腸餡。

Casserole（法式砂鍋）：有蓋的烹煮容器，使用時通常放入烤爐；一般為雙把的圓形鍋。這個字也指砂鍋菜餚，通常與醬汁結合，並且在表面放上乳酪或麵包粉。

Cassoulet（白豆什錦鍋）：將白豆、豬肉或其他肉類、油封鴨或油封鵝，以及調味料放在一起烘烤的燉煮菜。

Caul fat（網油）：脂肪膜，取自豬或羊的腹腔，狀似細網。用來覆蓋在烤肉與法式肉派上，也可用來包覆香腸餡。

Cellulose（纖維素）：複合碳水化合物，植物細胞的主要結構成分。

Cephalopod（頭足類）：觸手與臂直接與頭部相連的海洋生物，如魷魚和章魚。

Chafing dish（保溫鍋）：帶有加熱裝置（火焰或電子）的金屬鍋具，用來保溫食物，以及在餐桌旁或自助餐期間烹煮食物。

Champagne（香檳）：產於法國香檳區的氣泡白酒，製作時使用三種葡萄：夏多內葡萄、黑皮諾葡萄與皮諾莫尼耶葡萄。這個字有時也誤用來指稱其他氣泡酒。

Charcuterie（熟肉、熟肉冷盤）：用豬肉與其他肉類製成的食品，例如火腿、法式肉凍、香腸、法式肉派與其他重組肉。

Charcutière（熟肉師）：製作熟肉食品的人。法文「À la charcutière」指「屠夫太太的方式」，意指搭配霍貝赫褐芥醬出餐，並飾以醃黃瓜絲的食物（通常是燒烤肉）。

Chateaubriand（夏多布利昂牛排）：取自牛腰里肌肉較厚端的切割部位。傳統作法是切成厚片，上菜時搭配城堡馬鈴薯與貝亞恩醬。

Chaud-froid（冷熱凍）：字面意思是「熱－冷」。煮好後放涼出餐的自助餐菜餚，表面通常淋上褐醬或白醬，然後覆上清湯凍。

Cheesecloth（濾布）：網孔細密的淺色紗布，用來過濾液體與製作香料包。

Chef de partie（部門廚師）：廚房團隊分工系統中，部門廚師就是二廚，如醬汁廚師、燒烤廚師等。

Chef de rang（前檯服務生）：負責餐桌布置、上菜與桌邊服務的人員，「demi-chef de rang」即為後檯服務生。

Chef de salle（總領班）：負責餐廳全區的服務，職責可以由領班來承擔。

Chef de service（經理）：負責指揮接待服務的人。

Chef de vin（侍酒師）：負責採購餐廳的酒、協助客人選酒並侍酒的人員。「sommelier」為同義字。

Chef's knife（主廚刀）：多功能的刀，可以用來切剁、切片與切末。刀身長度一般在20-36公分之間。

Chef's potato（主廚馬鈴薯）：多用途的蠟質馬鈴薯，皮薄且帶有斑點。主要用於煎炒與水煮。

Chemical leavener（化學膨大劑）：可能為單一種食材，如小蘇打，也可能混用數種化學反應後會產生二氧化碳氣體的食材（泡打粉）。用來讓烘焙食品發酵膨脹。

Cherrystone（櫻桃寶石蛤）：中等大小（貝殼最寬處不超過8公分）的硬殼蛤蜊，產於美國東岸。可生食或熟食。

Chiffon（戚風蛋糕）：利用乳沫法製作的蛋糕，含有高比例的雞蛋與糖，以及相對少量的油脂，蛋糕體輕盈蓬鬆。

Chiffonade（切絲）：將葉菜或香料植物切成細絲，通常用作裝飾。

Chile（辣椒）：特定幾種辣椒屬植物的果實（與黑胡椒無親緣關係），新鮮或乾燥的辣椒皆可作為調味料。辣椒有許多不同的種類（例如哈拉佩諾辣椒、塞拉諾辣椒、poblano椒等），且辣度各異。

Chili（辣豆醬、辣味燉菜）：以豆子和／或肉做成，並用辣椒調味的燉煮菜。

Chili powder（辣椒粉）：研磨成粉或拍碎的乾辣椒，通常會加入其他辛香料粉與香料植物粉。

Chine（脊骨）：包括脊骨在內的肉塊。也指將脊骨與肋骨分開，方便分切。

Chinois（錐形篩）：以細絲網做成，用來過濾食物。

Cholesterol（膽固醇）：只存在於肉、蛋、乳酪（膳食膽固醇）或血液（血清膽固醇）等動物性產品的物質。

Chop（切剁）：大致切成同樣大小。也指包含部分肋骨的小塊肉排。

Choucroute（阿爾薩斯酸菜）：和鵝油、洋蔥、杜松子與白酒一起烹煮的酸菜。酸菜燉醃肉是用酸菜搭配多種肉品製成的菜餚。

Chowder（巧達濃湯）：可以用各式食材製作的濃湯，通常包含馬鈴薯。

Ciguatera toxin（熱帶性海魚毒）：在特定魚種體內的毒素（對魚本身無害），人類食用後會身體不適。中毒現象來自魚的覓食習慣，無法藉烹煮或冷凍根除。

Cioppino（義式海鮮燉湯）：以白酒和番茄烹煮的海鮮燉菜，據稱源自於義大利熱納亞，並由美國舊金山地區的義大利移民發揚光大。

Clarification（澄清）：從奶油或高湯等液體中去除固體雜質的過程。也指以絞肉、蛋白、調味蔬菜、番茄泥、香料植物與辛香料等食材做成的混合物，用來澄清清湯，以製作法式清湯。

Clarified butter（澄清奶油）：去除乳固形物與水分，只剩下純乳脂的奶油。冒煙點比奶油高，但奶油味較淡。

Coagulation（凝結）：蛋白質凝固或結塊，通常是因為加熱或加入酸性物質的緣故。

Coarse chop（粗剁）：將食材大致切成同樣的大小。用於調味蔬菜等外觀不重要的食材。

Cocoa（可可粉）：可可樹的莢果經過加工去除可可脂後，磨成粉末。用來調味。

Cocotte（法式燉鍋）：有密合鍋蓋的燉鍋，用於燜煮與燉煮。也指用來煮蛋的小烤皿。法式燉鍋（en cocotte）與法式砂鍋（en casserole）兩字常互用。

Coddled eggs（微熟蛋）：將蛋放入微滾水中稍微烹煮（約30秒）至恰好凝固，可使用帶殼蛋，或將蛋打入烤皿或特製蛋杯裡。

Colander（濾鍋）：有孔的碗，分為有底座和無底座兩種，用來過濾液體或瀝乾食材。

Collagen（膠原）：存在於動物結締組織的纖維蛋白，用來製作黏膠與明膠。在潮濕環境中長時間烹煮後會分解成明膠。

Combination method（混合烹煮法）：同時使用乾熱與濕熱烹調法來烹煮主要食材，例如先以油脂將肉塊煎上色，再放入醬汁中燜煮或燉煮。

Commis（助理廚師、學徒）：在部門廚師手下工作以學習各部門作業與職責的廚師。

Communard（伙食廚師）：負責準備員工餐點的廚師。

Complete protein（完全蛋白質）：能夠以正確比例提供身體所需所有必需胺基酸，以進行蛋白質合成的食物來源。可能會需要不只一種食材，如同時使用豆子和米飯。

Complex carbohydrate（複合碳水化合物）：由長鍊醣分子構成的大型分子。在食物中，這些分子存在於澱粉和纖維內。

Composed salad（主菜式沙拉）：將材料仔細擺盤而非翻拌在一起的沙拉。

Compote（糖煮水果）：將新鮮水果或果乾放入糖漿裡烹煮，並以辛香料或香甜酒增添風味。這個字也指某種小盤子。

Compound butter（調合奶油）：混入香料植物或其他調味料的奶油。常用於燒烤或炙烤食材、蔬菜，或蒸布丁的醬汁。

Concasser（粗切成丁）：「concassé」通常指去皮去籽並切丁的番茄。

Condiment（調味料）：用來搭配食物的芳香混合物，如醃漬食品、印度甜酸醬及某些醬汁與酸甜醃菜。用餐時，通常全程放在桌上。

Conduction（傳導）：透過另一種介質來傳播熱能的方法。在烹煮時，指熱能透過鍋子、烤架或烤網傳到食物上。

Confiserie（糖果類點心）：糖果師傅（confiseur）是負責製作糖果與相關料理（如酒會小點）的專業糕點師。

Confit（油封肉）：以自身油脂慢慢烹煮與保存的肉（通常是鵝肉、鴨肉或豬肉）。

Consommé（法式清湯）：將絞肉、蛋白與其他能夠吸附雜質的食材做成混合物，放入高湯中加以澄清，可以獲得完全清澈的高湯，也就是法式清湯。

Convection（對流）：熱能傳遞的方式，透過空氣或水的對流進行。

Convection oven（對流式烤爐、熱風式烤爐）：迫使熱空氣通過風扇，製造對流，使空氣在食物周圍循環，以利快速且均勻烹煮的烤爐。

Converted rice（改造米）：在碾米前先經過高壓蒸煮並乾燥，以去除表面澱粉並保留營養素的米。又稱蒸穀米。

Coquilles St. Jacques（扇貝）：也指一道搭配奶油白酒醬焗烤並放在殼裡出餐的炙烤扇貝菜餚。

Coral（龍蝦卵）：煮熟後呈紅色或珊瑚色。

Cornichon（酸黃瓜）：味酸的小條醃黃瓜。常作為法式肉派與煙燻肉的配菜。

Cornstarch（玉米澱粉）：研磨乾玉米而得的細緻白色粉末。主要用作醬汁的稠化物，偶爾也當成麵糊的一種材料。

Cottage cheese（卡達乾酪）：把酸牛奶的凝乳瀝乾後做出來的新鮮乳酪。

Coulis（蔬果漿）：以蔬菜或水果製成的濃稠蔬果泥，可熱食也可冷食。傳統上指熟肉、熟魚的稠化湯汁、蝦蟹貝類打成的泥，或某些濃湯。

Country-style（鄉村式）：用來形容質地粗糙的重組肉，通常以豬肉、豬脂肪、豬肝和各種配菜製成。

Court bouillon（調味高湯）：芳香的蔬菜高湯，字面意思為「快速高湯」，通常包含酸性材料如酒或醋。最常用來低溫水煮魚。

Couscous（庫斯庫斯）：以杜蘭粗粒小麥粉或碎小麥做成的顆粒，通常拿來蒸煮，傳統上使用庫斯庫斯鍋烹煮。這個字也指稱搭配這種穀製品的燉煮菜。

Couscoussière（庫斯庫斯鍋）：嵌套鍋具組，類似蒸籠，是專門烹煮庫斯庫斯的工具。

Couverture（調溫巧克力）：用來沾覆與裝飾的半甜巧克力，非常有光澤且質地滑順，含有至少32%的可可脂。

Cream（鮮奶油）：牛奶的脂肪成分。市售鮮奶油有各種脂肪含量。這個字也指麵糊和麵糰的混合方法，將糖與脂肪加在一起攪打到蓬鬆輕盈，再加入其他材料。

Cream cheese（奶油乳酪）：用牛乳製作的軟質未熟成乳酪，乳脂含量須達33%，水分則必須低於55%。可當成抹醬或蘸醬，也可用來製作糖果類點心和淋醬。

Cream of tartar（塔塔粉）：酒石酸的一種，廣泛運用於烘焙。酒經過發酵以後，可以在酒桶裡找到酒石酸。打發蛋白時加入塔塔粉，有助於增加穩定性與體積。經常作為泡打粉的酸性成分。

Cream puff（鮮奶油泡芙）：用泡芙製作的點心，填有卡士達奶油餡，通常會在表面撒上糖霜。也稱為「profiterole」。

Cream soup（奶油濃湯）：傳統上指以白醬為基底的濃湯。廣義上則指任何一種在最後階段加入鮮奶油、酸奶油等鮮奶油變體，或是黏結料或稠化物的湯。

Crème anglaise（英式奶油醬）：以鮮奶油與／或牛奶、糖、雞蛋和香莢蘭攪煮製成的卡士達。可以當成醬汁使用，或用於甜點，如巴伐利亞餡與冰淇淋。也稱為香莢蘭醬。

Crème brûlée（烤布蕾）：撒上砂糖的烤布丁，字面意思是「焦掉的鮮奶油」。出餐前將糖烤到焦化。焦糖會帶來雙重質地，下層是柔軟滑順的卡士達，表面則是一層脆糖。

Crème fraîche（法式酸奶油）：高脂鮮奶油經過培養，質地變得濃稠，並稍帶發酵酸味。用於熱菜，原因是相較於酸奶油或優格，法式酸奶油加熱後比較不容易凝結。

Crème pâtissière（卡士達奶油餡）：以攪煮方式製成的卡士達，字面意思是「酥皮鮮奶油」。材料包括雞蛋、麵粉或其他澱粉、牛奶、糖與風味食材。用作西點的餡料或裝飾，也可當成舒芙蕾、鮮奶油與慕斯等料理的基底。

Creole（克里奧爾料理）：這種複雜的料理結合了法式、西式與非洲料理的特色。代表性食材包括奶油、鮮奶油、番茄、北美檫樹葉粉、青椒、洋蔥與西洋芹。秋葵濃湯就是一道傳統的克里奧爾料理。

Crêpe（可麗餅）：用雞蛋麵糊做成的薄餅，可做成甜食與鹹點。

Croissant（可頌麵包）：西點，由裹了奶油的酵母麵糰製成，按傳統會做成彎月形。

Cross contamination（交叉污染）：致病因子藉由物理接觸從一個來源轉移到另一處。

Croustade（脆皮酥塔）：小型可食容器，烘焙或油炸成形，用來盛裝肉類、雞肉或其他混合物。常以酥皮製成，也可以用馬鈴薯或義式麵食來製作。

Croûte, en（酥皮烘焙）：用麵包或酥皮包覆後烘烤。

Crouton（酥脆麵包）：用麵包或酥皮製作的裝飾，切成適口大小後烘烤或煎炒至酥脆。

Crumb（麵包心、酥粒、碎屑狀）：主要用來描述烘焙食品的質地。顆粒可能粗，也可能細。

Crustacean（甲殼類）：身體細長的硬殼節肢動物，基本上為水生動物，包括可食用的龍蝦、蟹、蝦與螯蝦。

Cuisson（煮液）：淺水低溫水煮液體，如高湯、法式魚高湯或其他液體。收稠後可當作低溫水煮料理的醬汁基底。

Curd（凝乳）：牛奶凝結並分離後的半固體。也指味甜、質地滑順的布丁狀食品，由果汁（通常為柑橘類）、糖、蛋與奶油製成。

Cure（鹽醃）：以鹽漬、煙燻、醃漬與／或乾燥的方式來保存食物。

Curing salt（醃製鹽）：由94%鹽（氯化鈉）與6%亞硝酸鈉構成的混合物，用來保存肉類。又稱著色混合醃劑，TCM（tinted curing mixture）。

Curry（咖哩）：辛香料混合物，主要用於印度料理。可能包括薑黃、芫荽、孜然、卡宴辣椒或其他辣椒、小豆蔻、肉桂、丁香、茴香、葫蘆巴、薑與蒜頭。也指類似燉煮的咖哩調味菜餚。

Custard（卡士達）：由牛奶、打散的雞蛋與其他甜或鹹的風味食材製成的混合物，通常以水浴、雙層蒸鍋或隔水加熱的方式在小火上烹煮而成。

D

Daily values (DV)（每日營養素攝取量基準值）：由美國食品藥物管理局研擬的標準營養值，用於食品標籤。

Danger zone（危險溫度帶）：介於5-57℃之間，是讓許多病原體快速生長的最有利條件。

Danish pastry（丹麥酥）：由裹了奶油的酵母麵糰製成的甜點，裡面可能填入堅果、水果或其他食材，通常會裹上糖衣。

Daube（陶鍋燉肉）：傳統法式燉煮菜，通常以紅酒燜煮肉類、蔬菜與調味料而成。按傳統應使用稱為「daubière」的特製陶鍋烹煮，這種陶鍋有密合鍋蓋與可容納熱煤炭的凹槽。

Debeard（去鬚）：去除貽貝上不可食用的粗糙纖維。這種纖維使貽貝能附著在停靠處。

Deck oven（分層烤爐）：這種烤爐的熱源位於層板下方或烤爐底層。食物置於層板，而非烤架上烘烤。

Deep fry（深炸）：將食物浸入熱油裡烹煮。深炸食物通常會在烹煮前裹上麵包粉或麵糊。

Deep poach（沉浸式低溫水煮）：用足以淹沒食物的微滾液體慢慢烹煮食物。

Deglaze / Déglacer（溶解鍋底褐渣）：用酒、水或高湯等液體來溶解在烘烤或煎炒後留在鍋底的食物殘渣與／或焦糖化的肉汁。產生的混合物會製成搭配醬汁的基底。

Degrease / Dégraisser（撈除油脂）：將浮在液體（如高湯或醬汁）表面的油脂撈除。

Demi-glace（半釉汁）：混合等量褐高湯與褐醬，並收乾成原本的一半。經典醬汁之一。

Dépouillage（撈除浮渣）：撈除高湯或醬汁等烹調湯汁表面的雜質。將鍋子放在偏離爐火中心位置（對流微滾煮），讓雜質聚集到鍋子的一端再去除，會讓這個動作更容易進行。

Deviling（加辣）：用芥末、醋與其他辣味調味料（如辣椒與辣椒醬等）為肉、禽肉或其他食物調味。

Dice（切丁）：將食材切成大小相同的小方塊（一般標準為小丁0.6公分立方，中丁1公分立方，大丁2公分立方）。

Die（刀網）：絞肉機的零件，食材用刀片切開前會先通過刀網。刀網孔徑決定了絞肉的粗細。

Digestif（消化酒）：通常在餐後端上的烈酒，可以幫助消化。例如白蘭地與干邑白蘭地。

Direct heat（直接加熱）：熱能傳遞的方式。熱能從熱源（如開放式爐頭或燒烤爐）輻射釋出，直接抵達受熱物，在受熱物與熱源之間沒有其他導體。燒烤、炙烤與烘烤都屬於直接加熱。又稱為輻射熱。

Dock（開口／開孔）：烘烤前切開麵糰頂部，使蒸氣散逸，藉此控制麵糰的膨脹與／或製造裝飾效果。

Doré（上色）：塗上一層蛋黃或煮成金褐色。

Drawn（全魚）：指內臟已清理乾淨，但仍保有完整頭部、魚鰭和魚尾的魚。也指澄清奶油。

Dredge（裹粉）：食物入鍋油炸或煎炒前，先覆上一層乾材料，如麵粉或麵包粉。

Dressed（精處理）：精處理魚已去除內臟、魚鱗、魚頭、魚尾和魚鰭，又稱為「pan-dressed」）。處理好的禽類則已拔毛、去內臟、炙烤、修整與綑紮。這個字也指淋上醬汁的料理，如沙拉。

Drum sieve（鼓狀篩）：淺的木製或鋁製圓形篩，篩網平張在底部。又稱「tamis」。

Dry cure（乾醃）：用鹽與辛香料來保存肉類，通常在煙燻前用來處理肉品或重組肉。

Dry sauté（乾煎）：煎炒時不放油脂，通常使用不沾鍋。

Dumpling（餃）：以柔軟的小麵糰或麵糊做成，採蒸煮、低溫或微滾水煮（可放在燉菜上）、烘烤、煎炸或油炸等方式烹調。填餡與否皆可。

Durum（杜蘭小麥）：硬質小麥，一般磨成粗粒小麥粉，主要用來製作義式麵食。

Dust（撒粉）：麵粉、糖、可可粉或其他材料均勻薄撒在鍋底或工作檯上，或在烹煮前撒在食物上，或撒在成品上作為裝飾。

Dutch oven（荷蘭鍋）：通常為鑄鐵製，用來放在爐火上或烤爐裡燉煮與燜煮。

Dutch process（荷蘭法、鹼處理）：利用鹼性物質來處理可可粉以降低其酸性。

Duxelles（法式蘑菇泥）：將剁細碎的蘑菇和紅蔥放入奶油裡慢炒而成，可當成填料、裝飾或湯與醬汁的風味食材。

E

Éclair（閃電泡芙）：細長形泡芙，一般填入卡士達奶油餡並淋上巧克力翻糖或甘納許。

Edible-portion (EP) weight（可食部分重量）：食材經過修整與處理後的重量（相對於進貨重量）。

Egg wash（蛋液、刷蛋液）：混合打散的雞蛋（全蛋、蛋黃或蛋白）及液體（如牛奶或清水），用來覆在烘焙食品上，讓烘焙食品表面具有光澤。

Émincer（切薄片）：將食材切成非常薄的片狀，通常用於肉類。

Emulsion（乳化物）：兩種以上液體的混合物，其中一種液體為動物脂肪或植物油脂，另一種則為水性液體，如此一來，其中一種液體的微小液滴就可以懸浮在另一種液體中。乳化可能需要添加穩定劑（如雞蛋或芥末）。乳化液有暫時性、永久性或半永久性三種。

Endosperm（胚乳）：麥子等開花植物種籽最大的部分，主要由澱粉和蛋白質構成。研磨穀物產品主要由胚乳製成。

Entrecôte（肋眼牛排）：字面意思是「介於肋骨之間」。肋眼牛排肉質非常軟嫩，取自牛的第9-11根肋骨。

Entremetier（蔬菜廚師）：負責熱的開胃菜，經常包含湯品、蔬菜、澱粉類料理與義式麵食。可能也負責蛋類菜餚。

Escalope（法式薄切肉排）：厚度均勻的小塊去骨肉片或魚片，通常用來煎炒。

Espagnole sauce（西班牙醬汁）：以褐高湯、焦糖化的調味蔬菜、番茄泥、調味料與奶油炒麵糊製成的褐醬。

Essence（精淬液）：從食材萃取出的濃縮風味食材，通常以浸漬或蒸餾的方式取得，包含香莢蘭與其他萃取物、濃縮高湯與法式魚高湯等。

Estouffade（愛斯杜菲式燉肉）：法式燉肉菜餚，肉塊在烹煮前會先以葡萄酒醃漬。這個字也指滋味豐富，以豬膝骨、小牛骨和牛骨為基底的褐高湯，通常用於燜煮菜餚。

Ethylene gas（乙烯氣體）：許多蔬果都會產生這種氣體，能夠加速成熟、老化與腐爛。

Étouffée（燜煮）：字面意思是「遏止」。指用類似燜煮方式烹煮的食物，不過，用有密合鍋蓋的鍋子烹煮時，鍋內只有少量液體或根本不加液體（又稱「étuver」「à l'étuvée」）。這個字也指用深色奶油炒麵糊、螯蝦、蔬菜與調味料烹煮而成的卡津料理，盛盤時通常淋在白米飯上。

Evaporated milk（奶水、蒸發乳）：未加糖的罐裝牛奶，在裝罐前已去除牛奶中60%的水分。通常用於製作卡士達，也能為菜餚帶來滑潤的質地。

Extruder（擠製機）：用來形塑麵糰的機器。麵糰擠壓通過孔板，而非擀開。

F

Fabrication（切分、分切）：屠宰切割完整或大塊的肉類、禽類、魚類與野味，並修整成較小的肉塊，為烹煮前的準備工作。

Facultative bacteria（兼性菌）：能夠在有氧與無氧環境生存的細菌。

Farce（填餡）：填料（stuffing）的法文，指重組肉或填料。

farina 麥粉：磨細的小麥穀物粉，高溫沸煮過可當成早餐穀物享用，也可用來製作布丁，或當成稠化物。

Fat（脂肪、油脂）：提供人體能量的基本營養素之一。脂肪帶有食物的風味，並提供飽足感。

Fatback（背部脂肪）：取自豬背的脂肪，主要作包油用，或用於製作豬油和油炸豬皮。

Fermentation（發酵）：酵母作用將糖分解成二氧化碳氣體與酒精的過程，這個過程對於麵包的膨脹發酵，以及啤酒、葡萄酒與烈酒的製作非常重要。

Fiber / Dietary fiber（纖維／膳食纖維）：構成植物結構的成分，為人類飲食所必需。難消化。也稱為「粗料、纖維性食物」（roughage）。

Filé（北美檫樹葉粉）：將乾燥的北美檫樹葉磨成粉製成的稠化物，主要用於秋葵濃湯。

Filet mignon（菲力牛排）：取自牛腰里肌肉較小端的去骨牛排，價格昂貴。

Fillet / Filet（魚片）：取自魚類、肉類或禽類的去骨切片。

Fines herbes（法式綜合香料植物碎末）：香料植物混合物，通常包括歐芹、細葉香芹、龍蒿與細香蔥。因為很快就會失去風味，一般等到上菜前才加入菜餚裡。

First in, first out (FIFO)（先進先出法）：以存貨周轉為依據的基本保存原則。在存放與使用產品的時候，優先使用最舊、最老的產品。

Fish poacher（煮魚鍋）：狹長型鍋具，鍋壁筆直，可能附有帶孔的架子，用來低溫水煮全魚。

Five-spice powder（五香粉）：以等量月桂粉、丁香粉、茴香籽、八角與花椒粉混合而成。

Flat fish（扁身魚）：體形扁平且兩隻眼睛位於頭部同一側的魚類（如真鰈、河鰈、比目魚與大比目魚）。

Flattop（內置式平面爐頭）：放在大範圍熱源上的厚重鑄鐵板或鋼板。能夠擴散熱能，比一般爐臺更能使食材均勻受熱。

Fleurons（酥皮裝飾）：將酥皮切成橢圓形、菱形或新月形，做成裝飾，通常搭配肉類、魚肉或湯品出餐。

Florentine, à la（佛羅倫斯式）：以義大利佛羅倫斯風格烹煮、通常代表含有菠菜的菜餚，有時也會用上莫奈醬或乳酪。

Foaming mixing method（乳沫類蛋糕製程）：製作麵糊的方法，提供結構的主要成分為蛋白（全蛋與／或分離的蛋黃與蛋白）與糖，經過攪打混入大量空氣。

Foie gras（鵝肝或鴨肝）：對鵝或鴨強行灌食4-5個月，讓鴨、鵝長出脂肪肝。

Fold（切拌）：以輕巧的動作混合食材（尤其是泡沫），不讓氣泡散逸。也指輕輕混合兩樣食材，尤指將輕盈蓬鬆的食材混入較緻密的混合物中。另外也指將麵糰翻面、擀開並分層，以做出酥鬆質地。

Fond（高湯）：「stock」的法文。也指食材在煎炒或烘烤後留在鍋內的肉汁，通常會在溶解鍋底焦渣後，當成醬汁基底。

Fondant（翻糖）：白色糖膏。混合液體（通常是清水或玉米糖漿）與糖，溶解、加熱後，在冷卻期間大力攪拌而成。當成酥皮點心與糖果類點心的餡料和釉汁。

Food-borne illness（食物感染病）：吃了不潔食品導致的疾病。要正式確定食物感染病的爆發，必須有兩人以上吃了同樣食物後患病，且必須經過衛生官員確認。

Food cost（食品成本）：餐廳裡購買食材以製作銷售用食品的成本。

Food mill（食物碾磨器）：一種過濾器，彎曲葉片由把手帶動，可以一邊將柔軟的食物磨成泥，一邊過濾。

Food processor（食物調理機）：具有可更換的葉片與圓盤，拆取式調理盆及蓋子和馬達外殼分離。可用於各種廚房操作，包括剁切、研磨、攪泥、乳化、揉麵、切片、切碎與切絲等。

Forcemeat（重組肉）：由剁碎的肉或絞肉、脂肪和黏結料製成的乳化物，用於法式肉派、香腸與其他菜餚。共有四種類型：慕斯林式、傳統式、鄉村式與焗烤式。

Fork-tender（叉子可插入肉中）：燜煮菜餚的熟度，指將食物煮到可以輕鬆用叉子刺穿或切開，或是叉子叉起時很容易滑下。

Formula（配方）：一種食譜，各項食材用量以相對於主要食材重量的占比標示。

Fortified wine（加烈葡萄酒）：將烈酒加入葡萄酒調配而成，加入的烈酒通常為白蘭地。例如馬沙拉酒、馬德拉酒、波特酒或雪利酒等。

Free-range（放養）：指不限制牲畜活動範圍的飼養方式。

French（法式剔骨）：在烹煮前將肉從肋骨上切下或刮下。

Fricassée（白醬燉肉）：以白醬燉煮禽肉或其他白肉而成。

Fritter（油炸餡餅）：裹上麵糊或混入麵糊後油炸的甜點或鹹點。又稱「beignet餅」。

Friturier（油炸廚師）：負責所有油炸食物的職位，職責可由烘烤廚師一併負責。

Fructose（果糖）：存在於水果中的單醣，是甜度最高的單醣。

Fumet（法式高湯）：將主要風味食材放入有蓋鍋內與酒和芳香材料一起烹煮而成，法式魚高湯是最常見的類型。

G

Galantine（肉凍卷）：去骨肉（常用禽肉）填入重組肉捲好，低溫水煮後放涼，多製成冷食，通常會在表面覆上一層清湯凍。

Ganache（甘納許）：由巧克力和鮮奶油製成，有時也會加入奶油、糖和其他風味食材。最終常用做醬汁、釉汁與餡料，或是用來製作糖果類點心。質地可軟可硬，按巧克力與鮮奶油的比例而定。

Garbure（法式甘藍菜濃湯）：濃稠的蔬菜湯，通常包含豆子、甘藍菜與／或馬鈴薯。

Garde manger（冷盤廚師）：負責製作冷食，包括沙拉、開胃菜與法式肉派。

Garni（綴上）：字意為「用食物裝飾」。用來描述以蔬菜與馬鈴薯為配菜的菜餚。

Garnish（裝飾）：出現在菜餚或食品旁的可食用裝飾或配菜。

Gazpacho（西班牙冷湯）：由蔬菜做成的冷湯，通常包含番茄、黃瓜、甜椒與洋蔥。

Gelatin（明膠）：以蛋白質為基底的物質，存在於動物的骨骼與結締組織內。用熱液體融化後放涼，可以當成稠化物與穩定劑。

Gelation（凝膠化）：用澱粉稠化液體，此時澱粉分子膨脹，形成能夠圍住水分子的網絡。

Génoise（法式海綿蛋糕）：質地輕盈的蛋糕，利用乳沫法製成，材料包括麵粉、糖、雞蛋、奶油、香莢蘭與（或）其他風味食材。

Germ（胚芽）：麥子等開花植物種籽的一部分，會發芽長出新植物。新植物的胚胎。

Gherkin（醃黃瓜）：小型醃黃瓜。

Giblets（禽內臟）：禽類的內臟與其他部位，包括肝臟、心臟、胗與脖子，可用來增加高湯與湯品的風味。

Glace（濃縮高湯）：濃縮的高湯。也指冰淇淋。

Glacé（澆淋）：字面意思為「上釉」或上糖霜。

Glaze（釉汁、上釉、上淋醬）：藉由刷上或覆上醬汁、清湯凍、糖霜或其他混合材料，賦予食品光澤表面。在處理肉類時，指覆上醬汁並放入烤爐或上明火烤爐烤到變褐色。

Glucose（葡萄糖）：存在於蜂蜜、部分水果與許多蔬菜裡的單醣。葡萄糖的甜度約為蔗糖的一半，是人體偏好的能量來源。

Gluten（麵筋、麩質）：存在於麵粉中的蛋白質，能藉由水合作用和混合動作發展成具有彈性的縷狀，能提供結構並幫助膨脹發酵。

Grand sauce（經典醬汁）：可用來製作其他醬汁的基本醬汁，包括半釉汁、絲絨濃醬、白醬、荷蘭醬與番茄醬汁，也稱為母醬。

Gratin（焗烤）：在菜餚表面撒上乳酪或麵包粉，並放入烤爐或上明火烤爐烤到褐變。也指一種重組肉，製作時取部分主要肉類，煎炒後放涼再絞碎使用。

Gravlax（漬鮭魚）：以鹽、糖和新鮮蒔蘿醃漬的生鮭魚。源自斯堪地那維亞，通常搭配芥末與蒔蘿醬。

Griddle（煎烤盤）：沉重的金屬烹飪檯面，可以裝上把手、嵌入爐臺，或是由搭配的瓦斯或電熱元件加熱。食物可直接放在煎烤盤上烹煮。

Grill（燒烤、燒烤爐）：以位於食物下方的輻射熱源烹煮食物。也指用來燒烤的設備，可以利用瓦斯、電、煤炭或木柴來加熱。

Grillardin（燒烤廚師）：負責所有燒烤食物，職責可由烘烤廚師一併負責。

Grill pan（烙紋煎烤鍋）：鍋底有溝槽的平底鍋，放在爐臺上使用以烙出燒烤紋。

Grissini（義大利麵包棒）：細長酥脆的麵包棒。

Griswold（鑄鐵平底鍋）：類似燉鍋，以鑄鐵製作。常有提把，但也可能有單柄短把手。

Gumbo（秋葵濃湯）：克里奧爾湯品／燉煮菜，以北美檫樹葉粉或秋葵為稠化物，主要風味來自各種肉類、魚類和深色奶油炒麵糊。

H

Haricot（豆）：「Haricots verts」指法國四季豆。

Hash（肉末馬鈴薯泥）：剁碎煮熟的肉末，通常會加入馬鈴薯與／或其他蔬菜，調味以後用醬汁黏合，再加以煎炒。也指將食材切剁成不規則的小塊。

Hazard analysis critical control point（HACCP）（危害分析重要管制點）：一種監控系統，

可追蹤食物接收入庫到出餐的這段期間，確保食物沒有受到污染。標準與控制方式按照時間、溫度及安全操作方法制定。

Heimlich maneuver（哈姆立克急救法）：異物梗塞的急救方式，在人體上腹施予突然向上的壓力，迫使異物排出氣管。

High-ratio cake（高糖分蛋糕）：一種蛋糕，麵糊中使用了相對高比例的糖。

Hollandaise（荷蘭醬）：傳統的乳化醬汁，製作時使用濃縮醋、蛋黃與融化的奶油，並以檸檬汁增加風味。是經典醬汁之一。

Hollow-ground（凹磨）：一種刀刃類型，製作時熔合兩片金屬，做出斜邊或凹槽。

Hominy（脫殼玉米粒）：經過研磨或以鹼液處理，去除麩和胚芽的玉米。脫殼玉米粒磨碎，就是美式粗玉米粉。

Homogenization（均質化）：用來避免乳脂從乳製品中分離出來的過程。液體受高壓通過極細篩網，藉此破壞脂肪球，讓脂肪均勻散布在液體中。

Hors d'oeuvre（開胃菜）：字面意思是「主菜之外」。

Hotel pan（方形調理盆）：長方形金屬鍋，有多種標準尺寸，鍋緣稍微突出，讓鍋子可以架在貨架或水蒸保溫檯上。

Hydrogenation（氫化作用）：將氫原子加到不飽和脂肪酸裡，讓不飽和脂肪酸達到部分或完全飽和，並在室溫環境下變成固態。

Hydroponics（水耕法）：利用營養強化的培養液而非土壤來種植蔬菜的技術。

Hygiene（衛生）：為了保持健康而遵循的條件與習慣，包括環境衛生與個人清潔。

I

Induction burner（電磁爐頭）：加熱元件，依賴爐面與金屬鍋具之間的磁吸引力來產生足以烹煮食物的熱能，作用時間比傳統爐臺快。

Infection（感染）：受到細菌等致病原而產生的污染。

Infusion（浸漬）：將芳香材料或其他食材放入液體內浸泡以萃取風味。也指利用浸漬方法得到的浸漬液。

Instant-read thermometer（速讀式溫度計）：用來測量食物內部溫度的溫度計，使用時將探針插入食物，可得到即時溫度讀數。

Intoxication（中毒）：受毒素（尤其指食物受微生物影響所產生的毒素）污染的狀態。

Inventory（庫存）：現有貨物與設備的清單，以及價值或成本的估計值。

Invert sugar（轉化糖）：右旋糖與果糖的混合物，不容易結晶。轉化糖可以自然生成，或是將蔗糖和酸加熱至沸騰製成。

J

Jardinière（什錦配菜）：各種常用蔬菜的混合物。

Julienne（切細條）：將蔬菜、馬鈴薯或其他食材切成條狀，標準寬度與厚度皆為0.3公分，長度3-5公分。更細則切成寬度厚度1.5公釐，長度3-5公分。

Jus（原汁）：。字面意思是「汁液」，指水果或蔬菜的漿汁和肉類的肉汁。「jus de viande」指肉汁。若在菜名看到「au jus」或「a jus lié」，表示肉類菜餚出餐時搭配烹煮產生的肉汁。

Jus lié（速成褐醬）：用葛粉或玉米澱粉稍微收稠的肉汁。

K

Kasha（烘製蕎麥）：經過去殼、壓碎與烘烤處理的蕎麥，通常以沸煮方式烹煮。

Knead（揉麵）：用手混合麵糰，讓麵糰變軟至可以使用，或是延展酵母麵糰，讓麩質形成麵筋。

Kosher（猶太食品認證）：按照猶太人的飲食戒律來處理。

Kosher salt（猶太鹽）：純精鹽，又稱粗鹽或泡菜鹽，用來醃漬食物。這種鹽不含碳酸鎂，不會讓鹵水變渾濁。也用與猶太認證肉或禽肉。

L

Lactose（乳糖）：存在於乳汁裡，屬於簡單糖（simple sugar）中的雙糖，是所有天然糖類裡最不甜的一種。

Laminate（反覆摺疊）：反覆摺疊麵糰和裹入油，製出層層交疊的脂肪和麵糰。用來製作起酥皮、丹麥酥與可頌麵包。

Lard（豬油）：熬煉豬脂肪，用來製作糕點及油炸。也指在烘烤或燜煮前將小條豬背脂肪用特製長針塞進瘦肉的動作。

Lardon / Lardoon（豬脂肪條）：用來塞入瘦肉裡的脂肪條，可加以調味。也指切丁後汆燙並油炸的培根。

Leavener（膨發劑）：任何能夠製造氣體，並讓烘焙食品膨脹的材料或過程。有化學膨大劑（泡打粉）、機械膨發法（拌入打發蛋白的空氣），以及微生物膨脹劑（酵母）。

Lecithin（卵磷脂）：存在於蛋和大豆裡的乳化料。

Legume（豆科植物）：某些莢果植物的種籽，包括豌豆與菜豆。帶泥土味且具有極高的營養價值。在法文裡則指蔬菜。

Liaison（蛋奶液）：用蛋黃和鮮奶油做成的混合物，可為醬汁增稠與添味。廣義上也指稱任何用作稠化物的混合物。

Liqueur（香甜酒）：以水果、辛香料、堅果、香料植物與／或種籽增添風味的烈酒，通常也會加糖。又稱「cordials」。香甜酒的酒精濃度通常很高，稍稠且帶有黏度。

Littleneck（小圓蛤）：小型硬殼蛤蜊，通常打開後生食。直徑不超過5公分，稍小於櫻桃寶石簾蛤。

Low-fat milk（低脂牛奶）：乳脂含量低於2%的牛奶。

Lox（燻鮭魚）：冷燻鹽醃鮭魚。

Lozenge cut（菱形切）：一種刀工，將食物切成長1公分、厚0.3公分的小菱形。

Lyonnaise（里昂式烹煮法、里昂醬）：以法國里昂方式烹煮的菜餚。里昂式馬鈴薯是以奶油和洋蔥煎炒的馬鈴薯。也指醬汁，通常由洋蔥、奶油、白酒、醋與半釉汁製成。

M

Macaroon（馬卡龍）：以堅果糊醬（通常為杏仁或椰子）、糖與蛋白做成的小餅乾。

Madeira（馬德拉酒）：產自葡萄牙的加烈葡萄酒。在陳釀過程中經過熱處理，讓這種酒帶有獨特的風味與棕褐色。

Maillard reaction（梅納反應）：能讓烤肉等糖分低的食物產生特定風味與顏色的複雜褐變反應。這種作用涉及碳水化合物與氨基酸，以發現此反應的法國科學家命名。梅納反應有低溫與高溫兩種，高溫梅納反應始於154℃。

Maître d'hôtel（餐廳總管）：較不正式的稱法為「maître d'」，職責在於監督餐廳與／或前檯工作人員。也指一種用歐芹末和檸檬汁增添風味的調合奶油。

Mandoline（蔬果切片器）：用塑膠或不鏽鋼搭配碳鋼刀片做成的切片裝置。大部分蔬果切片器的刀片都可以調整，以切出不同的形狀與厚度。

Marbling（油花）：分布於肌肉之間的脂肪，讓肉的口感柔嫩多汁。

Marinade（醃醬、醃粉、醃汁）：烹煮前用來增添風味並浸潤食物的混合物，可能是液狀或乾粉狀。液狀醃醬通常以酸性材料，如酒或醋為基底，醃粉通常以鹽為基底。

Mark on a grill（煎烤紋）：讓食物在烙紋煎烤鍋裡煎烤數秒，再將食物旋轉90度（不要翻面），讓表面出現類似炭烤食物的交叉紋路。

Marzipan（塑形用杏仁膏）：糖和杏仁粉做成的膏狀物，有時會加入蛋白，主要當成甜點的餡料、表面糖衣與裝飾。

Matelote（馬拉特燉魚）：法式燉魚，傳統上由鰻魚或其他淡水魚製成，並以葡萄酒和芳香蔬菜增添風味。

Matignon（什錦蔬菜丁）：食用調味蔬菜，通常用於鍋爐烤菜餚，並搭配菜餚一起出餐。一般來說，材料包括2份胡蘿蔔、1份西洋芹、1份韭蔥、1份洋蔥、1份菇類（非必要）與1份火腿或培根。

Mayonnaise（蛋黃醬）：以油脂、蛋黃、醋、芥末和調味料乳化做成的冷醬，可當成淋醬、沙拉醬、抹醬或其他醬汁的基底。

Mechanical leavener（機械膨發）：將空氣打入麵糊或麵糰，讓食材膨發。

Medallion（迷你菲力）：圓柱形的小塊肉排。

Meringue（蛋白霜）：蛋白加糖打到乾性發泡，有三種類型：一般蛋白霜、義大利蛋白霜，以及瑞士蛋白霜。

Mesophilic（嗜溫性）：用來描述在16-38℃的環境中繁殖生長的細菌。

Metabolism（新陳代謝）：活細胞內一切化學作用的總稱，藉此供給能量並合成新物質。

Meunière, à la（麥年料理法）：「磨坊女主人的形式」的法文，一種烹飪技巧，指將食材（通常是魚）撒上麵粉後煎炒，並搭配褐化奶油、檸檬汁和歐芹做成的醬汁出餐。

Microwave oven（微波爐）：烹飪設備，利用磁控管產生能穿透食物的電磁波（類似無線電波），讓食物中的水分子振盪。這種快速的分子運動會產生能烹煮食物的熱能。

Mie（麵包心）：麵包的柔軟部分（不是麵包皮）。「mie de pain」是新鮮的白麵包粉。

Mill（碾磨）：將穀粒分成胚芽／殼、麩與胚乳，並磨成麵粉或穀物粉。

Millet（小米、粟）：小的圓形無麩質穀物，可以高溫水煮或磨成麵粉。

Mince（切末）：切成極小碎塊。

Mineral（礦物質）：無機物，是飲食中不可或缺的重要成分。礦物質無法提供能量，因此稱為無熱量營養素。人體無法生產礦物質，必須從飲食中取得。

Minestrone（義大利蔬菜濃湯）：飽足感十足的蔬菜湯，通常包括乾燥豆類與義式麵食。

Minute, à la（現點現做）：字面意思是「在一分鐘內」，餐廳菜餚的製作方式，廚房收到點菜單後才開始烹調。

Mirepoix（調味蔬菜）：切碎芳香蔬菜的混合物（比例通常是2份洋蔥、1份胡蘿蔔與1份西洋芹），用來為高湯、湯品、燜煮與燉煮菜餚增添風味。

Mise en place（烹飪前的準備工作）：字面意思是「就定位」，指為了特定菜餚或供餐所需，將會用到的食材、鍋具、設備、盤子或餐具準備並安排好。

Mode, à la（形式）：字面意思是「以……的形式」，後面通常會接「de」字，再加上描述語。「Boeuf à la mode」為燜煮牛肉；「pie à la mode」指搭配冰淇淋一起出餐。

Molasses（糖蜜）：深褐色的甜糖漿，是用甘蔗與甜菜製糖的副產品。糖蜜有淺糖蜜（烹煮時間最短、味道最甜）、深糖蜜與黑糖蜜（烹煮時間最長、味道最苦）。

Mollusk（軟體動物）：身體柔軟無分節的無脊椎動物，通常有硬殼。軟體動物包括腹足類（單殼類）、雙殼類與頭足類，例如蛤蜊、牡蠣、蝸牛、章魚與魷魚等。

Monosodium glutamate（MSG）（麩胺酸鈉、味精）：衍生自麩胺酸的風味加強劑，本身沒有明顯風味，主要用於中式料理與加工食品。可能會引起過敏反應。

Monounsaturated fat（單元不飽和脂肪酸）：一種脂肪分子，只有一個未被氫原子接滿的鍵結，有助於降低低密度指蛋白膽固醇（LDL cholesterol level，壞膽固醇）。來自酪梨、橄欖與堅果等食材。

Monté au beurre（奶油乳化）：字面意思是「用奶油抬起」，指醬汁收尾時，稍微收稠，並以攪打或攪拌的方式混入全脂奶油，直到融化，藉此讓醬汁帶有光澤。

Mousse（慕斯）：由打發蛋白和／或打發鮮奶油製成的泡沫，以切拌方式混入具有風味的基底混合物中，可鹹可甜。

Mousseline（慕斯林）：一種慕斯。也指將打發鮮奶油切拌入荷蘭醬製成的醬汁。或指一種質地輕盈的重組肉，以白肉或海鮮加入鮮奶油和雞蛋做成。

N

Napoleon（拿破侖酥、法式千層酥）：一種甜點。傳統作法用層層疊起的長方形起酥皮包裹卡士達奶油餡，外層覆上翻糖。

Nappé（覆上醬汁）：也指增稠。或能夠裹上湯匙的醬汁質地。

Nature（天然）：在法文裡指「未裝飾」或「樸素」。「pommes natures」是水煮馬鈴薯。

Navarin（燉羊肉）：法式燉菜，傳統上以羊肉、馬鈴薯、蕪菁、洋蔥做成，可能加入其他蔬菜。

New potato（新馬鈴薯）：任何直徑小於4公分的馬鈴薯，通常帶皮食用，以高溫水煮或蒸煮方式烹調。新馬鈴薯尚未將糖轉化成澱粉，因此是皮薄的蠟質馬鈴薯。

Noisette（榛果色、迷你菲力）：榛果或榛果色。也指從肋骨上切下來的小肉塊。「pommes noisette」是用奶煮到褐變的馬鈴薯球。「beurre noisette」是褐化奶油。

Nonbony fish（非硬骨魚）：骨架由軟骨而非硬骨構成的魚類（例如鯊魚、鰩魚）。也稱軟骨魚。

Nouvelle cuisine（新式烹飪）：字面意思是「新的烹飪方式」。著重於食材的新鮮輕盈，強調以簡單手法調製出天然風味，以及創新的食材搭配與擺盤方式。

Nutrient（營養素）：人體成長、修護、再生與能量供應的基本食物組成，包括碳水化合物、脂肪、蛋白質、水、維生素與礦物質。

Nutrition（營養）：生物吸收與運用食物的過程。

O

Oblique cut / Roll cut（滾刀塊）：一種切工，主要用於長圓柱形蔬菜，如胡蘿蔔。切菜時先斜切一刀，將蔬菜滾動180度，再以同樣角度斜切出具有兩個邊角的塊狀。

Offal（下水、內臟）：可食用的內臟與末梢部位。雜碎肉，包括內臟（腦、心、腎、肺、胸線、胃、舌）、頭部的肉、尾與腳。

Offset spatula（曲柄長煎鏟）：一種手持工具，握柄短，鏟子寬且彎曲。用來翻面，或將食物從烤架、炙烤爐或煎烤盤上鏟起。

Oignon brûlé（乾焦洋蔥）：字面意思是「燒焦的洋蔥」。指將剖半的去皮洋蔥放在內置式平面爐頭或平底深煎鍋上煎上色，用來替高湯與法式清湯增添顏色。

Oignon piqué（月桂丁香洋蔥）：字面意思是「被刺的洋蔥」，指用丁香當成大頭釘，將月桂葉固定在完整的去皮洋蔥上，用來增添白醬和某些湯品的風味。

Omega-3 fatty acids（Omega-3脂肪酸、ω-3脂肪酸）：一種多元不飽和脂肪酸，可以降低心臟疾病與腫瘤生長風險、刺激免疫系統，並降低血壓，存在於脂肪含量豐富的魚類、深綠色葉菜與特定堅果和油脂中。

Omelet（煎蛋捲）：將打散的雞蛋放入專用鍋具或平底深煎鍋內以奶油烹煮，然後捲或摺成橢圓形。煎蛋捲可以在捲起前或後包入各種餡料。

Organic leavener（有機膨脹劑）：酵母。一種生物，活化時會產生二氧化碳氣體，讓麵糊或麵糰經由發酵過程膨脹。

Organ meat（內臟肉）：取自動物內臟，而非肌肉的肉，包括腦、心、腎、肺、胸線、胃與舌。

Oven spring（爐內膨脹）：酵母麵糰剛放入熱烤爐時快速膨發的階段。熱能加速酵母生長，產生更多二氧化碳，同時也讓氣體膨脹。

P

Paella（西班牙燉飯）：以洋蔥、番茄、蒜頭、蔬菜與各種肉類、魚或蝦蟹貝烹煮成的米飯。西班牙燉飯的專用鍋具口寬，鍋淺，通常有雙耳。

Paillard（捶敲過的薄切肉排）：敲打而成的薄切肉片，通常拿來燒烤或煎炒。

Palette knife（金屬抹刀）：細長的金屬小鏟子，邊緣圓滑，刀身前端可能稍窄，也可能整支等寬，握柄有曲有直。

Pan broiling（鍋炙）：類似乾煎的烹飪法。食材下鍋後，用少許油脂或完全不放油烹煮，藉此模擬炙烤。

Pan dressed（精處理魚）：單人份全魚，內臟、鰓與魚鱗都已去除。魚鰭和尾鰭可保留、修整或去除。

Pan fry（煎炸）：在平底深煎鍋內以油脂烹煮食材，油量通常比煎炒多，但比油炸少。

Pan gravy（鍋底肉汁醬）：溶化烤肉留下的鍋底焦渣，混入奶油炒麵糊或其他澱粉與額外高湯做成的醬汁。

Pan steam（鍋蒸）：有蓋鍋放在直接熱源上，以少量液體烹煮食物。

Papillote, en（紙包）：類似蒸煮的濕熱烹飪法，用烘焙油紙包好食材，放入烤爐烘烤。

Parchment（烘焙油紙）：一種耐熱紙，用來鋪烤盤、包覆紙包烹煮食材，或在淺水低溫水煮時蓋在食材上頭。

Parcook（煮成半熟）：在食材保存或收尾前，先煮到半熟。

Parisienne scoop（蔬果挖球器）：用來將蔬果挖成小球，或將松露巧克力等食品分成小份的小型工具。英文另名「melon baller」。

Par stock（標準庫存量）：在兩次進貨期間足以應付供餐所需的食物量與其他用品的量。

Pasta（義式麵食）：字面意思是「麵糰」或「糊醬」。用麵粉（通常為杜蘭粗粒小麥）和清水或雞蛋做成麵糰，經過揉麵、擀麵、切割或擠出，然後沸煮的麵食。

Pasteurization（巴氏殺菌法）：加熱乳製品以殺掉可能污染牛奶的微生物。

Pastry bag（擠花袋）：通常用塑膠、帆布或尼龍做成的袋子，可裝上平整或具有紋路的擠花嘴，擠出糖衣與食物泥。

Pâte（麵）：麵或義式麵食。也指麵糰、糊醬或麵糊（如鹹派皮）。

Pâté（法式肉派）：用料豐富的重組肉，以肉類、野味、禽肉、海鮮與／或蔬菜製成。以酥皮包覆烘烤，或填入模具或烤盤烘烤。熱食冷食皆可。

Pâte à choux（泡芙麵糊）：鮮奶油泡芙麵糊的作法是將清水或牛奶、奶油及麵粉拌在一起煮沸，然後打入全蛋。烘烤時，泡芙會膨脹形成可以填餡的中空外殼。

Pâte brisée（油酥鹹麵糰、鹹派皮）：用來做成派皮、塔皮和洛林鹹派的酥皮麵糰。

Pâté de campagne（法式鄉村肉醬）：質地粗糙的鄉村風格法式肉派，以梅花肉、雞肝、蒜頭、洋蔥與歐芹製成，並以白蘭地增添風味。

Pâte en croute（法式酥皮派）：用酥皮包起來烘烤的法式肉派。

Pâte feuilletée（法式千層酥皮）：起酥皮。

Pâte sucrée（甜塔皮麵糰）：甜的酥皮，用來製作派、塔與夾心餅乾。

Pathogen（病原體）：致病性微生物。

Pâtissier（西點廚師）：糕點廚師／工作站。負責烘焙食品、西點與甜點。在廚房裡通常是獨立的空間。

Paupiette（肉卷、魚肉卷）：將魚排或肉片包餡捲好，再低溫水煮或燜煮。

Paysanne / Fermier cut（切指甲片／切農夫式指甲片）：一種刀功，將食材切成長寬1公分、厚0.3公分的扁平方形。

Peel（麵包鏟）：用來將完成塑型的麵糰移入火爐或分層烤爐的鏟狀工具。也指將食材去皮。

Pesto（青醬）：質地濃稠的香料植物混合泥，傳統以羅勒和油製作，可當成義式麵食與其他食物的醬料，也可用來裝飾湯品。青醬可能包含磨碎的乳酪、堅果或種籽，以及其他調味料。

Petit four（酒會小點）：覆上翻糖、裝飾花俏的一口食分層蛋糕。一般也指一口食大小的西點與餅乾。

PH scale（酸鹼值）：數值介於0-14，用來表示酸度。酸鹼值為7表示中性，0的酸度最高，14的鹼性最強。在化學領域，酸鹼值測量的是氫離子濃度。

Phyllo / Filo dough（費洛皮、費洛麵糰）：以非常薄的水麵糰交疊奶油與／或麵包粉或蛋糕碎屑做成的麵皮。類似餡餅卷。

Physical leavener（物理膨發）：包裹在麵糰裡的蒸氣或空氣，膨脹會使麵糰膨發。

Phytochemicals（植物性化學物質）：在植物性食品中自然生成的化合物，具有抗氧化與抗病的特質。

Pickling spice（醃漬辛香料）：香料植物與辛香料的混合物，用來為醃漬食品調味。通常包括蒔蘿與／或蒔蘿籽、芫荽籽、肉桂棒、胡椒粒與月桂等。

Pilaf（香料飯）：烹煮穀物的技巧。用奶油稍微煎炒，再用高湯或清水和調味料烹煮到液體完全吸收。也稱為「pilau」「pilaw」「pullao」或「pilav」。

Pincé（煎炒焦褐）：指以煎炒來焦糖化的食材，通常為番茄製品。

Pluches（小枝）：又稱「sprigs」。指完整的香料植物葉，連著一小段莖，通常當成裝飾。

Poach（低溫水煮）：以71-85℃的液體慢慢烹煮。

Poêlé（鍋爐烤）：又稱「butter roasting」。指將食材放在有蓋鍋內，利用本身水分來烹煮（通常會加入什錦蔬菜丁、其他芳香蔬菜與融化的奶油），一般以烤爐烹煮。

Poissonier（魚類廚師）：指廚師或工作站。負責處理魚類料理及搭配的醬汁。職責可由醬汁廚師一併負責。

Polenta（義式粗玉米粉／糊）：將玉米粉放入微滾液體，煮到軟化、液體收乾呈糊狀。食用方式多樣，軟硬冷熱皆可。

Polyunsaturated fat（多元不飽和脂肪酸）：一種脂肪分子，有多個未被氫原子接滿的鍵結。來自玉米油、棉籽油、紅花籽油、大豆油與葵花籽油。

Port（波特酒）：一種加烈葡萄甜點酒。年份波特是未經混配的高品質葡萄酒，裝瓶後陳放至少12年。紅寶石波特酒可經混配，在木桶裡短時間陳釀。白波特則以白葡萄製作。

Pot-au-feu（法式蔬菜燉肉鍋）：傳統法式晚餐菜餚，通常包括禽肉、牛肉，及各種根菜類。一般先上清湯，接續才是肉類與蔬菜。

Prawn（明蝦）：外觀與蝦非常類似的甲殼類。這個字常作為大蝦的通稱。

Presentation side（擺盤正面）：肉、禽肉或魚肉盛盤時朝上一面。

Pressure steamer（壓力蒸鍋）：在密閉空間加熱清水，進而加壓並以蒸氣烹煮食物的機器，如此一來密閉空間內部溫度可超過沸點（100℃）。食物放入鍋中，密封以後，必須等到壓力釋放、蒸氣適度散逸，才能打開。

Primal cuts（初步分切）：動物屠體一開始切出來的大肉塊。標準按國家與動物有所不同。初步分切以後，會繼續切成較小、較容易處理的塊狀。

Printanière（春季時蔬）：用來作為裝飾的各種春季蔬菜。

Prix fixe（定價套餐）：字面意思是「固定價格」。菜單上的套餐已有預先設定的價格，且每道菜都有好幾種選擇。

Proof（最後發酵）：讓酵母麵糰膨脹。最後發酵箱是能夠控制溫度與濕度的密閉小箱。

Protein（蛋白質）：用來維持生命、供應能量、建造與修復組織、製造酵素與荷爾蒙，及進行其他人體必要運行的基本要營養素。來自動植物。

Provençal(e) / à la Provençale（普羅旺斯式）：以法國普羅旺斯當地作法烹調的菜餚，通常包含蒜頭、番茄與橄欖油，也可能用到鯷魚、茄子、菇類、橄欖與洋蔥。

Pulse（豆類）：豆科植物的可食用種籽，如菜豆、扁豆或豌豆。一般以「legume」稱呼。

Purée（做成泥狀）：以搗碎、過濾或剁碎的方式讓食物變得非常細碎，以做成滑潤的糊。也指利用這種技巧做成的糊。

Q

Quahog / Quahaug（櫻桃寶石簾蛤）：直徑大於8公分的硬殼蛤，通常用於巧達濃湯或油炸餡餅。

Quatre épices(法國四香粉):字面意思是「四種辛香料」。辛香料粉末的混合物，包含黑胡椒、肉豆蔻、肉桂、丁香或薑，一般用來增添湯品、燉煮菜和蔬菜的風味。

Quenelle（法式肉丸、法式魚糕）：低溫水煮而成、以雞蛋黏合、質地輕盈的重組肉（通常以雞肉、小牛肉、海鮮或野味製成），製作時用兩支湯匙做成橢圓形。

Quick bread（快速法麵包）：以化學膨大劑製成的麵包，不需要揉麵或發酵，因此作用時間比酵母快。英文另名「batter bread」。

R

Raft（黏附筏）：用來澄清法式高湯的混合食材。混合物會浮到液體表面，形成一團浮渣。

Ragoût（蔬菜燉肉）：以肉類和／或蔬菜烹調的燉煮菜。

Ramekin / Ramequin（小烤皿）：小型耐熱烤盤，一般為陶瓷製。

Reach-in refrigerator（取放式大型冷藏櫃）：冷藏設備或組件，有兩扇互通的門。通常用於食物儲藏區，以保存沙拉、冷的開胃點心與其他經常使用的食材。

Reduce（收乾）：以微滾煮或沸煮的方式減少液體量，用來做出更濃稠的質地與／或濃縮的風味。

Reduction（濃縮湯汁）：液體收乾的成果。

Refresh（返鮮）：食材汆燙後馬上放入冷水中浸泡，或以冷水沖洗，藉此終止烹煮。這個動作又稱為冰鎮（shock）。

Remouillage（二次高湯）：字面意思是「再浸潤」。指利用已經用於烹煮高湯的骨頭來製作的高湯，味道較清淡，通常會收乾，製成釉汁。

Render（熬煉）：融化脂肪並澄清，用來煎炒或煎炸。

Rest（靜置）：在烘烤後、切開前靜置菜餚，使肉汁回滲肉的纖維裡。

Rich dough（高油量麵糰）：以奶油等油脂與／或蛋黃製成的酵母麵糰，可能也含甜味劑。和無油麵糰相比，高油麵糰通常較能做出質地柔軟、顏色較深的麵包。

Rillette（熟肉醬）：放入罐子保存的肉醬。先以調味油把肉慢慢煮熟，再加入少許油脂剁碎或搗成泥。混合物裝進小烤皿，並在表面蓋上薄薄一層油脂。通常當成抹醬。

Ring top（法式環形爐頭）：具有可拆卸面板的平面爐頭，可以做不同程度的開闔，調節食物的受熱程度。

Risotto（義式燉飯）：以奶油與洋蔥短暫煎炒米飯，可能會用上其他芳香蔬菜，接著分次倒入高湯入，並在烹煮期間持續攪拌，以作出滑順的質地與彈牙的米粒。

Roast（烘烤）：放入烤爐或明火上的網架，以乾熱烹煮。

Roe（魚卵）：魚或蝦蟹貝的卵。

Roll-in（裹入油）：將奶油或以奶油為基底的混合物夾在一層層點心麵糰之間，重複擀開、摺疊，形成許多層次。烘烤時，每一層會保持分離，製作出滋味豐富的片狀糕點。

Rondeau（雙耳燉鍋）：鍋口寬、鍋壁筆直的雙耳淺鍋，通常用於燜煮。

Rondelle（切圓片）：一種刀功，用在處理圓柱形蔬菜，或修整成圓柱形的食材。切出扁平的圓形或橢圓形切片。

Rôtisseur（烘烤廚師）：指廚師或工作站。負責所有烘烤料理及搭配的醬汁。

Roulade（肉卷、瑞士卷）：將餡料用肉片或魚片捲起來包好。也指一種填餡的海綿蛋糕卷，即瑞士卷。

Round（後腿肉、臀肉）：牛的後腿部位，包括上後腿肉、外側後腿肉、外側後腿肉眼與上後腰脊等。肉質精瘦，通常用於燜煮或烘烤料理。烘焙時，則指將酵母麵糰塑型成球狀，此步驟能延展並鬆弛麵筋，確保均勻膨脹且外皮滑順。

Round fish（圓體魚）：以骨骼類型為基準的分類方法。此類魚的特徵是渾圓的體型與位於頭部兩側的眼睛。圓體魚通常以上翻是切法切分。

Roux（奶油炒麵糊）：由等量麵粉與脂肪（通常為奶油）製成的混合物，用來稠化液體。奶油炒麵糊會按用途煮成不同熟度（白色、金色、褐色或深色），顏色越深，增稠能力越低，不過風味越飽滿。

Royale（蒸烤蛋）：將未加糖的蒸烤蛋切成裝飾形狀，用來裝飾法式清湯。

Rub（醃料）：辛香料與香料植物混合物，覆在食物上作為醃漬料或具有風味的外殼。乾醃料通常以辛香料為基底。濕醃料（英文有時稱為「mops」）可能包括帶有水分的食材，如新鮮香料植物、蔬菜等。若有必要可加入果汁或高湯，做成糊狀質地。肉塊吸收醃料後，風味會更深厚。

S

Sabayon（沙巴雍）：一種卡式達。蛋黃用糖調味後，用馬沙拉酒或其他葡萄酒或香甜酒增添風味，並放在雙層蒸鍋裡打到起泡。義大利文為「zabaglione」。

Sachet d'épices（香料包）：字面意思是「辛香料袋」。指用濾布包裹的芳香食材，用來增添高湯與其他液體的風味。基本香料內含歐芹莖、壓碎的胡椒粒、乾燥的百里香與1片月桂葉。

Salt cod（鹽漬鱈魚）：經鹽醃與乾燥處理以利保存的鱈魚。

Saltpeter（硝酸鉀）：醃製鹽的成分之一，用於保存肉類。硝酸鉀會賦予某些醃製肉品特有的粉紅色。

Sanitation（公共衛生）：健康的食品從業人員保持環境整潔，避免食物感染病和食物污染。

Sanitize（消毒）：利用化學藥品與／或濕熱殺死病原體。

Sashimi（生魚片）：切片的生魚肉。出餐時搭配白蘿蔔絲、壽司薑、山葵與醬油。

Saturated fat（飽和脂肪）：所有鍵結都被氫原子接滿的脂肪分子。室溫下的飽和脂肪通常為固體，主要來自動物，如奶油、肉、乳酪與蛋。椰子油、棕櫚油與可可脂則為來自植物的飽和脂肪。

Sauce（醬）：搭配食物的液體，用來增進菜餚風味。

Sauce vin blanc（白酒醬）：均勻混合濃縮的低溫水煮液（通常含有酒）、調製好的荷蘭醬、絲綢濃醬或奶油丁而成。

Saucier（醬汁廚師）：指廚師或工作站。負責所有煎炒菜餚及搭配的醬汁。

Sausage（香腸）：做成餅狀或條段狀的重組肉，通常調味很重。最初是為了保存肉類並充分利用修整下來的碎肉。以絞肉、脂肪和調味料做成，大小、形狀、醃製時間與腸衣類型各異。

Sauté（炒、煎炒）：將鍋子放在爐檯上，以少量油脂快速烹煮。

Sauteuse（煎炒鍋）：鍋壁傾斜的平底淺煎鍋，有單一長柄。用於煎炒。英文一般統稱「sauté pan」。

Sautoir（平底深煎鍋）：鍋壁垂直的平底淺煎鍋，有單一長柄。用於煎炒。英文一般統稱「sauté pan」

Savory（香鹹）：不甜的。也指傳統英式餐宴上，在甜點後、波特酒前端上的助消化菜餚。此外，也指一類香料植物：香薄荷（包含夏季香薄荷與冬季香薄荷），味道類似百里香與薄荷。

Scald（加熱至接近沸點、汆燙）：將液體加熱至接近沸點，一般用於牛奶或鮮奶油。也指汆燙的水果和蔬菜。

Scale（過秤、去鱗）：測量食材重量，或是按重量將麵糰或麵糊分成小份。也指去除魚鱗。

Scaler（去鱗器）：用來去除魚鱗的工具，使用時以逆鱗方向從尾部往頭部刮。

Scallop（扇貝）：雙殼類。可食部位包括閉殼肌（控制貝殼開闔的肌肉）與卵。也指一小塊厚度均勻的去骨肉片或魚片。另外也指某種配菜，在食材上頭淋鮮奶油或醬汁，撒上麵包粉後加以烘烤。

Score（割劃）：在食材表面按固定間隔劃出刀痕，以利均勻烹煮，讓多餘油脂流出，也幫助食物吸收醃醬，或作為裝飾。

Scrapple（玉米肉餅）：混合豬碎肉、蕎麥與玉米粉，沸煮後塑型成長條，冷藏後切片使用。通常會炸過並當成早餐享用。

Sear（煎上色）：在高溫下以油脂讓食材表面變成褐色，再用另一種方法（如燜煮或烘烤）完成烹調以增加風味。

Sea salt（海鹽）：海水蒸發產生的鹽，有精製、未精製、結晶或研磨的差別。又稱為「sel gris」，即法文的「灰鹽」。

Seasoning（調味）：加入鹽、胡椒、香料植物、辛香料與／或調味料等食材讓食物獲得特定風味。也指在鍋具內側覆上一層保護性物質的動作。

Semolina（杜蘭粗粒小麥粉）：硬質杜蘭小麥的胚乳，用來製作義式麵疙瘩、麵包、庫斯庫斯與義式麵食。麩質含量高。

Shallow poach（淺水低溫水煮）：食材放入淺鍋，以剛好淹過食材的微滾液體慢慢烹煮。烹調液體通常會收乾作為醬汁基底。

Sheet pan（淺烤盤）：平底烤盤，邊緣通常稍微捲起。用來盛裝以烤爐烘烤的食物。

Shelf life（保存期限）：產品可以維持品質的儲存時間。

Shellfish（蝦蟹貝類）：許多種可以當成食物的海洋生物，包括軟體動物如單枚貝、雙殼貝、頭足類，以及甲殼動物。

Sherry（雪利酒）：西班牙的加烈葡萄酒。顏色與甜度各有不同。

Shirred egg（烤蛋）：和奶油（通常還有鮮奶油）一起放入小烤皿，烹煮到蛋白凝固的蛋。

Sieve（篩）：以金屬網等材質做成的多孔容器，用來過濾或製泥。

Silverskin（筋膜）：圍繞特定肌肉的堅韌結締組織。這種蛋白質在烹煮以後不會融化，必須在烹煮前去除。

Simmer（微滾、烹煮）：將液體溫度維持在略低於沸騰的狀態。也指讓食材浸在85-93℃的液體裡烹煮。

Simple carbohydrate（單一碳水化合物）：任何碳水化合物小分子（單醣和雙醣），包括葡萄糖、果糖、乳糖、麥芽糖和蔗糖。

Simple syrup（簡易糖漿）：混合水與糖（按需求加入額外風味食材或芳香食材），加熱至糖溶解，用來浸潤蛋糕及低溫水煮水果。

Single-stage technique（單一烹飪方式）：相對於使用多種烹飪技巧（例如燜煮）的烹煮方式，只用一種烹飪技巧（例如沸煮或煎炒）烹煮。

Skim（撈除浮渣）：去除在烹煮期間浮上高湯或湯品等液體表面的雜質。

Skim milk（脫脂牛奶）：只剩下0.5%乳脂的奶類。

Slurry（澱粉漿）：讓葛粉、玉米澱粉或太白粉等澱粉均勻分散在冷液體中，避免在當成稠化物加入熱液體的時候結塊。

Small sauce（子醬、小醬）：衍生自母醬的醬汁。

Smoke point（冒煙點）：加熱脂肪時，脂肪開始分解並冒煙的溫度。

Smoker（燻烤箱）：有架子或鉤子可放置食物的密閉空間。食物可在特定溫度下被煙霧圍繞。

Smoke roasting（燻烤）：烘烤食物的方法。食材放在鍋內的架子上，下方是燜燒的木屑，鍋子放上爐火或放入烤爐時木屑會冒煙。

Smoking（煙燻）：藉由讓食物暴露在煙霧中來保存並增加食物風味的技巧，包括冷煙燻（食材並沒有完全煮熟）、熱煙燻（食材完全煮熟）與燻烤。

Smother（燜煮）：將食物放入有蓋鍋內，以少許液體在小火上烹煮。主要食材在烹煮期間通常蓋在其他食材或醬汁之下。

Sodium（鈉）：鹼性金屬元素。人體需要少量的鈉。大部分烹飪用鹽的成分之一。

Sommelier（侍酒師）：負責葡萄酒的服務人員，幫助賓客選酒及上酒。負責管理餐廳的酒窖。

Sorbet（雪碧冰）：一種冷凍甜點。以果汁或其他基底、甜味劑（通常是糖）及打發蛋白（避免大塊冰晶形成）製成。

Soufflé（舒芙蕾）：字面意思是「膨發」。以醬汁基底（鹹味舒芙蕾使用白醬；甜味則使用卡士達）、打發蛋白與風味食材製成。蛋白讓舒芙蕾在烹煮時膨發。

Sourdough（酸麵糰）：以自製發酵麵種作為膨發劑的酵母麵包麵糰。或只不含市售酵母、自然膨發的麵包。

Sous chef（二廚）：字面意思是「主廚之下」。指廚房的副手，通常負責排程、填補行政主廚的位置，並按需求協助各部門廚師。

Spätzle（德氏麵疙瘩）：將麵糊一點一點撥進微滾液體中烹煮的軟麵條或小麵糰。

Spider（笊篱）：長柄漏勺，用來從滾燙液體或油脂中取出食材，並撈除液體表面浮沫。

Spit-roast（串烤）：以長籤串起食材，或架在明火或其他輻射熱源上方或前方烘烤。

Sponge（海綿）：濃稠的酵母麵糊，發酵後可發展出輕盈質地，並可結合其他食材做成酵母麵糰。

Sponge cake（海綿蛋糕）：味甜的乳沫型蛋糕，以打發的雞蛋為膨發劑。又稱為「génoise」。

Springform pan（活動模）：圓形模具，側邊筆直，可以鬆開與底部分離，主要用來製作乳酪蛋糕與慕斯蛋糕。

Stabilizer（穩定劑）：加入乳化液，避免乳油分離的食材（通常為蛋白質或植物，如蛋白、鮮奶油或芥末）。也指用於各式甜點（如巴伐利亞餡），避免分離現象產生的食材料，如明膠或膠質。

Standard breading procedure（標準裹粉法）：將食材裹上麵粉、沾上打散蛋液，並裹上麵包粉的流程。完成裹粉的食材可放入鍋中煎炸或深炸。

Staphylococcus aureaus（金黃色葡萄球菌）：引起食物感染病的兼性細菌。這種細菌會產生無法被熱破壞的毒素，非常危險。最常導致金黃色葡萄球菌中毒的原因，是處理食物的人本身已受感染。

Steak（肉排）：單份大小（或更大）的肉類、禽肉或魚類切塊，切快時逆紋切過肌肉或肌肉群。可帶骨或去骨。

Steam（蒸煮）：藉由煮沸清水或其他液體所產生的蒸氣烹煮食物。

Steamer（蒸籠、蒸鍋、蒸煮器）：可套疊的鍋具組，每層鍋的底部都有孔，使用時可架在裝有沸水或微滾熱水的大鍋上。也指金屬或竹子製成的蒸盤，用來放在鍋裡蒸煮食物。

Steam-jacketed kettle（壓力蒸氣鍋）：具有雙層鍋壁的鍋具，蒸氣可在鍋內循環，均勻加熱高湯、湯品和醬汁。某些壓力蒸氣鍋具隔熱層、附水龍頭與／或可傾倒設計。可傾倒的蒸氣鍋又稱為「耳軸式蒸氣鍋」（trunnion kettles）。

Steel（磨刀棒）：用來磨刀的工具，通常為鋼製，不過也可以是陶瓷、玻璃或鑽石複合金屬。

Steep（沖泡）：將食材置於溫熱或滾燙的液體中，以萃取出風味或雜質，或是讓食材軟化。

Stewing（燉煮）：幾乎與燜煮相同的烹飪方法，不過使用的肉塊一般較小，因此烹煮時間較短。燉煮食材可以用汆燙來取代煎上色，成品的顏色會比較淺。

Stir-frying（翻炒）：類似煎炒的烹飪方法，以極高溫烹煮，使用少量油脂並持續翻動食材。通常使用炒鍋。

Stock（高湯）：將肉骨、禽肉骨、海鮮的骨或殼，以及蔬菜放入清水中，加入芳香材料，烹煮至散發風味。用作湯品、醬汁與其他菜餚的基底。

Stockpot（高湯鍋）：高度大於寬度的直壁大鍋，用於製作高湯與湯品。有些有水龍頭，英文又稱「marmites」。

Stone ground（石磨）：描述以磨石研磨出來的穀物粉或麵粉。由於胚芽沒有分離，這種研磨方法比其他方法更能保留營養素。

Straight forcemeat（純重組肉）：將瘦肉與脂肪混合攪碎而成的重組肉。

Straight-mix method（直接法）：麵糰的混合方法。混合所有材料，再用手或機器攪勻。

Strain（過濾）：將液體倒入篩或網中以去除固體食材。

Suprême（禽胸肉）：雞或其他禽類的胸肉排與翅膀。雞醬汁（sauce suprême）是在以雞高湯製成的絲絹濃醬中加入鮮奶油製成。

Sweat（炒軟不上色）：將食材（通常是蔬菜）放入有蓋鍋內，以少量油脂烹煮到軟化、釋出水分但尚未上色。

Sweetbreads（小牛胸腺）：幼齡動物的胸腺，通常取自小牛，也可取自羊或豬。通常成對販賣。胸腺風味溫和，質地滑嫩，烹煮前必須先用酸性液體浸泡，並去除外圍薄膜。

Swiss（瑞士處理法）：混合肉、麵粉與調味料，敲平，破壞肌肉纖維，讓肉軟化。通常用於處理牛肉。

Syrup（糖漿）：讓糖溶於液體。液體通常是水，可能會加入辛香料或柑橘碎果等風味食材。

T

Table d'hôte（套餐）：依主菜選擇制定套餐價格的菜單。

Table salt（食鹽）：精製細鹽。可以加入碘強化，並以碳酸鎂處理以避免結塊。

Tart（塔）：直壁的淺派皮（側邊可為波浪狀或平直），可填入鹹、甜、新鮮與／或煮熟的餡料。這個字也用來形容味道刺激或非常酸的食品。

Temper（調溫）：緩慢且逐漸地加熱。可指將滾燙液體加入蛋奶液，讓溫度慢慢升高的過程，或指融化巧克力的正確作法。

Tempura（天婦羅）：將海鮮與／或蔬菜裹上質地輕盈的麵糊後油炸，通常搭配醬汁食用。

Tenderloin（腰里肌肉）：取自腰部的去骨肉塊，通常指牛肉或豬肉。通常是最軟嫩、昂貴的部位。

Terrine（法式肉凍）：類似法式肉派的長條重組肉，以有蓋模具隔水加熱而成。也指用來烹煮這類菜餚的模具，通常為橢圓形的陶瓷製品。

Thermophilic（嗜熱）：喜歡熱。指能夠在43-77°C 環境下大量生長的細菌。

Thickener（稠化物）：用來增進液體稠度的材料，如葛粉、玉米澱粉、明膠、奶油麵糊與奶油炒麵糊。

Tilting kettle（可傾式深鍋）：可傾斜的大型鍋具，用來燉煮，偶爾也用來蒸煮。

Tilt skillet（可傾式平底鍋）：可傾斜的大型鍋具，相對較淺，鍋面大。可以用來燜煮、煎炒或燉煮。

Timbale（布丁模）：小型桶狀模具。用來塑型米飯、卡士達、慕斯林等食材。也指用這種模具製作的菜餚。

Tomalley（龍蝦膏）：龍蝦肝，呈橄欖綠色。用來製作醬汁等菜餚。

Tomato sauce（番茄醬汁）：將番茄放入清水或高湯，加入芳香食材一起烹煮而成的醬汁。是一種母醬。

Total utilization（充分利用）：提倡物盡其用，以減少浪費並增加利潤的原則。

Tournant（跑場廚師）：機動支援各部門的廚師，視狀況調動的廚房工作人員。

Tourner（切橄欖形）：將食材（通常是蔬菜）切成酒桶形、橄欖形或橄欖球形。切好的食材應有五面或七面，兩端圓鈍。

Toxin（毒素）：天然毒物，尤其指經由代謝活動產生的生物，如細菌。

Tranche（斜片）：斜切肉塊、魚肉或禽肉，讓菜餚更美觀。

Trichinella spiralis（旋毛蟲）：螺旋狀的寄生蟲，會侵入動物的腸和肌肉組織。主要透過未經充分烹煮的受感染豬肉來傳播。

Tripe（胃）：牛與其他反芻動物的胃部內組織，可食用。蜂巢胃來自第二個胃，外觀狀似蜂巢。

Truss（捆紮）：在烹煮前用繩子綁好肉塊或禽肉，以利均勻烹煮與塑形。

Tuber（塊莖）：植物的肉質根、莖或地下莖，可以長成新的植株。有些塊莖會被當成蔬菜，例如馬鈴薯。

Tuile（瓦片餅）：字面意思是「瓦片」，是狀似威化餅的薄餅，或是切成類似這種餅乾的食物。一般會趁餅還溫熱且容易彎曲時放入模具，或用擀麵棍或木棍來塑形。

Tunneling（穿隧）：製作烘焙食品時，因過度混合、未充分且均勻拌入化學膨大劑或其他原因而發生的錯誤。成品會有隧道狀大洞。

U

Umami（鮮味）：用來描述鹹香肉味，通常與麩胺酸鈉和菇類有關。

Univalve（單殼類）：只有一片殼與一塊肌肉的軟體動物，如鮑魚和海膽。

Unsaturated fat（非飽和脂肪）：一種脂肪分子，有多個未被氫原子接滿的鍵結。可能是單元不飽和脂肪酸或多元不飽和脂肪酸。在室溫環境下多半為液體，主要來自植物。

V

Vanilla sauce（香莢蘭醬）：以攪煮方式製成的卡士達，成分包括鮮奶油與／或牛奶、糖、蛋與香莢蘭。可以當成醬汁，或用於西點，如巴伐利亞餡與冰淇淋。又稱為英式奶油醬（creme anglaise）。

Variety meat（下水、雜碎）：動物身上除肌肉以外的肉（例如器官肉），包含舌、肝、腦、腎、胸線與胃。英文又稱「offal」，即下水。

Vegetable soup（蔬菜湯）：以高湯或水為基底，且主要食材是蔬菜的湯。材料可包括肉、豆類與麵，可製成清湯或濃湯。

Vegetarian（素食者）：採特定飲食習慣的人。捨棄肉類、魚類以及相關製品，不過並沒有完全拒絕動物產品。蛋奶素者會攝取乳製品與蛋類。蛋素者會攝取蛋類。純素食者則完全不食用來自動物的食物。

Velouté（絲綢濃醬）：將白高湯（雞、小牛或海鮮）用白色奶油炒麵糊增稠而製成的醬汁，是一種母醬。也指用絲綢濃醬為基底，加入風味食材（通常為泥狀）做成的鮮奶油濃湯，最後通常會加入蛋奶液拌勻。

Venison（野鹿肉）：大型鹿科的獵物肉，不過通常指鹿肉。

Vertical chopping machine（VCM、直立式切剁機）：類似果汁機的機器，具有可以旋轉的刀片，用來磨碎、攪打、乳化或混合食物。

Vinaigrette（油醋醬）：以油和食醋做成的冷醬，通常會放入各種風味食材。油醋醬是暫時性的乳化料，標準比例為三份油對上一份醋。

Virus（病毒）：致病微生物的一類，可以透過食物傳播。病毒會引發麻疹、水痘、傳染性肝炎與流感等。

Vitamins（維生素）：營養必需的有機物質，無法提供能量，但通常作為代謝過程的調節劑，並能幫助維持健康。

W

Waffle（格子鬆餅）：以類似煎餅麵糊做成的鬆脆麵點，烹煮時使用特製煎烤盤，使成品帶有紋理，通常為格子狀。這個字也指特殊的蔬菜切工，能夠做出格狀或編織籃的紋路。又稱為「gaufrette」。

Walk-in refrigerator（走入式冷藏庫）：大到可以讓人走進去的冷藏設備。有時候大到具有不同溫度及濕度的區域，以適當保存各種食物。有些裝有取放式活動門，有些則大到能容納活動輪置物架與許多貨架。

Wasabi（山葵）：一種亞洲植物的根，類似辣根。混合清水會變成鮮綠色，是日式料理的配料。

Whey（乳清）：牛奶形成凝乳以後留下的液體。

Whip / Whisk（打發）：將空氣打入鮮奶油或蛋白等食材。也指用附接在手把上的環形線圈做成的攪打專用工具。

White chocolate（白巧克力）：用糖和牛奶固形物增添風味的可可脂，不含可可固形物，因此沒有一般巧克力所特有的褐色。

White mirepoix（白色調味蔬菜）：不包括胡蘿蔔的調味蔬菜，可能包括剁碎的蘑菇或修整下來的蘑菇碎屑與歐洲防風草塊根。用來製作色淺或白色的醬汁與高湯。

White stock（白高湯）：未經煎烤褐變的骨頭所製成的淺色高湯。

Whole grain（全穀）：未經碾磨或加工的穀物。

Whole wheat flour（全麥麵粉）：以包括麥麩、麥芽與胚乳在內的全穀碾磨成的麵粉。

Wok（炒鍋、中式炒鍋）：圓底鍋，通常以輾壓鋼做成，廣泛運用於亞洲料理。中式炒鍋的形狀讓熱量能均勻分布，也容易拋翻鍋內食材。

Y

Yam（薯蕷、山藥）：生長於熱帶與亞熱帶地區的大型塊莖，富含澱粉，呈淡黃色。這個字也用來稱呼在植物學上與山藥沒有親緣關係的番薯。

Yeast（酵母）：代謝過程會造成發酵的微生物，是麵包的膨發劑，也用來釀造啤酒與葡萄酒。

Yogurt（優格）：用細菌培養的牛奶，質地稍稠並帶有酸味。

Z

Zest（柑橘皮）：柑橘類顏色鮮豔的薄碎皮，含有揮發性精油，是理想的風味食材。

參考書目與資料來源

READINGS AND RESOURCES

食物歷史

American Food: The Gastronomic Story. 3rd ed. Evan Jones. Overlook Press, 1990.

"A Woman's Place Is in the Kitchen": The Evolution of Women Chefs. Ann Cooper. Van Nostrand Reinhold, 1998.

Cod: A Biography of the Fish That Changed the World. Mark Kurlansky. Walker and Co., 1997.

Consuming Passions: The Anthropology of Eating. Peter Farb and George Armelagos. Houghton Mifflin, 1980.

Culture and Cuisine: A Journey Through the History of Food. Jean-François Revel. Translated by Helen R. Lane. Da Capo Press, 1984.

The Deipnosophists (Banquet of the Learned). Athenaeus of Naucratis. Translated by C. D. Yonge. London: Henry G. Bohn, 1854.

Eating in America: A History. Waverley Root and Richard de Rochemont. Ecco, 1981.

Fabulous Feasts: Medieval Cookery and Ceremony. Madeleine Pelner Cosman. Braziller, 1976.

Food and Drink Through the Ages, 2500 BC to 1937 AD. Barbara Feret. London: Maggs Brothers, 1937.

Food in History. Reay Tannahill. Crown Publishers, 1989.

Gastronomy: The Anthropology of Food and Food Habits. Margaret L. Arnott, ed. The Hague: Mouton, 1975.

Kitchen and Table: A Bedside History of Eating in the Western World. Colin Clair. Abelard-Schuman, 1965.

Much Depends on Dinner: The Extraordinary History and Mythology, Allure and Obsessions, Perils and Taboos, of an Ordinary Meal. Margaret Visser. Grove Press, 1987.（《一切取決於晚餐：非凡的歷史與神話、吸引與執迷、危險與禁忌，一切都圍繞著普遍的一餐》，瑪格麗特・維薩，博雅書屋）

Our Sustainable Table. Robert Clark, ed. North Point Press, 1990.

The Pantropheon: or, A History of Food and Its Preparation in Ancient Times. Alexis Soyer. London: Paddington Press, 1977.

Platina: On Right Pleasure and Good Health: A Critical Edition and Translation of "De Honesta Voluptate et Valetudine." Mary Ella Milham, ed. Renaissance Tapes, 1998.

The Rituals of Dinner: The Origins, Evolution, Eccentricities, and Meanings of Table Manners. Margaret Visser. Penguin, 1992.

The Roman Cookery of Apicius: A Treasury of Gourmet Recipes and Herbal Cookery, Translated and Adapted for the Modern Kitchen. Apicius. Translated by John Edwards. London: Hartley & Marks, 1984.

The Travels of Marco Polo. Maria Bellonci. Translated by Teresa Waugh. Facts on File, 1984.（《馬可波羅遊記》，馬可波羅，商周）

Why We Eat What We Eat: How the Encounter Between the New World and the Old Changed the Way Everyone on the Planet Eats. Raymond Sokolov. Simon & Schuster, 1992.

衛生與安全

Applied Foodservice Sanitation Textbook. 4th ed. Educational Foundation of the National Restaurant Association, 1992.

HACCP Reference Book. Educational Foundation of the National Restaurant Association, 1993.

烹飪的化學

CookWise: The Hows & Whys of Successful Cooking; The Secrets of Cooking Revealed. Shirley Corriher. Morrow, 1997.

The Curious Cook: More Kitchen Science and Lore. Harold McGee. Macmillan, 1992.

The Experimental Study of Food. 2nd ed. Ada Marie Campbell, Marjorie Porter Penfield, and Ruth M. Griswold. Constable and Co., 1979.

Foods: A Scientific Approach. 3rd ed. Helen Charley, Connie M. Weaver. Prentice Hall, 1997.

On Food and Cooking: The Science and Lore of the Kitchen. Harold McGee. Scribner, 2004.（《食物與廚藝》，哈洛德・馬基，大家）

設備與準備工作

The Chef's Book of Formulas, Yields and Sizes. 3rd ed. Arno Schmidt. Wiley, 2003.
Food Equipment Facts: A Handbook for the Foodservice Industry. Revised and updated. Carl Scriven and James Stevens. Van Nostrand Reinhold, 1989.
The New Cook's Catalogue. Emily Aronson, Florence Fabricant, and Burt Wolf. Knopf, 2000.
The Professional Chef's Knife Kit. 2nd ed. The Culinary Institute of America. Wiley, 1999.
The Williams-Sonoma Cookbook and Guide to Kitchenware. Chuck Williams. Random House, 1986.

一般食品辨識

辭典與百科全書類

Asian Ingredients: A Guide to the Foodstuffs of China, Japan, Korea, Thailand, and Vietnam. Bruce Cost. Harper Perennial, 2000.
The Cambridge World History of Food. Kenneth F. Kiple and Kriemhild Coneè Ornelas, eds. Cambridge University Press, 2000.
The Chef's Companion: A Concise Dictionary of Culinary Terms. 3rd ed. Elizabeth Riely. Wiley, 2003.（《主廚專用字典》，Elizabeth Riely，品度。）
A Concise Encyclopedia of Gastronomy. André Simon. Overlook Press, 1981.
Cook's Ingredients. Adrian Bailey, Elisabeth Lambert Ortiz, and Helena Radecka. Bantam Books, 1980.（《大廚食材完全指南》，Adrian Bailey，貓頭鷹）
The Encyclopedia of American Food and Drink. John F. Mariani. Lebhar-Friedman, 1999.
The Encyclopedia of Asian Food and Cooking. Jacki Passmore. Hearst, 1991.
The Ethnic Food Lover's Companion, Understanding the Cuisines of the World. Eve Zibart. Menasha Ridge Press, 2001.
Food. André Simon. Horizon Press, 1953.
Food. Waverley Root. Simon and Schuster, 1980.
Gastronomy. Jay Jacobs. Newsweek Books, 1975.
Gastronomy of France. Raymond Oliver. Translated by Claud Durrell. Wine & Food Society with World Publishing, 1967.
Gastronomy of Italy. Revised ed. Anna Del Conte. Pavilion Books, 2004.
Knight's Foodservice Dictionary. John B. Knight. Edited by Charles A. Salter. Van Nostrand Reinhold, 1987.
Larousse Gastronomique. Jenifer Harvey Lang, ed. Potter, 2001.
The Master Dictionary of Food and Wine. 2nd ed. Joyce Rubash. Van Nostrand Reinhold, 1996.
The Deluxe Food Lover's Companion. 4th ed. Sharon Tyler Herbst and Ron Herbst. Barron's, 2009.
The Oxford Companion to Food 2nd ed. Alan Davidson, Tom Jaine, Jane Davidson, Helen Saberi. Oxford University Press, 2006.
Patisserie: An Encyclopedia of Cakes, Pastries, Cookies, Biscuits, Chocolate, Confectionery and Desserts. Aaron Maree. HarperCollins, 1994.
The Penguin Atlas of Food: Who Eats What, Where, and Why. Erik Millstone and Tim Lang. Penguin, 2003.
Tastings: The Best from Ketchup to Caviar: 31 Pantry Basics and How They Rate with the Experts. Jenifer Harvey Lang. Crown, 1986.
The Von Welanetz Guide to Ethnic Ingredients. Diana and Paul von Welanetz. Warner, 1987.
The World Encyclopedia of Food. L. Patrick Coyle. Facts on File, 1982.

肉、禽類與野味

The Kitchen Pro Series Guide to Meat Identification, Fabrication, and Utilization. Thomas Schneller. Delmar Cengage Learning, 2009.
The Kitchen Pro Series Guide to Poultry Identification, Fabrication, and Utilization. Thomas Schneller. Delmar Cengage Learning, 2009.
The Meat Buyers Guide. National Association of Meat Purveyors, 2010.
The Meat We Eat. 14th ed. John R. Romans et al. Prentice Hall, 2001.

魚與蝦蟹貝類

The Complete Cookbook of American Fish and Shellfish. 2nd ed. John F. Nicolas. Wiley, 1989.
The Encyclopedia of Fish Cookery. A. J. McClane. Holt, Rinehart & Winston, 1977.
Fish and Shellfish. James Peterson. Morrow, 1996.
The Kitchen Pro Series Guide to Fish and Seafood Identification, Fabrication, and Utilization. Mark Ainsworth. Delmar Cengage Learning, 2009.
McClane's Fish Buyer's Guide. A. J. McClane. Henry Holt, 1990.

水果與蔬菜類

The Foodservice Guide to Fresh Produce. Produce Marketing Association. Produce Marketing Association, 1987.
The Kitchen Pro Series Guide to Produce Identification, Fabrication, and Utilization. Brad Matthews, Paul Wigsten. Delmar Cengage Learning, 2010.
Charlie Trotter's Vegetables. Charlie Trotter. Ten Speed Press, 1996.
Rodale's Illustrated Encyclopedia of Herbs. Claire Kowalchik and William H. Hylton, eds. Rodale Press, 1998.
Roger Vergé's Vegetables in the French Style. Roger Vergé. Translated by Edward Schneider. Artisan, 1994.
Uncommon Fruits and Vegetables: A Commonsense Guide. Elizabeth Schneider. Morrow, 1998.
Vegetables. James Peterson. Morrow, 1998.
Vegetarian Cooking for Everyone. Deborah Madison. Broadway Books, 1997.

乳酪類

Cheese: A Guide to the World of Cheese and Cheesemaking. Bruno Battistotti. Facts on File, 1984.
Cheese Buyer's Handbook. Daniel O'Keefe. McGraw-Hill, 1978.
The Cheese Companion: The Connoisseur's Guide. 2nd ed. Judy Ridgway. Running Press, 2004.
Cheese Primer. Steven Jenkins. Workman, 1996.
The Kitchen Pro Series Guide to Cheese Identification, Classification, and Utilization. John Fischer. Delmar Cengage Learning, 2010.
The World of Cheese. Evan Jones. Knopf, 1976.

不易腐敗的食品

The Book of Coffee and Tea. 2nd ed. Joel Schapira, David Schapira, and Karl Schapira. St. Martin's Griffin, 1996.
The Complete Book of Spices: A Practical Guide to Spices and Aromatic Seeds. Jill Norman. Studio, 1995.
La Technique. Jacques Pépin. Pocket, 1989.

一般與經典烹飪

The Art of Charcuterie. Jane Grigson. Knopf, 1968.
The Chef's Compendium of Professional Recipes. 3rd ed. John Fuller and Edward Renold. Oxford, UK: Butterworth-Heinemann, 1992.
Classical Cooking the Modern Way. 3rd ed. Philip Pauli. Translated by Arno Schmidt. Wiley, 1999.
Cooking for the Professional Chef. Kenneth C. Wolfe. Delmar, 1982.
The Cook's Book of Essential Information. Barbara Hill. Dell, 1990.
Cuisine Actuelle. Victor Gielisse. Taylor, 1992.
Culinary Artistry. Andrew Dornenburg and Karen Page. Van Nostrand Reinhold, 1996.
Dining in France. Christian Millau. Stewart, Tabori & Chang, 1986.
Escoffier: The Complete Guide to the Art of Modern Cookery. Auguste Escoffier. Translated by H. L. Cracknell and R. J. Kaufmann. Van Nostrand Reinhold, 1997.
Escoffier Cookbook: A Guide to the Fine Art of Cooking. Auguste Escoffier. Crown, 1976.
Essentials of Cooking. James Peterson. Artisan, 2003.
Garde Manger: The Art and Craft of the Cold Kitchen. 3rd ed. The

Culinary Institute of America. Wiley, 2008.
The Grand Masters of French Cuisine. Selected and adapted by Celine Vence and Robert Courtine. Putnam, 1978.
Great Chefs of France. Anthony Blake and Quentin Crewe. Harry N. Abrams, 1978.
Guide Culinaire: The Complete Guide to the Art of Modern Cooking. Auguste Escoffier. Translated by H. L. Cracknell and R. J. Kaufmann. Van Nostrand Reinhold, 1997.
Introductory Foods. 13th ed. Marion Bennion. Prentice-Hall, 2009.
Jacques Pépin's Art of Cooking. Jacques Pepin. 2 vols. Knopf, 1987 and 1988.
James Beard's Theory and Practice of Good Cooking. James Beard. Running Press, 1999.
Jewish Cooking in America. Joan Nathan. Knopf, 1998.
Le Répertoire de la Cuisine. Louis Saulnier. Barron's, 1977.
Ma Gastronomie. Fernand Point. Translated by Frank Kulla and Patricia S. Kulla. Lyceum Books, 1974.
Pâtés and Terrines. Friedrich W. Ehlert et al. Hearst, 1984.
Paul Bocuse's French Cooking. Paul Bocuse. Translated by Colette Rossant. Pantheon, 1977.
The Physiology of Taste, or Meditations on Transcendental Gastronomy. Jean-Anthelme Brillat-Savarin. Translated by M.F.K. Fisher. Counterpoint, 2000.（《廚房裡的哲學家》，Jean-Anthelme Brillat-Savarin，百善書房）

湯與醬汁

Sauces: Classical and Contemporary Sauce Making 3rd ed. James Peterson. Wiley, 2008.
The Saucier's Apprentice: A Modern Guide to Classic French Sauces for the Home. Raymond A. Sokolov. Knopf, 1976.
Soups for the Professional Chef. Terence Janericco. Van Nostrand Reinhold, 1993.
Splendid Soups. James Peterson. Wiley, 2001.

營養與營養的烹飪

Choices for a Healthy Heart. Joseph C. Piscatella. Workman, 1987.
Food and Culture in America: A Nutrition Handbook. Pamela Goyan Kittler and Kathryn P. Sucher. Wadsworth, 1997.
Handbook of the Nutritional Value of Foods in Common Units. U.S. Department of Agriculture. Dover, 1986.
In Good Taste. Victor Gielisse, Mary Kimbrough, and Kathryn G. Gielisse. Prentice-Hall, 1998.
The New Mediterranean Diet Cookbook: A Delicious Alternative for Lifelong Health. Nancy Harmon Jenkins. Bantam, 2008.
The New Living Heart Diet. Michael E. DeBakey, Antonio M. Gotto Jr., Lynne W. Scott, and John P. Foreyt. Simon & Schuster, 1996.
Spices, Salt and Aromatics in the English Kitchen. Elizabeth David. Penguin, 1970.
Nutrition: Concepts and Controversies. 12th ed. Eleanor R. Whitney and Frances S. Sizer. CT: Brooks/Cole, 2010.
The Professional Chef's Techniques of Healthy Cooking. 3rd ed. The Culinary Institute of America. Wiley, 2000.

美國烹飪

Charlie Trotter's. Charlie Trotter. Ten Speed Press, 1994.
Chef Paul Prudhomme's Louisiana Kitchen. Paul Prudhomme. Morrow, 1984.
Chez Panisse Cooking. Paul Bertolli with Alice Waters. Peter Smith, 2001.
City Cuisine. Mary Sue Milliken and Susan Feniger. Morrow, 1994.
Epicurean Delight: The Life and Times of James Beard. Evan Jones. Knopf, 1990.
I Hear America Cooking. Betty Fussell. Penguin, 1997.
Jasper White's Cooking from New England. Jasper White. Biscuit Books, 1998.
Jeremiah Tower's New American Classics. Jeremiah Tower. Harper & Row, 1986.
License to Grill. Chris Schlesinger and John Willoughby. Morrow, 1997.
The Mansion on Turtle Creek Cookbook. Dean Fearing. Weidenfeld & Nicholson, 1987.
The New York Times Cookbook. Revised ed. Craig Claiborne. Morrow, 1990.
Saveur Cooks Authentic American: Celebrating the Recipes and Diverse Traditions of Our Rich Heritage. The Editors of Saveur Magazine. Chronicle, 2007.
The Thrill of the Grill: Techniques, Recipes & Down Home Barbecue. Chris Schlesinger and John Willoughby. Morrow, 2002.
The Trellis Cookbook. Marcel Desaulniers. Simon & Schuster, 1992.

世界烹飪

拉丁美洲與加勒比群島地區

The Art of South American Cooking. Felipe Rojas-Lombardi. HarperCollins, 1991.
The Book of Latin American Cooking. Elisabeth Lambert Ortiz. Ecco, 1994.
The Essential Cuisines of Mexico. Diana Kennedy. Clarkson Potter, 2000.
Food and Life of Oaxaca. Zarela Martínez. Macmillan, 1997.
Food from My Heart: Cuisines of Mexico Remembered and Reimagined. Zarela Martínez. Macmillan, 1992.
Rick Bayless's Mexican Kitchen. Rick Bayless. Scribner, 1996.
The Taste of Mexico. Patricia Quintana. Stewart, Tabori & Chang, 1986.

歐洲與地中海地區

The Art of Turkish Cooking. Neset Eren. Hippocrene Books, 1993.
The Belgian Cookbook. Nika Hazelton. Atheneum, 1977.
The Best of Southern Italian Cooking. Jean Grasso Fitzpatrick. Barron's, 1984.
Bistro Cooking. Patricia Wells. Workman, 1989.
A Book of Mediterranean Food. 2nd revised ed. Elizabeth David. New York Review of Books, 2002.（《地中海風味料理》，伊麗莎白・大衛，麥田）
Classical and Contemporary Italian Cooking for Professionals. Bruno Ellmer. Wiley, 1989.
Classic French Cooking. Craig Claiborne, Pierre Franey, et al. Time-Life Books, 1978.
The Classic Food of Northern Italy. Anna Del Conte. Pavilion, 1995.
The Classic Italian Cookbook. Marcella Hazan. Knopf, 1976.
Classic Scandinavian Cooking. Nika Hazelton. Galahad, 1994.
Classic Techniques of Italian Cooking. Giuliano Bugialli. Simon & Schuster, 1982.
The Cooking of the Eastern Mediterranean. Paula Wolfert. HarperCollins, 1994.
The Cooking of Italy. Waverly Root, et al. Time-Life Books, 1968.
The Cooking of Provincial France. M. F. K. Fisher, et al. Time-Life Books, 1968.
The Cooking of Southwest France: A Collection of Traditional and New Recipes from France's Magnificent Rustic Cuisine. Revised ed. Paula Wolfert. Wiley, 2005.
Couscous and Other Good Food from Morocco. Paula Wolfert. Harper Perennial, 1987.
Croatian Cuisine. Revised ed. Ruzica Kapetanovic and Alojzije Kapetanovic. Associated, 1993.
The Czechoslovak Cookbook. Joza Brizova. Translated by Adrienna Vahala. Crown, 1965.
The Food of Italy. Waverly Root. Atheneum. 1971.
The Food of North Italy: Authentic Recipes from Piedmont, Lombardy, and Valle d'Aosta. Luigi Veronelli. Tuttle, 2002.
The Food of Southern Italy. Carlo Middione. Morrow, 1987.
The Foods and Wines of Spain. Penelope Casas. Knopf, 1982.
La France Gastronomique. Anne Willan. Pavilion, 1991.
French Provincial Cooking. Elizabeth David. Penguin, 1999.
The Country Cooking of France. Anne Willan. Chronicle, 2007.
George Lang's Cuisine of Hungary. George Lang. Wings, 1994.

The German Cookbook. Mimi Sheraton. Random House, 1965.
Giuliano Bugialli's Classic Techniques of Italian Cooking. Giuliano Bugialli. Fireside, 1989.
Greek Food. Rena Salaman. HarperCollins, 1994.
Italian Food. Elizabeth David. Penguin, 1999.
Italian Regional Cooking. Ada Boni. Translated by Maria Langdale and Ursula Whyte. Bonanza Books, 1969.
Lidia's Italian-American Kitchen. Lidia Matticchio Bastianich. Knopf, 2001.
A Mediterranean Feast. Clifford Wright. Morrow, 1999.
Mediterranean Grains and Greens. Paula Wolfert. HarperCollins, 1998.
The New Book of Middle Eastern Food. Claudia Roden. Knopf, 2000.
Pasta Classica: The Art of Italian Pasta Cooking. Julia Della Croce. Chronicle, 1987.
Paula Wolfert's World of Food: A Collection of Recipes from Her Kitchen, Travels, and Friends. Paula Wolfert. Harper Perennial, 1995.
Pierre Franey's Cooking in France. Pierre Franey and Richard Flaste. Knopf, 1994.
Please to the Table: The Russian Cookbook. Anya Von Bremzen. Workman, 1990.
The Polish Cookbook. Zofia Czerny. Vanous, 1982.
Regional French Cooking. Paul Bocuse. Flammarion, 1991.
Roger Vergé's Cuisine of the South of France. Roger Vergé. Translated by Roberta Wolfe Smoler. Morrow, 1980.
Simple Cuisine. Jean-Georges Vongerichten. Wiley, 1998.
The Taste of France: A Dictionary of French Food and Wine. Fay Sharman. Houghton Mifflin, 1982.
A Taste of Morocco. Robert Carrier. C. N. Potter, 1987.

亞洲地區

Classic Indian Cooking. Julie Sahni. Morrow, 1980.
The Cooking of Japan. Rafael Steinberg and the Editors of Time-Life Books. Time-Life Books, 1969.
Cracking the Coconut: Classic Thai Home Cooking. Su-Mei Yu. Morrow, 2000.
Cuisines of India: The Art and Tradition of Regional Indian Cooking. Smita Chandra and Sanjeev Chandra. Ecco, 2001.
Essentials of Asian Cuisine: Fundamentals and Favorite Recipes. Corinne Trang. Simon & Schuster, 2003.
The Food of Asia: Featuring Authentic Recipes from Master Chefs in Burma, China, India, Indonesia, Japan, Korea, Malaysia, The Philippines, Singapore, Sri Lanka, Thailand, and Vietnam. Forewords by Ming Tsai and Cheong Liew; introductory essays by Kong Foong Ling. Periplus Editions, 2002.
Food Culture in Japan. Michael Ashkenazi and Jeanne Jacob. Greenwood Press, 2003.
The Food of Korea: Authentic Recipes from the Land of Morning Calm. Texts by David Clive Price. Periplus Editions, 2002.
The Foods of Vietnam. Nicole Routhier. Stewart, Tabori & Chang, 1989.
Growing Up in a Korean Kitchen: A Cookbook. Hi Soo Shin Hepinstall. Ten Speed Press, 2001.
Japanese Cooking: A Simple Art. Shizuo Tsuji. Kodansha, 1980.
The Joy of Japanese Cooking. Kuwako Takahashi. C. E. Tuttle, 2002.
Madhur Jaffrey's Far Eastern Cookery. Madhur Jaffrey. Perennial, 1992.
Madhur Jaffrey's Indian Cooking. Madhur Jaffrey. Barron's, 1983.
The Modern Art of Chinese Cooking. Barbara Tropp. Hearst, 1996.
The Noon Book of Authentic Indian Cooking. G. K. Noon. Tuttle, 2002.
Pacific and Southeast Asian Cooking. Rafael Steinberg and the Editors of Time-Life Books. Time-Life Books, 1970.
A Taste of Japan. Jenny Ridgwell. Steck-Vaughn, 1997.
A Taste of Madras: A South Indian Cookbook. Rani Kingman. Interlink Books, 1996.
Terrific Pacific Cookbook. Anya Von Bremzen and John Welchman. Workman, 1995.
Traditional Korean Cooking. Noh Chin-hwa. Hollym International, 1985.

營運與管理

At Your Service: A Hands-on Guide to the Professional Dining Room. John Fischer for The Culinary Institute of America. Wiley, 2005.
Becoming a Chef: With Recipes and Reflections from America's Leading Chefs. Andrew Dornenburg and Karen Page. Wiley, 2003.
Cases in Hospitality Marketing and Management. 2nd ed. Robert C. Lewis. Wiley, 1997.
Culinary Math. Linda Blocker, Julie Hill, and The Culinary Institute of America. Wiley, 2007.
The Discipline of Market Leaders: Choose Your Customers, Narrow Your Focus, Dominate Your Market. Expanded ed. Michael Treacy and Fred Wiersema. Addison-Wesley, 1997.
Food and Beverage Cost Control. Donald Bell. McCutchan, 1984.
Foodservice Organizations: A Managerial and Systems Approach. 6th ed. Marian Spears. Prentice-Hall, 2007.
Lessons in Excellence from Charlie Trotter. Paul Clarke. Ten Speed Press, 1999.
The Making of a Chef: Mastering the Heat at the CIA. 2nd ed. Michael Ruhlman. Henry Holt, 2009.
Math Principles for Food Service Occupations. 3rd ed. Robert G. Haines. Delmar, 1996.
Math Workbook for Foodservice and Lodging. 3rd ed. Hollie W. Crawford and Milton McDowell. Van Nostrand Reinhold, 1988.
Principles of Food, Beverage & Labor Cost Controls. 9th ed. Paul Dittmer and J. Desmond Keefe III. Wiley, 2009.
Principles of Marketing. 13th ed. Philip Kotler and Gary Armstrong. Prentice-Hall, 2009.
Professional Table Service. Sylvia Meyer, Edy Schmid, and Christel Spuhler. Translated by Heinz Holtmann. Van Nostrand Reinhold, 1990.
Recipes Into Type: A Handbook for Cookbook Writers and Editors. Joan Whitman and Dolores Simon. HarperCollins, 1993.
Remarkable Service. Revised ed. The Culinary Institute of America. Ezra Eichelberger and Gary Allen, eds. Wiley, 2009.
The Resource Guide for Food Writers. Gary Allen. Routledge, 1999.
The Successful Business Plan: Secrets and Strategies. 4th ed. Rhonda Abrams. Planning Shop, 2003.
What Every Supervisor Should Know. 6th ed. Lester Bittel and John Newstrom. McGraw-Hill, 1992.

烘焙與糕點

The Baker's Manual. 5th ed. Joseph Amendola. Wiley, 2003.
The Bread Bible: Beth Hensperger's 300 Favorite Recipes. Beth Hensperger. Chronicle, 2004.
Flatbreads and Flavors: A Culinary Atlas. Jeffrey Alford and Naomi Duguid. Morrow, 1995.
Nancy Silverton's Breads from the La Brea Bakery: Recipes for the Connoisseur. Nancy Silverton with Laurie Ochoa. Villard, 1996.
The New International Confectioner. 5th rev. ed. Wilfred J. France and Michael R. Small, eds. London: Virtue, 1981.
Nick Malgieri's Perfect Pastry. Nick Malgieri. Macmillan, 1989.
The Pie and Pastry Bible. Rose Levy Beranbaum. Scribner, 1998.
Practical Baking. 5th ed. William J. Sultan. Van Nostrand Reinhold, 1990.
The Professional Pastry Chef. 4th ed. Bo Friberg. Wiley, 2002.
Swiss Confectionery. 3rd ed. Richemont Bakery and Confectioners Craft School, 1997.
Understanding Baking. 2nd ed. Joseph Amendola, Nicole Reese, and Donald E. Lundberg. Wiley, 2002.

葡萄酒和烈酒

Exploring Wine: The Culinary Institute of America's Complete Guide to Wines of the World. 3rd ed. Steven Kolpan, Brian H. Smith, and Michael A. Weiss. Wiley, 2010.
Great Wines Made Simple: Straight Talk from a Master Sommelier. Andrea Immer. Clarkson Potter, 2005.
Hugh Johnson's Modern Encyclopedia of Wine. 4th ed. Hugh Johnson. Simon & Schuster, 1998.
Larousse Encyclopedia of Wine. Christopher Foulkes, ed. Larousse, 2001.
Windows on the World Complete Wine Course: 2009 Edition. Kevin Zraly. Sterling, 2009.

刊物與學術性期刊

American Brewer
Appellation
Art Culinaire
The Art of Eating
Beverage Digest《飲料文摘》
Beverage World
Bon Appétit
Brewer's Digest
Caterer and Hotelkeeper
Chef
Chocolate News
Chocolatier
Cooking for Profit
Cooking Light
Cook's Illustrated
Culinary Trends
Decanter《品醇客》
Eating Well
Food & Wine
Food Arts
Food for Thought
Food Management
Foodservice and Hospitality
Foodservice Director《食品服務指南》
Food Technology
Fresh Cup
Gastronomica
Herb Companion
Hospitality
Hospitality Design
Hotel and Motel Management
Hotels
Lodging
Meat and Poultry
Modern Baking
Nation's Restaurant News
Nutrition Action Health Letter
Pizza Today
Prepared Foods
Restaurant Business
Restaurant Hospitality
Restaurants and Institutions
Saveur
Wine and Spirits
Wines and Vines
Wine Spectator《葡萄酒觀察家》

重要廚藝機構

美國廚藝聯盟
American Culinary Federation (ACF)
180 Center Place Way
St. Augustine, FL 32095
(800) 624-9458
www.acfchefs.org

美國葡萄酒暨食品協會
The American Institute of Wine & Food (AIWF)
95 Prescott Avenue
Monterey, CA 93940
(800) 274-2493
www.aiwf.org

廚師協會
Chefs Collaborative
89 South Street
Boston, MA 02111
(617) 236-5200
www.chefscollaborative.org

國際餐旅教育學會
The International Council on Hotel, Restaurant and Institutional Education (CHRIE)
2810 North Parham Road, Suite 230
Richmond, VA 23294
(804) 346-4800
www.chrie.org

國際專業烹飪協會
International Association of Culinary Professionals (IACP)
1100 Johnson Ferry Road, Suite 300
Atlanta, GA 30342
(800)928-4227
www.iacp.com

詹姆士比爾德基金會
The James Beard Foundation
167 West 12th Street
New York, NY 10011
(800) 36BEARD
www.jamesbeard.org

女性餐飲專業人士協會
Les Dames d' Escoffier
P.O. Box 4961
Louisville, KY 40204
(502) 456-1851
www.ldei.org

美國國家餐廳協會
National Restaurant Association (NRA)
1200 17th Street, NW
Washington, DC 20036
(202) 331-5900
www.restaurant.org

傳統維護信託
Oldways Preservation Trust
266 Beacon Street
Boston, MA 02116
(617) 421-5500
www.oldwayspt.org

西餐專業廚師認證機構
ProChef Certification
1946 Campus Drive
Hyde Park, NY 12538-1499
(845) 452-4600
www.prochef.com

分享力量組織
Share Our Strength (SOS)
1730 M Street, NW, Suite 700
Washington, DC 20036
(800) 969-4767
www.strength.org

女性廚師與餐廳經營者組織
Women Chefs and Restaurateurs (WCR)
P.O. Box 1875
Madison, AL 35758
(877) 927-7787
www.womenchefs.org

英文食譜索引

RECIPE INDEX

A

Acorn Squash, Baked, with Cranberry-Orange Compote, 689
Aïoli, 904
Almond(s)
Biscotti, -Anise, 1086–1087
-Fig Vinaigrette, 897
Frangipane Filling, 1128
Pear Frangipane Tartlets, 1128
in Picada, 612–613
Trout Amandine, 509
Amaranth Pancakes, 803
Amish Corn and Chicken Soup, 334
Ancho-Crusted Salmon with Yellow Pepper Sauce, 510–511
Anchovy(ies)
in Caesar-Style Dressing, 902
-Caper Mayonnaise, 903
Pescado Frito, 972–973
in Provençal Sauce, 501
Andalucian Gazpacho (Gazpacho Andaluz), 349
Angel Food Cake, 1082
Anise-Almond Biscotti, 1086–1087
Annatto Rice, 781
Apple(s)
Butter, 1130
Caramelized, 448, 1138
Celeriac and Tart Apple Salad, 918
Chips, 1136
Pie, 1125
Sandwich with Curry Mayonnaise, 943
in Waldorf Salad, 918
and Watercress Salad, Sherried, 917
Apple Cider
Sauce, 448
Vinaigrette, 897
Apricot Glaze, 1130
Arroz Blanco, 781
Arroz Brasileiro, 782
Arroz Mexicano, 782
Artichoke(s)
Eggs Massena, Poached, 869
Lamb Chops, Grilled, with Rosemary, Cipollini Onions and, 451
and Pepper Salad, 750
Soufflé, 875
Arugula, Sautéed, 702
Asiago Cheese and Corn Risotto Cakes, 805
Asian Dipping Sauce, 956
Asian-Style Marinade, 372
Asparagus
with Lemony Hollandaise, 688–689
Tips, Risotto with, 783
Soup, Cream of (Crème d'Argenteuil), 340
and White Bean Lasagna, 829
Aspic, 995
Avocado
Baby Spinach, and Grapefruit Salad, 918
in California Rolls, 981
in Cobb Salad, 912, 913
Guacamole, 958
Lobster Salad with Beets, Mangos, Orange Oil and, 983

B

Baba Ghanoush, 958
Baby Spinach, Avocado, and Grapefruit Salad, 918
Baby Squid in Black Ink Sauce (Txipirones Saltsa Beltzean), 976
Bacon
with Brook Trout, Pan-Fried, 522
in Choucroute, 592–593
Club, CIA, 934, 935
Cobb Salad, 912, 913
Eggs Benedict, 870, 871
Quiche Lorraine, 876
in Rouladen Stuffing, 585
Sea Bass, Poached, with Clams, Peppers and, 553
Vinaigrette, Warm, Wilted Spinach Salad with, 914–915
Baguettes, 1033
Baked Acorn Squash with Cranberry-Orange Compote, 689
Baked Potatoes with Deep-Fried Onions, 735
Baked Stuffed Pork Chops, 465
Balsamic Vinaigrette, 897
Banana
-Nut Bread, 1079, 1080
Pancakes, 1073
Barbecue(d)
Beef Sandwich, 936
Carolina, 468–469
Chicken Breast with Black Bean Sauce, 458
Marinade, 372
Spice Mix, 368
Steak with Herb Crust, 445
Barbecue Sauce
Guava, 467
Mustard (North Carolina Eastern Low Country), 469
North Carolina Piedmont, 469
North Carolina Western, 469
for Ribs, St. Louis-Style, 475
Barley
Pilaf, Mixed Grain, 796
Pilaf, Pearl, 780
Salad with Cucumber and Mint, 800, 801
Basic Boiled Pasta, 819
Basic Boiled Rice, 785
Basic Lean Dough, 1033
Basic Muffin Recipe, 1078
Basic Pie Dough (3-2-1), 1070
Basic Polenta, 792
Basic Waffles, 1073
Basil
Butter, 300
Ice Cream, 1143–1144
Oil, 906
Pesto, 299
in Provençal Sauce, 501
Sauce, 1145
Thai, Stir-Fried Squid with, 515
Bass
Poached Sea, with Clams, Bacon, and Peppers, 553
and Scallops en Papillote, 553
Batter
Beer, 522
Beignet, Chocolate, 1154
Pâte à Choux, 1084
Tempura, 523
BBQ Spice Rub, 791
Bean(s). *See also* Black Bean(s); Chickpeas; Green Beans
Black-Eyed Pea Salad, Warm, 929
in Cassoulet, 594
Corona (Fagioli all'Uccelletto), 772
Edamame, Boiled, 444, 681
Falafel, 776
Frijoles Puercos Estilo Sinaloa, 773
Green Chile Stew, New Mexican, 595
Haricots Blancs, Roast Leg of Lamb with (Gigot à la Bretonne), 480
Lima, Roman-Style, 774
Pinto, Creamed (Frijoles Maneados), 772
in Poblanos Rellenos, 698, 699
Red, and Rice, Boiled, 777
Rice and, 776
Salad, Mixed, 929
Soup, Black Bean, Caribbean-Style Purée of, 345
Soup, Senate, 346
Soup, White Bean and Escarole, Tuscan, 355
in Taco Salad, 913
and Tuna Salad (Insalata di Tonno e Fagioli), 975
White, and Asparagus Lasagna, 829
White, Boiled, 777
White, Stew, Southwest, 775
Bean Curd
Grandmother's (Ma Po Dofu), 526, 527
in Pad Thai, 822–823
Smoked, and Celery Salad, 908
Tofu Cakes with Portobello Mushrooms and Mango Ketchup, 971
Béarnaise Sauce, 297
Béchamel Sauce, 295
Bolognese Lasagna, Classic, with Ragu and (Lasagna al Forno), 826, 827
Beef. *See also* Corned Beef; Steaks(s)
Barbecued, Sandwich, 936
in Bibimbap, 514
Boiled, with Spätzle and Potatoes (Gaisburger Marsch), 570
Bolognese Meat Sauce (Ragù Bolognese), 296
Brisket, Smoked, with Sweet Pickles, 472-473
Broth, 334
Cabbage, Stuffed, Polish, 602–603
Carpaccio, 982
Consommé, 333
Forcemeat Stuffing, Herbed, 605
Goulash, 599
Noodle Soup (Pho Bo), 569
Oxtails, Braised, 581
Pot Roast, Yankee, 586
Rib Roast au Jus, Standing, 464
Rouladen in Burgundy Sauce, 584–585
Satay with Peanut Sauce, 982–983
Sauerbraten, 587
and Scallions, Skewered, 446
Short Ribs, Braised, 584
Short Ribs, Braised, Korean (Kalbi Jjim), 582–583
Soup, Spicy (Yukkaejang), 351
Stew, 589
Stock, White, 263
in Taco Salad, 913
Teriyaki, 444, 445
Tournedos Provençal, 501
Wellington, 463
Beer
Batter, 522
and Cheddar Soup, Wisconsin, 340
Beet(s)
Glazed, 682, 683
Lobster Salad with Mangos, Avocado, Orange Oil and, 983
Mushrooms, and Baby Greens with Robiola Cheese and Walnuts, 916, 917
Pasta, 819
Beignet Batter, Chocolate, 1154
Beignet Truffle Centers, 1153
Belgian Endive
à la Meunière, 704
Salad with Roquefort and Walnuts (Salade de Roquefort, Noix, et Endives), 910–911
Bell Pepper(s). *See also* Red Pepper(s)
and Artichoke Salad, 750
Black Beans with Chorizo and, 768–769
in Chili, Vegetarian, 778–779
Grilled Vegetables Provençal-Style, 686
Marinated Roasted, 694, 695
and Pork Pie (Empanada Gallega de Cerdo), 984
Roasted (Peperoni Arrostiti), 928
Roasted Red Pepper Marmalade, 960
Sea Bass, Poached, with Clams,

Bacon and, 553
Yellow Pepper Sauce, 511
Berny Potatoes, 747
Beurre Blanc, 298
Beurre Noisette, Potato and Cheddar-Filled Pierogi with Caramelized Onions, Sage and, 842–843
Bibimbap, 514
Bigarade Sauce, Roast Duckling with, 484–485
Biscotti, Almond-Anise, 1086–1087
Biscuit Dumplings, 835
Biscuits, Buttermilk, 1070–1071
Bisque
Lobster (Bisque de Homard), 348
Shrimp, 347
Black Bean(s)
Cakes, 978–979
Chili, Vegetarian, 778–779
Crêpes, Vegetarian, 770, 771
Frijoles a la Charra, 773
Frijoles Refritos, 771
Mash, 768
-Papaya Salsa, 955
with Peppers and Chorizo, 768–769
Sauce, 458
Soup, Caribbean-Style Purée of, 345
Stewed, 775
Blackberry and Port-Poached Pears with Ricotta Cream and Sablé Cookies, 1139–1141
Black-Eyed Pea Salad, Warm, 929
Black Ink Sauce, Baby Squid in (Txipirones Saltsa Beltzean), 976
Black Peppercorn Dressing, Creamy, 904
Black Pepper Pasta, 819
Blitz Puff Pastry Dough, 1077
Blueberry
Compote, 1145
Muffins, 1078, 1080
Pancakes, 1073
Blue Cheese
in Cobb Salad, 912, 913
Dressing, 904
Mousse, 953
Bluefish, Broiled, à l'Anglaise with Maître d'Hôtel Butter, 461
Boiled Beef with Spätzle and Potatoes (Gaisburger Marsch), 570
Boiled Carrots, 681
Boiled Edamame, 681
Boiled Parsley Potatoes, 736, 737
Boiled Rice, Basic, 785
Boiled White Beans, 777
Bok Choy, Stir-Fried Shanghai (Qinchao Shanghai Baicai), 702–703
Bolognese Lasagna, Classic, with Ragu and Béchamel (Lasagna al Forno), 826, 827
Bolognese Meat Sauce (Ragù Bolognese), 296
Boston Scrod with Cream, Capers, and Tomatoes, 561
Boules, 1034
Bouquet Garni, 774
Braciole di Maiale al Ragù e Rigatoni (Braised Pork Rolls and Sausage in Meat Sauce with Rigatoni), 590–591
Braised Fennel in Butter, 710
Braised Greens, 710
Braised Lamb Shanks, 604
Braised Oxtails, 581
Braised Pork Rolls and Sausage in Meat Sauce with Rigatoni (Braciole di Maiale al Ragù e Rigatoni), 590–591
Braised Red Cabbage, 711
Braised Romaine, 711
Braised Sauerkraut, 712
Braised Short Ribs, 584
Braised Short Ribs, Korean (Kalbi Jjim), 582
Braised Veal Breast with Mushroom
Sausage, 598
Bran Muffins, 1078
Bratwurst, Scrambled Eggs with, 872
Brazilian Mixed Grill, 456–457
Bread(s), Quick. *See also* Muffins; Scones
Banana-Nut, 1079, 1080
Biscuits, Buttermilk, 1070–1071
Cornbread, 1079
Fried (Puri), 1074
Johnny Cakes, 1074
Pumpkin, 1080, 1081
Soda Bread, Irish, 1072
Bread(s), Yeast
Baguettes, 1033
Boules, 1034
Brioche Loaf, 1040
Brioche à Tête, 1040, 1041
Buns, Sticky, 1046
Challah (3-Braid), 1044
Ciabatta, 1036
Dough, Basic Lean, 1033
Dough, Sweet, 1045
Focaccia, 1034–1035
Naan, 1038, 1039
Pita, 1037
Pizza Crust, Semolina, 1037
Raisin, with Cinnamon Swirl, 1042, 1043
Rolls
Cottage Dill, 1039
Hard, 1036
Soft Dinner, 1045
Bread and Butter Pudding, 1106
Bread Crumbs
Gremolata, 601
Horseradish and Smoked Salmon Crust, Salmon Fillet with, 486
Persillade, 477
Bread Dumplings, 835
Bread Salad
Eastern Mediterranean (Fattoush), 926
Panzanella, 927
Breast of Chicken with Duxelles Stuffing and Suprême Sauce, 515
Breast of Rock Cornish Game Hen with Mushroom Forcemeat, 483–484
Brine
Meat, 999
for Cantonese Pork Roast (Char Siu), 466
Brioche Loaf, 1040
Brioche à Tête, 1040, 1041
Brisket, Smoked, with Sweet Pickles, 472–473
Broccoli
and Cheddar Quiche, 876
Soup, Cream of, 339
Steamed, 681
and Toasted Garlic, 681
Broccoli Rabe
with Garlic and Hot Crushed Pepper (Cime di Broccoli con Aglio e Pepperoncino), 705
Orecchiette with Italian Sausage, Parmesan and, 820, 821
Brodo (Poultry and Meat Stock), 266
Broiled Bluefish à l'Anglaise with Maître d'Hôtel Butter, 461
Broiled Chicken Breasts with Fennel, 455
Broiled Chicken Breasts with Sun-Dried Tomato and Oregano Butter, 454
Broiled Lamb Kebabs with Pimiento Butter, 447
Broiled Pork Chops with Sherry Vinegar Sauce, 450
Broiled Shrimp with Garlic, 969
Broiled Sirloin Steak with Maître d'Hôtel Butter, 440
Broiled Sirloin Steak with Marchand de Vin Sauce, 441
Broiled Sirloin Steak with Mushroom Sauce, 440
Broiled Stuffed Lobster, 460–461
Brook Trout, Pan-Fried, with Bacon, 522
Broth. *See also* Consommé
Beef, 334
Chicken, 334
Fish, 334
Game, 334
Ham, 334
Lamb, 334
Pork, Smoked, 334
Saffron, with Fennel, Seafood Poached in a, 570
Shellfish, 334
Turkey, 334
Veal, 334
Brownies, Fudge, 1090
Brown Rice Pilaf
with Pecans and Green Onions, 780–781
Short-Grain, 781
Brown Stock
Chicken, 264
Duck, 264
Game (Jus de Gibier), 264
Lamb, 264
Pork, 264
Veal, 263
Buckwheat
Kasha with Spicy Maple Pecans, 799
Pasta, 819
Bulgur
Pilaf, -Green Onion, 796-797
Salad, Sweet and Spicy, 800
Buns, Sticky, 1046
Burger, Chicken, 936
Burgundy Sauce, Beef Rouladen in, 584–585
Butter(s)
Apple, 1130
Basil, 300
Beurre Blanc, 298
Beurre Noisette, Potato and Cheddar-Filled Pierogi with Caramelized Onions, Sage and, 842–843
Dill, 300
Green Onion, 300
in Hollandaise Sauce, 298
Maître d'Hôtel, 300
Persillade, 477
Pimiento, 300
Sun-Dried Tomato and Oregano, 300
Tarragon, 300
Buttercream, Italian, 1125
Buttermilk
Biscuits, 1070–1071
Chicken, Fried, 516–517
Johnny Cakes, 1074
Muffin Recipe, Basic, 1078
Pancakes, 1073
Butternut Squash
Purée, 691
in Risotto, Vegetarian, 784
Butterscotch Sauce, 1137

C

Cabbage
Coleslaw, 920
Coleslaw, Pork Butt with, 470–471
in Corned Beef with Winter Vegetables, 566–567
Dim Sum, 837
in Dumplings, Pan-Fried (Guo Tie), 840, 841
in Potage Garbure, 346
Red, Braised, 711
Salad, Warm, 506
Sauerkraut, Homemade, 593
Stuffed, Polish, 602–603
Caesar Salad, 908
Caesar-Style Dressing, 902
Cake(s)
Angel Food, 1082
Cheesecake, 1084
Chocolate XS, 1083
Date Spice, 1137
Date Spice, Warm, with Butterscotch Sauce and Cinnamon Ice Cream, 1134–1138
Devil's Food, 1082
Pound, 1081
Sponge, Chocolate, 1083
Sponge, Vanilla, 1083
California Rolls, 981
Canja (Chicken Rice Soup), 336
Cantonese Pork Roast (Char Siu), 466
Caper-Anchovy Mayonnaise, 903
Caramelized Apples, 448, 1138
Caramelized Onion Quiche, 876
Caramel Sauce
Classic, 1129, 1153
Vanilla, 1159
Caribbean-Style Purée of Black Bean Soup, 345
Carolina Barbecue, 468–469
Carpaccio
Beef, 982
Tuna (Crudo di Tonno alla Battuta), 964, 965
Carrot(s)
Boiled, 681
Glazed, 685
Pan-Steamed, 684
Pasta, 819
Pecan, 684
Roasted, 695
Salad, Moroccan, 920
Cashew Noodles, Tempeh, 824, 825
Cassoulet, 594
Catalina French Dressing, 902
Cauliflower
Curried Roasted, 692
and Millet Purée, 796
Celeriac and Tart Apple Salad, 918
Celery
and Smoked Bean Curd Salad, 908
Soup, Cream of (Crème de Céleri), 340
Ceviche Estilo Acapulco, 963
Cha Ca Thang Long (Hanoi Fried Fish with Dill), 527
Challah (3-Braid), 1044
Chantilly Cream (Crème Chantilly), 1023, 1146
Orange-Scented, 1138
Chao Tom (Grilled Shrimp Paste on Sugarcane), 977
Charcutière Sauce, 508
Char Siu (Cantonese Pork Roast), 466
Château Potatoes, 740
Chayote Salad with Oranges (Salada de Xuxu), 919
Cheddar
and Beer Soup, Wisconsin, 340
Omelet, Souffléed, 874
and Potato-Filled Pierogi with Caramelized Onions, Beurre Noisette, and Sage, 842–843
Quiche, and Broccoli, 876
Sauce, 294
Scones, and Ham, 1072
Cheese. *See also specific cheeses*
in Chef's Salad, 909
Croque Monsieur, 937
Deviled Eggs with, 866
Melt, Three-, 940
Mornay Sauce, 295
Omelet, 873
Omelet, and Meat, 873
Omelet, and Vegetable, 873
in Poblanos Rellenos, 698, 699
Scrambled Eggs with, 872
Soufflé, Savory, 874
in Taco Salad, 913
Cheesecake, 1084
Chef Clark's Southwest-Style Sauce, 472–473
Chef's Salad, 909
Cherry(ies)

-Chocolate Chunk Cookies, 1088
Duck Terrine with Pistachios and Dried, 1002–1003
Pie, 1126
Sauce, Dried, 1130
Wheat Berry Salad with Oranges, Pecans and, 798, 799
Chesapeake-Style Crab Cakes, 968, 969
Chestnut Stuffing, 486
Chicken
Brazilian Mixed Grill, 456–457
Breast, Barbecued, with Black Bean Sauce, 458
Breast of, with Duxelles Stuffing and Suprême Sauce, 515
Breast, Poached, with Tarragon Sauce, 563
Breasts, Grilled or Broiled, with Sun-Dried Tomato and Oregano Butter, 454
Breasts, Grilled or Broiled, with Fennel, 455
Broth, 334
Burger, 936
in Congee, 795
Consommé, Royale, 333
and Crayfish Terrine, 996, 1005
Farmhouse, with Angel Biscuits, 564
Fricassee, 612
Fried, Buttermilk, 516–517
Galantine, 1000–1001, 1005
Gumbo, and Shrimp, 348–349
Jus de Volaille Lié, 293
and Lamb Stew, Couscous with, 609
Legs with Duxelles Stuffing, 482
Mole Negro, 588–589
Mousseline, 996
in Paella Valenciana, 788, 789
Paillards of, Grilled, with Tarragon Butter, 455
and Prawn Ragout (Mar i Muntanya), 612–613
Provençal, 501
Roast, with Pan Gravy, 482
Salad, 923
Salad, Hue-Style, 924
Sautéed, with Fines Herbes Sauce, 500
Smoked, Pan-, 483
Soup, and Corn, Amish, 334
Soup, Rice (Canja), 336
Soup, Thai, with Coconut Milk and Galangal, 353
Soup, Tortilla, 335
Stock, 263
Stock, Brown, 264
Tagine, 610–611
Tangerine-Flavored, Crispy, 524–525
in Udon Noodle Pot, 566
with Vegetables (Poule au Pot), 565
Velouté, 294
Chicken Liver(s)
Chasseur, Poached Eggs with, 871
Omelet Opera, 873
Pâté, 1004, 1005
Pâté Grand-Mère, 994
Chickpeas
Falafel, 776
Hummus bi Tahini, 958
Middle Eastern, 774
Chiles
Ancho-Crusted Salmon with Yellow Pepper Sauce, 510–511
Chili Powder, 368
Chipotle-Sherry Vinaigrette, 896
Dipping Sauce, Vietnamese, 956
Game Hens, Jerked, 459
Green Chile Stew, New Mexican, 595
Harissa, 959
Mole Negro, 588–589
Poblanos Rellenos, 698, 699
Rellenos con Picadillo Oaxaqueño, 528–529
Salsa Roja, 954
Salsa Verde Cruda, 954
Tortilla Soup, 335
in Z'hug, 960
Chili, Vegetarian, 778–779
Chili Powder, 368
Chinese Five-Spice Powder, 368
Chinese Hot and Sour Soup (Suan La Tang), 350
Chinese Sausage, Fried Rice with, 787
Chipotle-Sherry Vinaigrette, 896
Chips
Apple, 1136
Coconut, 1150
Plantain, Fried, 708, 709
Sweet Potato, 746, 747
Tortilla, 962
Chocolate
Beignet Batter, 1154
Brownies, Fudge, 1090
Cake, XS, 1083
Cinnamon Sticks, Milk Chocolate, 1136
Cookies, Chunk, 1088
Cookies, Chunk, Cherry-, 1088
Cookies, Mudslide, 1089
Éclairs, 1085
Ganache, Hard, 1128
Graham Décor, 1152
Ice Cream, 1102, 1103
Mousse, 1104
Pastry Cream, 1098
Pâte à Choux, 1160
Sauce, 1129, 1159
Soufflé, 1106
Sponge Cake, 1083
Straws, 1160
Truffle Centers, Beignet, 1153
Chocolate Chip Pancakes, 1073
Chorizo
Black Beans with Peppers and, 768–769
in Paella Valenciana, 788, 789
Choron Sauce, 297
Choucroute, 592–593
Chowder
Clam, Manhattan-Style, 344
Clam, New England–Style, 340
Conch, 341
Corn, 341
Seafood, Pacific, 342
Chutney
Mango, Fresh, 453
Mango, Spicy, 961
Mint and Yogurt, 462
Ciabatta, 1036
CIA Club, 934, 935
Cider. *See* Apple Cider
Cilantro
-Lime Soy Sauce, 956
Sorbet, 1149
Cime di Broccoli con Aglio e Pepperoncino (Broccoli Rabe with Garlic and Hot Crushed Pepper), 705
Cinnamon
Ice Cream, 1135
Smear, 1046
Sticks, Milk Chocolate, 1136
Sugar, 1043
Swirl, Raisin Bread with, 1042, 1043
Cioppino, 562–563
Cipollini Onions, Grilled Lamb Chops with Rosemary, Artichokes and, 451
Citrus
Honey–Poppy Seed Dressing, 898
Marinade, Latin (Mojo), 373
Pasta, 819
Clam(s)
Casino, 966–967
Chowder, Manhattan-Style, 344
Chowder, New England–Style, 340
in Cioppino, 562–563
in Fisherman's Platter, 520
in New England Shore Dinner, 560, 561
in Paella Valenciana, 788, 789
Sea Bass, Poached, with Bacon, Peppers and, 553
Classic Bolognese Lasagna with Ragu and Béchamel (Lasagna al Forno), 826, 827
Classic Caramel Sauce, 1129, 1153
Classic Polish Cucumber Salad (Mizeria Klasyczna), 920
Club, CIA, 934, 935
Cobb Salad, 912, 913
Coconut
Chips, 1150
Flans, 1150
Green Curry Sauce, Pork in a, 596
Macadamia Shrimp, 966
Milk, Thai Chicken Soup with Galangal and, 353
Rice, 782–783
in Vatapa, 512
Cod
in Cioppino, 562–563
Fish Kebabs, 462
New England Shore Dinner, 560–561
Salt Cod Cakes, Old-Fashioned, 521
Coddled Eggs, 866
Coffee Ice Cream, 1102, 1103
for Profiteroles, 1156, 1158
Coleslaw, 920
Pork Butt with, 470–471
Collard Greens
Braised, 710
and Ham Bone Soup, 350
Common Meringue, 1024
Compote
Blueberry, 1145
Cranberry-Orange, 689
Conch Chowder, 341
Confit
Duck, 595
Red Onion, Noisettes of Pork with, 506
Congee, 795
Consommé
Beef, 333
Chicken, Royale, 333
Converted White Rice Pilaf, 780
Cookie Dough 1-2-3, 1086
Cookies
Biscotti, Almond-Anise, 1086–1087
Chocolate Chunk, 1088
Chocolate Chunk, Cherry-, 1088
Mudslide, 1089
Oatmeal-Raisin, 1089
Pecan Diamonds, 1088
Sablé, 1140
Tuile Nut, 1090
Tuiles, 1144
Corn
Chicken Rice Soup (Canja), 336
and Chicken Soup, Amish, 334
Chowder, 341
Creamed, 683
Fritters, 707
Grits with Hominy and, 794, 795
and Jícama Salad, 921
New England Shore Dinner, 560–561
Risotto Cakes, and Asiago Cheese, 805
Cornbread, 1079
Johnny Cakes, 1074
Corned Beef
Hash, Poached Eggs with, 869
Reuben Sandwich, 942
with Winter Vegetables, 566–567
Corn Flake Crunch, 1159
Cornmeal
Hush Puppies, 836, 837
Johnny Cakes, 1074
Corn Muffins, 1079
Corona Beans (Fagioli all'Uccelletto), 772
Cottage Dill Rolls, 1039
Coulis
Raspberry, 1129
Red Pepper, 299
Strawberry, 1146
Tomato, 296
Country Gravy, 516, 517
Country-Style Terrine (Pâté de Campagne), 998
Court Bouillon, 265
Couscous, 826
and Lamb, Roasted Shoulder of (Mechoui), 478–479
Lamb and Chicken Stew with, 609
Crab
Cakes, Chesapeake-Style, 968, 969
Stuffed Shrimp, 970
Cracked Wheat and Tomato Salad, 802, 803
Cranberry
-Orange Compote, 689
-Orange Muffins, 1078
-Pecan Pie, 1126
Relish, 961
Crayfish and Chicken Terrine, 996, 1005
Cream(ed). *See also* Cream Soup(s); Custard; Pastry Cream; Sour Cream
Chantilly (Crème Chantilly), 1023, 1146
Chantilly, Orange-Scented, 1138
Corn, 683
Diplomat, 1103
Mousseline Sauce, 298
Pinto Beans (Frijoles Maneados), 772
Ricotta, 1140
Sauce, 295
Scones, 1072
Cream Cheese
Cheesecake, 1084
Herbed, Cucumber Sandwich with, 943
Cream Soup(s)
of Asparagus (Crème d'Argenteuil), 340
of Broccoli, 339
of Celery (Crème de Céleri), 340
of Tomato, 339
of Tomato, with Rice, 339
Creamy Black Peppercorn Dressing, 904
Crème d'Argenteuil (Cream of Asparagus Soup), 340
Crème Brûlée, 1099
Crème Caramel, 1100–1101
Crème de Céleri (Cream of Celery Soup), 340
Crème Chantilly, 1023, 1146
Orange-Scented, 1138
Crêpes
Black Bean, Vegetarian, 770, 771
Dessert, 1076
Saigon, 804
Suzette, 1075
Crispy Shallots, 924
Crispy Tangerine-Flavored Chicken, 524–525
Croque Monsieur, 937
Croquette Potatoes, 748
Croquettes, Rice, 792
Croutons, 965
Garlic-Flavored, 563
Crudo di Tonno alla Battuta (Tuna Carpaccio), 964, 965
Crumb Crust, 1051
Crust(ed)
Ancho-, Salmon with Yellow Pepper Sauce, 510–511
Crumb, 1051
Graham Cracker, 1084, 1146
Graham Cracker, for S'mores, 1152
Herb, Barbecued Steak with, 445
Horseradish and Smoked Salmon, Salmon Fillet with, 486
Persillade, 477
Cucumber(s)
Barley Salad with Mint and, 800, 801

Dressing, 903
and Onion Salad (Kachumber), 919
Salad, 922–923
Salad, Polish, Classic (Mizeria Klasyczna), 920
Salad, Yogurt, 923
Sandwich with Herbed Cream Cheese, 943
Tzatziki, Zucchini Pancakes with, 688
and Wakame Salad (Sunonomo), 922
Yogurt Sauce, 957
Cumberland Sauce, 955
Curry(ied)
Cauliflower, Roasted, 692
Goat with Green Papaya Salad, 608
Mayonnaise, Apple Sandwich with, 943
Onion Relish, 961
Pasta, 819
Pork in a Green Curry Sauce, 596
Rice Salad, 930
Sweet Potato Salad, 749
Vinaigrette, 898
Vinaigrette, Guava-, 899
Curry Paste
Green, 370
Red, 370
Yellow, 371
Curry Powder, 369
Custard. *See also* Quiche(s)
Bread and Butter Pudding, 1106
Coconut Flans, 1150
Crème Brûlée, 1099
Crème Caramel, 1100–1101
Goat Cheese, Warm, 875
Royale, 333
Sabayon, 1129
Vanilla Sauce, 1099
Zabaglione, 1129

D

Daikon Salad, Sliced (Mu Chae), 922
Dashi, Ichi Ban, 267
Date Spice Cake, Warm, with Butterscotch Sauce and Cinnamon Ice Cream, 1134–1138
Deep-Fried Onions, 581
Delmonico Potatoes, 740
Demi-Glace, 293
Dessert Crêpes, 1076
Dessert Sauce
Basil, 1145
Butterscotch, 1137
Caramel, Classic, 1129, 1153
Caramel, Vanilla 1159
Cherry, Dried, 1130
Chocolate, 1129, 1159
Vanilla, 1099
White, 1154
Deviled Eggs, 866–867
with Cheese, 866
with Greens, 866
with Tomato, 866
Devil's Food Cake, 1082
Dill
Butter, 300
Cottage Rolls, 1039
Hanoi Fried Fish with (Cha Ca Thang Long), 527
Sauce, 447
Dim Sum, 837
Dinner Rolls, Soft, 1045
Diplomat Cream, 1103
Dipping Sauce
Asian, 956
Cilantro-Lime Soy, 956
Ginger-Soy, 841
Spring Roll, 957
Tempura, 523
Vietnamese, 956
Dough. *See also* Pasta Dough, Fresh Egg; Pastry Dough
Cookie 1-2-3, 1086
Lean, Basic, 1033
Pâté, 1006–1007
Pâté, Saffron, 1006
Pizza Crust, Semolina, 1037
Samosas, 970
Sweet, 1045
Dried Cherry Sauce, 1130
Duchesse Potatoes, 737
Duck
Confit, 595
Jus de Canard Lié, 293
Roast Duckling with Sauce Bigarade, 484–485
Stock, Brown, 264
Terrine with Pistachios and Dried Cherries, 1002–1003
Terrine, and Smoked Ham, 1004–1005
Dulce de Leche Ice Cream, 1156, 1158
Dumplings. *See also* Gnocchi
Biscuit, 835
Bread, 835
Dim Sum, 837
Hush Puppies, 836, 837
Pan-Fried (Guo Tie), 840, 841
Pierogi, Potato and Cheddar-Filled, with Caramelized Onions, Beurre Noisette, and Sage, 842–843
Potstickers, 837
Spätzle, 834
Steamed (Shao-Mai), 838–839
Duxelles Stuffing, 482

E

Eastern Mediterranean Bread Salad (Fattoush), 926
Éclairs, 1085
Chocolate, 1085
Edamame, Boiled, 444, 681
Egg(s). *See also* Custard; Deviled Eggs; Omelet(s); Quiche(s); Soufflé(s)
Benedict, 870, 871
Coddled, 866
Florentine, 871
French Toast, 878
Fried, 871
Fried, in Bibimbap, 514
Hard-Cooked, 866
Hard-Cooked, in Chef's Salad, 909
Medium-Cooked, 866
Omelet, White, Plain Rolled, 873
Over Easy, Medium or Hard, 871
Pickled, 868
Pickled, Red, 868
Poached, 868
American-Style, 871
with Chicken Liver Chasseur, 871
with Corned Beef Hash, 869
Farmer-Style, 869
Massena, 869
Mornay, 869
with Mushrooms, 869
with Smoked Salmon, 871
Salad, 925
Scrambled, 872
with Bratwurst, 872
with Cheese, 872
Gratiné, 872
Greek-Style, 872
Hunter-Style, 872
Whites, 872
Soft-Cooked, 866
Wash, 1023
White Omelet, Plain Rolled, 873
Whites, Scrambled, 872
Egg Pasta. *See* Pasta Dough, Fresh Egg
Eggplant
Baba Ghanoush, 958
Filling, Marinated, 939
Grilled Vegetable Sandwich with Manchego Cheese, 940
Grilled Vegetables Provençal, 686
Jambalaya, Grilled Vegetable, 790, 791
Parmesan, 696–697
and Prosciutto Panini, 938, 939
Ratatouille, 708
in Scrambled Eggs, Greek-Style, 872
Vegetable Tarts, Seasonal, 701
Émincé of Swiss-Style Veal, 502, 503
Empanada Gallega de Cerdo (Pork and Pepper Pie), 984
Endive. *See* Belgian Endive
Escarole and White Bean Soup, Tuscan, 355
Espagnole Sauce, 294
Estouffade, 264
European-Style Potato Salad, 926

F

Fagioli all'Uccelletto (Corona Beans), 772
Falafel, 776
Farmer-Style Omelet, 873
Farmer-Style Poached Eggs, 869
Farmhouse Chicken with Angel Biscuits, 564
Fattoush (Eastern Mediterranean Bread Salad), 926
Fennel
Braised, in Butter, 710
with Chicken Breasts, Grilled or Broiled, 455
Saffron Broth with, Seafood Poached in a, 570
Fig-Almond Vinaigrette, 897
Fillet of Mahi Mahi with Pineapple-Jícama Salsa, 459
Fillet of Snapper en Papillote, 558–559
Fines Herbes, 369
Fines Herbes Sauce, 500
Fire-Roasted Tomato Vinaigrette, 899
Fish. *See also* Anchovy(ies); Salmon; Sole; Trout; Tuna
Bass and Scallops en Papillote, 553
Bass, Sea, Poached, with Clams, Bacon, and Peppers, 553
Bluefish, Broiled, à l'Anglaise with Maître d'Hôtel Butter, 461
Broth, 334
Cakes, Fried, 528
Cakes, Salt Cod, Old-Fashioned, 521
Ceviche Estilo Acapulco, 963
Chowder, Pacific Seafood, 342
Cioppino, 562–563
Dashi, Ichi Ban, 267
Deviled Eggs with, 866
Fisherman's Platter, 520
Flounder á l'Orly, 522
Flounder Mousseline, 993
Fried with Dill, Hanoi (Cha Ca Thang Long), 527
Fumet, 264
Kebabs, 462
Mahi Mahi, Fillet of, with Pineapple-Jícama Salsa, 459
Marinade, 372
New England Shore Dinner, 560, 561
Omelet, Seafood, 873
Pâté en Croûte, Seafood, 1008–1009
Pescado Frito, 972–973
Pescado Veracruzana, 562
Poached Seafood in a Saffron Broth with Fennel, 570
Scrod, Boston, with Cream, Capers, and Tomatoes, 561
Snapper, Fillet of, en Papillote, 558–559
Snapper, Red, with Grapefruit Salsa, 509
Vatapa, 512
Velouté, 294
Fisherman's Platter, 520
Five-Spice Powder, Chinese, 368
Flank Steak, in Brazilian Mixed Grill, 456–457
Flans, Coconut, 1150
Flounder
in Fisherman's Platter, 520
Mousseline, 993
á l'Orly, 522
Pescado Frito, 972–973
Focaccia, 1034–1035
Foie Gras
in Beef Wellington, 463
Roulade, 1001
Terrine, 1001
Fontina Risotto Fritters, 804
Forcemeat. *See also* Pâté; Terrine
Chicken Galantine, 1000–1001, 1005
Mushroom, 484
Pork Tenderloin Roulade, 999
Stuffing, Herbed, 605
Frangipane Filling, 1128
Frangipane Pear Tartlets, 1128
French Dressing, Catalina, 902
French-Fried Potatoes, 747
French-Style Peas, 712
French Toast, 878
Fresh Egg Pasta, 819
Fresh Mango Chutney, 453
Fricassee
Chicken, 612
Veal, 612
Fried Bread (Puri), 1074
Fried Eggs, 871
Fried Fish Cakes, 528
Fried Plantain Chips, 708, 709
Fried Rice with Chinese Sausage, 787
Frijoles a la Charra, 773
Frijoles Maneados (Creamed Pinto Beans), 772
Frijoles Puercos Estilo Sinaloa, 773
Frijoles Refritos, 771
Fritters
Corn, 707
Fontina Risotto, 804
Frog's Legs, in Seafood Ravigote, 930
Fruit(s). *See also specific fruits*
Salsa, 1130
Sauce, Winter, 505
Fudge Brownies, 1090
Fumet, Fish, 264

G

Gaisburger Marsch (Boiled Beef with Spätzle and Potatoes), 570
Galangal, Thai Chicken Soup with Coconut Milk and, 353
Galantine, Chicken, 1000–1001, 1005
Game
Broth, 334
Jus de Gibier Lié, 293
Marinade, Red Wine, 372
Stock, Brown (Jus de Gibier), 264
Venison Terrine, 1002
Game Hen(s)
Jerked, 459
Mushroom Forcemeat, 484
Rock Cornish, Breast of, with Mushroom Forcemeat, 483
Ganache, Hard, 1128
Garam Masala, 368
Garbanzo Beans. *See* Chickpeas
Garlic
Aïoli, 904
Broccoli Rabe with Hot Crushed Pepper and (Cime di Broccoli con Aglio e Pepperoncino), 705
Croutons, -Flavored, 563
in Gremolata, 601
in Persillade, 477

in Picada, 612–613
Sauce, Sweet, 524
Toasted, and Broccoli, 681
Vinaigrette, -Lemon, 896
Vinaigrette, Roasted Garlic and Mustard, 896
Gazpacho Andaluz (Andalucian Gazpacho), 349
German Potato Salad, 749
Gigot à la Bretonne (Roast Leg of Lamb with Haricots Blancs), 480
Ginger(ed)
Pickled, 962
Snow Peas and Yellow Squash, 684
-Soy Dipping Sauce, 841
with Sweet Potatoes, Mashed, 738–739
Glaçage, Royal, 557
Glaze(d)
Apricot, 1130
Beets, 682, 683
Carrots, 685
Ganache, Hard, 1128
Soy-Sesame, Grilled Shiitake Mushrooms with, 686–687
Sweet Potatoes, 738
Gnocchi
Piedmontese, 832–833
di Ricotta, 831
di Semolina Gratinati, 831
Goat, Curried, with Green Papaya Salad, 608
Goat Cheese
Custard, Warm, 875
Mousse, 953
Mushroom Strudel with, 978
Vegetable Terrine with, 1010
Gorgonzola and Pear Sandwich, 944
Gougères (Gruyère Cheese Puffs), 1085
Goulash
Beef, 599
Pork, 599
Székely (Székely Gulyás), 597
Graham Cracker
Chocolate Décor, 1152
Crust, 1084, 1146
Crust, for S'mores, 1152
Ice Cream, 1151
Grandmother's Bean Curd (Ma Po Dofu), 526, 527
Grapefruit
Baby Spinach, and Avocado Salad, 918
Salsa, 955
Gratin Dauphinoise (Potatoes au Gratin), 739
Gravlax, 1011
Gravy
Country, 516, 517
Pan, Roast Chicken with, 482
Pan, Roast Turkey with Chestnut Stuffing and, 485–486
Greek Salad, 910, 911
Greek-Style Scrambled Eggs, 872
Green Beans
Pan-Steamed Haricots Verts, 684
with Walnuts, 685
Green Chile Stew, New Mexican, 595
Green Curry Paste, 370
Green Curry Sauce, Pork in a, 596
Green Goddess Dressing, 901
Green Lentil Salad (Salade des Lentilles du Puy), 928
Green Mayonnaise, 903
Green Onion(s)
Beef and Scallions, Skewered, 446
Brown Rice Pilaf with Pecans and, 780–781
-Bulgur Pilaf, 796–797
Butter, 300
Oil, 907
Green Papaya Salad, 921
Green Pea Risotto (Risi e Bisi), 783
Green Peppercorns, Noisettes of Pork with Pineapple and, 504
Greens
Braised, 710
Deviled Eggs with, 866
Gremolata, 601
Grilled Chicken Breasts with Fennel, 455
Grilled Chicken Breasts with Sun-Dried Tomato and Oregano Butter, 454
Grilled Lamb Chops with Rosemary, Artichokes, and Cipollini Onions, 451
Grilled Meats, Red Wine Marinade for, 374
Grilled Paillards of Chicken with Tarragon Butter, 455
Grilled Pork Chops with Sherry Vinegar Sauce, 450
Grilled Rib Eye Steak, 446
Grilled Shiitake Mushrooms with Soy-Sesame Glaze, 686–687
Grilled Shrimp Paste on Sugarcane (Chao Tom), 977
Grilled Sirloin Steak with Maître d'Hôtel Butter, 440
Grilled Sirloin Steak with Marchand de Vin Sauce, 441
Grilled Sirloin Steak with Mushroom Sauce, 440
Grilled Smoked Iowa Pork Chops, 448–449
Grilled Vegetable Jambalaya, 790–791
Grilled Vegetable Sandwich with Manchego Cheese, 940, 941
Grilled Vegetables Provençal-Style, 686
Grits with Corn and Hominy, 794, 795
Gruyère Cheese Puffs (Gougères), 1085
Guacamole, 958
Guava
Barbecue Sauce, 467
-Curry Vinaigrette, 899
-Glazed Pork Ribs, 467
Gumbo, Chicken and Shrimp, 348–349
Guo Tie (Pan-Fried Dumplings), 840, 841

H

Ham
Broth, 334
in Club, CIA, 934, 935
Croque Monsieur, 937
Salad, 925
Scones, and Cheddar, 1072
Smoked, and Duck Terrine, 1004–1005
Soup, Ham Bone and Collard Greens, 350
Hanoi Fried Fish with Dill (Cha Ca Thang Long), 527
Hard-Cooked Eggs, 866
Hard Rolls, 1036
Haricots Blancs, Roast Leg of Lamb with (Gigot à la Bretonne), 480
Haricots Verts, Pan-Steamed, 684
Harissa, 959
Hash, Corned Beef, Poached Eggs with, 869
Hash Brown Potatoes, 740–741
Herb(s), Herbed. *See also specific herbs*
Bouquet Garni, 774
Cream Cheese, Cucumber Sandwich with, 943
Crust, Barbecued Steak with, 445
Fines Herbes, 369
Fines Herbes Sauce, 500
Forcemeat Stuffing, 605
Mayonnaise, 943
Omelet, 873
Pasta, 819
Rub, 982
Sachet d'Épices, 599
Salt, 481
Vinaigrette, -Mustard, 896
Vinaigrette, and Truffle, 900
Hoagie, Philly, 934
Hollandaise Sauce, 298
Lemony, Asparagus with, 688–689
Homemade Sauerkraut, 593
Hominy, Grits with Corn and, 794, 795
Honey–Poppy Seed–Citrus Dressing, 898
Horseradish and Smoked Salmon Crust, Salmon Fillet with, 486
Hot Pepper Sauce (Molho Apimentado), 457
Hot and Sour Soup
Chinese (Suan La Tang), 350
Thai (Tom Yum Kung), 354
Hue-Style Chicken Salad, 924
Hummus bi Tahini, 958
Hunter-Style Scrambled Eggs, 872
Hush Puppies, 836, 837

I

Iceberg, Wedge of, with Thousand Island Dressing, 909
Ice Cream
Basil, 1143–1144
Chocolate, 1102, 1103
Cinnamon, 1135
Coffee, 1102, 1103
Coffee, for Profiteroles, 1156, 1158
Dulce de Leche, 1156, 1158
Graham Cracker, 1151
Profiteroles, -Filled, 1085
Raspberry, 1103
Vanilla, 1102, 1103
Vanilla, for Profiteroles, 1156, 1157
Ichi Ban Dashi, 267
Indian Grilled Lamb with Fresh Mango Chutney, 452–453
Insalata di Tonno e Fagioli (Tuna and Bean Salad), 975
Irish Soda Bread, 1072
Irish Stew, 608
Italian Buttercream, 1125
Italian Meringue, 1024

J

Jambalaya, Grilled Vegetable, 790–791
Japanese Salad Dressing, 905
Jap Chae (Stir-Fried Glass Noodles), 822
Jardinière Vegetables, 705
Jelly Omelet, 873
Jerked Game Hens, 459
Jerk Seasoning, 459
Jícama
and Corn Salad, 921
-Pineapple Salsa, 459
Salad, 921
Johnny Cakes, 1074
Julienne Vegetables, 706
Jus, Standing Rib Roast au, 464
Jus Lié
d'Agneau (Lamb), 293
de Canard (Duck), 293
de Gibier (Game), 293
Pork Roast with, 465
de Veau (Veal), 293
de Volaille (Chicken), 293

K

Kachumber (Onion and Cucumber Salad), 919
Kalbi Jjim (Korean Braised Short Ribs), 582–583
Kale, Braised, 710
Kao Paigu (Lacquer-Roasted Pork Ribs), 476
Kasha with Spicy Maple Pecans, 799
Kebabs. *See also* Skewers, Skewered Fish, 462
Lamb, with Pimiento Butter, Broiled, 447
Ketchup, Mango, Tofu Cakes with Portobello Mushrooms and, 971
Key Lime Tart, 1146–1147
Kombu, in Ichi Ban Dashi, 266
Korean Braised Short Ribs (Kalbi Jjim), 582–583

L

Lacquer-Roasted Pork Ribs (Kao Paigu), 476
Lamb, 227
Broth, 334
in Cassoulet, 594
and Chicken Stew, Couscous with, 609
Chops, Grilled, with Rosemary, Artichokes, and Cipollini Onions, 451
Indian Grilled, with Fresh Mango Chutney, 452–453
Jus d'Agneau Lié, 293
Lamb, *continued*
Kebabs with Pimiento Butter, Broiled, 447
Khorma, 607
Leg of, Roast, Boulangère, 476
Leg of, Roast, with Haricots Blancs (Gigot à la Bretonne), 480
Leg of, Roast, with Mint Sauce, 481
Leg of, Stuffed, Portuguese, 605
Marinade, 373
Navarin, 606
Patties, Pakistani-Style, 454
Rack of, Roast, Persillé, 477
Shanks, Braised, 604
Shoulder of, Roasted, and Couscous (Mechoui), 478–479
Stew, Irish, 608
Stock, Brown, 264
Lasagna
Asparagus and White Bean, 829
Bolognese, Classic, with Ragu and Béchamel (Lasagna al Forno), 826, 827
di Carnevale Napolitana, 825–826
Latin Citrus Marinade (Mojo), 373
Latkes, Potato, 743
Lean Dough, Basic, 1033
Leek and Tomato Quiche, 876
Lemon(s)
Asparagus with Lemony Hollandaise, 688–689
Cumberland Sauce, 955
Curd, 1145
Meringue Pie, 1127
Preserved, 611
Soufflé Tart with Basil Ice Cream and Blueberry Compote, 1142–1145
Vinaigrette, -Garlic, 896
Vinaigrette, -Parsley, 896
Lentil Salad, Green (Salade des Lentilles du Puy), 928
Lentil Soup, Purée of, 344
Lima Beans, Roman-Style, 774
Lime
-Cilantro Soy Sauce, 956
Key Lime Tart, 1146–1147
Lobster
Bisque (Bisque de Homard), 348
Broiled Stuffed, 460–461
New England Shore Dinner, 560–561
Salad with Beets, Mangos, Avocados, and Orange

Oil, 983
Lo Han (Steamed Long-Grain Rice), 785
Lorette Potatoes, 748
Lyonnaise Potatoes, 739

M

Macadamia Coconut Shrimp, 966
Macédoine of Vegetables, 706
Madeira Sauce, 463
Mahi Mahi, Fillet of, with Pineapple-Jícama Salsa, 459
Maître d'Hôtel Butter, 300
Maltaise Sauce, 298
Malt Vinegar and Peanut Oil Dressing, 900
Mamuang Kao Nieo (Thai Sticky Rice with Mangos), 787
Manchego Cheese, Grilled Vegetable Sandwich with, 940, 941
Mango(s)
Chutney, Fresh, 453
Chutney, Spicy, 961
Ketchup, Tofu Cakes with Portobello Mushrooms and, 971
Lobster Salad with Beets, Avocado, Orange Oil and, 983
and Passion-Poached Pineapple with Coconut Flan and Cilantro Sorbet, 1148–1150
Sticky Rice, Thai, with (Mamuang Kao Nieo), 787
Manhattan-Style Clam Chowder, 344
Maple Pecans, Spicy, Kasha with, 799
Ma Po Dofu (Grandmother's Tofu), 527
Marchand de Vin Sauce, 441
Margherita Pizza, 1037
Mar i Muntanya (Chicken and Prawn Ragout), 612–613
Marinade(s)
Asian-Style, 372
Barbecue, 372
for Beef Satay with Peanut Sauce, 982–983
for Beef and Scallions, Skewered, 446
for Bibimbap, 514
for Brazilian Mixed Grill, 456–457
for Chicken Breast, Barbecued, with Black Bean Sauce, 458
for Chicken Paillards, Grilled, with Tarragon Butter, 455
for Chicken, Pan-Smoked, 483
for Chicken, Tangerine-Flavored, Crispy, 524–525
Citrus, Latin (Mojo), 373
Eggplant Filling, Marinated, 939
Fish, 372
for Fish Kebabs, 462
Lamb, 373
for Lamb Chops, Grilled, with Rosemary, Artichokes, and Cipollini Onions, 451
for Lamb, Indian Grilled, with Fresh Mango Chutney, 452–453
for Lamb Khorma, 607
Peppers, Marinated Roasted, 694, 695
for Pork, Cantonese Roast (Char Siu), 466
for Pork Ribs, Guava-Glazed, 467
for Pork Ribs, Lacquer-Roasted (Kao Paigu), 476
for Pork and Veal Skewers (Raznijci), 447
for Pork Vindaloo, 596
Red Wine Game, 372
Red Wine, for Grilled Meats, 374
for Rib Eye Steak, Grilled, 446
for Sauerbraten, 587
for Shrimp, Coconut Macadamia, 966
Teriyaki, 374
for Teriyaki, Beef, 445
Vegetables, Marinated Grilled, 686
for Vegetable Terrine with Goat Cheese, 1010
Marinated Eggplant Filling, 939
Marinated Grilled Vegetables, 686
Marinated Roasted Peppers, 694, 695
Marmalade, Roasted Red Pepper, 960
Marsala Sauce, 463, 504
Marshmallow, 1152
Mashed Sweet Potatoes with Ginger, 738–739
Mayonnaise, 903
Aïoli, 904
Anchovy-Caper, 903
for Cole Slaw, 470
Curry, Apple Sandwich with, 943
Green, 903
Herb, Watercress Sandwich with, 943
Rémoulade Sauce, 520
Tartar Sauce, 903
Meat. *See also specific meats*
Brine, 999
and Cheese Omelet, 873
in Chef's Salad, 909
in Philly Hoagie, 934
Sauce, Bolognese (Ragù Bolognese), 296
Sauce, Pork Rolls and Sausage in, Braised, with Rigatoni (Braciole di Maiale al Ragù e Rigatoni), 590–591
Spit-Roasted, Seasoning Mix for, 371
Stock, and Poultry (Brodo), 266
Mechoui (Roasted Shoulder of Lamb and Couscous), 478–479
Medium-Cooked Eggs, 866
Melon Salad, Summer, with Prosciutto, 919
Meringue
Common, 1024
Italian, 1024
Lemon Meringue Pie, 1127
Swiss, 1024
Middle Eastern Chickpeas, 774
Milanese Sauce, 519
Milk Chocolate Cinnamon Sticks, 1136
Millet and Cauliflower Purée, 796
Minestrone alla Emiliana (Vegetable Soup, Emilia-Romagna Style), 357
Mint
Barley Salad with Cucumber and, 800, 801
Sauce (Paloise), 297
Sauce, Roast Leg of Lamb with, 481
and Yogurt Chutney, 462
Mirlitons, Shrimp-Stuffed, 696
Miso Soup, 353
Mixed Bean Salad, 929
Mixed Grain Pilaf, 796
Mixed Green Salad, 907
Mixed Grill, Brazilian, 456–457
Mizeria Klasyczna (Classic Polish Cucumber Salad), 920
Mojo (Latin Citrus Marinade), 373
Mole Negro, 588–589
Molho Apimentado (Hot Pepper Sauce), 457
Monkfish, in Vatapa, 512
Mornay Sauce, 295
Poached Eggs, 869
Scrambled Eggs Gratiné, 872
Moroccan Carrot Salad, 920
Moules à la Marinière (Mussels with White Wine and Shallots), 974, 975
Mousse
Blue Cheese, 953
Chocolate, 1104
Goat Cheese, 953
Raspberry, 1104–1105
Saffron, Poached Trout with, 554–555
Smoked Salmon, 953
Mousseline
Chicken, 996
Flounder, 993
Pork, 999
Salmon, 556, 993
Sauce, 298
Sole, 556
Trout and Saffron, 555
Mozzarella
in Cracked Wheat and Tomato Salad, 802, 803
in Eggplant Parmesan, 696–697
Lasagna di Carnevale Napolitana, 825–826
and Tomato Salad, 928
Mu Chae (Sliced Daikon Salad), 922
Mudslide Cookies, 1089
Muffin(s)
Basic Recipe, 1078
Blueberry, 1078, 1080
Bran, 1078
Corn, 1079
Cranberry-Orange, 1078
Mushroom(s)
in Bean Curd, Grandmother's (Ma Po Dofu), 526,527
Beets, and Baby Greens with Robiola Cheese and Walnuts, 916, 917
Duxelles Stuffing, Chicken Legs with, 482
Forcemeat, 484
in Forcemeat Stuffing, Herbed, 605
in Glass Noodles, Stir-Fried (Jap Chae), 822
Omelet Marcel, 873
Poached Eggs with, 869
Portobello, Tofu Cakes with Mango Ketchup and, 971
Quesadillas with Two Salsas, 700
Risotto, Wild Mushroom, 783
in Risotto, Vegetarian, 784
Sauce, 440
Sauce, Bercy, 830
Sausage, 598
Shiitake, Grilled, with Soy-Sesame Glaze, 686–687
Strudel with Goat Cheese, 978
Suprême Sauce, 294
in Udon Noodle Pot, 566
Vegetable Sandwich, Grilled, with Manchego Cheese, 940
Mussels
in Cioppino, 562–563
in New England Shore Dinner, 560, 561
Paella Valenciana, 788, 789
Ravigote, Seafood, 930
Risotto with, 784
with White Wine and Shallots (Moules à la Marinière), 975
Mustard
Barbecue Sauce (North Carolina Eastern Low Country Sauce), 469
Spicy, 960
Vinaigrette, -Herb, 896
Vinaigrette, and Roasted Garlic, 896

N

Naan Bread, 1038, 1039
New England Shore Dinner, 560, 561
New England–Style Clam Chowder, 340
New Mexican Green Chile Stew, 595
Niban Dashi, 266
Noisettes of Pork with Green Peppercorns and Pineapple, 504
Noisettes of Pork with Red Onion Confit, 506
Noodle(s)
Glass, Stir-Fried (Jap Chae), 822
Pad Thai, 822–823
Soup, Beef (Pho Bo), 569
Summer Squash, 704
Tempeh Cashew, 824, 825
Udon Noodle Pot, 566
North Carolina Eastern Low Country Sauce (Mustard Barbecue Sauce), 469
North Carolina Piedmont Sauce, 469
North Carolina Western Barbecue Sauce, 469
Nut-Banana Bread, 1079, 1080
Nut Tuile Cookies, 1090

O

Oatmeal Cookies, -Raisin, 1089
Oatmeal Pancakes, 1073
Octopus "Fairground Style" (Pulpo a Feira), 976
Oil(s)
Basil, 906
Green Onion, 907
Orange, 907
Paprika, 907
Old-Fashioned Salt Cod Cakes, 521
Olives
in Greek Salad, 910, 911
Provençal Sauce, 501
Tapenade, 959
Omelet(s)
Cheddar, Souffléed, 874
Cheese, 873
Cheese and Vegetable, 873
Egg White, Plain Rolled, 873
Farmer-Style, 873
Florentine, 873
Herb, 873
Jelly, 873
Marcel, 873
Meat and Cheese, 873
Opera, 873
Plain Rolled, 872–873
Potato (Tortilla Española), 979
Seafood, 873
Shellfish, 873
Spanish, 873
Tomato, 873
Western, 873
for Wonton Soup, 354–355
1-2-3 Cookie Dough, 1086
Onion(s)
Cipollini, Grilled Lamb Chops with Rosemary, Artichokes and, 451
and Cucumber Salad (Kachumber), 919
Deep-Fried, 581
Deep-Fried, Baked Potatoes with, 735
Quiche, Caramelized, 876
Red, Confit, Noisettes of Pork with, 506
Red, Pickled, 962
Relish, Curried, 961
Soup, 335
Soup Gratinée, 335
Soup, White, 335
Sweet and Sour, Open-Faced Turkey Sandwich with, 937
Open-Faced Turkey Sandwich with Sweet and Sour Onions, 937
Orange(s)
Chayote Salad with (Salada de Xuxu), 919
-Cranberry Compote, 689
-Cranberry Muffins, 1078
Crème Chantilly, -Scented, 1138
Cumberland Sauce, 955
Maltaise Sauce, 298
Oil, 907
Wheat Berry Salad with Cherries, Pecans and, 798, 799
Orecchiette with Italian Sausage, Broccoli Rabe, and Parmesan, 820, 821
Oregano
Sour Cream, Tomato Sandwich

with, 944
and Sun-Dried Tomato Butter, 300
Osso Buco Milanese, 600–601
Oven-Roasted Tomatoes, 692–693
Oxtails, Braised, 581
Oysters, in Fisherman's Platter, 520

P

Pacific Seafood Chowder, 342
Pad Thai, 822–823
Paella Valenciana, 788, 789
Pakistani-Style Lamb Patties, 454
Paloise Sauce (Mint), 297
Pancakes. *See also* Crèpes
Amaranth, 803
Banana, 1073
Blueberry, 1073
Buttermilk, 1073
Chocolate Chip, 1073
Oatmeal, 1073
Potato, 742, 743
Potato Latkes, 743
Spinach, 707
Zucchini, with Tzatziki, 688
Pan-Fried Breaded Pork Cutlets, 518
Pan-Fried Brook Trout with Bacon, 522
Pan-Fried Dumplings (Guo Tie), 840, 841
Pan-Fried Veal Cutlets, 518
Pan-Fried Zucchini, 707
Panini, Eggplant and Prosciutto, 938, 939
Pan-Smoked Chicken, 483
Pan-Steamed Carrots, 684
Pan-Steamed Haricots Verts, 684
Panzanella, 927
Papaya
-Black Bean Salsa, 955
Green Papaya Salad, 921
en Papillote
Bass and Scallops, 553
Snapper, Fillet of, 558–559
Paprika Oil, 907
Parmesan
Eggplant, 696–697
Orecchiette with Italian Sausage, Broccoli Rabe and, 820, 821
Polenta with, 792, 793
Risotto, 783
Parsley
in Gremolata, 601
-Lemon Vinaigrette, 896
Persillade, 477
Potatoes, Boiled, 736, 737
Passion and Mango–Poached Pineapple with Coconut Flan and Cilantro Sorbet, 1148–1150
Pasta. *See also* Lasagna; Noodle(s)
Basic Boiled, 819
alla Carbonara, 821
Orecchiette with Italian Sausage, Broccoli Rabe, and Parmesan, 820, 821
Ravioli Bercy, 830
Rigatoni, Braised Pork Rolls and Sausage in Meat Sauce with (Braciole di Maiale al Ragù e Rigatoni), 590–591
Salad with Pesto Vinaigrette, 925
Pasta Dough, Fresh Egg, 819
Beet, 819
Black Pepper, 819
Buckwheat, 819
Carrot, 819
Citrus, 819
Curried, 819
Herbed, 819
Pumpkin, 819
Red Pepper, 819
Saffron, 819
Spinach, 819
Tomato, 819
Whole Wheat, 819
Pastry(ies). *See also* Pastry Dough; Pie(s); Quiche(s); Tart(s)
Éclairs, 1085
Éclairs, Chocolate, 1085
Gougères (Gruyère Cheese Puffs), 1085
Phyllo Tubes, 1137
Profiteroles, 1085
Profiteroles (Plated Dessert), 1156–1160
Profiteroles, Ice Cream-Filled, 1085
Strudel, Mushroom, with Goat Cheese, 978
Pastry Cream, 1098
Chocolate, 1098
for Soufflés, 1099
Pastry Dough
Pâte à Choux, 1084
Pâte à Choux, Chocolate, 1160
Pâte Brisée, 701
Pie (3-2-1), Basic, 1070
Puff Pastry, 1076–1077
Puff Pastry, Blitz, 1077
Tartlet Shells, 1144
Pâté
de Campagne (Country-Style Terrine), 998
Chicken Liver, 1004, 1005
en Croûte, Seafood, 1008–1009
Dough, 1006–1007
Dough, Saffron, 1006
Grand-Mère, 994
Spice, 1011
Pâte à Choux, 1084
Chocolate, 1160
Pâte Brisée, 701
Paupiettes
Sole, Véronique, Poached, 557
Trout, Poached, with Vin Blanc Sauce, 556
Pea(s)
French-Style, 712
Risotto, Green Pea (Risi e Bisi), 783
Snow Peas and Yellow Squash, Gingered, 684
Split Pea Soup, Purée of, 345
Split Pea Soup, Yellow, Purée of, 345
Peanut Dressing, 902
Peanut Oil and Malt Vinegar Dressing, 900
Peanut Sauce
Beef Satay with, 982–983
Spicy, 442–443
Pear(s)
Blackberry and Port-Poached, with Ricotta Cream and Sablé Cookies, 1139–1141
Frangipane Tartlets, 1128
and Gorgonzola Sandwich, 944
Poached, 1128
Pearl Barley Pilaf, 780
Pecan(s)
Brown Rice Pilaf with Green Onions and, 780–781
Carrots, 684
Diamonds, 1088
Pie, 1126
Pie, Cranberry-, 1126
Spicy Maple, Kasha with, 799
Wheat Berry Salad with Oranges, Cherries and, 798, 799
Peperoni Arrostiti (Roasted Peppers), 928
Pepper
Black Peppercorn Dressing, Creamy, 904
Black Pepper Pasta, 819
Five-Spice Powder, Chinese, 368
Green Peppercorns, Noisettes of Pork with Pineapple and, 504
Hot Crushed, Broccoli Rabe, with Garlic and (Cime di Broccoli con Aglio e Pepperoncino), 705
Hot Pepper Sauce (Molho Apimentado), 457
Pepper(s). *See* Bell Peppers; Chiles; Red Pepper(s)
Persillade, 477
Pescado Frito, 972–973
Pescado Veracruzana, 562
Pesto, 299
Pesto Vinaigrette, 901
Philly Hoagie, 934
Pho Bo (Beef Noodle Soup), 569
Phyllo
Strudel, Mushroom, with Goat Cheese, 978
Tubes, 1137
Picada, 612–613
Picadillo Oaxaqueño, Chiles Rellenos con, 528–529
Piccata di Vitello alla Milanese (Veal Piccata with Milanese Sauce), 519
Pickle(d)
Charcutière Sauce, 508
Eggs, 868
Eggs, Red, 868
Ginger, 962
Red Onions, 962
Sweet, 472
Pico de Gallo, 953
Pie(s). *See also* Quiche(s); Tart(s)
Apple, 1125
Cherry, 1126
Cranberry-Pecan, 1126
Dough, Basic (3-2-1), 1070
Lemon Meringue, 1127
Pecan, 1126
Pork and Pepper (Empanada Gallega de Cerdo), 984
Pumpkin, 1127
Pierogi, Potato and Cheddar-Filled, with Caramelized Onions, Beurre Noisette, and Sage, 842–843
Pilaf. *See also* Rice Pilaf
Bulgur–Green Onion, 796–797
Mixed Grain, 796
Pearl Barley, 780
Wheat Berry, 780
Wild Rice, 780
Pimiento Butter, 300
Pineapple
-Jícama Salsa, 459
Mango and Passion-Poached, with Coconut Flan and Cilantro Sorbet, 1148–1150
Noisettes of Pork with Green Peppercorns and, 504
Pinto Beans
Creamed (Frijoles Maneados), 772
Frijoles Puercos Estilo Sinaloa, 773
Pistachios, Duck Terrine with Dried Cherries and, 1002–1003
Pita Bread, 1037
Pizza
Crust, Semolina, 1037
Margherita, 1037
Spinach, 1037
Plain Rolled Omelet, 872–873
Plantain
Chips, Fried, 708, 709
Tostones, 708
Plated Desserts
Blackberry and Port-Poached Pears with Ricotta Cream and Sablé Cookies, 1139–1141
Date Spice Cake, Warm, with Butterscotch Sauce and Cinnamon Ice Cream, 1134–1138
Key Lime Tart, 1146–1147
Plated Desserts, *continued*
Lemon Soufflé Tart with Basil Ice Cream and Blueberry Compote, 1142–1145
Mango and Passion-Poached Pineapple with Coconut Flan and Cilantro Sorbet, 1148–1150
Profiteroles, 1156–1160
S'mores, 1151–1155
Poached Chicken Breast with Tarragon Sauce, 563
Poached Eggs. *See* Egg(s), Poached
Poached Pears, 1128
Poached Sea Bass with Clams, Bacon, and Peppers, 553
Poached Seafood in a Saffron Broth with Fennel, 570
Poached Sole Paupiettes Véronique, 557
Poached Sole with Saffron Mousse, 555
Poached Sole with Vegetable Julienne and Vin Blanc Sauce, 558
Poached Trout Paupiettes with Vin Blanc Sauce, 556
Poached Trout with Saffron Mousse, 554–555
Poblanos Rellenos, 698, 699
Polenta
Basic, 792
with Parmesan, 792, 793
Polish Cucumber Salad, Classic (Mizeria Klasyczna), 920
Polish Stuffed Cabbage, 602–603
Poppy Seed–Honey–Citrus Dressing, 898
Pork. *See also* Bacon; Ham; Sausage
Barbecue, Carolina, 468–469
Bolognese Meat Sauce (Ragù Bolognese), 296
Brazilian Mixed Grill, 456–457
Broth, Smoked, 334
Butt with Coleslaw, 470–471
in Cabbage, Stuffed, Polish, 602–603
in Cassoulet, 594
Chops, Baked Stuffed, 465
Chops, Grilled or Broiled, with Sherry Vinegar Sauce, 450
Chops, Grilled Smoked Iowa, 448–449
in Choucroute, 592–593, 593
Cutlet with Sauce Robert, 508
Cutlets, Pan-Fried Breaded, 518
Dim Sum, 837
Dumplings, Pan-Fried (Guo Tie), 840, 841
Dumplings, Steamed (Shao-Mai), 838–839
Forcemeat Stuffing, Herbed, 605
Goulash, 599
Green Chile Stew, New Mexican, 595
in a Green Curry Sauce, 596
Medallions with Cabbage Salad, Warm, 506
Medallions of, Sautéed, with Winter Fruit Sauce, 505
Mousseline, 999
Noisettes of, with Green Peppercorns and Pineapple, 504
Noisettes of, with Red Onion Confit, 506
Pâté Grand-Mère, 994
and Pepper Pie (Empanada Gallega de Cerdo), 984
Picadillo Oaxaqueño, Chiles Rellenos con, 528–529
Ribs, Guava-Glazed, 467
Ribs, Lacquer-Roasted (Kao Paigu), 476
Ribs, St. Louis–Style, 475
Roast, Cantonese (Char Siu), 466
Roast with Jus Lié, 465
Rolls and Sausage, Braised, in Meat Sauce with Rigatoni (Braciole di Maiale al Ragù e Rigatoni), 590–591
Scaloppine with Tomato Sauce, 503
Skewers, and Veal (Raznjici), 447
in Spring Rolls, 980
Stock, Brown, 264
Székely Goulash (Székely Gulyás), 597
Tenderloin Roulade, 999
Terrine, Country-Style (Pâté de

Campagne), 998
Tinga Poblano, 530
Vindaloo, 596
Port and Blackberry-Poached Pears with Ricotta Cream and Sablé Cookies, 1139–1141
Portobello Mushrooms, Tofu Cakes with Mango Ketchup and, 971
Portuguese Stuffed Leg of Lamb, 605
Potage Garbure, 346
Potato(es)
Anna, 744
Baked, with Deep-Fried Onions, 735
Beef, Boiled, with Spätzle and (Gaisburger Marsch), 570
Berny, 747
Château, 740
in Choucroute, 592–593, 593
Corned Beef, Hash, Poached Eggs with, 869
Corned Beef Hash with Winter Vegetables, 566–567
Croquette, 748
Delmonico, 740
Duchesse, 737
French-Fried, 747
Gnocchi Piedmontese, 832–833
au Gratin (Gratin Dauphinoise), 739
in Green Chile Stew, New Mexican, 595
Hash Brown, 740–741
Latkes, 743
in Leg of Lamb Boulangère, Roast, 476
Lorette, 748
Lyonnaise, 739
Macaire, 744
in New England Shore Dinner, 560, 561
Omelet (Tortilla Española), 979
Pancakes, 742, 743
Parsley, Boiled, 736, 737
Pierogi, and Cheddar-Filled, with Caramelized Onions, Beurre Noisette, and Sage, 842–843
Potage Garbure, 346
Roasted Tuscan-Style, 738
Rösti, 744–745
Salad, 926
Salad, European-Style, 926
Salad, German, 749
in Salt Cod Cakes, Old-Fashioned, 521
Souffléd, 748
in Tinga Poblano, 530
Tortilla de Papas, 750
Tortilla Española (Potato Omelet), 979
Vichyssoise, 347
Whipped, 517, 735
Pot Roast, Yankee, 586
Potstickers, 837
Poule au Pot (Chicken with Vegetables), 565
Poultry
and Meat Stock (Brodo), 266
Spit-Roasted, Seasoning Mix for, 371
Pound Cake, 1081
Prawn and Chicken Ragout (Mar i Muntanya), 612–613
Preserved Lemons, 611
Profiteroles, 1085
Ice Cream-Filled, 1085
Plated Dessert, 1156–1160
Prosciutto
and Eggplant Panini, 938, 939
Melon Salad with, Summer, 919
Provençal(-Style)
Beef Tournedos, 501
Chicken, 501
Sauce, 501
Vegetables, Grilled, 686
Pudding, Bread and Butter, 1106
Puff Pastry
in Beef Wellington, 463
Dough, 1076–1077
Dough, Blitz, 1077
Pulpo a Feira (Octopus "Fairground Style"), 976
Pumpkin
Bread, 1080, 1081
Pasta, 819
Pie, 1127
Purée. *See also* Coulis
Butternut Squash, 691
Millet and Cauliflower, 796
Purée Soup(s)
Bean, Senate, 346
of Black Bean, Caribbean-Style, 345
of Lentil, 344
Potage Garbure, 346
of Split Pea, 345
of Split Pea, Yellow, 345
Vichyssoise, 347
Puri (Fried Bread), 1074

Q

Qinchao Shanghai Baicai (Stir-Fried Shanghai Bok Choy), 702–703
Quatre Épices, 369
Quesadillas, Mushroom, with Two Salsas, 700
Quiche(s)
Broccoli and Cheddar, 876
Lorraine, 876
Onion, Caramelized, 876
Smoked Salmon and Dill, 876
Spinach, 876
Tomato and Leek, 876
Quick Bread. *See* Bread(s), Quick

R

Ragout, Chicken and Prawn (Mar i Muntanya), 612–613
Ragù Bolognese (Bolognese Sauce), 296
Raisin
Bread with Cinnamon Swirl, 1042, 1043
-Oatmeal Cookies, 1089
Scones, 1072
Ranch-Style Dressing, 905
Raspberry
Coulis, 1129
Ice Cream, 1103
Mousse, 1104–1105
Ratatouille, 708
Ravigote, Seafood, 930
Ravioli Bercy, 830
Raznjici (Pork and Veal Skewers), 447
Red Beans and Boiled Rice, 777
Red Cabbage, Braised, 711
Red Curry Paste, 370
Red Onion(s)
Confit, Noisettes of Pork with, 506
Pickled, 962
Red Pepper(s)
Artichoke and Pepper Salad, 750
Coulis, 299
Jambalaya, Grilled Vegetable, 790, 791
Marinated Roasted, 695
Pasta, 819
Roasted (Peperoni Arrostiti), 928
Roasted Red Pepper Marmalade, 960
Red Pickled Eggs, 868
Red Snapper. *See* Snapper
Red Wine Marinade
Game, 372
for Grilled Meats, 374
Lamb, 372
for Sauerbraten, 587
Red Wine Sauce
Burgundy, Beef Rouladen in, 584–585
Marchand de Vin, 441
Milanese, 519
Red Wine Vinaigrette, 896
and Walnut Oil, 901
Relish
Cranberry, 961
Onion, Curried, 961
Rémoulade Sauce, 520
Reuben Sandwich, 942
Tempeh, 942
Rib Eye Steak, Grilled, 446
Rib Roast au Jus, Standing, 464
Ribs, Pork
Guava-Glazed, 467
Lacquer-Roasted (Kao Paigu), 476
St. Louis–Style, 475
Rice. *See also* Rice Pilaf; Risotto; Wild Rice
Annatto, 781
Arroz Blanco, 781
Arroz Brasileiro, 782
Arroz Mexicano, 782
Basic Boiled, 785
and Beans, 776
Chicken Soup (Canja), 336
Coconut, 782–783
Congee, 795
Croquettes, 792
Fried, with Chinese Sausage, 787
in Gumbo, Chicken and Shrimp, 348–349
Jambalaya, Grilled Vegetable, 790–791
Paella Valenciana, 788, 789
Red Beans and Boiled Rice, 777
Saffron, 788
Salad, Curried, 930
Steamed Long-Grain (Lo Han), 444, 785
Sticky, Thai, with Mangos (Mamuang Kao Nieo), 787
Sushi, 785
Tomato Soup with, Cream of, 339
Rice Pilaf, 780
Brown, with Pecans and Green Onions, 780–781
Converted White, 780
Short-Grain Brown, 781
Short-Grain White (Valencia), 780
Wild Rice, 780
Ricotta
Cream, 1140
Gnocchi di, 831
in Lasagna di Carnevale Napolitana, 825–826
Rigatoni, Braised Pork Rolls and Sausage in Meat Sauce with (Braciole di Maiale al Ragù e Rigatoni), 590–591
Risi e Bisi (Green Pea Risotto), 783
Risotto, 783
with Asparagus, 783
Cakes, Corn and Asiago Cheese, 805
Fritters, Fontina, 804
Green Pea (Risi e Bisi), 783
alla Milanese, 783
with Mussels, 784
Parmesan, 783
Vegetarian, 784
Wild Mushroom, 783
Roast Chicken with Pan Gravy, 482
Roast Duckling with Sauce Bigarade, 484–485
Roasted Carrots, 695
Roasted Garlic and Mustard Vinaigrette, 896
Roasted Red Pepper Marmalade, 960
Roasted Peppers (Peperoni Arrostiti), 928
Roasted Shoulder of Lamb and Couscous (Mechoui), 478–479
Roasted Tuscan-Style Potatoes, 738
Roasted Vegetable Stock, 265
Roast Leg of Lamb Boulangère, 476
Roast Leg of Lamb with Haricots Blancs (Gigot à la Bretonne), 480
Roast Leg of Lamb with Mint Sauce, 481
Roast Rack of Lamb Persillé, 477
Roast Turkey with Pan Gravy and Chestnut Stuffing, 485–486
Robert Sauce, 508
Robiola Cheese, Mushrooms, Beets, and Baby Greens with Walnuts and, 916, 917
Rock Cornish Game Hen, Breast of, with Mushroom Forcemeat, 483–484
Rolls
Cottage Dill, 1039
Hard, 1036
Soft Dinner, 1045
Romaine, Braised, 711
Roman-Style Lima Beans, 774
Roquefort, Endive Salad with Walnuts and (Salade de Roquefort, Noix, et Endives), 910–911
Rosemary, Grilled Lamb Chops with Artichokes, Cipollini Onions and, 451
Rösti Potatoes, 744–745
Roulade
Foie Gras, 1001
Pork Tenderloin, 999
Rouladen, Beef, in Burgundy Sauce, 584–585
Rouladen Stuffing, 585
Royale Custard, 333
Royal Glaçage, 557
Russian Dressing, 942

S

Sabayon, 1129
Sablé Cookies, 1140
Sachet d'Épices, 599, 774
Saffron
Broth with Fennel, Seafood Poached in a, 570
Pasta, 819
Pâté Dough, 1006
Rice, 788
and Trout Mousseline, 555
Saigon Crêpes, 804
St. Louis–Style Ribs, 475
Salad(s)
Artichoke and Pepper, 750
Barley, with Cucumber and Mint, 800, 801
Bean, Mixed, 929
Bean Curd, Smoked, and Celery, 908
Black-Eyed Pea, Warm, 929
Bread, Eastern Mediterranean (Fattoush), 926
Bulgur, Sweet and Spicy, 800
Cabbage, Warm, 506
Caesar, 908
Carrot, Moroccan, 920
Celeriac and Tart Apple, 918
Chayote, with Oranges (Salada de Xuxu), 919
Chef's, 909
Chicken, 923
Chicken, Hue-Style, 924
Cobb, 912, 913
Coleslaw, 920
Corn and Jícama, 921
Cracked Wheat and Tomato, 802, 803
Cucumber, 922–923
Cucumber, Polish, Classic (Mizeria Klasyczna), 920
Cucumber and Wakame (Sunonomo), 922
Cucumber, Yogurt, 923
Daikon, Sliced (Mu Chae), 922
Egg, 925
Endive, with Roquefort and Walnuts (Salade de Roquefort, Noix, et Endives), 910–911

Greek, 910, 911
Green, Mixed, 907
Ham, 925
Iceberg, Wedge of, with Thousand Island Dressing, 909
Jícama, 921
Lentil, Green (Salade des Lentilles du Puy), 928
Lobster, with Beets, Mangos, Avocados, and Orange Oil, 983
Melon, Summer, with Prosciutto, 919
Mushrooms, Beets, and Baby Greens with Robiola Cheese and Walnuts, 916, 917
Onion and Cucumber (Kachumber), 919
Panzanella, 927
Papaya, Green, 921
Pasta, with Pesto Vinaigrette, 925
Peppers, Roasted (Peperoni Arrostiti), 928
Potato, 926
Potato, European-Style, 926
Potato, German, 749
Rice, Curried, 930
Seafood Ravigote, 930
Shrimp, 925
Spinach, Baby, Avocado, and Grapefruit, 918
Spinach, Wilted, with Warm Bacon Vinaigrette, 914–915
Sweet Potato, Curried, 749
Taco, 913
Thai Table, 908
Tomato and Mozzarella, 928
Tuna, 924
Tuna and Bean (Insalata di Tonno e Fagioli), 975
Tuna Carpaccio (Crudo di Tonno alla Battuta), 964, 965
Waldorf, 918
Watercress and Apple, Sherried, 917
Wheat Berry, with Oranges, Cherries, and Pecans, 798, 799
Salada de Xuxu (Chayote Salad with Oranges), 919
Salad Dressing. *See also* Mayonnaise; Oil(s); Vinaigrette
Black Peppercorn, Creamy, 904
Blue Cheese, 904
in Caesar Salad, 908
Caesar-Style, 902
Catalina French, 902
Cucumber, 903
Green Goddess, 901
Honey–Poppy Seed–Citrus, 898
Japanese, 905
Peanut, 902
Peanut Oil and Malt Vinegar, 900
Ranch-Style, 905
Russian, 942
Thousand Island, 906
Salade de Roquefort, Noix, et Endives (Endive Salad with Roquefort and Walnuts), 910–911
Salade des Lentilles du Puy (Green Lentil Salad), 928
Salad Rolls, Vietnamese, 981
Salmon
Ancho-Crusted, with Yellow Pepper Sauce, 510–511
Fillet with Smoked Salmon and Horseradish Crust, 486
Gravlax, 1011
Mousseline, 556
Smoked
and Horseradish Crust, Salmon Fillet with, 486
Mousse, 953
Platter, 963
Poached Eggs with, 871
Quiche, and Dill, 876
Terrine, and Seafood, 993
Salsa
Cruda, 965
Fruit, 1130
Grapefruit, 955
Papaya-Black Bean, 955
Pico de Gallo, 953
Pineapple-Jícama, 459
Roja, 954
Summer Squash, 699
Verde Asada, 954
Verde Cruda, 954
Salt Cod Cakes, Old-Fashioned, 521
Salt Herbs, 481
Samosas, 970
Sandwich(es)
Apple, with Curry Mayonnaise, 943
Barbecue, Carolina, 468–469
Barbecued Beef, 936
Cheese Melt, Three-, 940
Chicken Burger, 936
Club, CIA, 934, 935
Croque Monsieur, 937
Cucumber, with Herbed Cream Cheese, 943
Gorgonzola and Pear, 944
Hoagie, Philly, 934
Panini, Eggplant and Prosciutto, 938, 939
Reuben, 942
Reuben, Tempeh, 942
Tomato, with Oregano Sour Cream, 944
Turkey, Open-Faced, with Sweet and Sour Onions, 937
Vegetable, Grilled, with Manchego Cheese, 940, 941
Watercress, with Herb Mayonnaise, 943
Satay
Beef, with Peanut Sauce, 982–983
Seitan, 442–443
Sauce(s). *See also* Butter(s); Dessert Sauce; Dipping Sauce; Gravy; Salsa
Apple Cider, 448
Barbecue. *See* Barbecue Sauce
Béarnaise, 297
Béchamel, 295
Bigarade, Roast Duckling with, 484–485
Black Bean, 458
Black Ink, Baby Squid in (Txipirones Saltsa Beltzean), 976
Burgundy, Beef Rouladen in, 584–585
Charcutière, 508
Cheddar Cheese, 295
Choron, 297
Cream, 295
Cumberland, 955
Demi-Glace, 293
Dill, 447
Espagnole, 294
Fines Herbes, 500
Fruit, Winter, 505
Garlic, Sweet, 524
Green Curry, Pork in, 596
Hollandaise, 298
Hollandaise, Lemony, Asparagus with, 688–689
Hot Pepper (Molho Apimentado), 457
Jus Lié. *See* Jus Lié
Madeira, 463
Maltaise, 298
Marchand de Vin, 441
Marsala, 463, 504
Meat, Bolognese (Ragù Bolognese), 296
Meat, Braised Pork Rolls and Sausage in, with Rigatoni (Braciole di Maiale al Ragù e Rigatoni), 590–591
Milanese, 519
Mint (Paloise), 297
Mint, Roast Leg of Lamb with, 481
Mole Negro, 588–589
Mornay, 295
Mousseline, 298
Mushroom, 440
Mushroom Bercy, 830
Peanut, Beef Satay with, 982–983
Peanut, Spicy, 442–443
Pesto, 299
Provençal, 501
Red Pepper Coulis, 299
Rémoulade, 520
Robert, 508
Sherry Vinegar, 450
Southwest-Style, Chef Clark's, 472–473
Suprême, 294
Taco, 914
Tarragon, Poached Chicken Breast with, 563
Tomato, 295
Tomato Coulis, 296
Tzatziki, Zucchini Pancakes with, 688
Velouté. *See* Velouté
Veracruzana, Pescado, 562
Vin Blanc, Poached Sole with Vegetable Julienne and, 558
Vin Blanc, Poached Trout Paupiettes with, 556
Yellow Pepper, 511
Yogurt Cucumber, 957
Sauerbraten, 587
Sauerkraut
Braised, 712
in Choucroute, 592–593
Homemade, 593
in Reuben Sandwich, 942
in Reuben, Tempeh, 942
in Székely Goulash (Székely Gulyás), 597
Sausage
Bratwurst, Scrambled Eggs with, 872
in Cassoulet, 594
Chinese, Fried Rice with, 787
Chorizo, Black Beans with Peppers and, 768–769
in Choucroute, 592–593
Italian, Orecchiette with Broccoli Rabe, Parmesan and, 820, 821
in Lasagna di Carnevale Napolitana, 825–826
Mushroom, 598
in Paella Valenciana, 788, 789
and Pork Rolls, Braised, in Meat Sauce with Rigatoni (Braciole di Maiale al Ragù e Rigatoni), 590–591
Sautéed Arugula, 702
Sautéed Chicken with Fines Herbes Sauce, 500
Sautéed Medallions of Pork with Winter Fruit Sauce, 505
Sautéed Trout à la Meunière, 513
Savory Cheese Soufflé, 875
Scallions. *See also* Green Onion(s)
and Beef, Skewered, 446
Scallops
and Bass en Papillote, 553
Cioppino, 562–563
Fisherman's Platter, 520
New England Shore Dinner, 560, 561
Ravigote, Seafood, 930
Seviche of, 962
Scaloppine
Pork, with Tomato Sauce, 503
Veal, Marsala, 503–504
Scones
Cream, 1072
Ham and Cheddar, 1072
Raisin, 1072
Scrambled Eggs. *See* Egg(s), Scrambled
Scrod, Boston, with Cream, Capers, and Tomatoes, 561
Sea Bass, Poached, with Clams, Bacon, and Peppers, 553
Seafood. *See* Fish; Octopus; Shellfish; Squid
Seasonal Vegetable Tarts, 701
Seasoning Mixes. *See* Spice Mixes
Seitan Satay, 442–443
Semolina
Gnocchi di, Gratinati, 831
Pizza Crust, 1037
Senate Bean Soup, 346
Sesame-Soy Glaze, Grilled Shiitake Mushrooms with, 686–687
Seviche of Scallops, 962
Shallots, Crispy, 924
Shao-Mai (Steamed Dumplings), 838–839
Shellfish. *See also* Clam(s); Lobster; Mussels; Shrimp
Broth, 334
Chowder, Conch, 341
Chowder, Pacific Seafood, 342
Cioppino, 562–563
Crab Cakes, Chesapeake-Style, 968, 969
Essence, 996
Fisherman's Platter, 520
New England Shore Dinner, 560, 561
Omelet, 873
Omelet, Seafood, 873
in Paella Valenciana, 788, 789
Pâté en Croûte, Seafood, 1008–1009
Poached in a Saffron Broth with Fennel, Seafood, 570
Ravigote, Seafood, 930
Scallops and Bass en Papillote, 553
Scallops, Seviche of, 962
Stock, 264
Terrine, Crayfish and Chicken, 996
Terrine, Seafood and Salmon, 993
in Udon Noodle Pot, 566
Sherried Watercress and Apple Salad, 917
Sherry Vinegar Sauce, 450
Shiitake Mushrooms
in Glass Noodles, Stir-Fried (Jap Chae), 822
Grilled, with Soy-Sesame Glaze, 686–687
Short-Grain Brown Rice Pilaf, 781
Short-Grain White Rice Pilaf (Valencia), 780
Short Ribs, Braised, 584
Korean (Kalbi Jjim), 582–583
Shrimp
Bisque, 347
Broiled, with Garlic, 969
Chowder, Pacific Seafood, 342
in Cioppino, 562–563
Coconut Macadamia, 966
in Dumplings, Steamed (Shao-Mai), 838–839
in Fisherman's Platter, 520
Gumbo, and Chicken, 348–349
in Hot and Sour Soup, Thai (Tom Yum Kung), 354
Mirlitons, -Stuffed, 696
in Paella Valenciana, 788, 789
Paste on Sugarcane, Grilled (Chao Tom), 977
Pâté en Croûte, Seafood, 1008–1009
Ragout, Prawn and Chicken (Mar i Muntanya), 612–613
Ravigote, Seafood, 930
Salad, 925
in Salad Rolls, Vietnamese, 981
in Samosas, 970
Stuffed, 970
Tempura, 523
Ticin-Xic, 513
in Udon Noodle Pot, 566
in Vatapa, 512
Velouté, 294
Simple Syrup, 1023
Sirloin Steak
Barbecued, with Herb Crust, 445
Grilled or Broiled, with Maître d'Hôtel Butter, 440
Grilled or Broiled, with Marchand

de Vin Sauce, 441
Grilled or Broiled, with Mushroom Sauce, 440
Skewers, Skewered
Beef Satay with Peanut Sauce, 982–983
Beef and Scallions, 446
Lamb, Indian Grilled, with Fresh Mango Chutney, 452–453
Lamb Kebabs with Pimiento Butter, Broiled, 447
Pork and Veal (Raznjici), 447
Shrimp Paste on Sugarcane, Grilled (Chao Tom), 977
Sliced Daikon Salad (Mu Chae), 922
Smoked Bean Curd and Celery Salad, 908
Smoked Brisket with Sweet Pickles, 472–473, 537
Smoked Salmon. *See* Salmon, Smoked
S'mores, 1151–1155
Snapper
Fillet of, en Papillote, 558–559
in Pescado Veracruzana, 562
Red, with Grapefruit Salsa, 509
Snow Peas and Yellow Squash, Gingered, 684
Soda Bread, Irish, 1072
Soft-Cooked Eggs, 866
Soft Dinner Rolls, 1045
Sole
Mousseline, 556
Paupiettes Véronique, Poached, 557
Poached, with Saffron Mousse, 555
Poached, with Vegetable Julienne and Vin Blanc Sauce, 558
Sorbet, Cilantro, 1149
Soufflé(s)
Artichoke, 875
Cheese, Savory, 875
Chocolate, 1106
Pastry Cream for, 1099
Spinach, 874
Souffléed Cheddar Omelet, 874
Souffléed Potatoes, 748
Soup(s). *See also* Broth; Chowder; Consommé; Stock(s)
Bean, Senate, 346
Beef Noodle (Pho Bo), 569
Beef, Spicy (Yukkaejang), 351
Bisque, Lobster, 348
Bisque, Shrimp, 347
Black Bean, Purée of, Caribbean-Style, 345
Cheddar Cheese and Beer, Wisconsin, 340
Chicken Rice (Canja), 336
Chicken, Thai, with Coconut Milk and Galangal, 353
Corn and Chicken, Amish, 334
Cream
of Asparagus (Crème d'Argenteuil), 340
of Broccoli, 339
of Celery (Crème de Céleri), 340
of Tomato, 339
of Tomato with Rice, 339
Gazpacho Andaluz (Andalucian Gazpacho), 349
Gumbo, Chicken and Shrimp, 348–349
Ham Bone and Collard Greens, 350
Hot and Sour, Chinese (Suan La Tang), 350
Hot and Sour, Thai (Tom Yum Kung), 354
Lentil, Purée of, 344
Minestrone, 357
Miso, 353
Onion, 335
Onion, Gratinée, 335
Onion, White, 335
Potage Garbure, 346
Split Pea, Purée of, 345
Split Pea, Yellow, Purée of, 345
Tortilla, 335
Vegetable, Emilia-Romagna Style (Minestrone alla Emiliana), 357
Vichyssoise, 347
White Bean and Escarole, Tuscan, 355
Wonton, 354–355
Sour Cream
Oregano, Tomato Sandwich with, 944
Tzatziki, Zucchini Pancakes with, 688
White Sauce, 1154
Southwest-Style Sauce, Chef Clark's, 472–473
Southwest White Bean Stew, 775
Soy
Cilantro-Lime Sauce, 956
-Ginger Dipping Sauce, 841
-Sesame Glaze, Grilled Shiitake Mushrooms with, 686–687
Soybeans, Boiled Edamame, 444, 681
Spaghetti Squash, 690, 691
Spanish Omelet, 873
Spätzle, 834
Spice Mixes. *See also specific spices*
Barbecue, 368
Bouquet Garni, 774
Chili Powder, 368
Curry Powder, 369
Fines Herbes, 369
Five-Spice Powder, Chinese, 368
Garam Masala, 368
Jerk Seasoning, 459
for Lamb, Roasted Shoulder of, and Couscous (Mechoui), 478
for Mushroom Sausage, 598
Pâté, 1011
Quatre Épices, 369
Sachet d'Épices, 599, 774
for Spit-Roasted Meats and Poultry, 371
Spice Paste
Curry, Green, 370
Curry, Red, 370
Curry, Yellow, 371
for Pork Vindaloo, 596
Spice Rub
BBQ, 791
Herb, 982
Spicy Beef Soup (Yukkaejang), 351
Spicy Mango Chutney, 961
Spicy Mustard, 960
Spicy Peanut Sauce, 442–443
Spinach
Eggs Florentine, 871
Omelet Florentine, 873
Pancakes, 707
Pasta, 819
Pizza, 1037
Quiche, 876
Salad, Baby, Avocado, and Grapefruit, 918
Salad, Wilted, with Warm Bacon Vinaigrette, 914–915
Soufflé, 874
Split Pea Soup, Purée of, 345
Yellow, 345
Sponge Cake
Chocolate, 1083
Vanilla, 1083
Spring Roll Dipping Sauce, 957
Spring Rolls, 980
Squash
Acorn, Baked, with Cranberry-Orange Compote, 689
Butternut, Purée, 691
Butternut, in Risotto, Vegetarian, 784
Mirlitons, Shrimp-Stuffed, 696
Spaghetti, 690, 691
Summer. *See* Yellow Squash; Zucchini
Squid
Baby, in Black Ink Sauce (Txipirones Saltsa Beltzean), 976
in Pescado Frito, 972–973
Stir-Fried, with Thai Basil, 515
Standing Rib Roast au Jus, 464
Steak(s)
Barbecued, with Herb Crust, 445
Brazilian Mixed Grill, 456–457
Grilled or Broiled Sirloin, with Maître d'Hôtel Butter, 440
Grilled or Broiled Sirloin, with Marchand de Vin Sauce, 441
Grilled or Broiled Sirloin, with Mushroom Sauce, 440
Grilled Rib Eye, 446
Steamed Broccoli, 681
Steamed Dumplings (Shao-Mai), 838–839
Steamed Long-Grain Rice (Lo Han), 785
Stew(s). *See also* Goulash
Beef, 589
Cassoulet, 594
Chicken and Prawn Ragout (Mar i Muntanya), 612–613
Cioppino, 562–563
Green Chile, New Mexican, 595
Irish, 608
Lamb and Chicken, Couscous with, 609
Lamb Navarin, 606
Veal Blanquette, 597
White Bean, Southwest, 775
Stewed Black Beans, 775
Sticky Buns, 1046
Sticky Rice, Thai, with Mangos (Mamuang Kao Nieo), 787
Stir-Fried Glass Noodles (Jap Chae), 822
Stir-Fried Shanghai Bok Choy (Qinchao Shanghai Baicai), 702–703
Stir-Fried Squid with Thai Basil, 515
Stock(s). *See also* Broth; Consommé; Soup(s)
in Aspic, 995
Beef, White, 263
Chicken, 263
Chicken, Brown, 264
Court Bouillon, 265
Dashi, Ichi Ban, 267
Duck, Brown, 264
Estouffade, 264
Fish Fumet, 264
Game, Brown, 264
Lamb, Brown, 264
Pork, Brown, 264
Poultry and Meat (Brodo), 266
Shellfish, 264
Veal, Brown, 263
Veal, White, 263
Vegetable, 265
Vegetable, Roasted, 265
Strawberry Coulis, 1146
Straws, Chocolate, 1160
Strudel, Mushroom, with Goat Cheese, 978
Stuffed
Beef Rouladen in Burgundy Sauce, 584–585
Cabbage, Polish, 602–603
Chicken, Breast of, with Duxelles Stuffing and Sauce Suprême, 515
Chicken Legs with Duxelles Stuffing, 482
Chiles Rellenos con Picadillo Oaxaqueño, 528–529
Leg of Lamb, Portuguese, 605
Lobster, Broiled, 460–461
Mirlitons, Shrimp-, 696
Pork Chops, Baked, 465
Shrimp, 970
Stuffing
Chestnut, 486
Duxelles, 482
Forcemeat, Herbed, 605
Forcemeat, Mushroom, 484
Rouladen, 585
Suan La Tang (Chinese Hot and Sour Soup), 350
Sugar, Cinnamon, 1043
Summer Melon Salad with Prosciutto, 919
Summer Squash. *See* Yellow Squash; Zucchini
Sun-Dried Tomato and Oregano Butter, 300
Sunonomo (Cucumber and Wakame Salad), 922
Suprême Sauce, 294
Sushi Rice, 785
Swedish-Style Scrambled Eggs, 872
Sweet Dough, 1045
Sweet Garlic Sauce, 524
Sweet Pickles, 472
Sweet Potato(es)
Chips, 746, 747
Glazed, 738
Mashed, with Ginger, 738–739
Salad, Curried, 749
Sweet and Spicy Bulgur Salad, 800
Swiss Meringue, 1024
Swiss-Style Veal, Émincé of, 502, 503
Syrup, Simple, 1023
Székely Goulash (Székely Gulyás), 597

T

Taco Salad, 913
Taco Sauce, 914
Tagine, Chicken, 610–611
Tangerine-Flavored Chicken, Crispy, 524–525
Tapenade, 959
Tarragon
in Béarnaise Sauce, 297
Butter, 300
Sauce, Poached Chicken Breast with, 563
Tart(s). *See also* Pie(s); Quiche
Frangipane Pear Tartlets, 1128
Key Lime, 1146–1147
Lemon Soufflé, with Basil Ice Cream and Blueberry Compote, 1142–1145
Shells, Tartlet, 1144
Vegetable, Seasonal, 701
Tartar Sauce, 903
Tempeh
Cashew Noodles, 824, 825
Reuben, 942
Tempura
Dipping Sauce, 523
Shrimp, 523
Vegetable, 708
Teriyaki, Beef, 445
Teriyaki Marinade, 374
Terrine
Chicken and Crayfish, 996, 1005
Country-Style (Pâté de Campagne), 998
Duck, with Pistachios and Dried Cherries, 1002–1003
Duck and Smoked Ham, 1004–1005
Foie Gras, 1001
Seafood and Salmon, 993
Vegetable, with Goat Cheese, 1010
Venison, 1002
Thai
Basil, Stir-Fried Squid with, 515
Chicken Soup with Coconut Milk and Galangal, 353
Hot and Sour Soup (Tom Yum Kung), 354
Sticky Rice with Mangos (Mamuang Kao Nieo), 787
Table Salad, 908
Thousand Island Dressing, 906
Three-Cheese Melt, 940
Tinga Poblano, 530
Tofu. *See also* Bean Curd
Cakes with Portobello Mushrooms

  and Mango Ketchup, 971
Tomatillos
  Salsa Verde Asada, 954
  Salsa Verde Cruda, 954
Tomato(es)
  Coulis, 296
  and Cracked Wheat Salad, 802, 803
  Deviled Eggs with, 866
  Gazpacho Andaluz (Andalucian Gazpacho), 349
  Ketchup, Mango, Tofu Cakes with Portobello Mushrooms and, 971
  and Mozzarella Salad, 928
  Omelet, 873
  Oven-Roasted, 692
  Pasta, 819
  Pescado Veracruzana, 562
  Pico de Gallo, 953
  Potage Garbure, 346
  Quiche, and Leek, 876
  in Ratatouille, 708
  Salsa Roja, 954
  Sandwich with Oregano Sour Cream, 944
  Sauce, 295
  Sauce, Provençal, 501
  Soup, Cream of, 339
  Soup, Cream of, with Rice, 339
  Sun-Dried, and Oregano Butter, 300
  in Tortilla Soup, 335
  Vinaigrette, Fire-Roasted, 899
Tom Yum Kung (Thai Hot and Sour Soup), 354
Tortilla(s)
  Chips, 962
  Flour, in Mushroom Quesadillas with Two Salsas, 700
  Soup, 335
  in Taco Salad, 913
Tortilla de Papas, 750
Tortilla Española (Potato Omelet), 979
Tostones, 708
Trout
  Amandine, 509
  Brook, Pan-Fried, with Bacon, 522
  à la Meunière, Sautéed, 513
  Mousseline, and Saffron, 555
  Paupiettes, Poached, with Vin Blanc Sauce, 556
  Poached, with Saffron Mousse, 554–555
Truffle Centers, Beignet, 1153
Truffle Vinaigrette, 900
Tuile Nut Cookies, 1090
Tuiles, 1144
Tuna
  and Bean Salad (Insalata di Tonno e Fagioli), 975
  Carpaccio (Crudo di Tonno alla Battuta), 964, 965
  Salad, 924
  Vitello Tonnato, 983
Turkey
  Broth, 334
  in Club, CIA, 934, 935
  in Cobb Salad, 913
  Roast, with Pan Gravy and Chestnut Stuffing, 485–486
  Sandwich, Open-Faced, with Sweet and Sour Onions, 937
Tuscan-Style Potatoes, Roasted, 738
Tuscan White Bean and Escarole Soup, 355
Txipirones Saltsa Beltzean (Baby Squid in Black Ink Sauce), 976

U

Udon Noodle(s)
  Pot, 566
  Tempeh Cashew, 825

V

Vanilla
  Caramel Sauce, 1159
  Ice Cream, 1102, 1103
  Ice Cream, for Profiteroles, 1156, 1157
  Sauce, 1099
  Sponge Cake, 1083
Vatapa, 512
Veal
  Blanquette, 597
  Breast, Braised, with Mushroom Sausage, 598
  Broth, 334
  Cabbage, Stuffed, Polish, 602–603
  Cordon Bleu, 519
  Cutlets, Pan-Fried, 518
  Demi-Glace, 293
  Émincé of, Swiss-Style, 502, 503
  Espagnole Sauce, 294
  Forcemeat Stuffing, Herbed, 605
  Fricassee, 612
  Jus de Veau Lié, 293
  Mushroom Sausage, 598
  Osso Buco Milanese, 600–601
  Piccata with Milanese Sauce (Piccata di Vitello alla Milanese), 519
  Scaloppine Marsala, 503–504
  Shoulder Poêlé, 464
  Skewers, and Pork (Raznjici), 447
  Stock, Brown, 263
  Stock, White, 263
  Terrine, Country-Style (Pâté de Campagne), 998
  Vitello Tonnato, 983
  Wiener Schnitzel, 518
Vegetable(s). *See also specific vegetables*
  in Beef Stew, 589
  and Cheese Omelet, 873
  Chicken with (Poule au Pot), 565
  Corned Beef with Winter Vegetables, 566–567
  Court Bouillon, 265
  Grilled, Marinated, 686
  Grilled, Provençal-Style, 686
  Grilled, Sandwich with Manchego Cheese, 940, 941
  in Irish Stew, 608
  Jambalaya, Grilled, 790–791
  Jardinière, 705
  Julienne, 706
  Julienne, Poached Sole with Vin Blanc Sauce and, 558
  in Lamb Navarin, 606
  Macédoine of, 706
  Minestrone, 357
  New England Shore Dinner, 560–561
  Potage Garbure, 346
  in Pot Roast, Yankee, 586
  Ratatouille, 708
  Soup, Emilia-Romagna Style (Minestrone alla Emiliana), 357
  Stock, 265
  Stock, Roasted, 265
  Tarts, Seasonal, 701
Vegetable(s), *continued*
  Tempura, 708
  Terrine, with Goat Cheese, 1010
  in Udon Noodle Pot, 566
  Velouté, 294
Vegetarian Black Bean Crêpes, 770, 771
Vegetarian Chili, 778–779
Vegetarian Risotto, 784
Velouté
  Chicken, 294
  Fish, 294
  Shrimp, 294
  Vegetable, 294
Venison Terrine, 1002
Vichyssoise, 347
Vietnamese Dipping Sauce, 956
Vietnamese Salad Rolls, 981
Vinaigrette
  Almond-Fig, 897
  Apple Cider, 897
  Bacon, Warm, Wilted Spinach Salad with, 914–915
  Balsamic, 897
  Chipotle-Sherry, 896
  Curry, 898
  Garlic, Roasted, and Mustard, 896
  Gourmande, 901
  Guava-Curry, 899
  Lemon-Garlic, 896
  Lemon-Parsley, 896
  Mustard-Herb, 896
  Pesto, 901
  Red Wine, 896
  Tomato, Fire-Roasted, 899
  Truffle, 900
  Truffle, and Herb, 900
  Walnut Oil and Red Wine, 901
  White Wine, 896
Vin Blanc Sauce
  Poached Sole with Vegetable Julienne and, 558
  Poached Trout Paupiettes with, 556
Vinegar Sauce, Sherry, 450
Vitello Tonnato, 983

W

Waffles, Basic, 1073
Wakame and Cucumber Salad (Sunonomo), 922
Waldorf Salad, 918
Walnut Oil and Red Wine Vinaigrette, 901
Walnuts
  Endive Salad with Roquefort and (Salade de Roquefort, Noix, et Endives), 910–911
  Green Beans with, 685
  Mushrooms, Beets, and Baby Greens with Robiola Cheese and, 916, 917
  in Waldorf Salad, 918
Warm Black-Eyed Pea Salad, 929
Warm Cabbage Salad, 506
Warm Date Spice Cake with Butterscotch Sauce and Cinnamon Ice Cream, 1134–1138
Warm Goat Cheese Custard, 875
Wasabi, 960
Watercress
  and Apple Salad, Sherried, 917
  Sandwich with Herb Mayonnaise, 943
Wedge of Iceberg with Thousand Island Dressing, 909
Western Omelet, 873
Wheat Berry
  Pilaf, 780
  in Pilaf, Mixed Grain, 796
  Salad with Oranges, Cherries, and Pecans, 798, 799
Whipped Cream for Garnish (Chantilly), 1023
Whipped Potatoes, 517, 735
White Bean(s)
  and Asparagus Lasagna, 829
  Boiled, 777
  and Escarole Soup, Tuscan, 355
  Stew, Southwest, 775
White Onion Soup, 335
White Sauce, 1154
White Stock
  Beef, 263
  Veal, 263
White Wine
  Fruit Sauce, Winter, 505
  Sauce Robert, 508
  Vinaigrette, 896
  Vin Blanc Sauce, Poached Sole with Vegetable Julienne and, 558
  Vin Blanc Sauce, Poached Trout Paupiettes with, 556
Whole Wheat Pasta, 819
Wiener Schnitzel, 518
Wild Mushroom Risotto, 783
Wild Rice
  Cakes, 806
  Pilaf, 780
  Pilaf, Mixed Grain, 796
Wilted Spinach Salad with Warm Bacon Vinaigrette, 914–915
Winter Fruit Sauce, 505
Wisconsin Cheddar Cheese and Beer Soup, 340
Wonton Soup, 354–355

Y

Yankee Pot Roast, 586
Yeast Bread. *See* Bread(s), Yeast
Yellow Curry Paste, 371
Yellow Pepper Sauce, 511
Yellow Split Pea Soup, Purée of, 345
Yellow Squash
  Jambalaya, Grilled Vegetable, 790, 791
  Noodles, Summer Squash, 704
  Salsa, Summer Squash, 699
  and Snow Peas, Gingered, 684
  Vegetable Tarts, Seasonal, 701
Yogurt
  Cucumber Salad, 923
  Cucumber Sauce, 957
  Lamb Khorma, 607
  and Mint Chutney, 462
  Tzatziki, Zucchini Pancakes with, 688
Yukkaejang (Spicy Beef Soup), 351

Z

Zabaglione, 1129
Z'hug, 960
Zucchini
  Grilled Vegetables Provençal, 686
  Jambalaya, Grilled Vegetable, 790, 791
  Noodles, Summer Squash, 704
  Pancakes with Tzatziki, 688
  Pan-Fried, 707
  Ratatouille, 708
  Salsa, Summer Squash, 699
  Vegetable Tarts, Seasonal, 701

英文主題索引

SUBJECT INDEX

A

Abalone, 119
Acid, in marinades, 363
Acidity, food, 33
Acini de pepe, 214
Acorn squash, 153
Administrative duties, 5
Adzuki beans, 217, 1161
Aerobic bacteria, 33
Agricultural production methods, 11, 128
Aïoli, 887
Albacore (tombo), 111
Albufera sauce, 278
Alcohol abuse, staff, 39
Al dente, 649, 815
Alkalinity, food, 33
Allemande sauce, 278
Allergies, food, 37
All-purpose flour, 202, 203
Allspice, 222, 223
Almonds, 219, 220
Aluminum pots and pans, 56
Amaranth, 210, 211
Amberjack, 113
Américaine sauce, 278
Americans with Disabilities Act (ADA), 39
Amino acids, 24
Anaheim chiles, 164, 165
Anardana, 223
Ancho chiles, 164
Anchovy, 116
Angel food cake, 1020, 1021, 1059, 1061
Angel hair pasta, 213–214
Anglerfish (monkfish), 114, 115
Anise, 222, 223
Annatto, 223
Announcer (*aboyeur*), 9
Appetizers
  mousse, cold savory, 948–952
  presentation of, 947
  quenelles, 992
  types of, 946–947
Apples
  discoloration of, 130, 890
  in fruit salad, 890
  varieties of, 130–131
Apricots, 143
Arborio rice, 205, 764, 1162
Arctic char, 110, 111
Arkansas stones, 48
Aromatic vegetables. *See also* Mirepoix
  in Asian cuisine, 243
  bouquet garni, 240, 241, 254
  in braises and stews, 572, 575, 679
  in broths, 304, 313
  in chowder, 320
  in consommé, 306, 307
  in marinades, 363
  oignon brûlé/piqué, 240
  oils and vinegars, infused, 883
  in pan sauce, 433
  in pilaf, 761, 762
  in risotto, 764, 765
  in soups, 317, 321, 322, 327
  in steaming liquid, 652
  sweating, 242, 276, 762
Arrowroot, 29, 30, 247, 248, 1016
Artichokes, 174, 175, 643, 648
Artificial sweeteners, 229
Arugula (rocket), 156, 157
Asiago cheese, 194, 195
Asian pears, 140, 141
Asparagus, 174, 175, 642
Aspic, 987, 995
As-purchased cost (APC), 17
As-purchased quantity (APQ), 18
Aurore maigre sauce, 278
Aurore sauce, 278
Avocados, 144, 145, 644

B

Back waiter (*demi-chef de rang*), 10
Bacteria, 32–33, 34, 128
Bain-marie, 57, 1092, 1093
Baked goods and baking. *See also* Cakes; Cookies; Pies and tarts
  cooling/unmolding, 1059
  fats in, 30
  glazing, 1118
  leaveners in, 1017
  liquefiers in, 1016–1017
  mise en place, 1015–1022
  mixing methods
    blending, 1052
    creaming, 1053–1055
    foaming, 1058–1061
    guidelines, 1055
    pâte à choux, 1062–1065
    rubbed dough, 1048–1051
  pan preparation, 1021
  pastry bags and tips, 1022
  scaling ingredients, 1018
  sifting dry ingredients, 1018
  stabilizers in, 1016
  storing, 1059
  sugar caramelization, 1018–1019
  wines and cordials in, 235
  yeast bread, 1026–1032
Baked vegetables
  en casserole potatoes, 725–728
  potatoes, 722–724
    procedures, 661–663
    puréeing, 664
Bakeries, career opportunities in, 8
Baking. *See* Baked goods and baking
Baking pans, 1021
Baking powder, 234, 1017
Baking soda, 234, 1017
Bamboo steamer, 59
Bananas, 144, 145
Banquet service
  pasta, 818
  plated desserts, 1133
Barbecue sauce
  applying, 426, 430
  regional, 430–431
Barbecuing, 430
Barding, 429, 434
Barley, 210, 211, 752, 1162
Barley flour, 210
Bartlett pears (William), 140, 141
Basil, 180
Basket method of deep frying, 499, 674, 675, 676
Basmati rice, 204, 205, 752, 1162
Bass, 107, 108
Basting, 429, 432
Batonnet/julienne knife cut, 618, 622, 625
Batters
  blended, 1052
  creamed, 1053–1055
  for deep-fried foods, 497
  foamed, 1058–1061
  mixing guidelines, 1055
  pasta, 808–809
  pâte à choux, 1062–1065
Bavaroise sauce, 287
Bay leaf, 180
Beans, dried. *See also* Legumes
  in broth, 314
  in puréed soups, 321
  salads, 895
  soaking/cooking times, 1161
  varieties of, 216–218, 1161
Beans, fresh, 166, 167
Bean thread noodles, 213, 214
Béarnaise sauce, 283, 287
Béchamel sauce, 274, 275, 279, 864
Beef. *See also* Meat; Meat fabrication
  cooking methods, 76–77
  cuts of, 72–79
  doneness of, 367
  grades of, 72
  kosher, 71
  market forms of, 77
  rib roast, carving, 437
  stock, 256, 262
  variety meats (offal), 77
Beefsteak tomatoes, 177
Beet greens, 158, 159
Beets, 168, 169, 170
Belgian endive, 156, 157, 621
Bell peppers. *See* Peppers, sweet
Belly, pork, 88, 89
Bercy sauce, 278
Berries
  culinary uses of, 133
  selecting, 132
  varieties of, 132–133
Beurre blanc, 288–290, 291
Beverages, 235
Bhutanese red rice, 204, 205
Bibb lettuce, 155
Bigarade sauce, 272
Biodynamic agriculture, 11
Biological contaminants, 32
Biotechnology, agricultural, 128
Bird chiles (Thai), 164, 165
Biscotti, 1066
Biscuits, rubbed-dough method for, 1048–1051
Bisque, 325–329
Black beans (turtle), 216, 217, 1161
Black beauty grapes, 137
Blackberries, 132, 133
Black corinth grapes (champagne), 136, 137
Black-eyed peas, 218, 314, 1161
Black grapes, 136, 137
Black sea bass, 107, 108
Blades, knife, 44
Blanching
  meat and poultry, 304
  potatoes for deep frying, 732, 734
  vegetables, 649
Blenders, 67, 68
Blending mixing method, 1052
Blind baking, 1124
Blood oranges, 134, 135
Blood sausage, 77
Blueberries, 132, 133
Blue cheese, 196–197
Bluefish, 113
Bohémienne sauce, 279
Boiling
  cereals and meals, 756–759
  eggs, 848–849
  pasta and noodles, 814–817
  potatoes, 715–717
  vegetables, 648–650
Bok choy, 148, 149
  baby, 149
Bolsters, knife, 45
Boneless meats, fabricating, 379
Boniato, 173
Boning knife, 46, 47
Bonnefoy sauce, 278
Bordelaise sauce, 272
Bosc pears, 140, 141
Boston butt, pork, 86, 87, 89
Boston lettuce, 154, 155
Botulism, 32
Boulanger, 9
Bouquet garni, 240, 241, 254
Bourguignonne sauce, 272
Boursin cheese, 186, 187
Brains, veal, 83
Braising
  meat, poultry, and fish, 549, 572–576
  vegetables, 677–679
Bran
  oat, 208, 209
  wheat, 201, 203
Brassica (cabbage) family, 147–149
Brazil nuts, 220
Bread. *See also* Quick breads; Yeast dough
  panadas, 986
  for sandwiches, 933
  stuffing, 364
Bread crumbs, 365

Bread flour, 202, 203
Breading
for deep-fried food, 497, 675, 676
ingredients for, 365, 493
for pan-fried food, 495
standard procedure, 365
Breast of lamb, 92, 93
Breast of veal, 81, 82, 84
Bretonne sauce, 272, 278
Brie cheese, 188, 189
Brigade system
dining room, 10
kitchen, 9–10
Brisket, 75, 77, 78
Broccoli, 148, 149
Broccolini, 149
Broccoli rabe (rapini), 148, 149
Broiler chicken, 97
Broiler duckling, 97
Broiling
meat, poultry, and fish, 424–427
vegetables, 658–660
Broiling equipment, 65, 424
Brook trout, 111
Broths. *See also* Soups; Stocks
basic formula, 303
consommé, 306–310, 331
hearty, 311–314
ingredients for, 302, 303, 304, 311, 312, 314
preparation of, 303–305
Browning, Maillard reaction in, 28–29
Brown rice, 204, 205
Brown sauce, 268–273
Brown stock, 254, 256, 260, 262
Brown sugar, 228, 229
Brunoise knife cut, 622, 623
Brussels sprouts, 147, 149
Bucatini, 213, 214
Buckwheat, 211
Buckwheat groats (kasha), 210, 211, 1162
Buffalo chopper, 68
Buffet service, 818
Bulgur, 201, 203, 752, 1162
Bulk fermentation, 1029
Bundt pan, 60, 63
Busboy, 10
Business duties and skills, 4–7
Butcher (*boucher*), 9
Butcher's yield test, 20–22
Butter. *See also* Clarified butter
beurre blanc, 288–290
forms of, 184
in Hollandaise sauce, 283, 284
in roux, 246
whole, 232
Buttercream, 1108–1110
Butterfat, 182, 251
Buttermilk, 184–185
Butternut squash, 152, 153

C

Cabbage, 147, 149
Cabbage (brassica) family, 147–149
Cabbage turnip (kohlrabi), 149
Caciotta cheese, 190, 191
Cafés, career opportunities in, 8
Cajun cuisine, 243, 246
Cake flour, 203, 246
Cake pan, 60, 62
Cakes
blending method, 1052
buttercream for, 1108–1110
cooling/unmolding, 1059
creaming method, 1053–1055
foaming method, 1058–1061
freezing, 1059
glazing, 1118
layer
fillings and icings for, 1110
icing, 1111–1113
layering procedure, 1111
pan preparation, 1021
Calamari (squid), 122, 123
Calaspara rice, 205
Calcium, 26
Camembert cheese, 188, 189
Cameo apple, 130, 131
Canary beans, 217
Cannellini beans, 217
Canning salt, 226
Canola oil (rapeseed), 232
Cantal cheese, 193
Cantaloupe, 138, 139
Capellini, 214
Cape shark (dogfish), 115
Capon, 97
Captain (*chef d'étage*), 10
Carambola (starfruit), 146
Caramelizing sugar, 28, 29
dry method, 1018
wet method, 1019
Caraway, 222, 223
Carbohydrates, 24, 28
Carborundum stones, 48
Cardamom, 222, 223
Cardinal sauce, 279
Career opportunities, 7–10
Career planning, 7
Carnaroli rice, 204
Carnival squash, 152
Carolina rice, 1162
Carrots, 168, 170, 242
in mirepoix, 242, 243, 244
Carryover cooking, 366, 432, 496, 576
Carving techniques, 435–439
Casaba melon, 139
Casareccia, 214
En casserole potatoes, 725–728
Cashews, 219, 220
Cassava (yucca), 172, 173
Cassava flour, 248
Cast-iron pans, 56, 57
Catering companies, career opportunities in, 8
Catfish, 116
Caul fat, 88
Cauliflower, 147, 149
Cavaillon melon, 138
Cayenne, 223
Celery, 174, 175
in mirepoix, 242, 243, 244
Celery root, 169, 170
Celery seed, 222, 223
Cèpe mushrooms (porcini), 161
Cephalopods (shellfish), 122–123
Cereals and meals, simmering and boiling, 756–759
Chafing dish, 62
Champagne grapes (black corinth), 136, 137
Chanterelle mushrooms, 160, 161
Charcuterie, 985–992
Charcutière sauce, 272
Chasseur sauce (Huntsman's), 272, 291
Châteaubriand, 378
Chayote (mirliton), 150, 151
Cheddar cheese, 192, 193
Cheeks, veal, 82
Cheese
production of, 185
varieties of, 186–197
Cheesecake, crumb crust for, 1051
Cheesecloth, 55, 254
Cheese curd, 186
Chef de cuisine, 9
Chefs. *See also* Culinary professionals; Staff
in brigade system, 9–10
business duties and skills, 4–7
executive chef, 4–5, 9
uniform of, 38
Chef's knife (French knife), 47, 619, 621
Chef's potatoes, 173
Chemical leaveners, 1017
Cherries, 143
Cherry sauce, 272
Cherry tomatoes, 177
Chervil, 178, 180
Chestnuts, 220
peeling, 640
Chèvre (goat cheese), 186, 187
Chevreuil sauce, 272
Chicken. *See also* Poultry
classes of, 96, 97
doneness of, 367
fabrication of, 393
Chickpeas (garbanzo beans), 216, 217, 1161
Chiffonade/shredding knife cut, 618, 621
Chiffon cake, 1059, 1061
Chiles
cutting and seeding, 638
peeling, 639
toasting, 645
varieties of, 164–165
Chili powder, 225
Chinese cabbage
Napa, 147, 149
white (bok choy), 148, 149
Chinese-five-spice, 225
Chinese long beans (yard long), 166, 167
Chipotle chiles, 164
Chives, 162, 179, 180, 621
Chivry sauce, 278
Chocolate
in creamed batter, 1053
fondant, 1120
ganache, 1110, 1114–1115
melting, 1117
production of, 234
storage of, 234
tempered, 1116, 1117
truffles, 1116
Chocolate liquor, 234
Cholesterol, 24
Chopping vegetables and herbs, 618, 620
Chops
Bone-in, cutting, 381
lamb, 90
pork, 85
veal, 81
Choron sauce, 283, 287
Chowder, 320
Chuck cuts
beef, 75, 76, 78
lamb, 91, 92
veal, 84
Cilantro (fresh coriander), 179, 180
Cinnamon, 222, 223
Cipollini onions, 162, 163
Citrus fruits
juicing, 890
selecting, 134
suprêmes, 891
varieties of, 134–135
zesting, 891
Clams, 117, 118, 120
doneness of, 367
opening, 419
Clarification ingredients, for consommé, 306, 307, 308
Clarified butter, 232
in hollandaise sauce, 283, 284
preparation of, 251–252
in roux, 246, 251
Cleaning and sanitizing
copper pans, 56
for food safety, 37–38
grills/broilers, 426, 427
knives, 44
pastry bags and tips, 1022
rolling pins, 53
uniforms, 38
Cleaning supplies, storage of, 35
Cleaver, 46, 47
Cloves, 222, 223
Coatings. *See also* Breading
for deep-fried food, 497, 675, 676
ingredients for, 362, 429
for pan-fried vegetables, 672
Cockles, 120
Cocoa butter, 234
Cocoa powder, 234
Coconut, 144, 145
Coconut oil, 232
Cod, 105, 106
Coffee, 235
Colander, 55, 254
Cold-foods chef (*garde manger*), 9
Collard greens, 148, 149
Combi oven, 65
Commis, 10
Communard, 10
Communications, career opportunities in, 8
Communication skills, 7
Complex carbohydrates, 24
Composed salads, 895
Concassé, tomato, 636–637
Conch (scungilli), 119
Concord grapes, 136, 137
Condensed milk, sweetened, 183
Condiments, 234
Conduction cooking, 27
Confectioners' sugar (powdered), 228, 229
Confiseur, 9
Consommé, 306–310, 330, 331
Consultants, 10
Contamination, food, 32–33. *See also* Food safety
Cross-contamination, 33, 34
Convection cooking, 27
Convection oven, 65
Convection steamer, 64
Converted rice, 204, 205, 1162
Cooked foods, cooling and storing, 35
Cookies
creaming method, 1053, 1053–1055
drop, 1066, 1068
glazing, 1118
piped, 1067
rolled and cut, 1066
stenciled, 1069
twice-baked, 1066
Cooking fats. *See* Fats and oils
Cooking liquids
for basting, 432
for boiling, 648, 649, 650, 715
for braising, 572, 575
cooling, 35
in pan sauce, 491
for pilaf, 760, 761
for poaching (deep), 544, 546
for poaching (shallow), 540, 542, 543
for poaching eggs, 852
for risotto, 764, 765, 766
for simmering grains, 753
for simmering legumes, 753
for steaming, 532, 534, 651, 652, 653
for steaming, pan, 654, 655, 656
for stewing, 579, 580
Cooking methods
baking, 661–663, 722–724
barbecuing, 430
beef, 76–77
boiling, 648–650, 715–717, 756–759
braising, 549, 572–576, 677–679
en casserole baking, 725–728
cereals and meals, 756–759
custards, 1093–1095
deep frying, 497–499, 674–676, 732–734
dry-heat, 29
dumplings, 808
eggs, 848–865
fish, 103–104, 106, 108–109, 111–113, 115–116
grains, 752–755
grilling and broiling, 424–427, 658–660
hot water bath, 1092, 1093, 1117
lamb, 92
legumes, 752–755
pan frying, 493–496, 671–673, 854–855
pan steaming, 654–657
en papillote, 536–539
pasta and noodles, 814–817
poaching (deep), 544–547
poaching (shallow), 540–543
poaching eggs, 850–853
pork, 87–88
potatoes, 715–734

  poultry, 97
  roasting, 428–434, 661–663, 722–724
  and sauce pairing, 292
  sautéing, 488–492, 665–667, 729–731
  shellfish, 119–121, 123, 125–126
  simmering, 544–547, 752–755, 756–759
  smoking, 430
  sous vide, 548–552
  steaming, 532–535, 651–653, 717
  stewing, 577–580, 677–679
  stir-frying, 488–489, 668–670
  veal, 82–83
  vegetables, 648–680
  in world cuisines, 12
Cooking process
  heat transfer in, 27–28
  sugars and starches in, 28–29
Cookware. *See* Pots and pans
Cooling foods
  baked goods, 1059
  for safe storage, 35
  stock, 260
  vegetables, 650
Copper pots and pans, 56, 58
Cordials, 235
Coriander
  dried, 222, 223
  fresh (cilantro), 179, 180
Corn, 166, 167, 207
  cutting from cob, 641
Cornish hens, 97
Cornmeal, 206, 207
Corn oil, 232
Cornstarch, 30, 206, 207, 247, 248, 268, 1016
Corn syrup, 228, 230
Cortland apples, 130, 131
Cost
  As-purchased (APC), 17
  butcher's yield test, 20–22
  control, 5
  edible portion, 19
Cottage cheese, 186, 187
Cottonseed oil, 233
Count measure, 14
Country clubs, career opportunities in, 8
Country-style forcemeat, 986, 991, 992
Court bouillon, 254
Couscous, 212, 215, 752, 1162
Cox orange pippin apples, 130, 131
Crab, 117, 124, 126
  doneness of, 367
  soft-shell, cleaning, 417
Crabapples, 131
Cracked wheat, 203, 1162
Cranberries, 132, 133
Cranberry beans, 167, 216, 217
Cranberry tomatoes, 177
Crayfish (crawfish), 125, 418
Cream. *See also* Whipped cream
  forms of, 182, 183
  freshness of, 182
  in ganache, 1114–1115
  healthy substitutions, 25
  in liaison, 249–250
  in pan sauce, 491
Cream cheese, 187
Creamer onions (pearl), 162, 163
Creamer potatoes, 171
Creaming mixing method, 1053–1055
Cream of rice, 204
Cream soups, 317–319, 330
Creams, stirred, 1093, 1095
Crème caramel, 1092
Crème fraîche, 184
Cremini mushrooms, 160, 161
Crenshaw melon, 139
Creole cuisine, 246
Crêpe pan, 57
Crevettes sauce, aux, 278
Critical control points (CCPs), 15, 36
Crookneck squash, 151
Cross-contamination, 33, 34, 35, 70, 365
Crosshatch marks, 426, 660
Croutons, 889
Crumb crusts, 1051
Crumb toppings, 1123
Crustaceans (shellfish), 124–125
Cucumbers, 150, 151
Culinary professionals. *See also* Chefs
  associations of, 1185
  career opportunities for, 7–10
  career planning for, 7
  education and training of, 4
  and food industry trends, 11–12
  information sources for, 1184–1185
  management duties of. *See* Management
  personal attributes of, 4
  professional network of, 4
Cumin, 222, 223
Curing salt, 226
Currants, 132, 133
Currant tomatoes, 177
Curry leaves, 180
Curry powder, 225
Custards
  baked, 1092
  as pie filling, 1123, 1124
  stirred, 1093–1095
Cut-in dough method, 1048–1051
Cutlets, 80, 380
Cutting fruits, 890–893
  apples, 890
  citrus, 890–891
  hedgehog cut, 892
  mangos, 892
  melons, 893
  pineapples, 893
Cutting vegetables and herbs
  artichokes, 643
  asparagus, 642
  avocados, 644
  batonnet/julienne cut, 618, 622, 625
  chestnuts, 640
  chiffonade/shredding, 618, 621
  chopping, 618, 620, 633–634
  corn, 641
  fermière/paysanne cut, 618, 624
  for deep-fried potatoes, 733
  diagonal/bias cut, 627
  diamond/lozenge cut, 618, 624, 626
  dicing, 623, 625, 631–632
  fanning cut, 630
  fluting, 629
  garlic, 633–634
  gaufrette/waffle cut, 628
  guidelines, 645–646
  julienne/batonnet cut, 618, 622, 625
  leeks, 635
  lettuce, 888
  lozenge/diamond cut, 618, 624, 626
  mincing, 618, 621, 631–632, 634
  mushrooms, 640
  oblique/roll cut, 627
  onions, 631–632
  paysanne/fermière cut, 618, 624
  peapods, 641
  peeling, 619, 631
  peppers and chiles, 638–639
  rondelle/round cut, 618, 624, 626
  standard cuts, 618, 622–624
  tomatoes, 636
  tourné/turned cut, 624, 630
  waffle/gaufrette cut, 628
Cuttlefish, 123

D

Daikon, 169, 170
Dairy products. *See also* Cheese; Cream; Milk
  storage of, 34, 182
  types of, 182–185
Dandelion greens, 158, 159
Danish blue cheese, 197
D'Anjou pears, 140, 141
Décorateur, 9
Deep-fat fryer, 64, 497, 674, 676, 732
Deep frying
  breading and coating in, 497, 675, 676
  meat, poultry, and fish, 497–499
  potatoes, 732–734
  vegetables, 674–676
Degreasing soups and broths, 309, 330
Delicata squash (sweet potato), 152, 153
Delicious apples, 131
Demerara sugar, 229
Demi-glace, 268
Denatured protein, 29
Design specialists, 10
Dessert menu, 1132, 1133
Desserts. *See also* Cakes; Cookies; Pies and tarts
  custards, 1092–1095
  frozen, 184, 1133
    ice cream, 184, 1095
  mousse, 1096–1098
  plated, 1131–1133
  truffles, 1116
Diagonal/bias knife cut, 627
Diamond/lozenge knife cut, 618, 624, 626
Diamond-impregnated stones, 48, 50
Diane sauce, 272
Dicing vegetables and herbs, 623, 625, 631–632
Dill, 178, 180, 224
Dining room brigade system, 10
Diplomate sauce, 278
Direct fermentation, 1027
Disability insurance, 6
Display refrigeration, 65
Dogfish (cape shark), 115
Dolphinfish (mahi mahi), 110, 113
Doneness
  deep-fried foods, 499
  grains and legumes, 753, 755
  grilled foods, 427
  meat, poultry and fish, 366–367
  pan-fried foods, 496
  pasta and noodles, 815
  poached foods, 547
  potatoes, 717
  roasted foods, 432
  sautéed foods, 490
  vegetables, 649
Double boiler, 57
Dough. *See also* Yeast dough
  laminated, 1056–1057
  pasta, 808–813
  pâté, 986–987
  phyllo, 1057
  rubbed-dough method, 1048–1051
Dover sole, 102, 104, 412
Drawn butter, 232
Dressings, 364
Drop cookies, 1066, 1068
Drug abuse, 39
Dry goods, 199–235
  fats and oils, 232–233
  grains, meals, and flours, 200–211
  legumes, 216–218
  miscellaneous, 234–235
  nuts and seeds, 219–221
  pasta and noodles, 212–215
  pepper, 227
  purchasing system for, 200
  salt, 226–227
  spices, 222–225
  sweeteners, 228–231
Dry milk, 183
Dry rubs, 362, 425, 430
Dry storage
  chocolate, 234
  coffee and tea, 235
  guidelines for, 200
  nuts, 219
  salt, 226
  sanitary conditions in, 35
  spices, 222
  wines and cordials, 235
Duchesse potatoes, 721
Duck. *See also* Poultry
  carving, 435–436
  classes of, 95, 97
  doneness of, 367
Dumplings
  quenelles, 992
  types of, 808
Durum flour, 202, 203

E

Eating styles, in cultural cuisines, 12
Éclairs, fondant glaze for, 1121
Écossaise sauce, 279
Edamame (green soybeans), 166, 167
Edible portion cost (EPC), 19
Edible portion quantity (EPQ), 18
Education and training
  for communications/media/marketing/writing/food styling career, 8
  of culinary professionals, 4
  staff development, 6
  for teaching career, 8
Eel, 116
Eggplant, 150, 151
Eggs. *See also* Egg whites; Egg yolks
  allergies to, 37
  in baking, 1016
  in creamed batter, 1053, 1054
  in custard, 1092, 1094
  in foamed batters, 1058–1061
  and food safety, 35, 884
  in forcemeats, 986
  grades, sizes, forms, 198
  hard- and soft-boiled, 848–849
  healthy substitutions, 25
  in mousse, 1096–1097
  omelets, 858–861
  in pasta dough, 809
  in pâte à choux, 1063–1064
  poaching, 850–853
  Scotch egg, 279
  scrambling, 856–857
  separating, 1020
  soufflés, savory, 862–865
  as stabilizer, 1016
  storage of, 34, 182
  structure and uses, 29
Egg substitutes, 198
Egg wash, 365, 495, 1023, 1122
Egg whites, 29
  in buttercream, 1109
  in foamed batter, 1059
  folding in, 949, 951
  as forcemeat binder, 986
  in meringue, 1020–1021
  in mousse, 948, 1096, 1097
  in soufflé, 862
  whipping, 864, 1020–1021, 1096, 1097
Egg yolks
  as emulsifier, 29, 30
  in hollandaise sauce, 283, 284, 285, 286
  in liaison, 249–250
  in mayonnaise, 884, 886
Elbows, 214
Émincé, 380
Emmentaler cheese, 192, 193
Emperor grapes, 137
Employees. *See* Staff
Emulsifiers, 29, 30, 232, 880, 884
Emulsion forcemeats, 986
Emulsion sauces, 283, 284
Endive (Belgian), 156, 157, 621
Endospores, 33
English peas (garden, green), 166, 167
Enoki mushrooms, 161
Enriched yeast dough, 1026
Entrepreneurship, 9
Epazote, 222, 224
Époisses cheese, 188, 189
Equipment and tools, 43–68. *See also* Knives; Pots and pans
  for baking potatoes, 722
  for boiling, 648, 715
  cleaning and sanitizing, 37
  for consommés, 306

for deep frying, 497, 674, 676, 732
for forcemeats, 987
for grilling, 65, 424, 426, 658
grinding, 68, 392
hand tools, 52–53
large, 64–68
maintenance of, 7
for mayonnaise, 884
measuring, 15, 54
molds, 59, 61
for mousse, 948
for pan frying, 493, 671
for pasta making, 809
pastry bags and tips, 1022
for peeling vegetables, 619
for poaching (deep)/simmering, 544
for poaching (shallow), 540
for puréeing, 55, 318, 324, 664, 718
rolling pins, 52, 53
safety precautions, 64
for salad making, 888
sieves and strainers, 55
for simmering grains and legumes, 753
for soufflés, 862
for soups, 315, 318, 321, 325
for sous vide cooking, 550
for stocks, 254
for vinaigrette, 880
Escargot (snails), 119
Escarole, 156, 157
Espagnole sauce, 268, 271
Essences (fumets), 254
fish, 255, 256, 259, 262
Evaporated milk, 183
Executive chef, 4–5, 9
Executive dining rooms, 8
Expediter, 9
Explorateur cheese, 188, 189
Extracts, 234

F

Facultative bacteria, 33
Fanning knife cut, 630
Farfalle, 212, 214
Farina, 201, 203
Farmer's cheese, 186, 187
Farro, 210
Fatback, pork, 88
Fat, dietary, 24
Fats and oils. *See also* Butter
in baking
blended batter, 1052
creamed batter, 1053–1055
foamed batter, 1060
laminated pastry dough, 1056–1057
rubbed-dough, 1048–1049, 1050
yeast dough, 1026
barding, 429, 434
basting with, 432
for deep frying, 499, 732
flavored oils, 883
for frying eggs, 854, 855
function of, 30
in marinades, 363
milk fat content, 182, 183
for pan frying, 493, 495, 671
parching rice in, 762, 766
for roasting vegetables, 662
in roux, 246
for sautéing, 665, 666, 670, 729, 730
smoke point of, 30, 232
types of, 232–233
for vinaigrette, 880, 881
Fava beans, 166, 167, 217, 1161
Feet
calves, 83
pig, 88, 89
Fennel, 174, 175
Fennel seeds, 224
Fenugreek, 222, 224
Fermentation
milk, 184
yeast dough, 1027, 1029, 1031
Fermière/paysanne knife cut, 618, 624
Feta cheese, 186, 187
Fettuccine, 213, 214
Fiddlehead ferns, 174, 175
Figs, 145
Filberts (hazelnuts), 219, 220
Filé powder, 222, 224
Filleting fish, 402, 404–406, 408–409, 412
Filleting knife, 47
Fillings
buttercream, 1108–1110
ganache, 1114–1115
for layer cakes, 1110
for pies and tarts, 1122, 1123, 1124
sandwich, 932–933
Financière sauce, 272
Fingerling potatoes, 171, 173
Fire safety, 38
Fish
allergies to, 37
braising, 549, 572–576
broth, 302, 303, 304, 311, 314
butcher's yield test, 20–22
deep frying, 497–499
doneness in, 366–367
fabrication of, 402–412
filleting, 402, 404–406, 408–409, 412
goujonettes, 411
for grilling, 427
gutting, 403, 407
scaling/trimming, 402, 403
tranche, 411
freshness of, 100
frozen, 101
fumet, 255, 257, 259, 262
grilling/broiling, 424–427
market forms of, 100
mise en place for, 361–367
pan frying, 493–496
pan grilling, 427
en papillote cooking, 536–539
poaching (deep), 544–547
poaching (shallow), 540–543
sautéing, 488–492
simmering, 544–547
steaks, 100, 410
steaming, 532–535
stewing, 577–580
stock, 254, 255, 259, 262
storage of, 34, 100–101
stuffings for, 428
types of, 101–116
Fish chef (*poissonier*), 9
Fish poacher, 57, 58–59
Flageolets, 216, 217
Flattop range, 64
Flavorings. *See* Aromatic vegetables; Herbs; Seasonings; Spices
Flax seeds, 221
Flounder, 102, 103, 104
Flour
in baking
blending method, 1052
creaming method, 1053–1055
rubbed-dough method, 1048–1051
barley, 210
coating, 497
oat, 209
panada, 986
in pasta dough, 808
rice, 204, 205
in roux, 246–247
as stabilizer, 1016
as thickener, 248, 1016
wheat, 201, 202, 203, 1026
for yeast dough, 1026
Fluke, 102, 104
Fluoride, 26
Fluting mushrooms, 629
Foaming mixing method, 1058–1061
Foams, gelatin in, 1016
Foie gras, 71, 95
Fondant, 1119–1121
Fontina cheese, 190, 191
Food allergies, 37
Food and beverage costs, 5
Food and beverage managers, 10
Food-borne illness, 32–37, 128
Food chopper, 68
Food critics, 10
Food and Drug Administration (FDA), 35, 36
Food industry
agricultural systems in, 11
global culinary exchange in, 12
and sustainability, 11–12
Food mill, 55
Food processor, 66, 68
for forcemeats, 987
for mousse, 948
for pasta dough, 811
Food safety
in breading and coating, 365
cleaning and sanitizing for, 37–38
contaminants, 32–33
of cooked/ready-to-serve foods, 35
in cooling foods, 35
and cross-contamination, 33, 70, 365
in dry storage, 35
and eggs, 35, 884
in forcemeat preparation, 987, 988
Hazard Analysis Critical Control Points (HACCP), 36–37
and irradiation, 128
and milk pasteurization, 182
in poultry fabrication, 393
in refrigeration and freezing, 34–35
in reheating, 35–36, 331
sanitary inspection for, 34
in service, 37
in sous vide cooking, 549
and staff hygiene, 38
of stuffings, 364
Food science
basics of, 27–30
of sous vide cooking, 548
Foodservice companies, 8
Food slicer, 68
Food storage. *See also* Dry storage; Frozen foods; Refrigeration
baked goods, 1059
and cross-contamination, 33, 35, 70
dairy products, 34, 182
eggs, 34, 182
fish, 34, 100–101
food safety in, 34–35
fruits and vegetables, 34, 128–129
herbs, 129
meat, 34, 70
mushrooms, 160
sanitary conditions in, 34–36
shellfish, 34, 117
Food styling, 8, 10
Food writers, 10
Forcemeats
egg binder in, 29
and food safety, 987, 988
ingredients for, 986–987
mousseline, 986, 989
preparing, 987–992
in quenelles, 992
stuffings, 364
types of, 986
Forelle pears, 140, 141
Fork, kitchen, 52, 53
Fowl (stewing hen), 97
Foyot sauce, 287
Freezing. *See* Food storage; Frozen food
Fregola sarda (Italian couscous), 215
French green beans (haricots verts), 166, 167
French knife (chef's knife), 46, 47, 619, 621
Fresno chiles, 164, 165
Frisée, 156, 157
Frittatas, 858
Fromage blanc, 187
Front waiter (*chef de rang*), 10
Frozen desserts, 184
ice cream, 184, 1095
plating, 1133
Frozen foods
baked goods, 1059
fish, 101
meat, 70, 71
temperature for, 34
thawing, 36
Fruits. *See also* Citrus fruits; *specific fruits*
browning of, 130, 140
culinary uses of, 129
cutting. *See* Cutting fruits

dried, rehydrating, 645
filling for pies and tarts, 1122
heirloom, 11
as ice cream flavoring, 1095
locally grown, 11, 128
oils and vinegars, infused, 883
organic, 11, 128
pectin in, 1016
production methods, 11, 128
salad, 890–893
selecting, 128
stone fruits, 142–143
storage of, 34, 128–129
varieties of, 130–146
yield calculation, 18
Fry chef (*friturier*), 9
Fryers (chicken), 97
Frying. *See also* Deep frying; Pan frying
eggs, 854–855
Frying fats, 232, 854
Fry pan (sautoir), 57, 59
Fumets (essences), 254
fish, 255, 257, 259, 262
Fungi, 32
Fusilli, 212, 214

G

Gala apples, 130, 131
Galangal, 172, 173
Game birds, barding, 434
Game meat
barding, 434
cuts of, 94
stock, 262
storage of, 70
Ganache
in layer cakes, 1110
making, 1114–1115
in truffles, 1116
Garam masala, 225
Garbanzo beans (chickpeas), 216, 217
Garde manger
forcemeats, 986–992
pâté en croûte, 991, 1007, 1009
quenelles, 992
Garden peas (English, green), 166, 167
Garlic, 162, 163
aïoli, 887
chopping/mincing, 633–634
measuring, 14
roasting, 634
studding roast with, 434
Garnishes
for appetizers, 947
for broths, 302, 303, 311, 312
for chowder, 320
for consommé, 307, 310
croutons, 889
fanning cut, 630
for forcemeats, 986, 991, 992
matignon, 243
mushrooms, fluted, 629
for pan sauces, 492
quenelles, 992
for sandwiches, 933
for soups, 316, 319, 322, 323, 326, 331
for yeast breads, 1032
Gaufrette/waffle knife cut, 628
Gelatin
in aspic, 987, 995
in foams, 1016
in mousse, 948, 950, 951, 1096
strength, ratios for, 952
working with, 950
Gelation, 29, 1016
Gelato, 184
Genetically modified organisms (GMOs), 11, 128
Genevoise sauce, 272
Ghee, 232, 251
Ginger, 172, 173, 224, 242
Glaçage, 283, 284
Glace, 261
Demi-glace, 268
Glacier, 9
Glarner Schabziger cheese (Sap Sago), 195
Glazes and glazing
baked goods, 1118
cookies, 1066
fondant, 1119–1121
ganache, 1110, 1114–1115
meat and poultry, roasted, 429
vegetables, pan-steamed, 654, 657
vegetables, sautéed, 665, 666, 670
Globalization of cuisines, 12
Globe onion, 162, 163
Gluten development, in yeast dough, 1028, 1029
Glutinous rice, 205
Goat cheese, 186, 187, 194
Golden delicious apples, 130, 131
Goose, 95, 97, 393
doneness of, 367
Gooseberries, 132, 133
Gorgonzola cheese, 196, 197
Gouda cheese, 192, 193
Goujonette, 411
Government regulations
meat inspection, 70
of milk production, 182
workplace, 39
Grains
in broth, 314
cereals and meals, 756–759
cooking time for, 1162
forms of, 200–211
milled, 200
parching, 762, 766
pilaf, 760–763
polenta, 759
risotto, 764–767
salads, 895
simmering, 752–755
soaking, 752
in stuffings, 364
whole, 200
Grana Padano cheese, 194, 195
Granny Smith apples, 130, 131
Granulated sugar, 228, 229
Grapefruit, 134, 135
Grapes, 136–137
Grapeseed oil, 233
Gratin dish, 61, 62
Gratin forcemeat, 986, 991
Gratin potatoes (en casserole), 728
Gratin sauce, 272
Gravy, pan, 433–434
Great Northern beans, 216, 217, 1161
Green beans, 166, 167
Green cabbage, 149
Green leaf lettuce, 154, 155
Green lentils, 216
Green onions (scallions), 162, 163, 621
Green peas (English, garden), 166, 167
Greens
bitter salad, 156–157
chiffonade cut for, 621
cleaning and drying, 888
cooking, 158–159
Green salads, 888–889
Grenadins, 378
Griddles, 57, 65
Grill chef (*grillardin*), 9
Grilled sandwiches, 933
Grilling
crosshatch marks, 426, 660
meat, poultry, and fish, 424–427
pan grilling, 427
vegetables, 658–660
Grilling equipment, 65, 424, 426, 658
Grinder, meat, 68, 392
Grinding
forcemeat, 987, 988, 989
meat, 392
Grits, 206, 207
Groats, 209, 1162
Ground meat
doneness of, 367
grinding, 68
Grouper, 107, 109
Gruyère cheese, 192, 193
Guajillo chiles, 164
Guava, 145

H

Habanero chiles, 164, 165
Haddock, 105, 106
Hake, white, 105, 106
Half-and-half, 182, 183
Halibut, 102, 104
Ham
carving, 437–439
cuts of, 85, 87, 89
doneness of, 367
Handles, knife, 45
Hand tools, 52–53
Hand washing, 32, 33, 34
Haricots verts (French green beans), 166, 167
Havarti cheese, 190, 191
Hazard Analysis Critical Control Points (HACCP), 36–37
Hazelnuts (filberts), 219, 220
Head waiter (*chef de salle*), 10
Healthy substitutions, 25
Heart
beef, 77
lamb, 92
pork, 88
veal, 83
Heat transfer
in cooking process, 27–28
of pots and pans, 58, 60
Heavy cream, 182, 183
Hedgehog cut, 892
Heirloom beans, 218
Heirloom fruits and vegetables, 11
Heirloom rice, 205
Heirloom tomatoes, 176, 177
Hen-of-the-woods mushrooms (maitake), 160, 161
Herbs
bouquet garni, 240, 241, 254
in broths, 312, 314
chopping, 620
coatings, 362
in fruit salad, 890
mincing, 621
oils and vinegars, infused, 883
sachet d'épices, 240, 241
selecting, 129
storage of, 129
varieties of, 178–180
Hollandaise sauce, 283–287
Home meal replacement food service, 8
Hominy, 206, 207, 1162
Hominy grits, 1162
Homogenization, 182
Honey, 228, 230
Honeycrisp apples, 130, 131
Honeydew melon, 138, 139
Hors d'oeuvre, 946
Horseradish, 169, 224
Hotel pans, 62
Hotels, career opportunities in, 8
Hot water bath, 1092, 1117
HRI (Hotel, Restaurant and Institution)
cuts, 71
beef, 78–79
lamb, 93
pork, 89
veal, 84
Hubbard squash, 152, 153
Human resource management, 6
Huntsman's sauce (chasseur), 272
Hydroponic crops, 128
Hygiene
and cross contamination, 33, 34
and food-borne illness, 32
and kitchen safety, 38

I

Ice bath, 260
Iceberg lettuce, 154, 155
Ice cream, 184, 1095
Ice milk, 184
Icing
buttercream, 1108–1110
cookies, 1066
ganache, 1114–1115
for layered cakes, 1110
procedure, 1112–1113
Idaho potatoes, 173
Immersion blender, 67, 68
Immigration and Naturalization Service (INS), 6
Induction cooktop, 28, 64–65
Industrial agriculture, 11
Infection, in food-borne illness, 32
Information management, 5
Information sources, 1181–1185
Infrared radiation, 28
Ingredients. *See also* Dry goods; Seasonings
baked goods, 1016–1017
breadings and coatings, 362, 365, 429, 493
for broths, 302, 303, 304, 311, 312, 314
for chowder, 320
for consommé, 306, 307, 308
dairy products, 182–185
in deep frying, 498
fish, 101–116
for forcemeats, 986–987
fruits, 130–146
fruit salads, 890–893
global sharing and exchange, 12
in grilling and broiling, 425
healthy substitutions, 25
herbs, 178–180
for marinades, 363
for mayonnaise, 884, 885, 887
measuring. *See* Measuring ingredients
meat, 72–94
for mousse, 948, 1096
nutrients in, 24, 25, 26
in pan frying, 494
in en papillote cooking, 537
for pasta dough, 808–809, 810
for pilafs, 760, 761, 763
in poaching (deep), 544, 545
in poaching (shallow), 540, 541
poultry, 95–98
for risotto, 764, 765
in roasting, 429, 661, 662
for sandwiches, 932–933
sauce pairing, 291, 292
in sautéing, 489
seasonings, 362–363
shellfish, 118–126
for soups, 315, 316, 321, 322, 325, 326
in steaming, 533
in stewing, 578, 677, 678
for stocks, 254, 255, 256–257
for stuffings, 364
thickeners, 234, 248
vegetables, 147–177
for vinaigrettes, 880, 881
for yeast bread, 1026–1027
Institutional catering, 8
Intestines
beef, 77
lamb, 92
pork, 88
Intoxication, in food-borne illness, 32
Iodine, 26
Iodized salt, 226
Iron, 26
Irradiation, food, 128
Israeli couscous, 212, 215
Italian buttercream, 1108
Italian couscous (fregola sarda), 215
Italian meringue, 1021

Italian plums, 142, 143
Italienne sauce, 272

J

Jack be little pumpkins, 152
Jaggery, 229, 231
Jalapeño chiles, 164, 165
Japanese eggplant, 150, 151
Japanese wheat noodles, 213
Jarlsberg cheese, 193
Jasmine rice, 204, 205, 752, 1162
Jerusalem artichokes (sunchokes), 172, 173
Jícama, 172, 173
Job's tears, 211
Job training, 4
John Dory (St. Peter's fish), 116
Jowl, pork, 88
Judgment, of culinary professionals, 4
Juicing citrus fruit, 890
Julienne/batonnet knife cut, 618, 622, 625
Juniper berries, 222, 224
Jus, 433
Jus lié, 268, 269, 433

K

Kabocha squash, 152
Kale, 148, 149
Kansas City barbecue, 431
Kasha, 210, 211, 1162
Kentucky barbecue, 431
Kettles, 64, 254
Key limes, 135
Kidney beans, 216, 217, 1161
Kidneys, 71
  beef, 77
  fabrication of, 390
  lamb, 92
  pork, 88
  veal, 81, 83
Kirby cucumbers, 150, 151
Kitchen
  brigade system in, 9–10
  research-and-development, 10
  safety in, 38
Kitchen fork, 52
Kiwi, 144, 145
Kneading pasta dough, 811
Knife cuts. *See* Cutting vegetables and herbs
Knives
  cleaning and sanitizing, 44
  palette knife, 52, 53
  parts of, 44–45
  for peeling vegetables, 619
  safe handling of, 44
  sharpening and honing, 44, 48–49
  steeling, 50–51
  storing, 44
  types of, 46–47
Kohlrabi (cabbage turnip), 149
Korean starch noodles, 213
Kosher meat, 71
Kosher salt, 226

L

Lamb. *See also* Meat; Meat fabrication
  cooking methods, 92
  cuts of, 90–93
  doneness of, 367
  grades of, 90
  leg of, boning, 384–385
  rack of, frenching, 386–387
  variety meats, 92
Lamb's lettuce (mâche), 156, 157
Laminated dough, 1056–1057
Langoustines (prawns, scampi), 125
Lard, 232
Larding roasted meats, 429, 434
Lasagne, 214
Layer cakes, 1110, 1111–1113
Leaf lettuces, 154, 155
Lean dough, 1026, 1027
Leaveners, 234, 808, 1016, 1017
Lecithin, 29, 30, 884
Leeks, 162, 163, 242
  cleaning and cutting, 635
Leg cuts
  lamb, 90, 92, 93
  veal, 82, 84
  venison, 94
Legumes
  in broth, 314
  salads, 895
  simmering, 752–755
  soaking, 752, 753
  soaking/cooking times, 1161
  varieties of, 216–218
Lemon curd, 1110
Lemongrass, 179, 180
Lemons, 134, 135
Lemon sole, 102, 103
Lentils, 216, 217, 1161
  in broth, 314
  in rice pilaf, 763
Lettuce, 154–155, 888
Liability insurance, 6
Liaison, 249–250
Light cream, 182, 183
Lima beans, 167, 216, 217, 1161
Limburger cheese, 189
Limes, 134, 135
Linguine, 213, 214
Liqueurs, 235
Liquid measurement, 15, 17
Liquids. *See* Cooking liquids
Liquifiers, in baking, 1016–1017
Liver, 71
  beef, 77
  fabrication of, 390
  lamb, 92
  pork, 88
  veal, 81, 83
Loaf pans, 61, 63
Lobster, 117, 124, 125
  cooked, preparing, 414–415
  doneness of, 367
  live, preparing, 413
Lobster mushrooms, 160, 161
Locally grown produce, 11, 128
Loin cuts
  beef, 73, 76, 78–79
  lamb, 90, 92, 93
  pork, 85, 87, 89
  veal, 80, 82, 84
  venison, 94
Lotus root, 170
Lozenge/diamond knife cut, 618, 624, 626

M

Macadamia nuts, 219
Mace, 224
Mâche (lamb's lettuce), 156, 157
McIntosh apples, 130, 131
Mackerel, 110, 112
Macoun apples, 130, 131
Magnesium, 26
Mahi mahi (dolphinfish), 110, 113
Maillard reaction, 28–29, 549
Maitake mushrooms (hen-of-the-woods), 160, 161
Maître d'hôtel, 10
Maize, 207
Malanga, 170
Maltaise sauce, 287
Management, 4–7
  administrative duties, 5
  of human resources, 6
  of information, 5
  of physical assets, 5
  of time, 6–7
Manchego cheese, 192, 193
Mandarin orange, 135
Mandoline, 66, 68, 727, 890
Mango, 144, 145, 892
Manioc (yucca), 172, 173
Manzana chiles, 164, 165
Maple sugar, 228, 229
Maple syrup, 230
Marinades
  basting with, 432
  dry, 362
  for grilled meats, 425
  for grilled vegetables, 658, 660
  ingredients, 363
  for roasted/baked vegetables, 661, 662
Marjoram, 179, 180
Marketing, career opportunities in, 8
Marmite, 57
Marrow, 72, 390
Masa harina, 206, 207
Mascarpone cheese, 186, 187
Matelote sauce, 273
Matignon, 243
Matsutake mushrooms, 160, 161
Mayonnaise, 884–887, 889
  healthy substitutions, 25
Measuring ingredients
  conversions, 16–17, 1161–1164
  converting recipe yields, 16
  equipment and tools, 15, 54
  equivalents, 1163
  scaling, 1018, 1030
  systems of, 14–15
Meat. *See also* Forcemeats; Variety meats (offal)
  braising, 549, 572–576
  broth, 302, 303, 304, 311, 314
  butcher's yield test, 20–22
  cuts of, 71
    beef, 72–79
    game, 94
    lamb and mutton, 90–93
    pork, 85–89
    veal, 80–84
  deep frying, 497–499
  doneness of, 366–367
  fabrication. *See* Meat fabrication
  grades of, 70–71
  grilling/broiling, 424–427
  inspection of, 70
  kosher, 71
  marinating, 363
  market forms of, 71, 77, 82, 88
  mise en place for, 361–367
  pan frying, 493–496
  pan grilling, 427
  en papillote cooking, 536–539
  poaching (deep), 544–547
  roasting. *See* Roasted meat and poultry
  sautéing, 488–492
  simmering, 544–547
  sous vide cooking, 548–552
  steaming, 532–535
  stewing, 577–580
  stock, 254, 255, 256, 261, 262
  storage of, 34, 70
  stuffings for, 428
  usable trim, 20
Meat fabrication, 376–392
  boneless meats, 379
  for braising, 574
  chops, bone-in, cutting, 381
  cutlets, cutting/pounding, 380
  for deep frying, 497
  émincé, 380
  for grilling and broiling, 424, 427
  grinding, 392, 987, 989
  lamb, leg of, boning, 384–385
  lamb, rack of, frenching, 386–387
  medallions, 378
  for pan frying, 493
  pork loin, trimming/boning, 383
  roast, tying, 388–389
  steaks, boneless, 382
  for stewing, 577
  tenderloin, trimming, 377
  variety meats, 390–391
Meat grinder, 68, 392, 987
Meat slicer, 68
Mechanical leaveners, 1017
Medallions, shaping, 378
Media, career opportunities in, 8
Melon baller, 53
Melons
  cutting, 893
  varieties of, 138–139
Memphis barbecue, 431
Menus
  dessert, 1132, 1133
  of food service companies, 8
  functions of, 14
  hazardous analysis of, 36
  nutritional considerations in, 25
Meringue
  common, 1020
  egg whites, whipping, 1020, 1096, 1097
  Italian, 1021
  in mousse, 1096
  as pie topping, 1123
  Swiss, 1020–1021
Metal pans, 56, 57, 58–59, 60–61
Metric measurement, converting to U.S. system, 17
Meyer lemon, 134, 135
Microorganisms, 32
Microwave oven, 28, 65
  melting chocolate, 1117
  reheating vegetables, 680
Milk
  allergies to, 37
  in baking, 1016
  in custard, 1092, 1094
  fermented/cultured products, 184–185
  forms of, 182, 183
  freshness of, 182
  pasteurized/homogenized, 182
  in puréed potatoes, 719
  in white sauce, 275
Milk fat (butterfat), 182
Milled grains, 200
Millet, 210, 211, 1162
Mincing vegetables and herbs, 621
  garlic, 633–634
  onions, 631–632
Minerals, 24–25, 26
Mint, 179, 180
Mirepoix
  in bisques, 327
  in broths, 306
  preparation of, 242–245
  in sauces, 268, 269, 270, 271
  in stocks, 254, 255, 259
Mirliton (chayote), 150, 151
Mise en place
  for baked goods, 1015–1022
  for dessert station, 1133
  for grilling, 426
  for meats, poultry, fish, and shellfish, 361–367
  for sandwiches, 933
  for stocks, sauces, and soups, 239–252
  for vegetables and herbs, 618–646
Mixer, standing, 67, 68
Mixing equipment, 66–67, 68
Mixing methods, baking. *See* Baked goods and baking, mixing methods
Molasses, 228, 230
Molds
  for custard, 1092
  for forcemeats, 991
  for mousse, 948, 950
  for stenciled cookies, 1069
  types of, 60, 61, 62
Mollusks (shellfish), 117, 118–121
Monkfish (anglerfish), 114, 115
Monterey Jack cheese, 190, 191, 194, 195
Morbier cheese, 190, 191
Morel mushrooms, 160, 161
Mornay sauce, 279

Mousse
dessert, 1096–1097
savory, cold, 948–952
Mousseline forcemeat, 986, 989, 991, 992
Mousseline sauce, 283, 287
Mozzarella cheese, 187
MSG (monosodium glutamate), 226
Mud dab, 103
Mudfish (tilapia), 116
Muenster cheese, 190, 191
Muffins, creaming method for, 1053–1055
Muffin tins, 60, 63
Mung beans, 217, 1161
Mushrooms
cleaning and cutting, 640
fluting, 629
in mirepoix, 242
sauce, 273
storage of, 160
varieties of, 160–161
Muskmelons, 139
Mussels, 117, 118, 120
cleaning, 419
doneness of, 367
Mustard, in mayonnaise, 884
Mustard greens, 158, 159
Mustard seeds, 222, 224
Mutton, 90

N

Napa cabbage, 147, 149
Navel oranges, 134, 135
Navy beans, 217, 1161
Nectarines, 142, 143
Noisettes, 90
shaping, 378
Nonstick coatings, 56, 58
Noodles
cooking procedures, 814–817
doneness in, 815
dried varieties, 212–215
fresh, 808–813
Normande sauce, 278
North American Meat Processors Association (NAMP), 70
North Carolina barbecue, 431
Northern spy apple, 130, 131
Nut allergies, 37
Nutmeg, 222, 224
Nutrition
basics of, 24–25
defined, 23
menu development for, 25
vitamins and minerals, 24–25, 26
Nuts and seeds, 219–221

O

Oak leaf lettuce, 155
Oat bran, 208, 209
Oat groats, 209, 1162
Oatmeal, 209
Oats, 208–209
Oblique/roll knife cut, 627
Occupational Safety and Health Administration (OSHA), 39
Octopus, 122, 123
cleaning, 422
Offal. *See* Variety meats
Offset spatula, 52, 53
Oignon brûlé (burnt onion), 240
Oignon piqué (pricked/studded onion), 240
Oils. *See* Fats and oils
Oil sprays, 233
Olive oil, 233
Omelet pan, 57, 858, 860
Omelets, 858–861
Onion family, 162–163
Onions
as aromatic, 240
dicing/mincing, 631–632
in mirepoix, 242, 243, 244
peeling, 631
soup, 312
varieties of, 162–163
Open-burner range, 64
Oranges, 134, 135
Orecchiette, 212, 215
Oregano, 178, 180
Organic agriculture, 11, 128
Organ meats. *See* Variety meats (offal)
Orzo, 212, 215
Ovens
combi, 65
convection, 27, 65
conventional/deck, 65
microwave, 28, 65
pots and pans for, 60–61
Oven temperature, roasting, 428
Oxtails, 75, 77
Oyster mushrooms, 160, 161
Oyster plant (salsify), 169, 170
Oysters, 117, 118, 121
doneness of, 367
opening, 418
Oyster sauce, 279

P

Pak choy (baby bok choy), 149
Palm sugar, 229, 231
Paloise sauce, 287
Panadas, bread, 986
Pan frying
meat, poultry, and fish, 493–496
vegetables, 671–673
Pan gravy, 433–434
Pan grilling, 427
Pan preparation
in baking, 1021
in bread making, 1027
for creamed batters, 1053
Pans. *See* Pots and pans
Pan sauce, 268, 491–492, 657
Pan-steaming vegetables, 654–657
Pantry chef, 9
Papaya, 144, 146
En papillote cooking, 536–539
Paprika, 225
Parasites, 32
Parboiling vegetables, 649
Parching grains, 762, 766
Parchment paper, 536, 542
Paring knife, 46, 47, 619
Parisienne sauce, 278
Parisienne scoop (melon baller), 53
Parmigiano-Reggiano cheese, 194, 195
Parsley, 179, 180
Parsnips, 170, 242
Partial coagulation, 1016
Passion fruit, 146
Pasta
as appetizer, 947
in broth, 314
cooking procedures, 814–817
cooking time for, 1162
cooling/reheating, 818
doneness of, 815
dried, 212–215
fresh, 808–813
salads, 895
sauce pairing, 817
service styles for, 818
Pasteurization, 182
Pastries, glazing, 1118, 1121
Pastry bags and tips, 1022
Pastry chef (*pâtissier*), 9
Pastry dough
laminated, 1056–1057
phyllo, 1057
for pies and tarts, 1048–1051, 1122–1123
Pastry flour, 203
Pâté
dough, 986–987
en croûte, 991, 1007, 1009
en croûte, mold for, 61, 62
forcemeats for. *See* Forcemeats
Pâte à choux, 1062–1065
Pathogens, food, 32–34, 128
Pattypan squash, 150, 151
Paupiettes, 411
Paysanne/fermière knife cut, 618, 624
Pea(s), dried, 216, 218, 1161
Pea(s), fresh, 166, 167, 641
Peaches, 142, 143
Peanut allergy, 37
Peanut oil, 233
Peanuts, 219, 220
Pearl barley, 210, 211, 752, 1162
Pearl onions (creamer), 162, 163
Pearl rice, 205
Pears, 140–141
Pear tomatoes, 177
Pecans, 219, 220
Pecorino cheese, 185, 192, 193
Pecorino Romano cheese, 185, 194, 195
Pectin, 1016
Peeler, 52, 53, 619
Peeling
apples, 890
asparagus, 642
avocados, 644
chestnuts, 640
citrus fruits, 891
garlic, 633
mangos, 892
melons, 893
onions, 631
peppers and chiles, 639
pineapples, 893
potatoes, 715
tomatoes, 636–637
tools for, 619
Penne, 212, 215
Pepitas (pumpkin seeds), 219, 221
Pepper and peppercorns, 226, 227
Peppers, chile. *See* Chiles
Peppers, sweet (bell), 164, 165
cutting and seeding, 638
in mirepoix, 242, 243
peeling, 639
Periwinkle, 119
Permit fish, 112
Persian limes, 134, 135
Persian melons, 139
Persimmons, 146
Personal attributes, of culinary professionals, 4
Petrale, 102, 103
pH, 33
Pheasant, 98
Phosphorus, 26
Photography, career opportunities in, 10
Phyllo dough, 1057
Physical assets, management of, 5
Pickling salt, 226
Picnic cut, pork, 86, 87, 89
Pie pans, 63
Pies and tarts
baking, 1124
blind baking shell, 1124
crumb crusts for, 1051
crust, making, 1122–1123
custard fillings for, 1123, 1124
fruit fillings for, 1122, 1124
rubbed-dough method, 1048–1051
toppings for, 1122, 1123
Pigeon, 98
Pigeon peas, 216, 218, 1161
Pignoli (pine nuts), 219, 220
Pike, walleyed, 107, 108
Pilaf, 760–763
Piloncillo, 229, 231
Pinçage technique, 242, 245
Pineapple, 144, 145, 893
Pine nuts (pignoli), 219, 220
Pink beans, 1161
Pinto beans, 218, 1161
Piped cookies, 1067
Pistachios, 219, 220
Plaice (rough dab), 103
Plantain, 144, 145
Plate, beef, 77, 78
Plated desserts, 1131–1133
Plating. *See* Presentation
Plums, 142, 143
Plum tomatoes, 177
Poaching
deep, 544–547
eggs, 850–853
quenelles, 992
shallow, 540–543
Poblano chiles, 164, 165
Poivrade sauce, 273
Polenta, 759, 1162
Pollock, 105, 106
Pomegranate, 146
Pompano, 110, 112
Pont L'Évêque cheese, 188, 189
Popcorn rice, 204
Poppy seeds, 219, 221
Porcini mushrooms (cèpes), 161
Pork. *See also* Meat; Meat fabrication
cooking methods, 87–88
cuts of, 85–89
doneness of, 367
grades of, 85
loin, trimming and boning, 377, 383
market forms of, 88
prepared products, 86
salt, in purée soups, 321, 322, 323
salt, rendering, 323
variety meats, 88
Portable refrigeration, 65
Portion size
of appetizers, 946–947
converting, 16–17
edible portion quantity, 18
optimum, 25
in standardized recipes, 15
Portobello mushrooms, 160, 161
Port-Salut cheese, 191
Potassium, 26
Potatoes
baking, 722–724
boiling, 715–717
en casserole baking, 725–728
deep frying, 732–734
Duchesse, 721
peeling, 715
puréeing, 718–721
roasting, 722–724
salads, 894–895
sautéing, 729–731
starch/moisture content of, 714
steaming, 717
stuffed baked, 722
varieties of, 171, 173, 714
waffle/gaufrette cut, 628
Potato starch, 247, 248
Pots and pans
baking pans, 1021
for boiling, 648, 715
for braising, 572
cast-iron, 56, 57
copper, 56, 58
for egg cooking, 850, 854, 856
for induction cooking, 28
materials for, 56–57, 59, 60
omelet, 57, 858, 860
for oven cooking, 60–61
for pan frying, 493, 671
for pan grilling, 427
for poaching (deep)/simmering, 544
for poaching (shallow), 540
for roasting, 61, 62, 428, 661
for sautéing, 488, 665
seasoning, 57
for soup, 315
for steaming, 532
for stewing, 677
for stock, 57, 58–59, 254
for stovetop cooking, 57, 58–59
Poultry
braising, 549, 572–576
broth, 302, 303, 304, 311, 314
butcher's yield test, 20–22
classes of, 95–98
deep frying, 497–499

doneness of, 366–367
fabrication of, 393–399
halving/quartering, 398–399
suprêmes, 394–395
trussing, 396–397
grades of, 95
grilling/broiling, 424–427
kosher, 71
mise en place for, 361–367
pan frying, 493–496
pan grilling, 427
en papillote cooking, 536–539
poaching (deep), 544–547
poaching (shallow), 540–543
roasting. *See* Roasted meat and poultry
sautéing, 488–492
simmering, 544–547
steaming, 532–535
stewing, 577–580
stock, 255, 262
storage of, 34, 70
stuffing for, 364, 428
Poussin, 97
Powdered milk, 183
Powdered sugar (confectioners'), 228, 229
Prawns (langoustine, scampi), 125
Presentation. *See also* Service
of appetizers, 947
of frozen desserts, 1133
of hors d'oeuvres, 946
of mousse, cold savory, 948
of pasta, 818
of sandwiches, 933
of sauces, 292
of soups, 331
Pressure steamer, 64, 532
Primal cuts, 71
beef, 76–77
lamb, 92
pork, 87–88
veal, 82–83
Private clubs, career opportunities in, 8
Professional network, 4
Progressive grinding, 988
Prosciutto, 85
Protein
and bacterial growth, 33
denatured, 29
food sources of, 24
Provolone cheese, 192, 193
Puddings, stirred, 1093–1095
Pullman loaf pan, 61, 63
Pumpkin, 152, 153
Pumpkin seeds (pepitas), 219, 221
Purchasing system, 5
Puréeing
cream soups, 318
equipment, 55, 66, 67, 68, 318, 324, 664, 718
mousse, 951
potatoes, 718–721
soups, 321–324
vegetables, 316, 664
Purple potatoes, 171, 173

Q

Quail, 98
Quatre épices, 225
Quenelles, 992
Queso fresco, 186, 187
Quick breads
cooling/unmolding, 1059
creamed batters, 1053–1055
foamed batters, 1058–1061
freezing, 1059
rubbed-dough method, 1048–1051
Quince, 146
Quinoa, 210, 211

R

Rabbit, 94
disjointing, 400–401
Rack
of lamb, 91, 92, 93
of veal, 81, 82, 84
of venison, 94
Radiation, 27–28
Radiatore, 215
Radicchio, 156, 157
Radishes, 168, 170
Rainbow trout, 110, 111
Ramekins, 61, 62
Ramps (wild leeks), 163
Ranges
induction cooktop, 28, 64–65
pots and pans for, 57, 58–59
types of, 64–65
Rapeseed oil (canola), 232
Rapini (broccoli rabe), 148, 149
Raspberries, 132, 133
Reach in refrigeration, 65
Reblochon cheese, 188, 189
Recipe conversion factor (RCF), 16
Recipes
calculations, 16–20
effective use of, 20
evaluation/modification of, 14
hazard analysis of, 36
healthy substitutions, 25
standardized, 15
Red cabbage, 147, 149
Red delicious apples, 131
Red emperor grapes, 136, 137
Red flame grapes, 137
Red globe grapes, 137
Red globe onion, 162, 163
Red kuri squash, 152
Red leaf lettuce, 154, 155
Red lentils, 216
Red potatoes, 171, 173
Red snapper, 108
Reduced-fat milk, 183
Reduction sauce, 268
Refrigeration
of dairy products, 182
equipment, 65
of fish and shellfish, 100–101
food safety in, 34–35
of forcemeats, 986
of fruits and vegetables, 129
of herbs, 129
of meat, poultry, and game, 70
of mousse, 952
of mushrooms, 160
of pasta dough, 809
of soups, 330
temperature for, 34
of yeast, 1017
Régence sauce, 273
Reheating
eggs, poached, 850
food safety in, 35–36
pasta, 818
soups, 331
vegetables, 680
Reliance grapes, 137
Remouillage, 261
Research-and-development, career opportunities in, 9, 10
Resorts, career opportunities in, 8
Responsibility, sense of, 4
Restaurants. *See also* Menus
brigade system, 9–10
career opportunities in, 8
dessert station in, 1133
management of, 5–7
menus, 14, 25, 36
sustainable, 12
Resting period, for roasted meat and poultry, 29, 432
Resting yeast dough, 1029
Retarding yeast dough, 1029
Rex sole, 103
Rhizomes, 171–173
Rhubarb, 144, 145
Rib cuts
beef, 74, 76, 78
pork, 85, 86, 88
Rib roast, carving, 437
Rice. *See also* Grains
cooking times for, 1162
pilaf, 760, 763
risotto, 764–767
soaking, 752
varieties of, 204–205, 764
wild, 204, 205, 1162
Rice beans, 218
Rice flour, 204, 205, 247, 248
Rice milk, 184
Rice noodles, 213, 214
Ricer, 55
Rice vermicelli, 213
Ricotta cheese, 186, 187
Ricotta salata cheese, 192, 193
Rigatoni, 215
Ring-top range, 64
Risotto, 764–767
Rivets, knife, 45
Roast chef (*rôtisseur*), 9
Roasted meat and poultry, 428–439
barding/larding, 429, 434
basting, 429, 432
carving, 435–439
doneness, 432
oven temperature, 428
pan gravy with, 433–434
resting, 29, 432
smoke-roasting, 428, 430–431
vs sous vide cooking, 549
tying roasts, 388–389
Roasted vegetables
garlic, 634
peppers and chiles, 639
potatoes, 722–724
procedures, 661–662
Roaster chickens, 97
Roasting pans, 61, 62, 428, 661
Robert sauce, 273
Rock Cornish hens, 97
Rocket (arugula), 156, 157
Rock salt, 226
Rock sole, 103
Roll/oblique knife cut, 627
Rolled oats (old-fashioned), 208, 209
Rolling pins, 52, 53
Romaine lettuce, 154, 155
Romano beans, 166, 167
Roma tomatoes, 177
Rome beauty apples, 131
Rondeau, 57, 58–59, 677
Rondelle/round knife cut, 618, 624, 626
Root vegetables, 168–170
boiling, 649, 650
Roquefort cheese, 196, 197
Rosemary, 178, 180
Rotisserie cooking, 428
Rough dab (plaice), 103
Round/rondelle knife cut, 618, 624, 626
Round cuts
beef, 72, 76, 78
lamb, 92
pork, 87
veal, 80
Roundsman (*tournant*), 9
Roux
blond/white, 274, 275
brown, 268
clarified butter in, 246, 251
in pan gravy, 433
preparation of, 246–247
singer method, 276, 320
Royal sauce, 287
Rubbed-dough method, 1048–1051
Rubs, spice, 362, 425, 430
Ruby red grapes, 137
Russet potatoes, 171, 173
Rutabaga, 169, 170
Rye, 211

S

Sachet d'épices, 240, 241, 254, 259
Safety, 6. *See also* Food safety
government regulations for, 39
kitchen, 38
in knife handling, 44
with large equipment, 64
and substance abuse, 39
Safflower oil, 233
Saffron, 225
Sage, 178, 180
St. Peter's fish (John Dory), 116
Salad
as appetizer, 947
composed, 895
croutons in, 889
dressing procedure, 889
fruit, 890–893
green, 888–889
legume, 895
pasta and grain, 895
potato, 894–895
vegetable, 894
warm, 894
Salad dressing
mayonnaise, 884–887, 889
oils and vinegars, flavored, 883
for potato salad, 894–895
vinaigrette, 30, 880–882, 889
Salad greens
bitter, 156–157
lettuce, 154–155, 888
washing and drying, 888
Salad oil, 233
Salamander, 65
Sales, career opportunities in, 8, 10
Salmon
Atlantic, 110, 111
coho/silver, 111
Pacific (king), 110, 111
sockeye/red, 111
Salmonellosis, 32
Salsify (oyster plant), 169, 170
Salt
in bread making, 1027
types of, 226–227
Salt substitutes, 226
Sandwiches, 932–933
Sanitation certification, 39
Sanitizing. *See* Cleaning and sanitizing
Santa Claus melon, 138
Sap Sago cheese, 195
Sardines, 116
Sauce à l'Anglaise, 279
Saucepan, 57, 58
Sauce pot, 57, 58
Sauces, 268–292
barbecue, applying, 426, 430
barbecue, regional, 430–431
béchamel, 274, 275, 279, 864
beurre blanc, 288–290, 291
for braises, 572, 573, 576
brown, 268–273
with deep-poached/simmered foods, 544
flavorings for, 240–245
food pairing, 291, 292
hollandaise, 283–287
jus lié, 268, 269, 433
mise en place for, 239–252
pan, 433, 491–492, 657
pan gravy, 433–434
pasta pairing, 817
plating of, 292
purposes of, 291
with soufflés, 862
for stews, 580, 678
stir-fry, 488
thickeners for, 246–250, 268, 271
tomato, 280–282
vanilla, 1095
vin blanc, 278
white, 274–279
Sausage, 86
Sauté chef (*saucier*), 9

Sautéing
glaze, for vegetables, 665, 666, 670
meat, poultry, and fish, 488–492
potatoes, 729–731
reheating vegetables, 680
vegetables, 665–667
Sauté pan (sauteuse), 57, 58, 59, 488, 665
Sautoir (fry pan), 57, 59
Savory, 180
Savoy cabbage, 147, 149
Scales, 15, 54
Scaling, 1018, 1030
Scallions (green onions), 162, 163, 621
Scallops, 117, 118, 121, 367
Scampi (langoustines, prawns), 125
Scimitar, 46
Scones, rubbed-dough method for, 1048–1051
Scoring yeast dough, 1032
Scotch egg, 279
Scrambled eggs, 856–857
Scungilli (conch), 119
Sea bass, black, 107, 108
Seafood. *See* Fish; Shellfish; Squid; Octopus
Searing
braised foods, 574
roasted foods, 428, 429, 432
stewed foods, 577
Sea salt, 226
Seasoned salt, 227
Seasoning pans, 57
Seasonings. *See also* Aromatic vegetables; Herbs; Spices
for appetizers, 947
for broths, 304, 312, 314
for consommé, 306, 307
for deep-fried vegetables, 676
for grilled/broiled foods, 425
for sautéed foods, 490
for steamed vegetables, 652, 653
for stews, 577, 677
for stocks, sauces, and soups, 240–254, 255, 269, 275, 316, 317, 322, 330
types of, 362–363
Sea urchins (uni), 118, 119
Seckel pears, 140, 141
Seeds
toasting, 362
varieties of, 220–221
Semolina flour, 202, 203
Serrano chiles, 164, 165
Service. *See also* Presentation
answering guest's questions, 15, 37
brigade system, 10
commitment to, 4
food safety in, 37
and food/sauce pairing, 292
styles of, 818
Service information, 15
Sesame oil, 233
Sesame seeds, 219, 221
Seville orange, 135
Shad, 113
Shallots, 162, 163, 242
Shanks
beef, 72, 76
ham, 87
lamb, 91, 92
veal, 80, 82, 84
Shark, 115
Sharpening stones, 48–49
Sheet pan, 62
Shellfish
allergies to, 37
bisque, 325, 326–329
broth, 303, 304
chowder, 320
doneness in. *See* Doneness in meat, poultry, and fish
fabrication of, 413–419
and food-borne illness, 32
grilling/broiling, 424–427
market forms of, 117
mise en place for, 361–367
en papillote cooking, 536–539
poaching (deep), 544–547
poaching (shallow), 540–543
quality indicators for, 117
sautéing, 488–492
steaming, 532–535
storage of, 34, 100–101, 117
types of, 118–126
Shells, 215
Sherbet, 184
Shiitake mushrooms, 160, 161, 640
Shortening, 232
Shoulder cuts
beef, 75, 76, 78
lamb, 91, 92, 93
pork, 87, 89
veal, 82
venison, 94
Shredding/chiffonade knife cut, 618, 621
Shrimp, 124, 125, 126
cleaning/deveining, 416
doneness of, 367
Sieves, 55, 254
Sifting dry ingredients, 1018
Silicone mold, flexible, 61, 62
Silk snapper, 107, 108
Simmering
broths, 304, 313
cereals and meals, 756–759
consommé, 309
grains and legumes, 752–755
meat, poultry, and fish, 544–547
sauces, 270
soups, 317, 318, 323
stock, 258
Simple syrup, 1019
Singer method of soup making, 276, 320
Skate, 114, 115
Skewers, 426
Skim milk, 183
Skimming stocks and soups, 258, 305, 317, 323
Slicer knife, 46, 47
Slicing equipment, 66, 68
Slurry, starch, 247–248, 268
Smoke point, 30, 232
Smoke roasting, 428, 430–431
Smokers, 65
Smothering aromatic vegetables, 242
Snails (escargot), 119
Snapper, 107, 108
Snow peas, 166, 167
Soaking grains and legumes, 752, 753
Soba noodles, 213, 214
Soda bread, rubbed-dough method for, 1048–1051
Sodium, 26
Software systems, 5
Sole, 102, 103, 412
Sommelier, 10
Sorghum, 211
Soufflé dishes, 862, 865
Souffléed omelets, 858, 860, 861
Soufflés, savory, 862–865
Soups. *See also* Broths; Stocks
bisque, 325–329
chowder, 320
cold, 331
cream, 317–319, 330
degreasing, 330
flavorings for, 240–245
guidelines for, 330–331
mise en place for, 239–252
purée, 321–324
reheating, 331
thickeners for, 315, 316, 320, 325
Sour cream, 183, 184
healthy substitutions, 25
Sourdough starter, 1017
Sous chef, 9
Sous vide cooking, 548–552
South Carolina barbecue, 431
Soy allergies, 37
Soybean oil, 233
Soybeans
dried, 218, 1161
green (edamame), 166, 167
Soy milk, 184
Spaghetti, 213, 214
Spaghetti squash, 152, 153
Spanish blue cheese, 196, 197
Spanish onion, 162, 163
Spanish rice, 204
Spareribs, 86, 88, 89
Spas, career opportunities in, 8
Spatulas, 52, 53
Spätzle, 808
Spelt, 211
Spices. *See also* Seasonings
blends, 362
in broths, 312, 314
mixes, 225
oils and vinegars, infused, 883
rubs, 362, 425, 430
sachet d'épices, 240, 241, 254, 259
toasting, 362
varieties of, 222–225
Spinach, 158, 159
Spit roasting, 428
Split peas, 216, 218, 1161
Sponge cake, 1021
Spreads, sandwich, 932–933
Springform pan, 60, 62
Squab, 97
Squash
Hard-shell, 152–153
Soft-shell, 150–151
Squash blossoms, 150, 151
Squid, 122, 123
cleaning, 420–421
Stabilizers, in baking, 1016
Staff
kitchen brigade, 9–10
legal responsibilities to, 6
personal hygiene of, 33, 34, 38
service staff, 10, 15, 37
substance abuse problems of, 39
training of, 6
Stainless steel pots and pans, 56, 60
Standardized recipes, 15
Star anise, 222, 225
Starches
as emulsifier, 30
as thickener, 29, 247–248, 268, 1016
Star fruit (carambola), 146
Stayman winesap apples, 130, 131
Steaks
beef loin, 73, 76
beef rib, 74, 76
boneless, cutting, 382
chuck, 75, 76
fish, 100, 410
Steam, as leavening agent, 1017
Steamers, 57, 64
Steaming
meat, poultry and fish, 532–535
en papillote, 536–539
potatoes, 717
vegetables, 651–653
vegetables, pan-steaming, 654–657
Steam-jacketed kettle, 64
Steam table pan, 62
Steel-cut oats (Irish, Scottish), 209
Steelhead trout, 111
Steels/steeling knives, 50–51
Stenciled cookies, 1069
Stewing
meat, poultry, and fish, 577–580
thickeners in, 246–250, 578, 677
vegetables, 677–679
Stewing hen (fowl), 97
Stew meat
beef, 76, 79
lamb, 93
veal, 81, 82, 84
Sticky rice, 205
Stilton cheese, 196, 197
Stir-frying, 488, 489, 669–670
St. Louis barbecue, 431
Stockpot, 57, 58–59, 254
Stocks. *See also* Broths; Soups
in aspic, 987
basic formula, 255
for broths, 303
commercial bases, 261
for consommé, 306
cooking times for, 262
flavorings for, 240–245, 254–255, 259
glaces, 261
in pan sauce, 491
preparation of, 258–260
remouillage, 261
for sauces, 270, 274
types of, 254, 256–257
Stone fruits, 142–143
Storage. *See* Dry storage; Food storage; Freezing; Refrigeration
Stoves. *See* Ovens; Ranges
Straight mixing method, for yeast dough, 1027
Strainers, 55
Straining
bisque, 329
broth, 305
consommé, 309
cream soup, 318
pan gravy, 434
purée soup, 324
sauces, 271, 277
stock, 260
Strawberries, 132, 133
Striped bass, 107, 108
Striped eddy squash, 152
Stuffings, 364, 367, 428
Sturgeon, 114, 115
Sugar
caramelizing, 28, 29
dry method, 1018
wet method, 1019
in creamed batter, 1054
in foamed batter, 1058, 1060
as liquefier, 1016
syrup, 230, 1019
types of, 228–229, 231
Sugarcane, 229, 231
Sugar snap peas, 166, 167
Sugar substitutes, 229
Sunchokes (Jerusalem artichokes), 172, 173
Sunflower oil, 233
Sunflower seeds, 219, 221
Suprêmes
chicken, 394–395
citrus, 891
Suprême sauce, 278, 291
Sushi rice, 205
Sustainable agriculture, 11, 128
Sustainable restaurants, 12
Sweating vegetables, 666, 680
aromatic, 242, 276, 762
Sweetbreads, 71, 81, 83, 390–391
Sweet dumpling squash, 152
Sweetened condensed milk, 183
Sweeteners. *See also* Sugar
artificial, 229
glazing vegetables with, 654
types of, 228–231
Sweet peppers. *See* Peppers, sweet
Sweet potatoes, 172, 173
Sweet potato squash (delicata), 152, 153
Swimming method of deep frying, 499
Swiss buttercream, 1108
Swiss chard, 158, 159
Swiss meringue, 1020–1021
Swordfish, 114, 115
Syrup, 230
simple, 1019
Szechwan peppercorns, 227

T

Table salt, 227
Tail, pig's, 88
Taleggio cheese, 188, 189
Tang, knife, 45
Tangelo, 134, 135
Tangerine, 134, 135
Tapioca, 247, 248
Tarragon, 180

Tart pan, 60, 62
Tarts. *See* Pies and tarts
Tea, 235
Teaching, career opportunities in, 8, 10
Teff, 211
Temperature
conversions, 1161
of fats, in pan frying, 495, 673
of fats, in deep frying, 499, 676
food storage, 34, 70
in forcemeat preparation, 987, 989
resting, for meat and poultry, 366–367
for sauce plating, 292
for soup reheating, 331
for soup service, 331
in sous vide cooking, 548, 549
for stuffing, holding, 364, 428
Tempered chocolate, 1116, 1117
Tenderloin
beef, 73, 79
lamb, 92
medallions, 378
pork, 89
trimming, 377
Terrines, forcemeats for. *See* Forcemeats
Texas barbecue, 431
Thai chiles (bird), 164, 165
Thawing frozen food, 36
Thermal circulator, in sous vide cooking, 550, 551
Thermometers, 54, 432, 497, 550
Thickeners. *See also* Roux
in baking, 1016
for braises, 572
healthier options, 316, 326
ingredients, 234
liaison, 249–250
for sauces, 268, 269, 271
for soups, 315, 316, 320, 325
starch slurries, 29, 247–248, 268
for stews, 246–250, 578, 677
Thompson seedless grapes, 136, 137
Thyme, 178, 180
Tilapia (mudfish), 116
Tilefish, 107, 109
Tilting kettle, 64
Timbale mold, 62
Time management, 6–7
Toasting dried chiles, 645
Tokay grapes, 137
Tomatillos, 176, 177
Tomatoes
in braises, 572, 575
in broth, 314
concassé, 636–637
cutting, 637
heirloom, 176, 177
in mirepoix, 242, 245
sauce, 280–282
varieties of, 176–177
Tombo (albacore), 111
Tongue
beef, 77
fabrication of, 390
lamb, 92
veal, 82
Tools. *See* Equipment and tools
Tournedos, 378
Tourné knife, 46, 47, 630
Tourné knife cut, 624, 630
Toxins, 32
Tranche, 411
Trichinella spiralis, 32
Trim, usable, 19–20
Trim loss, 18
Tripe, 75, 77
Trout, 110, 111
Truffle, black and white, 161
Truffles, chocolate, 1116
Trussing poultry, 396–397
Tube pan, 63
Tubers, 171–173
Tubetti, 212, 215
Tuna, 110, 112
Turbinado sugar, 228, 229
Turbot, 102, 104
Turkey, 97, 367
Turmeric, 222, 225
Turnip greens, 149
Turnips, 168, 169, 170
Turtle beans (black), 216, 217

U

Udon noodles, 214
Ugli fruit (uniq), 134, 135
Unemployment insurance, 6
Uniform, chef's, 38
Uniq (ugli fruit), 134, 135
United States Department of Agriculture (USDA), 36, 70, 80, 85, 128, 198, 366
Usable trim, 19–20
U.S. measurement system, converting to metric, 17
Utility knife, 46, 47

V

Vacuum bag, in sous vide cooking, 548, 550, 551
Valois sauce, 287
Vanilla sauce, 1095
Variety meats (offal)
beef, 71, 77
fabrication of, 390–391
lamb, 92
pork, 88
storage of, 70
veal, 81, 82–83
Veal. *See also* Meat; Meat fabrication
cooking methods, 82–83
cuts of, 80–84
doneness of, 367
grades of, 80
kosher, 71
market forms of, 82
stock, 262, 268
variety meats, 81, 82–83
Vegetable chef (*entremetier*), 9
Vegetable oil, 233
Vegetables. *See also specific vegetables*
as appetizer, 947
aromatic. *See* Aromatic vegetables
baking, 661–663
boiling, 648–650
broth, 302, 303, 304, 311, 314
chowders, 320
cutting. *See* Cutting vegetables and herbs
deep frying, 674–676
defined, 129
doneness, 649, 680
dried, rehydrating, 645
dried, toasting, 645
edible portion, 19
grilling/broiling, 658–660
guidelines, 680
heirloom, 11
locally grown, 11, 128
mise en place for, 618–646
oils and vinegars, infused, 883
organic, 11, 128
pan frying, 671–673
pan steaming, 654–657
en papillote cooking, 536–539
peeling, 619
in polenta, 759
production methods, 11, 128
puréeing, 664
reheating, 680
roasting. *See* Roasted vegetables
salads, 894
sautéing, 665–667
selecting, 128
shocking to cool, 650
soup, clear, 312
soup, purée, 321
steaming, 651–653
stewing/braising, 677–679
stir-frying, 668–670
stock, 254, 255, 256, 260, 262
storage of, 34, 128–129
sweating, 242, 276, 666, 670
trimming, 623
usable trim, 19
varieties of, 147–177
yield, calculating, 18
Vegetarian diet, protein in, 24
Velouté
in bisque, 326, 328
in cream soup, 316
sauce, 274, 278
Venison, cuts of, 94
Venus grapes, 137
Vermicelli, 214
Vermilion snapper, 107, 108
Vertical chopping machine (VCM), 68
Villeroy sauce, 278
Vinaigrette, 30, 880–882, 889
Vin blanc sauce, 278
Vinegar, 234
flavored, 883
in mayonnaise, 884
in vinaigrette, 881, 882
Viruses, 32
Vitamin A, 26
Vitamin B-complex, 26
Vitamin C, 26
Vitamin D, 26
Vitamin E, 26
Vitamin K, 26
Vitamins and minerals, 24–25
functions and food sources, 26
Volume measure, 15, 17
conversions, 17, 1162

W

Waffle/gaufrette knife cut, 628
Walk-in refrigeration, 65
Walleyed pike, 107, 108
Walnut oil, 233
Walnuts, 219, 221
Water bath, 57, 550, 1092, 1093, 1096, 1117
Watercress, 156, 157
Watermelon, 138, 139
Weakfish, 108
Weight measure, 15, 17
conversions, 17, 1162
equivalents, 1163
Wheat, 201, 203
Wheat allergies, 37
Wheat berries, 201, 203, 1162
Wheat bran, 201, 203
Wheat flour, 202, 203, 1026
Wheat germ, 201, 203
Whelk, 119
Whipped cream
heavy cream for, 182, 183
in mousse, 948, 949, 951
stages of, 1019
Whisks, 52, 53
White sauce, 274–279
White stock, 254, 256, 260, 262
Whole grains, 200
Whole wheat flour, 202, 203
Wild rice, 204, 205, 1162
William pears (Bartlett), 140, 141
Wine
in pan sauce, 491
selecting, 235
Wine steward (*chef de vin*), 10
Wok, 59, 669
Wolf fish, 105, 106
Wood
in grilling process, 424
in smoking process, 434
Workplace
drug and alcohol abuse in, 39
government regulations in, 39
orderly, 7
safety, 6, 38
World cuisines, and culinary exchange, 12

Y

Yams, 173
Yard-long beans (Chinese long beans), 166, 167
Yeast, 234
types of, 1017
viability of, 1026–1027
Yeast dough
baking loaves, 1031
enriched and lean, 1026
fermentation, 1027, 1029, 1031
finishing methods, 1032
ingredients for, 1026–1027
mixing methods, 1027–1028
resting, 1029
shaping, 1030
Yellow potatoes, 171, 173
Yellow squash, 150, 151
Yellowtail snapper, 107, 108
Yield
as-purchased quantity, 18
butcher's yield test, 20–22
edible portion quantity, 19
of fruit and vegetables, 18
recipe conversion factor, 16
Yield percent, 18, 19
Yogurt, 183, 184
frozen, 184
Yucca (manioc), 172, 173
Yukon gold potatoes, 171, 173

Z

Zest, citrus, 891
Zingara sauce, 273
Zucchini, 150, 151

譯名對照

MULTILINGUAL GLOSSARY

依英文字母順序排列

A

a dry marinade　乾式醃醬
a dry rub　乾醃料
à la bretonne　搭配白豆、白花椰菜或朝鮮薊的肉類菜餚
à la carte　單點
à la Florentine　佛羅倫斯式
à la meunière　麥年料理法
à la minute　現點現做
à l'anglaise　英式作法
a shallow pan　淺鍋
abalone　鮑魚
aboyeur　控菜員
absorbing agent　吸收劑
acesulfame K　醋磺內酯鉀
acini di pepe　義大利胡椒粒麵
acorn squash　橡實南瓜
adulterated food　不潔食品
adzuki bean　紅豆
aerate　透氣、膨鬆
aioli　蒜泥蛋黃醬
aitch bone　坐骨
al dente　彈牙
Alaska king crab　阿拉斯加帝王蟹
albacore / tombo　長鰭鮪
Albufera sauce　阿爾布費拉醬
albumen　蛋白
alder　榿木
ale (beer)　愛爾啤酒
alkali　鹼
allemande sauce　日耳曼醬
all-purpose flour　中筋麵粉
all-purpose potatoes　萬用馬鈴薯
allspice (berries)　多香果
allumette　火柴棒狀
almond　扁桃仁
almond butter　杏仁奶油醬
almond oil　杏仁油
almond paste　生杏仁膏
amandine　撒上杏仁配料
amaranth　莧籽
amaretto liqueur　杏仁香甜酒
Américaine sauce　美式醬
American catfish　美洲鯰魚
amino acids　胺基酸
Amish corn and chicken soup　艾美許式雞肉玉米湯
amuse-gueule　餐前點心
anadromous fishes　溯河洄游魚種
anaerobic bacteria　厭氧細菌
Anaheim chile　阿納海辣椒
anal fin　臀鰭
anardana　乾燥石榴籽
anchovy　鯷魚
angel food cake　天使蛋糕
angel hair　義大利天使髮絲麵
anise　茴芹（洋茴香）
annatto seeds / achiote seeds　胭脂樹籽
anodized aluminum　陽極氧化鋁
antioxidants　抗氧化劑
antipasto　義式開胃菜
aorobic bacteria　好氧細菌
APC (as-purchased cost)　採購成本
apéritif　餐前酒
appareil　混合材料
appetizer　開胃菜
apple cider sauce　蘋果酒醬
APQ (as-purchased quantity)　採購量
apricot　杏桃
apron / tail flap　肚臍（螃蟹腹部）
aquaculture　水產業
Arctic char　北極紅點鮭
Arkansas stone　阿肯薩斯磨刀石
Armagnac　雅馬邑白蘭地
aromatic vegetables　芳香蔬菜
aromatics　芳香食材
aromatized wine　加味葡萄酒
arrowroot　葛粉、葛鬱金
arroz blanco　異國風味白飯
arroz Mexicano　墨西哥風味飯
artichoke　朝鮮薊
arugula / rocket　芝麻菜、火箭菜
Asiago cheese　艾斯亞格乳酪
Asian-style marinade　亞洲醬
aspartame　阿斯巴甜
aspic　清湯凍
as-purchased (AP) weight　進貨重量
astringent　澀味的
Atlantic bluefin tuna　大西洋黑鮪（藍鰭鮪）
Atlantic jackknife / razor clam　竹蟶
Atlantic mackerel　大西洋鯖
Atlantic salmon　大西洋鮭
Atlantic sturgeon　大西洋鱘、白鱘
aurore maigre sauce　魚香金黃醬
aurore sauce　金黃醬

B

baba ghanoush　中東茄泥蘸醬
baby artichoke　迷你朝鮮薊
baby back ribs　豬小肋排
baby bok choy　迷你青江菜
baby octopi　小章魚
baby spinach　嫩菠菜
back ribs　里肌小排
backbone (scapula)　脊骨（肩胛骨）
bacteria　細菌
baguette　法國棍子麵包
Baies rose plant　巴西胡椒木
bain-marie　水浴、隔水燉煮鍋、雙層鍋
bake　烘培
bake blind　盲烤
baked beans　茄汁焗豆
baker　烘焙師
baking powder　泡打粉、發粉、發泡粉
baking soda　小蘇打
baklava　果餡卷
balance beam scale　天平秤
ball and socket joint　杵臼關節
ball-bearing rolling pin / the rod-and-bearing pin　軸承式擀麵棍
balsamic vinegar　巴薩米克醋
banneton　發酵籃
barbecue marinade　烤肉醬
barding　包油
barley　大麥
barley flour　大麥麵粉
barquette　船形塔
Bartlett pear　巴特利西洋梨
basmati rice　印度香米
baste　澆淋
basting　塗抹醬汁
batch cooking　大批烹煮
baton / batonnet　切長條
batter　麵糊
Bavarian cream / Bavarois　巴伐利亞餡
Bavaroise　巴伐利亞醬
bay leaf / laurel leaf　月桂葉
bay scallop / Cape Cod scallop / Long Island scallop　海灣扇貝
bayou　流動極為緩慢的河道支流
beak　喙、口器（頭足類動物）
bean sprout　豆芽
bean thread　冬粉
béarnaise　貝亞恩蛋黃醬
beater　拌打器
béchamel sauce　白醬
beefsteak tomato　牛番茄

beer batter　啤酒麵糊
beet　甜菜
beige　米黃色
beignet　貝奈特餅
Belgian endive　比利時苦苣
belly burn　魚腹潰爛（變質魚）
Belon oyster　貝隆蠔
bench knife　麵糰刀
bench scraper　刮板
bench-proof　中間發酵
Benedict　班尼迪克蛋
Bercy sauce　貝西醬
Berny Potatoes　炸杏仁薯球
berry　漿果
beurre blanc　奶油白醬
beurre fondu　融化奶油
beurre manié　生奶油麵糊
beurre noir　黑奶油醬
beurre noisette　褐化奶油
beurre rouge　紅奶油醬
Bhutanese red rice　不丹紅米
bigarade　苦橙醬汁
bigeye tuna / ahi-b　大目鮪
binder　黏結料
binding agent　黏合劑
biofuel　生物燃料
biscotti　義式堅果餅乾
biscuit　比司吉
bisque　法式濃湯
bitter cassava　苦木薯
bittersweet chocolate　苦甜巧克力
bivalve　雙殼類
black fungus　黑木耳
black grouper　黑石斑
black onion seed　黑種草籽
black peppercorn　黑胡椒粒
black sea bass　鱸滑石斑
black soybean　黑豆
black turtle bean　黑眉豆
black-back flounder　黑脊比目魚
blackberry　黑莓
black-eyed peas　黑眼豆
blackstrap molasses　黑糖蜜
blanc　白水
blanch　汆燙
blanquette　法式白醬燉肉
blend　調配
blender　果汁機
blending mixing method　粉油拌合法
Blini　俄羅斯布林薄煎餅
block method　塊狀冷卻調溫法
blood orange　血橙
bloom　軟化明膠、布倫、果粉、霜斑、凝膠力
blue cheese　藍紋乳酪
blue crab　藍蟹
blue Hubbard squash　藍哈伯南瓜
blue mussel　淡菜、紫殼菜蛤
bluefish　扁鰺
Bohémienne sauce　波希米亞醬
boil　沸煮、高溫水煮
boiling potatoes　蠟質馬鈴薯
bok choy / Chinese white cabbage　青江菜
bologna　波隆那肉腸
bolster　刀枕
boning knife　剔骨刀
Bonnefoy sauce　博納富瓦醬
Bordelaise　波爾多醬
borlotti bean / cranberry bean　蔓越莓豆
Borscht　羅宋湯
Bosc　波士梨
Boston lettuce　波士頓萵苣
Boston Scrod　波士頓小鱈魚
bottom round　外側後腿肉
botulism　肉毒桿菌中毒
Bouillabaisse　馬賽魚湯
boulanger　麵包師傅
boule　法式圓麵包
bouquet garni　香草束
bourbon　波本威士忌
Bourguignonne　布根地醬
Boursin　伯森乳酪
box grater　四面刨絲器
braciole　義式肉卷
braise / étouffée / smother　燜煮
braiser / brazier / braising pan　燜鍋
bran　麩皮
bran muffin　麩皮馬芬
brandy　白蘭地
bratwurst　德式肉腸
Brazil nut　巴西堅果
bread flour　高筋麵粉
breakfast sausage　早餐腸
breast　胸
breastbone / keel　胸骨
Bretonne sauce　布列塔尼醬
brie　布里乳酪
brigade system　廚房團隊分工系統
Brillat-Savarin　布利亞薩瓦蘭乳酪
brine　鹵水
brioche　布里歐喜麵包
brisket　前胸肉
broccoli　青花菜
broccoli rabe / rapini　球花甘藍
broccolini　芥蘭花菜
broil　炙烤
broiler　炙烤爐
broiler chicken / broiler　白肉雞
broiler duckling　肉鴨
brook trout　河鱒
broth / 法文 bouillon　清湯
brown bean paste　豆瓣醬
brown butcher paper　包肉的牛皮紙
brown pork stock　豬褐高湯
brown rice　糙米
brown sauce　褐醬
brown stock　褐高湯
brown sugar　赤砂糖、二砂、黃砂糖
brown veal stock　小牛褐高湯
BRT (boned, rolled, and tied)　去骨、捲起並綁紮
bruise　壓扁
brunoise　細丁
bruschetta　炭烤麵包片
brussels sprout　抱子甘藍
bucatini　義大利小孔通心麵
buckwheat　蕎麥
buddhist duck (called pekinduck if the head is removed)　帶鴨頭的全鴨（若去除頭部則稱為北京鴨）
bulgur　布格麥
bulk fermentation　基本發酵
bun　小圓麵包
Bundt pan　圓環蛋糕模
Burgundy　勃艮第葡萄酒
Burgundy sauce　紅酒醬
butcher / 法文 boucher　砧檯廚師
butt tenderloin　腰脊部菲力頭
butter curler　奶油捲製器
buttercream　奶油霜
butterfly　切開攤平
butterhead　抱合型
buttermilk　白脫乳
butternut squash　白胡桃瓜、奶油瓜

C

Cajun　卡津料理
cake flour　低筋麵粉（蛋糕用）
calamari　用魷魚做成的菜
calcium silicate　矽酸鈣
calico scallop　花布海扇蛤
calorie　卡路里
Calvados / applejack brandy　蘋果白蘭地
camembert　卡門貝爾乳酪
Canadian bacon　加拿大培根
canapé　法式小點
candied　糖漬
candy stove　煮糖爐
candy thermometer　煮糖用溫度計
canned　罐裝
cannellini bean　白腰豆
cannoli　奶油甜餡煎餅捲
canola oil　芥花油
cantaloupe　羅馬甜瓜
cap　上蓋肉
capellini　義大利髮絲麵
caper　酸豆
capon (castrated male)　閹（公）雞
Caprese salad　義式卡布里沙拉（義式蕃茄起司羅勒沙拉）
capsaicin　辣椒素
captain / chef d'étage　領班
caramelization　焦糖化反應
carapace　背甲（甲殼）
caraway seed　葛縷子籽
carbohydrate　碳水化合物
carbon dioxide　二氧化碳
carborundum stone　碳化矽磨刀石
carcass　屠體
cardamom　小豆蔻
cardamom pod　小豆蔻莢
carpaccio　生醃料理
carrot　胡蘿蔔
carryover cooking　餘溫加熱
cartilage / gristle　軟骨
carving board　砧板
carving knife　切肉刀
casareccia　義大利扭捲麵
cashew　腰果
cashew butter　腰果醬
casing　腸衣
cassava / yuca / manioc　木薯（樹薯）
casserole　法式砂鍋
cassis　黑醋栗香甜酒
cassoulet　白豆什錦鍋（卡酥來）
cast-iron skillet　鑄鐵煎鍋
Catalina French dressing　卡特琳娜法式沙拉醬
catfish　鯰魚
caudal fin / tail fin　尾鰭
caul fat　豬網油
cauliflower　花椰菜
cayenne　卡宴辣椒
celeriac　根芹菜
celery seed　香芹籽
cellophane noodle　粉條
cellulose　纖維素
centrifuge　離心機
cèpe / porcini　牛肝菌
cephalopod　頭足類
cereal grasses　穀類植物
Certified Angus　認證安格斯牛
ceviche / seviche　檸檬汁醃生魚
Chablis　夏布利白酒
chafing dish　保溫鍋
chain　外條肉
chalaza　卵繫帶
challah　猶太辮子麵包
chamber-type vacuum machine　槽式真空包裝機
champagne　香檳

Champagne / Black Corinth 黑科林斯葡萄
channeled whelk 溝槽香螺
chanterelle 雞油菌
Chantilly cream 香緹鮮奶油
charcuterie 熟肉、熟肉冷盤
charcutière 熟肉師、酸黃瓜醬
Chardonnay 夏多內葡萄、夏多內白酒
charring 燒焦、炭化
chasseur / hunterman's sauce 獵人醬
chateau potato 城堡馬鈴薯
Chateaubriand 夏多布利昂牛排
chaud-froid 冷熱凍
Cheddar cheese 切達乳酪
cheese starter 乳酪菌元
cheesecloth 濾布
chef de partie / station chef 部門廚師
chef de rang 前檯服務生
chef de salle 總領班
chef de service 經理
chef de vin / sommelier 侍酒師
chef's knife / French knife 主廚刀
chef's potato 主廚馬鈴薯
chef's tasting 主廚品味菜
chemical leavener 化學膨大劑
cherry sauce 櫻桃醬
cherry tomato 櫻桃番茄
cherrystone clam 櫻桃寶石蛤（大型櫻桃寶石簾蛤）
chervil 細葉香芹
Chesapeake Bay 乞沙比克灣（美國）
chestnut 栗子、栗樹
chèvre / goat cheese 山羊乳酪
chevreuil 鹿肉醬
chicken oysters 腰眼肉（雞）
chicken velouté 絲絨濃雞醬
chickpea 鷹嘴豆
chiffon 戚風蛋糕
chiffonade (shredding) 切絲
chile relleno 墨西哥油炸辣椒鑲肉
chili con carne 墨西哥辣豆醬
chili powder 辣椒粉
chine (bone) 脊骨
Chinese five-spice powder 中式五香粉
chinois / conical sieve 錐形篩
chives 細香蔥
Chivry sauce 香料白酒醬
chocolate liquor 可可膏
chocolate mint 巧克力薄荷
cholesterol 膽固醇
chop 肉排、切剁
chorizo 西班牙辣肉腸
choron 修隆醬
Choucroute 阿爾薩斯酸菜
Chowder 巧達濃湯
chuck 肩胛肉（部）
chuck roll 下肩胛肉（上肩心）
chutney 印度甜酸醬
ciabatta 義大利拖鞋麵包
cider 蘋果酒
cider vinegar 蘋果醋
ciguatera toxin 熱帶性海魚毒
cilantro / Chinese parsley / coriander 芫荽
cinnamon 肉桂
cioppino 義式燉海鮮湯
clam 蛤蜊
clam juice 蛤蜊汁
clarification 澄清、澄清用食材
clarified butter / drawn butter 澄清奶油
claw 螯足、鉗（龍蝦、螃蟹）
clean-up period 捲起階段
cleaver 剁刀（可用以剁開帶骨肉塊）
clementine 地中海寬皮柑
closed cell foam tape 密閉式泡棉膠帶
clostridium perfringens 產氣莢膜梭菌
clove 丁香
cloverleaf roll 三葉草麵包
club sandwich 總匯三明治
coagulation 凝結
coarse chop 粗剁
coarse salt 粗鹽
coarse sugar / crystal sugar / decorating sugar 粗糖粒
coating 裹料
Cobb salad 科布沙拉
cobbler 酥頂派
cockle clam 鳥蛤
cocktail claws 雞尾酒式蟹鉗（蟹的螯足）
cocoa 可可粉
cocoa butter 可可脂
cocoa solids 可可固形物
coconut oil 椰子油
cocotte / Dutch oven 荷蘭鍋
cod 鱈魚
coddled egg 微熟蛋
cognac 干邑白蘭地
coho salmon / silver salmon 銀鮭
colander 濾鍋
cold pasteurization 冷巴氏殺菌
cold-food chef / 法文 garde manger / pantry chef 冷盤廚師
coleslaw 甘藍菜沙拉
collagen 膠原
collard greens 綠葉甘藍
comal 墨西哥煎烤盤
combi oven 多功能蒸烤爐
combination method 混合烹煮法
commis 助理廚師、學徒
communard 伙食廚師
complete protein 完全蛋白質
complex carbohydrate 複合碳水化合物
composed salad 主菜式沙拉
compote 糖煮水果
compound butter 調和奶油
concassé 番茄丁
concasser 粗切、拍搥
conch / scungille 海螺
Concord grape 康科特葡萄
condensed milk 煉乳
condiment 調味料
conduction 傳導
confectioners' sugar 糖粉
confections 糖果類點心
confiseur 糖果師傅
confit 油封肉
consommé 法式清湯
consommé à la brunoise 蔬菜丁清湯
convection 對流
convection oven 對流式烤爐、熱風式烤爐
convection steamer 對流式電蒸爐
conventional oven 傳統式烤爐
converted rice 改造米
cooking liquid 烹調湯汁
Coquilles St. Jacques 扇貝
coral 龍蝦卵
corn oil 玉米油
corn syrup 玉米糖漿
corned beef 鹽漬牛肉
cornflakes 玉米片
cornflour 玉米澱粉（此為英式稱法，美國稱為 cornstarch）
cornichon 酸黃瓜
cornish cross 美國嫩雛雞（康沃爾雞）
cornmeal 玉米粉
cornstarch 玉米澱粉
cottage cheese 卡達乾酪
cottage ham (cottage butt) 鄉村火腿（以鹵水醃漬的去骨生豬肩肉）
cottonseed oil 棉籽油
couche 烘焙帆布
coulis 蔬果漿
country gravy 鄉村肉汁
country-style 鄉村式
court bouillon 調味高湯
couscous 庫斯庫斯
couscoussière 庫斯庫斯鍋
couverture 調溫巧克力
cowboy steak 帶骨切塊肋排（只含一根短牛骨，骨長一英寸以下）
crabapple 野生酸蘋果
crackling 油炸豬皮
cranberry 蔓越莓
crayfish / crawfish 螯蝦、小龍蝦、淡水龍蝦
cream cheese 奶油乳酪
cream of tartar 塔塔粉
cream puff / profiterole 鮮奶油泡芙
cream soup 奶油濃湯
creamed corn 奶油玉米
creamer potatoe 迷你馬鈴薯
creaming method 糖油拌合法
créme anglaise 英式奶油醬
crème brûlée 烤布蕾
crème de cassis 黑醋栗乳酒
crème fraîche 法式酸奶油
crème pâtissière 卡士達奶油餡
cremini mushroom 棕蘑菇
Creole 克里奧爾料理
crêpe 可麗餅
crêpe pan 可麗餅鍋
crisphead 包被型
croissant 可頌麵包
crookneck squash 彎頸南瓜
croquet monsieur 法式火腿乳酪三明治
croquette 可樂餅
croquette potato 馬鈴薯可樂餅
cross contamination 交叉污染
crostini 脆烤麵包片
croustade 脆皮酥塔
crouton 酥脆麵包
crudité 蔬菜棒
crumb 麵包心、酥粒、碎屑狀
crumb crust 餅乾酥底
crustacean 甲殼類
cubing 切成方丁
cucumber 黃瓜
cuisson 煮液、水煮液體
Cumberland sauce 昆布蘭醬
cumin / cumin seed 孜然
curd 凝乳
cure 鹽醃
curing salt 醃製鹽
curly parsley 捲葉歐芹
currant 醋栗
currant jelly 醋栗凍
currant tomato 醋栗番茄
curry 咖哩
curry leaf 新鮮咖哩葉
custard 卡士達
custard cup 布丁杯
cutability 出肉率（可銷售肉產出量和屠體總重量之間的比率）
cutting in method 油脂切入法
cuttlefish 烏賊、墨魚、花枝

D

daikon　白蘿蔔
daily values (DV)　每日營養素攝取量基準值
danger zone　危險溫度帶
Danish pastry　丹麥酥
D'Anjou　安琪兒西洋梨
dark brown sugar　深色紅糖
dark molasses　深糖蜜
dark roux　深色奶油炒麵糊
darne　厚切魚排
daube　陶鍋燉肉
dauphine　酥皮薯球
dauphine potato　炸薯泥
debeard　去鬚
deck oven　分層烤爐
deckle　邊肉
décorateur　裝飾師傅
deep fat fryer　方形油炸機
deep fry　深炸
deep fryer　深炸機
deep poach　沉浸式低溫水煮
deglaze / déglacer　溶解鍋底褐渣
degrease / dégraisser　撈除油脂
Delmonico potatoes　戴爾莫尼克馬鈴薯
Delmonico steak　戴爾莫尼克牛排
demi-chef de rang　後檯服務生
demi-glace　半釉汁
dent corn　馬齒玉米
dépouillage　撈除浮渣
deviling　加辣
dewberry　露珠莓
dextrose　右旋糖
Diane sauce　黛安醬
diaphragm　橫膈膜
dice　切丁
die　刀網
dietary fiber　膳食纖維
digestif　消化酒
Dijon mustard　第戎芥末
dill sauce　蒔蘿醬
diplomat cream　外交官卡士達餡
diplomate sauce　外交官白醬
dipping sauce　蘸醬
direct fermentation　直接發酵
direct heat　直接加熱
disaccharide　雙醣
display refrigeration　展示型冷藏設備
distilled white vinegar　蒸餾白醋
dock　開口、開孔
dogfish / North Atlantic cape shark　角鯊
doré　上色
dorsal fin　背鰭
double boilers　雙層蒸鍋
double-acting baking powder　雙重反應泡打粉
dough hook　麵糰鉤
Dover sole　多佛真鰈
draining pan　排水盤
drawn fish　去除內臟的全魚
dredge　裹粉
dressed　處理好以供烹調
dressed fish / pan-dressed　精處理魚
dressings　淋醬、沙拉醬
drip pan　滴油盤
drum sieve / tamis　鼓狀篩
drumette　翅腿
drumstick　棒棒腿
dry bread crumbs / 法文 chapelure　乾燥麵包粉
dry cure　乾醃
dry goods　乾燥食材
dry Monterey Jack / dry Jack　蒙特利傑克乾酪
dry mustard　芥末粉
dry sauté　乾煎
dry sherry　干雪利酒
dry white wine　干白酒
Dublin Bay prawn / langoustine / scampi / Norway lobster　挪威海螯蝦
dulce de leche　牛奶焦糖醬
Dungeness crab　黃金蟹
Durum　杜蘭小麥
dust　撒粉
Dutch process　荷蘭法、鹼處理
Dutch-process cocoa powder　鹼化可可粉
duxelles　法式蘑菇泥

E

East Coast oyster / eastern oyster / eastern American oyster　美東蠔
echinoderm　棘皮動物
éclair　閃電泡芙
edamame / green soybean　毛豆
edible-portion (EP) weight　可食部分重量
egg substitute　蛋類替代品、素蛋、代蛋
egg wash　刷蛋液
elbow (macaroni)　義大利彎管麵
electric juicer　電動壓汁機
electric meat slicer　片肉機
electric steamer　電蒸鍋
electronic scale　電子秤
elephant garlic　象蒜
elk　加拿大馬鹿（學名 Cervus canadensis）
émincé　薄肉片
émincer　切薄片
Emmentaler　艾曼塔乳酪
emulsified vinaigrette　乳化油醋醬
emulsifier　乳化料
emulsion　乳化液、乳化物
emulsion sauce　乳狀醬汁
en croûte　酥皮烘焙
en papillote　紙包料理
endosperm　胚乳
English cucumber　英國黃瓜
English dry mustard　英式芥末粉
enoki　金針菇
enriched dough / rich (yeast) dough　高油量麵糰
entrée　主菜
epazote　土荊芥
EPQ (edible portion quantity)　可食部分量
escalope　法式炸薄肉片
escarole　闊葉苣菜
Espagnole sauce　西班牙醬汁
essence　精淬液
Estouffade　愛斯杜菲式燉肉
ethylene gas　乙烯氣體
European flat oyster　歐洲扁蠔
evaporated milk　奶水、蒸發乳
executive chef　執行主廚
exhaust valve　洩氣閥
export style rib　出口形式的帶骨肋脊肉（去除外層脂肪、含有兩個側唇的短切帶骨肋脊排，一般重約7.3-9.1 公斤）
extra virgin olive oil　特級初榨橄欖油
extract　萃取精
extractor　壓汁機
extra-firm bean curd　豆乾
extruder　擠製機
exudate　滲出液
eye muscle　腰眼肉、里肌心
eye round　外側後腿肉眼（鯉魚管）

F

fabrication　分切
facultative bacteria　兼性細菌
falafel　炸鷹嘴豆泥蔬菜球
Fanny Bay oyster　芬尼灣蠔
farce　填餡
farfalle　義大利蝴蝶麵
farmer's cheese　農夫乳酪
farmer-style omelet　鄉村煎蛋捲
farro　法老小麥（二粒麥）
fatback　豬背脂肪
fava bean　蠶豆
feed tube　進料口
femur　股骨
fennel　茴香
fennel frond　茴香葉
fennel sausage　茴香香腸
fenugreek　葫蘆巴
fermentation　發酵
feta　希臘菲達乳酪
fettuccine　義大利緞帶麵
fiber　纖維
fiddlehead　蕨類嫩芽
fideo　西班牙短麵
filé powder　北美檫樹葉粉
filet mignon / tenderloin steak　菲力牛排
fillet / filet　魚片、去骨魚排肉
filleting knife　片魚刀
filleting machine　片魚機
final resting temperature　最終靜置溫度
Financière sauce　費南雪醬
fine-mesh sieve　細網篩
fines herbes　法式綜合香料植物碎末
finfish　有鰭魚類
finger bowl　洗指碗
finger good　手指食物
finger sandwich　長條三明治
fingerling potato　手指馬鈴薯
firm ball　硬質軟球糖漿階段
firm bean curd　板豆腐
firm cheeses　緊實型乳酪
first in, first out (FIFO)　先進先出法
fish chef / poissonier　魚類廚師
fish fumet　法式魚高湯
fish marinade　魚醬
fish poacher　煮魚鍋
fish sauce　魚露
fish scaler　刮鱗器
fish steak　魚排
five-spice powder　五香粉
flageolet bean　笛豆
flaky pie dough　酥質派皮麵糰
flank steak　腹脇肉排
flat fish　扁身魚
flat omelet　扁煎蛋捲
flatbread　無酵餅
flat-leaf parsley / Italian parsley　平葉歐芹（義大利香芹）
flattop / flat top　內置式平面爐頭
flattop range　內置式平面爐連烤箱
flavor profile　風味組合
flavored oil　風味油
flavoring additive　調味添加物
fleurons　酥皮裝飾
flexible silicone mode　矽膠模
flint corn / Indian corn　硬粒玉米
Florida Keys　佛羅里達礁島群
Florida oyster　佛羅里達蠔
flounder　比目魚

flour corn 粉質玉米
flour tortilla 墨西哥薄餅、墨西哥麵粉薄餅
flour-and-water dough 水麵糰
fluke / summer flounder 大西洋牙鮃、夏季比目魚
foaming mixing method 發泡混合法
focaccia 佛卡夏
foie gras 鵝肝或鴨肝
fold 切拌
folded omelet 摺式煎蛋捲
fond 基底高湯
fondant 翻糖
fondue 瑞士乳酪火鍋、瑞士牛肉鍋
Fontina cheese 風提那乳酪
food chopper / buffalo chopper 食物切碎機、細切機
food code 食品準則
food coloring gel 食用色膠
food coloring liquid 食用色漿
food coloring paste 食用色膏
food cost 食物成本
food irradiation 食品輻射照射
food mill 食物碾磨器
food processor 食物調理機
food science 食品科學
food service 餐飲服務
food-borne illness 食物感染病
forbidden black rice 黑米
forcemeat 重組肉
Forelle pear 佛瑞梨
forequarters 前軀
foreshank 前腿腱肉
fork-tender 叉子可插入肉中
fortified wine 加烈葡萄酒
fowl 老母雞
Foyot / Valois 弗祐醬、瓦盧瓦醬
framboise 覆盆子香甜酒
frankfurters 法蘭克福香腸
free-range 放養
freeze-drying 冷凍乾燥
freezer burn 凍燒、凍斑
fregola sarda / Italian couscous 義大利珍珠麵
French 法式剔骨
French radish 法國小蘿蔔
French toast 法國吐司
freshwater shrimp 淡水蝦
Fresno 弗雷斯諾辣椒
Fricassée 白醬燉肉
fried egg roll 炸春捲
frijoles Refritos 墨西哥豆泥
frisée 綠捲鬚苦苣
frisée hearts 綠捲鬚苦苣心
frittatas 義式蛋餅
fritter 油炸餡餅
fromage blanc 白乳酪
frosting 淋面、淋醬
frozen yogurt 霜凍優格
fructose 果糖
fruit brandy 水果白蘭地
fry chef / friturier 油炸廚師
fryer chicken 炸用雞
full tang 全龍骨一體結構（刀的龍骨與刀柄幾乎等長）
fumet 法式高湯
fusilli 義大利螺旋麵
Fuyu persimmon 富有柿

G

gag grouper 小鱗喙鱸
Gala apple 加拉蘋果
galangal 南薑
galantine 肉凍卷
galette 法式酥餅
game 野味
ganache 甘納許
garam masala 印度綜合香料
garbure 法式甘藍菜濃湯
garden thyme 庭院百里香
garlic greens 蒜苗
garlic powder 蒜粉
garni 綴上
garnish 裝飾
gas steamer 瓦斯蒸箱
gastrique 焦糖醋醬
gastropod 腹足類
gauge 金屬烤模規格（指金屬的厚度，如 heavy-gauge oven pan 為厚烤模，light-gauge 為薄烤模）
gazpacho 西班牙冷湯
gelatin 明膠、吉利丁
gelatinization 糊化
gelation 凝膠化
gelato 義式冰淇淋
genetically modified organism (GMO) 基因改造生物
Genevoise / Génoise 日內瓦醬
genoa salami 熱納亞薩拉米肉腸
génoise 法式海綿蛋糕
geoduck clam / Pacific geoduck 象拔蚌
Georges Bank （美國）喬治沙洲
germ 胚芽
gfremolata 義式檸檬醬
ghee 印度酥油
gherkin 醃黃瓜
giblets 禽內臟
gill filament 鰓絲
gill plate 鰓板
ginger 薑
ginger ale 薑汁汽水
gingersnap 脆薑餅乾
ginger-soy dipping sauce 薑味醬油蘸醬
gizzard 雞胗
glacé 淋醬
glace de viande 肉湯釉汁
glace de volaille 雞湯釉汁
glaze 蜜汁、釉汁、淋醬
glucose 葡萄糖
glue 黏膠
glutamic acid 麩胺酸
gluten 麵筋、麩質
gluten strands 麵筋網狀結構
glutinous rice / sticky rice 糯米
gnocchi 義式麵疙瘩
golden beet 黃金甜菜
golden brown 金褐色
Golden Delicious apple 金冠蘋果
golden raisin 黃金葡萄乾
goose 鵝
gooseberry 鵝莓
gooseneck 鵝頸肉（牛肉）
Gorgonzola 戈根索拉乳酪
Gouda cheese 高達乳酪
goujon 鮈魚
goujonette 魚柳
goulash 匈牙利燉牛肉
Graham cracker 消化餅
graham flour 粗全麥麵粉
Grana Padano 帕達諾乳酪
Grand Marnier 柑曼怡橘酒
grande sauce 經典醬汁
Granny Smith Apple 翠玉蘋果、澳洲青蘋
granola 烤蜂蜜燕麥脆片（燕麥棒）
grapeseed oil 葡萄籽油
grated ginger 生薑刨絲
grated orange zest 柳橙皮刨絲
gratin 焗烤、焗烤醬
gratin dauphinoise 馬鈴薯千層派
grating cheese 刨絲乳酪
gravlax 漬鮭魚
gray sole / witch flounder 美首鰈
Great Northern bean 大北豆
greater amberjack 紅甘、杜氏鰤
green bean 四季豆
green cabbage 高麗菜
green goddess dressing 綠女神醬
green leaf lettuce 綠葉萵苣
green mussel 孔雀蛤、綠殼菜蛤
green onion 蔥（青蔥）
green pea / English pea / garden pea 青豆、青豆仁
green salad 青蔬沙拉
green Thai chile 泰國青辣椒
Green Zebra tomato 綠斑馬番茄
grenadin 取自腰肉的大塊肉
griddle 煎烤盤
grill 燒烤、燒烤爐
grill chef / grillardin 燒烤廚師
grill pan 烙紋煎烤鍋
grilled pork 燒烤豬肉
grissini 義大利麵包棒
griswold 鑄鐵平底鍋
grits 美式粗玉米粉
groat 脫殼燕麥粒
ground chile 研磨乾辣椒
grouper 石斑魚
Gruyère 格呂耶爾乳酪
guacamole 墨西哥酪梨醬
guava 番石榴
guava marmalade 果肉和皮的番石榴果醬
guava paste 番石榴醬
guiding hand 非持刀手
guinea fowl 珍珠雞
Gulf of Maine 緬因灣
gum 膠、膠質
gumbo 秋葵濃湯

H

H & G / headed and gutted / head-off drawn 去頭去內臟的魚
habanero 哈瓦那辣椒
Hachiya persimmon 蜂屋柿
haddock 黑線鱈
Haimlich maneuver 哈姆立克急救法
half hitch knot 半扣結
half-and-half 半對半鮮奶油
halibut 大比目魚、庸鰈
ham 後腿肉、火腿
ham hock 後腿蹄膀
ham prepared by smoking 煙燻後腿肉（煙燻火腿）
handsaw 手鋸
hard ball 硬球糖漿階段
hard cheeses 硬質乳酪
hard crack 脆糖階段
hard ganache 硬甘納許
hard red spring wheat 硬紅春小麥
hard red winter wheat 硬紅冬小麥
hard roll 硬式圓麵包
hard white winter wheat 硬白冬小麥
hard-cooked / boiled egg 全熟蛋
haricot / pulse 豆
haricots blancs 法式白豆
haricots verts 法國四季豆
Harissa 哈里薩辣醬
hash 肉末馬鈴薯泥
hash brown potato 煎馬鈴薯
Hass avocado 哈斯酪梨
haunch 後臀

hazard analysis critical control point (HACCP)　危害分析重要管制點
hazelnut　榛果
head cheese　豬頭肉凍
heading cabbage　結球甘藍
heading lettuce / head lettuce　結球萵苣
heavy cream　高脂鮮奶油
heavy ganache　重甘納許
heavy-bottomed sauté pan　厚底煎炒鍋
heel of the knife　刀跟
heirloom variety　祖傳原生種
hen turkey　母火雞
herb　香料植物
high-carbon steel　高碳鋼
high-ratio cake　高糖分蛋糕
hindshank　後腿腱肉
hock　蹄膀
hoisin sauce　中式海鮮醬
Hollandaise　荷蘭醬
hollow ground　凹磨刀
hollow-ground　凹磨
Homard à l'anglaise / lobster sauce　龍蝦醬
home fries　薯塊
hominy　脫殼玉米粒
homogenization　均質化
honeycomb tripe　蜂巢胃
Honeycrisp　蜜脆蘋果
honeydew　蜜瓜、蜜露瓜
honing　修刀
hors d'oeuvre　開胃點心
horseradish　辣根
hot bean paste　辣豆瓣醬
hot box　食品保溫箱、電熱箱
hot sauce　辣醬
hot water bath　熱水浴、熱水浴槽
hotel pan　方形調理盆
hotel rack　未修整的肋脊排
Hudson Valley camembert　哈德遜河谷卡門貝爾乳酪
huevos rancheros　墨西哥鄉村蛋餅
huitres / oyster sauce　牡蠣醬
hummus　鷹嘴豆泥醬
hybrid striped bass　混種銀花鱸
hydrogenation　氫化作用
hydroponics　水耕法
hygiene　衛生

I

ice milk　乳冰
iceberg lettuce　捲心萵苣
ice-glaze　包冰、包冰衣
icing　糖霜
Idaho potato　愛達荷州馬鈴薯
immersion blender / hand blender / stick blender / burr mixer　手持式攪拌棒
in casserole　製作法式砂鍋菜
individually quick frozen (IQF)　個別急速冷凍
induction burner　電磁爐
infection　感染
infused oils　浸漬油
infusion　浸漬
in-package pasteurization　袋內消毒
instant-read thermometer　速讀式溫度計
intestines　腸
intoxication　中毒
inventory　庫存
invert sugar　轉化糖
invertebrate　無脊椎動物
iodine　碘
iodised salt　加碘鹽
ionizing radiation　游離輻射
Israeli couscous　以色列庫斯庫斯
Italian meringue　義大利蛋白霜
Italian plum　義大利李子
Italian sausage　義大利香腸
Italian sweet sausage　義大利羅勒香腸
Italienne　義大利醬

J

Jack Be Little pumpkin　傑克迷你南瓜
jaggery　印度黑糖
Jalapeño　哈拉佩諾辣椒
jalapeño Jack　哈拉佩諾辣椒傑克乳酪
Jamaican Jerk Pork　牙買加炭烤豬肉
jambalaya　什錦飯
Japanese / Pacifi / West Coast oyster　日本蠔、太平洋蠔、美西蠔
jardinière　什錦配菜
jasmine rice　泰國香米
jelly　果凍、果漿醬
Jerked Game Hens　牙買加辣烤春雞
Jerusalem artichoke /sun-choke　菊芋
jícama　豆薯
Job's tears　薏仁
John Dory / (in Europe) St. Peter's fish　多利魚
Jonah crab　北黃道蟹
jowl　頰肉
julienne　切絲
juniper berry　杜松子
jus　原汁
jus de gibier　野味褐高湯
jus de veau lié　速成小牛褐醬
jus de viande　肉汁
jus de volaille lié　速成禽肉褐醬
jus lié　速成褐醬

K

kabobs　烤肉串
kabocha　日本南瓜
kaffir lime　箭葉橙
kahlua　卡魯哇咖啡酒
kaiser roll　凱薩餐包
kale　羽衣甘藍
kamb marinade　羊肉醃醬
kasha　烘製蕎麥
Key lime　墨西哥萊姆
kidney bean　腰豆
kielbasa　波蘭香腸
kimchi　韓國泡菜
king crab　帝王蟹
king mackerel　土魠（康氏馬加鰆）
king salmon　帝王鮭
kirsch　櫻桃白蘭地
kitchen fork　肉叉
kitchen scissors　廚房剪刀
knead　揉麵
kneecap　膝蓋骨
knot　繩結小麵包
knuckle　後腿股肉（和尚頭）
kohlrabi / cabbage turnip　大頭菜
Korean starch noodles　韓式粉絲
kosher　猶太食品認證
kosher meats　猶太認證肉
kosher salt　猶太鹽
Kumamoto oyster　熊本蠔

L

lactose　乳糖
lager　拉格啤酒
lame　麵糰割紋刀
laminate　反覆摺疊
laminated dough　千層麵糰
land snail / escargot　食用蝸牛
lard　豬油
larding　穿油
lardon / lardoon　豬脂肪條
lasagne　義大利千層麵
lateral line　側線（魚類）
lavash　中東鹹脆餅
leaf lettuce　葉萵苣
lean dough　無油麵糰
lean ground beef　瘦牛絞肉
leavener　膨發劑
lecithin　卵磷脂
leek　韭蔥
legume　豆科植物
legumier　素菜廚師
lemon basil　檸檬羅勒
lemon sole　小頭油鰈、小型歐洲比目魚
lemon thyme　檸檬百里香
lemongrass　檸檬香茅
lentils　扁豆
lesser amberjack　斑紋鰤
liaison　蛋奶液
licorice　甘草
light brown sugar　淺色紅糖
light corn syrup　透明玉米糖漿
light cream / single cream / reduced cream　低脂鮮奶油
light molasses　淺糖蜜
light soy sauce　淡色醬油
lily buds　金針
lima bean / butter bean　皇帝豆
limewater　石灰水
Limousin beef　利木贊牛
line cook / sous chef　二廚
linen cloth　亞麻布
linguine　義大利細扁麵
linseed oil　亞麻籽油
liquefier　液化物
liqueur　香甜酒
liquor　海鮮原汁
littleneck clam　小圓蛤（小型櫻桃寶石簾蛤）
loaf　吐司、一整條
loaf pan　吐司模
lobe　腺體中的大葉
lobster mushroom　龍蝦菇
lock-in　裹入
London Broil　炙烤醃牛肉
long bean　長豇豆
long or short soak method　長泡或短泡法
long-grain white rice　長粒白米
lorette potato　炸薯球
lovage　圓葉當歸
low-fat milk　低脂牛奶（通常專指乳脂肪含量為 1% 者）
lox　燻鮭魚
lozenge cut (diamond)　切菱形片
Lyonnaise　里昂式烹煮法、里昂醬

M

macadamia (nut)　夏威夷豆、夏威夷堅果
macaire potatoes　法式薯餅
macaroon　馬卡龍
mace　肉豆蔻乾皮
mâche / lamb's lettuce　萵苣纈草、羊萵苣

Madeira　馬德拉酒
magnesium carbonate　碳酸鎂
mahi mahi　鬼頭刀、鯕鰍
maillard reaction　梅納反應
Maine potatoes　緬因州馬鈴薯
maitake / hen-of-the-woods　舞菇
maître d'hôtel butter　香草奶油
maître d'hôtel　餐廳總管
mako shark　馬加鯊、鯖鯊
malanga　千年芋、黃體芋
mallet　肉錘
Malpeque oyster　莫爾佩克灣蠔
Maltaise　馬爾他醬
maltose　麥芽糖
Manchego cheese　蒙契格乳酪
mandarin orange　橘子
mandoline　蔬果切片器
Manila clam　菲律賓簾蛤
mantle　（魷魚、章魚等的）外套膜
maple sugar　楓糖
marbling　油花、大理石紋
marchand de vin sauce　法式紅酒醬
margarine　人造奶油
marinate　醃滷、醃漬、醃汁、醃醬、醃粉
marjoram　墨角蘭
mark on a grill　煎烤紋
marmalade　橘皮果醬
maroon　棕紅色
marrow bones　髓骨
Marsala　馬沙拉酒
marzipan　塑形用杏仁膏
masa　馬薩麵糰
masa harina　墨西哥馬薩玉米麵粉
mascarpone　馬士卡彭乳酪
matelote　馬拉特醬、馬拉特燉魚
matignon　什錦蔬菜丁
matsutake　松茸
matzo　猶太教逾越節無酵餅
mayonnaise　蛋黃醬
McIntosh apple　旭蘋果
meal　穀物粉
mealy pie dough　粉質派皮麵糰
mealy yellow potato　粉質黃肉馬鈴薯
measuring pitcher　量壺
meat glaze　肉釉汁
meat grinder　絞肉機
meat packer　肉商
meat slicer　片肉機
meatloaf　美式肉餅
mechanical leavener　機械膨發
medallion / 法文 noisette　迷你菲力
medium peaks　中性發泡
melting cheese　融化型乳酪
meringue　蛋白霜
merlot　梅洛
mesclun greens　綜合生菜
mesh sieve / strainer　網篩
mesophilic　嗜溫性
mesquite　牧豆樹
metabolism　新陳代謝
metal spatula　金屬鏟
methi seed　葫蘆巴籽
Mexican chorizo　墨西哥辣香腸
Mexican posole　墨西哥玉米湯
Meyer Lemon　梅爾檸檬
microwave oven　微波爐
mie　麵包心
Milanese sauce　米蘭醬
milk fat / butterfat　乳脂
milk solid　乳固形物
milking mthod　擠牛奶法
mill　碾磨
millet　小米、粟
mince　切末
minestrone　義大利蔬菜濃湯
minimum safe temperature　最低安全烹食溫度
mint　薄荷
mirepoix　調味蔬菜
mirin　味醂
mirliton / chayote　佛手瓜、合掌瓜
mise en place　烹飪前的準備工作
molasses　糖蜜
mole negro　墨西哥黑醬
mollusk　軟體動物
molluskan shellfish　貝類軟體動物
monkfish / anglerfish　鮟鱇魚
monosodium glutamate (MSG)　麩胺酸鈉、味精
monounsaturated fat　單元不飽和脂肪酸
monter au beurre　奶油乳化
Monterey Jack　蒙特利傑克乳酪
moose　駝鹿（北美稱法，學名 Alces alces）
morel　羊肚菌
Mornay sauce　莫奈醬
mortadella　摩塔戴拉大肉腸
mother sauce　母醬
moulard duck　穆勒鴨
mousse　慕斯
mousseline　慕斯林
mozzarella　莫札瑞拉乳酪
muesli　即食穀製乾點
muffin　馬芬
muffin tin　馬芬烤盤
mung bean　綠豆
muskmelon　麝香甜瓜
mussel　貽貝
mustard greens　芥菜葉
musty　霉味
mutton　（成年羊）羊肉

N

napa cabbage / Chinese cabbage　大白菜
Napoleon　拿破侖酥、法式千層酥
nappé　覆上醬汁
navarin　燉羊肉
navel orange　臍橙
navy bean　海軍豆
neck bones　頸骨
nectar　果泥飲料
nectarine　油桃
needle-nose pliers　尖嘴鉗
New Mexico chile　新墨西哥辣椒
new potato　新馬鈴薯
niçoise olive　尼斯黑橄欖
noisette　榛果色
nonbony fish　非硬骨魚
nonoily fish　低脂魚
nonreactive pot　不起化學反應的鍋具
nori　海苔
Normande sauce　諾曼地醬
northern lobster / Maine lobster / (North) American lobster　波士頓龍蝦
nouvelle cuisine　新式烹飪
Nova Scotia　加拿大新斯科細亞省
nutmeg　肉豆蔻
nutrient　營養素
nutrition　營養

O

oat　燕麥
oatmeal stout　燕麥司陶特啤酒
oblique cut / roll cut　滾刀塊
octopus　章魚
offal　下水、內臟
offset palette knife　曲柄金屬抹刀
offset spatula　曲柄長煎鏟
oignon brûlé　乾焦洋蔥
oignon piqué　月桂丁香洋蔥
okra　秋葵
old bay seasoning　美式海鮮調味粉
Olympia oyster　奧林匹亞蠔
omega-3 fatty acids　omega-3 脂肪酸、ω－3 脂肪酸
omelet　煎蛋捲
Omelet Marcel　馬榭爾蛋捲
omelet pan　蛋捲煎鍋
onion powder　洋蔥粉
onions　蔥類
opal basil　紫葉羅勒
open burner　開放式爐頭
open-burner range　開放式爐連烤箱
operculum / gill cover　鰓蓋
orange　橘色、甜橙
orange liqueur　柑橘香甜酒
orecchiette　義大利貓耳朵麵
oregano　奧勒岡（牛至）
organ meat　內臟肉
organic beef　有機牛肉
organic leavener　有機膨脹劑
orzo　義大利米粒麵
osso buco　小牛膝、義式燉小牛膝
oven spring　爐內膨脹
overcook　過度烹調
oxtail　牛尾
oyster　牡蠣、蠔
oyster knife　牡蠣刀
oyster mushroom　蠔菇

P

paella　西班牙燉飯
paillard　捶敲過的薄切肉排
pain de campagne　法式鄉村麵包
palette knife　金屬抹刀
palm sugar　棕櫚糖
palm vinegar　棕櫚醋
Paloise　波城醬
pan broiling　鍋炙
pan dressed　精處理
pan fry　煎炸
pan gravy　鍋底肉汁醬
pan sauce　鍋底醬
pan seasoning　養鍋
pan steam　鍋蒸
panada　醬麵糊
pancake　美式煎餅
pancetta　義大利培根
Panini　帕尼尼
panko　日式麵包粉
panzanella　麵包沙拉
papain　木瓜蛋白酶
paper towel　紙巾、廚房紙巾
paprika　紅椒粉
par stock　標準庫存量
parboiled　（蒸成）半熟
parboiled rice　預熟米
parchment　烘焙油紙
parcook　煮成半熟
paring knife　削皮小刀
Parisian sauce　巴黎醬
parisienne scoop　蔬果挖球器
Parker House roll　派克屋麵包
Parmigiano-Reggiano　帕爾瑪乳酪
parsley　歐芹
parsnip　歐洲防風草塊根
partridge　鷓鴣
pass-through　雙通式

pasta 義式麵食
paste 糊醬
pasteurization 巴氏殺菌法
pastrami 猶太煙燻牛肉
pastry 西點、酥皮
pastry bag 擠花袋
pastry chef / 法文 pâtissier 甜點廚師
pastry cream 卡士達奶油、卡士達餡
pastry dough 點心麵糰
pastry flour 低筋麵粉（派皮、西點用）
pastry shells 派皮、塔皮
pâté 法式肉派、麵
pate a bombe 炸彈麵糊
pâte à choux 泡芙麵糊
pâte brisée 酥塔皮、油酥鹹麵糰、鹹派皮
pâté de campagne 法式鄉村肉醬
pâté en croûte 法式酥皮派
pâte en croûte mold 法式酥皮派烤模
pâte feuilletée 法式千層酥皮
pâté mold 法式肉派模
pâté spice 香料肉醬
pâte sucrée 甜塔皮
pathogens 病原體
pâtissier 西點廚師
pattypan squash 飛碟南瓜
paupiette 肉卷、魚肉卷
pavé 方形魚排
pear tomato 梨形番茄
pearl barley / pearled barley 珍珠麥
pearl onion 珍珠洋蔥
pecan 胡桃、美洲山核桃
Pecorino Mugello 穆傑羅佩科利諾乳酪
Pecorino Romano 羅馬佩科利諾乳酪
pectin 果膠
pectoral fin 胸鰭
peel 麵包鏟
pelvic bone 髖骨
pelvic fin 腹鰭
penne (pasta) 義大利筆管麵
pepita 南瓜籽
Pepper Jack cheese 辣椒傑克乳酪
peppercorn 胡椒籽
peppermint 胡椒薄荷
Percian lime 波斯萊姆
periwinkle 玉黍螺
permit 紅杉魚、黃臘鰺
pernod 茴香酒
Persian melon 波斯甜瓜
persillade 歐芹蒜泥醬
persimmon 柿子
pescado frito 西班牙炸魚
pesto 青醬
petits fours 酒會小點
petrale sole 喬氏蝶鰈
PH scale 酸鹼值
pheasant 雉雞
Philly hoagie 費城牛肉三明治
phyllo / filo dough 費洛皮、費洛麵糰
physical leavener 物理膨脹
phytochemical 植物性化學物質
pickle 醃漬食物
pickling salt / canning salt 泡菜鹽
pickling spice 醃漬辛香料
pick-up period 拾起階段
picnic 前腿肉
Pico de Gallo 公雞嘴莎莎醬
pie weight 壓派石
pigeon 鴿
pigeon pea 樹豆
pilaf 香料飯
pimentón 甜味紅椒粉
pimiento 甜椒
pin bone （魚類的）針狀骨
pincage 茄香綜合蔬菜
pineapple sage 鳳梨鼠尾草
pink peppercorn 粉紅胡椒粒
pink shrimp 沙蝦
Pinot Meunier 皮諾莫尼耶葡萄
Pinot Noir 黑皮諾葡萄
pinto beans 斑豆、墨西哥花豆
piping 擠花
piquant 嗆辣
pistachio 開心果
pita bread 希臘袋餅
plaice / rough dab 歐洲鰈
plantain 大蕉
plate 腹肉
pluches / sprigs 小枝
plum 李子
plum tomato 橢圓形番茄
poach 低溫水煮
poaching eggs 水波蛋
poêlé / pot roast 鍋爐烤
poison ivy 毒葛
poivrade 胡椒醬
polenta 義式粗玉米粉
pollack 青鱈
polyunsaturated acid 多元不飽和脂肪酸
pommery mustard 芥末籽醬
pompano 鯧鰺
poppy seed 罌粟籽
pork belly 豬腹脇肉（豬腩、五花肉）
pork butt / boston butt 豬肩背肉（梅花肉）
pork picnic 豬前腿肉（下肩肉）
porridge 稠粥
port 波特酒
portable refrigeration 移動型冷藏櫃
porterhouse 紅屋牛排
portion cutting 分切成份
portion-size cuts 分切成份的肉塊
portobello mushroom 波特貝羅大香菇
pot cheese 罐子乳酪
potassium chloride 氯化鉀
potato flakes 馬鈴薯雪花片
potato katkes 猶太薯餅
potato latkes 馬鈴薯煎餅
potato starch 太白粉
Potatoes Anna 安娜馬鈴薯派
potatoes au gratin 焗烤薯片
pot-au-feu 法式蔬菜燉肉鍋
poultry seasoning 禽肉調味粉
poussin 普桑雞（春雞）
powdered egg 蛋粉
powders 細粉
praline paste 杏仁果仁醬
prawn 明蝦
pre-ferment 預發酵麵種
prepared mustard 美式芥末醬
presentation side 擺盤正面
preserve 醃水果
preserving pan 果醬鍋
pressed steel 沖壓鋼
pressure processing 高壓殺菌（罐裝食品）
pressure steamer 壓力蒸鍋
primal cuts 初步分切
printanière 春季時蔬
prix fixe 定價套餐
probe thermometer 探針溫度計
profi terole 泡芙塔
proof 最後發酵
proof box 最後發酵箱
prosciutto 義式乾醃生火腿
protein-tenderizing enzyme 蛋白質軟化酵素
Provençal (e) / À la Provençale 普羅旺斯式
prune 李子乾
PSMO (perfect side muscle off) 修清側邊條
puff pastry 起酥皮
pullet 小母雞（不到一歲的稚齡母雞）
pullman bread 帶蓋吐司
pullman loaf pan 帶蓋吐司模
pumpernickel 粗裸麥酸麵包
pumpernickel flour 粗磨全穀裸麥麵粉
purée 攪泥、打泥、攪打成泥、打成泥狀
purple potato 紫色馬鈴薯
purveyor 供應商

Q

quahog / quahaug clam 櫻桃寶石簾蛤
quail 鵪鶉
quatre épices 法國四香粉
quenelle 法式肉丸、法式魚糕
queso fresco 墨西哥鮮乳酪
Quiche Lorraine 洛林鹹派
quick bread 快速法麵包
quince 榅桲
quinoa 藜麥

R

rabbit 兔肉
rack 肋脊排
radiant heat 輻射熱
radicchio 紫葉菊苣
radish 蘿蔔、紅皮蘿蔔
raft 黏附筏
ragoût 蔬菜燉肉
rainbow Swiss chard 彩虹莙薘菜
rainbow trout 虹鱒
raita 印度優格蘸醬
ramekin / ramequin 小烤皿
ramp 野生韭蔥
range 爐連烤箱
rapeseed oil 菜籽油
rasp 刨絲棒
raspberry 覆盆子
ratatouille 普羅旺斯燉菜
rat-tail tang 鼠尾型龍骨
rau ram 越南香菜
ravigote 法式酸辣醬
ravioli 方麵餃
raw sugar 粗糖
raw wine 生酒
reamer 錐形榨汁器
recipe conversion factor (RCF) 食譜換算因子
recontamination 再汙染
recrystallization 再結晶作用
red Bartlett 紅巴特利西洋梨
red bird chile 鳥眼辣椒
red bliss / red potato 紅皮馬鈴薯
red cabbage 紫甘藍
red curry paste 紅咖哩醬
Red Delicious apple 五爪蘋果
red Fresno chile 弗雷斯諾紅辣椒
Red Globe grape 紅地球葡萄
red grouper 赤點石斑
red kuri 紅栗南瓜
red leaf lettuce 紅葉萵苣
red radish 櫻桃蘿蔔
red snapper 赤鯖笛鯛
red wine vinegar 紅酒醋

reduce　收乾
reduced-fat milk　低脂鮮乳（可泛稱乳脂肪含量為1-2%的鮮乳，亦可專指含量2%者）
reduction　濃縮湯汁
reef fish　珊瑚礁魚種
refresh　返鮮
refried bean　墨西哥炒豆泥
refrigerated cart　冷藏車
Régence　麗津醬
reindeer　馴鹿（北美稱為caribou，學名Rangifer tarandus）
relish　酸甜醃菜、醃漬小菜
remouillage　二次高湯
render　熬煉
rennet　凝乳酶
rest　靜置
Reuben sandwich　魯本三明治
rex sole　美洲美首鰈
rhizome　地下莖
rhubarb　大黃
rib　肋脊肉（部）
rib end of loin　肋骨段腰脊肉
rib eye　肋眼肉
rib eye lip on　帶側唇肋眼肉
rib steaks / entrecôte　肋眼牛排
rice bean　赤小豆
rice flour　米穀粉
rice milk　米漿
rice noodles　粄條（河粉）
rice vermicelli　米線
rice wine vinegar　米酒醋
ricer　壓泥器
ricotta　瑞可達乳酪
ricotta salata　鹽漬瑞可達乳酪
rigatoni　義大利橫紋粗管麵
rillette　熟肉醬
rind-ripened cheeses　帶皮熟成乳酪
ring top range　環形爐連烤箱
risotto　義式燉飯
roast　烘烤
roast chef / rôtisseur　烘烤廚師
roaster chicken / roaster　烘烤用雞
roaster duckling　烘烤用鴨
roasting pan　烤肉盤
Robiola cheese　羅比歐拉乳酪
rock shrimp / hard-shelled shrimp　岩蝦、硬殼蝦
rock sole　雙線鰈
roe　魚卵
roe sack　（海產的）卵囊
rolled oats　傳統燕麥片
rolled omelet　捲式煎蛋捲
rolled steel　軋鋼
roll-in　裹入油
rolls　圓麵包
Roma tomato　羅馬番茄
romaine　蘿蔓
romaine lettuce　蘿蔓萵苣
romano bean　義大利扁豆
Romano cheese　羅馬諾乳酪
rondeau　雙耳燉鍋
rondelle　切圓片
root beer　麥根沙士
root vegetable　根菜類
Roquefort　洛克福乳酪
rosemary　迷迭香
rosewood　花梨木
rösti　瑞士薯餅
rotary peeler　旋轉削皮器
roughage　粗料、纖維性食物
roulade　肉卷、瑞士卷
round　後腿肉、臀肉
round fish　圓體魚
roundsman / 法文 tournant / swing cook　跑場廚師
roux　奶油炒麵糊
royal glaçage　皇家鏡面醬
royal sauce　皇家醬
royale　蒸烤蛋
RTE (ready to eat)　可即食
rub　醃料、抹料
rubbed pie dough　搓揉式派皮麵糰
rubbed-dough method　油脂搓揉法
rubber spatula　橡膠抹刀
ruby port　紅寶石波特酒
ruby red grapefruit　紅寶石葡萄柚
rum　蘭姆酒
rusk　麵包脆餅
russet potato / Idaho potato / baking potato　赤褐馬鈴薯
rutabaga / yellow turnip　蕪菁甘藍
rye　裸麥、黑麥

S

sabayon　沙巴雍
saccharin　糖精
sachet d'épices　香料包
saddle　背肉、鞍肉
safe food handling　安全食品處理方式
safflower oil　紅花籽油
saffron　番紅花
sage　鼠尾草
salad burnet　小地榆
salad oil　沙拉油、風味清淡的植物油
salad spinner　沙拉脫水器
salamander　上明火烤爐
salami　義式薩拉米香腸
salsa roja　莎莎紅醬
salsa verde cruda　莎莎粗青醬
salsify / oyster plant　黑皮波羅門參、西洋牛蒡
salt cod　鹽漬鱈魚
salt substitute　代鹽
salted butter　含鹽奶油
saltpeter　硝酸鉀
samosa　印度咖哩餃
sampler plate　拼盤
sanitation　公共衛生
sanitize　消毒
sardine　沙丁魚
sashimi　生魚片
satay　沙嗲
saturated fat　飽和脂肪
sauce base　醬底
sauce pot　湯鍋
Sauce Robert　霍貝赫褐芥醬
sauce vin blanc　白酒醬
saucepan　醬汁鍋
sauerbraten　德式醋燜牛肉
sauerkraut　德國酸菜
sausage　香腸
sauté　煎炒
sauté chef / saucier　醬汁廚師
sauté pan　平底煎炒鍋
sauteuse　煎炒鍋
sautoir　平底深煎鍋
savory　香鹹的、助消化菜、香薄荷
savoy cabbage　皺葉甘藍
saw leaf　刺芹葉
saw leaf herb　刺芹
scald　加熱至接近沸點、汆燙
scale　過秤、去鱗
scaler　去鱗器
scallop　扇貝、薄肉片
scaloppine　義式裹粉煎肉排
scaloppini　薄肉排
scarlet runner　紅花菜豆
schnitzel　維也納炸肉片
scimitar knife　彎刀
scone　司康
score　割劃
Scotch bonnet　蘇格蘭圓帽辣椒
scrapple　玉米肉餅
sea salt　海鹽
sea scallop　海扇貝
sea urchin / uni　海膽
sear　煎上色
seckel pear　塞克爾梨
selective breeding　選擇性育種
semisoft cheeses　半軟質乳酪
semisweet chocolate　半甜巧克力
semolina　杜蘭粗粒小麥粉
senate bean　白豆
serrano chili　塞拉諾辣椒
serrano ham　塞拉諾火腿
sesame seed　芝麻
seville orange　苦橙
sewage sludge　下水污泥
shad　西鯡
shallot　紅蔥
shallow poach　淺水低溫水煮
shank　腿腱肉
shank bone　脛骨
shank heel　腱子心（牛）
sharpening　磨刀
sheet pan　淺烤盤
shelf life　保存期限
shellfish　蝦蟹貝
shellfish butters　蝦蟹貝奶油、海鮮奶油
sherbet　雪酪
sherry　雪利酒
shirred egg　烤蛋
shiso leaves　紫蘇葉
shohet　猶太屠宰師
short loin　帶骨前腰脊肉
short ribs　牛小排
shortcake　油酥糕餅
shortening　起酥油
short-grain rice　短粒米
shoulder / shoulder clod　上肩胛肉
shoulder hocks　前腿蹄膀
shredded coconut　椰子絲
shredded potatoes　馬鈴薯刨絲
shuck　去殼
sieve　篩
silk snapper　紅邊笛鯛
silpat　烘焙墊
silverskin　筋膜
simmer　微滾烹煮、煮微滾、烹煮
simple carbohydrate　單一碳水化合物
simple syrup　簡易糖漿
singer method　撒麵粉法
sirloin　後腰脊肉
sizzler platters　鐵板盤
skate　鰩魚
skate wings　鰩魚翅（鰩魚可食用的胸鰭）
skewer　竹籤、烤肉叉
skim　撈除浮沫
skim milk / nonfat milk　脫脂鮮乳
skimmer　撈油勺
skipjack tuna / aku　正鰹
skirt steak　胸腹板肉
slab bacon　培根塊
slaw　涼拌小菜
slicer　（西式）片刀
slotted spatula　煎魚鏟
slotted spoon　漏勺
slurry / starch slurry　澱粉漿
small sauce　子醬、小醬
smelt　香魚

Smithfield ham 史密斯菲爾德火腿
smoke point 冒煙點
smoke ring 煙環
smoke roasting 燻烤
smoked meats 醃肉
smoker 燻烤箱
smoking 煙燻
snow crab 雪蟹
snow pea 荷蘭豆
soba (noodle) 日本蕎麥麵
sockeye salmon / red salmon 紅鮭
sodium 鈉
sodium bicarbonate 碳酸氫鈉
sodium chloride 氯化鈉
sodium nitrate 亞硝酸鈉
sodium tripolyphosphate (STP) 三聚磷酸鈉
soft ball 軟球糖漿階段
soft cheese 軟質乳酪
soft crack 軟性脆糖階段
soft peak 濕性發泡、軟性發泡
soft red winter wheat 軟紅冬小麥
soft roll 軟式圓麵包
soft white winter wheat 軟白冬小麥
soft-cooked / boiled egg 半生熟
soft-shell clam 軟殼蛤
soft-shell crab 軟殼蟹
sole / sommelier 鰈魚
Sorbet 雪碧冰
sorghum 高粱
sorrel 酢漿草
soufflé 舒芙蕾
soufflé potato 泡泡薯片
souffléed omelet 舒芙蕾煎蛋捲
sour cream 酸奶油
sourdough 酸麵糰
sourdough starter 酸麵種
souring agent 酸化劑
sous vide 真空低溫烹調
soybean 大豆
spaghetti 義大利直麵
spaghetti squash 金線瓜、金絲瓜
spanakopita 希臘菠菜餡餅
Spanish mackerel 土魠魚
Spanish onion 西班牙洋蔥
Spanish paprika 西班牙紅椒粉
spare ribs 豬腩肋排
spatula 抹刀
spätzle 德式麵疙瘩
spearmint 綠薄荷
spice blend 綜合辛香料
spice grinder 香料研磨器
spices 辛香料
spicy brown mustard 辛辣褐芥末醬
spider 笊篱、笊籬
spinner 脫水器
spiny lobster / rock lobster 龍蝦（岩龍蝦）
spirit 烈酒
spit roast 串烤
split pea 去莢乾燥豌豆瓣
sponge cake 海綿蛋糕
spread 抹醬
spring roll 春捲
spring scale 彈簧秤
springform pan 活動模
squab 乳鴿
squid 魷魚
squid ink 魷魚墨汁
squid tubes 魷魚胴身（切除觸手剩下的身體可食部分）
sriracha 是拉差辣椒醬
St. Louis ribs 聖路易式豬肋排
stabilizer 穩定劑
stand mixer 直立式攪拌機
standard breading procedure 標準裹粉法
standard cucumber 標準黃瓜
staphylococcus aureaus 金黃色葡萄球菌
star anise 八角
starter 乳酸菌
starter 麵種
steam 蒸煮
steam table 水蒸保溫檯
steam table pan 水蒸保溫盤
steamer 蒸籠、蒸鍋、蒸煮
steam-jacketed kettle 壓力蒸氣鍋
steamship round 去掉臀肉的牛後腿肉
steel 磨刀棒
steel-cut oats 全穀鋼切燕麥粒
steelhead trout 虹鱒（溯河型）
steep 沖泡
stevia 甜菊糖
stewing 燉煮
stewing hen 燉煮用老母雞
stiff peak 乾性發泡、硬性發泡
stifle joint / knee joint 膝關節
stigma （花的）柱頭
Stilton cheese 史帝爾頓乳酪
stir-frying 翻炒
stock 高湯
stockpot 高湯鍋
stockpot range 高湯爐
stomach lining 胃黏膜
stone cell 石細胞
stone ground 石磨
stout 司陶特啤酒
stovetop 爐臺、爐面
straight forcemeat 純重組肉
straight mixing method 直接混合法
strain 過濾
stringy （帶有纖維而）有嚼勁的
strip loin 前腰脊肉（紐約客）
strip loin steaks 紐約客牛排
striped bass 銀花鱸、條紋鱸
strudel 餡餅卷
stuffings 填料
submersion 淹沒式烹調
subprimals 次分切
succotash 豆煮玉米
sucralose 蔗糖素
sucrose 蔗糖
sugar snap pea 甜豌豆
sunflower oil 葵花籽油
sunflower seeds 葵花籽
suprême 禽胸肉
suprême sauce 雞醬汁
surimi 蟹肉棒
sweat 炒軟不上色
sweet corn 甜玉米
sweet dumpling squash 甜餃瓜
sweet garlic sauce 甜蒜醬
sweet paprika 甜紅椒粉
sweet Thai chili sauce 泰式甜辣醬
sweetbread 小牛胸腺
sweetener 甜味劑
swimming method 游泳法
Swiss braiser 瑞士燜鍋
SWISS CHARD 莙薘菜
Swiss meringue 瑞士蛋白霜
swivel-bladed peeler 削皮器、旋轉刀片削皮器
swordfish 旗魚
syrup 糖漿
Szechwan peppercorn 花椒

T

Tabasco sauce 塔巴斯克辣椒醬
tabke d'hôte 套餐
table cheese 可單吃的乳酪
table crumber 麵包屑刮刀
table salt 食鹽
table wine 佐餐葡萄酒
tableside presentation 桌邊擺盤
taco salad 塔可沙拉
taco sauce 塔可醬
Tahini 塔希尼芝麻醬
tamale 玉米粽
tamarind 羅望子
tamarind pulp 羅望子醬
tan 黃褐色
tang 龍骨（刀身後半延伸進刀柄的部份）
tangelo 橘柚
tangerine 紅柑
taper-ground 錐磨刀
tapioca 樹薯粉
tapioca pearl 粉圓
tarragon 龍蒿
tart 塔
tart pan 塔模烤盤
tartaric acid 酒石酸
tartlet shell 圓形塔殼
tasso ham 塔索火腿
T-bone steak 丁骨牛排
tea sandwich 迷你三明治
teff 苔麩
tempeh 天貝
temper 回火、調溫
tempura 天婦羅
tempura batter 天婦羅麵糊
tempura dipping sauce 天婦羅蘸醬
tenderizer 嫩化
tenderloin 腰里肌肉
teriyaki marinade 照燒醬
terrine 法式肉凍
terrine mold 法式肉凍模
Thai basil 泰國羅勒
Thai bird chiles 泰國鳥眼辣椒
Thai chili paste (nahm prik paw) 泰式辣椒醬
Thai shrimp paste 泰式蝦醬
the basket method 油炸籃法
the double-basket method 雙網法
thermal circulator 熱循環機
thermal processing 熱處理
thermophilic 嗜熱
thermostat 恆溫器
thickener / thickening agent 稠化物
Thompson Seedless grape 湯普森無籽葡萄
thread 稀糖漿階段
thresher shark 長尾鯊、狐鮫
thyme 百里香
tiger shrimp 草蝦
tilapia / mud fish 吳郭魚
tilefish 馬頭魚
tilting fry pan 可傾式炒鍋
tilting kettle 可傾式深鍋
tilting skillet 可傾式平底鍋
timbale mold 布丁模
tinted curing mixture (TCM) 著色混合醃劑
tiramisu 提拉米蘇
toes 豬腳趾（蹄花）
tom turkey 公火雞
tomalley 龍蝦肝（龍蝦膏）
tomatillo 黏果酸漿
tomato paste 番茄糊
tomato purée 番茄泥
tomato sauce 番茄醬汁
top blade 板腱肉
top round 上後腿肉
top sirloin 上後腰脊

topneck clam　小圓蛤（中型偏小的櫻桃寶石簾蛤）
topping　（最後撒上的）頂飾配料
tortellini　小型麵餃
tortilla　墨西哥薄餅
tortillas (spanish)　西班牙蛋餅
tourné　將食材切成橄欖形
tourné knife　鳥嘴刀
tournedos　嫩菲力
toxin　毒素
tranche　斜片
trichinella spiralis　旋毛蟲
tripe　胃
truffle　松露
trunnion kettle　耳軸式蒸氣鍋
truss　綑紮
trussing needle　縫合針
tube pan　戚風蛋糕模
tubetti　義大利短管麵
tuile　瓦片餅
tunneling　穿隧
turbot　大菱鮃
turmeric　薑黃
turnip　蕪菁
tweezers　鑷子
tzatziki　希臘黃瓜優格醬

U

udon (noodle)　日本烏龍麵
ultrapasteurization　超高溫殺菌法
umami　鮮味
uni　海膽卵（日文）
uniq fruit / ugli fruit　牙買加醜橘
univalve　單枚貝、單殼類
up and over technique　上翻式切法
US 1 potatoes　美國 1 號馬鈴薯
USDA's safe cooking guidelines　美國農業部烹調安全規範
utility knife　多用途刀

V

vacuum sealer　真空封口機
vanilla　香莢蘭（香草）
vanilla sauce　香莢蘭醬
variety meats / offal　下水、雜碎
veal　小牛肉
veal piccata　香煎小牛肉
veal scallop　小牛薄切肉排
vegetable chef / 法文 entremetier　蔬菜廚師
vegetable soup　蔬菜湯
vegetable timbale　烤蔬菜杯
vegetarian　素食者
vein steak　帶紋肉排
velouté　絲絨濃醬
vent　排泄孔
Venus grape　維納斯葡萄
vermicelli　義大利細麵
vermilion snapper　翼齒鯛
vertical chopping machine (VCM)　直立式切剁機
Vietnamese sambal　越式參巴醬
Villeroy sauce　維勒魯瓦醬
vinaigrette　油醋醬
vinaigrette gourmande　饕客油醋醬
vintage port　年份波特酒
virus　病毒
viscosity　黏度
vitamins　維生素
vitello tonnato　小牛肉片佐鮪魚白醬
volatile oil　揮發油

W

waffle　格子鬆餅
wakame seaweed　裙帶菜
Waldorf salad　華爾道夫
walk-in refrigerator　走入式冷藏庫
walleyed pike　鼓眼魚
walnut　核桃
warm butter sauce　溫熱奶油醬汁
wasabi　山葵
washed rind　洗浸外皮
watercress　水田芥
wax bean　黃莢菜豆
wax-rind　蠟封外皮
weakfish　犬牙石首魚
wheat berries　麥仁
wheat starch　無筋麵粉
whelk　蛾螺
whey　乳清
whip / whisk　攪打
whipping cream　打發用鮮奶油
whisk　攪拌器
white asparagus　白蘆筍
white bass　白鱸（金眼鱸）
white beef stock　牛白高湯
white braise　淺色燜煮
white bread / 法文 mie de pain　白麵包
white chocolate　白巧克力
white fish　白肉魚
white hake　白長鰭鱈
white mirepoix　白色調味蔬菜
white mushroom　白蘑菇
white peppercorn　白胡椒粒
white roux　淺色奶油炒麵糊
white shrimp　白蝦
white stews　淺色燉煮
white stock　白高湯
white sturgeon　大西洋鱘（白鱘）
white vermouth　白苦艾酒
whole butter　全脂奶油
whole fish / in the round　全魚
whole grain　全穀
whole milk　全脂鮮乳
whole wheat flour　全麥麵粉
wild boar　野豬
wild lettuce　刺毛萵苣
wild rice　野米
wild striped bass　野生銀花鱸
wild thyme　野生百里香
wing tip　翅尖
winter flounder　美洲擬鰈
wire mesh glove　金屬鋼絲手套
wishbone　鎖骨
wok　炒鍋、中式炒鍋
wolf fish　狼魚
Worcestershire sauce　伍斯特醬
wort　（釀啤酒或威士忌的）麥芽汁
wrappers　麵餅皮
wringing method　擰緊法

Y

yam　薯蕷、山藥
yeast　酵母
yellow pear　梨形黃番茄
yellow potato　黃肉馬鈴薯
yellow split mung beans　綠豆仁
yellow squash　黃色長南瓜
yellowfin tuna / ahi　黃鰭鮪
yellowtail flounder　大西洋黃蓋鰈
yellowtail snapper　黃尾鯛
yogurt　優格
Yukon Gold　育空黃金馬鈴薯

Z

Z'hug　葉門辣椒醬
zabaglione　義式沙巴雍
zampone　義式碎肉填蹄（豬腳香腸）
zest　柑橘皮
zester　刨絲刀
Zinfandel　金粉黛
Zingara　吉普賽醬
zucchini　櫛瓜

依中文筆劃排列

1-5劃

omega-3脂肪酸、ω－3脂肪酸　omega-3 fatty acids
乙烯氣體　ethylene gas
丁香　clove
丁骨牛排　T-bone steak
二次高湯　remouillage
二氧化碳　carbon dioxide
二廚　line cook / sous chef
人造奶油　margarine
八角　star anise
刀枕　bolster
刀跟　heel of the knife
刀網　die
三葉草麵包　cloverleaf roll
三聚磷酸鈉　sodium tripolyphosphate (STP)
上色　doré
上明火烤爐　salamander
上肩胛肉　shoulder / shoulder clod
上後腰脊　top sirloin
上後腿肉　top round
上蓋肉　cap
上翻式切法　up and over technique
下水、內臟　offal
下水污泥　sewage sludge
下肩胛肉（上肩心）　chuck roll
乞沙比克灣（美國）　Chesapeake Bay
千年芋、黃體芋　malanga
千層麵糰　laminated dough
叉子可插入肉中　fork-tender
土荊芥　epazote
土魠（康氏馬加鰆）　king mackerel
土魠魚　Spanish mackerel
大比目魚、庸鰈　halibut
大北豆　Great Northern bean
大白菜　napa cabbage / Chinese cabbage
大目鮪　bigeye tuna / ahi-b
大西洋牙鮃　fluke / summer flounder
大西洋黃蓋鰈　yellowtail flounder
大西洋黑鮪（藍鰭鮪）　Atlantic bluefin tuna
大西洋鮭　Atlantic salmon
大西洋鯖　Atlantic mackerel
大西洋鱘　Atlantic sturgeon
大批烹煮　batch cooking
大豆　soybean
大理石紋　marbling
大麥　barley
大麥麵粉　barley flour
大菱鮃　turbot
大黃　rhubarb
大蕉　plantain
大頭菜　kohlrabi / cabbage turnip
子醬、小醬　small sauce
小牛肉　veal
小牛肉片佐鮪魚白醬　vitello tonnato
小牛胸腺　sweetbread
小牛膝　osso buco
小牛褐高湯　brown veal stock
小牛薄切肉排　veal scallop
小母雞（不到一歲的稚齡母雞）　pullet
小地榆　salad burnet
小米、粟　millet
小豆蔻　cardamom
小豆蔻莢　cardamom pod
小枝　pluches / sprigs
小型麵餃　tortellini
小烤皿　ramekin / ramequin
小章魚　baby octopi
小圓蛤（小型櫻桃寶石簾蛤）　littleneck clam
小圓蛤（中型偏小的櫻桃寶石簾蛤）　topneck clam
小圓麵包　bun
小頭油鰈、小型歐洲比目魚　lemon sole
小蘇打　baking soda
小鱗喙鱸　gag grouper
山羊乳酪　chèvre / goat cheese
山葵　wasabi
干白酒　dry white wine
干邑白蘭地　cognac
干雪利酒　dry sherry
不丹紅米　Bhutanese red rice
不起化學反應的鍋具　nonreactive pot
不潔食品　adulterated food
中式五香粉　Chinese five-spice powder
中式海鮮醬　hoisin sauce
中性發泡　medium peaks
中東茄泥蘸醬　baba ghanoush
中東鹹脆餅　lavash
中毒　intoxication
中筋麵粉　all-purpose flour
中間發酵　bench-proof
丹麥酥　Danish pastry
五爪蘋果　Red Delicious apple
五香粉　five-spice powder
什錦配菜　Jardinière
什錦飯　Jambalaya
什錦蔬菜丁　matignon
內置式平面爐連烤箱　flattop range
內置式平面爐頭　flattop / flat top
內臟肉　organ meat
公火雞　tom turkey
公共衛生　sanitation
公雞嘴莎莎醬　pico de gallo
分切　fabrication
分切成份　portion cutting
分切成份的肉塊　portion-size cuts
分層烤爐　deck oven
切丁　dice
切末　mince
切成方丁　cubing
切肉刀　carving knife
切剁　chop
切拌　fold
切長條　baton / batonnet
切絲　chiffonade (shredding)
切絲　julienne
切菱形片　lozenge cut (diamond)
切開攤平　butterfly
切圓片　rondelle
切達乳酪　Cheddar cheese
切薄片　émincer
化學膨大劑　chemical leavener
反覆摺疊　laminate
天平秤　balance beam scale
天貝　tempeh
天使蛋糕　angel food cake
天婦羅　tempura
天婦羅麵糊　tempura batter
天婦羅蘸醬　tempura dipping sauce
太白粉　potato starch
孔雀蛤、綠殼菜蛤　green mussel
巴氏殺菌法　pasteurization
巴伐利亞餡　Bavarian cream / Bavarois
巴伐利亞醬　Bavaroise
巴西胡椒木　Baies rose plant
巴西堅果　Brazil nut
巴特利西洋梨　Bartlett pear
巴黎醬　Parisian sauce
巴薩米克醋　balsamic vinegar
戈根索拉乳酪　Gorgonzola
手持式攪拌棒　immersion blender / hand blender / stick blender / burr mixer
手指食物　finger good
手指馬鈴薯　fingerling potato
手鋸　handsaw
方形油炸機　deep fat fryer
方形魚排　pavé
方形調理盆　hotel pan
方麵餃　ravioli
日內瓦醬　Genevoise / Génoise
日本南瓜　kabocha
日本烏龍麵　udon (noodle)
日本蕎麥麵　soba (noodle)
日本蠔、太平洋蠔、美西蠔　Japanese / Pacifi / West Coast oyster
日式麵包粉　panko
日耳曼醬　allemande sauce
月桂丁香洋蔥　oignon piqué
月桂葉　bay leaf / laurel leaf
木瓜蛋白酶　papain
木薯（樹薯）　cassava / yuca / manioc
比司吉　biscuit
比目魚　flounder
比利時苦苣　Belgian endive
毛豆　edamame / green soybean
水田芥　watercress
水果白蘭地　fruit brandy
水波蛋　poaching eggs
水浴　bain-marie
水耕法　hydroponics
水產業　aquaculture
水蒸保溫盤　steam table pan
水蒸保溫檯　steam table
水麵糰　flour-and-water dough
火柴棒狀　allumette
火腿　ham
片刀（西式）　slicer
片肉機　electric meat slicer / meat slicer
片魚刀　filleting knife
片魚機　filleting machine
牙買加炭烤豬肉　Jamaican Jerk Pork
牙買加辣烤春雞　Jerked Game Hens
牙買加醜橘　uniq fruit / ugli fruit
牛小排　short ribs
牛奶焦糖醬　dulce de leche
牛白高湯　white beef stock
牛尾　oxtail
牛肝菌　cèpe / porcini
牛番茄　beefsteak tomato
犬牙石首魚　weakfish
主菜　entrée

主菜式沙拉　composed salad
主廚刀　chef's knife / French knife
主廚品味菜　chef's tasting
主廚馬鈴薯　chef's potato
代鹽　salt substitute
以色列庫斯庫斯　Israeli couscous
冬粉　bean thread
凹磨　hollow-ground
凹磨刀　hollow ground
出口形式的帶骨肋脊肉（去除外層脂肪、含有兩個側唇的短切帶骨肋脊排，一般重約7.3-9.1公斤）　export style rib
出肉率（可銷售肉產出量和屠體總重量之間的比率）　cutability
加味葡萄酒　aromatized wine
加拉蘋果　Gala apple
加拿大馬鹿（學名 Cervus canadensis）　elk
加拿大培根　Canadian bacon
加拿大新斯科細亞省　Nova Scotia
加烈葡萄酒　fortified wine
加碘鹽　iodised salt
加辣　deviling
加熱至接近沸點、汆燙　scald
包冰、包冰衣　ice-glaze
包肉的牛皮紙　brown butcher paper
包油　barding
包被型　crisphead
北美檫樹葉粉　filé powder
北黃道蟹　Jonah crab
北極紅點鮭　Arctic char
半生熟　soft-cooked / boiled egg
半扣結　half hitch knot
半甜巧克力　semisweet chocolate
半軟質乳酪　semisoft cheeses
半釉汁　demi-glace
半對半鮮奶油　half-and-half
半熟（蒸成）　parboiled
卡士達　custard
卡士達奶油、卡士達餡　pastry cream
卡士達奶油餡　crème pâtissière
卡門貝爾乳酪　camembert
卡津料理　Cajun
卡宴辣椒　cayenne
卡特琳娜法式沙拉醬　Catalina French dressing
卡路里　calorie
卡達乾酪　cottage cheese
卡魯哇咖啡酒　kahlua
去除內臟的全魚　drawn fish
去骨、捲起並綁紮　BRT (boned, rolled, and tied)
去骨魚排肉　fillet / filet
去掉臀肉的牛後腿肉　steamship round
去莢乾燥豌豆瓣　split pea
去殼　shuck
去頭去內臟的魚　H & G / headed and gutted / head-off drawn
去鬚　debeard
去鱗器　scaler
可可固形物　cocoa solids
可可粉　cocoa
可可脂　cocoa butter
可可膏　chocolate liquor
可即食　RTE (ready to eat)
可食部分重量　edible-portion (EP) weight
可食部分量　EPQ (edible portion quantity)
可單吃的乳酪　table cheese
可傾式平底鍋　tilting skillet
可傾式炒鍋　tilting fry pan
可傾式深鍋　tilting kettle
可頌麵包　croissant
可樂餅　croquette
可麗餅　crêpe
可麗餅鍋　crêpe pan
史帝爾頓乳酪　Stilton cheese
史密斯菲爾德火腿　Smithfield ham
右旋糖　dextrose
司康　scone
司陶特啤酒　stout
四季豆　green bean
四面刨絲器　box grater
外交官卡士達餡　diplomat cream
外交官白醬　diplomate sauce
外套膜（魷魚、章魚等的）　mantle
外側後腿肉　bottom round
外側後腿肉眼（鯉魚管）　eye round
外條肉　chain
奶水、蒸發乳　evaporated milk
奶油玉米　creamed corn
奶油白醬　beurre blanc
奶油乳化　monter au beurre
奶油乳酪　cream cheese
奶油炒麵糊　roux
奶油捲製器　butter curler
奶油甜餡煎餅捲　cannoli
奶油濃湯　cream soup
奶油霜　buttercream
尼斯黑橄欖　niçoise olive
巧克力薄荷　chocolate mint
巧達濃湯　Chowder
布丁杯　custard cup
布丁模　timbale mold
布列塔尼醬　Bretonne sauce
布利亞薩瓦蘭乳酪　Brillat-Savarin
布里乳酪　brie
布里歐喜麵包　brioche
布倫　bloom
布根地醬　Bourguignonne
布格麥　bulgur
平底深煎鍋　sautoir
平底煎炒鍋　sauté pan
平葉歐芹（義大利香芹）　flat-leaf parsley / Italian parsley
弗祐醬、瓦盧瓦醬　Foyot / Valois
弗雷斯諾紅辣椒　red Fresno chile
弗雷斯諾辣椒　Fresno
打泥、打成泥狀　purée
打發用鮮奶油　whipping cream
未修整的肋脊排　hotel rack
正鰹　skipjack tuna / aku
母火雞　hen turkey
母醬　mother sauce
玉米片　cornflakes
玉米肉餅　scrapple
玉米油　corn oil
玉米粉　cornmeal
玉米粽　tamale
玉米澱粉　cornstarch
玉米澱粉（此為英式稱法，美國稱為 cornstarch）　cornflour
玉米糖漿　corn syrup
玉黍螺　periwinkle
瓦片餅　tuile
瓦斯蒸箱　gas steamer
甘納許　ganache
甘草　licorice
甘藍菜沙拉　coleslaw
生奶油麵糊　beurre manié
生杏仁膏　almond paste
生物燃料　biofuel
生酒　raw wine
生魚片　sashimi
生醃料理　carpaccio
生薑刨絲　grated ginger
用魷魚做成的菜　calamari
甲殼類　crustacean
白水　blanc
白巧克力　white chocolate
白肉魚　white fish
白肉雞　broiler chicken / broiler
白色調味蔬菜　white mirepoix
白豆　senate bean
白豆什錦鍋（卡酥來）　cassoulet
白乳酪　fromage blanc
白長鰭鱈　white hake
白胡桃瓜、奶油瓜　butternut squash
白胡椒粒　white peppercorn
白苦艾酒　white vermouth
白酒醬　sauce vin blanc
白高湯　white stock
白脫乳　buttermilk
白腰豆　cannellini bean
白蝦　white shrimp
白醬　béchamel sauce
白醬燉肉　Fricassée
白蘆筍　white asparagus
白蘑菇　white mushroom
白麵包　white bread / 法文 mie de pain
白蘭地　brandy
白蘿蔔　daikon
白鱘　white sturgeon
白鱸（金眼鱸）　white bass
皮諾莫尼耶葡萄　Pinot Meunier
石灰水　limewater
石細胞　stone cell
石斑魚　grouper
石磨　stone ground

6-10劃

交叉污染　cross contamination
伍斯特醬　Worcestershire sauce
伙食廚師　communard
先進先出法　first in, first out (FIFO)
全脂奶油　whole butter
全脂鮮乳　whole milk
全魚　whole fish / in the round
全麥麵粉　whole wheat flour
全熟蛋　hard-cooked / boiled egg
全穀　whole grain
全穀鋼切燕麥粒　steel-cut oats
全龍骨一體結構　full tang
再汙染　recontamination
再結晶作用　recrystallization
匈牙利燉牛肉　goulash
印度咖哩餃　samosa
印度香米　basmati rice
印度甜酸醬　chutney
印度酥油　ghee
印度黑糖　jaggery
印度綜合香料　garam masala
印度優格蘸醬　raita
危害分析重要管制點　hazard analysis critical control point (HACCP)
危險溫度帶　danger zone
吉利丁　gelatin
吉普賽醬　Zingara
吐司　loaf
吐司模　loaf pan
回火　temper
地下莖　rhizome
地中海寬皮柑　clementine

多元不飽和脂肪酸 polyunsaturated acid
多功能蒸烤爐 combi oven
多用途刀 utility knife
多佛真鰈 Dover sole
多利魚 John Dory / (in Europe) St. Peter's fish
多香果 allspice (berries)
好氧細菌 aerobic bacteria
安全食品處理方式 safe food handling
安娜馬鈴薯派 Potatoes Anna
安琪兒西洋梨 D'Anjou
尖嘴鉗 needle-nose pliers
年份波特酒 vintage port
收乾 reduce
早餐腸 breakfast sausage
旭蘋果 McIntosh apple
曲柄金屬抹刀 offset palette knife
曲柄長煎鏟 offset spatula
有機牛肉 organic beef
有機膨脹劑 organic leavener
有嚼勁的（帶有纖維而） stringy
有鰭魚類 finfish
次分切 subprimals
汆燙 blanch
百里香 thyme
竹蟶 Atlantic jackknife / razor clam
竹籤、烤肉叉 skewer
米酒醋 rice wine vinegar
米黃色 beige
米漿 rice milk
米穀粉 rice flour
米線 rice vermicelli
米蘭醬 Milanese sauce
羊肉（成年羊） mutton
羊肉醃醬 kamb marinade
羊肚菌 morel
羽衣甘藍 kale
老母雞 fowl
耳軸式蒸氣鍋 trunnion kettle
肉叉 kitchen fork
肉末馬鈴薯泥 hash
肉汁 jus de viande
肉豆蔻 nutmeg
肉豆蔻乾皮 mace
肉卷 paupiette
肉卷、瑞士卷 roulade
肉毒桿菌中毒 botulism
肉凍卷 galantine
肉桂 cinnamon
肉商 meat packer
肉排 chop
肉湯釉汁 glace de viande
肉釉汁 meat glaze
肉鴨 broiler duckling
肉錘 mallet
肋脊肉（部） rib
肋脊排 rack
肋骨段腰脊肉 rib end of loin
肋眼牛排 rib steaks / entrecôte
肋眼肉 rib eye
艾美許式雞肉玉米湯 Amish corn and chicken soup
艾曼塔乳酪 Emmentaler
艾斯亞格乳酪 Asiago cheese
血橙 blood orange
西班牙冷湯 gazpacho
西班牙洋蔥 Spanish onion
西班牙炸魚 pescado frito
西班牙紅椒粉 Spanish paprika
西班牙蛋餅 tortillas (spanish)
西班牙短麵 fideo
西班牙辣肉腸 chorizo
西班牙燉飯 paella
西班牙醬汁 Espagnole sauce
西點、酥皮 pastry
西點廚師 pâtissier
西鯡 shad
串烤 spit roast
伯森乳酪 Boursin
低脂牛奶（通常專指乳脂肪含量為 1% 者） low-fat milk
低脂魚 nonoily fish
低脂鮮奶油 light cream / single cream / reduced cream
低脂鮮乳（可泛稱乳脂肪含量為 1-2% 的鮮乳，亦可專指含量 2% 者） reduced-fat milk
低筋麵粉（派皮、西點用） pastry flour
低筋麵粉（蛋糕用） cake flour
低溫水煮 poach
佐餐葡萄酒 table wine
佛手瓜、合掌瓜 mirliton / chayote
佛卡夏 focaccia
佛瑞梨 Forelle pear
佛羅里達礁島群 Florida Keys
佛羅里達蠔 Florida oyster
佛羅倫斯式 à la Florentine
克里奧爾料理 Creole
冷巴氏殺菌 cold pasteurization
冷凍乾燥 freeze-drying
冷熱凍 chaud-froid
冷盤廚師 cold-food chef / 法文 garde manger / pantry chef
冷藏車 refrigerated cart
刨絲刀 zester
刨絲乳酪 grating cheese
刨絲棒 rasp
利木贊牛 Limousin beef
助理廚師、學徒 commis
即食穀製乾點 muesli
卵磷脂 lecithin
卵繫帶（chalazae 為其複數型態） chalaza
卵囊（海產的） roe sack
含鹽奶油 salted butter
吳郭魚 tilapia / mud fish
吸收劑 absorbing agent
均質化 homogenization
坐骨 aitch bone
孜然 cumin / cumin seed
完全蛋白質 complete protein
尾鰭 caudal fin / tail fin
希臘袋餅 pita bread
希臘菠菜餡餅 spanakopita
希臘菲達乳酪 feta
希臘黃瓜優格醬 tzatziki
快速法麵包 quick bread
抗氧化劑 antioxidants
改造米 converted rice
李子 plum
李子乾 prune
杏仁奶油醬 almond butter
杏仁果仁醬 praline paste
杏仁油 almond oil
杏仁香甜酒 amaretto liqueur
杏桃 apricot
杜松子 juniper berry
杜蘭小麥 Durum
杜蘭粗粒小麥粉 semolina
每日營養素攝取量基準值 daily values (DV)
沉浸式低溫水煮 deep poach
沖泡 steep
沖壓鋼 pressed steel
沙丁魚 sardine
沙巴雍 sabayon
沙拉油、風味清淡的植物油 salad oil
沙拉脫水器 salad spinner
沙拉醬、淋醬 dressings
沙嗲 satay
沙蝦 pink shrimp
牡蠣 oyster
牡蠣刀 oyster knife
牡蠣醬 huitres / oyster sauce
肚臍（螃蟹腹部） apron / tail flap
育空黃金馬鈴薯 Yukon Gold
角鯊 dogfish / North Atlantic cape shark
豆 haricot / pulse
豆芽 bean sprout
豆科植物 legume
豆乾 extra-firm bean curd
豆煮玉米 succotash
豆薯 jícama
豆瓣醬 brown bean paste
貝西醬 Bercy sauce
貝亞恩蛋黃醬 béarnaise
貝奈特餅 beignet
貝隆蠔 Belon oyster
貝類軟體動物 molluskan shellfish
赤小豆 rice bean
赤砂糖、二砂 brown sugar
赤褐馬鈴薯 russet potato / Idaho potato / baking potato
赤點石斑 red grouper
赤鰭笛鯛 red snapper
走入式冷藏庫 walk-in refrigerator
辛香料 spices
辛辣褐芥末醬 spicy brown mustard
里肌小排 back ribs
里昂式烹煮法、里昂醬 Lyonnaise
乳化油醋醬 emulsified vinaigrette
乳化料 emulsifier
乳化液、乳化物 emulsion
乳冰 ice milk
乳固形物 milk solid
乳狀醬汁 emulsion sauce
乳脂 milk fat / butterfat
乳清 whey
乳酪菌元 cheese starter
乳酸菌 starter
乳糖 lactose
乳鴿 squab
亞洲醬 Asian-style marinade
亞麻布 linen cloth
亞麻籽油 linseed oil
亞硝酸鈉 sodium nitrate
侍酒師 chef de vin / sommelier
供應商 purveyor
兔肉 rabbit
初步分切 primal cuts
刮板 bench scraper
刮鱗器 fish scaler
刷蛋液 egg wash
刺毛萵苣 wild lettuce
刺芹 saw leaf herb
刺芹葉 saw leaf
剁刀（可用以剁開帶骨肉塊） cleaver
取自腰肉的大塊肉 grenadin
味精、麩胺酸鈉 monosodium glutamate (MSG)
味醂 mirin
咖哩 curry
定價套餐 prix fixe
岩蝦、硬殼蝦 rock shrimp / hard-shelled shrimp

帕尼尼　Panini
帕達諾乳酪　Grana Padano
帕爾瑪乳酪　Parmigiano-Reggiano
抱子甘藍　brussels sprout
抱合型　butterhead
抹刀　spatula
抹醬　spread
拉格啤酒　lager
拌打器　beater
拍捶　concasser
放養　free-range
昆布蘭醬　Cumberland sauce
明膠　gelatin
明蝦　prawn
杵臼關節　ball and socket joint
松茸　matsutake
松露　truffle
板豆腐　firm bean curd
板腱肉　top blade
果汁機　blender
果肉和皮的番石榴果醬　guava marmalade
果泥飲料　nectar
果凍、果漿醬　jelly
果粉　bloom
果膠　pectin
果糖　fructose
果餡卷　baklava
果醬鍋　preserving pan
河鱒　brook trout
沸煮　boil
油花　marbling
油封肉　confit
油炸廚師　fry chef / friturier
油炸豬皮　crackling
油炸餡餅　fritter
油炸籃法　the basket method
油桃　nectarine
油脂切入法　cutting in method
油脂搓揉法　rubbed-dough method
油酥糕餅　shortcake
油醋醬　vinaigrette
法式千層酥皮　pâte feuilletée
法式小點　canapé
法式火腿乳酪三明治　croquet monsieur
法式甘藍菜濃湯　garbure
法式白豆　haricots blancs
法式白醬燉肉　blanquette
法式肉丸、法式魚糕　quenelle
法式肉派　pâté
法式肉派模　pâté mold
法式肉凍　terrine
法式肉凍模　terrine mold
法式炸薄肉片　escalope
法式砂鍋　casserole
法式紅酒醬　marchand de vin sauce
法式剔骨　French
法式海綿蛋糕　génoise
法式高湯　fumet
法式清湯　consommé
法式魚高湯　fish fumet
法式鄉村肉醬　pâté de campagne
法式鄉村麵包　pain de campagne
法式酥皮派　pâté en croûte
法式酥皮派烤模　pâte en croûte mold
法式酥餅　galette
法式圓麵包　boule
法式綜合香料植物碎末　fines herbes
法式酸奶油　crème fraîche
法式酸辣醬　ravigote
法式蔬菜燉肉鍋　pot-au-feu
法式濃湯　bisque
法式薯餅　Macaire Potatoes
法式蘑菇泥　duxelles
法老小麥（二粒麥）　farro
法國小蘿蔔　French radish
法國四季豆　haricots verts
法國四香粉　quatre épices
法國吐司　French toast
法國棍子麵包　baguette
法蘭克福香腸　frankfurters
泡打粉　baking powder
泡泡薯片　soufflé potato
泡芙塔　profi terole
泡芙麵糊　pâte à choux
泡菜鹽　pickling salt / canning salt
波士梨　Bosc
波士頓小鱈魚　Boston Scrod
波士頓萵苣　Boston lettuce
波士頓龍蝦　northern lobster / Maine lobster / (North) American lobster
波本威士忌　bourbon
波希米亞醬　Bohémienne sauce
波城醬　Paloise
波特貝羅大香菇　portobello mushroom
波特酒　port
波斯甜瓜　Persian melon
波斯萊姆　Percian lime
波隆那肉腸　bologna
波爾多醬　Bordelaise
波蘭香腸　kielbasa
炒軟不上色　sweat
炒鍋、中式炒鍋　wok
炙烤　broil
炙烤醃牛肉　London Broil
炙烤爐　broiler
牧豆樹　mesquite
物理膨脹　physical leavener
盲烤　bake blind
直立式切剁機　vertical chopping machine (VCM)
直立式攪拌機　stand mixer
直接加熱　direct heat
直接混合法　straight mixing method
直接發酵　direct fermentation
矽酸鈣　calcium silicate
矽膠模　flexible silicone mode
股骨　femur
肩胛肉（部）　chuck
芝麻　sesame seed
芝麻菜、火箭菜　arugula / rocket
芥末籽醬　pommery mustard
芥末粉　dry mustard
芥花油　canola oil
芥菜葉　mustard greens
芥蘭花菜　broccolini
芫荽　cilantro / Chinese parsley / coriander
芬尼灣蠔　Fanny Bay oyster
花布海扇蛤　calico scallop
花梨木　rosewood
花椒　Szechwan peppercorn
花椰菜　cauliflower
芳香食材　aromatics
芳香蔬菜　aromatic vegetables
軋鋼　rolled steel
返鮮　refresh
金冠蘋果　Golden Delicious apple
金粉黛　Zinfandel
金針　lily buds
金針菇　enoki
金黃色葡萄球菌　staphylococcus aureaus
金黃醬　aurore sauce
金線瓜、金絲瓜　spaghetti squash
金褐色　golden brown
金屬抹刀　palette knife
金屬烤模規格（指金屬的厚度，如 heavy-gauge oven pan 為厚烤模，light-gauge 為薄烤模）　gauge
金屬鋼絲手套　wire mesh glove
金屬鏟　metal spatula
長尾鯊、狐鮫　thresher shark
長泡或短泡法　long or short soak method
長豇豆　long bean
長條三明治　finger sandwich
長粒白米　long-grain white rice
長鰭鮪　albacore / tombo
阿拉斯加帝王蟹　Alaska king crab
阿肯薩斯磨刀石　Arkansas stone
阿納海辣椒　Anaheim chile
阿斯巴甜　aspartame
阿爾布費拉醬　Albufera sauce
阿爾薩斯酸菜　Choucroute
青江菜　bok choy / Chinese white cabbage
青豆、青豆仁　green pea / English pea / garden pea
青花菜　broccoli
青蔬沙拉　green salad
青醬　pesto
青鱈　pollack
非持刀手　guiding hand
非硬骨魚　nonbony fish
俄羅斯布林薄煎餅　Blini
保存期限　shelf life
保溫鍋　chafing dish
冒煙點　smoke point
削皮小刀　paring knife
削皮器、旋轉刀片削皮器　swivel-bladed peeler
前胸肉　brisket
前腰脊肉（紐約客）　strip loin
前腿肉　picnic
前腿腱肉　foreshank
前腿蹄膀　shoulder hocks
前檯服務生　chef de rang
前軀　forequarters
勃艮第葡萄酒　Burgundy
南瓜籽　pepita
南薑　galangal
厚切魚排　darne
厚底煎炒鍋　heavy-bottomed sauté pan
哈瓦那辣椒　habanero
哈里薩辣醬　Harissa
哈姆立克急救法　Haimlich maneuver
哈拉佩諾辣椒　Jalapeño
哈拉佩諾辣椒傑克乳酪　jalapeño Jack
哈斯酪梨　Hass avocado
哈德遜河谷卡門貝爾乳酪　Hudson Valley camembert
城堡馬鈴薯　chateau potato
帝王鮭　king salmon
帝王蟹　king crab
後腰脊肉　sirloin
後腿肉　ham / round
後腿股肉（和尚頭）　knuckle
後腿腱肉　hindshank
後腿蹄膀　ham hock
後臀　haunch
後檯服務生　demi-chef de rang
恆溫器　thermostat

扁豆　lentils
扁身魚　flat fish
扁桃仁　almond
扁煎蛋捲　flat omelet
扁鰺　bluefish
拼盤　sampler plate
拾起階段　pick-up period
春季時蔬　printanière
春捲　spring roll
是拉差辣椒醬　sriracha
柑曼怡橘酒　Grand Marnier
柑橘皮刨絲　zest
柑橘香甜酒　orange liqueur
柱頭（花的）　stigma
柳橙　orange
柳橙皮刨絲　grated orange zest
柿子　persimmon
毒素　toxin
毒葛　poison ivy
洋蔥粉　onion powder
洗指碗　finger bowl
洗浸外皮　washed rind
洛克福乳酪　Roquefort
洛林鹹派　Quiche Lorraine
洩氣閥　exhaust valve
活動模　springform pan
派皮、塔皮　pastry shells
派克屋麵包　Parker House roll
流動極為緩慢的河道支流　bayou
炭化　charring
炭烤麵包片　bruschetta
炸用雞　fryer chicken
炸杏仁薯球　Berny Potatoes
炸春捲　fried egg roll
炸彈麵糊　pate a bombe
炸薯泥　dauphine potato
炸薯球　lorette potato
炸鷹嘴豆泥蔬菜球　falafel
珊瑚礁魚種　reef fish
珍珠洋蔥　pearl onion
珍珠麥　pearl barley / pearled barley
珍珠雞　guinea fowl
皇帝豆　lima bean / butter bean
皇家醬　royal sauce
皇家鏡面醬　royal glaçage
研磨乾辣椒　ground chile
秋葵　okra
秋葵濃湯　gumbo
科布沙拉　Cobb salad
穿油　larding
穿隧　tunneling
紅巴特利西洋梨　red Bartlett
紅奶油醬　beurre rouge
紅甘、杜氏鰤　greater amberjack
紅皮馬鈴薯　red bliss / red potato
紅皮蘿蔔　radish
紅地球葡萄　Red Globe grape
紅杉魚、黃臘鰺　permit
紅豆　adzuki bean
紅咖哩醬　red curry paste
紅花籽油　safflower oil
紅花菜豆　scarlet runner
紅屋牛排　porterhouse
紅柑　tangerine
紅栗南瓜　red kuri
紅酒醋　red wine vinegar
紅酒醬　Burgundy sauce
紅椒粉　paprika
紅葉萵苣　red leaf lettuce
紅蔥　shallot
紅鮭　sockeye salmon / red salmon
紅邊笛鯛　silk snapper
紅寶石波特酒　ruby port
紅寶石葡萄柚　ruby red grapefruit
美式肉餅　meatloaf
美式芥末醬　prepared mustard
美式海鮮調味粉　old bay seasoning
美式粗玉米粉　grits
美式煎餅　pancake
美式醬　Américaine sauce
美東蠔　East Coast oyster / eastern oyster / eastern American oyster
美洲山核桃　pecan
美洲美首鰈　rex sole
美洲擬鰈　winter flounder
美洲鮰魚　American catfish
美首鰈　gray sole / witch flounder
美國1號馬鈴薯　US 1 potatoes
美國農業部烹調安全規範　USDA's safe cooking guidelines
美國嫩雛雞（康沃爾雞）　cornish cross
胃　tripe
胃黏膜　stomach lining
背甲（甲殼）　carapace
背肉、鞍肉　saddle
背鰭　dorsal fin
胚乳　endosperm
胚芽　germ
胡桃　pecan
胡椒籽　peppercorn
胡椒薄荷　peppermint
胡椒醬　poivrade
胡蘿蔔　carrot
苔麩　teff
苦木薯　bitter cassava
苦甜巧克力　bittersweet chocolate
苦橙　seville orange
苦橙醬汁　bigarade
英式奶油醬　créme anglaise
英式作法　à l'anglaise
英式芥末粉　English dry mustard
英國黃瓜　English cucumber
茄汁焗豆　baked beans
茄香綜合蔬菜　pincage
虹鱒　rainbow trout
虹鱒（溯河型）　steelhead trout
重甘納許　heavy ganache
重組肉　forcemeat
韭蔥　leek
風味油　flavored oil
風味組合　flavor profile
風提那乳酪　Fontina cheese
飛碟南瓜　pattypan squash
食用色膏　food coloring paste
食用色漿　food coloring liquid
食用色膠　food coloring gel
食用蝸牛　land snail / escargot
食物切碎機、細切機　food chopper / buffalo chopper
食物成本　food cost
食物感染病　food-borne illness
食物碾磨器　food mill
食物調理機　food processor
食品保溫箱　hot box
食品科學　food science
食品準則　food code
食品輻射照射　food irradiation
食譜換算因子　recipe conversion factor (RCF)
食鹽　table salt
香芹籽　celery seed
香料包　sachet d'épices
香料白酒醬　Chivry sauce
香料肉醬　pâté spice
香料研磨器　spice grinder
香料植物　herb
香料飯　pilaf
香草奶油　maître d'hôtel butter
香草束　bouquet garni
香甜酒　liqueur
香莢蘭（香草）　vanilla
香莢蘭醬　vanilla sauce
香魚　smelt
香煎小牛肉　veal piccata
香腸　sausage
香緹鮮奶油　Chantilly cream
香檳　champagne
香鹹的、助消化菜、香薄荷　savory
修刀　honing
修清側邊條　PSMO (perfect side muscle off)
修隆醬　choron
個別急速冷凍　individually quick frozen (IQF)
兼性細菌　facultative bacteria
凍燒、凍斑　freezer burn
剔骨刀　boning knife
原汁　jus
夏布利白酒　Chablis
夏多內葡萄、夏多內白酒　Chardonnay
夏多布利昂牛排　Chateaubriand
夏威夷豆、夏威夷堅果　macadamia (nut)
套餐　tabke d'hôte
展示型冷藏設備　display refrigeration
庫存　inventory
庫斯庫斯　couscous
庫斯庫斯鍋　couscoussière
庭院百里香　garden thyme
扇貝　Coquilles St. Jacques
扇貝、薄肉片　scallop
拿破侖酥、法式千層酥　Napoleon
挪威海螯蝦　Dublin Bay prawn / langoustine / scampi / Norway lobster
栗子、栗樹　chestnut
核桃　walnut
根芹菜　celeriac
根菜類　root vegetable
格子鬆餅　waffle
格呂耶爾乳酪　Gruyère
桌邊擺盤　tableside presentation
泰式甜辣醬　sweet Thai chili sauce
泰式辣椒醬　Thai chili paste (nahm prik paw)
泰式蝦醬　Thai shrimp paste
泰國青辣椒　green Thai chile
泰國香米　jasmine rice
泰國鳥眼辣椒　Thai bird chiles
泰國羅勒　Thai basil
海苔　nori
海軍豆　navy bean
海扇貝　sea scallop
海綿蛋糕　sponge cake
海膽　sea urchin / uni
海膽卵（日文）　uni
海螺　conch / scungille
海鮮原汁　liquor
海鹽　sea salt
海灣扇貝　bay scallop / Cape Cod scallop / Long Island scallop
浸漬　infusion
浸漬油　infused oils
消化酒　digestif
消化餅　Graham cracker
消毒　sanitize
烈酒　spirit

烏賊、墨魚、花枝　cuttlefish
烘烤　roast
烘烤用鴨　roaster duckling
烘烤用雞　roaster chicken / roaster
烘烤廚師　roast chef / rôtisseur
烘培　bake
烘焙帆布　couche
烘焙油紙　parchment
烘焙師　baker
烘焙墊　silpat
烘製蕎麥　kasha
烙紋煎烤鍋　grill pan
烤布蕾　crème brûlée
烤肉串　kabobs
烤肉盤　roasting pan
烤肉醬　barbecue marinade
烤蛋　shirred egg
烤蜂蜜燕麥脆片（燕麥棒）　granola
烤蔬菜杯　vegetable timbale
特級初榨橄欖油　extra virgin olive oil
狼魚　wolf fish
班尼迪克蛋　Benedict
病毒　virus
病原體　pathogens
真空低溫烹調　sous vide
真空封口機　vacuum sealer
砧板　carving board
砧槕廚師　butcher / 法文 boucher
祖傳原生種　heirloom variety
笊籬、笊籬　spider
粄條（河粉）　rice noodles
粉油拌合法　blending mixing method
粉紅胡椒粒　pink peppercorn
粉條　cellophane noodle
粉圓　tapioca pearl
粉質玉米　flour corn
粉質派皮麵糰　mealy pie dough
粉質黃肉馬鈴薯　mealy yellow potato
紐約客牛排　strip loin steaks
純重組肉　straight forcemeat
紙巾　paper towel
紙包料理　en papillote
素食者　vegetarian
素菜廚師　legumier
翅尖　wing tip
翅腿　drumette
胭脂樹籽　annatto seeds / achiote seeds
胸　breast
胸骨　breastbone / keel
胸腹板肉　skirt steak
胸鰭　pectoral fin
胺基酸　amino acids
脆皮酥塔　croustade
脆烤麵包片　crostini
脆糖階段　hard crack
脆薑餅乾　gingersnap
脊骨　chine (bone)
脊骨（肩胛骨）　backbone (scapula)
茴芹（洋茴香）　anise
茴香　fennel
茴香香腸　fennel sausage
茴香酒　pernod
茴香葉　fennel frond
草蝦　tiger shrimp
起酥皮　puff pastry
起酥油　shortening
迷你三明治　tea sandwich
迷你青江菜　baby bok choy
迷你馬鈴薯　creamer potatoe
迷你朝鮮薊　baby artichoke
迷你菲力　medallion / 法文 noisette
迷迭香　rosemary
酒石酸　tartaric acid
酒會小點　petits fours
針狀骨（魚類的）　pin bone
閃電泡芙　éclair
馬士卡彭乳酪　mascarpone
馬加鯊、鯖鯊　mako shark
馬卡龍　macaroon
馬沙拉酒　Marsala
馬拉特醬、馬拉特燉魚　matelote
馬芬　muffin
馬芬烤盤　muffin tin
馬鈴薯千層派　gratin dauphinoise
馬鈴薯可樂餅　croquette potato
馬鈴薯刨絲　shredded potatoes
馬鈴薯雪花片　potato flakes
馬鈴薯煎餅　potato latkes
馬榭爾蛋捲　Omelet Marcel
馬爾他醬　Maltaise
馬德拉酒　Madeira
馬齒玉米　dent corn
馬頭魚　tilefish
馬賽魚湯　Bouillabaisse
馬薩麵糰　masa
高油量麵糰　enriched dough / rich (yeast) dough
高脂鮮奶油　heavy cream
高湯　stock
高湯鍋　stockpot
高湯爐　stockpot range
高筋麵粉　bread flour
高溫水煮　boil
高粱　sorghum
高達乳酪　Gouda cheese
高碳鋼　high-carbon steel
高糖分蛋糕　high-ratio cake
高壓殺菌（罐裝食品）　pressure processing
高麗菜　green cabbage
鬼頭刀、鱰鰍　mahi mahi

11-15劃

乾式醃醬　a dry marinade
乾性發泡、硬性發泡　stiff peak
乾焦洋蔥　oignon brûlé
乾煎　dry sauté
乾醃　dry cure
乾醃料　a dry rub
乾燥石榴籽　anardana
乾燥食材　dry goods
乾燥麵包粉　dry bread crumbs / 法文 chapelure
側線（魚類）　lateral line
啤酒麵糊　beer batter
執行主廚　executive chef
培根塊　slab bacon
基本發酵　bulk fermentation
基因改造生物　genetically modified organism (GMO)
基底高湯　fond
密閉式泡棉膠帶　closed cell foam tape
將食材切成橄欖形　tourné
屠體　carcass
帶皮熟成乳酪　rind-ripened cheeses
帶紋肉排　vein steak
帶骨切塊肋排（只含一根短牛骨，骨長一英寸以下）　cowboy steak
帶骨前腰脊肉　short loin
帶側唇肋眼肉　rib eye lip on
帶蓋吐司　pullman bread
帶蓋吐司模　pullman loaf pan
帶鴨頭的全鴨（若去除頭部則稱為北京鴨）　buddhist duck (called pekinduck if the head is removed)
康科特葡萄　Concord grape
彩虹莙薘菜　rainbow Swiss chard
戚風蛋糕　chiffon
戚風蛋糕模　tube pan
捲心萵苣　iceberg lettuce
捲式煎蛋捲　rolled omelet
捲起階段　clean-up period
捲葉歐芹　curly parsley
排水盤　draining pan
排泄孔　vent
採購成本　APC (as-purchased cost)
採購量　APQ (as-purchased quantity)
探針溫度計　probe thermometer
控菜員　aboyeur
斜片　tranche
旋毛蟲　trichinella spiralis
旋轉削皮器　rotary peeler
梅洛　merlot
梅納反應　Maillard reaction
梅爾檸檬　Meyer Lemon
梨形番茄　pear tomato
梨形黃番茄　yellow pear
氫化作用　hydrogenation
液化物　liquefier
涼拌小菜　slaw
淋面、淋醬　frosting
淋醬　glacé / glaze
淋醬、沙拉醬　dressings
淡水蝦　freshwater shrimp
淡色醬油　light soy sauce
淡菜、紫殼菜蛤　blue mussel
深色奶油炒麵糊　dark roux
深色紅糖　dark brown sugar
深炸　deep fry
深炸機　deep fryer
深糖蜜　dark molasses
混合材料　appareil
混合烹煮法　combination method
混種銀花鱸　hybrid striped bass
淹沒式烹調　submersion
淺水低溫水煮　shallow poach
淺色奶油炒麵糊　white roux
淺色紅糖　light brown sugar
淺色燉煮　white stews
淺色燜煮　white braise
淺烤盤　sheet pan
淺糖蜜　light molasses
淺鍋　a shallow pan
清湯　broth / 法文 bouillon
清湯凍　aspic
烹煮　simmer
烹飪前的準備工作　mise en place
烹調湯汁　cooking liquid
焗烤、焗烤醬　gratin
焗烤薯片　potatoes au gratin
現點現做　à la minute
球花甘藍　broccoli rabe / rapini
甜玉米　sweet corn
甜味紅椒粉　pimentón
甜味劑　sweetener
甜紅椒粉　sweet paprika
甜椒　pimiento
甜菊糖　stevia
甜菜　beet
甜塔皮　pâte sucrée
甜蒜醬　sweet garlic sauce
甜餃瓜　sweet dumpling squash

甜豌豆　sugar snap pea
甜點廚師　pastry chef / 法文 pâtissier
產氣莢膜梭菌　clostridium perfringens
異國風味白飯　arroz blanco
移動型冷藏櫃　portable refrigeration
章魚　octopus
笛豆　flageolet bean
第戎芥末　Dijon mustard
粗切　concasser
粗全麥麵粉　graham flour
粗剁　coarse chop
粗料、纖維性食物　roughage
粗裸麥酸麵包　pumpernickel
粗磨全穀裸麥麵粉　pumpernickel flour
粗糖　raw sugar
粗糖粒　coarse sugar / crystal sugar / decorating sugar
粗鹽　coarse salt
細丁　brunoise
細香蔥　chives
細粉　powders
細菌　bacteria
細葉香芹　chervil
細網篩　fine-mesh sieve
脛骨　shank bone
脫水器　spinner
脫脂鮮乳　skim milk / nonfat milk
脫殼玉米粒　hominy
脫殼燕麥粒　groat
船形塔　barquette
荷蘭豆　snow pea
荷蘭法、鹼處理　Dutch process
荷蘭鍋　cocotte / Dutch oven
荷蘭醬　Hollandaise
莎莎紅醬　salsa roja
莎莎粗青醬　salsa verde cruda
莙薘菜　Swiss chard
莧籽　amaranth
莫札瑞拉乳酪　mozzarella
莫奈醬　Mornay sauce
莫爾佩克灣蠔　Malpeque oyster
處理好以供烹調　dressed
蛋奶液　liaison
蛋白　albumen
蛋白質軟化酵素　protein-tenderizing enzyme
蛋白霜　meringue
蛋粉　powdered egg
蛋捲煎鍋　omelet pan
蛋黃醬　mayonnaise
蛋類替代品、素蛋、代蛋　egg substitute
袋內消毒　in-package pasteurization
軟化明膠　bloom
軟白冬小麥　soft white winter wheat
軟式圓麵包　soft roll
軟性脆糖階段　soft crack
軟紅冬小麥　soft red winter wheat
軟骨　cartilage / gristle
軟球糖漿階段　soft ball
軟殼蛤　soft-shell clam
軟殼蟹　soft-shell crab
軟質乳酪　soft cheese
軟體動物　mollusk
透明玉米糖漿　light corn syrup
透氣、膨鬆　aerate
速成小牛褐醬　jus de veau lié
速成禽肉褐醬　jus de volaille lié
速成褐醬　jus lié
速讀式溫度計　instant-read thermometer
部門廚師　chef de partie / station chef
野生百里香　wild thyme
野生韭蔥　ramp
野生酸蘋果　crabapple
野生銀花鱸　wild striped bass
野米　wild rice
野味　game
野味褐高湯　jus de gibier
野豬　wild boar
陶鍋燉肉　daube
雪利酒　sherry
雪酪　sherbet
雪碧冰　sorbet
雪蟹　snow crab
頂飾配料（最後撒上的）　topping
魚片　fillet / filet
魚肉卷　paupiette
魚卵　roe
魚柳　goujonette
魚香金黃醬　aurore maigre sauce
魚排　fish steak
魚腹潰爛（變質魚）　belly burn
魚醬　fish marinade
魚類廚師　fish chef / poissonier
魚露　fish sauce
鳥眼辣椒　red bird chile
鳥蛤　cockle clam
鳥嘴刀　tourné knife
鹵水　brine
鹿肉醬　chevreuil
麥仁　wheat berries
麥年料理法　à la meunière
麥芽汁（釀啤酒或威士忌的）　wort
麥芽糖　maltose
麥根沙士　root beer
傑克迷你南瓜　Jack Be Little pumpkin
凱薩餐包　kaiser roll
割劃　score
博納富瓦醬　Bonnefoy sauce
喙、口器（頭足類動物）　beak
喬氏蟲鰈　petrale sole
喬治沙洲（美國）　Georges Bank
單一碳水化合物　simple carbohydrate
單元不飽和脂肪酸　monounsaturated fat
單枚貝　univalve
單殼類　univalve
單點　à la carte
富有柿　Fuyu persimmon
捶敲過的薄切肉排　paillard
揉麵　knead
提拉米蘇　tiramisu
揮發油　volatile oil
斑豆、墨西哥花豆　pinto beans
斑紋鰤　lesser amberjack
普桑雞（春雞）　poussin
普羅旺斯式　Provençal (e) / à la Provençale
普羅旺斯燉菜　ratatouille
最低安全烹食溫度　minimum safe temperature
最後發酵　proof
最後發酵箱　proof box
最終靜置溫度　final resting temperature
朝鮮薊　artichoke
棉籽油　cottonseed oil
棒棒腿　drumstick
棕紅色　maroon
棕櫚醋　palm vinegar
棕櫚糖　palm sugar
棕蘑菇　cremini mushroom
棘皮動物　echinoderm
植物性化學物質　phytochemical
氯化鈉　sodium chloride
氯化鉀　potassium chloride
游泳法　swimming method
游離輻射　ionizing radiation
湯普森無籽葡萄　Thompson Seedless grape
湯鍋　sauce pot
無油麵糰　lean dough
無脊椎動物　invertebrate
無筋麵粉　wheat starch
無酵餅　flatbread
焦糖化反應　caramelization
焦糖醋醬　gastrique
煮成半熟　parcook
煮液、水煮液體　cuisson
煮魚鍋　fish poacher
煮微滾　simmer
煮糖用溫度計　candy thermometer
煮糖爐　candy stove
猶太食品認證　kosher
猶太屠宰師　shohet
猶太教逾越節無酵餅　matzo
猶太煙燻牛肉　pastrami
猶太認證肉　kosher meats
猶太薯餅　potato katkes
猶太辮子麵包　challah
猶太鹽　kosher salt
番石榴　guava
番石榴醬　guava paste
番紅花　saffron
番茄丁　concassé
番茄泥　tomato purée
番茄糊　tomato paste
番茄醬汁　tomato sauce
發泡混合法　foaming mixing method
發粉、發泡粉　baking powder
發酵　fermentation
發酵籃　banneton
短粒米　short-grain rice
硝酸鉀　saltpeter
硬甘納許　hard ganache
硬白冬小麥　hard white winter wheat
硬式圓麵包　hard roll
硬紅冬小麥　hard red winter wheat
硬紅春小麥　hard red spring wheat
硬球糖漿階段　hard ball
硬粒玉米　flint corn / Indian corn
硬質乳酪　hard cheeses
硬質軟球糖漿階段　firm ball
稀糖漿階段　thread
筋膜　silverskin
紫甘藍　red cabbage
紫色馬鈴薯　purple potato
紫葉菊苣　radicchio
紫葉羅勒　opal basil
紫蘇葉　shiso leaves
結球甘藍　heading cabbage
結球萵苣　heading lettuce / head lettuce
絞肉機　meat grinder
絲絨濃醬　velouté
絲絨濃雞醬　chicken velouté
舒芙蕾　soufflé
舒芙蕾煎蛋捲　souffléed omelet
菊芋　Jerusalem artichoke /sunchoke
菜籽油　rapeseed oil

華爾道夫 Waldorf salad
菲力牛排 filet mignon / tenderloin steak
菲律賓簾蛤 Manila clam
萃取精 extract
著色混合醃劑 tinted curing mixture (TCM)
蛤蜊 clam
蛤蜊汁 clam juice
象拔蚌 geoduck clam / Pacific geoduck
象蒜 elephant garlic
費南雪醬 Financière sauce
費城牛肉三明治 Philly hoagie
費洛皮、費洛麵糰 phyllo / filo dough
貽貝 mussel
超高溫殺菌法 ultrapasteurization
越式參巴醬 Vietnamese sambal
越南香菜 rau ram
跑場廚師 roundsman / 法文 tournant / swing cook
軸承式擀麵棍 ball-bearing rolling pin / the rod-and-bearing pin
進料口 feed tube
進貨重量 as-purchased (AP) weight
鄉村火腿（以鹵水醃漬的去骨生豬肩肉） cottage ham (cottage butt)
鄉村式 country-style
鄉村肉汁 country gravy
鄉村煎蛋捲 farmer-style omelet
酢漿草 sorrel
酥皮烘焙 en croûte
酥皮裝飾 fleurons
酥皮薯球 dauphine
酥脆麵包 crouton
酥粒、碎屑狀 crumb
酥頂派 cobbler
酥塔皮、油酥鹹麵糰、鹹派皮 pâte brisée
酥質派皮麵糰 flaky pie dough
量壺 measuring pitcher
鈉 sodium
開口、開孔 dock
開心果 pistachio
開放式爐連烤箱 open-burner range
開放式爐頭 open burner
開胃菜 appetizer
開胃點心 hors d'oeuvre
陽極氧化鋁 anodized aluminum
雅馬邑白蘭地 Armagnac
黃瓜 cucumber
黃肉馬鈴薯 yellow potato
黃色長南瓜 yellow squash
黃尾鯛 yellowtail snapper
黃金甜菜 golden beet
黃金葡萄乾 golden raisin
黃金蟹 Dungeness crab
黃砂糖 brown sugar
黃莢菜豆 wax bean
黃褐色 tan
黃鰭鮪 yellowfin tuna / ahi
黑木耳 black fungus
黑奶油醬 beurre noir
黑皮波羅門參、西洋牛蒡 salsify / oyster plant
黑皮諾葡萄 Pinot Noir
黑石班 black grouper
黑米 forbidden black rice
黑豆 black soybean
黑眉豆 black turtle bean
黑科林斯葡萄 Champagne / Black Corinth
黑胡椒粒 black peppercorn
黑脊比目魚 black-back flounder
黑眼豆 black-eyed peas
黑莓 blackberry
黑種草籽 black onion seed
黑線鱈 haddock
黑醋栗乳酒 crème de cassis
黑醋栗香甜酒 cassis
黑糖蜜 blackstrap molasses
傳統式烤爐 conventional oven
傳統燕麥片 rolled oats
傳導 conduction
嗆辣 piquant
嗜溫性 mesophilic
嗜熱 thermophilic
圓形塔殼 tartlet shell
圓葉當歸 lovage
圓環蛋糕模 Bundt pan
圓麵包 rolls
圓體魚 round fish
塊狀冷卻調溫法 block method
塑形用杏仁膏 marzipan
塔 tart
塔巴斯克辣椒醬 Tabasco sauce
塔可沙拉 taco salad
塔可醬 taco sauce
塔希尼芝麻醬 Tahini
塔索火腿 tasso ham
塔塔粉 cream of tartar
塔模烤盤 tart pan
塗抹醬汁 basting
塞克爾梨 seckel pear
塞拉諾火腿 serrano ham
塞拉諾辣椒 serrano chili
填料 stuffings
填餡 farce
奧林匹亞蠔 Olympia oyster
奧勒岡（牛至） oregano
微波爐 microwave oven
微滾烹煮 simmer
微熟蛋 coddled egg
愛斯杜菲式燉肉 Estouffade
愛達荷州馬鈴薯 Idaho potato
愛爾啤酒 ale (beer)
感染 infection
搓揉式派皮麵糰 rubbed pie dough
搭配白豆、白花椰菜或朝鮮薊的肉類菜餚 à la bretonne
新式烹飪 nouvelle cuisine
新馬鈴薯 new potato
新陳代謝 metabolism
新墨西哥辣椒 New Mexico chile
新鮮咖哩葉 curry leaf
椰子油 coconut oil
椰子絲 shredded coconut
楓糖 maple sugar
榲桲 quince
溝槽香螺 channeled whelk
溫熱奶油醬汁 warm butter sauce
溯河洄游魚種 anadromous fishes
溶解鍋底褐渣 deglaze / déglacer
煉乳 condensed milk
煎上色 sear
煎炒 sauté
煎炒鍋 sauteuse
煎炸 pan fry
煎烤紋 mark on a grill
煎烤盤 griddle
煎馬鈴薯 hash brown potato
煎蛋捲 omelet
煎魚鏟 slotted spatula
煙環 smoke ring
煙燻 smoking
煙燻後腿肉（煙燻火腿） ham prepared by smoking
照燒醬 teriyaki marinade
瑞士牛肉鍋 fondue
瑞士乳酪火鍋 fondue
瑞士蛋白霜 Swiss meringue
瑞士燜鍋 Swiss braiser
瑞士薯餅 rösti
瑞可達乳酪 ricotta
碘 iodine
禽內臟 giblets
禽肉調味粉 poultry seasoning
禽胸肉 suprême
稠化物 thickener / thickening agent
稠粥 porridge
綑紮 truss
經典醬汁 grande sauce
經理 chef de service
義大利千層麵 lasagne
義大利小孔通心麵 bucatini
義大利天使髮絲麵 angel hair
義大利米粒麵 orzo
義大利扭捲麵 casareccia
義大利李子 Italian plum
義大利拖鞋麵包 ciabatta
義大利直麵 spaghetti
義大利扁豆 romano bean
義大利珍珠麵 fregola sarda / Italian couscous
義大利胡椒粒麵 acini di pepe
義大利香腸 Italian sausage
義大利培根 pancetta
義大利細扁麵 linguine
義大利細麵 vermicelli
義大利短管麵 tubetti
義大利筆管麵 penne (pasta)
義大利緞帶麵 fettuccine
義大利蔬菜濃湯 minestrone
義大利蝴蝶麵 farfalle
義大利髮絲麵 capellini
義大利橫紋粗管麵 rigatoni
義大利貓耳朵麵 orecchiette
義大利螺旋麵 fusilli
義大利醬 Italienne
義大利羅勒香腸 Italian sweet sausage
義大利麵包棒 grissini
義大利彎管麵 elbow (macaroni)
義式卡布里沙拉（義式蕃茄起司羅勒沙拉） Caprese salad
義式冰淇淋 gelato
義式肉卷 braciole
義式沙巴雍 zabaglione
義式乾醃生火腿 prosciutto
義式堅果餅乾 biscotti
義式粗玉米粉 polenta
義大利蛋白霜 Italian meringue
義式蛋餅 frittatas
義式開胃菜 antipasto
義式碎肉填蹄（豬腳香腸） zampone
義式裹粉煎肉排 scaloppine
義式燉小牛膝 osso buco
義式燉海鮮湯 cioppino
義式燉飯 risotto
義式檸檬醬 gfremolata
義式薩拉米香腸 salami
義式麵疙瘩 gnocchi
義式麵食 pasta
聖路易式豬肋排 St. Louis ribs
腰豆 kidney bean
腰里肌肉 tenderloin
腰果 cashew
腰果醬 cashew butter

腰脊部菲力頭　butt tenderloin
腰眼肉（雞）　chicken oysters
腰眼肉、里肌心　eye muscle
腱子心（牛）　shank heel
腸　intestines
腸衣　casing
腹肉　plate
腹足類　gastropod
腹脇肉排　flank steak
腹鰭　pelvic fin
腺體中的大葉　lobe
萬用馬鈴薯　all-purpose potatoes
萵苣纈草、羊萵苣　mâche / lamb's lettuce
葉門辣椒醬　Z'hug
葉萵苣　leaf lettuce
葛粉、葛鬱金　arrowroot
葛縷子籽　caraway seed
葡萄籽油　grapeseed oil
葡萄糖　glucose
葫蘆巴　fenugreek
葫蘆巴籽　methi seed
葵花籽　sunflower seeds
葵花籽油　sunflower oil
蛾螺　whelk
蜂屋柿　Hachiya persimmon
蜂巢胃　honeycomb tripe
裙帶菜　wakame seaweed
裝飾　garnish
裝飾師傅　décorateur
農夫乳酪　farmer's cheese
過度烹調　overcook
過秤、去鱗　scale
過濾　strain
釉汁　glaze
隔水燉煮鍋　bain-marie
雉雞　pheasant
電子秤　electronic scale
電動壓汁機　electric juicer
電磁爐　induction burner
電蒸鍋　electric steamer
電熱箱　hot box
預發酵麵種　pre-ferment
預熟米　parboiled rice
飽和脂肪　saturated fat
馴鹿（北美稱為 caribou，學名 Rangifer tarandus）　reindeer
鼓狀篩　drum sieve / tamis
鼓眼魚　walleyed pike
鼠尾型龍骨　rat-tail tang
鼠尾草　sage
厭氧細菌　anaerobic bacteria
嫩化　tenderizer
嫩菠菜　baby spinach
嫩菲力　tournedos
對流　convection
對流式烤爐　convection oven
對流式電蒸爐　convection steamer
摺式煎蛋捲　folded omelet
旗魚　swordfish
榛果　hazelnut
榛果色　noisette
榿木　alder
滲出液　exudate
滴油盤　drip pan
滾刀塊　oblique cut / roll cut
漏勺　slotted spoon
漬鮭魚　gravlax
熊本蠔　Kumamoto oyster
碳化矽磨刀石　carborundum stone
碳水化合物　carbohydrate
碳酸氫鈉　sodium bicarbonate
碳酸鎂　magnesium carbonate
精淬液　essence
精處理　pan dressed
精處理魚　dressed fish / pan-dressed
綜合生菜　mesclun greens
綜合辛香料　spice blend
綠女神醬　green goddess dressing
綠豆　mung bean
綠豆仁　yellow split mung beans
綠捲鬚苦苣　frisée
綠捲鬚苦苣心　frisée hearts
綠斑馬番茄　Green Zebra tomato
綠葉甘藍　collard greens
綠葉萵苣　green leaf lettuce
綠薄荷　spearmint
維也納炸肉片　schnitzel
維生素　vitamins
維納斯葡萄　Venus grape
維勒魯瓦醬　Villeroy sauce
網篩　mesh sieve / strainer
綴上　garni
緊實型乳酪　firm cheeses
翠玉蘋果　Granny Smith Apple
腿腱肉　shank
舞菇　maitake / hen-of-the-woods
蒔蘿醬　dill sauce
蒙契格乳酪　Manchego cheese
蒙特利傑克乳酪　Monterey Jack
蒙特利傑克乾酪　dry Monterey Jack / dry Jack
蒜泥蛋黃醬　aioli
蒜苗　garlic greens
蒜粉　garlic powder
蒸烤蛋　royale
蒸煮　steam
蒸餾白醋　distilled white vinegar
蒸籠、蒸鍋、蒸煮　steamer
蜜汁　glaze
蜜瓜、蜜露瓜　honeydew
蜜脆蘋果　Honeycrisp
裸麥、黑麥　rye
裹入　lock-in
裹入油　roll-in
裹料　coating
裹粉　dredge
製作法式砂鍋菜　in casserole
認證安格斯牛　Certified Angus
辣豆瓣醬　hot bean paste
辣根　horseradish
辣椒粉　chili powder
辣椒素　capsaicin
辣椒傑克乳酪　Pepper Jack
辣醬　hot sauce
酵母　yeast
酸化劑　souring agent
酸奶油　sour cream
酸豆　caper
酸甜醃菜　relish
酸黃瓜　cornichon
酸黃瓜醬　charcutière
酸麵種　sourdough starter
酸麵糰　sourdough
酸鹼值　PH scale
銀花鱸、條紋鱸　striped bass
銀鮭　coho salmon / silver salmon
領班　captain / chef d'étage
餅乾酥底　crumb crust
鳳梨鼠尾草　pineapple sage
墨西哥玉米湯　Mexican posole
墨西哥豆泥　frijoles Refritos
墨西哥油炸辣椒鑲肉　chile relleno
墨西哥炒豆泥　refried bean
墨西哥風味飯　arroz Mexicano
墨西哥馬薩玉米麵粉　masa harina
墨西哥萊姆　Key lime
墨西哥鄉村蛋餅　huevos rancheros
墨西哥黑醬　Mole Negro
墨西哥煎烤盤　comal
墨西哥酪梨醬　guacamole
墨西哥辣豆醬　chili con carne
墨西哥辣香腸　Mexican chorizo
墨西哥薄餅　tortilla
墨西哥薄餅、墨西哥麵粉薄餅　flour tortilla
墨西哥鮮乳酪　queso fresco
墨角蘭　marjoram
廚房紙巾　paper towel
廚房剪刀　kitchen scissors
廚房團隊分工系統　brigade system
墨角蘭　marjoram
廚房紙巾　paper towel
廚房剪刀　kitchen scissors
廚房團隊分工系統　brigade system

16劃以上

彈牙　al dente
彈簧秤　spring scale
德式肉腸　bratwurst
德式醋燜牛肉　sauerbraten
德式麵疙瘩　spätzle
德國酸菜　sauerkraut
慕斯　mousse
慕斯林　mousseline
摩塔戴拉大肉腸　mortadella
撈油勺　skimmer
撈除油脂　degrease / dégraisser
撈除浮沫　skim
撈除浮渣　dépouillage
撒上杏仁配料　amandine
撒粉　dust
撒麵粉法　singer method
槽式真空包裝機　chamber-type vacuum machine
標準庫存量　par stock
標準黃瓜　standard cucumber
標準裹粉法　standard breading procedure
橫膈膜　diaphragm
歐芹　parsley
歐芹蒜泥醬　persillade
歐洲防風草塊根　parsnip
歐洲扁蠔　European flat oyster
歐洲鰈　plaice / rough dab
漿果　berry
澄清、澄清用食材　clarification
澄清奶油　clarified butter / drawn butter
澆淋　baste
熟肉、熟肉冷盤　charcuterie
熟肉師　charcutière
熟肉醬　rillette
熬煉　render
熱水浴、熱水浴槽　hot water bath
熱風式烤爐　convection oven
熱納亞薩拉米肉腸　genoa salami
熱帶性海魚毒　ciguatera toxin
熱處理　thermal processing
熱循環機　thermal circulator
瘦牛絞肉　lean ground beef
皺葉甘藍　savoy cabbage
碾磨　mill
穀物粉　meal
穀類植物　cereal grasses
箭葉橙　kaffir lime

糊化　gelatinization
糊醬　paste
緬因州馬鈴薯　Maine potatoes
緬因灣　Gulf of Maine
膝蓋骨　kneecap
膝關節　stifle joint / knee joint
膠、膠質　gum
膠原　collagen
蔓越莓　cranberry
蔓越莓豆　borlotti bean / cranberry bean
蔗糖　sucrose
蔗糖素　sucralose
蔥（青蔥）　green onion
蔥類　onions
蔬果切片器　mandoline
蔬果挖球器　parisienne scoop
蔬果漿　coulis
蔬菜丁清湯　consommé à la brunoise
蔬菜棒　crudité
蔬菜湯　vegetable soup
蔬菜廚師　vegetable chef / 法文 entremetier
蔬菜燉肉　ragoût
蝦蟹貝　shellfish
蝦蟹貝奶油、海鮮奶油　shellfish butters
衛生　hygiene
複合碳水化合物　complex carbohydrate
褐化奶油　beurre noisette
褐高湯　brown stock
褐醬　brown sauce
調味料　condiment
調味高湯　court bouillon
調味添加物　flavoring additive
調味蔬菜　mirepoix
調和奶油　compound butter
調配　blend
調溫　temper
調溫巧克力　couverture
豬小肋排　baby back ribs
豬油　lard
豬肩背肉（梅花肉）　pork butt / boston butt
豬前腿肉（下肩肉）　pork picnic
豬背脂肪　fatback
豬脂肪條　lardon / lardoon
豬腩肋排　spare ribs
豬腳趾（蹄花）　toes
豬腹脇肉（豬腩、五花肉）　pork belly
豬網油　caul fat
豬褐高湯　brown pork stock
豬頭肉凍　head cheese
醃水果　preserve
醃肉　smoked meats
醃料、抹料　rub
醃黃瓜　gherkin
醃滷、醃漬、醃汁、醃醬、醃粉　marinate
醃漬小菜　relish
醃漬辛香料　pickling spice
醃漬食物　pickle
醃製鹽　curing salt
醋栗　currant
醋栗凍　currant jelly
醋栗番茄　currant tomato
醋磺內酯鉀　acesulfame K
霉味　musty
養鍋　pan seasoning
餘溫加熱　carryover cooking
駝鹿（北美稱法，學名 Alces alces）　moose
魯本三明治　Reuben sandwich
魷魚　squid
魷魚胴身（切除觸手剩下的身體可食部分）　squid tubes
魷魚墨汁　squid ink
麩皮　bran
麩皮馬芬　bran muffin
麩胺酸　glutamic acid
麩質　gluten
凝乳　curd
凝乳酶　rennet
凝結　coagulation
凝膠力　bloom
凝膠化　gelation
樹豆　pigeon pea
樹薯粉　tapioca
橘子　mandarin orange
橘皮果醬　marmalade
橘色　orange
橘柚　tangelo
機械膨發　mechanical leavener
橡實南瓜　acorn squash
橡膠抹刀　rubber spatula
橢圓形番茄　plum tomato
澱粉漿　slurry / starch slurry
澳洲青蘋　Granny Smith Apple
濃縮湯汁　reduction
燉羊肉　navarin
燉煮　stewing
燉煮用老母雞　stewing hen
燒烤、燒烤爐　grill
燒烤廚師　grill chef / grillardin
燒烤豬肉　grilled pork
燒焦　charring
燕麥　oat
燕麥司陶特啤酒　oatmeal stout
燜煮　braise / étouffée / smother
燜鍋　braiser / brazier / braising pan
磨刀　sharpening
磨刀棒　steel
穆勒鴨　moulard duck
穆傑羅佩科利諾乳酪　Pecorino Mugello
篩　sieve
糖果師傅　confiseur
糖果類點心　confections
糖油拌合法　creaming method
糖粉　confectioners' sugar
糖煮水果　compote
糖漬　candied
糖精　saccharin
糖蜜　molasses
糖漿　syrup
糖霜　icing
膨發劑　leavener
膳食纖維　dietary fiber
蕎麥　buckwheat
蕨類嫩芽　fiddlehead
蕪菁　turnip
蕪菁甘藍　rutabaga / yellow turnip
融化奶油　beurre fondu
融化型乳酪　melting cheese
諾曼地醬　Normande sauce
蹄膀　hock
輻射熱　radiant heat
選擇性育種　selective breeding
錐形榨汁器　reamer
錐形篩　chinois / conical sieve
錐磨刀　taper-ground
閹（公）雞　capon (castrated male)
霍貝赫褐芥醬　Sauce Robert
靜置　rest
頭足類　cephalopod
頰肉　jowl
頸骨　neck bones
餐前酒　apéritif
餐前點心　amuse-gueule
餐飲服務　food service
餐廳總管　maître d'hôtel
餡餅卷　strudel
鮈魚　goujon
鮑魚　abalone
龍骨（刀身後半延伸進刀柄的部份）　tang
龍蒿　tarragon
龍蝦（岩龍蝦）　spiny lobster / rock lobster
龍蝦卵　coral
龍蝦肝（龍蝦膏）　tomalley
龍蝦菇　lobster mushroom
龍蝦醬　Homard à l'anglaise / lobster sauce
優格　yogurt
壓力蒸氣鍋　steam-jacketed kettle
壓力蒸鍋　pressure steamer
壓汁機　extractor
壓泥器　ricer
壓扁　bruise
壓派石　pie weight
戴爾莫尼克牛排　Delmonico steak
戴爾莫尼克馬鈴薯　Delmonico potatoes
擠牛奶法　milking mthod
擠花　piping
擠花袋　pastry bag
擠製機　extruder
擰緊法　wringing method
櫛瓜　zucchini
澀味的　astringent
濕性發泡、軟性發泡　soft peak
營養　nutrition
營養素　nutrient
環形爐連烤箱　ring top range
糙米　brown rice
縫合針　trussing needle
總匯三明治　club sandwich
總領班　chef de salle
翼齒鯛　vermilion snapper
膽固醇　cholesterol
臀肉　round
臀鰭　anal fin
薄肉片　émincé
薄肉排　scaloppini
薄荷　mint
薏仁　Job's tears
薑　ginger
薑汁汽水　ginger ale
薑味醬油蘸醬　ginger-soy dipping sauce
薑黃　turmeric
薯塊　home fries
薯蕷、山藥　yam
螯足、鉗（龍蝦、螃蟹）　claw
螯蝦、小龍蝦、淡水龍蝦　crayfish / crawfish
鍋底肉汁醬　pan gravy
鍋底醬　pan sauce
鍋炙　pan broiling
鍋蒸　pan steam
鍋爐烤　poêlé / pot roast
闊葉苣菜　escarole
霜凍優格　frozen yogurt
霜斑　bloom
韓式粉絲　Korean starch noodles
韓國泡菜　kimchi
鮟鱇魚　monkfish / anglerfish

鮮奶油泡芙　cream puff / profiterole
鮮味　umami
鴿　pigeon
黏合劑　binding agent
黏果酸漿　tomatillo
黏附筏　raft
黏度　viscosity
黏結料　binder
黏膠　glue
黛安醬　Diane sauce
點心麵糰　pastry dough
擺盤正面　presentation side
檸檬汁醃生魚　ceviche / seviche
檸檬百里香　lemon thyme
檸檬香茅　lemongrass
檸檬羅勒　lemon basil
濾布　cheesecloth
濾鍋　colander
燻烤　smoke roasting
燻烤箱　smoker
燻鮭魚　lox
獵人醬　chasseur / hunterman's sauce
簡易糖漿　simple syrup
翻炒　stir-frying
翻糖　fondant
臍橙　navel orange
藍哈伯南瓜　blue Hubbard squash
藍紋乳酪　blue cheese
藍蟹　blue crab
覆上醬汁　nappé
覆盆子　raspberry
覆盆子香甜酒　framboise
轉化糖　invert sugar
醬汁廚師　sauté chef / saucier
醬汁鍋　saucepan
醬底　sauce base
醬麵糊　panada
鎖骨　wishbone
雙耳燉鍋　rondeau
雙重反應泡打粉　double-acting baking powder
雙通式　pass-through
雙殼類　bivalve
雙網法　the double-basket method
雙層蒸鍋　double boilers
雙層鍋　bain-marie
雙線鰈　rock sole
雙醣　disaccharide
雜碎肉（下水）　variety meats
雞尾酒式蟹鉗（蟹的螯足）　cocktail claws
雞油菌　chanterelle
雞胗　gizzard
雞湯釉汁　glace de volaille
雞醬汁　suprême sauce
離心機　centrifuge
鵝　goose
鵝肝或鴨肝　foie gras
鵝莓　gooseberry
鵝頸肉（牛肉）　gooseneck
穩定劑　stabilizer
繩結小麵包　knot
羅比歐拉乳酪　Robiola cheese
羅宋湯　Borscht
羅馬佩科利諾乳酪　Pecorino Romano
羅馬甜瓜　cantaloupe
羅馬番茄　Roma tomato
羅馬諾乳酪　Romano cheese
羅望子　tamarind
羅望子醬　tamarind pulp
藜麥　quinoa
蟹肉棒　surimi
邊肉　deckle
鯧鰺　pompano
鯰魚　catfish
鵪鶉　quail
麗津醬　Régence
爐內膨脹　oven spring
爐連烤箱　range
爐臺、爐面　stovetop
糯米　glutinous rice / sticky rice
罌粟籽　poppy seed
蘇格蘭圓帽辣椒　Scotch bonnet
蘋果白蘭地　Calvados / applejack brandy
蘋果酒　cider
蘋果酒醬　apple cider sauce
蘋果醋　cider vinegar
蠔　oyster
蠔菇　oyster mushroom
鯷魚　anchovy
鰈魚　sole / sommelier
鰓板　gill plate
鰓絲　gill filament
鰓蓋　operculum / gill cover
麵　pâté
麵包心　crumb
麵包心　mie
麵包沙拉　panzanella
麵包屑刮刀　table crumber
麵包師傅　boulanger
麵包脆餅　rusk
麵包鏟　peel
麵筋　gluten
麵筋網狀結構　gluten strands
麵種　starter
麵餅皮　wrappers
麵糊　batter
麵糰刀　bench knife
麵糰割紋刀　lame
麵糰鉤　dough hook
櫻桃白蘭地　kirsch
櫻桃番茄　cherry tomato
櫻桃醬　cherry sauce
櫻桃寶石蛤（大型櫻桃寶石簾蛤）　cherrystone clam
櫻桃寶石簾蛤　quahog / quahaug clam
櫻桃蘿蔔　red radish
蘭姆酒　rum
蠟封外皮　wax-rind
蠟質馬鈴薯　boiling potatoes
鐵板盤　sizzler platters
露珠莓　dewberry
鰩魚　skate
鰩魚翅（鰩魚可食用的胸鰭）　skate wings
麝香甜瓜　muskmelon
彎刀　scimitar knife
彎頸南瓜　crookneck squash
鑄鐵平底鍋　griswold
鑄鐵煎鍋　cast-iron skillet
饕客油醋醬　vinaigrette gourmande
鱈魚　cod
鷓鴣　partridge
攪打　whip / whisk
攪拌器　whisk
攪泥、攪打成泥　purée
纖維　fiber
纖維素　cellulose
蘸醬　dipping sauce
蘿蔓　romaine
蘿蔓萵苣　romaine lettuce
蘿蔔　radish
髓骨　marrow bones
罐子乳酪　pot cheese
罐裝　canned
蠶豆　fava bean
鷹嘴豆　chickpea
鷹嘴豆泥醬　hummus
鹼　alkali
鹼化可可粉　Dutch-process cocoa powder
鹽漬牛肉　corned beef
鹽漬瑞可達乳酪　ricotta salata
鹽漬鱈魚　salt cod
鹽醃　cure
髖骨　pelvic bone
鑷子　tweezers
鱸滑石斑　black sea bass